Holzfrei

Nr. 49 1953

S. 8505—8768 9. Dezember

Chemisches Zentralblatt

Vollständiges Repertorium für alle Zweige der reinen und angewandten Chemie

1830 gegründet. 1897—1945 von der Deutschen Chemischen Gesellschaft fortgeführt.

Im Auftrage der Deutschen Akademie der Wissenschaften zu Berlin, der Chemischen Gesellschaft in der Deutschen Demokratischen Republik, der Akademie der Wissenschaften zu Göttingen und der Gesellschaft Deutscher Chemiker

herausgegeben von Prof. Dr. **Maximilian Pflücke**

124. Jahrgang

1953

Chefredakteure: Dr. Eugen Klever und Prof. Dr. Maximilian Pflücke

Akademie-Verlag GmbH., Berlin — Verlag Chemie, GmbH., Weinheim/Bergstr.

Inhalt

Namenregister

Chemisches Zentralblatt

1953 Nr. 49 9. Dezember

Geschichte. Unterricht.

G. Stead, *James Arnold Crowther.* Nachruf auf den Prof. der Physik J. A. CROWTHER (* 28/8. 1883 in Sheffield, † 25/3. 1950), 1924—46 an der Univ. Reading, der durch seine Lehrbücher bekannt ist. — **Bild.** (Proc. physic. Soc., Sect. A **63.** 1374—75. 1/12. 1950.) ZAUNICK. 1

—, *Josef Halberkann.* Professor J. HALBERKANN (*17/1. 1880 Xanten, †5/2. 1952 in Lechenich, Kreis Euskirchen) war bis 1948 in Hamburg am Tropen-Institut bzw. am Allg. Krankenhaus Barmbeck als physiol. Chemiker tätig (1928 Prof.), dann Apothekenbesitzer in Lechenich. Zahlreiche Veröffentlichungen. — **Bild.** (Dtsch. Apotheker-Ztg. **92.** 141—42. 22/2. 1952.) ZAUNICK. 1

K. J. Karrman, *Bruno Engel.* Nachruf auf B. ENGEL (*1902 in Hamburg, †16/5. 1950 in Stockholm), einen ehemaligen Mitarbeiter von A. MITTASCH, seit 1936 Leiter des Labor. der Separator-Nobel AG., Katalyse-Fachmann. — Bild. (Svensk kem. Tidskr. **62.** 123—24. 1950.) ZAUNICK. 1

Fritz Ferchl und **Eugen Bamann,** *Max Lesmüller zum Dank und Gedächtnis.* Von FERCHL persönliche Erinnerungen an den unlängst verstorbenen Münchener Apotheker M. LESMÜLLER. Von BAUMANN eine anläßlich des 75. Geburtstages LESMÜLLERS (am 27. April 1949) gehaltene Festrede über die „Geschichte der pharmazeut. Chemie an der Münchener Universität von 1818 an" (J. A. BUCHNER, L. A. BUCHNER, A. HILGER, TH. PAUL, BENNO BLEYER, W. SOUCI). (Dtsch. Apotheker-Ztg. **92.** 129—31. 22/2. 1952.) ZAUNICK. 1

W. E. Curtis, *George William Todd.* G. W. TODD (*11. April 1886 in Birmingham, †24. Febr. 1950 in New Castle-upon-Tyne), seit 1919 Prof. der Physik am King's Coll. in New Castle-upon-Tyne; Spezialist für Physik der Gase. (Proc. physic. Soc., Sect. A **63.** 1378—79. 1/12. 1950.) ZAUNICK. 1

G. W. Bykow, *Zwei Äußerungen von D. I. Mendelejew über A. M. Butlerow.* Angaben nach 2 alten, schwer erhältlichen Journalen. (Успехи Химии [Fortschr. Chem.] **22.** 115—18. Jan. 1953. Moskau.) ULMANN. 1

N. Ss. Koslow, *Der bekannte russische Gelehrte, der Chemiker Nikolai Nikolajewitsch Ssokolow. (Zum 75. Todestag.)* Lebensweg u. Arbeitsgebiete des am 1/12. 1826 geborenen u. 1877 verstorbenen russ. Chemikers, eines Schülers LIEBIGS, der von wesentlichem Einfl. auf die Entw. der Chemie in Rußland gewesen ist u. eine erfolgreiche, bes. auch Lehrtätigkeit in St. Petersburg entfaltet hatte. (Успехи Химии [Fortschr. Chem.] **22.** 119—28. Jan. 1953. Molotow.) ULMANN. 1

N. A. Figurowski, *Grundetappen der Entwicklung der chemischen Wissenschaft in der UdSSR.* (Природа [Natur] **42.** Nr. 3. 27—36. März 1953.) ULMANN. 2

Herbert Müller-Hester, *Mittelalterliche Fiebermittel in der Volksmedizin.* (Pharmazie **7.** 20—24. Jan. 1952. Pr. Oldendorf/Westf.) HERRMANN. 2

R. Folch, *Die galenisch-chemische Pharmakopoe bzw. Dispensatorium medicochymicum universale de Horstius.* Inhaltsübersicht des wahrscheinlich in Darmstadt im 16. oder 17. Jahrhundert gedruckten Buches. (Farmac. nueva **17.** 564—66. Nov. 1952.) ALTPETER. 2

Leonard K. Nash, *Ein historischer Abriß über wissenschaftlichen Unterricht.* (J. chem. Educat. **28.** 146—51. März 1951. Cambridge, Mass., Harvard Univ.) LEVI. 6

A. R. Ingles, *Messung der spezifischen Wärme von Flüssigkeiten durch Abkühlung in einem Luftstrom.* Für den Unterricht in Universitätslaboratorien hat Vf. ein Calorimeter entwickelt, das es erlaubt, die spezif. Wärme von Fll. sehr schnell u. für den gewünschten Zweck genau genug zu messen. Die auf FERGUSON u. MILLER (Proc. physic. Soc. **45.** [1933.] 194) zurückgehende Meth. ist vereinfacht u. dadurch abgewandelt, daß ein Luftstrom während der Abkühlungsperiode durch das Calorimeter streicht. Die App. ist ausführlich beschrieben, u. Beispiele der Messungen u. Berechnungen an *Toluol, Bzl.* u. *A.* sind angeführt. (Amer. J. Physics **18.** 194—99. April 1950.) U. WINKLER. 6

W. I. Nasarow, *Kolloide.* Verss. für prakt. Übungen unter besonderer Berücksichtigung der Herst. von koll. Lsgg., deren Eigg. u. Koagulation, ferner die Gallerten u. Quellung von Gelatine u. Kautschuk. (Химия в Школе [Chem. Schule] **1953.** Nr. 2. 48—56. März/April.) LEBTAG. 6

M. A. Afanassjew, *Gewinnung von Chlor und die Verbrennung verschiedener Substanzen ohne Abzug.* Beschreibung einer Demonstrations-App. zur Herst. von Cl_2 u. Verbrennung von P, Sb u. Fe ohne Zuhilfenahme eines Abzuges. (Химия в Школе [Chem. Schule] **1953.** Nr. 2. 56—57. März/April.) LEBTAG. 6

F. J. Moore, Historia de la Química. Barcelona etc.: Salvat. 1953. (437 S. m. Abb. I—LXXXI.)

A. Allgemeine und physikalische Chemie.

A_1. Kernphysik und Kernchemie.

M. Fierz, *Über die Bedeutung der Funktion D_c in der Quantentheorie der Wellenfelder.* Die STÜCKELBERG-FEYNMANsche Funktion D_c wird physikal. gedeutet. Mit Hilfe dieser Deutung wird die von HEISENBERG vorgeschlagene, konvergente Feldtheorie krit. diskutiert. (Helv. physica Acta **23.** 731—39. 10/12. 1950. Basel, Univ., Seminar für theoret. Phys.) SPEER. 80

Adrian E. Scheidegger, *Zum Zusammenhang zwischen Feld- und Bewegungsgleichungen.* Vf. zeigt bei Anwendung einer Verallgemeinerung der Näherung von EINSTEIN, INFELD u. HOFFMANN, daß weder eine skalare noch eine vektorielle Feldtheorie die Bewegungsgleichungen der Quelle enthält. Eine nichtlineare Feldtheorie muß mindestens den Charakter eines Tensors vom Rang zwei besitzen, wenn die Analogie zur oben genannten Näherung anwendbar ist. (Helv. physica Acta **23.** 740—44. 10/12. 1950. Ontario, Can., Univ. of Toronto, Dep. of Appl. Math.) SPEER. 80

Karl Bechert, *Zur nichtlinearen Elektrodynamik.* Eine neue Deutung des Viererstroms u. der Vierergeschwindigkeit gibt die Möglichkeit, eine Ruhmassendichte für die Materie u. einen Impuls–Energie-Vierervektor zu definieren, wobei die Vierergeschwindigkeit kontinuierlich verteilt ist, so daß jedem Raumpunkt in jedem Augenblick ein bestimmter Wert der Vierergeschwindigkeit zugeordnet werden kann. (Naturwissenschaften **39.** 185. April 1952. Mainz, Univ., Inst. für Theoret. Phys.) GERHARD SCHMIDT. 80

S. B. Treiman, *Der Einfluß äquatorialer Ringströme auf die Höhenstrahlung.* (Sitzungsbericht.) Die Theorie eines Ringstroms, der in der Äquatorialebene die Erde westwärts im Abstand mehrerer Erddurchmesser umfließt, wird entwickelt. Sie sagt eine Zunahme der Höhenstrahlintensität bei einer Zunahme der Ringstromstärke voraus, die bei großen magnet. Stürmen in den Breiten 20—40° beobachtbar sein sollte. (Physic. Rev. [2] **87.** 240. 1/7. 1952. Univ. of Chicago.) WIEDEMANN. 85

René De Vogelaere, *Beiträge zur Theorie der Breiten- und Asymmetrieeffekte der Höhenstrahlung. Der Halbschatten in der Nähe des Äquators.* Die von TCHANG YONG-LI (vgl. Ann. Soc. sci. [Bruxelles] Sér. A. **59.** [1939.] 285) erhaltenen Ergebnisse werden dahingehend korr., daß mit zunehmender Entfernung vom Äquator die Halbschattenkegel für die Teilchen in ihrer Form period. (nicht nur monotonen) Änderungen unterliegen. (Ann. Soc. sci. Bruxelles, Sér. I. **64.** 83—92. 22/6. 1950. Quebec, Can., Univ. Laval, Fac. des Sci.) W. SCHÄFER. 85

V. Z. Peterson, H. V. Neher und **E. A. Stern,** *Weitere Resultate über den Breiteneffekt der Höhenstrahlung zwischen Bismarck und Thule, Grönland.* (Sitzungsbericht.) Die von den Primärstrahlen hervorgerufene Energie steigt nach den Ergebnissen von Ballonflügen zwischen 56 u. 88° N nur um 1% an. In sehr großen Höhen steigt die Ionisation mit der Breite an, in mittleren Höhen nimmt sie jedoch auf höheren Breiten ab, was teilweise durch Unterschiede in der Temperaturverteilung in der Atmosphäre erklärt werden kann. (Physic. Rev. [2] **87.** 240. 1/7. 1952. California Inst. of Technol.) WIEDEMANN. 85

H. A. Morewitz und **M. H. Shamos,** *Die Änderung des positiv-negativ-Verhältnisses bei den Mesonen der Höhenstrahlung mit dem Impuls und der Höhe.* (Sitzungsbericht.) Mit der Meth. der verzögerten Koinzidenzen wurde die integrale u. differentielle Zeitverteilung der Zerfallselektronen aus μ-Mesonen ermittelt, die in *C* oder in *S* unter 11 cm Pb abgebremst wurden. Für die mittlere Lebensdauer der μ^+ in S ergab sich $2{,}09 \pm 0{,}05$ μSekunden. Die mittlere Lebensdauer der μ^- in C wurde zu $1{,}92 \pm 0{,}04$ μsec. ermittelt. Das Verhältnis μ^+/μ^- wurde auf Seehöhe für einen Impuls von $\sim 250 \cdot 10^6$ eV/c zu $1{,}06 \pm 0{,}03$ berechnet. (Physic. Rev. [2] **87.** 241. 1/7. 1952. New York Univ.) WIEDEMANN. 85

H. V. Neher, *Korrelation der Höhenstrahlintensitäten in großen Höhen mit den Neutronenintensitäten.* (Sitzungsbericht.) In großen Höhen wurde eine starke Korrelation zwischen den Schwankungen der Ionisation, gemessen in einer Ionisationskammer bei konstantem Druck, u. den Schwankungen der Neutronenintensität festgestellt. Das Verhältnis der beiden Schwankungen beträgt bei Ionisationen in 70000 ft Höhe 1,7. (Physic. Rev. [2] **87.** 240. 1/7. 1952. California Inst. of Technol.) WIEDEMANN. 85

John Winckler, *Čerenkov-Strahlung von Höhenstrahlteilchen.* (Sitzungsbericht.) Ein Lucite-Block von 20×20×7,5 cm wird zur Unters. des Energieverlustes infolge ČERENKOV-Strahlung bei Höhenstrahlteilchen benutzt. Das ausgestrahlte Licht ist proportional $Z^2(1 - 1/\beta^2 n^2)$, wo Z die Zahl der Ladungen, n der Brechungsindex des Strahlers u. $\beta = v/c$ ist. (Physic. Rev. [2] **87.** 241. 1/7. 1952. Univ. of Minnesota.) WIEDEMANN. 85

Hassan Moucharafyeh und **Simone Rebaud,** *Über den Anteil der Mesonenspuren bei der Registrierung von Höhenstrahlen in Kernemulsionen $C_3 + B$.* In 4500 m Höhe wurden ILFORD C_3 + B-Emulsionen mit einer Schichtdicke von 240 μ in vertikaler Richtung exponiert u. die erhaltenen 396 Einzelbahnspuren auf die Natur der erzeugenden Teilchen ausgewertet. Nach Zuordnung der Bahnen zu den sie erzeugenden Teilchen wird bei direkter Best. des Energiespektr. der Anteil der Mesonenbahnspuren zu 2—3% angegeben, wobei der Fehler nicht größer als $\pm 1\%$ ist. Die Zahl der Bahnen beträgt in den einzelnen Energiebereichen: 0—10 MeV 61, 10—20 MeV 45, 20 bis 30 MeV 126, 30—40 MeV 127, 40—50 MeV 30 u. 50—60 MeV 5. (C. R. hebd. Séances Acad. Sci. **230.** 2285—86. 26/6. 1950.) W. SCHÄFER. 85

M. Ceccarelli und **G. T. Zorn,** *Über die Winkelbeziehung der Produkte von Kernzertrümmerungen.* Zur Unters. der Winkel- u. Energiebeziehungen zwischen geladenen, aus Kernzertrümmerungen stammenden Teilchen wurden Kernemulsionsplatten (ILFORD G 5 400 μ dick) in 95000 ft. Höhe u. in 55° nördlicher magnet. Breite 4 Std. der Höhenstrahlung ausgesetzt. Für kleine Winkel (<30°) ergab sich eine Winkel- u. wahrscheinlich auch eine Energiebeziehung bei Teilchen mit Energien von der Größenordnung 100 MeV. Im gleichen Energiebereich wurde auch eine Winkelbeziehung für „große“ Winkel (120—180°) beobachtet. Erklärungsmöglichkeiten für die beobachteten Winkel- u. Energiebeziehungen werden diskutiert. (Nuovo Cimento [9] **10.** 540—50. 1/5. 1953. Padova, Ist. Naz. di Fis. Nucl.; Univ., Ist. di Fis.) CONRAD. 85

G. Marx, *Die Wechselwirkung der Elementarteilchen und die Erhaltungssätze.* Außer den durch das elektr. Feld u. das Mesonenfeld übertragenen Wechselwirkungen sind noch die beim β-Zerfall u. bei ähnlichen Prozessen beobachtbaren, ausschließlich zwischen Fermionen auftretenden Wechselwirkungen zu berücksichtigen. Die charakterist. Beispiele hierfür sind der Neutronenzerfall, der Zerfall des μ-Mesons u. der Einfang des μ-Mesons in den Kern. Der gemeinsame Zug dieser drei Vorgänge besteht darin, daß im Knotenpunkt der FEYNMAN-Darst. immer vier Fermionenlinien zusammentreffen. Die vom Vf. behandelten Fermionenwechselwirkungen unterscheiden sich insofern von den elektromagnet. bzw. den als Kernkräfte erscheinenden Wechselwirkungen, daß hier sämtliche aus dem Knotenpunkt auslaufenden Teilchen über eine Fermionenladung verfügen. Die auf die Wechselwirkungskonstanten bzgl. Erhaltungssätze dürften wahrscheinlich aus den Feldgleichungen abgeleitet werden können. (Acta physica Acad. Sci. hung. **3.** 55—58. 1953. Budapest, Roland Eötvös Univ., Inst. für Phys.) GERHARD SCHMIDT. 90

D. C. Peaslee, *Absolute Auswahlregeln für den Mesonenzerfall.* Vf. prüft den spontanen Zerfall von Mesonen zur Best. des vollständigen u. absol. Syst. von Auswahlregeln, die nicht von spezif. Annahmen bzgl. der Matrixelemente abhängen. Die Regeln sind daher unabhängig von Ladung, M., Spin u. der Gleichheit der Teilchen. Sie lassen sich auf jeden intermediären u. den Endzustand anwenden. 1. Der Zwei-Photonen-Zerfall ist verboten, wenn J = 1. 2. Der Zwei-Photonen-Zerfall ist verboten, wenn J. u. P ungerade sind. 3. Der Zwei-Photonen-Zerfall erfolgt in parallelen oder senkrechten Polarisationsebenen, je nachdem ob $P(-1)^J = 1$ oder $= -1$. 4. Der Zerfall zu 2 spinfreien Teilchen erfordert $P(-1)^J = P_a P_b$ bzw. bei ident. Teilchen $P(-1)^J = 1$. 5. Der Zerfall in ein Photon u. ein spinfreies Teilchen ist verboten, wenn J = 0. 6. Alle anderen Zerfallsprozesse sind erlaubt, vorausgesetzt, daß sich eine gerade Summe der halbungeraden Spinzahlen im Ausgangs- u. Endzustand ergibt. (Helv. physica Acta **23.** 845—54. 10/12. 1950. Zürich, E.T.H.) SPEER. 90

L. Wolfenstein und **G. D. Ravenhall,** *Über den Zerfall eines skalaren Teilchens in drei Photonen.* (Sitzungsbericht.) Es wird ein geeignetes Invarianz-Prinzip gesucht, das eine Selektionsregel für den Zerfall eines skalaren Teilchens in drei Photonen liefert. (Physic. Rev. [2] **87.** 217—18. 1/7. 1952. Carnegie Inst. of Technol.) WIEDEMANN. 90

H. W. Lewis, *Multiple Mesonenerzeugung.* (Sitzungsbericht.) Die Annahme eines schwachen Inter-Nucleon-Potentials hat in dreierlei Hinsicht Einfl. auf die pseudoskalare Feldtheorie der multiplen Mesonenerzeugung. Die Mesonenmultiplizität wird um einen Faktor, in den das Massenverhältnis zwischen Meson u. Neutron eingeht, red., die Mesonenverteilung ist im Syst. des Massenschwerpunkts nicht mehr isotrop, u. die Theorie des beobachteten symm. Doppelkegels wird geändert. (Physic. Rev. [2] **86.** 625. 15/5.; Bull. Amer. physic. Soc. **27.** Nr. 1. 50. 31/1. 1952. Inst. for Adv. Stud.) WIEDEMANN. 90

M. Ruderman, *Multiple Mesonenerzeugung.* (Sitzungsbericht.) Die Möglichkeit der Isobarenbldg. muß bei energiereichen Zusammenstößen berücksichtigt werden. Die Mesonenmultiplizität beträgt bei Annahme des ersten Anregungszustandes bei $\sim$300 MeV $\sim 0{,}65(W/Mc^2)^{9/11}$, W = Schwerpunktsenergie. Das Verhältnis der Antiprotonen zu den Mesonen ist klein. (Physic. Rev. [2] **87.** 217. 1/7. 1952. Berkeley, Univ. of California.) WIEDEMANN. 90

S. T. Butler, *Erzeugung geladener Mesonen durch Photonen an der Oberfläche von Kernen.* (Sitzungsbericht.) Die Erzeugung geladener Mesonen durch Photonen an Oberflächennucleonen zeigt die korrekte $A^{2/3}$-Abhängigkeit. Der Oberflächeneffekt kann ca. 50% der Ausbeuten erklären u. gibt π^-/π^+-Verhältnisse in guter Übereinstimmung mit den Experimenten wieder. Die Erzeugung von Mesonen aus dem Innern der Kerne scheint beschränkt zu sein. (Physic. Rev. [2] **87.** 217. 1/7. 1952. Cornell Univ.) WIEDEMANN. 90

J. Marshall, L. Marshall, V. A. Nedzel und **S. Warshaw,** *π^0-Mesonenerzeugung durch 430 MeV-Protonen in Wasserstoff.* (Sitzungsbericht.) Mittels eines ČERENKOV-Teleskops wurde der differentielle Wirkungsquerschnitt für die Photonenerzeugung zu $0{,}21 \cdot 10^{-27}$ cm²/Raumwinkel gemessen. Für die Verss. wurden Targets aus fl. H_2 verwendet. (Physic. Rev. [2] **87.** 220. 1/7. 1952. Univ. of Chicago, Inst. of Nucl. Stud.) WIEDEMANN. 90

L. Marshall, J. Marshall, V. A. Nedzel und **S. Warshaw,** *π^0-Mesonenerzeugung durch 430 MeV-Protonen in Beryllium.* (Sitzungsbericht.) (Vgl. vorst. Ref.) Die γ-Strahlen des π^0-Zerfalls beim Beschuß eines Be-Targets wurden durch einen Pb-Collimator in Vorwärtsrichtung beobachtet. Der differentielle Wirkungsquerschnitt für die Photonenerzeugung wurde mittels des Paarspektrometers zu $3{,}4 \cdot 10^{-27}$ cm²/Raumwinkel mit einer Fehlergrenze von 50% u. mit dem ČERENKOV-Teleskop zu $4{,}26 \cdot 10^{-27}$ cm²/Raumwinkel bestimmt. (Physic. Rev. [2] **87.** 220. 1/7. 1952.) WIEDEMANN. 90

J. Marshall, L. Marshall, V. A. Nedzel und **S. D. Warshaw,** *π^0-Erzeugungsquerschnitt für 430 MeV-Protonen in H und Be.* (Vgl. vorst. Reff.) Die Umrechnung des differentiellen Wirkungsquerschnittes für die Erzeugung von γ-Strahlen zum totalen ist bei H unabhängig von der Symmetrie der π^0-Emission, ob isotrop oder entsprechend dem cos²-Gesetz, bei Be wird diese Unabhängigkeit ebenfalls angenommen. Folgende Ergebnisse werden erhalten: $\sigma_{\pi^0}(p_2p) = (0{,}45 \pm 0{,}15) \cdot 10^{-27}$ cm², $\sigma_{\pi^0}(p,Be) = (8{,}7 \pm 2) \cdot 10^{-27}$ cm² bei Messung mit dem ČERENKOV-Teleskop u. $(6{,}7 \pm 3) \cdot 10^{-27}$ cm² bei Messung mit dem Paarspektrometer. (Physic. Rev. [2] **88.** 632—41. 1/11. 1952.) WIEDEMANN. 90

R. LeLevier, *Phänomenologische Potentiale in der Mesonenstreuung.* (Sitzungsbericht.) Die charakterist. Züge der elast. Streuung von 62 u. 90 MeV-Pionen durch C, nämlich der große Anteil der Streuung über große Winkel u. das Überwiegen der π-Streuung bei kleinen Winkeln, können nicht durch ein einziges Potential, wohl aber durch eine Überlagerung eines Anziehungs- u. Abstoßungspotentials nach Art der nichtlinearen Mesonentheorien (vgl. SCHIFF, C. **1952.** 4404) erklärt werden. (Physic. Rev. [2] **87.** 217. 1/7. 1952. Berkeley, Univ. of California.) WIEDEMANN. 90

D. C. Peaslee, *Winkelverteilung der π-Kohlenstoff-Streuung.* (Sitzungsbericht.) Aus der elast. Streuung von 60 MeV-π an C kann die Formel $f(\Theta) = (\alpha + \beta\cos\Theta + 3\cos^2\Theta)/(\alpha + 1)$ abgeleitet werden. Die π-Nucleon-Streuung wird am besten ($\pm$50%) durch $\alpha \sim 1/3$, $\beta \sim -1$ wiedergegeben. (Physic. Rev. [2] **87.** 217. 1/7. 1952. Columbia Univ.) WIEDEMANN. 90

Gerson Goldhaber, *Elastische Streuung von Pionen durch Wasserstoff und Deuterium.* (Sitzungsbericht.) Die elast. Streuung von 70 MeV-π^+- u. π^--Mesonen an D u. H wurde mittels n. ILFORD G 5- sowie mittels mit H_2O oder D_2O beladenen Emulsionen beobachtet. Es ergaben sich folgende totale Weglängen in g/cm² u. Wirkungsquerschnitte in mbarn: π^+ + H: 330 $\pm$ 50 bzw. 35 $\pm$ 15; π^- + H: 630 $\pm$ 100 bzw. 2,5; π^- + D: 400 $\pm$ 100 g/cm², 17 mbarn. (Physic. Rev. [2] **87.** 220. 1/7. 1952. Columbia Univ.) WIEDEMANN. 90

J. S. Blair und **B. Segall**, *Streuung von π-Mesonen durch das Deuteron.* (Sitzungsbericht.) Inhaltlich ident. mit den C. **1952.** 6642 referierten Arbeiten. (Physic. Rev. [2] **86.** 626. 15/5.; Bull. Amer. physic. Soc. **27.** Nr. 1. 51. 31/1. 1952. Univ. of Illinois.) WIEDEMANN. 90

B. A. Jacobsohn, *Wesentliche Eigenschaften der τ-Mesonen, abgeleitet aus den Erhaltungssätzen.* (Sitzungsbericht.) Unter den Annahmen: (π^+,π^0) u. (π^+,γ) verboten, π^+ pseudoskalar u. π^0 Spin $= 0$ wird aus den Erhaltungssätzen von Drehimpuls u. Parität abgeleitet, daß τ^+ u. π^0 beide pseudoskalar sind. (Physic. Rev. [2] **86.** 626. 15/5.; Bull. Amer. physic. Soc. **27.** Nr. 1. 51. 31/1. 1952. Univ. of Washington.) WIEDEMANN. 90

M. H. Friedman, *Einige Mesonenbeiträge zur Photozertrümmerung des Deuterons.* (Sitzungsbericht.) Der Mesonenanteil an der Wechselwirkung der Nucleonenspins mit dem elektromagnet. Feld wird berechnet. Dabei werden die Nucleonen nichtrelativist. behandelt u. die pseudoskalare Mesonentheorie mit schwacher pseudovektorieller Kopplung verwendet. Für niedrige Energien sind die magnet. Glieder klein gegenüber den elektr., bei 140 MeV jedoch vergleichbar. Sie tragen dann beträchtlich zu dem Wirkungsquerschnitt für die Photozertrümmerung des Deuterons bei. (Physic. Rev. [2] **86.** 625. 15/5.; Bull. Amer. physic. Soc. **27.** Nr. 1. 50. 31/1. 1952. Univ. of Illinois.) WIEDEMANN. 90

V. Cocconi Tongiorgi und **Donald A. Edwards**, *Neutronen aus dem Einfang von langsamen negativen π-Mesonen.* (Sitzungsbericht.) Durch Wrkg. der 310 MeV-Bremsstrahlung eines Synchrotrons auf *Be* wurden 40—70 MeV-Mesonen erzeugt, die negativen durch doppelt fokussierende Magnete ausgewählt u. in Absorbern verschied. Kernladungszahl gebremst. Die beim Einfang entstehenden langsamen Neutronen von 0,5—10 MeV wurden in Paraffin verlangsamt u. mittels BF_3-Zählern nachgewiesen. Die Multiplizität solcher Neutronen beträgt ~ 7 in *Pb* u. ~ 1 in *C*. Danach ist anzunehmen, daß die sternlosen π-Mesonenbahnen in den photograph. Emulsionen nur mit der Emission von Neutronen verbunden sind. (Physic. Rev. [2] **87.** 220. 1/7. 1952. Cornell Univ.) WIEDEMANN. 90

J. A. Harvey, D. J. Hughes und **M. D. Goldberg**, *Die Neutron–Elektron-Wechselwirkung.* (Sitzungsbericht.) Ein Neutronenstrahl wurde an einem mit fl. O_2 bedeckten Bi-Spiegel total reflektiert. Aus dem krit. Winkel der Totalreflektion u. den Amplituden der kohärenten Streuung für *Bi* u. *O* wird die Neutron-Elektron-Wechselwrkg. bestimmt. Die Kernstreuung von Bi wird durch den fl. Sauerstoff fast völlig kompensiert. Die Wirkungsquerschnitte wurden aus der Durchlässigkeit für therm. Neutronen ermittelt. Die Wirkungsquerschnitte für inkohärente Streuung sind klein. Die Neutron–Elektron-Wechselwrkg. kann durch eine Potentialmulde dargestellt werden mit dem Radius des Elektrons u. einer Tiefe von nur einigen Hundert Volt höher als die magnet. Wechselwrkg. von 3900 Volt. Diese Differenz, die elektrostat. Wechselwrkg. von Neutron u. Elektron, ist kleiner, als es die Mesonentheorie voraussagt. (Physic. Rev. [2] **87.** 220. 1/7. 1952. Brookhaven Nat. Labor.) WIEDEMANN. 90

M. Bogaardt und **B. Koudijs**, *Über die mittleren Anregungspotentiale und die Energie–Reichweite-Beziehungen in den leichten Elementen.* Aus den Beobachtungsdaten von MANO (Ann. Physique [11] **1.** [1934.] 407) u. anderen Autoren werden mit Hilfe der BETHEschen Theorie folgende Werte für das mittlere Ionisationspotential von α-Teilchen abgeleitet, die zwischen 2 u. 10 MeV gültig sind: *H* 17,1 $\pm$ 0,3; *He* 35,2 $\pm$ 0,7; N_2 76,2 $\pm$ 3,8; O_2 96,3 $\pm$ 4,8; *Ne* 130,6 $\pm$ 2,0; *Al* 151 $\pm$ 3; *Ar* 226,8 $\pm$ 2,3 u. CO_2 70. Zwischen J u. Z besteht die Beziehung $J = (12{,}7 \pm 0{,}4)\cdot Z$. (Physica **18.** 249—64. April 1952. Kjeller, Norwegen, Joint Establ. for Nucl. Energy Res.; Utrecht, Rijksuniv., Phys. Labor.) KIRSCHSTEIN. 90

Nikola St. Kalitzin, *Über eine neue Kerntheorie.* Auf Grund einer Verallgemeinerung der MAXWELL-LORENTZschen Elektrodynamik im sechsdimensionalen euklid. Raum R_6, bei welcher das Vektorpotential A_i durch das Tensorpotential $\varphi_{\alpha\beta}$ ersetzt wird, bauen Vff. eine neue Kerntheorie auf. Das Tensorpotential ergibt sich zunächst ohne irgendwelche Annahmen, daß ein in R_6 ruhendes Nucleon zwei Kernladungen u. einen Spin besitzt. Die spinabhängige Wechselwirkungsenergie zweier Nucleonen im Abstand r voneinander wird berechnet. (Acta physica Acad. Sci. hung. **3.** 45—53. 1953. Stalin, Bulgarien, Staatsuniv.) GERHARD SCHMIDT. 95

K. C. Hammack und **E. Feenberg**, *Oberflächenenergie im freie-Teilchen-Kernmodell.* (Sitzungsbericht.) Die Gesamtenergie eines Kernmodells bestehend aus A Nucleonen ohne Wechselwrkg. in einer sphär. Potentialmulde begrenzter konstanter Tiefe, kann durch eine Termreihe A, $A^{2/3}$, $A^{1/3}$ ausgedrückt werden. Der Oberflächenterm $A^{2/3}$ ergibt eine Oberflächenenergie von ca. $^2/_3$ des Wertes, den die Massenbestimmungen u. die

Spaltungs-Rkk. erfordern. $A^{1/3}$ ist klein, er hängt wahrscheinlich mit der charakterist. Länge zusammen. (Physic. Rev. [2] **87.** 218. 1/7. 1952. Washington Univ.) Wiedemann. 95

Gertrude Scharff-Goldhaber, *Angeregte Zustände von gerade–gerade-Kernen.* (Sitzungsbericht.) Bei den gerade-gerade-Kernen hat der n^{te} angeregte Zustand im llg. einen Spin I ≤ 2n. Für n = a gilt meist I = 2 (gerade Parität). Die Kurve der Energie des ersten angeregten Zustandes gegen die Zahl der Protonen oder Neutronen im Kern erreicht bei den geschlossenen Schalen ein Maximum. Unterhalb der Protonenzahl 82 ist die durchschnittliche Energie des ersten angeregten Zustandes bei gerade-gerade-Kernen 0,1 MeV, bei Kernen mit ungerader Neutronenzahl ($N < 82$) ist sie in der Größenordnung von 0,5 MeV. (Physic. Rev. [2] **87.** 218. 1/7. 1952. Brookhaven Nat. Labor.) Wiedemann. 95

G. Marx, *Über die Dilatationsschwingungen der Atomkerne.* Die verschied. Berechnungen der Kompressibilität geben nahe beieinander liegende Werte, wodurch die Best. der Resonanzenergien der im Atomkern auftretenden Dilatationsschwingungen ermöglicht wird. Um 10 MeV u. darüber dürfen die Dilatationsschwingungen im Atomkern nicht unberücksichtigt bleiben, da mit ihrer Hilfe die in solchen Energiebereichen beobachteten γ-Resonanzen erklärt werden können. Auf Grund der bisherigen Ergebnisse können die Anregungsprozesse eines schweren Atomkerns, ähnlich wie die Rotations-, Vibrations- u. Elektronenbahnanregung der Moll., in drei Gruppen eingeteilt werden. (Acta physica Acad. Sci. hung. **3.** 1—10. 1953. Budapest, Roland Eötvös Univ., Inst. für Phys.) Gerhard Schmidt. 95

N. Bloembergen und **G. M. Temmer,** *Magnetische Kernresonanz von ausgerichteten radioaktiven Kernen.* Es werden die Grundlagen für Verss. diskutiert, die magnet. Kernresonanz von radioakt. Kernen, falls eine gewisse Ausrichtung der Kerne vorhanden ist, zu bestimmen. Die kleinste Zahl der Kerne, die notwendig ist, die magnet. Resonanz festzustellen, ist dabei nicht bestimmt durch das Verhältnis von Signalstärke zu Geräuschpegel der Radiofrequenzanordnung, sondern nur durch die Statistik der Zähler, die den radioakt. Zerfall nachweisen. (Physic. Rev. [2] **89.** 883. 15/2. 1953. Cambridge, Mass., Harvard Univ.; Washington, D. C., Nat. Bur. of Stand.) v. Harlem. 95

Franz R. Metzger, *Spin und Parität des ersten (603 keV)-Anregungszustandes von* ^{124}Te. Vff. stellen sich eine β-Strahlenquelle u. eine Photoelektronenquelle her, deren Aktivitäten durch Zählung der γ-Quanten in einem Scintillator bestimmt werden. Die K-Konversions- u. K-Photoelektronenlinien der 603 keV-γ-Strahlung werden in einem β-Spektrometer vermessen. Aus der relativen Quellenstärke, der Konverterwirksamkeit u. der integrierten Fläche unter den Konversions- u. Photoelektronenlinien läßt sich der Konversionskoeff. $\alpha = N_e/N_\gamma$ ohne Bezugnahme auf das Niveauschema berechnen. Für die 603 keV-Strahlung wird $\alpha = (4{,}25 \pm 0{,}3)\cdot 10^{-3}$ gefunden, in guter Übereinstimmung mit dem für eine Quadrupolstrahlung erwarteten theoret. Wert. Dem 603 keV-Anregungszustand von ^{124}Te wird demgemäß der Spin I = Z u. gerade Parität zugeschrieben. (Physic. Rev. [2] **86.** 435. 1/5. 1952. Urbana, Ill., Univ. of Illinois, Phys. Dep.) Weigel. 95

D. A. Gilbert, *Der Kernspin von* ^{36}Cl *aus dem Mikrowellenspektrum von* $^{12}CH_3{}^{36}Cl$. (Sitzungsbericht.) Die im Mikrowellenspektr. des $^{12}CH_3{}^{36}Cl$ beobachtete Hyperfeinstruktur kann am besten mit der Spinzahl 2 wiedergegeben werden, Quadrupol-Kopplungskonstante eq Q = $-16{,}6 \pm 0{,}6$ MHz, elektr. Kern-Quadrupolmoment Q = $-0{,}0164 \pm 0{,}0008\cdot 10^{-24}$ cm². (Physic. Rev. [2] **85.** 716. 15/2. 1952; Bull. Amer. physic. Soc. **26.** Nr. 6. 20. 24/10. 1951. State Univ. of Iowa.) Rumpf. 95

M. Haïssinky, *Die Stellung der Transurane im Periodischen System.* Vf. vertritt die Meinung, daß die Verteilung der peripheren Elektronen für sich allein nicht immer zur Charakterisierung der Elemente u. ihre Einordnung in das Period. Syst. ausreicht. Vielmehr sollte man hierbei prinzipiell auch die grundsätzlichen chem. Eigg., wie die maximale Wertigkeit, die relative Beständigkeit der verschied. Oxydationstufen usw., in Betracht ziehen. Derartige Betrachtungen schließen nach Ansicht des Vf. die Möglichkeit aus, die Elemente mit den Atomnummern 89—98 zu einer einzigen Familie zusammenzufassen. Unter Berücksichtigung der chem. Eigg. kommt Vf. dagegen zu folgender Einteilung: 1. Die Elemente Fr bis U sollten in die n. Vertikalgruppen I—VI des Period. Syst. eingeordnet werden. 2. Die 3 folgenden Elemente Np, Pu u. Am haben starke Ähnlichkeit mit U u. bilden mit ihm eine Uranidengruppe. 3. Beginnend mit Cm ist ein Vorherrschen der Dreiwertigkeit u. das Auftreten einer Curidengruppe festzustellen, deren Eigg. offenbar den Lanthaniden Gd, Tb, Dy usw. entsprechen. Diese Anordnung steht in Übereinstimmung mit den jüngsten Messungen der Elektronenverteilung. (Experientia [Basel] **9.** 117—20. 15/3. 1953. Paris.) B. Reuter. 100

Henriette Faraggi, *Versuch zum Nachweis einer (n, α)-Reaktion von Fe durch langsame Neutronen.* 50 μ dicke Ilford D_1-Emulsionen wurden mit ammoniakal. Fe-Citrat imprägniert u. mit langsamen Neutronen im Meiler exponiert. Beim Vgl. mit nichtimprägnierten Testplatten ergaben sich keine Anhaltspunkte für die Rk. ^{56}Fe(n,α)^{53}*Cr*, deren Wirkungsquerschnitt (σ) nach den Versuchsdaten $<6\cdot10^{-29}$ cm² sein muß. Diskussion der Ergebnisse von Hänni u. Rossel (C. **1951. II.** 775), die für diese Rk. einen σ-Wert von $4\cdot10^{-26}$ cm² fanden. (C. R. hebd. Séances Acad. Sci. **231.** 1475—76. 18/12. 1950.) Eichhoff. 103

Albert A. Caretto jr. und **Edwin O. Wiig,** *Drei neue Yttriumisotope mit Neutronenmangel.* Spektroskop. reines Yttriumoxyd wird im Cyclotron 1 u. 2 Std. sowohl mit 240 MeV- als auch mit 130 MeV-Protonen beschossen. Nach Abtrennung der Y-Fraktion werden darin auf Grund von Zerfallskurven neben bekannten Y-Aktivitäten auch ^{87}*Sr* ($T_{1/2} = 2{,}8$ **Std.**), ^{82}Sr ($T_{1/2} = 25{,}5$ **Tage**), ^{83}Sr ($T_{1/2} = 38$ **Std.**) u. ^{85}Sr ($T_{1/2} =$ 65 **Tage**) festgestellt. Die letzten drei Aktivitäten werden als Tochterelemente dreier bisher unbekannter Y-Isotope identifiziert, die durch Zerfall ihrer entsprechenden Y-Mutteraktivitäten entstehen. Die Halbwertszeiten für diese werden indirekt aus den Ausbeutekurven der Sr-Fraktionen ermittelt u. betragen für ^{82}Y $T_{1/2} = 70 \pm 10$ Min., für ^{83}Y $T_{1/2} = 3{,}5 \pm 0{,}5$ Std. u. für ^{85}Y $T_{1/2} = 5 \pm 1$ Stunde. (J. Amer. chem. Soc. **74.** 5235—36. 20/10. 1952. Rochester, N. Y., Univ. of Rochester, Dep. of Chem.) Gedschold. 103

C. Chamié, *Über das Auftreten besonderer, durch Deuteronen in der Silbermasse hervorgerufener Aktivitäten.* Nach Beschuß von Ag (ähnlich bei *Au*) mit 6,5 MeV-Deuteronen u. Abklingen der 2,3 Min.-Aktivität wird neben der Rk. ^{107}Ag(d,2n)*Cd*(6,7 Std.) innerhalb der Reichweite R noch eine Aktivität mit einem Maximum gegen Ende von R beobachtet, im Bereich R—ca. 4 R eine **weitere** Aktivität, die auf demselben Phänomen zu beruhen scheint, aber durch Protonen wie die hier ebenfalls auftretende Rk. Ag(p,n)Cd hervorgerufen wird. Die neuen Aktivitäten, die nicht durch Cd-Bldg. entstehen, sondern nach chem. Analyse zum Ag-Typ gehören, werden als Anregungsphänomene im Ag-Kern (durch Deuteronen u. Protonen) interpretiert. Aus der Intensitätskurve für diese Aktivitäten ergibt sich ein graph. extrapoliertes R von 0,073 mm (theoret. Wert 0,08). (J. Physique Radium [8] **11.** 77—79. Febr. 1950. Paris, Inst. **du** Radium.) Werner Schulz. 103

J. P. Blaser, F. Boehm und **P. Marmier,** *Der Zerfall von* ^{120}*Sb.* (Vgl. C. **1953.** 3348.) ^{120}Sb zerfällt unter Emission eines Positronspektr. mit der Maximalenergie 1,70 MeV u. unter K-Einfang. Es werden 3 γ-Strahlen mit den Energien 0,90, 1,30 u. 2,20 MeV beobachtet. Vff. schlagen ein Zerfallsschema vor. Der Schwellenwert der Rk. ^{120}*Sn*(p,n) ^{120}Sb wurde aus der Anregungskurve zu $3{,}5 \pm 0{,}3$ MeV bestimmt. Das Positronspektr. entspricht dagegen in guter Übereinstimmung einer Zerfallsenergie von 3,4 MeV. Für ein weiteres, schwaches Positronspektr. bei 2,4 MeV fehlt vorläufig eine Erklärung. (Helv. physica Acta **23.** 623—26. 10/12. 1950. Zürich, ETH.) Speer. 103

L. Eyges, *Erklärung von Kernphotountersuchungen.* Sitzungsbericht zu der C. **1953.** 2869 referierten Arbeit. (Physic. Rev. [2] **85.** 753. 15/2. 1952; Bull. Amer. physic. Soc. **26.** Nr. 8. 5. 27/12. 1951. Berkeley, Calif., Univ. of California.) Hauswald. 103

M. Walter, O. Huber und **W. Zünti,** *Experimente zur Richtungskorrelation sukzessiver Kernstrahlungen.* Vff. diskutieren die bei Koinzidenzmessungen auftretenden experimentellen Probleme der Richtungskorrelation sukzessiv emittierter Kernstrahlungen. Bes. wird der Einfl. des endlichen Winkelauflösungsvermögens der App. untersucht u. eine Reihe entsprechender Korrekturformeln angegeben. Ferner wird berücksichtigt: der Einfl. mangelhafter Zentrierung bei einer Punktquelle, Verallgemeinerung auf ausgedehnte Quellen, statist. Schwankungen, optimale Raumwinkel, Vielfachstreuung der Elektronen u. störende Koinzidenzen. Bei β-γ-Koinzidenzen von ^{56}*Mn* u. ^{198}*Au* ergibt sich eine prakt. isotrope Richtungsverteilung, während bei ^{76}*As* Anisotropie festgestellt wird; u. zwar beträgt die relative Differenz der Verteilungsfunktion bei den Winkeln π u. π/2 bei einer β-Absorberdicke von 0,7 mm Al $0{,}08 \pm 0{,}02$, während die von sukzessiv emittierten Konversionselektronen von ^{197}*Hg* herrührende, ausgeprägte Anisotropie den Wert $0{,}24 \pm 0{,}03$ erreicht. Vff. geben Zerfallsschemata für ^{56}Mn, ^{76}As, ^{198}Au u. ^{197}Hg an. (Helv. physica Acta **23.** 697—729. 10/12. 1950. Zürich, ETH.) Speer. 103

Werner Rieder, *Der Szilard-Chalmers-Effekt mit langsamen und schnellen Neutronen.* Inhaltlich ident. mit der C. **1952.** 6027 referierten Arbeit. (S.-B. österr. Akad. Wiss., math.-naturwiss. Kl., Abt. IIa. **159.** 173—87. 1950. Wien, Univ., II. physikal. Inst.) Weigel. 105

P. F. D. Shaw und **C. H. Collie,** *Vergleich schwacher Neutronenströme mit Hilfe organischer Bromide.* Aus mit Neutronen bestrahlten *Äthylbromid, Brombenzol* u. *Äthy-*

lendibromid konnte Radio-Br erst mit einer Reproduzierbarkeit von $\pm 1\%$ extrahiert werden, wenn vorher Spuren von elementarem Br zugegeben wurden, die sich an die Stelle der Rückstoßkerne setzten u. auf diese Weise die bei der Extraktion störenden Olefin-Verunreinigungen verhinderten. — Die Arbeiten dienen gleichzeitig dem Vergleich schwacher Aktivitäten, wie sie in den extrahierten Mengen auftreten. (J. chem. Soc. [London] **1951.** 434—43. Febr. Oxford, Clarendon Labor.) W. Schäfer. 105

P. F. D. Shaw, *Einige (n, γ)-Effekte in Jodbenzol.* In Fortsetzung der Unterss. (vgl. vorst. Ref.) über die Radio-Br-Extraktion wird auch für die Radio-J-Extraktion festgestellt, daß die Reproduzierbarkeit der Extraktion erst dann gegeben ist, wenn in der Substanz J im Überschuß enthalten ist. Die relativ geringe Ausbeute bei der Extraktion wird auf die Bldg. von Radikalen der Form Phenyl-J^- zurückgeführt. (J. chem. Soc. [London] **1951.** 443—47. Febr. Oxford, Clarendon Labor.) W. Schäfer. 105

W. R. Loosemore, *Füllverfahren und Verhalten von bromgelöschten Geiger-Müller-Zählrohren.* Zwischen dem gemessenen Fülldruck des Br_2 u. der Einsatzspannung des Zählrohres besteht nur dann ein klarer Zusammenhang, wenn bestimmte Vorschriften für die Füllung eingehalten werden, die sich auch auf die chem. Vorbehandlung des verwendeten Materials erstrecken. (J. sci. Instruments **28.** 384—85. Dez. 1951. Harwell, Berks., AERE.) Eichhoff. 112

D. H. Le Croissette und **J. Yarwood,** *Füllverfahren und Verhalten von bromgelöschten Geiger-Müller-Zählrohren.* (Vgl. vorst. Ref.) Die Messungen ergeben, daß die Einsatzspannung allein von dem Br_2-Druck abhängt, u. zwar ist die Abhängigkeit nicht linear sondern logarithmisch. (J. sci. Instruments **28.** 385. Dez. 1951. London, Polytechn., Dep. of Math. and Physics; Southampton, Univ. Coll., Phys. Dep.) Eichhoff. 112

D. H. Wilkinson, *Ein Stabilisator für Proportionalzähler.* Inhaltlich ident. mit der C. **1951.** I. 1111 referierten Arbeit. (J. sci. Instruments **27.** 36—38. Febr. 1950. Cambridge, Cavendish Labor.) H. Hauswald. 112

R. E. Heineman, *Eine Ionisationskammer mit mehreren Drähten zur Untersuchung großer Luftschauer.* (Sitzungsbericht.) Mittels einer großen Ionisationskammer, die mit 20 zentralen Drähten ausgestattet ist u. durch Koinzidenzen gesteuert wird, soll die seitliche Verteilung der Ionisation in großen Luftschauern untersucht werden. Die Impulse von den Drähten werden verstärkt u. auf ein Synchroskop mit 20 Kanälen gegeben. (Physic. Rev. [2] **87.** 240. 1/7. 1952. Univ. of Michigan.) Wiedemann. 112

J. L. Horwood und **C. McMahon,** *Untersuchungen von Gesteinsproben mit einer Ionisationskammer.* Zur vorläufigen Unters. von Gesteinsproben auf γ-Aktivität verwenden Vff. eine Ionisationskammer mit einem Vol. von 996 cm^3, die mit reinem Ar von einem Druck von 600 lbs./sq.in. gefüllt ist, in Verb. mit einem Nadelgalvanometer. (Canad. Min. J. **71.** 56 E—61. April 1950. Ottawa, Can., Bur. of Mines, Radio-Active Div.) H. Hauswald. 112

F. Zajdela, *Ein neues autohistoradiographisches Verfahren.* Das Verf. liefert ausreichende Schwärzungen mit sehr schwachen Aktivitäten (50 Ausschläge/Min./mm^2 mkr. Schicht) u. eine gute Auflösung wegen der Dünne der Emulsionsschicht. Die autoradiograph. Registrierung erstreckt sich auf das gesamte Spektr. der langsamen u. schnellen β-Teilchen. Mikrophotographien von Autohistoradiogrammen von Schilddrüsengeweben nach Injektion von Radiojod werden als Beispiele angeführt. (J. Radiol. Électrol. Arch. Électr. méd. **33.** 549—51. 1952. Paris, Inst. du Radium, Labor. Pasteur.) Gerhard Schmidt. 112

Charles M. Stevens, *Eine Vakuumschleuse für Routine-Festkörperanalysen mit einem Massenspektrometer.* Die Vakuumschleuse, die zur laufenden Einführung fester Proben in das Massenspektrometer ohne Öffnung der App. dienen soll, besteht im wesentlichen aus einem in 3 Teile geteilten Stab, dessen äußere Teile die eigentlichen Präparatträger sind. Der Stab wird durch einen ihn dicht umschließenden Kanal axial hindurchgeschoben, der in der Mitte eine Öffnung zur Strahlquelle hin hat. Drei Pumpsysteme sind auf jeder Seite des Kanals hintereinander angeschlossen, die gegeneinander durch die enge Führung des Stabes (0,002—0,004 in.) genügend dicht sind, während zwei „O"-Ringdichtungen aus Neoprenkautschuk gegen Atmosphärendruck abdichten (Abbildungen). 10—12 Min. nach Einführung der Probe kann das Massenspektr. bei höchstem Vakuum aufgenommen werden. (Rev. sci. Instruments **24.** 148—51. Febr. 1953. Chicago, Ill., Argonne Nat. Labor.) Conrad. 112

A_2. Optisches Verhalten der Materie.

A. B. Meinel, *Beweis für den Eintritt schneller Protonen in die obere Atmosphäre während der Nordlichtaktivität.* Inhaltlich ident. mit der C. **1951.** II. 1543 referierten Arbeit. (Science [New York] **112.** 590. 17/11. 1950. Williams Bay, Wis., Univ. of Chicago, Yerkes Obs.) WIEDEMANN. 113

J. Cabannes und **J. Dufay,** *Das OH-Molekül in der höheren Atmosphäre.* (Sitzungsbericht.) Spektralaufnahmen des Nachthimmels mit einem 2-Prismen-Spektrograph (Auflösungsvermögen 300—700 Å/mm im Gebiet 6000—8000 Å) zeigen zwischen 5870 u. 6865 Å ein Bandensyst., das als Rotationsschwingungsspektr. des OH identifiziert wird. Ferner werden in einer weiteren bis 11000 Å reichenden Aufnahme die OH-Banden neben der (0,2)-Bande des atmosphär. O_2 wiedergefunden. Der Bildungsmechanismus $H + O_3 \rightarrow OH + O_2$ wird als möglich angesehen. (J. Physique Radium **12.** 9S—10S. März 1951.) RUDOLPH. 113

Vic Twersky, *Über eine Theorie der Mehrfachstreuung am Gitter und die Woodschen Anomalien.* (Sitzungsbericht.) (Physic. Rev. [2] **85.** 715—16. 15/2. 1952; Bull. Amer. physic. Soc. **26.** Nr. 6. 19—20. 24/10. 1951. New York Univ., Mathem. Res. Group.) RUMPF. 114

Stanley Bloom und **Henry Margenau,** *Druckverbreiterung von Absorptionslinien.* (Sitzungsbericht.) Vff. berichten über die Entw. einer Theorie der Druckverbreiterung von Absorptionslinien, die zu ähnlichen Ergebnissen führt wie die Theorie ANDERSONs für Emissionslinien. (Physic. Rev. [2] **85.** 717. 15/2. 1952; Bull. Amer. physic. Soc. **26.** Nr. 6. 21. 24/10. 1951. Yale Univ.) RUMPF. 114

L. A. Wainstein und **B. M. Jaworski,** *Näherungsmethode zur Berechnung optischer Übergangswahrscheinlichkeiten.* Die von Vff. entwickelte Näherungsformel liefert ca. 1—2fach erhöhte Werte für die Oscillatorenstärken: *Li* 6707 (Å) 0,84 (experimentell 0,75); Li 3233 0,014 (0,0055); *Na*-D 1,9 (0,98), Na 3302 0,024 (0,014); *Hg* 1849 2,0 (0,96); *Cd* 2288 1,2 (1,2); ferner theoret. nach Vff. *N* II 3995, 5535, 5495 0,69, 0,32, 0,32; N III 4097, 0,45. (Vgl. hierzu GOMBÁS, C. **1952.** 6972.) (Доклады Академии Наук СССР [Ber. Akad. Wiss. UdSSR] [N. S.] **87.** 919—22. 21/12. 1952. Allunions Fernunterrichts-Inst. der Textil- u. Leichtind.) AMBERGER. 114

A. G. Gaydon, *Die Emissionsspektren von Flammen.* Zusammenfassende Übersicht der Ergebnisse der Flammenemissionsspektroskopie der letzten Jahre mit Ausblick auf die zukünftige Entwicklung. Die Übersicht ist bes. begrenzt auf das sichtbare u. UV-Spektralgebiet. Daneben werden die spektroskop. Methoden der Temperaturmessung besprochen sowie die Anregungsbedingungen in Flammen erörtert. (Quart. Rev. [chem. Soc., London] **4.** 1—19. 1950. London, Imp. Coll.) WISSEROTH. 118

C. G. James und **T. M. Sugden,** *Die Resonanzstrahlung von Wasserstoffflammen, die Alkalimetalle enthalten.* Die Intensität der in H_2-Flammen befindlichen Alkaliatome wächst bei kleinen Gehh. linear mit der Konz. u. bei höheren Gehh. proportional der Quadratwurzel der Konzentration. Der Potenzwechsel ist durch die Selbstabsorption in der Flamme bedingt, die wieder von der Linienverbreiterung durch den DOPPLER-Effekt u. von den Zusammenstößen der Atome in der Flamme abhängt. Diese Vorgänge untersuchen Vff. bei dem Problem der Bldg. stabiler gasförmiger Hydroxyde in Flammengasen u. zum Feststellen der wirksamen Durchmesser der angeregten Alkaliatome (*Li, Na, K, Rb, Cs*). In Kurvenbildern sind Versuchsergebnisse aufgezeichnet. Als Werte für σ_L^2 werden angegeben bei Li: 22, Na: 68; K: 125; Rb: 180 u. Cs: $164 \cdot 10^{-16}$ cm². 1 m Na-Lsg. ergab bei den von den Vff. gewählten Versuchsbedingungen $2{,}3 \cdot 10^{14}$ Atome/cm³ Flammenvol. im Grundzustand, was gleichbedeutend war mit einem Patrialdruck von $7 \cdot 10^{-5}$ at. Nach der von den Vff. entwickelten Meth. lassen sich gut Konz. u. Gleichgewichte bei hohen Tempp. bestimmen. (Nature [London] **171.** 428—29. 7/3. 1953. Cambridge, Univ., Dep. of Phys. Chem.) ROEDER. 118

Andrée Johannin-Gilles, *Absorption des Wasserdampfes im Schumann-Ultraviolett.* Absorptionsmessungen an Wasserdampf bei verschied. Druck (0,5—8 Torr) u. verschied. Schichtdicken ergeben eine bei ca. 1880 Å beginnende u. sich mit mehreren Maxima bis unter 1600 Å ausdehnende Bande. Das BEER-LAMBERTsche Gesetz wird nicht befolgt. Es wird Prädissoziation vermutet. Der Absorptionsbeginn bei 1880 Å entspräche einem Grenzwert der Dissoziationsenergie von 6,6 eV, einem Wert, der mit dem krit. Potential bei der Dissoziation durch Elektronenstoß entsprechend dem Prozeß $H_2O + e \rightarrow H_2O^- \rightarrow H^- + OH$ übereinstimmt. (C. R. hebd. Séances Acad. Sci. **236.** 676—78. 16/2. 1953.) RUDOLPH. 118

Kenneth L. Andrew und **K. W. Meissner,** *Das Bogenspektrum des Germaniums.* (Sitzungsbericht.) Entw. einer Quarzbogenlampe, deren Elektroden mit reinem GeO_2

bedeckt sind u. die sehr scharfe Linien liefert. 150 neue Linien zwischen 10460 Å u. 4735 Å werden ausgemessen. Die zur $4s^24p5p$-Konfiguration gehörenden KIESSschen Terme werden bestätigt u. der fehlende $5p^1P_1$-Term aufgefunden, ferner 3 Terme von $4s^24p6p$; hierzu werden 6 der bisher fehlenden 7 Terme aufgestellt. Einige Linien werden als Kombinationen von 5p mit den von GARTLEIN u. RAO aufgestellten Termen angesprochen. (Physic. Rev. [2] **85.** 716. 15/2. 1952; Bull. Amer. physic. Soc. **26.** Nr. 6. 20. 24/10. 1951. Purdue Univ.) RUMPF. 118

J. E. Mack, *Die verbotenen langen s-ns-Serien bei RbJ.* (Sitzungsbericht.) Die verbotenen Linien, die von KRATZ u. MACK (C. **1950.** II. 501) u. von MACK (C. **1951.** I. 291) als s-(n — 3)f-Linien angesprochen worden waren, müssen als s–ns-Linien gedeutet werden. Die hohen f-Terme können nicht von den benachbarten mit höheren l-Werten getrennt werden. Bei 28 m Absorptionsweg werden die den Feldern benachbarter Atome zuzuordnenden Absorptionslinien $6s^2S_{1/2} — ns^2S_{1/2}$ aufgefunden, wobei n von 32—52, möglicherweise auch bis 53 läuft. (Physic. Rev. [2] **85.** 716. 15/2. 1952; Bull. Amer. physic. Soc. **26.** Nr. 6. 20. 24/10. 1951. Univ. of Wisconsin.) RUMPF. 118

Thomas L. Weatherly, Edward R. Manring und **Dudley Williams,** *Weitere Untersuchungen der Doppelübergänge des l-Typs in HCN und DCN.* Sitzungsbericht zu der C. **1953.** 5130 referierten Arbeit. (Physic. Rev. [2] **85.** 717. 15/2. 1952; Bull. Amer. physic. Soc. **26.** Nr. 6. 21. 24/10. 1951. Ohio State Univ., Dep. of Phys. and Astron.) RUMPF. 118

Richard H. Hughes, *Mikrowellenspektrum und Struktur von Ozon.* (Sitzungsbericht.) Unters. des Rotationsspektr. des Ozons zwischen 8000 u. 43000 MHz. Der daraus berechnete Wert für die Bindungslänge stimmt gut mit dem aus Elektronenstreuung erhaltenen überein, für den Spitzenwinkel wird jedoch der Wert 116,5—117,0° erhalten, aus Elektronenbeugung jedoch 127 ± 3°. Das Dipolmoment beträgt 0,65±0,05 Debye. (Physic. Rev. [2] **85.** 717. 15/2. 1952; Bull. Amer. physic. Soc. **26.** Nr. 6. 21. 24/10. 1951.) RUMPF. 121

R. A. Frosch und **H. M. Foley,** *Magnetische Hyperfeinstruktur in zweiatomigen Molekülen.* (Vgl. C. **1953.** 648.) In Erweiterung ihrer früher gebrachten allg. Theorie der magnet. Hyperfeinstruktur zweiatomiger Moll. diskutieren die Vff. die Anwendungen dieser Theorie auf die Mikrowellenspektren von $^{14}N^{16}O$ u. $^{16}O^{17}O$. (Physic. Rev. [2] **88.** 1337—49. 15/12. 1952. New York, N. Y., Columbia Univ.) GOTTFRIED. 121

E. Tartaglione, *Streuung von Röntgenstrahlen durch wässerige Lösungen einiger Sulfate.* Messung der Intensitätsverteilung bei der Streuung von Röntgenstrahlen durch H_2O u. wss. Lsgg. von $CuSO_4$, $FeSO_4$ u. $MnSO_4$ führen ähnlich wie der RAMAN-Effekt solcher Lsgg. zur Feststellung einer spezif. Wrkg. der Cu^{2+}- u. Fe^{2+}-Ionen auf die Moll. des Lösungsm. mit der Bldg. assoziierter Gruppen. Bei Mn^{2+} tritt dieser Effekt nicht auf. (Nuovo Cimento [9] **8.** 977—80. 1/12. 1951. Napoli, Univ., Ist. di Fisica.) RUMPF. 122

Robert Lochet, *Über die Intensität der Rayleighschen Lichtstreuung in verdünnten Lösungen.* In genügend verd. wss. Lsgg. starker Elektrolyte wird die RAYLEIGHsche Lichtstreuung, die durch Konzentrationsschwankungen des gelösten Stoffes verursacht wird, durch die vereinfachte Formel $R — Ro = H \cdot M \cdot c/\nu$ wiedergegeben (R bzw. Ro = RAYLEIGH-Konstante der Lsg. bzw. des W., H = Konstante der Lsg., M = Mol.-Gew., c = Konz., ν = Zahl der Ionen pro Mol.). Diese Beziehung wird erfüllt von verd. Lsgg. der *Alkali-* u. *Erdalkalibromide* u. *-jodide* sowie von den Chloriden sehr großer Kationen. Daraus folgt eine ungeordnete Verteilung dieser gelösten Ionen. Für eine Reihe anderer Elektrolyte in Lsgg. einer Verdünnung für die das VAN'T HOFFsche Gesetz noch erfüllt ist, weichen die Streuintensitäten von der linearen Beziehung $(R—Ro)^2/HM^2$ als Funktion von $\nu c/M$ ab. Dies gilt — wie gezeigt wird — in zunehmendem Maße für *NaCl–CaCl₂–MgCl₂–HCl*-Zucker. Als Ursache wird angenommen, daß eine starke Affinität des gelösten Stoffes zu den Moll. des Lösungsm. eine geordnetere Verteilung des gelösten Stoffes im quasikristallinen Gitter des Lösungsm. u. damit eine Verminderung der Streuung nach sich zieht. (C. R. hebd. Séances Acad. Sci. **230.** 2275—77. 26/6. 1950.) RUDOLPH. 122

Gorō Yamaguchi und **Hiroshi Matushita,** *Farbtöne und Lichtabsorption von Ultramarin.* Feinstgepulvertes *Ultramarin* mit Cedernöl wurde zwischen Glasplatten zur Best. der Lichtabsorption verwendet. Die Beziehungen zwischen der Art der Herst. u. den Absorptionsspektren wird im einzelnen erörtert. (J. chem. Soc. Japan, ind. Chem. Sect. [Kōgyō Kagaku Zassi] **54.** 23—25. Jan. 1951. Tokyo Univ. [Orig.: japan.]) SCHULER. 122

Stanley Bashkin und **Gerson Goldhaber**, *Eine Bemerkung über dünne Nickelfolien.* Ni-Folien mit Dicken zwischen 250—1000 Å werden dargestellt durch elektrolyt. Niederschlagen von Ni auf eine Cu-Unterlage u. Entfernen der Unterlage mittels aktivierter Chromsäure (15 cm³ H_2SO_4 in 1 Liter gesätt. Chromsäure). Die Folien werden in dünne Ni-Rahmen eingespannt, die in der Mitte ein Loch besitzen. Die Filme haben im reflektierten Licht metall. Aussehen u. sind bei einer Dicke von 1000 Å nur halbdurchsichtig. Die Lichtdurchlässigkeit eines 500 Å dicken Films schwankte zwischen 25 u. 40% der einfallenden Lichtintensität. Filme mit einer Dicke von 500 Å haben ein Bremsvermögen von 8—10 keV für ein 17 MeV-Proton. — Es wird noch kurz mitgeteilt, daß Li, Al u. andere Substanzen auf Ni-Filme von 500 u. 1000 Å Dicke aufgedampft wurden, die mehreren Hundert μAh eines hochenerget. Protonstroms, ohne zu brechen, widerstanden. (Rev. sci. Instruments **22.** 112—13. Febr. 1951. Madison, Wis., Univ.) GOTTFRIED. 122

Simone Robin, *Messungen des Reflexionsvermögens dichter metallischer Schichten (Au, Pt, Cr) im Schumann-Gebiet. Bestimmung der optischen Konstanten.* Mit Hilfe eines Konkavgitter-Monochromators, Na–Salicylat-Leuchtstoffschirms u. Elektronenvervielfachers wird bei einem Lichteinfallswinkel von 18 u. 45° im Gebiet 1200—2100 Å das Reflexionsvermögen R von im Vakuum aufgedampften undurchsichtigen Schichten aus Cr, Pt u. Au gemessen. Die R-Werte steigen ab ca. 1600 Å mit der Wellenlänge λ stärker an; ebenso nehmen der Brechungsindex u. der Extinktionsindex k, deren Ermittlungen aus R mit Fehlern bis 20% behaftet sind, langsam mit λ zu. (C. R. hebd. Séances Acad. Sci. **236.** 674—76. 16/2. 1953.) RUDOLPH. 122

Leopold Wieninger, *Über die Verfärbung von gepreßten Steinsalzkristallen durch Bestrahlung mit α-Teilchen von RaF.* In Fortführung von früheren Arbeiten (vgl. C. **1952.** 2297) mit dem Ziel, die Verhältnisse aufzuklären, die in der Natur bei der Verfärbung der Steinsalzkristalle geherrscht haben, werden die Unterss. auf gepreßte Steinsalzkristalle ausgedehnt. Die bei der Pressung auftretende Stauchung, nicht aber die dabei auftretende Trübung, ist ein Maß für den künstlich erzeugten Störgrad; denn die Trübung hat bei einem mittleren Stauchgrad ein Maximum. In der Absorptionskurve tritt nach Bestrahlung mit α-Strahlen außer der bei ungepreßten Kristallen gefundene F-Bande bei 465 mμ u. M-Bande bei 740 mμ eine Bande bei 670 mμ auf, die schon bei Erwärmung der bestrahlten Kristalle gefunden worden war. Bei längerer Bestrahlung tritt die die Blaufärbung (soweit diese nicht durch Kolloide verursacht wird) bewirkende R_2-Bande bei 575 mμ samt den „Zwischenbanden" bei 670 u. 510 mμ auf. Diese Bldg. von R_2-Zentren über die Zwischenzentren geschieht also bei gepreßten Kristallen im Dunkeln schon bei Zimmertemp., während sie bei ungepreßten erst bei viel höherer Temp. eintritt. Das bedeutet, daß Blaufärbung bei in der Natur möglichen Umständen eintritt. Der Anstieg der Verfärbung mit der Bestrahlungsdosis ist bei gepreßten Kristallen viel steiler. Der Energieaufwand zur Bldg. eines F-Zentrums ist (bei ca. 10^{15} F-Zentren pro cm³ mit ca. 8 eV pro F-Zentren) etwa zehnmal so klein wie bei ungepreßten. Die starke Abhängigkeit der Bildungsenergie der F-Zentren vom Störgrad weist auf die Notwendigkeit hin, das Modell des F-Zentrums durch Einbeziehung des Zustandes seiner Umgebung zu ergänzen (**vgl.** auch folgendes Ref.). (S.-B. österr. Akad. Wiss., math.-naturwiss. Kl., **Abt. IIa 159.** 381—93. 1950. Wien, Univ., II. Phys. Inst.) BRAUER. 125

Leopold Wieninger und **Norbert Adler,** *Über den Einfluß der Erwärmung auf das Absorptionsspektrum des mit RaF-α-Strahlen verfärbten Steinsalzes.* (Vgl. auch vorst. Ref.) Die durch α-Strahlung bewirkte Gelbfärbung des Steinsalzes schlägt bei Erwärmung in Blau um. Dabei entstehen R_2-Zentren (R_2Z) mit einer Absorptionsbande bei 575 mμ aus F-Zentren u. M-Zentren über „Zwischenzentren" (670 mμ u. 510 mμ). Die Zahl der verschwindenden F-Zentren u. M-Zentren, die nach SMAKULA (Z. Physik **59.** [1930.] 603) aus den Absorptionskurven berechnet wurden, ist zusammen doppelt so groß wie die Zahl der entstehenden R_2-Zentren (Größenordnung für blaues Steinsalz: 10^{14}—10^{17} pro cm³). Dies entspricht den Modellvorstellungen von SEITZ (C. **1946.** I. 1671), wonach einem F-Zentrum ein Elektron in einer Halogenlücke, einem M-Zentrum ein Elektron in einer Assoziation von zwei Anionen- u. einer Kationenlücke u. ein R_2-Zentrum zwei Elektronen in zwei assoziierten Halogenlücken entspricht. — Bei fortschreitender Erwärmung entfärbt sich der Kristall. Die Konz. N der R_2-Zentren vermindert sich dabei gemäß den Gesetzen einer monomol. Rk. $N = N_0 e^{-\beta t}$, worin für Tempp. über 180° $\ln\beta = A - C/T$ mit $A = 70{,}9\ h^{-1}$ u. $C = 3{,}346 \cdot 10^4\ h^{-1}$ Grad. Die daraus abzuschätzende maximale Halbwerts-Lebensdauer der blauen Steinsalzlager von $2{,}6 \cdot 10^{14}$ Jahren bei 20° ist nicht im Widerspruch mit dem tatsächlichen Lebensalter von 10^8 Jahren. (S.-B. österr. Akad. Wiss., math.-naturwiss. Kl., **Abt. IIa 159.** 395—406. 1950.) BRAUER. 125

Leopold Wieninger, *Ein Beitrag zur Klärung der Frage nach Wesen und Ursprung der Violett- bzw. Blaufärbung natürlicher Steinsalzkristalle.* (Vgl. vorst. Reff.) Die natürlichen gefärbten Steinsalzkristalle lassen sich in drei Gruppen einteilen: 1. durch Zentren, 2. durch koll. Na u. 3. durch Zentren u. koll. Na gefärbte. Die durch Zentren gefärbten gehorchen dem gleichen Verfärbungsmechanismus wie künstlich durch α-Strahlen verfärbte; dabei bilden sich prim. F- u. M-Zentren, die sich über Zwischenzentren in R_1- u. R_2-Zentren verwandeln. Bei 3. ist entweder die Hauptbande auf Zentren oder auf Kolloide zurückzuführen. Im letzteren Falle treten noch Banden auf, die nur bei natürlichen Stücken beobachtet wurden. Das koll. Na bildet sich aus F-Zentren. Die Verfärbung des natürlichen Steinsalzes beruht auf der Wrkg. des RaD (RaF) aus radioakt. Tiefenwässern u. des radioakt. K-Isotops. (S.-B. österr. Akad. Wiss., math.-naturwiss. Kl., Abt. IIa **160.** 147—80. 1951.) BRAUER. 125

Werner Martienssen, *Photochemische Vorgänge in Alkalihalogenidkristallen bei tiefen Temperaturen.* (Vgl. C. **1953.** 2231.) Die Durchstrahlung von Alkalihalogenidkristallen mit Röntgenlicht bei tiefer Temp. führt zu einer Vorstufe der F-Zentren in Form der Absorptionsbande (α) im langwelligen Ausläufer der UV-Eigenabsorption. Durch Wahl von Bestrahlungsdauer t u. -temp. kann die Bldg. der F-Zentren zugunsten einer verstärkten α-Zentrenbldg. klein gehalten werden. Für *KBr* wird die Höhe der F- u. α-Banden als Funktion von t gemessen. Bei —253° wird gegenüber —183° die Bildungsgeschwindigkeit der α-Bande erhöht, die der F-Bande verringert. Durch Temperaturerhöhung oder Lichteinstrahlung in die α-Bande, z. B. von KBr, werden die α-Zentren abgebaut. Die F-Bande u. ihr kurzwelliger Begleiter, die β-Bande, werden dabei nicht verändert. Bei diesem Prozeß, dessen Quantenausbeute gering ist, tritt eine grünblaue Fluorescenz auf. Die Lagen der α- u. β-Bande bei —183° werden auch für *NaBr, KJ, RbBr* u. *RbJ* bestimmt. Die Ergebnisse werden dahin gedeutet, daß die Vorstufe der F-Zentren durch Gitterplätze gebildet wird, an denen einzelne Halogenionen aus der Gitterordnung hinausgestoßen worden sind. Diese bleiben in der Nähe der Anionenlücke u. können bes. bei erhöhter Wärmebewegung des Gitters in die Lücke zurückspringen. (Nachr. Akad. Wiss. Göttingen, math.-physik. Kl., IIa math.-physik.-chem. Abt. **1952.** 111—16. Göttingen, Univ., I. Physikal. Inst.) RUDOLPH. 125

E. Krautz, *Über den Einfluß von Reduktionsprozessen auf den Leuchtmechanismus des fluorescierenden Magnesiumorthotitanates und Rubins.* Die Luminescenz von Mg_2TiO_4, die bei Aktivierung mit Mn einer Konz. zwischen weniger als 10^{-4} bis ca. 1 Gew.-%, maximal bei $5 \cdot 10^{-2}$ Gew.-% auftritt, ist — wie Vf. zeigt — gegenüber einer reduzierenden Behandlung im Gegensatz zu vielen anderen Mn-aktivierten Leuchtstoffen sehr empfindlich. So zeigt sich nach Erhitzen des optimal aktivierten Orthotitanats in strömendem H_2 bereits bei Reduktionstempp. T_R von ca. 300° beginnend ein schneller Luminescenzabfall bis auf Null für $T_R = 850$. Das gleichzeitig untersuchte Verh. der Luminescenz von Cr-aktiviertem Al_2O_3 als Funktion von T_R zeigt eine merkliche Abnahme erst bei Werten von $T_R > 1000°$. Die Luminescenzabnahme kann auf eine Red. sowohl des isomorph eingebauten Mn^{4+}-Ions als auch des Ti-Ions zurückgeführt werden. Therm. Behandlung des Leuchtstoffes im Vakuum ergibt eine stärkere Luminescenzabnahme erst nach Behandlungstempp. über 400° (1 Std.) in Übereinstimmung mit der Tatsache, daß die therm. Dissoziation von MnO_2 in stärkerem Maße erst oberhalb von 400° erfolgt. (Abh. braunschweig. wiss. Ges. **3.** 55—60. 1951.) RUDOLPH. 125

J. R. Jacques und **H. A. Jarrell,** *Beobachtungen über den Temperatureffekt auf die Luminescenz eines mit einem α-Teilchen erregten Wurtzit-Phosphors.* (Sitzungsbericht.) Die Impulshöhenverteilung eines mit 5 MeV-α-Teilchen erregten Wurtzitphosphors nimmt von —195° bis —100° langsam zu, bleibt bis ca. 195° konstant u. fällt dann rasch bis auf Null bei ca. 300°. (Physic. Rev. [2] **79.** 418. 15/7. 1950. Clemson, Agricult. Coll.) RUDOLPH. 125

F. A. Kröger und **W. de Groot,** *Der Einfluß der Temperatur auf die Fluorescenz fester Stoffe.* Die Lichtausbeute bei der Fluorescenz fester Stoffe wird durch mit steigender Temp. wachsende Wechselwrkg. zwischen angeregtem Atom (bzw. Atomgruppe) mit dem umgebenden Kristallgitter beeinträchtigt. Die damit verbundene Erhöhung der Abklinggeschwindigkeit (Vergrößerung der Abklingkonstante) wird in einem einfachen Falle berechnet. Aber auch bei Anregung im Kristallgitter kann die Anregungsenergie ganz oder teilweise während der Übertragung auf die Aktivatoratome durch strahlungslose Übergänge für die Lichtaussendung ganz oder teilweise verlorengehen, wobei sich die Abklingdauer nicht ändert. Meßmethoden zur Best. der Abklingdauer u. der Ausbeute werden beschrieben u. Ergebnisse mit der Theorie verglichen. Schließlich werden die Komplikationen behandelt, die dadurch hervorgerufen werden, daß die Leucht-Rk' bimol. ist. (Philips' techn. Rdsch. **12.** 6—14. Juli 1950.) BRAUER. 125

F. A. Kröger und **W. Hoogenstraaten,** *Die Lokalisierung von strahlungslosen Übergängen in lumineszierenden Systemen.* Wird ein Syst. durch Erregung nur in den Zustand versetzt, von dem aus die Lichtemission vor sich geht, so können auch strahlungslose Übergänge nur von diesem Zustand aus erfolgen (Fall 1). Wird das Syst. aber höher angeregt, so sind strahlungslose Übergänge von jedem Zwischenniveau aus möglich (Fall 2). Vff. hatten früher gezeigt, daß im ersten Falle eine Vergrößerung der Abklingkonstante erfolgt, in den anderen Fällen dagegen nicht (vgl. vorst. Ref.), sofern der leuchtende Übergang geschwindigkeitsbestimmend ist. Dies wird auf $Cd_2B_2O_5 \cdot Mn$, $CdSiO_3 \cdot Mn$ u. $CaWO_4 \cdot Sm$ angewendet, bei denen die Intensitäts–Temp.-Kurve ein Maximum durchläuft. Messung der Temperaturabhängigkeit der Konstanten der (exponentiellen) Abklingung u. der stationären Helligkeit ergaben, daß bei hohen Tempp. Fall 1, bei tiefen Fall 2 überwiegt. Für die Sm-Emission des $CaWO_4 \cdot Sm$ gilt das Gleiche; nur wird statt der strahlungslosen Übergänge $CaWO_4$-Emission beobachtet. (Physica **16.** 30—32. Jan. 1950. Eindhoven, Philips' Res. Labor.) BRAUER. 125

A_3. Elektrizität. Magnetismus. Elektrochemie.

Rudolf Danninger und **Hugo Sirk,** *Theorie des in einer magnetisch abgelenkten Glimmentladung auftretenden Druckgefälles.* Die magnet. hervorgerufenen Druckdifferenzen in einer Glimmentladung bei transversalem Magnetfeld werden unter der Annahme berechnet, daß die Druckdifferenzen durch Impulsübertragung von Ladungsträgern auf Neutralgasmoll. entstehen. (S.-B. österr. Akad. Wiss., math.-naturwiss. Kl., Abt. IIa. **159.** 59—62. 1950.) PIEPLOW. 131

Lawrence J. Varnerin jr. und **Sanborn C. Brown,** *Bestimmung der mittleren Elektronenenergien und des ersten Townsend-Koeffizienten in Wasserstoff mittels Mikrowellen.* (Vgl. C. **1950.** II. 859.) Ausgehend von der Gleichung von BOLTZMANN wurde ein Verf. zur Best. der mittleren Elektronenenergie in einem Gas bei Ggw. eines Gleichfeldes entwickelt. Sie erfolgt über die Messung des Quotienten zwischen Elektronendiffusion u. Beweglichkeit. Durch Lsg. der Geschwindigkeitsverteilungsfunktionen im Gleich- u. Wechselfeld kann bei H_2 der effektive Ionisationskoeff. im Wechselfeld mit dem TOWNSEND-Koeff. verglichen werden. Der TOWNSEND-Koeff. wurde andrerseits aus Durchbruchsverss. in H_2, die mittlere Elektronenenergie direkt bestimmt. Als Wechselspannungsgenerator stand ein abstimmbares Magnetron im 10 cm-Wellenbereich zur Verfügung. Die gemessenen Werte stimmen mit den theoret. Daten gut überein. (Physic. Rev. [2] **79.** 946—51. 15/9. 1950. Cambridge, Mass., Inst. of Technol., Res. Labor. of Electronics.) STAHL. 131

H. Falkenhagen und **H. Jacob,** *Bemerkungen zur Theorie der Elektrostriktion in Onsager-Flüssigkeiten.* Die elektrostriktiven Druckeffekte in homogenen Fll. ergeben sich zu: $\Delta p = \varrho (E^2/8\pi)(\partial \varepsilon/\partial \varrho)_T$, wo p = Druck, ϱ = D., E = elektr. Feldstärke, ε = DK. u. T = absol. Temp. bedeuten. Mit Hilfe der ONSAGERschen Kontinuumstheorie des inneren Feldes berechnen Vff. $(\partial \varepsilon/\partial \varrho)_T = \varepsilon(\varepsilon - 1)\{2\varepsilon + 4n^2(\varepsilon + 1) - n^4\}/3\varrho(2\varepsilon^2 + n^4)$ (n der Brechungsindex extrapoliert auf unendliche Wellenlänge). Die elektrostriktiven Druckkoeffizienten einiger organ. Fll., die die ONSAGER-Theorie erfüllen, werden berechnet. Es zeigt sich bis auf geringere Abweichungen eine Zunahme des Effektes mit wachsendem Dipolmoment. (Ann. Physik [6] **8.** 105—08. **1950.** Rostock, Univ., Physikal. Inst.) FALKENHAGEN. 132

José Lima-de-Faria, *Über die Berechnung von elektrischen Ladungen, die im Innern von Lösungen in Bezirken sehr großer Diskontinuitäten des elektrischen Feldes gebildet werden.* Vf. wiederholt die Rechnungen von KOHLRAUSCH (Ann. Phys. Chim. **62.** [1897.] 209) bzgl. der im Innern von Lsgg. in Bezirken sehr großer Diskontinuitäten des elektr. Feldes zu erwartenden Größe der elektr. Ladungsdichte u. findet durch Einführung der DK. des W. größere Werte als dieser. Das Ergebnis der Rechnungen steht in Übereinstimmung mit dem Mechanismus der Reaktionsbeschleunigung chem. Rkk. unter dem Einfl. eines elektr. Feldes. (C. R. hebd. Séances Acad. Sci. **235.** 1392—94. 1/12. 1952.) NIEMITZ. 132

S. K. Chatterjee, *Eine Approximationstheorie der Hohlraumresonatormethode zur Bestimmung der dielektrischen Verluste von Festkörpern bei Mikrowellenfrequenzen.* Der Realteil ε' u. der Imaginärteil ε'' der komplexen DK. kleiner Proben dielektr. Festkörper in Hohlraumresonatoren werden mit Hilfe der Feldgleichungen des zylindr. Resonators u. der Störungsformel von BETHE u. SCHWINGER berechnet. Weiter wird die Qualität Q des Resonators mit Probe mittels Feldgleichungen u. POYNTING-Vektors bestimmt. Zweck der Erörterungen ist, ein gegenüber früheren Arbeiten anderer Autoren vereinfachtes Verf. zur Best. des Verlustwinkels δ ($\tan \delta = \varepsilon''/\varepsilon'$) zu geben.

(J. Indian Inst. Sci., **34.** 43—49. April 1952. Bangalore, Indian Inst. of Sci., Dep. of Electr. Communicat. Engng.) H. JACOB. 132

Hans Baumgartner, *Elektrische Sättigungserscheinungen und elektrocalorischer Effekt von Kaliumphosphat,* KH_2PO_4. Von KH_2PO_4-Kristallen (I) wurden in der Nähe der CURIE-Temp. Θ die Polarisation P (ballist. Messungen) u. die DK. ε_c in der c-Richtung, je in Abhängigkeit von der Stärke E eines angelegten Gleichstromfeldes bis zu 17000 V/cm, bestimmt. P steigt mit zunehmendem E an u. zwar um so stärker, je kleiner die Differenz $T - \Theta$ (T = Meßtemp., $T - \Theta$ zwischen $-1{,}85$ u. $+2{,}47^0$) u. nähert sich schließlich einem Grenzwert. ε_c fällt mit wachsendem E ab; für $T - \Theta = 5{,}32^0$ ist der Abfall sehr gering u. am stärksten für $T - \Theta = 0{,}14^0$. Zum Unterschied von ε_c ist die DK. von I in der a-Richtung bis zu E = 60000 in der Nähe von Θ unabhängig von E, falls das Feld in der a-Richtung liegt; liegt das Feld aber in der c-Richtung, so fällt ε_a ebenfalls mit wachsendem E ab. Die spezif. Wärme c_p wird zu 0,977 Joule/cm^3·Grad bestimmt. Der Elastizitätsmodul s_{66} von I fällt mit steigendem E ab, bei $T - \Theta = 2{,}7^0$ nur wenig, bei $T - \Theta = 0{,}65^0$ sehr stark, u. geht schließlich in einen Grenzwert über, der um so höher liegt, je größer $T - \Theta$; s_{66} des isolierten Kristalles (Messungen an dem in einem Luftspalt schwingenden Kristall) dagegen ist unabhängig von E. Auf Grund der umfangreichen Messungen u. theoret. Überlegungen wird gezeigt, wie der Abfall von ε_c mit steigendem E einerseits mit dem elektrocalor. Effekt u. andererseits mit den Sättigungserscheinungen der elektr. Polarisation verknüpft ist. Der elektrocalor. Effekt, der für E = 10000 bei $T - \Theta = 1^0$ eine adiabat. Temperaturänderung von über 1^0 bewirkt, erzeugt durch Temperaturschwankungen als Funktion des Feldes P-Änderungen, die den ursprünglichen durch das Feld erzeugten entgegengesetzt sind u. so ε_c verkleinern. Auf Grund der Ergebnisse wird versucht zu entscheiden, ob es möglich ist, die Seignetteelektrizität durch eine Theorie mit innerem Feld (analog der Theorie des Ferromagnetismus von LANGEVIN u. WEISS) oder durch die statist. Theorie von SLATER (J. chem. Physics **9.** [1941.] 16) darzustellen. Die Sättigungskurven oberhalb Θ stehen im Widerspruch zur SLATERschen Theorie. Erstere Theorie jedoch vermag die Ergebnisse unter- u. oberhalb Θ quantitativ richtig wiederzugeben, wenn die LANGEVIN-Funktion durch eine allgemeinere ersetzt u. eine geringe Temperaturabhängigkeit des Dipolmomentes angenommen wird. Die anomale Abhängigkeit des Piezomoduls u. des Elastizitätsmoduls oberhalb Θ wird auf das anomale Verh. der Polarisation zurückgeführt (die Deformation ist auch im Sättigungsgebiet streng proportional zu P). (Helv. physica Acta **23.** 651—96. 10/12. 1950. Zürich, ETH, Physikal. Inst.) FUCHS. 132

Franco Jona, *Elastizität von piezoelektrischen und seignetteelektrischen Kristallen.* Auf Grund der Messung der beim Durchgang von Ultraschallwellen (500 kHz) durch einen Kristall auftretenden Beugungserscheinungen (Meth. von SCHAEFER u. BERGMANN) wurde zwischen -50 u. 40^0 die Temperaturabhängigkeit folgender Elastizitätskonstanten c_{ik} bestimmt: *Seignettesalz* (**I**, c_{11}, c_{12}, c_{13}, c_{22}, c_{33}, c_{55} u. c_{66}; c_{44} wegen zu starker Dämpfung nicht bestimmbar); $NaClO_3$ (c_{11}, c_{12} u. c_{44}); KD_2PO_4 (c_{11}, c_{12} u. c_{66}) u. RbH_2PO_4 (c_{11}, c_{12} u. c_{66}). Die c_{ik}-Werte sind in allen Fällen nicht oder nur wenig abhängig von der Temp.; soweit ein Vgl. mit anderen Messungen möglich ist, stehen die vorliegenden Ergebnisse in guter Übereinstimmung mit jenen. Theoret. Betrachtungen sowie ergänzende Messungen an KH_2PO_4 (**II**) zeigen, daß die angewandte Meth. die c_{ik}-Werte für ein konstantes elektr. Feld u. nicht die für konstante dielektr. Verschiebung liefert; die angegebenen Daten beziehen sich auf letztere, die durch Umrechnung der ersteren erhalten wurden. Schließlich wird noch auf die Intensitätsverhältnisse der Beugungsbilder, sowie auf den Befund, daß **II** für in der c-Richtung einfallendes Licht schärfere Beugungserscheinungen als für in der a-Richtung einfallendes liefert, eingegangen. Die Messung der Temperaturabhängigkeit der Brechungsindices (n_α, n_β u. n_γ) von I ergibt zwischen -50 u. 40^0 einen linearen Abfall der n-Werte mit der Temperatur. (Helv. physica Acta **23.** 795—844. 10/12. 1950. Zürich, ETH.) FUCHS. 135

André Lallemand und **Maurice Duchesne,** *Über einige Eigenschaften zusammengesetzter lichtelektrischer Schichten.* Vers. einer Deutung für die Abweichungen der therm. Sättigungsemissionsströme von der RICHARDSON-Geraden, wie sie an zusammengesetzten Ag–Cs_2O–Cs-Schichten von DUCHESNE (Diss., Paris) im unteren Teil des Temperaturbereiches 30 bis -5^0 an Hand von Messungen der Leuchtschirmhelligkeit der elektronenmkr. abgebildeten Schichten gemessen wurden. Aus dem geraden Teil der RICHARDSON-Geraden ergibt sich eine Austrittsarbeit $\Phi = 0{,}94$ eV, aus Messungen der lichtelektr. Ströme bei verschied. Temp. berechnet sich nach der FOWLERschen Theorie ein $\Phi = 0{,}98$ eV, während aus der lichtelektr. Grenzwellenlänge (15000 Å), gemessen bei 20 u. -120^0 ein temperaturunabhängiges Φ von ca. 0,84 eV folgt. Diese

Differenz u. gleichzeitig die Abweichungen vom RICHARDSON-Gesetz lassen sich nach Vff. durch die Annahme erklären, daß die Photoschichten auf ihrer Oberfläche eine geringe, elektronenmkr. nicht sichtbare Anzahl von kleinen Oberflächenbezirken mit einer geringen Austrittsarbeit (ca. 0,4 eV) besitzen. (Z. angew. Math. Physik [Basel] **1.** 195—201. 15/5. 1950. Paris, Observ.) RUDOLPH. 135

W. Baumgartner und **N. Schätti,** *Photoeffekt bei Cs–O-, Cs–S-, Cs–Se- und Cs–Te-Photokathoden.* Die Unters. der Empfindlichkeit der oben genannten Photokathoden unter Verwendung einer W- u. Hg-Lampe ergibt für die Grenzwellenlänge bzw. die Wellenlänge der maximalen Empfindlichkeit u. für die Empfindlichkeit in μÅ/Lm bei 2360° K die Werte: 10000—12000 Å bzw. 7000—8000 Å bzw. 30—50 für *CsO*; 8500 bis 10000 bzw. 4750—5300 bzw. 10—20 für *CsS*; 7500—8500 bzw. 4750 bzw. 5—10 für *CsSe*; 7000 bzw. 4500 bzw. 5—10 für *CsTe*. Ferner wird gezeigt, daß die Photoemission von CsO- u. CsS-Schichten im Sichtbaren nicht parallel mit der Grundgitterabsorption geht. (Helv. physica Acta **23.** 869—73. 10/12. 1950. Zürich, ETH, Inst. für techn. Phys.) FUCHS. 135

H. P. J. Wijn, *Eine neue Methode, ferromagnetische Halbleiter zu schmelzen. $BaFe_{18}O_{27}$, eine neue Art eines ferromagnetischen Kristalls mit hoher Kristallanisotropie.* Es wird ein neues Verf. beschrieben, ferromagnet. Halbleiter nach der Hochfrequenzmeth. zu schmelzen. Zum Schluß wird die Herst. eines Einkristalls der Zus. $BaFe_{18}O_{27}$ beschrieben. Seine Struktur gleicht der des $BaFe_{12}O_{19}$. Er hat seine hexagonale Achse senkrecht zur Oberfläche der Scheibe (4×5×0,3 mm). In einem homogenen Magnetfeld stellt sich diese c-Achse parallel zu den Kraftlinien ein, woraus auf eine sehr starke Kristallanisotropie zu schließen ist. (Nature [London] **170.** 707—08. 25/10. 1952. Eindhoven, N. V. Philips' Gloeilampenfabrieken, Philips' Res. Labor.) v. HARLEM. 137

R. M. Bozorth und **R. W. Hamming,** *Messung der Magnetostriktion in Einkristallen.* Es wird eine vereinfachte Meth. zur Best. der 5 Magnetostriktionskonstanten eines ferromagnet. kub. Einkristalls beschrieben. Der Kristall wird als Scheibe parallel zur (1 1 0)-Ebene geschnitten u. kleine Spannungsmeßgeräte nach dem Vorschlag von GOLDMAN (C. **1948. I.** 788) auf der Oberfläche so befestigt, daß diese die Spannungen in [0 0 1] u. [1 $\bar{1}$ 1] messen. Ein Magnetfeld, das ausreicht, den Kristall zu sättigen, wird in Schritten von 10° unter verschied. Winkeln zur [0 0 1]-Richtung angelegt u. die Magnetostriktion über einen Winkelbereich von 90° zu jedem der beiden Spannungsanzeiger gemessen. Jeder der so erhaltenen 18 Meßwerte wird mit einer bestimmten Zahl multipliziert, die aus der Inversion der Spannungsmatrix erhalten wurde. Auf diese Weise lassen sich die 5 Konstanten $h_1 \cdots h_5$ ermitteln. Mittels dieser Meth. wurde die Magnetostriktion einer Fe–Ni-Legierung mit 78% Ni in [1 1 1]-Richtung u. von reinem Ni bestimmt (vgl. auch C. **1952.** 2795; **1953.** 2076). (Physic. Rev. [2] **89.** 865—69. 15/2. 1953. Murray Hill, N. J., Bell Telephone Labor.) v. HARLEM. 137

C. K. Jen, J. W. B. Barghausen und **R. W. Stanley,** *Vorzeichenbestimmung für molekulare magnetische Momente.* (Sitzungsbericht.) Mit einer kurz beschriebenen App. wird festgestellt, daß das Rotationsmagnetmoment des NH_3 u. H_2O positives Vorzeichen besitzt. (Physic. Rev. [2] **85.** 717. 15/2. 1952; Bull. Amer. physic. Soc. **26.** Nr. 6. 21. 24/10. 1951. Johns Hopkins Univ.) RUMPF. 137

Olga Tanaevsky, *Einfluß des Magnetfeldes auf den kolloiden Schwefel.* Durch die Rk. zwischen H_2S u. SO_2 wird koll. Schwefel hergestellt, zur Entfernung der Polythionsäuren mit NaCl gefällt u. wieder gelöst. Die geringe Menge NaCl, die dabei im S bleibt, wird bei den Messungen berücksichtigt. Untersucht wurden Lsgg. mit 15% S, eine Lsg. mit 4% ergab prakt. die gleichen Ergebnisse. Für Lsgg., die durch Membranen mit verschied. Poren dialysiert waren, fand man folgende Susceptibilitäten: 825 bis 466 mμ —0,530 bis $-0{,}535 \cdot 10^{-6}$: 466—430 mμ —0,546 bis $-0{,}556 \cdot 10^{-6}$; 395 bis 340 mμ —0,582 bis $-0{,}586 \cdot 10^{-6}$. Je feiner also die Teilchen sind, desto größer ist der Diamagnetismus. (C. R. hebd. Séances Acad. Sci. **230.** 541—43. 6/2. 1950.) KLEMM. 137

Eiichi Ishiguro, Kenjiro Kambe und **Tunemaru Usui,** *Die Austauschwechselwirkung von Nickelionen im Nickelfluorsilicatkristall.* Unter Verwendung der experimentellen Werte der LARMOR-Linienbreite u. der spezif. Wärme des Spins wird die Größe der Austauschwechselwrkg. zwischen den Ni^{2+}-Ionen im $NiSiF_6 \cdot 6H_2O$-Kristall berechnet. Nach Abzug des Anteiles der magnet. Spin–Spin-Wechselwrkg., die sich ebenfalls auf die LARMOR-Linienbreite auswirkt, wird für die Austauschwechselwirkungskonstante ein Wert von $7{,}6 \cdot 10^{-18}$ erg bzw. $4{,}7 \cdot 10^{-6}$ eV gefunden. (Physica **17.** 310—18. März/April 1951. Tokyo, Ochanomizu Univ., u. Univ. of Electro-Communications, u. Univ. of Tokyo, Fac. of General Culture, Phys. Dep.) GEDSCHOLD. 137

Camillo Dejak, *Untersuchungen über die Theorie der Lösungen starker Elektrolyte.* 12. Mitt. *Beobachtungen über die Berechnung der Gefrierpunktserniedrigungen der Aktivität des Lösungsmittels in konzentrierten Lösungen.* (11. vgl. Gazz. chim. ital. **81.**

[1951.] 295.) Vf. entwickelt ein schnelles u. genaues Verf. zur Berechnung der Korrekturen für die Gefrierpunktserniedrigung bei starken Elektrolyten. Die eingehende Prüfung aller vorkommenden Konstanten ergibt schließlich folgende Gleichungen: für den Übergang vom experimentellen zum berechneten Wert: $\Delta_1 T = \Delta T + (51 \pm 14) \cdot 10^{-5} \cdot (\Delta T)^2 - (78 \pm 14) \cdot 10^{-7} \cdot (\Delta T)^3 - (46 \pm 7) \cdot 10^{-9} \cdot (\Delta T)^4$; für den Übergang vom berechneten zum experimentellen Wert: $\Delta T = \Delta_1 T - (51 \pm 14) \cdot 10^{-5} \cdot (\Delta_1 T)^2 + (83 \pm 17) \cdot 10^{-7} \cdot (\Delta_1 T)^3 + (26 \pm 16) \cdot 10^{-9} \cdot (\Delta_1 T)^4$. In einer großen Tabelle werden die Werte von $\Delta_1 T - \Delta T$ in Funktion von ΔT u. von $\Delta_1 T$ zwischen 0 u. 5° mit einer Genauigkeit von $1° \cdot 10^{-5}$ u. zwischen 5 u. 20° mit einer solchen von $1° \cdot 10^{-4}$ zusammengestellt; die Zwischenwerte für die 2. u. die folgenden Dezimalen werden mit den angegebenen Interpolationszahlen berechnet. (Ann. Chimica **43.** 90—98. 1 Tafel. Febr. 1953. Bologna, Univ., Ist. chim. G. Ciamician.) R. K. MÜLLER. 139

Sándor Lengyel, Ernő Zöld, Dezsö Dobos und **Márta Déri,** *Wirkung der Ionen auf die Dichte des Wassers in wässerigen Elektrolytlösungen.* Auf Grund empir. D.-Konz.-Funktionen von Elektrolytlsgg. stellen Vff. fest, daß die Ionen in einer Entfernung von 3—4 Å vom Ionenmittelpunkt eine 2—3%ig. Dichtevermehrung des W. verursachen, welche bei 15—20 Å Entfernung verschwindet. Zur Berechnung dieser Dichtezunahme wird eine Gleichung abgeleitet, in der Annahme, daß Ionen mit gleichen Radien u. dem absol. Betrage nach gleichen Ladungen die gleiche Wrkg. haben. Aus den $D._{25}$-Werten von Lsgg. wird die Abhängigkeit der D. des W. vom Abstand vom Ionenmittelpunkt für folgende Ionen errechnet: Li^+, Na^+, K^+, Rb^+, Cs^+, Sr^{2+}, Th^{4+}, F^-, Cl^-, Br^- u. J^-. Hiernach soll die dichtevergrößernde Wrkg. positiver Ionen mit deren Wertigkeit wachsen, während die Unterschiede in den Wirkungen der Alkaliionen nur gering sein sollen. (Magyar Kémiai Folyóirat [Ung. Z. Chem.] **58.** 338—50. Nov. 1952. Veszprém, Vegyipari Egyet., Elektrokém. Ipar. tanszéke u. Budapest, Müszaki Egyet., Elektrokém. Tanszék.) V. PILINSZKY. 139

Ja. D. Fridman und **R. Ch. Bulatowa,** *Über den Reduktionsmechanismus von komplexen Ionen.* 2. Mitt. *Einfluß von Nickel-, Kobalt- und Chromsalzen auf die reziproke Verdrängung von Metallen.* (1. vgl. C. **1948.** E. 185.) Vff. untersuchten den Einfl. von $NiCl_2$, $CoCl_2$ u. $CrCl_3$ auf die Verdrängung von *Sn* in $SnCl_2$-Lsgg. durch metall. *Zn*, *Al* u. *Mg* sowie den von $NiCl_2$ auf die Verdrängung von *Pb*, *Sb*, *Bi* bzw. *Cu* aus $PbCl_2$-, $SbCl_3$-, $BiCl_3$- bzw. $CuCl_2$-Lsgg. durch metall. *Zn* u. stellten fest, daß Ni-, Co- u. Cr-Salze die reziproke Verdrängung von Metallen in den Fällen unterdrücken, wo vom Standpunkt der elektrochem. Spannungsreihe eine vorherige Verdrängung von *H* möglich wäre. So unterdrücken die obengenannten Salze wohl die Verdrängung von Cd, Sn u. Pb, nicht aber die von Bi u. Cu. Eine Ausnahme zu dieser Regel ist die Unterdrückung der Verdrängung von Sb durch Zn in Ggw. von $NiCl_2$; dies ist jedoch bedingt durch die spezif. Wechselwrkg. zwischen $NiCl_2$ u. $SbCl_3$. — Es wird gezeigt, daß das Phänomen der Unterdrückung der Verdrängungs-Rk. mit dem Charakter der Wechselwrkg. zwischen den Metallionen u. dem Medium zusammenhängt. Nach der Stärke der Unterdrückung lassen sich die Metallchloride in folgende Reihe einordnen: $CrCl_3 > NiCl_2 > CoCl_2$. Die gleiche Reihe erhält man bei Anordnung nach dem reziproken Wert des Radius der Metallionen. — Es wird die Hypothese ausgesprochen, daß das eigenartige Verh. von Ni, Co u. Cr bei den Rkk. der wechselseitigen Verdrängung von Metallen durch dieselben Acceptor–Donator-Funktionen bedingt ist, die die Ionen von Ni, Co u. Cr bei den Bildungsprozessen von Aquokomplexen ausüben. (**Журнал Общей Химии** [J. allg. Chem.] **20 (82).** 1533—42. Sept. 1950. Kirgis. Zweigstelle der Akad. der Wiss. der UdSSR, Labor. für anorgan. Chem.) v. PEZOLD. 140

George G. Koerber und **Thomas De Vries,** *Elektrodenpotentiale in flüssigem Fluorwasserstoff.* Aus Dampfdruckmessungen an den Systemen Hg_2F_2–HF, CdF_2–HF u. PbF_2–HF bei 0° folgt, daß nur PbF_2 eine Additionsverb. mit HF von der Zus. $PbF_2 \cdot 2,5\,HF$ (Dampfdruck 0,014 at) bildet. Die Änderung der freien Energie bei der Rk. PbF_2 (f) + 2,5 HF (fl.) → $PbF_2 \cdot 2,5$ HF (f) beträgt ca. —4,5 kcal bei 0°. — Vff. haben die EMK. von Zellen des Typs M, MF_2 (f)/HF(NaF)/Hg_2F_2 (f), Hg mit M = Cd, *Cu* u. Pb bei 0 u. 10° gemessen u. hieraus die freien Bildungsenergien der Metallfluoride berechnet. Pb (f) + 2,5 HF (fl) + Hg_2F_2 (f) → $PbF_2 \cdot 2,5$ HF (f) + 2 Hg (fl); ΔF_{273} = —49,09 kcal. Cu (f) + Hg_2F_2 (f) → CuF_2 (f) + 2 Hg (fl); ΔF_{283} = —13,2 kcal, ΔF_{273} = —12,8 kcal. Cd (f) + Hg_2F_2 (f) → CdF_2 (f) + 2 Hg (fl); ΔF_{283} = —50,51 kcal. Cd (f) + $PbF_2 \cdot 2,5$ HF (f) → CdF_2 (f) + Pb + 2,5 HF; ΔF_{273} = —1,04 kcal. Unter Zugrundelegung der von JAHN-HELD u. JELLINEK (Z. Elektrochem. angew. physik. Chem. **42.** [1936.] 401) gefundenen Bildungsenergien u. durch Kombination der vorst. Gleichungen erhält man die folgenden Werte: Cd (f) + F_2 (g) → CdF_2 (f); ΔF^0_{283} = —154,5 kcal, ΔF^0_{293} = —154,8 kcal. 2 Hg (fl) + F_2 (g) → Hg_2F_2 (f); ΔF_{283} = —104,5 kcal; Pb (f) + 2,5 HF (fl) + F_2 (g) → $PbF_2 \cdot 2,5$ HF; ΔF_{273} = —153,8 kcal. Pb (f) + F_2 (g) → PbF_2 (f);

$\Delta F^0_{273} = -149{,}3$ kcal. Cu (f) + F_2 (g) → CuF_2 (f); $\Delta F_{273} = -117{,}3$ kcal, $\Delta F_{283} = -117{,}7$ kcal. Zur Unters. der thermodynam. Eigg. von Lsgg. in HF wurde die Zelle Hg, Hg_2F_2 (f)/NaF (in HF)/NaF, H_3OF, AgF (in HF)/Ag bei 0° u. verschied. Elektrolytkonzz. gemessen. Aus diesen Werten wurden die Aktivitätskoeffizienten von AgF in fl. HF bei 0° berechnet. Aus der DEBYE-HÜCKEL-Gleichung ergibt sich der mittlere Ionendurchmesser a zu $1{,}9 \cdot 10^{-8}$ cm. Die freie Bildungsenergie von *AgF·HF* gemäß Ag (f) + ½ F_2 (g) + HF (fl) → AgF · HF (f) errechnet sich zu $\Delta F_{273} = -49{,}0$ kcal. (J. Amer. chem. Soc. **74.** 5008—11. 20/10. 1952. Lafayette, Ind., Purdue Univ., Dep. of Chem.) FORCHE. 140

Juro Horiuti, Tominaga Keii und **Kozo Hirota,** *Mechanismus der Quecksilber-Wasserstoff-Elektrode. Elektrochemischer Mechanismus.* Der elektrochem. Mechanismus 2 H^+ + 2 ⊖ → H_2, der für die H_2-Elektrode vorgeschlagen wurde, wurde statist. mechan. durchgearbeitet, um die theoret. Überlegungen mit den experimentellen Ergebnissen zu vergleichen. Der Prozeß zerfällt in die zwei Schritte 2 H^+ + ⊖ → H_2^+ u. H_2^+ + ⊖ → H_2, wovon der letztere geschwindigkeitsbestimmend ist. Bei der statist. Formulierung wurde Gebrauch von der allg. Theorie der Reaktionsgeschwindigkeit (HIROTA u. HORIUTI, Sci. Pap. I. P. C. R. Tokio **34.** [1938.] 1174) gemacht. Die Modellvorstellung ging von einem Hg-Atom der Oberfläche, begleitet von dem angrenzenden Wassermol., als Elementarzelle aus, die entweder leer oder von einem der Radikale H, H^+, H_2^+ oder H_2 besetzt war. Berechnet wurden die Stromdichte der H_2-Elektrode, ihre Variation mit dem Elektrodenpotential u. der elektrolyt. Trennungsfaktor von D_2. Die berechneten Stromdichten zeigten gute Übereinstimmung mit den von BOWDEN u. RIDEAL (Proc. Roy. Soc. [London] Ser. A **120.** [1928.] 86) experimentell erhaltenen Werten u. befriedigten die TAFELsche Gleichung. Als isotop. Trennungsfaktoren wurden 3,3 bei 19° u. 2,5 bei 100° berechnet, was ebenfalls mit den experimentellen Ergebnissen von WOLFENDEN u. WALTON (Nature [London] **138.** [1936.] 468) in Einklang zu bringen war. Der Grund für diesen verhältnismäßig kleinen Trennungsfaktor wurde mit besonderer Beziehung auf die Natur des elektrochem. Mechanismus diskutiert. (J. Res. Inst. Catalysis, Hokkaido Univ. **2.** 1—72. Okt. 1951. Sapporo, Japan, Hokkaido Univ., Res. Inst. Catalysis. [Orig.: engl.]) KLAFFKE. 140

Juro Horiuti und **Atusi Mituya,** *Bestimmung der Geschwindigkeit des Wasserstoffelektrodenprozesses an Quecksilberkathoden bei höherem Elektrodenpotential.* Zur Prüfung des von HORIUTI, KEII u. HIROTA (vgl. vorst. Ref.) vorgeschlagenen elektrochem. Mechanismus für den Wasserstoffelektrodenprozeß wurden Präzisionsmessungen des Kathodenstromes an Hg-Kathoden gegen Pt in sauren Lsgg. durchgeführt. Die erhaltenen Ergebnisse stimmten gut mit der Theorie überein. Die von BOCKRIS (C **1948.** E. **1021**) angenommene Verunreinigung der Hg-Kathode ist nach den Berechnungen der Vff. ohne Bedeutung für den Prozeß. (J. Res. Inst. Catalysis, Hokkaido Univ. **2.** 79—86. Okt. 1951. [Orig.: engl.]) KLAFFKE. 140

Juro Horiuti und **Takashi Nakamura,** *Der elektrolytische Trennungsfaktor des Tritiums.* (Vgl. vorst. Ref.) Der Trennungsfaktor des Tritiums wurde statist. mechan. für den elektrochem. Mechanismus, die H_2-Abscheidung an Hg-Kathoden u. für den katalyt. Mechanismus, die H_2-Abscheidung an Pt- u. Ni-Kathoden, berechnet. (J. Res. Inst. Catalysis, Hokkaido Univ. **2.** 73—78. Okt. 1951.) KLAFFKE. 141

N. Konopik und **E. Werner,** *Das Verhalten von Ammoniumthiomolybdat an der Quecksilbertropfkathode.* (Kurze Mitt.) Vff. untersuchten die polarograph. Reduzierbarkeit von $(NH_4)_2MoS_4$ im sauren u. alkal. Medium. Nur in 0,2 mol. $Ba(OH)_2$ konnten deutlich ausgebildete Stufen erhalten werden, die auf eine reversible Einelektronenred. schließen lassen. (Mh. Chem. **82.** 940—42. 1951. Wien, Univ., Chem. Labor.) KLAFFKE. 142

Howard K. Zimmerman jr. und **Armin H. Gropp,** *Über die Bedeutung der Neigung der polarographischen Kurve.* Vff. erläutern ein einfaches geometr. Verf., das von der polarograph. zur Kurve d i/d E gegen E führt, die ein Maximum besitzt, von dem aus sie sich, nach beiden Seiten abfallend, asymptot. Null nähert. Die Differentiation kann nach DELAHAY auch elektr. erfolgen (C. **1947.** E. 245). Die mathemat. Analyse der Kurve d i/d E gegen E zeigt, daß der Lage des Wendepunktes eine größere Bedeutung, z. B. in bezug auf die Ermittlung des Standardreduktionspotentials einer Substanz, zukommt als dem üblichen Halbwellenpotential. Vff. diskutieren die Möglichkeiten zur Ermittlung der Reversibilität auf Grund der Symmetrieeigg. der polarograph. Kurve u. kommen zu dem Schluß, daß bei Benutzung polarograph. Daten 2 Arten von Reversibilität unterschieden werden müssen: Die Reversibilität des Einzelprozesses, d. h. der Elektronenübergang vom tropfenden Hg zur reduzierbaren Substanz (thermodynam. Reversibilität) u. die Reversibilität des Gesamtprozesses an der Tropfelektrode (polarograph. Reversibilität). Die Anwendung dieser theoret. Betrachtungen ergibt die Möglichkeit, auf Grund der Zahl der Maxima der differenzierten Kurve auf die Zahl der an der untersuchten Rk. beteiligten Molekülarten zu schließen, sowie der Aufklärung bisher unbekannter Elektrodenprozesse. (J. physic. Colloid Chem. **54**. 764—72. Juni 1950. Salt Lake City, Utah, Univ., Dep. of Chem., u. Gainesville, Fla.) WOELK. 142

Pierre van Rysselberghe, Paul Delahay, Armin H. Gropp, John M. McGee und **Robert D. Williams,** *Polarographische Untersuchungen über Perkohlensäure und Percarbonate.* Luftgesätt. 0,1 n ungepufferte Lsgg. von *KCl, KNO_3* u. *Tetramethylammoniumbromid,* die maximal 0,4 mg/Liter CO_2 enthalten, zeigen zwischen den beiden Reduktionsstufen des O_2 eine weitere polarograph. Welle, deren Höhe mit dem CO_2-Geh. wächst. Vff. haben das Verhältnis der Höhe dieser Welle zu der der 2. Reduktionsstufe des O_2 für verschied. O_2- u. CO_2-Konzz. untersucht u. zeigen, daß die neue Welle durch die Bldg. u. nachfolgende Red. einer neuen Verb. hervorgerufen wird. Diese Rkk. verlaufen unter Einschluß von CO_2 u. des während der ersten O_2-Reduktionsstufe gebildeten H_2O_2. In Mischungen von CO_2 u. H_2O_2 ist diese Verb. in der Grenzkonz. vorhanden, während sie in Mischungen von O_2 u. CO_2 an der Tropfelektrode gebildet wird. Die Unters. des Halbstufenpotentials dieser Verbb., H_2CO_4, H_2CO_5 oder $H_2C_2O_6$, in Abhängigkeit vom p_H-Wert gepufferter Lsgg. ergibt die lineare Abhängigkeit $E_{1/2}$ = 0,06—0,061 p_H. Für die H^+-Ionenaktivität 1 ergibt sich $E_{1/2}$ zu +0,31 V gegen die n. H_2-Elektrode. Lsgg. von 0,1 nKNO_3, die geringe Mengen $K_2C_2O_6$ enthielten, zeigten ebenfalls diese Welle, deren Höhe sich jedoch mit der Zeit veränderte. Vff. führen dies auf die Red. von nach $K_2C_2O_6 + H_2O \rightarrow K_2CO_4 + H_2CO_3$ entstandenen CO_4^{2-}-Ionen zurück u. vermuten in Übereinstimmung mit CHARLOT, daß die Perkohlensäure eine stärkere Säure als die Kohlensäure ist. Die Red. $H_2C_2O_4 + 2 H^+ + 2 e^- \rightarrow CO_2 + 2 H_2O$ verläuft entweder irreversibel mit einer Überspannung von ca. 1,5 V oder reversibel in bezug auf die Bldg. von Orthokohlensäure, die wieder in CO_2 u. 2 H_2O zerfällt. (J. physic. Colloid Chem. **54**. 754—63. Juni 1950. Eugene, Oreg., Univ., Dep. of Chem.) WOELK. 142

Jacob E. Strassner und **Paul Delahay,** *Polarographische Untersuchung des Einflusses der Gelatine auf die Kinetik irreversibler Elektrodenprozesse.* Der Einfl. der **Gelatine (I)** auf die Kinetik verschied. irreversibler Elektrodenprozesse (Red. des *Zn-Tetrammin*-Ions, des *Hexaquo-Ni*-Ions u. des *p-Nitroanilins*) wird auf der Basis einer kürzlich entwickelten (C. **1952**. 3776) Theorie irreversibler polarograph. Wellen quantitativ gedeutet. Die Ggw. von I verursacht eine Abnahme des Prod. α n_α (α Übertragungskoeff., n_α Zahl der an der geschwindigkeitsbestimmenden Rk. teilnehmenden Elektronen), u. daraus resultiert in einigen Fällen die Stabilisierung intermediärer Substanzen in dem Elektrodenprozeß. Die Ergebnisse der Unters. werden zu früheren Unterss. des Einfl. der I auf die Charakteristiken polarograph. Wellen in Beziehung gesetzt u. diskutiert. Versuchsergebnisse an den oben genannten Rkk. werden mitgeteilt u. ebenfalls diskutiert. (J. Amer. chem. Soc. **74**. 6232—35. 20/12. 1952. Baton Rouge, La., State Univ., Coates Chem. Labor.) NIEMITZ. 142

Jean Brenet und **André Heraud,** *Beitrag zur Untersuchung der Depolarisationserscheinungen in Braunsteinelementen.* Im Gegensatz zu dem im Braunsteinelement erfolgenden kathod. Zinkverbrauch, der nach dem FARADAYschen Gesetz der entwickelten Elektrizitätsmenge entspricht, sind die anod. red. Mengen des depolarisierenden MnO_2 nicht im Einklang mit den nach den klass. Theorien zu erwartenden Mengen, selbst wenn Redd. — außer zu Mn_2O_3 — auch bis zu Mn_3O_4 u. MnO zugelassen werden. Für die Erklärung der depolarisierenden Wrkg. des MnO_2 sind nach Vff. auch katalyt. Vorgänge zu berücksichtigen, wobei nicht nur die Oberflächengröße, sondern auch die Oberflächenbeschaffenheit des MnO_2 (im Sinne von Gitterstörungen, Abstands- u. Bindungsauflockerung der Mn- u. O-Ionen) ausschlaggebend sind. (C. R. hebd. Séances Acad. Sci. **230**. 1598—1600. 3/5. 1950.) RUDOLPH. 142

N. D. Tomaschow, *Berechnung des Passivitätsgrades von korrodierenden Metallen.* Die Passivität wird definiert als der durch Hemmung des anod. Prozesses verursachte Zustand erhöhter Beständigkeit eines Metalles oder einer Legierung. Außer Oxydfilmen von mehreren 10—100 Atomlagen können diese Hemmung auch dünnere, einmol. Adsorptionsschichten von O_2, Oxydationsmitteln usw. bewirken. Als Maß hierfür kann bei gegebener anod. Stromdichte I′ die Größe ΔV_A der Verschiebung des anod. Potentials nach der positiven Seite im Vgl. mit dem Anfangspotential ohne angelegten Strom V^0_A dienen. Der Grad der Hemmung des anod. Prozesses ist dann die mittlere anod. Polarisierbarkeit $\Delta V_A/I' = \mathrm{tg}\,\alpha$, wobei α die Neigung der Geraden ist, die V_A^0 mit dem Punkt x, bestimmt durch das beim Korrosionsstrom I' sich einstellende V_x, verbindet. Die kathod. Polarisierbarkeit ist entsprechend gegeben durch tg $\beta = \Delta V_K/I'$. Der Grad des passiven Zustandes entspricht dann annähernd dem Verhältnis $\Delta V_A/\Delta V_K$. Dieses beträgt bei Al 0,86, Cr 0,76, Be 0,63, Mo 0,52, Mg 0,45, Ni 0,37, Co 0,21, Fe 0,19, Mn 0,06, Zn 0,023, Cu —0,30 (Messungen in 0,5 n NaCl-Lsg. im Vgl. mit V_A^0 in 0,001 n Konz. der Eigenionen u. stationärem V_K, bezogen auf n. H-Elektrode). Dabei ist die Stabilität von Cu u. Zn thermodynam. u. durch Hemmung des kathod. Prozesses höher, als ihrer Stellung entspricht, die des Mg infolge chem. Aktivität geringer. Sonst entspricht die Reihe den wirklichen Passivitätsverhältnissen. (Доклады Академии Наук СССР [Ber. Akad. Wiss. UdSSR] [N. S.] **88.** 705—08. 1/2. 1953. Inst. für physikal. Chem. der Akad. der Wiss. der UdSSR.) R. K. MÜLLER. 143

A_4. Thermodynamik. Thermochemie.

Karl Feuchtinger, *Ableitung des zweiten Hauptsatzes für reversible Prozesse.* Vf. weist aus dem Prinzip, daß der Nutzeffekt eines CARNOTschen Kreisprozesses für jede Arbeitssubstanz 100% wird, wenn sich die Temp. des kälteren Wärmespeichers dem absol. Nullpunkt nähert, nach, daß der Wirkungsgrad η eines CARNOTschen Kreisprozesses einer beliebigen Substanz gleich ist dem η eines CARNOTschen Kreisprozesses eines idealen Gases bei denselben Temperaturgrenzen. Dies ist gleichbedeutend mit der Aussage des II. Hauptsatzes, dessen Allgemeingültigkeit normalerweise aus dem Prinzip vom ausgeschlossenen Perpetuum mobile 2. Art oder aus dem CLAUSIUSschen Prinzip abgeleitet wird. (S.-B. österr. Akad. Wiss., math.-naturwiss. Kl., Abt. IIa **159.** 407—15. 1950.) CRAMER. 146

W. R. Buessem, N. R. Thielke und **R. V. Sarakauskas,** *Thermische Ausdehnungshysterese von Aluminiumtitanat.* Die therm. Ausdehnungskurve für Al-Titanat bis 1000° zeigt eine ausgesprochene Hysterese, die auch bei 400° u. langsamer Einstellung des Temperaturgleichgewichtes nicht verschwindet u. streng reproduzierbar ist. Mit Hilfe der röntgenograph. Rückstrahlmeth. wird die vermutete Anisotropie der therm. Ausdehnung durch die 3 verschied. Ausdehnungskoeffizienten, $\alpha_a = +118\cdot10^{-7}$, $\alpha_b = +194\cdot10^{-7}$ u. $\alpha_c = 26\cdot10^{-7}$, nachgewiesen. Es wird eine qualitative Theorie (kettenartige Anordnung der Kristallite) dieser Erscheinungen gegeben. (Ceram. Age **60.** 38—40. Nov. 1952. Pennsylvania State Coll.; Cleveland, O., Nat. Carbon Co.) HENTSCHEL. 148

Henning Müller, *Zur Frage intermediärer Statistiken.* Die Frage statist. Modelle, die durch intermediäre Verteilungsfunktionen beschrieben werden, wird diskutiert. Es wird eine solche Funktion abgeleitet, die je nach der Wahl eines Parameters, des Eigenvol. der Teilchen, der BOLTZMANN-, FERMI- oder BOSE-Statistik entspricht. Dieses Eigenvol. wird als Funktion der Anteile verschied. unterscheidbarer Sorten von Teilchen in der Energiezone beschrieben. Ein realisierbares Beispiel bilden mehrere Sorten isobarer Atome oder Moll. bei tiefer Temperatur. (Ann. Physik [6] **7.** 420—24. 1950. Mainz, Univ., Inst. für theoret. Phys.) WIEDEMANN. 148

J. C. Ward und **J. Wilks,** *Die Geschwindigkeit des zweiten Schalles in flüssigem Helium in der Nähe des absoluten Nullpunktes.* Unter der Annahme, daß sich fl. He in der Nähe des absol. Nullpunktes wie ein Phononengas verhält, wird für die Geschwindigkeit c_2 des zweiten Schalles von He die Beziehung $c_2 = c/\sqrt{3}$ abgeleitet, wo c = n. Schallgeschwindigkeit; die Beziehung steht in Übereinstimmung mit den experimentellen Daten. (Philos. Mag. [7] **42.** 314—16. März 1951. Oxford, Clarendon Labor.) FUCHS. 149

V. G. Szebehely, *Beziehung, Gasentwicklung und physikalische Eigenschaften von Flüssigkeiten.* Von verschied. Arten *Schmieröl* u. *Fliegerbenzin* wurden Viscosität, Oberflächenspannung u. D. bei 70° F bestimmt. Bei der Feststellung der Löslichkeitseigg. wurden 3 Werte bestimmt: a) die Halbwertszeit T_E des Freiwerdens von Luft, b) T_S des Lösens von Luft, c) die Löslichkeitskonstante S. T_S bzw. T_E ist dabei die Hälfte der zur vollständigen Lsg. oder Freisetzung der Luft notwendigen Zeit. Das Verhältnis Vol. Luft: Vol. Fl. im Versuchsbehälter wurde zu 4 gewählt. Auf Grund ihrer Versuchseigg. fanden Vff. unabhängig von der Art der Flüssigkeit die Gesetzmäßigkeit: $T_E = 0{,}263\cdot v^{0{,}81}$ (v = Viscosität in Centistokes, T_E = Zeit in Sek.). Ferner wird T_S als Funktion von S u. die Beziehung zwischen T_E u. T_S im Original graph. angegeben. (J. appl. Physics **22.** 627—28. Mai 1951. Blacksburg, Va., Virginia Polytechn. Inst.) ROEDER. 150

A. F. Frolow, *Zu den Berechnungen der Kondensations- und Verdampfungsprozesse von Mehrstoffgemischen.* Für Gemische, die dem RAOULTschen Gesetz folgen, kann die

Zus. der Phasen auf Grund der Rayleighschen Gleichung $\ln L'/L = \int_x^{x'} dx'/(y' - x')$ für die Verdampfung bzw. $\ln V'/V = \int_y^{y'} dy'/(y' - x')$ für die Kondensation (L u. V = Zahl der Moll. der Komponenten in der fl. bzw. in der Dampfphase, L', V' im Ausgangsgemisch, x', y' = Molenbruch der Komponenten in der fl. bzw. Dampfphase des Ausgangsgemischs) nach folgenden Gleichungen berechnet werden: Verdampfung: $\lg x = \lg x' + (k - 1) \lg L$ (k = Q/P; Q = Dampfspannung der reinen Komponenten; P = Gesamtdruck des Dampfgemischs über der Fl.); Kondensation: $\lg y = \lg y' + [(k - 1)/k] \lg V$ bzw. $x = x' L^{k-1}$ u. $y = y' V^{(k-1)/k}$. An Beispielen wird gezeigt, daß diese logarithm. Formeln die Zus. besser wiedergeben als die üblichen Konzentrationsgleichungen, die vor allem für die Kondensation der leichtsd. Komponenten zu hohe Werte liefern. (Журнал Прикладной Химии [J. angew. Chem.] **26.** 77—84. Jan. 1953. Jaroslawl, Technolog. Inst.) R. K. Müller. 150

S. S. Todd und **R. E. Lorenson,** *Spezifische Wärmen bei tiefen Temperaturen und Entropien bei 298,16° K von Barium- und Strontiummetatitanat.* (Vgl. C. **1953.** 5460.) Die spezif. Wärme von $BaTiO_3$, $SrTiO_3$ u. einer bin. Mischphase von 54,3 Mol-% $BaTiO_3$ wurden zwischen 51 u. 300° K bestimmt. Die Kurve des $BaTiO_3$ zeigt bei 201,6 u. 284,9° K Maxima, die Umwandlungswärmen von 12 u. 26 cal/Mol entsprechen. In der bin. Mischphase finden sich jedoch keine Anomalien der spezif. Wärmen, ebensowenig wie beim $SrTiO_3$. Als Standardentropien ergeben sich für $BaTiO_3$, $SrTiO_3$ u. die Mischphase 25,8 ± 0,2, 26,0 ± 0,2 u. 27,4 ± 0,2 cal/Grad·Mol. **In letzterem Wert ist eine Mischungsentropie von 1,37 cal/Grad·Mol** enthalten. Die Bildungsentropien aus den Oxyden ergeben sich zu —3,0, 1,0 u. 0,3 cal/Grad·Mol. (J. Amer. chem. Soc. **74.** 2043—45. 20/4. 1952. Berkeley, Calif., U. S. Dep. Interior, Bur. of Min., Min. Thermodyn. Branch.) Wittig. 151

J. E. Kunzler und **W. F. Giauque,** *Die spezifischen Wärmen und Entropien von Schwefelsäuretrihydratglas und -kristallen zwischen 15 und 300° K.* Die spezif. Wärme von $H_2SO_4 \cdot 3\,H_2O$ (0,07 Mol-% $H_2SO_4 \cdot 2\,H_2O$) als Glas, krist. u. fl., wird zwischen 15 u. 300° K bestimmt. Das Glas zeigt etwas unterhalb 152° K eine Temperwärme von 26 cal/Mol. $H_2SO_4 \cdot 3\,H_2O$ schm. peritekt. bei 23672 ± 0,05° K u. befindet sich dort im Gleichgewicht mit dem Tetrahydrat u. der Lösung. Die Umwandlungswärme ist 5,782 ± 0,010 kcal/Mol. Die Probe enthält immer etwas Mono-, Di- u. Tetrahydrat, so daß Korrekturen von ca. 0,1% notwendig sind. Als Standardentropie für 298,16° K ergibt sich für das Glas 77,0 u. für die krist. Substanz 82,90 ± 0,1 cal/Grad·Mol. Letzterer Wert ist für thermochem. Rechnungen maßgeblich. (J. Amer. chem. Soc. **74.** 797—800. 5/2. 1952. Berkeley, Calif., Univ. of California, Chem. Labor.) Wittig. 151

T. R. Rubin und **W. F. Giauque,** *Die spezifischen Wärmen und Entropien von Schwefelsäure und ihrer Mono- und Dihydrate zwischen 15 und 300° K.* (Vgl. vorst. Ref.) Die spezif. Wärmen u. die Schmelzwärmen von H_2SO_4 (0,11 Mol-% $H_2S_2O_7$), $H_2SO_4 \cdot H_2O$ (0,14 Mol-% Dihydrat) u. von $H_2SO_4 \cdot 2\,H_2O$ (1,6 Mol-% Trihydrat) wurden zwischen 15 u. 300° K bestimmt. Die FF. lagen bei 283,53 ± 0,01, 281,64 ± 0,05 u. 233,70 ± 0,05, während für das Eutektikum zwischen Di- u. Trihydrat 230,40° K gefunden wurde. Die Schmelzwärmen ergaben sich zu 2,560 ± 0,003, 4,646 ± 0,005 u. 4,360 ± 0,004 kcal/Mol. Als Standardentropien wurden 37,49, 50,49 u. 66,04 cal/Grad·Mol berechnet. (J. Amer. chem. Soc. **74.** 800—04. 5/2. 1952.) Wittig. 151

G. L. Humphrey und **E. G. King,** *Die Bildungswärme von Quarz und Cristobalit.* (Vgl. C. **1951.** II. 3418.) Vff. messen die Verbrennungswärme von *Si* (99,81%) in einem mit Benzoesäure auf 0,02% geeichten Calorimeter u. erhalten die Bildungswärme des α-Cristobalits zu —209,330 ± 0,250 kcal/Mol. Außerdem werden die Lösungswärmen des α-Quarzes u. des α-Cristobalits in 20,1% HF bei 73,7° zu —33,290 ± 0,080 u. zu —34,220 ± 0,030 kcal/Mol bestimmt. Daraus ergibt sich die Umwandlungswärme zu —0,930 ± 0,090 kcal/Mol u. die Bildungswärme des α-Quarzes zu —210,260 ± 0,270 kcal/Mol. Frühere Messungen anderer Autoren, die an weniger reinem Si ausgeführt wurden, hatten zu Werten zwischen —204 u. —208 kcal/Mol geführt. (J. Amer. chem. Soc. **74.** 2041—42. 20/4. 1952. Berkeley, Calif., U. S. Dep. of Interior, Bur. of Min., Min. Thermodyn. Branch.) Wittig. 155

L. Quarterman und **W. Primak,** *Die Reaktionswärme von Graphit und Kalium.* Die Reaktionswärme von C u. K wird zwischen 70 u. 100° in einem eingehend beschriebenen Mikrocalorimeter bestimmt. Dieses besteht aus einem Pt-Tiegel in einem evakuierbaren Gefäß, das sich in einem Thermostaten befindet. Der elektr. bestimmte Wasserwert liegt bei 3,5 cal/Grad. Die Ergebnisse hängen von der Art des verwendeten Graphits ab; als bester Wert wird 81 cal/g C für Acheson-Graphit angesehen. Vff.

sehen die von FREDENHAGEN u. CADENBACH (Z. angew. Chem. **158.** [1926.] 249) mitgeteilte Reaktionswärme von 125 cal/g C als zu hoch an u. weisen auf apparative Mängel dieser Arbeit hin. (J. Amer. chem. Soc. **74.** 806—09. 5/2. 1952. Chicago, Ill., Argonne Nat. Labor.) WITTIG. 155

Edgar F. Westrum jr. und **LeRoy Eyring,** *Die Lösungswärme des metallischen Neptuniums und die Bildungswärme einiger Neptuniumchloride. Ein Mikrocalorimeter zur Messung von Lösungswärmen.* In einem eingehend beschriebenen, elektr. auf $\pm 0,2\%$ geeichten Mikrocalorimeter (Wasserwert 4 cal/Grad) wurde die Lösungswärme des Np in 1,5mol. HCl zu $-165,7 \pm 0,2$ kcal/Mol bestimmt. Zur Kontrolle wurden die Lösungswärmen des KCl u. des KNO_3 in H_2O zu 4,16 u. 8,35 kcal/Mol u. die Lösungswärme des *Mg* in 1,0mol. HCl zu $-111,3$ kcal/Mol ermittelt. Durch spektrophotometr. Beobachtungen wurde nachgewiesen, daß das zuerst auftretende Np^{3+} sich sofort zu Np^{4+} oxydiert. Aus Potentialmessungen ergab sich die Oxydationswärme zu $-5,5 \pm 0,2$ kcal/Mol. Die Bildungswärmen des Np^{3+} u. des Np^{4+} in 1mol. HCl werden auf $-127,4$ u. $-132,9$ u. die Bildungswärmen des $NpCl_3$ u. des $NpCl_4$ auf 216 u. 238 kcal/Mol (alle ± 1 kcal) geschätzt. (J. Amer. chem. Soc. **74.** 2045—47. 20/4. 1952. Iowa City, Io., Univ. of California, Dep. of Chem., u. Radiat. Labor.) WITTIG. 155

Charles E. Holley jr., Elmer J. Huber jr. und **E. H. Meierkord,** *Die Verbrennungswärme von Indium.* In der in einer früheren Arbeit (HOLLEY u. HUBER, J. Amer. chem. Soc. **73.** [1951.] 5577) beschriebenen App. wurde die Verbrennungswärme des In bestimmt. Eine spektroskop. Reinheitsprüfung hatte lediglich Spuren ($< 0,01\%$) Mg u. Fe ergeben. Die Verbrennungswärme betrug $4016,1 \pm 7,5$ absol. Joules/g ($959,8 \pm 1,8$ cal/g) bei 25° u. 25 at. Daraus ergab sich die Bildungswärme bei 25° Δ H des In_2O_3 zu $-925,8 \pm 1,6$ absol. kJoules/Mol ($-221,27 \pm 0,4$ kcal/Mol). (J. Amer. chem. Soc. **74.** 1084. 20/2. 1952. Los Alamos, N. Mex., Univ. of California, Los Alamos Sci. Labor.) WITTIG. 155

D. E. Hoare und **A. D. Walsh,** *Wirkung von Wasserdampf auf Kohlenoxydexplosionen.* Vff. beobachteten, daß in CO/O_2-Gemischen bei niedrigen Drucken (ca. 190—400 mm Hg) das Auftreten von Explosionen sowie das einer schwachen Leuchterscheinung (LE), die mit einer langsamen Oxydation parallel läuft, bei konstantem Mischungsverhältnis an einen Mindest- u. Höchstdruck gebunden ist (= untere u. obere Zündgrenze [UZ u. OZ]). Vff. stellten ferner fest, daß Zugabe von Wasserdampf die UZ der Explosion sowie der LE nicht beeinflußt, jedoch erhöht sie die OZ sowohl der Explosion als auch der LE. Diese Beobachtung steht im Widerspruch mit den in mehreren Lehrbüchern enthaltenen Angaben, die auf Veröffentlichungen von HADMAN u. Mitarbeitern (Proc. Roy. Soc. [London], Ser. A **137.** [1932.] 87) zurückgehen. Vff. unterziehen die Arbeiten der anderen Autoren einer ausführlichen Kritik u. zeigen, daß indirekt auch früher schon beobachtet worden war, daß Wasserdampf die OZ weiter hinausschiebt. Auch CH_4 (**I**) beeinflußt UZ u. OZ. Geringe Mengen **I** vergrößern den Zündbereich, große Mengen **I** engen ihn wieder ein. (Nature [London] **170.** 838—39. 15/11. 1952. Leeds, Univ., Dep. of Chem.) ROEDER. 157

F. Solano de Aguirre, *Der piezoelektrische Effekt und die Ultraschallwellen.* Überblick über die Grundlagen, die Erzeugung u. die Eigg. der Ultraschallwellen u. ihre Anwendungen in der Technik. (Dyna [Bilbao] **28.** 39—46. Febr. 1953.) R. K. MÜLLER. 159

W. G. Schneider und **G. J. Thiessen,** *Die Schallgeschwindigkeit in Helium bei Temperaturen von —78 bis 200° und Drucken bis 70 Atmosphären.* Von reinem He wurde für 600 kHz die Ultraschallgeschwindigkeit U zwischen —78 u. 200° u. für Drucke von 5—70 at gemessen; die Meßgenauigkeit von U beträgt 0,1%. Die Ergebnisse lassen sich darstellen durch $U = U_0 [1 + P (B/T + 2 d B/3 d T + 2 T d^2 B/15 d T^2)/R]$, wobei B definiert ist durch $P V = A + B P$; ferner ist $U_0 = \sqrt{\gamma_0 A/M}$, $\gamma_0 = C_p/C_v$ für $P = 0$. Für die in ( ) genannten Tempp. wurde für U_0 (in m/Sek.) u. γ_0 erhalten: 822,5 u. 1,6696 (—78,11°), 973,9 u. 1,6715 (0°), 1059,6 u. 1,6724 (50°), 1138,4 u. 1,6716 (100°), 1280,9 u. 1,6692 (200°). Die Druckabhängigkeit von γ ist gegeben durch $\gamma = \gamma_0 - a P$, wo a (in Einheiten von 10^5 at^{-1}) für die gleichen Tempp. wie vorher 4,0, 8,6, 6,0, 6,1 u. 6,7 beträgt. Schließlich folgt für die Temperaturabhängigkeit von B die Beziehung $1000 \cdot B = 0,5146 - 0,0808 \cdot 10^{-3} T + 11,03/T$. (Canad. J. Res., Sect. A **28.** 509—19. Sept. 1950. Ottawa, Can., Nat. Res. Council Labor.) FUCHS. 159

A₅. Grenzschichtforschung. Kolloidchemie.

Moises Schere, *Eine neue Methode zur Herstellung von kolloidalem Gold.* Vf. hat unter Anwendung von Ascorbinsäure als Reduktionsmittel empfindliches u. spezif. koll. Au vom p_H 6,75 erhalten. (Rev. Asoc. bioquím. argent. **15.** 128—30. Mai/Juni 1950.) KRAFT. 161

F. Gille, *Kolloide Lösung des Calciumsulfats in Äthylenglykol und ein Äthylenglykolgel des Calciumsulfats.* Die Löslichkeit von $CaSO_4 \cdot 2\ H_2O$ in Glykol steigt mit sinkender Temp.: In 100 ml Glykol lösen sich bei 180° 0,01, bei 50° 0,085 u. bei 19° 0,34 g. Eine Lsg. von $CaSO_4 \cdot 2\ H_2O$ in Glykol bei Zimmertemp. erstarrt beim vorsichtigen Erwärmen auf 30—40° zu einem Gel, das sich ähnlich wie ein SiO_2-Gel verhält. Andere Kristallarten des $CaSO_4$ bilden mit Glykol keine koll. Lsg. u. kein Gel, das Halbhydrat zeigt auch eine wesentlich geringere Löslichkeit. Auf Grund dieser Löslichkeitsunterschiede ist eine Trennung von Gips u. Anhydrit möglich. Die Bldg. des Gels führt Vf. auf die starken hygroskop. Kräfte des Glykols zurück, die die Bindungskräfte, die das Hydratwasser im Gipsgitter halten, überwiegen. Durch den Ersatz des Hydratwassers durch die größeren Glykolmoll. wird der Abstand der Netzebenen so vergrößert, daß das Gipsgitter nicht mehr beständig ist. Bei niederer Temp. sind die so entstandenen $CaSO_4$-Gitterfetzen beständig, mit ansteigender Temp. gerinnt das Sol zum Gel, bei weiterer Temperatursteigerung können die $CaSO_4$-Teilchen auf Grund der erhöhten Beweglichkeit ein neues Gitter bilden u. in Form kleiner Nädelchen auskristallisieren. (Kolloid-Z. **126**. 154. Mai 1952. Düsseldorf, Forschungsinst. der Zementind.) WOELK. 161

I. Je. Neimark und **P. Ju. Scheinfain**, *Über den Einfluß der Waschflüssigkeit auf die Strukturbildung des Silicagels.* Silicagele, die mit dest. oder angesäuertem W. gewaschen wurden, sind feinporiger als mit Leitungswasser behandelte. Die Wasserhärte führt zur Bldg. eines festen Skeletts, weshalb die Poren nicht kleiner werden können. (Коллоидный Журнал [Kolloid-J.] **15**. 45—50. Jan./Febr. 1953.) v. SCHROEDER. 161

Shigeto Yamaguchi, *Kolloidchemische Betrachtung der Metallkorrosion.* Bei der Korrosion von Fe in H_2O entstehen koll. Fe(II)- u. Fe(III)-Oxydhydrate, die durch die Einw. der im H_2O enthaltenen Elektrolyte zu grobkörnigen Gelen erstarren können. Ist die Fl. bewegt, bleiben sie als Sol auf der Metalloberfläche stehen u. können, bei kompakter Bedeckung, vor weiterer Korrosion schützen. Vf. weist in diesem Zusammenhang darauf hin, daß die Metallkorrosion auch unter Berücksichtigung der dabei auftretenden kolloidchem. Erscheinungen diskutiert werden sollte. (Kolloid-Z. **126**. 155. Mai 1952. Tokyo, Komagome Bunkyo-Ky, Inst. for Naturw. Kagaku Kenkyu-sho.) WOELK. 164

H. L. Booij, J. C. Lycklama und **C. J. Vogelsang**, *Einfluß organischer Verbindungen auf Seifen- und Phosphatidkoazervate.* 15. Mitt. *Die Wirkung von Halogenderivaten von Paraffinen auf ein Oleatkoazervat.* (14. vgl. C. **1952**. 18.) Mit Hilfe der früher beschriebenen Propylalkoholmeth. wird der Einfl. einiger Halogenabkömmlinge aliphat. KW-stoffe auf Oleatkoazervate untersucht. Die Einführung eines Halogenatoms ändert das Verh. der KW-stoffe weitgehend. Man kann diese Veränderung mit der Annahme erklären, daß sich das Halogenatom schwach hydrophil verhält u. somit das Mol. in zur Stellung der Seifenionen in der Micelle parallelen Lagen verankert. Spreitungsverss. an Stearinsäure mit *Octadecylalkohol* (**I**), *Hexadecan* (**II**) u. *Octadecylbenzol* (**III**) lassen einen auffallenden Unterschied zwischen **I** u. **II** erkennen; **I** ist zwischen den parallel ausgerichteten Stearinsäuremoll. angeordnet, während **II** sehr bald aus dem Film herausgedrängt wird. Bei niedrigen Konzz. befindet sich auch **III** zwischen den parallelen C-Ketten der Stearinsäure, vermutlich infolge des schwach hydrophilen Benzolrestes. (Proc., Kon. nederl. Akad. Wetensch. **53**. 1413—21. 1950. Leiden, Univ.) HENTSCHEL. 166

C. C. Addison und **D. Litherland**, *Dynamische Potentiale frisch gebildeter Flüssigkeitsoberflächen.* Vff. untersuchen die Oberflächenaktivität frisch gebildeter Flüssigkeitsoberflächen mit Hilfe von stat. Messungen der Oberflächenspannung u. des Oberflächenpotentials. Nach beendeter Adsorption ändert sich die Oberflächenspannung nicht mehr, wohl aber das Oberflächenpotential. Dies wird auf Orientierungseffekte des gelösten Stoffes zurückgeführt. Untersucht wurden die wss. Lsgg. von *n-Decylalkohol, n-Hexylalkohol, n-Butylalkohol* u. *Äthylalkohol.* Die Adsorptionszeiten frisch gebildeter wss. Oberflächen liegen in der Größenordnung von 10^{-3} bis 1 Sek., die Orientierungszeiten in der Größenordnung von Minuten. Es ergibt sich, daß dynam. u. stat. Meßmethoden verschied. Oberflächenpotentiale liefern, deren Vgl. jedoch vermöge der von Vff. gefundenen empir. Kurven möglich ist. (Nature [London] **171**. 393—94. 28/2. 1953. Nottingham, Univ.) DREYER. 166

A. Bondi, *Die Spreitung flüssiger Metalle auf festen Oberflächen. Oberflächenchemie von Stoffen mit hoher Energie.* Vf. gibt einen umfassenden Überblick über die Oberflächenchemie der Metalle u. anderer Stoffe mit hoher Energie (High-energy substances $\Delta E_{vap}/v_L > 200$ cal/cm³), zu denen er W., Metallsalze, Metalloxyde u. Metalle rechnet; als Stoffe mit niedriger Energie bezeichnet Vf. in seiner Nomenklatur Fluor.

kohlenstoffe, Methylsiloxane u. leichte KW-stoffe (<50 cal/cm³), u. dazwischen stehen die meisten organ. Verbb. u. Nichtmetalle als Stoffe mit mittlerer Energie (50—200 cal/cm³). Die Oberflächenchemie der Stoffe mit hoher Energie ist für viele metallurg. Prozesse, z. B. Kornwachstum, Löten usw. u. für die Anwendung fl. Metalle zur Wärmeübertragung von großer Bedeutung. Ein bedeutender Teil der Arbeit ist der Diskussion der Eigg. gewidmet, die die gegenseitige Benetzbarkeit bestimmen, also der freien Oberflächenenergie von fl. u. festen Metallen, Metalloxyden u. Salzen, der freien Grenzflächenenergie zwischen ihnen u. der Löslichkeits- u. Diffusionsphänomene. Weiterhin werden empir. u. halbempir. Beziehungen zwischen Oberflächenenergie u. anderen experimentell leichter zugänglichen Eigg. der Metalle diskutiert, da alle Messungen an fl. Metallen nur unter großen Schwierigkeiten durchzuführen sind. Als weitere Schwierigkeit kommt bei den fl. Metallen hinzu, daß diese im Gegensatz zu den organ. Stoffen sehr reaktionsfähig sind. So treten z. B. bei den in der Technik viel benutzten Alkali- u. Erdalkalimetallen Änderungen der chem. Zus. der Oberflächen durch Reduktions-Rkk. auf, die alle aus Oberflächenenergiebeziehungen vorausgesagten Benetzungseigg. zunichte machen. — Meßdaten in 17 Tabellen. 70 Literaturangaben. (Chem. Reviews **52.** 417—58. April 1953. Emeryville, Calif., Shell Development Comp.) G. HEINRICH. 166

L. Scheichl, *Phasengrenzenergien.* Zusammenfassende anschauliche Übersicht über die Begriffe Oberflächenspannung u. die verschied. Phasengrenzenergien sowie deren Messung. (Seifen-Oele-Fette-Wachse **76.** Beilag. Kosmetik **23.** 363—66. 2/8. 1950.) CRAMER. 166

Heinrich Thiele und **Herbert Lamp,** *Über die Spinnbarkeit kolloider Lösungen.* Vff. beschreiben ein von ihnen entwickeltes Gerät zur Messung der Spinnbarkeit koll. Lsgg., das auf dem Prinzip der Best. der maximalen Fadenlänge beruht. Zur Best. des maximalen Fehlers wurden Messungen an den Systemen *2% Al-Stearat* in *Bzl.* u. *Hg-Sulfosalicylsäure* in W. durchgeführt; der maximale Fehler betrug 3,5%. Eingehende Unterss. ergaben, daß maximale Fadenlängen bei mittlerer Ziehgeschwindigkeit u. aus Solen mit mittleren Werten der Viscosität u. Elastizität erreicht werden. Theoret. Betrachtungen zeigen, daß die Ursachen für die Spinnbarkeit im inneren Aufbau der koll. Systeme zu suchen sind. Mindestvoraussetzungen für die Spinnbarkeit sind: 1. Langgestreckte Micellen, 2. die Micellen müssen lyophil sein u. 3. müssen die Micellen genügende Beweglichkeit durch freie Drehbarkeit besitzen. Vff. machen weiterhin den Vers., eine schemat. Einteilung der spinnbaren Stoffe nach ihren intramicellaren Bindungskräften u. der intermicellaren Verknüpfungsart vorzunehmen. Bei Messungen der Spinnbarkeit von Seifensolen bei verschied. p_H-Werten fanden Vff., daß neben dem Inversionspunkt der Umwandlung von Plättchen in Fäden bei p_H 9,5 ein weiterer ausgezeichneter Punkt bei p_H 10 liegt, in dem die Maxima von Hydratation, Durchsichtigkeit, Viscosität u. Spinnbarkeit zusammenfallen. Die Ursachen dafür sind im Ladungszustand der Micellen zu suchen. Abschließend wurde der Vorgang des Fadenziehens im Zeitlupenfilm festgehalten. Die Auswertung ergab im Zeitpunkt $^1/_{64}$ Sek. vor dem Reißen einen Durchmesser von 280—380 μ für den Flüssigkeitsfaden. (Kolloid-Z. **129.** 25—39. Nov. 1952. Kiel, Univ., Hygien. Inst., Chem. Abt.) G. HEINRICH. 172

P. P. Budnikow und **G. Ss. Bloch,** *Der Einfluß von Sulfitspritmaischen auf die Grenzschubspannung von Tonmassen.* Die nach der Konusmeth. von REHBINDER gemessene Grenzschubspannung von 2 Tonsorten mit wechselndem H_2O-Geh. wird durch Zusätze von 0,1—1% Sulfitspritmaische erniedrigt. Der dispergierende Effekt wird durch Adsorption in dem wasserhaltigen Oberflächenhäutchen erklärt, durch welche eine Verringerung des Zusammenhalts der Teilchen u. Abnahme der inneren Reibung verursacht wird. Es wird gezeigt, daß durch die Zusätze die Summe der Teilchen >0,01 mm beim Zerreiben im Mörser stark erhöht wird. Diese Unters. hat Bedeutung für die keram. Technik, da die H_2O-Menge im Ton wesentlich erniedrigt werden kann. (Доклады Академии Наук СССР [Ber. Akad. Wiss. UdSSR] [N. S.] **89.** 897—900. 11/4. 1953.) v. SCHROEDER. 173

A. von Antropoff (unter Mitarbeit von **H. A. Propfe, K. Weil, F. Kalthoff, L. Schmitz** und **G. Ritter Hänel von Cronenthall,** *Untersuchungen über die Absorption von Gasen von kleinsten bis zu höchsten Drucken.* 3. Mitt. *Die Adsorptionsisothermen der Edelgase und von Stickstoff bei Drucken unterhalb einer Atmosphäre.* (2. vgl. C. **1942.** II. 634.) Während Vff. in früheren Mitteilungen (l. c.) über die theoret. Grundlagen der Adsorption von Gasen von kleinsten bis zu höchsten Drucken berichteten, werden nun die Ergebnisse experimenteller Unterss. mitgeteilt. Als Adsorbens für die Verss. diente Aktivkohle u. als Adsorbenden die Edelgase *He, Ne, Kr* u. *Xe* sowie N_2. Die App., in der die Adsorptionsisothermen im Druckbereich von ca. 0,05–700 Torr aufgenommen wurden, wird genau beschrieben u. der Gang der Messungen u. die Berechnungen angegeben. Um vergleichbare Werte zu erhalten, war es notwendig, den Einfl. der Entgasungstemp. der Kohle auf die Adsorption zu bestimmen. Die pyknometr. Best. der D. der Kohle u. die Best. nach der He-Meth. ergaben Unterschiede; der prozentuale Unterschied war jedoch nicht wesentlich u. im Bereich des HENRYschen Gesetzes konstant. Damit war gezeigt, daß der den Rechnungen zugrunde gelegte Wert für die D. im vorliegenden Druckgebiet keinen Einfl. auf die Resultate hat. (Kolloid-Z. **129.** 1–10. Nov. 1952. Bonn-Ebstdorf.) G. HEINRICH. 176

A. von Antropoff (unter Mitarbeit von **F. Steinberg, L. Schaeben, H. J. Schröder, R. Jünger** und **W. Jüngerich**), *Untersuchungen über die Adsorption von Gasen von kleinsten bis zu höchsten Drucken.* 4. Mitt. *Die Adsorptionsisothermen von Argon und Stickstoff bis zum Druck von 400 kg/cm².* (3. vgl. vorst. Ref.) Vff. beschreiben die aus einem Hochdruck- u. einem Niederdruckteil bestehende App., die es gestattet, die Adsorptionsisothermen von Ar u. N_2 bis zu Drucken von ca. 400 kg/cm² aufzunehmen. Als Adsorbens dienten wieder jeweils 1 g Aktivkohle; die Versuchstempp. betrugen +20, 0, –25 u. –76°. Wie bereits früher vorausgesagt (vgl. C. **1942.** II. 634), steigen alle Adsorptionsisothermen bis zu einem Maximalwert an, um dann wieder zu sinken. (Kolloid-Z. **129.** 11–19. Nov. 1952.) G. HEINRICH. 176

W. W. Ratschinski, *Allgemeine Theorie der Näherungsberechnung von Chromatogrammen.* Im Anschluß an GAPON u. GAPON (C. **1949.** II. 186. 1272) werden Gleichungen für Ionenaustauschchromatogramme entwickelt. Bei Einführung der dimensionslosen Größen der Konz. a_i^0 (Anfangswert) u. a_i (zur Zeit t) im Sorbens u. m_i^0 bzw. m_i in der Lsg. ist $a_i + h_i m_i = a_i^0 + h_i m_i^0 = \mu_i$; $a_i = f_i (m_1, m_2 \cdots m_n, t)$, wobei μ_i die Gesamtmenge der Komponente i im Schichtelement (in Bruchteilen der Substanzmenge als Einheit), h_i ein dimensionsloser konstanter Koeff. ist. Für das mol. Adsorptionschromatogramm wird abgeleitet, daß $\mu_i = M_i/g\, S_m$ u. $h_i = \Delta/S_m k_i$ (M_i = Menge der Komponente i in der Schicht; g = Gewicht des Sorbens im Schichtelement; $S_m = a_i/S_i$; S_i = Endkonz. von i im Sorbens; $k_i = m_i/c_i$; c_i = Endkonz. von i in der Lsg.; $\Delta = v/g$; v = Porenvol. des Schichtelements). Schließlich wird erhalten:

$$a_i + h\, m_i = a_i^0 + h\, m_i^0 = \mu_i;\ a_1/a_i = k_{1,i}\, m_1/m_i;\ \sum_{i=1}^{n} a_i = 1,\ \text{wobei}\ h = \Delta \Sigma c/S_m.$$

Die chromatograph. Konstante ist also ein Prod. von 2 Faktoren, der spezif. Porosität der Kolonne u. des von den anderen Konstanten der Sorption abhängigen Koeff. γ (definiert durch $h = \Delta \gamma$). Beim mol. Chromatogramm ist $\gamma_i = 1/S_m k_i$, beim Ionenaustauschchromatogramm $\gamma = \Sigma c/S_m$. Eine schemat. Tabelle gibt für die Zahl der Schichtelemente von 1 bis p u. die Zahl der eingeführten Portionen Lsg. von 1 bis q die a- u. m-Zahlen an von a_{11}, m_{11} bis a_{pq}, m_{pq}, mit denen sich die Verteilungskurven der Komponenten über die Säule in den verschied. Stufen des chromatograph. Prozesses errechnen lassen. (Доклады Академии Наук СССР [Ber. Akad. Wiss. UdSSR] [N. S.] **88.** 701–04. 1/2. 1953. Moskau, Landw. Timirjasew-Akad.) R. K. MÜLLER. 177

A₆. Strukturforschung.

F. Eckart, *Die Technik des OSW-Elektronenmikroskops.* Diskussion der allg. Grundlagen der Elektronenmikroskopie u. ihrer Grenzen. (Elektrotechnik **4.** 414–15. Dez. 1950. Oberspreewerk, Werk für Fernmeldewesen.) V. BORRIES. 181

Charles Fert und **Robert Saporte,** *Reflexionselektronenmikroskopie.* Die Neigung des auf das Objekt auffallenden Strahls gegen die Mikroskopachse wird hier nicht wie bei anderen Rückstrahlmikroskopen durch mechan. Kippung des Strahlerzeugersyst., sondern durch zwei Ablenkspulen zwischen Kondensor u. Objekthalter erreicht. Der Objekthalter gestattet eine Variation des Beobachtungswinkels u. eine Drehung des Objekts um eine zu seiner Oberfläche senkrechte Achse. Eine Reihe von Rückstrahlabbildungen von durch Kathodenzerstäubung korrodiertem Cu illustriert die Abhängigkeit der Bildgüte vom Beleuchtungs- u. Beobachtungswinkel. (C. R. hebd. Séances Acad. Sci. **235.** 1490–92. 10/12. 1952.) LENZ. 181

M. E. Haine und **P. A. Einstein,** *Die Eigenschaften des Glühkathodenstrahlerzeugers des Elektronenmikroskops.* Experimente an einem aus W-Glühkathode, WEHNELT-Zylinder u. Anode bestehenden Elektronenstrahlerzeuger für Elektronenmikroskope u. Elektronenbeugungsröhren. Der Richtstrahlwert („brightness") ergibt sich, weitgehend unabhängig von der geometr. Anordnung der Elektroden, bei optimalen Betriebsbedingungen nur wenig unterhalb des von LANGMUIR angegebenen theoret. Optimalwertes. Vff. finden, daß der Durchmesser des engsten Strahlquerschnitts im

Strahlerzeuger weitgehend unabhängig von den Betriebsbedingungen ist. (Brit. J. appl. Physics **3.** 40—46. Febr. 1952. Aldermaston, Berks., AEI Res. Labor.) LENZ. 181

Mihály Gerendás, *Die Vorbehandlung der Untersuchungssubstanz für elektromikroskopische Untersuchungen.* Übersichtsmäßige Zusammenstellung der Methoden u. Apparate zur Herst. von Objektträgern, Vorbehandlung von Objekten, Anfertigung von Repliken u. Erhöhung der Kontrastwrkg. bei elektronenmkr. Untersuchungen. (Természet és Technika **111.** 53—58. Jan. 1952.) V. PILINSZKY. 181

Kenichi Okada, *Statistische Betrachtungen über Röntgen- und Elektronenbeugungsanalysenergebnisse.* 1. Mitt. *Material aus Trockenbatterien.* (J. chem. Soc. Japan, ind. Chem. Sect. [Kōgyō Kagaku Zassi] **55.** 54—55. Febr. 1952. Tokyo, Univ. [Orig.: japan.]) SCHULER. 181

René Bernard und **Émile Pernoux,** *Deutung der Struktur aus Elektronenbildern.* Die Zuordnung der in einem Elektronenbild eines Einkristalls auftretenden Interferenzstreifen zu den zugehörigen Beugungsreflexen ist ohne experimentellen Aufwand möglich, wenn man das zunächst scharfgestellte Elektronenbild durch allmähliche Verringerung der Linsendurchflutung entfokussiert. Dabei wandern die den einzelnen Reflexen zugehörigen Teilbilder von ihrer ursprünglichen Lage fort u. werden dabei kleiner. Schließlich gehen sie mit der Annäherung der Linsenstärke gegen Null in Punkte über, u. man erhält das übliche Beugungsbild. Aus Wanderweg u. Wanderrichtung eines Teilbildes kann leicht der zugehörige Beugungswinkel ermittelt werden. (C. R. hebd. Séances Acad. Sci. **235.** 1488—90. 10/12. 1952.) LENZ. 181

L. Wegmann, *Zur Frage der Abbildung von Atomabständen im Elektronenmikroskop.* Vf. schlägt zur Auflösung von Atomabständen in Elektronenmikroskopen vor, die Beugungsstrahlen nullter u. sämtlicher höheren Ordnungen auszublenden u. nur die unter der Apertur ω gebeugten zu verwenden. ω errechnet sich als Optimum zwischen Beugungs- u. sphär. Fehler für ein TRÜB-TÄUBER-Objektiv bei $\lambda = 5 \cdot 10^{-10}$ cm zu $2{,}4 \cdot 10^{-3}$. Es handelt sich also um die elektronenopt. Aufnahme des Beugungsbildes. Die Beleuchtungsapertur kann leicht berechnet werden u. beträgt z. B. für die Auflösung eines Kristallgitters von 2 Å Netzebenenabstand $2 \cdot 10^{-5}$. Ein besonderes Kennzeichen der Meth. ist die Tatsache, daß die Abbildungseigg. im paraxialen Gebiet beliebig schlecht sein dürfen, wodurch sich eine erhebliche Verbesserung bzgl. der Randzone erreichen lassen müßte. (Helv. physica Acta **23.** 867—69. 10/12. 1950. Zürich.) SPEER. 181

Karl Wintersberger, *Bemerkungen zu der Notiz von F. Seel: „Begriffsbildungen zur Valenztheorie“.* Vf. wendet gegen die von SEEL (vgl. C. **1953.** 3203) vorgeschlagenen Begriffsbildungen zur Valenztheorie ein, daß danach der Begriff Wertigkeit künftig nur noch einen Teil seines bisherigen Gültigkeitsbereichs, nämlich die Angabe der Ladung eines Atom- oder Molekülions, umfassen soll, was zu Unklarheiten führt u. auch didakt. bedenklich erscheint. Vf. schlägt daher vor, den Begriff Wertigkeit in seiner bisherigen Bedeutung als „Trivialbezeichnung“ sowohl für Atom- als auch für Ionenbindungen weiter zuzulassen u. für die exakte Angabe der Zahl der Atombindungen den Begriff Bindungszahl (SEEL hatte Bindigkeit vorgeschlagen) u. für die Angabe der Ladung eines Atom- oder Molekülions den Begriff Ladungszahl einzuführen. Gegen die von SEEL vorgeschlagenen Begriffe formale Ladung u. Oxydationszahl hat Vf. keine Bedenken. (Z. Naturforsch. **8b.** 163. März 1953. Ludwigshafen/Rh., Bad. Anilin- & Soda-Fabrik, Hauptlabor.) B. REUTER. 182

Maurice Buyle-Bodin und **André Monfils,** *Über die elektrische Quadrupolresonanz des Chlors in $HgCl_2$.* Vff. bestimmten experimentell den Ionisationsgrad der Hg–Cl-Bindung im $HgCl_2$-Mol. zu 55%. Gleichzeitig wurde der Einfl. der Temp. auf die Resonanzfrequenz bestimmt (Meßtemp. 100, 20, —112, —196°) u. erklärt. (C. R. hebd. Séances Acad. Sci. **236.** 1157—60. 16/3. 1953.) V. HARLEM. 182

Olav Foss, *Das Vorherrschen von unverzweigten Schwefelketten in Polysulfiden und Polythionverbindungen.* Die vorliegenden physikal. u. chem. Unterss. deuten auf die Nichtexistenz verzweigter Strukturen $> S \rightarrow S$ oder $> S{=}S$ in Disulfid-, Polysulfid- u. Polythionverbindungen. Die chem. Reaktionsfähigkeit dieser Verbb. entspricht Formeln, welche unverzweigte S-Ketten enthalten. Das Nichtvorliegen verzweigter Strukturen wird als Funktion der koordinativen Bindung u. der Doppelbindung Schwefel–Schwefel besprochen. Ein Mechanismus für die Rkk. von S u. Polysulfiden mit Sulfit u. Cyanid wird vorgeschlagen. (Acta chem. scand. **4.** 404—15. 1950. Oslo, Blindern, Univ., Kjem. Inst.) GEDSCHOLD. 182

Ss. Karpatschewa und **A. Rosen,** *Über die Beweglichkeit von Sauerstoff einiger fester Körper und das „geologische Thermometer“ von Urey-Nier.* Ausgehend von der von Vff. (C. **1952.** 3783) festgestellten Sauerstoffbeweglichkeit vieler Oxyde bei 200 bis 800°, bes. bei der Rk. mit Wasserdämpfen, wird durch Verss. gezeigt, daß diese Beweglichkeit auch bei Zimmertemp. eintritt. Aus $(NH_4)_2CO_3$ u. $CaCl_2$ hergestelltes *$CaCO_3$* (I)-Pulver wird tablettiert u. bei 400° getrocknet. 20 g I werden mit 10 ml H_2O, enthaltend 356 γ $H_2{}^{18}O$ (II), versetzt, mit Paraffin übergossen u. 10, 20 u. 40 Tage bei Zimmertemp. stehengelassen. Hierbei wird eine II-Abnahme von 13, 28 u. 45 γ festgestellt. Ob eine Rk. nur an der Oberfläche von I oder auch im Innern stattfindet, bleibt noch ungeklärt. Die Beurteilung der Meerestemp. früherer geolog. Epochen nach dem ^{18}O-Geh. der Kalksteine nach Urey-Nier ist deshalb erst dann anwendbar, wenn der Austauschgrad während der geolog. Epochen u. der Einfl. der Oberflächengröße auf diesen Austausch geklärt sind. (Доклады Академии Наук СССР [Ber. Akad. Wiss. UdSSR] [N. S.] **88.** 709—10. 1/2. 1953.) Lebtag. 190

Nobuo Katayama, *Daiton-Schwefel.* Kristalle von Daiton-Schwefel (genannt nach dem vulkan. Vork. in Daiton, Formosa) werden auf dem zweikreisigen Goniometer morpholog. untersucht. Es zeigt sich, daß es sich um Paramorphosen von α-Schwefel nach β-Schwefel handelt. Bes. auffällig ist der nach [0 1 0] gestreckte Habitus der Kristalle. (Sci. Pap. Coll. gen. Educat., Univ. Tokyo **1.** 91—102. Okt. 1951. Tokio, Univ., Coll. of General Education, Inst. of Earth Sci. [Orig.: engl.]) Hiller. 190

W. Borchert, *Über Kristallgitter mit statistischer Verteilung.* Es wird zuerst über die gemeinsame Gitteranordnung für die n. Hochtemperaturphasen des *$Cu_{2-x}Se$* berichtet: Danach bilden 4 Cu u. 4 Se ein Gerüstgitter vom Zinkblendetyp. Die restlichen 4 — y Cu sind statist. über die Punktlagen 4 (b) u. 16 (c) mit x = $^2/_3$ der Raumgruppe T_d^2 — F $\bar{4}$ 3 m verteilt. Geht man von der oberhalb 250° stabilen n. α-Modifikation des $Cu_{1,8}Se$ aus, so treten mit sinkender Temp. kontinuierliche Änderungen der statist. Verteilung der Cu innerhalb des Gerüstgitters ein: auf Kosten von 4 (b) u. 16 (c) wird in immer stärkeren Maße die Punktlage 4 (d) mitbesetzt. Die stetige Umwandlung wird bei 15° mit folgender Verteilung erreicht: 4 Cu u. 4 Se wie oben, 2 Cu in 4 (d) u. 1,2 Cu statist. verteilt über 4 (b) u. 16 (c). — Es wird weiter über die Strukturen von *α-Cristobalit* u. *Na_2O-Carnegieiten* berichtet, in denen selbst zum Gerüstgitter gehörende Anteile statist. verteilt sein können oder rotieren. Bei Carnegieit der Zus. $Na_4[Al_4Si_4O_{16}]\cdot n\ Na_2O$ weist der gerüstbildende Anteil $[Al_4Si_4O_{16}]^{4-}$ eine entsprechende Anordnung wie α-Cristobalit auf, wenn in diesem 4 Si durch 4 Al ersetzt werden. Die O-Atome sind statist. über die Punktlage 96 (i) der Raumgruppe T_d^2 — F $\bar{4}$ 3 m verteilt. Dieses Gerüstgitter wird durch die Einfügung von 4 Na-Ionen abgesättigt. In dieses Grundgitter der Zus. $Na_4[Al_4Si_4O_{16}]$ kann in die vorhandenen Gitterlücken weiteres Na_2O eingelagert werden. (Fortschr. Mineralog. **27.** 27—28. 1948; ausg. 1950. Heidelberg.) Gottfried. 195

Tokiti Noda und **Shinya Sato,** *Röntgenuntersuchung von Kohlebürsten.* Es wurden verschied. handelsübliche Typen von Kühlebürsten (für elektr. Maschinen) röntgenograph. untersucht, u. zwar solche, die aus natürlichem Graphit oder aus elektrographitisiertem Pechkoks oder aus elektrographitisiertem Ruß hergestellt worden waren. Zweck der Unters. war, den Grad der Graphitisierung festzustellen. Zu diesem Zweck wurden die a- u. c-Dimensionen ermittelt u. mit denen von natürlichem Graphit verglichen. Ferner wurde der %ig. Anteil der Kryptoporen aus der röntgenograph. u. pyknometr. D. nach der Formel $[d_x - d_p]\cdot 100/d_x$ berechnet, wo d_x die röntgenograph. u. d_p die pyknometr. D. bedeuten. Die Versuchsergebnisse sind in Tabellen zusammengestellt. (Bull. chem. Soc. Japan **25.** 195—98. Juni 1952. Nagoya, Univ., Fac. of Engng., Dep. of Appl. Chem. [Orig.: engl.]) Gottfried. 195

G. Trömel und **H. Möller,** *Röntgenaufnahmen des Calciumorthosilicats Ca_2SiO_4 bei Temperaturen bis 1500°.* Röntgenaufnahmen an **$CaSiO_4$** ergaben die von Bredig (vgl. C. **1946.** I. 2358) angenommene hexagonale Struktur des Glaserits. Diese hexagonale α-Form wandelt sich beim Abkühlen in die rhomb. α-Struktur um, die eine enge Beziehung zu der des K_2SO_4 hat. Sie bleibt bis 700° stabil u. geht bei weiterer Abkühlung in β-$CaSiO_4$ über. γ-$CaSiO_4$ bildet sich beim Erhitzen eines Gemisches von $CaCO_3$ u. SiO_2. Dies so hergestellte γ-Präp. bleibt bis weit über die bisher angenommene Stabilitätsgrenze von 675° beständig; erst bei 800° erhält man ein Mischdiagramm von γ + α'. Erhitzt man die γ-Form außerhalb der Kamera über 1000°, so erhält man ein Gemisch von β u. γ; nach dreimaligem Erhitzen u. Abkühlen lag nur reines β-$CaSiO_4$ vor. Aufnahmen an Mischkristallen von Ca_2SiO_4 mit ca. 10% (Na_2O + Al_2O_3 + CaO) bei 1400° ergaben Vorliegen der α-Form, bei 1300° dagegen der α'-Form. Die Umwandlung α'—β setzt beim Abkühlen erst unterhalb 600° ein. Bei 550° liegen α' u. β nebeneinander vor, u. erst bei 500° verläuft die Umwandlung in β vollständig. (Fortschr. Mineralog. **28.** 80—82. 1949; ausg. Dez. 1950. Düsseldorf.) Gottfried. 195

Heinz Jagodzinski, *Eindimensional fehlgeordnete Kristalle und die Berechnung der Röntgenintensitäten.* Vf. entwickelt Lösungsansätze für die Auswertung von Röntgenaufnahmen von eindimensional fehlgeordneten Kristallen unter Zugrundelegung allg. Gesichtspunkte, die eine befriedigende quantitative Deutung aller erhaltenen Röntgenaufnahmen zulassen. Auf diesem Wege konnte festgestellt werden, daß die einwandfrei hexagonalen *Wurtzit*-Einkristalle aus Thrazien bereits zum Teil in *Zinkblende* umgewandelt sind, wobei die eindimensionale Fehlordnung nicht durch die Umwandlung hervorgerufen wurde, sondern der ursprüngliche Wurtzitkristall muß bereits einen erheblichen Fehlordnungsgrad besessen haben. (Fortschr. Mineralog. **27.** 26—27. 1948; ausg. 1950. Marburg/Lahn.) GOTTFRIED. 195

Georg Brauer und **Heinz Haag**, *Über die Kristallstruktur der Disilicide von Lanthaniden.* Die Herst. der Disilicide von Lanthaniden durch Anwendung der Rkk. Me_2O_3 + 7 Si = 2 $MeSi_2$ + 3 SiO bzw. MeO_2 + 4 Si = $MeSi_2$ + 2 SiO (SiO wurde im Hochvakuum verflüchtigt) wird beschrieben. Folgende Gitterkonstanten der sehr reinen Disilicide wurden ermittelt: *$LaSi_2$* a = 4,27 (kX), c = 13,74; *$CeSi_2$* a = 4,15, c = 13,81; *$PrSi_2$* a = 4,14, c = 13,52; *$NdSi_2$* a = 4,11, c = 13,45; *$SmSi_2$* a = 4,05, c = 13,34. Die Kristallstruktur der Verbb. gleicht der von $ThSi_2$. (Naturwissenschaften **37.** 210—11. 1. Maiheft 1950. Freiburg/Br., Univ., Chem. Inst., Anorg. Abt.) W. FABER. 195

Gabrielle Donnay und **J. D. H. Donnay**, *Der Symmetriewechsel in der Hochtemperatur-Alkalifeldspatreihe.* An 11 synthet. Alkalifeldspäten der Reihe $KAlSi_3O_8$ (monoklin)–$NaAlSi_3O_8$ (triklin) werden genaue Bestimmungen der Gitterkonstanten ausgeführt u. ihre Beziehungen zur Zus. untersucht. Die einzige Diskontinuität ist dort zu beobachten, wo α ungleich 90° wird u. der Symmetriewechsel stattfindet (>67,3% Ab). Es wird kein Zweiphasenbereich beobachtet. Für den prakt. Gebrauch kann eine lückenlose Mischkristallreihe angenommen werden. (Amer. J. Sci. Bowen Vol. **1952.** Part 1. 115—32. Washington u. Baltimore, Carnegie Inst., Geophys. Labor., u. Johns Hopkins Univ., Crystallogr. Labor.) HILLER. 195

Theo Heumann, *Über den Einfluß des Atomvolumens auf die Bildungswärme von Mischkristallen binärer metallischer Systeme.* Ein Wirtgitter wird durch den Einbau von volumenverschied. Fremdatomen verzerrt. Die Verzerrung bewirkt einen endothermen Energieaufwand. Diese Verzerrungsenergie wird unter Zugrundelegung eines einfachen Gittermodells mit Hilfe der calor. Zustandsgleichung für die 12 Systeme *Ag–Cu, Cd–Zn, K–Cs, Na–K, Au–Cu, Ag–Au, Cu–Ni, Au–Pt, Ni–Pt, Au–Ni, Bi–Sb* u. *Al–Zn* berechnet. Die daraus gezogenen Schlüsse stimmen mit der Erfahrung überein. Die Verzerrungsenergie liefert einen Beitrag zur gesamten Bildungswärme u. ist in vielen Fällen ausschlaggebend für das gegenseitige Verh. zweier Metalle, bes. für den Fall, daß die beiden Metalle chem. sich sehr ähnlich sind, z. B. Ag–Cu, Zn–Cd, Rb–Cs u. Bi–Sb. Das Auftreten von F.-Minima innerhalb von Mischkristallreihen ist auf die Volumenunterschiede der Partner zurückzuführen. (Z. Metallkunde **42.** 182—89. Juni 1951. Münster, Univ., Inst. für physikal. Chem.) W. FABER. 197

I. Ja. Dechtjar und **Ss. M. Karalnik**, *Über die Natur lokaler Verzerrungen in festen Lösungen auf der Basis der Metalle der Übergangsgruppe.* Durch Beimengung von 1 At.-% Ni, Be, Si, Ti, Sn, Nb oder W wird die Lage der K-Kante des Absorptionsspektr. von mit 8 At.-% Cr legiertem Fe nach der kurzwelligen Seite verschoben. Diese Verschiebung ist mit der Verschiebung in bin. festen Lsgg. vergleichbar. Sie kann nicht mit Hilfe der üblichen Zonentheorie der Metalle erklärt werden, wonach der Einfl. der Fremdelektronen nur gering ist. Für die lokalen Störungen im Gitter des Lösungsm. ist die Elektronenverteilung im Vol. der Legierung verantwortlich. Die Fremdatome verursachen lokale Deformationen, die mit ihrer Lokalisierung in einem bestimmten Mikrovol. zusammenhängen, die als Folge der chem. Rk. zwischen Fremd- u. Lösungsmittelatomen als quasichem. Gebilde aufzufassen sind. Der Einfl. der letzteren auf die Eigg. der festen Lsg. ist ähnlich dem Einfl. der dispersen Ausscheidungen bei der natürlichen Alterung von Legierungen. Die Röntgenspektralunters. ermöglicht die Erforschung von Fragen, die mit der Alterung von Legierungen in Ggw. von Fremdstoffen zusammenhängen. (Доклады Академии Наук СССР [Ber. Akad. Wiss. UdSSR] [N. S.] **88.** 277—79. 11/1. 1953.) LEBTAG. 197

E. Hellner, *Kristallchemie des Ga und In.* Nach Unterss. von anderer Seite besitzt die Struktur des *$Mg_2Ga(In, Tl)$* große Ähnlichkeit mit der des $Fe(Mn, Ni)_2P$ (C_{22}-Typ), nur hat Mg_2Ga eine doppelt so große c-Achse wie das Fe_2P. Sind im Fe_2P heteropolare Tendenzen für die Ausbildung der Struktur maßgebend, dann müssen auch im Mg_2Ga, wenn auch in geringem Maße, heteropolare Bindungstendenzen vorliegen. Ferner sind Ga, In u. Tl in der Lage, Typen auszubilden, die man als Strukturen mit heteropolarer Bindung ansehen kann. — Es wird weiter mitgeteilt, daß in dem Syst. *Pd–Tl* ein NiAs-Typ bei der ungefähren Zus. *Pd_2Tl* nachgewiesen werden konnte. Vf. spricht zum Schluß die Vermutung aus, daß Ga, In u. Tl auch als Anionen in der Gruppe der sulfid. Erze vorkommen können. (Fortschr. Mineralog. **27.** 32—33. 1948; ausg. 1950. Marburg/Lahn.) GOTTFRIED. 197

W. G. Henry und **G. V. Raynor,** *Überstrukturuntersuchungen in den Systemen Silber–Magnesium–Zinn und Silber–Magnesium–Zink.* In dem Syst. Ag–Mg besitzt die β'-Phase mit einem Elektron: Atom-Verhältnis von 3/2 die geordnete Struktur vom CsCl-Typ (zweite Überstrukturzone). Geringe Zusätze von Sn zu dieser Phase haben keinen Einfl. auf die geordnete Struktur. Bei weiterem Zusatz von Sn zu der β'-Phase tritt eine zusätzliche Ordnung der Atome ein unter Bldg. einer dritten Überstrukturzone. Diese Phase besteht bis zu einem maximalen Sn-Zusatz von 10 At.-%. Oberhalb dieser Sn-Konz. existiert ein Zweiphasengebiet zwischen der doppelt-geordneten raumzentriert-kub. Phase u. der hexagonalen 3/2-Elektronenverb. Ag_5Sn, in der einige Sn-Atome durch Mg-Atome ersetzt sind. Aus Röntgenunterss. bei höheren Tempp. war zu ersehen, daß die dritte Überstrukturzone unabhängig von der zweiten Überstrukturzone regellos wird. Die Umwandlungstemp. steigt mit zunehmendem Sn-Geh., die der CsCl-Überstruktur nimmt dagegen mit steigendem Sn-Geh. ab. — Setzt man der bin. β'-Phase des Syst. Ag–Mg Zn zu, so entwickelt sich keine dritte Überstrukturzone wie in dem Syst. Ag–Mg–Sn. Die Temp., bei welcher die zweite Überstrukturzone regellos wird, nimmt mit steigender Zn-Konz. ab. Die Gründe für das Auftreten der zweiten Überstrukturzone in beiden Systemen werden ausführlich diskutiert. (Canad. J. Physics **30.** 412—21. Sept. 1952. Birmingham, Univ., Dep. of Metallurgy.) GOTTFRIED. 197

I. I. Kornilow, R. Ss. Minz und **Ss. D. Onoprijenko,** *Diagramm Zusammensetzung–Warmfestigkeit des Systems Ni–Al.* Die Unters. wurde an gegossenen Proben aus Legierungen des Syst. Ni–Al mit Al-Gehh. bis zu 30% im von hoher Temp. schroff abgeschreckten u. bei 1100° ausgeglühten Zustand durchgeführt. Es wurde die Warmfestigkeit bei 800 u. 850° an in einer Zentrifugalmaschine eingespannten zylindr. Stäbchen bestimmt, wobei die bis zur Erreichung einer bestimmten Durchbiegung erforderliche Zeit als relatives Maß für dieselbe angesehen wurde. Die schaubildliche Zusammenfassung der Ergebnisse in Abhängigkeit vom Al-Geh. mit dem Zustandsdiagramm Ni–Al läßt erkennen, daß die Warmfestigkeit der festen Lsgg. von Al im Ni mit zunehmender Konz. an Al ansteigt, die höchsten Werte werden im Sättigungsbereich der festen Lsgg. erreicht. Die geringste Warmfestigkeit zeigen die heterogenen 2 Phasen-Legierungen der Bereiche $\gamma + \gamma'$ u. $\gamma + \beta$. Die Verb. Ni_3Al ist durch ein Minimum an Warmfestigkeit gek., die festen Lsgg. auf dieser Basis (Ni oder Al-reich) sind wesentlich warmfester. Die höchste Warmfestigkeit wird auch hier im Bereich höchster Sättigung erreicht. (Доклады Академии Наук СССР [Ber. Akad. Wiss. UdSSR] [N. S.] **88.** 683—85. 1/2. 1953. Inst. für allg. u. anorgan. Chem. der Akad. der Wiss. der UdSSR.) EHMCKE. 197

Robert Maddin und **N. K. Chen,** *Untersuchung über das Verhalten von Metallen mit großen Metallkristallen.* Es wurden große Einkristalle von hochschm. Metallen, wie *Mo, Ta, Nb* u. *W,* erzeugt u. ihr plast. Verh. untersucht. An handelsüblichen preßgesinterten u. im Lichtbogenofen erschmolzenen Mo-Einkristallen wurde gezeigt, daß diese spröde sind. Reine Mo-Kristalle jedoch können bis zu 75% gedehnt u. um 98% gewalzt werden. Die Festigkeit der Einkristallmetalle ist geringer, als theoret. berechnet wird. (Iron Age **170.** Nr. 17. 108—11. 23/10. 1952. Baltimore, Univ.) HOCHSTEIN. 200

Fritz Röhm und **Jörg Diehl,** *Zum Mechanismus der Zugverformung von Einkristallen.* Die Verfestigungskurven von kub. flächenzentrierten Kristallen zeigen bei der Zugverformung häufig nach einem flachen, etwa linearen Anfangsteil einen relativ steilen Anstieg. Die Orientierungsabhängigkeit der Ausdehnung dieses Anfangsteils deutet darauf hin, daß für das Einsetzen des starken Verfestigungsanstiegs das Mitgleiten eines vorher nicht betätigten Gleitsyst. maßgebend ist. (Z. Metallkunde **43.** 126—28. April 1952. Stuttgart, TH, Inst. für theoret. u. angewandte Physik, u. Max-Planck-Inst. für Metallforsch.) HOCHSTEIN. 200

N. N. Buinow und **L. I. Podresow,** *Über den Einfluß plastischer Verformung auf den folgenden Zerfall von Aluminiumlegierungen.* Es wurden elektronenmkr. Unterss. nach der Meth. der oxyd. Filme an den Legierungen *Al–Si* (1,2% Si), *Al–Mg–Si* (1,4% Mg_2Si), *Al–Cu* (4% Cu) u. *Ak 5* durchgeführt. Die Proben lagen im gehärteten, bis zu 60% verformten u. bei 100—260° auf höchste Härte gealterten Zustand vor. Die Zerfallsprodd. der festen Lsg. lassen im Inneren der Proben einen höheren Dispersitätsgrad u. regelmäßigere Kristallformen als an der Probenoberfläche erkennen. Hinsichtlich der Gleichmäßigkeit ihrer Verteilung besteht jedoch kein Unterschied, bes. konnte eine Anhäufung der ausgeschiedenen Teilchen an den Gleitflächenspuren nicht beobachtet werden. Es wird auf eine verhältnismäßig gleichmäßige Verteilung der Restspannungen innerhalb der Proben geschlossen. Die beschleunigende Wrkg. der Verformung auf den Zerfall wird der Entstehung einer größeren Zahl von Zerfallszentren, im Vgl. zu dem nicht verformten Zustand, u. nicht einer Veränderung des Diffusionskoeff., wie dies auch energet. Überlegungen ergeben, zugeschrieben. (Доклады Академии Наук СССР [Ber. Akad. Wiss. UdSSR] [N. S.] **88.** 665—68. 1/2. 1953. Inst. für Metallphys. der Uraler Zweigstelle der Akad. der Wiss. der UdSSR.) EHMCKE. 200

S. Bhagavantam und **T. Seshagiri Rao,** *Elastische Eigenschaften von polykristallinen Aggregaten.* Zur Unters. der elast. Eigg. polykristalliner Aggregate wird die Ultraschallkeilmeth. benutzt. Sie gestattet auch vorteilhaft Unterss. bei höheren u. tieferen Temperaturen. Für kub. Substanzen wird unter Berücksichtigung der CAUCHYschen Relation der Elastizitätsmodul (bulk modulus): $k = 5/9(C_{11}')_{Av} = 5/3(C_{44}')_{Av}$ erhalten. Es werden feine Pulver von kub. Verbb. (*KCl, NaCl, NH_4Cl, KBr, KJ*) unter hohem Druck zu Tabletten von 1 inch Durchmesser gepreßt u. dann nach der Ultraschallkeilmeth. untersucht. Die gemessenen Werte werden mit aus bekannten Konstanten der Einkristalle errechneten Werten verglichen. Man findet, daß gewisse Stoffe so zusammengepreßt werden können, daß sie fast die D. der Einkristalle erreichen: (KCl, NaCl, NH_4Cl) mit 2%, KBr mit 3%, KJ mit 6% Abweichung. In diesen Substanzen erreichen die durchschnittlichen elast. Eigg. mit ähnlichen Abweichungen die entsprechenden Idealwerte. In anderen Fällen (MgO) hängt die Kompressibilität in bemerkenswertem Maße von der D. ab. Meßwerte für $(C_{11}')_{Av}$ bzw. $(C_{44}')_{Av}$ bzw. k bei KCl: 3,08 bzw. 1,03 bzw. 1,77; NaCl: 4,42, 1,47, 2,40; NH_4Cl: 3,09, 1,01, 1,79; KBr: 2,43, 0,81, 1,50; KJ: 1,64, 0,57, 1,17. (Proc. Indian Acad. Sci., Sect. A **35.** 129—35. März 1952. Hyderabad, Osmania Univ., Phys. Labor.) KLEFFNER. 200

A_7. Gleichgewichte. Kinetik.

G. Schwarzenbach, B. Maissen und **H. Ackermann,** *Metallkomplexe mit Polyaminen.* 7. Mitt. *Diamine und Silber(I).* (6. vgl. C. **1952.** 7619.) In Fortsetzung ihrer Verss. untersuchen Vff. die Bildungskonstanten der Ag(I)-Komplexe mit den Liganden *Propylendiamin* (**I**), *Tetramethylendiamin* (**II**), *Pentamethylendiamin* (**III**), *Piperazin* (**IV**) u. *Triäthylendiamin* (**V**) in Ggw. eines Überschusses von $AgNO_3$ nach der bereits von SCHWARZENBACH (C. **1951.** I. 1708) beschriebenen Methode. Bei 20° u. $\mu = 0{,}1$ fanden sie für log K beim Typ $[Ag(Lig.)]^+$ mit **I** 5,58 ± 0,07; **II** 5,90 ± 0,1; **III** 5,95 ± 0,1; **IV** 3,40 ± 0,05; **V** 1,65 ± 0,1. Beim Typ $[Ag(H \cdot Lig.)]^{2+}$ mit **I** 2,55 ± 0,2; **II** 3,1 ± 0,3; **IV** 1,75 ± 0,1. Beim Typ $[Ag_2(Lig.)]^{2+}$ mit **I** 0,6 ± 0,4; **IV** 1,5 ± 0,5. (Helv. chim. Acta **35.** 2333—36. 1/12. 1952. Zürich, Univ., Chem. Inst.) PLUST. 223

G. Schwarzenbach, H. Ackermann, B. Maissen und **G. Anderegg,** *Metallkomplexe mit Polyaminen.* 8. Mitt. *Äthylendiamin und Silber.* (7. vgl. vorst. Ref.) Bei Übertragung der üblichen Untersuchungsmeth. auf die Ag(I)-Komplexe des Äthylendiamins („*en*") ergaben sich Neutralisationskurven, die nur in ihrem ersten Teil mit den normalerweise erhältlichen übereinstimmten. Als Ursache erkannten Vff. das Auftreten von $[Ag_2(en)_2]^{2+}$ (I), dem Dimerisat von $[Ag(en)]^+$. Da beim Ablauf der Neutralisation die Stufe $[Ag(en)]^+$ anfänglich nur in sehr kleiner Konz. auftritt, ist das Gleichgewicht $2\,[Ag(en)]^+ \rightleftharpoons [Ag_2(en)_2]^{2+}$ nach links verschoben, so daß die Neutralisationskurve noch den n. Verlauf zeigt.

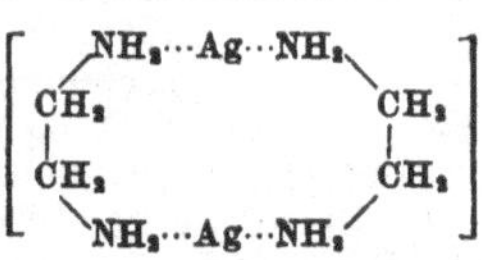

I

Das Auftreten von I erhärten Vff. 1. dadurch, daß sich die experimentellen Kurven richtig, mit Hilfe der Gleichgewichtsausdrücke unter Berücksichtigung von I wiedergeben lassen, 2. durch Präparation des Komplexsalzes $[Ag_2(en)_2]SO_4$ (**II**). Die Gefrierpunktserniedrigung ergab, daß sich das $[Ag(en)]_2{}^{2+}$ wie ein 2-wertiges Kation verhält. Bei der Konz. 10^{-2} ist **II** bereits zu 6% in sein Monomeres zerfallen. Aus der Abweichung der Kurven gegenüber der Idealkurve bestimmten Vff. die Dimerisierungskonstante K_d zu $10^{3,38 \pm 0,15}$. Die Bildungskonstanten der anderen auftretenden Komplexe sind $K_{Ag(H \cdot en)^{2+}} = 10^{2,35 \pm 0,05}$; $K_{[Ag(en)]^+} = 10^{4,70 \pm 0,1}$; $K_{[Ag_2(en)]^{2+}} = 10^{1,76 \pm 0,3}$; $K_{[Ag(en)_2]^+} = 10^{7,7 \pm 0,1}$. (Helv. chim. Acta **35.** 2337—43. 1/12. 1952.) PLUST. 223

Masaji Miura und **Hiroshi Matsuo,** *Untersuchungen über die Mitfällung von Nitrationen mit Bariumsulfat.* Vff. untersuchten die Mitfällung von NO_3^- in $BaSO_4$. Die Ndd. wurden erzeugt durch gleichzeitige u. langsame Zugabe von $Ba(OH)_2$ u. 0,1 mol. H_2SO_4 zu kochenden Lsgg. von KNO_3 in CO_2-freier Atmosphäre. Die durch Dekantieren gereinigten Ndd. wurden bei 110° getrocknet. Zur Best. von NO_3^- wurde der Nd. 1 Std. am Rückflußkühler mit konz. Sodalsg. behandelt. Das dann in Lsg. befindliche NO_3^- wurde durch DEVARDAsche Legierung red., dest. u. mit H_2SO_4 titriert. Die Menge des mitgefällten NO_3^- ist abhängig vom Verhältnis $Ba(OH)_2 : H_2SO_4$. Bei geringem $Ba(OH)_2$-Überschuß ist die mitgefällte Menge wesentlich höher als bei geringem H_2SO_4-Überschuß.

Wahrscheinlich sind die $BaSO_4$-Kristalle durch Ba^{2+} an der Oberfläche positiv geladen, was den Grund für die Adsorption von negativen Ionen bilden dürfte. Bei höheren Konzz. stimmen die gefundenen Werte gut mit Berechnungen nach der LANGMUIR-Isotherme ($x = abc/1 + ac$) überein. Zur Erklärung wurde vorgeschlagen: 1. Bldg. von Mischkristallen, 2. Einschluß, 3. Oberflächenadsorption nach Bldg. des Nd., 4. Verbindungsbldg., 5. nachherige Fällung. Nach Ansicht der Vff. wird die Hauptmenge NO_3^- an der inneren Oberfläche des Nd. adsorbiert u. eingeschlossen. (J. Sci. Hiroshima Univ., Ser. A **15.** 149—53. Juli 1951. [Orig.: engl.]) PLUSKAL. 224

K. H. Jack, *Ein mechanisches Modell zur Veranschaulichung des Stoßmechanismus von gelösten Atomen oder Molekülen bei Reaktionen in flüssiger Lösung und bei Reaktionen an der Oberfläche einer festen Einlagerungsverbindung.* Eine Stahlkugel (z. B. ein freies N-Atom vorstellend) rollt auf einem waagerecht aufgehängten u. schwingenden Brett, wird durch darauf befestigte Stifte u. Zylinder (entsprechend z. B. Fe-Atomen einer Fe–N-Legierung) reflektiert u. prallt dann auch gegen eine der beiden an den Stirnseiten des Brettes elast. aufgehängten (z. B. ein „fixiertes" N-Atom vorstellenden) Metallklappen, wobei durch Kontaktschluß elektr. Impulse entstehen, die gezählt werden. Die zweidimensionale Analogie mit kinet. Vorgängen wird erläutert. (Research **4.** 329—30. Juli 1951. Newcastle-on-Tyne, King's Coll., Chem. Dep.) BLUMRICH. 225

Katsuhiko Fujinawa, *Untersuchungen über die Absorptionsgeschwindigkeit von Sauerstoff durch chemische Reaktionen.* 1. u. 2. Mitt. *Absorption mittels Pyrogallol.* Die Absorption von O_2 (in N-Mischung) wurde bei konstantem Partialdruck untersucht. Die Geschwindigkeit wächst mit der Menge an Pyrogallol, dem Grad der Durchrührung u. dem Partialdruck. Freies KOH fördert die Absorption. Es werden theoret. Ableitungen für die Absorptionsgeschwindigkeit erörtert u. auf den Absorptionswiderstand an der Grenzfläche Gas/Fl. hingewiesen. (J. chem. Soc. Japan, ind. Chem. Sect. [Kōgyō Kagaku Zassi] **54.** 31—34. Jan. 1951. Kiriu, TH. [Orig.: japan.]) SCHULER. 225

Katsuhiko Fujinawa, *Untersuchungen über die Absorptionsgeschwindigkeit von Sauerstoff durch chemische Reaktionen.* 3. Mitt. *Absorptionsgeschwindigkeit von Sauerstoff durch Natriumhyposulfitlösungen.* (2. vgl. vorst. Ref.) Die Absorptionsgeschwindigkeit von O_2 in $Na_2S_2O_4$-Lsg. wurde in alkal., sowie neutraler bis schwach saurer Rk. verschieden gefunden. In der Gleichung für die Absorptionsgeschwindigkeit $dW/d\Theta = x/(1/k_1 + 1/k_x P_g^n)$ ist P = Partialdruck des O_2, n = 1 u. $1/k_x P_g^n$ ein Ausdruck für den Absorptionswiderstand bei kleiner Reaktionsgeschwindigkeit. (J. chem. Soc. Japan, ind. Chem. Sect. [Kōgyō Kagaku Zassi] **54.** 160—61. Febr. 1951. Gumma Univ. [Orig.: japan.]) SCHULER. 225

Alexander R. Amell und **Farrington Daniels**, *Kinetik des Austausches von ^{15}N zwischen $^{15}NO_2$ und N_2O_5.* Die Geschwindigkeit der Austausch-Rk. $^{15}NO_2 + N_2O_5 \rightarrow NO_2 + {}^{15}NNO_5$ in der Gasphase wurde bei —9, 0 u. 10° gemessen, indem nach chem. Unterbrechung u. Trennung der Reaktionskomponenten das Verhältnis $^{15}N/^{14}N$ massenspektrometr. bestimmt wurde. Die experimentellen Ergebnisse lassen sich durch die Gleichung $k = 6 \cdot 10^{12} \exp(-19000/RT)$ wiedergeben. Die Übereinstimmung zwischen dieser Reaktionsgeschwindigkeit u. der von SMITH u. DANIELS (C. **1948.** II. 154) für die Rk. zwischen N_2O_5 u. NO gefundenen läßt den Schluß zu, daß in beiden Fällen der geschwindigkeitsbestimmende Schritt der Bruch der N-Bindung ist: $N_2O_5 \rightarrow NO_2 + NO_3$. Es wurde kein Einfl. des Totaldruckes auf die spezif. Geschwindigkeitskonstante für den Isotopenaustausch bei niederen Drucken gefunden, doch sind keine Schlüsse über die Existenz eines solchen Effekts möglich. Es wurden einige qualitative Verss. angestellt, bei denen die Geschwindigkeit der N_2O_5-Zers. durch NO mit der durch reduzierende Gase verglichen wurde. (J. Amer. chem. Soc. **74.** 6209—12. 20/12. 1952. Madison, Wis., Univ., Dep. of Chem.) CONRAD. 225

Niels Hofman-Bang, *Die Jod–Azid-Reaktion.* 3. Mitt. *Die katalytische Wirkung des Pentathionations.* (2. vgl. Acta chem. scand. **3.** [1949.] 1418.) Vf. untersucht die durch Kaliumpentathionat katalysierte Rk. Jod–Azid kinet. u. findet sie bzgl. Azid- u. Pentathionationen 2. Ordnung. Die Reaktionsgeschwindigkeit ist der $K_2S_5O_6$- u. NaN_3-Konz. annähernd proportional u. von der J_2-Konz. unabhängig. Das kinet. Verh. ist damit analog dem Verh., wie es die durch Tetrathionat katalysierte Rk. Jod–Azid zeigt (l. c.). Die Aktivierungsenergie wird in 2 mol. $NaNO_3$-Lsg. zu 10970 kcal/Mol bestimmt. Gleichlaufende Unterss. mit $K_2S_6O_6$ ergeben dieselben Resultate, vermutlich da das Hexathionat sich in schwach alkal. Lsg. fast augenblicklich in Pentathionat u. Schwefel zersetzt. Die Geschwindigkeitskonstante stimmt bis auf wenige % überein. (Acta chem. scand. **4.** 456—61. 1950. Copenhagen, Techn. Univ. of Denmark, Chem. Dep. A.) GEDSCHOLD. 227

Eric K. Rideal, *Adsorption und Katalyse an Metallen. Zur Einführung.* 1. Mitt. Allg. Übersicht, in der unter Zugrundelegung von Literaturdaten kurz behandelt werden: physikal. u. chem. Adsorption an Metalloberflächen, Zusammenhang zwischen

Adsorptionswärme u. Belegungsdichte, H–D-Austausch, Hydrierung von Äthylen, Oxydation u. Zers. von NH_3 an verschied. Metallen. (Discuss. Faraday Soc. Nr. **8.** 96–99. **1950.** London, Royal Inst., Davy-Faraday Labor.) FUCHS. 227

D. D. Eley, *Adsorption und Katalyse an Metallen. Zur Einführung.* 2. Mitt. (1. vgl. vorst. Ref.) Vf. gibt speziell eine Literaturübersicht über Hydrierungs-Rkk., wobei die Ergebnisse einiger der folgenden Vorträge mit berücksichtigt werden. Diskutiert werden: Chemiesorption von Gasen an Metallen, Parawasserstoffumwandlung, Äthylenhydrierung, Dehydrierungs-Rkk., Einfl. der Gitterabstände im Katalysator, Elektronenübergänge. (Discuss. Faraday Soc. Nr. **8.** 99–104. **1950.** Bristol, Univ.) FUCHS. 227

E. K. Rideal und **B. M. W. Trapnell,** *Der Mechanismus und der Temperaturkoeffizient der Parawasserstoffumwandlung.* Die chem. Adsorption von H_2 an aufgedampften *W*-Filmen wurde von sehr kleinen Drucken bis p = 10^{-2} Torr zwischen 0 u. -183^0 gemessen. Die Belegungsdichte Θ steigt unterhalb p = 10^{-3} mit zunehmendem p sehr steil an u. erreicht dann bald einen Grenzwert, der um so höher liegt, je niedriger die Temperatur. Die H_2-Adsorption ist reversibel. Vergleichsverss. mit O_2 u. *CO* zeigen, daß die adsorbierten Mengen an O_2, CO u. H_2 sich verhalten wie 1 : 2 : 1. Daraus folgt, daß H_2 chem. an der Oberfläche gebunden wird u. daß monomol. Schichten vorliegen. Die Anwendung der Ergebnisse auf die Para-H_2-Umwandlung an W ergibt, daß der Vorgang durch eine Kondensation u. ein Wiederverdampfen des chem. adsorbierten H_2 zustande kommt, gemäß $2\,W + p\text{-}H_2 \rightleftharpoons 2\,WH \rightleftharpoons 2\,W + o\text{-}H_2$. Für den Temperaturkoeff. der Rkk. folgt der Ausdruck $\sqrt{T_2/T_1}\,(1-\Theta_1)(1+\varepsilon_2)/(1-\Theta_2)(1+\varepsilon_1)$; dabei beziehen sich die Indices 1 u. 2 auf die beiden Meßtempp. u. ε ergibt sich aus $\Theta/(1-\Theta) = \varepsilon(1+\eta\varepsilon)/(1+\varepsilon)$ mit $\eta = e^{-V/RT}$, V = Abstoßungsenergie zwischen den adsorbierten H-Atomen. Aus der Diskussion dieser Gleichungen folgt, daß die aus der Temperaturabhängigkeit von Θ berechenbare Energiegröße kein Maß für die katalyt. Aktivität der Metalloberfläche darstellt; weiter zeigen die experimentellen Daten, daß die Oberfläche bzgl. der chem. Adsorption heterogen aufgebaut ist. (Discuss. Faraday Soc. Nr. **8.** 114–18. **1950.** London, Royal Inst.) FUCHS. 227

W. E. Garner, T. J. Gray und **F. S. Stone,** *Reaktionen an der Oberfläche von Kupferoxyd.* Von *Cu_2O*-Filmen (hergestellt durch die stöchiometr. Oxydation von auf eine Glasplatte aufgebrachten Cu-Filmen mit O_2) wurde zwischen 20 u. 200^0 die Temperaturabhängigkeit der elektr. Leitfähigkeit λ gemessen (vgl. hierzu auch C. **1949.** II. 1153. 1171). log λ verläuft linear mit 1/T. Daraus ergibt sich die Aktivierungsenergie E zu 5,85 kcal/Mol, wenn die Cu_2O-Filme vor der λ-Messung bei 200^0 im Vakuum entgast worden waren; wurden die Filme aber bei $200-250^0$ mit überschüssigem O_2 behandelt u. in Ggw. von O_2 wieder abgekühlt (Bldg. von CuO gemäß $Cu_2O + \frac{1}{2}\,O_2 = 2\,CuO + 35$ kcal), so wird λ wesentlich erhöht u. E auf 4,96 erniedrigt. Die Änderungsgeschwindigkeit von λ bei der O_2-Adsorption läßt sich zwischen 140 u. 200^0 für die O_2-Drucke p = 0,01–0,1 mm Hg darstellen durch $d\lambda/dt = k_1 p(\lambda_\infty - \lambda_t)$, sowie durch $d\lambda/dt = k_2 p(\lambda_\infty{}^2 - \lambda_t{}^2)$ ($\lambda_t = \lambda$-Wert zur Zeit t). Die Geschwindigkeitskonstante ist bis p = 0,1 proportional p, während sie sich bei höheren p-Werten einem Grenzwert nähert (Sättigungserscheinung). Der geschwindigkeitsbestimmende Vorgang ist von 1. Ordnung; ob es sich hierbei um eine O_2-Dissoziation oder um die Bldg. von O^--Ionen handelt, ist ungewiß. Bei der Einw. von *CO* auf die O_2-beladenen Filme reagieren 50% des adsorbierten O_2 mit CO unter Bldg. von CO_2. Ähnlich reagiert *CO_2* mit dem adsorbierten O_2 unter Bldg. eines CO_3-Komplexes. Aus der Diskussion der experimentellen Ergebnisse folgt: Bei der Dissoziation von O_2 dringt das eine O-Atom in das Oxydgitter ein, während sich das andere frei auf der Oberfläche bewegt. Die Adsorptionswärme A für O_2 beträgt 54 kcal/Mol. Die Rk. zwischen O_2 u. CO wird durch die CO-Adsorption eingeleitet; A für CO beträgt 20 u. für CO_2 23. Durch die CO-Adsorption fällt λ wegen der Rk. $CO + 2\,O^- \rightarrow CO_3{}^{2-}$ ab. Qualitativ wird an Hand des λ-Verlaufes gezeigt, daß die CO_2-Bldg. bei höherer Temp. in 3 Stufen verläuft. Die Verss. wurden gemeinsam mit **S. D. Savage** u. **P. F. Tiley** ausgeführt; über die λ-Messungen vgl. nachst. Referat. (Discuss. Faraday Soc. Nr. **8.** 246–58. **1950.** Bristol, Univ., Dep. of Phys. and Inorganic Chem.) FUCHS. 227

T. J. Gray, *Halbleitfähigkeit und Katalyse.* In Fortführung der früher (vgl. C. **1949.** II. 1153. 1171 u. vorst. Ref.) ausgeführten Verss. über den Einfl. von adsorbierten Gasen auf die Halbleitereigg. des Adsorptionsmittels beschreiben Vff. eine App. zur Messung des Halbleiterwiderstandes R bei Adsorptions-, Desorptions- u. Reaktionsvorgängen an der Oberfläche des Halbleiters. R läßt sich zwischen 10^{-2} u. 10^7 Ohm mit einer Genauigkeit von 0,1%, bis 10^{12} Ohm von 1% messen. Die Meth. eignet sich auch zur Messung bei verschied. Tempp. (z. B. Messung des Temperaturkoeff. der Oxydation von Cu mit O_2, vgl. vorst. Ref.). (Discuss. Faraday Soc. Nr. **8.** 331–37. **1950.**) FUCHS. 227

R. H. Griffith, P. R. Chapman und **P. R. Lindars,** *Die physikalischen Eigenschaften von promolorhaltigen Molybdändioxydkatalysatoren.* Ausführliche Mitt. zu der C. **1951.** I. 236 referierten Arbeit. Zu ergänzen ist: Bei der Anwesenheit von 4,4 Si-Atomen in 100 Mo-Atomen geht die elektr. Leitfähigkeit λ der MoO_2–SiO_2-Katalysatoren durch ein scharfes Minimum; bei Zusatz von O_2 ist λ um so kleiner, je höher der O_2-Druck (Messungen zwischen 0,9 u. 5,0 mm O_2-Druck); der Mo-Überschuß gegenüber der Zus. MoO_2 beträgt für die in ( ) genannte Zahl der Si-Atome pro 100 Mo-Atome 6,0 (0), 11,6 (3,0), 17,6 (4,4), 25,6 (5,0), 12,0 (5,5) u. 26,4 (9,4); Röntgenunterss. zeigen nur für 4,4—5,5 Si die Anwesenheit geringer Mengen an metall. Mo, bei weniger u. mehr Si war kein metall. Mo nachweisbar; das thermoelektr. Potential (gemessen für die Kombination des Katalysators mit Pt) steigt mit zunehmendem Si-Geh. stark an, wobei die Kurve zwischen 4,5 u. 5,0 Si durch ein schwaches Maximum u. Minimum geht. Aus der Diskussion dieser Ergebnisse folgt, daß die Wirksamkeit des MoO_2–SiO_2-Katalysators bei der Zers. von KW-stoffen vor allem auf den MoO_2-Geh., weniger auf den Anteil an metall. Mo, zurückzuführen ist; der SiO_2-Zusatz hat lediglich die Aufgabe, die MoO_2-Oberfläche zu vergrößern. (Discuss. Faraday Soc. Nr. **8.** 258—64. **1950.** London, North Thames Gas Board, Fulham Labor.) FUCHS. 227

Kimio Tarama, Shiichiro Teranishi und **Teruhisa Miyazaki,** *Vanadiumkatalysatoren.* 1. Mitt. *Zersetzung von Ammoniummetavanadat und Untersuchung des Reduktionsvorgangs von Vanadiumoxyden mittels Röntgenstrahlen.* Durch Verfolgung des Verlaufs der Zers. von NH_4VO_3 mittels Röntgenstrahlen wurde deutlich, daß unter 200° der Zerfall in $(NH_4)_2O \cdot 3\ V_2O_5$ einsetzt u. über 250° bis zu V_2O_5 weiterschreitet. Bei 250° ist ferner eine Rk. des NH_3 **mit** V_2O_5 erkennbar. Bei der Red. von V_2O_5 zu V_2O_3 mit H_2 sind im Röntgenbild keine Zwischenoxydationsstufen erkennbar. In Ggw. von NH_3 zeigen sich unter 500° neue Zwischenoxyde wie $V_{12}O_{26}$ oder $2\ V_2O_5 \cdot V_2O_4$ neben V_2O_4. NH_3 u. durch Zers. organ. Substanzen auftretender H_2 ist von Einfl. für die Red. von V_2O_5 zu V_2O_3, andererseits sind bei V-Katalysatoren die Oxydationsbedingungen entschieden in Anschlag zu bringen. (J. chem. Soc. Japan, ind. Chem. Sect. [Kōgyō Kagaku Zassi] **55.** 68—71. Febr. 1952. Tokyo Univ. [Orig.: japan.]) SCHULER. 227

E. C. Britton, A. J. Dietzler und **C. R. Noddings,** *Ein Dehydrierungskatalysator aus Calcium–Nickelphosphat.* Es wird die Herst. eines Katalysators der angenäherten Zus. $Ca_8Ni(PO_4)_6$ beschrieben, der mit Cr_2O_3 stabilisiert wurde u. bes. zur Dehydrierung von *n-Butylen* (**I**) zu *1.3-Butadien* (**II**) benutzt wurde. Hierbei wurden KW-stoffgemische mit überhitztem Dampf über den auf ca. 600° erhitzten Katalysator getrieben. Ausbeuten von ca. 30—40% **II** wurden erhalten u. der größte Teil von nicht umgesetztem **I** wieder zurückgewonnen. Die Ausbeuten waren auch im fabrikationstechn. Maßstab von der gleichen Größenordnung. Nach halbstd. Prozeßdauer wurde der Katalysator wieder regeneriert. Auf diese Weise konnte eine Katalysatorfüllung bis zu 1200 Std. Dehydrierungsdauer benutzt werden. Ni-haltige Stahlgefäße sowie Verunreinigungen des Katalysators durch Kohlenstoff u. verschied. Metalloxyde wirkten als Kontaktgifte. Auch Variierung von Dampfmenge u. Gasgeschwindigkeit beeinflußten die Ausbeute. Der gleiche Katalysator konnte **auch für** Dehydrierungen von *Methylbutylen, Äthylbenzol* u. *Isopropylbenzol* zu *Isopren, Styrol* u. *α-Methylstyrol* benutzt werden. (Ind. Engng. Chem. **43.** 2871—74. 10/12. 1951. Midland, Mich., Dow Chem. Co., Organic Labor.) KLAFFKE. 227

B. Anorganische Chemie.

André Guillemonat und **Léopold Frixon,** *Untersuchungen über die Synthese von Salpetersäure mit Sonnenstrahlung.* Vff. beschreiben schemat. eine verbesserte Vorr., mit der ca. 10 g HNO_3/Std. u. m^2 Spiegelfläche erhalten werden. Dazu werden 10 bis 24 Liter Luft/Min. durch 20 in ThO_2 eingesinterte Kanäle von 1 mm Durchmesser gesaugt, wobei der Brennfleck des Hohlspiegels mit 1,5 m Durchmesser einige mm davor liegt. (C. R. hebd. Séances Acad. Sci. **234.** 1371—73. 24/3. 1952.) WEITBRECHT. 243

Félix Trombe, Marc Foëx und **Charlotte Henry La Blanchetais,** *Einige neuere Untersuchungen über die Herstellung von Salpetersäure mit Hilfe der Sonnenstrahlung.* (Vgl. C. **1952.** 977.) Vff. beschreiben eine verbesserte App. zur Herst. von HNO_3 aus Luft durch Sonnenenergie. Das Reaktionsgas wird zunächst in einem Hohlraum um den eigentlichen Sonnenofen auf 800—1000° vorerhitzt, strömt dann durch die zahlreichen Kanäle des mit Solarenergie geheizten Ofens aus MgO u. wird schließlich unmittelbar vor der Brennkammer mit etwas Luft eingesaugt u. rasch gekühlt, um eine Zers. zu vermeiden. Der Geh. der Stickoxyde schwankt zwischen 3,4% bei einer Leistung von 180 g/Std. u. 0,6% bei einer Leistung von 1100 g/Stunde. Die maximale Energieausbeute ist bei 400 g/Std. erreicht u. entspricht 14 g HNO_3/kWh. Diskussion der therm. Bilanz. (C. R. hebd. Séances Acad. Sci. **234**. 1451—52. 31/3. 1952. Mont-Louis, Labor. de l'Énergie Solaire.) Weitbrecht. 243

N. N. Greenwood, *Physikalisch-chemische Eigenschaften der Interhalogenverbindungen.* Vf. gibt an Hand zahlreicher Tabellen einen umfassenden Überblick über die physikal., thermodynam. u. elektrochem. Eigg. der Interhalogenverbb. ClF, ClF_3, BrF, BrF_3, BrF_5, $BrCl$, JF_5, JF_7, JCl, JCl_3 u. JBr. In besonderen Abschnitten werden behandelt: die Wechselbeziehung der physikal. Eigg. der Interhalogenverbb., die Interhalogene als ionisierende Lösungsmittel, die Beziehung zwischen Farbe, Leitfähigkeit u. Reaktivität von Lsgg. der Interhalogenverbindungen. — 184 Literaturzitate. (Rev. pure appl. Chem. **1**. 84—120. Juni 1951. Cambridge, Univ.) B. Reuter. 245

Alwin Meuwsen und **Gerhard Heinze,** *Darstellung einiger Schwermetalltrithionate.* Nach Angaben von Deines u. Christoph (Z. anorg. allg. Chem. **213**. [1933.] 228) sollen Schwermetallthiosulfate zu erhalten sein, die sich durch ein anomales Verh. auszeichnen. Vff. konnten diese Angaben nicht bestätigen. Sie erhielten statt dessen bislang unbekannte feste Schwermetalltrithionate mit 50—60 % ig. Ausbeute. Diese sind hygroskop., feuchtigkeitsempfindlich u. überraschend leicht mit der Farbe ihrer hydratisierten Ionen in Aceton, A. u. Essigester löslich. Dargestellt wurden schwach rosastichiges $MnS_3O_6 \cdot 4\,H_2O$, hellrosafarbenes $CoS_3O_6 \cdot 6\,H_2O$, hellgrünes $NiS_3O_6 \cdot 6\,H_2O$ u. farbloses $ZnS_3O_6 \cdot 6\,H_2O$. Es gelang nicht, festes Fe(III)- u. Cu(II)-Trithionat darzustellen. Die wss. Lsg. des letzteren ergibt jedoch mit überschüssigem Pyridin in ca. 70 % ig. Ausbeute dunkelblauviolette Blättchen von $[Cu(C_5H_5N)_4]S_3O_6$. Ramanspektroskop. Unterss. zeigten eine weitgehende Ähnlichkeit der Spektren der Schwermetall- u. Alkalitrithionate u. einen deutlichen Unterschied gegenüber dem Thiosulfat. (Z. anorg. allg. Chem. **269**. 86—91. Aug. 1952. Erlangen, Univ., Chem. Inst., Anorg. Abt.) Plust. 253

J. H. Junkins, H. A. Bernhardt und **E. J. Barber,** *Darstellung und Eigenschaften von Tellurtetrafluorid.* TeF_4 wurde durch Fluorierung von metall. Te mit elementarem F_2 zu TeF_6 u. dessen Red. mit Te dargestellt. Die stark exotherme Vereinigung von Te-Schnitzeln mit F_2 in einer Ni-App. zu gasförmigem TeF_6 (neben geringen Mengen fester niederer Fluoride) verläuft bei Zimmertemp. sehr schnell, bis sich das Metall mit einer Schutzschicht von niederen Fluoriden bedeckt hat. Wenn die Reaktionsgeschwindigkeit nachläßt, erwärmt man langsam auf 200°, wobei das Te vollständig umgesetzt wird. Das TeF_6 wird von Te-Schnitzeln bei 180° im Laufe von 100 Std. vollständig absorbiert, wobei ein weißes, krist. Prod. entsteht, welches man durch Sublimation bei 160° reinigt: TeF_4, F. 129,6 ± 1,0° (aus Erwärmungs- u. Abkühlungskurven bestimmt). TeF_4 ist hygroskop. u. reagiert mit Spuren W. nach $TeF_4 + 2\,H_2O \rightarrow TeO_2 + 4\,HF$. Mit Glas u. Quarz findet bei 200° die Umsetzung $TeF_4 + SiO_2 \rightarrow TeO_2 + SiF_4$ statt. Mit metall. Cu reagiert TeF_4 bei 185° gemäß $TeF_4 + 4\,Cu \rightarrow Cu_2Te + 2\,CuF_2$. Eine ähnliche Umsetzung erfolgt mit Ag u. sehr langsam mit Au u. Ni. Pt ist unterhalb 300° gegen TeF_4 beständig. — Der Dampfdruck zwischen Zimmertemp. u. 193,8° wird für das feste TeF_4 durch die Gleichung $\log_{10} P$ (mm) $= 9{,}0934 - 3174{,}3/T$ u. für die fl. Substanz durch die Gleichung $\log_{10} P = 5{,}6397 - 1786{,}4/T$ wiedergegeben. Oberhalb 193,8° erleidet TeF_4 Disproportionierung zu TeF_6 u. niederen Fluoriden. Aus den vorst. Dampfdruckgleichungen wurden die folgenden thermodynam. Größen errechnet: $\Delta H_v =$ 8174 cal/Mol; $\Delta_s = 14525$ cal/Mol; $\Delta H_f = \Delta H_s - \Delta H_v = 6351$ cal/Mol; $\Delta S_v = \Delta H_v/T = 12{,}62$; $\Delta S_f = \Delta H_f/T = 15{,}77$. (J. Amer. chem. Soc. **74**. 5749—51. 20/11. 1952. Oak Ridge, Tenn., Union Carbide and Carbon Corp., Carbide and Carbon Chemicals Comp., K-25 Plant, Res. Labors.) Forche. 255

L. M. Kulberg und **W. F. Barkowski,** *Über eine Reaktion der Arylstibinsäuren.* Arylstibinsäuren, $RSbO(OH)_2$ (**I**), bilden mit HCl Verbb. $RSbCl_4 \cdot HCl$ (**II**), für die von Kotscheschkow u. Sskoldinow (Synthet. Methoden auf dem Gebiete der metallorgan. Verbb. des Sb u. Bi [russ.], Akad. Wiss. UdSSR [1947]) die Struktur $[RSbCl_5]H$ in Analogie zu $H[SbCl_6]$ angenommen wurde. Vff. fanden, daß **I** (R = C_6H_5, p- u. o-Nitrophenyl u. vermutlich p-Aminophenyl u. p-Acetylaminophenyl [im Original p-Amino, p-Acetylamino, der Referent]) nach Auflösen in konz. HCl mit Lsg. von Rhodamin B violette u. mit Lsg. von Methylviolett blaugrüne Färbung geben. Es wird die Bldg. von salzartigen Verbb. angenommen, die den analog aus $H[SbCl_6]$ u. Farbstoff gebildeten ($[Farbstoffkation]^+[SbCl_6]^-$) entsprechen sollen. Die Richtigkeit der für **II** angegebenen Struktur wird als erwiesen angesehen. Angeführte Farb-Rk. kann ferner zum analyt. Nachw. von Sb, das in **I** gebunden ist, neben $SbCl_3$ oder Sb_2O_3 u. wahrscheinlich auch zur Unterscheidung von 3- u. 5-wertigem organ. gebundenem Sb dienen. Man gibt zu einigen zehntel mg Substanz einige Tropfen konz. HCl, erhitzt bis zu beginnendem Sieden u. setzt beim Abkühlen unter gutem Durchmischen 2—3 Tropfen einer Lsg. von

Rhodamin B oder Methylviolett zu. Bei Ggw. von I, nicht aber von anorgan. gebundenem Sb, tritt entsprechende Farb-Rk. ein. (Доклады Академии Наук СССР [Ber. Akad. Wiss. UdSSR] [N. S.] **85.** 335—36. 11/7. 1952. Saratow, Tschernyschewski-Univ.) WÖRFFEL. 266

H. v. Wartenberg, *Zur Kenntnis der Tonerde.* Vf. versuchte die Messung des Dampfdruckes von Al_2O_3, indem er eine gemessene Luftmenge durch ein auf 1950° erhitztes Al_2O_3-Rohr, das vor u. nach dem Vers. gewogen wurde, leitete. Aus der Gewichtsdifferenz errechnete Vf. den Dampfdruck des Al_2O_3 bei 1950° zu ca. $1 \cdot 10^{-6}$at, womit sich die Verdampfungswärme von Al_2O_3 zu mindestens —150 kcal u. der Kp. zu 3300° ergibt. Dabei stellte Vf. eine Sublimation von Na_2O aus der Sintertonerde fest. Eine Analyse der Sintertonerde ergab je 0,1% Na u. Ca. Die gleichen Werte kommen der als Rohmaterial dienenden BAYER-Tonerde zu. Die Umwandlungswärme α-Al_2O_3 in γ-Al_2O_3 errechnete Vf. auf 2 Wegen zu 20,6 kcal. Die Umwandlung erfolgt sehr langsam. Durch Verbrennen von Al-Folien in reinem Sauerstoff wurde ein Rauch erhalten, der aus Al_2O_3-Kügelchen sehr verschied. Dimensionen bestand. Teilchen über 10 mμ kristallisieren dabei als α-Korund. Unter 10 mμ erfolgte die Erstarrung zu einer neuen instabilen Modifikation mit der D. 3,50, welche nach DEBYE-Aufnahmen der δ-Modifikation des Al_2O_3 am meisten ähnelt. Vf. vermutet, daß die Bldg. der neuen Modifikation mit der Konst. des amorphen Al_2O_3 aus Al_4O_6-Moll. zusammenhängt. (Z. anorg. allg. Chem. **269.** 76—85. Aug. 1952. Göttingen, Univ., Anorg.-chem. Inst.) PLUST. 294

H. Ginsberg und **Margarete Köster,** *Zur Kenntnis des Aluminiumoxyd-Monohydrates.* Nach einem krit. Überblick über bisher bekannte Verff. der Umwandlung des $Al_2O_3 \cdot 3\,H_2O$ in *Böhmit* zeigen Vff., daß der Alkaligeh. der Lauge, wie schon BAUERMEISTER u. FULDA (Aluminium **25.** [1932.] 287) angedeutet haben, zur Umwandlung bei tieferen Tempp. (150°) erniedrigt werden kann. Vff. treten damit der Ansicht entgegen, daß die Umwandlung in Lsg. vor sich geht. Bei höheren Tempp. (180°) verläuft der Abbau in kürzerer Zeit u. ist sehr weitgehend alkaliunabhängig, doch wirken geringe Alkalimengen beim Abbau in H_2O als Suspensionsmittel beschleunigend, erklärt durch die Gitterstörungen des Hydrates durch Na_2O u. somit der Unbeständigkeit des Trihydrates. Der theoret. Wassergeh. des Böhmits von 15,0% wurde nie erreicht. Beim Abbau bei 150° wurde ein H_2O-Geh. von 15,5%, bei höheren Tempp. ein H_2O-Geh. von 16,5% gefunden, woraus gefolgert wird, daß der Abbau zwischen 15 u. 17% H_2O sehr langsam erfolgt. Ein Na_2O-Einbau in das Kristallgitter wird auch für die verschied. Schüttgewichte des Oxydhydrates, die mit größeren Na_2O-Gehh. kleiner werden, verantwortlich gemacht. (Z. anorg. allg. Chem. **271.** 41—48. Dez. 1952. Bonn, Vereinigte Aluminium-Werke Akt.-Ges., u. Vereinigte Leichtmetall-Werke GmbH., Vers.-Labor.) BRAASCH. 294

W. J. Asker, E. R. Segnit und **A. W. Wylie,** *Die Kaliumthoriumfluoride.* Die therm. Analyse des Syst. *KF–ThF₄* durch Aufnahme von Erwärmungs- u. Abkühlungskurven in einer Monel-App. u. die opt. Unters. der abgeschreckten Schmelzen zeigt die Existenz folgender Verb.: α-K_5ThF_9, β-K_5ThF_9 (orthorhomb., $D.^{25}$ 3,60), K_3ThF_7, α-K_2ThF_6 (kub.), β-K_2ThF_6 (hexagonal, D^{25} 4,82), $KThF_5$ (rhomboedr., $D.^{25}$ 5,23), KTh_2F_9 (orthorhomb., D^{25} 6,09) u. KTh_3F_{13} (hexagonal, $D.^{25}$ 6,23). — α-K_5ThF_9 schm. inkongruent bei 712° u. geht bei 635° scharf in β-K_5ThF_9 über; letzteres ist hygroskop. u. wird durch W. zersetzt. K_3ThF_7 ist nur bei hohen Tempp. beständig u. disproportioniert bei ca. 570° zu β-K_5ThF_9 u. β-K_2ThF_6. α-K_2ThF_6 schm. bei 747° u. wandelt sich beim Abkühlen der Schmelze scharf bei 645° in die β-Form um. KTh_3F_{13} bildet mit ThF_4 feste Lsgg. mit bis zu 30% KTh_3F_{13}. — Beim Fällen von wss. $Th(NO_3)_4$-Lsgg. mit KF-Lsg. oder von KNO_3–$Th(NO_3)_4$-Gemischen mit HF erhält man in reinem Zustand nur die Hydrate von α-K_2ThF_6, KTh_2F_9 u. ThF_4, die sich durch 3 std. Erhitzen auf 300° im Luftstrom ohne wesentliche F-Verluste entwässern lassen. — Zur Darst. von wasserfreiem ThF_4 gibt man 0,5 mol. $Th(NO_3)_4$-Lsg. zu 30%ig. HF (10% Überschuß) in einem Polystyrolgefäß bei 20°; wenn sich das voluminöse Gel nach 15 Std. in ein dichtes Pulver umgewandelt hat, zentrifugiert man, schlämmt den Nd. zwecks Entfernung des Nitrats fünfmal mit W. auf u. entwässert durch 3 std. Erhitzen auf 300°. Oder man erhitzt Th-Oxyd mit dem zweifachen Überschuß NH_4F in einem Monel-Gefäß 3 Std. auf 200° u. zers. das NH_4-Th-Fluorid durch 1 std. Erhitzen im Vakuum (< 0,05 mm) auf 430°. — $KThF_5$ wird durch Zugabe von mol. KF-Lsg. (5 Mol) zu 0,2 mol $Th(NO_3)_4$-Lsg. (1 Mol) u. Entwässerung bei 300° dargestellt. (J. chem. Soc. [London] **1952.** 4470—79. Nov. Melbourne, Commonwealth Sci. and Ind. Res. Organizat., Div. of Ind. Chem.) FORCHE. 324

Danilo Cozzi und **Sergio Cecconi,** *Anlagerungsverbindungen des $VOCl_3$ und des VCl_4 mit Aldehyden und anderen organischen Verbindungen.* Die Oxyaldehyde geben mit

VCl_4 (I) u. *$VOCl_3$* (II) Substitutionsverbb., die an feuchter Luft relativ beständig sind; die übrigen organ. Verbb. geben mit beiden sehr wasserempfindliche Additionsverbb., die durch Feuchtigkeit sofort in das organ. Mol., HCl u. V_2O_5 bzw. V_2Cl_8 zerfallen. Einige Verbb. sind sublimierbar u. viele I-Verbb. im Gaszustand herstellbar; sie sind gasförmig farblos, aber im festen Zustand alle tief gefärbt. Einige kryoskop. Unterss. bestätigen die analyt. Befunde u. erweisen in mehreren Fällen, bes. in Dioxanlsg., die Dissoziation der Verbindungen. Der mol. Aufbau wird auf Grund ähnlicher Eigg. u. Rkk. in Analogie zu Anlagerungsverbb. anderer Metallhalogenide, bes. des Sn(IV) u. Ti(IV), erörtert.

Versuche: $VOCl_3 \cdot 2\ C_6H_5CHO$, F. 125°, schwarze, glänzende Kristalle (durch Vakuumsublimation), aus *Benzaldehyd* (**III**) u. **II** direkt oder in Chlf. oder CCl_4 gelöst, prakt. unlösl. in CCl_4. — o- u. p-$(OC_6H_4CHO) \cdot VOCl_2 \cdot$o- bzw. p-$HOC_6H_4CHO$, schwarzviolette, abgerundete Kristalle (aus heißem Chlf.), aus *o-* (**IV**) bzw. *p-Oxybenzaldehyd* (**V**) u. **II** in CCl_4-Lsg. unter HCl-Entw., leichtlösl. in Chlf. u. CCl_4 mit blauer Farbe. — $[O(CH_2CH_2)_2O \cdot VOCl_3$ (**VI**), schwarze, rosettenförmige Kristalle (durch Sublimation bei 100° u. 1—2 mm Hg), aus *Dioxan* (**VII**) u. **II**, in CCl_4 oder Bzl. gelöst: intensiv rote Lsg. → braune Kristalle, leichtlösl. in **VII**, unlösl. in Chlf. u. CCl_4. — o-$HOC_6H_4CHO \cdot VOCl_3 \cdot 2\ O(CH_2CH_2)_2O$, blauschwarze, stäbchenförmige Kristalle, aus **VI** u. **IV**, gelöst in **VII** + CCl_4. — $2\ C_6H_5CHO \cdot VCl_4$, a) schwarze, glänzende, sublimierbare Kristalle, entweder aus **I** u. **III**-Dampf bei 1 mm Hg oder aus dem aus fl. **I** u. **III** erhaltenen, rotvioletten Rohprod. beim Lagern oder durch Sublimation bei 120° u. 3 mm Hg, während b) gelbe, nicht flüchtige Kristalle, dimer (?) hinterbleiben. — o- u. p-$(OC_6H_4CHO)_2 \cdot VCl_2$, schwarzvioletter Nd., aus **IV** bzw. **V** u. **I**, in CCl_4 gelöst, unter HCl-Entw., unlösl. in organ. Lösungsmitteln. — $2\ C_2H_5CHO \cdot VCl_4$, violette Fl., aus **I**- u. *Propionaldehyd*-Dämpfen bei 0,6—0,7 mm Hg unterhalb 0°, leicht zersetzlich u. explosiv. — $2\ CH_2{=}CHCHO \cdot VCl_4$, braune Kristalle, aus **I** u. *Acrolein*. — $2\ C_4H_4NH \cdot VCl_4$ braune Kristalle, aus **I** u. *Pyrrol*. — $2\ C_2H_5NH_2 \cdot VCl_4$, schwach veilchenfarbiges Prod. aus **I**- u. *Äthylamin*-Dämpfen bei 0,6—0,7 mm Hg u. 50°, bildet an feuchter Luft schnell eine grünblaue Flüssigkeit. — $C_4H_4S \cdot VCl_4$, braune Kristalle, aus **I**- u. überschüssigen *Thiophen*-Dämpfen bei 1 mm Hg u. —15°. — $O(CH_2CH_2)_2O \cdot VCl_4$, a) schwarze Kristalle entweder aus **I** u. **VII** in der Gasphase oder aus dem aus fl. **I** u. **VII** gebildeten, braunschwarzen Rohprod. durch Sublimation im Vakuum u. in der Wärme, während b) ein grauvioletter, nicht flüchtiger Rückstand dimer (?) hinterbleibt. — Nicht analysierte Fällungen entstehen aus **II** u. *Acetaldehyd* (braun, pechartig), *Butyraldehyd* (grünlich), *Anisaldehyd* (schwarz, pechartig), *Anilin* (schwarzblau, lösungsmittelfrei graublau), *Harnstoff* (braune Schuppen), beim mol. Verhältnis *Pyridin*/**II** u. Pyridin/**I** = 2, gelöst in CCl_4 (rotbraun. pyridinfrei graugrün). **II** gibt Färbungen ohne Nd. mit *m-Oxybenzaldehyd* (rot), *Benzophenon* (kräftigrot, ohne mol. Assoziation). (Ricerca sci. **23**. 609—21. April 1953. Firenze, Univ., Ist. Chim. analit.) METZENER. 330

Ingvar Lindqvist, *Einige neue Ansichten über die Polymolybdate*. Vf. berichtet zusammenfassend über einige neue Verbb. der aus der Schmelze u. aus wss. Lsgg. erhaltenen Molybdate sowie deren Strukturen. Während die aus Schmelze entstandene Verb. *Na_2MoO_4* eine dem *Ag_2MoO_4* ähnliche Spinellstruktur mit tetraedr. MoO_4-Komplexen besitzt, hat die Verb. *$Na_2Mo_2O_7$* einen verwickelten Aufbau aus MoO_6-Oktaedern u. MoO_4-Tetraedern. *$K_2Mo_3O_{10}$* schließlich krist. in der Raumgruppe C_{2h}^6 — C 2/c mit 4 Moll. in der monoklinen Elementarzelle. Die Gitterparameter sind a = 13,95 Å, b = 7,76 Å, c = 9,0 Å u. β = 99,1°. Dagegen ist die Struktur der beim Eindampfen einer Ammoniummolybdatlsg. unter Zugabe von NH_3 erhaltenen Verb. *$(NH_4)_2Mo_2O_7$* triklin mit der Raumgruppe C_i^1 — P$\bar{1}$ u. a = 7,29 Å, b = 8,25 Å, c = 7,31 Å, α = 120,0°, β = 93,8°, γ = 94,1°. Die Elementarzelle enthält 2 Moleküle. Von den aus wss. Lsg. erhaltenen Molybdaten erscheinen die Dimolybdate bei röntgenograph. Prüfung als ein Gemisch aus n. u. Paramolybdaten. Gesichert ist die Bldg. von Tri- u. Tetramolybdaten wie *$(NH_4)_2O \cdot 3\ MoO_3 \cdot 3\ H_2O$*, *$(NH_4)_2O \cdot 4\ MoO_3 \cdot 2\ H_2O$* bzw. *$(NH_4)_2O \cdot 4\ MoO_3 \cdot 2{,}5\ H_2O$*. Beim Eindampfen angesäuerter NH_4- bzw. Na-Molybdatlsgg. lassen sich röntgenograph. Verbb. der angenäherten Zus. *$2\ R_2O \cdot 7\ MoO_3 \cdot aq$*. identifizieren. Unter den Hexamolybdaten kann die Verb. *$Na_2O \cdot 6\ MoO_3 \cdot 5\ H_2O$* durch Pulveraufnahmen sichergestellt werden, jedoch keine definierte Verb. der 8-, 10- u. 16-Molybdate. Dagegen wird beim Kochen von Na-Molybdat mit HNO_3 (1,5) eine Verb. mit dem Mol.-Verhältnis 12,2 bis 12,8 erhalten, die röntgenograph. bei 4 Mo-Atomen in der Elementarzelle hexagonale Symmetrie u. die Gitterkonstanten a = 10,55 Å u. c = 3,68 Å besitzt. Zu den bekannten Hydraten von MoO_3 wird beim langsamen Eindunsten einer Mutterlauge von $MoO_3 \cdot 2\ H_2O$ ein transparentes u. röntgenograph. amorphes MoO_3-Glas isoliert. Die bekannten Molybdatstrukturen werden anschließend kristallchem. diskutiert u. die Theorien von JANDER, BYÉ, CARPÉNI u. FREY über den Ionenzustand der Molybdate in wss. Lsgg.

krit. mit neueren Ergebnissen verglichen. Danach geht das in konz. Lsg. bis p_H 6,5 stabile Ion MoO_4^{2-} bis zu p_H 4,5 völlig in $Mo_7O_{24}^{6-}$ über, während zwischen p_H 2,9 u. 1,5 ein Übergang nach $Mo_8O_{26}^{4-}$ stattfindet u. bei $p_H < 1,5$ größere Komplexe gebildet werden. (Nova Acta Regiae Soc. Sci. Upsaliensis [4] **15.** Nr. 1. 1—22. 29/9. 1950. Upsala, Univ., Inst. of Chem.) WEITBRECHT. 336

Jean Loriers, *Über die Oxydation des metallischen Urans.* Der Oxydationsmechanismus von U ist dem des Ce (vgl. C. **1950.** II. 2170 u. **1951.** II. 2849) vergleichbar. Die anfänglich schützende Oxydhaut verdickt sich u. zersplittert sich dann. Die Oxydationskurve Masse–Zeit verändert sich dabei vom parabol. zum linearen Typ hin. Röntgenanalysen nach der Pulvermeth. lassen drei Temperaturbereiche bei der Oxydation erkennen. Bei 140° die kub. Struktur des UO_2 mit einem Gitterabstand von 5,46 Å, zwischen 140—240° eine Gitterkontraktion bis 5,41 Å u. über 240° die rhomb. Struktur des U_3O_8. Die Existenz eines niederen Oxydes wie *UO* in der untersten Temperaturstufe konnte nicht mit Sicherheit nachgewiesen werden. (C. R. hebd. Séances Acad. Sci. **234.** 91-93. 2/1. 1952.) KATTENHORN. 339

W. D. Treadwell und **Werner E. Raths,** *Zur Kenntnis von Natrium- und Kaliumhexacyanomanganat(I).* Zur Darst. des *Natrium-* (I) u. *Kaliumhexacyanomanganat(I)* (II) durch elektrolyt. Red., sowie auch zu deren Analyse entwickelten Vff. eine besondere App., die gestattet, unter vollständigem Luftabschluß zu arbeiten. Von I wurde eine Lsg. dargestellt, während II in fester Form erhalten werden konnte. Das Normalpotential der Rk. $[Mn(CN)_6]^{4-} \rightarrow [Mn(CN)_6]^{3-} + e$ wurde in 1,5 mol. NaCN bei 25° zu $E_H^0 = -0,2440 \pm 0,004$ V gemessen. Die Messung des Normalpotentials der Rk. $[Mn(CN)_6]^{5-} \rightarrow [Mn(CN)_6]^{4-} + e$ in 1,5 mol. NaCN bei 25° ergab $E_H^0 = 1,056 \pm 0,004$ V. Das dargestellte II hatte einen Reinheitsgrad von 99,9%. Von II bestimmten Vff. das Löslichkeitsprod. zu $L = 2,4 \cdot 10^{-11}$, während sie für I annähernd $L \approx 0,53$ fanden. Die Messung der Susceptibilität mit 99,9%ig. II ergab $\chi \cdot 10^{-6} = -0,194$. Demnach ist II diamagnet. u. stellt einen n. Durchdringungskomplex mit oktaedr. Anordnung der CN-Gruppen dar. Entsprechend dem $[Fe(CN)_6]^{4-}$ u. dem $[Co(CN)_6]^{3-}$ wird nach dem Schema von PAULING die volle Besetzung des **3d**-, **4s**- u. **4p**-Niveaus erreicht. Der sehr unedle Charakter des $[Mn(CN)_6]^{5-}$ scheint darauf zu deuten, daß durch den Aufbau des Komplexes eine zwangsweise Auffüllung des 3d-Niveaus erfolgt, so daß dieser Zustand energiereicher ist als der Besetzungszustand des 3d-Niveaus im $[Mn(CN)_6]^{4-}$ u. $[Mn(CN)_6]^{3-}$ mit einer bzw. zwei Lücken in 3d. Die Ursache für den unedlen Charakter ist daher beim $(Mn(CN)_6]^{5-}$ andersartig als beim $(Co(CN)_6]^{4-}$, wo aus Platzmangel in 3d ein unpaares Elektron im **4d**-Niveau aufgenommen werden muß. Das DEBYE-SCHERRER-Diagramm von II wurde als tetragonal indiziert: $a = 16,35 \pm 0,03$ Å, $c = 13,11 \pm 0,03$ Å, $c/a = 0,8015$. Zur Darst. der Lsg. von I erfolgte quantitative Red. von 0,015 mol. $Na_4[Mn(CN)_6]$ in 1,5 mol. NaCN. Als Kathode mit hoher Überspannung diente ein amalgamiertes Cu-Rohr von 23,8 cm² wirksamer Oberfläche, als Anode Blei. Temp. der Kathode 4°, kathod. Stromdichte 0,020 A/cm², Temp. des Anolyten 10°, Stromausbeute ca. 6%. Zur Darst. von II wurde 0,01—0,04 mol. $K_4[Mn(CN)_6]$ in 2 mol. KCN bei 14° unter intensivster Rührung reduziert. Kathod. Stromdichte 0,020 A/cm², Stromausbeute 60—90%. II wurde als feiner weißer Nd. erhalten. Dieser zers. sich in reinem W. schnell unter H_2-Entw. u. Blaufärbung. Letztere erklären Vff. durch Bldg. von $Mn^{II}[Mn^{I}(CN)_6]K_3$, welches nach $K_5[Mn(CN)_6] + 5 HOH \rightarrow 5 KOH + 4 HCN + \frac{1}{2} H_2 + Mn(CN)_2$; $K_5[Mn(CN)_6] + Mn(CN)_2 \rightarrow Mn^{II}[Mn^{I}(CN)_6]K_3 + 2 KCN$ gebildet werden soll. (Helv. chim. Acta **35.** 2259—75. 1/12. 1952. Zürich, ETH, Labor. für anorgan. Chem.) PLUST. 350

W. D. Treadwell und **Werner E. Raths,** *Über die Darstellung von Cyanomanganat(I) durch Reduktion mit unedlen Metallen.* (Vgl. vorst. Ref.) Vff. untersuchen einige Reduktionsverff. zur raschen Darst. von Cyanomanganat(I)-Lsgg. (I), um letztere in der Maßanalyse zu spezif. Reduktionstitrationen anzuwenden. Untersucht wurde die Red. von I in alkal. Lsg. mit *Al,* mit *Natriumamalgam* u. mit feingepulvertem *Mn.* Mit letzterem verläuft die Red. $Mn + 6 CN^- + H^+ \rightarrow [Mn(CN)_6]^{5-} + \frac{1}{2} H_2$ glatt in 1,5—2,0 mol. luftfreien Lsgg. von NaCN, wobei innerhalb von 10 Min. eine 0,01—0,04 n I von 90 bis 94% Geh. erhalten werden konnte. Diese Lsg. läßt sich sehr gut zu reduktometr. Titrationen verwenden, wie z. B. bei der Red. von *Chrysazin* u. von *aminoazobenzolsulfosaurem Natrium.* (Helv. chim. Acta **35.** 2275—80. 1/12. 1952.) PLUST. 350

F. P. Dwyer, *Die neuere Chemie der Übergangselemente der 8. Gruppe.* An Hand eines ausführlichen Literaturverzeichnisses (54 Zitate) gibt Vf. einen zusammenfassenden Überblick über die Entw. der Chemie der Elemente *Fe, Co, Ni, Ru, Rh, Pd, Os, Ir* u. *Pt* in den letzten 10 Jahren. (Rev. pure appl. Chem. **1.** 77—83. Juni 1951. Sydney, Univ.) B. REUTER. 354

W. Hieber und **R. Brück,** *Über Komplexverbindungen des IV-wertigen Nickels.* Die gelbe Farbe des polymeren *Ni(II)-o-Aminothiophenolats* (I) läßt es als naheliegend erscheinen, eine zusätzliche komplexe Bindung der Aminogruppe anzunehmen. Nur in stark alkal. Lsg. gelingt es, das frisch gefällte I mit H_2O_2 u. anderen Oxydationsmitteln zu einer tiefblauen krist. Verb. zu oxydieren, der aus ster. Gründen dimere Konst. mit koordinativ 6-wertigem Ni zugeschrieben wird. Letzteres wird durch die geringe Löslichkeit in indifferenten Lösungsmitteln u. die große Stabilität dieses *Di-Ni(IV)-μ-dioxo-o-tetraaminothiophenolats* (II) gestützt. Mit 8-Mercaptochinolin ließ sich keine Ni(IV)-Verb. erhalten, was Vff. auf eine Stabilisierung der Ni(II)-Verb. durch den Pyridinstickstoff zurückführen. *Ni(II)-Monothiobenzoat* (III) reagiert beim Erwärmen in Cyclohexanollsg. unter Luftabschluß nach $(Ni(SOCC_6H_5)_4]^{2-} \rightarrow$ *Ni(SSC·C₆H₅)₂* $+ 2\,C_6H_5COO^-$, entsprechend einer ausgeprägten Tendenz des Ni, sich mit S zu verbinden. In alkal. Lsg. wird III bei 50° durch Luftsauerstoff zu dem ebenfalls dimeren tiefblauen *Di-Ni(IV)-μ-disulfotetradithiobenzoat* (IV) oxydiert. IV erhielten Vff. auch aus Nickel(II)-dithiobenzoat in Bzl. mit alkoh. $sNaS_x$ nach dem Eindunten. *Diäthyldithiocarbaminsäure* bildet mit Ni(II) ein gelbgrünes Innerkomplexsalz, welches auf Grund der festen koordinativen Absättigung des Ni durch den stark bas. N nicht in einen Ni(IV)-Komplex übergeführt werden kann. Dagegen läßt sich das gelbbraune *Ni(II)-Phenyldithiocarbaminat* auf Grund der wesentlich abgeschwächten Metall-N-Bindung zum Ni(IV)-Komplex $[SNi^{IV}(SR)_2]$ oxydieren. Seine leichte Zers. nach $[S:Ni^{IV}(SR)_2]_2 \rightarrow 2\,NiS + 2\,R\cdot SS\cdot R$ verhinderte eine Reindarstellung. Theoret. Überlegungen der Vff. führten zu der Feststellung, daß Ni(IV)-Verbb. nur entstehen, wenn das Ni von vornherein 6-fach koordiniert ist, weil dadurch die Bldg. eines Durchdringungskomplexes kryptonähnlicher Konfiguration präformiert wird. Die komplex gebundenen Liganden müssen stark polarisierbar sein u. möglichst negative Ladung tragen, damit die kovalenten Bindungen genügend Energie liefern, um die Abspaltung zweier weiterer Valenzelektronen energet. zu begünstigen. Außerdem müssen die Liganden cycl. an das Ni gebunden sein, wobei zugleich der für das Zustandekommen wesentlichen Stabilisierung der Ni(IV)-Verbb. durch die Ringbldg. Rechnung getragen wird. Gleichzeitig werden zweikernige Ni(IV)-Komplexe gebildet. Die Tendenz zur Bldg. von Verbb. mit 4-wertigem Metall ist in der Reihe Pt–Pd–Ni in abnehmendem Sinne stark abgestuft.

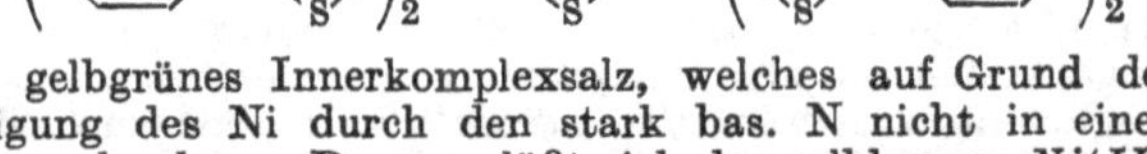
IV

Versuche: Di-Ni(IV)-μ-dioxo-o-tetraaminothiophenolat, $[O:Ni^{IV}(S\cdot C_6H_4\cdot NH_2)_2]_2$. Darst. aus alkal. Suspension von I in Sauerstoff. Bei hohen Tempp. Zers., dunkelblaue sternchenförmige Kristalle aus Bzl.; in Aceton, CS_2 u. A. nur wenig mit tiefblauer Farbe lösl., durch Säuren zersetzbar. — Di-Ni(IV)-μ-disulfotetradithiobenzoat, $[S:Ni^{IV}(SSC\cdot C_6H_5)_2]_2$. Krist. aus Bzl., CS_2, A. oder Ae. in charakterist. büschelförmigen Aggregaten dünner Kristallfäden. Gegen nichtoxydierende Säuren u. Alkalien beständig. Schm. bei 195° (Zers.). (Z. anorg. allg. Chem. **269.** 13—27. Aug. 1952. München, TH, Anorgan.-chem. Inst.) PLUST. 356

Lucienne Lecuir-Chaumeton, *Untersuchung des Mechanismus der Pulverreaktionen eines löslichen Salzes mit einem unlöslichen Oxyd bei tiefer Temperatur.* Die Rk. eines Gemisches von gepulvertem $CuSO_4\cdot 5\,H_2O$ bzw. $CuSO_4\cdot H_2O$ (im Exsiccator) mit $Cu(OH)_2$ oder *CuO* unter Bldg. von bas. Salz, z. B. $CuSO_4\cdot 2\,Cu(OH)_2\cdot H_2O$, wird unter verschied. Temperatur- u. Luftfeuchtigkeitsbedingungen untersucht. Es wird gezeigt, daß der Reaktionsverlauf offenbar stets über die intermediäre Bldg. einer gesätt. $CuSO_4$-Lsg. (infolge örtlicher Wasserdampfkondensation) verläuft. In ähnlicher Weise sind die zu bas. Salzen führenden Rkk. bei Raumtemp. zwischen dem *Cu-Chlorid* oder *Cu-Nitrat* mit $Cu(OH)_2$ zu verstehen. Das gilt auch für die Bldg. bas. Verbb. bei entsprechenden Salzgemischen von *Mn, Ni* u. *Co.* (C. R. hebd. Séances Acad. Sci. **230.** 1602—03. 3/5. 1950.) RUDOLPH. 358

Raymond Hocart und **Roger Molé,** *Synthese von zwei Kupfertelluriden aus Kristallpulvern des Kupfers und Tellurs unter Druck.* Das verwendete Cu-Pulver hatte eine mittlere Korngröße von 20 μ, das Te-Pulver eine solche von 10 μ. Frisch red. Cu wurde im Verhältnis 9:5 mit Tellur gemischt. Bei einem einseitigen Druck zwischen 3500 u. 17500 kg/cm² wurden vier verschied. krist. Phasen erhalten: Eine grau-blaue vom Weissit-Typ $Cu_{2-x}Te$; eine rotviolette vom Rickardit-Typ $Cu_{4-x}Te_2$ neben unverändertem Cu u. Te. Die Unterss. wurden mit Röntgenanalysen nach DEBYE-SCHERRER durchgeführt. Vff. vgl. die Ergebnisse mit denen der Unterss. über Cu u. S u. Cu u. Se. (C. R. hebd. Séances Acad. Sci. **234.** 111—13. 2/1. 1952.) KATTENHORN. 358

C. Mineralogische und geologische Chemie.

F. C. Frank und **D. S. Oliver,** *Ein einfacher Goniograph.* Beschreibung einer Vorr. (mit Fl. gefüllte Glaskugel), die Lichtreflexe eingetauchter Kristalle auf eine ebene Fläche wirft, wobei die Abstände vom opt. Zentrum den Achsenwinkeln annähernd proportional sind. — Beispiel der Unters. eines *Diamanten.* (Research **4.** 341—42. Juli 1951. Bristol, Univ., H. H. Wills Physic. Labor.) BLUMRICH. 372

Sigmund Koritnig, *Ein Nomogramm zur Berechnung optischer Daten aus der Indikatrix.* (Fortschr. Mineralog. **27.** 40. 1948, ausg. 1950. Göttingen.) GOTTFRIED. 372

Gonji Iwazaki, *Das Gebiet der Geochemie.* Definition, Geschichte u. Besonderheit der Geochemie. (Chem. and chem. Ind. [Kagaku to Kogyo] **5.** 279—83. Juni 1952. [Orig.: japan.]) SCHULER. 378

Fr. Hegemann, *Geochemische Untersuchungen über die Herkunft des Stoffbestandes sedimentärer Kieserzlager.* Aus der spektrograph. Best. der Spurenelemente in den Mineralien der Kieserz-Lagerstätten wird geschlossen, daß zwar ein kleiner Teil des Stoffbestandes sedimentärer Lager dem Verwitterungsbereich entstammt, daß aber für die Hauptmenge eine magmat. Zufuhr angenommen werden muß, welche untermeer. erfolgte u. dem initialen Vulkanismus zuzuschreiben ist. Bei einigen Lagern können nachträglich noch intrusiv-hydrothermale Stoffzuführungen stattgefunden haben. (Fortschr. Mineralog. **27.** 45—46. 1948, ausg. 1950. München.) ENSSLIN. 378

Louis Barrabé, *Über den Ursprung des bipyramidalen Quarzes in den Lateriten der östlichen Verwerfung von Guadeloupe.* Die dihexaedr. Quarze in den Lateriten stammen aus der Verwitterung von *Daciten,* von denen noch Blöcke vorhanden sind, u. wurden durch W. in Pfannen zusammengeschwemmt. (C. R. somm. Séances Soc. géol. France **1952.** 334—36.) ENSSLIN. 378

Marcel Roubault und **Joseph Bolfa,** *Schmelzen von sauren Gesteinen im Sonnenofen und Rekristallisation durch Erhitzen.* Vff. schmolzen mehrere saure Gesteine mit einem SiO_2-Geh. von ca. 75% — einen *Rhyolith,* einen gneiß. *Granulit* u. einen monzonit. *Granit* — im Sonnenofen innerhalb einiger Sek. zusammen. Nach Abkühlen auf Zimmertemp. erhält man ein durchsichtiges Glas, in dem mkr. einige sehr feine anisotrope Sphärolithe festgestellt werden konnten; beim Abkühlen hatte demnach eine geringe Entglasung stattgefunden. Die Gläser wurden hierauf 2 Monate bei gewöhnlichem Druck auf 850° erhitzt. Es war deutlich eine Zunahme der Kristallisation zu beobachten. Mkr. konnte *Cristobalit* identifiziert werden. (C. R. hebd. Séances Acad. Sci. **232.** 1568—72. 23/4. 1951.) GOTTFRIED. 378

D. P. Sserdjutschenko, *Über einige Fragen der Mineralogie der Silicate.* In der Polemik gegen die Darst. der *Chlorite* (**I**) u. Mineralien der *Montmorillonit* (**II**)-Gruppe von BETECHTIN (Lehrbuch für Mineralogie [1951]) kommt Vf. zum Schluß, daß in **I** sehr weitgehende u. sehr verschied. isomorphe Verdrängungen vorkommen, so daß zahlreiche polymorphe Modifikationen möglich sind. Für alle **I** gilt die Formel: $(R^{2+}, R^{2+}{}_{3/4})_{6+n/2}[O_p(OH)_{8-2p}](Si_{4-n}R^{3+}{}_n)O_{10}$, wo $n = 0\cdots1\cdots2$; $p = 1\cdots2$; R^{2+} = Mg, Fe^{2+}, $Mn^{2+}Ni^{2+}$; R^{3+} = Al, Fe^{3+}, Cr, Mn^{3+}. Entgegen der Darst. von BETECHTIN beobachtet man eine isomorphe Verdrängung von Al u. Fe^{3+} durch Mg nicht nur bei dem eigentlichen **II**, sondern auch bei allen **II**-Mineralen. (Известия Академии Наук СССР, Серия Геологическая [Nachr. Akad. Wiss. UdSSR, geol. Ser.] **1953.** Nr. 3. 135—46. Mai/Juni.) LEBTAG. 380

A. G. Betechtin, *Bemerkungen zur Arbeit von D. P. Sserdjutschenko über einige Fragen der Mineralogie der Silicate.* (Vgl. vorst. Ref.) Die Chloritformel von SSERDJUTSCHENKO wird abgelehnt, da sie 8, 7 u. 6 OH-Gruppen zuläßt, was der Theorie der dichtesten Anionenpackung widerspricht. (Известия Академии Наук СССР, Серия Геологическая [Nachr. Akad. Wiss. UdSSR, geol. Ser.] **1953.** Nr. 3. 146—47. Mai/Juni.) LEBTAG. 380

Robert Kühn, *Ein neues Vorkommen von Ascharit.* In den Rückständen der Hartsalzverarbeitung von Kaliwerk Hansa, Empelde, u. Kaliwerk Friedrichshall, Sehnde (Hannover) wurde Ascharit ($MgHBO_3$) als sehr feinfasriges, grauweißes Mineral gefunden, welches ca. 1% des Hartsalzes ausmacht, u. in rhomb. prismat. Fasern fein verteilt auftritt. Es wurden auch grobe Knollen gefunden. (Fortschr. Mineralog. **27.** 49—52. 1948, ausg. 1950. Ratzeburg.) ENSSLIN. 380

G. O. Pidshjan, *Über die Pseudomorphosen von Chalkopyrit nach Pyrit.* Aus der mkr. u. chem. Unters. der pentagondodekaedr. Kristalle (Fundort ungenannt) u. ihrer Kombination mit oktaedr. Kristallen ergibt sich, daß sie ein Gemisch von *Pyrit* (**I**) u. *Chalkopyrit* (**II**) darstellen, wobei die Außenschicht aus einem dünnen **I**-Film besteht, während im inneren Teil I u. II vertreten sind. Innerhalb des Kristalls erfolgte demnach eine unvollständige Bldg. von II nach I. Die Substitution ist so zu denken, daß nach Bldg. der I-Kristalle durch die hydrothermalen Lsgg. große Mengen Cu herangetragen wurden, die durch die feinen Spalte in I diffundierten u. die II-Pseudomorphose nach I verursachten. Diese Art der Pseudomorphose wird nur selten beobachtet. (Записки Всесоюзного Минералогического Общества [Schr. Allunions mineralog. Ges.] [2] **79.** 301—02. 1950. Inst. für geol. Wiss. der Akad. der Wiss. der ArmSSR.) LEBTAG. 380

W. I. Wlodawetz, *Über einen eigentümlichen Calcitdiabas (Cabytauvit) aus der Mongolei.* Der untersuchte Calcit weist reine, scharf gekantete Kristalle auf u. stellt ein prim. magmat. oder zumindest epimagmat. Mineral dar. Er bildet einen beträchtlichen Teil des Gesteins, welches als Calcitdiabas bzw. Cabytauvit (aus *Calcit, Bytownit* u. *Augit* bestehend) bezeichnet werden kann. (Доклады Академии Наук СССР [Ber. Akad. Wiss. UdSSR] [N. S.] **87.** 657—59. 1/12. 1952.) M. GORDIENKO. 380

Trygve Strand, *Euklas von Iveland als Umwandlungsprodukt von Beryll.* Pseudomorphosen von Beryll aus dem Hovasen-*Feldspat*-Bruch von Eptevann in Iveland, bestehen hauptsächlich aus *Bertrandit* u. *Muskovit* u. enthalten ungeordnet Euklas. Dieser wurde opt. u. röntgenograph. identifiziert. (Norsk geol. Tidsskr. **31.** 1—5. 1953. Norwegen, Geolog. Dienst.) HILLER. 380

N. R. Srinivasan, *Bemerkung über ein verwittertes Mineral.* Ein weißes, dichtes Verwitterungsprod. mit der D. 1,74 erwies sich bei der Unters. als eine Verb. der Zus. $MgSO_4 \cdot Al_2(SO_4)_3 \cdot 22 H_2O$, welches chem. dem *Pickeringit* entspricht. (J. Indian Inst. Sci. **34.** B33—34. Jan. 1952. Bangalore, Ind. Inst. of Sci.) ENSSLIN. 380

H. Strunz, *Scholzit, eine neue Mineralart.* Das neue Mineral **Scholzit** aus dem Feldspatpegmatit von Hagendorf bildet millimetergroße plattige u. längliche Kriställchen, ist farblos bis weißlichgrau u. pseudorhomb.-monoklin mit der Elementarzelle a = 6,46 Å, b = 9,05 Å, c = 7,55 Å, $\beta \sim 90^0$, Z = $2 Ca_3Zn[OH/PO_4]_2 \cdot H_2O$. Die Brechungsindices sind $n_\alpha \sim 1{,}583$, $n_\beta \sim 1{,}589$, $n_\varphi \sim 1{,}604$. (Fortschr. Mineralog. **27.** 31. 1948, ausg. 1950. Regensburg.) GOTTFRIED. 380

François Permingeat, *Vorkommen von Uran und Wolfram in den Gesteinen von Azegour (Hoch-Atlas, Guedmioua, Marokko).* Aus der Stärke der Radioaktivität, der Farbe, der Struktur u. weiteren Eigg. konnte Vf. das Vork. von *Pechblende* neben *Pyrit* u. *Hämatit* in *Calcit* u. *Quarz* als Gangart zweifelsfrei nachweisen. Weiter konnte in den Gesteinen *Scheelit* durch UV-Fluorescenz nachgewiesen werden. (C. R. hebd. Séances Acad. Sci. **234.** 123—24. 2/1. 1952.) KATTENHORN. 380

C. K. G. Lamming, *Radioaktivität in West Cornwall.* Der St. Ives- u. der St. Just-Distrikt wurde auf das Vork. radioakt. Mineralien mit Hilfe des GEIGER-Zählers untersucht u. auch einige U-Vorkk., welche zum Teil schon bekannt waren, entdeckt. Eine eingehende techn. Unters. der Vorkk. scheint erfolgversprechend. Das Auftreten von Uranmineralien ist an granit. Magmen gebunden. Aus dem Mitvork. von Cu, Bi, Co u. Fe-Mineralien wird auf eine Abscheidung bei mittleren Tempp. geschlossen. (Mining Mag. **86.** 265—73. Mai 1952.) ENSSLIN. 383

W. H. Gross, *Radioaktivität als eine Führung zum Erz.* Dome u. Batholite aus Tiefen- oder Sedimentgesteinen haben in der Nähe von Erzkörpern eine über das Normalmaß erhöhte Radioaktivität. Die Verteilung der letzteren kann zur Auffindung u. Abgrenzung der Erzkörper verwendet werden. Weiter kann das Vork. von *Zirkon, Quarz* u. von Schwermetallen herangezogen werden. In granitisierten Sedimenten ist Zirkon weniger geeignet, während in bas. Sedimenten Quarz geeigneter ist als die Radioaktivität. (Econ. Geol. **47.** 722—42. Nov. 1952. Toronto, Can., Univ., Geol. Inst.) ENSSLIN. 383

E. Clar und **H. Meixner,** *Die Arsenvererzung in der Stelzing bei Lölling, Saualpe, Kärnten.* Das *Realgar*-Vork. in der Stelzing, Saualpe, Kärnten, wird mineralog. u. lagerstättenkundlich beschrieben u. *gediegenes Arsen* als zweites, prim. As-Mineral festgestellt. Die geolog.-tekton. Stellung u. die Mineralparagenese (*Ankerit, Calcit, Rutil, Anatas, Titanit,* Realgar, *Scherbenkobalt*) kennzeichnen die Zugehörigkeit des Vork. zur Vererzung des Hüttenberger Erzberges wahrscheinlich durch einen niedriger temperierten, herdfernen Ausläufer. (Berg.- u. hüttenmänn. Mh. montan. Hochschule Leoben **96.** 172—74. Aug. 1951.) HILLER. 383

G. M. Winogradskaja, *Über die Genesis einiger Olivingesteine.* Es bilden sich metasomat. zwei Typen der Olivingesteine, nämlich das grobkörnige aus dem aderförmigen *Pyroxenit* u. das gleichmäßig-großkörnige bzw. porphyrähnliche aus dem Pyroxenit der Übergangszone zwischen den *Duniten* u. Pyroxeniten. (Доклады Академии Наук СССР [Ber. Akad. Wiss. UdSSR] [N. S.]. **87.** 841—43. 11/12. 1952.) M. GORDIENKO. 385

Siegfried Matthes, *Über Enstatit-Olivinhornfelse aus der Oberpfalz.* Die Enstatit-Olivinhornfelse u. die enstatitfreien Olivinhornfelse vom Südwestrand des Granitmassivs des Steinwalds in der bayr. Oberpfalz werden beschrieben. Sie bilden Kontaktgesteine (Serpentinhornfelse) mit dem benachbarten Granit. (Fortschr. Mineralog. **27.** 63—65. 1948, ausg. 1950. Münster/Westf.) ENSSLIN. 385

W. I. Lebedinski, *Über feldspathaltige Gesteine in der Umgebung von Saporoshje (UkrSSR).* An Hand von Analysen feldspatartiger Gesteine zeigt Vf. den Übergang von *Chloritschiefer* in *Chloritalbitit* durch Entfernung von TiO_2, Fe_2O_3, FeO u. MgO u. Zufuhr von Al_2O_3, SiO_2, Na_2O, K_2O u. CaO. Auch die Unters. von Schliffen führt zu demselben Ergebnis. (Доклады Академии Наук СССР [Ber. Akad. Wiss. UdSSR] [N. S.] **89.** 945—48. 11/4. 1953. Dnepropetrowsk, Univ.) v. SCHROEDER. 385

F. K. Schipulin, *Abscheidung von Asphaltit in den Brennschiefern einiger Lagerstätten Zentralasiens.* Der Ursprung der *Asphaltite* (I) hängt mit der Polymerisation kerogener Substanzen zusammen. Die I sind in den Brennschieferschichten selbst entstanden, wobei die bituminöse Substanz innerhalb der Stufe einer begrenzten Migration unterworfen war. Außer mit der Polymerisation der kerogenen Stoffe hängt die I-Abscheidung mit einer Diagenese der bituminösen Ablagerungen u. tekton. Prozessen zusammen, die eine schwache Faltung der unteren Kreide u. das Auftreten disjunktiver Störungen sowie von Spalten verursachten. (Известия Академии Наук СССР, Серия Геологическая [Nachr. Akad. Wiss. UdSSR, geol. Ser.] **1953.** Nr. 3. 66—71. Mai/Juni.) LEBTAG. 388

M. W. Klenowa und **D. Je. Gerschanowitsch,** *Ablagerungen der Tiefen des Japanischen Meeres.* Aus Analysen der Ablagerungen des Meeres in verschied. Tiefe geht hervor, daß sie große Mengen in HCl (10%) unlösl. Bestandteile enthalten, deren Menge mit dem Anwachsen der Teilchen $<$0,01 mm abnimmt. Al_2O_3 überwiegt gegenüber Fe_2O_3. MgO u. CaO sind in geringer Menge vorhanden. Amorphe SiO_2 ist nur in Gebieten von Diatomeenablagerungen (880—1500 m) in größeren Mengen anzutreffen. Im allg. sind die Verhältnisse ähnlich den ozean. Ablagerungen, was die Ansicht der Vff. bestätigt, daß dieselben nicht zufälligen Umständen ihre Entstehung verdanken, sondern bestimmten hydrodynam. Gesetzen unterliegen. (Доклады Академии Наук СССР [Ber. Akad. Wiss. UdSSR] [N. S.] **89.** 937—40. 11/4. 1953.) v. SCHROEDER. 393

Traude Bernert, *Radiumbestimmungen an Tiefseesedimenten.* Auf Grund der Unters. des Ra-Geh. von aus verschied. Tiefen (bis zu 18 m unter dem Meeresgrund) stammenden Sedimentproben kommt Vf. zum Schluß, daß in den obersten Schichten des Sediments sich eine gesetzmäßige Veränderlichkeit des Ra-Geh. mit der Tiefe des Sediments zeigt, eine Entscheidung über die Ioniumfällungshypothese jedoch ohne weitere Unterss. noch nicht getroffen werden kann. Verschied. wesentliche, bisher nicht in Erwägung gezogene Faktoren wären dabei zu berücksichtigen. (S.-B. österr. Akad. Wiss., math.-naturwiss. Kl., Abt. IIa **160.** 99—111. 1951. Inst. für Radiumforschung.) GEDSCHOLD. 395

D. Organische Chemie.

D_1. Allgemeine und theoretische organische Chemie.

I. L. Knunjanz, *Über einige theoretische Probleme der gegenwärtigen organischen Chemie.* Theoret. Behandlung von Resonanz, Elektronentautomerie, Reaktionsvermögen u. Spektroskopie in der organ. Chemie vom Standpunkt der BUTLEROWschen Konstitutionslehre. (Вестник Академии Наук СССР [Nachr. Akad. Wiss. UdSSR] **23.** Nr. 4. 15—29. April 1953.) LEBTAG. D 10

Pierre May, *Methode zur Berechnung der Störung des spektralen Untergrundes in komplexen Fällen. Fall der Polyenfettsäuren.* Vf. beschreibt zuerst eine Rechenmeth. zur Ausschaltung der Störung des spektralen Untergrundes bei der Unters. der verschied. UV-Absorptionsbanden eines Gemisches. Die Meth. wurde angewandt zur Best. von *α-* u. *β-Eläostearinsäure* in Cyclohexanlsg. sowie zur Best. von *Linolsäure, Linolensäure* u. *Arachinsäure.* (J. Chim. physique Physico-Chim. biol. **49.** 464—69. Sept. 1952. Inst. de Rech. sur le Cancer, Serv. de Physiol. et Biochim. cellul.) GOTTFRIED. D 118

Odile Chaudé und **Paul Rumpf,** *Spektrophotometrische Untersuchung einiger thermochromer Pyrylospirane.* Mit einem BECKMANschen Spektrophotometer wurden bei verschied. Tempp. (20, 80, 120°) die Absorptionsspektren von *Bis-β-naphthopyrylospiran* (I) sowie einiger in 3-Stellung substituierter I (II, III, IV), von *3.3'-Cyclodimethy-*

len-bis-β-naphthopyrylospiran (**V**), *Benzo-β-naphtho-bis-pyrylospiran* (**VI**), *1.3.3-Trimethyldihydroindolino-β-naphthopyrylospiran* (**VII**) u. von *N-Methyldihydrochinolino-β-naphthopyrylospiran* (**VIII**) untersucht. Außerdem wurden der Isomerisationsgrad der gefärbten Form sowie die Umwandlungswärmen bestimmt. Als Lösungsm. wurden polare u. nichtpolare Fll. verwendet. Die Meßergebnisse sind tabellar. zusammengestellt. Bezeichnet man mit ε_T den maximalen Extinktionskoeff. der Bande bei der absol. Temp. T, dann erhält man bei graph. Auftragung von log ε_T gegen 1/T Gerade, aus deren Neigungen man die Umwandlungswärmen erhält. (C. R. hebd. Séances Acad. Sci. **233**. 405—07. 30/7. 1951.) GOTTFRIED. D 118

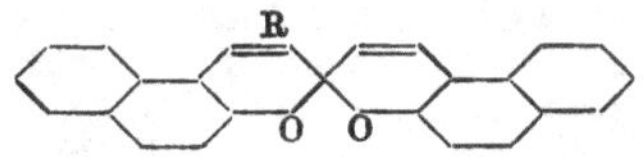

I R = H II R = CH_3 R = $CH(CH_3)_2$ III

IV R = C_6H_5

Calvin Hanna und **W. T. Smith jr.**, *Die Absorptionsspektren von Derivaten von Phthalsäureanhydrid.* Im Zusammenhang mit der Konstitutionsaufklärung eines nitrosubstituierten Fluoresceins wurden die Absorptionsspektren von *Phthalsäureanhydrid, Chinolinsäureanhydrid* u. *-dimethylester, Resorcin-3-nitrophthalein* (F. 260°), *-phthalein* (Zers. 266—267,5°), *-chinolinein, trans-2-, -3-* u. *-4-Nitrostilben, 5-Benzyliden-, 5-[2-, 3-* u. *4-Nitrobenzyliden]-rhodanin, α-Benzal-* u. *α-[2-, -3-* u. *-4-Nitrobenzal]-γ-phenyl-Δ^3-butyrolacton, 4-[3-Nitrobenzal]-, 4-[3(6)-Nitrophthalal]-, 4-[Phthalal]-, 4-[4(5)-Nitrophthalal]-2-phenyl-5-oxazolon, α-[3(6)-Nitrophthalal]-, α-[3(6)-Chinolinal]-, α-Phthalal-, α-[4(5)-Nitrophthalal]-γ-phenyl-Δ^3-butyrolacton* im UV u. Sichtbaren gemessen u. untereinander verglichen. Nitrosubstitution in p-Stellung zur konjugierten Kette verursacht meist eine langwellige Verschiebung der längstwelligen Absorptionsbande u. die stärkste Änderung des Spektr. im Vgl. zum nichtsubstituierten Grundkörper. (Proc. Iowa Acad. Sci. **58**. 251—260. 1951. Iowa City, Io., State Univ., Dep. of Pharmacol. and Chem.) D. BRÜCK. D 118

Irving L. Mador und **Ruth S. Quinn**, *Der Einfluß der Temperatur und des Aggregatzustandes auf die Infrarotabsorptionsspektren: Methyljodid.* Die Infrarotabsorption im Gebiet 2—15 μ wird für gasförmiges CH_3J (**I**) bei Raumtemp., für die Fl. (**II**) bei 25 u. —50°, sowie für feste, durch Kondensation des Dampfes bzw. durch Einfrieren der Fl. erzeugte Schichten (**III**) bei —78°, —196° u. —269° gemessen. Die Spektren von **II** u. **III** weisen gegenüber dem des **I** eine allg. Bandenverschiebung nach langen Wellen auf. Richtung u. Größe der Frequenzverschiebungen von Oberschwingungs- u. Kombinationsbanden zeigen nur geringe Beziehung zu den Verschiebungen der Grundschwingungsbanden. Für einen gegebenen Aggregatzustand ist meistens kein Temperatureinfl. auf die Bandenlage merkbar. Beim Kristall sind alle entarteten u. einige nichtentartete Grundschwingungen aufgespalten, was mit dem Vorhandensein von mehr als einem Mol. in einer Elementarzelle in Zusammenhang gebracht wird. Die Intensität u. die Breite der Banden nimmt im allg. mit sinkender Temp. ab. (J. chem. Physics **20**. 1837—42. Dez. 1952. Silver Spring, Md., Johns Hopkins Univ., Appl. Phys. Labor.) RUDOLPH. D 120

M. Halmann und **S. Pinchas**, *Die charakteristischen Infrarotabsorptionen einiger organischer Derivate der Phosphorsäure.* Die Infrarotabsorption im Gebiet 1060 bis 900 cm^{-1} wird untersucht: 1. für die gemischten organ. Phosphate der Form PO(OR)·$(OR')_2$[R = C_2H_5, R' = CH_3, $(CH_3)_2CH$, C_6H_5] u. die Dialkylchlorphosphonate der Form Cl·$PO(OR')_2$[R' = CH_3, C_2H_5, $(CH_3)_2CH$, C_6H_5]; 2. für die Dialkylalkylaminophosphonate der Form NR_2·$PO(OR')_2$[R = n-C_4H_9 u. R' = CH_3, C_2H_5, $(CH_3)_2CH$, C_6H_5] sowie für NHR'·$PO(OR)_2$ (R = $(CH_3)_2CH$ u. R' = n-C_4H_9, C_6H_5), u. schließlich für Triäthylphosphat. Alle Stoffe zeigen die charakterist. Absorptionsbanden (P–OR-Streckschwingungen) der einfachen Trialkylphosphate ohne wesentlichen Einfl. der gegenüber den homogenen Phosphaten gestörten Symmetrie auf die Bandenlage. — Die Dialkylchlorphosphonate wurden durch Chlorierung der entsprechenden Dialkylhydrogenphosphate erhalten. *Diphenylchlorphosphonat*, $Kp._1$ 150—153°, aus $POCl_3$ u. Phenol. — Die Phosphorsäureester u. Aminophosphonate wurden aus den Chlorphosphonaten u. A. bzw. dem entsprechenden Amin dargestellt. *Äthyldimethylphosphat*, $Kp._{41}$ 112—113°; n_D^{22} 1,3984. — *Äthyldiisopropylphosphat*, $Kp._{23}$ 110—112°; n_D^{25} 1,4044; $D.^{25}_{25}$ 1,0066. — *Äthyldiphenylphosphat*, $Kp._2$ 181—185°; n_D^{30} 1,5250; $D.^{25}_{25}$ 1,185. — *Dimethyl-[di-n-butylamino]-phosphonat*, $Kp._{0,5}$ 81—82°; n_D^{25} 1,4327. — *Diäthyl-[di-n-butylamino]-phosphonat*, $Kp._{0,5}$ 93—100°; n_D^{25} 1,4299. — *Diisopropyl-di-n-butylamino]-phosphonat*, $Kp._{0,5}$ 99—101°; n_D^{25} 1,4239. — *Diisopropylanilinophosphonat*, F. 120°. — *Diphenyl-[di-n-butylamino]-phosphonat*, $Kp._2$ 190—200°; n_D^{25} 1,5173. (J. chem. Soc. [London] **1953**. 626—29. Febr. Rehovoth, Israel, Weizmann Inst. of Sci.) RUDOLPH. D 120

Marie-Louise Josien, *Untersuchung der „Basizität" einiger aromatischer Kohlenwasserstoffe durch Infrarotspektroskopie.* Die NH-Grundschwingungsfrequenz von *Pyrrol* in Lsg. in *Bzl., Toluol, m-Xylol, Pseudocumol* bzw. *Mesitylen* ändert sich mit der Konst. des Lösungsm., die Frequenzdifferenz nimmt linear mit steigender „Basizität" des KW-stoffes — gemessen durch die Konstante im HENRYschen Gesetz für die entsprechende HCl-Lsg. — ab; diese Basizität bestimmt andererseits auch das Ausmaß der Bldg. von Molverbindungen. Durch solche Komplexe soll nach Vff. auch die Verdoppelung der 3. Harmonischen des Phenols in Lsg. in aromat. KW-stoffen (vgl. MECKE, C. **1952.** 5064) bewirkt werden. (C. R. hebd. Séances Acad. Sci. **237.** 175—77. 15/7. 1953.) KRESZE. D 120

Alexander Schönberg, Ahmed Mustafa und **Mohamed Ezz El-Din Sobhy,** *Thermochromie von Dixanthylenen.* Die starke Thermochromie von *Dixanthylen* (**I**) wird vermindert durch 1-Substitution. So sind zwar *2.2'-Dichlor-, 4.4'-Dichlor-* u. *3.4;3'.4'-Dibenzodixanthylen* stark, *1.2;1'.2'-Dibenzodixanthylen* jedoch nur schwach u. *1.1'-Dichlor-4.4'-dimethyldixanthylen* gar nicht thermochrom. Wahrscheinlich ist eine bei höherer Temp. möglich werdende Planarität des Mol. Voraussetzung für das Auftreten der Thermochromie. Beim *2-[9-Xanthyliden]-indandion-(1.3)* (**II**) u. *2-[9-Thioxanthyliden]-indandion-(1.3)* (**III**), bei denen ein klass. ebener Bau ster. gehindert ist, wird diese Planarität vielleicht durch den Einzelbindungscharakter der zentralen Doppelbindung ermöglicht, der durch Beteiligung polarer Strukturen zu erwarten ist. Dadurch erklärt sich auch die Rk. von **I, II** u. **III** mit Thionylchlorid, bei der nach Behandlung mit W. in ca. 60%ig. Ausbeute Xanthon bzw. Thioxanthon entstehen.

Versuche: Darst. der Dixanthylene durch 10std. Kochen der Xanthone mit Thionylchlorid, Abdest. des Überschusses u. 6std. Erhitzen des Rückstandes mit Cu-Bronze in trockenem Xylol. — *1.1'-Dichlor-4.4'-dimethyldixanthylen,* $C_{28}H_{18}O_2Cl_2$, F. 330° (Xylol), sublimiert bei ca. 300°, gelbe Kristalle mit tiefgrüner Fluorescenz; 72%. — *4.4'-Dichlordixanthylen,* $C_{26}H_{14}O_2Cl_2$, F. 280° (Xylol), Lsg. in kaltem Diphenyläther fast farblos, sd. bläulichgrün; 68%, erhalten auch aus 1 g 4-Chlorxanthon mit Zn-Staub/Eisessig u. wenig konz. HCl; 0,2 g. — *2.2'-Dichlordixanthylen,* $C_{26}H_{14}O_2Cl_2$, F. 304°, sublimiert bei ca. 290°, Thermochromie wie bei vorst. Verb., hellgelbe Kristalle; 63%; auch aus 1 g 2-Chlorxanthon wie vorst. Verb.; 0,15 g. — 6std. Kochen der Dixanthylene mit Thionylchlorid u. Schütteln des Prod. mit W. bei 30° liefert in ca. 60%ig. Ausbeute *2-Chlor-, 4-Chlor-* bzw. *1-Chlor-4-methylxanthon.* — *2-[9-Xanthyliden]-indandion-(1.3)* (**II**), $C_{22}H_{12}O_3$, F. 230°, aus Xanthon mit $SOCl_2$ u. Kochen des Rückstandes 3 Std. mit 1.3-Diketohydrinden in Bzl., tief bronzerote Kristalle; 80%, heiße benzol. Lsg. ist violett. — *2-[9-Thioxanthyliden]-indandion-(1.3)* (**III**), $C_{22}H_{12}O_2S$, F. 225°, aus Thioxanthon wie vorst., bräunlich-orange Kristalle; 65%. (J. Amer. chem. Soc. **75.** 3377—78. 20/7. 1953. Kairo, Fouad I Univ., Fac. of Sci., Chem. Dep.) LIEBIG. D 122

André Bernanose, *Über einige Kennzeichen der Chemiluminescenzreaktion von 3-Aminophthalhydrazid mit Natriumhypochlorit.* Mit Hilfe von Photozelle u. Elektronenvervielfacher wird die Intensität J der Chemiluminescenz bei der Oxydation von *3-Aminophthalhydrazid* (*Luminol*) (**I**) durch *NaOCl* (**II**) als Funktion des p_H-Wertes der Lsg. gemessen (Lsg. von **I** $^1/_{200}$ Mol/Liter, von **II** $^1/_{100}$ Mol/Liter). Bei p_H ca. 10,5 hat die Chemiluminescenz ein Maximum; der Anstieg von log **J** geht linear mit dem p_H-Wert. In Lsgg. mit $p_H < 6,5$ ist J nicht mehr meßbar. Die zeitliche Abnahme der Chemiluminescenz verläuft nach $J = J_0 \cdot e^{-kt}$, wobei **k** um so kleiner ist, je größer p_H; d. h. die Reaktionsgeschwindigkeit nimmt mit steigendem p_H ab. (J. Chim. physique Physico-Chim. biol. **49.** 442—47. Sept. 1952. Nancy, Fac. de Pharm.) RUDOLPH. D 125

J. O. Elliot, S. H. Liebson und **C. F. Ravilious,** *Veränderung der Fluorescenzabklingzeit von Anthracen und Stilben mit der Temperatur.* Zur Best. der Abhängigkeit der Fluorescenzabklingzeit τ von *Anthracen* (**I**) u. *Stilben* (**II**) mit der Temp. werden ein Einkristall von **I** im Temperaturbereich von 4—298° K u. ein Einkristall von **II** im Bereich von 78—298° K in einem Temperaturbad gehalten, das vor einen Photomultiplier 931-A placiert ist. Bei tiefen Tempp. erweist sich für **I** u. **II** τ als weitgehend unabhängig von der Temperatur. Eine Temperaturabhängigkeit — nach höheren Tempp. hin liegt eine solche bes. bei **I** vor — wird allg. durch die Annahme zusätzlich auftretender metastabiler Zustände im Kristall erklärt. (Physic. Rev. [2] **79.** 393. 15/7. 1950. Washington, D. C., Naval Res. Labor., Electricity Div.) GÜNTHER. WOLFF. D 125

H. G. David, S. D. Hamann und **J. F. Pearse,** *Dielektrischer Verlust in einem polaren Gas in der Nähe seines kritischen Punktes.* Die dielektr. Verluste von *Methylfluorid* zeigen einen auffälligen Anstieg bei Annäherung an den krit. Punkt, der sich ins überkrit. Gebiet fortsetzt. Der Effekt wird damit in Zusammenhang gebracht, daß die vorher frei rotierenden ellipt. Moll. sich wie Zigarren ausrichten. Krit. Daten: $T_k = 44,55^0$, $p_k = 58,0$ at, krit. D. = 0,00883 Mol/cm³. (Nature [London] **169.** 1106. 28/6. 1952. Sidney, Univ. Grounds, High Pressure Labor.) K. L. WOLF. D 132

Frank E. Harris und **Berni J. Alder,** *Dielektrische Polarisation und Selbstionisation in Carbonsäuren.* Vff. erklären die Zunahme der DKK. mit steigender Temp. bei einigen Carbonsäuren mit deren Selbstionisation (Bldg. eines Ionenpaares) eines Carbonsäuredimeren nach nebenst. Formel. Die Anzahl der Ionenpaare pro Volumeneinheit wird für *Essig-, Butter-* u. *Trifluoressigsäure* berechnet (0,1–1 Molprozent) u. daraus die Gleichgewichtskonstanten u. thermodynam. Funktionen (ΔF, ΔH, ΔS, für verschied. Tempp. tabellar. wiedergegeben) für den Ionisierungsvorgang ermittelt. Während obiger Effekt die Polarisation in den Carbonsäuren erklärt, ist er in W. unbedeutend, da es wesentlich unwahrscheinlicher ist, daß eine Ladung auf einem einzelnen O-Atom stabilisiert werden kann, als auf dem O—C—O-Syst. einer Carbonsäure. Ferner ist die maximale Änderung von wenigen Einheiten in der Rk., die durch diesen Mechanismus möglich ist, viel zu gering, um große Polarisation in W. zu erklären. (J. chem. Physics **21.** 1306–07. Juli 1953. Berkeley, Calif., Univ., Dep. of Chem. and Chem. Engng.) G. WINKLER. D 132

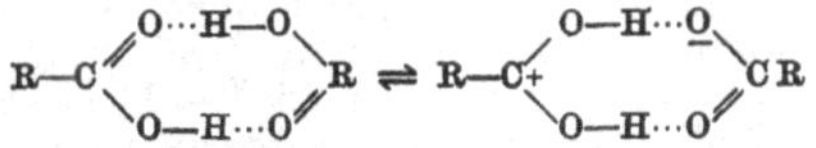

W. I. Kusnetzow, *Über innere Dissoziation, Farbe und chemische Aktivität innerkomplexer und cyclischer Salze.* Für viele innerkomplexe u. cycl. Salze im allg. ist in gelöstem Zustande das Vorhandensein innermol. Dissoziation charakteristisch. Bei durch farbige Reagentien gebildeten Komplexen läßt sich die Dissoziation an der Farbe ihrer Lsgg. feststellen, die die Lösungsfarbe der dissoziierten Form des Komplexbildners ist. Die Dissoziation sowohl farbiger als auch farbloser Komplexe läßt sich auch aus chem. Eigg. ermitteln. Die Eigg. des Komplexbildners werden durch seinen Ionisationszustand im Komplex bestimmt. Die Lsgg. der Komplexe von Phenolen mit einigen Metallionen haben in saurem Medium die Eig. von Lsgg. der Phenole in Alkalien. Diese Feststellungen werden durch Beispiele belegt. Während der *Dimethyläther* (**I**) von *3.4-Dioxyazobenzol-4'-sulfonsäure* (**II**) in alkal., neutraler u. saurer Lsg. gelb ist, ist der *3-Methyläther* (**III**) in alkal. Lsg orange u. der *Ga-Chelatkomplex* von **II** in saurer u. neutraler Lsg. rötlichorange. Für die eine der 2 Ga—O-Bindungen wird daher in Analogie zur äußeren Ionisation bei **III** innere Ionisation angenommen (Formel **IV**). Dem entspricht das chem. Verhalten. **III** ist in alkal., **IV** in alkal. u. saurer Lsg. zur Azokupplung mit Diazosulfanilsäure (**V**) befähigt. Die Lsg. von **II** in ca. 0,03 n NaOH ist dunkelrot, in Ggw. von Be-Salz dagegen nur orangegelb; danach ist der Be-Komplex wenig dissoziiert. Während *Brenzcatechin* in saurer Lsg. zur Azokupplung nicht befähigt ist, erfolgt sie in Ggw. von Ga-Salzen in mineralsaurer Lsg., so daß dem *Ga*-Komplex eine analoge Struktur mit innerer Ionisation zuzuschreiben ist. Ähnlich dem Ga- verhält sich der *Al*-Komplex. Die *Zr-* u. *Ge*-Komplexe zeigen noch stärkere innere Dissoziation. Sie kuppeln in stark mineralsaurer Lsg.; der letztere kuppelt mit **V** in Ggw. von 60%ig. H_2SO_4 oder von HCl (D. 1,1). Eine NaOH-alkal. Lsg. von Brenzcatechin + p-Aminosalicylsäure wird beim Schütteln mit Luft dunkelviolett (Indophenolbldg.); in Ggw. von *Be*-Salz wird die Lsg. nach einiger Zeit nur rötlich. *8-Oxychinolin,* das sich in mineralsaurer Lsg. nicht mit **V** kuppeln läßt, kuppelt, wenn Cu-Salze zugegen sind, so daß dem *Cu*-Komplex eine analoge innere Ionisation zuzuschreiben ist. Da für Cu die Bldg. einer festen Cu—N-Bindung charakterist. ist, dürfte die Dissoziation zwischen Cu u. O eintreten. *o-Phenanthrolin,* das sich nicht mit Diazoverbb. kuppeln läßt, kuppelt in Ggw. von *Fe(II)*-Verbb. energ. mit **V** u. diazotierter *p-Nitroanilin-o-sulfonsäure,* in Ggw. von Cu-Verbb. nicht. Da der Cu-Komplex nicht kupplungsfähig ist, muß angenommen werden, daß die innere Struktur bei diesen u. beim Fe(II)-Komplex verschieden ist. Die Oxydation alkal. Lsgg. von *Seignettesalz* durch $KMnO_4$ verläuft in Ggw. von *Ca*-Salz so viel schneller, daß eine Farb-Rk. auf Ca darauf gegründet werden kann. (Журнал Общей Химии [J. allg. Chem.] **20** (**82**). 807–15. Mai 1950. Moskau, Inst. für mineral. Rohstoffe.) FÖRSTER. D 139

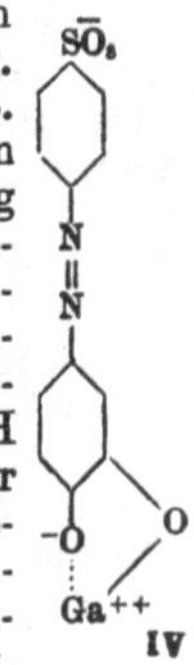

IV

M. I. Bobrowa und **N. Ss. Tichomirowa,** *Untersuchung auf dem Gebiet der Oxydations–Reduktions-Umwandlungen.* 1. Mitt. *Polarographische Untersuchung von 1-Chlorbutanon-(2), 3-Chlorbutanon-(2), Propionylcarbinol und Methylacetylcarbinol.* In 10^{-3} bis 10^{-2} mol. Lsgg. von *1-Chlorbutanon-(2)* (**I**), *3-Chlorbutanon-(2)* (**II**), *Propionylcarbinol* (**III**) u. *Methylacetylcarbinol* (**IV**) in 0,1 n NH_4Cl- u. in Boratpufferlsg. (p_H 10) erfolgte die Best. des Halbwellenpotentials ($E_{1/2}$), der polarograph. Konstante i_d/C (i_d-Diffusionsstrom, C-Konz.), der Abhängigkeit von lg $i/(i_d - i)$ von E u. des scheinbaren Elektronenverbrauches pro Mol red. Substanz. Hierbei wurde festgestellt, daß zwischen Wellenhöhe u. Konz. von **I**—**IV** Proportionalität besteht u. damit eine polarograph. quantitative u. qualitative Best. von **I**—**IV** möglich ist. Das polarograph. Verh. (i_d/C) des prim. Ketoalkohols (**III**) im Vgl. zum sek. Alkohol (**IV**) ist entgegengesetzt dem Verh. des prim. (**I**) bzw. sek. (**II**) Chlorketons. Die polarograph. Daten sind mit den Versuchsergebnissen von DANILOW u. TICHOMIROWA (Журнал Общей Химии [J. allg. Chem.] **18** (**80**). [1948.] 1956) im Einklang, wonach **I** sich in alkal. Medium nicht in den entsprechenden, sondern den isomeren Ketoalkohol (**IV**) umwandelt, während **III** unter diesen Bedingungen sich nicht isomerisiert; möglicherweise erfolgt die Umwandlung gemäß **I** → **II** → **IV**. Die Umwandlung von α-Oxybutyraldehyd in **IV** über **III** ist wenig wahrscheinlich. (Журнал Общей Химии [J. allg. Chem.] **22** (**84**) 2098—2107. Dez. 1952. Leningrad, Ingenieurwirtschaftl. Inst. Lehrstuhl für Chem.; Inst. für hochmol. Verbb. der Akad. der Wiss. der UdSSR.) LEBTAG. D 142

M. I. Bobrowa und **N. Ss. Tichomirowa,** *Untersuchung auf dem Gebiet der Oxydations–Reduktions-Umwandlungen.* 2. Mitt. *Polarographische Untersuchung von Benzoin, Benzil, Diacetyl und Äthylglyoxal.* (1. vgl. vorst. Ref.) In 0,1 u. 0,02nNH_4Cl in 78% ig. A. erfolgte die Best. des Halbwellenpotentials ($E_{1/2}$), der polarograph. Konstante i_d/C (i_d-Diffusionsstrom, C-Konz.), der Abhängigkeit von $\lg i/(i_d - i)$ von E u. des scheinbaren Elektronenverbrauches bei der Red. von 1 Mol *Benzoin* (**I**), *Diacetyl* (**II**), *Benzil* (**III**) u. *Äthylglyoxal* (**IV**) bei 10^{-3} bis 10^{-2} Mol/Liter. Es zeigte sich Proportionalität zwischen Wellenhöhe u. Konz. von **I**—**IV**, so daß deren polarograph. qualitative u. quantitative Best. einzeln u. in ihren Gemischen möglich ist. Der positivere $E_{1/2}$ Wert von **I** (—1,420 V) im Vgl. zu Methylacetylcarbinol (—1,743 V) beweist den verschied. Einfl. der Phenyl- u. Methylgruppe auf die Red. der Carbonylgruppe. Die Erleichterung der Red. der Carbonylgruppe durch die Nachbarschaft der Phenylgruppe zeigt sich auch an den 2 (!) $E_{1/2}$-Werten bei **III** (—0,271 u. —0,758 V) u. **II** (—0,781 u. —1,599 V). Aus den $E_{1/2}$-Werten von **IV** (—1,732 V) u. **II** folgt, daß der gegenseitige Einfl. der Ketongruppen die Red. stärker fördert als der der benachbarten Keton- u. Aldehydgruppe. Die kleinen i_d/C-Werte von **II** für die 2 Wellen (34,2 u. 33,7 μA/g) zeigen vielleicht die Polymerisation von **II** an. Der Elektronenverbrauch pro Mol ist kleiner als 1, ausgenommen bei **III**. Nach ihrer Reduzierbarkeit an der Hg-Tropfelektrode ergibt sich die Reihe: **III** > **II** > **IV**. (Журнал Общей Химии [J. allg. Chem.] **22** (**84**). 2107—13. Dez. 1952.) LEBTAG. D 142

J. H. van der Waals und **J. J. Hermans,** *Thermodynamische Eigenschaften von Gemischen von Alkanen, die sich in der Kettenlänge unterscheiden.* 1. Mitt. *Mischungswärmen.* In einem neu konstruierten Zwillingscalorimeter wurden die Mischungswärmen von Gemischen von je zwei n-Alkanen gemessen. Zur Unters. gelangten die folgenden Systeme: *n-Hexan-* (bei 20°); *n-Heptan-* (20 u. 25°); *n-Octan-* (20, 30, 50°); *n-Decan-* (**I**), *-n-Hexadecan* (**II**) (20, 30, 73°), **I**-*n-Dotriakontan* (73°) u. **II**-*2.2.4-Trimethylpentan* (25°). Es besteht eine deutliche Abhängigkeit der Mischungswärme von dem Unterschied in der Kettenlänge der Partner. Trägt man die Mischungswärme für gleiche Voll. der zwei Komponenten gegen das Verhältnis ihrer Mol-Voll. auf, so erhält man für eine Temp. von 20° eine gerade Linie durch die Werte für die Systeme mit C_6, C_7, C_8 u. C_{10} als einer Komponente u. **II** als die andere Komponente. Ebenso kann man eine gerade Linie durch die beiden bei 73° erhaltenen Werte u. den Nullpunkt ziehen. Dieses Verh. steht nicht in Übereinstimmung mit den Vorhersagen von TOMPA (vgl. C. **1950.** I. 270) über die Mischungswärmen in Systemen mit n-Alkanen. Die starke Temperaturabhängigkeit der Mischungswärme in ihrem Zusammenhang mit der Mischungsentropie wird diskutiert. (Recueil Trav. chim. Pays-Bas **69.** 949—70. Juli/Aug. 1950. Groningen, Univ., Labor. for Inorgan. and Phys. Chem.) GOTTFRIED. D 146

J. H. van der Waals und **J. J. Hermans,** *Thermodynamische Eigenschaften von Gemischen von Alkanen, die sich in der Kettenlänge unterscheiden.* 2. Mitt. *Dampfdrucke.* (1. vgl. vorst. Ref.) Es wird eine Mikrometh. zur Best. von Dampfdrucken bei erhöhten Tempp. beschrieben. Bei dieser Meth. wird der Dampf über der Lsg. in thermodynam. Gleichgewicht mit dem der reinen flüchtigen Komponente bei einer tieferen Temp. gebracht. Der Druck wird indirekt durch genaue Messung des Temperaturunterschiedes zwischen der Lsg. u. der reinen flüchtigen Komponente bestimmt. Mit dieser Meth. wurde der Dampfdruck von *n-Heptan* in Gemischen mit *Dotriakontan* bei 73° u. in Gemischen mit einer *Polythenfraktion* bei 108,9° bestimmt. In einer anderen App. wurde bei 24,9° der Dampfdruck in dem Syst. *n-Hexadecan-2.2.4-Trimethylpentan* (1) gemessen. Aus den Versuchsergebnissen u. auf Grund einer ausführlichen theoret. Diskussion sowohl für die Dampfdrucke als auch die Mischungswärmen H (vgl. vorst. Ref.) lassen sich eine Reihe von Schlußfolgerungen ziehen: Die H der Systeme mit Hexan, Heptan, Octan u. Decan einerseits u. n-Hexadecan andererseits lassen sich durch die folgende empir. Formel $\Delta H (20^0) = 5,1 (K_1 - K_2)^2 x_1 x_2$ Joule/Mol Mischung wiedergeben, wo K_1 u. K_2 die Anzahl der C-Atome in den Moll. der beiden Komponenten u. x_1 u. x_2 ihre Molenbrüche bedeuten. Die Gemische der n-Alkane zeigen eine beträchtliche Abnahme der H mit der Temp., so sind diese in den Systemen Octan–Hexadecan u. Decan–Hexadecan bei 50° nur 40% der bei 20°. Betrachtet man den Einfl. der Temperaturabhängigkeit der H auf die Mischungsentropie, so zeigt sich, daß die Übereinstimmung zwischen den experimentellen Werten der Mischungsentropie u. den aus der Theorie der athermalen Lsgg. erhaltenen Werten oberhalb 20° nicht mehr vorhanden ist. Die Schwäche des von TOMPA aufgestellten quasi-Gittermodells zeigt sich durch das Verh. des Syst. (1); obwohl das Syst. bei 25° dem RAOULTschen Gesetz gehorcht, hat es eine große positive Mischungsentropie u. eine Mischungswärme, die sehr viel größer ist als die, die man für n-Octan–n-Hexadecan erhalten würde. Die Dampfdrucke von n-Heptan in Gemischen mit der Polythenfraktion zeigen, daß die Formel von HUGGINS (Ann. N. Y. Acad. Sci. **43.** [1942.] 1) $\ln a_1 = \ln (1 - v_2) + (1 - 1/n) v_2 + \mu v_2^2$ mit einem konstanten Wert $\mu = 0,34_5$ befolgt wird (a_1 = Aktivität von n-Heptan, v_2 = Molenbruch des Polythens in dem Gemisch u. n = 196 das Verhältnis der Mol-Voll. der zwei Komponenten). (Recueil Trav. chim. Pays-Bas **69.** 971–1002. Juli/Aug. 1950.) GOTTFRIED. D 146

B. M. Zeffert, P. B. Coulter und **Rudolph Macy,** *Das Ausbleiben der Bildung von quaternären Salzen aus Phosphoroxychlorid und Pyridin.* Phosphoroxychlorid (**I**) reagiert mit GRIGNARD-Verbb. zu Phosphinoxyden, in Ggw. von Pyridin wird ein Cl-Atom blockiert, so daß auf diesem Wege nach $POCl_3 + C_6H_5N \rightarrow C_6H_5N(POCl_2)Cl \xrightarrow[(HOH)]{2\,RMgX}$ R_2PO_2H Phosphinsäuren aus GRIGNARD-Verbb. zugänglich sind. KOSOLAPPOFF (C. **1952.** 37) nahm als Erklärung für den Reaktionsmechanismus die intermediäre Bldg. eines quaternären Salzes zwischen **I** u. Pyridin an. Durch Aufnehmen des Phasendiagrammes **I**–*Pyridin* u. **I**–*α-Picolin* können Vff. dagegen zeigen, daß in beiden Systemen kein Anzeichen für eine Verbindungsbldg. zu finden ist. Vff. erklären die Wirksamkeit des Pyridins bei der Phosphinsäuresynth. in einer Herabsetzung der Konz. der GRIGNARD-Verb. durch Assoziation mit dem Reagens. Das Syst. *Pyridin* (F. –42,3°, n_D^{25} 1,5061)–**I** (F. 1,17°) hat ein Eutektikum bei –55,6° u. 23,1 Mol-% **I**. Das Syst. **I**–*α-Picolin* verhält sich fast völlig analog, jedoch krist. es von einem Geh. >80 Mol-% α-Picolin nicht mehr. Im tern. Syst. **I**–*Pyridin*–*Bzl.* ist ebenfalls keine Verbindungsbldg. – also kein quaternäres NH_4-Salz – feststellbar. (J. Amer. chem. Soc. **75.** 751 bis 753. 5/2. 1953. Army Chem. Center, Md., Chem. Corps Chem. and Radiolog. Labors.) ZIMMER. D 147

Jean-François Joliet, *Über die Ausdehnung organischer Verbindungen.* Wenn man annimmt, daß die Änderung des Molvol. ΔV einer n. Verb. C_nH_{2n+2} oder $C_nH_{2n+1}X$ bei einer Temperaturänderung Δt einem Additivitätsgesetz folgt: $\Delta V = n\Delta v_1 + \Sigma\Delta v_x$, wo Δv_1 die Volumenzunahme der Gruppe CH_2 u. $\Sigma\Delta v_x$ die Summe der Atomvolumenzunahme der endständigen Elemente (H oder Halogen) bedeuten, dann läßt sich leicht der Ausdehnungskoeff. dieser Gruppen oder der das Mol. aufbauenden Elemente berechnen. Es wurde gefunden, daß diese Elemente einen Ausdehnungskoeff. besitzen, der angenähert gleich dem des Gases ist, wenn sie sich bei einer Temp. oberhalb ihrer krit. Temp. befinden (H oder F); befinden sie sich bei einer Temp. unterhalb ihrer krit. Temp., dann besitzen sie einen Ausdehnungskoeff., der gleich dem ist, den sie normalerweise im fl. Zustand haben. Die Rechnungen wurden durchgeführt für C_6H_{14}, C_7H_{16}, C_8H_{18}, $C_{10}H_{22}$ u. $C_{17}H_{36}$ (Tabelle), aus ihnen geht hervor, daß das End-H-Atom, das in dem Mol. ein Vol. ähnlich dem seines fl. Atomvol. besitzt, sich bei einer Temp. oberhalb seiner krit. Temp. wie ein Gas auszudehnen scheint. (C. R. hebd. Séances Acad. Sci. **231.** 1487–89. 18/12. 1950.) GOTTFRIED. D 148

C. J. Walters und **J. M. Smith,** *Volumetrisches Verhalten und thermodynamische Eigenschaften von Äthylenoxyd.* Es werden mit einer genauestens beschriebenen App. u. Meßmeth. das Vol. u. der Dampfdruck von Äthylenoxyd in Abhängigkeit von der Temp. bis ca. 200° bestimmt. Für die Volumenänderung wurde die Beziehung: $\log k = -11,800/T + 13,0$ u. für den Dampfdruck: $\log p = -2382/T + 5,8425$ gefunden. Daraus wurden die krit. Werte geschätzt: Krit. Druck $p_c = 72,767$ kg/cm²; krit. Temp. $t_c = 195,7°$; krit. Vol. $v_c = 3,1879$ cm³/g. Aus den Meßwerten wurden die thermodynam. Daten (Entropie u. Enthalpie) berechnet. (Chem. Engng. Progr. **48.** 337–43. Juli 1952. Lafayette, Ind., Purdue Univ.) MIETHING. D 150

Raymond Friedman und **Edward Burke,** *Die Verbrennungsgeschwindigkeit von Äthylenoxyd-Zersetzungsflammen.* Durch reines Äthylenoxyd kann eine Zersetzungsflamme fortschreiten, die als Reaktionsprodd. im wesentlichen CH_4 u. CO liefert. Nach MUELLER u. WALTERS (C. **1952.** 5069) soll diese Rk. erster Ordnung sein, doch stellten

Vff. aus eigenen Verss. fest, daß die Verbrennungsgeschwindigkeit v umgekehrt proportional der 4. Wurzel des Druckes verläuft. (Die Verss. wurden bei den Drucken 0,4—1,5 at u. den Tempp. 70—130° durchgeführt.) Die beobachtete Gesetzmäßigkeit für v ist mit einer Rk. 1. Ordnung nicht vereinbar, da diese statt der 4. die 2. Wurzel verlangt. Zur weiteren Feststellung führen Vff. die bisher an Flachbrennern von 10 cm Durchmesser vorgenommenen Verss. an größeren Brennern u. bei geringeren Drucken durch. Auch die Ergebnisse von GERSTEIN u. Mitarbeiter (Fourth Symposium on Combustion, Cambridge, Mass., Sept. 1952) sind nicht mit denen der Vff. in Einklang zu bringen. (J. chem. Physics **21.** 165. Jan. 1953. East Pittsburgh, Pa., Westinghouse Res. Labor.) ROEDER. D 157

E. L. Pace, E. L. Heric und **Kent S. Dennis**, *Einige thermodynamische Eigenschaften von an Rutil adsorbiertem Methan zwischen 80 und 140° K.* Vff. untersuchen die Wärmekapazitäten von *Methan* (I), adsorbiert an Rutil, zwischen 80—140° K (vgl. PACE, SASMOR u. HERIC, C. **1953.** 4180) für die Konzz. 0,28, 0,56, 0,84 u. 1,11 (Bruchteile einer monomol. Bedeckung). Da die Wärmekapazität/Temperaturkurven kontinuierlich verlaufen, schließen Vff., daß in dem untersuchten Konzentrationsbereich keine Übergänge 1. Ordnung stattfinden; ferner ist das Adsorbat deutlich verschieden von einer dreidimensionalen Phase. Die mol. Wärmekapazität ist größer als die von festem I, was auf eine gewisse Beweglichkeit des Adsorbates entlang der Oberfläche hindeutet. Die integralen Adsorptions- (Desorptions-) Wärmen werden bei 110, 120, 130 u. 140° K bestimmt, ihr Temperaturkoeff. zeigt Übereinstimmung mit dem Wert aus den Wärmekapazitäten. Aus den experimentellen Daten werden ΔH, ΔF u. ΔS berechnet. Bei niedrigen Oberflächenbedeckungen deutet die Form der Kurve der differentialen Adsorptionswärme auf eine heterogene Adsorbentoberfläche hin, während bei Bedeckungen in der Größenordnung der monomol. Schicht wahrscheinlich Dispersionskräfte wirksam sind. Alle differentialen thermodynam. Größen im Temperaturbereich 110 bis 140° K nähern sich den Werten für fl. I bei Bedeckungen, die größer als die monomol. Schicht sind. (J. chem. Physics **21.** 1225—28. Juli 1953. Cleveland, O., Univ., Morley Chem. Labor.) G. WINKLER. D 176

Mary E. Carsten und **R. Keith Cannan**, *Das Ionenaustauschverhalten einiger neutraler Aminosäuren.* Es werden die Austauschgleichgewichte von *Glycin* (**I**), *Alanin* (**II**), *Threonin* (**III**), *Oxyprolin* (**IV**), *Prolin* (**V**), *Leucin* (**VI**) u. *Phenylalanin* (**VII**) an zwei Kationenaustauschern u. einem Anionenaustauscher untersucht. Folgende Konstanten werden ermittelt: K_H für den Austausch des Aminosäurekations gegen H^+; K_{OH} für den Austausch des Aminosäureanions gegen OH^-; K_{Cl} für den Austausch des Aminosäureanions gegen Cl^- u. K_n für die Adsorption des Aminosäurezwitterions an das H-Harz. Es ist für Amberlit IR 100 log K_H: für **I** 0,38; **II** 0,43; **III** 0,27; **IV** 0,52; **V** 1,07; **VI** 0,97; **VII** 1,70; log K_n: für **I** 3,83; **II** 2,82; **III** 2,55; **IV** 2,46; **V** 3,05; **VI** 3,42; **VII** 3,53. Amberlit IR 120 log K_H: **I** 0,30; **II** 0,30; **III** 0,03; **IV** 0,08; **V** 0,42; **VI** 0,51; **VII** 1,20; log K_n: **I** 2,66; **II** 2,65; **III** 2,13; **IV** 1,86; **V** 2,44; **VI** 2,87; **VII** 3,03. Amberlit IR 400 log K_{Cl}: **I** —0,92; **II** —0,88; **III** —1,17; **IV** —1,00; **V** —0,66; **VI** —0,58; **VII** —0,09; log K_{OH}: **I** —0,01; **II** 0,03; **III** —0,26; **IV** —0,09; **V** 0,25; **VI** 0,33; **VII** 0,82; log K_n: **I** 4,39; **II** 4,34; **III** 4,59; **IV** 4,18; **V** 3,65; **VI** 4,73; **VII** 5,69. — Unterss. über die Trennung von **IV**, **V** u. Sarkosin an Amberlit IR 100, IR 120 u. Dowex 50 sollten über die Beziehungen zwischen Austauschkonstante u. Ionenchromatographie unterrichten. Die aus den Austauschkonstanten ermittelten Retardationsvoll. stimmen befriedigend mit den experimentellen überein. Die Trenneffekte sind gut, nur am IR 100 sind die Bänder etwas breit u. verwaschen. (J. Amer. chem. Soc. **74.** 5950—54. 5/12. 1952. New York, N. Y., Univ., Coll. of Med., Dep. of Chem.) GABRIELE GÜNTHER. D 177

George Glockler, *Das Problem der Bindungsenergien.* (Vgl. auch SZWARC u. EVANS, C. **1951.** I. 3464.) Vf. definiert die „durchschnittliche Bindungsenergie" B so, daß die Summe der B's in einem Mol gleich der Atomisierungswärme des Mol. ist. B wird dabei selbst als Summe dreier Terme aufgefaßt: 1. einer Energiegröße RE_0, die mit der Änderung der Bindungslänge von der im entsprechenden freien Radikal zu der im Mol. verknüpft ist, 2. der Dissoziationsenergie D des entsprechenden diatomaren freien Radikals u. 3. eines Energiefaktors ΣJ, der den Einfl. der Nachbaratome berücksicht. Die Terme RE_0 u. ΣJ können zur „Reorganisationsenergie" der Bindung zusammengezogen werden, die die Differenzen in B zwischen zwei Moll. wiedergibt. Allg. Formeln sind angegeben für die B von triatomaren, linearen wie ringförmigen u. von tetraatomaren Moll., von *Methan* u. seinen Radikalen, *Bzl.* u. *Äthylen.* Die Unterschiede in den B-Werten von Stereoisomeren (*cis-* u. *trans-Dichloräthylen*) können auf verschied. J-Faktoren zurückgeführt werden. (J. physic. Chem. **56.** 289—94. März 1952. Iowa City, Iowa, State Univ., Dep. of Chem. and Chem. Engng.) KRESZE. D 182

J. D. Dunitz und **L. E. Orgel**, *Der Einfluß der Kettenlänge auf die Symmetrie konjugierter Moleküle.* Bei Berechnungen von Verbb. des Typus $CH_2(C)_nCH_2$ nach der Mol.-Bahntheorie ergaben sich für die Differenz der Konjugationsenergien im Grundzustand bei Annahme einer Mol.-Symmetrie D_{2h} bzw. D_{2d} (n = ungerade) oder D_{2d} bzw. D_{2h} (n = gerade) für Verbb. mit n = 1 (*Allen*) u. für n = 11 1,17 β bzw. 0,24 β, für n = 0 (*Äthylen*), n = 2 u. n = 12 2,0 β bzw. 0,82 β bzw. 0,22 β. Die Betrachtung zeigt, daß für Verbb. mit ungeraden n die Symmetrie D_{2d} u. mit geraden n die Symmetrie D_{2h} begünstigt ist. Analog berechnet sich bei Zugrundelegen der Symmetrie D_{2h} bzw. C_2 — C=O wie C=C behandelt, Resonanz in der COOH-Gruppe vernachlässigt — für die Extrastabilität der Symmetrie C_{2h} bei *Oxalsäure* 0,47 β, *Acetylendicarbonsäure* 0,04 β u. *Diacetylendicarbonsäure* 0,01 β. (J. chem. Physics **20.** 1328. Aug. 1952. Oxford, England, Univ. Museum, Chem. Crystallography Labor., u. Magdalen Coll.) ZIMMER. D 182

Robert Jacquier, *Struktur der Acyloine und ihrer Äther.* Vf. gibt eine ausführliche Übersicht über das Problem der Struktur der α-Oxyketone u. ihrer Äther, für deren anomales Verh. außer der Ketoalkoholstruktur eine Epoxydform, eine Enolform oder dimere Dioxanstrukturen in Betracht gezogen wurden. *Acetol, Acetoin, Äthanolal, Benzoin, Cyclanolone* u. *Camphanolone* werden im einzelnen diskutiert. Eine ausführliche Literaturangabe (144 Stellen) verweist auf die Originalarbeiten. (Bull. Soc. chim. France, Mém. [5] **17.** D 83—92. Juli/Aug. 1950. Montpellier, Fac. des Sci., Inst. de Chim.) DU MONT. D 182

Bernd Eistert und **Erich Merkel,** *Die Enolmethyläther des Benzoylacetons.* Benzoylaceton (I) ergab mit CH_2N_2 in absol. Ae. unter Lichtausschluß u. bei Tempp. unter 15° bei fraktionierter Kristallisation des Reaktionsprod. einen *Methyläther vom F. 81 bis 82°* (II), wobei oft statt oder neben II ein *Methyläther vom F. 79—79,5°* (**IIa**) erhalten wurde, aus den Mutterlaugen konnte bei —40° nach Anreiben ein 3. *Methyläther vom F. 9—10°* (III) isoliert werden. **II, IIa** u. **III** erwiesen sich als **I**-Enolmethyläther. Beim Ausfrieren von **II** aus PAe.-, Ae.- oder CCl_4-Lsgg. oder beim Schmelzen wurde neben **II** oft **IIa** erhalten, dessen Umwandlung in **II** jedoch nicht gelang. Eine Umwandlung von **III** in **II** oder **IIa** wurde ebenfalls nicht beobachtet. Bei n. Temp., schneller über dem betreffenden F., isomerisieren **II, IIa** u. **III** zu Ölen gleicher Kpp., wobei mit NH_2OH das Öl aus **II** bzw. **IIa** (**IIb**) sowie **II** u. **IIa** selbst *5-Methyl-3-phenylisoxazol*, das Öl aus **III** (**IIIb**) bzw. **III** selbst aber *3-Methyl-5-phenylisoxazol* lieferte. Hierdurch wurde bewiesen, daß **II, IIa** u. **IIb** „A-Enolmethyläther" (C=O-Gruppe des Acetonrestes enolisiert), während **III** bzw. **IIIb** „B-Enolmethyläther" (C=O-Gruppe des Benzoylrestes enolisiert) sind. Die Konst. von **II** u. **IIa** wurde noch durch Überführung in das „A-Amid" u. das „A-Anilid" erhärtet (vgl. CLAISEN, Ber. dtsch. chem. Ges. **59.** [1926.] 144). Vff. nehmen als Struktur von **I** tautomere Enolchelate an, wobei die Enole selbst aber infolge Mesomerie leicht ineinander umlagern u. daher als solche nicht isoliert werden können. Auf Grund ster. Unterss. mit STUART-Mol.-Modellen u. spektroskop. Messungen

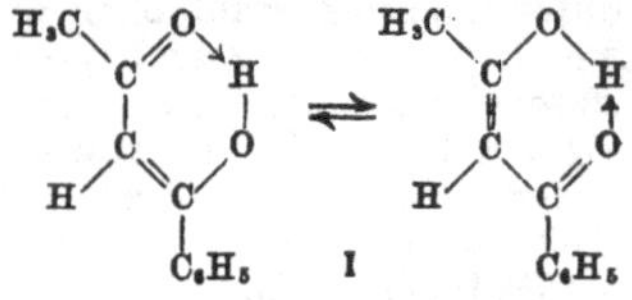

nehmen Vff. an, daß **II** die cis-Konstellation $\mathbf{A}_1$ (cis: O-haltige Gruppen auf einer Seite der C=C-Doppelbindung), **IIa** $\mathbf{A}_2$ u. **III** wahrscheinlich $\mathbf{B}_2$ zukommen. Die gefundene „Polymorphie" wird demnach als eine im krist. Zustande relativ stabile Rotationsisomerie („Hemitrop-Isomerie"; vgl. EISTERT, WEYGAND u. CSENDES, Chem. Ber. **84.** [1951.] 745 u. C. **1953.** 2415) aufgefaßt. Zur Stützung wurden die Umlagerungen opt. im UV verfolgt. **III** zeigt in n-Heptan (**IV**) λ_{max} 272 mμ (ε = 16200), das beim Stehenlassen in das Spektr. des **IIIb** λ_{max} 269 mμ (ε = 12300) übergeht. **III** oder **IIIb** ergeben im Sonnenlicht nach 1 Std. λ_{max} 267 mμ (ε = 11500), im Dunkeln zeigt sich dann aber die Kurve des **IIIb**. Der isosbest. Punkt bei 248 mμ (ε = 8600) deutet auf ein Gleichgewicht zweier Komponenten, vermutlich die cis-trans-Isomeren $\mathbf{B}_2$ u. $\mathbf{B}_3$. Zum Vgl.

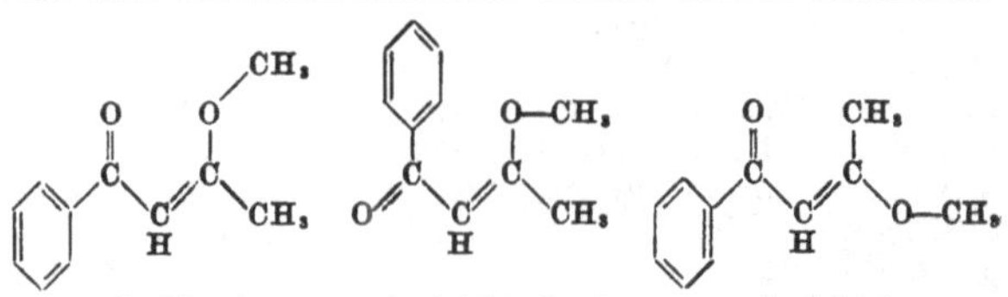

A_1 (eben) A_2 (nicht eben) A_3 (eben)

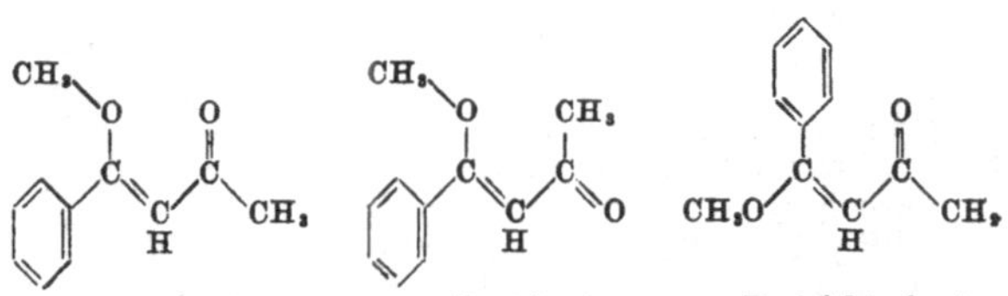

B_1 (eben) B_2 (eben) B_3 (nicht eben)

wurden die Spektren von *cis-* u. *trans-Benzalaceton* aufgenommen, wobei der ε-Wert der cis-Form in Übereinstimmung nur 46% des ε-Wertes der trans-Form beträgt u. bei Bestrahlung der **IV**-Lsg. der ε-Wert abnimmt, ohne den der cis-Form zu erreichen. **II** u. **IIa** lieferten in **IV** ident. Spektren: λ_{max} 248 u. 278 mμ (ε = 9800 u. 13400), die im Dunkeln in das Spektr. von **IIb**, λ_{max} 272 mμ (ε = 16600), übergehen, im Sonnenlicht aber λ_{max} 275 mμ (ε = 14000) u. eine Inflexion bei ca. 250 mμ (ε = 10300) zeigen. Das Fehlen eines isosbest. Punktes sowie die 2 Maxima deuten auf ein Gleichgewicht zwischen 3 Komponenten, vermutlich A_1, A_2 u. A_3. Vff. schreiben das Maximum 248 mμ dem zur $-CH{:}C(OCH_3)$-Gruppe benachbarten Benzoylrest, das bei 272 mμ der Gesamtgruppierung zu. Vff. schließen, daß in **IV**-Lsg. von **II** oder **IIa** die ster. stark behinderte cis-Form A_2, in der von **IIb** aber die trans-Form A_3 vorherrschen. Zum Vgl. wurde hier das UV-Spektr. von *Äthylidenacetophenon* aufgenommen, von dem keine stereomeren Formen dargestellt werden konnten u. entsprechend das Spektr. im Sonnenlicht sich nur unwesentlich veränderte. Die Spektren von **III** u. **IIIb** waren in Methanol (**V**) gegenüber **IV** nur ca. 10 mμ nach längeren Wellen verschoben, ε ist größer, beim Stehen im Dunklen sinkt ε_{max}. Vff. schließen auf eine teilweise Ketalisierung zu $C_6H_5C(OCH_3)_2CH_2COCH_3$, das aus Benzalacetondibromid mit $NaOCH_3$ dargestellt werden konnte u. dessen Spektr. mit den Befunden im Einklang ist, aber auch die Ggw. von etwas *1-Phenyl-1.2-dimethoxybutanon-(3)* im Reaktionsprod., oder in der **V**-Lsg. Bldg. von „Quasi-Chelaten" der cis-Form B_1 (**C**) vermuten läßt. Auch in **V** ergaben **II** u. **IIa** ident. Spektren, wobei aber im Gegensatz zur **IV**-Lsg. ε_{max} bei 290 mμ viel höher, ε_{max} bei 255 mμ aber niedriger ist, was Vff. ebenfalls auf Quasi-Chelate der cis-Form A_1 zurückführen. Aus den niedrigen ε_{max}-Werten bei 255 mμ wird auf Ggw. der cis-A_2-Form geschlossen. **IIb** scheint jedoch aus der trans-Form A_3 im wesentlichen zu bestehen. Im Dunklen zeigen die **V**-Lsgg. von **II**, **IIa** u. **IIb** ein Fallen des langwelligen Maximums unter Verschiebung nach kürzeren Wellenlängen ohne Auftreten eines isosbest. Punktes. Hier soll ein Gleichgewicht zwischen den A-Methyläthern u. dem entsprechenden Ketal $C_6H_5COCH_2C(OCH_3)_2CH_3$ vorliegen. Verss., diese Verb. aus Äthylidenacetophenondibromid u. $NaOCH_3$ darzustellen, mißlangen; sie bildete sich aber neben **IIb** aus **I** u. Orthoameisensäuretrimethylester bei Ggw. von $FeCl_3$.

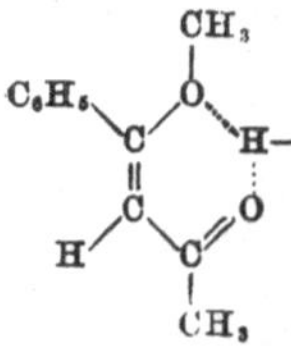

C

V e r s u c h e: *Benzoylaceton* (**I**), F. 57° (aus Hexan, Bzl., Methanol, CCl_4 oder absol. Ae.), aus $NaNH_2$ in absol. Ae. u. Zutropfen von Acetophenon, dann von Essigester unter Kühlung, schließlich auf dem Wasserbad NH_3 vertreiben. Gelbes Na-Enolat in viel Eiswasser u. Zugabe von 0,1nNaOH mit 1nHCl umsetzen; 75% (Ausbeute). — *Benzoylacetonenolmethyläther* (**II**), $C_{11}H_{12}O_2$, citronengelbe Prismen aus PAe., F. 81 bis 82°, durch Zugabe von konz., äther. CH_2N_2 zu **I**, bei 12—15° im Dunklen stehenlassen u. Zugabe von Siedesteinchen als Katalysator, 30—36 Std. (bei Ggw. von 10% **V** läuft die Rk. schneller); daneben *Benzoylacetonenolmethyläther* **IIa**, $C_{11}H_{12}O_2$, F. 79 bis 79,5°; **II** + **IIa** ca. 80%. — *Benzoylacetonenolmethyläther* **III**, $C_{11}H_{12}O_2$, F. 9—10°, aus den Mutterlaugen der CH_2N_2-Rk. bei —40°; 5%. — *5-Methyl-3-phenylisoxazol*, F. 41—42° (PAe.), durch Zugabe von 25%ig. wss.-methanol. KOH zu $NH_2OH \cdot HCl$ u. Eintragen von **IIa** oder **IIb**, 1 Std. auf dem Wasserbad; λ_{max} (in **V**) 240 mμ (ε = 14850); analog: *3-Methyl-5-phenylisoxazol*, F. 66,5—67° (PAe.), aus **III**; λ_{max} (in **V**) 265 mμ (ε = 19500). — *1-Phenylbuten-(2)-on-(1)-yl-(3)-amin*, gelbe Kristalle vom F. 140—141°, aus **II** u. NH_3-Gas bei 150°, 30 Min.; λ_{max} (in **V**) 332 u. 240 mμ (ε = 19000 u. 9000). — *1-Phenylbuten-(2)-on-(1)-yl-(3)-anilid*, gelbe Kristalle aus **V**, F. 108—109°, aus **IIa** u. Anilin, ½ Std. bei 120°, dann kurz bei 150°. — *1.1-Dimethoxy-1-phenylbutanon-(3)*, $C_{12}H_{16}O_3$, Kp.$_{1,5-2}$ 110—120°, aus 25 g Na in **V** u. Zugabe von 150 g Benzalacetondibromid, bei 30—60°, 2—3 Std. bei n. Temp., dann Zugabe von fester CO_2; 22 g. — *Benzoylacetonenolmethyläther* **IIb**, $C_{11}H_{12}O_2$, Kp.$_{12}$ 157—158°, aus **I** u. Orthoameisensäuretrimethylester in **V** u. Zugabe von wenig $FeCl_3$, 15 Min., Öl, Kp.$_{1,5}$ 95—97°, enthaltend gleiche Teile **IIb** u. *3.3-Dimethoxy-1-phenylbutanon-(1)*, $C_{12}H_{16}O_3$, das durch 1std. Erhitzen auf 150—160° in **IIb** umgewandelt wurde. — *cis-Benzalaceton*, gelbe Kristalle vom F. —16°, aus der trans-Verb. in **IV** im Quarzgefäß 7 Std. im direkten Sonnenlicht. (Chem. Ber. **86**. 895—917. 1953. Darmstadt, TH, Inst. für organ. Chem., u. Heidelberg, Univ., Physikal.-chem. Inst.) GNAUCK. D 184

Willy Tan, K. A. Krieger und **John G. Miller**, *Polymorphismus von fester Essigsäure in dem System Essigsäure–Benzol*. Es wurden die Erstarrungspunkte des Syst. *Bzl.–Essigsäure* (**I**) bestimmt. Trägt man die erhaltenen Tempp. graph. gegen die Zus. des Gemisches auf, dann erkennt man auf der erhaltenen Kurve einen ausgesprochenen Knick bei 7,28° u. einer Konz. von 78,4 Gew.-% **I**. Die Kurve zeigt außerdem positive Abweichung von dem idealen Verlauf über den gesamten Konzentrationsbereich. Röntgenograph. u. dilatometr. Unterss. ergaben, daß es sich bei dem beobachteten Knick nicht um eine Verbindungsbldg. handelt, sondern um Polymorphismus der kristallinen I. (J. Amer. chem. Soc. **74.** 6181—83. 20/12. 1952. Philadelphia, Pa., Univ., Dep. of Chem.) GOTTFRIED. D 190

George L. Keenan und **Thomas J. Haley,** *Die Wirkung der Radikalsubstitution bei einigen Antihistaminen auf deren optische Eigenschaften.* Die an R der allg. nebenst. Formel durch H (F. 171—172,5°, I), OCH_3 (F. 162—164°, II) u. Cl (F. 149—151°, III) substituierten krist. Verbb. zeigen ähnliche Kristallform (Platten) u. ein $n_\alpha = 1{,}602$, dagegen ist n_β bei I 1,631, bei II 1,604, n_γ bei I u. II 1,640, bei III 1,660. Die Doppelbrechung ist bei I negativ, 2 E 90 ± 5°, bei III positiv, 2 E 15—20°. II zeigt keine Interferenzfiguren. (J. Amer. pharmac. Assoc., sci. Edit. **39.** 333—34. Juni 1950.) STEIL. D 190

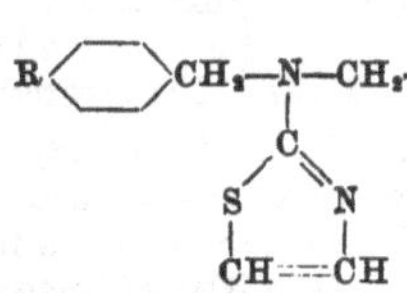

H. Shimizu und **S. Weller,** *Röntgenbeugungsdiagramme von Kupfer(I)-acetat und Kupfer(II)-oxydacetat.* Es wurden röntgenograph. mittels der Pulvermeth. *$CuOOC\cdot CH_3$* (I) u. *$Cu_2O(OOCCH_3)_2$* (II) untersucht. Für I sind die gefundenen d/n-Werte sowie die Intensitäten tabellar. zusammengestellt. Auswertung des Diagramms von II ergab eine tetragonale Zelle mit a = 12,04 Å; c = 16,26 Å. — II wurde durch O_2-Oxydation von trocknem I bei 100° dargestellt. (J. Amer. chem. Soc. **74.** 4469. 5/9. 1952. Linwood, Pa., Houdry Process Corp., Res. and Development Labor.) GOTTFRIED. D 195

Yoshiyuki Namba und **Tsutom Oda,** *Röntgenuntersuchung von Trimethylessigsäurekristallen.* Dreh- u. Schwenkaufnahmen von Trimethylessigsäure, einem organ. plast. Kristall, ergaben ein flächenzentriert kub. Gitter mit a = 8,82 Å. Wahrscheinlichste Raumgruppe ist O_h^5 — F m 3 m; Z = 4. Aus Symmetriegründen muß angenommen werden, daß die 4 Moll. in 0 0 0; 0 $^1/_2$ $^1/_2$; $^1/_2$ 0 $^1/_2$; $^1/_2$ $^1/_2$ 0 lokalisiert sind, u. zwar mit Rotationsregellosigkeit. Die opt. Unters. ergab, daß sich die isotropen Kristalle bei ca. —2° in schwach doppelbrechende Nadeln umwandeln, wahrscheinlich infolge des Aufhörens der Molekularrotation. (Bull. chem. Soc. Japan **25.** 225—26. Juni 1952. Osaka, Liberal Arts Univ., Chem. Labor. [Orig.: engl.]) GOTTFRIED. D 195

Donald E. Andersen und **Gene B. Carpenter,** *Eine Röntgenuntersuchung von Kaliumlauratlösungen.* Es wurden Kleinwinkelaufnahmen von *K-Laurat*-Lsgg. mit 29,6, 24,1, 19,7 u. 15,1 Gew.-% mit streng monochromat. Strahlung hergestellt. Mit Hilfe der gemessenen Intensitäten wurde die radiale Verteilungsfunktion für die K-Gegenionen berechnet, die die Lauratmicellen schalenförmig umgeben. Das 1. Maximum in dieser Funktion hat nur formelle Bedeutung u. verdankt sein Auftreten wohl der Rechenmethode. Das 1. Minimum bezeichnet den Abstand benachbarter Micellenzentren u. beträgt r = 27 Å. Das 2. Maximum bezieht sich auf die Trennung der Micellenpaare. Da sich dieses Maximum mit fallender Konz. nach höheren r-Werten zu verschiebt u. in seiner Höhe abnimmt, kann geschlossen werden, daß die Packung bei niedrigeren Konzz. weniger starr wird. In der konzentriertesten Lsg. tritt noch ein kleines 4. Maximum auf, was auf eine Ordnungszunahme in der Anordnung der Micellen hindeutet. Die Anzahl der Moll. in der K-Lauratmicelle beträgt mit abnehmenden Konzz. 63, 55, 64 u. 70 Moll. pro Micelle. (J. Amer. chem. Soc. **75.** 850—56. 20/2. 1953. Providence, R. I., Brown Univ., Metcalf Res. Labor.) GOTTFRIED. D 195

Morton L. E. Chwalow, *Elektronenmikroskopische und -beugungsuntersuchungen einiger Paraffin–Natrium-Seifen.* Die Kristalle dieser Seifen (von *Na-Butyrat* bis *Na-Stearat*) bestehen in der Hauptsache aus bandähnlichen Fasern. Diese sind bei den hochmol. Seifen gelegentlich zu Ringen geschlossen. Die Bänder sind bimol. Schichten von parallel gerichteten Seifenmoll., deren lange Achsen senkrecht zur Bandfläche stehen u. deren Ionenenden sich paarweise berühren. (Physic. Rev. [2] **86.** 650. 15/5. 1952. Temple Univ.) TELTOW. D 195

W. von E. Doering und **T. C. Aschner,** *Mechanismus des Alkoxyd-katalysierten Carbinol–Carbonyl-Gleichgewichtes.* Die Einstellung des stereochem. Gleichgewichts bei Carbinolen wird durch Al-Alkoxyd u. durch Alkalialkoxyd beschleunigt. Sie wird durch Carbonylverbb. eingeleitet u. verläuft über einen Oxydations–Red.-Mechanismus. Deshalb kann Racemisation als Anzeiger bei der Unters. des Oxydations–Red.-Prozesses selbst verwendet werden. Vff. untersuchten daher das Verh. von (—)-2-Methylbutanol-(1) [(—)-I] in Ggw. solcher Katalysatoren (Na-, Al-Alkoholat). Das Carbinol wurde mit Katalysator unter N_2 gekocht. Es racemisiert sich in dem Umfang, wie Moll. zu (+)-2-Methylbutanal oxydiert u. wieder zu (rac.) I red. werden. Es wurden Verss.

mit Zusätzen von Leuko-BINDSCHEDLERs Grün (Bis-[p-dimethylaminophenyl]-amin), BINDSCHEDLERs Grün, Benzophenon, Diphenylamin, Thiophenol, Benzhydrol, Benzpinakon u. Pinakon durchgeführt. Dabei zeigt sich, daß die Oxydations–Red.-Rk. eines Carbinol–Carbonyl-Paares nicht von Substanzen, welche häufig Ketten-Rkk. mit freien Radikalen inhibieren, beeinflußt wird. Die Herkunft des H-Atoms, das bei der Red. der Carbonylgruppe an das Carbinol-C-Atom herantritt, wurde durch Markierung mit D bestimmt. Für die Oxydations–Red.-Rk., die MEERWEIN-PONNDORF-VERLEY-Red. u. die OPPENAUER-Oxydation wird ein Mechanismus angenommen, wobei H mit seinen Elektronen direkt von C zu C übertragen wird.

Versuche: *Leuko-Bindschedlers Grün*, $C_{16}H_{21}N_3$, F. 120—121° (n-Hexan), durch Red. des Farbstoffs mit alkal. Na-Bisulfitlösung. — (—)-*2-Methylbutanol-*(*1*), Kp. 127,8—128,2°, durch wiederholtes Fraktionieren von 3500 g käuflichem Fuselöl; $[\alpha]_D^{27}$ —5,57—5,81° (fl.); 410 g (Ausbeute). — (—)-*2-Methylbutanol-*(*1*)-*d_1* *46,5*% (I), Kp. 128°, durch 16 std. Kochen von 22 g vorst. Verb. mit 3 g 90%ig. D_2O unter N_2 u. Dest.; $[\alpha]_D^{27}$ —5,81°; 20 g. — Nach 12 std. Kochen von 2 g I mit 80 ml W. enthielt das Carbinol noch 0,3% D. — *rac.*-I, durch 8 std. Erhitzen von 15 g I mit 5 Mol-% Na u. 5 Mol-% Benzophenon unter N_2 auf 120°; 12,5 g. — *rac.-2-Methylbutanol-*(*1*)-*$d_1$20,6*%-(*2*), durch 23 std. Kochen vorst. rac.-I mit Wasser. — *rac.-α-Methylbuttersäure-d_1* *21,2*%, aus vorst. Verb. mit $KMnO_4$–KOH. *Methylester*, Kp. 110—116°. — *rac.-α-Methylbuttersäuremethylester*, aus vorst. Verb. durch 36 std. Kochen mit $NaOCH_3$ in Methanol. — (+)-*α-Methylbuttersäure*, $[\alpha]_D^{27}$ +17,75° (fl.), aus 10 g opt. reinem Carbinol durch Oxydation mit alkal. $KMnO_4$-Lsg.; 6 g. *Methylester*, Kp. 112—115°; $[\alpha]_D^{27}$ +21,1° (c = 1,7, Methanol). — Eine Lsg. dieses Esters in Methanol in Ggw. von $NaOCH_3$ wurde bei 24 std. Stehen bei Raumtemp. nicht racemisiert; die Rk. verlief jedoch vollständig bei 30 std. Kochen. (J. Amer. chem. Soc. **75.** 393—97. 20/1. 1953. New York, N. Y., Columbia Univ., Havemeyer Labor.) J. MATTNER. D 221

J. Morcillo und **A. Pérez-Masiá**, *Mehrfachassoziation von Molekülen in Essigsäuredämpfen.* (Vgl. FOZ u. MORCILLO, An. Real Soc. españ. Física Quím., Ser. A **45.** [1949.] 503. 525.) Die Gleichgewichtskonstante K der Mol.-Assoziation in Dämpfen kann am einfachsten ermittelt werden, indem man die Kurve 1/f·p mit f = „Zähligkeitsfaktor" (vgl. BRIEGLEB, C. **1941.** II. 2050), p = Druck — auf ihren Ursprung zurückführt u. das Vorzeichen wechselt. Aus den Kompressibilitätsmessungen in Essigsäure (I)-Dämpfen werden die K für die Assoziation zu Doppelmoll. bei T = 350—433,5° K u. Drucke bis 500 Torr ermittelt. Die Assoziationsenergie ergibt sich zu 13,5 kcal/Mol, entsprechend der Bldg. von 2 H-Brücken. Analoge Unterss. über die Bldg. von Dreifachmoll. der I führen zu einer Assoziationsenergie von 7 kcal/Mol, entsprechend einer weiteren H-Brücke. (An. Real Soc. españ. Física Quím., Ser. B **48.** 631—38. Sept./Okt. 1952. Madrid, Inst. de Quím. fís. A. de G. Rocasolano.) R. K. MÜLLER. D 223

R. J. Good, E. E. Hardy, A. M. Ellenburg und **H. B. Richards jr.**, *Die Löslichkeit von p-Terphenyl in o-, m-Terphenyl und Biphenyl.* Nach einem Überblick über die Theorien der Löslichkeit u. bisher veröffentlichten Ergebnissen an vergleichbaren Systemen werden die Löslichkeiten von *p-Terphenyl* (**I**, F. 212,5°, Kp. 389°) in *o-* (**II**, F. 56,15°, Kp. 337,5°), *m-Terphenyl* (**III**, F. 87,4°, Kp. 379°) u. in *Biphenyl* (**IV**, F. 69,00°, Kp. 254,9°) von 50—200° angegeben. I bildet sowohl mit **II** wie mit **III** eine reguläre Lösung. — Die unterschiedliche Löslichkeit eines Stoffes in 2 Lösungsmitteln kann nach den Vff. auf eine Differenz des Binnendruckes zurückgeführt werden, für das Löslichkeitsverhältnis werden Formeln abgeleitet. Hinzu kommt der Einfl. des unterschiedlichen Molekularvol. u. damit die verschied. Besetzung der „Gitterplätze". — Die Dichten von **II**—**IV** zwischen 70 u. 150° werden durch die lineare Gleichung $D. = D.^{100} - a(t - 100)$ wiedergegeben, die Konstanten $D.^{100}$ u. a haben folgende Werte: **II** 1,019; 0,00080. — **III** 1,037; 0,00076. — **IV** 0,970; 0,00082. — **I** (berechnet) 1,044; 0,00072. (J. Amer. chem. Soc. **75.** 436—42. 20/1. 1953. Anniston, Ala., Monsanto Chem. Comp., Res. Dep. of Phosphate Div.) V. SCHIESZL. D 224

C. E. H. Bawn und **J. B. Williamson**, *Die Oxydation von Acetaldehyd in Lösung.* 1. Mitt. *Die Chemie der Zwischenstufen.* Die Kinetik u. der Verlauf der unkatalysierten u. der durch Co^{++}-Ionen katalysierten homogenen Oxydation von *Acetaldehyd* (**I**) durch mol. O_2 wird unter Verwendung von wasserfreier Essigsäure (**II**) als Lösungsm. bei 2° unter volumetr. Best. der O_2-Aufnahme untersucht. Die Gesamtperoxydkonz. u. die Konz. an Peressigsäure (**III**) werden analyt. ermittelt. Im Verlauf der Oxydation treten 2 Peroxyde auf, von denen das eine in Übereinstimmung mit den Feststellungen anderer Autoren als **III** identifiziert wird. Das 2., das im folgenden als Peroxyd X bezeichnet wird u. dessen Menge der Differenz zwischen Gesamtperoxyd u. **III** entspricht, setzt weder in mineralsaurer Lsg. noch in wasserhaltigem Eisessig J_2 aus KJ in Freiheit, während es sowohl in neutraler wss. KJ-Lsg. als auch in Eisessig mit weniger als 0,01 % W. rasch J_2 frei macht; nach diesen Eigg. ist X nicht ident. mit Diacetylperoxyd. Es wird festgestellt, daß bei der Best. von **III** Spuren von O_2 sorgfältig ferngehalten werden müssen. Die Konz. von X erreicht im Verlauf der Oxydation ein Maximum, wenn ca. $^2/_3$ des Aldehyds reagiert haben, u. fällt gegen Null, wenn die Rk. sich dem Ende nähert. In den ersten 5—10 Min. sind die erzeugten Gesamtperoxyde dem aufgenommenen O_2 äquivalent. Die spätere Differenz zwischen beiden Größen entspricht dem Verschwinden von Peroxyden durch Nebenreaktionen. Die unkatalysierte Rk. ist schlecht reproduzierbar, verläuft aber deutlich erkennbar in gleicher Weise wie die katalysierte. Aus den obigen Befunden folgt, daß die Oxydation von **I** unter den angewandten Bedingungen in 2 wohldefinierten Stufen verläuft: 1. AcH + $O_2 \rightarrow$ AcOOH, 2. Rk. von **III** mit **I** zu X. Die 2. Stufe wird in getrennten Verss., ausgehend von **I** + **III**, untersucht; sie stellt ein Gleichgewicht AcOOH + AcH $\rightleftharpoons$ X mit einer Gleichgewichtskonstanten K = 0,27 Mol/Liter bei 25° dar. An die beiden Stufen schließt sich der Zerfall von X nach einer Rk. 1. Ordnung an, für die in Abwesenheit von Co^{2+} eine Geschwindigkeitskonstante k = 0,015 Min^{-1} u. in Ggw. von $8 \cdot 10^{-5}$ mol Co-Acetat 0,031 Min^{-1} ermittelt wird. Bei diesem Zerfall entwickelt sich etwas Gas (ca. 10 Mol-%, bezogen auf verschwundenes Peroxyd). Die Natur von X wird diskutiert u. die nebenst. Formel als wahrscheinlich angesehen; die Bldg. von X aus **I** + **III** könnte dabei analog der Addition von Benzoylcyanid an Benzaldehyd formuliert werden. Bei Durchführung der unkatalysierten Oxydation von unverd. **I** bei —30° u. Abdampfen des nicht umgesetzten **I** im Vakuum unterhalb von 0° kann ein krist., unter Zers. bei ca. 20° schm. Peroxyd erhalten werden, das sich in wss. Lsg. vollständig in Essigsäure + **I** zers. u. wahrscheinlich als Additionsprod. von **I** an X zu formulieren ist. In **II**-Lsg. ist in Abwesenheit von Co^{2+} ein Gleichgewicht entsprechend dem oben für die Bldg. von X angenommenen Gleichgewicht nachweisbar, während in Ggw. von Co^{2+} bei Zimmertemp. heftiger Zerfall unter Gas- u. Wärmeentw. eintritt. Wird der Zerfall bei —10° durchgeführt, so lassen sich Essigsäureanhydrid u. **II** als Reaktionprodd. nachweisen, die in gleicher Weise die Zerfallsprodd. von X bei der **I**-Oxydation darstellen. (Trans. Faraday Soc. **47.** 721—34. Juli 1951. Liverpool, Univ., Dep. of Inorgan. and Phys. Chem.) REITZ. D 225

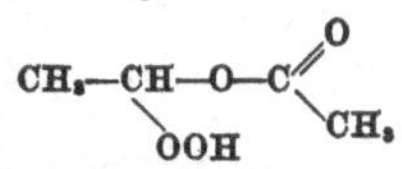

C. E. H. Bawn und **J. B. Williamson,** *Die Oxydation von Acetaldehyd in Lösung.* 2. Mitt. *Kinetik und Mechanismus der Peressigsäurebildung.* (1. vgl. vorst. Ref.) Die Kinetik des 1. Schrittes bei der Co^{2+}-katalysierten Oxydation von *Acetaldehyd* (**I**) in Essigsäurelsg.; AcH + $O_2 \rightarrow$ AcOOH, wird untersucht. Nach einer Anfangsperiode zunehmender Reaktionsgeschwindigkeit ist die Oxydationsgeschwindigkeit proportional der **I**- u. der Katalysatorkonz. u. unabhängig vom O_2-Druck. Die Kinetik kann durch die folgenden Reaktionsgleichungen beschrieben werden: Kettenstart: $Co^{3+} + CH_3 \cdot COOOH \rightarrow Co^{2+} + H^+ + CH_3COOO$; $Co^{2+} + CH_3COOOH \rightarrow Co^{3+} + CH_3COO\cdot + OH^-$; $CH_3COO\cdot + CH_3CHO \rightarrow CH_3COOH + CH_3CO\cdot$. Kettenfortführung: $CH_3CO\cdot + O_2 \rightarrow CH_3COOO\cdot$; $CH_3COOO\cdot + CH_3CHO \rightarrow CH_3COOOH + CH_3CO\cdot$. Kettenabbruch: $CH_3COOO\cdot + CH_3COOOH \rightarrow$ inakt. Prodd.; $2\,CH_3COOO\cdot \rightarrow$ inakt. Produkte. Die Ähnlichkeit im Ablauf der katalysierten u. der nichtkatalysierten Rk. legen die Annahme nahe, daß die unkatalysierte Rk. in Wirklichkeit eine durch Metallspuren bestimmte katalyt. Rk. darstellt. Dem langsamen Beginn der katalysierten Rk. entspricht bei der unkatalysierten Rk. eine Induktionsperiode mit nicht merklichem Umsatz von 10—50 Min. Dauer. Die Schwankungen in der Länge der Induktionsperiode dürften auf die Empfindlichkeit der Rk. gegen Metallspuren u. Inhibitoren zurückzuführen sein. Der Einfl. verschied. Zusätze auf die Geschwindigkeit der katalysierten Rk. wird untersucht: Zusatz des Reaktionsprod. Essigsäureanhydrid bewirkt eine nur geringe Verlangsamung der Oxydationsgeschwindigkeit, die als Mediumeffekt gedeutet wird. W. wirkt verzögernd, wobei die Beziehung $d[O_2]/dt = \text{Const.}/(0{,}2 + [H_2O])$ gilt, wenn unter $[H_2O]$ der %-Geh. W. in der Lsg. verstanden wird. Verschied. Erklärungsmöglichkeiten für die hemmende Wrkg. des W. werden diskutiert. Bei Peressigsäurezusatz verschwindet die anfängliche Periode zunehmender Reaktionsgeschwindigkeit. Zusatz von 0,04 % Benzochinon zu Beginn der Rk. oder später setzt die Geschwindigkeit auf ca. $^1/_5$ herab. (Trans. Faraday Soc. **47.** 735—43. Juli 1951.) REITZ. D 225

Thomas L. Allen, *Die Oxydation des Oxalations durch Peroxydisulfat.* Die durch Ag^+-Ionen katalysierte Oxydation von Na-Oxalat durch K-Persulfat: $S_2O_8^{2-} + C_2O_4^{2-} \rightarrow 2\,SO_4^{2-} + 2\,CO_2$ wird bei 35—70° in saurer Lsg. untersucht. Während es KING (J. Amer. chem. Soc. **49.** [1927.] 2689; **50** [1928.] 2089) nicht gelang, reproduzierbare Werte für die Oxydationsgeschwindigkeit zu erhalten, werden die Ergebnisse bei Verwendung von Standardlsgg. u. von dest. W. einheitlicher Qualität reproduzierbar.

Es wird gefunden, daß gewöhnliches dest. W. einen Katalysator enthält. Redest. des W. sowie Reinigung der Salzlsgg. durch elektrolyt. Abscheidung der Verunreinigung (Cu) mit Pt-Elektroden führt zu Reaktionsgeschwindigkeiten, die erheblich kleiner als in den Verss. von KING u. vergleichbar mit den Geschwindigkeiten anderer Ag^+-katalysierter Oxydationen (z. B. von Cr^{3+}, VO^{2+}, Mn^{2+}, Hydrazin, Ce^{4+}) mit Persulfat sind. Für die durch $-d[S_2O_8^{2-}]/dt = k[S_2O_8^{2-}][Ag^+]$ definierte Reaktionsgeschwindigkeitskonstante wird bei 40° eine Wert von 3,6 Mol^{-1} Liter·Min^{-1} gefunden; der wahre Wert bei völligem Ausschluß von Verunreinigungen könnte noch etwas niedriger liegen. Spuren von $CuSO_4$ haben eine deutliche katalyt. Wrkg. auf die Geschwindigkeit der Ag^+-katalysierten Rk. (bei $4 \cdot 10^{-6}$ mol. $CuSO_4$ 10fache Geschwindigkeit), u. $CuSO_4$ allein ist selbst ein viel besserer Oxydationskatalysator als Ag^+. $ZnSO_4$ gibt keine merkliche Änderung. Die Geschwindigkeit der Cu^{2+}-katalysierten Rk. ist im Gebiet sehr niedriger $CuSO_4$-Konzz. ($1-4 \cdot 10^{-7}$ mol.) u. bei je 0,004 mol. Oxalat u. Persulfat eine Funktion der $CuSO_4$-Konz., aber unabhängig von der Oxalat- u. Persulfatkonzentration. Die sehr langsame unkatalysierte Oxydation wird ebenfalls untersucht; ihrBeginn ist autokatalyt., während im weiteren Verlauf eine Autoinhibierung zu bemerken ist. Es werden Reaktionsmechanismen zur Erklärung der Versuchsergebnisse diskutiert, wobei für den autokatalyt. Charakter der unkatalysierten Rk. ein Kettenmechanismus angegeben u. die Reaktionsordnung Null in bezug auf Oxalat u. Persulfat bei der Cu^{2+}-katalysierten Rk. erklärt wird durch Annahme von 3wertigem, komplexgebundenem Cu als wirksamem Agens u. von einem geschwindigkeitsbestimmenden Schritt $Cu^{III}(C_2O_4)_2^- \rightarrow Cu^I(C_2O_4)^- + 2CO_2$. (J. Amer. chem. Soc. **73.** 3589—93. Aug. 1951. Davis, Calif., Univ. of California, Coll. of Agric., Div. of Chem.) REITZ. D 225

D. Buess-Thiernagand und **P. J. C. Fierens,** *Mechanismus der Alkoholyse von Estern.* 1. Mitt. *Alkoholyse der Propionate und Acrylate von Methyl- und n-Butylalkohol in saurem Medium.* Die säurekatalysierten Veresterungen von *Propionsäure* (**I**) u. von *Acrylsäure* (**II**, $D.^{20}{}_4$ 1,0513) durch absol. Methylalkohol haben einen annähernd gleichen Frequenzfaktor. Für eine gegebene Temp. hängen die Geschwindigkeitskonstanten nur von den Aktivierungsenergien ab. Das gleiche gilt für die säurekatalysierte Hydrolyse von *Propionsäureäthylester* (**III**) u. von *Acrylsäureäthylester* (**IV**; $D.^{20}{}_4$ 0,9234). Ein analoges Ergebnis erhalten Vff. für die säurekatalysierte Methanolyse von *Propionsäure-n-butylester* (**V**; $D.^{20}{}_4$ 0,8771) u. *Acrylsäure-n-butylester* (**VI**; $D.^{20}{}_4$ 0,8998) einerseits u. der säurekatalysierten Butanolyse von *Propionsäuremethylester* (**VII**) u. *Acrylsäuremethylester* (**VIII**) andererseits. Der Reaktionsmechanismus wird eingehend diskutiert. Es ergibt sich, daß die Alkoholyse bimol. (Mechanismus A_2') ablaufen muß. Es werden folgende Daten angegeben: Für die Veresterung: **I** [E_a] 10,0 [kcal/Mol]; [log PZ] 6,1; **II** 12,4; 6,2; für die Hydrolyse: **III** 16,2; 7,5; **IV** 18,1; 7,4; für die Methanolyse: **V** 12,7; 4,4; **VI** 14,4; 4,7; für die Butanolyse: **VII** 12,6; 4,3; **VIII** 14,2; 4,5. — *Propionsäuremethylester* (**VII**), $D.^{20}{}_4$ 0,9153; *Acrylsäuremethylester,* (**VIII**), $D.^{20}{}_4$ 0,9234. (Bull. Soc. chim. belges **61.** 403—26. Aug./Sept. 1952. Bruxelles, Univ. Libre, Fac. des Sci.) J. MATTNER. D 225

J. Barrott, I. N. Denton und **Alex. H. Lamberton,** *Nitramine und Nitramide.* 4. Mitt. *Die säurekatalysierte Zersetzung primärer Nitramine.* (3. vgl. HOLSTEAD u. LAMBERTON, C. **1953.** 1150.) Beim Erhitzen mit 0,5 mol-H_2SO_4 ergaben *Methyl-* (**I**) 1,0, *Äthyl-* (**II**) 1,2 u. *Isopropylnitramin* (**III**) 1,15 Mol Gas, *Äthylendinitramin* (**IV**) aber 1,95 Mol. Die entwickelten Gasmengen bestanden aus fast 1 Mol *N_2O,* der Überschuß war Olefin. Aus **I** u. n-HCl entstanden 1,45 Mol Gas: N_2O u. CH_3Cl. An nichtgasförmigen Prodd. ergab **I** in 95%ig. Ausbeute CH_3OH, **IV** ca. 45% Acetaldehyd u. 55% Äthylenglykol. Aus *Trimethylendinitramin* (**V**) in 0,5 mol-H_2SO_4 entstand anscheinend etwas Propionaldehyd, während aus den Mononitraminen offenbar keine carbonylhaltigen Prodd. erzeugt wurden, deren Bldg., z. B. aus **IV**, durch Rk. mit H^+ über $^+CH_2CH_2NHNO_2$, $HOCH_2CH_2NHNO_2$ u. $HOCH_2CH_2^+$ verläuft, wobei 2 Mol N_2O u. 1 Mol W. entstehen. — Vff. verfolgten manometr. sowie acidimetr. die Zers. von 0,05 mol. **I**, **II**, **III** sowie von *tert. Butylnitramin* (**VI**) u. *Nitraminoessigsäure* (**VII**) bei 85° in 0,05—0,5 mol. wss. H_2SO_4 unter der Annahme, daß 1. die Bldg. der Olefine über ein Alkylkation sehr schnell abläuft, 2. NH_2NO_2 als Zwischenstufe auftritt, das 10mal schneller zerfällt als die Alkylnitramine. Die nach beiden Methoden erhaltenen Reaktionsgeschwindigkeitskonstanten k stimmen befriedigend überein u. sind der H^+-Konz. proportional. Diese bimol. k (in 10^3 k Liter/Mol·Min.) betrugen: bei **I** 30—31, **II** 38—50, **III** 54—63, **VI** 40—41 u. **VII** 1. Als geschwindigkeitsbestimmende Stufe wird angenommen: $RNHNO_2 + H^+ \rightarrow R^+ + NH_2NO_2$; NH_2NO_2 zerfällt dann schnell in N_2O u. W., während R^+ hauptsächlich mit W. ROH u. H^+ gibt. Hieraus u. da prim. Nitramine schwache Säuren sind, $[H^+]$ proportional $\sqrt{[\text{Nitramin}]}$, folgt, daß beim Erhitzen dieser in reinem W. die Reaktionsordnung R 1,5 sein müßte. Zur Prüfung wurden bis zu 2 Mol **I** in W. bis zur 20%ig. Zers. beobachtet u. die R 1,3 bzgl. **I** gefunden; entsprechendes wurde für **IV** ermittelt. Weiterhin wurde zum Nachw. der Bldg. von Alkylkationen **I**, **II** u. **III** bei 85° in wss. HCl zers. u. aus der titrimetr. bestimmten Abnahme der H^+ u. Cl^- die Ausbeute an Alkylchlorid errechnet. Diese betrug in 1,02 nHCl u. je 1,0 mol. Nitramin **I** 48—50%, **II** 14%, **III** 2%; in 0,52 nHCl u. 0,5 mol **I** 35—37%, bei 0,25 mol **I** 37—40% u. bei 0,25 mol **I** + 0,5 mol NaCl 67. Die Rk. mit **III** wurde in 0,05 nHCl titrimetr. verfolgt, wobei die gleiche k wie in H_2SO_4 erhalten wurde u. NaCl keinen Einfl. auf die k hatte. Vff. nehmen an, daß in HCl die Rk. nach $RNHNO_2 + H^+ + Cl^- \rightarrow RCl + H_2O + N_2O$ verläuft. Aus der pseudomonomol. k von *2-Oxyäthylnitramin* (**VIII**) von $11{,}5 \cdot 10^{-3}$ Min^{-1}, die in 0,5 mol H_2SO_4 bei 85° gemessen wurde, konnte die k für die Umwandlung von **IV** in **VIII** zu $7{,}5 \cdot 10^{-3}$ Min^{-1} ermittelt werden. Vff. schätzten ferner durch manometr. Best. die k ($\cdot 10^3$ Min^{-1}) der 1. u. 2. Zersetzungsstufe von je 0,025 mol *Methylendinitramin* 3,5 bzw. 7; **IV** 7,5 bzw. 11,5 u. **V** 15 bzw. 30 bei 85° in 0,5 mol H_2SO_4 grob ab. — Vff. vermuten, daß die Elektronenabgabe durch R die säurekatalysierte Zers. der Mononitramine begünstigt, Elektronenaufnahme durch R sie aber behindert. Die Abweichung des **VI** von dieser Annahme wird mit ster. Eigg. einer S_E2-Substitution, die an einer tert.-Butylgruppe angreift, begründet. — Schließlich wurde der monomol. Zerfall von NH_2NO_2 in 0,5 u. 0,05 mol. H_2SO_4 bei 85° verfolgt; $k = 330 \pm 30 \cdot 10^{-3}$ Min^{-1}. — **II**, $Kp._{15}$ 98°. — **III**, $Kp._{17}$ 95—96°. — **VI**, $C_4H_{10}O_2N_2$, F. 38°, $Kp._{16}$ 94—95°, $Kp._{0,6}$ 71°, aus N-tert.-Butylnitrourethan u. Isopropylamin in trockenem Ae., 1 Nacht stehen. — **VIII**, $C_2H_6O_3N_2$, wurde nach FRANCHIMONT u. LUBLIN [1902] nur als nicht völlig reines Öl erhalten. (J. chem. Soc. [London] **1953**. 1998—2005. Juli. Sheffield, Univ.) GNAUCK. D 225

Donald J. Cram, *Untersuchungen über Stereochemie.* 5. Mitt. *Phenoniumsulfonationenpaare als Zwischenstufen bei intramolekularen Umlagerungen und Solvolysereaktionen, die im 3-Phenylbutanol-(2)-System auftreten.* (4. vgl. CRAM, J. Amer. chem. Soc. **71**. [1949.] 3883.) Aus (+)- u. (—)-*threo-* (**Ia**, $[\alpha]_D^{23}$ +32,1° bzw. **Ib**, $[\alpha]_D^{23}$ —31,8°) sowie (+)- u. (—)-*erythro-3-Phenylbutanol-(2)* (**IIa**, $[\alpha]_D^{23}$ +0,36° bzw. **IIb**, $[\alpha]_D^{23}$ —0,51°) wurden die entsprechenden Tosylate, Ts, **Ia**-Ts (F. 62—63°, $[\alpha]_D^{23-25}$ +16,97° [c = 5, Bzl.]), **Ib**-Ts ($C_{17}H_{20}O_3S$, F. 62—63°, $[\alpha]_D^{23-25}$ —16,89° [c = 5, Bzl.]), **IIa**-Ts (F. 36—37°, $[\alpha]_D^{23-25}$ —17,41° [c = 5, Bzl.]) u. **IIb**-Ts ($C_{17}H_{20}O_3S$, F. 46—47°, $[\alpha]_D^{23-25}$ +17,72° [c = 5, Bzl.]) sowie *rac.*-**I**-Ts ($C_{17}H_{20}O_3S$, F. 46—37°), ferner die Acetate, Ac, von **Ia** (**Ia**-Ac, $C_{12}H_{16}O_2$, n_D^{25} 1,4877, $[\alpha]_D^{23}$ —8,08° [fl.]) u. von **IIb** (**IIb**-Ac, $C_{12}H_{16}O_2$, n_D^{25} 1,4877, $[\alpha]_D^{23}$ +32,55 [fl.]) u. die Brosylate, Bs. (p-Brombenzolsulfonate) von **Ib** (**Ib**-Bs, $C_{16}H_{17}O_3BrS$, F. 74—75° bzw. 77—78°, $[\alpha]_D^{23-25}$ —21,7° [c = 5, Bzl.]) u. **IIa** (**IIa**-Bs, $C_{16}H_{17}O_3BrS$, F. 57—58°, $[\alpha]_D^{23-25}$ —19,6° [c = 5, Bzl.]) sowie *rac.*-**I**-Bs ($C_{16}H_{17}O_3BrS$, F. 93—94°) dargestellt. Es wurde behandelt: 1 Mol der Ts 1. von **Ia**, **Ib**, **IIa** u. **IIb** in Eisessig bei Ggw. von 0,8 bzw. 1,2 Mol K_2CO_3 u. etwas Acetanhydrid bei 75° während $3^1/_3$—36 Std., 2. von **Ia** u. **IIb** in trockener Ameisensäure bei Ggw. von 1,2 Mol wasserfreiem Na-Formiat bei 25° während 0,72—24 Std., 3. von **Ib** u. **IIa** in Acetonitril bei Ggw. von 2 Mol wasserfreiem K_2CO_3 bei 82° während 67 Std., 4. von **Ia** in Acetonitril + 1 Mol p-Toluolsulfonsäure bei 82° während 2 Std., 5. von **Ia** in Chlf. bei 62° während 53 Std.; ferner wurde 1 Mol der Bs 6. von **Ib** u. 7. von **IIa** mit je 10 Mol K-Tosylat in Eisessig bei Ggw. von Acetanhydrid bei 75° während 40 Min. solvolysiert. Die erhaltenen Ester u. Olefine wurden mit $LiAlH_4$ in Olefin–Alkohol-Mischungen umgewandelt, über Al_2O_3 chromatographiert u. die Olefine mit Pentan eluiert. Die Alkohole wurden durch ihre Infrarotspektren analysiert. Bei der Rk. 1. wurden aus **Ia**-Ts u. **Ib**-Ts unter fast vollständiger Racemisierung erhalten: ca. 96% **I**, davon ca. 0,6% **Ia**, sowie 4% zum Teil *rac.*-**IIa** bzw. -**IIb**, während mit **IIb**-Ts keine Racemisierung, sondern nur teilweise Isomerisierung erfolgte u. 94% **IIb** sowie 4—5% **Ib** entstand. In HCOOH wurde aus **Ia**-Ts fast 100% rac. **I** bei <0,02% **Ia** u. <0,01% **IIa**, aus **IIb**-Ts aber neben ca. 0,5% **Ib** nur **IIb** gebildet. Bei Durchführung der Solvolyse während 1 Halbwertszeit wurde in Eisessig nach $3^1/_3$ Std. mit **Ia**-Ts eine 95%ig. Racemisierung des Ts festgestellt, während mit **IIa**-Ts dieses opt.-rein zurückgewonnen wurde. Der gleiche Vers. in HCOOH ergab nach 0,72 Std. mit **Ia**-Ts eine 18%ig. Racemisierung. In Acetonitril reagierten die Ts unter langsamer Eliminierung zu Olefinen, wobei aber bei **Ia** die Racemisierung schneller als die Eliminierung verlief; p-Toluolsulfonsäure katalysierte beide Rkk. stark. Rk. 6. führte zu 15% rac.-**I**-Bs u. 1,5% **Ib**-Bs sowie zu 4,5% rac.-**I**-Ts neben Acetat u. Olefin; Rk. 7. ergab aber 17% opt.-reines **IIa**-Bs sowie 9% opt.-reines **IIa**-Ts neben Acetat u. Olefin. — Vf. erklärt die 4 aufgetretenen Rkk.: Solvolyse S, bei der die Ts u. Bs in Carbonsäureester unter Beteiligung beider asymm. C-Atome umgewandelt werden; Isomerisation J, Tosyl- u. Phenylgruppen tauschen die Plätze; Austausch-Rkk. A, wobei ein Tosylation außerhalb des Mol. mit einem Brosylation innerhalb des Mol. unter oder ohne Stereoisomerisierung ausgetauscht wird; einfache Verdrängungs-Rkk. V, eine Tosylgruppe wird durch eine Acetoxygruppe verdrängt, wobei stereochem. nichts verändert wird. Vf. nimmt an, daß die S über eine Phenoniumionzwischenstufe **III** verläuft, die in der **I**-Reihe innerlich kompensiert, in der **II**-Reihe aber asymm. ist. Da bei Rk. 6. das Verhältnis zurückgewonnenes Bs/Ts = 3,7 war bei fast völliger Racemisierung, schließt Vf., daß die J ohne wesentliche Beeinflussung durch die Ggw. ähnlicher Ionen verläuft. Da weiterhin die Geschwindigkeiten der S u. der J sehr ähnlich sind, scheint auch die Aktivierungsenergie für beide Prozesse von etwa gleicher Größe zu sein. Hierfür trifft ein Mechanismus zu, der über eine einzige Zwischenverb. verläuft, ein Ionenpaar (Phenoniumtosylat bzw. -brosylat), das sein Anion austauscht entweder gegen ein Solventmol. bzw. Solventanion im Falle der S, oder bei A-Rkk. gegen andere gelöste Anionen bzw. das vorher solvolyt. abgespaltene Anion. Bei J fällt das Ionenpaar unter Bldg. des Sulfonatesters in sich zusammen. Diese Annahme wird unterstützt durch die Folge Ameisensäure > Essigsäure, mit der die beobachtete Menge an gebildetem Carbonsäureester abnimmt, also offenbar die Stabilität der Ionenpaarzwischenverb. fällt, wofür vor allem die im gleichen Sinne fallende ionisierende Wrkg., weniger der nucleophile Charakter des Lösungsm. verantwortlich ist. Zur säurekatalysierten Rk. durch p-Toluolsulfonsäure, bei der die J stärker als die konkurrierende Eliminierungs-Rk. beschleunigt wird, vermutet Vf., daß die konjugierte Säure des Ts wenigstens in der 1. Stufe der J auftritt; eine ähnliche Vermutung wurde fälschlicherweise in der 1. Mitt. (vgl. CRAM, J. Amer. chem. Soc. **71.** [1949.] 3863) bzgl. der Solvolyse in Essigsäure gemacht. Da A-Rkk. in allen Fällen stattfanden, nimmt Vf. an, daß nach Bldg. des Ionenpaars dieses in reversibler Rk. in ein zweites übergeht, z. B. Phenoniumbrosylat ⇌ Phenoniumtosylat; der gleiche Mechanismus soll auch für die S zutreffen, wobei nach Bldg. des 2. Ionenpaars, Phenoniumacetat, sich dieses zum stabilen Ester reorganisiert. Als Mechanismen der Umwandlung eines Ionenpaars in ein zweites sind mit den Beobachtungen zwei zu vereinbaren: 1. Dissoziation des 1. Ionenpaares u. Zusammentritt zweier geeigneter Ionen (2 Übergangszustände); 2. eine Verdrängungs-Rk. über einen Übergangszustand. Aus dem geringen Überschuß von **Ia**-Ac über **Ib**-Ac bei der Acetolyse schließt Vf., daß ca. 3% der Acetate über einen S_N1-Mechanismus aus den Tosylaten gebildet werden, über einen S_N2-Mechanismus **II**-Acetate andererseits nur in Spuren entstehen. Aus der Existenz von Ionenpaaren wird gefolgert, daß 1. die J-Rkk. als aromat. Substitution angesehen werden können, bei denen eine Methylengruppe durch elektrophilen Angriff einer 2. positiv geladenen Methylengruppe verdrängt wird (aromat. Substitutions-Rkk. mit intramol. Prozessen, wie die CLAISEN-Umlagerung u. solche mit intermol. Mechanismus, wie die FRIEDEL-CRAFTS-Rk., sollen ähnlich verlaufen); 2. die S-Rkk. als S_{N_1}-Verdrängungs-Rkk. angesehen werden können; 3. die J-Rk. eine intramol. Umlagerung ist u. analoge Ionenpaare dieser Rk. bei vielen Umlagerungen, wie die Pinakolin-, BECKMANNsche u. ähnliche, angenommen werden können. (J. Amer. chem. Soc. **74.** 2129—37. 5/5. 1952. Los Angeles, Calif., Univ., Dep. of Chem.) GNAUCK. D 225

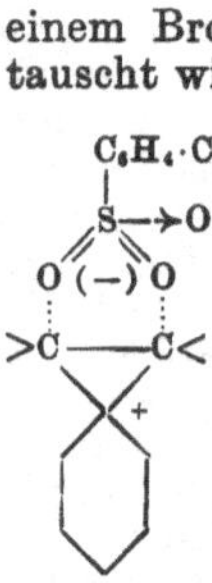

III

Donald J. Cram, *Untersuchungen über Stereochemie.* 6. Mitt. *Die Mechanismen der E_1- und Wasserstoffwanderungsreaktionen im 3-Phenylbutanol-(2)-System.* (5. vgl. vorst. Ref.) Die Art der Bldg. von Äthylenverbb. aus 3-Phenyl-2-butanolen bei der Solvolyse in Eisessig u. Acetonitril wird auf Grund der Ergebnisse der 5. Mitt. sowie folgender Verss. diskutiert: Die Brosylate Bs von (+)-*threo-* u. (—)-*erythro-3-Phenylbutanol-(2)* (**Ia** bzw. **IIb**) wurden 256 Std. in Eisessig bei Ggw. von Na-Acetat bei 30° behandelt u. jeweils ein Teil der Reaktionsmischung anschließend bei 75° mit Essigsäure von 2-Acetoxy-2-phenylbutan (**VII**) befreit. Die olefinfreien, alkoh. Anteile, die 2-Phenylbutanol-(2) sowie die 3-Phenylbutanole-(2) enthielten, sowie die entstandenen Olefinmischungen, bestehend aus cis- u. trans-2-Phenylbuten-(2) (**III** u. **IV**), 2-Phenylbuten-(1) (**V**) u. 3-Phenylbuten-(1) (**VI**), sowie die reinen Stoffe wurden mittels Infrarotspektren analysiert. Zur Kontrolle wurden die Olefinmischungen der Ozonolyse unterworfen, wobei **III** u. **IV** Acetophenon, **V** aber Propiophenon liefern. Um die Olefinanteile zu ermitteln, die durch H-Verlust aus dem Methyläthylphenylcarboniumion entstehen, wurde **VII** in Eisessig bei 75° während 26 Std. fast völlig zu Olefinen zers., wobei 1 Mol als Base zugesetzte Acetationen das Ergebnis nur wenig beeinflußte. Bei 30° u. Ggw. von 6,7 Mol Base entstanden aus **VII** in Eisessig während 192 Std. aber nur 4% Olefine. Die Menge opt.-akt. **VI** in den Olefinmischungen wurde hier außerdem durch Best. der opt. Drehung abgeschätzt. Schließlich wurden verschied. Olefinmischungen zum Vgl. mit Eisessig bei 30 u. 75° während 26—192 Std. bei Ggw. von 0—8,9 Mol-% K_2CO_3; außerdem 1 Mol **V** mit Acetonitril bei 82° während 39 Std. u. bei Ggw. von 3,5 Mol K_2CO_3 u. 0,95 Mol des

I-Tosylats behandelt. Hiermit wurde nachgewiesen, daß die Olefine unter den Reaktionsbedingungen stabil sind — es wurden keine Acetate gebildet — u. die Verluste bei der Isolierung nicht selektiv sind. Wegen der Ergebnisse von WINSTEIN u. Mitarbeiter (J. Amer. chem. Soc. **74.** [1952.] 1127) u. der Abwesenheit von Acetatprodd., die durch eine S_N2-Rk. gebildet wurden, nimmt Vf. für die Bldg. der Olefine durch Acetolyse einen E_1-Mechanismus an, was durch die beobachtete Bldg. von Olefinen in Acetonitril bei Abwesenheit von Basen bestätigt wird. Vf. diskutiert die verschied. möglichen Wege für die Solvolyse u. die Eliminierungs-Rkk.; für beide wird als Zwischenstufe sowohl bei Gliedern der I- als auch der **II**-Reihe das Methyläthylphenylcarboniumion vermutet, das durch intramol. H-Wanderung von 3- in 2-Stellung sowohl rac. **VII** als auch **V** liefert; **III, IV** u. **V** entstehen auf dem gleichen Wege aus **VII** bei 75°. Vf. nimmt ferner für die Bldg. von **III** u. **IV** sowie von opt.-akt. **VI** aus **Ia**-Ts bzw. **IIa**-Ts 1. eine nicht stereospezif. E_1-Rk., sowie 2. für die Bldg. von **III** u. **IV** eine stereospezif. trans-E_1-Rk. an u. berechnet die Mengen an **III** u. **IV**, die auf den Wegen 1 u. 2 bei den Rkk. bei 75° entstanden sind. Der Mechanismus der E_1-Rkk. wird unter Berücksichtigung der Ionen **A**, **B** u. **C** als mögliche Zwischenstufen diskutiert sowie die relative Fähigkeit F von C_6H_5 u. H, an intramol. Verdrängungen teilzunehmen, verglichen, wobei für **Ia-Ts** die F von C_6H_5 achtmal größer ist als für H. Da CH_3-Wanderungen nicht beobachtet wurden, scheint diese Gruppe an intramol. Verdrängungen im 3-Phenylbutanol-(2)-Syst. kaum teilzunehmen. Als Faktoren, die für die F maßgeblich sind, werden ster. u. elektron. Eigg. der wandernden Gruppen betrachtet. Für den Unterschied zwischen H u. C_6H_5 sind vor allem ster. maßgeblich; denn für H als auch für C_6H_5 wird angenommen, daß sie die Ladung von Ionen besser verteilen u. so ein Ion **B** stabilisieren, wenn sie selbst an der Brückenbindung teilnehmen, als wenn sie in Nachbarstellung (**A** bzw. **C**) dazu stehen.

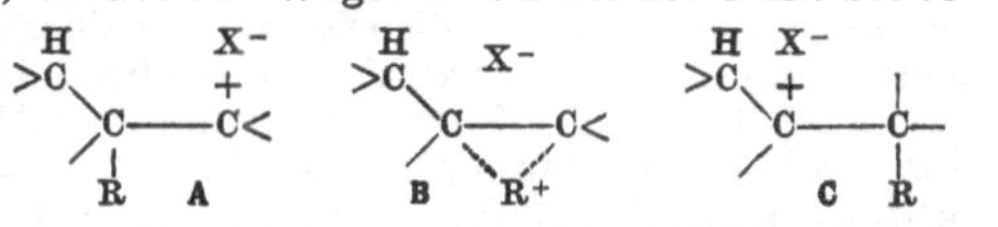

R = C_6H_5, H, CH_3 X = $OSO_2C_6H_4CH_3$ o. ä. Anion

V e r s u c h e: *opt.-akt.-3-Phenylbuttersäuremethylester*, F. 46—47° (A.), $[\alpha]_D^{23}$ ca. —80,3° (c = 5, Bzl.); daraus *(—)-3-Phenylbuttersäure*, $[\alpha]_D^{25}$ —58,5° (c = 3, Bzl.) bzw. $[\alpha]_D^{25}$ —56,5° (fl.). — *(—)-3-Phenylbutanol-(1)*, durch Zutropfen vorst. Verb. in äther. $LiAlH_4$ u. 8 Std. Rühren, n_D^{25} 1,5186, $[\alpha]_D^{25}$ —39,0° (fl., l = 1 dm). — *(—)-3-Phenyl-1-brombutan* (**VIII**), n_D^{25} 1,5350, $[\alpha]_D^{25}$ —104,3° (fl.); Behandlung mit Zn, dann mit Säure ergab *(—)-3-Phenylbutan*, n_D^{25} 1,4878, $[\alpha]_D^{23}$ —24,3° (fl.). — *(—)-1-Dimethylamino-3-phenylbutan*, $C_{12}H_{19}N$, aus **VIII** u. Dimethylamin in Dioxan, 12 Std. bei 100° im Rohr; $D.^{25}_4$ 0,8861, $[\alpha]_D^{22}$ —25,8° (fl.). — *(—)-3-Phenylbuten-(1)* (**VI**), $C_{10}H_{12}$, aus vorst. Verb. durch 24 std. Einw. von 30%ig. H_2O_2 bei n. Temp. u. Erhitzen des Aminoxyds 10 Min. bei 2 mm Hg auf 120°; rac.-**VI** entsteht auch aus **III, IV** u. **V** durch langes Erhitzen über 100°; n_D^{25} 1,5055, $[\alpha]_D^{22}$ —6,39°, $D.^{25}_4$ 0,8792. — *cis-2-Phenylbuten-(2)* (**III**), Kp. 193°, n_D^{25} 1,5402. — *trans-2-Phenylbuten-(2)* (**IV**), Kp. 173°, n_D^{25} 1,5193; die in der 4. Mitt. gegebenen Dichten von **III** u. **IV** sind falsch! — *2-Phenylbuten-(1)* (**V**), $C_{10}H_{12}$, Kp. 182°, $D.^{25}_4$ 0,8984. — *rac.-2-Phenylbutanol-(2)* (**IX**), $Kp._{16}$ 103°, aus Propiophenon u. CH_3MgJ, n_D^{25} 1,5161. — *rac.-2-Acetoxy-2-phenylbutan* (**VII**), $C_{12}H_{16}O_2$, aus **IX**, Acetanhydrid in Pyridin 16 Std. bei 90°, Reinigung durch Chromatographieren an Al_2O_3, Waschen mit Pentan u. Eluieren mit 3% äther. Pentan; n_D^{25} 1,4943. — *(+)-threo-3-Phenylbutyl-(2)-p-brombenzolsulfonat*, $C_{16}H_{17}O_3BrS$, F. 74—75° bzw. 77—78°, $[\alpha]_D^{21}$ +21,5° (c = 5, Bzl.). — *(—)-erythro-3-Phenylbutyl-(2)-p-brombenzolsulfonat*, F. 57—58°, $[\alpha]_D^{21}$ +19,8° (c = 5, Bzl.). (J. Amer. chem. Soc. **74.** 2137—48. 5/5. 1952.)

GNAUCK. D 225

Donald J. Cram, *Untersuchungen über Stereochemie.* 7. Mitt. *Molekulare Umlagerungen bei Reduktionen mit Lithiumaluminiumhydrid in der 3-Phenylbutanol-(2)-Reihe.* (6. vgl. vorst. Ref.; vgl. SCHMID u. KARRER, C. **1950.** I. 2357.) Die Tosylate Ts von (+)-threo- (**Ia**) u. (+)-erythro-3-Phenylbutanol-(2) (**IIa**) ergaben bei Einw. von gesätt. äther. $LiAlH_4$-Lsg. *(+)-2-Phenylbutan* (**V**), n_D^{25} 1,4878—1,4879, $[\alpha]_D^{23}$ +21,64 bis +24,2° (fl., l = 1 dm) u. *trans-* (**III**) bzw. *cis-2-Phenylbuten-(2)* (**IV**). Auch durch Einw. von $NaOC_2H_5$ bei 110° während 4 Std. bei 80° in A. ergab **IIa**-Ts **III**, **Ia**-Ts aber **IV**. Vf. schließt hieraus, daß bei Behandlung mit $LiAlH_4$ bzw. mit $NaOC_2H_5$ trans-Eliminierung stattfindet, möglicherweise nach einem bimol. Mechanismus. Da aus (+)-Tosylaten (+)-**V** entstand, wird bei der Red. auf eine einfache nucleophile Verdrängung der p-Tosylgruppe durch AlH_4^- geschlossen. Da das bei der Red. von **Ia**-Ts erhaltene **V** nur ca. 90%ig. opt. rein war, wird vermutet, daß zum Teil eine C_6H_5-Wanderung (WAGNER-MEERWEINsche Umlagerung) erfolgt. Für diese sind zwei Wege möglich, die beide von der Bldg. des Phenoniumsulfonats (vgl. 5. Mitt.) ausgehen u. 1. über ein Ionenpaar, wo das Tosylation durch AlH_4^- ausgetauscht ist, oder 2. über das rac. **I**-Ts verlaufen. Die gleiche Umlagerung findet sicher auch in der **II**-Reihe statt, wo aber wegen der stereochem. Struktur 1 u. 2 stets **V** gleicher Konfiguration liefern. Vf. zeigt ferner, daß bei Bezug auf D-(+)-Glycerinaldehyd nach der FREUDENBERGschen Festsetzung (—)-**V**, **IIb**, **Ib** (vgl. vorst. Reff.), (+)-erythro- u. (—)-threo-2-Phenylpentanol-(3) sowie (+)-erythro- u. (+)-threo-3-Phenylpentanol-(2) ebenfalls der D-Reihe angehören. — **III**-Addukt mit 2.4-Dinitrobenzolsulfenylchlorid (**VI**), F. 81—82°. — **IV**-Addukt mit **VI** F. 93—94°. (J. Amer. chem. Soc. **74**. 2149—51. 5/5. 1952.) GNAUCK. D 225

Donald J. Cram, *Untersuchungen über Stereochemie.* 8. **Mitt.** ***Molekulare Umlagerungen bei der Reduktion mit Lithiumaluminiumhydrid im 3-Phenylpentanol-(2)- und im 2-Phenylpentanol-(3)-System.*** (7. vgl. vorst. Ref.) Vf. behandelte die *Tosylate* Ts von *D-(—)-threo-* (**I**) u. *D-(+)-erythro-2-Phenylpentanol-(3)* (**II**) sowie von *D-(+)-threo-* (**III**) u. *D-(+)-erythro-3-Phenylpentanol-(2)* (**IV**) bei 25° mit äther. $LiAlH_4$-Lsg. während 10 Std., sowie **III**-Ts in Dioxan u. Triäthylamin bei 25° u. **IV**-Ts in Tetrahydrofuran bei 64° mit Überschuß von $LiAlH_4$. Nach Zers. des $LiAlH_4$ wurde das entstandene Olefin–Alkylbenzolgemisch isoliert u. die Olefinmenge durch Hydrierung mit RANEY-Ni abgeschätzt. Zur exakten Analyse wurde die KW-stoffmischung mit 2.4-Dinitrobenzolsulfenylchlorid erhitzt u. durch Extrahieren mit Pentan die Alkylbenzole (+)- u. (—)-2- (**Va** bzw. **Vb**) bzw. 3-Phenylpentan (**VI**) von den Olefinaddukten abgetrennt. Die Alkylbenzole wurden durch ihre Infrarotspektren bei 10,15; 11,33 u. 12,02 μ sowie polarimetr. bei guter Übereinstimmung der Ergebnisse analysiert. Zur Best. der Olefine wurde das gesamte Reaktionsgemisch hydriert, wobei nur **Va**, **Vb** u. **VI** entstehen, die wie beschrieben quantitativ ermittelt wurden; die Olefine wurden hieraus rechner. bestimmt. Die Trennung Olefine/Alkylbenzole gelang nicht mit konz. H_2SO_4, da **Va** bzw. **Vb** schnell racemisierten u. die anwesenden Olefine diese Rk. katalysierten. Bei den Rkk. in Ae. entstanden Reaktionsprodd. auf folgenden Wegen: 1. durch einfache Red. aus **I-Ts** u. **II-Ts**: **Vb**; aus **III Ts** u. **IV-Ts**: **VI**; 2. durch Red. unter Umlagerung: aus **I-Ts** u. **II-Ts**: **VI**; aus **III-Ts**: **Va**; aus **IV-Ts**: **Vb**; 3. durch einfache Eliminierung aus **I-Ts** u. **II Ts**: 2-Phenylpentan; aus **II Ts** u. **IV-Ts**: 3-Phenylpentan; 4. durch Eliminierung unter Umlagerung: aus **I-Ts** u. **II-Ts**: 3-Phenylpentan; aus **III-Ts** u. **IV-Ts**: 2-Phenylpentan. Das Verhältnis des Ausmaßes der Rkk. 1 : 2 betrug bei **I-Ts** 24 : 1, bei **II-Ts** 7,3 : 1, bei **III-Ts** 16 : 1, u. bei **IV-Ts** 4,5 : 1, die Unterschiede zwischen **I-Ts** u. **II-Ts** bzw. zwischen **III-Ts** u. **IV-Ts** sind auf ster. Effekte zurückzuführen. Aus dem Vgl. der Infrarot- u. der polarimetr. Analyse der Rkk. der Ts von **I**, **II** u. **IV** schließt Vf., daß eine geringe Menge *opt.-akt. 4-Phenylpenten-(2)* durch Eliminierung von p-Toluolsulfonsäure aus **I-Ts** bzw. **II-Ts**, bzw. unter Umlagerung aus **IV-Ts** entstanden war. Änderung des Lösungsm. führte zu einer Verschiebung des Verhältnisses 1 : 2. Dieses ist in Dioxan bei **III-Ts** 49 : 1. Die Menge an umgelagerten Prodd. ist proportional der Konz. an $LiAlH_4$, dieses scheint also die Umlagerung zu katalysieren. Vf. nimmt an, daß sowohl 2 als auch 4 über eine gemeinsame Stufe, ein Brückenionenpaar (Phenoniumsulfonat, vgl. 5. Mitt.) verlaufen, da höhere Ausbeuten an umgelagerten Alkylbenzolen gemeinsam mit solchen von umgelagerten Olefinen beobachtet wurden. Vf. erklärt die Beobachtung, daß Verbb. mit erythro-Konfiguration größere Mengen umgelagerter Alkylbenzole ergeben als solche der threo-Reihe, damit, daß die cis-Ionenpaare wegen der Größe der CH_3- u. C_2H_5-Gruppe gespannt sind, die trans-Ionenpaare dagegen nicht.

Versuche: Darst. der Alkohole u. deren Ts vgl. 2. Mitt. (J. Amer. chem. Soc. **71**. [1949.] 3871): *D-(+)-threo-2-Phenylpentanol-(3)*, $[\alpha]_D^{23}$ +12,47°. — *D-(—)-threo-2-Phenylpentanol-(3)* (**I**), $C_{11}H_{16}O$, opt. rein über das saure Phthalat, $[\alpha]_D^{23}$ —11,79°; *Tosylat* (**I**-Ts), $C_{18}H_{22}O_3S$, F. 100,5—101,5°; 73% (Ausbeute). — *D-(—)-erythro-2-Phenylpentanol-(3)*, $[\alpha]_D^{23}$ —7,47°. — *D-(+)-erythro-2-Phenylpentanol-(3)* (**II**), $[\alpha]_D^{23}$ + 7,56°. — *D-(—)-threo-3-Phenylpentanol-(2)*, $[\alpha]_D^{23}$ —17,40°. — *D-(+)-threo-3-Phenylpentanol-(2)* (**III**), $C_{11}H_{16}O$, analog **I**, $[\alpha]_D^{23}$ +16,76°; *Tosylat* (**III**-Ts), $C_{18}H_{22}O_3S$, F. 71—72°; 82%. — *D-(—)-erythro-3-Phenylpentanol-(2)*, $[\alpha]_D^{23}$ —20,19°. — *D-(+)-erythro-3- henylpentanol-(2)*, $[\alpha]_D^{23}$ +21,06°. — *3-Phenylpentan* (**VI**), Kp. 189°, aus C_2H_5MgBr in Ae. u. Propiophenon während 1 Std., Zers. mit Eis–NH_4Cl, Dest. u. Behandlung mit p-Toluolsulfonsäure am Rückfluß bei 14 mm Hg. Isolieren des Olefins u. Hydrierung mit RANEY-Ni; n_D^{25} 1,4868; analog wurde *rac.*-**V** dargestellt. — *4-[Pentyl-(2')]-acetophenon* (**VIII**), $C_{13}H_{18}O$, Kp.$_{14}$ 148—149°, aus rohem **V**, Acetylchlorid u. Zugabe von $AlCl_3$ während 1 Std. in CS_2, dann ½ Std. Rühren; n_D^{25} 1,5137; 95%; *Semicarbazon*, $C_{14}H_{21}ON_3$, F. 175—177°; 82%. — *4-[Pentyl-(3')]-acetophenon*, $C_{13}H_{18}O$, Kp.$_{16}$ 148—150°, analog **VIII**; n_D^{25} 1,5151; 93%; *Semicarbazon*, $C_{14}H_{21}ON_3$, F. 165—166°; 79%. — *rac.-4-[Pentyl-(2')]-benzoesäure* (**IX**), $C_{12}H_{16}O_2$, F. 71—72° (wss. Methanol); durch Zugabe wss. warmer $CaOCl_2$–KOH–K_2CO_3-Lsg. zu **VIII** bei 50—70°; 74%. Spaltung durch Zugabe zu kochender Chininlsg. in 95%ig. A. u. 24mal Umkristallisieren aus 95%ig. A. *(—)-Säure* (**IXa**), $C_{12}H_{16}O_2$, F. 54—55°, $[\alpha]_D^{23}$ —23,3° (c = 3,3; absol. A.); 14%.

(+)-*Säure*, F. 50—58°, aus den Filtraten der Trennung, $[\alpha]_D^{23}$ —12,3°. — *4-[Pentyl-(3')]-benzoesäure*, $C_{12}H_{16}O_2$, F. 104—105°, analog vorst. Verb.; 89%. — (—)-*4-[Pentyl-(2')]-benzamid* (**X**), $C_{12}H_{17}ON$, F. 108—109° (A. u. W.), aus **IXa** u. $SOCl_2$ in Pyridin, 3 Std. bei 50°, gießen in Eis–NH_3-Lsg.; $[\alpha]_D^{28}$ —21,9° (c = 3,3; absol. A.); 90%; *rac. Verb.*, F. 114—115°; 92%. — *4-[Pentyl-(3')]-benzamid*, $C_{12}H_{17}ON$, F. 127—128°; 94%. — (—)-*4-[Pentyl-(2')]-anilin* (**VII**), $C_{11}H_{17}N$, $Kp._{19}$ 131—132°, aus **X** u. $NaOCH_3$ unter Kühlen u. Zugabe von Br_2, Prod. 10 Std. am Rückfluß mit wss. methanol. KOH; 84%, $[\alpha]_D^{25}$ —22,3° (fl.), $D._4^{25}$ 0,9278, n_D^{25} 1,5282; (+)-*Verb.*, $Kp._{18}$ 138—139°, $[\alpha]_D^{23}$ +13,71° (fl.), nach 6 Kristallisationen des Salzes mit d-Weinsäure aus 20%ig. wss. A.; *rac.-Verb.*, $C_{11}H_{17}N$, $Kp._{15}$ 133°; 82%. — (—)-*4-[Pentyl-(2')]-acetanilid*, $C_{13}H_{19}ON$, F. 104—106°, $[\alpha]_D^{28}$ —22,2° (c = 3,3; absol. A.); 94%; *rac.-Verb.*, F. 105—106°; 95%. — *4-[Pentyl-(3')]-anilin*, $C_{11}H_{17}N$, $Kp._{15}$ 130°, analog **VII**, n_D^{25} 1,5287; 83%. — (—)-*2-Phenylpentan* (**Vb**), $C_{11}H_{16}$, Kp. 193°, aus **VII** in HCl–Eisessig bei —5° u. langsame Zugabe von wss. $NaNO_2$ bei Rühren, dann Zugabe von kalter 50%ig. H_2PO_3 unter 0°; 67%; n_D^{25} 1,5458, $[\alpha]_D^{28}$ —15,00° (fl.). — *3-Phenylpentan* (**VI**), $Kp._{752}$ 189,5°, analog **Vb**, n_D^{25} 1,4861; 73%; hieraus mit 2.4-Dinitrosulfenylchlorid u. $AlCl_3$ in Äthylendichlorid 10 Min. bei 0°: *4-[Pentyl-(3')]-phenyl-2''.4''-dinitrophenylsulfid*, $C_{17}H_{18}O_4N_2S$, F. 86—87° (A.), gelbe Flocken; 63%. — *rac.-4-[Pentyl-(2')]-phenyl-2''.4''-dinitrophenylsulfid*, $C_{17}H_{18}O_4N_2S$, F. 62,3°; 47%. — *4-[Pentyl-(2')]-brombenzol*, $C_{11}H_{15}Br$, F. 152°, n_D^{25} 1,5332; 15%. — Aus o-Chlorbenzamid u. CH_3MgBr entstand offenbar nur o-Chlorbenzonitril, da nach Einw. von Propyl-MgBr u. folgende katalyt. Red. *1-[o'-Chlorphenyl]-butanol*, $C_{10}H_{13}OCl$, $Kp._{10}$ 118—120°, n_D^{25} 1,5037; 70%, erhalten wurde. — Verss., 2-[Pentyl-(2')]-benzoesäure aus o-Chloracetophenon u. n-Propyl-MgBr darzustellen, führten nur zu *1-[o-Chlorphenyl]-äthanol*, C_8H_9OCl, $Kp._{14}$ 114—116°, n_D^{25} 1,5418; 34%. (J. Amer. chem. Soc. **74**. 2152—59. 5/5. 1952.) GNAUCK. D 225

Donald J. Cram, *Untersuchungen über Stereochemie.* 9. Mitt. *Phenoniumsulfonationenpaare bei Substitutions- und Eliminierungsreaktionen in 2-Phenylpentanol-(3)- und 3-Phenylpentanol-(2)-Systemen.* (8. vgl. vorst. Ref.) Die Verss. der 3. Mitt. (vgl. CRAM, J. Amer. chem. Soc. **71**. [1949.] 3875) wurden fortgesetzt u. die Tosylate **Ts** der Alkohole D-(—)-*threo-* u. D-(+)-*erythro-2-Phenylpentanol-(3)* (**I** u. **II**) sowie D-(+)-*threo-* u. D-(+)-*erythro-3-Phenylpentanol-(2)* (**III** u. **IV**) 30 Std. bei 75° in Eisessig, 10% Acetanhydrid enthaltend, solvolysiert (vgl. 5. u. 6. Mitt.), wobei pro Mol **Ts** 1. 1,2 Mol K-Acetat, 2. nur 0,78 Mol K-Acetat zugesetzt wurde; bei 2 also zum Ende der Rk. die Lsg. sauer wurde. Die nach erfolgter $LiAlH_4$-Behandlung erhaltenen Olefin–Alkohol-Mischungen wurden chromatograph. getrennt u. die Alkohole mittels Infrarotspektr. u. Best. der opt. Drehung analysiert. Die Alkoholmischungen wurden außerdem in die Acetate, Propionate u. Benzoate übergeführt u. auch deren Rotationsvermögen durch Vgl. mit dem der reinen Komponenten bestimmt. Die Olefine (2- u. 3-Phenylpentene) wurden mit Pd–$CaCO_3$ bei n. Druck u. Temp. in A. zu 2- u. 3-Phenylpentanen hydriert u. diese durch Infrarotspektr. bzw. polarimetr. quantitativ ermittelt. Bei den Rkk nach 1 wurden erhalten [in ( ) Ausbeute in % an Alkohol; Olefine; davon konjugierte u. nicht konjugierte 2-Phenylpentene, 3-Phenylpentene]: **I-Ts** (56; 39; 42, 25, 33), **II-Ts** (68; 24; 34, 52, 14), **III-Ts** (58; 36; 24, 16, 60), **IV-Ts** (71; 22; 24; 43, 33); bei den Rkk. nach 2: **I-Ts** (51; 37; 41, 25, 34), **II-Ts** (61; 23; 41, 43, 16), **III-Ts** (52; 37; 23, 17, 60), **IV-Ts** (65; 21; 30, 38, 32). Bei den Rkk. nach 1 entstanden dabei die Acetate folgender Alkohole: bei **I-Ts** u. **III-Ts**: 39—42% **I**, 0—3% **II**, 55—58% L-(—)-*threo-* (**V**) u. 0—3% L-(—)-*erythro-3-Phenylpentanol-(2)*, bei **II-Ts** u. **IV-Ts**: 39—42% **II**, 0—3% **I**, 55—58% **IV** u. 0—3% **III**. Vf. nimmt an, daß Acetationen keine Bedeutung für den Mechanismus der Rkk. haben, vor allem wegen des Fehlens von Unterschieden zwischen Rkk. 1 u. 2, die in hohem Maß stereospezif. verlaufen. Die Ergebnisse scheinen analog denen im 3-Phenylbutanol-(2)-Syst. erhaltenen zu sein. Vf. nimmt als Zwischenstufe daher wieder ein Phenoniumsulfonationenpaar an. Die Tatsache, daß dieses bei der Solvolyse häufiger auf das die CH_3-Gruppe tragende C-Atom als auf das mit der C_2H_5-Gruppe verbundene „zusammenfällt" (Bldg. von **I** $<$ **V** bzw. **II** $<$ **IV**. stets im Verhältnis 2 : 3), wird mit der Größe von $C_2H_5 > CH_3$ erklärt. Vf. schließt aus den verschied. gebildeten Olefinmengen, daß ein Mechanismus der Olefinbldg. mit einem Phenoniumsulfonationenpaar als unmittelbare Vorstufe zum Olefin nicht zutreffen kann, vielmehr umgelagerte Olefine durch vorausgehende Isomerisierung der **Ts**, die selbst über Brückenionenpaare verläuft, entstehen. Die Ähnlichkeit der Ausbeuten an umgelagerten u. nicht umgelagerten Olefinen aus **II-Ts** u. **IV-Ts** verglichen mit denen aus **I-Ts** u. **III-Ts** wird auf einen höheren Gleichgewichtsgrad zwischen den Verbb. mit **II-** u. **IV**-Konfiguration zurückgeführt, der qualitativ erklärt wird mit dem niedrigen Energiegeh. des Übergangszustands, der zu Phenoniumsulfonationenpaaren führt, bei dem CH_3- u. C_2H_5-Gruppe in trans-Stellung (**II-** u. **IV**-Konfiguration) zueinander stehen. Vf. schließt hieraus, daß aus dem Ionenpaar mehr Acetat entsteht, wenn dessen Brückenring cis- (aus threo-Ausgangsstoffen) als wenn er trans-Konfiguration (aus erythro-) hat. Dies stützt die früheren Annahmen von weiteren Ionenpaaren, über welche die Rk. Phenoniumsulfonationenpaar → Acetat verlaufen soll. Für die Bldg. der 2-Phenylpentene werden wegen des jeweils gleichen Bildungsverhältnisses aus **I** u. **II** bzw. **III** u. **IV** zwei Primärprozesse angenommen: 1. einfache Ionisierung der C—O-Bindung im Sulfonatester, die zur Carboniumionbldg. führt, aus dem konjugierte [*2-Phenylpenten-(2)* (**VI**)] u. nicht konjugierte Olefine [*2-Phenylpenten-(3)*] entstehen, 2. Teilnahme eines H-Atoms des Benzyl-C-Atoms an der Rk. unter Bldg. eines H-Brückions, das entweder unter direkter Bldg. eines konjugierten Olefins, **VI**, H^+ abgibt oder über ein tert. Carboniumion ein konjugiertes Olefin [*2-Phenylpenten-(1)*] liefert. Da die **Ts** der threo-Reihe mehr Olefine bilden als die der erythro-Konfiguration, was bes. von unterschiedlicher Bldg. konjugierter Olefine herkommt, nimmt Vf. an, daß die Phenylbrückenionen stärker über die H-Brükkenionen in der erythro-Reihe vorherrschen als in der threo-Gruppe. Denn nur die Phenylbrücke der erythro-Reihe trägt keine großen Gruppen in cis-Stellung u. wird daher in dieser Reihe bes. bevorzugt sein vor H-Brückenionen, die vermutlich für die Bldg. konjugierter Olefine verantwortlich sind. — Folgende Ester wurden aus 1 Teil Alkohol in 5 Teilen trockenem Pyridin u. Zugabe 1 Mols Säurechlorid nach 8 Std. Stehen bei n. Temp. dargestellt ($[\alpha]_D^{25}$-Werte stets bei l = 1 u. fl.): *L-(+)-threo-2-Phenylpentanol-(3)* (**VII**) ($[\alpha]_D^{25}$ +12,1°); **VII**-*Acetat*, $C_{13}H_{18}O_2$, n_D^{25} 1,4872, $[\alpha]_D^{25}$ —27,7°; **VII**-*Propionat*, $C_{14}H_{20}O_2$, n_D^{25} 1,4852, $[\alpha]_D^{25}$ —32,3°; **VII**-*Benzoat*, $C_{18}H_{20}O_2$. — **I**, $[\alpha]_D^{25}$ —11,4°. — **I-Ts**, F. 101—102°, $[\alpha]_D^{22}$ +51,08° (c = 5, Bzl.). — **II**, $[\alpha]_D^{25}$ +7,34°. — **II**-*Acetat*, $C_{13}H_{18}O_2$, n_D^{25} 1,4868, $[\alpha]_D^{25}$ +35,3°. — **II**-*Propionat*, $C_{14}H_{20}O_2$, n_D^{25} 1,4860, $[\alpha]_D^{25}$ +36,5°. — **II**-*Benzoat*, $C_{18}H_{20}O_2$, n_D^{25} 1,5420, $[\alpha]_D^{25}$ +57,9°. — **II-Ts**. F. 86—87°, $[\alpha]_D^{22}$ —4,90° (c = 5, Bzl.). — *L-(—)-erythro-2-Phenylpentanol-(3)*, $[\alpha]_D^{25}$ —7,25°. — **V**, $[\alpha]_D^{25}$ —16,8°; **V**-*Acetat*, $C_{13}H_{18}O_2$, n_D^{25} 1,4869, $[\alpha]_D^{25}$ —66,3°; **V**-*Propionat*, $C_{14}H_{20}O_2$, n_D^{25} 1,4838, $[\alpha]_D^{25}$ —57,2°; **V**-*Benzoat*, $C_{18}H_{20}O_2$, n_D^{25} 1,5403, $[\alpha]_D^{25}$ —33,8°. — **III**, $[\alpha]_D^{25}$ +16,2°; **III-Ts**, F. 72—73°, $[\alpha]_D^{22}$ —25,4° (c = 5, Bzl.). — *L-(—)-erythro-3-Phenylpentanol-(2)*, $[\alpha]_D^{25}$ —20,2°. — **IV**, $[\alpha]_D^{25}$ +20,3°; **IV**-*Acetat*, $C_{13}H_{18}O_2$, n_D^{25} 1,4864, $[\alpha]_D^{25}$ +54,5°; **IV**-*Propionat*, $C_{14}H_{20}O_2$, n_D^{25} 1,4840, $[\alpha]_D^{25}$ +49,7°; **IV**-*Benzoat*, $C_{18}H_{20}O_2$, n_D^{25} 1,5412, $[\alpha]_D^{25}$ +59,9°; **IV-Ts**, F. 40—41°, $[\alpha]_D^{22}$ +19,0° (c = 5, Bzl.). (J. Amer. chem. Soc. **74**. 2159—65. 5/5. 1952.) GNAUCK. D 225

Arthur C. Cope und **Alfred C. Haven jr.**, *Umlagerung von Oxim-N-äthern. Benzophenonoxim-N-benzhydryläther* (**I**) lagert sich beim Erhitzen auf 160—200° quantitativ in *Benzophenonoxim-O-benzhydryläther* (**II**) um. Die Rk. wurde durch Best. des UV-Absorptionsspektr. in Methylcyclohexan in Abhängigkeit von Zeit u. Temp. als Rk. 1. Ordnung mit einer Aktivierungsenergie E = 40 kcal/Mol **erkannt**. Die große Aktivierungsentropie (13,6 e.u.) wird durch hohe Solvatation von **I** verglichen mit der des weniger polaren u. weniger starren aktivierten Komplexes erklärt, der über einen intramol. dreigliedrigen Ring zu **II** führt. *Benzophenonoxim-N-benzyläther* (**III**) gibt keine entsprechende Umlagerung zum *O-Äther* (**IV**), da er sich vorher in *Benzhydrylidenimin* u. Benzaldehyd therm. zersetzt. Verss. zur Darst. von *Benzophenonoxim-N-trityläther* (**V**) führten zum *Benzophenoxim-O-trityläther* (**VI**) unter Tritylwanderung vom N zum O bei den Reaktionsbedingungen. Analog führt Vers. zur Darst. von *Benzaldoxim-N-trityläther* zum *Benzaldoxim-O-trityläther* (**VIII**). Die UV-Absorptionsspektren von **I**, **II**, **VI** u. **VIII** werden angegeben.

V e r s u c h e (FF. korr.): Alkylierung von Benzophenonoxim (**IX**) in K-Äthylat-lsg. bei 10° mit Benzyljodid gab neben 12,2% **III**, F. 119,5—120° (A. bzw. Cyclohexan) 62% **IV**, F. 57—57,5° (wss. A.). — *N-Benzylbenzaldoxim*, F. 81,5—83,5° (Aceton–PAe.), aus N.N-Dibenzylhydroxylamin (aus A., F. 121—124°) in Ae. mit gelbem HgO; daraus durch Hydrolyse *N-Benzylhydroxylamin*, F. 56—58,5° (Bzl.–PAe.). — **III**, aus vorst. Verb. mit Benzhydrylideniminhydrochlorid in Ligroin unter Überleiten von NH_3 bei Sieden am Rückfluß. — Zers. von **III** 5 Std. bei 200° ergab NH_3, Ammoniumbenzoat, Benzophenon u. 2.4.5-Triphenylimidazol, das auch aus Benzaldehyd u. NH_3 bei den Reaktionsbedingungen entstand. — **I**, F. 165—167° (A.) bei vorgewärmtem Bad, durch Dest. einer Mischung von **IX** in Bzl. mit einer Lsg. von K in tert.-Butanol bis Kp. 78°, Zugabe von Benzhydrylbromid in Bzl. u. 45 std. Kochen am Rückfluß (30,7%); aus den Mutterlaugen nach Konz. **II**, $C_{26}H_{21}ON$, F. 101,5—102° (Methanol); 54%. — **I** hydrolysiert mit konz. HCl zu Benzophenon u. Hydroxylaminhydrochlorid; Hydrierung von **I** in absol. A. mit RANEY-Ni in 9 Std. bei gewöhnlichem Druck ergab *N-Benzhydrylidenbenzhydrylamin*, F. 151—152° (A.) bei Aufnahme von 2 Äquivalenten H. Hydrolyse von **II** mit konz. HCl gab gleiche Prodd. wie **I**; Red. mit Zn-Staub u. Eisessig führte zu Benzhydrol u. *Benzhydrylamin, Pikrat*, F. 203,5—205° (Zers.). — **VI**, $C_{32}H_{25}ON$, F. 154,6 bis 155,8° (A. oder Bzl.–PAe.), analog **II** aus **IX** u. Tritylchlorid bei ½ std. Kochen am

Rückfluß (95%). — *N-Tritylhydroxylamin*, F. 130—137°, Darst. nach STIEGLITZ u. LEECH (1914), gibt bei Red. mit Zn-Staub u. Eisessig *Triphenylmethylamin*, F. 100,5 bis 101,5° (A.). — Mit Benzhydrylidenimin bei 120° entsteht **VI**, mit Benzaldehyd unter N_2 bei 130° **VIII**, $C_{26}H_{21}ON$, F. 119,5—120,5° (A.). — *N-Benzhydrylhydroxylamin* (**VII**), Darst. nach PLATTNER u. BEHREND (1893), F. 76—77°, u. Tritylchlorid in Bzl. geben ein **V**-*Isomeres*, $C_{32}H_{25}ON$, aus Bzl.-A., F. 124,5—129° (leichte Zers.), das mit HgO oder H_2O_2 nicht oxydiert werden konnte. **VII** wird im übrigen in alkal. Lsg. sehr leicht durch Luft zu Benzophenonoxim oxydiert. (J. Amer. chem. Soc. **72.** 4896—4903. Nov. 1950. Cambridge, Mass., Massachusetts Inst. of Technol. Dep. of Chem.) DU MONT. D 225

M. H. Jones und **E. W. R. Steacie**, *Die photochemische Zersetzung von Azomethan.* Vff. untersuchen die Photolyse von *Azomethan* (**I**) innerhalb des Temperaturgebietes 24—190° u. eines Wellenlängenbereichs von 3150—3900 Å. Es werden der Einfl. der Konz. an **I**, der Temp. u. der absorbierten Intensität auf die Bildungsgeschwindigkeiten von N_2, CH_4 u. C_2H_6 untersucht, sowie der Temperatureinfl. auf die Quantenausbeute der N_2-Bildung. Die Zus. der Reaktionsprodd. wird massenspektrometr. bestimmt, die Ergebnisse graph. u. tabellar. wiedergegeben. — Die Reaktionsmechanismen $I + h\nu \rightarrow N_2 + 2\,CH_3$ (1.) $CH_3 + I \rightarrow CH_4 + CH_2N = NCH_3$ (2.) u. $CH_3 + CH_3 \rightarrow C_2H_6$ (3.) werden bewiesen. Für 2. werden eine Aktivierungsenergie von 7,6 ±0,2 kcal/Mol u. ein ster. Faktor von 10^{-3} bis 10^{-4} ermittelt. Eine Abweichung von der ARRHENIUSschen Geraden bei niederen Tempp. wird diskutiert. Die Quantenausbeute der N_2-Bldg. ist 1, sie ist konstant zwischen 24—164° u. unabhängig von der Konz. an **I**, was darauf hindeutet, daß N_2 nicht aus sek. Rkk. gebildet wird. Die N_2-Bildungsgeschwindigkeit ist eine lineare Funktion der absorbierten Intensität. Die Unters. der Rk. in Ggw. CO_2 zeigt, daß innerhalb des verwendeten Konzentrationsbereiches die Möglichkeit eines Mechanismus mit angeregten Moll. ausgeschaltet werden kann. — Als wahrscheinliche Prodd. einer Assoziations-Rk. von CH_3 mit **I** (E = 6,4 kcal/Mol) u. von Sekundär-Rk. der entstandenen N-haltigen Radikale werden *Tetramethylhydrazin* u. *Methyläthyldimid* angenommen. — Die Photolyse von **I** kann nach Ansicht der Vff. als Quelle für CH_3-Radikale verwendet werden; nachteilig ist die niedrige Abspaltungsenergie, vorteilhaft die Absorption von **I** bei längeren Wellenlängen, die **I** zur Unters. der Rk. von CH_3 mit Aldehyden u. Ketonen geeignet erscheinen läßt.

Versuche: *Azomethan* (**I**), $Kp._1$ —96°, aus Dimethylhydrazin·HCl durch Oxydation mit $CuCl_2$. (J. chem. Physics **21.** 1018—25. Juni 1953. Ottawa, Can., Nat. Res. Counc., Div. of Pure Chem.) G. WINKLER. D 226

G. E. Gibson, Norman Blake und **Max Kalm**, *Die photochemische Zersetzung von Benzol.* Vff. untersuchen die Wrkg. von UV-Bestrahlung von Bzl. in glasartigem E. P. A. (5 Teile Ae., 5 Teile Isopentan [I], 2 Teile A.) bei —195,8° u. finden, daß die Phosphorescenzintensität der Lsg. mit zunehmender Belichtungszeit abnimmt. Schmelzen bei Zimmertemp. nach der Belichtung u. erneutes Einfrieren bewirkt eine Zunahme der Intensität bis nahezu auf den alten Wert. Die Differenz nimmt bei verdünnteren Lsgg. zu. Das Absorptionsspektr. der be ichteten Lsg. (sowohl in E. P. A. als auch in „IM_4" [4 Teile Methylcyclohexan, 1 Teil **I**]) zeigt eine beträchtliche Zunahme der Extinktion u. vollständige Veränderung der Struktur gegenüber der Ausgangslösung. Bestrahlung bei Zimmertemp. verändert das Spektr. nicht, gleichfalls werden die Absorptionsspektren der Lösungsmittel durch Bestrahlung bei Zimmertemp. oder —195,8° nicht verändert. — Das Spektr. der durch Photozers. von Bzl. entstandenen Verb. zeigt drei Maxima bei 275, 264 u. 255 mμ, der angenäherte Wert für die maximale Extinktion (berechnet) beträgt 371. Vgl. mit dem Spektr. von *1.3.5-Hexatrien* (**II**) ergibt nahezu vollständige Übereinstimmung, nur ist das ganze Spektr. um 7,5 mμ gegenüber **II** nach längeren Wellenlängen hin verschoben. Da geometr. Isomerie einen Einfl. auf λ_{max} als auch auf E_{max} hat, wird von Vff. angenommen, daß **II** die cis-Form besitzt u. die neue Verb. *trans-1.3.5-Hexatrien* (**III**) ist (läßt sich durch Dest. der bestrahlten Lsg. anreichern, verbraucht augenblicklich Br_2, verliert nach 3wöchigem Stehen an der Luft die Fähigkeit zur Absorption). Die beschriebene Rk. geht nur vonstatten, wenn das Lösungsm. Wasserstoff enthält. Mit Bzl. in Perfluor-2-methylpentan wird bei Bestrahlung unter gleichen Bedingungen ein Spektr. erhalten, welches charakterist. für *Biphenyl* (**IV**) ist. — Zur Erklärung des Reaktionsmechanismus wird angenommen, daß der erste Schritt in der Aufspaltung einer Doppelbindung des Bzl. unter Bldg. eines Biradikals besteht, welches sich unter Aufnahme zweier H-Atome zu **III** stabilisiert. Die Konkurrenz-Rk., Abspaltung eines H-Atoms aus Bzl. unter Bldg. eines Phenylradikals, wird von Vff. unter Reaktionsbedingungen für unwahrscheinlich gehalten, jedoch als möglicher Weg, für die Bldg. von **IV** angesehen. Verss. zur Best. der Reaktionsgeschwindigkeit waren bisher erfolglos. — Die Herst. vollkommen wasserfreier

u. sauerstofffreier Benzollsgg. wird beschrieben. (J. chem. Physics **21.** 1000—04. Juni 1953. Berkeley, Calif., Univ., Dep. of Chem. and Chem. Engng.) G. Winkler. D 226

B. W. Ssuworow, Ss. R. Rafikow und **I. G. Anutschina,** *Über den Mechanismus der Dampfphasenoxydation von Toluol, Benzylalkohol und Benzaldehyd in Gegenwart von Vanadinoxyden.* Die Oxydation in Dampfphase über V_2O_5 führt zu folgenden Prodd.: Toluol liefert CO_2, W., *Benzaldehyd* (**I**), *Benzoesäure* (**II**), *Chinon* (**III**), *Maleinsäureanhydrid* (**IV**) u. *Anthrachinon* neben wenig *Phenol* (**V**) u. *Formaldehyd* (**VI**). Bei Benzylalkohol sind die Hauptprodd. **I, II, III, IV,** CO_2 u. W., bei **I** entstehen **II, III, IV,** CO_2 u. W., in beiden Fällen werden auch **V** u. **VI** nachgewiesen. Vff. entwickeln eine Theorie über den Reaktionsmechanismus, wonach als erste Stufe die Bldg. eines Peroxyds $C_6H_5CH_2OOH$ angenommen wird, das in verschied. Richtungen zerfallen kann. Bei der Oxydation von Benzylalkohol u. **I** bewirkt Zusatz von Wasserdampf eine erhebliche Steigerung der Ausbeute an Oxydationsprodukten. Das quantitative Verhältnis der einzelnen Zwischenprodd. hängt von den Reaktionsbedingungen, bes. von ihrer chem. u. therm. Stabilität, ab. (Доклады Академии Наук СССР [Ber. Akad. Wiss. UdSSR] [N. S.] **88.** 79—82. 1/1. 1953. Inst. für chem. Wiss. der Akad. der Wiss. der KasachSSR.) R. K. Müller. D 227

N. I. Schuikin und **I. I. Lewitzki,** *Die Rolle inerter Verdünnungsmittel bei der katalytischen Dehydrierung von Äthylbenzol.* Äthylbenzol (**I**) wurde unverd. oder in Verdünnung mit H_2, N_2 u. Toluol (**II**) bei 575° im Strömungssyst. an einem Vanadiumoxyd enthaltenden Katalysator zu *Styrol* (**III**) dehydriert. Es ließ sich zeigen, daß die Rk. das thermodynam. Gleichgewicht in einem weiten Intervall der Volumengeschwindigkeit erreicht u. daß die Verdünnungsmittel nur seine Verschiebung bewirken. Der verschiedene Umwandlungsgrad ist also nicht immer auf verschied. Adsorptionskoeffizienten der reagierenden Stoffe, Reaktionsprodd. oder Verdünnungsmittel zurückzuführen, was andere Bearbeiter dieser Rk. außer acht ließen.

Versuche: Bei einer „mol." Geschwindigkeit (Mol **I** pro Std. u. Liter Katalysator) des **I**-Stroms von 8,6—19,8 beträgt die Katalysatausbeute 94—97 Gew.-% bei 24,3—26,3% **III**-Geh.; der wahre Dehydrierungsgrad ist etwas höher, da bei 575° sowohl Crack- als auch Polymerisationsprozesse ablaufen (nach Marukjan u. Tolstopjatowa, Журнал Прикладной Химии [J. angew. Chem.] **19.** [1946.] 1079 beträgt die Zers. von **III** bei 575° 3—5,9% bei 31—155 Sek. Kontaktdauer). Aus diesen Verss. ohne Verdünnung wurde die Gleichgewichtskonstante bei Atmosphärendruck zu 0,0667 ermittelt; diese lag allen weiteren thermodynam. Berechnungen bei den Verss. mit Verdünnungsmitteln zugrunde. Bei Verdünnung mit H_2 beträgt die Katalysatausbeute 93—97%; der **III**-Geh. fällt von 23,2 bei geringerer auf 10,2% bei großer Verdünnung; Abweichung von den berechneten Werten +3,1—4,6%. Bei Verdünnung mit N_2 beträgt die Katalysatausbeute 91%, bei großer Verdünnung 65%; die geringe Ausbeute in letzterem Fall wird auf die schlechte Wärmeleitfähigkeit von N_2, die verhindert, daß sich **I** u. **III** in der Vorlage quantitativ kondensieren, zurückgeführt; der entsprechende **III**-Geh. liegt bei 29,5 bzw. 49,5%, die Abweichung von dem berechneten Wert ist 0 bzw. —0,9%. Die Verdünnung mit **II** gibt 94—97% Katalysat; dessen **III**-Geh. fällt von 20—20,3% bei 27% **II** auf 11,4—11,6% bei 67% **II** in der Ausgangsmischung; die Abweichung des Dehydrierungsgrades von dem berechneten Wert ist —0,8 bis —1,2 bzw. —3,5 bis —4,1%; bei 83% **II** in der Ausgangsmischung erreicht die Abweichung —12,1%. Hier macht sich die aus der Literatur bekannte Inaktivierung des Katalysators durch **II** oder seine Kontaktierungsprodd. bemerkbar. (Известия Академии Наук СССР, Отделение Химических Наук [Nachr. Akad. Wiss. UdSSR, Abt. chem. Wiss.] **1952.** 592—602. Juli/Aug. Inst. für organ. Chem. der Akad. der Wiss. der UdSSR.) R. Knobloch. D 227

D_2. Präparative organische Chemie. Naturstoffe.

Arne Brändström. *Eine verbesserte Carbäthoxylierungsmethode mit Äthylcarbonat.* Vf. benutzt als Kondensationsmittel für die Rk. von Ketonen mit Äthylcarbonat aus letzterem u. Na gebildetes C_2H_5ONa. Das Keton wird in 1 Std. bei 140° unter gleichzeitiger Entfernung des gebildeten A. langsam zu der Lsg. von Na in Äthylcarbonat gegeben. Bei den untersuchten Verbb. wurden gleiche oder bessere Ausbeuten gefunden als die von Wallingford u. Mitarbeitern (C. **1942.** I. 744. 745) berichteten. Dies beweist, daß die Spaltung des Äthylcarbonats durch C_2H_5ONa nur eine unbedeutende Neben-Rk. bei diesen Kondensationsbedingungen ist. Folgende β-Ketoester wurden dargestellt: *Äthylisovalerylacetat,* $Kp._{10}$ 90°; 75% (Ausbeute). *Äthylcaproylacetat,* $Kp._{10}$ 114°; 65%. *Äthylbenzoylacetat,* $Kp._8$ 144—147°; 76%. (Acta chem. scand. **4.** 1315—16. 1950. Uppsala, Univ., Chem. Inst.) Kempf. 450

C. E. Sroog und **H. M. Woodburn,** *2.2-Dichloräthanol.* Aus Dichloracetylchlorid in Ae. u. $LiAlH_4$, Zersetzen mit W., Ansäuern u. Fraktionieren: $C_2H_4OCl_2$, Kp.$_6$ 37—38,5°; D.$^{25}{}_4$ 1,404; n_D^{25} 1,4626; 63—65% Ausbeute. (Org. Syntheses **32.** 46—48. 1952. Buffalo, N. Y., Univ.) Trofimow. 560

H. M. Teeter und **E. W. Bell,** *tert.-Butylhypochlorit.* Durch Einw. von Chlor auf eine alkal. Lsg. von tert.-Butylalkohol bei 15—20°: C_4H_9OCl, Kp.$_{760}$ 77—78°; D.$^{20}{}_{20}$0,910; n_D^{20} 1,403; 69—96% Ausbeute. Die Verb. kann nur in inerter Atmosphäre unter Lichtabschluß u. Vermeidung von Gummi dargestellt werden, da sie sich leicht zu Aceton u. Methylchlorid zersetzt. (Org. Syntheses **32.** 20—22. 1952. Peoria, Ill., U. S. Dep. of Agric.) Trofimow. 590

J. W. Griffin und **D. H. Hey,** *Aminoalkansulfonamide und Alkandisulfonamide.* Vff. beschreiben die Herst. von *ω-Aminoalkan-α-sulfonamiden,* $NH_2\cdot[CH_2]_x\cdot SO_2\cdot NH_2$ (x = 2, 3, 4, 5), u. von *Alkan-α.ω-disulfonamiden,* $NH_2\cdot SO_2\cdot[CH_2]_y\cdot SO_2\cdot NH_2$ (y = 3, 4, 5, 10), sowie einer Anzahl Derivate. Zur Herst. von *2-Aminoäthan-1-sulfonamid* wurde die Meth. von Miller u. Mitarbeitern (C. **1940.** II. 3328) angewandt, für die Sulfonamide mit x = 3, 4, 5 ein entsprechendes, von Vff. modifiziertes Verfahren. Danach wurde z. B. *3-Aminopropan-1-sulfonamid* folgendermaßen hergestellt: 1.3-Dibrompropan wurde in *N-[3-Brompropyl]-phthalimid* übergeführt u. dieses in *S-[3-Phthalimidopropyl]-thiuroniumbromid.* Aus dem Bromid wurde das *Acetat* u. hieraus durch Einleiten von Cl_2 in die salzsaure Suspension *3-Phthalimidopropan-1-sulfonylchlorid* hergestellt. Durch Einleiten von trockenem NH_3 in die Lsg. des Sulfonylchlorids in absol. Bzl. wurde *3-Phthalimidopropan-1-sulfonamid* erhalten u. nach Behandeln dieser Verb. mit wss. Hydrazinhydrat (**I**) in sd. A. unter Zusatz von HCl *3-Aminopropan-1-sulfonamidhydrochlorid.* Diese Meth. versagt für das Sulfonamid mit x = 1, u. zwar bei der Chlorierung der *S-Phthalimidomethylthiuroniumsalze.* An Derivv. wurden hergestellt: Aus Phthalimidoalkan-1-sulfonamid *Phthalimidoalkan-1-sulfonylacetamid* (x = 2, 3), aus Phthalimidoalkansulfonylchlorid u. 2-Aminopyridin (**III**) *2-[Phthalimidoalkansulfonamido]-pyridin* (x = 3, 4, 5); aus Aminoalkan-1-sulfonamid *Acetamidoalkansulfonylacetamid* (x = 2, 3, 4, 5). — Die *Alkan-α.ω-disulfonamide* wurden in entsprechender Weise erhalten, ausgehend von den Alkylendibromiden, die in die *Alkylen-bis-thiuroniumchloride* (über die entsprechenden *Bromide* u. *Acetate*) übergeführt wurden. Durch Einw. von Cl_2 wurden *Alkylen-α.ω-disulfonylchloride* u. hieraus die *Alkylen-α.ω-disulfonamide* erhalten. Von den Disulfonamiden mit y = 4, 5, 10 wurden die *Diacetylderivv.* hergestellt.

Versuche: *2-Aminoäthan-1-sulfonamidhydrochlorid,* $C_2H_8O_2N_2S\cdot HCl$, F. 131 bis 133,5°, nach Miller u. Mitarbeitern (l. c.) aus N-[2-Chloräthyl]-phthalimid über *2-Phthalimidoäthansulfonylchlorid* u. *2-Phthalimidoäthansulfonamid* (F. 209—210°); Entfernung der Phthaloylgruppe mit **I**; aus A. Nadeln. — *2-Acetamidoäthan-1-sulfonylacetamid,* $C_6H_{12}O_4N_2S$, F. 153,5—154,5°, aus 1,2 g vorst. Verb. durch $^1/_4$std. Erhitzen mit einem Überschuß an Essigsäureanhydrid auf 150—160°, aus A. Blättchen; 0,52 g (Ausbeute). — *S-[3-Phthalimidopropyl]-thiuroniumbromid,* $C_{12}H_{14}O_2N_3BrS$, F. 226 bis 228° (Zers.), aus 1.3-Dibrompropan (Kp. 166°) über *N-[3-Brompropyl]-phthalimid* (F. 72°) u. Rk. von 414,5 g mit 117 g Thioharnstoff (**II**) bei 8std. Kochen in A.; aus W. hexagonale Platten; 434 g. — *3-Phthalimidopropan-1-sulfonylchlorid,* $C_{11}H_{10}O_4NClS$, F. 82—85° (Bzl.), aus 105 g vorst. Verb. über das *Acetat* (F. 152,5—153,5° [Zers.]; 86 g), in dessen salzsaure Suspension bei 0—5° 3 Std. Cl_2 geleitet wurde; 69 g. — *3-Phthalimidopropan-1-sulfonamid,* $C_{11}H_{12}O_4N_2S$, F. 170,5—173°, aus vorst. Verb. in trockenem Bzl. mit trockenem NH_3 bei 40°; aus W. oder A. Blättchen. — *3-Aminopropan-1-sulfonamidhydrochlorid,* $C_3H_{10}O_2N_2S\cdot HCl$, F. 161—163°, aus 14,6 g vorst. Verb. in sd. A. durch 3std. Kochen mit 30%ig. wss. **I**, Eindampfen des Filtrats, Lösen in W., Versetzen mit HCl bei 70°, Eindampfen des Filtrats, Versetzen mit W. u. erneutes Eindampfen; aus 80%ig. A. Prismen; 8 g. — *3-Acetamidopropan-1-sulfonamid,* $C_5H_{12}O_3N_2S$, F. 121,5—123°, aus 0,5 g vorst. Verb. in NaOH u. Acetanhydrid bei n. Temp., Eindampfen mit A. nach 5 Min. u. Ausziehen mit Aceton; aus A. Blättchen; 0,3 g. — *3-Acetamidopropan-1-sulfonylacetamid,* $C_7H_{14}O_4N_2S$, F. 162,5 bis 163,5°, aus A. Blättchen. — *S-[4-Phthalimidobutyl]-thiuroniumbromid,* $C_{13}H_{16}O_2N_3\cdot BrS$, F. 174,5—177°, aus 860 g 1.4-Dibrombutan, 245 g Phthalimid u. wasserfreiem K_2CO_3 durch 2std. Erhitzen auf 180—190° u. Umsatz des neben *1.4-Diphthalimidobutan* (F. 224—226° [Essigsäure]; 28 g) erhaltenen *N-[4-Brombutyl]-phthalimids* (F. 79 bis 80,5°; 280 g; 507 g $Br(CH_2)_4Br$ werden zurückgewonnen) mit **II** in A. (22std. Kochen); aus W. Blättchen; 329,5 g. — *4-Phthalimidobutan-1-sulfonylchlorid,* $C_{12}H_{12}O_4NClS$, F. 126,5—128°, aus 104 g vorst. Verb.; aus Aceton Blättchen; 60 g. — *4-Phthalimidobutan-1-sulfonamid,* $C_{12}H_{14}O_4N_2S$, F. 148,5—149,5°, aus 40 g vorst. Verb., aus A. Blättchen; 21,8 g. — *4-Aminobutan-1-sulfonamidhydrochlorid,* $C_4H_{12}O_2N_2S\cdot HCl$, F. 129 bis

129,5° (90%ig. A.); 5,7 g. — *4-Acetamidobutan-1-sulfonylacetamid*, $C_8H_{16}O_4N_2S$, F. 143 bis 144,5°, aus A. Blättchen. — *S-[5-Phthalimidoamyl]-thiuroniumbromid*, $C_{14}H_{18}O_2 \cdot N_3BrS$, F. 188,5—189,5°, aus 470 g 1.5-Dibrompentan (in 80%ig. Ausbeute aus dem Diol gewonnen) durch 4std. Erhitzen mit 130 g Phthalimid u. K_2CO_3 auf 190—200°, Dampfdest. zur Entfernung von überschüssigem $Br(CH_2)_5Br$ (270 g), Aufnehmen der unteren Schicht in Chlf., Abdampfen, Behandeln mit PAe. u. wenig absol. A., Ausziehen mit Bzn. (als Rückstand *1.5-Diphthalimidopentan*, F. 182—183°; 11,2 g) u. 17std. Kochen der 145 g *N-[5-Bromamyl]-phthalimid* (F. 69—72°) mit **II** in A.; aus A. Nadeln; 151 g. — *5-Phthalimidopentan-1-sulfonylchlorid* (**IV**), $C_{13}H_{14}O_4NClS$, F. 77—79°, aus 42 g vorst. Verb.; aus Bzl.-Leichtbenzin Nadeln; 34 g. — *5-Phthalimidopentan-1-sulfonamid*, $C_{13}H_{16}O_4N_2S$, F. 163,5—164,5°, aus 5,5 g vorst. Verb.; aus W. Nadeln; 3,5 g. — *5-Aminopentan-1-sulfonamidhydrochlorid*, $C_5H_{14}O_2N_2S \cdot HCl$, F. 126,5—129°, aus 4,5 g vorst. Verb.; aus A. feine hygroskop. Nadeln; 2 g. — *5-Acetamidopentan-1-sulfonylacetamid*, $C_9H_{18}O_4N_2S$, F. 114—115°, aus A. Rhomboeder. — *S-Phthalimidomethylthiuroniumbromid*, $C_{10}H_{10}O_2N_3BrS$, F. 219—220° (Zers.), aus 5 g N-Brommethylphthalimid u. 1,8 g **II** durch 24std. Kochen in trockenem Bzl.; aus dem Filtrationsrückstand wird mit heißem Bzl. unumgesetztes Ausgangsprod. entfernt (1,4 g); aus wss. A. Prismen; 3,15 g; u. *S-Phthalimidomethylthiuroniumchlorid*, $C_{10}H_{10}O_2N_3ClS$, F. 216°, ebenso aus 13,7 g N-Chlormethylphthalimid (60std. Kochen); aus A. Nadeln; 17 g. Chlorierung von 9 g Bromid gibt nur 1,7 g *N-Chlormethylphthalimid*, F. 133,5—135°, von 2 g Chlorid 0,6 g *N-Oxymethylphthalimid*, $C_9H_7O_3N$, F. 145—148°. — *2-Phthalimidoäthan-1-sulfonylacetamid*, $C_{12}H_{12}O_5N_2S$, F. 194—195°, aus 1 g 2-Phthalimidoäthansulfonamid u. Acetanhydrid; aus 50%ig. A. Nadeln; 0,8 g. — *3-Phthalimidopropan-1-sulfonylacetamid*, $C_{13}H_{14}O_5N_2S$, F. 175—176°, aus A. Prismen. — *2-[3'-Phthalimidopropansulfonamido]-pyridin*, $C_{16}H_{15}O_4N_3S$, F. 169,5—170,5°, durch Zusatz von 33 g 3-Phthalimidopropan-1-sulfonylchlorid zu 22 g **III** in trockenem Bzl. u. 2std. Rühren bei Raumtemp.; aus Eisessig Prismen, aus Bzl. Nadeln; 24,5 g. — *2-[3'-Aminopropansulfonamido]-pyridin*, $C_8H_{13}O_2N_3S$, F. 182,5—183,5°. Aus 20,7 g vorst. Verb. wurde mit wss. **I** in heißem A. unter Zusatz von HCl das *Hydrochlorid* erhalten (18,5 g), das in wss. Lsg. mit $NaHCO_3$ behandelt wurde; aus 50%ig. A. gelbliche Blättchen; 1,4 g. — *2-[4'-Phthalimidobutansulfonamido]-pyridin*, $C_{17}H_{17}O_4N_3S$, F. 191,5—193,5°, aus 60 g Sulfochlorid u. 37,5 g **III** (4 Std.); aus Eisessig Nadeln; 18,7 g. — *2-[4'-Aminobutansulfonamido]-pyridinhydrochlorid*, $C_9H_{15}O_2N_3S \cdot HCl$, F. 136,5—137,5°, aus 14,7 g vorst. Verb. u. 30%ig. **I** in A.; aus A. Platten; 5,5 g. — *2-[5'-Phthalimidopentansulfonamido]-pyridin*, $C_{18}H_{19}O_4N_3S$, F. 144,5—145,5°, a) aus 34 g **IV** u. 21 g **III** in absol. Bzl.; 16,6 g; b) aus 2 g **IV** u. 1,2 g **III** in Pyridin bei 0° u. Gießen in 1,5nHCl; 0,32 g; aus Methanol cremefarbene Prismen. — *2-[5'-Aminopentansulfonamido]-pyridinhydrochlorid*, $C_{10}H_{17}O_2N_3S \cdot HCl$, F. 127,5—129°, aus 15,8 g vorst. Verb.; aus A. Blättchen; 7 g. — *Propylen-1.3-bis-thiuroniumbromid*, $C_5H_{14}N_4Br_2S_2$, F. 196,5—199,5°, aus 101 g 1.3-Dibrompropan u. **II** in A. durch 18std. Kochen; aus wss. A. Nadeln; 153 g. — *Propan-1.3-disulfonamid*, $C_3H_{10}O_4N_2S_2$, F. 172,5—174,5°. Aus 20 g vorst. Verb. wurde mit K-Acetat in wss. Lsg. $<20°$ das *Acetat* hergestellt (F. 125—127°) u. in die salzsaure Lsg. des Acetats bei 0—10° Cl_2 eingeleitet. Das mit Chlf. erhaltene *Propan-1.3-disulfonylchlorid* (5,4 g; F. 40—45° roh) wurde in trockenem Bzl. gelöst u. in die Lsg. trockenes NH_3 eingeleitet; aus wss. Aceton Nadeln. — *Butylen-1.4-bis-thiuroniumbromid*, $C_6H_{16}N_4Br_2S_2$, F. 208—210°, aus W. Prismen; 98%. — *Butan-1.4-disulfonylchlorid*, F. 83—84,5°, aus Bzl.-Leichtbenzin Nadeln; 80%. — *Butan-1.4-disulfonamid*, F. 179,5—180,5°, aus W. Blättchen; 60%. — *N.N'-Diacetylbutan-1.4-disulfonamid*, $C_8H_{16}O_6N_2S_2$, F. 195,5—197,5°, aus A. Blättchen. — *Pentylen-1.5-bis-thiuroniumbromid*, $C_7H_{18}N_4Br_2S_2$, F. 159,5—161,5°, aus A. Prismen; 88%. — *Pentan-1.5-disulfonylchlorid*, F. 67—69°, aus Bzl.-Leichtbenzin Nadeln; 88%. — *Pentan-1.5-disulfonamid* (**V**), F. 131—133°, aus wss. A. Nadeln; 60%. — *N.N'-Diacetylpentan-1.5-disulfonamid*, $C_9H_{18}O_6N_2S_2$, F. 149,5—150,5°; aus A. Nadeln. — *Decylen-1.10-bis-thiuroniumbromid*, $C_{12}H_{28}N_4Br_2S_2$, F. 158,5—160,5°, aus Eisessig Nadeln; 89%. — *Decan-1.10-disulfonamid*, $C_{10}H_{24}O_4N_2S_2$, F. 162,5—164,5°, aus Essigsäure Blättchen; 63%. — *N.N'-Diacetyldecan-1.10-disulfonamid*, $C_{14}H_{28}O_6N_2S_2$, F. 157,5 bis 158,5°, aus A. Blättchen. — *Pentylen-1.5-bis-sulfonylguanidin*, $C_7H_{18}O_4N_6S_2$, F. 190,5—191,5°, aus 5,6 g Guanidinnitrat in methanol. NaOH u. 5 g **V** bei 50—55°; nach Entfernen des Methanols in Cyclohexanol 3 Std. auf 180—190° erhitzen, heißes Bzl. zugeben, abdekantieren der oberen Schicht, lösen in W., ansäuern mit 1,5nHCl u. alkalisieren mit 1,5nNaOH; aus wss. A. Nadeln; 1,6 g. (J. chem. Soc. [London] **1952.** 3334—40. Sept. London, Univ., King's Coll.) Hildegard Schulz. 600

J. A. Van Allan, *Acroleindiäthylacetal*. Aus Acrolein u. Äthylorthoformiat, 6 bis 8 Std. bei Raumtemp: $C_7H_{14}O_2$, Kp. 120—125°, n_D^{25} 1,398—1,407; 72—80% (Ausbeute). — Analog: *Crotonaldehyddiäthylacetal*, Kp. 145—147°, n_D^{25} 1,409; 68%;

Tiglylaldehyddiäthylacetal, Kp. 158—160°, n_D^{25} 1,419; 79%. (Org. Syntheses **32.** 5—6. 1952. Rochester, N. Y., Eastman Kodak Co.) TROFIMOW. 670

Paul E. Fanta, *Natriumnitromalonaldehydmonohydrat.* Durch Eintragen von Mucobromsäure in eine Lsg. von $NaNO_2$ in W. bei 54°: $C_3H_2O_4NNa \cdot H_2O$, rosa Nadeln, Ausbeute 36—41%. (Org. Syntheses **32.** 95—96. 1952. Chicago, Ill., Inst. of Technol.) TROFIMOW. 680

Marc Julia, *Verwendung von β-Chlorvinylketonen zur Synthese einiger Polyene und Heterocyclen.* Vf. untersucht das Verh. der nach dem Verf. von JONES u. WEEDON (C. **1946.** I. 1387) erhaltenen *Äthylen–Acetylencarbinole* bei der Teilhydrierung der dreifachen Bindung zur Doppelbindung u. bes. die Umwandlung der so erhaltenen *Chlorvinylcarbinole* zu *Diencarbonylverbindungen.* Er dehnt seine Unterss. auf *Carbinole* der allg. Formel: $R-C(CH_3)\cdot(OH)-CH{=}CCl-R'$ (R = Äthinyl, Vinyl, Alkyl u. Aryl; R' = H oder Alkyl) aus. Diese Carbinole sind durch Einw. der entsprechenden metallorgan. Verbb. auf β-Chlorvinylketone leicht erhältlich. Im Falle R' = H werden (außer bei R = Vinyl) *Aldehyde,* $R-C(CH_3){=}CH-CHO$, erhalten u. im Falle R' = Alkyl oder R = Äthinyl oder Aryl *Ketone* $R-C(CH_3){=}CH-CO-R'$. — *4-Chlorpenten-(3)-on-(2)* (**II**) wird aus Propin erhalten; Addition von Acetylchlorid (**VI**) führt nach der Regel von MARKOWNIKOFF direkt zum gewünschten Keton; 2-Chlorpropen führt mit **VI** nach Abspaltung von HCl zum Keton gleicher Konst., welche durch die Identität der Cyclisationsprodd. des Semicarbazons von **II** u. Acetylaceton sowie die Überführung von **II** in Acetylaceton über das Mono-[dimethylacetal] bewiesen wird. — Die Überführung verschied. Acetylencarbinole in Ketone, $R-C{\equiv}C-C(CH_3)(OH)-CH{=}CCl-CH_3 \rightarrow R-C{\equiv}C-C(CH_3){=}CH-CO-CH_3$, mit H_2SO_4 wird eingehend untersucht. Die Ketone sind auch direkt aus den Carbinolen über die 2.4-Dinitrophenylhydrazone, jedoch nicht über die Semicarbazone erhältlich. Eine ähnliche Umwandlung erfahren auch die *Vinylcarbinole* mit einem zum OH β-ständigen Halogenatom (vgl. untenst. Formel). Das C-Atom, von dem sich die OH-Gruppe löst, wird positiv; der Ladungseffekt alterniert durch die C-Kette u. legt die neuen Stellungsmöglichkeiten der OH-Gruppe fest. Der Einfl. des Alkylrestes u. des Halogenatoms zeigt sich in der Stellung der OH-Gruppe im Umwandlungsprodukt. Die Propenylgruppe wird der Vinylgruppe vorgezogen, hingegen diese wiederum der β-Chlorvinylgruppe. Das Ketoderiv. kann wie bei den Acetylencarbinolen auch über die 2.4-Dinitrophenylhydrazone erhalten werden. — Die Darst. des *β-Methylcrotonaldehyds* durch

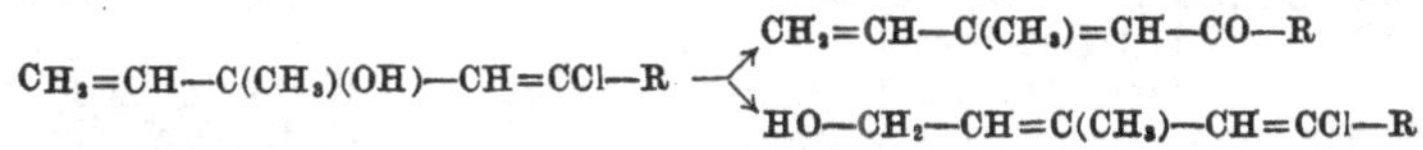

ähnliche Umlagerungen aus Dimethyl-β-chlorvinylcarbinol wird vom Vf. in besserer Ausbeute als bei JONES u. WEEDON erreicht. Diese Meth. konnte auch bei den Arylcarbinolen (R = Aryl) angewandt werden. Ist jedoch die Möglichkeit zur Bldg. eines prim. Carbinols (R' = CH_3) nicht gegeben, wird eine Isomerisation nur mit 2.4-Dinitrophenylhydrazinsulfat (**VIII**) erreicht. — *β-Chlorvinylketone* lassen sich leicht über die Monoacetale in *Acetylacetone* überführen u. bilden mit prim. aromat. Aminen Verbb. der Zus. $Ar-NH-C(H,CH_3){=}CH-C(CH_3){=}N-Ar\cdot HCl$. Substituenten am aromat. Kern verhindern die Rk. in einigen Fällen, so daß es nur zur Rk. zwischen je 1 Mol. Amin u. Keton kommt. Konz. H_2SO_4 cyclisiert die Verbb. zu *Chinolinderivaten.* Damit zeigt Vf. eine neue Synth. dieser Verbindungen. — Auch für die Überführung der β.β-Dichlorvinylketone aus Dichloräthylen nach FRIEDEL-CRAFTS in die β-Ketoester mit Hilfe von $NaOC_2H_5$ wird eine neue Meth. beschrieben.

Versuche: *4-Chlorbuten-(3)-on-(2)* = *Methyl-β-chlorvinylketon* (**I**), C_4H_5OCl. In 117 g Acetylchlorid (**VI**) u. 134 g $AlCl_3$ wurde unter Kühlung $CH{\equiv}CH$ eingeleitet, die M. auf Eis gegossen u. die organ. Schicht abgetrennt; $Kp._{18}$ 40°; n_D^{20} 1,465; Ausbeute 70 g. — *2-Chlorpropen,* C_3H_5Cl, wurde durch Behandeln von 58 g Aceton mit 210 g PCl_5 in einer Ausbeute von 20 g erhalten; Kp. 23°. — *4-Chlorpenten-(3)-on-(2)* (**II**), C_5H_7OCl. 35 g vorst. Verb. wurden in 60 g **VI** u. 70 g $AlCl_3$ eingetragen, danach wurde das intermediäre Dichlorketon ausgezogen, mit Wasserdampf HCl abgespalten u. mit Chlf. oder Ae. extrahiert; $Kp._{11}$ 42°; n_L^{20} 1,4641; Ausbeute 28 g. **II** zeigte mit einer Spur Hydrochinon (**XII**) u. MgO noch Verfärbung. Absorptionsmaximum (AM) 245 mμ (ε = 2750). *Semicarbazon,* $C_6H_{10}ON_3Cl$, aus A. feine glänzende Nadeln, F. 163—165°. *Pyrazolderiv.,* F. 107—108°. *2.4-Dinitrophenylhydrazon,* $C_{11}H_{11}O_4N_4Cl$, aus Bzl. rotorange Nadeln, F. 175°. **II** wurde auch durch Einleiten von Propin (aus 300 g KOH, 600 g n-Butanol u. 300 g 1.2-Dibrompropan) in eine Mischung von 110 g $AlCl_3$ u. 100 g **VI** erhalten. — *5-Chlor-3-methylhexen-(4)-in-(1)-ol-(3),* C_7H_9OCl. In eine $HC{\equiv}CNa$-Lsg. nach VAUGHN u. Mitarbeitern (C. **1935.** I. 544) wurden 60 g **II** in Ae. gegeben, nach 1 Std. wurde die Na-Verb. mit NH_4Cl zerlegt, NH_3 verdampft u. ausgeäthert; Kp.$_{0,8}$ 40°; n_D^{20} 1,4840; Ausbeute 25 g. — *3-Methylhexen-(3)-in-(1)-on-(5)*, C_7H_8O, bildete sich aus vorst. Verb. durch Behandeln mit 3%ig. H_2SO_4 bei Zimmertemp. im Dunkeln in Ggw. einer Spur **XII** unter N_2. Nach 10 Std. wurde ausgeäthert. Ausbeute 75% einer an der Luft sich schnell verfärbenden Fl., Kp.$_{3,7}$ 48—50°; n_D^{18} 1,4920; AM 256 mμ (ε = 8700). *2.4-Dinitrophenylhydrazon*, $C_{13}H_{12}O_4N_4$, wurde auch aus dem vorst. Carbinol direkt mit 2.4-Dinitrophenylhydrazinsulfat (**VIII**) erhalten; aus $CH_3 \cdot COOC_2H_5$ rote Kristalle, F. 165°; AM 390 mμ (ε = 24500). Mit Semicarbazidacetat (**VII**) bildete sich in anomaler Rk. ein Gemisch eines Semicarbazidosemicarbazons u. eines cyclisierten Prod., F. ca. 265.° — *2-Chlor-4-methylundecen-(2)-in-(5)-ol-(4)*, $C_{12}H_{19}OCl$. Zu C_2H_5MgBr aus 9 g Mg u. 41 g C_2H_5Br in Ae. wurden 36 g Heptin-(1) in Ae. bei 0° u. nach Beendigung der Rk. 40 g **II** gegeben. Nach Zers. mit wss. NH_4Cl wurde mit Ae. extrahiert; Kp.$_{0,19}$ 82°; n_D^{17} 1,4843; Ausbeute 43,5 g. — *4-Methylundecen-(3)-in-(5)-on-(2)*, $C_{12}H_{18}O$. Vorst. Verb. wurde mit verd. H_2SO_4 20 Std. behandelt; Ausbeute 80%; Kp.$_{2,8}$ 100—102°; n_D^{19} 1,4935; AM 269 mμ (ε = 9500). *Semicarbazon*, $C_{13}H_{21}ON_3$, aus wss. A. glänzende Nadeln, F. 102°; AM 289 mμ (ε = 37000). *2.4-Dinitrophenylhydrazon*, $C_{18}H_{22}O_4N_4$, aus $CH_3COOC_2H_5$—CH_3OH rubinrote Nadeln, F. 90°; AM 394 mμ (ε = 29000); mit **VIII** auch aus dem entsprechenden Carbinol direkt erhältlich. — *1-Chlor-3-methylpenten-(1)-in-(4)-ol-(3)* (**IV**), C_6H_7OCl, wurde aus $CH{\equiv}CNa$ u. **I** in fl. NH_3 durch Einleiten von $CH{\equiv}CH$ u. N_2 bei 30°, Zerlegen mit NH_4Cl in 55%ig. Ausbeute, wahrscheinlich als Isomerengemisch, erhalten; Kp.$_{16}$ 68°; n_D^{20} 1,4780. — *2-Chlor-4-methylhexadien-(2.5)-ol-(4)* (**III**), $C_7H_{11}OCl$. 4,7 g 2-Chlor-4-methylhexen-(2)-in-(5)-ol-(4) wurden in 30 cm³ CH_3COOCH_3 in Ggw. von Pd auf $CaCO_3$ mit H_2 behandelt, bis 1,1 Mol absorbiert waren. Kp.$_{0,5}$ 32°; n_D^{18} 1,4790; Ausbeute 3,2 g. — *2-Chlor-4-methylhexadien-(2.4)-ol-(6)*, $C_7H_{11}OCl$, bildete sich aus 1 g vorst. Verb. durch 5 std. Behandeln mit 3%ig. H_2SO_4 unter N_2 in Ggw. einer Spur **XII**; Kp.$_{0,4}$ 67°; n_D^{20} 1,5020; Ausbeute 0,6 g; AM 230 mμ (ε = 31000). — *4-Methylhexadien-(3.5)-on-(2)-2.4-dinitrophenylhydrazon*, $C_{13}H_{14}O_4N_4$, aus **VIII** u. **III**; feine rote Nadeln, F. 159° ($CH_3COOC_2H_5$); AM 392 mμ (ε = 21000). — *1-Chlor-3-methylpentadien-(1.4)-ol-(3)* (**IX**), C_6H_9OCl, durch Hydrieren von 8 g **IV** in CH_3OH mit Pd wie beschrieben; Ausbeute 6 g; Kp.$_{10}$ 61—62°; n_D^{19} 1,4765. — *1-Chlor-3-methylpentadien-(1.3)-ol-(5)*, C_6H_9OCl, wurde durch Behandeln von 18 g **IX** mit 5%ig. H_2SO_4 in A. erhalten; Ausbeute 5 g; Kp.$_{0,01}$ 30°; n_D^{20} 1,4920; schnelle Polymerisation konnte durch Zusatz von **XII** verhindert werden; AM 237 mμ (ε = 14000). *3.5-Dinitrobenzoat*, $C_{13}H_{11}O_6N_2Cl$, aus CH_3OH schwach gelbliche Blättchen, F. 98°; AM 236 mμ (ε = 45500). *Maleinsäureanhydridaddukt*, $C_{10}H_{11}O_4Cl$, aus CH_3OH–Bzl. Plättchen, F. 303—305° — *3-Methylpentadien-(2.4)-al-(1)-2.4-dinitrophenylhydrazon*, $C_{12}H_{12}O_4N_4$, krist. durch Behandeln von **IX** mit **VIII** u. H_2SO_4 in CH_3OH in roten Nadeln, F. 131—132° ($CH_3 \cdot COOC_2H_5$). — *β.β-Methyläthylacrolein-2.4-dinitrophenylhydrazon*, $C_{12}H_{14}O_4N_4$, fiel bei der gleichen Operation bei Verwendung des Rohcarbinols in roten Prismen nach Chromatographieren an Al_2O_3 an; F. 216—218°; AM 383 mμ (ε = 27500). — *1-Chlor-3-methylbuten-(1)-(ol)-3*, C_5H_9OCl, wurde in 51%ig. Ausbeute aus CH_3MgBr u. 5 g **I** u. Zerlegen des Komplexes mit gesätt. NH_4Cl-Lsg. erhalten; Kp.$_{18}$ 60°; n_D^{19} 1,4580; Ausbeute 2,5 g; die Umwandlung in *β-Methylcrotonaldehyd* erfolgte mit 70%ig. Ausbeute durch Behandeln mit 10%ig. H_2SO_4 bei Zimmertemp. unter N_2 in Ggw. einer Spur **XII**; Kp.$_{70}$ 78—80°; n_D^{19} 1,4572. *Semicarbazon*, Nadeln aus CH_3OH, F. 219—221°. *2.4-Dinitrophenylhydrazon*, rote Nadeln aus A., F. 182—183°. — *4-Chlor-2-phenylbuten-(3)-ol-(2)*, $C_{10}H_{11}OCl$. C_6H_5MgBr wurde mit 25 g **I** umgesetzt, mit NH_4Cl-Lsg. zerlegt u. fraktioniert; Ausbeute 24,3 g; Kp.$_3$ 108—110°; n_D^{18} 1,5690. — Zur Überführung in *β-Methylzimtaldehyd* (**V**), $C_{10}H_{10}O$, wurde mit 10%ig. H_2SO_4 in A. behandelt; Kp.$_{11}$ 128°; n_D^{18} 1,5870. *Semicarbazon*, Nadeln aus CH_3OH, F. 207—208°; AM 300 mμ (ε = 35000). *2.4-Dinitrophenylhydrazon*, $C_{16}H_{14}O_4N_4$, ist auch aus dem Carbinol erhältlich; feine rote Nadeln aus A., F. 211°; AM 392 mμ (ε = 37000). — *Phenyl-β-chlorvinylketon* (**X**), C_9H_7OCl. Zu 5 g gepulvertes Na in Bzl. wurden 24 g Acetophenon u. danach 16 g $HCOOCH_3$ gegeben; es wurde auf Eis gegossen, mit Bzl. extrahiert, die Lsg. mit 26 g $SOCl_2$ versetzt u. dest.; Kp.$_{16}$ 128°; n_D^{16} 1,5870; Ausbeute 15 g. — *Phenylmethyl-β-chlorvinylcarbinol*, aus CH_3MgBr (3 g Mg, 15 g CH_3Br) u. 15 g **X**, wurde in einer Ausbeute von 6,1 g erhalten, Kp.$_1$ 93—95°; n_D^{25} 1,560, u. mit 10%ig. H_2SO_4 in **V** übergeführt. — *2-Chlor-4-methylpenten-(2)-ol-(4)*, $C_6H_{11}OCl$, konnte aus 7 g Mg, 30 g CH_3Br u. 27 g **II** erhalten werden; Kp.$_{15}$ 62°; n_D^{19} 1,4560; Ausbeute 13,5 g; daraus in Ggw. von H_2SO_4 *Mesityloxyd-2.4-dinitrophenylhydrazon*; rote Nadeln, F. 200° (Essigester). — *2-Chlor-4-methylhexen-(2)-ol-(4)*, $C_7H_{13}OCl$, dargestellt analog vorst. Verb. mit C_2H_5MgBr; Kp.$_{14}$ 72°; n_D^{19} 1,4689; bildet mit **VIII** das *4-Methylhexen-(3)-on-(2)-Deriv.*, $C_{13}H_{16}O_4N_4$, aus Bzl. rubinrote Prismen, F. 155°, AM 386 mμ (ε = 21000),

u. mit konz. HCl möglicherweise ein *Chlordien*, $C_7H_{11}Cl$. — *2-Chlor-4-methyl-5-phenylpenten-(2)-ol-(4)*, $C_{12}H_{15}OCl$, konnte analog vorst. Verb. aus 7,25 g Mg, 38 g Benzylchlorid u. 35 g **II** erhalten werden; Kp.$_{0,1}$ 90—92°; n_D^{20} 1,5390; Ausbeute 37,5 g; mit **VIII** bildete sich ein nicht krist. rotes Öl. — *4-Chlor-2-phenylpenten-(3)-ol-(2)*, $C_{11}H_{13}OCl$, in 63%ig. Ausbeute aus Mg, Brombenzol u. **II**; Kp.$_{0,1}$ 54—55°; n_D^{18} 1,5660; bildet *2-Phenylpenten-(2)-on-(4)* = *β-Methylbenzalaceton*, $C_{11}H_{12}O$, bei Behandlung mit 2 n H_2SO_4, A. u. einer Spur **XII** bei Zimmertemp.; Kp.$_{14}$ 124°; n_D^{19} 1,5655; Ausbeute 1,5 g aus 4 g. *Semicarbazon*, aus wss. A. Nadeln, F. 185°; AM 280 mμ (ε = 16000). *2.4-Dinitrophenylhydrazon*, $C_{17}H_{16}O_4N_4$, kleine rote Nadeln aus A., F. 172—173°; AM 390 mμ (ε = 29000). — *2.2-Dimethoxypentanon-(4)* = *Acetylacetonmono-dimethylacetal*, $C_7H_{14}O_3$. 8,5 g **II** in 6 cm³ CH_3OH wurden mit 2,85 g NaOH in 23 cm³ CH_3OH versetzt, nach stürm. Rk. wurde vom NaCl abfiltriert u. fraktioniert; Kp.$_{11}$ 60°; n_D^{18} 1,4560; Ausbeute 5,0 g. Hydrolyse mit verd. H_2SO_4 führte zum *Acetylaceton*, $C_5H_8O_2$, Kp. ca. 130°; n_D^{17} 1,4531; mit **VII** bildete sich *3.5-Dimethyl-1-carbamidopyrazol*, glänzende Nadeln, F. 107—108°. — *2-Phenylimino-4-phenylaminopenten-(3)-chlorhydrat*, $C_{17}H_{19}N_2Cl$. Aus 2 g **II**, etwas A. u. 2,5 g Anilin (**XI**) wurden 1,75 g erhalten; F. 215°; AM 345 mμ (ε = 25500). — *2.4-Dimethylchinolin*, $C_{11}H_{11}N$, bildete sich durch Behandeln vorst. Verb. mit konz. H_2SO_4 u. Erhitzen auf 140°. Nach Alkalisieren wurde ausgeäthert. Kp.$_{13}$ 135°; Ausbeute 60%. *Pikrat*, F. 189—190° (A.). — *3.5-Dimethyl-1-phenylpyrazol*, aus äquimol. Mengen **II** u. Phenylhydrazin, wurde als *Chlorhydrat*, F. ca. 150°, u. als *Pikrat*, F. ca. 99° (A.), isoliert. — *2-[p-Tolylamino]-4-[p-tolylimino]-penten-(2)-chlorhydrat*, $C_{19}H_{23}N_2Cl$, wurde analog aus **II** u. p-Toluidin in A. in gelben Nadeln erhalten, F. 220°, AM 350 mμ (ε = 17000), u. mit konz. H_2SO_4 bei 140° zu *2.4.6-Trimethylchinolin*, $C_{12}H_{13}N$, cyclisiert; *Hydrat*, Nadeln aus wss. A., F. 63°; *Pikrat*, lange gelbe Nadeln, F. 200—201°. — *4-Phenylamino-2-phenyliminobuten-(3)-hydrochlorid*, $C_{16}H_{17}N_2Cl$, analog aus 5 g **I** u. 9 g **XI** in einer Ausbeute von 8—10 g, F. 194°, erhalten, wurde zu *2-Methylchinolin* = *Chinaldin*, $C_{10}H_9N$, cyclisiert; *Pikrat*, lange gelbe Nadeln aus A., F. 190—191°. — *1-[p-Tolylamino]-buten-(1)-on-(3)*, $C_{11}H_{13}ON$, aus **I** u. p-Toluidin in stürm. Rk.; aus 50%ig. A. feine Nadeln, F. 111—112°; AM 340 mμ (ε = 22000). — *1-[p-Carboxyphenylamino] buten-(1)-on-(3)*, $C_{11}H_{11}O_3N$. 2,3 g **I** in A. wurden mit einer warmen alkoh. Lsg. von 6 g p-Aminobenzoesäure versetzt. Hellgelbe Nadeln aus W., F. 216° (Zers.); Ausbeute 4 g; AM 345 mμ (ε = 35000). Cyclisierung nach dem üblichen Verf. gelang nicht. — *2-[β-Naphthylimino]-4-[β-naphthylamino]-buten-(3)-hydrochlorid*, $C_{24}H_{21}N_2Cl$. Aus 5 g **I** u. 15 g β-Naphthylamin in A. wurden nach 2 tägigem Stehen u. Abscheiden des Öles mit W. 12,5 g gelbe Plättchen aus A. u. Ae., F. 198°, erhalten; AM 370 mμ (ε = 31500). — *1.1-Dichloräthylen* (**XIII**), $C_2H_2Cl_2$. Aus 100 g CaO u. 500 cm³ W. wurde Kalkmilch bereitet, 204 g 1.1.2-Trichloräthan wurden zugegeben. 1$^1/_2$ Std. wurde bei Zimmertemp. gerührt, dann auf 85° erhitzt u. dabei langsam destilliert. Kp. 33°; Ausbeute 125 g. In Ggw. von **XII** bei 0° ist die Verb. mehrere Monate haltbar. — *Methyl-β.β-dichlorvinylketon* (**XIV**), $C_4H_4OCl_2$, wurde aus 30 g **XIII**, $AlCl_3$ u. 50 g **VI** u. Aufarbeiten des Reaktionsprod. durch Versetzen mit Eis, Extrahieren mit CCl_4 u. Wasserdampfdest. im Vakuum in einer Ausbeute von 38 g gewonnen; Kp.$_{14}$ 55°; n_D^{19} 1,4950; entfärbte nur sehr langsam Bromlösung. *2.4-Dinitrophenylhydrazon*, rot-orangefarbene Prismen aus Bzl., F. 195°. — *Äthyl-β.β-dichlorvinylketon* (**XV**), $C_5H_6OCl_2$, wie **XIV** aus Propionylchlorid, Kp.$_{12}$ 68°; n_D^{22} 1,4900; AM 240 mμ (ε = 12000). *2.4-Dinitrophenylhydrazon*, $C_{11}H_{10}O_4N_4Cl_2$, rote Prismen aus Bzl., F. 154°; AM 376 mμ (ε = 31500). — *Phenyl-β.β-dichlorvinylketon* (**XVI**), $C_9H_6OCl_2$, wurde aus 25 g $AlCl_3$, 50 g **XIII** u. 27,5 g Benzoylchlorid, Aufgießen auf Eis u. Extrahieren mit Chlf. erhalten; Kp.$_{0,2}$ 82°; n_D^{10} 1,5936; Ausbeute 28 g. *2.4-Dinitrophenylhydrazon*, $C_{15}H_{10}O_4N_4Cl_2$, aus Bzl. rote Nadeln, F. 170—171°; AM 254 u. 378 mμ (ε = 19000 u. 31500). — *Acetessigsäureäthylester*, $C_6H_{10}O_3$, aus 4 g **XIV** u. $NaOC_2H_5$ in A. bei 25° nach Abscheidung von NaCl, Ansäuern u. Ausäthern; Kp.$_{15}$ 75—78°; n_D^{20} 1,4180; **Ausbeute 1,5 g.** *Semicarbazon*, aus **Ae.** feine Nadeln, F. 129°. — *Propionylessigsäureäthylester*, $C_7H_{12}O_3$, wurde analog aus 20 g **XV** in einer Ausbeute von 12 g erhalten, Kp.$_{15}$ 85°; n_D^{19} 1,4264; *3-Äthyl-1-phenylpyrazolon-(5)*, F. 99—100° (wss. A.). — Ebenso *Benzoylessigsäureäthylester*, $C_{11}H_{12}O_3$, aus **XVI**, Kp.$_{0,1}$ 91,5°; n_D^{16} 1,5368; *1.3-Diphenylpyrazolon-(5)*, F. 137°. (Ann. Chimie [12] **5**. 595—641. Sept./Okt. 1950.) Faass. 710

Richard D. Chapman, James B. Fernandez, Robert Miller, Stanley D. Mitchel und **Edward G. Rietz**, *Dimercaptole von Acetonylaceton*. Das *n-Tetradecyl- und n-Octadecyldimercaptolen von Acetonylaceton* wurden in einer Ausbeute von 60% nach der Meth. von Rietz, Chapman u. Fernandez (J. Amer. chem. Soc. **70**. [1948.] 3486) hergestellt: *Tetradecylderiv.*, $C_{62}H_{126}S_4$, F. 73° (Ae.). *Octadecylderiv.*, $C_{78}H_{158}S_4$, F. 82° (Isopropyläther). (J. Amer. chem. Soc. **74**. 5546. 5/11. 1952. Gainesville, Fla., Univ., Organ. chem. Labor.) Bollinger. 720

Charles C. Price und **Joseph A. Pappalardo,** *β-Ketoisooctaldehyddimethylacetal.* Aus β-Chlorvinylisoamylketon in Methanol bei —11 bis —8° mit NaOH in Methanol: $C_{10}H_{20}O_3$, Kp.$_{25}$ 122—125°, n_D^{25} 1,4260, D.$^{25}_4$ 0,932; 80—90% Ausbeute. (Org. Syntheses **32.** 79—80. 1952. Notre Dame, Ind., Univ.) TROFIMOW. 740

Warren A. Reckhow und **D. S. Tarbell,** *Arylester der Trimethylessigsäure.* Es werden 5 neue *Ester* der *Trimethylessigsäure* nach folgender Meth. hergestellt: $^1/_4$ Mol Trimethylessigsäurechlorid wird zu einer Lsg. von $^1/_4$ Mol des Phenols in 50 ml Pyridin hinzugefügt, auf einem Dampfbad 3 Std. erhitzt, in einen großen Überschuß W. gegossen u. mit Ae. extrahiert. Der Ätherextrakt wird mit 10%ig. NaOH, mit 5%ig. HCl u. mit W. gewaschen. — *Phenylester,* $C_{11}H_{14}O_2$, Kp.$_{17}$ 105°; n_D^{20} 1,4809; 78% (Ausbeute). — *2-Methoxyphenylester,* $C_{12}H_{16}O_3$, Kp.$_{15}$ 133°; n_D^{20} 1,4913; 70%. — *3-Methoxyphenylester,* $C_{12}H_{16}O_3$, Kp.$_{15}$ 142°; n_D^{20} 1,4918; 75%. — *4-Methoxyphenylester,* $C_{12}H_{16}O_3$, Kp.$_{11}$ 135°; n_D^{20} 1,4905; 70%. — *3-Methylphenylester,* $C_{12}H_{16}O_2$, Kp.$_{15}$ 120°; n_D^{20} 1,4828; 62%. (J. Amer. chem. Soc. **74.** 4968—69. 5/10. 1952. New York, N. Y., Univ. of Rochester, Dep. of Chem.) HILDEGARD SCHULZ. 810

R. B. Moffett, *Methyl-γ-methyl-γ-nitrovalerat.* Durch MICHAEL-Kondensation von 2-Nitropropan mit Methylacrylat in Ggw. von Benzyltrimethylammoniumhydroxyd (Triton B): $C_7H_{13}O_4N$, Öl, Kp.$_1$ 79°; n_D^{20} 1,4408; 80—86% Ausbeute. (Org. Syntheses **32.** 86—87. 1952. Kalamazoo, Mich., Upjohn Co.) TROFIMOW. 810

John A. Krynitsky und **Homer W. Carhart,** *2-Äthylhexannitril.* Aus 2-Äthylhexanamid in Bzl. mit $SOCl_2$ bei 75—80°: $C_8H_{15}N$, Kp.$_{100}$ 118—120°; Ausbeute 86—94%. (Org. Syntheses **32.** 65—67. 1952. Washington, D. C., Naval Res. Labor.) TROFIMOW. 810

William S. Fones, *Diäthyläthylidenmalonat.* Durch Erhitzen von Acetaldehyd, Diäthylmalonat u. Acetanhydrid unter Rückfluß: $C_9H_{14}O_4$, Kp.$_{10}$ 102—106°; n_D^{25} 1,4394; 68—77% Ausbeute. (Org. Syntheses **32.** 54—55. 1952. Bethesda, Md., Nat. Inst. of Health.) TROFIMOW. 820

E. H. Huntress, T. E. Lesslie und **J. Bornstein,** *Dimethylacetylendicarboxylat-* Durch Erhitzen des K-Salzes der Acetylendicarbonsäure mit Methanol u. H_2SO_4: $C_6H_6O_4$, Kp.$_{19}$ 95—98°; n_D^{25} 1,4444—1,4452; 72—88% (Ausbeute). — Analog *Diäthylacetylendicarboxylat,* Kp.$_8$ 96—98°; n_D^{25} 1,4397; 51—53%. (Org. Syntheses **32.** 55—57. 1952. Cambridge, Mass., Inst. of Technol.) TROFIMOW. 820

William P. Ratchford und **C. H. Fisher,** *Die Darstellung von N-substituierten Lactamiden durch Aminolyse von Milchsäuremethylester.* Vff. stellen durch mehrtägiges bis mehrwöchiges Stehen von Aminen mit Milchsäuremethylester bei 35° eine größere Anzahl Lactamide dar u. untersuchen qualitativ die verschied. Reaktionsfähigkeit der Amine bei der Aminolyse. Die monosubstituierten Amine zeigen allg., auch bei längerer Seitenkette, große Aktivität, ungesätt., Oxy- u. Methoxyamine reagieren ebenfalls gut, während aromat. u. die meisten sek. Amine mit Ausnahme von Dimethylamin, Methylanilin, symm. Dimethyläthylendiamin, Diäthanolamin u. Äthyläthanolamin nicht reagieren. Als Katalysator wird nur in ganz seltenen Fällen W. verwendet. Diskussion des Reaktionsmechanismus.

V e r s u c h e: Aminolyse, durch Mischen von *Milchsäuremethylester* mit dem entsprechenden *Amin* in 10% Überschuß, bis zu 4 wöchiges Stehen bei 35°, Abdampfen des gebildeten Methanols, Vakuumdest. u. Reinigung des Lactamids. Nach dieser Meth. wurden *Lactamide* mit folgenden N-Substituenten dargestellt: *n-Octyl-,* Kp.$_{27}$ 149—154°, F. 52—52,5°; 96% (Ausbeute). — *Isopropyl-,* Kp.$_{0,3}$ 94—97°, F. 51—52,5°; 83%. — *Isobutyl-,* Kp.$_{0,1}$ 104—106°, F. 47—48° (Ae.-PAe.); 95,6%. — *sek.-Butyl-,* Kp.$_{0,6}$ 98—99°, F. 23—24°; 76%; n_D^{20} 1,4523, D.$^{20}_4$ 0,9872, Mol.-Refr.(M_D^{20}) 39,70. — *Isoamyl-,* Kp.$_{0,7}$ 116°, 96%; D.$^{20}_4$ 0,9716, n_D^{20} 1,4557, M_D^{20} 44,51. — *4-Methylpentyl-(2),* Kp.$_{0,3-0,5}$ 113,5—116°, F. 66—67° (Ae.-PAe.); 92%, n_D^{20} 1,4520 (unterkühlte Fl.). — *Allyl-,* Kp.$_{0,2}$ 86—87°; 95%, D.$^{20}_4$ 1,0508, n_D^{20} 1,4753, M_D^{20} 34,62. — *Methallyl-,* Kp.$_{2,2}$ 128,5—29°; 92%, D.$^{20}_4$ 1,0249, n_D^{20} 1,4750, M_D^{20} 39,33. — *2-Oxyäthyl-,* Kp.$_{0,03}$ 137—139°; 95%; D.$^{20}_4$ 1,1861, n_D^{20} 1,4862, M_D^{20} 32,16. — *2-Methoxyäthyl-,* Kp.$_{0,5}$ 127°, F. 48 bis 50°; 87%; n_D^{20} 1,4610. — *Cyclohexyl-,* Kp.$_{0,2}$ 125—136°, F. 60—60,5°; 93%. — *Phenyl-,* Kp.$_{0,1}$ 147—156°, F. 57—58°; 59%; n_D^{20} 1,5527 (unterkühlte Fl.). — *Benzyl-,* F. 47,5—48,5°; 94%. — Ferner *Milchsäurepyrrolidid,* Kp.$_7$ 134—135°; 91%; D.$^{20}_4$ 1,1099, n_D^{20} 1,4900, M_D^{20} 37,29. — *-piperidid,* Kp.$_7$ 127—128,5°; 84%; D.$^{20}_4$ 1,0728, n_D^{20} 1,4890, M_D^{20} 42,29. — *-morpholid,* Kp.$_{1,4}$ 110—111°; 83%; D.$^{20}_4$ 1,1877, n_D^{20} 1,4940, M_D^{20} 39,01. — *-methylanilid,* F. 89,5—90,5; 50%. — *N.N-Dimethylpropionsäureamid,* $C_5H_{11}ON$, aus den entsprechenden Komponenten unter Zuhilfenahme von W. als Katalysator, Kp.$_{20}$ 81—82°; 63%; n_D^{20} 1,4400, n_D^{25} 1,4382, D.$^{20}_4$ 0,9296,

M_D^{20} 28,77. — *N.N-Dimethylessigsäureamid*, C_4H_9ON, nach 4 Monaten in Ggw. von W. 89% Ausbeute, Kp.$_{26}$ 74—74,5°; n_D^{20} 1,4373, n_D^{25} 1,4360, D.$^{20}_4$ 0,9269, M_D^{20} 24,22. (J. org. Chemistry **15.** 317—25. März 1950. Philadelphia, Pa., Eastern Region. Res. Labor.) LEHWALD. 850

John D. Roberts und **Robert E. McMahon,** *Orthokohlensäuretetraäthylester.* Aus Chlorpikrin u. Na-Äthylat bei 58—60°: $C_9H_{20}O_4$, Kp. 158—161°; n_D^{25} 1,3905—1,3908; 46—49% Ausbeute. (Org. Syntheses **32.** 68—69. 1952. Cambridge, Mass., Inst. of Technol.) TROFIMOW. 880

Frederick Kurzer, *asymm.-Dimethylharnstoff.* Aus Dimethylamin u. Nitroharnstoff anfangs unterhalb 70°, dann bei 90—100°: Prismen, F. 182—184°, Gesamtausbeute 57—68%. (Org. Syntheses **32.** 61—63. 1952. London, Univ., School of Med.) TROFIMOW. 880

B. Bak und **A. Hillebert,** *Cyanjodid.* Aus NaCN in W. u. Jod bei 0°, Nadeln aus Chlf., F. 146—147°; 63% Ausbeute. (Org. Syntheses **32.** 29—31. 1952. Kopenhagen, Univ., Chem. Labor.) TROFIMOW. 890

Kenyon Hayes und **Gordon Drake,** *Die Reduktion einiger β-Aminoaldehyde. 2.2-Dimethyl-3-diäthylaminopropionaldehyd* (**I**), *2-Isopropyl-3-dimethylaminopropionaldehyd*(**II**) u. *2.2-Dimethyl-3-methylaminopropionaldehyd* (**III**) wurden durch Al-Isopropylat in Isopropanol nach MEERWEIN-PONNDORF zu den entsprechenden Aminoalkoholen reduziert. Die Anwesenheit eines H-Atoms am zur Carbonylgruppe α-ständigen C-Atom scheint die Red. nicht zu beeinflussen; sek. Aminogruppen vermindern die Ausbeute. Die Aldehyde **I—III** wurden auch durch $LiAlH_4$ mit guten Ausbeuten reduziert.

V e r s u c h e: *2.2-Dimethyl-3-diäthylaminopropanol-(1)*, durch Red. von I (Kp. 118—123°/103—104 mm) mit Al-Isopropylat in Isopropanol oder mit $LiAlH_4$ in absol. Ae., farblose Fl. vom Kp.$_{12}$ 90,0—90,5°; 87 bzw. 86,4% (Ausbeute). *p-Nitrobenzoathydrochlorid*, F. 159—160°; *p-Aminobenzoathydrochlorid*, F. 196—197°. — *2-Dimethylaminomethyl-3-methylbutanol-(1)*, aus II (Kp.$_{11}$ 57—58°) wie vorst. Verb., Kp.$_{14-15}$ 82,0 bis 83,5°; 66,3 bzw. 80,4%; *p-Nitrobenzoathydrochlorid*, F. 175—175,5°. — *2.2-Dimethyl-3-methylaminopropanol-(1)*, aus **III** (Kp.$_{12-13}$ 48,0—50,5°), Kp.$_{9-11}$ 68—90° bzw. Kp.$_{11-12}$ 70—82°; 8—27% bzw. 72%; *p-Nitrobenzoathydrochlorid*, F. 206—208°. (J. org. Chemistry **15.** 873—76. Juli 1950. Norwich, N. Y., Eaton Labors., Inc.) K. F. MÜLLER. 930

Peter Yates, *Die durch Kupfer katalysierte Zersetzung von Diazoketonen.* Bei Zersetzungs-Rkk. von Diazoketonen mit Ag-, Cu- oder Pt-Katalysatoren wurde bisher meist über eine damit verbundene Umlagerung (z. B. die WOLFFsche Umlagerung) berichtet. Nach Ergebnissen des Vf. ergibt dagegen die Zers. von Diazoketonen in Alkoholen in Ggw. von fein verteiltem metall. Cu ohne Umlagerung α-Alkoxyketone. So entsteht aus 1-Diazononadecanon-(2) u. A. in Ggw. von Cu *1-Äthoxynonadecanon-(2)* (**I**) u. nicht Äthylnonadecanoat. Die Allgemeingültigkeit dieser Rk. wird an mehreren Beispielen gezeigt. Auch die Rkk. von α-Diazoacetophenon mit Phenol, Thiophenol, Anilin u. Piperidin ergeben in Ggw. von Cu die analogen, nicht umgelagerten Verbindungen. Mit Phenol wurde als weiteres Prod. *2-Phenylbenzofuran* gefunden, das über α-[o-Oxyphenyl]-acetophenon durch nachfolgende Dehydratation entstanden ist. — Vf. nimmt an, daß die Rk. über das Zwischenprod. $RCO\ddot{C}H$ verläuft, das durch die Wechselwrkg. von Diazoketon u. Cu entsteht, u. das dann mit der akt. Wasserstoffverb. reagiert: $R-CO\ddot{C}HN_2 \xrightarrow{Cu} R-CO\ddot{C}H + N_2$; $R-CO\ddot{C}H + R'OH \longrightarrow R-CO\cdot CH_2O-R'$.

V e r s u c h e (**FF. korr.**): Bei allen Verss. wurde zu den gelösten Ausgangsprodd. der sehr **fein** verteilte Cu-Katalysator in kleinen Portionen — je nach N_2-Entw. — unter Rühren zugesetzt, auf 45—70° **erhitzt** u. meist auch nach Beendigung der Gasentw. einige Zeit auf dieser Temp. gehalten. — *1-Äthoxynonadecanon-(2)* (**I**), $C_{21}H_{42}O_2$, F. 56,5° (A., dann Aceton), aus 1-Diazononadecanon-(2) u. absol. A. in Ggw. von Cu; 68% (Ausbeute); *2.4-Dinitrophenylhydrazon*, $C_{27}H_{46}O_5N_4$, F. 78,5—79,5° (absol.A.). — *Nonadecanon-(2)*, F. 55—56,5°, aus **I** u. HJ in Eisessig. — Qualitative Verss. ergaben bei Darst. von **I** mit Cu-Katalysator schnelle, mit Kupferoxyd-Katalysator anfänglich schwache, dann heftiger werdende N_2-Entw., während bei der Verwendung von Silberoxyd-Katalysator bei langsamer N_2-Entw. *Nonadecansäureäthylester* entstand. — *α-Methoxyacetophenon*, Kp.$_{18}$ 122—123°, aus α-Diazoacetophenon (**II**) in Methanol in Ggw. von Cu; blaßgelb; n_D^{20} 1,5340; λ_{max} (A.) 244 mμ (log ε 4,03) u. 280 mμ (log ε 3,02); 55%. *Semicarbazon*, F. 127,5—128,5°, (A.). *2.4-Dinitrophenylhydrazon*, $C_{15}H_{14}O_5N_4$, F. 192—194°, orangerote, hexagonale Prismen aus A.-Äthylacetat. — *α-Äthoxyacetophenon*, Kp.$_{14,5}$ 125—127° aus **II** u. A.; 60%. *Semicarbazon*, F. 126,5—127° (20%ig. wss. A.). *2.4-Dinitrophenylhydrazon*, $C_{16}H_{16}O_5N_4$, F. 149,8—150,3° (A.), kurze orange

Stäbe. — *α-[1-Hexoxy]-acetophenon*, aus **II** u. Hexylalkohol in Dioxan+Cu; Rohprod.: gelbe, bewegliche Fl., 20%. *Semicarbazon*, $C_{15}H_{23}O_2N_3$, F. 104—105° (A.). *2.4-Dinitrophenylhydrazon*, $C_{20}H_{24}O_5N_4$, F. 124—125°, aus Äthylacetat-A. goldgelbe Nadeln. — *α-[tert.-Butoxy]-acetophenon*, Kp.₇ 116—118° aus **II** u. tert.-Butylalkohol; schwach gelbe Fl., n_D^{25} 1,5156, 30%. *Semicarbazon*, $C_{13}H_{19}O_2N_3$, F. 126—127,5°; (20%ig. wss. A.). *2.4-Dinitrophenylhydrazon*, F. 183—185°; aus Äthylacetat-A. feine orange Nadeln. — *α-Äthoxypropiophenon*, $C_{11}H_{14}O_2$, Kp.$_5$ 97—98°, aus α-Diazopropiophenon u. A.; schwachgelbe Fl., n_D^{25} 1,5193, 52% (Rohprod.). *2.4-Dinitrophenylhydrazon*, $C_{17}H_{18}O_5N_4$, F. 128 bis 129°; aus Äthylacetat-A. orange Prismen. Daneben *Methylphenylglyoxal-[2.4-dinitrophenyl]-osazon*, $C_{21}H_{16}O_8N_8$, F. 155—156° (Zers.); aus Bzl. u. Äthylacetat-A. orange, mkr. Stäbe. — *α-Phenoxyacetophenon*, F. 73,5° (Methanol), aus **II** u. Phenol in Bzl.; 63%, daneben *2-Phenylbenzofuran*, F. 120,8—121,2° (Methanol), durch Extraktion der Reaktionsprodd. mit 8%ig. wss. NaOH u. Ansäuern mit HCl; λ_{max} (A.) 224 mμ (log ε 3,96), 302 mμ (log ε 4,39) u. 315 mμ (log ε 4,28), 26%. — *trans-1.2-Dibenzoyläthylen*, F. 110—110,5°, aus **II** in Bzl. mit Cu; citronengelbe Blättchen aus Ligroin, 70%. — *α-Phenylmercaptoacetophenon* (**V**), F. 52,5—54° (absol. A.); aus **II** u. Thiophenoln in absol. A.; 67%, daneben *Diphenyldisulfid*, F. 60—61,5°. **V**-*Oxim*, F. 80—81°, Nadeln. **V**-*2.4-Dinitrophenylhydrazon*, $C_{20}H_{16}O_4N_4S$, F. 149—150°, aus Äthylacetat-A. orange Prismen. — *α-Anilinoacetophenon* (**III**), F. 98—99° (A.); aus **II** u. Anilin in absol. A.; 33%. *N-Benzoylderiv.*, F. 156—157° (A.). *Phenylglyoxalmonoanil*, $C_{14}H_{11}ON$, F. 163 bis 164° (Zers.); Nebenprod. bei der Darst. von **III**, goldgelbe, mkr. Nadeln aus Äthylacetat. — *α-Piperidinoacetophenon* (**IV**), aus **II** u. Piperidin in absol. A.; tiefbraunes Öl, hieraus *Methojodid*, aus A., F. 175—175,5° (Zers.), u. *Hydrochlorid*, F. 220—222° (Zers.). — *1.2-Dibenzoyläthan*, F. 146,5—147° (A.), Nebenprod. bei der Darst. von **IV**. *2.4-Dinitrophenylhydrazon*, F. 248,5—249° (Zers.); aus Äthylacetat-A. tief orange Nadeln. (J. Amer. chem. Soc. **74**. 5376—81. 5/11. 1952. New Haven, Conn., Yale Univ., Sterling Chem. Labor.) FECHTER 940

Norman H. Cromwell und **Floy Pelletier**, *α.β-Diaminobuttersäuren, Amide und Ester.* Aus α-Bromcrotonylchlorid (**I**) wurden mit Aminen bzw. Alkoholen in benzol. Lsg. die entsprechenden *α-Bromcrotonsäureamide* u. *-ester* dargestellt, die zu *α.β-Diaminobuttersäureamiden* u. *-estern* umgesetzt werden konnten. Der Mechanismus der Rkk. dieser α-Brom-α.β-ungesätt. Carbonylverbb. mit Aminen scheint dem der Rkk. von α-Brom-α.β-ungesätt. Ketonen (vgl. CROMWELL, C. **1946**. I. 600, u. CROMWELL u. CRAM, C. **1945**. I. 1368) ähnlich zu sein. Die Reaktionsfähigkeit des α-Brom-α.β-ungesätt. Syst. in den Amiden ist geringer als in den Ketonen, Estern oder Säuren.

Versuche: *Crotonmorpholid*, $C_8H_{13}O_2N$, F. 54—55°, Kp.$_{18}$ 147°, aus 1 (Äquivalent) Crotonylchlorid u. 2 Morpholin in benzol. Lsg., aus PAe. Kristalle; 80% (Ausbeute). — *α.β-Dibrombutyrmorpholid*, $C_8H_{13}O_2NBr_2$, F. 122—123°, aus vorst. Verb. u. Br_2 in CCl_4, aus 50%ig. A. Kristalle; 90%. 6 Std. Erhitzen mit 4 Äquivalenten Morpholin in absol. A. gibt *α-Bromcrotonmorpholid*, F. 60—61°, Kp.$_1$ 110—114°. — *α-Bromcrotonsäure* (**II**), F. 87—94°, durch Zugabe von 1 Mol α.β-Dibrombuttersäure zu wss. KOH bei 5°, 15 Min. Erhitzen u. Ansäuern nach dem Abkühlen, aus PAe. Kristalle; 90%. — *α-Bromcrotonylchlorid* (**I**), C_4H_4OClBr, Kp.$_{112}$ 108—109°, durch 2 Std. Erhitzen von 1 Mol **II** mit 1,5 Mol $SOCl_2$, n_D^{20} 1,5201; 82%. — *α-Bromcrotonamide*: eine kalte benzol. Lsg. von 2 Mol Amin wird langsam zu einer kalten benzol. **I**-Lsg. gegeben u. 1—2 Std. bei Raumtemp. gehalten; man filtriert, dampft das Filtrat ein u. extrahiert den Rückstand mit Ae.; Reinigung durch Vakuumdest. oder Kristallisation aus wss. Ae.: *Piperidid*, $C_9H_{14}ONBr$, Kp.$_1$ 105—107°; n_D^{20} 1,5311; 81%. *Morpholid*, $C_8H_{12}O_2$·NBr, F. 60—62°, Kp.$_1$ 110—112°; 70%. *β'-Naphthylamid*, $C_{14}H_{12}ONBr$, F. 78—79°; 96%. *p-Äthoxyanilid* (**III**), $C_{12}H_{14}O_2NBr$, F. 100—105°; 87%. *N-Diäthylamid*, C_8H_{14}·ONBr, Kp$_{1,2}$ 111°, n_D^{20} 1,4999; 76%. *N-Dimethylamid*, $C_6H_{10}ONBr$, Kp.$_{18}$ 120, n_D^{20} 1,5138; 85%. — *α-Bromcrotonsäureester*: aus äquimol. Mengen des entsprechenden Alkohols u. Pyridin in benzol. Lsg. u. benzol. **I**-Lsg. bei 0—5°: *Benzylester*, $C_{11}H_{11}O_2Br$, Kp.$_{20}$ 141°; 51%. *Benzhydrylester*, $C_{17}H_{15}O_2Br$, aus A., F. 48—49°; 71%. *γ'-Di-N-butylaminopropylester*, $C_{15}H_{28}O_2NBr$, Kp.$_{0,3}$ 142°; 72%. *β'-Diäthylaminoäthylester*, $C_{10}H_{18}O_2$·NBr, Kp.$_{2,5}$ 125°; 85%. — *α.β-Dipiperidinobuttersäure*, $C_{14}H_{26}O_2N_2$, durch 6—8 Std. Erhitzen von 1 Mol **II** mit 4 Mol Piperidin auf 60°, Verdünnen mit Ae.-A. (9:1); durch fraktionierte Kristallisation aus Ae.-A. (9:1) *2 Racemgemische* vom F. 124—126° (20%) bzw. 210—212° (40%); die Verb. vom F. 210—212° auch durch Hydrolyse (mit alkoh. NaOH [3 Std. Rückfluß] oder 2%ig. HCl) von α.β-Dipiperidinobuttersäureäthylester. *α.β-Bis-[dimethylamino]-buttersäure*, $C_8H_{18}O_2N_2$, F. 160—161°, aus 1 Mol **II** u. 4 Mol $(CH_3)_2NH$ im Rohr (6—8 Std. bei 60°); 85%. — *α.β-Diaminobuttersäureester*; aus 3 Mol Amin u. 1 Mol α-Bromcrotonsäureester in benzol. oder äther. Lsg. (5—8 Std. bei Raumtemp.); Reinigung durch Vakuumdest. oder Umkristallisation aus wss. Alkohol: *α.β-Di-*

piperidinobuttersäurebenzylester, $C_{21}H_{32}O_2N_2$, F. 100—101°; 86%. *α.β-Dipiperidinobuttersäurebenzhydrylester*, $C_{27}H_{36}O_2N_2$, aus A.-W. 2 Isomere, F. 115—117° bzw. 79—80°. *α.β-Bis-[dimethylamino]-buttersäure-γ'-dibutylaminopropylester*, $C_{19}H_{41}O_2N_3$, Kp.$_{0,04}$137°, n_D^{20} 1,4531; 80%. *α.β-Bis-[dimethylamino]-buttersäure-β'-diäthylaminoäthylester*, $C_{14}H_{31}$·O_2N_3, Kp.$_{0,6}$ 120°, n_D^{20} 1,4551; 75%. — *α.β-Diaminobutyramide*: durch 8—12 Std. Erhitzen von 3 Mol Amin mit 1 Mol α-Bromcrotonamid in absol. A.; krist. aus wss. Alkohol. *α.β-Dipiperidinobutyrpiperidid*, $C_{19}H_{35}ON_3$, F. 95—96,5°; 48%. *α.β-Dimorpholinobutyrpiperidid*, $C_{17}H_{31}O_3N_3$, F. 126—127°; 25,5%. *α.β-Bis-[dimethylamino]-butyrpiperidid*, $C_{13}H_{27}ON_3$, F. 63—65°; 28%. *α.β-Dipiperidinobutyrmorpholid*, $C_{18}H_{33}O_2N_3$, F. 115 bis 116°; 50%. *α.β-Dipiperidinobutyr-p-äthoxyanilid*, $C_{22}H_{35}O_2N_3$, F. 139—141°; 59%. — *α-Diäthylamino-N-[p-phenetyl]-crotonamid*, $C_{16}H_{24}O_2N_2$, F. 128—130°, durch 50 Std. Erhitzen von 5 g III u. 4,5 g $(C_2H_5)_2NH$ in alkoh. Lsg., Platten aus 80%ig. A.; 20%. (J. org. Chemistry **15**. 877—83. Juli 1950. Lincoln, Nebr., Univ., Avery Labor.)

K. F. MÜLLER. 950

J. W. Hinman, E. Louis Caron und **Halvor N. Christensen**, *Die isomeren Dipeptide des Valins, einschließlich einer Berichtigung*. Die Papierchromatographie des nicht fraktionierten *Gramicidin*(I)-hydrolysates zeigte die Ggw. von *Valylvalin* mit einem R_F-Wert, der dem Gemisch *D-Valyl-L-valin* + *L-Valyl-D-valin* entspricht. Die beiden anderen Isomeren, D-Valyl-D-valin u. L-Valyl-L-valin, die CHRISTENSEN ursprünglich im I-Hydrolysat angenommen hatte (C. **1945**. I. 554; J. biol. Chemistry **154**. [1944.] 427), konnten papierchromatograph. nicht aufgefunden werden. Der Vgl. von F., Infrarotabsorption u. Röntgendiagramm einiger Derivv. des aus I-Hydrolysat isolierten Valindipeptids mit den entsprechenden Daten der synthet. Prodd. zeigte ebenfalls, daß das isolierte Valindipeptid aus der obengenannten racem. Modifikation besteht. Die isomeren Valindipeptide wurden nach einer Meth. synthetisiert, bei der an keiner Reaktionsstufe eine Racemisierung eintrat: Carbobenzoxy-DL-valylchlorid wurde mit D- bzw. L-Valinmethylester unter Bldg. eines Gemisches der beiden Diastereoisomeren des Carboxenzoxyvalylvalinmethylesters kondensiert; letztere wurden durch fraktionierte Kristallisation getrennt. Die Carbobenzoxygruppe wurde aus einem der reinen Isomeren durch hydrierende Spaltung entfernt, der erhaltene Valylvalinester wurde tosyliert u. das Tosylierungsprod. durch Vgl. mit dem auf anderem Wege synthetisierten Tosylvalylvalinester identifiziert. Die Konfigurationen der 3 übrigen Isomeren konnten dann abgeleitet werden.

Versuche (FF. korr.): Spaltung von DL-Valin über das Formylderiv. gibt *Formyl-D-Valin*, F. 155—155,5°, $[\alpha]_D^{29}$ +17,2° (5%ig. in W.) u. *Formyl-L-valin*, F. 153 bis 154,5°, $[\alpha]_D^{24}$ −16,6° (1%ig. in W.). Daraus: *D-Valin*, $[\alpha]_D^{28}$ −5,7° (5%ig. in W.) u. *L-Valin*, $[\alpha]_D^{25}$ +5,9° (5%ig. in W.). *D-Valinmethylesterhydrochlorid*, F. 149—152°, $[\alpha]_D^{24}$ −13,8° (1,16%ig. in W.); *L-Valinmethylesterhydrochlorid*, F. 151—153°, $[\alpha]_D^{24}$ +14,3° (1,12%ig. in W.). — *Benzoyl-D-valin*, $C_{12}H_{15}O_3N$, F. 134—135,5° (Bzl.), $[\alpha]_D^{34}$ −51,0° (1,04%ig. in Chlf.); *Methylester*, $C_{13}H_{17}O_3N$, F. 109,0—109,5°, $[\alpha]_D^{23,5}$ −43,0° (1,17%ig. in Chlf.). *Benzoyl-D-valylhydrazid*, Dihydrat, $C_{12}H_{17}O_2N_3 \cdot 2\,H_2O$, F. 209 bis 210° (Nadeln aus A.); 67% (Ausbeute). *Benzoyl-L-valylhydrazid*, F. 208—209°. — *N-[1-Benzamidoisobutyl]-N'-[1-carbomethoxyisobutyl]-harnstoff*, $C_{18}H_{27}O_4N_3$, durch Überführung des Benzoyl-D-hydrazids in das Azid u. dessen Rk. mit dem D-Methylester in Ae.; *D-D-Isomeres*, F. 250—251° (Zers.), Stäbchen aus Aceton, $[\alpha]_D^{26}$ +9,5° (0,35%ig. in Chlf.); 70%; *D-L-Isomeres*, aus dem Benzoyl-D-hydrazid u. dem L-Methylester, F. 252—252,5° (Stäbchen oder Platten), $[\alpha]_D^{24}$ +28,2° (0,37%ig. Chlf.). — *Tosyl-D-valin*, $C_{12}H_{17}O_4NS$, F. 149,5—150,5° (A. u. W.), aus D-Valin in 2 n NaOH u. Tosylchlorid in Aceton; $[\alpha]_D^{22}$ −27,7° (1%ig. in A.); 70%. *Tosyl-L-valin*, $C_{12}H_{17}O_4NS$, F. 149,5—150,5°, $[\alpha]_D^{22}$ +27,4° (1%ig. in A.). — *Tosylvalylvalinmethylester*, $C_{18}H_{28}O_5$·N_2S, aus Tosylvalylchlorid (aus opt. akt. Tosylvalin u. PCl_5 in Ae. bei 5—10°) u. opt. akt. Valinmethylester, aus Chlf. u. „Skellysolve B"; 75—90%. *D-D-Isomeres*, F. 159,0 bis 159,5°, $[\alpha]^{22}$ −12,1° (1%ig. in Chlf.). *L-L-Isomeres*, F. 159,0—159,5°, $[\alpha]_D^{22}$ +12,9° (1%ig. in Chlf.). *D-L-Isomeres*, F. 167,5—168,0°, $[\alpha]_D^{25}$ −14,6° (1%ig. in Chlf.). *L-D-Isomeres*, F. 167,5—168,0° $[\alpha]_D^{25}$ −14,6° (1%ig. in Chlf.). *DD-LL-Racemat*, F. 136—139°; *DL-LD-Racemat*, F. 149—151°. — *Tosylvalylvalin*, $C_{17}H_{26}O_5N_2S$, durch Verseifung der Ester mit alkoh. NaOH bei Raumtemp. (18—24 Std.), krist. aus A. u. W. 90—95%; *D-D-Isomeres*, F. 194,0—194,5°, $[\alpha]_D^{26}$ −62,1° (1%ig. Aceton); *L-L-Isomeres*, F. 194,0 bis 194,5°, $[\alpha]_D^{26,5}$ +64,3° (1%ig. in Aceton); *D-L-Isomeres*. F. 200,0—200,5°, $[\alpha]_D^{26,5}$ −47,7° (1%ig. in Aceton); *L-D-Isomeres*, F. 200,0—200,5°, $[\alpha]_D^{27}$ −49,2° (1%ig. in Aceton): *DD-LL-Racemat*, F. 162—165°; *DL-LD-Racemat*, F. 195—197° (aus Chlf. u. „Skellysolve B"). *Carbobenzoxy* (= *Cbo*)-*DL-valin*, $C_{13}H_{17}O_4N$, F. 72—73° (Chlf. u. „Skellysolve B"); 75—80%. — *Cbo-valylvalinmethylester*, $C_{19}H_{28}O_5N_2$, aus Cbo-DL-valylchlorid (aus voriger Verb. u. PCl_5 in absol. Ae. bei 5—10°, 1 Std.) u. D-Valinmethylester (→ D-D- u. L-D-Isomere) bzw. L-Valinmethylester (→ D-L- u. L-L-Isomere) in Ae. in Ggw. von wss. $KHCO_3$-Lsg. 30 Min. bei Raumtemp.) u. Krist. aus Chlf. u. „Skellysolve B"; mit D-Methylester: L-D-Isomeres (Nadeln) als Kristallisat, D-D-Isomeres (Nadeln aus Essigester u. „Skellysolve B") in Mutterlauge; mit L-Methylester: D-L-Isomeres als Kristallisat; L-L-Isomeres in Mutterlauge; 40—50%; *D-D-Isomeres*, F. 100—104°, $[\alpha]_D^{22}$ +28,5° (1%ig. in A.); *L-L-Isomeres*, F. 100—103°, $[\alpha]_D^{22}$ —21,0° (1%ig. in A.); *D-L-Isomeres*, F. 163 bis 163,5°, $[\alpha]_D^{25}$ +12,0° (1%ig. in Chlf.); *L-D-Isomeres*, F. 163—163,5°, $[\alpha]_D^{25}$ —12,0° (1%ig. in Chlf.). Hydrierende Spaltung des Isomeren vom F. 163—163,5° aus D-Methylester in wss. Essigsäure enthaltendem CH_3OH mit Pd-Tierkohlekatalysator bei Raumtemp. u. 15 lbs. u. Tosylierung des Reaktionsprod. gibt *Tosyl-L-valyl-D-valinmethylester*, Nadeln aus A. u. W., F. u. Misch-F. 167—168°. — *Cbo-valylvalin*, $C_{18}H_{26}$·O_5N_2, durch Verseifung der Ester mit alkoh. 0,5 n. NaOH bei Raumtemp. (18—20 Std.) 80—95%: *D-D-Isomeres* (aus A. u. W., dann Essigester u. „Skellysolve B"; Prismen), F. 136—139°, $[\alpha]_D^{23}$ —7,2° (1%ig. in Aceton); *L-L-Isomeres* (krist. wie D-D-Form), F. 135—139°, $[\alpha]_D^{24}$ +7,4° (1%ig. in Aceton); *D-L-Isomeres* (Nadeln aus A. u. W.), F. 186,5—187°, $[\alpha]_D^{22}$+10,5° (1%ig. in A.); *L-D-Isomeres* (krist. wie D-L-Form), F. 187,5 bis 188°, $[\alpha]_D^{21}$ —11,5° (1%ig. in A.). — *Valylvalin*, durch hydrierende Spaltung der Cbo-Derivv.; Papierchromatographie in n-Butanol–Eisessig–W. (2:1:1) auf WHATMAN-Papier NV. 1: R_F-Wert für *D-L-* u. *L-D-Isomere*: 0,84±0,02; für *D-D-* u. *L-L-Isomere*: 0,88±0,02. — *Benzoylvalylvalinmethylester*, $C_{18}H_{26}O_4N_2$, aus Valylvalinmethylester u. Benzoylchlorid in Ggw. von $NaHCO_3$, aus A. u. W.; 70—75%; Racemformen durch Mischung. *D-D-Isomeres*, F. 171—172°, $[\alpha]_D^{20,5}$ +11,3° (0,93%ig. Aceton); *L-L-Isomeres*, F. 171,5—172°, $[\alpha]_D^{21}$ —11,4° (0,92%ig. Aceton); *D-L-Isomeres*, F. 187 bis 187,5°, $[\alpha]_D^{27}$ +2,0° (1%ig. in Chlf.); *L-D-Isomeres*, F. 187—188°, $[\alpha]_D^{27}$ —2,0° (1%ig. in Chlf.); *DD-LL-Racemat*, F. 168—168,5°; *DL-LD-Racemat*, F. 186—187,5°. — *Benzoylvalylvalin*, $C_{17}H_{24}O_4N_2$, *DL-LD-Isomeres*, F. 231—232°, aus Aceton; 88%. — „*Natürliches*" *Tosylvalylvalin*, aus I-Hydrolysat, Nadeln, F. 194—197°; keine F.-Depression mit synthet. DL-LD-Isomeren; „*natürlicher*" *Tosylvalylvalinmethylester*, aus vorigem Prod. u. CH_2N_2, F. 143—150°; Misch-F. mit synthet. DL-LD-Isomeren 148—151°. „*Natürliches*" *Benzoylvalylvalin*, durch Benzoylierung von Valylvalin aus **I**, F. 231,5 bis 232° (aus Aceton); keine Depression mit synthet. DL-LD-Isomeren: „*natürlicher*" *Benzoylvalylvalinmethylester*, F. 186—187° (Nadeln aus A.); keine Depression mit synthet. DL-LD-Isomeren. (J. Amer. chem. Soc. **72.** 1620—26. April 1950. Kalamazoo, Mich., Upjohn Comp., Res. Labors., u. Tufts Med. School, Dep. of Biochem.)

K. F. MÜLLER. 950

H. Bayard Milne und **Carl M. Stevens**, *Aminosäurederivate*. 2. Mitt. *Enzymatische Synthese von Phenylhydraziden von Carboallyloxyaminosäuren*. (1. vgl. C. **1950.** II. 2664.) Durch Behandlung der N-Carboallyloxyderivv. einiger α-Aminosäuren mit Phenylhydrazin in Ggw. von Papain wurden die Carboallyloxyaminosäurephenylhydrazide in analyt. reinem, krist. Zust. erhalten. Lagen als Ausgangsmaterial die *Carboallyloxyderivv. des Glykokolls* oder von L-Aminosäuren (L-Leucin, L-Lysin) vor, so zeigten die entsprechenden Phenylhydrazide konstante FF. u., wenn sie opt. akt. waren, konstante opt. Drehung. Wurden als Ausgangsmaterial Carboallyloxy-DL-aminosäuren verwendet, so zeigten die nach verschied. Reaktionszeiten isolierten Phenylhydrazide verschied. FF. u. verschied. opt. Drehungen, wie am Beispiel des Carboallyloxy-DL-leucins nachgewiesen wurde. In diesem Falle verläuft die enzymat. Synth. nicht völlig asymm.; die D-Aminosäurederivv. reagieren ebenfalls, wenn auch in geringerem Maße. Aus N-Carboallyloxy-D-leucin u. Phenylhydrazin entstand in Ggw. von Papain reines N-Carboallyloxy-D-leucinphenylhydrazid.

V e r s u c h e: Darst. der Carboallyloxyaminosäurephenylhydrazide aus Carboallyloxyaminosäuren (vgl. 1. Mitt., l. c.) u. Phenylhydrazin in einer gepufferten Lsg. von Papain u. Cysteinhydrochlorid bei 40° nach BERGMANN u. FRAENKEL-CONRAT (J. biol. Chemistry **119.** [1937] 707). *N-Carboallyloxyglycinphenylhydrazid*, $C_{12}H_{15}O_3N_3$, F. 114—115° (Toluol). — *N-Carboallyloxy-L-leucinphenylhydrazid*, $C_{16}H_{23}O_3N_3$, F. 111 bis 112° (Toluol), $[\alpha]_D^{25}$ —68,5° (Chlf.). — *N.N.-Dicarboallyloxy-L-lysinphenylhydrazid*, $C_{20}H_{28}O_5N_4$, F. 132—133° (Toluol), $[\alpha]_D^{25}$ —30,4°. — *N-Carboallyloxy-D-leucin* durch 144 Std. Inkubation von Carboallyloxy-DL-leucin u. Phenylhydrazin in Ggw. von Papain, Entfernung des L-Deriv. u. Eindampfen der Lsg. mit dem nicht reagierenden D-Deriv., 3 Std. Erhitzen des Eindampfrückstands mit 6 n HCl, Eindampfen, Lösen des Rückstandes in W. u. Zugabe von konz. NH_4OH bis p_H 6; aus A.–W., $[\alpha]_D^{20}$ —14,8° (3,6%ig. in 20%ig. HCl); Überführung ins *D-Phenylhydrazid* wie oben, F. 111—112° (Toluol), Misch-F. mit L-Phenylhydrazid 153—154°. (J. Amer. chem. Soc. **72.** 1742—43. April 1950. Pullman, Washington, State Coll., Fulmer Chem. Labor.) K. F. MÜLLER. 950

M. I. Kabatschnik und **T. A. Masstrjukowa,** *Untersuchungen auf dem Gebiet phosphororganischer Verbindungen. Reaktion von Phosphorsulfiden mit Alkoholen.* P_4S_7 reagiert mit A., n-C_3H_7OH, iso-C_3H_7OH u. n-C_4H_9OH unter Entw. von H_2S u. wenig PH_3, Abscheidung von P u. Bldg. von *Trialkyldithiophosphaten* (**I**), *Dialkyldithiophosphaten* (**II**) u. *Dialkylthiophosphiten* (**III**). Mit CH_3OH entstehen nur $(CH_3O)_2PSH$ (**IV**) u. $(CH_3O)_2P(S)SCH_3$ (**V**). Von den Verbb. **III** waren bisher noch keine Vertreter bekannt; sie sind bewegliche, charakterist. riechende Fll., lösl. in organ. Lösungsmitteln u. wss. A., unlösl. in W.; die Lsgg. reagieren neutral (Lackmus); mit Säuren u. Alkalien erfolgt Hydrolyse. Die Verbb. **II** sind bewegliche, nach H_2S riechende Fll., die sich in W. u. A. als einbas. Säuren titrieren lassen; im Gegensatz zu Literaturangaben sind sie (mit Ausnahme der Verb. mit Alkyl=n-C_4H_9) im Vakuum destillierbar. — Bei der Rk. von P_4S_6 (oder, falls dieses keine chem. Verb. sein sollte, von dem durch Zusammenschmelzen von P u. S in in dem der Formel entsprechenden Verhältnis gebildeten Prod.) mit CH_3OH, A. u. n-C_3H_7OH werden **I** u. **III**, aber nicht **II** erhalten; iso-C_3H_7OH verhält sich anders; es liefert **II** u. **III**, aber nicht **I**. — P_4S_5 gibt mit A. $(C_2H_5O)_2PSH$(**VI**) u. $(C_2H_5O)_2P(S)SC_2H_5$ (**VII**), die der Zus. P_4S_4 entsprechende Schmelze die gleichen Verbb.; in beiden Fällen sind die Ausbeuten niedriger als mit P_4S_7 oder P_4S_6. — Von der Aufstellung von Reaktionsgleichungen wurde vorläufig abgesehen.

Versuche: Die Rk. der aus P u. S durch Zusammenschmelzen hergestellten Phosphorsulfide mit den Alkoholen wird unter Erhitzen auf dem Wasserbad durchgeführt u. die filtrierte Reaktionslsg. nach Vetreiben des betreffenden überschüssigen Alkohols im Vakuum im CO_2-Strom fraktioniert. Bei den nachst. angegebenen 14 Verbb. bezieht sich die Ausbeuteangabe auf die Rk. mit P_4S_7; sie ist als diejenige P-Menge (in Mol.-%) zu verstehen, die sich von der im angewendeten P_4S_7 vorhandenen im Reaktionsprod. wiederfindet. *Dialkylthiophosphite* (**III**), $(RO)_2PSH$. R = CH_3 (**IV**); Kp.$_{16,5}$ 52—53,5°; D.$^{20}_4$ 1,1892; n_D^{20} 1,4768; Mol.-Refr. ([MR_D]) 29,93; 5,8%. R = C_2H_5 (**VI**); Kp.$_{12}$ 67,5—68,5°; D.$^{20}_4$ 1,0828; n_D^{20} 1,4597; [MR]$_D$ 38,91; 14,5%. R = *n*-C_3H_7 (**VIII**); Kp.$_3$ 62—63°; D.$^{20}_4$ 1,0290; n_D^{20} 1,4581; 19%. R = *iso*-C_3H_7 (**IX**); Kp.$_3$ 49 bis 50°; D.$^{20}_4$ 1,0135; n_D^{20} 1,4541; 21,8%. R = *n*-C_4H_9; Kp.$_4$ 89—90°; D.$^{20}_4$ 0,9974; n_D^{20} 1,4583; 20,8%. — *Dialkyldithiophosphate* (**II**), $(RO)_2P(S)SH$. R = C_2H_5; Kp.$_{12}$ 97—98°; D.$^{20}_4$ 1,1650; n_D^{20} 1,5105; [MR]$_D$ 47,68; 15,4%. *Bleisalz*, $C_8H_{20}O_4S_4P_2Pb$, F. 75—76°; aus A. Kristalle. R = *n*-C_3H_7; Kp.$_3$ 85—86°; D.$^{20}_4$ 1,1040; n_D^{20} 1,4987; 6,5%. R = *iso*-C_3H_7 (**X**); Kp.$_3$ 70,5—71,5°; D.$^{20}_4$ 1,0913; n_D^{20} 1,4920; 25,4%. R = *n*-C_4H_9; nicht destillierbar. *Quecksilber(II)-Salz*, F. 60—61°. — *Trialkyldithiophosphate* (**I**), $(RO)_2P(S)\cdot SR$. R = CH_3 (**V**); Kp.$_{16,5}$ 101—101,5°; D.$^{20}_4$ 1,2415; n_D^{20} 1,5292; σ_{20} (Oberflächenspannung) 37,88 dyn/cm; [MR]$_D$ 42,74; P (Parachor) 343,7; 42,3%. R = C_2H_5 (**VII**); Kp.$_{10}$ 115—115,5°; D.$^{20}_4$ 1,1168; n_D^{20} 1,5013; σ_{20} 33,09 dyn/cm; [MR]$_D$ 56,65; P 460,4; 11%. *Komplexverb.* mit *Quecksilber(II)-jodid*, $(C_2H_5O)_2P(S)SC_2H_5\cdot 2\,HgJ_2$, F. 85—86°; aus Alkohol. R = *n*-C_3H_7 (**XI**), Kp.$_3$ 115—116°; D.$^{20}_4$ 1,0561; n_D^{20} 1,4955; σ_{20} 29,91 dyn/cm; [MR]$_D$ 70,75; P 565,6; 6,2%. R = *iso*-C_3H_7, Kp.$_3$ 91—92°; D.$^{20}_4$ 1,0351; n_D^{20} 1,4843; 3,1%. R = *n*-C_4H_9, Kp.$_4$ 148—149°; D.$^{20}_4$ 1,0159; n_D^{20} 1,4859; 9,5%. — Ausbeuten bei den Rkk. mit P_4S_6 u. P_4S_5. Aus 47,4 g P_4S_6 u. absol. CH_3OH werden 5,1 g **IV** u. 19,7 g **V** erhalten. 50,8 g P_4S_6 in absol. A. geben 26,3 g **VI** u. 20,1 g **VII**. 47,4 g P_4S_6 liefern in n-C_3H_7OH 30,2 g **VIII** u. 9,7 g **XI**. 47,4 g P_4S_6 in iso-C_3H_7OH geben 26 g **IX** u. 4 g **X**. Aus 28,4 g P_4S_5 in absol. A. werden 8,3 g **VI** u. 9,3 g **VII** erhalten. (Известия Академии Наук СССР, Отделение Химических Наук [Nachr. Akad. Wiss. UdSSR, Abt. chem. Wiss.] **1952**. 727—35. Juli/Aug. Inst. für organ. Chem. der Akad. der Wiss. der UdSSR.) R. KNOBLOCH. 980

M. I. Kabatschnik und **T. A. Masstrjukowa,** *Untersuchungen auf dem Gebiet phosphororganischer Verbindungen. Über Dialkydlithiophosphate.* (Vgl. vorst. Ref.) *Dialkyldithiophosphate* (**I**) wurden von PISCHTSCHIMUKA (Журнал Русского Физико-Химического Общества [J. russ. physik.-chem. Ges.] **44**. [1912.] 1406; Український Хемічний журнал [Ukrain. chem. J.] **1**. [1927.] 87) aus P_4S_{10} u. Alkoholen erhalten u. als nichtdestillierbare Fll. beschrieben. Bei Wiederholung der Verss. konnte bestätigt werden, daß die Verbb. **I** Hauptprodd. der Rk. sind; aber alle, ausgenommen die Verb. mit Alkyl=n-C_4H_9, sind im Vakuum destillierbar u. mit den Verbb., die aus P_4S_7 erhalten werden, auf Grund der physikal. Konstanten, der Analyse u. der FF. der Schwermetallsalze identisch Durch Oxydation mit J_2 gehen sie in die *Disulfide* $[(RO)_2P(:S)\cdot S-]_2$ über.

Versuche: *Dimethyldithiophosphat* (**II**), $C_2H_7O_2S_2P$, Kp.$_{4,5}$ 62—63°; aus 33,3 g P_4S_{10} u. 2,4 g CH_3OH auf dem Wasserbad bis zur Beendigung der H_2S-Entw.; D.$^{20}_4$ 1,2888; n_D^{20} 1,5343; σ_{20} (Oberflächenspannung) 38,87 dyn/cm; Mol.-Refr. ([MR]$_D$) 38,13; P (Parachor) 306,1; 34,7 g (Ausbeute). *Ni (II)-Salz*, F. 124—125°; aus Bzn. lilafarbene Blättchen. — *Diäthyldithiophosphat*, $C_4H_{11}O_2S_2P$, Kp.$_5$ 81,5—82,5°; aus 50,8 g

P_4S_{10} u. 69 g A.; $D.^{20}{}_4$ 1,1654; $n_D{}^{20}$ 1,5076; σ_{20} 31,7; $[MR]_D$ 47,54; P 378,7; 65,1 g. *Pb(II)-Salz,* F. 75—76°; aus Alkohol. — *Dipropyldithiophosphat,* Kp.$_2$ 81,5—82,5°; aus 11,1 g P_4S_{10} u. 12 g n-C_3H_7OH; $n_D{}^{20}$ 1,4986; 16,1 g. — *Diisopropyldithiophosphat,* Kp.$_3$ 71—72°; $D.^{20}{}_4$ 1,0911; $n_D{}^{20}$ 1,4918; 6,4 g aus 5,6 g P_4S_{10}. *Pb(II)-Salz,* $C_{12}H_{28}O_4 \cdot S_4P_2Pb$, F. 130—131°; aus A. seidige Nadeln. — *Di-n-butyldithiophosphat,* aus 11,1 g P_4S_{10} u. 14,8 g n-C_4H_9OH, 7—8 Std. auf dem Wasserbad. *Hg(II)-Salz,* F. 60—61°; man neutralisiert die Reaktionslsg. mit 10%ig. NaOH, beseitigt das ungelöste Öl (wenig), wäscht die wss. Lsg. mit Ae. nach u. fällt mit 12 g $HgCl_2$ das zunächst ölige Salz, das mit Ae. aufgenommen wird; aus CH_3OH Kristalle. Vgl. MASTIN u. Mitarbeiter (J. Amer. chem. Soc. **67.** [1945.] 1662.). — *Disulfide* $[(RO)_2P(:S)S—]_2$. R = CH_3, $C_4H_{12}O_4S_4P_2$, F. 51—52°; aus 4,8 g **II** in der äquivalenten Menge NaOH u. 3,8 g J_2 in KJ-Lsg.; der ausfallende Nd. wird aus Hexan krist.; 3,5 g. R = C_2H_5, $C_8H_{20}O_4S_4P_2$; analog Vorst.; das ausfallende Öl wird mit Ae. aufgenommen; beim Verdampfen des Ae. u. Abkühlen des Rückstands mit Eis kub. Kristalle; 48%. R = *iso*-C_3H_7, $C_{12}H_{28}O_4S_4P_2$, F. 91—92°; aus A. Kristalle; 83%. (Известия Академии Наук СССР, Отделение Химических Наук [Nachr. Akad. Wiss. UdSSR, Abt. chem. Wiss.] **1953.** 121—25. Jan./Febr.) R. KNOBLOCH. 980

W. T. Smith jr. und **J. T. Sellas,** *Neophylchlorid (Chlor-tert.-butylbenzol).* Aus Bzl. + konz. H_2SO_4 u. Methallylchlorid bei 20°: $C_{10}H_{12}Cl$, Kp.$_{10}$ 97—98°, $n_D{}^{20}$ 1,5250; 70—73% Ausbeute; daneben 2,7% *1.4-Di-[chlor-tert.-butyl]-benzol,* F. 54,5—55°. (Org. Syntheses **32.** 90—92. 1952. Iowa City, Univ.) TROFIMOW. 1010

W. Werner Zorbach und **J. Elliott Weber,** *Die Abtrennung von Brenzcatechin aus Dampfdestillaten und Reaktionsgemischen.* Auch wenn bei der Darst. von *Brenzcatechin* (I) aus o-Aminophenol I über das Pb-Salz (welches in organ. Lösungsmitteln mit HCl besser zu spalten ist als das Ba-Salz) isoliert wird, bleibt die Ausbeute schlecht. Wesentlich besser ist sie, wenn Salicylaldehyd in kleinen Ansätzen mit H_2O_2 oxydiert wird, I dann als Ba-Salz gefällt u. dieses mit wss. HCl zers. wird.

Versuche: Zu halbkonz. H_2SO_4 wurde bei —10° unter Rühren o-Aminophenol zugefügt, mit Eis verd. (bis zu einer 10%ig. Lsg.) u. die Lsg. zu einer sd. wss. $CuSO_4$-Lsg. zugegeben. Das gebildete *Brenzcatechin* (I) wurde mit Wasserdampf destilliert. Eine 10%ig. Lsg. von Bleiacetat wurde dem Destillat bis zur vollständigen Ausfällung des *Pb-Salzes* zugefügt, welches mit W. u. Aceton gewaschen u. trocken gesaugt wurde. Es wurde in Bzl. mit HCl-Gas zers., das gebildete $PbCl_2$ abfiltriert, das Filtrat dest. u. das restliche Bzl. im Vakuum entfernt. Mit C_6H_5Br wurde nochmals dest., filtriert u. mit den Filtraten derselbe Vorgang wiederholt; F. 104°; 9,7% (Ausbeute). — Bei der Oxydation von Salicylaldehyd mit H_2O_2 wurde dem Reaktionsgemisch (p_H 7) bei 40° eine 80° warme $Ba(OH)_2$-Lsg. hinzugefügt. Die grüngoldenen Blättchen des I-*Ba-Salzes* wurden beim Absaugen mit W. u. Aceton gewaschen u. getrocknet. Die Filtrate wurden auf gleiche Weise behandelt. Das Ba-Salz wurde in HCl gelöst; mit Ae. wurde extrahiert, mit 5%ig. $KHCO_3$ gewaschen, über $MgSO_4$ getrocknet, filtriert u. im Vakuum eingeengt; 71%. Wiederholte Destillation mit C_6H_5Br gab eine Ausbeute von 68%. (J. Amer. chem. Soc. **74.** 4718—19. 20/9. 1952. Bowling Green, O., State Univ., Chem. Dep.) HILDEGARD SCHULZ. 1060

Marc Julia, *Über 2.2'.4.4'-tetrasubstituierte Diphenylsulfone.* Vf. benutzt zur Darst. von *2.2'-Dioxy-4.4'-diaminodiphenylsulfon* (I), das kürzlich von AMSTUTZ (C. **1953.** 8601) beschrieben wurde, ein anderes Ausgangsmaterial, nämlich m-Aminophenol. Nach Schutz der beiden funktionellen Gruppen ergab die FRIEDEL-CRAFTS-Rk. mit $SOCl_2$ in CS_2 in guter Ausbeute das entsprechende *Sulfoxyd.* Die Oxydation des Sulfoxyds mit CrO_3 in CH_3COOH ergab das entsprechende *Sulfon.* Verseifung der Acetaminogruppen war leicht u. führte zum *2.2'-Dimethoxy-4.4'-diaminodiphenylsulfon* (**II**). Die Phenoläthergruppen waren erst nach 100std. Kochen mit 48%ig. HBr verseift, jedoch in guter Ausbeute; I, $C_{12}H_{12}O_4N_2S$, Nadeln, F. 187°. Strukturbeweis durch Diazotierung von **II** in Ggw. von A. zu *2.2'-Dimethoxydiphenylsulfon,* F. 193—194°. — Vf. stellt ferner nach derselben Meth. wie FEEMAN u. AMSTUTZ (C. **1951.** I. 1857) *2.2'-Dimethoxy-4.4'-dinitrodiphenylsulfon* dar u. red. es mit $SnCl_2$ u. HCl zu **II.** — *2.2'-Diamino-4.4'-dinitrodiphenylsulfon* wird durch Oxydation mit 30%ig. H_2O_2 des nach HODGSON u. DOGSON (C. **1949.** II. 534) dargestellten Sulfides erhalten. Hierbei erforderte die Hydrolyse der Acetaminogruppen sehr energ. Bedingungen. — *2.2'-Dichlor-4.4'-diaminodiphenylsulfon* erhält Vf. durch Red. des entsprechenden Dinitrosulfons mit $SnCl_2$. (C. R. hebd. Séances Acad. Sci. **231.** 621—22. 25/9. 1950.) F. BRUCK. 1090

Paul M. Maginnity und **Thomas J. Gair,** *Die Reaktion von Azomethinen mit Methylmagnesiumjodid.* Vff. haben die Additionsverbb. folgender Azomethine mit Methylmagnesiumjodid durch Zusammengeben der Komponenten in Di-n-butyläther dargestellt: von *Benzophenonanil*, $C_{20}H_{18}NJMg$; *Benzylidenanil*, $C_{14}H_{14}NJMg$; *Benzylidenbenzylamin*, $C_{15}H_{16}NJMg$; *Benzyliden-n-butylamin*, $C_{12}H_{18}NJMg$; *Benzylidencyclohexylamin*, $C_{14}H_{20}NJMg$; *Benzylidenäthylamin*, $C_{10}H_{14}NJMg$; *Benzylidenisopropylamin*, $C_{11}H_{16}NJMg$; *Butylidenbenzylamin*, $C_{12}H_{18}NJMg$. (J. Amer. chem. Soc. **74.** 4958—59. 5/10. 1952. Chesnut Hill, Mass., Boston Coll., Dep. of Chem.) L. FISCHER. 1120

Armiger H. Sommers, R. J. Michaels jr. und **Arthur W. Weston,** *Formylierung von Dimethoxybenzolen mit Phosphoroxychlorid und N-Methylformanilid.* Im Gegensatz zu FERGUSON (C. **1946.** I. 180) stellen Vff. fest, daß bei der Formylierung von 1.3-Dimethoxybenzol (**I**) mit $POCl_3$ u. N-Methylformanilid (**V**) nicht 2.6-, sondern *2.4-Dimethoxybenzaldehyd* (**II**) entsteht. Analog wird aus Veratrol (**III**) u. 1.4-Dimethoxybenzol *Veratrumaldehyd* (**IV**) bzw. *2.5-Dimethoxybenzaldehyd* erhalten. **IV** ist analog von AKABORI u. SENOH (Bull. chem. Soc. Japan **14.** [1939.] 166) aus **III** u. Formylpiperidin + $POCl_3$ in annähernd gleicher Ausbeute gewonnen worden, während **I** mit Formyldiäthylamin u. $POCl_3$ **II** nur 40%ig. Ausbeute ergab.

Versuche: *2.4-Dimethoxybenzaldehyd* (**II**), $Kp._{0,1}$ 110°, F. 68—70°, aus **I**, **V** u. $POCl_3$ nach WESTON u. MICHAELIS (C. **1953.** 6879); 85% (Ausbeute). *Oxim*, F. 105 bis 106°. *Semicarbazon*, $C_{19}H_{13}O_3N_3$, F. (aus A.) 203°. — *Veratrumaldehyd* (**II**), F. 44—45° (Cyclohexan), analog aus **III**; 38%. *2.5-Dimethoxybenzaldehyd*, F. 51°, analog aus 1.4-Dimethoxybenzol; 16%. *p-Nitrophenylhydrazon*, F. 216°. (J. Amer. chem. Soc. **74.** 5546. 5/11. 1952. North Chicago, Ill.) BOLLINGER. 1140

J. T. Bryan und **P. A. Foote,** *Synthese von Lokalanästheticis, abgeleitet von der Cumin- und 3-Nitrocuminsäure.* In Fortführung früherer Arbeiten (CARKHUFF u. GRAMLING, J. Amer. pharmac. Assoc., sci. Edit. **38.** [1949.] 555; BAXTER u. FOOTE, l. c., 572) stellen Vff. durch Nitrieren von Cuminsäure (**I**; p-Isopropylbenzoesäure) *3-Nitrocuminsäure* u. einige *Aminoalkylester* der beiden Säuren dar.

Versuche: *Cuminoylchlorid*, Kp. 252—253°, aus **I** (F. 116—117°) u. $SOCl_2$. — Nachst. *Ester* von **I** nach SCHOTTEN-BAUMANN aus 0,2 (Mol) vorst. Verb. u. 0,1 des entsprechenden Aminoalkohols in 10%ig. wss. KOH u. Dest.: *β-Dimethylaminoäthyl-*, $Kp._8$ 160°; $D.^{20}{}_{20}$ 1,0420; n_D^{20} 1,5205; Mol. Refr. ($[MR]_D$) 68,66; 40% (Ausbeute). *Hydrochlorid*, F. 165—166°. — *β-Diäthylaminoäthyl-*, $Kp._4$ 152°; $D.^{20}{}_{20}$ 1,0218; n_D^{20} 1,5102; $[MR]_D$ 77,16; 41%. *Hydrochlorid*, F. 131—132°. *γ-Diäthylaminopropyl-*, $Kp._8$ 185°; $D.^{20}{}_{20}$ 0,9941; n_D^{20} 1,5029; $[MR]_D$ 82,37; 47%. *Hydrochlorid*, F. 149—150°. — *3-Nitrocuminsäure*, F. 156—157° (A.), aus 100 g **I** in konz. H_2SO_4 durch Zutropfen von rauchender HNO_3, nach 30 Min. Gießen auf Eis u. Filtrieren; 97 g. *Chlorid*, aus 40 g vorst. Verb. + $SOCl_2$; 35 g. *β-Dimethylaminoäthylester*, $Kp._4$ 100° (Zers.); $D.^{20}{}_{20}$ 1,1507; n_D^{20} 1,5260; $[MR]_D$ 74,69; 35%. *β-Diäthylaminoäthylester*, $Kp._4$ 180° (Zers.); $D.^{20}{}_{20}$ 1,1074; n_D^{20} 1,5148; $[MR]_D$ 83,39; 33%. *γ-Diäthylaminopropylester*, $Kp._{20}$ 180° (Zers.); $D.^{20}{}_{20}$ 1,0607; n_D^{20} 1,4844; $[MR]_D$ 87,04; 63%. (J. Amer. pharmac. Assoc., sci. Edit. **39.** 644—45. Nov. 1950. Gainesville, Univ. of Florida, Coll. of Pharm.) LEHWALD. 1210

T. O. Soine und **M. R. Buchdahl,** *β-Bromäthylphthalimid.* Aus Phthalsäureanhydrid mit Monoäthanolamin 30 Min. auf dem Wasserbad, dann mit PBr_3 $1^1/_4$ Std. unter Rückfluß, $C_{10}H_8O_2NBr$, F. 80—82°, 75—80% (Ausbeute). (Org. Syntheses **32.** 18—20. 1952. Minneapolis, Minn., Univ.) TROFIMOW. 1220

Norman G. Gaylord und **P. M. Kamath,** *p-Chlorphenylsalicylat.* Aus Salicylsäure u. p-Chlorphenol in Ggw. von $POCl_3$ bei 75—80°: $C_{13}H_9O_3Cl$, F. 69,5—70,5° (aus absol. A.), 55—62% (Ausbeute). — Analog *o-Chlorphenylsalicylat*, F. 52,0—52,4°, 67%; *p-tert.-Butylphenylsalicylat*, F. 63,0—63,4°; 42%; *p-Nitrophenylsalicylat*, F. 151,5 bis 151,9 (Dioxan); 53%; *p-Phenylphenylsalicylat*, F. 109,2—109,6°; 66%; *o-Phenylphenylsalicylat*, F. 89,2—89,5°; 70%. (Org. Syntheses **32.** 25—26. 1952. Brooklyn, N. Y., Polytechn. Inst.) TROFIMOW. 1250

William S. Emerson und **George F. Deebel,** *Methyl-p-acetylbenzoat.* Durch Oxydation von 98 g *Methyl-p-äthylbenzoat* (**I**), $C_{10}H_{12}O_2$, erhalten aus der aus Äthylbenzol mit Acetylchlorid + $AlCl_3$ dargestellten *p-Äthylbenzoesäure* (F. 111—112°, 41% [Ausbeute]) durch Veresterung (77—79%), mit O_2 in Ggw. von Cr_2O_3: $C_{10}H_{10}O_3$, $Kp._7$ 149—150°, F. 92—95° (Bzl. + Hexan). (Org. Syntheses **32.** 81—83. 1952. Dayton, O., Monsanto Chem. Co.) TROFIMOW. 1270

Karl Kindler, Karl Schrader und **Bernd Middelhoff,** *Über neue und verbesserte Wege zum Aufbau von pharmakologisch wichtigen Aminen.* 14. Mitt. *Über die Synthese von lobelinähnlichen β-Phenyläthylaminen.* (Vgl. C. **1939.** I. 4043.) Einige β-Phenyläthylamine, von denen eine die Atemtätigkeit belebende Wrkg. erwartet wurde, wurden dargestellt. Verbb. der 4-Oxyphenyläthylaminreihe wurden durch Hydrierung von *4-Aminobenzylcyanid* (**I**) in Ggw. eines sek. Amins, Diazotierung des entstandenen

Diamins u. Verkochen erhalten. Das durch Hydrierung von *4-Nitrobenzylcyanid* (**II**) in fast quantitativer Ausbeute entstehende **I** braucht nicht erst isoliert zu werden, sondern kann unter Zusatz des sek. Amins weiterhydriert werden. Die Verbb. dieser Reihe können außerdem entsprechend aus 4-Methoxybenzylcyanid über die Methyläther durch anschließende Entmethylierung mit konz. HCl dargestellt werden. Ein anderer Weg zur Darst. lobelinähnlicher Amine geht aus von Acetophenonen, die mit S u. sek.-Amin in *Phenylthioacetamide* umgewandelt werden, die durch elektrochem. Red. in die gewünschten Amine übergeführt werden könnrn. *4-Oxyphenyläthylbenzylamin* wurde durch hydrierende **Kondensation** von Tyraminmethyläther **mit** Benzaldehyd u. Entmethylierung mit HCl dargestellt.

Versuche: *4-Aminobenzylcyanid* (**I**), durch Hydrierung von $^3/_{10}$ Mol 4-Nitrobenzylcyanid (**II**) in Ggw. von Pd-Ba_2SO_4 bei 2 atü unter Aufnahme von $^9/_{10}$ Mol H_2 u. Dest. des Filtrats, $Kp._{15}$ 182°, F. 46°; 97% (Ausbeute). — *N-[β-(4-Aminophenyl)-äthyl]-dimethylamin* (**III**), a) durch Zugabe von Pd-$BaSO_4$ zu einer alkoh. Lsg. von **I**, Evakuieren des Gefäßes, Zugabe von 33%ig. alkoh. Dimethylamin, Hydrierung bei 2 at unter Aufnahme der berechneten Menge H_2, Abdampfen des Amins u. Lösungsm. u. Dest., $Kp._{14}$ 148°; 80%; b) durch Hydrierung von $^2/_{10}$ Mol **II** in A. wie **vorher** unter Aufnahme von $^6/_{10}$ Mol H_2, Zugabe einer größeren Menge Katalysator u. 33%ig. Dimethylamin u. Hydrierung. — *N-[β-(4-Aminophenyl)-äthyl]-diäthylamin*, $Kp._{13}$ 154 bis 157°; 50%. — *N-[β-(4-Aminophenyl)-äthyl]-dipropylamin*, $Kp._{15}$ 165—168°. — *N-[β-(4-Aminophenyl)-äthyl]-piperidin*, $Kp._{13}$ 178—181°, F. 43—44°. — *N-[β-(4-Oxyphenyl)-äthyl]-dimethylamin* (*Hordenin*), durch Diazotierung von **III** in 2nH_2SO_4 mit KNO_2-Lsg. bei 0°, Zutropfen der Reaktionslsg. zu sd. 2nH_2SO_4, Kochen, Zugabe von 2nKOH, so daß noch saure Rk. herrschte, Waschen mit Ae. u. Zugabe von überschüssiger Soda. Weitere Mengen wurden durch Eindampfen der Lsg., Ausziehen des Rückstands mit Bzl. u. Dest. erhalten, $Kp._{11}$ 175°, F. 117°; 80%. — *N-[β-(4-Oxyphenyl)-äthyl]-diäthylamin*, $C_{12}H_{19}ON$, Darst. wie **vorst.** Verb., $Kp._{15}$ 178—181°, F. 95° (CH_3OH oder Bzl. + PAe.); 66%. — *N-[β-(4-Oxyphenyl)-äthyl]-dipropylamin*, $Kp._{12}$ 178 bis 180°, F. 75°, nach Fällung mit trockenem Ae. aus alkoh. Lsg.; 70%. — *N-[β-(4-Oxyphenyl)-äthyl]-piperidin*, F. 163°; 60%. — *N-[β-(4-Methoxyphenyl)-äthyl]-piperidin* (**IV**), durch Hydrierung von 4-Methoxybenzylcyanid u. Piperidin in CH_3OH in Ggw. von 20%ig. Pd-$BaSO_4$ bei 2 at, Abdest. des Lösungsm. aus dem Filtrat, Schütteln des Rückstands mit HCl u. Ae., Zugabe von Benzoylchlorid u. KOH zur salzsauren Lsg., Extraktion mit Ae., Schütteln der äther. Lsg. mit HCl u. Zugabe von Alkali, $Kp._{14}$ 175 bis 177°. *Hydrochlorid*, sehr hygroskop., F. 197°. — *N-[β-(4-Oxyphenyl)-äthyl]-piperidin*, durch 4std. Erhitzen von **IV** u. rauchender HCl im Rohr auf 160—170°, Eindunsten im Vakuum, Schütteln des Rückstands mit K_2CO_3-Lsg., F. 164—165° (absol. A.); Gesamtausbeute 82%. — *N-[β-(3.4-Dioxyphenyl)-äthyl]-dimethylamin* (*Oxyhordenin*), aus 3.4-Dimethoxybenzylcyanid (**V**), das durch Hydrierung von O-Carbäthoxy-3.4-dimethoxymandelsäurenitril erhalten wurde, F. 156°. — *N-[β-(3.4-Dimethoxyphenyl)-äthyl]-diäthylamin* (**VI**), durch Hydrierung von **V** in A. in Ggw. von Diäthylamin u. 10%ig. Pd-$BaSO_4$ bei 2,5 at, $Kp._{12}$ 164—166°. *Hydrochlorid*, $C_{14}H_{24}O_2NCl$, durch Fällen mit trockenem Ae. aus absol. A., F. 125—126°. — *N-[β-(3.4-Dioxyphenyl)-äthyl]-diäthylaminhydrochlorid*, $C_{12}H_{20}O_2NCl$, durch 5std. Erhitzen von **VI** mit 37%ig. HCl im Rohr auf 150°, Eindampfen im Vakuum, Zugabe von Sodalsg., Eindampfen im Vakuum, Ausziehen mit Anisol, Entfernung des Lösungsm. im Vakuum, Aufnehmen in A., Sättigung mit HCl u. Fällung mit Ae., F. 163°; 71%. — *N-[β-(4-Methoxyphenyl)-äthyl]-benzylamin* (**VII**), durch Hydrierung von 4-Methoxyphenyläthylamin (Tyraminmethyläther) in CH_3OH in Ggw. von Benzaldehyd u. Pd-Mohr bei 2 at, $Kp._{13}$ 210°; 81%. *Hydrochlorid*, F. 231°. — *N-[β-(4-Oxyphenyl)-äthyl]-benzylamin*, durch 5std. Erhitzen von **VII** u. rauchender HCl im Rohr auf 160°, Verdampfen der Säure im Vakuum, Schütteln des Rückstands mit Sodalsg., Ausziehen mit Ae., Eindampfen, Aufnehmen des Rückstands in heißem Bzl. + CH_3OH u. Fällen mit PAe., F. 142°; 85%. *Hydrochlorid*, F. 221°. (Arch. Pharmaz. Ber. dtsch. pharmaz. Ges. **283/55.** 184—90. 1950. Hamburg, Univ., Inst. für pharmaz. Chem.)

HILDEGARD BAGANZ. 1310

H. J. Scheifele jr. und **D. F. DeTar,** *2-Aminobenzophenon.* Aus Anthranilsäure n wss. Na_2CO_3-Lsg. u. p-Toluolsulfochlorid über *N-[p-Toluolsulfonyl]-anthranilsäure* (**I**) (F. 229—230° [A.]; 81—91% Ausbeute) u. Erwärmen von **I** mit PCl_5 u. $AlCl_3$ in Bzl.: $C_{13}H_{11}ON$, F. 105—106° (A.), hexagonale gelbe Blättchen; Ausbeute 69—72%, bezogen auf **II**. — Analog *4'-Methyl-2-aminobenzophenon*, F. 92—93° (A.); 70%. (Org. Syntheses **32.** 8—13. 1952. Ithaca, N. Y., Cornell Univ.) TROFIMOW. 1340

Edward L. Bennett und **Carl Niemann,** *Die enzymatische Synthese von N-Acyl-D- und -L-phenylalanylhydraziden.* Acylierte DL-Phenylalanine, $C_6H_5 \cdot CH_2 \cdot CH(NHCOR) \cdot$

COOH ($R = CH_3$, C_6H_5, OCH_3, OC_2H_5, $OCH_2C_6H_5$), wurden mit Papain, Cystein u. Phenylhydrazin bei p_H 4,6 u. 40° inkubiert. Nach Abtrennung der ausgefallenen Phenylhydrazide wurden die Lsgg. erneut mit Phenylhydrazin inkubiert; der Prozeß wurde fortgesetzt, bis kein Phenylhydrazid mehr erhalten wurde. Die Phenylhydrazidfraktionen wurden fraktioniert krist., u. die Anteile an L- oder D-Isomeren in jeder Fraktion wurden durch Messung der opt. Drehung bestimmt. Dabei ergab sich, daß die durch Papain katalysierte Phenylhydrazidsynth. aus acylierten DL-Phenylalaninen stereochem. spezif. unter Bldg. der L-Isomeren abläuft, wenn $R = -CH_3$ oder $-C_6H_5$ ist. Für $R = -OCH_3$, $-OC_2H_5$ oder $-OCH_2C_6H_5$ geht die stereochem. Spezifität verloren; es entstehen hier auch D-Phenylhydrazide, deren Ausbeuten größenordnungsmäßig der der L-Phenylhydrazide vergleichbar werden.

Versuche (FF. korr.): *N-Acetyl-DL-phenylalanin*, F. 152—154° (W.); 88% (Ausbeute). *N-Benzoyl-DL-phenylalanin*, F. 185—188° (W.); 91%. *Carbobenzyloxy-DL-phenylalanin*, F. 103—104° (Toluol); 80%. *Carboäthyloxy-DL-phenylalanin*, $C_{12}H_{15}$·O_4N, F. 73—75° (W.); 56%. *Carbomethyloxy-DL-phenylalanin*, Sirup; 97%. — Ausbeuten an D- bzw. L-Phenylhydraziden bei der enzymat. Synth. von Verbb. des Typs C_6H_5·$CH_2CH(NHCOR)\cdot CONHNHC_6H_5$ (Beispiele): $R = -OCH_3$: 20 bzw. 80%; $R = -OC_2H_5$: 72 bzw. 98%. $R = -OCH_2C_6H_5$: 83 bzw. 104%; $R = -C_6H_5$: 4 bzw. 97%. $R = CH_3$: 0—3 bzw. 63—85%. *Carbomethyloxy-L-phenylalaninphenylhydrazid*, $C_{17}H_{19}$·O_3N_3, F. 170—174° (Toluol), $[\alpha]_D^{25}$ —23,8° (c = 8 in Pyridin); *DL-Form*, F. 181—182,5°, $[\alpha]_D^{25}$ —0,2°. — *Carboäthyloxy-L-phenylalaninphenylhydrazid*, $C_{18}H_{21}O_3N_3$, F. 156,5 bis 159,5° (Toluol), $[\alpha]_D^{25}$ —22,2° (c = 8 in Pyridin); *D-Form*, F. 156—160,5° (Toluol), $[\alpha]_D^{25}$ +23,4° (c = 8 in Pyridin); *DL-Form*, F. 171—172,5° (Toluol), $[\alpha]_D^{25}$ —0,4°. — *Carbobenzyloxy-L-phenylalaninphenylhydrazid*, $C_{23}H_{23}O_3N_3$, F. 177—179° (Toluol), $[\alpha]_D^{25}$ —24,6° (c = 8 in Pyridin), —29,2° (c = 2,5 in Chlf.); *D-Form*, F. 178—179° (Toluol), $[\alpha]_D^{25}$ +24,4° (c = 7 in Pyridin); *DL-Form*, F. 159,5—161° (Toluol), $[\alpha]_D^{25}$ 0,0°. — *N-Benzoyl-L-phenylalaninphenylhydrazid*, $C_{22}H_{21}O_2N_3$, F. 215—217° (A.), $[\alpha]_D^{25}$ —61,9° (c = 8 in Pyridin); *N-Benzoyl-D-phenylalanin*, $C_{16}H_{15}O_3N$, F. 139,5—140,5° (verd. HCl), $[\alpha]_D^{25}$ +23,8° (c = 8 in Pyridin), —18,0° (c = 8 in 0,4nNaOH). — *N-Acetyl-L-phenylalaninphenylhydrazid*, $C_{17}H_{19}O_2N_3$, F. 207—208° (A.), $[\alpha]_D^{25}$ —34,6° (c = 8 in Pyridin); *N-Acetyl-D-phenylalanin*, $C_{11}H_{13}O_3N$, F. 171—172° (aus A. u. W.), $[\alpha]_D^{25}$ —32,9° (c = 9 in Pyridin), —46,0° (c = 8 in A.). (J. Amer. chem. Soc. **72.** 1798—1800. April 1950. Pasadena, Calif., Inst. of Technol., Gates and Crellin Labors.)

K. F. MÜLLER. 1350

Edward L. Bennett und **Carl Niemann**, *Die Darstellung und Spaltung der drei isomeren kernsubstituierten Monofluor-DL-phenylalanine.* *o-*, *m-* u. *p-Fluor-DL-phenylalanin* (o-, m-, p-**I**) wurden durch Kondensation der entsprechenden Fluorbenzaldehyde mit Hippursäure dargestellt; die Fluorbenzaldehyde wurden aus den Aminobenzoesäureestern nach MCFADYEN u. STEVENS (J. chem. Soc. [London] **1936.** 584) dargestellt. Bessere **I**-Ausbeuten werden erhalten, wenn man von den isomeren Monofluortoluolen ausgeht, diese in die entsprechenden Monofluorbenzylchloride durch Chlorierung in der Dampfphase überführt u. letztere mit Acetamidomalonester oder Acetamidocyanessigester kondensiert u. die Kondensationsprodd. hydrolysiert. Die Acetylderivv. der DL-**I** wurden enzymat. (durch Papain) in Ggw. von Phenylhydrazin in die N-Acetylfluor-L-phenylalaninhydrazide u. N-Acetylfluor-D-phenylalaninhydrazide gespalten, aus denen durch Hydrolyse die isomeren Fluor-L- u. -D-phenylalanine gewonnen wurden.

Versuche (FF. korr.): *Fluorbenzhydrazide*, aus den entsprechenden Estern (durch therm. Zers. der Diazoniumfluorborate; 52,67 bzw. 64% [Ausbeute]) u. 85%ig. $N_2H_4\cdot H_2O$; *o-Fluor-*, $C_7H_7ON_2F$, F. 72—73°, aus Cyclohexan–PAe.; 89%. *m-Fluor-*, $C_7H_7ON_2F$, F. 138—139,5°, aus A.; 97%. *p-Fluor-*, $C_7H_7ON_2F$, F. 161,5—163°, aus Essigester; 95%. — *Fluorbenzoylbenzolsulfohydrazide*, aus den Fluorbenzhydraziden nach MCFADYEN u. STEVENS (l. c.): *o-Fluor-*, $C_{13}H_{11}O_3N_2F$, F. 172—173,5°, aus A.; 98%. *m-Fluor-*, $C_{13}H_{11}O_3N_2FS$, F. 182—183°, aus Bzl.; 98%. *p-Fluor-*, $C_{13}H_{11}O_3N_2FS$, F. 179—180,5° (Bzl.); 89%. *Fluorbenzaldehyde*, aus vorigen Verbb. nach MCFADYEN u. STEVENS (l. c.): *o-Fluor-*, Kp.$_{46}$ 90—91°, n_D^{25} 1,5180; 50%. *m-Fluor-*, Kp.$_{50}$ 98—99°, n_D^{25} 1,5157; 50%. *p-Fluor-*, Kp.$_{48}$ 97—99°, n_D^{25} 1,5180; 42%. — *2-Phenyl-4-[fluorbenzal]-5-oxazolone*, aus den Fluorbenzaldehyden, Hippursäure, Na-Acetat u. Acetanhydrid im Verhältnis 1 : 1 : 1 : 3,4 (60—75 Min. Kochen am Rückfluß): *o-Fluor-*, $C_{16}H_{10}O_2NF$, F. 167—169°, aus A.; 44% (Rohprod.). *m-Fluor-*, $C_{16}H_{10}O_2NF$, F. 158,5 bis 159,5°, aus A.; 61% (Rohprod.). *p-Fluor-*, $C_{16}H_{10}O_2NF$, F. 184—185,5°, aus A.; 60% (Rohprod.). — *Fluor-DL-phenylalanine*, durch reduktive Hydrolyse der gereinigten Azlactone, Neutralisation mit NH_4OH u. Kristallisation aus 60—65%ig. A.: *o-Fluor-*, $C_9H_{10}O_2NF$ F. 244—248° (Zers.); 64%. *m-Fluor-*, $C_9H_{10}O_2NF$, F. 240—242° (Zers.);

65%. *p-Fluor-*, $C_9H_{10}O_2NF$, F. 259—261° (Zers.); 69%. — *Fluorbenzylchloride*, durch Chlorierung der entsprechenden Fluortoluole in der Dampfphase: *o-Fluor-*, Kp.$_{40}$ 86 bis 88,5°, n_D^{25} 1,5122; 82%. *m-Fluor-*, Kp.$_{19}$ 84°, n_D^{25} 1,5100; 82%. *p-Fluor-*, Kp.$_{30}$ 86 bis 87°, n_D^{25} 1,5103; 83%. — *α-[Fluorbenzyl]-α-acetamidomalonester*, durch 4 Std. Kochen von 0,3 Mol Na in 475 cm³ A., 0,3 Mol Acetamidomalonester u. 0,27 Mol Fluorbenzylchlorid; Kristalle aus 30%ig. A.: *α-[o-Fluor]-*, $C_{16}H_{20}O_5NF$, F. 107—108°; 89%. *α-[m-Fluor]-*, $C_{16}H_{20}O_5NF$, F. 119—121°; 68%. *α-[p-Fluor]-*, $C_{16}H_{20}O_5NF$, F. 145 bis 147,5°; 76%. — *[p-Fluorbenzyl]-acetamidocyanessigester*, $C_{14}H_{15}O_3N_2F$, F. 165—166°; 70%. — *N-Acetyl-[fluor-DL-phenyl]-alanine*, durch 4 Std. Kochen voriger Ester mit 2,5nNaOH u. 1 Std. Kochen nach Ansäuern mit HCl bis p_H 2—3: *o-Fluorverb.*, $C_{11}H_{12}\cdot O_3NF$, F. 147—149°, aus 30%ig. A.; 63%. *m-Fluorverb.*, $C_{11}H_{12}O_3NF$, F. 154—156,5°, aus W.; 92%. *p-Fluorverb.*, $C_{11}H_{12}O_3NF$, F. 150,5—152°, aus W.; 88%. — *Fluor-DL-phenylalaninhydrochloride*, durch 14—20 Std. Kochen der Acetylderivv. mit 6nHCl Kristalle aus 6nHCl: *o-Fluor-*, *Monohydrat*, $C_9H_{11}O_2NClF\cdot H_2O$, F. 243—250° (Zers.); 85%. *m-Fluor-*, $C_9H_{11}O_2NClF$, F. 248—251° (Zers.); 92%. *p-Fluor-*, $C_9H_{11}O_2\cdot NClF$, F. 241—252° (Zers.); 88%. — Spaltung der DL-Acetylderivv.: 88—116std. Inkubation bei 40° von 0,022 Mol DL-Acetylderiv., 0,022 Mol Phenylhydrazin, 0,0025 Mol Cysteinhydrochlorid u. 0,45 g Papain pro 100 cm³ 0,5nNa-Acetat–Essigsäure-Puffer (p_H 4,6), Abtrennung der L-Phenylhydrazid-Ndd., Einstellung der Lsgg. auf p_H 4,6, Zugabe von 0,004 Mol Phenylhydrazin u. 0,0012 Mol Cysteinhydrochlorid pro 100 cm³ Lsg. u. 6tägige Inkubation, Abtrennung der Phenylhydrazide, Ansäuern u. Abtrennung der Acetyl-D-säuren; Kristallisation der L-Phenylhydrazide aus A., der Acetyl-D-säuren aus A. u. aus W.; Fluor-L-phenylalanine durch 40 Std. Kochen der L-Phenylhydrazide mit 6nHCl; Fluor-D-phenylalanine durch 12—17 Std. Kochen der N-Acetyl-D-säuren mit 6nHCl. *N-Acetylfluor-L-phenylalaninphenylhydrazide*: *o-Fluorverb.*, $C_{17}H_{18}O_2N_3F$, F. 215—216,5°, $[\alpha]_D^{25}$ —29,6° (c = 7 in Pyridin); 5 (1. Fraktion) + 82 (2. Fraktion)%. *m-Fluorverb.*, $C_{17}H_{18}O_2N_3F$, F. 209 bis 210°, $[\alpha]_D^{25}$ —30,9° (c = 7 in Pyridin); 2 + 61%. *p-Fluorverb.*, $C_{17}H_{18}O_2N_3F$, F. 233—235°, $[\alpha]_D^{25}$ —36,4° (c = 8 in A.); 6 + 25%. — *N-Acetyl-[fluor-D-phenyl]-alanine*: *o-Fluorverb.*, $C_{11}H_{12}O_3NF$, F. 168—170°, $[\alpha]_D^{25}$ —28,6° (c = 8 in A.), —16,4° (c = 8 in Pyridin). *m-Fluorverb.*, $C_{11}H_{12}O_3NF$, F. 159—160°, $[\alpha]_D^{25}$ —40,4° (c = 8 in A.), —29,5° (c = 7 in Pyridin). *p-Fluorverb.*, $C_{11}H_{12}O_3NF$, F. 142—143° (aus W.), $[\alpha]_D^{25}$ —38,6° (c = 8 in A.). — *o-Fluor-L-phenylalaninhydrochloridmonohydrat*, $C_9H_{11}O_2NClF\cdot H_2O$, F. 226—231° (Zers.), aus 6nHCl, $[\alpha]_D^{25}$ —15° (c = 2 in 0,1nNaCl-Lsg.); 78%. *D-Verb.* aus 6nHCl, F. 224—228° (Zers.), $[\alpha]_D^{25}$ +15° (*Aminosäure*, c = 2 in W.); 89%. *m-Fluor-L-phenylalanin*, $C_9H_{10}O_2NF$, aus 50%ig. A., F. 239—243° (Zers.), $[\alpha]_D^{25}$ —24° (c = 2 in W.); 67%. *D-Verb.*, F. 230—234° (Zers.), aus 50%ig. A., $[\alpha]_D^{25}$ +22° (c = 2 in W.); 71%. *p-Fluor-L-phenylalanin*, $C_9H_{10}O_2NF$, aus 50%ig. A., F. 250 bis 255° (Zers.), $[\alpha]_D^{25}$ —23° (c = 2 in W.); 63%. *D-Verb.*, F. 227—232°, aus 50%ig. A., $[\alpha]_D^{25}$ —24° (c = 2 in W.); 61%. (J. Amer. chem. Soc. **72.** 1800—03. April 1950. Pasadena, Calif., Inst. of Technol., Gates and Crellin Labors.) K. F. MÜLLER. 1350

Warren E. Weaver und **Walter H. Hartung**, *Peptide über Amide von α-Benzyloximinosäuren.* Einige Oximinosäuren, z. B. *β-Phenyl-α-oximinopropionsäure* (I), wurden in die α-Benzyloximinosäuren (z. B. *β-Phenyl-α-benzyloximinopropionsäure* [II]) übergeführt; die Benzylierung verlief in alkoh. Medium besser als in wss. Aceton. Die Überführung in die entsprechenden Säurechloride gelang gut mit $SOCl_2 + PCl_5$; diese Säurechloride wurden mit Anilin u. einer Anzahl Aminosäuren zu den Aniliden bzw. den entsprechenden Amiden kondensiert. Die Unters. der katalyt. Hydrierung dieser Amide, die zu entsprechenden Peptiden führen sollte, ergab: Die Benzylgruppe wird bei Verwendung von Pt–Pd-Katalysatoren bei Raumtemp. abgespalten. Aus den Reaktionsprodd. wurden freie Amine isoliert. Bei der Red. von *β-Phenyl-α-benzyloximinopropionylalanin* (IV) in alkoh. salzsaurer Lsg. in Ggw. eines Pd-Katalysators wurde das entsprechende *Diketopiperazin* isoliert.

Versuche (FF. korr.): Darst. der Oximinosäuren durch alkal. Nitrosierung substituierter Malonester nach BARRY u. HARTUNG (C. **1947.** **1654**). *β-Phenyl-α-oximinopropionsäure* (I), F. 160°, 0,5 Mol Na werden in 1 Liter absol. A. gelöst, die heiße Lsg. wird mit 0,5 Mol Benzylmalonester versetzt, u. bei einer Temp. <5° wird innerhalb 1 Std. 1 Mol Butylnitrit zugegeben; nach Erreichung der Raumtemp. (1 Std.) wird unter Rückfluß erhitzt, Einengen auf 200 cm³, Zugabe von Eiswasser u. Ansäuern mit HCl, Ätherextraktion; Extraktion des Ätherextrakts mit 10%ig. NaOH u. 1 Std. Erhitzen u. Ansäuern nach dem Erkalten; 95% (Ausbeute). *β-Phenyl-α-benzyloximinopropionsäure* (II), F. 78—79° (A.–W.), 0,5 Mol Na werden in A. gelöst, die Lsg. wird mit 0,25 Mol I versetzt, 0,5 Mol Benzylchlorid werden zur heißen Lsg. gegeben, die noch 2 Std. erhitzt wird; 66%. *Chlorid* (III),

Kp.$_{0,7}$ 164°, 0,1 Mol II werden in 200 cm³ Bzl. gelöst, 0,1 Mol PCl_5 zugegeben u. schließlich einige cm³ $SOCl_2$; dann wird ½ Std. unter Rückfluß erhitzt; 84%. *Anilid*, F. 72 bis 73°, aus 0,02 Mol Anilin u. 0,01 Mol III in Bzl., Kristalle aus A.-W.; 81%. — *α-Benzyloximinopropionsäure*, F. 73—75°; 57%. *Chlorid*, Kp.$_{0,75}$ 95—100°; 45%. *Anilid*, F. 70—71°; 84%. — *α-Benzyloximinobuttersäure*, F. 86°; 45%. *Chlorid*, Kp.$_{0,3}$ 105—107°; 80%. *Anilid*, F. 71°; 84%. — *α-Benzyloximinoisocapronsäure*, F. 79 bis 80°; 79%. *Chlorid*, Kp.$_{0,85}$ 117—118°; 67%. *Anilid*, F. 57°; 77%. — Darst. der Amide: *β-Phenyl-α-benzyloximinopropionylglycin*, F. 96,5—97°, 0,01 Mol Glycin werden in 4 cm³ 10%ig. NaOH (0,01 Mol) u. 6 cm³ W. gelöst, mit Ae. überschichtet; unter Rühren werden abwechselnd 0,01 Mol III in 10 cm³ Ae. u. 0,01 Mol 10%ig. NaOH zugegeben; Kristalle aus A.-W.; 90—98%. — Bei Glutaminsäurederivv. ist ein zusätzliches Äquivalent Alkali notwendig; die α-Benzyloximinoisocaproamide werden aus W. oder sehr verd. A. umkristallisiert. Analog Vorst. *β-Phenyl-α-benzyloximinopropionyl-DL-alanin* (IV), F. 112°; 91%. *β-Phenyl-α-benzyloximinopropionyl-L-(+)-isoleucin*, F. 86—87°; 77%. *β-Phenyl-α-benzyloximinopropionylphenylalanin*, F. 140—141°; 85%. *β-Phenyl-α-benzyloximinopropionyl-L-(+)-glutaminsäure*, F. 110°; 58%. *α-Benzyloximinopropionylglycin*, F. 127°; 60%. *α-Benzyloximinopropionyl-DL-alanin*, F. 118°; 54%. *α-Benzyloximinoisocapronylglycin*, F. 58—59°; 45%. *α-Benzyloximinoisocapronyl-DL-alanin*, F. 70°; 94%. *α-Benzyloximinoisocapronylphenylalanin*, F. 116—116,5°; 73%. *α-Benzyloximinoisocapronyl-DL-isoleucin*, F. 45—46°; 92%. *α-Benzyloximinoisocapronyltryptophan*, F. 90°; 86%. *α-Benzyloximinoisocapronyl-L(+)-glutaminsäure*, F. 101°; 74%. *α-Benzyloximinobutyrylglycin*, F. 106°; 90%. *α-Benzyloximinobutyryl-DL-alanin*, F. 94°; 84%. *α-Benzyloximinobutyryl-DL-isoleucin*, F. 87°; 77%. *α-Benzyloximinobutyrylphenylalanin*, F. 89°; 82%. *α-Benzyloximinobutyryl-L(+)-glutaminsäure*, F. 92—93°; 52%. — Hydrierung von IV in 95%ig. A., der 5% konz. HCl enthält, in Ggw. von Pd-Katalysator bei Raumtemp. u. 20 at gibt das entsprechende *Diketopiperazin*, $C_{12}H_{14}O_2N_2$, F. 268—270° (aus W. + A.). (J. org. Chemistry **15.** 741—47. Juli 1950. Baltimore, Md., Univ., School of Pharm., Res. Labors.) K. F. MÜLLER. 1350

Edward L. Bennett und **Carl Niemann**, *2-Fluor-DL-tyrosin und 2-Fluor-4-methoxy-DL-phenylalanin. N-Acetyl-2-fluor-4-methoxy-DL-phenylalanin* (I) wurde gemäß folgender Reaktionsfolge dargestellt: 2-Amino-4-nitrotoluol (II) → 2-Methyl-5-nitrobenzoldiazoniumfluorborat → 2-Fluor-4-nitrotoluol → 2-Fluor-4-aminotoluol → 2-Fluor-4-oxytoluol → 2-Fluor-4-methoxytoluol → 2-Fluor-4-methoxybenzoesäure → 2-Fluor-4-methoxybenzoylchlorid → 2-Fluor-4-methoxybenzylchlorid → α-Acetamido-α-[2-fluor-4-methoxybenzyl]-malonsäurediäthylester → I. Entacetylierung von I ergab *2-Fluor-4-methoxy-DL-phenylalanin*, gleichzeitige Entacetylierung u. Entmethylierung *2-Fluor-DL-tyrosin.*

Versuche: *2-Methyl-5-nitrobenzoldiazoniumfluorborat*, F. 129—130° (Zers.), durch Diazotierung von II nach SCHMELKES u. RUBIN (C. **1945. II.** 786); 92% (Ausbeute). *2-Fluor-4-nitrotoluol*, durch Zers. von vorst. Verb., Kp.$_8$ 94—95°, F. 33,5—34,8°; 58%. — *2-Fluor-4-aminotoluol*, durch katalyt. Red. von vorst. Verb. in A. über PtO_2, Kp.$_{15}$ 97°; 93%. — *2-Fluor-4-oxytoluol*, C_7H_7OF, durch Diazotierung von vorst. Verb. u. Zugabe der Diazolsg. zu heißem W. u. gleichzeitiger Wasserdampfdest., Kp.$_{10}$ 88—89°; 86%. — *2-Fluor-4-methoxytoluol*, C_8H_9OF, durch Methylierung von vorst. Verb. mit $(CH_3)_2SO_4$ u. NaOH, Kp.$_{24}$ 81—82,5°; 85%. — *2-Fluor-4-methoxybenzoesäure*, $C_8H_7O_3F$, F. 192—193,5° (Toluol), durch $KMnO_4$-Oxydation von vorst. Verb.; 55%. — *2-Fluor-4-methoxybenzoylchlorid*, aus vorst. Verb. u. $SOCl_2$, F. 37—40°, Kp.$_3$ 120—122°; 97%. — *2-Fluor-4-methoxybenzylchlorid*, $C_8H_8 \cdot OClF$, durch Red. von vorst. Verb. mit $LiAlH_4$ in Ae. u. Rk. des rohen 2-Fluor-4-methoxybenzylalkohols mit $SOCl_2$ (über Nacht bei Raumtemp., dann 1 Std. bei 90°), Kp.$_7$ 110—112°, D. 1,22; 81%. — *α-Acetamido-α-[2-fluor-4-methoxybenzyl]-malonsäurediäthylester*, $C_{17}H_{22}O_6NF$, F. 120—121,5° (absol. A.), aus vorst. Verb. u. Acetamidomalonsäurediäthylester in A. in Ggw. von C_2H_5ONa (4 Std. Rückfluß): 85%. — *N-Acetyl-2-fluor-4-methoxy-DL-phenylalanin* (I), $C_{12}H_{14}O_4NF$, F. 169,5—171,5° (A.), durch 6std. Erhitzen von 35,5 g vorst. Verb. mit 175 ml 2,5nNaOH u. anschließendes 2std. Erhitzen nach Zugabe von 95 ml 5nHCl; 62%. — *2-Fluor-4-methoxy-DL-phenylalanin*, $C_{10}H_{12}O_3NF$, F. 217—221° (Zers.), Nadeln aus 50%ig. A., durch 7std. Erhitzen von I mit 3nHCl; 63%; λ_{max} 222 u. 271 mμ (ε = 11000 bzw. 1730), λ_{min} 243 mμ (ε = 200); pK'_{COOH} 2,12, $pK'_{NH_3^+}$ = 9,03. — *2-Fluor-DL-tyrosin*, $C_9H_{10}O_3NF$, F. 280 bis 285° (Zers.), aus W., durch 7std. Erhitzen von I mit wss. HBr; 80%; λ_{max} 220,5 u. 272 mμ (ε = 8925 bzw. 1580), λ_{min} 242 mμ (ε = 185); pK'_{COOH} 2,12, $pK'_{NH_3^+}$ 9,01. — *L-Tyrosin*, λ_{max} 223 u. 275 mμ (ε = 8600 bzw. 1400), λ_{min} 245 mμ (ε = 165). —

3-Fluor-DL-tyrosin, λ_{max} 221 u. 272 mμ (ε = 8250 bzw. 1520), λ_{min} 243 mμ (ε = 200). Best. der UV-Spektren u. Ionisationskonstanten (bei 23°) in 0,1 mol. wss. NaCl-Lösung. (J. Amer. chem. Soc. **72.** 1806—07. April 1950. Pasadena, Calif., Inst. of Technol., Gates and Crellin Labors. of Chem.) K. F. MÜLLER. 1350

Robert Bruce Moffett, *Cyclopentadien und 3-Chlorcyclopenten.* Nach Depolymerisierung von techn. Dicyclopentadien auf dem Ölbad bei 160° wird das bei 38—46° übergehende *Cyclopentadien*, C_5H_6, wegen der raschen Dimerisierung sofort durch Einleiten von HCl in *3-Chlorcyclopenten* (**I**), C_5H_7Cl, Kp.₅ 18—25°, n_D^{25} 1,4708; 70 bis 90 % Ausbeute, übergeführt. **I** polymerisiert leicht bei Raumtemp. u. muß unterhalb 0° aufbewahrt werden. (Org. Syntheses **32.** 41—44. 1952. Kalamazoo, Mich., Upjohn Co.) TROFIMOW. 1810

Oliver Grummitt und **Janet Splitter**, *Reaktionen endständig substituierter Butadiene-(1.3) mit Schwefeldioxyd.* Da trans-1-Phenylbutadien-(1.3) (**I**) mit SO_2 kein cycl. Sulfon oder Polysulfon bildet, wurde das Verh. von *trans-1-Cyclohexyl-* (**II**), *-1-[p-Nitrophenyl]-* (**III**) u. *-1-[p-Anisyl]-butadien-(1.3)* (**IV**) untersucht. **II** wurde durch therm. Zers. von *1-Cyclohexyl-3-acetoxybuten-(1)* (**V**) bereitet. Das mit **II** isomere *1-Cyclohexylidenbuten-(2)* (**VI**) wurde ebenfalls dargestellt. **II** addiert SO_2 zu *2-Cyclohexyl-2.5-dihydrothiophendioxyd-(1)* (**VII**) u. *polymerem Sulfon* (**VIII**). **III** bildet nur das **VII**-*Analoge* (**IX**), u. **IV** reagiert nicht. Diese Rkk. deuten auf eine polare Addition an eine cis-Butadienkonfiguration, die energet. erschwert wird, wenn die 2.3-Bindung der Kette infolge der Resonanzwrkg. der Arylgruppe stärkeren Doppelbindungscharakter bekommt.

V e r s u c h e (Dest. der Diene unter N_2): *1-Cyclohexylbuten-(2)-ol-(1)* (**X**), aus 52,5 g Crotonaldehyd u. der GRIGNARD-Lsg. von 154 g Cyclohexylbromid in Ae. (2 Std., 10—15°); a) Zers. mit 30%ig. H_2SO_4 u. nach 4 Tagen Dest.: (**A**, Kp.₁₄ 70—98°, n_D^{25} 1,4922; 13 g); Kp.₁₂ 94—115°, n_D^{25} 1,4864; 15,2 g, unrein; b) sofort dest.; 61% (Ausbeute), vorwiegend **X**; c) Zers. mit gesätt. NH_4Cl-Lsg.; 53%, beständiger als Präpp. nach a) u. b), die durch Säurespuren dehydratisierten. *p-Nitrobenzoat*, $C_{17}H_{21}O_4N$, F. 73,8—74,3° (A.). *3.5-Dinitrobenzoat*, $C_{17}H_{20}O_6N_2$, F. 101—101,5° (A.). — Rohgemisch von *1-Cyclohexylbutadien-(1.3)* (**II**) u. *1-Cyclohexylidenbuten-(2)* (**VI**), a) = **A**; gab mit Maleinsäureanhydrid (**XI**) *3-Cyclohexyl-1.2.3.6-tetrahydrophthalsäureanhydrid* (**XII**), F. 139—141°, aus Acetanhydrid (gab bei 7 std. Druckerhitzen mit Pd-Kohle in Bzl. unter N_2 auf 300° *Diphenyl*, F. 68—69°, aus A., dann sublimiert); b) durch Dest./0,5 mm von 8 g **X** u. 0,8 g $KHSO_4$ 1,3 g, Kp.₀,₅ 43—47°; gab **XII**; enthielt nach n_D^{25} ca. 20% **II**; c) durch Dest./0,5 mm von **X** über akt. Al_2O_3 bei 400—450° unter N_2, Kp.₁,₅ 45—60°; 32%; gab kein krist. **XII**. — *Cyclohexancarboxaldehyd* (**XIII**), a) aus $HC(OC_2H_5)_3$ u. Cyclohexyl-MgBr in Ae.; Acetal 1,5 Std. mit sd. 20%ig. H_2SO_4 verseift, über Bisulfitverb. gereinigt, 18%; b) analog a) nach WOOD u. COMLEY (J. Soc. chem. Ind. **42.** [1923.] 4291); 52%, c) aus 1.2.5.6-Tetrahydrobenzaldehydsemicarbazon in CH_3COOH mit H_2 über 10%ig. Pd-Kohle; Abdest. der CH_3COOH, Fällen mit W. u. Dampfdest. des Nd. mit 15%ig. H_2SO_4; 64%. — *1-Cyclohexylbuten-(1)-on-(3)* (**XIV**), Kp.₀,₆ 66—70°, durch 24 std. Rühren von 90 g **XIII** u. je 280 cm³ Aceton u. 1%ig. NaOH; Ausäthern u. Dest. unter N_2; n_D^{25} 1,4846; 30—62%, daneben *1-Cyclohexylidenbutanon-(3)* (**XV**), Kp.₀,₆ 61—65°, n_D^{20} 1,4770; 3—4% (je mehr **XIV**, desto weniger **XV**); u. *1-Cyclohexyl-1-oxybutanon-(3)* (**XVI**); 10—15%. 15 g **XV**, mit 0,2 g $KHSO_4$ u. 0,1 g Phenyl-β-naphthylamin (**XVII**) dest. → 11 g **XIV**. Analog 36 g **XVI** → 27,6 g **XIV**. — *1-Cyclohexylbuten-(1)-ol-(3)*, $C_{10}H_{18}O$, Kp.₀,₅ 80—81°, aus **XIV** in Ae. u. $LiAlH_4$ in sd. Ae.; nach 10 Min. Zers. mit W.; wss. Brei mit konz. NaOH verflüssigt u. ausgeäthert; n_D^{20} 1,4778; 90—93%; 4,7 g, wie **XV** oder **XVI** dehydratisiert, gaben 0,8 g, Kp.₃ 50—52°, n_D^{20} 1,5045; daraus (4 Tage, Raumtemp.) 30—30,8% **XII**, F. 137—140°. *p-Nitrobenzoat*, $C_{17}H_{21}O_4N$, F. 54—55° (A.). *Acetat* (**V**), $C_{12}H_{20}O_2$, Kp.₁,₅ 79—80°, mit sd. Acetanhydrid u. Pyridin (12 : 1 Vol.), n_D^{20} 1,4604; 95%. — **II**, $C_{10}H_{16}$, Kp.₃,₈ 47°, durch 4 std. Dest. von 152 g **V** durch ein mit Glaskugeln gefülltes Rohr bei 475—480°/30 mm unter Rückführung des >80°/1,5 mm sd. Destillats; Dest. durch STEDMAN-Kolonne; $D._4^{20}$ 0,834 ±0,0002, n_D^{20} 1,4925, in Isooctan λ_{max} 225 mμ (ε = 216); Infrarotspektr. s. Original; 40,7%; nach Best. mit **XI** in sd. Toluol (3 Std.) 96—96,1%ig, bei Raumtemp. (4 Tage) 94,5—95%ig. — **XII**, $C_{14}H_{18}O_3$, F. 143—143,5°, aus PAe.-Bzl., durch 9 std. Kochen von **II** u. **XI** in Bzl. u. Zugabe von PAe.; 74%. — *1-Cyclohexyl-1.2.3.4-tetrabrombutan*, $C_{10}H_{16}Br_4$, F. 93—93,5° (A.), aus **II** in Chlf. u. Br_2 in Chlf. bei 10—20°; 30%. — **VI**, $C_{10}H_{16}$, Kp.₄ 59—60°, aus Destillationsrückstand der Darst. von **II** aus **V**· $D._4^{20}$ 0,8554, n_D^{20} 1,5105, in Isooctan λ_{max} 238 mμ (ε = 204); mit **XI** in sd. Toluol (3 Std.) 68,3—73% Verbrauch, aber nur harziges Addukt, bei Raumtemp. in 4 Tagen 10,1—10,3%. — *2-Cyclohexyl-2.5-dihydrothiophendioxyd-(1)* (**VII**), $C_{10}H_{16}O_2S$, F. 50—51°, durch 2 std. Erhitzen von 12 g SO_2, 3,4 g **II** u. 0,1 g **XVII** auf 75° im

Autoklav; Nadeln aus PAe.; 54%; 5 g gaben bei Dest. mit 0,1 g **XVII** (Rk. bei 105°) 3,1 g **II**, $Kp._{3,8}$ 47°. — *Polysulfon* von **II** (**VIII**), durch mehrstd. Einleiten von SO_2 in **II** in 0,4%ig. alkoh. $AgNO_3$-Lsg. bei 0°; nach Stehen über Nacht bei 0° eingedunstet; gummiartige M., mit heißem W. verarbeitet. — **VI**, wie bei **VII** behandelt, wurde zurückerhalten. — *1-[p-Nitrophenyl]-butadien-(1.3)* (**III**), F. 76—77°, aus PAe., nach COYNER u. ROPP (C. **1949.** II. 520) aus p-Nitranilin; 68%; Rk. mit **XI** (4 Tage, Zimmertemp.) 86,2—86,3%ig. **XI**-Addukt, F. 166—169°. — *2-[p-Nitrophenyl]-2.5-dihydrothiophendioxyd-(1)* (**IX**), $C_{10}H_9O_4NS$, F. 125—125,5°, aus **III** analog **VII**, aber 4 Tage bei Raumtemp.; aus Bzl., dann aus Aceton mit W. gefällt; 41% roh; bei 75—80° blieb **III** größtenteils unverändert. Keine Rk. von **III** wie bei **VIII**; unter Druck (8 Tage) etwas S-freies *Polymeres.* — *1-[p-Anisyl]-buten-(3)-ol-(1)*, $C_{11}H_{14}O_2$, $Kp._{1,5}$ 117—118°, aus p-Anisaldehyd u. Allyl-MgCl; n_D^{25} 1,5353; 85,5%. — *1-[p-Anisyl]-butadien-(1.3)* (**IV**), F. 44—46° (CH_3OH-W.), aus 4 g vorst. Verb. durch Dest. (93—95°/1,1 mm) mit je 0,1 g **XVII** u. $KHSO_4$; 2,5 g; mit **XI** (4 Tage, Raumtemp.) Rk. 89,7—90,5%ig. **XI**-*Addukt,* F. 142—145°. Keine Rk. von **IV** wie bei **VII** u. **VIII**, nur Polymerisation von **IV**. — **I** reagierte auch bei Zimmertemp. nicht mit SO_2. (J. Amer. chem. Soc. **74.** 3924—29. 5/8. 1952. Cleveland, O., Western Res. Univ., Morley Chem. Labor.)
LEHMSTEDT. 1810

A. D. Petrow und **A. W. Kulikowa,** *1-Äthinylcyclohexadien-(1.3) und seine Derivate.* 1-Vinylcyclohexen-(3) (I) wurde zu einem Gemisch von Tribromiden bromiert u. dieses mit alkoh. KOH behandelt; aus dem Reaktionsprod. ließen sich 20% (vom angewendeten I) *1-Äthinylcyclohexadien-(1.3)* (**II**) isolieren. Unter Berücksichtigung der Bromierungsergebnisse von LEBEDEW u. SSERGIENKO (Химический Журнал. Серия A. Журнал Общей Химии [Chem. J. Soc. A, J. allg. Chem.] **5** (**67**). [1935.] 1839) dürfte die Rk. über 3-Brom-1-[α.β-dibromäthyl]-cyclohexen-(1) als Zwischenprod. führen (Verschiebung der Kerndoppelbindung). Durch Oxydation mit Chromsäuregemisch lieferte **II** nur *Benzoesäure.* Mit $KMnO_4$ wurden, der Konst. entsprechend, *Cyclohexadien-(1.3)-carbonsäure-(1)* u. *α-Ketoglutarsäure* erhalten. Die 3fache Bindung in **II** wurde durch Hydratation bestätigt, bei der *1-Acetylcyclohexadien-(1.3)* gebildet wurde. Aus **II** u. Diisopropylketon (**III**) bzw. Benzophenon (**IV**) wurden nach JOTZITSCH-GRIGNARD die entsprechenden tert. Alkohole mit 3facher Bindung, *1-[Cyclohexadien-(1'.3')-yl-(1')]-3-isopropyl-4-methylpentin-(1)-ol-(3)* u. *1-[Cyclohexadien-(1'.3')-yl-(1')]-3.3-diphenylpropin-(1)-ol-(3)* synthetisiert. Beide polymerisieren bei der Aufbewahrung nicht; diese Beständigkeit unterscheidet sie von den aliphat. Acetylenalkoholen mit konjugierten Doppelbindungen in den aliphat. Radikalen.

Versuche: *1-Vinylcyclohexen-(3)* (**I**), $Kp._{50}$ 49—51°; durch 6—8 std. Erhitzen von Divinyl im Stahlautoklaven auf 140—160°/50 at; $D._4^{20}$ 0,8299; n_D^{20} 1,4647. — *1-Äthinylcyclohexadien-(1.3)* (**II**), $Kp._{48}$ 52—54°; **I** wird zu einem Gemisch von Tribromiden (dunkle Fl.) bromiert, dieses mit 20%ig. alkoh. KOH-Lsg. (anteilweise zugegeben) auf dem Wasserbad erhitzt u. das Reaktionsprod. fraktioniert; $D._4^{20}$ 0,8489; n_D^{20} 1,4865; Mol.-Refr. 35,15. — *Cyclohexadien-(1.3)-carbonsäure-(1)* (*$\Delta^{1.3}$-Dihydrobenzoesäure*), F. 93,5—94°; neben nachst. Verb. durch Oxydation von 4 g **II**, in 200 ml W. emulgiert, mit 24 g $KMnO_4$ (in Anteilen von 1 g); Nadeln. *Amid,* C_7H_9ON, F. 105°. *α-Ketoglutarsäure. Disilbersalz,* $C_5H_4O_5Ag_2$. — *1-Acetylcyclohexadien-(1.3)*, durch Hydratation von **II**. *2.4-Dinitrophenylhydrazon,* $C_{14}H_{14}O_4N_4$, F. 230—231°. — *1-[Cyclohexadien-(1'.3')-yl-(1')]-3-isopropyl-4-methylpentin-(1)-ol-(3)*, $C_{15}H_{22}O$, Kp. 162 bis 164° (Druckangabe fehlt); zu einer aus C_2H_5MgBr (16,4 g C_2H_5Br; 3,7 g Mg; 150 ml Ae.) u. 24 g **II** hergestellten GRIGNARD-Lsg. werden anteilweise unter Kühlen 18 g **III** in Ae. hinzugefügt, worauf mit NH_4Cl zerlegt u. fraktioniert wird; $D._4^{20}$ 0,8830; n_D^{20} 1,5030; 9,2 g (Ausbeute). — *1-[Cyclohexadien-(1'.3')-yl-(1')]-3.3-diphenylpropin-(1)-ol-(3)*, $C_{21}H_{18}O$, $Kp._{26}$ 182—184°; aus der GRIGNARD-Verb. aus **II** u. **IV** analog Vorst.; $D._4^{20}$ 1,0767; n_D^{20} 1,5810; 14 g aus 10 g **II**. Hieraus durch Hydratation der 3fachen Bindung der *Ketoalkohol,* der als *2.4-Dinitrophenylhydrazon,* $C_{27}H_{24}O_5N_4$, F. 182—183°, isoliert wird. (Известия Академии Наук СССР, Отделение Химических Наук [Nachr. Akad. Wiss. UdSSR, Abt. chem. Wiss.] **1952.** 763—65. Juli/Aug. Chem.-Technol. Mendelejew-Inst.)
R. KNOBLOCH. 1810

Clifford C. Hach, Charles V. Banks und **Harvey Diehl,** *Cyclohexandion-(1.2)-dioxim.* Durch Oxydation von Cyclohexanon mit SeO_2 in wss. Dioxan zu *Cyclohexandion-(1.2)* [$C_6H_8O_2$, $Kp._{16}$ 75—79°; **53%** (Ausbeute)] u. Oximierung mit Hydroxylammoniumchlorid in KOH: $C_6H_{10}O_2N_2$, F. 186—188°; 74%. (Org. Syntheses **32.** 35—38. 1952. Ames, Io., Iowa State College.)
TROFIMOW. 1970

Kurt Alder und **Rudolf Rühmann,** *Über die Diensynthese mit aliphatischen Fulvenen.* 22. Mitt. *zur Kenntnis der Diensynthese.* (21. vgl. C. **1950.** II. 284.)

In dieser u. den nachfolgenden Mitteilungen wird die wahrscheinlich auf der semicycl. Doppelbindung beruhende Sonderstellung der *Fulvene* gegenüber anderen cycl. Dienen im Syst. der Diensynth. untersucht. — Daß die Addition von *Maleinsäureanhydrid* (**II**) an das Fulvensyst. eine 1.4-Addition unter Ausbldg. des Bicyclo-[1.2.2]-hepten-Syst. ist, wird von Vff. durch Zusammenfassung der bisherigen Ergebnisse über die Eigg. der entstehenden Prodd. aufgezeigt. — Die Addition von **II** an *Dimethylfulven* (**I**) liefert ein *Addukt* „*A*" (**III**) (vgl. Ber. dtsch. chem. Ges. **62.** [1929.] 2081) von anomaler Konfiguration u. ein sehr labiles *Addukt* „*B*" (**IV**) im ungefähren Verhältnis 3:2, wenn **II** in eine benzol. Lsg. von **I** so eingetragen wird, daß Erwärmung auf 50° eintritt. Das Mengenverhältnis von **III** zu **IV** ist abhängig von der Temp.: mit fallender Temp. wächst die Ausbeute an **IV**; ; in sd. Bzl. entsteht fast ausschließlich **III**. Beide Isomeren krist. gut u. können auch mechan. getrennt werden. — **III** gibt zwar mit 50%ig. H_2SO_4 eine *Lactonsäure*, kann jedoch nicht die endo-Konfiguration besitzen, denn die Lactonsäure kann nicht die Formel **V** haben, da der Methylester noch Phenylazid addiert unter Bldg. eines Hydrotriazols, also noch die Doppelbindung des Bicyclo-[1.2.2]-hepten-Syst. enthalten muß. Die Lactonsäure hat demnach die Konst. **VI** u. die **III** entsprechende freie Säure die Konst. **VII**; **III** ist das erste **II**-Addukt mit exoständigen COOH-Gruppen. Das Hydrierungsprod. **VIII** von **VI** entsteht auch, wenn **VII** zuerst zu **IX** partiell hydriert u. dann lactonisiert wird, womit ebenfalls gezeigt ist, daß die Lactonisierung nach der semicycl. Doppelbindung hin erfolgt. Bei der H_2O_2-Oxydation von **IX** u. bei der Einw. von O_3 auf das **VII**-Na-Salz entsteht das *Oxylacton* **X**; mit HOBr entsteht aus **IX** die Verb. **XI**, mit $KMnO_4$ **XII**. Auch die Tatsache, daß die Zers. des Hydrotriazols **XIV** aus **III** zu einer faßbaren Phenylimindicarbonsäure **XIII** führt, spricht für die *exo*-Konfiguration von **III**. — Daß **IV** lediglich ein Stereoisomeres von **III** ist, also die entsprechende *endo-Form*, u. kein Strukturisomeres, ist dadurch erwiesen, daß das partiell oder total hydrierte **IV** nur eine Methylestersäure gibt (die COOH-Gruppen also symm. zueinander liegen müssen) u. daß das partiell hydrierte **XVII** (**XV**) beim O_3-Abbau 80% der erwarteten Menge *Aceton* liefert. **IX** u. **XV** geben bei der Umlagerung einer COOH-Gruppe die gleiche trans-Verb. **XVI**. Im Gegensatz zu **VII** bzw. **III**, die nur 1 Tetrahydroverb. (**XVIII**) liefern, entstehen aus **XVII** bzw. **IV** deren 2 (**XIX** u. **XX**), die sich nur durch die Stellung der Isopropylgruppe unterschieden können, u. von denen **XIX** die gleiche trans-Säure **XXI** liefert, die aus **III** über **XVIII** entsteht, während **XX** zu **XXII** führt, die auch aus **VII** durch Umlagerung in die trans-Form (**VIIa**) u. anschließende vollständige Hydrierung oder aus **IX** durch Umlagerung zu **XVI** u. weitere Hydrierung entsteht, wobei im letzten Fall **XXI** in geringerer Menge nebenbei gebildet wird. — Mit *p-Chinon* bzw. *Acrylnitril* entstehen aus **I** die Addukte **XXIII** bzw. **XXIV**, mit *Acetylendicarbonsäuredimethylester* wird die Verb. **XXV** erhalten, die sich zu **XXVI** partiell hydrieren läßt. — Auch *Pentamethylenfulven* gibt mit **II** 2 Addukte: Neben dem bereits von Kohler u. Kable (J. Amer. chem. Soc. **57.** [1935.] 917) isolierten Prod. „*A*", dem die *endo*-Konfiguration zugeschrieben werden muß, konnten Vff. ein Isomeres „*B*" erhalten, das die *exo-Form* sein muß: Beide (jedoch nicht ihre Dihydroverbb. **XXVII** bzw. **XXVIII**) addieren als Bicyclo-[1.2.2]-hepten-Verbb. Phenylazid; **XXVII** u. **XXVIII** geben bei der Umlagerung die gleiche trans-Form. „B" gibt eine zu **VI** analoge Lactonsäure, **XXVIII** liefert mit HOBr eine zu **XI** analoge Bromlactonsäure. „A" ist ebenso wie **IV** als endo-Form die unbeständigere: Kochen in benzol. Lsg. gibt das exo-Isomere.

Versuche: Nach Zugabe von 5 g **II** zu 5 g **I** in Ae. scheidet sich beim 24std. Stehen das *Addukt* „*A*" (*exo-Addukt*) (**III**) in Nadeln ab; F. 137° (Essigester); das *Addukt* „*B*" (*endo-Addukt*) (**IV**), $C_{12}H_{12}O_3$, F. 112°, wird aus der Mutterlauge gewonnen; aus Essigester große viereckige Platten; 3,3 g **III** u. 2,6 g **IV** (Ausbeute), bei Durchführung der Rk. in sd. Ae. (1 Std.) 3,8 g **III** zu 2,8 g **IV**, bei 0° u. 24std. Stehen 2,6 g **III** u. 3,4 g **IV**, in sd. Bzl. (1std. Kochen) 6,2 g **III** u. 0,7 g **IV**; Gesamtausbeute bei allen Verff. 61—71% **III** + **IV**. **IV** wird bei 6std. Kochen in Ae. nicht verändert, 3std. Kochen in Bzl. liefert 60—80% **III**, während **III** dabei nicht verändert wird. — *Säure* **XVII**, $C_{12}H_{14}O_4$, F. 139° (Zers.). — *Säure* **VII**, durch Aufnehmen von **III** in Sodalsg. u. Ansäuern; F. 157° unter Zers. (CH_3CN oder Essigester). *Monomethylester*, durch 5std. Kochen von **III** mit CH_3OH; F. 124°; 100%. *Dimethylester*, aus vorst. Verb. u. CH_2N_2 in Ae.; F. 66°. — **IX**-*Dimethylester*, F. 114° (Essigester), aus vorst. Ester durch Hydrierung in Essigester mit dem Katalysator nach Busch-Stöve (Ber. dtsch. chem. Ges. **49.** [1916.] 1064). — *trans-Säure* **VIIa**, F. 206° unter Zers. (Essigester), aus **VII**-Dimethylester durch 3std. Kochen mit Na in CH_3OH, Zugabe von W., Einengen, alkal. Ausäthern, Ansäuern u. Ausziehen mit Essigester. — *Perhydro-trans-Säure* **XXII**, F. 205° (Essigester), aus **VIIa** durch PtO_2-Hydrierung in Eisessig. — *cis-Lacton* **VI**, $C_{12}H_{14}O_4$, F. 202°, aus **III** durch 48std. Schütteln mit 50%ig. H_2SO_4, Verdünnen mit

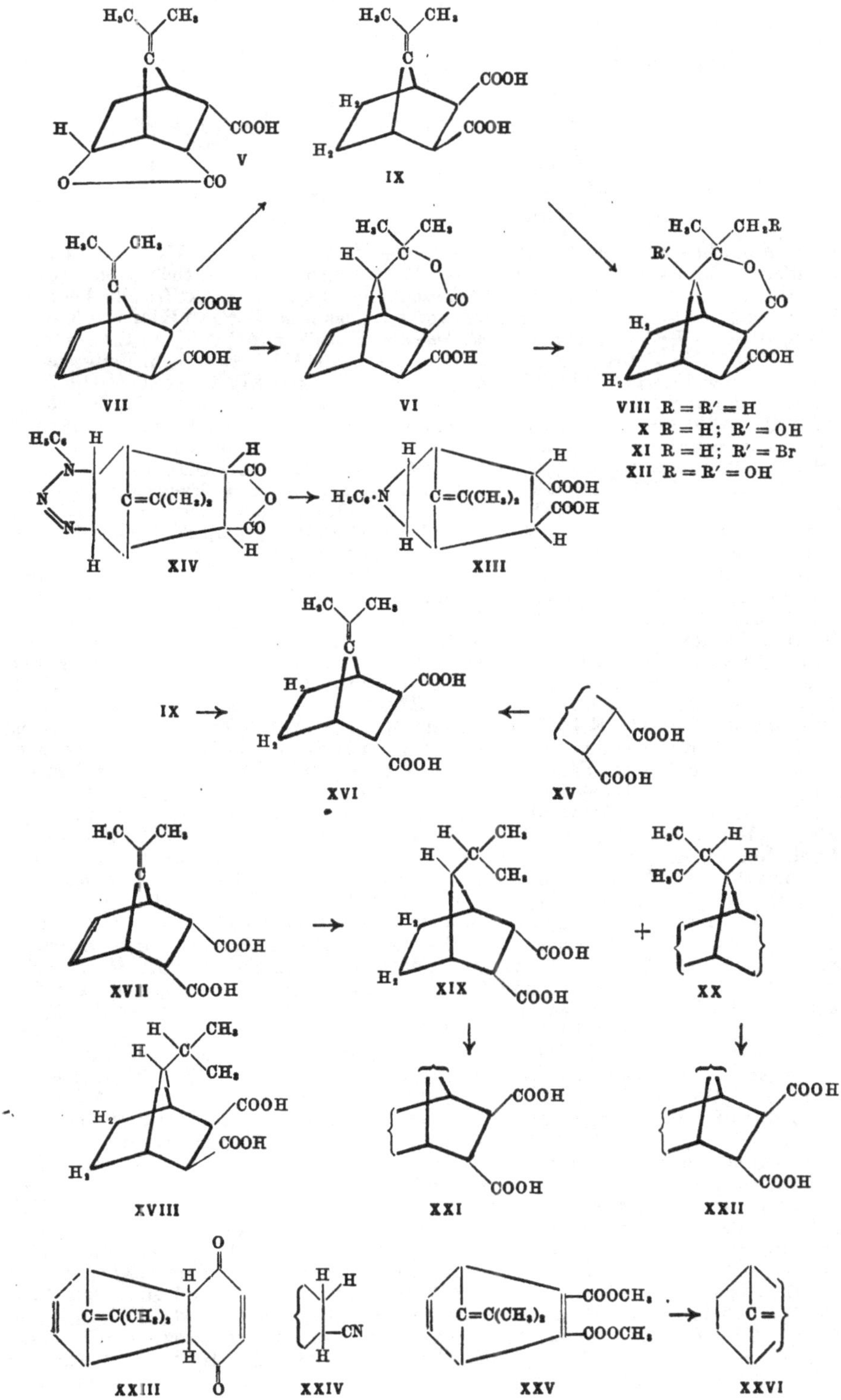
V
IX
VII
VI
VIII R = R' = H
X R = H; R' = OH
XI R = H; R' = Br
XII R = R' = OH
XIV
XIII
XVI
XV
XVII
XIX
XX
XVIII
XXI
XXII
XXIII
XXIV
XXV
XXVI

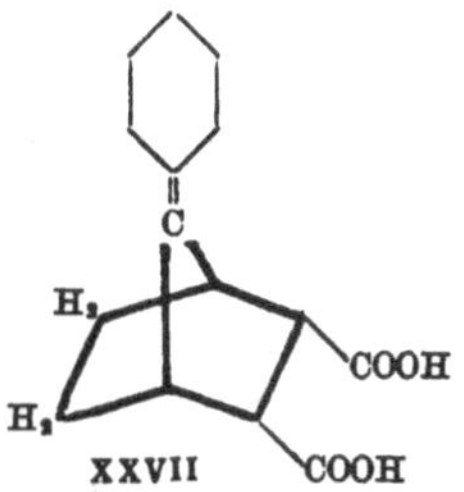
XXVII

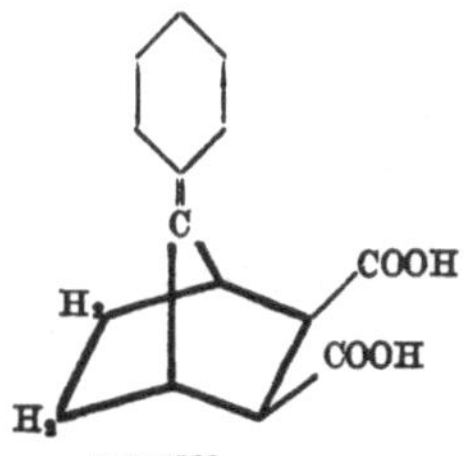
XXVIII

W. u. Ausziehen des Filtrats mit Essigester. — **VIII**, $C_{12}H_{16}O_4$, F. 176°, aus **VI** durch Hydrierung in Essigester mit PtO_2. — **VI**-*Monomethylester*, F. 156° (Ligroin), mit CH_2N_2. — *trans-Lacton* (**VIa**), F. 171° (Essigester), aus **VI** u. $NaOCH_3$; gibt bei PtO_2-Hydrierung in Eisessig unter Aufnahme von 1 H_2 das *trans-Lacton* **VIIIa**, F. 176—178° (Essigester). — *Hydrotriazol* aus **VI**-*Methylester*, F. 209°, mit $C_6H_5N_3$, in Essigester. — *Hydrotriazol* **XIV**, F. 214° unter Zers. (Essigester), aus **III** u. $C_6H_5N_3$ in Essigester. — *Phenylimindicarbonsäure* **XIII**, F. 184° (wss. CH_3OH), aus **XIV** in verd. NaOH durch Ansäuern mit verd. Essigsäure. *Dimethylester*, $C_{20}H_{23}O_4N$, mit äther. CH_2N_2, F. 143°. — Wird **XIII** nicht abgesaugt, sondern mit Eisessig weiterbehandelt bis zur Lsg., so wird eine *Lactonmonocarbonsäure* noch nicht aufgeklärter Konst. erhalten; F. 223° (wss. CH_3OH). *Monomethylester*, $C_{19}H_{21}O_4N$, mit CH_2N_2, F. 227° (CH_3OH). — **III**-*Dihydroverb.*, $C_{12}H_{14}O_3$, F. 138° (Ligroin), aus **III** in Essigester durch Hydrierung in Ggw. von $Pd/CaCO_3$. — *Säure* **IX**, F. 184° unter Wasserabspaltung (Essigester), aus vorst. Verb. u. Sodalsg. durch Ansäuern. **IX**-*Monomethylester*, F. 138° (Ligroin), aus 3 g **III**-Dihydroverb. durch 5 std. Kochen mit CH_3OH; 3 g. *Dimethylester*, aus vorst. Verb. u. CH_2N_2 in Ae.; F. 108°. — *trans-Säure* **XVI**, F. 171° (Essigester), aus vorst. Dimethylester mit $NaOCH_3$. Gibt bei PtO_2-Hydrierung in Essigester **XXII**, wobei aus den Mutterlaugen ein Gemisch von **XXII** u. **XXI** erhalten wird. — **XII**, $C_{12}H_{16}O_6$, F. 205° (Zers.), aus der **III**-Dihydroverb. durch Lösen mit Soda in W., Zutropfen von $KMnO_4$-Lsg. in der Kälte, Ansäuern des Filtrats, Eindampfen im Vakuum, Ausziehen mit Essigester, Eindampfen u. Verreiben mit CH_3CN. *Methylester*, $C_{13}H_{18}O_6$, mit CH_2N_2; F. 150° (Ligroin–Essigester). Bei der Oxydation zu **XII** entsteht als Nebenprod. etwas Aceton. — *Oxylacton* **X**, $C_{12}H_{16}O_5$, F. 252° (Essigester), aus der **III**-Dihydroverb. a) in Eisessig durch Zutropfen von Perhydrol, Eisessig u. wenig H_2SO_4 bei 30—40°, 2 std. Erwärmen auf 50—60°, Verdünnen, Fällen mit $BaCl_2$, Eindampfen des Filtrats u. Ausziehen mit Essigester; b) durch Suspendieren in Sodalsg., 9 std. Einleiten von O_3 unter Kühlung, alkal. Ausäthern, Ansäuern, Eindampfen u. Ausziehen mit Essigester. *Monomethylester*, $C_{13}H_{18}O_5$, F. 201° (CH_3OH). — *Bromlactonsäure* **XI**, aus der **III**-Dihydroverb. durch Kochen mit Sodalsg., Eintragen von NaOBr-Lsg. in die Suspension des **IX**-Na-Salzes bei 0° u. Ansäuern nach 2 Std.; F. 202° unter Zers. (Essigester). *Monomethylester*, $C_{13}H_{17}O_4Br$, F. 141° (CH_3OH). — *Tetrahydroverb.* **XVIII**, F. 190° unter Zers. (Rohprod.), aus der **III**-Dihydroverb. durch PtO_2-Hydrierung in Eisessig u. Entfernung von auch nach 4 Tagen noch vorhandenen ungesätt. Anteilen durch Oxydation mit 4%ig. $KMnO_4$-Lösung. *Anhydrid*, $C_{12}H_{16}O_3$, durch Kochen von **XVIII** mit $CH_3 \cdot COCl$; F. 107—108° (Ligroin). **XVIII**-*Monomethylester*, F. 112° (Essigester), aus dem Anhydrid durch 5 std. Kochen mit CH_3OH. — *trans-Säure* **XXI**, F. 208—209° (Essigester), aus vorst. Ester über den mit CH_2N_2 erhaltenen Dimethylester durch dessen Kochen mit Na in CH_3OH, Versetzen mit W., Ausäthern, Ansäuern u. Ausziehen mit Essigester. — *Hydrotriazol aus* **IV**, aus **IV** in Essigester u. $C_6H_5N_3$; F. 203° (Essigester–Ligroin). — **IV**-*Dihydroverb.*, $C_{12}H_{14}O_3$, F. 172°, mit PtO_2 in Essigester. — **XV**-*Monomethylester*, F. 116° (Essigester), aus der **IV**-Dihydroverb. durch 5 std. Kochen mit CH_3OH. *Dimethylester*, mit CH_2N_2 aus vorst. Verb.; F. 41°. Gibt mit $NaOCH_3$ **XVI**. — Ozonisierung der **IV**-Dihydroverb. in Eisessig liefert 80% *Aceton*, nachgewiesen als *p-Nitrophenylhydrazon*. — Nach PtO_2-Hydrierung der **IV**-Dihydroverb. in Eisessig u. Abdampfen entsteht ein Gemisch der *Anhydride der Tetrahydroverb.* **XIX** u. **XX**, $C_{12}H_{16}O_3$, das durch fraktionierte Kristallisation aus Ligroin in ein schwerer lösl. Anhydrid (F. 107°, ca. $^1/_3$ der Menge) u. ein Anhydrid vom F. 80° getrennt werden konnte. Sodalsg. liefert aus diesen Anhydriden die *Tetrahydrosäuren* **XIX**, F. 196° (CH_3CN), bzw. **XX**, F. 178° (CH_3CN). **XIX**-Dimethylester gibt bei Umlagerung **XXI**, **XX** führt dabei zu **XXII**. — **I**-*Acetylendicarbonsäuredimethylesteraddukt* (**XXV**), $C_{14}H_{16}O_4$, F. 101° (CH_3OH), aus äquivalenten Mengen der Komponenten durch 24 std. Stehen unter N_2. Daraus das Hydrierungsprod. **XXVI**, F. 64—65° (CH_3OH), durch Hydrierung mit Pd-Schwarz in CH_3OH bis zur Aufnahme von 1 Mol H_2. — **I**–*p*-*Benzochinon*-

addukt (**XXIII**), $C_{14}H_{14}O_2$, F. 118° (A.), durch 3tägige Rk. der Komponenten in A.; gelbe Kristalle; daneben wahrscheinlich *Chinhydron*. — I-*Acrylsäurenitriladdukt* (**XXIV**), F. 86—90° (Leichtbenzin), aus den Komponenten durch 6wöchige Rk. bei n. Temp.; als Nebenprod. entstehen undurchsichtige Kristalle, die noch nicht weiter untersucht wurden. — *Addukt „A“ (endo-Addukt) aus Pentamethylenfulven u.* **II**, $C_{15}H_{16}O_3$, F. 148° (Essigester), durch 2—3 std. Zugabe von 16,2 g **II** zu 24,5 g des Fulvens in Ae. in der Kälte, mehrstd. Stehen u. Absaugen; 8,7 g. Das *Addukt „B“ (exo-Addukt)*, $C_{15}H_{16}O_3$, F. 96° (Ligroin), wird aus der äther. Mutterlauge durch langsames Eindunsten gewonnen; 9,6 g. Erneutes Eindampfen der äther. Mutterlaugen, Rühren mit konz. Sodalsg., Lösen des Na-Salzes in W. u. Ansäuern gibt die *„B“-Säure*, $C_{15}H_{18}O_4$, F. 137° (Ligroin); 12,7 g. Gesamtausbeute an „A“, „B“ u. „B“-Säure 74%. „B“ verändert sich nicht beim Kochen in Bzl., „A“ geht dabei zu erheblichem Anteil in „B“ über. — *Hydrotriazol aus „A“*, $C_{21}H_{21}O_3N_3$, F. 220° unter Zers. (Essigester). — *„A“-Dihydroverb.*, F. 145°, durch Hydrierung von „A“ in Esssigester mit einem Katalysator nach BUSCH-STÖVE (l. c.). Daraus **XXVII**, F. 160° unter Zers. (CH_3CN). — *Dihydro-trans-Säure*, F. 229° (Essigester). — *Hydrotriazol aus „B“*, $C_{21}H_{21}O_3N_3$, F. 191° unter Zers. (Essigester). — *Lactonsäure aus „B“*, $C_{15}H_{18}O_4$, F. 204—205° (Essigester), aus „B“ durch 48 std. Schütteln mit 50%ig. H_2SO_4, Verdünnen mit W. u. Ausziehen des Filtrats mit Essigester. *Monomethylester*, $C_{16}H_{20}O_4$, F. 112° (PAe.); gibt bei 4 std. Kochen mit $C_6H_5N_3$ in Essigester bei gleichzeitiger N_2-Abspaltung den zugehörigen *Phenyliminolactonsäuremethylester*, $C_{22}H_{25}O_4N$, F. 194° (Essigester). — *„B“-Dihydroverb.*, $C_{15}H_{18}O_3$, F. 106° (Ligroin). — **XXVIII**, F. 138° (Zers.); gibt bei Umlagerung die gleiche trans-Verb. wie aus **XXVII**. — *Bromlactonsäure*, $C_{15}H_{19}O_4Br$, F. 167—168° unter Zers. (verd. Essigsäure), aus **XXVIII** in W. durch Eintragen von Br_2 u. Einengen. *Monomethylester*, $C_{16}H_{21}O_4Br$, F. 133° (CH_3OH). (Liebigs Ann. Chem. **566**. 1—27. 24/1. 1950. Köln, Univ., Chem. Inst.) NITZSCHKE. 2020

Kurt Alder, Fred William Chambers und **Werner Trimborn,** *Über die Diensynthese des Diphenylfulvens.* 23. Mitt. *zur Kenntnis der Diensynthese.* (22. vgl. vorst. Ref.) Neben dem bereits früher beschriebenen *Addukt „A“* (**III**) aus *Diphenylfulven* (**I**) u. *Maleinsäureanhydrid* (**II**) (vgl. Ber. dtsch. chem. Ges. **62**. [1929.] 2081) existiert, wie bei dem entsprechenden Dimethylfulvenaddukt (vgl. 22. Mitt.), ein stereoisomeres *Addukt „B“* (**IV**), dessen Bldg. bei höheren Tempp. begünstigt ist. Daß **III** u. **IV** strukturident. sind, geht daraus hervor, daß beide als Derivv. des Bicyclo-[1.2.2]-heptens Phenylazid anlagern, unter Bldg. von isomeren Hydrotriazolen, u. daß beide rasch 1 Mol H_2 aufnehmen unter Absättigung der Doppelbindung im Ring (die entstehenden Verbb. addieren kein $C_6H_5N_3$ mehr). Daß sich **III** u. **IV** nur durch die Lage der COOH-Gruppen unterscheiden, ist dadurch bewiesen, daß die Dihydroverbb. **Va** u. **Vb** der **III** u. **IV** entsprechenden freien Säuren **VIa** u. **VIb** bei der Umlagerung einer COOH-Gruppe die gleiche trans-Säure **VII** liefern; ebenso entsteht aus **VIa** u. **VIb** dieselbe trans-Verb. **VIII**. — **Vb** addiert HOBr bei gleichzeitiger Wasserabspaltung unter Lactonringschluß u. Bldg. von **IX**; **Va** reagiert nicht, u. **VII** gibt die entsprechende trans-Bromlactonmonocarbonsäure. Aus dieser Rk. folgt, daß **IV** der *exo*-Reihe u. somit **III** der *endo*-Reihe angehört, denn der Ringschluß nach einem der C-Atome der semicycl. Doppelbindung kann nur von einer COOH-Gruppe in exo-Stellung aus erfolgen. — **VIII** schließt bei Rk. mit HOBr je einen Lactonring von beiden COOH-Gruppen zu den räumlich nächststehenden Doppelbindungen unter Bldg. des Dibromdilactons **X**; im Einklang damit steht, daß **VIa** u. **VIb** je eine Monobrommonolactonsäure liefern: **XI** aus **VIa** u. (höchstwahrscheinlich) **XII** aus **VIb**. Die Konst. von **XI** ist dadurch sichergestellt, daß sie mit methanol. Alkali das Dilacton **XIII** bildet, welches mit verd. NaOH die Oxylactonsäure gibt, deren Methylester **XIV** beim Schmelzen **XIII** zurückliefert; erst unter energ. Bedingungen werden in **XIII** beide Lactonringe geöffnet zur entsprechenden Dioxydicarbonsäure (mit trans-ständigen COOH-Gruppen). Mit der gesicherten Konst. **XI** ist erneut die endo-Konfiguration von **III** bewiesen. — **Va** gibt mit H_2O_2 in Eisessig kein Diol, sondern das entsprechende Epoxyd; **VIa** liefert unter denselben Bedingungen unter gleichzeitiger Addition von 2 OH-Gruppen in trans-Stellung an die cycl. Doppelbindung das Oxidodiol, welches spontan in das Oxidooxylacton **XV** übergeht. **Vb** reagiert nicht mit H_2O_2; daß dies auf ster. Hinderung, einer Abschirmung der semicycl. Doppelbindung durch die beiden exo-ständigen COOH-Gruppen zurückgeführt werden kann, steht im Einklang damit, daß bei der Hydrierung von **VIb** auch unter energ. Bedingungen immer nur **Vb** entsteht, während **VIa** eine Tetrahydroverb. liefert. Die aus **VIb** u. H_2O_2 entstehende Oxylactonmonocarbonsäure kann aus denselben Gründen keine Lactongruppierung zur semicycl. Doppelbindung hin enthalten, u. ein Lactonringschluß zur cycl. Doppelbindung ist ausgeschlossen; die entstehende Verb. wird die Konst. **XVI** haben u. durch eine bei der Hydroxylierung der cycl. Doppelbindung im Sinne der Wagner-Meerwein-Umlagerung stattgefundene ster. Ringumstellung entstanden sein. — Gleichfalls beweisend für die ster. Zuordnung von **III** u. **IV** ist die Umsetzung der **VIa**- **VIb**- u. **VIII**-Dimethylester mit $C_6H_5N_3$, die zu 3 verschied. Hydrotriazolen führt (z. B. **XVII** aus **VIa**-Dimethylester), u. deren Zers. mit Eisessig (die sicher über die entsprechenden Phenylimine verläuft) bei gleichzeitiger Acetylierung mit Acetanhydrid. Aus **VIb**-Ester entsteht dabei die Verb. **XVIII**, während bei **VIa**-Ester über **XVII** u. bei **VIII**-Diester gleichzeitig Lactonisierung erfolgt unter Bldg. der Verb. **XIX** (bzw. der entsprechenden trans-Form), was nur bei endo-ständigen COOH-Gruppen möglich ist. — Auch mit anderen Philodienen reagiert **I**, wenn auch zum Teil sehr langsam: *Maleinsäuredimethylester* reagiert mit **I** wesentlich langsamer als **II** u. bildet bei n. Temp. ausschließlich den **VI**-Dimethylester. *Fumarsäure* konnte an **I** nicht addiert werden, der *Dimethylester* nur äußerst langsam; dagegen reagiert das Dichlorid noch schneller als **II** unter Bldg. des **VIII**-Dichlorids. *Acetylendicarbonsäuredimethylester* liefert mit **I** sehr glatt die 3fach ungesätt. Säure **XX**, bei deren katalyt. Hydrierung zunächst die nicht zwischen den Carbomethoxygruppen sich befindende Doppelbindung abgesätt. wird u. eine zu **VIa**- u. **VIb**-Dimethylester isomere Verb. entsteht. — Mit *Acrylsäure* bildet **I** in wochenlanger Rk. ein Gemisch aus dem endo-Addukt **XXI** u. (wesentlich weniger) exo-Verb.; mit *Acrylnitril* entsteht die entsprechende endo-CN-Verb. **XXII**, bei n. Temp. zu 80 bis 90%, in sd. $CH_2{=}CHCN$ nur zu 20—30%. Die endo-Konfiguration für **XXI** u. **XXII** ist dadurch bewiesen, daß das im Ring hydrierte Nitril bei alkal. Verseifung 2 isomere Säuren liefert, von denen die in geringerer Menge entstehende ident. ist mit dem im Ring hydrierten Deriv. von **XXI**, das Hauptprod. jedoch die entsprechende exo-Säure **XXIII** darstellt. Diese aus der Cyclopentadienreihe bekannte Umlagerung gelang Vff. auch mit dem Dimethylester der **XXI**-Dihydroverbindung. Die Konfiguration von **XXIII** ist direkt bewiesen durch Bldg. des zu **IX** analogen Bromlactons mit HOBr. — Mit den $\alpha.\beta$-ungesätt. Ketonen *Methylvinylketon* u. *Phenylvinylketon* gibt **I** die erwarteten Addukte, die wahrscheinlich die endo-Verbb. sind, da sie schon bei n. Temp. glatt entstehen. Dagegen reagiert *Crotonaldehyd* unter denselben Bedingungen nicht mit **I**; ebenso wie bei der Einw. von *Vinylacetat* erleidet **I** dabei allmählich therm. Polymerisation, wobei das **I**-Dimere (**XXIV**) isoliert werden konnte; polymerhomologe **I**-Verbb. (**XXIV**, **XXV** usw.) wurden beim Erhitzen von **I** in indifferenten KW-stoffen erhalten. Die von Thiele (1900) bei der Darst. von **I** bereits beschriebenen nebenbei entstehenden Kristallpulver sind sicher solche niedrigpolymeren **I**-Derivate. — Mit *Butadien* reagiert **I** als philodiene Komponente unter Bldg. der Verb. **XXVI**.

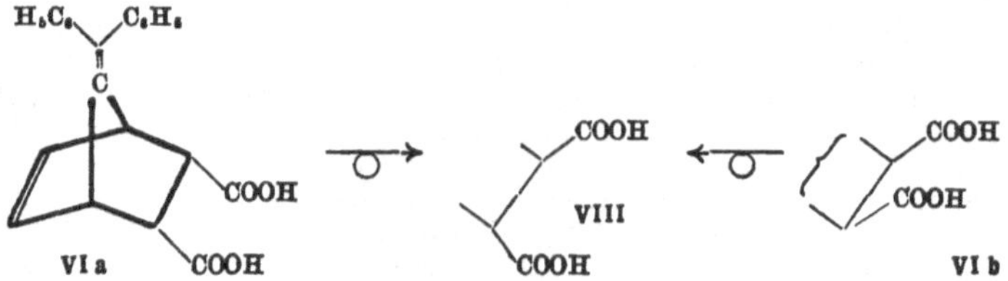

VIa VIII VIb

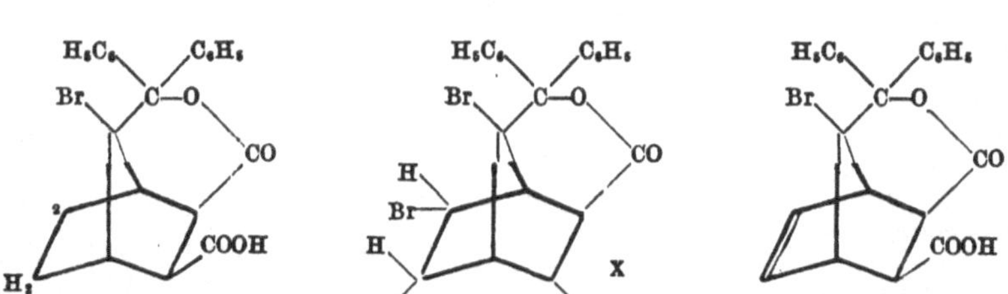

IX X XII

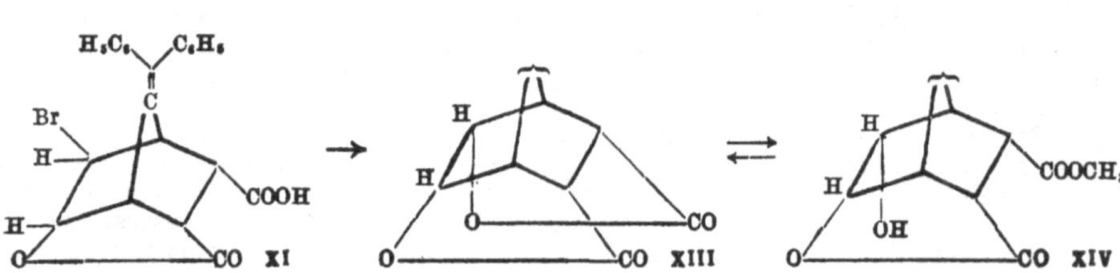

XI XIII XIV

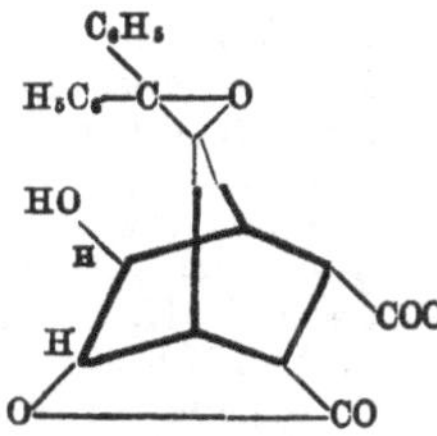

XV

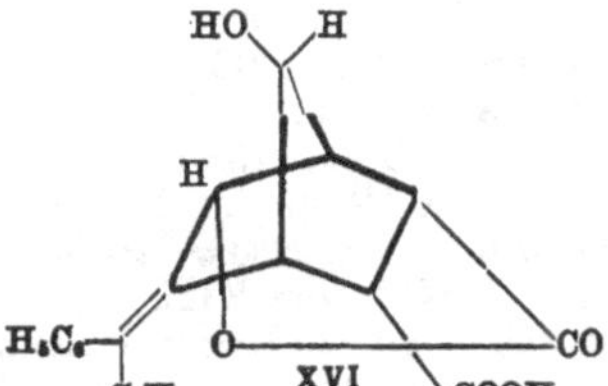

XVI

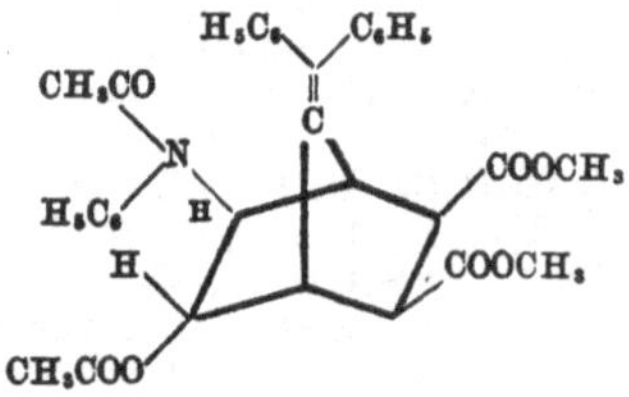

XVIII

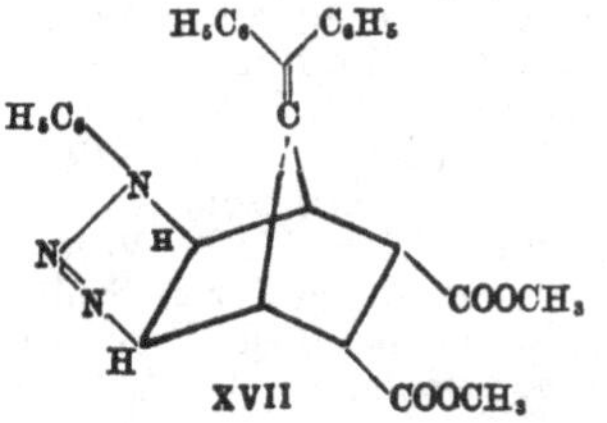

XVII

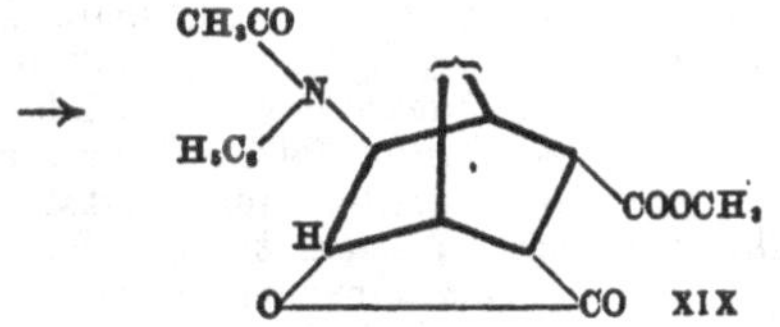

XIX

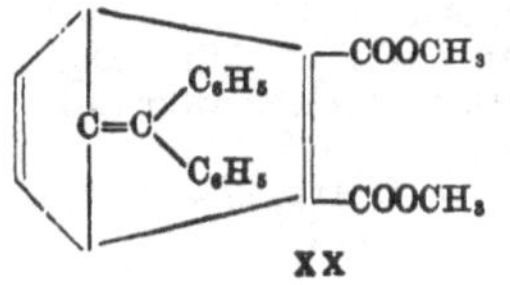

XX

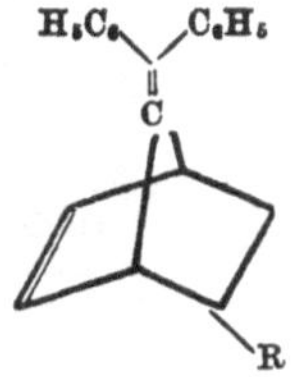

XXI R = COOH
XXII R = CN

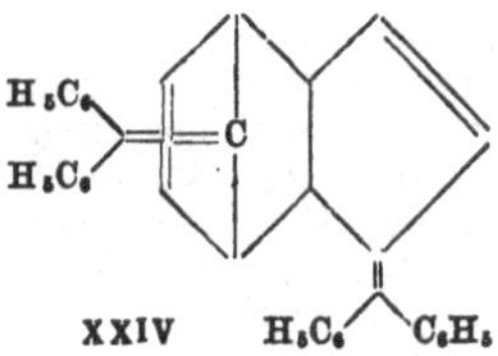

XXIV

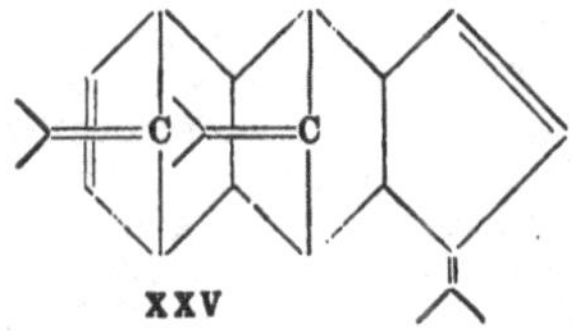

XXV

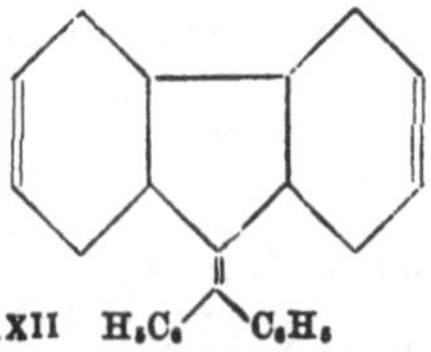

XXII

V e r s u c h e : Bei 4tägiger Rk. von 5,4 g **I** mit 2,4 g **II** in Bzl. bei n. Temp. entsteht ausschließlich das *endo-Addukt „A"* (**III**), $C_{22}H_{16}O_3$, F. 174° (Essigester); 100% Ausbeute); in sd. Ae. oder Bzl. (20 Min.) gleiches Ergebnis; bei 48std. Kochen in Bzl. oder 3std. Kochen in Toluol entstehen 5 g **III** u. 2 g *exo-Addukt „B"* (**IV**), $C_{22}H_{16}O_3$, F. 147—148°, aus Essigester harte Blöcke; in Xylol werden bei $^1/_4$std. Kochen 3 Teile **III** neben 2 Teilen **IV**, bei 5std. Kochen 5 Teile **IV** u. 2 Teile **III** gewonnen. *Freie Säure* **VIa**, F. 166—167° (CH_3CN), aus **III** u. Sodalösung. *Freie Säure* **VIb**, F. 195° (CH_3CN). **VIa**-*Monomethylester*, $C_{23}H_{20}O_4$, F. 158°, aus **III** durch 4std. Erhitzen mit überschüssigem CH_3OH. **VIb**-*Monomethylester*, $C_{23}H_{20}O_4$, F. 156°. **VIa**-*Dimethylester*, $C_{24}H_{22}O_4$, F. 147° (CH_3OH), aus **III** durch Erhitzen mit CH_3OH bis zum Sieden, Zugabe von einigen cm³ konz. H_2SO_4, weiteres 2std. Kochen u. Eintragen in Wasser. **VIb**-*Dimethylester*, aus dem Monomethylester mit CH_2N_2; F. 109°. — **III** u. **IV** können auch durch 5std. Kochen mit überschüssigem CH_3OH, Abdampfen, Rk. der Estersäuren mit CH_2N_2 u. Kristallisation der **VI**-Dimethylester aus CH_3OH getrennt werden, wobei die Dimethylester mechan. ausgelesen werden können. — *trans-Säure* (**VIII**)-*Dimethylester*, F. 93° (CH_3OH), aus **VIa**- oder **VIb**-Dimethylester durch 5std. Erhitzen mit Na in CH_3OH. Zugabe von W., Einengen, 2std. Kochen, Ausäthern, Fällen mit HCl u. Verestern der rohen Säure mit CH_2N_2. — **VIa**-*Dihydroverb.* (**Va**), F. 213° (Essigester), aus **III** durch Hydrierung in Essigester mit $Pd/BaSO_4$ bis zur Aufnahme von 1 Mol H_2. *Dimethylester*, F. 161°, a) aus **Va** wie bei dem **VIa**-Dimethylester (insgesamt 10std. Kochen); b) aus **VIa**-Dimethylester durch Hydrieren; Nadeln. — **VII**, F. 230° (CH_3CN), aus vorst. Diester durch 5std. Erhitzen mit Na in CH_3OH, Einengen nach Zugabe von etwas W., 2std. Kochen, Ausäthern u. Ansäuern der alkal. Lösung. *Dimethylester*, $C_{24}H_{24}O_4$, mit CH_2N_2; F. 106° (CH_3OH). — **VIb**-*Dihydroverb.* (**Vb**), F. 142—143° (Essigester). *Dimethylester*, F. 102—103° (CH_3OH); kompakte Blöcke. Gibt, wie **Va**-Dimethylester, durch $NaOCH_3$-Umlagerung **VII**. — *Bromlactoncarbonsäure* **IX**, aus **Vb** in verd. NaOH durch schnelle Zugabe von NaOBr-Lsg., 4 std. Stehen in der Kälte u. Ansäuern mit verd. HCl. *Methylester*, $C_{23}H_{21}O_4Br$, F. 200—202° (Essigester), mit CH_2N_2 erhalten; 80—90%. — *trans-Bromlactoncarbonsäure*, aus **VII** wie bei **IX**. *Monomethylester*, $C_{23}H_{21}O_4Br$, F. 198° (Essigester); 90%. — *Bromlactoncarbonsäure* **XII**, *Monomethylester*, $C_{23}H_{19}O_4Br$, F. 225—227° (Essigester), aus **IV** wie bei **IX** ($^1/_4$ std. Rk.) u. anschließende CH_2N_2-Veresterung; 80%. — *Bromlactonmonocarbonsäure* **XI**, *Methylester*, $C_{23}H_{19}O_4Br$, F. 191° (Essigester), wie vorstehend. — *Dilacton* **XIII**, $C_{22}H_{16}O_4$, F. 275—276° (Essigester), aus roher **XI** durch 2 std. Kochen mit 25%ig. methanol. KOH, Zugabe von W. u. HCl, Eindampfen, 2 std. Erhitzen des Rückstandes mit Acetanhydrid, Eindampfen des Filtrats u. Verreiben des Öles mit H_2O. — *Oxylactonmonocarbonsäuremonomethylester* **XIV**, $C_{23}H_{20}O_5$, F. 165° unter Zers. (CH_3OH), aus **XIII** durch Kochen mit NaOH, Ansäuern u. Verestern mit CH_2N_2; gibt beim Erhitzen über den F. **XIII**. — *trans-Dioxydicarbonsäuredimethylester*, $C_{24}H_{24}O_6$, F. 85° unter Zers. (CH_3OH), aus **XIV** durch 5 std. Kochen mit Na in A., Zugabe von W., Abdampfen, 2 std. Erhitzen, Ansäuern u. Verestern mit CH_2N_2. — Durch NaOBr-Bromierung von **VIII** u. CH_2N_2-Veresterung des Rohprod. werden bei fraktionierter Kristallisation aus Essigester 2 Stoffe erhalten, die sich durch mechan. Auslese trennen lassen; die leichter lösl. Verb. ist einer der beiden möglichen *Bromlactonmonocarbonsäuremonomethylester*, $C_{23}H_{19}O_4Br$, F. 140° (Essigester), die schwerer lösl. das *Dibromdilacton* **X**, $C_{22}H_{16}O_4Br_2$, F. 220—222° (Essigester). — *Oxidolactonoxycarbonsäure* **XV**, aus **III** in Eisessig durch portionsweise Zugabe von Eisessig + H_2O_2 + wenig konz. H_2SO_4, 4 std. Erhitzen auf 80—90°, Eintragen in W. u. Umfällen des Nd. aus NaOH mit HCl. Mit CH_2N_2 entsteht der *Monomethylester*, $C_{23}H_{20}O_6$, F. 320° (Malonsäurediäthylester); schwer lösl. in den meisten Lösungsmitteln. — **Va**-*Epoxyd*, $C_{22}H_{20}O_5$, wie **XV** aus **Va**; F. 220° (Essigester). *Dimethylester*, $C_{24}H_{24}O_5$, F. 215° (CH_3OH). — *Oxido-trans-dicarbonsäure*, $C_{22}H_{20}O_5$, F. 221° (Essigester), durch Umlagerung vorst. Esters mit $NaOCH_3$. — *Lactonoxycarbonsäure* **XVI**, *Monomethylester*, $C_{23}H_{20}O_5$, F. 204° (CH_3OH): Darst. analog **XV**-Ester, wobei die Methylierung jedoch in Ae. + Essigester vorgenommen wird. — *Hydrotriazol aus* **III**, $C_{28}H_{21}O_3N_3$, F. 227°, aus **III** in Essigester u. $C_6H_5N_3$ durch 4 std. Kochen u. Einengen; Nadeln aus Essigester. — *Hydrotriazol* **XVII**, F. 205° unter Zers. (CH_3OH), aus 7,5 g **VIa**-Dimethylester in CH_3OH durch 3 std. Kochen mit $C_6H_5N_3$; 6,5 g. — **XIX**, $C_{31}H_{27}$·O_5N, F. 197° (CH_3OH), aus **XVII** durch Erwärmen mit der 5fachen Menge Eisessig auf dem Wasserbad, Gießen in W., 5 std. Kochen des Nd. mit der 5fachen Menge Essigsäureanhydrid, Abdest. im Vakuum u. Anreiben mit CH_3OH. — *Hydrotriazol aus* **IV**, F. 215° unter Zers. (Essigester), durch mehrtägige Rk. von **IV** u. $C_6H_5N_3$ in Essigester bei n. Temperatur. — *Hydrotriazol aus* **VIb**-*Dimethylester*, durch 8tägige Rk. in CH_3OH u. Einengen; F. 198° (CH_3OH). — *Diacetylverb.* **XVIII**, $C_{34}H_{33}O_7N$, F. 210°, aus vorst. Triazol durch schwaches Erwärmen mit viel Eisessig, Gießen in W., Umkristallisation des Nd. der *Monoacetylverb.* ($C_{32}H_{31}O_6N$, F. 184—185°) aus CH_3OH, 3 std. Erhitzen mit viel Acetanhydrid, Abdampfen u. Aufnehmen in CH_3OH. — *Hydrotriazol aus* **VIII**-*Dimethylester*, F. 184—185° (CH_3OH), durch mehrtägige Rk. mit $C_6H_5N_3$ in CH_3OH. Zers. wie vorst. u. 3 std. Acetylierung des rohen Zersetzungsprod. bildet die zu **XIX** analoge *trans-Verb.*, $C_{31}H_{27}O_5N$, F. 238—242° (CH_3OH). — **VIa**-*Dimethylester* entsteht auch aus **I** u. Maleinsäuredimethylester in Bzl. bei 6 monatigem Stehen. — **VIII**-*Dichlorid*, aus 4,6 g **I** in Ae. durch Zugabe von 3 g Fumarsäuredichlorid u. mehrtägiges Stehen: F. 115—116°; 5 g. Gibt mit CH_3OH den **VIII**-*Dimethylester*. — **I**-*Acetylendicarbonsäuredimethylesteraddukt* (**XX**), $C_{24}H_{20}O_4$, F. 139° (CH_3OH), durch 4tägiges Schütteln der Komponenten, anschließend 3 Tage bei Zusatz von CH_3OH. — *Dihydroverb.*, $C_{24}H_{22}O_4$, F. 137° (CH_3OH), durch Hydrierung von **XX** mit Pd/$BaSO_4$ in CH_3OH. — *Hydrotriazol aus* **XX**, $C_{30}H_{27}O_4N_3$, F. 172—173°, mit $C_6H_5N_3$ in CH_3OH durch 10 std. Erhitzen. — **I**-*Acrylsäure-endo-Addukt* (**XXI**), $C_{21}H_{18}O_2$, F. 170° (CH_3CN), aus den Komponenten in Ae. durch 3 monatiges Stehen; aus den Mutterlaugen weitere, mit etwas *exo-Prod.* verunreinigte Mengen. — **XXI**-*Dihydroverb.*, F. 167° (CH_3CN), durch Hydrierung von **XXI** in sodaalkal. Lsg. mit Pd-Schwarz; Rosetten. — **I**-*Acrylsäurenitril-endo-Addukt* (**XXII**), $C_{21}H_{17}N$, F. 137° (Leichtbenzin), aus den Komponenten durch mehrtägiges Schütteln u. Abfiltrieren nach mehreren Monaten; 80—90%; in den Mutterlaugen liegt die *exo-Verb.* vor. Werden die Komponenten 3 Tage auf dem Wasserbad erhitzt, entstehen nur 20—30% **XXII** u. viel öliger Rückstand. — **XXII**-*Dihydroverb.*, $C_{21}H_{19}N$, F. 125° (CH_3CN), aus **XXII** durch Hydrierung in Essigester mit PtO_2. — *exo-Säure* **XXIII**, $C_{21}H_{20}O_2$, F. 157°, durch 3—4 tägiges Erhitzen vorst. Verb. mit 30%ig. methanol. KOH, Versetzen mit W., Abdest. von CH_3OH, Lösen durch Wasserzusatz, Ausäthern, Ansäuern der alkal. Lsg., Aufnehmen in Ae., Abdest. u. Aufnehmen in CH_3CN; scharfkantige Kristalle; aus der Mutterlauge in geringer Ausbeute die **XXI**-*Dihydroverbin-*

dung. — *Bromlacton aus* **XXIII**, $C_{21}H_{19}O_2Br$, F. 168—169° (Leichtbenzin), aus **XXIII** durch Lösen in NaOH, Zugabe von NaOBr-Lsg. in der Kälte u. Ansäuern nach 4 Stunden. — **XXIII** wird bei CH_2N_2-Veresterung, Abdampfen des Ae., 5 std. Kochen mit 20%ig. $NaOC_2H_5$-Lsg., Verdünnen mit W., Abdampfen des A., 2 std. Erhitzen auf dem Wasserbad, Fällen mit verd. HCl u. Kristallisation aus CH_3CN nicht verändert, während die **XXI**-Dihydroverb. dabei größtenteils zu **XXIII** umgelagert wird. — **I**-*Vinylmethylketonaddukt*, $C_{22}H_{20}O$, F. 88° (CH_3OH), durch mehrtägige Rk. der Komponenten, Durchschütteln mit CH_3OH, Lösen in sd. CH_3OH u. Abtrennen von unlösl. Beimengungen. *Dihydroverb.*, F. 118°, durch PtO_2-Hydrierung in CH_3OH. — **I**-*Vinylphenylketonaddukt*, F. 115—117° (roh), durch mehrstd. Schütteln der Komponenten, zuletzt mit Alkohol. *Dihydroverb.*, $C_{27}H_{24}O$, durch PtO_2-Hydrierung in Essigester; F. 127° (Essigester). — **I**-*Dimeres* (**XXIV**), als Nebenprod. bei der Darst. von **I** nach THIELE (l. c.): Die Kristallisation von **I** aus PAe. liefert nebenbei einen hellgelben feinkristallinen Stoff, der sich aus Aceton kristallisieren läßt u. dann unscharf zwischen 120 u. 130° schm.; leicht lösl. in Essigester, Bzl., Tetrahydrofuran. Die katalyt. Hydrierung in Essigester mit PtO_2 gibt unter Aufnahme von etwas mehr als 2 Mol H_2 bei anschließendem Abdestillieren des Essigesters, Anreiben mit Ae. u. Kühlen das *Tetrahydro-bis-[diphenylfulven]*, $C_{36}H_{32}$, F. 148—158° (Leichtbenzin). 6 std. Ozonisierung dieser Verb. in Chlf., Schütteln mit W., Dampfdest. u. Ausäthern des Destillates liefert *Benzophenon.* — *Polymeres* **I** entsteht bei 5 std. Erhitzen von **I** auf 140° im Rohr u. Kristallisation aus Vinylacetat, Bzl. oder Leichtbenzin; F. 230—233°; hellgelb; wahrscheinlich Polymerhomologe von **I**; 10—15%. — **I**-*Butadienaddukt* (**XXVI**), $C_{26}H_{26}$, F. 156—158° (Ligroin), durch 18 std. Erhitzen von 6 g **I**, 6 cm³ Dioxan u. 20 cm³ Butadien auf 170—180° im Rohr, Abdampfen u. Herauslösen des Adduktes durch mehrfaches Auskochen mit CH_3OH. (Liebigs Ann. Chem. **566.** 27—58. 24/1. 1950.) NITZSCHKE. 2020

Robert Bruce Moffett, *Diäthyl-Δ^2-cyclopentenylmalonat.* Aus Na-Diäthylmalonat u. 3-Chlorcyclopenten in A. unter Rückfluß: $C_{12}H_{18}O_4$, $Kp._1$ 97°, $Kp._{12}$ 130°, $Kp._{18}$ 240°; n_D^{20} 1,4536; 61% Ausbeute. (Org. Syntheses **32.** 52—53. 1952. Kalamazoo, Mich., Upjohn Co.) TROFIMOW. 2020

C. G. Overberger, Pao-Tung Huang und **M. B. Berenbaum,** *1.1'-Azo-bis-[cyclohexannitril-(1)].* Aus 1.2-Bis-[1-cyancyclohexyl-(1)]-hydrazin in 90%ig. A. mit konz. HCl u. Br_2: $C_{14}H_{20}N_4$, F. 113,5—115,5°; 84—90% (Ausbeute). — Analog *2.2'-Azo-bis-isobutyronitril,* F. 102—103°, explosiv; 85—90%. (Org. Syntheses **32.** 16—17. 1952. Brooklyn, N. Y., Polytechn. Inst.) TROFIMOW. 2110

C. G. Overberger und **M. B. Berenbaum,** *1.1'-Dicyan-1.1'-bicyclohexyl.* Aus 1.1'-Azo-bis-[cyclohexannitril-(1)] (vgl. vorst. Ref.) 8 Std. am Rückfluß: $C_{14}H_{20}N_2$, F. 224,5 bis 225,5°; 65—69% (Ausbeute). — Analog *Tetramethylsuccinonitril* aus 2.2'-Azo-bis-isobutyronitril, F. 170,5—171,5°; 75—81%. (Org. Syntheses **32.** 48—49. 1952.) TROFIMOW. 2110

C. G. Overberger, Pao-Tung Huang und **M. B. Berenbaum,** *N.N'-Bis-[1-cyancyclohexyl]-hydrazin.* Aus Cyclohexan u. einem gekühlten Gemisch von NaCN u. Hydrazinsulfat in Eiswasser: $C_{14}H_{22}N_4$, F. 147—149°; 66—70% (Ausbeute). — Analog *N.N'-Bis-[2-cyanpropyl-(2)]-hydrazin,* F. 89—91°; 88—93%. Hieraus durch Oxydation *2.2'-Azo-bis-isobutyronitril,* F. 91,5—92,5°; 72—77%. (Org. Syntheses **32.** 50—51. 1952.) TROFIMOW. 2110

Max H. Hubacher, *Phenolphthalol.* Durch Red. von Phenolphthalein (4'.4''-Dioxy-triphenylmethan-2-carbonsäure, I) mit $LiAlH_4$ wurde *Phenolphthalol* (*2-[4'.4''-Dioxybenzhydryl]-benzylalkohol,* II) erhalten, welches ein *Mono-* u. *Triacetylderiv.* ergibt. Im Gegensatz zu dem von BAEYER (1880) durch Red. von I mit Na-Amalgam erhaltenen Prod. läßt sich das vom Vf. gewonnene mit K-Ferricyanid nicht zu I oxydieren u. gibt mit H_2SO_4 kein rotes Kondensationsprodukt.

Versuche: I wurde in Ae. + $LiAlH_4$ gelöst; 16 Std. wurde unter N_2 bei 36° behandelt, mit einer Mischung von W. u. HCl versetzt, die Ätherschicht mit 2 n Soda-lsg. extrahiert: *Phenolphthalol* (II), $C_{20}H_{18}O_3$, F. 201,5—201,9° (korr.) (W. oder 20%ig. A.); Nadeln; Ausbeute 76—81%. — II wurde in Essigsäure eine Std. gekocht, das Rohprod. mit heißem Bzl. behandelt u. filtriert; aus dem Filtrat kristallisierte das *Monoacetylderiv.*, $C_{22}H_{20}O_4$, F. 171,5—173,6° (korr.) (Bzl. oder Chlf.). — Ein Gemisch von II, Essigsäureanhydrid u. einer Spur H_2SO_4 wurde 30 Min. bei 100° gehalten: *Triacetylderiv.*, $C_{26}H_{24}O_6$, F. 104,8—105,6° (CH_3OH oder A.). (J. Amer. chem. Soc. **74.** 5216—17. 20/10. 1952. Brooklyn, N. Y., Ex Lay, Inc., Res. Labor.) HILDEGARD SCHULZ. 2270

Gaetano Caronna, *Reaktionen mit Stickstoffwasserstoffsäure in schwefelsaurer Lösung.* 10. Mitt. *Über das Verhalten der γ-Diketone.* (9. vgl. C. **1953.** 1332.) Die Rk.

von γ-Diketonen mit N_3H in H_2SO_4 (D. 1,84; allmählicher Zusatz von Na-Azid zur Ketonlsg.) führt unter Beteiligung beider Carbonylgruppen zu substituierten Succinimiden, während die β-Diketone mit nur einer CO-Gruppe reagieren u. Oxazolderivv. liefern. Diphenacyl gibt *N.N'-Diphenylsuccinamid* ($C_{16}H_{16}O_2N_2$, F. 226°, gibt mit HNO_3 *4.4'-Dinitrosuccinanilid*, F. 260°). Dabei wird die Bldg. eines Zwischenprod. durch Anlagerung zweier Moll. der durch die konz. H_2SO_4 aktivierten $H\overset{-}{N}-\overset{+}{N}{\equiv}N$: an die CO-Gruppen u. nachfolgende Bldg. eines instabilen Imins durch Abgabe von N_2 angenommen. Diphenylacyldioxim ist als Zwischenprod. nicht wahrscheinlich, da es unter den Reaktionsbedingungen durch H_2SO_4 oder $H_2SO_4 + N_3H$ nicht angegriffen wird. — Aus Acetonylaceton entsteht analog *N.N'-Dimethylsuccinamid* ($C_6H_{12}O_2N_2$, F. 175°) u. aus Desylacetophenon *N.N'-α-Triphenylsuccinamid* ($C_{22}H_{20}O_2N_2$, F. 222°); als Nebenprod. *2.3.5-Triphenylfuran* ($C_{22}H_{16}O$, F. 95°). — Dagegen bleibt Dibenzoylstyrol unter den Reaktionsbedingungen unverändert. (Gazz. chim. ital. **80**. 675—79. Aug./Okt. 1950. Palermo, Univ., Ist. di Chim. gen.) v. DECHEND. 2370

J. A. McRae und **R. A. B. Bannard**, *α.α'-Diphenylsuccinonitril.* Durch Erwärmen von α-Phenylcinnamylnitril mit KCN in wss.-alkoh. Lsg. u. Umkristallisieren des erhaltenen Gemisches der *stereoisomeren α.α'-Diphenylsuccinonitrile* (Ausbeute 92 bis 94%; F. 202—206°) aus Essigsäure: *meso-α.α'-Diphenylsuccinonitril*, $C_{16}H_{12}N_2$, F. 240 bis 241,5°; 95—98%, bezogen auf das Dinitrilgemisch. (Org. Syntheses **32**. 63—65. 1952. Kingston, Ont., Queens Univ.) TROFIMOW. 2420

D. S. Morris, *Versuche über den Östrogenen verwandte Indene. β-m-Methoxyphenyl-α-p-methoxyphenylpropionsäure* (**Ia**) wird auf einem neuen Wege dargestellt u. mit einer Reihe homologer Verbb. zu den entsprechenden *Indanonen* cyclisiert. Die Desalkylierung verläuft bei dem *Isopropyläther* (**XIV**) am besten, die *Methoxyverb.* (**XIII**) gibt nur geringe Ausbeuten. Die biol. Prüfung ergab (bei 5 mg-Gaben je Maus) östrogene Aktivität bei folgenden Verbb.: *6-Methoxy-2-phenyl-3-methylinden* (**XIII**), *6-Oxy-2-phenyl-3-methylinden* (**XVI**) u. *6-Oxy-2-phenyl-3-p-oxyphenylinden* (**XVII**).

Versuche: *m-Nitro-α-p-nitrophenylzimtsäure* (I), $C_{15}H_{10}O_6N_2$, F. 222°; durch PERKIN-Synth. aus dem K-Salz von 18,1 g p-Nitrophenylessigsäure, 15,1 g m-Nitrobenzaldehyd u. Acetanhydrid in Pyridin, hellgelbe Prismen (Methanol); 19 g (Ausbeute). — *m-Amino-α-p-aminophenylzimtsäure*, $C_{15}H_{14}O_2N_2$, F. 208°; aus 18,4 g vorst. Verb. durch Hydrierung in Methanol in Ggw. von RANEY-Ni; glitzernde braune Platten (Methanol), an der Luft gelbes Pulver; 10 g. *Diacetylderiv.*, $C_{19}H_{18}O_4N_2$, F. 277° (Zers.), lederfarbige Nadeln. Das *Diamin* wird auch durch Red. der Nitroverb. mit ammoniakal. H_2S erhalten. — *m-Oxy-α-p-oxyphenylzimtsäure*, $C_{15}H_{12}O_4$, F. 230° (Zers.); aus 2,56 g vorst. Verb. durch Diazotieren u. Verkochen in verd. H_2SO_4, gelbbraune Nadeln (W.); 1,5 g. *Hydrat*, $C_{15}H_{12}O_4 \cdot H_2O$, F. 256°, hellbraune Nadeln (wss. A.). *Dibenzoat*, $C_{29}H_{20}O_6$, F. 195°, aus wss. A. kleine Platten. — *α-p-Methoxyphenyl-β-m-methoxyphenylpropionsäure* (**Ia**), F. 104°, durch Red. vorst. Verb. (0,5 g) in wss. NaOH in Ggw. von RANEY-Ni u. Verätherung der entstehenden öligen Säure mittels Methylsulfat; 0,3 g. — *m-Isopropoxybenzaldehyd* (II), $C_{10}H_{12}O_2$, Kp.$_2$ 110—113°, aus 61 g m-Oxybenzaldehyd u. 61,5 g Isopropylbromid in Na-Äthylatlsg.; 43 g. — *m-Methoxy-α-phenylzimtsäure* (**III**), $C_{16}H_{14}O_3$, F. 191—192°. Darst. aus m-Methoxybenzaldehyd (**XVIII**), Na-Phenylacetat (**XIX**) u. Eisessig nach SOLMMSEN (J. Amer. chem. Soc. **65**. [1943.] 2370) gelingt nicht. 13,6 g **XVIII**, 15,8 g **XIX** u. Acetanhydrid in Ggw. von wasserfreiem Na_2CO_3 u. Pyridin geben 5 g **III** (A.). Darst. aus 30 g **XVIII** u. 25,2 g **XIX** analog **I** gibt 20 g **III**. — *m-Isopropoxy-α-phenylzimtsäure* (**IV**), $C_{18}H_{18}O_3$, F. 159°, aus 41 g **II** analog **I**, schwach gelbe Nadeln (aus heißem A.); 38 g. — *m-Benzyloxy-α-phenylzimtsäure* (**V**), $C_{22}H_{18}O_3$, F. 181 bis 182°; aus 21,2 g m-Benzyloxybenzaldehyd analog **I**; 19 g. — *m-Oxy-α-phenylzimtsäure* (**VI**), $C_{15}H_{12}O_3$, F. 187—188°, aus 24,4 g m-Oxybenzaldehyd analog **I**, Nadeln; 28 g. — *α-Phenyl-β-m-methoxyphenylpropionsäure* (**VII**), $C_{16}H_{16}O_3$, Kp.$_{0,4-0,6}$ 190—200°. Red. von 19 g **III** in alkal. Lsg. in Ggw. von RANEY-Ni gibt 19 g öliger Flüssigkeit. — *α-Phenyl-β-m-isopropoxyphenylpropionsäure* (**VIII**), $C_{18}H_{20}O_3$, F. 86°, aus **IV** analog **VII**, Prismen (A.). — *α-Phenyl-β-m-oxyphenylpropionsäure* (**IX**), $C_{15}H_{14}O_3$, F. 75°. Red. von **V** analog **VII** gibt neben Benzylalkohol **IX**, Kp.$_{0,1}$ 150—153°, das sehr langsam zu Nadeln erstarrt. — *α-Phenyl-β-m-benzyloxyphenylpropionsäure* (**X**), $C_{22}H_{20}O_3$, F. 111 bis 112°, aus 20 g **IX** u. 27,2 g Benzylbromid in Na-Äthylatlsg., Nadeln (Methanol); 12 g. — *5-Methoxy-2-phenylindanon* (**XI**), $C_{16}H_{14}O_2$, F. 115°. 19 g **VII** geben nach Überführung in das Säurechlorid u. Behandlung mit $SnCl_2$ in kaltem Bzl. unter Ringschluß 12 g kleine Nadeln (A.). *2.4-Dinitrophenylhydrazon*, $C_{22}H_{18}O_5N_4$, F. 236°, orangerote Nadeln (A.). — *5-Isopropoxy-2-phenylindanon* (**XII**), $C_{18}H_{18}O_2$, F. 124—125°, aus **VIII** analog **XI**, Prismen. *2.4-Dinitrophenylhydrazon*, $C_{24}H_{22}O_5N_4$, F. 227—228°, orangerote Platten (wss. A.). — *6-Methoxy-2-phenyl-3-methylinden* (**XIII**), $C_{17}H_{16}O$,

F. 98—99°, aus 8 g **XI** u. CH_3MgJ; 8 g Nadeln (A.). — *6-Isopropoxy-2-phenyl-3-methylinden* (**XIV**), $C_{19}H_{20}O$, F. 86°, aus 2 g **XII** analog **XIII**, Platten (A.); 2 g. — *6-Isopropoxy-2-phenyl-3-p-methoxyphenylinden* (**XV**), $C_{25}H_{24}O_2$, F. 145—146°: Darst. analog Vorst., Nadeln (A.); 1,4 g. — 4,5 g **X** geben bei der Behandlung analog **XI** 4 g nichtsaures Material, gummiartig, Benzylchlorid enthaltend; daneben 0,2 g saure Substanz, aus der neben **IX** ein nicht definiertes *2.4-Dinitrophenylhydrazon*, F. 192° (nach Dunkelwerden bei 140°) erhalten wird. — Mit P_2O_5 entsteht aus **X** ebenfalls ein nichtsaures, gummiartiges Prod.; Behandlung mit konz. H_2SO_4 unter 0° gibt nur wenig **VI**. — Verss. zur Desalkylierung der 6-Alkoxyindene: a) Bei 5 Min. Erhitzen von 1 g **XIII** bzw. **XIV** in 15 cm³ Eisessig u. 3 cm³ Acetyljodid in Ggw. von 12% HJ nur Harze; b) 0,5 g **XIII**, 10 cm³ Eisessig u. 1 cm³ Acetanhydrid in 2 cm³ 50%ig. HBr/Essigsäure-Lsg. 10 Min. erhitzt, geben nach Aufarbeiten (wahrscheinlich) 5 mg unreines *2-Phenyl-3-methylindanol-(6)* (**XVI**), $C_{16}H_{14}O$, schwach grünbraune Nadeln, F. 152—153°, neben 0,48 g **XIII**. (**XIV** gibt nach b) keine Rk.); c) 1 g **XIII** in 20 cm³ einer Mischung von 15 cm³ 50%ig. HBr in Essigsäure, 70 cm³ Essigsäure u. 15 cm³ W. wird 1 Std. in N_2-Atmosphäre erhitzt, nach Aufarbeiten aus der phenol. Fraktion **XVI** als schwach lederfarbiges Pulver, F. 154—155°, daneben 950 mg **XIII**. — Bei 4 std. Erhitzen nach c) gibt **XIII** 110 mg einer phenol. Fraktion (F. 148°) neben 800 mg **XIII**; aus **XIV** werden analog 460 mg einer phenol. Substanz (F. 147—148°) u. 200 mg **XIV** isoliert. — 0,5 g **XV** geben in 3 cm³ obiger Mischung analog c) nach 4 Std. 0,25 g *6-Oxy-2-phenyl-3-p-oxyphenylinden* (**XVII**), $C_{21}H_{16}O_2$, F. 225—230°, orangefarbiges Pulver (A.), (wahrscheinlich) verunreinigt mit *6-Oxy-2-phenyl-3-p-methoxyphenylinden*. (J. chem. Soc. [London] **1950**. 1913—17. Juli. London, Holloway, North. Polytechn.) SCHÖNEWALD. 2650

P. D. Caesar, *Naphthalin-1.5-disulfonylchlorid.* Aus naphthalin-1.5-disulfosaurem Na u. PCl_5: $C_{10}H_6O_4S_2Cl_2$, F. 181—183°; 65—88% Ausbeute. Bei der Rk. von Naphthalin mit Chlorsulfonsäure sind die Ausbeuten sehr gering. (Org. Syntheses **32**. 88—89. 1952. Paulsboro, N. J., Socony-Vacuum Oil Co.) TROFIMOW. 2700

M. D. Soffer, M. P. Bellis, Hilda E. Gellerson und **Roberta A. Stewart,** *β-Tetralon.* Aus β-Naphthyläthyläther durch Red. mit Na + A. u. Hydrolyse nach CORNFORTH (J. chem. Soc. [London] **1942**. 689): $C_{10}H_{10}O$, $Kp._{0,25}$ 70—71°, $Kp._{1,8}$ 92—94°, $Kp._{4,5}$ 114 bis 116°, n_D^{20} 1,5594; 40—50% Ausbeute. (Org. Syntheses **32**. 97—100. 1952. Northampton, Mass., Smith Coll.) TROFIMOW. 2700

B. M. Michailow und **W. P. Bronowitzkaja,** *Die Orientierung bei Substitutionsreaktionen unter Beteiligung organischer Alkalimetallverbindungen.* Bei der Einw. von Br_2 auf 2-Methylanthracen (**I**) wurde von den 2 möglichen meso-Isomeren *2-Methyl-9-bromanthracen* (**II**) mit 63%ig. Ausbeute erhalten. Seine Konst. wurde durch Austausch von Br gegen Li u. nachfolgende Einw. von CH_3J, wobei *2.9-Dimethylanthracen* entstand, bestätigt. Letzteres war mit dem aus 2-Methylanthron-(9) u. CH_3MgJ gebildeten KW-stoff identisch. Das Ergebnis zeigt, daß die CH_3-Gruppe das elektrophile Br vorzugsweise nach $C_{(9)}$ dirigiert. Um zu entscheiden, ob organ. Alkalimetallverbb. als elektrophile oder nucleophile Reagentien anzusehen sind, wurde die Einw. von C_6H_5Li auf 2-Methyl-9.10-dibromanthracen (**III**) untersucht. Bei der Wahl dieser Rk. war die Erwägung bestimmend, daß der Ladungsunterschied der meso-C-Atome in **I** durch den Ersatz von H an $C_{(9)}$ u. $C_{(10)}$ durch Br (bei **III**) nicht geändert u. daher hierdurch die Angriffsrichtung der metallorgan. Verb. nicht beeinflußt wird. Der Vers. ergab, daß aus **III** u. C_6H_5Li bei anschließender Hydrolyse zwar nur 24% **II** [das Gemisch der Reaktionsprodd., unter denen sich auch *2-Methyl-10-bromanthracen* (**IV**) befand, konnte nicht quantitativ getrennt werden] rein zu gewinnen ist, bei der Einw. von CO_2 aber 59% *2-Methyl-9-bromanthracencarbonsäure-(10)* (**V**) erhalten wird. Die Konst. von **V** wurde durch Vgl. mit der isomeren *2-Methyl-10-bromanthracencarbonsäure-(9)* (**VI**) festgestellt, bei dem sich ihre Verschiedenheit ergab. **VI** wurde aus **II** über die *9-Li-Verb.* synthetisiert, die mit CO_2 *2-Methylanthracencarbonsäure-(9)* (**VII**) lieferte, aus der mit Br_2 **VI** entstand. Die 10-Stellung des Br folgte aus der Oxydation zu *2-Methylanthrachinon* (**VIII**). Die CH_3-Gruppe lenkt den Angriff von C_6H_5Li also vorzugsweise nach $C_{(10)}$. Metallorgan. Verbb. sind demnach nicht als elektrophile (vgl. MORTON, Chem. Reviews **34**. [1940.] 1), sondern als nucleophile Reagentien anzusehen. Wenn sich metallorgan. Verbb. mitunter wie elektrophile Reagentien verhalten, wie z. B. gegenüber Fluorbenzol, das in o-Stellung durch Li substituiert wird, so läßt sich dies durch eine zwischen Li u. F entstehende intramol. Bindung analog der Wasserstoffbrückenbindung erklären, wobei die Kationnatur von Li bzw. Anionnatur von F eine Rolle spielen. Auch hierdurch würde die Orientierung bei Substitution durch Alkalimetall bestimmt werden.

Versuche: *2-Methylanthracen* (**I**), F. 208—209°. Zu 5 g **VIII** u. 4,5 g granuliertem Sn in 34 ml sd. Eisessig werden während 2 Std. 11,5 ml konz. HCl in Anteilen von 1 ml hinzugefügt; das entstehende *x-Methylanthron* wird durch W. abgeschieden u. mit 6 g Zn-Staub in 100 ml 2 n NaOH 3 Std. gekocht; aus Bzl. + A. Kristalle; 72,7% (Ausbeute). — *2-Methyl-9-bromanthracen* (**II**), $C_{15}H_{11}Br$, F. 94,5—95,5° a) zu einer Lsg. (75 ml) von 3 g **I** in CS_2 wird eine Lsg. (15 ml) von 2,5 g Br_2 in CS_2 bei 0° unter Rühren zugetropft; man erwärmt bis zur Beendigung der HBr-Entw., verdampft CS_2 u. krist. aus A.; 63%; b) aus 2 g **III** u. C_6H_5Li-Lsg. (0,0058 Mol); nach ½ std. Einw. wird mit Ae. + CH_3OH hydrolysiert; 24%, neben einem nicht getrennten **II** + **IV**-Gemisch. Aus A. gelbe, rhomb. Tafeln. — *2.9-Dimethylanthracen*, F. 81—82°; bei der Einw. einer äther. C_6H_5Li-Lsg. (0,0037 Mol) auf 1 g **II** u. nachfolgendem Zusatz von 1,58 g CH_3J; aus CH_3OH gelbe Kristalle; 69,7%. — *2-Methylanthracencarbonsäure-(9)* (**VII**), $C_{16}H_{12}O_2$, F. 197 bis 198°; man läßt eine Lsg. von n-Butyl-Li (1,42 g Butylchlorid, 0,21 g Li, 30 ml Ae.) ½ Std. auf 2 g **II** einwirken u. gießt auf feste CO_2; aus 50%ig. A., dann Bzl. hellgelbe Nadeln; 51,7%. Ist nach dem F. mit der von LIEBERMANN (vgl. BARNETT u. GOODWAY, Ber. dtsch. chem. Ges. **45.** [1912.] 1213; J. chem. Soc. [London] **1929.** **1754**) aus **I** u. Oxalylchlorid erhaltenen Verb. nicht aufgeklärter Konst. identisch. — *2-Methyl-10-bromanthracencarbonsäure-(9)* (**VI**), $C_{16}H_{11}O_2Br$, F. 229—230,5° (Zers.); beim Behandeln von 0,9 g **VII** mit 0,63 g Br_2 in CS_2 bei 0°, dann auf dem Wasserbad: gelbe Nadeln aus Bzl.; 50%. Oxydation mit CrO_3 in Essigsäure lieferte 57% **VIII** (F. 171 bis 174°). — *2-Methyl-9-bromanthracencarbonsäure-(10)* (**V**), $C_{16}H_{11}O_2Br$, F. 235 bis 238° (Zers.); eine Lsg. von 3 g **III** in 20 ml Bzl. wird mit einer Lsg. (11,8 ml) von 0,729 g C_6H_5Li in Ae., dann mit fester CO_2 behandelt; aus 50%ig. A. gelbe Nadeln; 59%. (Журнал Общей Химии [J. allg. Chem.] **23** (**85**). 130—35. Jan. 1953. Inst. für normale u. patholog. Morphologie der Akad. der Med. Wiss. der UdSSR.)

R. KNOBLOCH. 2800

N. C. Deno und **J. D. Johnston**, *Versuch einer Reaktion von 2-Methyl-1-vinylcyclohexen mit Chinon.* (Vgl. auch WANG u. HU, J. Chin. chem. Soc. **10.** [1943.] 1.) Eine Mischung von *2-Methyl-* (**I**) u. *6-Methyl-1-vinylcyclohexen* (**II**) konnte, ausgehend von *2-Methylcyclohexanon* (**III**), in einer 5 stufigen Synth. dargestellt werden; das Verhältnis von **I**:**II** = 3:1 ergab sich aus der UV-Absorption. Als einzigstes Addukt der **I** + **II**-Mischung mit Chinon entstand *4a.4b.5.6.7.8.10.10a-Oktahydro-8-methylphenanthrenchinon* (**IV**), als Addukt des **II**-Anteils; **I** reagiert nicht mit Chinon. Die Konst. von **IV** ergab sich aus dem Abbau mit Zn u. S zu *1-Methylphenanthren*, der Umlagerung zu *4b.5.6.7.8.10-Hexahydro-8-methyl-1.4-dioxyphenanthren* (**V**) u. dessen Oxydation zu dem entsprechenden Chinon.

Versuche: *2-* u. *6-Methylcyclohexenyl-(1)-essigsäureäthylester*, aus **III** durch REFORMATSKY-Rk. mit Bromessigester u. Zn nach CHUANG, TION u. MA (Ber. dtsch. chem. Ges. **69.** [1936.] 1494). — *β-[2-* u. *6-Methylcyclohexenyl-(1)]-äthanol*, $Kp._{12}$ 100 bis 104°, n_D^{15} 1,4927, durch $LiAlH_4$-Red. der vorst. Mischung; 87%. *Acetylverb.*, $Kp._{11}$ 106—107°, n_D^{20} 1,4685; 86%. — *2-* u. *6-Methyl-1-vinylcyclohexen* (**I** + **II**), $Kp._{40}$ 76—77°, n_D^{30} 1,4938—1,4972, durch Cracken der vorst. Acetylverb. bei 600°; 11—40% Umwandlung. — *4a.4b.5.6.7.8.10.10a-Oktahydro-8-methylphenanthrenchinon-(1.4)* (**IV**), $C_{15}H_{18}O_2$, F. 122—124°, aus **I** + **II** u. Chinon in Methanol (12 Std.), sd. A. oder Bzl., aus Methanol Prismen; 25%. — *1-Methylphenanthren*, F. 116—119° (Methanol), aus **IV** mit $ZnCl_2$ + NaCl u. Zn-Staub bei 250—270° u. Dehydrieren des benzol. Extrakts mit S bei 200—220°, $Kp._{0,1}$ 120—130°, nach dem Reinigen über einer Al_2O_3-Kolonne Nadeln; 20%. — *4b.5.6.7.8.10-Hexahydro-8-methyl-1.4-dioxyphenanthren* (**V**), $C_{15}H_{18}O_2$, F. 170—171°, aus **IV** in A. + 1 Tropfen konz. HCl auf dem Wasserbad, nach der Sublimation bei 90 bis 100°/0,1 mm Nadeln; 80%. — *4b.5.6.7.8.10-Hexahydro-8-methylphenanthrenchinon-(1.4)*, $C_{15}H_{16}O_2$, F. 88—89°, aus **IV** mit SeO_2 in sd. Dioxan (6 Std.) oder aus dem Vorst. nach FIESER (J. Amer. chem. Soc. **70.** [1948.] 3165) mit $NaNO_2$ in Eisessig u. $Na_2Cr_2O_7$ in 5%ig. H_2SO_4 auf dem Wasserbad, $Kp._{0,15}$ 80—85°, aus Methanol gelbe Nadeln; 44 bzw. 17%. Liefert mit Na-Hydrosulfit in 50%ig. Essigsäure 52% **V** (F. 165—169°) zurück. — *2.3.4a.4b.5.6.7.8.10.10a-Dekahydro-8-methylphenanthrenchinon-(1.4)*, $C_{15}H_{20}O_2$, F. 117 bis 118°, durch Red. von **IV** mit Zn-Staub in Essigsäure, aus Methanol Nadeln. (J. org. Chemistry **17.** 1466—69. Nov. 1952. Pennsylvania State Coll., Dep. of Chem.)

GOLD. 2850

Edward M. Fry, *2-Oxycyclohexanessigsäurelactone als Zwischenprodukte in der Synthese hydrierter Phenanthrene.* Ausgehend von *Homogentisinsäurelacton* werden die Derivv. **VIII**, **IX** u. **X** der *3-Oxycyclohexanessigsäure* auf folgendem Wege dargestellt. Das zunächst durch Hydrieren gewonnene *2.5-Dioxycyclohexanessigsäurelacton* (**I**) kann in 6 Isomeren vorliegen: in 2 *cis-γ-*, 2 *trans-γ-* u. 2 *cis-δ-*Lactonen; ein *trans-δ-*Lacton ist modellmäßig nicht möglich. Durch Benzylieren der freien OH-Gruppe entstehen 3 isomere Benzyloxylactone **II**, von denen dem vom F. 78—79° die Strukturformel **IIa**, dem vom F. 100—102° die Strukturformel **IIb** u. dem vom $Kp._{0,6}$ 167—77° die Strukturformel **IIc** oder **IId** zugeschrieben werden kann. Die hydrolyt. Öffnung des Lactonringes der **II** u. die anschließende Oxydation führte zu den isomeren *5-Benzyloxy-2-ketocyclohexanessigsäuren* (**III**), von denen das fl. Isomere **IIIa** mit 9nHCl in das aus **IIa** erhältliche krist. Isomere **IIIb** übergeführt werden konnte. **IIIb** liefert mit Methyl-MgJ eine leicht trennbare gleichteilige Mischung von 2 Säuren, von denen die eine leicht zu *5-Benzyloxy-2-oxy-2-methylcyclohexanessigsäure-cis-lacton* (**IV**) lactonisiert wurde. Die Benzoyloxyverb. **VI** u. die Acetyloxyverb. **VII** dieses Lactons ergaben die Benzoylverb. **VIII** bzw. die Acetylverb. **X** von *5-Oxy-2-methyl-2-phenylcyclohexanessigsäure* (**IX**), die über ihre Chloride zu den entsprechenden Derivv. des *2-Oxy-1.2.3.4.4a.9.10.10a-oktahydro-9-keto-4a-methylphenanthrens* cyclisiert werden konnten.

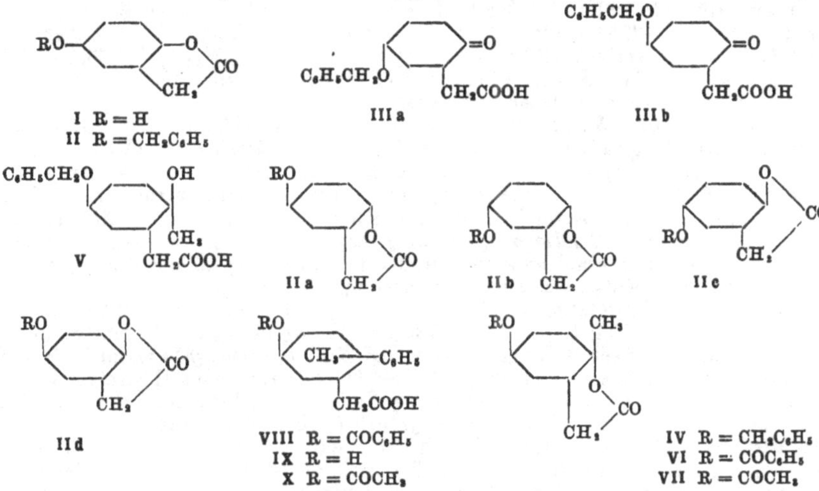

I R = H; II R = $CH_2C_6H_5$; IIIa; IIIb; V; IIa; IIb; IIc; IId; VIII R = COC_6H_5; IX R = H; X R = $COCH_3$; IV R = $CH_2C_6H_5$; VI R = COC_6H_5; VII R = $COCH_3$

V e r s u c h e: *2.5-Dimethoxyacetophenon,* Kp.$_8$ 140—143°, aus Hydrochinondimethyläther nach ABBOTT u. SMITH (C. **1949**. E. 46); 87% (Ausbeute). — *2.5-Dimethoxyphenylessigsäure,* F. 120—123°, aus dem Vorst. durch WILLGERODT-Rk.; 67%. — *Homogentisinsäureäthylester,* F. 116—118° (Toluol), aus der vorst. Säure mit 48%ig. HBr u. Behandeln des rohen bei 110° getrockneten Lactons in A. mit HCl; 89%. — *2.5-Dioxycyclohexanessigsäure-γ-lacton* (**I**), $C_8H_{12}O_3$, Kp.$_1$ 150—160° (beim langsamen Dest. fällt Kp. auf ca. 135°), durch Hydrieren des Vorst. in A. in Ggw. von RANEY-Ni bei 150°, Verseifen der alkoh. Lsg. des erhaltenen Esters mit 3nHCl u. Abdest. des Lösungsm., als in W. lösl. viscoses Öl; 89%. Neben in W. unlösl., in NaOH lösl. öligen Anteilen. — *5-Benzyloxy-2-oxycyclohexanessigsäurelacton* (**II**), $C_{15}H_{18}O_3$, Kp.$_{0,6}$ 167—177°, aus **I** u. Benzylbromid in Chlf. mit Triäthylamin bei 50° in exothermer Rk., später bei 180° (±5°; 3 Std.) u. Zers. mit W. + Ae.; 77%. Neben 2 krist. Isomeren: **IIb** vom F. 100—102° (A.); 18%, u. **IIa** vom F. 78—79°. Die beiden krist. Lactone **IIa** u. **IIb** lieferten bei der alkal. Verseifung Säuren, die leicht wieder lactonisieren; die aus dem fl. **II** (**IIc** oder **IId**) gewonnene Säure lactonisiert nicht wieder bei Zimmertemperatur. — *5-Benzyloxy-2-ketocyclohexanessigsäure* (**III**) aus dem **IIb** vom F. 100 bis 102° durch Verseifen mit 2 Mol verd. NaOH u. Behandeln der Reaktionsmischung bei p_H 6 (K_2HPO_4) mit N-Bromsuccinimid bei 37°, später bei 50° (p_H 5,3) als gelbes Öl (**IIIa**). *Semicarbazon,* $C_{16}H_{21}O_4N_3$, F. 179—180,5° (Zers.), aus Eisessig. — **IIIb**, $C_{15}H_{18}O_4$, F. 109—111° (A.), aus **IIIa** mit 9nHCl bei Zimmertemp.; 63%; oder aus dem **IIa** vom F. 78—79° wie **IIIa**; 66%. *Semicarbazon,* $C_{16}H_{21}O_4N_3$, F. 180—182° (Zers.), aus Alkohol. Misch.-F. mit **IIIa**-*Semicarbazon* 179—180° (sintert bei 176°). Aus dem Lacton vom Kp.$_{0,6}$ 167—177° entstand eine Mischung von **IIIa** u. **IIIb**, die mit 9nHCl in 60% **IIIb** überging. — *5-Benzyloxy-2-oxy-2-methylcyclohexanessigsäure-cis-lacton* (**IV**), $C_{16}H_{20}O_3$, Kp.$_{0,4}$ 160—170°, aus **IIIb** mit äther. Methyl-MgJ bei —15 bis 0°, später bei 7° (1 Std.) u. Lactonisieren des bei der Zers. erhaltenen Öls in sd. Bzl., als in wss. Soda unlösl. Anteil; 50%. — *Lacton der Säure* **V**, $C_{16}H_{20}O_3$, Kp.$_{0,6}$ 182—184°, aus dem in wss. Soda leicht lösl. Anteil (**V**), Fällen mit Säure u. Lactonisieren der **V** auf dem Wasserbad (1½ Std.) u. durch Dest.; 45%. — *5-Benzoyloxy-2-oxy-2-methylcyclohexanessigsäure-cis-lacton* (**VI**), $C_{16}H_{18}O_4$, F. 82—84°, aus **IV** in Bzl. u. $SnCl_4$ (24—40°) mit Benzoylchlorid bei 10° (→ 32°), aus wss. A. Kristalle; 57%. — *5-Acetoxy-2-oxy-2-methylcyclohexanessigsäure-cis-lacton* (**VII**), $C_{11}H_{16}O_4$, F. 61,5—63°, analog; 29%, oder durch Acetylieren des durch Debenzylieren von **IV** in A. mit Pd-Kohle erhaltenen Alkohols; 40%. — *5-Benzoyloxy-2-methyl-2-phenylcyclohexanessigsäure* (**VIII**), $C_{22}H_{24}O_4$, F. 152 bis 154° u. F. 147—148°, Misch.-F. 125—135° (A.), aus **VI** in Bzl. mit $AlCl_3$ bei 15° u. Zers. der klar gewordenen Reaktionsmischung mit Wasser. — *5-Oxy-2-methyl-2-phenylcyclohexanessigsäure* (**IX**), $C_{15}H_{20}O_3$, F. 174—176° (A.), durch Verseifen von **VIII** mit NaOH u. Sublimation bei 190°/0,3 mm; 90—93%. *Acetylverb.* (**X**), $C_{17}H_{22}O_4$, F. 112—119° bzw. 111—113° (dimorph); 96%, oder aus **VII** in Bzl. mit $AlCl_3$ wie **VIII**. — *2-Acetoxy-1.2.3.4.4a.9.10.10a-oktahydro-9-keto-4-methylphenanthren*, $C_{17}H_{20}O_3$, F. 99—100,5° (A.), durch Überführen von **X** in das Chlorid mit PCl_5 (40°) u. Behandeln des Chlorids mit $SnCl_4$ bei 5° (→ 22°), zunächst als Öl; 89%. *Semicarbazon*, $C_{18}H_{23}O_3N_3$, F. 216—217° (Zers.), aus Alkohol. Liefert bei der Red. mit Al-Isopropylat u. anschließender Pd-Dehydrierung bei 260—325° (5 Std.) 15,6% *Phenanthren* vom F. 96—97°. — *2-Benzoyloxy-1.2.3.4.4a.9.10.10a-oktahydro-9-keto-4a-methylphenanthren*, $C_{22}H_{20}O_3$, F. 173,5—175° (A.) analog aus **VIII**; 95%. (J. org. Chemistry **17**. 1484—91. Nov. 1952. Bethesda, Md., Nat. Inst. of Arthritis and Metabol. Diseases.) GOLD. 2850

C. C. J. Culvenor, **W. Davies** und **F. G. Haley**, *Reaktionen der Äthylenoxyde. 5. Mitt. Die Reaktion zwischen Alkalicyaniden und Epichlorhydrin.* (Vgl. C. **1950**. II. 2798.) *γ-Chlor-β-oxybutyronitril* entsteht zu 65% bei der Umsetzung von *Epichlorhydrin* (**I**) u. KCN, wenn das Reaktionsgemisch fortwährend neutralisiert wird. Wird das frei werdende Alkali während der Rk. nicht laufend abgefangen, so bilden sich vornehmlich *2.5-Dicyanomethyldioxan-(1.4)* u. *γ-Oxycrotononitril*, das wegen seiner Unbeständigkeit nicht rein erhalten wird u. in das seinerseits instabile *2-Aminofuran* übergeht, das unter NH_3-Entw. weiteren Veränderungen unterliegt.

V e r s u c h e: Umsetzung von **I** mit $KNa(CN)_2$ a) i n n i c h t n e u t r a l i s i e r t e r L s g.: 48 g **I** in 30 g $KNa(CN)_2$ in 120 cm³ W. werden bei n. Temp. gerührt (gelegentliches Kühlen), nach 3 Std. filtriert u. *2.5-Bis-[cyanomethyl]-dioxan-(1.4)*, $C_8H_{10}O_2N_2$, aus A. krist., glänzende Tafeln, F. 166—167°. (Hieraus nach Hydrolyse mit konz. HCl die *Dicarbonsäure*, $C_8H_{12}O_6$, leuchtende Nadeln, F. 228°). Im Filtrat nach Ae.-Extraktion neben etwas *γ-Chlor-β-oxybutyronitril*, Kp.$_{13}$ 134—136°, unreines *γ-Oxycrotononitril*, C_4H_5ON; Kp.$_{13}$ 119—120°. b) i n n e u t r a l e r L s g.: In die gerührte alkoh. Lsg. von Epichlorhydrin u. etwas Thymolblau wird die wss. Lsg. des Cyanids eingetragen u. gleichzeitig durch Essigsäure neutralisiert (Kühlung!). Mit Ae. wird *γ-Chlor-β-oxybutyronitril*, C_4H_6ONCl, extrahiert, Kp.$_{13}$ 134—136°; 65% (Ausbeute). — *γ-Chlor-β-benzoyloxybutyronitril*, $C_{11}H_{10}O_2NCl$, aus vorst. Verb. mit Benzoylchlorid in Dioxan u. Ggw. von KOH, Nadeln, F. 44°, aus Ae./Petroläther. — Durch Behandlung mit Alkali ging γ-Chlor-β-oxybutyronitril in γ-Oxycrotonitril über. Wenn die Alkalieinw. in Chlf./A. durchgeführt wurde, war deutlich der Isonitrilgeruch wahrnehmbar, auch konnte nach Diazotierung u. Kuppeln mit β-Naphthol ein Farbstoff festgestellt werden. Hieraus wurde auf die vorübergehende Anwesenheit von 2-Aminofuran geschlossen. Irgendwelche Derivv. hiervon konnten jedoch nicht isoliert werden. (J. chem. Soc. [London] **1950**. 3123—25. Nov. Melbourne, Univ., Organ. Chem. Labor.)

NEZEL. 3030

Niels Elming und **Niels Clauson-Kaas**, *Die Darstellung von Pyrrolen aus Furanen.* (Vgl. Acta chem scand. **6**. [1952.] 545.) Die aus den entsprechenden Furanen über die 2.5-Dimethoxydihydrofurane dargestellten *2.5-Dimethoxytetrahydrofurane* liefern beim Erhitzen mit prim. Aminen oder CH_3COONH_4 in Essigsäure bzw. mit NH_3 bei 250° in Ggw. von Al_2O_3 *Pyrrole*. Die Ausbeuten bei diesem 3stufigen Verf. sind besser als die von JURJEW (vgl. Журнал Общей Химии [J. allg. Chem. **11**. [1941.] 1128 u. früher]) bei der direkten Synth. aus den Furanen u. Aminen bzw. NH_3 bei 400° über Al_2O_3 erzielten. Die genaue Konst. des früher (l. c.) erhaltenen *Dimethoxytetrahydrofurfuroldimethylacetals* (**I**) als 2.5-Dimethoxyverb. ergibt sich aus seinen Umsetzungen zu *Pyrrol-2-carboxaldehyd* u. *1-Phenylpyrrol-2-carboxaldehyd*.

V e r s u c h e: *2.5-Dimethoxytetrahydrosilvan* (**II**), $C_5H_8O(OCH_3)_2$, , Kp.$_{759}$ 147 bis 155°, durch Hydrieren von Dimethoxydihydrosilvan bei 100 at mit RANEY-Ni in Methanol; 1 Std. (Reaktionsdauer); n_D^{25} 1,4166; 81% (Ausbeute). — *2.5-Dimethoxy-3-isopropyltetrahydrofuran* (**III**), $C_7H_{12}O(OCH_3)_2$, Kp.$_{14}$ 74—76°, analog **II**; 3½ Std. bei 70—90°; n_D^{25} 1,4240; 56%. — *2.5-Dimethoxytetrahydrofurfuroldimethylacetal* (**I**), $C_5H_6O(OCH_3)_4$, Kp.$_{10}$ 95—96°, analog **II**; 4 Std.; n_D^{25} 1,4328; 92%. — *Pyrrol* (**IV**), C_4H_5N, Kp.$_{760}$ 131—133°, durch Leiten der Dämpfe von 2.5-Dimethoxytetrahydrofuran (**V**) u. NH_3 über Al_2O_3 bei 250° unter Kühlung der Vorlage auf —80°, Aufnehmen in Ae. u. Dest.; n_D^{20} 1,5085; n_D^{25} 1,5068; 53% bzw. 40% (bezogen auf Furan). — *1-n-Butylpyrrol* (**VI**), $C_8H_{13}N$, Kp.$_9$ 52—53°, durch Kochen von **V** u. n-Butylamin in Essigsäure; 1 Std.; dann Zugabe von W., Ausäthern, Waschen mit $KHCO_3$-Lsg. u. Dest.; n_D^{25} 1,4700; 28 bzw. 21%. — *1-n-Amylpyrrol*, $C_9H_{15}N$, Kp.$_9$ 68—69°, wie vorst.;

2 Std.; n_D^{20} 1,4728; n_D^{25} 1,4701; 37 bzw. 28%. — *1-Phenylpyrrol*, $C_{10}H_9N$, F. 55—59° (korr.), Kp.$_{30}$ 131—133°, a) analog **VI**; 1½ Std.; 75%; b) durch 2 std. Erhitzen von **V** u. Anilin auf 265° im Rohr u. Dest.; 78 bzw. 59%. — *1-o-Tolylpyrrol*, $C_{11}H_{11}N$, Kp.$_9$ 97 bis 100°, analog **VI**; 1½ Std.; n_D^{20} 1,5711; n_D^{25} 1,5689; 71 bzw. 54%. — *1.1'-[p-Phenylen]-dipyrryl*, $C_{14}H_{12}N_2$, F. 229—231° (Essigsäure), durch 20 Min. Kochen von **V** u. p-Phenylendiamin, Filtrieren u. 2 std. Stehen des Filtrats; 41 bzw. 31%. — *2-Methylpyrrol*, C_5H_7N, Kp.$_{10}$ 45—47°, analog **IV** aus **II**; n_D^{20} 1,5012; n_D^{25} 1,4992; 37 bzw. 25% (bezogen auf Silvan). — *1-Phenyl-2-methylpyrrol*, $C_{11}H_{11}N$, Kp.$_{11}$ 109—111°, analog **VI** aus **II** u. $C_6H_5NH_2$; 1½ Std.; n_D^{20} 1,5810; n_D^{25} 1,5786; 77 bzw. 51%. — *1-n-Amyl-2-[acetamidomethyl]-pyrrol*, $C_{10}H_{17}N_2(COCH_3)$, F. 54—56° (Ae.), Kp.$_{0,1}$ 131—134°, analog **VI**; ½ Std.; 75 bzw. 69% (bezogen auf 2-[Acetamidomethyl]-furan). — *1-Phenyl-2-[methoxymethyl]-pyrrol*, $C_{11}H_{10}N(OCH_3)$, Kp.$_{0,1}$ 72—73°, durch 3 std. Erhitzen von 2.5-Dimethoxytetrahydrofurfurylmethyläther u. Anilin auf 250° im Rohr u. Dest.; n_D^{25} 1,5682; 22 bzw. 17% (bezogen auf Furfurylmethyläther). — *Pyrrol-2-carboxaldehyd*, C_5H_5ON, F. 43—45° (PAe.), Kp.$_{0,1}$ 55—59°, analog **VI** aus **I** u. CH_3COONH_4; ¼ Std.; 32 bzw. 24% (bezogen auf Furfuroldimethylacetal). *Phenylhydrazon*, $C_{11}H_{11}N_3$, F. 139—140° (PAe.). — *1-Phenylpyrrol-2-carboxaldehyd*, $C_{11}H_9ON$, F. 27—30°, Kp.$_{0,1}$ 90—93°, durch ½ std. Kochen von **I** u. $C_6H_5NH_2$ in Essigsäure, Dest., Aufkochen in Dioxan u. 2%ig. HCl, Zugabe von W., Ausäthern, Waschen mit 2 mol. $KHCO_3$-Lsg. u. Dest.; 46 bzw. 35%. *Phenylhydrazon*, $C_{17}H_{15}N_3$, F. 130—131° (A.). — *Pyrrol-2-carbonsäuremethylester*, $C_5H_4ON(OCH_3)$, F. 75—76° (n-Hexan), Kp.$_9$ 104—105°, analog **VI** aus 2.5-Dimethoxytetrahydrofuran-2-carbonsäuremethylester u. CH_3COONH_4; ½ Std.; 17 bzw. 11% (bezogen auf Brenzschleimsäuremethylester). — *1-Phenylpyrrol-2-carbonsäuremethylester*, $C_{11}H_8ON(OCH_3)$, F. 90—91° (Methanol), Kp.$_{0,4}$ 105—112°, analog **VI**; 10 Std.; 57 bzw. 36%. — *1-Phenyl-3-isopropylpyrrol*, $C_{13}H_{15}N$, F. 0—2°, Kp.$_{0,1}$ 89—90°, analog **VI** aus **III** u. Anilin; 1½ Std.; n_D^{25} 1,5656; 83 bzw. 35% (bezogen auf 3-Isopropylfuran). (Acta chem. scand. **6**. 867—74. 1952. Kopenhagen, Dänemark, Sadolin & Holmblad A/S, Centrallabor.) W. HOFFMANN. 3081

Ju. A. Arbusow und **L. I. Chmelnitzki**, *Synthese von 1-Aryl-3-oxypyrrolidinen.* Durch Umsetzung von 1.4-Dibrombutanol-(2) (**I**) mit Anilin wurde *1-Phenyl-3-oxypyrrolidin*, mit p-Toluidin *1-[p-Tolyl]-3-oxypyrrolidin* synthetisiert. **I** wurde auf nachst. Wege gewonnen. Aus Allylchlorid, Mg u. Paraformaldehyd wurde nach der Meth. von JURJEW u. Mitarbeitern (**Журнал Общей Химии** [J. allg. Chem.] **16 (78)**. [1946.] 843) *Buten-(1)-ol-(4)* (**II**), hieraus mit PBr_3 *4-Brombuten-(1)* (**III**) hergestellt, das durch Anlagerung von HOBr **I** lieferte.

V e r s u c h e: *4-Brombuten-(1)* (**III**), Kp.$_{747}$ 96—99°; durch Zutropfen eines Gemisches von 40 g **II** (Kp.$_{779}$ 114—116°) u. 12 g Pyridin zu 60 g PBr_3 unter Rühren bei höchstens —5°; man läßt 2½ Std. bei Zimmertemp. einwirken, dest. mit freier Flamme ab u. wäscht das Destillat mit KOH, dann W.; 56,2 g (Ausbeute). — *1.4-Dibrombutanol-(2)* (**I**), Kp.$_7$ 107—110°; aus 50 g $(CH_3CO_2)_2Hg$ hergestelltes HgO wird in kleinen Anteilen in 41,4 g Br_2 + 15,4 g Acetamid in 120 ml W. unter Schütteln u. Kühlen eingetragen, die filtrierte N-Bromacetamidlsg. mit 25 g **III** u. 4 ml Eisessig 12 Std. geschüttelt u. Öl + Ae.-Auszug der wss., mit NaCl gesätt. Lsg. fraktioniert; $D.^{20}_4$ 1,9530; n_D^{20} 1,5444; 25,8 g. — *1-Phenyl-3-oxypyrrolidin*, $C_{10}H_{13}ON$, F. 96—97°; Kp.$_5$ 150—160°; aus 20 g **I** u. 24,2 g Anilin, nach Beendigung der anfangs heftigen **Rk.** 4 Std. bei 120° (Badtemp.); man macht alkal., nimmt mit Bzl. auf u. fraktioniert; aus heißem W. federartige Kristalle; 5,6 g (mit Bzl. als Lösungsm. fast gleiche Ausbeute). *Acetylderiv.*, $C_{12}H_{15}O_2N$, Kp.$_2$ 129°; $D.^{20}_4$ 1,1144; n_D^{20} 1,5603. — *1-[p-Tolyl]-3-oxypyrrolidin*, $C_{11}H_{15}ON$, F. 84 bis 85°; aus 25 g **I** u. 36 g p-Toluidin in 160 ml Bzl., 15 Std. auf dem sd. Wasserbad; aus heißem W. seidige Fäden; 5,55 g. (**Известия Академии Наук СССР, Отделение Химических Наук** [Nachr. Akad. Wiss. UdSSR, Abt. chem. Wiss.] **1952**. 766—67. Juli/Aug. Moskau, Lomonossow-Univ., Inst. für organ. Chem. der Akad. der Wiss. der UdSSR.) R. KNOBLOCH. 3081

Henning von Dobeneck und **Guido Maresch**, *Mitteilungen zur Chemie des Indols.* 1. Mitt. *Über α.α'-Diindolylmethane und -methene.* Vff. geben eine Übersicht über die bisher vertretenen Ansichten über die Rk. von Indolderivv. mit aromat. Aldehyden, z. B. den Tryptophannachw. mit p-Dimethylaminobenzaldehyd, u. beweisen durch eigene Verss., daß bei der Kondensation von α-unsubstituierten Indolen mit Benzaldehyd (**I**) *α.α'-Diindolylmethane* entstehen, welche sich mit verd. $NaNO_2$-Lsg. zu den entsprechenden *Methenen* oxydieren lassen. Zur Bestätigung der Auffassung der Vff. werden die zwischen 3500 u. 8000 Å in Chlf. ermittelten Absorptionsspektren von *Indolylessigsäureäthylester, Acetyltryptophanmethylester* (**II**) u. von dem aus **I** u. Skatol (**III**) erhaltenen *Methenhydrochlorid* herangezogen, die einander sehr ähneln.

Versuche: *Phenyl-α.α'-diskatylmethan*, F. 160° (Methanol), durch Rk. zwischen I u. III in Methanol in Ggw. von konz. HCl nach 24 std. Stehen; 60% (Ausbeute). – *Phenyl-α.α'-diskatylmethenpikrat*, F. 159°, durch Zugabe von konz. HCl zu vorst. Verb. in Methanol bis zur Trübung, Versetzen mit 10%ig. $NaNO_2$-Lsg. im Verlaufe von 1 Std., Zugabe von W. u. Na_2CO_3, Aufnehmen in Ae. u. Fällen mit äther. Pikrinsäure; aus Methanol blaue Kristalle. – *Phenyl-α.α'-diindolylmethan-β.β'-bis-[acetylaminopropionsäuremethylester]*, $C_{35}H_{36}O_6N_4$, F. 300° (Zers.), durch $^1/_4$ std. Einw. von I auf II in CH_3OH u. konz. HCl, Fällen mit W. u. Aufnehmen in Methanol; 32%. – *Phenyl-α.α'-diindolylmethen-β.β'-bis-[acetylaminopropionsäuremethylester]*, $C_{35}H_{34}O_6N_4$, F. 229°, durch 3 std. Einw. von 1%ig. $NaNO_2$-Lsg. auf vorst. Verb. in CH_3OH u. konz. HCl in der Wärme, Filtrieren, Neutralisieren, Ausschütteln mit Ae. u. Einengen; aus Ae. hellgelbe Substanz; gibt mit HCl Blaufärbung. – *Phenyl-α.α'-diindolylmethan-β.β'-bis-[essigsäuremethylester]*, $C_{29}H_{26}O_4N_2$, F. 91° (Zers.; Methanol), durch 3 std. Einw. von I auf Indolessigsäuremethylester in Ggw. von konz. HCl in Methanol, Filtrieren u. Waschen mit viel W.; 48%. – *Phenyl-α.α'-diindolylmethen-β.β'-bis-[essigsäuremethylester]*, $C_{29}H_{24}O_2N_2$, F. 138° (PAe.), durch Zugabe von 1%ig. $NaNO_2$-Lsg. zu vorst. Verb. in CH_3OH u. konz. HCl innerhalb von 3 Std., Versetzen mit W. u. Na_2CO_3, Ausäthern, Waschen mit sehr verd. HCl zur Entfernung eines dunkelroten Nebenprod., Eindampfen u. Aufnehmen in Ligroin; gelbe Substanz. – *Phenyl-α.α'-diindolylmethan-β.β'-bis-[aminopropionsäuremethylester]*, F. >330°, durch ½ std. Einw. von I auf rohes Tryptophanmethylesterhydrochlorid in CH_3OH u. konz. HCl, Fällen mit NH_4OH-Lsg., Trocknen, 1 tägiges Extrahieren mit Ae., Pulverisieren, Extrahieren mit Chlf., Einengen u. mehrstd. Stehenlassen; gelb, kristallin, stark hygroskop., luft- u. lichtempfindlich; gibt bei Oxydation u. in saurer Lsg. Blaufärbung. *Pikrat*, $C_{37}H_{35}O_{11}N_7$, F. 193° (Zers.; aus Methanol mit W. gefällt u. aus Chlf. umkrist.). (Hoppe-Seyler's Z. physiol. Chem. **289**. 271–79. Juni 1952.) W. HOFFMANN. 3081

David H. Rosenblatt, Thomas Parr III und **Joseph Epstein,** *2.2-Dimethyl-5-dimethylammonium-1.3-benzodioxoljodid und 2.2-Dimethyl-5-trimethylammonium-1.3-benzodioxoljodid.* 6,5 g 2.2-Dimethyl-5-nitro-1.3-benzodioxol (SLOOFF, Recueil Trav. chim. Pays-Bas **54**. [1935.] 995) wurde in Ggw. von RANEY-Ni bei 5 at hydriert, die erhaltene Aminlsg. auf die Hälfte ihres Vol. eingeengt u. mit 10 g Methyljodid versetzt, der entstandene Nd. nach 5 Tagen mit Chlf. extrahiert, die Chloroformlsg. verdampft u. der Rückstand aus absol. A. umkrist.; 0,85 g *2.2-Dimethyl-5-trimethylammonium-1.3-benzodioxoljodid*, $C_{12}H_{18}O_2NJ$, F. 264°. Der in Chlf. unlösl. Rückstand ergab aus A. umkrist. *2.2-Dimethyl-5-dimethylammonium-1.3-benzodioxoljodid*, $C_{11}H_{16}O_2NJ$, F. 216°. (J. Amer. chem. Soc. **74**. 5547. 5/11. 1952. Maryland, Army Chem. Center, Med. Labor.) BOLLINGER. 3102

R. H. Hall, *α.β-Ungesättigte Aldehyde und verwandte Verbindungen.* 3. Mitt. *Die Addition von Alkoholen an die Dimeren von Acrolein und α-Methylacrolein.* (2. vgl. C. **1953**. **7769**.) Es wurde die Rk. des cycl. Dimeren von Acrolein, 2-Formyl-3.4-dihydropyran (**I**, R = H in 2- u. 5-Stellung), u. von α-Methylacrolein, 2-Formyl-3.4-dihydro-2.5-dimethylpyran (**I**, R = CH_3), mit Methanol u. A. in Ggw. wasserfreier HCl bei 0° bis Zimmertemp. untersucht. **I** (R = H) lieferte in guter Ausbeute *6-Alkoxy-2-dialkoxymethyltetrahydropyran* (**II**, R = H, R' der **Dioxy**methylgruppe in 2-Stellung CH_3 bzw. C_2H_5). Hingegen entstand bei Zimmertemp. aus **I** (R = CH_3) mit überschüssigem Methanol wenig **II** (R = R' = CH_3), daneben jedoch der cycl. Polyäther *7-Methoxy-1.4-dimethyl-6.8-dioxabicyclo-*[*3*:*2*:*1*]*-octan* (**III**, R=R' = CH_3) u. meistens noch *2-Formyltetrahydro-6-methoxy-2.5-dimethylpyran* (**IV**, R = R' = CH_3), das nur als Semicarbazon isoliert werden konnte. Die Struktur von **III** (R = R' = CH_3) ergab sich auf Grund der Eigg. u. des Infrarotspektrums. Der Vgl. mit Literaturangaben zeigte gewisse Diskrepanzen, die wahrscheinlich davon herrühren, daß die Verb. in verschied. stereoisomeren Formen existieren dürfte. **IV** (R = R' = CH_3) stellt vermutlich eine Zwischenstufe zur Bldg. von **II** (R = R' = CH_3) dar. **I** (R = CH_3) setzte sich mit A. zu den entsprechenden Prodd. um: sehr wenig **II** (R = CH_3, R' = C_2H_5), daneben **III** (R = CH_3, R' = C_2H_5), das in einem Falle in 2, vermutlich stereoisomeren, Formen isoliert werden konnte, u. **IV** (R = CH_3, R' = C_2H_5), als Semicarbazon identifiziert. **II** (R = CH_3, R' = C_2H_5) wurde aus dem Reaktionsgemisch nach Entfernen des W. durch azeotrope Dest. mit CH_2Cl_2 u. Aufarbeiten in 37%ig. Ausbeute erhalten.

Versuche: *2-Formyl-3.4-dihydropyran* (**I**, R = H), $Kp._{10,5}$ 40°, $Kp._{15}$ 47,5°, aus frisch dest. Acrolein nach SHERLIN u. Mitarbeitern (Журнал Общей Химии [J. Chim. gén.] **8**. [1938.] 22), verharzt nach wenigen Tagen, n_D^{20} 1,463. *Semicarbazon*, F. 119 bis 120°. *Dimedonderiv.*, $C_{22}H_{30}O_5$, F. 143–144° (wss. A.). – *2-Oxymethyltetrahydropyran*, $Kp._{11}$ 73–74,5°, $Kp._{760}$ 181–182°, durch Hydrierung von **I** (R = H) in Ggw. von RANEY-Ni, n_D^{17} 1,4583. *3.5-Dinitrobenzoat*, $C_{13}H_{14}O_7N_2$, Nadeln aus 95%ig. A.,

F. 84—85°. *Hydrogen-3-nitrophthalat*, $C_{14}H_{15}O_7N$, F. 163—164° (A.). — *2-Formyl-3.4-dihydro-2.5-dimethylpyran* (I, R = CH_3), Kp.$_{13}$ 58°, aus α-Methylacrolein, mehrere Tage kochen, n_D^{20} 1,4523. *Semicarbazon*, F. 175—176°. — *2-Diäthoxymethyl-6-äthoxytetrahydropyran* (II, R = H, R′ = C_2H_5), $C_{12}H_{24}O_4$, Kp.$_9$ 114—117°, aus absol. A. mit HCl u. I (R = H), 1 Std. bei 0°, dann 40 Std. bei Zimmertemp., n_D^{20} 1,4330; 63% (Ausbeute). — *2-Dimethoxymethyl-6-methoxytetrahydropyran* (II, R = H, R′ = CH_3), $C_9H_{18}O_4$, Kp.$_{10}$ 93—96°, analog vorst. Verb. aus I (R = H) mit Methanol, n_D^{20} 1,4369; 71%. — *7-Methoxy-1.4-dimethyl-6.8-dioxabicyclo-[3:2:1]-octan* (III, R = R′ = CH_3), $C_9H_{16}O_3$, Kp.$_{10}$ 80—82°, aus 53 g I (R = CH_3) in Methanol mit HCl in Methanol < 4°, einige Std. bei 0° u. mehrere Tage bei Zimmertemp., n_D^{20} 1,4500; 14,55 g. — *Stereoisomeres* III (R = R′ = CH_3) (?), $C_9H_{16}O_3$, Kp.$_{12}$ 70°, aus methanol. HCl u. 56 g I (R = CH_3) unter 40°, 1 Std. bei 39—40°, n_D^{20} 1,4414; 11,55 g. — *2-Formyltetrahydro-6-methoxy-2.5-dimethylpyransemicarbazon* (Deriv. von IV, R = R′ = CH_3), $C_{10}H_{19}O_3N_3$, F. 211° (Essigester), bei der Darst. vorvorst. Verb. aus Fraktion Kp.$_{12}$ 82,5—83,5° (n_D^{20} 1,4417). — *6-Methoxy-2-dimethoxymethyl-2.5-dimethyltetrahydropyran* (II, R = R′ = CH_3), $C_{11}H_{22}O_4$, Kp.$_{10}$ 101—102°, neben III (R = R′ = CH_3) u. IV (R = R′ = CH_3) aus 53 g I (R = CH_3) 26,05 g; $D._4^{20}$ 1,0063, n_D^{20} 1,4399. — *7-Äthoxy-1.4-dimethyl-6.8-dioxybicyclo-[3:2:1]-octan* (III, R = CH_3, R′ = C_2H_5), $C_{10}H_{18}O_3$, Kp.$_{10}$ 75,5—79°, analog Darst. von III (R = R′ = CH_3) aus 70 g I (R = CH_3); 17 g, n_D^{20} 1,4380; daneben ein *stereoisomeres* III (R = CH_3, R′ = C_2H_5) (?), Kp.$_{10}$ 87,5—89°; 28 g, n_D^{20} 1,4469; sowie eine Fraktion vom Kp.$_{10}$ 119,5—121°, n_D^{20} 1,4345—1,4388; 10,75 g. — *6-Äthoxy-2-formyltetrahydro-2.5-dimethylpyran* (IV, R = CH_3, R′ = C_2H_5)-*semicarbazon* (?), $C_{11}H_{21}O_3N_3$, F. 223 bis 224° (wss. A.), bei Darst. vorst. Verbb. aus der Fraktion Kp.$_{13}$ 90—90,5°, n_D^{20} 1,4390, Nadeln. — *6-Äthoxy-2-diäthoxymethyl-2.5-dimethyltetrahydropyran* (II, R = CH_3, R′ = C_2H_5), $C_{14}H_{28}O_4$, Kp.$_{12}$ 125—125,5°, aus I (R = CH_3) in A. mit äthanol. HCl < 20°, Zugabe von CH_2Cl_2 u. Dest. über eine Kolonne mit Phasentrennkopf, nach 44 Std., n_D^{20} 1,4332; 37%. (J. chem. Soc. [London] **1953**. 1398—1402. Mai. Great Burgh, Epsom, Surrey, Distillers Co. Ltd., Res. and Developm. Dep.) L. FISCHER. 3211

Newton R. Smith und **Richard H. Wiley**, *Isodehydracetsäure und Isodehydracetsäureäthylester.* Durch Einw. von H_2SO_4 auf Acetessigester zwischen 10—15°: *Isodehydracetsäure*, $C_8H_8O_4$, F. 154—155°; 22—27% (Ausbeute), neben 27—36% *Äthylester*, Kp.$_{35}$ 185—192°, F. 18—20°, der durch Erhitzen mit konz. H_2SO_4 die Säure ergibt. (Org. Syntheses **32**. 76—78. 1952.) TROFIMOW. 3211

Newton R. Smith und **Richard H. Wiley**, *4.6-Dimethylcumalin.* Durch Erhitzen von Isodehydracetsäure (vgl. vorst. Ref.) in Ggw. von Cu auf einem Ölbad bei 230—235°: $C_7H_8O_2$, Kp.$_{35}$ 140—142°, F. 50—51°; 81—87% Ausbeute. (Org. Syntheses **32**. 57—58. 1952. Louisville, Ky., Univ.) TROFIMOW. 3211

Raymond P. Mariella, *3-Cyan-6-methyl-2(1)-pyridon.* Aus Formylaceton-Na (aus Na-Methylat in Ae. u. einem Gemisch aus Aceton u. Äthylformiat) mit Cyanacetamid u. Piperidinacetat am Rückfluß: $C_7H_6ON_2$, F. 296,5—298,5° (Zers.); Ausbeute 55—62%. Analog *3-Cyan-6-isobutyl-2(1)-pyridon*, aus Formylmethylisobutylketon-Na, u. *3-Cyan-5.6-dimethyl-2(1)-pyridon*, aus α-Formyläthylmethylketon-Na. (Org. Syntheses **32**. 32—34. 1952. Evanston, Ill., Northwestern Univ.) TROFIMOW. 3231

A. Adams und **D. H. Hey**, *Die Nitrierung von 4-Oxy- und 4-Chlor-3-methylchinolin.* Um die erforderlichen Zwischenprodd. für gegebenenfalls die Malaria bekämpfende Präpp. zu erhalten, untersuchen Vff. in Fortsetzung früherer Arbeiten (vgl. J. chem. Soc. [London] **1949**. 3185) die obengenannten Stoffe auf ihre Nitrierbarkeit. Aus 4-Oxy-3-methylchinolin (I) entsteht *6-Nitro-4-oxy-3-methylchinolin* (II) neben wenig *8-Nitro-4-oxy-3-methylchinolin* (III); aus 4-Chlor-3-methylchinolin (IX) dagegen *4-Chlor-5-nitro-3-methylchinolin* (X) u. *4-Chlor-8-nitro-3-methylchinolin* (VII); X u. VII sind erheblich schwerer als II u. III (nur durch Wasserdampfdest.) zu trennen. Darüber hinaus wird die Darst. von verschied. Derivv. von II u. IV sowie die Konstitutionsaufklärung durch Überführung in bekannte Chinolinderivv. beschrieben. Der Vers., *2-Oxy-3-methylchinolinderivv.* durch Kondensation von Anilin u. Äthoxalylpropionsäureäthylester (VIII) zu synthetisieren, gelingt nicht, es entsteht dabei *2.5-Diketo-4-phenylimino-1-phenyl-3-methylpyrrolidin* (XII).

V e r s u c h e: *4-Oxy-3-methylchinolin* (I), F. 231°, u. *4-Chlor-3-methylchinolin* (IX), F. 59—60°, wurden nach STECK u. Mitarbeitern (J. Amer. chem. Soc. **68**. [1946.] 131) dargestellt. Nitrierung von I, 2 Std. bei 0—5° mit Nitriersäure, gibt nach der Isolierung des Reaktionsgemisches (83% Ausbeute) durch fraktionierte Kristallisation aus A. 76% *6-Nitro-4-oxy-3-methylchinolin* (II), $C_{10}H_8O_3N_2$, F. > 360°, u. 21% *8-Nitro-4-oxy-3-methylchinolin* (III), $C_{10}H_8O_3N_2$, F. 239—241°. — *6-Nitro-1.3-dimethylchinolon-(4)*, $C_{11}H_{10}O_3N_2$, F. 263—265°, aus 1 g II u. Methylsulfat in Ggw. von KOH, fahlgelbe

Nadeln; 0,6 g (Ausbeute). — *4-Chlor-6-nitro-3-methylchinolin* (**IV**), $C_{10}H_7O_2N_2Cl$, F. 171,5°, aus 8,5 g **II** durch 2std. Erhitzen mit $POCl_3$, aus A. Nadeln; 6 g. — *6-Nitro-4-methoxy-3-methylchinolin*, $C_{11}H_{10}O_3N_2$, F. 146—147°, aus 1 g **IV** in methanol. Lsg. durch Kochen mit CH_3ONa, aus PAe. rhomboedr. Kristalle; 0,7 g. — *4-Chlor-8-nitro-3-methylchinolin* (**VII**), $C_{10}H_7O_2N_2Cl$, F. 125°, Darst. analog **IV**, Nadeln aus A.; 92%. — Nitrierung von **IX** analog der von **I**; da nach der Rk. u. Verdünnen mit Eiswasser kein Nd. auftritt, wird mit NaOH alkal. gemacht; der gewonnene Festkörper ist jedoch durch Kristallisation aus verschied. Lösungsmitteln nicht zu trennen. Nach 36std. Wasserdampfdest. der alkal. Fällung werden aus 7,8 g Rohprod. (70%) 2,5 g *4-Chlor-5-nitro-3-methylchinolin* (**X**), $C_{10}H_7O_2N_2Cl$, F. 141,5°, isoliert, fast farblose Nadeln aus A.; 15%. — Aus dem Rückstand der Wasserdampfdest. werden 11% *4-Chlor-8-nitro-3-methylchinolin* (**VII**), F. 125°, in fast farblosen Nadeln aus A. gewonnen. — *6-Nitro-4-oxy-3-methylchinolincarbonsäure-(2)-äthylester* (**Va**), $C_{13}H_{12}O_5N_2$, F. 274—276°, aus 10 g p-Nitranilin u. 10,1 g Äthoxalylpropionsäureäthylester (**VIII**) durch 24std. Erhitzen in Bzl.; aus A., dann aus PAe. strohgelbe Nadeln; 3 g. — *6-Nitro-4-oxy-3-methylchinolincarbonsäure-(2)* (**V**), $C_{11}H_8O_5N_2$, F. 360°, aus 2,8 g **Va** durch 3std. Erhitzen mit 5%ig. wss. NaOH, gelbe Prismen aus A.; 2,3 g. — *4-Chlor-6-nitro-3-methylchinolin* (**IV**), F. 171,5°, aus 1,1 g **V** durch Decarboxylierung bei Siedetemp. in Chinolin in Ggw. von Cu-Bronze (0,2 g, F. > 360°) u. Überführung der 4-Oxyverbb. in **IV**, rehfarbene Nadeln, löst sich in A. gelb mit violetter Fluorescenz. — *4-Chlor-6-amino-3-methylchinolin* (**XI**), $C_{10}H_9N_2Cl$, F. 228°, aus 1,6 g **IV** durch Red. in A. in Ggw. von RANEY-Ni, graue Platten aus A.; 0,5 g. — *4.6-Dichlor-3-methylchinolin* (**VI**), F. 118 bis 119°, aus 0,06 g **XI** durch SANDMEYER-Rk., farblose Kristalle; 0,014 g. — *4.5-Dichlor-3-methylchinolin*, F. 70—71°, aus 0,32 g **X** analog **VI**, federförmige Nadeln aus wss. A.; 0,04 g; ident. mit authent. Präp. aus m-Chloranilin u. **VIII**. — *4-Chlor-8-amino-3-methylchinolin*, $C_{10}H_9N_2Cl$, F. 111°, aus 1,3 g **VII** analog **XI**, Nadeln aus wss. A.; 0,7 g. — *4.8-Dichlor-3-methylchinolin*, F. 98°; aus 0,2 g vorst. Verb. analog **VI**, schwach rosafarbige, federförmige Nadeln aus wss. A.; 0,04 g; ident. mit authent. Prod. aus o-Chloranilin u. **VIII**. — *5-* (oder *7-*) *Nitro-4-oxy-3-methylchinolincarbonsäure-(2)-äthylester*, $C_{13}H_{12}O_5N_2$, F. 268—269°, aus m-Nitranilin u. **VIII** analog **Va**, aus A. strohgelbe Nadeln. — *6-Nitro-4-[p-chloranilino]-3-methylchinolin*, $C_{16}H_{12}O_2N_3Cl$, F. 173—174°; aus 3,5 g **IV** u. p-Chloranilin durch 5 Min. Erhitzen auf 120—150°, aus Toluol hellgelbe Nadeln; 4 g. — *6-Amino-4-[p-chloranilino]-3-methylchinolin*, $C_{16}H_{14}N_3Cl$, F. 229—230°; aus vorst. Verb. (4 g) in Eisessig/HCl durch Red. mit $SnCl_2$, rehfarbene Prismen aus Toluol; 1,8 g; in alkoh. Lsg. gelb mit violetter Fluorescenz. *Pikrat*, $C_{16}H_{14}N_3Cl \cdot C_6H_3 \cdot O_7N_3$, F. 238—239°, goldene Platten aus Äthylalkohol. — Bei der Rk. zwischen Anilin u. **VIII** bei erhöhter Temp. (2 Min. bei Kp. der Mischung) entsteht *2.5-Diketo-4-phenylimino-1-phenyl-3-methylpyrrolidin* (**XII**), $C_{17}H_{14}O_2N_2$, F. 158°, aus A. gelbe glitzernde Platten. (J. chem. Soc. [London] **1950**. 2092—96. Aug. London, Univ., King's Coll.)
SCHÖNEWALD. 3231

George Wolf, Orrie M. Friedman, S. Jerome Dickinson und **Arnold M. Seligman**, *Synthese von Acetylchinolin verwandten Naphthalin- und Chinolinderivaten.* Auf der Suche nach einem Substrat für Acetylcholinesterase synthetisieren Vff. einige *Acetoxy-1-methylchinoliniumsalze* u. *Acyloxy-3-dimethylaminonaphthalinmethojodide.* Hiervon besitzt nur *2-Acetoxy-3-dimethylaminonaphthalinmethojodid* die notwendigen Eigg., um eine Meth. zur histochem. Demonstration von Acetylchinolinesterase zu entwickeln. Es entstand aus dem Hydrazid der 2-Oxynaphthalincarbonsäure-(3), das über das *Säureazid* durch CURTIUSsche Umlagerung in *β.β-Naphthoxazolon* übergeführt wurde, welches nach Verseifung zu *2-Oxy-3-aminonaphthalin* mit CH_3J methyliert u. anschließend acetyliert wurde.

Versuche: *3-Oxy-1-methylchinoliniumjodid*, F. 235°; durch 16std. Methylieren von 3-Oxychinolin mit CH_3J im Rohr bei 100°; 50% (Ausbeute). — *3-Acetoxy-1-methylchinoliniumchlorid*, $C_{12}H_{12}O_2NCl \cdot H_2O$, F. 201°; aus Vorst. mit Acetylchlorid in Pyridin; Kristalle durch Fällen aus einer wss. Lsg. mit Aceton; 85%. — *8-Acetoxy-1-methylchinoliniumchlorid*, $C_{12}H_{12}O_2NCl$, F. 240° (absol. A.); aus dem 8-Oxyderiv. analog Vorst.; 12%. — *β.β-Naphthoxazolon*, $C_{11}H_7O_2N$, F. 204°, Prismen aus Essigester, durch Auflösen von 2-Oxynaphthalincarbonsäure-(3)-hydrazid in Eisessig, Zufügen von Eis u. $NaNO_2$-Lsg., nach 3 Std. Filtrieren des entstandenen *2-Oxynaphthalincarbonsäure-(3)-azids* (81%) u. Umlagern durch 5std. Kochen in absol. Benzol. — *2-Oxy-3-aminonaphthalin*, F. 238°; durch 20std. Verseifen vorst. Verb. in 25%ig. wss. KOH unter Rückfluß; 94%. — *2-Methoxy-3-dimethylaminonaphthalinmethojodid*, $C_{14}H_{18}ONJ$, F. 204° (Zers.), aus Bzl. + Essigester; durch 12std. Kochen vorst. Verb. mit $CH_3J + Na_2CO_3$ in absol. Methanol; 74%. — *2-Oxy-3-dimethylaminonaphthalinmetho-*

jodid, F. 200° (Zers.), aus absol. A. Prismen; analog Vorst. bei Ggw. von Na-Acetat oder im Rohr ohne Katalysator; 94%; gibt mit tetrazotiertem Di-o-anisidin einen rötlichblauen Niederschlag. *Pikrat*, $C_{13}H_{16}ON \cdot C_6H_3O_7N_3$, F. 260° (Zers.), aus A. gelbe Prismen. — *2-Acetoxy-3-dimethylaminonaphthalin*, F. 92°, Prismen aus A.; aus der 2-Oxyverb. mittels Acetanhydrid unter Rückfluß; 69%. *Pikrat*, $C_{14}H_{15}O_2N \cdot C_6H_3O_7N_3$, F. 179° (Zers.), aus A. gelbe Nadeln. *Methojodid*, $C_{15}H_{18}O_2NJ$, F. 154° (Chlf. + Essigester); 78% (Rohausbeute). *Pikrat*, orangefarbene Prismen, F. 184°. — *2-Oxy-3-dimethylaminonaphthalinhydrochlorid*, $C_{12}H_{14}ONCl$, F. 214° (Chlf.). — *2-Propionoxy-3-dimethylaminonaphthalin*, F. 72° (A.); analog entsprechender vorst. Verb.; 81%. *Pikrat*, $C_{15}H_{17}O_2N \cdot C_6H_3O_7N_3$, gelbe Nadeln aus A., F. 200° (Zers.). *Methojodid*, $C_{16}H_{20} \cdot O_2NJ$, F. 176° (Zers.), prismat. Nadeln aus Bzl. + A.; 100%. (J. Amer. chem. Soc. **72**. 390—92. Jan. 1950. Cambridge, Mass., Harvard Univ., chem. Labor., Dep. of Surg. of Beth Israel Hosp. and Harvard Med. School.) LEHWALD. 3231

Carl Tabb Bahner, William Kenneth Easley und **Emogene Stephen**, *Derivate von Tetrahydrochinolin und Tetrahydroisochinolin.* In Hinblick auf ihre Verwendung in der Krebstherapie werden folgende *1.2.3.4-Tetrahydrochinoline* synthetisiert u. als hellgelbe, in A. u. Ae. lösl., in W. unlösl. Verbb. erhalten: *1-[p-Methylphenacyl]-*, $C_{18}H_{19} \cdot ON$, F. 90°. *1-[p-Methoxyphenacyl]-*, $C_{18}H_{19}O_2N$, F. 114°. *1-[p-Fluorphenacyl]-*, $C_{17}H_{16} \cdot ONF$, F. 94°. *1-[p-Chlorphenacyl]-*, $C_{17}H_{16}ONCl$, F. 103°. *1-[p-Bromphenacyl]-*, $C_{17}H_{16} \cdot ONBr$, F. 124°. *1-[p-Jodphenacyl]-*, $C_{17}H_{16}ONJ$, F. 160°. *1-[m-Nitrophenacyl]-*, $C_{17}H_{16}O_3N_2$, F. 136°. — Außerdem werden aus den entsprechenden tert. Aminen u. Phenacylhaliden folgende in W. schwerlösl. quartäre Salze dargestellt: *Salz aus 1-Methyl-1.2.3.4-tetrahydrochinolin* (**I**) *u. p-tert.-Butylphenacylbromid*, $C_{22}H_{28}ONBr$, F. 175°. — *Salz aus* **I** *u. p-Jodphenacylbromid*, $C_{18}H_{19}ONBrJ$, F. 176°. — *Salz aus 2-Methyl-1.2.3.4-tetrahydroisochinolin* (**II**) *u. Phenacylbromid*, $C_{18}H_{20}ONBr$, F. 102°. — *Salz aus* **II** *u. p-Fluorphenacylbromid*, $C_{18}H_{19}ONBrF$, F. 116°. — *Salz aus* **III** *u. m-Nitrophenacyljodid*, $C_{19}H_{21}O_3N_2J$, F. 173°. — **I** u. *2.3-Dimethyl-1.2.3.4-tetrahydroisochinolin* (**III**) entstehen durch 12 std. Hydrierung der entsprechenden quaternären Jodide bei Raumtemp. u. 2,8 at in Ggw. von PtO_2 in A. u. Alkalisieren. Das intermediäre **III**-*Hydrojodid*, $C_{11}H_{16}NJ$, F. 108—109° (aus absol. A. mit Isopropyläther gefällt), wird isoliert. — Nach vorläufigen Testproben besitzen die erhaltenen Verbb. keine starke pharmakol. Wirksamkeit. (J. Amer. chem. Soc. **74**. 4198—99. 20/8. 1952. Jefferson City, Tenn., Carson-Newman Coll.) W. HOFFMANN. 3231

John T. Sheehan und **Edgar A. Steck**, *6-Chlor-9-[2-(2'-oxyäthylamino)-äthylamino]-2-methoxyacridin.* Die Rk. von 6.9-Dichlor-2-methoxyacridin mit N-[2-Oxyäthyl]-äthylendiamin wird in einer Phenolschmelze ausgeführt (vgl. MIETZSCH u. MAUS, A. P. 2 113 357). Es werden 83,5% *6-Chlor-9-[2-(2'-oxyäthylamino)-äthylamino]-2-methoxyacridindihydrochlorid „Neoacranil"*, $C_{18}H_{20}ON_3Cl \cdot 2\ HCl$, erhalten; aus W. gelbe Mikrokristalle, F. 289—292° (Zers.). Das Dihydrochlorid wird mit NH_4OH in die *Base*, $C_{18}H_{20} \cdot ON_3Cl$, verwandelt; aus wss. A. goldene Nadeln, F. 184—184,5° (korr.). (J. Amer. chem. Soc. **74**. 4969. 5/10. 1952. Rensselaer, N. Y., Sterling-Winthrop Res. Inst.)
HILDEGARD SCHULZ. 3231

E. D. Amstutz, *Untersuchungen in der Sulfonreihe.* 7. Mitt. *Die Darstellung von 2.8-Diaminophenoxathiin-5-dioxyd und Bis-[2-oxy-4-aminophenyl]-sulfon.* (Vgl. C. **1952**. **4930**.) Zur Synth. von *2.8-Diaminophenoxathiin-5-dioxyd* (**I**) wurde 2-Benzyloxy-4-nitrobrombenzol (**VII**) mit Na_2S + S in *2-Benzyloxy-4-nitrothiophenol* (**II**) übergeführt. 6 std. Erhitzen von **II** mit 3.4-Dijodnitrobenzol u. K_2CO_3 lieferte *2-Benzyloxy-2'-jod-4.4'-dinitrodiphenylsulfid* (**IV**), aus dem durch Kochen mit 48%ig. HBr in Eisessig das entsprechende Phenol **IX** erhalten wurde. Aus dessen K-Salz wurde durch Erhitzen im Bombenrohr in N_2-Atmosphäre *2.8-Dinitrophenoxathiin* (**X**) dargestellt. Nach Oxydation mit H_2O_2 u. Red. mit $SnCl_2$ wurde daraus **I** erhalten. — **II** lieferte durch Rk. mit **VII** *Bis-[2-benzyloxy-4-nitrophenyl]-sulfid* (**III**), das durch Oxydation mit H_2O_2 in *Bis-[2-benzyloxy-4-nitrophenyl]-sulfon* (**V**) übergeführt wurde. Durch Behandlung mit HBr wurde aus **III** *Bis-[2-oxy-4-nitrophenyl]-sulfid* (**VI**) erhalten. *Bis-[2-oxy-4-aminophenyl]-sulfon* wurde durch Red. von **V** mit Pd-Kohle oder aus **VI** über *Bis-[2-oxy-4-nitrophenyl]-sulfon* durch Red. mit Pd-Kohle dargestellt. Red. von **V** mit $SnCl_2$ gab *Bis-[2-benzyloxy-4-aminophenyl]-sulfon.* — Die dargestellten Verbb. sollen auf ihre Eignung als Tuberkulosemittel geprüft werden.

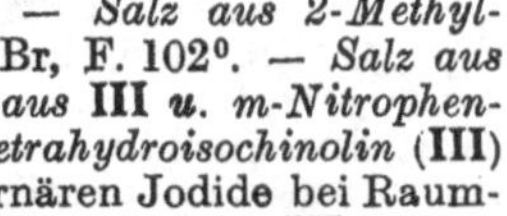

I

V e r s u c h e: *2-Benzyloxy-4-nitrobrombenzol* (**VII**), $C_{13}H_{10}O_3NBr$, durch 7½ std. Kochen von 2-Brom-5-nitrophenol (F. 118—119°), Benzylchlorid u. wasserfreiem K_2CO_3 in Aceton, Eingießen in W. u. Behandeln des Nd. mit verd. Alkali; feine Nadeln, F. 111,5—112,5° (A.); 80,5% (Ausbeute). — *2-Benzyloxy-4-nitrothiophenol* (**II**), $C_{13}H_{11} \cdot O_3NS$, aus **VII**, $Na_2S \cdot 9\ H_2O$ u. S in alkoh. Lsg.; Reinigung durch Lösen in Alkali u.

Ansäuern; gelbe Kristalle, F. 100—103° (A.); 70%. — *Bis-[2-benzyloxy-4-nitrophenyl]-disulfid*, $C_{26}H_{20}O_6N_2S_2$, durch Oxydation von **II** mit alkoh. J_2-Lsg.; Reinigung durch Extraktion mit W. u. heißem A.; F. 159—161°. — *2-Benzyloxy-2'-jod-4.4'-dinitrodiphenylsulfid* (**IV**), $C_{19}H_{13}O_5N_2JS$, durch 6 std. Erhitzen von **II** mit 3.4-Dijodnitrobenzol (F. 110—111,5°) u. wasserfreiem K_2CO_3; F. 136,2—138,2° (Eisessig oder Nitromethan); 96%. — *2-Oxy-2'-jod-4.4'-dinitrodiphenylsulfid* (**IX**), $C_{12}H_7O_5N_2JS$, durch 4 std. Erhitzen von **IV** mit 48%ig. HBr in Eisessig; grünlich-braun, F. 226—228° (CH_3COOH); 72%. — *2.8-Dinitrophenoxathiin* (**X**), $C_{12}H_6O_5N_2S$, durch Erhitzen des K-Salzes von **IX** (dargestellt durch Ausfällen aus der wss. Lsg. mit 30%ig. KOH) mit Cu u. Sand im Einschlußrohr in N_2-Atmosphäre auf 175°, Extraktion mit Aceton nach 2 Std., Entfernung des Lösungsm. u. Behandlung mit warmer, konz. HCl; leuchtend gelbe Kristalle, F. 204—205°; 81,7%. — *2.8-Dinitrophenoxathiin-5-dioxyd* (**VIII**), $C_{12}H_6O_7N_2S$, durch 3½ std. Erhitzen von **X** mit überschüssigem 30%ig. H_2O_2; F. 246—247° (Block); 75%. — *2.8-Diaminophenoxathiin-5-dioxyd* (**I**), $C_{12}H_{10}O_3N_2S$, durch 3 std. Erhitzen von **VIII** mit $SnCl_2 \cdot 2\,H_2O$ in wenig mit HCl gesätt. Eisessig unter Rühren auf 80°, Dispergieren des Nd. in W. u. Behandlung mit 30%ig. KOH, Aufnehmen in heißer, verd. HCl u. Ausfällen mit Bicarbonatlsg.; F. 224—225,5°; 78%. *Diacetylderiv.*, $C_{16}H_{14}$·O_5N_2S, durch Kochen mit Essigsäureanhydrid in CH_3COOH; F. 359—362° (Block,; 90%. — *Bis-[2-benzyloxy-4-nitrophenyl]-sulfid* (**III**), $C_{26}H_{20}O_6N_2S$, durch 18½ std. Kochen von **VII** in A. mit **II** u. wasserfreiem K_2CO_3 unter Rühren; leuchtend gelbe Kristalle, F. 165,2—166° (CH_3COOH); 84,5%. — *Bis-[2-oxy-4-nitrophenyl]-sulfid* (**VI**), $C_{12}H_8O_6N_2S$, durch 9 std. Erhitzen von **III** mit 48%ig. HBr in CH_3COOH, Einengen, Aufnehmen in verd. Alkali, Extraktion mit Ae. u. Ansäuern der alkal. Lsg.; hellgelbes Pulver, F. 243,5—246,4°; 92%. -*Bis-[2-benzyloxy-4-nitrophenyl]-sulfon* (**V**), $C_{26}H_{20}O_8N_2S$, blaßgelbe Kristalle, F. 263—264,5° (CH_3COOH); 90%. — *Bis-[2-oxy-4-nitrophenyl]-sulfon*, $C_{12}H_8O_8N_2S$, durch 5 std. Kochen von **V** mit 48%ig. HBr in Eisessig, Entfernung des Lösungsm., Eingießen in W., Zugabe von Alkali, Ausziehen mit Ae. u. Ansäuern der alkal. Lsg.; F. 233—235,5° (CH_3COOH); außerdem durch 12 std. Kochen von **VI** mit H_2O_2 in CH_3COOH; hellgelbe Nadeln; 39%. — *Bis-[2-oxy-4-aminophenyl]-sulfon*, $C_{12}H_{12}O_4N_2S$, durch 1 std. Schütteln von **V** mit 5%ig. Pd-Kohle in heißer CH_3COOH bei 30 lb. H_2-Druck u. Abdestillieren des Lösungsm. unter 20 mm N_2-Druck; hellbraune Kristalle, F. 180—184°. — *Bis-[2-acetoxy-4-acetamidophenyl]-sulfon*, $C_{20}H_{20}$·O_8N_2S, lachsfarbenes Pulver, unlösl. in kaltem, verd. Alkali, F. 289—290,5°; 30%. — *Bis-[2-benzyloxy-4-aminophenyl]-sulfon*, $C_{26}H_{24}O_4N_2S$, durch Erwärmen von $SnCl_2$· $2\,H_2O$ in HCl-haltiger CH_3COOH mit **V** auf 75°; Blättchen, F. 237—238,5° (CH_3COOH). (J. Amer. chem. Soc. **72**. 3420—23. Aug. 1950. Bethlehem, Pa., Lehigh Univ., WM. H. Chandler Labor. of Chem.) HILDEGARD BAGANZ. 3262

A. de Cat und **A. van Dormael**, *Heterocyclische Derivate aus der Klasse der Pyrimidobenzimidazole*. 1. Mitt. Durch Kondensation von 2-Aminobenzimidazol (**I**), 2-Amino-5 (bzw. 6)-chlorbenzimidazol (**II**), 2-Amino-4.5-diphenylimidazol (**III**) u. 2-Aminoimidazolin (**IV**) mit β-Ketoestern, Malonestern u. β-Iminonitrilen werden einige *Pyrimido-[1.2:a]-benzimidazole* u. *Imidazolo-[1.2:a]-pyrimidine* (s. nebenst. Formeln) synthetisiert, die als Stabilisatoren für photograph. Emulsionen in Frage kommen.

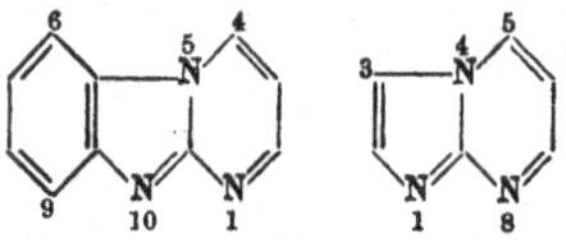

Versuche: *2-Aminobenzimidazol* (**I**), F. 222—223° (W.), durch 2 std. Erhitzen von o-Phenylendiamin u. BrCN auf dem Wasserbad u. Fällen mit 2nNaOH; 98% (Ausbeute). — *2-Amino-5* (bzw. *6*)*-chlorbenzimidazol* (**II**), $C_7H_6N_3Cl$, F. 162—164° (W.), analog **I** aus 4-Chlor-[o-phenylendiamin] u. BrCN; 70%. — *4.5-Diphenylimidazol*, F. 228—231°, aus Benzil u. Hexamethylentetramin; 54%. — *2-[p-Sulfophenylazo]-4.5-diphenylimidazol*, $C_{21}H_{16}O_3N_4S$, F. 225—230°, durch mehrstd. Einw. von diazotierter Sulfanilsäure auf vorst. Verb. in Ggw. von NaOH in Dioxan, Abfiltrieren von viel unverändertem Ausgangsprod. u. Ansäuern mit verd. H_2SO_4; 70%. — *2-Amino-4.5-diphenylimidazol* (**III**), $C_{15}H_{13}N_3$, F. 232° (wss. A.), durch Red. von vorst. Verb. mit H_2 in schwach alkal. Lsg. über 5%ig. Pd–Al_2O_3-Katalysator, Aufnehmen in 2nHCl u. Zugabe von Sodalsg.; 36%. — *2-Aminoimidazolin* (**IV**), *Hydrobromid*, aus Äthylendiamin u. BrCN in W.; 100%; daraus mit C_2H_5ONa in absol. A. die *freie Base*; absorbiert stark CO_2; zers. sich zu *4.5-Dihydroimidazolon-(2)*. — Durch Aufkochen von **I** mit den entsprechenden β-Ketoestern in A. (bzw. bei den 3 zunächst folgenden Verbb. in Essigsäure) werden folgende *4-Oxypyrimido-[1.2:a]-benzimidazole* dargestellt: *2-Methyl-*, $C_{11}H_9ON_3$, F. 306—308°, aus Acetessigsäureäthylester (**V**); aus wss. A. hellbraune Nadeln; 84%. — *2-[Furyl-(2')]-*, $C_{14}H_9O_2N_3$, F. 318—320° (Cyclohexanon), aus α-Furoylessigsäureäthylester; 40%. — *3-Phenyl-*, $C_{16}H_{11}ON_3$, F. 295—297° (A.), aus α-Formylphenylessigsäureäthylester; 87%. — *2-Phenyl-*, $C_{16}H_{11}ON_3$, F. 315—317° (A.), aus

Benzoylessigsäureäthylester (**VI**); 40%. — *2-Carbäthoxymethyl-*, $C_{14}H_{13}O_3N_3$, F. 202 bis 204° (Isoamylalkohol), aus Acetondicarbonsäurediäthylester; 43%. — *2.3-Dimethyl-*, $C_{12}H_{11}ON_3$, F. >330° (Cyclohexanon, dann A.), aus α-Methylacetessigsäureäthylester; Fasern; 60%. — Nach demselben Verf. folgende Verbb.: *Verb.* **VII**, $C_{13}H_{11}ON_3S$, F. > 330°, aus **I** u. 3-Carbäthoxythiopyron-(4); 74%. — *2.3-Diphenyl-5-oxy-7-methylimidazolo-[1.2:a]-pyrimidin*, $C_{19}H_{15}ON_3$, F. 309° (Butanol–Xylol), durch 3 std. Kochen von **III** u. **V** in A.; 63%. — *2.3-Dihydro-5-oxy-7-methylimidazolo-[1.2:a]-pyrimidin*, $C_7H_9ON_3$, F. 228–230° (A., dann Butanol), aus **IV** u. **V**; 95%. — *2.3-Dihydro-5-oxy-7-phenylimidazolo-[1.2:a]-pyrimidin*, $C_{12}H_{11}ON_3$, F. 262–263° (Isoamylalkohol, dann Glykolmonomethyläther), aus **IV** u. **VI**; 98%. — Durch 1 std. Kochen von **I** mit den entsprechenden Estern in A. u. Einengen (Endtemp. 140–150°) werden folgende *Pyrimido-[1.2:a]-benzimidazole* erhalten: *2-Methyl-3-phenacyl-4-oxy-*, $C_{19}H_{15}O_2N_3$, F. 286 bis 288° (Butanol), aus α-Phenacylacetessigsäureäthylester; 31%. — *2-Äthoxymethyl-3-äthoxy-4-oxy-*, $C_{15}H_{17}O_3N_3$, F. 223–225° (A.), aus α.γ-Diäthoxyacetessigsäureäthylester; 81%. — *3-Cyan-2-methyl-4-oxy-*, $C_{12}H_8ON_4$, F. 293–295° (Butanol), aus α-Cyanacetessigsäureäthylester; 80%; 2-Amino-3-acetyl-4-oxy- ($C_{12}H_{10}O_2N_4$) wird nicht gebildet. — *2.4-Dioxy-*, $C_{10}H_7O_2N_3$, F. >340° (HCOOH–W. [2 : 1]), aus Malonsäurediäthylester; gelbliches Pulver; 53%. — *3-Äthyl-2.4-dioxy-*, $C_{12}H_{11}O_2N_3$, F. 284–285° (HCOOH), aus Äthylmalonsäurediäthylester; 42%. — *3-Carbäthoxy-2.4-dioxy-*, $C_{13}H_{11}O_4N_3$, F. >330° (Glykolmonomethyläther), aus Tricarbäthoxymethan; 80%. — *4-Amino-2.3-dimethyl-*, $C_{12}H_{12}N_4$, F. >300°, aus α-Methyl-β-iminobutyronitril; nicht ganz rein; 25%. *Hydrochlorid*, $C_{12}H_{13}N_4Cl$, F. 325–330° (A.). — *4-Amino-2-phenyl-*, $C_{16}H_{12}N_4$, F. >330°, aus β-Phenyl-β-iminopropionitril; 50%. — Ferner folgende Verbb.: *Verb.* **VIII**, $C_{13}H_{11}ON_3$, aus **I** u. 2-Carbäthoxycyclopentanon; F. 310–312° (Cyclohexanon, dann A.); 61%. — *7 (oder 8)-Chlor-2-methyl-4-oxypyrimido-[1.2:a]-benzimidazol*, $C_{11}H_8ON_3Cl$, F. 312–316° (A.), aus **II** u. **V**; 50%. — *Bis-[2.4-dioxypyrimido-(1.2:a)-benzimidazolyl-(3')]-methan*, $C_{21}H_{14}O_4N_6$, F. >330°, aus **I** u. Propan-1.1.3.3-tetracarbonsäuretetraäthylester; 71,5%. (2. **Mitt** vgl C. **1953.** 5336) (Bull. Soc. chim. belges **59.** 573–87. Okt./Dez. 1950. Mortsel-Antwerpen, N. V. Photo-Produkten Gevaert, Scheikundige Res. Labor.) W. HOFFMANN. 3272

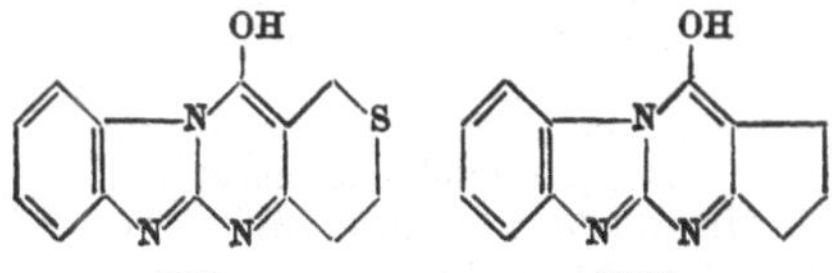

VII VIII

Ju. A. Arbusow, *Reaktion von Dienkohlenwasserstoffen mit Nitrosoverbindungen. Anlagerung von Butadien-(1.3) an p-Nitrosotoluol.* (Vgl. C. **1953.** 377. 6245.) Bei der Anlagerung von p-Nitrosotoluol (**I**) an Butadien-(1.3) (**II**) resultiert *2-[p-Tolyl]-3.6-dihydroorthoxazin* (**III**). Hieraus entsteht bei der Red. mit Zn-Staub u. Eisessig bei Zimmertemp. *4-[p-Tolylamino]-buten-(2)-ol-(1)* (**IV**), in der Siedehitze *1-[p-Tolyl]-2.5-dihydropyrrol* (**V**). Letzteres bildet sich auch aus **IV** mit $ZnCl_2$ in Eisessig. In Übereinstimmung mit der Konst. wird das *Diacetylderiv.* von **IV** durch $KMnO_4$ zu *N-Acetyl-N-p-tolylglycin* (**VI**) oxydiert. **V** läßt sich durch Oxydation in *1-[p-Tolyl]-pyrrol* überführen. Wird **III** mit Na in A. oder n-Butylalkohol red., so entsteht *N-Crotyl-p-toluidin*, dessen *Acetylderiv.* durch Oxydation **VI** liefert.

Versuche: *2-[p-Tolyl]-3.6-dihydroorthoxazin* (**III**), $C_{11}H_{13}ON$, F. 47–48°; Kp.$_3$ 112–113°; aus 72,7 g **I** u. 75 g **II** in 600 ml Chlf., 24 Std. bei 0°; aus A. Nadeln; ist mit Wasserdampf flüchtig; 90% (Ausbeute); in Ae. werden 80%, ohne Lösungsm. nur 57% erhalten. — *4-[p-Tolylamino]-buten-(2)-ol-(1)* (**IV**), $C_{11}H_{15}ON$, Kp.$_3$ 158–159°; durch Schütteln von 17,5 g **III** in 200 ml Eisessig mit 40 g, in Anteilen von 20 g eingetragenem Zn-Staub; nach Verdünnen mit W. wird mit 275 g KOH neutralisiert, zur Entfernung von flüchtigen Prodd mit Wasserdampf dest. u. **IV** aus der zurückbleibenden Lsg. mit Bzl. extrahiert; Öl; $D.^{20}_4$ 1,0553; n_D^{20} 1,5761; Mol.-Refr. 55,57; 78%. *Dibenzoylderiv.*, $C_{25}H_{23}O_3N$, F. 130–131°; aus A. Kristalle. *Diacetylderiv.*, $C_{15}H_{19}O_3N$, Kp.$_2$ 167–168°; $D.^{20}_4$ 1,0855; n_D^{20} 1,5260. — *N-Acetyl-N-p-tolylglycin* (**VI**), $C_{11}H_{13}O_3N$, F. 175,5–177°; durch Oxydation von 2,61 g vorst. Diacetylderiv. mit 4,7 g $KMnO_4$ in Aceton; aus heißem W. Kristalle; 56%. — *1-[p-Tolyl]-2.5-dihydropyrrol* (**V**), $C_{11}H_{13}N$, F. 92–93°; a) aus 17,5 g **III** u. 25 g Zn-Staub in 50 ml Eisessig; man kocht nach der heftigen Rk. noch 5 Std. u. dest. aus alkal. Lsg. mit Wasserdampf; 69%; b) durch 5 std. Kochen von 17,7 g **IV** mit 10 g $ZnCl_2$ in 50 ml Eisessig; aus CH_3OH Kristalle; 71%. — *1-[p-Tolyl]-pyrrol*, F. 82–83°; durch Oxydation von 3,18 g **V** mit 13,5 g $FeCl_3 \cdot 6\ H_2O$ in verd. HCl bei Zimmertemp.; Isolierung durch Dest. mit Wasserdampf; aus A. Kristalle; 83%. Die Oxydation mit $KMnO_4$ in Aceton gibt nur 47%. — *N-Crotyl-p-toluidin*, $C_{11}H_{15}N$, Kp.$_3$ 96–97°; durch Red. von 35 g **III** mit 50 g Na in 650 ml sd. absol. A. bzw. 700 ml n-Butylalkohol; Isolierung durch Dest. mit Wasserdampf; $D.^{20}{}_4$ 0,9458 (0,9465); $n_D{}^{20}$ 1,5505; 69 bzw. 62%. *Benzoylderiv.*, $C_{18}H_{19}ON$, $Kp._2$ 168—170°; $D.^{20}{}_4$ 1,0597; $n_D{}^{20}$ 1,5781. *Acetylderiv.*, $C_{13}H_{17}ON$, $Kp._3$ 120—120,5°; $D.^{20}{}_4$ 1,0001; $n_D{}^{20}$ 1,5292; durch Oxydation mit $KMnO_4$ in Aceton werden 27% **VI** erhalten. (Известия Академии Наук СССР, Отделение Химических Наук [Nachr. Akad. Wiss. UdSSR, Abt. chem. Wiss.] **1952.** 658—64. Juli/Aug. Moskau, Lomonossow-Univ., Inst. für organ. Chem. der Akad. der Wiss. der UdSSR.) R. KNOBLOCH. 3282

Ju. A. Arbusow und **T. A. Masstrjukowa,** *Reaktion von Dienkohlenwasserstoffen mit Nitrosoverbindungen. Anlagerung von Cyclohexadien-(1.3) an Nitrosobenzol.* (Vgl. vorst. Ref.). Cyclohexadien-(1.3) (**I**) wurde in Anlehnung an die Meth. von ZIEGLER u. Mitarbeitern (Liebigs Ann. Chem. **551.** [1942.] 80) mit verbesserter Ausbeute hergestellt. Die Diensynth., auf **I** u. Nitrosobenzol (**II**) angewendet, lieferte *2-Phenyl-3.6-endoäthylen-3.6-dihydroorthoxazin* (**III**), aus dem durch Red. mit Zn-Staub u. Eisessig *4-Phenylaminocyclohexen-(2)-ol-(1)* (**IV**) entstand. Durch katalyt. Hydrierung des *Diacetylderiv.* von **IV** wurde das *Diacetylderiv.* von *4-Phenylaminocyclohexanol-(1)* erhalten. Bei der Red. von **III** u. auch von **IV** mit Na u. A. sollte sich 3-Phenylaminocyclohexen-(1) (**V**) bilden. Aus **III** konnte diese Verb. nicht erhalten werden, da starke Verharzung eintrat. Aus **IV** u. Na in Isoamylalkohol entstand wenig eines *Amins*, dessen Konstanten denen von **V** nahekamen, doch lag Identität nicht vor. Vielleicht erfolgte unter den Reaktionsbedingungen Verschiebung der Doppelbindung.

V e r s u c h e: *N-Bromsuccinimid*; zu 32 g Succinimid in einer Lsg. von 12,8 g NaOH in 70 ml W. werden unter Rühren u. Kühlen mit Schnee + NaCl in ca. 1½ Std. 17 ml Br_2 zugetropft; 88% (Ausbeute). — *3-Bromcyclohexen-(1)* (**VI**), $Kp._{39}$ 78—79°; durch 1½ Std. Kochen von 82,1 g Cyclohexen mit 42,6 g vorst. Verb. in 150 ml CCl_4; 28,1 g. — *Acetat* von *Cyclohexen-(1)-ol-(3)*, $Kp._9$ 58—59°; aus 40 g **VI** u. 29,5 g wasserfreiem CH_3CO_2Na in 120 ml Eisessig, 36 Std. bei Zimmertemp.; $D.^{20}{}_4$ 1,0020; $n_D{}^{20}$ 1,4588; 89%. — *Cyclohexadien-(1.3)* (**I**), $Kp._{739}$ 80—80,5°; aus 18,5 g **VI** beim Erhitzen mit 46,5 g Chinolin auf 140—150°, zum Schluß 170° (Badtemp.); 44%, besser aus 30,2 g vorst. Verb. durch Erhitzen mit 3 g $KHSO_4$ auf 145—155° (Badtemp.) unter Wiederholung dieser Operation mit dem Destillat u. 2 g $KHSO_4$; 66%; $D.^{20}{}_4$ 0,8409; $n_D{}^{20}$ 1,4751. — *Nitrosobenzol* (**II**), F. 65—66°; Nitrobenzol wird mit Zn-Staub in NH_4Cl-Lsg. zu *β-Phenylhydroxylamin* red. u. dieses in verd. H_2SO_4 mit $Na_2Cr_2O_7$ bei —5° oxydiert; 55%. — *2-Phenyl-3.6-endoäthylen-3.6-dihydroorthoxazin* (**III**), $C_{12}H_{13}ON$, F. 65—66°; aus 5 g **I** u. 5,35 g **II** in 50 ml Ae., 24 Std. im Eisbad; aus A. Kriställchen; 8,45 g (in A. wird fast die gleiche Ausbeute erhalten). — *4-Phenylaminocyclohexen-(2)-ol-(1)* (**IV**), $C_{12}H_{15}ON$, F. 64,5—65,5°; $Kp._{3,5}$ 168—168,5°; man schüttelt 3,7 g **III** in 40 ml Eisessig mit 8 g Zn-Staub (in 4 Anteilen), die in 25 Min. eingetragen werden; Isolierung aus neutraler, heißer Lsg. durch Extraktion mit Bzl.; aus Ae. + Cyclohexan (1 : 1) Kristalle; 3,6 g. *Pikrat*, $C_{18}H_{18}O_8N_4$, F. 142,5—143,5° (Zers.); aus Alkohol. *Diacetylderiv.*, $C_{16}H_{19}O_3N$, F. 56—57,5°; $Kp._{3,5}$ 181—182°; aus Cyclohexan. — *Diacetylderiv.* von *4-Phenylaminocyclohexanol-(1)*, $C_{16}H_{21}O_3N$, F. 122—123°; durch Hydrieren vorst. Diacetylderiv. (Pt/Kohle; Ae.); aus Ligroin Kristalle; 87%. — *Amin* aus **IV**; $Kp._{13}$ 146—147°; durch Red. von 5,5 g **IV** mit 10,5 g Na in 220 ml sd. wasserfreiem Isoamylalkohol; $n_D{}^{20}$ 1,5803; 0,68 g. *Benzoylderiv.*, F. 72,5—74,5°; aus A. Kristalle. — *3-Phenylaminocyclohexen-(1)* (**V**), $C_{12}H_{15}N$, $Kp._7$ 132,5—133°; man setzt zu 36,8 g Anilin 20,4 g **VI** in 45 ml Ae. in kleinen Anteilen hinzu, läßt über Nacht einwirken, löst den Nd. mit NaOH u. fraktioniert das in Ae. Gelöste; $D.^{20}{}_4$ 1,0222; $n_D{}^{20}$ 1,5804; Mol.-Refr. 56,42; 18,3 g. *Benzoylderiv.*, $C_{19}H_{19}ON$, F. 85—86°; aus A. Kristalle. (Известия Академии Наук СССР, Отделение Химических Наук [Nachr. Akad. Wiss. UdSSR, Abt. chem. Wiss.] **1952.** 665—70. Juli/Aug.) R. KNOBLOCH. 3282

Robert Bucourt, *Mesonaphthacenoxazine.* Das bei der Einw. von CH_3COCl auf 11-Amino-10-oxynaphthacen (**I**) enstehende *Naphthacenoxazin* $C_{20}H_{13}ON$ (**II**) (vgl. DUFRAISSE u. Mitarbeiter, C. R. hebd. Séances Acad. Sci. **232.** [1951.] 2061) liefert bei der partiellen Hydrolyse *11-Acetamidonaphthacenon-(10)* (**III**), $C_{20}H_{15}O_2N$, F. 213—214° (aus A. citronengelbe Nadeln), welches generell bei der Rk. **I** → **II** intermediär gebildet wird u. bei vorsichtigem Arbeiten in kleinen Ansätzen isoliert werden kann; es gibt mit HCl-Gas sofort **II** u. mit 90%ig. H_3PO_4 bei 100—110° wieder **I**. Die Acetylierung von **I** unter energ. Bedingungen ergibt neben **II** dessen *9-* oder *12-Acetylderiv.*, $C_{22}H_{15}O_2N$, F. 203° u. nach Wiedererstarren 206—207°, Abtrennung durch Chromatographie; aus Cyclohexan schwarzviolettes Pulver. — Bei der Einw. von C_6H_5COCl auf **I** entsteht zunächst nur *11-Benzamidonaphthacenon-(10)* (**IV**), $C_{25}H_{17}O_2N$, F. 228—229° (A.), F. 210—212° (Bzl.), F. 224—225° (Isopropanol); enthält Reste von Lösungsmitteln; aus Bzl. u. A. verfilzte

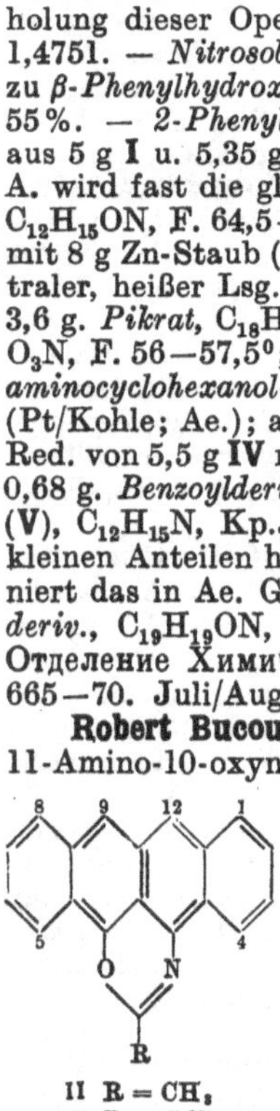

II R = CH_3
V R = C_6H_5

citronengelbe Nadeln. **IV** liefert mit P_2O_5 das *Naphthacenoxazin* $C_{25}H_{15}ON$ (**V**), F. 288 bis 289°; verfilzte tiefviolette Nadeln; mit warmer alkoh. HCl erfolgt Hydrolyse zu **IV**. — Mit CH_3OK reagiert **IV** unter Blaufärbung, die bei Luftzutritt verschwindet; dabei entsteht das bereits bekannte *11-Benzamidonaphthacenchinon-(9.10)*, $C_{25}H_{15}O_3N$, F. 305°; aus Xylol u. Butyläther citronengelbe Nadeln. Damit ist die Konst. von **IV** gesichert, während die von **III** durch Analogieschluß hervorgeht, da **III** ebenfalls in alkal. Medium (malvenfarbene Farb-Rk.) Autoxydation erfährt zu *11-Acetamidonaphthacenchinon-(9.10)*, $C_{20}H_{13}O_3N$, F. 249° u. nach Wiedererstarren 254°; aus Bzl. citronengelbe Nadeln. (C. R. hebd. Séances Acad. Sci. **233**. 61—63. 2/7. 1951.) W. HOFFMANN. 3282

Nelson J. Leonard, Sherlock Swann jr. und **John Figueras jr.**, *Die elektrolytische Reduktion bicyclischer α-Aminoketone. Eine neue Methode zur Synthese von Verbindungen mit mittelgroßen stickstoffhaltigen Ringen.* In Fortsetzung früherer Verss. mit monocycl. Verbb. (vgl. C. **1953**. 48) führten Vff. die elektrolyt. Red. von *1-Ketochinolizidin* (**I**), *1-Ketooktahydropyrrocolin* (**II**) u. *8-Ketooktahydropyrrocolin* (**III**) in 30%ig. H_2SO_4 an einer Pb-Kathode bei 60° durch. Dabei wird die Bindung zwischen N u. dem der CO-Gruppe benachbarten angularen C-Atom gespalten, u. es entstehen als Hauptprodd. aus **I** *5-Oxyazacyclodecan* (**IV**), aus **II** *4-Oxyazacyclononan* (**V**) u. aus **III** *5-Oxyazacyclononan* (**VI**). Das Vorliegen monocycl. sek. Amine wird bewiesen durch N-Methylierung mit HCOOH u. HCHO. Die Ringstruktur von **IV** ergibt sich durch Dehydratation u. katalyt. Red. zu anderweitig synthetisiertem *Azacyclodecan*. Bei der elektrolyt. Red. von **I** u. **III** bilden sich neben den monocycl. Endprodd. unter Neuerrichtung einer Bindung zwischen N u. dem C der ursprünglichen CO-Gruppe *1-Azabicyclo-[5.3.0]-decan* bzw. *Oktahydropyrrocolin*; bei höherer Konz. der Ausgangsprodd. entstehen die Bicycloverbb. in größerer Ausbeute. Aus **II** wird kein bicycl. Nebenprod. (theoret. mit einem Vierring) erhalten; statt dessen wird etwas *Azacyclononan* isoliert. — Zur Strukturdeutung werden auch die Infrarotspektren der erhaltenen Verbb. herangezogen.

Versuche (FF. korr.): *Picolinsäure*, aus α-Picolin; 71% (Ausbeute); daraus durch katalyt. Red. u. Veresterung *Piperidin-2-carbonsäureäthylester* (**VII**); gibt mit γ-Brombutyronitril (**VIII**) nach Alkoholyse *Piperidin-1-buttersäure-2-carbonsäurediäthylester*, $Kp._{0,03}$ 95—98°; n_D^{20} 1,4588; 69%. Daraus mit C_2H_5ONa in Toluol, Hydrolyse der entstandenen DIECKMANN-Verb. u. Decarboxylierung mit 6nHCl *1-Ketochinolizidin* (**I**), $Kp._4$ 95°; 85%. *Semicarbazon*, F. 214°; Prismen. *Pikrat*, $C_{15}H_{18}O_8N_4$, F. 167—168°; aus Essigsäureäthylester–Cyclohexan gelbe Prismen. — *Piperidin-2-carbonsäure-1-propionsäurediäthylester*, $Kp._{0,15}$ 110°, durch 3½ std. Kochen von **VII** u. Acrylsäureäthylester in A.; 68%. Daraus analog **I** *1-Ketooktahydropyrrocolin* (**II**), $Kp._3$ 85°; n_D^{20} 1,4812; 62%. *Pikrat*, $C_{14}H_{16}O_8N_4$, F. 175—176°, aus Aceton gelbe Blättchen. — *Pyrrolidin-1-buttersäurenitril-2-carbonsäureäthylester*, $C_{11}H_{18}O_2N_2$, $Kp._{0,1}$ 133°, durch ½ std. Erhitzen von Prolinäthylester, **VIII** u. K_2CO_3 auf dem Dampfbad, Zugabe von W. u. Ausäthern; $D.^{20}_4$ 1,015; n_D^{20} 1,4617; Mol.-Refr. 56,94; 79%. *Pikrat*, F. 111 bis 112° (Essigsäureäthylester–Cyclohexan). — *Pyrrolidin-1-buttersäure-2-carbonsäurediäthylester*, $C_{13}H_{23}O_4N$, $Kp._{0,2}$ 104—107°, durch Einleiten von HCl in vorst. Verb. in absol. A., 1 std. Kochen, Einengen, Alkalisieren mit wss. NaOH u. Ausäthern; $D.^{20}_4$ 1,028; n_D^{20} 1,4550; Mol.-Refr. 67,91; 61%. Daraus analog **I** *8-Ketooktahydropyrrocolin* (**III**), $C_8H_{13}ON$, $Kp._{5,5}$ 79—80°; n_D^{20} 1,4893; 41%. *Pikrat*, $C_{14}H_{16}O_8N_4$, F. 144,5—145°; aus Ae. kleine gelbe Nadeln. — *8-Oxyoktahydropyrrocolin*, $C_8H_{15}ON$, $Kp._{0,03}$ 100° (Badtemp.), durch Rk. von **III** mit $LiAlH_4$ in Ae., Zugabe von W. u. 10%ig. NaOH, mehrstd. Stehen u. Ausäthern; n_D^{20} 1,5000; 58%. *Pikrat*, $C_{14}H_{18}O_8N_4$, F. 175—176°; aus Essigsäureäthylester–Cyclohexan kleine gelbe Prismen. — *5-Oxyazacyclodecan* (**IV**), $C_9H_{19}ON$, $Kp._{0,2}$ 75°, durch elektrolyt. Red. von a) 5,35 g, b) 12,6 g **I** in 100 cm³ 30%ig. H_2SO_4 bei 60° u. 0,05 A/cm² an einer Pb-Kathode, Alkalisieren mit 40%ig. NaOH, Sättigen mit K_2CO_3, Aufnehmen in Ae. u. Dest.; n_D^{20} 1,5050; a) 59%, b) 41%; daneben *1-Azabicyclo-[5.3.0]-decan*, $Kp._{0,7}$ 100°, n_D^{20} 1,4838; 4,5 bzw. 38%. Dessen *Pikrat*, F. 217 bis 217,5°; aus Methanol gelbe Nadeln. **IV**-*Pikrat*, $C_{15}H_{22}O_8N_4$, F. 149—149,5°; aus Essigsäureäthylester–Cyclohexan gelbe Nadeln. — **IV**-*N-Methylderiv.*, $C_{10}H_{21}ON$, $Kp._{2,5}$ 102°, durch 4 std. Kochen von **IV** in 90%ig. HCOOH u. 40%ig. Formalin, Zugabe von etwas HCl, Einengen, Alkalisieren u. Ausäthern; n_D^{20} 1,4913; 54%. — *Azacyclodecanpikrat*, $C_{15}H_{22}O_7N_4$, F. 191—192°, a) durch 2 std. Erhitzen von **IV** in 12nHCl auf dem Dampfbad, mehrstd. Stehen, Verdünnen, 2 std. Hydrogenolyse über PtO_2 bei 25° u. 3 at, Alkalisieren u. Ausäthern; 73%; b) aus 97,5 g Azelainsäurediäthylester über *Cyclononanonoxim*, dann BECKMANNsche Umlagerung u. Red. mit $LiAlH_4$; 3 g; aus wss. A. gelbe Nadeln. — *4-Oxyazacyclononan* (**V**), $C_8H_{17}ON$, $Kp._{0,2}$ 70°, analog **IV** aus **II**; n_D^{20} 1,5068; 48%; daneben *Azacyclononan*, $Kp._2$ 44,5°, $Kp._{24}$ 92°; n_D^{20} 1,4777; 1%. Dessen *Pikrat*, $C_{14}H_{20}O_7N_4$, F. 150—152°; aus verd. A. gelbe Nadeln; auch durch Ringerweiterung von Cyclooctanon dargestellt. **V**-*Pikrat*, $C_{14}H_{20}O_8N_4$, F. 137,5—139°; aus

Essigsäureäthylester–Cyclohexan kleine gelbe Blättchen. — V-*N-Methylderiv.*, $C_9H_{19}ON$, $Kp._4$ 97°, aus **V**, HCOOH u. HCHO wie oben; n_D^{20} 1,4897; 75%. *Pikrat*, $C_{15}H_{22}O_8N_4$, F. 189—190°; aus absol. A. goldgelbe Nadeln. — *5-Oxyazacyclononan* (**VI**), $Kp._{0,1}$ 95°, analog **IV** aus a) 4,33 g, b) 1,93 g **III** in 100 cm³ 30%ig. H_2SO_4; 47 bzw. 73%; daneben *Oktahydropyrrocolin*, $Kp._{20}$ 68°; n_D^{20} 1,4701; 21 bzw. 0%. Dessen *Pikrat*, F. 231—232°; aus A. gelbe Blättchen. **VI**-*Pikrat*, $C_{14}H_{20}O_8N_4$, F. 176—176,5°; aus Essigsäureäthylester–Cyclohexan gelbe Blättchen. — **VI**-*N-Methylderiv.*, aus **VI**, HCOOH u. HCHO; daraus *Pikrat*, $C_{15}H_{22}O_8N_4$, F. 285—289° (Zers.); aus A. gelbe Stäbchen. (J. Amer. chem. Soc. **74.** 4620—24. 20/9. 1952. Urbana, Ill., Univ. of Illinois, Chem. Labors.)

W. HOFFMANN. 3390

Kingsley M. Mann und **Henry A. Lardy**, *Phosphorsäureester mit biologischer Bedeutung.* 5. Mitt. *Die Synthese von L-Sorbose-1-phosphat und L-Sorbose-6-phosphat.* *L-Sorbose-1-phosphat* (I) wurde durch Veresterung der freien OH-Gruppe am $C_{(1)}$ der 2.3;4.6-Diisopropylidensorbose mit Diphenylchlorphosphonat (**III**), Entfernung der Phenylgruppen durch Hydrierung u. hydrolyt. Spaltung dargestellt u. als Ba-Salz isoliert. — Roher Dibenzylidensorbose-(**II**)-Sirup, dargestellt nach REICHSTEIN u. GRÜSSNER (C. **1934**. I. 2779), wurde mit p-Toluolsulfochlorid bzw. Benzoylchlorid umgesetzt; nach Hydrierung mit Pd-Kohle wurden krist. *1-Tosyl-* u. *1-Benzoyl-L-sorbose* erhalten. Veresterung von **II** mit **III** u. Hydrierung in Ggw. von Pt führte zu **I**, das etwas zu wenig P enthielt, dessen Ba-Salz aber trotzdem wie das reine Prod. die Hexokinase hemmt. — *L-Sorbose-6-phosphat* wurde nach Phosphorylierung von 2.3-Isopropyliden-L-sorbose u. reduktiver Abspaltung der Phenylgruppen u. Hydrolyse als Ba-Salz isoliert. Im Gegensatz zu **I** wurde keine Hemmwrkg. festgestellt.

Versuche (FF. korr.): *2.3;4.6-Diisopropyliden-L-sorbose-1-diphenylphosphat* (**V**), $C_{24}H_{29}O_9P$, durch Lösen von 2.3;4.6-Diisopropyliden-L-sorbose in trockenem Pyridin von 0°, Zutropfen von Diphenylchlorphosphonat (**III**), Stehen über Nacht bei 4°, Eingießen in Eiswasser, Extraktion mit Chlf., Waschen u. Aufarbeitung; viscoser Rückstand, $[\alpha]_D^{23}$ —11,7° (c = 5,0; Chlf.); 83% (Ausbeute). — *L-Sorbose-1-phosphat* (**I**), *Ba-Salz*, $C_6H_{11}O_9PBa \cdot 2H_2O$, durch 6std. Red. von 5 g **V** in CH_3OH + wenig W. in Ggw. von PtO_2 unter Aufnahme von 9,5 Mol H_2. Aus dem Filtrat wurde das Lösungsm. bei 50°/10 mm entfernt, der Rückstand 35 Min. mit W. erhitzt, gegen Phenolphthalein mit gesätt. $Ba(OH)_2$-Lsg. neutralisiert u. anorgan. Phosphat durch Zentrifugieren oder Filtration durch Diatomeenerde abgetrennt. Nach Zugabe der doppelten Menge Aceton fiel das Ba-Salz aus, das durch Aufnehmen in W. u. Ausfällen mit Aceton gereinigt wurde; pulveriger, amorpher Nd., $[\alpha]_D^{28}$ —7,2° (c = 2,5; 0,104n HCl); Ausbeute 1,5 g. *Saures K-Salz* von **I**, $C_6H_{12}O_9PK$, durch langsames Durchlaufen von 1,5 g **I**-Ba-Salz durch „Amberlite IR-100", Eindampfen der Ba-freien Fl. im Vakuum bei 40—50°, Einstellen mit Eisessig auf p_H **3**, Zugabe von A. bis zur beginnenden Trübung u. weitere Zugabe von A. nach Auftreten der ersten Kristalle bis zur Vollendung der Kristallisation; $[\alpha]_D^{30}$ —16,5° (c = 2,0 in W.); leicht lösl. in W.; Ausbeute 0,55 g. — *Dibenzyliden-L-sorbose* (**II**), aus L-Sorbose u. Benzaldehyd in Ggw. von trockenem HCl; Entfernung des überschüssigen HCl u. der L-Sorbose u. Extraktion des Benzaldehyds mit tiefsd. Petroläther. *1-Tosylderiv.*, $C_{27}H_{26}O_8S$, aus **II** in Pyridin u. p-Toluolsulfochlorid; 24std. Stehen bei 4°, Eingießen in Eiswasser, Zugabe von wenig A. u. Aufarbeitung des Nd.; F. 160,5—162,0° (absol. A.); $[\alpha]_D^{24}$ —10,6° (c = 5,0; Chlf.); 51,1%. Die Red. mit ADAMS-PtO_2-Katalysator in Eisessig verlief unter Aufnahme von 5—8,2 Mol H_2, wobei eine niedrigschm. Verb., F. 110°, u. eine höher schm., F. 142°, entstanden. Durch Red. in Eisessig mit $PdCl_2$-Kohle nach MOZINGO (Org. Syntheses **26.** [1946.] 77) unter Aufnahme von ca. 5 Mol H_2, Eindampfen des Filtrats im Vakuum, Aufnehmen in absol. A. u. Zugabe von PAe. bis zur beginnenden Trübung wurde *1-Tosyl-L-sorbose*, F. 121—122°, $[\alpha]_D^{23}$ —11,0° (c = 4,0; Pyridin), erhalten. Kochen mit NaJ in Methylisobutylketon führte zu keiner Reaktion. — *1-Benzoylderiv.* von **II**, $C_{27}H_{24}O_7$, aus Benzoylchlorid u. **II** in Pyridin, Eingießen in Eiswasser, nach 36 Std. Extraktion mit Chlf., Waschen, Verdampfen im Vakuum u. Kochen unter PAe.; Reinigung durch Kristallisation aus absol. A., Bzl. + PAe., Aceton + W. u. absol. A., F. 140—140,5°; $[\alpha]_D^{30}$ —2,2° (c = 5,0; Chlf.). Durch Red. mit PtO_2 in Eisessig unter Aufnahme von 10 Mol H_2, Eindampfen des Filtrats im Vakuum, wiederholtes Aufnehmen des Rückstandes in absol. A. u. Verdampfen wurde eine krist. Verb. vom F. 94—95,5° erhalten, die leicht lösl. in Ae. u. PAe. ist. Durch Red. mit Pd-Kohle in Eisessig unter Aufnahme von 4,2 Mol H_2, Entfernung des Lösungsm., Aufnehmen in absol. A. u. Zugabe von sd. PAe. wurde *1-Benzoyl-L-sorbose*, F. 132—133,5° $[\alpha]_D^{23}$ —4,8° (c = 5,0; CH_3OH), erhalten. — *Dibenzyliden-L-sorbose-1-diphenylphosphat*, $C_{32}H_{29}O_9P$, wie **V**; wollige M., F. 135—136,5°; $[\alpha]_D^{30}$ —22,4° (c = 5,0; Chlf.). Red. mit Pd bewirkte in der Hauptsache Dephosphorylierung.

Durch Red. mit PtO_2 in Eisessig unter Aufnahme von 17 Mol H_2, Entfernung des Katalysators u. des Lösungsm. u. Zugabe von $Ba(OH)_2$ wurde ein Ba-Salz erhalten, das durch Ausäthern seiner sauren Lsg. u. Wiederausfällen mit NH_4OH bei p_H 9 gereinigt wurde. Es besaß eine starke Hemmwrkg. auf Hexokinase u. war mit I-Ba-Salz identisch. — *2.3-Isopropyliden-L-sorbose-1.6-bis-[diphenylphosphat]* (**IV**), $C_{33}H_{34}O_{12}P_2$, durch Veresterung von 2.3-Isopropyliden-L-sorbose in Pyridin mit **III**, Stehen bei 4° u. Eingießen in Eiswasser; F. 100,5—101,5° (A.); $[\alpha]_D^{23}$ —4,2° (c = 5,0; Chlf.). — *L-Sorbose-6-phosphat, Ba-Salz*, $C_6H_{11}O_9PBa \cdot H_2O$, durch Red. von **IV** in Eisessig in Ggw. von PtO_2 unter Aufnahme der theoret. Menge H_2, Entfernung des Lösungsm. im Vakuum, wiederholtes Aufnehmen in absol. A. u. Verdampfen; 45 Min. langes Kochen des viscosen Materials auf dem Dampfbad, Zugabe von $Ba(OH)_2$, Abtrennen des Nd. durch Zentrifugieren u. Zugabe der doppelten Menge Aceton, $[\alpha]_D^{29}$ —12,0° (c = 2,0; W.). (J. biol. Chemistry **187**. 339—48. Nov. 1950. Madison, Wis., Univ. of. Wisconsin, Coll. of Agric., Dep. of Biochem.) HILDEGARD BAGANZ. 3400

A. Stoll, B. Becker und **A. Helfenstein,** *Die Konstitution der Sennoside.* 6. **Mitt.** *über Anthraglykoside.* (5. vgl. Rec. Trav. chim. Pays-Bas **69**. [1950.] **553**). Die Konst. der *Sennoside* (**A** u. **B**) (**I**) konnte durch die im folgenden beschriebenen Abbau-Rkk. aufgeklärt u. durch Synth. gestützt werden. Danach entspricht **IA** *8.8'-Bis-D-[glucosido]-(+)-sennidin* u. **IB** *8.8'-Bis-[D-glucosido]-meso-sennidin.* — Die **I** zerfallen bei der milden katalyt. Hydrierung (Pd), besser durch Red. mit Na-Dithionit, in 2 Mol. *8-Glucosidorheinanthron* (**II**), dessen Aglykon, *9-Rheinanthron* (**III**), durch Acetylieren u. Verestern in den *Triacetoxyanthracencarbonsäuremethylester* (**IV**) übergeführt werden konnte. Der gleiche Abbau konnte auch mit den **I**-Dimethylestern (**XIII**) u. den Salzen der *Sennidine* (**A** u. **B**) (**V**), den Aglykonen der **I**, durchgeführt werden [vgl. hierzu auch BARNETT u. MATTHEWS (J. chem. Soc. [London] **123**. [1923.] 380). Die Verknüpfung der beiden **III**-Moll. in **I** u. **V** muß direkt, d. h. durch eine C–C-Bindung, bewerkstelligt sein, da mit einer –O- oder –O–O–-Brücke die Resistenz der **V** gegenüber starken Säuren unvereinbar ist. Voraussetzung für die überraschend leichte reduktive Spaltbarkeit der **I** u. **V** scheint wenigstens eine freie α-OH-Gruppe je Anthronrest zu sein, da sich 1.1'-Dimethylsennidindimethylester (**VI**) wie **V** reduktiv aufspalten läßt; *1.1'.8.8'-Tetramethyl-* (**VII**) u. *1.1'.8.8'-Tetraacetylsennidindimethylester* (**VIII**) sind dagegen gegen Dithionit beständig, können aber mit Zn u. Eisessig gespalten werden. Die unter Enolisierung gebildeten *Hexaacetylsennidine* aus **VA** u. **VB** sind beide gleich, woraus sich die Unterschiede **A** u. **B** bei **I** u. **V** auf eine Verschiedenheit der räumlichen Anordnung an den Bindungs-C-Atomen 10 u. 10', die mit der Enolisierung, also dem Übergang des chinoiden in das benzoide Ringsyst., verschwindet, zurückführen läßt. Die *Tetramethyl-9.9'-diacetylsennidindimethylester* (**IX**) (aus **VA** u. **VB**) waren ebenfalls gleich. **IX** zeichnet sich durch große Beständigkeit gegenüber Reduktionsmitteln aus (vgl. auch ATTREE u. PERKIN, J. chem. Soc. [London] **1931**. **144**); unter energ. Bedingungen entstand **III**. — Die Synth. der **V** u. **I** konnte ausgehend von *Rhein* (**X**) erreicht werden. Seine Red. ergab **III** (vgl. CROSS u. PERKIN, J. chem. Soc. [London] **1930**. 292), das mit $FeCl_3$ in Eisessig nach DIMROTH [1901], wesentlich besser durch katalyt. Dehydrierung mit Sauerstoff in Ggw. von Pd in eine **V**-Mischung übergeführt werden konnte. Die analoge Dehydrierung von *1.8-Dimethylrheinanthronmethylester* (**XI**) in Eisessig lieferte in guter Ausbeute **VII**, u. **II** ergab in alkal. Lsg. in glatter Rk. **IA** u. **IB**, die durch Kristallisieren voneinander getrennt werden konnten. Das *D-Glucosido-(—)-sennidin* wurde nicht gefunden. Ein bei anderer Gelegenheit aus Drogen isoliertes (—)-**V**, dessen *Tetraacetyldimethylester* (F. 210—215°) einen Drehwert von $[\alpha]_D^{20}$ ca. —210° (Chlf.) zeigt, ist vielleicht durch partielle Racemisierung während der Aufarbeitung gebildet worden.

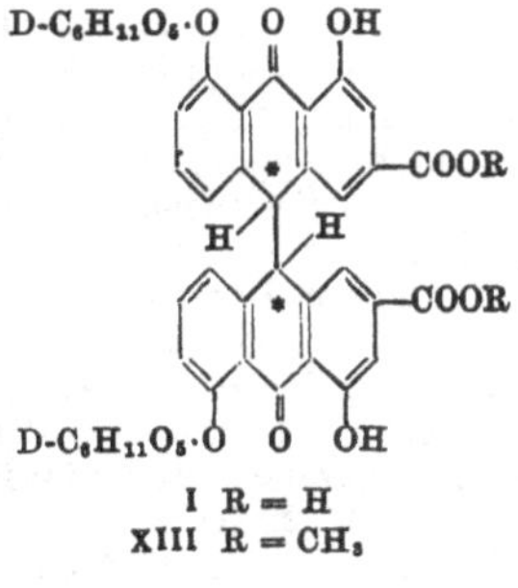

I R = H
XIII R = CH3

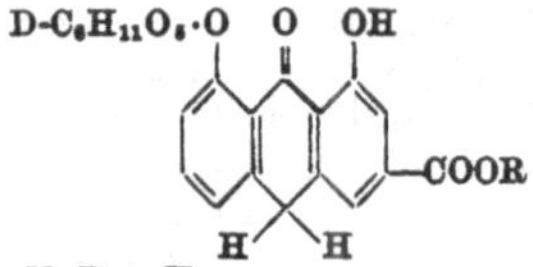

II R = H
XIV R = CH3

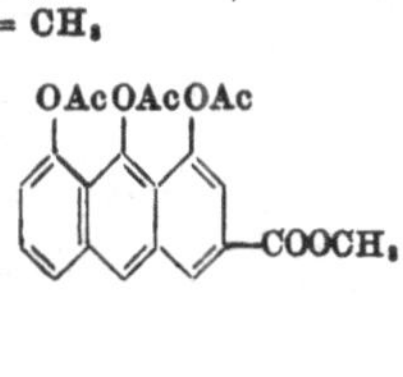

IV

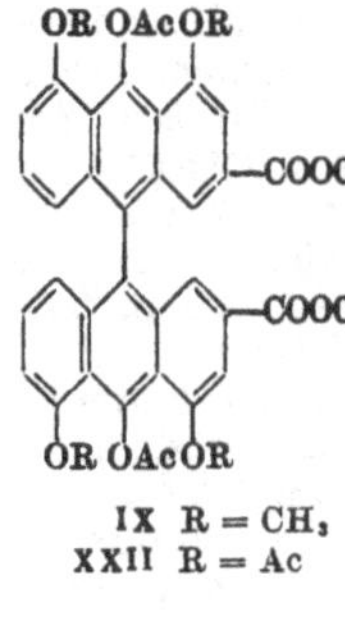

IX R = CH3
XXII R = Ac

Versuche: *8-Glucosidorheinanthron* (**II**), $C_{21}H_{20}O_{10}$, aus **IA** oder **IB** in bicarbonatalkal. Lsg. mit $Na_2S_2O_4$ auf dem Wasserbad als Nd., krist. aus Aceton + W. (2 : 1) unter schneller Abdest. des Acetons bei 80° in gelbbraunen Nadeln, die sich bei 220—250° zers., $[\alpha]_D^{20}$ —70° (c = 0,2 in 70% ig. Dioxan), —120° (c = 0,1 in 70% ig. Aceton); 75—85% Ausbeute, Fluorescenz in saurer oder neutraler Lsg. grün, in alkal. Lsg. gelb. Diese Meth. eignet sich auch zur quantitativen Bestimmung (Messung des gebildeten CO_2). **II** gleichfalls durch Hydrieren von **IA** oder **IB** in 70% ig. Dioxan oder Glykolmonoäthyläther + W. (1 : 1)-Suspension in Ggw. von Pd-Mohr unter Aufnahme von 1,38 bzw. 1,01 Mol H_2 75%. — *9-Rheinanthron* (*1.8-Dioxy-9-oxodihydroanthracen-3-carbonsäure*) (**III**), durch Verseifen von **II** mit konz. HCl in sd. Eisessig oder aus **VA** oder **VB** in alkal. Lsg. mit $Na_2S_2O_4$, aus Eisessig oder Essigester Tafeln, Zers. bei 250 bis 280°. — *1.8.9-Triacetoxyanthracen-3-carbonsäuremethylester* (**IV**), $C_{22}H_{18}O_8$, aus **III** mit Essigsäureanhydrid (+ konz. H_2SO_4) auf dem Wasserbad u. Verestern der mit W. gefällten Triacetylverb. in Aceton mit äther. Diazomethan, aus Chlf. + Methanol durch Einengen bis zur Kristallisation gelbe Polyeder, F. 220—222° (Zers.). — *Sennosid-A-dimethylester* (**XIII A**), $C_{44}H_{42}O_{20}$, durch Entacetylieren der Dekaacetylverb. mit methanol. KOH, aus Aceton mit W. gelbe Platten, F. 206—208°, $[\alpha]_D^{20}$ —90° (c = 0,2 in 70% ig. Dioxan). — *Sennosid-B-dimethylester* (**XIIIB**), $C_{44}H_{42}O_{20}$, analog, aus Aceton + W. Prismen, F. 196—198°, $[\alpha]_D^{20}$ —48° (c = 0,2 in 70% ig. Dioxan). — *8-Glucosidorheinanthronmethylester* (**XIV**), $C_{22}H_{22}O_{10}$, aus **XIII A** oder **XIIIB** in 70% ig. Dioxan mit wss. $Na_2S_2O_4$ bei 70° als Nd., aus wss. Aceton goldbraune Kristalle, F. 208—210°, $[\alpha]_D^{20}$ —170° (c = 0,1 in 70% ig. Aceton), —104 (c = 0,2 in 70% ig. Dioxan). — *1.8-Dioxy-9-oxodihydroanthracen-3-carbonsäuremethylester* (*III-Methylester*), durch Verseifen von **XIV**, aus Chlf. + Methanol hellgelbe Prismen, F. 188—191°. — *Anthron*, $C_{14}H_{10}O$, aus Dihydrodianthron (**XV**) mit $SnCl_2$ + konz. HCl in sd. Eisessig nach CROSS u. PERKIN (l. c.), aus Chlf. mit Methanol, F. 151—153°; 60—70%; *Acetylanthrol*, F. 131—132°. Die Red. von **XV** mit Zn in sd. Eisessig lieferte 30% *Anthracen*. — *1.1'-Dimethylsennidin-B-dimethylester* (**VIB**), $C_{34}H_{26}O_{10}$, aus Dimethylsennosid-B-dimethylester mit verd. H_2SO_4 auf dem Wasserbad als Nd., aus Aceton gelbe Prismen, F. 183—185°; liefert bei der Oxydation mit CrO_3 in Eisessig *1-Methoxy-8-oxyanthrachinon-3-carbonsäuremethylester* (**XVI**); in Acetanhydrid wurde dessen *8-Acetylderiv.* erhalten. — *1-Methoxy-8.9-diacetoxyanthracen-3-carbonsäuremethylester* (**XVII**), $C_{21}H_{18}O_7$, durch Hydrieren von **VIB** in Dioxan in Ggw. von Pd u. Acetylieren des Verdampfungsrückstandes mit Essigsäureanhydrid in Pyridin, aus Chlf. + Methanol gelbe Prismen, F. 214—216°; in Chlf. starke blaue Fluorescenz; liefert bei der Chromsäureoxydation die Acetylverb. von **XVI**. — *1.8-Dimethoxy-9-oxodihydroanthracen-3-carbonsäuremethylester* (*Dimethylrheinanthronmethylester*) (**XI**), $C_{18}H_{16}O_5$, aus **VIIA** oder **VIIB** mit Zn in sd. Eisessig, aus der Chloroformlsg. des Verdampfungsrückstandes mit Methanol goldgelbe Prismen oder ockergelbe Blättchen, F. 201—202°; 70%; liefert bei der Chromsäureoxydation *1.8-Dimethylrheinmethylester* (**XVIII**), F. 206—207°. — *1.8-Dimethoxy-9-acetoxyanthracen-3-carbonsäuremethylester* (**XIX**), $C_{20}H_{18}O_6$, durch Acetylieren von **XI**, oder aus **VIIB** mit Zn in sd. Acetanhydrid, aus Aceton Tafeln, F. 205—207°; liefert bei der Chromsäureoxydation **XVIII**. — *1.8-Diacetoxy-9-oxodihydroanthracen-3-carbonsäuremethylester* (*1.8-Diacetylrheinanthronmethylester*) (**XX**), aus **VIIIA** oder **VIIIB** mit Zn in sd. Eisessig, aus Chlf. + Methanol maisgelbe Blättchen, F. 194—197°; liefert bei der Chromsäureoxydation *1.8-Diacetylrheinmethylester* (**XXI**) u. beim Acetylieren **IV**. — *Hexaacetylsennidindimethylester* (**XXII**), $C_{44}H_{34}O_{16}$, aus **VA** oder **VB** mit Essigsäureanhydrid in Pyridin u. Verestern des erhaltenen Hexaacetylsennidins (70%, aus Dioxan kanariengelbe Tafeln) mit Diazomethan in Dioxan oder durch Acetylieren von **VIII**, aus Chlf. mit Methanol gelbe Tafeln, F. 302—303° (werden bei 255° braun, bei 280° schwarz). — *Tetramethyl-9.9'-diacetylsennidindimethylester* (**IX**), $C_{40}H_{34}O_{12}$, durch Acetylieren von **VIIA** oder **VIIB** mit Essigsäureanhydrid in sd. Pyridin, aus Chlf. mit Methanol gelbe Prismen, F. 338—340° (verfärben sich bei 310°, sintern bei 335°); 60—70% bzw. 20%. — Die Red. von Diacetyldianthranol mit $SnCl_2$ + konz. HCl in sd. Eisessig nach CROSS u. PERKIN (l. c.) ergab unter Eliminierung der Acetylgruppe Anthron (F. 152 bis 154°). **IV** analog aus **XXII** u. nachfolgend Acetylierung des Reduktionsproduktes. **III** analog aus **IX**, ebenso aus **X** oder den **I**, aus Eisessig, Aceton oder Essigester ockerfarbene Prismen, Zers. bei 260—280°. — *1.8.10-Triacetoxyanthracen-3-carbonsäuremethylester* (**XII**), $C_{22}H_{18}O_8$, aus Diacetylrhein mit $SnCl_2$ + konz. HCl in sd. Eisessig, Acetylieren des erhaltenen Nd. (Zers. bei 240—260°) u. Verestern mit Diazomethan, oder direkt aus Rheinmethylester, aus Chlf. mit Methanol gelbliche Prismen, F. 215—217°. — *Monoacetyl-1.8-dioxy-10-oxodihydroanthracen-3-carbonsäuremethylester*, aus **XXI** mit $Na_2S_2O_4$ in Essigsäure nach ZAHN (Ber. dtsch. chem. Ges. **67**. [1934.] 2063), F. 235° (Chlorbenzol). Liefert beim Acetylieren gleichfalls **XII**. — Opt. Drehungen: **VA**, $[\alpha]_D^{20}$ ca. + 180°

(c = 0,1 in Dioxan + W. 7 : 3), **VIIA**, $[\alpha]_D^{20}$ + 59° (c = 0,6 in Chlf. + Methanol 9 : 1). **VIIIA**, $[\alpha]_D^{20}$ + 210° (c = 0,6 in Chlf.). — Die entsprechenden Verbb. der **B**-Reihe sowie **IX** u. **XXII** zeigten keine Drehung. — *Tetraacetylsennidindimethylester* (**VIII**), aus **III** in verd. NaOH mit O_2 in Ggw. von Pd u. Acetylieren u. Methylieren (mit CH_2N_2) des gebildeten **V**, F. 225—230°; 64%. — *Sennidin* (**V**), $C_{30}H_{18}O_{10}$, aus **III**; 72%. — *Tetramethylsennidindimethylester* (**VII**), aus **XI** in Eisessig mit O_2 in Ggw. von Pd, aus Chlf. + Methanol hellgelbe Kristalle, zers. sich bei ca. 300°; 81%. — *Sennosid* **A** (**IA**), aus **II** in verd. NaOH mit Luft oder O_2 in Ggw. oder Abwesenheit von Pd u. Ansäuern der alkal. Lsg. mit HCl als gelbes Kristallisat, $[\alpha]_D^{20}$ —145° (c = 0,1 in 70%ig. Aceton). — *Sennosid* **B** (**IB**), aus der salzsauren Mutterlauge nach längerem Stehen, aus wss. Aceton hellgelbe Kristalle, $[\alpha]_D^{20}$ —95° (c = 0,2 in 70%ig. Aceton). (Helv. chim. Acta **33**. 313—36. 15/3. 1950. Basel, Chem. Fabrik Sandoz, Pharmazeut.-chem. Labor.) GOLD. 3450

M. Semonský, *Aminomethylierung und Oxymethylierung von Hydrocotarnin. 5-Chloracetylaminomethylhydrocotarnin* (**II**), $C_{15}H_{19}O_4N_2Cl$, F. 247—250°, aus Hydrocotarnin (**I**) u. Methylolchloracetamid in konz. HCl bei 0°.

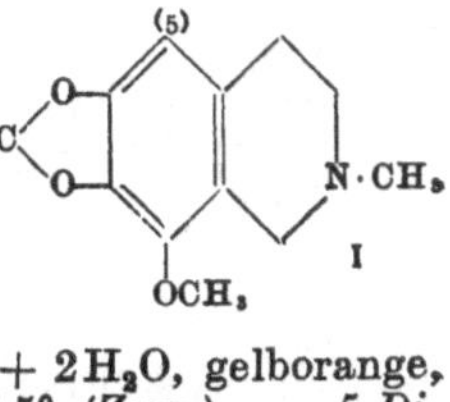

I

Chloroplatinat, $(C_{15}H_{19}O_4N_2Cl)_2 \cdot H_2PtCl_6$, orangegelb, amorph. *Styphnat*, $C_{21}H_{22}O_{12}N_5Cl$, gelb, F. 197,5—198,5°. — *5-Piperidylacetylaminomethylhydrocotarnin*, $C_{20}H_{29}O_4N_3$, F. 139 bis 140°, aus **II** u. Piperidin in sd. A. *Dipikrat*, $C_{32}H_{35}O_{18}N_9$, gelb, F. 214,5—215,5° (Zers.). — *5-Diäthylaminoacetylaminomethylhydrocotarnin*, aus **II** u. Diäthylamin in Alkohol. *Dipikrat*, $C_{31}H_{35}O_{18}N_9$, gelb, F. 182,5—183,5°. — *5-Aminomethylhydrocotarnin*, aus **II** u. sd. 11%ig. HCl. *Dipikrolonat*, $C_{33}H_{34}O_{13}N_{10}$ + $2H_2O$, gelborange, F. 204—206° (Zers.). *Succinylderiv.*, $C_{17}H_{22}O_6N_2$, F. 194,5—195,5° (Zers.). — *5-Dimethylaminomethylhydrocotarnin* (**III**) aus vorst. Verb., wss. HCHO u. HCOOH. *Dipikrolonat*, $C_{25}H_{38}O_{13}N_{10}$, gelb, F. 220—221,5° (Zers.). — *5-Oxymethylhydrocotarnin* (**V**), $C_{13}H_{17}O_4N$, F. 137—137,5°, aus **I** u. Paraformaldehyd in konz. HCl bei 47—50° neben **IV** (vgl. Nachst.). *Hydrochlorid*, $C_{13}H_{18}O_4NCl$, F. 212—214° (Zers.). *Pikrolonat*, $C_{23}H_{25} \cdot O_9N_5$, gelb, F. 196—197° (Zers.). *Jodmethylat*, $C_{14}H_{20}O_4NJ$, F. 213—214° (Zers.). *O-Acetylderiv.*, $C_{15}H_{19}O_5N$, F. 92—93°, a) aus **V** u. Acetanhydrid in Bzl., b) aus **III** u. sd. Acetanhydrid. *Pikrolonat*, $C_{25}H_{27}O_{10}N_5$, gelb, F. 186—187,5 (Zers.). — *5.5'Methylenbishydrocotarnin* (**IV**), $C_{25}H_{30}O_6N_2$, F. 209° (Zers.), aus **I** u. **V** in konz. HCl (vgl. FREUND u. DAUBE, Ber. dtsch. chem. Ges. **45**. [1912.] 1183). — Keine der beschriebenen Verbb. ist antibakteriell, spasmolyt., sympathicomimet. oder narkot. wirksam. (Collect. Trav. chim. Tchécoslov. **15**. 1024—36. 1950. Prag-Vysocany, Czechoslov. Chem. Works, Biochem. Res. Inst., Labor. of Organ. Chemistry.) BOIT. 3500

Marshall Gates, R. B. Woodward, William F. Newhall und Rosemarie Künzli, *Die Synthese von Ringsystemen, die dem Morphin verwandt sind.* 4. Mitt. *N-methylisomorphinan.* (3. vgl. C. **1953**. 523.) Die Ausbeute an dem in vorangehender Mitt. beschriebenen *9.10-Dioxo-13-cyanmethyl-5.8.9.10.13.14-hexahydrophenanthrens* (**I**) konnte auf 83% erhöht werden. Durch Hydrierung über Kupfer-Chromoxyd bei mäßiger Temp. unter Druck wird **I** in eine tetracycl. Base, *N-Methylisomorphinan* (**II**), übergeführt, die in Alkalilauge unlösl. ist u. ein Oxim u. Acetylderiv. liefert. Bei der Red. von **II** über RANEY-Ni bei Raumtemp. unter Atmosphärendruck wird rasch ein Mol H_2 aufgenommen unter Bldg. eines tetrahydrierten Prod., das durch weitere Hydrierung in ein Hexahydroderiv. übergeht. Letztgenannte Verb. läßt sich mit HJ u. rotem P in eine schwachbas. Desoxyverb. verwandeln, die ein Acetylderiv., aber kein Oxim zu bilden vermag. Ein Vgl. der UV- u. Infrarotspektren (Einzelheiten vgl. Original) führte zur Aufgabe der diesen Verbb. früher (Experientia [Basel] **5**. [1949.] 285) zuerteilten Strukturen u. zum Ersatz derselben durch die Formelbilder **II**—**VII**. Die Desoxyverb. **VII** gibt bei der Hydrierung über Kupferchromit bei 200—225° u. 140—150 at oder mit überschüssigem $LiAlH_4$ eine ölige sauerstofffreie Base (**VIII**), die als solche nicht charakterisiert aber durch Einw. von Formaldehyd u. Ameisensäure zu **II** methyliert werden konnte. Die Gesamtausbeute von **II** aus 1-Aminonaphthol-(2)-sulfonsäure-(4) beträgt ca. 15%. Die methylierte Base **II** ist isomer mit GREWES N-Methylmorphinan (C. **1950**. I. 69) u. ident. mit dem von demselben Autor als Pikrat isolierten Nebenprodukt. Das Methojodid (**IX**) liefert beim kurzen Kochen mit starker Alkalilauge eine ungesätt. ölige Desbase (**X**), die bei der Hydrierung in Ggw. von ADAMS-Katalysator in eine ebenfalls ölige Dihydrodesbase (**XI**) u. bei der Dest. mit Zn-Staub im *1.2.3.4-Tetrahydrophenanthren* (**XII**) übergeht. Der Desbase **X** wurde die Methinstruktur statt der in Frage kommenden Isomethinstruktur mit Doppelbindung in der Seitenkette auf Grund ihres UV-Absorptionsspektr. zuerteilt. Vorläufige Verss. ergaben, daß **II** deutlich analget. Wrkg. zeigt.

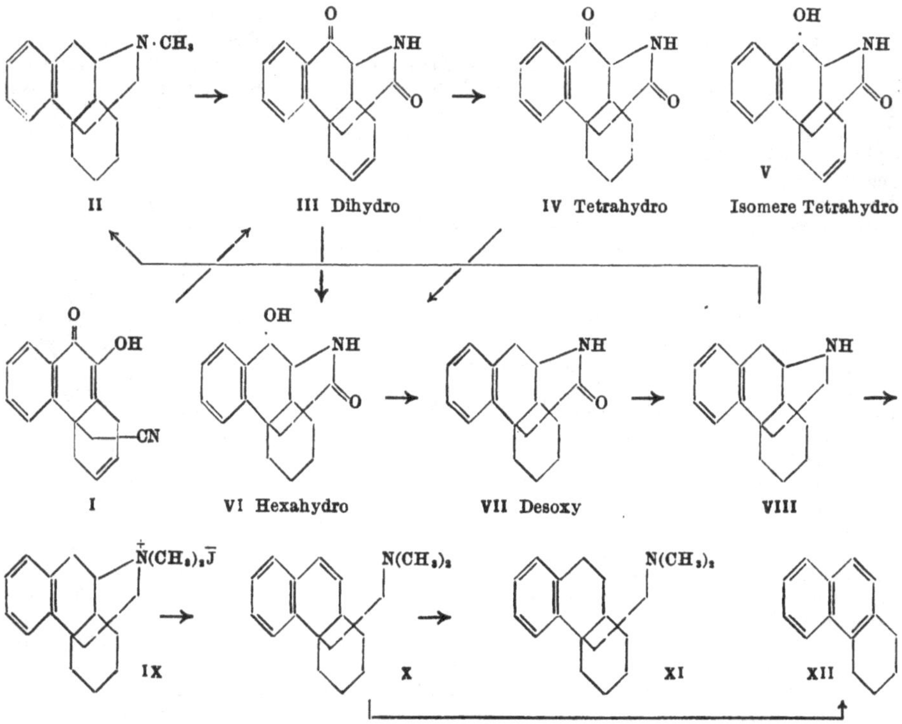

Versuche: *4-Cyanmethylnaphthochinon-(1.2)*, aus 1-Aminonaphthol-(2)-sulfonsäure-(4) durch Oxydation mit HNO_3, Umsetzung des entstandenen Sulfonsäurechinons mit Cyanessigester in verd. Methanol bei 10° u. nachfolgender Einw. von Alkalilauge, gelbe mikrokristalline Nadeln, F. 199,5—204° (Zers.); 16% (Ausbeute). — *9.10-Dioxo-13-cyanmethyl-5.8.9.10.13.14-hexahydrophenanthren* (**I**), aus vorst. Verb. u. Butadien in absol. Dioxan (48 Std.), Kristalle aus Methanol, F. 182,5—185°; 83%. — *Dihydroverb.* (**III**), $C_{16}H_{15}O_2N$, aus **I** durch Hydrierung bei Ggw. von Cu-Cr-Oxyd in absol. A. bei 135° unter Druck, Prismen aus Methanol, F. 252,5—254°; 50%. Löst sich nicht in wss. Alkalilauge, sehr wenig lösl. in Methanol u. A., wenig lösl. in kaltem Benzol. Die Lsg. in konz. H_2SO_4 ist blaßgelb. Löst sich in 6nHCl nur teilweise, leicht in 12nHCl unter Bldg. eines kristallinen *Hydrochlorids*. Wird durch eine Lsg. von Perjodsäure in verd. Methanol nicht angegriffen; verändert sich nicht beim Kochen mit o-Phenylendiamin in Essigsäure; *Oxim*, $C_{16}H_{16}O_2N_2$, Kristalle aus Pyridin, F. 280 bis 281°, lösl. in wss. Alkalien; *Acetylderiv.*, $C_{18}H_{17}O_3N$, beginnt bei raschem Erhitzen bei 168° zu schm., schm. bei langsamen Erhitzen bei 176—178°; wird beim Kochen mit wss.-alkoh. Alkalilauge hydrolysiert. — *Isomere Dihydroverb.*, $C_{16}H_{15}O_2N$, in geringer Menge aus der Mutterlauge von **III**, Kristalle aus Methanol, F. 286,5—288,5° (Zers.), unlösl. in kaltem Bzl., etwas leichter lösl. in Methanol u. A. als **III**; löst sich in H_2SO_4 mit blaßgelber Farbe. — *Hexahydroverb.* (**VI**), $C_{16}H_{19}O_2N$, bei der Hydrierung von **III** bei Ggw. von RANEY-Ni in Methanol bei Raumtemp. unter Atmosphärendruck (16 Std.), Prismen aus Methanol, F. 242—243,5°; 78%; wenig lösl. in kaltem Bzl., lösl. in Methanol u. A., unlösl. in 2nHCl, lösl. in 6nHCl; löst sich farblos in konz. H_2SO_4; *Diacetylderiv.*, $C_{20}H_{23}O_4N$, Blätter aus verd. Methanol, F. 137—139°, unlösl. in verd. Säuren, leicht lösl. in Methanol u. Benzol — *Tetrahydroverb.* (**IV**), $C_{16}H_{17}O_2N$, aus **III** durch Absorption von 1 Mol H_2 (6 Min.), Prismen aus Bzl. + A., F. 226—227,5°; teilweise lösl. in 6nHCl, unlösl. in Alkalilauge, wenig lösl. in Bzl. u. A.; löst sich in konz. H_2SO_4 mit blaßgelber Farbe; *Oxim*, $C_{16}H_{18}O_2N_2$, Prismen aus A., F. 256—258° (Zers.), lösl. in Alkalilaugen. Liefert bei weiterer Hydrierung über RANEY-Ni **VI**. — *Isomere Tetrahydroverb.* (**V**), $C_{16}H_{17}O_2N_2$, bei der Hydrierung von **I** in Ggw. von Cu-Cr-Oxyd bei 165° unter Druck; Prismen aus A., F. 282—283°; 49,2%; ziemlich schwer lösl. in A., ziemlich leicht lösl. in 6nHCl; liefert bei der Hydrierung über RANEY-Ni in Methanol unter Atmosphärendruck **VI**. Bildet kein Oxim. *Diacetylderiv.*, $C_{20}H_{21}O_4N$, Nadeln aus Essigsäure, F. 172,5—174°. — *Desoxyverb.* (**VII**), $C_{16}H_{19}ON$, beim Kochen von **VI** mit 47%ig. HJ u. rotem P (17 Std.), Blätter aus Bzl., F. 208—209°; 98%; *Hydrojodid*, F. 245—256° (Rohprod.), wenig lösl.; *Halbhydrochlorid*, 2 $C_{16}H_{19}ON$ + HCl, Blätter aus Chlf. + Methanol oder 20%ig. HCl, F. 252—260° (Zers.), löst sich schwer in W. unter teilweiser Hydrolyse; bildet kein Oxim. Reduktionsverss. nach HUANG-MINLON, WOLFF-KISHNER waren ohne Erfolg. Läßt sich mit CH_3J in Bzl. oder Formaldehyd-Ameisensäure nicht methylieren. *Monoacetylderiv.*, $C_{18}H_{21}O_2N$, Tafeln, F. 135,5 bis 137°, unlösl. in verd. Säuren, lösl. in Methanol. — *N-Methylisomorphinan* (**II**), $C_{17}H_{23}N$, durch Hydrierung von **VII** bei Ggw. von Kupferchromit in Dioxan bei 210 bis 225° unter Druck u. nachfolgendem Kochen des entstandenen Öls mit Formaldehyd u. Ameisensäure oder beim Kochen von **VII** mit $LiAlH_4$ in Ae. (3 Tage), Zers. mit Alkalilauge u. nachfolgender Methylierung Öl, $Kp._{10^{-4}}$ 180° (Badtemp.); 92,5%; lösl. in verd. Säuren u. wird durch Alkalien wieder ausgefällt. Läßt sich in Ggw. von ADAMS-Katalysator nicht hydrieren. *Methojodid* (**IX**), $C_{18}H_{26}NJ$, Nadeln aus Methanol, F. 233 bis 236° (Zers.). *Pikrat*, $C_{17}H_{23}N + C_6H_3O_7N_3$, gelbe Blätter aus Methanol, F. 210—212,5° (Zers.), wenig lösl. in Methanol; gibt keine Depression mit GREWES „Pikrat A". — *Desbase* (**X**), $C_{18}H_{25}N$, aus vorst. Methojodid beim Erwärmen mit 30%ig. KOH, Öl, $Kp._{Hochvakuum}$ 180° (Badtemp.), lösl. in verd. Säuren; *Pikrat*, $C_{18}H_{25}N + C_6H_3O_7N_3$, gelbe Blätter, F. 207,5—209,5°. — *Dihydrodesbase* (**XI**), $C_{18}H_{27}N$, bei der Red. von **X** bei Ggw. von ADAMS- Katalysator in Methanol, Öl, $Kp._{10}{}^{-4}$ 180° (Badtemp.); *Pikrat*, $C_{18}H_{27}N + C_6H_3O_7N_3$, gelbe Blätter aus Methanol, F. 191—192,5°; gibt keine Depression mit dem Pikrat der Dihydrodesbase aus GREWES „Pikrat A". — *1.2.3.4-Tetrahydrophenanthren* (**XII**) beim Erhitzen von **X** mit Zn-Staub auf 490°, *Pikrat*, Kristalle aus Methanol; *Verb. mit Trinitrobenzol*, $C_{14}H_{14} + C_6H_3O_6N_3$, Kristalle aus Methanol + Bzl., F. 126—127,5°. (J. Amer. chem. Soc. **72**. 1141—46. März 1950. Bryn Mawr, Pa., Cambridge, Mass., Marian Edwards Park Lab. of Bryn Mawr Coll., u. Converse Mem. Lab. of Harvard Univ.) HILLGER. 3500

P. J. Hearst und **C. R. Noller**, *Aktive Nitroterephthalsäure-(+)-menthylester-(—)-menthylester*. Vff. untersuchten an einem Beispiel, ob Enantiomorphe vom Typ (+)A—Z—X—Y—Z—A(—) u. (—)A—Z—X—Y—Z—A(+) opt. Drehung aufweisen. Sie stellen *2-Nitroterephthalsäure-1-(—)-menthylester-4-(+)-menthylester* u. *2-Nitroterephthalsäure-1-(+)-menthylester-4-(—)-menthylester* her. Die Verbb. zeigen eine beachtliche Drehung.

Versuche: Aus Terephthalsäure wurde *Nitroterephthalsäure* nach WEGSCHEIDER [1900] hergestellt; statt rauchender HNO_3 wurde 70%ig. benutzt u. statt Pyroschwefelsäure 30%ig. rauchende H_2SO_4; 78% (Ausbeute). — Die Umwandlung in den *Di-(—)-menthylester* wurde nach COHEN u. DE PENNINGTON [1913] ausgeführt; F. 86—88°; $[\alpha]_D^{25}$ —159° (c = 1,996, Bzl.); 59%. — Der Ester wurde durch partielle Verseifung in *2-Nitroterephthalsäure-1-(—)-menthylester* übergeführt; F. 73,5—75°, enthält 1 Mol. Kristallwasser; nach Umkristallisieren aus Hexan F. 128,5 bis 129,5° (wasserfrei); $[\alpha]_D^{25}$ —128° (c = 2,029, A.). — *2-Nitroterephthalsäure-1-(—)-menthylester-4-(+)-menthylester*, $C_{28}H_{41}O_6N$, aus 3,49 g vorst. Ester u. $SOCl_2$ u. Rk. des rohen Chlorids mit 1,56 g (+)-Menthol in Pyridin; F. 99,5—100,5° (A.); $[\alpha]_D^{25}$ —59,7° (c = 2,011, Bzl.); 2,76 g. — Aus dem *Di-(+)-menthylester*, F. 86—88°; $[\alpha]_D^{25}$ +158° (c = 2,031, Bzl.) wurde in entsprechender Weise *2-Nitroterephthalsäure-1-(+)-menthylester* hergestellt; F. 127,5—128,5°; $[\alpha]_D^{25}$ +127° (c = 2,00, A.); daraus *2-Nitroterephthalsäure-1-(+)-menthylester-4-(—)-menthylester*, $C_{28}H_{41}O_6N$, F. 99,5 bis 100,5°; $[\alpha]_D^{25}$ +59,1° (c = 2,00, Bzl.). (J. Amer. chem. Soc. **74**. 4709—10. 20/9. 1952. Stanford, Calif., Stanford Univ., Dep. of Chem.) HILDEGARD SCHULZ. 3600

Franklin S. Prout und **Byron Riegel**, *Reduktionen von Isocholestan-6-on. Isocholestan-6-on* (I) wurde mit Al–Isopropylat zum *Isocholestan-6-ol* u. nach WOLFF-KISHNER zu *Isocholestan* (II) reduziert. **II** nimmt weder in Ggw. von RANEY-Ni in Dioxan noch mit PtO_2 in Eisessig H_2 auf. **II** wird mit HBr in Aceton zu dem KW-stoff **III** umgelagert, der ident. ist mit dem von SCHMID u. KÄGI (C. **1951**. II. 1288) bei PtO_2-Hydrierung von **II** u. nachheriger H_2SO_4-Behandlung erhaltenen Prod.; es entsteht aus **II** auch durch Schütteln mit H_2SO_4.

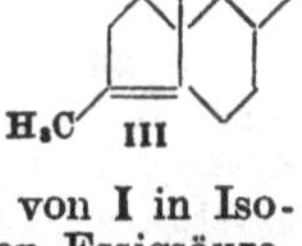

III

Versuche: *Cholesterylacetat*, F. 112,7—114,7°. Das durch Red. von I in Isopropanol mit Al-Isopropylat erhaltene Öl wurde mit einem Gemisch von Essigsäure, Zn-Acetat u. Essigsäureanhydrid 6 Std. erhitzt u. mit W. versetzt; 94% roh (Ausbeute); Reinigung durch Kristallisation aus Butanon, A. u. Essigester. — *Isocholestan* (**II**), F. 78,4—79,1° (korr., Aceton): **I** wurde mit Na in Diäthylenglykol u. 85%ig. Hydrazinhydrat 2 Std. gekocht; es wurde bis zur Dampftemp. von 205° eingeengt u. weitere 4 Std. gekocht, nach Verdünnen mit W. mit Ligroin extrahiert u. an Al_2O_3 chromatographiert. Die mit Ligroin eluierten Fraktionen lieferten **II**; $[\alpha]_D^{26}$ +78,5° (20 mg in 2 cm³ Chlf.); α_D^{26} +1,57° (l = 2 dm); 72,4%. Benzolelution gab das I-*Azin*, $C_{54}H_{88}N_2$, aus Butanon Nadeln; F. 239,8—243,5° (Zers.); $[\alpha]_D^{26}$ +121° (42,3 mg in 5 cm³ Bzl.); α_D^{26} +2,05° (l = 2 dm). — Verb. **III**, durch 8std. Erhitzen von 0,49 g **II** in Aceton mit 48%ig. HBr; F. 61,5—64,5° (Aceton); $[\alpha]_D^{20}$ +61,2° (50,8 mg in 4,94 cm³ Chlf.); $[\alpha]^{20}_D$ +1,26° (l = 2 dm); 0,45 g roh. Entsteht auch aus **II** mit HJ in Aceton oder in Ligroin beim Schütteln mit konz. H_2SO_4 bei 0—10°, kaum mit HCl oder H_2SO_4 in Aceton u. gar nicht in A. mit HBr. *Oxyd*, F. 96,5—97,5° (Essigester), aus **III** in Chlf. mit Perbenzoesäure; $[\alpha]_D^{26}$ +43° (33,4 mg in 1,96 cm³ Chlf.); $[\alpha]_D^{26}$ +0,73° (l = 1 dm). **III** wurde in Ae. mit einer Lsg. von Br_2 in Essigsäure behandelt, die Lsg. mit Eis-Kochsalz gekühlt u. die ausgefallene farblose *Verb.* $C_{27}H_{45}Br_2$ abfiltriert, F. 106—109°; $[\alpha]_D^{27}$ —101° (16,2 mg in 1,96 cm³ Chlf.); $[\alpha]_D^{27}$ —0,82° (l = 1 dm). Die Verb. fällt mit alkoh. **Ag** NO_3 sofort AgBr, was für eine Allylbromid-Struktur spricht. (J. Amer. chem. Soc. **74**. 3190—91. 20/6. 1952. Chicago, Ill., u. Evanston, Northwestern Univ. u. De Paul Univ., Depp. of Chem.) SCHORRE. 3700

B. Ellis und **V. Petrow**, *Steroide und verwandte Verbindungen*. 9. Mitt. *Weitere Versuche über die Bromierung von Oxydationsprodukten des Cholestan-3β.5α.6β-triols.* Da nach ELLIS u. PETROW (C. **1939**. II. 2664) die Verss. zur Darst. von *6-Oxy-Δ^1.4^-cholestadien-3-on* (I) fehlschlugen, versuchten Vff., *2-Bromcholesta-5α-ol-3.6-dion* (**II**) herzustellen, weil Diketoalkohole nach PICKARD u. YATES [1908] leichter dehydratisiert werden. Bromierung von *Cholestan-5α-ol-3.6-dion* lieferte **nur** ein Gemisch von **II** u. *4.7.7-Tribrom-Δ⁴-cholesten-3.6-dion*. *2.2-Dibrom-6β-acetoxycholestan-5α-ol-3-on* (**V**) wurde zum *2.2-Dibrom-6β-acetoxy-Δ⁴-cholesten-3-on* (**VI**) dehydratisiert u. ging bei mehrstd. Stehen in Essigsäure in das *2.4-Dibrom-Δ^4.6^-cholestadien-3-on* über, das auch aus **VI** mit HBr gewonnen wurde. *6β-Acetoxy-Δ⁴-cholesten-3-on* gab mit HBr *Cholestan-3.6-dion*. Da das aus **VI** mit Kollidin erhaltene *Monobromketon* (**VII**) weder durch Cr (II)-Chlorid noch mit Zn oder RANEY-Ni in I übergeführt werden konnte, wurde **der freie Alkohol** mit CrO_3 zum *2-Brom-Δ^1.4^-cholestadien-3.6-dion* (**VIII**) oxydiert u. dieses sowohl mit Cr(II)-Chlorid als auch mit Zn u. RANEY-Ni in *2-Brom-Δ¹-cholesten-3.6-dion* übergeführt. Aus *2.2-Dibromcholestan-3.6-dion* (**III**) entstand mit HBr nicht das erhoffte 2.4-Dibromderiv., sondern *2-Bromcholestan-3.6-dion* (**IX**), das **durch** Dehydrobromierung *Δ¹-Cholesten-3.6-dion* gab.

Versuche (Drehungen in Chlf.): *Δ⁴-Cholesten-3.6-dion* (**IV**), $C_{27}H_{42}O_2$, aus 2-Brom-6β-acetoxycholestan-5α-ol-3-on in alkoh. HCl durch 5std. Kochen am Rückfluß; aus wss. A. gelbe Platten, F. u. Misch-F. 122—123°. — Bromierung von Cholestan 5α-ol-3.6-dion in Chlf./Essigsäure lieferte *2-Bromcholestan-5α-ol-3.6-dion* (**II**), $C_{27}H_{43}O_3Br$, aus wss. Aceton u. A. Platten, F. 238° (Zers.), $[\alpha]_D^{21}$ —22,6° (c = 1,89), u. *4.7.7-Tribrom-Δ⁴-cholesten-3.6-dion*, $C_{27}H_{39}O_2Br_3$, aus wss. Aceton Nadeln, F. 195° (Zers.), $[\alpha]_D^{22}$ +15,2° (c = 1,41). — *2.2-Dibrom-6β-acetoxy-Δ⁴-cholesten-3-on* (**VI**), $C_{29}H_{44}O_3Br_2$, aus **V** nach 2¹/₂std. Erhitzen mit Essigsäureanhydrid; aus wss. Aceton Nadeln, F. 154—155°, $[\alpha]_D^{21}$ —10,8° (c = 1,5), $E_{1cm}^{1\%}$ = 157 (250 mμ). *Chinoxalinderiv.*, $C_{35}H_{48}O_2N_2$, aus wss. Aceton Platten, F. 204°. — *2.4-Dibrom-Δ^4.6^-cholestadien-3-on*, $C_{27}H_{40}OBr_2$, a) aus 6-Acetoxycholestan-5α-ol-3-on in Essigsäure mit Brom in 18 Std.; aus Methanol–Aceton Nadeln, F. 178° (Zers.), $[\alpha]_D^{20}$ +37,8° (c = 2,38), λ_{max} = 292,5 mμ, $E_{1cm}^{1\%}$ = 270, λ_{min} = 235 mμ, $E_{1cm}^{1\%}$ = 134. b) **V** in Eisessig wurde mit HBr 3 Min. am Rückfluß gekocht. c) Aus **VI** in Eisessig mit HBr, F. u. Misch-F. keine Depression. — *Cholestan-3.6-dion*, aus 6β-Acetoxy-Δ⁴-cholesten-3-on in Essigsäure mit HBr nach 18std. Stehen bei 37°, aus wss. Aceton, F. u. Misch-F. keine Depression. — *2-Brom-6β-acetoxy-Δ^1.4^-cholestadien-3-on* (**VII**), $C_{29}H_{43}O_3Br$, aus **VI** durch 7 Min. langes Erhitzen mit Kollidin; aus wss. Aceton prismat. Nadeln, F. 123—124°, $[\alpha]_D^{23}$ —32,3° (c = 1,15); λ_{max} = 253 mμ, $E_{1cm}^{1\%}$ = 248. — *2-Brom-Δ^1.4^-cholestadien-6β-ol-3-on*, $C_{27}H_{41}O_2Br$, aus **VII** mit methanol. KOH; aus wss. Aceton Platten, F. 240°, $[\alpha]_D^{23}$ —37,8° (c = 1,06), λ_{max} = 255 mμ, $E_{1cm}^{1\%}$ = 305. — *2-Brom-Δ^1.4^-cholestadien-3.6-dion* (**VIII**), $C_{27}H_{39}O_2Br$, aus vorst. Verb. in Essigsäure mit CrO_3; aus wss. Aceton Platten, F. 182°, $[\alpha]_D^{23}$ —139° (c = 1,74); λ_{max} = 255 mμ, $E_{1cm}^{1\%}$ = 234, λ_{min} = 232 mμ, $E_{1cm}^{1\%}$ = 139. — *2-Brom-Δ¹-cholesten-3.6-dion*, $C_{27}H_{41}O_2Br$, a) aus **VIII** in Aceton u. alkoh. Cr(II)-Chloridlsg. unter CO_2; aus wss. Aceton, F. 221° (Form A), $[\alpha]_D^{19}$ —61° (c = 1,64); aus der Mutterlauge Nadeln, F. 160—162° (Form B), $[\alpha]_D^{21}$ —63° (c = 1,1), λ_{max} (A u. B) = 257 mμ, $E_{1cm}^{1\%}$ = 156. b) 18std. Erhitzen einer alkoh. Lsg. von **VIII** mit RANEY-Ni gab Form A. c) 2.2-Dibromcholestan-3.6-dion (**III**) wurde mit Kollidin 1,5 Min. am Rückfluß erhitzt u. gab nach Chromatographieren (PAe. 40—60°) u. Eluieren mit Bzl.–PAe. (4 : 1) Form A, F. 221°. — *Cholestan-3.6-dion*, aus **IV** in Aceton mit Cr(II)-Chlorid unter

CO_2, aus wss. A., F. u. Misch-F. 169—170°. — *2-Bromcholestan-3.6-dion* (**IX**), $C_{27}H_{43}O_2Br$. **III** in Chlf. u. Essigsäure wurde mit HBr 4 Std. geschüttelt, aus wss. Aceton Nadeln, F. 140—180° (je nach Erhitzen), $[\alpha]_D^{20}$ —10,4° (c = 1,5). — *2.2-Dibromcholestan-3.6-dion* (**III**), $C_{27}H_{42}O_2Br_2$, aus **IX** in Essigsäure–Chlf. mit Br_2 in Essigsäure mit Na-Acetat, aus Chlf.–Essigester, F. 175—195° (Zers.), $[\alpha]_D^{20}$ +68,3° (c = 1,31). — *Δ^1-Cholesten-3.6-dion*, $C_{27}H_{42}O_2 \cdot {}^1/_2H_2O$, aus **IX** durch 15 Min. langes Erhitzen mit Kollidin; aus wss. A. Platten, F. 161°, λ_{max} = 228 mμ, $E_{1\,cm}^{1\%}$ = 200. (J. chem. Soc. [London] **1950**. 2194—98. Aug. London, Brit. Drug. Houses Ltd.) SCHORRE. 3700

Werner Bergmann, Frank H. McTigue, Eva M. Low, William M. Stokes und **Robert J. Feeney,** *Beiträge zur Untersuchung von Meeresprodukten.* 26. Mitt. *Sterine aus Schwämmen der Familie suberitidae.* Die folgenden zehn Arten von Schwämmen aus der Ordnung hadromerina wurden auf ihren Steringeh. untersucht: Familie choanitidae: *spheciospongia sp.* (**I**), *anthosigmella varians* (**II**); Famile clionidae: *cliona carriboea* (**III**); Familie suberitidae: *suberites suberea* (**IV**), *terpios fugax* (**V**), *terpios zeteki* (**VI**), *aaptos sp.* (**VII**), *radiella sol* (**VIII**), *weberella bursa* (**IX**), *polymastia infrapilosa* (**X**). Die Spezies der Familie suberitidae enthalten hauptsächlich gesätt. rechtsdrehende Sterine (Cholestanol), während die der beiden anderen Familien hauptsächlich die Δ^5-ungesätt. Sterine Clionasterin u. Poriferasterin, die nach links drehen, enthalten. Dieser Befund kann zur Klassifizierung von Schwämmen herangezogen werden, Beispiele hierfür werden angeführt. Bei der Unters. von **VII** wurde ein neues gesätt. Sterin $C_{28}H_{50}O$, von Vff. *Aptostanol* genannt, gefunden, das auch in den Spezies **VIII, IX** u. **X** vorkommt. Wegen Übereinstimmung seines Acetats, Benzoats u. Dinitrobenzoats in FF. u. opt. Drehung mit den entsprechenden Verbb. des *Haliclonastanols* (BERGMANN u. FEENEY, J. org. Chemistry **14**. [1949.] 1078) ist Identität möglich.

V e r s u c h e (FF. korr., Drehungen in Chlf.): Die Isolierung u. Reinigung der Sterine aus den verschied. Schwämmen nach einem früher (C. **1948**. I. 1132) ausgearbeiteten Verf. wird beschrieben. Es wurden isoliert: *Poriferasterin*, aus **I, II** u. **III**, F. 154°; $[\alpha]_D^{24}$ —49,1°. *Poriferasterylacetat*, F. 145—147°; $[\alpha]_D^{26}$ —54,5°. *Poriferasterylpropionat*, F. 125—126°; $[\alpha]_D^{26}$ —51,5°. *Poriferasterylacetattetrabromid*, F. 190 bis 192°. *Poriferasteryl-m-dinitrobenzoat*, F. 227°; $[\alpha]_D^{25}$ —22,2°. — *Clionasterin*, aus **I, II** u. **III**, F. 139,5—140°; $[\alpha]_D^{26}$ —39,3°. *Acetat*, F. 139,5—140°; $[\alpha]_D^{26}$ —42°. *Propionat*, F. 118—119°; $[\alpha]_D^{26}$ —42,4°. *Benzoat*, F. 139—140°; $[\alpha]_D^{26}$ —38°. — Aus **IV** wurde über das Digitonid ein Sterin isoliert u. in das *Acetat* übergeführt, F. 122—124°; $[\alpha]_D^{27}$ +14,4°, dessen Bromierung *Spongosterylacetatmonobromid*, $C_{29}H_{50}O_2 \cdot C_{30}H_{50}O_2Br_2$, lieferte, aus Äthylacetat–CH_3OH, F. 155° (vgl. C. **1946**. I. 620). — *Cholestanol*, aus **V, VI, VII, IX** u. **X**, F. 142—142,5°; $[\alpha]_D^{24}$ +13,5°. *Acetat*, F. 111—112°; $[\alpha]_D^{23}$ +12,9. *Benzoat*, F. 135° (trübe, klar bei 155°); $[\alpha]_D^{23}$ +22,1°. — *Aptostanol*, aus **VII, VIII, IX** u., unrein, aus **X**, aus Ae.–CH_3OH, F. 134,5—135,5°; $[\alpha]_D^{27}$ +22,2°. *Acetat*, $C_{30}H_{52}O_2$, aus A., Ae. u. Ae.–CH_3OH, F. 132,5—133,5°; $[\alpha]^{28}$ +14,0°. *Benzoat*, $C_{35}H_{54}O_2$, F. 132 bis 133,5°; $[\alpha]_D^{25}$ +19,0°. *m-Dinitrobenzoat*, $C_{35}H_{52}O_6N_2$, F. 210—212°; $[\alpha]_D^{28}$ +15,6°. (J. org. Chemistry **15**. 96—105. Jan. 1950. New Haven, Conn., Sterling Chem. Labor., Bingham Oceanographic Labor., Bermuda Biol. Station for Res.) KOCK. 3700

J. Romo, M. Romero, Carl Djerassi und **G. Rosenkranz,** *Steroide.* 13. Mitt. *Reaktion von α.β-ungesättigten Steroidketonen mit Benzylmercaptan. Thioenolätherbildung und 1.4-Addition.* (12. vgl. DJERASSI u. Mitarbeiter, C. **1953**. 3086.) Im Gegensatz zu $ZnCl_2$ u. p-Toluolsulfonsäure erwies sich Pyridinhydrochlorid als ausgezeichneter Katalysator, um Δ^4-3-Ketosteroide (**I**) mit Benzylmercaptan in die entsprechenden *3-Benzylthioenoläther* (**II**), auch in Ggw. von empfindlichen anderen Gruppen, überzuführen. So wurden unter Einhaltung bestimmter Bedingungen die 20-Ketogruppe des Progesterons, die 20.21-Ketolseitenkette des Desoxycorticosterons, die 17α-Oxy-20-ketogruppe der Corticosteroide u. das Spiroketalsyst. der Sapogenine nicht angegriffen. Die **II** konnten mit RANEY-Ni zu 3.5-Dienen (**III**) entschwefelt u. mit H_2/Pd-

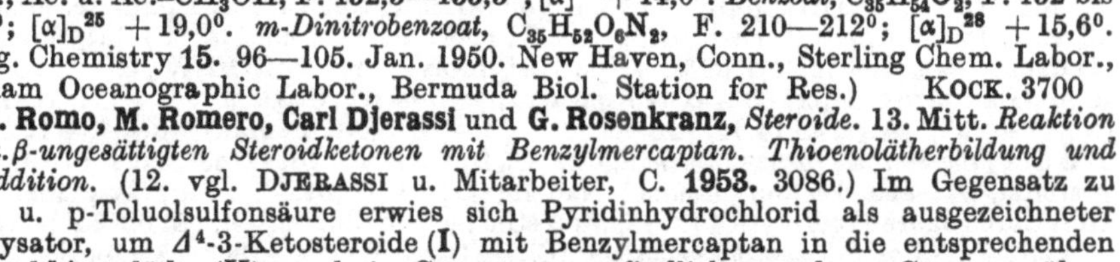

R = Benzyl

Kohle zu 3-Desoxyallosteroiden (**IV**) red. werden. Die Stabilität der 3-Benzylthioenoläthergruppe gegenüber $LiAlH_4$ ermöglicht die Umwandlung der $C_{(20)}$-Ketosteroide in die 20β-Oxyisomeren. Bei $\Delta^{4.16}$-Dienketonen, wie bei 16-Dehydroprogesteron (**XIII**), erfolgt 3-Thioenoläther-Bldg. (Pyridinhydrochlorid) oder 1.4-Addition des $C_6H_5CH_2SH$

(Piperidin) zu 16-Benzylmercaptoprogesteron, oder beide Rkk. treten nebeneinander ein (p-$CH_3C_6H_4SO_3H$). Die gegen Säurehydrolyse labilen **II** lassen sich mit H_2O_2 in die stabilen 3-Benzylsulfoxidoderivv. **V** überführen, aus denen die **II** durch $LiAlH_4$-Red. regeneriert werden können.

Versuche [FF. korr., Kofler Block; Best. der Drehwerte, wenn nicht anders vermerkt, in Chlf., der UV-Absorptionsmaxima (in mμ) in 95% ig. A.]: *Δ^4-Androsten-3.17-dion-3-benzylthioenoläther*, F. 175—178°, durch Zugabe von 0,1 g Pyridinhydrochlorid u. 3,0 g Benzylmercaptan in 10 cm³ absol. A. zu 3,0 g Δ^4-Androstendion-(3.17) in 150 cm³ Bzl., 3std. Rückflußkochen, Verdünnen mit Ae. u. Eindampfen (**A**); aus Methanol Nadeln; 3,3 g oder 81% (Ausbeute); λ_{max} 268 (log ε = 4,39). *3-Benzylsulfoxidoenoläther* (**VI**), $C_{26}H_{32}O_2S$, F. 217—219° (Zers.), durch Oxydation vorst. Verb. in Dioxan mit Perhydrol (**B**; 5 Min. auf dem Wasserbad), Gießen in W. u. Ae.-Extraktion; aus CH_3OH/CH_2Cl_2 Kristalle; $[\alpha]_D^{20}$ —113° (Dioxan); 67%; λ_{max} 258 (4,35). **VI** in Aceton gibt durch Hydrogenolyse mit W-2 RANEY-Ni (**C**) 58% *$\Delta^{3.5}$-Androstadien-17-on* [F. 80—82°; λ_{max} 228 (4,29); 234 (4,31)]; in Tetrahydrofuran durch Red. mit $LiAlH_4$ (Zugabe innerhalb 15 Min. u. anschließend 15 Min. Kochen), Verdünnen mit W. u. Ae.-Extraktion 57% nachst. *Thioenoläthers*. Hieraus durch saure Hydrolyse 82% *Testosteron* [**VII**; F. 152—154°; $[\alpha]_D^{20}$ +109,7°; λ_{max} 242 (4,25)]. — *Testosteron-3-benzylthioenoläther*, F. 156—167,5° (CH_3OH), aus **VII** nach **A**; $[\alpha]_D^{20}$ —117° (Dioxan); 57%; λ_{max} 268 (4,38). — *Δ^4-Cholesten-3-on-3-benzylthioenoläther*, F. 120—121°, aus Δ^4-Cholestenon-(3) nach **A**, mit Pyridinhydrochlorid 79%, mit $ZnCl_2$ fast 100%; λ_{max} 268 (4,20). — *Δ^4-22-Isospirosten-3-on-3-benzylthioenoläther*, $C_{34}H_{46}O_2S$, F. 165—167°, aus Δ^4-22-Isospirosten-3-on, **A**; aus Aceton Nadeln; $[\alpha]_D^{20}$ —146,9° (Dioxan); λ_{max} 268 (4,31). Saure Hydrolyse (1 Std.) gibt das Keton zurück, 1 std. Erhitzen in Aceton nach **C** u. 24std. Stehen bei Raumtemp. *$\Delta^{3.5}$-22-Isospirostadien* [$C_{27}H_{40}O_2$, F. 167—168°, aus Aceton/Methanol; $[\alpha]_D^{20}$ —150°; 78%; λ_{max} 228 (4,27), 234 (4,30)]. Aus 1,0 g des Diens in 100 cm³ Äthylacetat durch Hydrierung mit 0,1 g 10% Pd-Kohle (**D**) in 1,5 Std. 0,82 g *22-Isoallospirostan* [*Desoxytigogenin*, $C_{27}H_{44}O_2$, F. 176—177,5° ($CH_3OH/CH_3COO \cdot C_2H_5$); $[\alpha]_D^{20}$ —73,9°]. — *Progesteron-3-benzylthioenoläther* (**VIII**), $C_{28}H_{36}OS$, F. 146,5 bis 148,5° (Aceton), aus Progesteron (**A** ohne A., 5 Std.); $[\alpha]_D^{20}$ —50,7° (Dioxan); 65%; λ_{max} 268 (4,36). *Progesteron-3-benzylsulfoxidoenoläther*, $C_{28}H_{36}O_2S$, F. 200—210° (CH_2Cl_2/CH_3OH), aus **VIII** nach **B** mit Na_2CO_3, Verdünnen mit W. u. Extraktion mit CH_2Cl_2/Ae.; $[\alpha]_D^{20}$ —94,3° (Dioxan); 48%; λ_{max} 258 (4,32). 1 std. Einw. von 0,5% ig. äthanol. HCl auf **VIII** gibt 73% Progesteron (F. 127—129°), Red. nach **C** (4 Std.) 69% *$\Delta^{3.5}$-Pregnadien-20-on* [**IX**; $C_{21}H_{30}O$, F. 139—142° (Aceton/Methanol); $[\alpha]_D^{20}$ —52,4°; λ_{max} 228 (4,27), 234 (4,30). *Semicarbazon*, $C_{22}H_{33}ON_3$, F. 248—250° ($CH_3OH/CHCl_3$); $[\alpha]_D^{20}$ —31,1°; λ_{max} 232 (4,49). *Oxim*, $C_{21}H_{31}ON$, F. 148—149° (CH_3OH); $[\alpha]_D^{20}$ —25,6°]. Hydrierung (**D**) von **IX** gibt 85% *Allopregnanon-(20)* (**X**; F. 136 bis 137°; $[\alpha]_D^{20}$ +100°). — *Δ^4-Pregnen-20β-ol-3-on-3-benzylthioenoläther*, $C_{28}H_{38}OS$, F. 138—140° (CH_3OH), durch Zugabe von **VIII** in Ae. zu $LiAlH_4$ in Ae. innerhalb 10 Min., 15 minütiges Kochen, Zers. mit W. u. Extraktion mit Ae. (**E**); $[\alpha]_D^{20}$ —128,4° (Dioxan); λ_{max} 268 (4,41); 60%. 1½std. Hydrolyse mit CH_3OH/W./HCl (9 : 1 : 0,05) u. Ae.-Extraktion liefert 60% *Δ^4-Pregnen-20β-ol-3-on* [$C_{21}H_{32}O_2$, F. 169—171° (CH_3OH); $[\alpha]_D^{20}$ +83°; λ_{max} 242 (4,31). *Acetat*, F. 159—161° (Ae./Pentan); $[\alpha]_D^{20}$ +13,7°]. — *17α-Oxyprogesteron-3-benzylthioenoläther*, $C_{28}H_{36}O_2S$, F. 182—183°, aus 17α-Oxyprogesteron, **A**; aus Aceton/Methanol Nadeln; $[\alpha]_D^{20}$ —101,7°; 60%; λ_{max} 268 (4,38). Gibt durch saure Hydrolyse 40% reines Keton zurück, durch Red. (**E**) 62% *Δ^4-Pregnen-17α.20β-diol-3-on-3-benzylthioenoläther* [$C_{28}H_{38}O_2S$, F. 194—196° (Aceton/Methanol); $[\alpha]_D^{20}$ —135°,2 (Dioxan); λ_{max} 268 (4,40)], der durch saure Hydrolyse in *Δ^4-Pregnen-17α.20β-diol-3-on* [$C_{21}H_{32}O_3$, F. 201—204° (erhitzt ab 190°; Aceton/Hexan); $[\alpha]_D^{20}$ +68,2°; 60%; λ_{max} 240 (4,29)] übergeht. — *Desoxycorticosteronacetat-3-benzylthioenoläther* (**XI**), $C_{30}H_{38}O_3S$, F. 162—164° (aus Aceton/Methanol Nadeln), aus dem Acetat nach **A** (2,5std. Kochen); $[\alpha]_D^{20}$ —23,7° (Dioxan); λ_{max} 268 (4,30). *3-Benzylsulfoxidoenoläther*, $C_{30}H_{38}O_4S$, F. 171—173° (Zers.; Aceton/Methanol), aus vorst. Verb. nach **B** (48 Std. bei Raumtemp.); $[\alpha]_D^{20}$ —82,8° (Dioxan); 50%; λ_{max} 258 (4,32). *$\Delta^{3.5}$-Pregnadien-21-ol-20-on-21-acetat*, $C_{23}H_{32}O_3$, F. 166—168° (Aceton), aus **XI** nach **C** (2 Std.); 78%, oder durch Dehydratisierung von Δ^5-Pregnen-3β.21-diol-20-on-21-acetat mit P_2O_5 in Bzl. (3 Std.) in unreiner Form; 32%; $[\alpha]_D^{20}$ +70,6°; λ_{max} 228 (4,01), 234 (4,03). Hieraus durch weitere Red. (**C**) *Allopregnan-21-ol-20-on-21-acetat* ($C_{23}H_{36}O_3$, F. 202 bis 203°; $[\alpha]_D^{20}$ +101,8°; 83%). — *$\Delta^{4.16}$-Pregnadien-3.20-dion-3-benzylthioenoläther* (**XII**), $C_{28}H_{34}OS$, F. 171—173°, aus 16-Dehydroprogesteron (**XIII**), **A** (4 Std.); $[\alpha]_D^{20}$ —99,2° (Dioxan); 43%; λ_{max} 242 (4,27), 268 (4,36). Hydrogenolyse nach **C** (3 Std.) führt zu *$\Delta^{3.5.16}$-Pregnatrien-20-on* [$C_{21}H_{28}O$, F. 149—150°, aus Aceton/Methanol Nadeln; $[\alpha]_D^{20}$ —114,9°; 70%; λ_{max} 234 (4,48), 318 (1,75); Verb. von SHOPPEE u. PRINS (Helv.

chim. Acta **26.** [1943.] 1004), als Nebenprod. bei der Pyrolyse von 3-Acetoxy-17-benzoyloxy-Δ^5-pregnen-20-on entstanden, etwas unrein. *Oxim*, $C_{21}H_{29}ON$, F. 172—174° ($CH_3OH/CHCl_3$); $[\alpha]_D^{20}$ —121,7°]. Hydrierung des Trienons nach **D** gibt 78% **X**. — *16-Benzylmercaptoprogesteron-3-benzylthioenoläther* (**XIV**), $C_{35}H_{42}OS_2$, F. 126—128°, aus **XIII** in Bzl., Benzylmercaptan u. p-Toluolsulfonsäure, 4 std. Kochen, sonst wie **A**; gelbliche Kristalle; $[\alpha]_D^{20}$ —92,8° (Dioxan); 51%; λ_{max} 268 (4,37). *Semicarbazon*, $C_{36}H_{45}ON_3S_2$, F. 147—149°, aus $CH_3OH/CHCl_3$ mikrokristallines Pulver; λ_{max} 268 (4,37). Hydrogenolyse nach **C** gibt 73% **IX**. — *16-Benzylmercaptoprogesteron*, $C_{28}H_{36}O_2S$, F. 143—145° (Hexan/Aceton), a) aus **XIII**, $C_6H_5CH_2SH$ u. Piperidin in Bzl. durch starkes Einengen der Lsg. u. 3 std. Kochen; $[\alpha]_D^{20}$ +61,5° (Dioxan); 76%; λ_{max} 240 (4,29); b) durch 3 std. Erhitzen von 0,5 g **XII** in 100 cm³ CH_3OH u. 0,5 cm³ konz. HCl; 0,4 g; c) ebenso aus **XIV** in 90%ig. Ausbeute. *3-Semicarbazon*, $C_{29}H_{39}O_2N_3S$, F. 202 bis 204°; Na-Acetat-Meth.; λ_{max} 268 (4,68). — *Δ^5-16-Benzylmercaptopregnen-3β-ol-20-on-3-acetat* (**XV**), $C_{30}H_{40}O_3S$, F. 124—125° (Hexan); $[\alpha]_D^{20}$ —40,2° (Dioxan); aus $\Delta^{5.16}$-Pregnadien-3β-ol-20-on-3-acetat (**XVI**) wie vorst. nach a) (4 Tage bei Raumtemp.); 74%; kein λ_{max} bei 240 mμ; *polymorphe Form* von **XV**, F. 78—80°, $[\alpha]_D^{20}$ —39,8° (Dioxan); aus **XVI** nach **A** (5 Std.); 71%. Hydrogenolyse beider Formen nach **C** gibt 40% *Δ^5-Pregnen-3β-ol-20-on-3-acetat* (**XVII**; F. 147—148°; $[\alpha]_D^{20}$ +16°), dessen Verseifung zu *Δ^5-Pregnen-3β-ol-20-on* (F. 188—190°; $[\alpha]_D^{20}$ +25°) führt. — *Δ^5-16-Benzylsulfoxidopregnen-3β-ol-20-on-3-acetat*, $C_{30}H_{40}O_4S$, F. 141—143,5° (Hexan/Aceton), aus beiden Formen von **XV** nach **B** (A. u. gesätt. Na_2CO_3-Lsg., 5 Min. Erhitzen); $[\alpha]_D^{20}$ —35,3° (Dioxan); 58%. Gibt nach **C** 75% **XVII**. (J. Amer. chem. Soc. **73.** 1528—33. April 1951. Mexico City, D. F., Syntex S. A., Res. Labors., u. Univ., Inst. de Quím.)

HERR. 3750

O. Mancera, G. Rosenkranz und **Carl Djerassi**, *Steroide*. 14. Mitt. *Untersuchungen in der 3.6-Dioxypregnanreihe*. 1. Mitt. (13. vgl. vorst. Ref.) 22-Isoallospirostan-3β.6α-diol (**I**) wurde nach MARKER (vgl. C. **1941.** II. 47) zum *Allopregnan-3β.6α-diol-20-on* (**II**) abgebaut. Die Zwischenprodd. wurden charakterisiert. Ein zweiter Weg zu 3.6-Dioxypregnanverbb. führte, ausgehend vom Δ^5-Pregnen-3β-ol-20-on (**III**), durch Perameisensäureoxydation zu *Pregnan-3β.5α.6β-triol-20-on-3.6-diacetat*. Aus diesem wurde durch Wasserabspaltung *Δ^4-Pregnen-3β.6β-diol-20-on-3.6-diacetat* (**IV**) gewonnen. **IV** gab bei Red. *Allopregnan-3β-ol-20-on* u. *Allopregnan-20-on* (**V**). **V** wurde auch durch Abbau des 22-Isoallospirostans (**VI**) erhalten. Dieselbe Reaktionsfolge lieferte, ausgehend von *Δ^5-Pregnen-3β.21-diol-20-on-21-acetat* (**VII**), *Δ^4-Pregnen-3β.6β.21-triol-20-on-3.6.21-triacetat* (**VIII**), *Allopregnan-3β.21-diol-20-on-3.21-diacetat* u. *Allopregnan-21-ol-20-on-21-acetat* (**IX**). **VIII** u. **IX** wurden aus **IV** bzw. **V** auch auf anderem Wege dargestellt.

V e r s u c h e (Drehungsmessungen in Chlf.; UV-Absorptionsspektren in A.): *Δ^{20}-Allofurosten-3β.6α.26-triol*, F. 263—266°, aus **I**-Diacetat u. Essigsäureanhydrid durch Erhitzen im Bombenrohr auf 200° u. anschließende alkal. Verseifung, $[\alpha]_D^{20}$ +30,7° (Pyridin); 76—80% (Ausbeute). — *Δ^{16}-Allopregnen-3β.6α-diol-20-on*, $C_{21}H_{32}O_3$, F. 143—145° (nach Kühlen u. Wiederschmelzen F. 202—205°), aus vorst. Verb. über das Triacetat, dessen Oxydation mit CrO_3 in 80%ig. Essigsäure u. anschließende Verseifung; Reinigung chromatograph.; GIRARD-Trennung u. Kristallisation aus Hexan–Aceton; $[\alpha]_D^{20}$ +68,8°; λ_{max} 240 (mμ) (log ε = 4,09); 70%. — *Allopregnan-3β.6α-diol-20-on* (**II**), F. 202—203°, aus vorst. Verb. durch Red. mit H_2/5% Pd/$BaSO_4$ in Essigester; Kristalle aus Aceton; $[\alpha]_D^{20}$ +94,9°. *3.6-Diacetat*, $C_{25}H_{38}O_5$, aus **II**; Kristalle aus Hexan, F. 101—102°; $[\alpha]_D^{20}$ +88,4°. — *Pregnan-3β.5α.6β-triol-20-on*, F. 252—255°, aus **III** durch kurzes Erhitzen mit 90%ig. Ameisensäure u. anschließende Einw. von 30%ig. H_2O_2 bei Tempp. unter 35°; nach Verseifung Kristalle aus Methanol–Chlf.; $[\alpha]_D^{20}$ +58,8°; 78%. *3.6-Diacetat*, F. 212—215°; $[\alpha]_D^{20}$ —7,2°; 83%. — *Δ^4-Pregnen-3β.6β-diol-20-on-3.6-diacetat* (**IV**), $C_{25}H_{36}O_5$, F. 156—158°, aus vorst. Verb. durch Wasserabspaltung mit $SOCl_2$ in Pyridin; Kristalle aus Aceton–Hexan; $[\alpha]_D^{20}$ +44,4°; 76%. — *Pregnan-3.β.5α.6β.21-tetrol-20-on-3.6.21-triacetat*, F. 173—175°, aus **VII** durch Oxydation mit Perameisensäure wie oben, Verseifung u. Acetylierung; Kristalle aus Hexan–Aceton; $[\alpha]_D^{20}$ +5% (Aceton); 68%. — *Δ^4-Pregnen-3β.6β.21-triol-20-on-3.6.21-triacetat* (**VIII**), $C_{27}H_{38}O_7$, F. 143—144°; a) aus vorst. Verb. durch Wasserabspaltung wie oben; Nadelrosetten aus Hexan–Aceton; $[\alpha]_D^{20}$ +49°; keine Farb-Rk. mit Tetranitromethan; 92%; b) aus **IV** durch Oxydation mit Bleitetraacetat; F. u. Misch-F. 142—143°; $[\alpha]_D^{20}$ +45,2°; 39%. Chromatographie der Mutterlaugen lieferte 24% **IV** zurück. — *Δ^{16}-Allopregnen-20-on*, $C_{21}H_{32}O$, F. 155—157°, aus **VI** u. Essigsäureanhydrid im Bombenrohr bei 200°; eine Probe gab nach Verseifung u. Kristallisation aus Ae./Hexan *Δ^{20}-Allofurosten-26-ol* (F. 128—130°; $[\alpha]_D^{20}$ +30°); der Rest wurde wie oben oxydiert u. verseift; Kristalle aus Methanol; $[\alpha]_D^{20}$ +43°; λ_{max} 240 (4,10); 26%. — *Allopregnan-20-on* (**V**), $C_{21}H_{34}O$, F. 133—135°, aus vorst. Verb. durch Red. mit H_2/5%ig.

Pd-Holzkohle in Essigester; Platten aus Methanol; $[\alpha]_D^{20}$ +99°; 90%. — *Allopregnan-21-ol-20-on-21-acetat* (**IX**), $C_{23}H_{36}O_3$, F. 201—202°, aus **V** u. Bleitetraacetat; Kristalle aus Methanol–Chlf. u. Hochvakuumsublimation; $[\alpha]_D^{20}$ +98°; 65%. — Red. von **IV** mit H_2/Pd-Kohle in Essigester lieferte **V**, F. u. Misch-F. 133—135°; 61%, u. *Allopregnan-3β-ol-20-on*, F. u. Misch-F. 192—195°, Kristalle aus Hexan–Aceton; $[\alpha]_D^{20}$ +93°; 36%. *Allopregnan-3β-ol-20-on-acetat*, F. u. Misch-F. 141—143°; Kristalle aus Hexan; $[\alpha]_D^{20}$ +94,9°. — In Essigsäure gab die gleiche Red. nur 46% **V** u. 10% *Allopregnanolon*. Red. mit H_2/PtO_2 in Essigsäure u. anschließende CrO_3-Oxydation lieferte 57% **V**. — Red. von **VIII** mit H_2/Pd-Kohle in Essigsäure lieferte nach Chromatographie **IX**, F. u. Misch-F. 198—200°; $[\alpha]_D^{20}$ +94°; 37%, u. *Allopregnan-3β.21-diol-20-on-3.21-diacetat*, F. u. Misch-F. 150—151°; Kristalle aus Hexan–Aceton; $[\alpha]_D^{20}$ +82°: 25%. (J. org. Chemistry **16**. 192—98. Febr. 1951.) BIENECK. 3750

G. Rosenkranz, Carl Djerassi, R. Yashin und **J. Pataki**, *Steroide*. 26. Mitt. *Nebennierenrindenhormone aus Allosteroiden: Synthese von Cortison aus Reichsteins Verbindung D.* (25. vgl. C. **1953**. **8371**.) Vff. synthetisierten das *21-Acetat* von REICHSTEINS *Verb. S* (**I**; *Δ^4-Pregnen-17α.21-diol-3.20-dion*) durch Anwendung der NaJ-Meth. auf Allopregnan-17α.21-diol-3.20-dion-21-acetat (**II**) sowie das bisher nur aus Gallensäuren mit der cis-Konfiguration des Ringsystems A/B zugängliche *Cortisonacetat* (**III**) aus dem aus verschied. Steroidsapogeninen erhältlichen Acetat von REICHSTEINS Verb. D (**IV**; Allopregnan-3β.17α.21-triol-11.20-dion). — **II** (vgl. ROSENKRANZ u. Mitarbeiter, C. **1951**. II. 2186) wurde bei 16° in Chlf.–Eisessig mit zwei Mol Br_2 umgesetzt u. die Umwandlung der vermutlich zunächst entstehenden 2.2-Dibromverb. in das *2.4-Isomere* durch Zusatz von wenig wasserfreiem HBr in Eisessig beschleunigt. Nach 20 Std. wurde säurefrei gewaschen, im Vakuum zur Trockne eingedampft u. die rohe *2.4-Dibromverb.* sofort mit einem Überschuß von NaJ in Chlf. 20 Std. am Rückfluß gekocht. Nach Einengen, Extraktion mit Ae., Waschen mit Thiosulfatlsg. u. Eindampfen ½ std. Kochen des Rückstands in Dioxan mit 5%ig. $NaHSO_3$-Lsg. u. Verdünnen mit W.; Umkristallisation Aceton ergab das *21-Acetat* von **I**, F. 233—235°, $[\alpha]_D^{20}$ +109° (Aceton); λ_{max} 240 mμ (log ε = 4,36) (95%ig. A.). — Das aus Allopregnan-3β-ol-11.20-dion erhaltene *Acetat* von **IV** ($C_{23}H_{34}O_6$, F. 235—237°, $[\alpha]_D^{20}$ +66° (Aceton); vgl. STORK u. Mitarbeiter, C. **1953**. **8370**), identifiziert durch das 3.21-Diacetat (F. 220°), wurde durch Oxydation mit N-Bromacetamid in Pyridin in *Allopregnan-17α.21-diol-3.11.20-trion-21-acetat*, $C_{23}H_{32}O_6$, F. 235—237°, $[\alpha]_D^{20}$ +78° (Aceton), +89° (Chlf.), übergeführt. Dibromierung dieser Verb. in Eisessig (ohne Chlf.) u. Verdünnen mit W. ergab das *2.4-Dibromderiv.* [$C_{23}H_{30}O_6Br_2$, F. 150—153° (Zers.)], das roh mit NaJ wie oben behandelt wurde. Chromatographie an Al_2O_3 u. Umkristallisation der Bzl.–Ae.-Eluate aus Aceton ergab *Δ^4-Pregnen-17α.21-diol-3.11.20-trion-21-acetat* (**III**), F. 236—238°, Nadeln; $[\alpha]_D^{20}$ +181 (Aceton); λ_{max} 238 (4,35). (Nature [London] **168**. 28/7. 1951. Mexico City, D. F., Syntex, S. A., Res. Labors., u. Univ., Inst. de Quím.) ZILLIG. 3750

Carl Djerassi, G. Rosenkranz, J. Pataki und **S. Kaufmann**, *Steroide*. 27. Mitt. *Die Synthese von Allopregnan-3β.11β.17α.20β.21-pentol aus Cortison und Diosgenin.* (26. vgl. vorst. Ref.) In früheren Arbeiten (vgl. auch l. c.) hatten Vff. *21-Acetoxy-17α-oxyallopregnan-3.11.20-trion* (*Dihydroallocortisonacetat*; **II**) aus Diosgenin dargestellt; durch Druckhydrierung ließ sich **II** nun auch aus Cortisonacetat (**I**) darstellen. Durch $LiAlH_4$-Red. wurde **II** in *Allopregnan-3β.11β.17α.20β.21-pentol-3.20.21-triacetat* (**III**) übergeführt, das mit dem *Triacetat* von REICHSTEINS *Verb. A* ident. ist.

V e r s u c h e: *21-Acetoxy-17α-oxyallopregnan-3.11.20-trion* (**II**), $C_{23}H_{32}O_6$, F. 235 bis 236°, durch 20 std. Hydrierung von 20 g **I** in Essigester bei Raumtemp. u. ca. 3 at mit 10% Pd/$BaSO_4$; Kristalle aus Essigester; $[\alpha]_L^{20}$ +81° (Aceton); 14,5 g Ausbeute; zeigt mit einem Präp. aus Diosgenin keine F.-Depression; IR-Banden bei 1750, 1736, 1716, 1706 u. 1700 cm^{-1}; kein UV-Maximum bei 240 mμ. — *Allopregnan-3β.11β.17α-20β.21-pentol-3.20.21-triacetat* (**III**), $C_{27}H_{42}O_8$, F. 215—216°, durch $LiAlH_4$-Red. von 1 g **II** in sd. Tetrahydrofuran (30 Min.); bei der Aufarbeitung wurde mit Aceton–W., nicht mit Säure zers., das Prod. mit Acetanhydrid/Pyridin acetyliert u. an Al_2O_3 chromatographiert (eluiert mit Bzl.–Chlf. 4 : 6); aus Aceton–Ae. Kristalle; $[\alpha]_L^{20}$ +66° (Aceton), +74° (Chlf.); F. u. Misch-F. 218 220° (KOFLER); 0,48 g (J. biol. Chemistry **194**. 115—18. Jan. 1952.) FRUHSTORFER. 3750

Carl Djerassi, O. Mancera, Gilbert Stork und **G. Rosenkranz**, *Steroide*. 28. Mitt. *Einführung von 11-Keto- und 11α-Oxygruppen in im Ring C unsubstituierte Steroide.* (2. Mitt.) (27. vgl. vorst. Ref.; 1. vgl. STORK u. Mitarbeiter, C. **1953**. **8370**.) Bei der Oxydation von $\Delta^{7.9,11}$-Allopregnadien-3β-ol-20-on-3-acetat (**I**) mit Perameisensäure wurde *9α.11α-Oxidoallopregnan-7.20 dion-3β-ol-acetat* erhalten; F. 219—220°; $[\alpha]_D^{20}$ −36° (alle Drehwerte in Chlf.; λ_{max} 1728 u. 1700 cm^{-1} (in Chlf.). Alkal. Aufspaltung u. Acetylierung liefert *Δ*^{8,9}-*Allopregnen-7.20-dion-3β.11α-diol-diacetat* (II), F. 216—218°; $[\alpha]_D^{20}$ +55°; λ_{max} 252 mμ (log ε = 4,07) in A.; λ_{max} 1728 (Acetat); 1700 (20-Keton); 1670 cm^{-1} (Δ^8-7-Keton) (in Chlf.). Durch Hydrierung von **II** entsteht *Allopregnan-7.20-dion-3β-11α-diol-diacetat* (**III**), F. 156—157°; $[\alpha]_D^{20}$ ±0°; λ_{max} 1736 (Acetat); 1718 (7-Keton) u. 1710 cm^{-1} (20-Keton) in CS_2. Durch Verseifung der Mutterlaugen von **II** *Δ*^{8,9}-*Allopregnen-7.20-dion-3β-ol* (**IV**), F. 191—193°; $[\alpha]_D^{20}$ −8°; λ_{max} 252 mμ (4,10) in A.; 1700 u. 1656 cm^{-1} (in Nujol). *Acetat* (**IVa**), F. 159—161°; $[\alpha]_D^{20}$ −12°. **IV** bildet sich wahrscheinlich aus einem Gemisch des $\Delta^{9,11}$-7.8-Epoxyds u./oder des $\Delta^{9,11}$-7-Ketons **aus I**, da Chromatographie der Mutterlaugen zwei Isomere, F. 139—142°, $[\alpha]_D^{20}$ +33°, u. F. 213—215°, $[\alpha]_D^{20}$ −35°, gibt, die bei alkal. Umlagerung **IV** lieferten. **IVa** wurde mit Isopropenylacetat in ein nichtisoliertes Enolacetat übergeführt, das bei Zimmertemp. mit 1,1 Mol Monoperphthalsäure in Ae. versetzt wurde, woraus nach 40 std. Stehen *Δ*^{8,9}-*Allopregnen-7.20-dion-3β.11α-diol-3-monoacetat* (**IIa**), F. 192—194°; $[\alpha]_D^{20}$ +14°, krist.; λ_{max} 252 mμ (4,12) in A.; λ_{max} 1728; 1700 u. 1670 cm^{-1} (in Chlf.); Ausbeute 70%. **IIa** gibt bei Acetylierung **II**, Hydrierung von **IIa** gibt in Ggw. von Pd-Kohle *Allopregnan-7.20-dion-3β.11α-diol-3-acetat* (**IIIa**), F. 184—186°; $[\alpha]_D^{20}$ −10°; λ_{max} 1736; 1718 u. 1700 cm^{-1} (in Nujol). Acetylierung führt zu **III**. Chromsäureoxydation von **IIa** lieferte *Δ*^{8,9}-*Allopregnen-7.11.20-trion-3β-olacetat*, F. 171—173°; $[\alpha]_D^{20}$ +50°; λ_{max} 268 mμ (3,82) in A.; u. von **IIIa** *Allopregnan-7.11.20-trion-3β-olacetat*, F. 209—211°; $[\alpha]_D^{20}$ +20°. (J. Amer. chem. Soc. **73.** 4496—97. Sept. 1951.) K. H. MENZEL. 3750

G. Rosenkranz, J. Pataki und **Carl Djerassi**, *Steroide*. 29. Mitt. *Die Synthese von 11β-Oxyprogesteron.* (28. vgl. vorst. Ref.) Pregnan-3α-ol-11.20-dion-acetat (**I**) wird nach Überführung in das *20-Äthylenketal* (**II**) mit $LiAlH_4$ zu *Pregnan-3α.11β-diol-20-on* (**III**) reduziert. Dessen Oxydation nach OPPENAUER ergab *Pregnan-11β-ol-3.20-dion* (**IV**), das zu *4-Brompregnan-11β-ol-3.20-dion* (**V**) bromiert wurde. Durch Dehydrobromierung von **V** wurde das gesuchte *11β-Oxyprogesteron* erhalten, dessen physikal. Konstanten mit denen des aus Corticosteron (REICHSTEIN u. FUCHS, Helv. chim. Acta **23.** [1940.] 684) dar gestellten **V** übereinstimmten. Das Infrarotspektrum zeigt die Ggw. einer freien OH-Gruppe u. die Δ^4-3- u. 20-Ketogruppen.

Versuche: *Pregnan-3α.11β-diol-20-on* (**III**) $C_{21}H_{34}O_3$, F. 216—218° (KOFLER), durch Red. von *Pregnan-3α-ol-11.20-dion-20-äthylenketal-*(**II**)*-Acetat* (**II**, $C_{23}H_{36}O_4$, aus Hexan–Aceton, F. 143—145° [KOFLER]; $[\alpha]_D^{20}$ +60° [Aceton], durch 12 std. Erhitzen von **I** in Bzl. u. Äthylenglykol in Ggw. von p-Toluolsulfonsäure u. Verseifung mit 5%ig. methanol. KOH) in Ae. mit $LiAlH_4$ (je 2 Std. am Rückfluß u. bei Raumtemp.), Zers. des $LiAlH_4$ mit Essigester, Lösen des Eindampfungsrückstandes in Aceton u. Zugabe von p-Toluolsulfonsäure u. Stehen bei Raumtemp. über Nacht; $[\alpha]_D^{20}$ +123° (in Chlf.); 92% (Ausbeute); *3-Monoacetat*, $C_{23}H_{36}O_4$, aus CH_3OH, F. 180—182°, $[\alpha]_D^{20}$ +150,3° (Aceton), +129° (Chlf.). — *Pregnan-11β-ol-3.20-dion* (**IV**), $C_{21}H_{32}O_3$, F. 174 bis 176°, aus **III** in Toluol + Cyclohexanon u. Al-Isopropylat in Toluol (45 Min. am Rückfluß); aus Hexan–Essigester; $[\alpha]_D^{20}$ +124,7° (Chlf.); Infrarotspektrum zeigt freie OH-Bande u. CO-Bande (1702 cm^{-1}); 65%. — *4-Brompregnan-11β-ol-3.20-dion* (**V**), $C_{21}H_{31}O_3Br$, F. 183—185° (Ae.), aus **IV** u. Br_2 in Eisessig (2 Min.); $[\alpha]_D^{20}$ +122,4° (Chlf.); 52%. — *Δ*^{4}-*Pregnen-11β-ol-3.20-dion* (*11β-Oxyprogesteron*), $C_{21}H_{30}O_3$, F. 186 bis 188° (Ae.), aus **V** in Eisessig u. Semicarbazidhydrochlorid in 80%ig. Essigsäure in Ggw. von Na-Acetat (2 Std. bei 75° unter N_2) u. 2 std. Erhitzen mit wss. Brenztraubensäure in Ggw. von Na-Acetat auf 70°; Ae.-Extraktion nach Eingießen in 8%ig. NaOH; $[\alpha]_D^{20}$ +217° (Aceton); λ_{max} 242 mμ (log ε = 4,26) in 95%ig. A.; Infrarotspektrum: freie OH-Bande, CO-Bande bei 1700 cm^{-1} (20-Keton) u. 1658 cm^{-1} (Δ^4-3-Keton). (J. org. Chemistry **17.** 290—93. Febr. 1952.) K. F. MÜLLER. 3750

J. Pataki, G. Rosenkranz und **Carl Djerassi**, *Steroide*. 30. Mitt. *Partialsynthese von Allopregnan-3β.11β.21-triol-20-on und Allopregnan-3β.11β.17α.21-tetrol-20-on.* (29. vgl. vorst. Ref.) Vff. beschreiben die Partialsynthese von *Allopregnan-3β.11β.21-triol-20-on-3.21-diacetat* (REICHSTEINs *Verb. R-diacetat*; **I**) u. *Allopregnan-3β.11β.17α.21-tetrol-20-on-3.21-diacetat* (REICHSTEINs *Verb. V-diacetat*), die von REICHSTEIN aus Rindernebennieren isoliert worden sind.

Versuche: *Allopregnan-11β.21-diol-3.20-dion-21-acetat* (**II**), $C_{23}H_{34}O_5$, F. 190 bis 192°, durch Hydrierung von Corticosteronacetat in Äthylacetat, 20 Std. bei Raumtemp. u. ca. 3 at, mit 10%ig. Pd/$BaSO_4$; aus Methanol–W. Kristalle; $[\alpha]_D^{20}$ +135° (Aceton); Ausbeute über 70%; keine UV-Absorption. — *Allopregnan-3.11.20-trion*, F. 209—211°, durch analoge Hydrierung von 11-Ketoprogesteron; 68%. — *Allopregnan-3β.11β.21-triol-20-on-3.21-diacetat* (**I**), $C_{25}H_{38}O_6$, durch 75 Min. lange Hydrierung von 1,1 g **II** mit RANEY-Ni in Dioxan; nach Aufarbeitung wurden 0,71 g des *21-Monoacetats* ($C_{23}H_{36}O_5$, F. 190—192° [keine F.-Depression mit **II**!]; $[\alpha]_D^{20}$ +107° [Aceton]) isoliert, das mit Acetanhydrid/Pyridin in **I** übergeführt werden konnte; F.

u. Misch-F. (mit dem Naturprod.) 172—174°; $[\alpha]_D^{20}$ +101° (Aceton); 85%. — *Allopregnan-11β.17α.21-triol-3.20-dion-21-acetat*, $C_{23}H_{34}O_6$, F. 210—212°, durch Hydrierung von 0,5 g 17α-Oxycorticosteronacetat analog **II**; aus Hexan–Essigester 0,42 g Kristalle; $[\alpha]_D^{20}$ +69° (Chlf.); keine selektive UV-Absorption. — *Allopregnan-3β.11β.17α.21-tetrol-20-on-3.21-diacetat*, $C_{25}H_{38}O_7$, durch 6std. Hydrierung von 0,3 g vorst. Acetats mit RANEY-Ni analog **I**; nach Aufarbeitung aus Methanol 0,13 g Kristalle; F. u. Misch-F. (mit dem Naturprod.) 229—231°; $[\alpha]_D^{20}$ +76,6° (Aceton). (J. biol. Chemistry **195**. 751—54. April 1952.) FRUHSTORFER. 3750

J. Romo, Gilbert Stork, G. Rosenkranz und **Carl Djerassi**, *Steroide*. 31. Mitt. *Einführung der 11-Keto- und 11α-Oxy-Gruppen in im Ring C unsubstituierte Steroide*. (4. Mitt.) *Gesättigte 7.11-Dione*. [30. vgl. vorst. Ref.; 3. vgl. DJERASSI u. Mitarbeiter, C. **1953**. 862.) Aus Δ^8-Allopregnen-3β.11α.20β-triol-7-on (**I**) erhielten Vff. mit methanol. HCl *$\Delta^{8.11}$-Allopregnadien-3β.20β-diol-7-on* u. mit K-tert.-Butylat *Allopregnan-3β.20β-diol-7.11-dion* (**II**). *Allopregnan-3β.20β-diol-11-on-diacetat* wurde sowohl über das aus **II** mit Äthylendithiol erhaltene Cycloäthylenmercaptol (**III**) mit RANEY-Ni als auch aus Allopregnan-3β.11β.20β-triol-3.20-diacetat (**IV**) mit CrO_3 hergestellt. Aus Δ^8 22-Isoallospirosten-3β.11α-diol-7-on (**V**) erhielten Vff. nach analog durchgeführten Rkk. (Isomerisation mit K-tert.-Butylat, Mercaptolbldg. u. Desulfurierung) *22-Isoallospirostan-3β-ol-11-on-acetat* u. aus Allopregnan-3β.11α.20β-triol-7-on (**VI**) *Allopregnan-3β.11α.20β-triol*. Das isomere *3β.11β.20β-Triol* wurde aus Allopregnan-3.11.20-trion(**VII**) mit $LiAlH_4$ erhalten.

Versuche (Opt. Drehungen in Chlf. u. UV-Spektren in 95%ig. A., wenn nicht anders vermerkt): *$\Delta^{8.11}$-Allopregnadien-3β.20β-diol-7-on*, $C_{21}H_{30}O_3$, F. 228—229°, aus **I** durch einstd. Kochen mit methanol. HCl; $[\alpha]_D^{20}$ −31° (A.), Platten aus Hexan–Aceton; λ_{max} 226 u. 298 mμ (log ε = 4,30 bzw. 3,81) in A., λ_{max} 1660 cm⁻¹ (in Nujol) u. freie OH-Bande. *Diacetat*, $C_{25}H_{34}O_5$, F. 160—162°, λ_{max} 226 (4,33) u. 297 mμ (388); $[\alpha]_D^{20}$ −1°; λ_{max} 1736 u. 1666 cm^{-1} (in Nujol). *Oxim*, $C_{21}H_{31}O_3N$, aus Methanol, F. 228 bis 229°, λ_{max} 228 (4,30) u. 298 mμ (3,72). — *Allopregnan-3β.20β-diol-7.11-dion* (**II**), $C_{21}H_{32}O_4$, F. 280—281°. **I** in einer Lsg. von K in tert.-Butylalkohol wurde 30 Min. am Rückfluß erhitzt, mit W. versetzt, mit verd. HCl angesäuert u. im Vakuum eingeengt; Nadeln aus Methanol–Aceton; $[\alpha]_D^{20}$ −23° (A.); λ_{max} 294 mμ (1,90). *Diacetat*, $C_{25}H_{36}O_6$, F. 125—126°; $[\alpha]_D^{20}$ −15°; λ_{max} 1718 cm^{-1} (Chlf.). *Monoxim*, $C_{21}H_{33}O_4N$, F. 313 bis 315°; $[\alpha]_D^{20}$ −56° (A.). — *Allopregnan-3β.20β-diol-7.11-dion-7-cycloäthylenmercaptol-diacetat* (**III**), $C_{27}H_{40}O_5S_2$, F. 207—209°. Vorst. Diacetat wurde in Dioxan mit Äthandithiol, $ZnCl_2$ u. Na_2SO_4 18 Std. bei Zimmertemp. stehengelassen; Nadeln aus Methanol; $[\alpha]_D^{20}$ −10° (Dioxan). — *Allopregnan-3β.20β-diol-11-on-diacetat*, $C_{25}H_{38}O_5$, a) aus **III** durch 2std. Kochen mit W-2 RANEY-Ni in A.; aus Methanol–W., F. 154—156°; $[\alpha]_D^{20}$ +32°; λ_{max} 1726 (Acetat) u. 1710 cm^{-1} (Keton) (in Chlf.). b) Aus **IV** mit CrO_3 in 90%ig. Essigsäure; F. 155—157°; $[\alpha]_D^{20}$ +33°. — *Allopregnan-3β.20β-diol-11-on*, $C_{21}H_{34}O_3$, F. 239—240°, aus vorst. Diacetat durch alkal. Verseifung; $[\alpha]_D^{20}$ +34° (A.); CrO_3-Oxydation führte zu Allopregnan-3.11.20-trion (**VII**). — *Allopregnan-3β.11α.20β-triol*, F. 252—254°; $[\alpha]_D^{20}$ −23° (A.); aus **VI** über das Mercaptol [$C_{23}H_{38}O_3S_2$, F. 281—283°; $[\alpha]_D^{20}$ +6,2° (Dioxan)] u. Desulfurierung. — *Allopregnan-3β.11β.20β-triol*, $C_{21}H_{36}O_3$, F. 203—205°, aus **VII** mit $LiAlH_4$ in Tetrahydrofuran durch 20 Min. langes Erhitzen am Rückfluß; Kristalle aus Hexan–Aceton; $[\alpha]_D^{20}$ +41° (A.). *Trioldiacetat* (**IV**), $C_{25}H_{40}O_5$, F. 180—182°; $[\alpha]_D^{20}$ +34°; schmale Prismen aus Pentan–Äther. — *22-Isoallospirostan-3β-ol-7.11-dion*, $C_{27}H_{40}O_5$, F. 273—275° (KOFLER-Block), aus **V** analog **II**; $[\alpha]_D^{20}$ −54°. — *22-Isoallospirostan-3β-ol-7.11-dion-7-cycloäthylenmercaptolacetat*, $C_{31}H_{46}O_5S_2$, F. 295—296°; $[\alpha]_D^{20}$ −79° (Dioxan), wie **III**. — *22-Isoallospirostan-3β-ol-11-on-acetat*, F. 222—225°, aus vorst. Mercaptol mit RANEY-Ni in Alkohol. (J. Amer. chem. Soc. **74**. 2918—20. 5/6. 1952.) SCHORRE. 3750

Denise Billet, *Untersuchungen über Strukturanaloge des Chloromycetins*. 3. Mitt. *Über das p-Nitrophenylserin*. Es wird gezeigt, daß die antibiot. Wrkg. des *β-Phenylserins* (**I**) auf seine ster. Konfiguration als *threo-Deriv.*, die es als Strukturanaloges des *Chloromycetins* (**II**) erscheinen läßt, zurückzuführen ist. Um der Konst. des **II** noch näher zu kommen, wurde von Vf. das *p-Nitrophenylserin* (**III**) hergestellt. p-Nitrobenzaldehyd wird in Ggw. von Na mit Glykokolläthylester zu einer SCHIFFschen Base (**IV**) kondensiert, die sich in das *Oxazolidin* **V** umwandelt, dessen Hydrolyse zum Ester **VI** u. nach Verseifung zur gesuchten Aminosäure **III** führt, F. 192—195°. Durch direkte Hydrolyse von **IV** wird **III** gleichfalls erhalten. Die Verss. über die Hemmwrkg. auf das Wachstum von *E. coli* mit **III** fielen negativ aus. Es wurde vermutet, daß **III** in *erythro-Konfiguration* vorliege, da auch in der **II**-Reihe nur die Verbb. der threo-Struktur gegenüber S. paradysenteriae wirksam sind. Für die Entstehung der erythro-Form kann die Zwischenstufe **V** verantwortlich sein, deren räumliche Anordnung zu

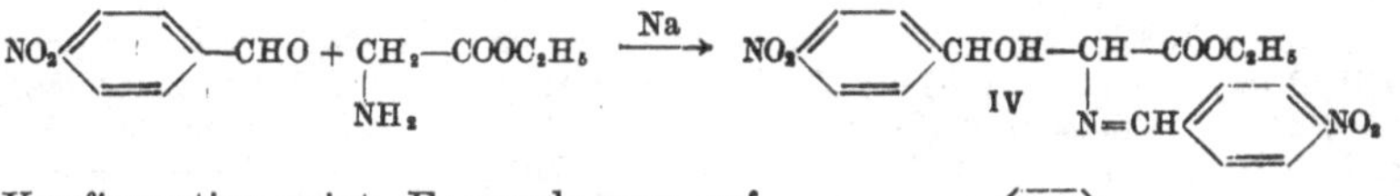

IV

dieser Konfiguration neigt. Es wurde nun auf einem vom obigen verschied. Wege die Herst. des *threo-p-Nitro-β-phenylserins* (**VII**) über die direkte Nitrierung von einwandfrei zur threo-Reihe gehörigem **I** nach ERLENMEYER [1883] durchgeführt. Das Prod. wird in Form gelber Plättchen erhalten u. schmilzt zwischen 188—195°. Absorptionsspektren, ebenso wie die biolog. Prüfung lassen beim Vgl. mit **I** die Annahme zu, daß die threo-Form erhalten blieb. Es wird festgestellt, daß **III** der

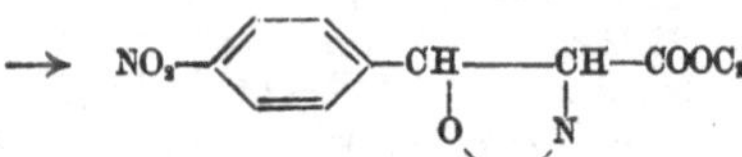
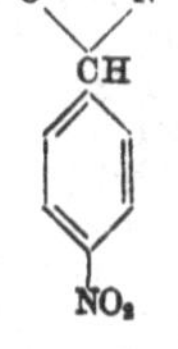

V

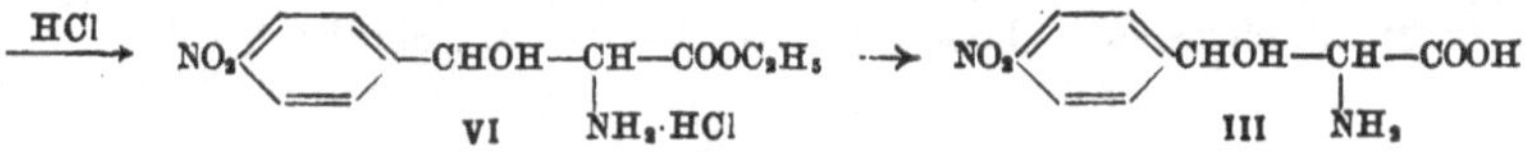

VI III

erythro-, **VII** der threo-Form angehören müssen. (C. R. hebd. Séances Acad. Sci. **230.** 1358—60. 3/4. 1950.) ROTTER. 3900

Denise Billet, *Untersuchungen über Strukturanaloge des Chloromycetins.* 6. Mitt. *Synthese von N-Dichloracetyl-p-nitrophenylserin.* Es wurden aus dem nach der Meth. des Vf. dargestellten *p-Nitrophenylserin* (**I**) (vgl. vorst. Ref.) *N-Dichloracetyl-p-nitrophenylserin* (**II**) u. aus *β-Phenylserin* (**III**) *N-Dichloracetylphenylserin* (**IV**) synthetisiert. **II** u. **IV** stellen Strukturanaloge des Chloromycetins dar. — *N-Dichloracetylphenylserin* (**IV**), $C_{11}H_{11}O_4NCl_2$, aus 5 g **III** in 2,5 g NaOH + 30cm³ W. u. 3,6 g Dichloracetylchlorid bei 0—5° (ca. 1 Std.) u. Neutralisation mit 5nHCl u. Ae.-Extraktion; 3 g aus W., F. 170°. — *N-Dichloracetyl-p-nitrophenylserin* (**II**), $C_{11}H_{10}O_6N_2Cl_2$, analog aus 0,244 g **I**; 0,1 g aus W., F. 176°. (C. R. hebd. Séances Acad. Sci. **231.** 293—95. 24/7. 1950.) K. F. MÜLLER. 3900

H. H. Hutt, T. Malkin, A. G. Poole und **P. R. Watt,** *Struktur von Cephalin: Anwesenheit von Serin und eines Disaccharids in Erdnußcephalin. Cephalin* (**I**) kann nach den Arbeiten von FOLCH über tier. **I** (Biochem. Rev. **17.** [1948.] 147 u. früher) nicht mehr als so nahe verwandt zum Lecithin (**II**) angesehen werden wie vorher. Vff. untersuchten **I** aus Erdnüssen u. finden außer dem von FOLCH festgestellten *Inosit* (**V**) ein *Disaccharid* u. *Serin* (**IV**). Erdnuß-**I** ist ein in A. unlösl. Pulver, das etwa 60% der Gesamtphosphatide in Erdnuß-**II** ausmacht, einen positiven MOLISCH-Test gibt, aber FEHLINGsche Lsg. erst nach der Hydrolyse reduziert. Diese wurde durch 12 std. Kochen mit n/100 H_2SO_4 durchgeführt; nach Eindampfen des neutralisierten u. filtrierten Hydrolysats entsteht ein Sirup, in dem nach der Papierchromatographie (n-Butanol) ein *Disaccharid* u. wenig *Arabinose* (**III**) nachgewiesen wurde; weitere Hydrolyse mit 2nH_2SO_4 führte zu *Galaktose* u. weiterer **III.** Das Disaccharid ist demnach wahrscheinlich ein *Galaktoarabinosid* (**VI**). Die bas. Bestandteile wurden nach der Meth. von CHARGAFF (J. biol. Chemistry **175.** [1948.] 67) untersucht; *Äthanolamin* u. **IV** wurden nachgewiesen. Im Chromatogramm wurde ferner als langsam wandernde Substanz *Äthanolaminphosphat* erkannt, das die Ninhydrin-Rk. gibt. Cholin wurde nicht gefunden. **V** wurde sowohl chromatograph. als auch nach dem SCHERER-Test nach 12 std. Hydrolyse des **I** mit 2nH_2SO_4 bei 100° im geschlossenen Rohr nachgewiesen. — Erdnuß-**I** ist demnach eine Mischung aus *Phosphatidyläthanolamin* u. *-serin*, beide an **V** u. **VI** gebunden. Die Analyse ergab, daß der N nur zur Hälfte als freie Aminogruppe vorliegt. Demnach ist die Zuckerkomponente an diese u. **V** an die Phosphatgruppe gebunden. (Nature [London] **165.** 314—15. 25/2. 1950. Liverpool, J. Bibby and Sons, Ltd., u. Bristol, Univ., Chem. Dep.) NITZSCHKE. 3950

Robert D. Haworth und **Leslie Wilson,** *Die Bestandteile von natürlichen Phenolharzen.* 22. Mitt. *Reduktion einiger Lacton-Lignane mit Lithium–Aluminium-Hydrid.* Die früher behauptete trans-Konfiguration für (—)-*Matairesinol* u. (—)-*Hinokinin* konnte durch Red. dieser Verbb. mit $LiAlH_4$ (**I**) zu opt.-akt. Diolen bewiesen werden. (+)-*Isomatairesinol* hat cis-Konfiguration u. gibt bei der Red. ein meso-Diol. Die Red. von (—)-*Conidendrindimethyläther* mit $LiAlH_4$ führt zu (+)-*Isolariciresinoldimethyläther.*

Versuche: (+)-*Isolariciresinoldimethyläther,* aus (—)-*Conidendrindimethyläther* mit $LiAlH_4$ (**I**) in Bzl. in 2 Std., Nadeln aus Methanol, F. 167—168°; $[\alpha]_D^{20}$ +18° (c = 1,8272 in Chlf.). — *Anhydroisolariciresinoldimethyläther,* aus vorst. Verb. durch ½ std.

Erhitzen mit $KHSO_4$ auf 180°, Prismen aus Methanol, F. 147—148°; $[\alpha]_D^{20}$ —33,9° (c = 0,3840 in Aceton). — (—)-*1.4-Bis-[3.4-dimethoxyphenyl]-2.3-bis-[oxymethyl]-butan,* aus (—)-*Matairesinoldimethyläther* mit I in Bzl. + Ae. in 2 Std., Prismen aus Methanol-Ae., F. 119—120; $[\alpha]_D^{17}$ —26,2° (c = 0,4380 in Chlf.). — (—)-*3.4-Bis-[3.4-dimethoxybenzyl]-tetrahydrofuran,* aus vorst. Verb. durch Erhitzen mit $KHSO_4$ auf 180°, Prismen aus Methanol, F. 117—118°; $[\alpha]_D^{25}$ —54,5° (c = 0,0928 in Chlf.). — *meso-1.4-Bis-[3.4-dimethoxyphenyl]-2.3-bis-[oxymethyl]-butan,* $C_{22}H_{30}O_6$, aus (+)-*Isomatairesinoldimethyläther* mit I wie oben, Prismen aus Methanol, F. 94—95°, $[\alpha]_D$ 0° (c = 0,861 in Chlf.). — *meso-3.4-Bis-[3.4-dimethoxybenzyl]-tetrahydrofuran,* $C_{22}H_{28}O_5$, aus vorst. Verb. mit $KHSO_4$ bei 180° in 30 Min., Prismen aus Methanol, F. 114—115°; $[\alpha]_D$ 0° (c = 0,0884 in Chlf.). — (—)-*1.4-Bis-[3.4-methylendioxyphenyl]-2.3-bis-[oxymethyl]-butan,* aus (—)-*Hinokinin* mit I in Bzl.-Ae., Nadeln aus Ae. + PAe., F. 102—103°, $[\alpha]_D^{20}$ —34° (c = 0,8476 in Chlf.). — (—)-*3.4-Bis-[3.4-methylendioxybenzyl]-tetrahydrofuran,* $C_{20}H_{20}O_5$, aus vorst. Verb. mit $KHSO_4$ bei 180° in 30 Min., Prismen aus Ae. + PAe., F. 52—52,5, $[\alpha]_D^{22}$ —58,3°. (J. chem. Soc. [London] **1950.** 71—72. Jan. Sheffield, Univ.)

K. FABER. 3950

D₃. Makromolekulare Chemie.

H. Benoit, *Beitrag zur Untersuchung des Kerr-Effekts, den verdünnte Lösungen starrer Makromoleküle zeigen.* Nach einer theoret. Betrachtung über die Zeitabhängigkeit der Doppelbrechung monodisperser makromol. Lsgg. bei Einw. eines elektr. Rechteckimpulses, über den Einfl. der Polydispersität u. über eine Verallgemeinerung der Theorie für Fll. u. Gase beschreibt Vf. eine Versuchsanordnung zur Ermittlung der Zeitabhängigkeit der Doppelbrechung u. die damit ausgeführten Verss. an wss. Lsgg. von *Tabakmosaikvirus* (I), *Thymonucleinsäure* (II) u. V_2O_5. Bei permanenter Spannungseinw. wurde gefunden, daß bei sehr verd. Lsgg. u. bei schwachen elektr. Feldern die Doppelbrechung Δn proportional dem Quadrat der elektr. Feldstärke E ist (für I, II bzw. V_2O_5-Stäbchen beträgt B/c = 29, 9,5 bzw. 8,9 C.G.S.-Einheiten; $B = \Delta n/\lambda E^2$; c = Konz. in g/cm³), bei starken Feldern aber langsamer wächst, als es diesem Gesetz entspricht; dieser Befund wird durch eine Absättigung der Orientierung erklärt (bes. deutlich bei V_2O_5-Solen). Die Unterss. bei vorübergehender Spannungseinw. an I zeigen, daß dieses kein permanentes Dipolmoment besitzt u. bei Berücksichtigung der Polydispersität einen Wert D = 540 sec^{-1} für die Diffusionskonstante der Mol.-Rotation liefert, der mit dem nach der PERRIN-Gleichung berechneten D-Wert übereinstimmt. II besitzt ebenfalls kein permanentes Moment, u. man kann unter der Voraussetzung, daß sie in Form sehr dünner Fäden dispergiert ist, die Länge dieser Fäden zu 2700 u. 3800 Å berechnen u. einen Begriff für ihre Polydispersität erhalten. Das anomale Verh. von V_2O_5-Solen hinsichtlich der Verschiedenheit zwischen dem gemessenen u. dem aus elektronenmkr. Aufnahmen abgeleiteten D-Wert wird durch schnelle Ausflockung der Lsg. gedeutet, kann aber wahrscheinlich erst genauer nach Kenntnis der Struktur der V_2O_5-Sole erklärt werden. V_2O_5-Stäbchen besitzen ein permanentes Dipolmoment. (Ann. Physique [12] **6.** 561—609. Juli/Aug. 1951.)

SCHÄFF. 4000

W. R. Moore und **J. Russell,** *Kritische Konzentrationseffekte bei der Viscosität verdünnter Lösungen von Hochpolymeren.* Neben dem bekannten Ansteigen der η_{sp}/c gegen c-Kurven der Viscosität von Lsgg. hochmol. Stoffe bei relativ hohen Konzz., das durch Kräfte zwischen den Makromoll. erklärt werden kann, fanden Vff. eine weitere Konzentrationsabhängigkeit von η_{sp}/c bei sehr kleinen Konzz., wo ein starkes Abfallen der Kurven mit abnehmender Konz. beobachtet wurde. Diese Erscheinung war bereits von anderen Autoren an verschied. Monomeren beobachtet worden u. von CUTLER u. KIMBALL (vgl. J. Polymer Sci. **7.** [1951.] 445) als Adsorptionseffekt der Polymeren an der Viscosimeterwand gedeutet worden. Die Autoren untersuchten unfraktionierte Celluloseacetate (Mol.-Gew. 49000) in Pyridin, α- u. γ-Picolin bei 25° mit Hilfe des OSTWALD-Viscosimeters u. stellten ein Abfallen der Kurven bei Konzz. unterhalb 0,1 g/100 ml fest, während in Aceton, Methylacetat, Methylformiat, Dioxan, β-Picolin, Anilin u. m-Kresol zwar der übliche Anstieg bei hoher Konz., jedoch kein Abfall bei tiefer Konz. auftrat. Zur Erklärung kann der Hinweis dienen, daß Celluloseacetate in den 3 Lösungsmitteln mit dem abnormen Verh. die geringste innere Viscosität aufweisen, was auch beim vorher beobachteten Fall des Polystyrols in Äthyllaurat zutrifft. Es wird deshalb als Erklärung die starke Knäuelung u. vor allem die Aggregation u. die Adsorption der Molekülketten an die Gefäßwand herangezogen. (J. Polymer Sci. **9.** 472—75. Nov. 1952. Bradford, England, Techn. Coll., Dep. of Chem. and Dying.)

DALL'ASTA. 4000

Morton Fineman und **Sidney D. Ross**, *Graphische Methode zur Bestimmung der Reaktionsgeschwindigkeitsverhältnisse bei Mischpolymerisationen.* Vff. beschreiben eine einfachere graph. Meth. zur Ermittlung der Reaktionsgeschwindigkeitsverhältnisse r_1 u. r_2 von Monomerenpaaren bei der Mischpolymerisation u. zeigen, daß die so erhaltenen Werte mit Literaturdaten gut übereinstimmen. (J. Polymer Sci. **5.** 259—62. April 1950. North Adams, Mass., Sprague Electr. Co., Res. Labors.) SCHÄFF. 4000

A. R. Gantmacher und **Ss. Ss. Medwedew,** *Katalytische Polymerisation ungesättigter Verbindungen.* 3. Mitt. *Katalytische Polymerisation von Isopren.* (2. vgl. C. **1953.** 3092.) Die katalyt. Polymerisation von *Isopren* in Äthylchlorid verläuft ähnlich wie bei Styrol. In Ggw. von $SnCl_4$ hat die Rk. autokatalyt. Charakter infolge Anwachsens der Zahl der akt. Zentren beim verzweigten Kettenprozeß. In Ggw. von HCl erfolgt keine Erhöhung der Reaktionsgeschwindigkeit mit der Zeit. HCl u. W. erniedrigen das Mol.-Gew. des Polymerisats. (Журнал Физической Химии [J. physik. Chem.] **26.** 173—79. Febr. 1952.) v. SCHROEDER. 4010

Lucia de Brouckère und **Roger van Nechel,** *Die dielektrischen Eigenschaften von Polymeren in Lösung.* 1. Mitt. *Untersuchung der Lösungen von Polyvinylchlorid in Tetrahydrofuran.* Dielektr. Konstanten u. Verlustfaktoren wurden für Lsgg. von *Polyvinylchlorid* (I) in Tetrahydrofuran bestimmt. Das Mol.-Gew. des Polymers war 110000, die angewandten Konzentrationsbereiche lagen zwischen 1—8 g/100 ml, die Frequenzen zwischen 0,5 u. 35 MHz, die Tempp. von —34 bis —10°. Die krit. Frequenzen u. Relaxationszeiten wurden bestimmt u. die Dispersionskurven analysiert, letztere auf Grund der Meth. von FUOSS u. KIRKWOOD. Der Faktor α wurde zu 0,7 bestimmt. Das Dipolmoment des **I** betrug ca. 50 D. Die Aktivierungsenergie u. -entropie für die Dipolrotation wurde aus der Änderung der krit. Frequenz mit der Temp. errechnet. Folgende Werte wurden erlangt: $\Delta H^* = 2{,}1$ kcal, $\Delta G^* = 5{,}0$ kcal, $\Delta S^* = -0{,}01$ kcal/Grad. Besonderes Gewicht wird dem kleinen α-Wert von ΔS^* zugemessen. (Bull. Soc. chim. belges **61.** 261—92. 31/7. 1952.) E. W. HAAS. 4010

Hans Orth, *Zur Polymerisation ungesättigter Dioxolane.* Vf. gibt eine Übersicht über die Polymerisation von *Dioxolanen-(1.3)*, die in β-Stellung eine semicycl. Doppelbindung enthalten u. deren einfachster Vertreter das *4-Methylendioxolan-(1.3)* (**I**) ist. Das aus Cyclohexanon (**II**) u. Propen-(1)-diol-(2.3) zugängliche *2-Methylen-1.4-dioxaspiro-[4.5]-decan* (**III**) läßt sich allein oder mit Vinylverbb., z. B. Acrylonitril, am günstigsten unter Einfl. einer 25%ig. alkoh. Lsg. von $ZnCl_2$ (**IV**) zu einem wasserklaren Weichharz polymerisieren. Die Polymerisation verläuft über einen Kryptoionenmechanismus (Ionenkettenpolymerisation). Günstig erwiesen sich auch verschiedentlich Arbeiten unter N_2 oder mit Hydrochinon (**V**)-Zusatz. Mehrfach ungesätt. Dioxolane, wie die Verb. aus Cyclohexandion-(1.4) u. Propendiol, ergaben in der Copolymerisation mit einfach ungesätt. Dioxolanen glasklare Polymerisate, jedoch auch noch mit ungenügendem physikal. Verhalten. Die polymerisationsfreudigsten Verbb. wurden auf der Basis des Glutardialdehyds (**VI**) u. Adipindialdehyds (**VII**) erhalten, die polymerisationsträgste Verb. leitete sich vom Glyoxal (**VIII**) ab. Vf. entwickelt Formeln, die den Aufbau dieser Mischpolymerisate erläutern. Die sich von zweifach ungesätt. Bis-dioxolanen ableitenden Polymerisate stellen härtbare, glasklare Prodd. mit ausgeglichener Oberflächenhärte dar, ihre nach VIKAT bestimmte Wärmebeständigkeit liegt bei 200—225°, Lösungsmittel- u. Wasserbeständigkeit sowie das Verh. im elektr. Feld sind gut, weniger befriedigend ist die MARTENS-Zahl.

V e r s u c h e: *2-Chlormethyl-1.4-dioxaspiro-[4.5]-decan* (**IX**; *Cyclohexylidenketal des Glycerin-α-monochlorhydrins*), $Kp._{12}$ 110—112°, Fl., aus mit Bzl. vermischtem **II** u. Glycerin-α-monochlorhydrin (**X**) unter Zusatz von p-Toluolsulfonsäure u. Dest. im Ölbad bei 130°. Nach Erkalten 100% Überschuß an Natriumacetat zugeben, durchrühren, filtrieren u. nach Abdest. des Bzl. im Vakuum dest.; ~85% (Ausbeute). — *2-Methylen-1.4-dioxaspiro-[4.5]-decan* [**III**; *Cyclohexylidenketal* des *Propen-(1)-diol-(2.3)*], $Kp._{12}$ 71—72°, Fl. von angenehmem, etwas an Menthol erinnerndem Geruch; aus 1 Mol **IX** u. 3 Mol gepulvertem KOH, die unter absteigendem Kühler im Ölbad von 210—220° erhitzt werden. Nach Einsetzen der Rk. Herausdest. von **III** u. des W. unter Normaldruck, dann im Vakuum, Extrahieren mit Ae. u. Fraktionieren im Vakuum. An der Luft gelbliche Verfärbung, die unter N_2 oder mit 0,5—1% **V** verhindert werden kann; 75—80%. — *Polymerisation von* **III**: 100 g **III** werden auf 25—28° vorgewärmt u. unter Rühren 0,2 cm^3 einer Lsg. von 25 g **IV** in 100 cm^3 absol. A. eingetragen. Einsetzende Trübung zeigt den Polymerisationsbeginn. Die ansteigende Temp. bedingt zeitweise äußere Kühlung auf 50—60°. Zum Auspolymerisieren einige Std. bei Zimmertemp. stehenlassen. Eventuelles Vergilben nach mehrtägigem Stehen kann durch Zugabe von 0,5% **V** zum Monomeren oder nachträgliches Hydrieren des noch farblosen

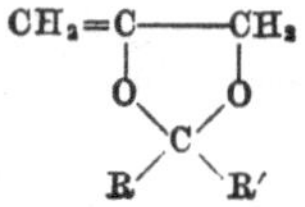

Polymerisats verhindert werden. — Folgende *einfach ungesätt. Dioxolane* nebenst. Konst. wurden in gleicher Weise dargestellt u. hinsichtlich ihrer Polymerisation geprüft: *R=R' = H* (I), Kp.$_{752}$ 90—94°, schwach (polymerisiert mit 0,05% Katalysator); dünnfl. Weichharz. — *R = H, R' = CH*$_3$, Kp.$_{760}$ 98—99°, schwach; dünnfl. Weichharz. — *R=R' = CH*$_3$, Kp.$_{760}$ 103—105°, mittelmäßig; dünnfl. Weichharz. — *R = CH*$_3$, *R' = C*$_2$*H*$_5$, Kp.$_{14-15}$ 37 bis 38°, mittelmäßig; dünnfl. Weichharz. — *R = CH*$_3$, *R' = C*$_3$*H*$_7$, —; —; —. — *R = H, R' = CH=CH*$_2$, —, mittelmäßig; dünnfl. Weichharz. — *R = CH*$_3$, *R' = CH=CH*$_2$, Kp.$_{755}$ 113—115° —; —. — *R = CH*$_3$, *R' = CH(CN)—CH*$_3$, —; —; —. — *R = CH*$_3$, *R' = CH*$_2$*—COOC*$_2$*H*$_5$, Kp.$_{12}$ 128—130°; schwach; klares Weichharz. — *R + R' = Cyclopentyliden*, Kp.$_{15}$ 63—65°; stark; Weichharz. — *R + R' = Cyclohexyliden*, Kp.$_{12}$ 72—75°; stark; Weichharz. — *R + R' = Methylcyclohexyliden*, Kp.$_{14}$ 86—92°; stark; nachdunkelndes Weichharz. — *R + R' = Camphanyliden*, Kp.$_{14}$ 115—118°; stark; Weichharz. — *R = CH*$_3$, *R' = C*$_6$*H*$_5$, Kp.$_{11}$ 101—103°; schwach; farbloses klares Weichharz. — *R = H, R' = C*$_6$*H*$_5$, Kp.$_{12}$ 102—104°; sehr stark; hellgelbes Weichharz. — *R=R' = C*$_6$*H*$_5$, Kp.$_{13}$ 173—174°; mittelmäßig; farbloses bis hellgelbes Weichharz. — *R = H, R' = Furyl*, Kp.$_{12}$ 85—87°; bereits mit 0,005% sehr stark; hart, jedoch allmählich vergilbend. — *R = H, R' = Tetrahydrofuryl*, Kp.$_{18}$ 104—106°; mittelmäßig; schwach gelbliches Weichharz. — *Bis-2.2'-[4-chlormethyldioxolan]* bzw. *Bis-[1-chlorpropylenglykol-(2.3)]-acetal* (**XI**) des *Glyoxals*, Kp.$_{2-3}$ 146 bis 148°, Kp.$_{12}$ 166—168°, farblose viscose Fl.; aus 3,1 Mol **VIII** (30%ig. wss. Lsg.) u. 6,6 Mol **X**, 1 Liter Toluol u. ~5 cm³ konz. H_2SO_4. Unter so geregelter Außentemp., daß die Dest. des Toluol–W.-Azeotrops möglichst rasch verläuft, werden innerhalb 2½—3 Std. 520—530 cm³ W. abdest.; nach Abkühlen die zur Neutralisation notwendige Menge wss. Na_2CO_3-Lsg. zugeben, Toluol abdest. u. im Vakuum fraktionieren; 85—95%. Bei längerem Stehen des Chloracetals geringe Kristallabscheidung eines *isomeren Ketals* (F. 85,5—86°, aus Cyclohexan). — *Bis-2.2'-[4-methylendioxolan]* bzw. *Bis-[propen-(1)-diol-(2.3)-acetal]* (**XII**) des *Glyoxals*, Kp.$_{12-13}$ 98—102°, farblose Fl. von eigenartigem, aber angenehmem Geruch; aus 1 Mol **XI** u. 4 Mol techn. KOH durch gelindes Erwärmen unter öfterem Schütteln bis zum Einsetzen der Rk. (gelblichbraune Verfärbung), nach 6—8 Min. noch ca. 20—25 Min. unter Schütteln erwärmen. Nach Abkühlen auf 40—50° 1—1,2 Liter W. zugeben, nach Erkalten mit Ae. extrahieren u. im Vakuum fraktionieren. Verfärbung kann ebenfalls wie bei **III** verhindert werden; 74—78%. — *Polymerisation von* **XII**: 100 g **XII** werden wie bei **III** mit 0,2 cm³ Katalysatorlsg. versetzt u. gerührt, gegebenenfalls eingeschlossene Luft durch Einblasen von reinem N_2 vertreiben. Nach 1—2 Min. leichte, rasch zunehmende Trübung, dabei Temperaturanstieg auf 38—40°. Dann unter Klärung Absinken der Temp., dann 8—12 Std. bei 48—52° halten. D. 1,346. — Folgende *Bis-dioxolane* werden über ihre *Chlormethylderivv.* hergestellt: Aus *Cyclohexandion-(1.4)* u. **X** das *Bis-[4-methylen]-ketal*, Kp.$_{18}$ 152—153°, F. 97—99°, über das *Bis-[4-chlormethyl]-ketal* (Kp.$_1$ 170—171°, F. 37—39°). — Aus *Diacetyl* u. **X** das *Bis-[4-methylen]-ketal*, Kp.$_{12}$ 95—95,5°, über das *Bis-[4-chlormethyl]-ketal* (Kp.$_{16}$ 166—168°). — Aus **VI** u. **X** das *Propan-bis-2.2'-[4-methylendioxolan]*, Kp.$_{12}$ 149—151°, über das *Propan-bis-2.2'-[4-chlormethyldioxolan]* (Kp.$_5$ 179—185°). — Aus **VII** u. **X** das *Butan-bis-2.2'-[4-methylendioxolan]*, Kp.$_{11}$ 156 bis 160°, über das *Butan-bis-2.2'-[4-chlormethyldioxolan]* (Kp.$_6$ 189—194°). — Aus *Terephthalaldehyd* u. **X** das *p-Phenylen-bis-2.2'-[4-methylendioxolan]*, Kp.$_{13}$ 158—159° (teilweise Zers.), über das *p-Phenylen-bis-2.2'-[4-chlormethyldioxolan]* (Kp.$_2$ 210—215°). (Angew. Chem. **64**. 544—53. 7/10. 1952. Troisdorf, Dynamit A. G., Wissenschaftl. Labor.) RUSKE. 4010

Henry G. Kunkel und **Robert J. Slater**, *Zonenelektrophorese in einem Stärketrägermedium.* Bei der Papierelektrophorese wirkt sich bes. die geringe materielle Kapazität sowie Adsorption, die — vor allem bei bas. Proteinen u. Peptiden — zur Schwanzbldg. führt, nachteilig aus. Auf der Suche nach einem geeigneteren Überträgermedium für die elektrophoret. Trennung u. Isolierung von Substanzen wurden auf ihre Brauchbarkeit untersucht: Glasperlen, Glaspuder, Spezialsande, Gele (u. a. Agar), saure u. Basenaustauscher u. Stärke. Trennung u. elektroosmot. Fluß wurden an einem Gemisch Albumin–Bilirubin u. Hämoglobin, Adsorption mit Lsgg. von Lysozym u. β_1-*Lipoprotein* (**I**) durchgeführt. Stärke erwies sich bes. brauchbar infolge sehr geringer Adsorption von Proteinen u. Peptiden in wss. Pufferlsg., verbunden mit relativ niedrigem elektroosmot. Fluß. App. u. Arbeitsweise werden beschrieben. Die Stärkeblöcke variierender Größe (n. 38 · 10 · 1,5 cm) werden nach elektrophoret. Entw. von 1—4 cm³ *Serum* (**II**) in 1 cm breite Segmente zerteilt, mit Salzlsg. ausgeschüttelt u. nach quantitativer Best. — modifizierte FOLIN-Tyrosin-Meth. (KUNKEL u. TISELIUS, C. **1953**. **4096** — eine Verteilungskurve aufgenommen. Die günstigsten Ergebnisse erhält man bei <2,5 cm^3 **II**. Vorteilhaft ist die Verminderung der **II**-Konz. auf $^2/_3$ oder weniger durch Verdünnen mit Pufferlösung. Die α- u. β-**I** des **II** wurden nach elektrophoret. Trennung an Stärke (p_H 8,6, μ 0,1) quantitativ durch Cholesterin (**III**)- u. Phospholipoid (**IV**)-Analyse bestimmt. Aus den Kurven ist das hohe bzw. niedrige **III**/**IV**-Verhältnis für die β- bzw. α-**I** ersichtlich. Eine weitere Unterteilung dieser **I** ist bei niedrigerem p_H u. Ionenstärke möglich. (Proc. Soc. exp. Biol. Med. **80**. 42—44. Mai 1952. New York, N. Y., Rockefeller Inst. for Med. Res., Hosp.) Königsdorf. 4070

B. Jirgensons, *Optische Drehung und Viscosität von nativen und denaturierten Proteinen.* 2. Mitt. *Einfluß von Temperatur und Konzentration.* (1. vgl. C. **1953**. 6266.) Vf. untersucht *Serumalbumin* (**I**), *γ-Globulin* (**II**), *Lysozym* (**III**), *Pepsin* (**IV**), *Ovalbumin* (**V**), *Chymotrypsinogen* (**VI**) u. *β-Lactoglobulin* (**VII**). Die Drehwerte von nativem **I**, **II** u. **III** steigen mit steigender Temp., während sie bei **IV** fallen. Es gibt ein Maximum der spezif. Drehung bei mittleren Konzz. von nativem **I**, **II**, **III**, **V**, **VI** u. **VII**. Bei der Denaturierung von **II** mit 1,5 mol. Guanidinhydrochlorid (**VIII**), von **VI** mit 2 mol. **VIII** oder **III** mit 4 mol. **VIII** bei 25° nehmen Drehung u. Viscosität langsam bis zu einem Höchstwert zu. Eine weitere Zunahme der Linksdrehung u. Viscosität erfolgt bei Erhitzen mit **VIII** auf 50—55°. Die Denaturierungen von **I** mit Kaliumrhodanid (**IX**) oder **VIII**, von **II** mit **VIII** oder **IX** u. von **III**, **IV** u. **VI** mit **VIII** sind irreversible Vorgänge. Die ursprünglichen Eigg. der Proteine werden nur teilweise wieder hergestellt bzw. sind stark verändert, wenn die Proteine wieder vom Denaturierungsreagens befreit werden. (Arch. Biochem. Biophysics **41**. 333—44. Dez. 1952. Seguin, Tex., Texas Lutheran Coll., Dep. of Chem.) Nehring. 4070

A. Passynski und **W. Blochina**, *Verschiebung der Isopunkte von Eiweißstoffen bei ihrer Deformation.* Der Isoionenpunkt von gerecktem *Keratin* verschiebt sich um ca. 0,2 nach der sauren, der von verkürztem um 0,3 nach der alkal. Seite. Denaturiertes *Kollagen* hat den Isoionenpunkt 8 gegenüber n. 6,3, orientiertes *Nylon* 2,7, nichtorientiertes 3,9. Verlängerung der Kette vergrößert den Abstand der ionogenen Gruppen von den polaren, Verkürzung verkleinert ihn, wodurch die Dissoziationskonstante der Carboxylgruppen verändert u. die Verschiebung verursacht wird. (Доклады Академии Наук СССР [Ber. Akad. Wiss. UdSSR] [N. S.] **86**. 1171—73. 21/10. 1952. Bach-Inst. für Biochem. der Akad. der Wiss. der UdSSR.) v. Schroeder. 4070

F. H. C. Crick, *Ist α-Keratin eine aufgespulte Spule (coiled coil)?* Auf den Röntgendiagrammen von *α-Keratin* tritt auf dem Meridian eine starke 1,5 Å-Reflexion auf, die auch bei dem synthet. Polypeptid Poly-γ-methyl-l-glutamat beobachtet worden war, für das Pauling u. Corey (vgl. Proc. nat. Acad. Sci. USA **37**. [1951.] 241) α-Schraubenstruktur vorgeschlagen hatten. Auf dem Diagramm von α-Keratin tritt jedoch noch eine starke Reflexion bei 5,15 Å dicht bei dem Meridian auf, während die n. α-Schraube starke Reflexionen auf der 5,4 Å-Schichtlinie gibt. Um diese 5,4 Å-Reflexion näher an den Meridian zu bringen, ist es notwendig, die α-Schraube in eine Superschraube oder zu einer aufgespulten Spule zu biegen. Wenn man die α-Schraube in eine Superschraube verdreht mit einem Steigungswinkel von 18°, dann würde ihre Projektion auf die Achse eine period. Änderung in der D. in Intervallen von 5,1 Å haben. Einen Steigungswinkel von 18° erhält man z. B. von einer Superschraube vom Radius 10½ Å u. einem axialen Netzebenenabstand von 198 Å. Die Packung solcher Superschrauben wird diskutiert. (Nature [London] **170**. 882—83. 22/11. 1952. Cambridge, Cavendish Labor., Med. Res. Council Unit for Res. on the Mol. Structure of Biol. Syst.) Gottfried. 4070

Barbara A. Wright und **Norman M. Wiederhorn**, *Untersuchungen über die Struktur von Kollagen.* 1. Mitt. *Eine Röntgenuntersuchung der Denaturierung von Kollagen.* Röntgenograph. wurde die Schwanzsehne vom Känguruh untersucht. Setzt man gequollenes Kollagen erhöhten Tempp. aus (68—78°), so verkürzt es sich auf ca. $^1/_4$ seiner ursprünglichen Länge. Diese Schrumpfung, die mit Denaturierung bezeichnet wurde, sowie die Temp., bei der diese Schrumpfung eintritt, ist abhängig von dem Quellmittel, dem p_H der Lsg. u. etwa beteiligten Salzen. Diese Verkürzung des Kollagens ist von deutlichen, nicht reversiblen Veränderungen in den chem. u. physikal. Eigg. des Materials begleitet. Kollagen in seiner natürlichen orientierten Form gibt ein ausgesprochenes Faserdiagramm. Die intensivsten Interferenzen konnten als Kettenabstand von ca. 10 Å u. einer Periodizität von 2,86 Å in der Faserrichtung gedeutet werden. Neben diesem Faserdiagramm erhält man ein außerordentlich scharfes kristallines Kleinwinkeldiagramm in Richtung der Faserachse. Das Kleinwinkeldiagramm von vollkommen geschrumpftem Kollagen zeigt nur amorphe Streuung. Kleinwinkelaufnahmen an verschieden stark geschrumpften u. wieder gestreckten Fasern ergaben eine Röntgenperiode von 663 ± 9 Å. Vff. fanden ferner, daß die Intensität des Klein-

winkeldiagramms merklich abnimmt, wenn die Kollagenfasern zwischen Klammern ausgestreckt, in W. eingetaucht u. dann Tempp. oberhalb der Schrumpfungstemp. ausgesetzt werden. Als Grund hierfür wird Schmelzen der kristallinen Struktur des Kollagens angenommen. Bei konstanter Temp. (oberhalb der Schrumpfungstemp.) nimmt das Kleinwinkeldiagramm mit zunehmender Schrumpfung beständig an Intensität ab, bis es schließlich vollkommen verschwindet. Mit Hilfe der von FLORY (vgl. C. **1949.** I. 282) entwickelten Kristallisationstheorie für lineare Polymere wurde die Wärme u. Entropie der Schrumpfung berechnet. (J. Polymer Sci. **7.** 105—20. Aug./Sept. 1951. Beverly, Mass., United Shoe Machinery Corp., Res. Div.)
GOTTFRIED. 4070

E. Biologische Chemie. Physiologie. Medizin.

E_1. Allgemeine Biologie und Biochemie.

H. U. Zollinger, *Zum qualitativen Nucleoproteingehalt und zur Morphologie der Mitochondrien.* Es wurde die Wrkg. der *Desoxyribonuclease* (**I**) u. *Ribonuclease* (**II**) auf in aqua dest. gequollene u. suspendierte Mitochondrien im Phasenkontrastmikroskop untersucht. Das Ribonucleoprotein wurde dabei in Mitochondrienkörpern gefunden, die vollständig unter der Einw. der **II** verschwinden. Die Membran enthält wahrscheinlich sehr kleine Mengen von Desoxyribonucleoprotein neben Lipoiden, während der Mitochondrienkörper frei von diesen Verbb. zu sein scheint. (Experientia [Basel] **6.** 14—16. 15/1. 1950. Zürich, Univ., Patholog. Inst.) HOHENADEL. 4150

K. Mühlethaler, A. F. Müller und **H. U. Zollinger,** *Zur Morphologie der Mitochondrien.* An Mitochondrien, die in dest. W. suspendiert waren, konnte bei elektronenmkr. Betrachtung festgestellt werden, daß mit dieser Meth. die Membran vom Mitochondrienkörper gelöst werden kann. Diese Membran ist aus kurzen Proteinfasern u. globulären Eiweißmoll. zusammengesetzt u. hat eine schätzungsweise D. von 200 Å. Der Körper kann nicht weiter definiert werden, aber Teile an der Peripherie zeigen, daß die Proteine an dieser Stelle viel kompakter sind, vermutlich auf Grund ihres Lipoidgehaltes. (Experientia [Basel] **6.** 16—17. 15/1. 1950. Zürich, Univ., Physiol.-chem. u. Patholog. Inst., u. ETH, Pflanzenphysiol. Inst.) HOHENADEL. 4150

P. Mandel, M. Jacob und **L. Mandel,** *Untersuchungen über den Stoffwechsel der Nucleinsäuren.* 1. Mitt. *Wirkung des verlängerten Eiweißhungers auf die beiden Nucleinsäuren der Leber und Niere und des Gehirns.* Im Rattenvers. wurde erwiesen, daß sich bei starkem Eiweiß (**I**)-Mangel die *Desoxypentosenucleinsäure* (**II**) von Leber, Niere u. Gehirn wie ein konstanter Gewebebestandteil verhält. Die Pentosenucleinsäure bleibt nur im Gehirn unverändert, während sie in Leber u. Niere labil ist. Da die Zahl der Kerne in der Leber auch bei sehr starkem **I**-Mangel konstant bleibt (u. sich wahrscheinlich die Zahl der Zellen nicht ändert), wird geschlossen, daß die **II** im Kern fixiert ist. (Bull. Soc. Chim. biol. **32.** 80—88. 1950. Straßburg, Fac. de Méd., Inst. de Chim. biol.)
FRÜHWALD. 4150

R. F. Kimball, R. P. Geckler und **Nenita Gaither,** *Zellteilungsverzögerung durch Bestrahlung und durch Stickstofflost bei Paramaecium.* Kulturen von *Paramaecium caudatum* wurden entweder der Bestrahlung mit UV-Licht (Dosisleistung 0,8—5 erg/mm²) oder mit Röntgenstrahlen (250 kV, 50 mA, Dosisleistung 68000 r/min) ausgesetzt oder aber mit Stickstofflost behandelt. Durch Beobachtung der Zellteilung in der Folgezeit konnten Vff. zeigen, daß nicht nur die 1. Teilung, sondern auch die folgenden Teilungen durch die Vorbehandlung verzögert werden. Bei niedrigen Dosen sind das 3., 4. u. mitunter auch das 5. Teilungsintervall länger als das 2. Bei hohen Dosen ist oft ein einzelnes Intervall, meist das 3. oder 4., stark verlängert, manchmal bis zu 3 Wochen. Bei der 6. Teilung pflegt die Wrkg. der Bestrahlungen bzw. des N-Lost abgeklungen zu sein. Die Wellenlänge der UV-Bestrahlung hat nur geringen Einfl. auf den Zellteilungstermin, ein schwaches Wirkungsmaximum wird bei 2804 Å gefunden. Bei der Verzögerung der 1. Teilung nehmen Vff. als Ursache eine unmittelbare Mitosehemmung an, während bei den späteren Teilungen die Verhinderung der Bldg. einer die Zellteilung bewirkenden Substanz maßgebend für die Mitosehemmung sein soll. (J. cellular comparat. Physiol. **40.** 427—59. Dez. 1952. Oak Ridge, Tenn., Oak Ridge Nat. Labor., Biol. Div.)
REUSSE. 4150

B. Cagianut, *Steroide und Wachstum. Die Wirkung der natürlich vorkommenden Gallensäuren.* Vf. untersucht die Schädigung der Kernteilung durch die natürlich vorkommenden Gallensäuren: Cholsäure (**I**), Desoxycholsäure (**II**) u. Lithocholsäure (**III**). Die Unterss. wurden an Deckglaskulturen von Kaninchenfibrocyten durchgeführt. In 2—3std. Abstand wurden im Randschleier der lebenden Kulturen die Mitosen gezählt. Nach 9 std. Einw. wurden die in Carnoy fixierten Kulturen mit Methylgrün-Pyronin gefärbt u. die einzelnen Mitosestadien quantitativ bestimmt. Die Ergebnisse der Mitosenauszählung u. die Mittelwerte patholog. Mitosenformen wurden statist. miteinander verglichen. Ergebnis der Verss.: Es ließ sich eine statist. gesicherte Häufung von Chromosomenabsprengungen u. damit die für ungesätt. Steroide u. cancerogene KW-stoffe typ. Wachstumsstörung durch die sich strukturchem. von der cis-Reihe ableitenden u. nur hydrierte Ringe enthaltenden Gallensäuren **I, II, III** nicht nachweisen. (Schweiz. Z. allg. Pathol. Bakteriol. **15.** 129–38. 1952. Zürich, Univ., Anatom. Inst.) BRAUKMANN. 4150

E. Opitz, *Der Zellstoffwechsel in seiner Beziehung zur Zellstruktur.* Übersicht, bes. bzgl. der Zellatmung (Anoxie, Ischämie). — 90 Literaturangaben. (Verh. dtsch. Ges. Pathol. **33.** 18–36. Juni 1949; ausg. 1950. Kiel.) E. LEHMANN. 4150

Berwind P. Kaufmann, *Cytochemische Untersuchungen der Trypsinwirkung.* 1. Mitt. *Die Verdauung von Speicheldrüsenchromosomen.* Durch die Einw. von Lsgg. krist. *Trypsins* (**I**) auf Speicheldrüsenchromosomen von *Drosophila melanogaster* in Pufferlsgg. werden weitgehende Veränderungen derselben hervorgerufen, die auf einer Quellung von *Nucleinsäuren* (**II**) oder *Nucleoproteinen* in Ggw. von Elektrolyten als Folge der Hydrolyse, nicht jedoch der Auflösung des Chromosomenproteins (**III**) beruhen. Diese Auffassung weicht von der allg. üblichen ab, wonach **I III** zu kleinen, diffusionsfähigen Einheiten abbaut u. **II** freisetzt. Die **I**-Wrkg. allein zerstört den linearen Zusammenhang der Chromosomen nicht. Nach vorhergegangenem Abbau der *Desoxyribonucleinsäure* intakter Drüsen oder von Chromosomenaufstrichen durch *Desoxyribonuclease* (**IV**) bewirkt Verdauung mit gepuffertem **I** keine merkliche Quellung. **IV**-Behandlung nach **I**-Einw. hemmt das Quellen u. die gleichzeitige Deformation der Chromosomen. (Proc. nat. Acad. Sci. USA **38.** 464–68. Mai 1952. Cold Spring Harbour, N. Y., Carnegie Inst. of Washington, Dep. of Gen.) K. MAIER. 4150

Hermann Druckrey, *Die Grundprobleme der Krebsentstehung und des Krebswachstums.* Bei der krebserzeugenden Wrkg. des 4-Dimethylaminoazobenzols an Ratten wurden klare Dosis–Wrkg.-Beziehungen gefunden. Bei d a u e r n d e r Behandlung tritt der Leberkrebs auf, wenn die gefütterte Gesamtdosis eine bestimmte Menge überschritten hat, ohne Rücksicht auf ihre zeitliche Verteilung. Die Wirkungen der Einzelgaben sind über die ganze Lebenszeit irreversibel u. summieren sich daher verlustlos („Summationswrkg."). Der Angriffspunkt der cancerogenen Wrkg. ist an solchen Zellbestandteilen zu suchen, die nicht „de novo", sondern nur durch Duplikation aus ihresgleichen gebildet werden können („Duplikanten"). Als Ergebnis dieser cancerogenen Wrkg. entstehen Krebszellen, u. zwar nicht als Eintreffereignis, sondern durch die Summation vieler Treffer. Damit dann aus den erzeugten Krebszellen ein „Krebs" wird, muß eine Mindestzahl von Krebszellen vorliegen, die größer als 10000 ist. Zwischen Krebszellen u. Krebs muß daher ebenso scharf unterschieden werden wie zwischen Bakterien u. der durch sie ausgelösten Krankheit. Die Entw. einer Krebsgeschwulst aus den erzeugten Krebszellen ist ein Wachstumsprozeß, der eigenen Gesetzmäßigkeiten unterliegt u. die Mitwrkg. von Wuchsstoffen voraussetzt. Danach setzt sich der Gesamtvorgang der Krebsentstehung aus wenigstens zwei Einzelvorgängen zusammen, so daß es notwendig ist, die einzelnen krebsbegünstigenden u. -hemmenden Faktoren einem dieser Vorgänge zuzuordnen. (Neue med. Welt **1.** 1613–17. 9/12. 1652–54. 16/12. 1688–91. 23/12. 1950.) DRUCKREY. 4160

Heinz Thiele, *Intracelluläre Eiweißkristalle im Knochenmark bei einem Fall von Coloncarcinom.* Bericht über einen Carcinomfall, bei dem im Knochenmarkspunktat Eiweißkristalle festgestellt wurden. In der Form ähnelten sie Kristallen, wie sie bei Plasmocytomen gefunden wurden, aber bzgl. der Färbung wichen sie von ihnen ab. Sie werden als Ausdruck einer klin. nicht in Erscheinung getretenen Paraproteinose oder als auskrist. Globuline gedeutet. (Z. ges. innere Med. Grenzgebiete **5.** 157–59. März 1950. Leipzig, Univ., Med. Poliklinik.) DOSSMANN. 4160

M. Agosin, R. Christen, O. Bandinez, G. Gasic, A. Neghme, O. Pizarro und **A. Jarpa,** *Durch Cortison induzierte Metastasen vom Adenocarcinom bei Mäusen.* Die tägliche Injektion von 0,5 mg *Cortison* hemmt bei C 3 H-Mäusen das Wachstum eines transplantablen Brustkrebses, führt aber bei der Hälfte der Tiere zur Metastasierung, die sonst nicht auftritt. (Proc. Soc. exp. Biol. Med. **80.** 128–31. Mai 1952. Santiago, Univ. of Chile, Labor. of Parasitol. and Biol., Inst. de Biol. Juan Noé.) DRUCKREY. 4160

Ludwig Heilmeyer, *Prinzipielles über die Wirkung der Cytostatica.* Überblick aus chemotherapeut. Verss. über die verschied. Beeinflußbarkeit der Krebszellen gegenüber Normalzellen, aus dem hervorgeht, daß manche chem. Stoffe ungefähr eine röntgenstrahlenähnliche Wrkg. haben, im wesentlichen aber nur cytostat. u. nicht cytocid wirken. (Folia haematol. [Leipzig] **70.** 43–51. 1950. Freiburg/Br.) HOHENADEL. 4160

Gänsslen, *Fortschritte in der Behandlung von Leukämien und Granulomen.* Inhaltlich ident. mit der C. **1951.** I. 2166 referierten Arbeit. (Folia haematol. [Leipzig] **70.** 59—70. 1950. Frankfurt/M.) HOHENADEL. 4160

H. Ruppert, *Erfahrungen mit der N-Losttherapie bei Hämoblastosen.* Bericht über 32 klin. auswertbare Krankheitsfälle, die mit *N-Lost* (I) behandelt wurden, von denen 14 Fälle mit Lymphogranulomatose anfänglich gut ansprachen mit Rückgang der Drüsentumoren, bei denen aber bereits nach 1½—3 Monaten Recidive auftraten. 10 chron. Leukämien **sprachen** ebenfalls gut auf I an mit schnellem Abfall der hohen Leukocytenwerte (Recidive nach 1—2 Monaten). Bei 5 mit I behandelten Lymphosarkomen bildeten sich die Drüsentumoren nur teilweise zurück. Die Dosierung betrug im allg. 2,5—3 mg pro Einzeldosis, dabei waren die unerwünschten Nebenwirkungen relativ gering. Zwischen der Bis- u. Tris-Form des I bestehen in dieser Hinsicht keine Unterschiede. Tox. Spätwirkungen ließen sich nicht vermeiden. (Folia haematol. [Leipzig] **70.** 75—77. 1950. Göttingen.) HOHENADEL. 4160

Richard Merk, *Über Erfahrungen der Freiburger Klinik mit Urethan, Stickstofflost und Stilbamidin.* Mit *Urethan* (I) wurden insgesamt 96 Patienten, darunter 30 mit chron.-myeol. Leukämie, behandelt; 26 davon mit klin. befriedigender Besserung, 2 blieben unbeeinflußt, bei 2 weiteren traten Komplikationen auf. Ein Ergebnis, das der Röntgentherapie ziemlich gleich kommt. Dagegen waren von 27 chron.-lymphat. Leukämien nur $^2/_3$ durch I zu beeinflussen. Bei 12 Lymphogranulomatosen kam es in 7 Fällen zu guter Besserung, 5 blieben unbeeinflußt. Auch Retothelsarkome u. Myelome ließen sich gut durch I bessern. Am schlechtesten war das Ergebnis bei 22 akuten Leukämien, die nur ganz vorübergehende Besserungen aufwiesen. Während der I-Behandlung erwies sich eine laufende Blutbildkontrolle der Patienten als notwendig. Mit *Stickstofflost* (II) wurden 74 Patienten behandelt, davon 46 Lymphogranulomatosen, von denen 39 eine günstige Beeinflussung erkennen ließen; kein Erfolg zeigte sich bei 6 akuten Leukämien. Von 10 mit *Stilbamidin* u. *Pentamidin* behandelten Plasmocytomen zeigten 3 klin. befriedigende Remissionen, 3 nur Schmerzlinderung, 4 blieben unbeeinflußt. (Folia haematol. [Leipzig] **70.** 52—58. 1950. Freiburg/Br.) HOHENADEL. 4160

A. G. Audier, *Chemotherapie des Carcinoms verbessert durch Wirtsbeeinflussung.* 1. Mitt. *Bakterienmetabolite und gefrorenes Tumormaterial kombiniert mit hormonwirksamen Stoffen.* Vaccine von Bakterien aus ulcerierenden Tumoren bewirken bei gleichzeitiger Gabe von *ACTH* oder *Globenicol* Nekrotisierung bei transplantierten Tumoren der Maus. Die Vaccine kann durch gefrorenes Tumormaterial ersetzt werden, dabei erhält man eine noch stärkere Nekrotisierung. (Antonie van Leeuwenhoek **19.** 83—92. 1953. Leiden, Univ., Inst. of Trop. Med., Labor. of Trop. Hyg.) H. SCHEURLEN. 4160

Jacob Sacks, Isotopic tracers in biochemistry and physiology. New York: McGraw-Hill. (390 S. m. Abb., Diagr., Bibl.) $ 8,50.

E₂. Enzymologie. Gärung.

Allan J. Day, *Der Einfluß von kleinen* p_H*-Änderungen auf die colorimetrische Bestimmung der Kohlensäureanhydraseaktivität — insbesondere die von Zinkionen verursachten Änderungen.* Bei Best. der *Kohlensäureanhydrase* (I) nach ROUGHTON u. BOOTH (Biochem. J. **40.** [1946.] 319) wird als Maß der Aktivität die Zeitdifferenz verwendet, die zur Verschiebung des p_H von Veronalpuffer von 7,9 auf 6,4 gegenüber der Änderung bei einem Vers. ohne Enzym gemessen wird. Es ergab sich, daß die Best. durch $Zn^{••}$-Ionen gestört wird. $Zn^{••}$ verringert das p_H des Puffers u. täuscht so eine I-Wrkg. vor. Der Wert der Bestimmungsmeth. wird dadurch sehr vermindert, da Ggw. aller Substanzen, welche das p_H ändern können, vermieden werden muß. (Austral. J. exp. Biol. med. Sci. **28.** 627—34. Nov. 1950. Adelaide, Univ., Dep. of Human Physiol. and Pharmacol.) HESSE. 4210

H. Belval und de Grandchamp-Chaudun, *Über die enzymatische Hydrolyse von Glucofructosanen: Hypothese über die Bildung eines Enzym—Substrat-Komplexes.* Die mathemat. Behandlung der Einw. eines *Saccharase*-Konzentrates auf Glucofructosane (I), welche bei Hydrolyse 5—15% Glucose u. 95—85% Fructose liefern, ergab, daß I sich wie Polysaccharide verhalten. Es konnte wahrscheinlich gemacht werden, daß die Spaltung so erfolgt, als ob sich das Ferment mit unendlicher Geschwindigkeit mit I verbindet, u. daß der gebildete Komplex mit endlicher Geschwindigkeit, dem Massenwirkungsgesetz folgend, zerfällt. (Bull. Soc. chim. biol. **32.** 340—43. 1950.) HESSE. 4210

E. Praetorius, *Über die Phosphatase der menschlichen Aorta.* Es wird über das Vork. einer *Phosphatase* in der menschlichen Aorta (Media) berichtet, welche das Dinatriumsalz der Phenylphosphorsäure u. p-Nitrophenylphosphorsäure spaltet u. ein p_H-Optimum von 5,7—5,8 besitzt. (Acta med. scand. **142.** Suppl. Nr. 266. 851—54. 1952. St. Louis, Mo., Washington Univ., School of Med., Div. of Gerontol.) RUPPERT. 4210

O. Hövels und **M. Laun,** *Untersuchungen über die Bestimmung der alkalischen Phosphataseaktivität in kleinen Serummengen. Mikromodifikation der Methode von Huggins und Talalay unter Verwendung von Natrium–Phenolphthaleinphosphat und Phenolphthaleinphosphorsäure als Substrat.* Nach einem Überblick über die Bedeutung der Phosphatasen für den n. u. patholog. Stoffwechsel, speziell im Hinblick auf die *alkal. Serumphosphatase,* wird die Meth. von HUGGINS u. TALALAY diskutiert. Die Genauigkeit erfährt durch eine Mikromodifikation keine Beeinträchtigung. Diese eignet sich bes. für Reihenunterss. bei Säuglingen, da nur 0,15 cm^3 Serum erforderlich sind. Die Best. wird für *Na-Phenolphthaleinphosphat* (**I**) u. für *Phenolphthaleinphosphorsäure* (**II**) als Substrat angegeben. Bei Einhaltung der verlangten p_H-Werte ist ein störungsfreies Photometrieren möglich. Eine Enteiweißung erfolgt nicht. Bei p_H des Glykokoll-Unterbrecherpuffers $>12,0$ blaßt die Phenolphthaleinfarbe sehr rasch ab. Bei 29 klin. u. 28 klin. sowie röntgenolog.-rachitisfreien Säuglingen (1—11 Monate) ergab sich ein Mittelwert von $23,1 \pm 6,8$ P.E. mit **I** als Substrat, mit **II** bei 44 rachitisfreien (2—11 Monate) $7,7 \pm 0,66$ P.E., d. h. **II** wird wesentlich langsamer als das *Na*-Salz gespalten. (Z. Kinderheilkunde **71.** 357—68. 1952. Frankfurt/M., Univ., Kinderklinik.) K. MAIER. 4210

M. Laskowski jr., P. H. Mars und **M. Laskowski,** *Vergleich eines Trypsinhemmstoffes aus dem Colostrum mit anderen kristallisierten Trypsin-Hemmstoffen.* Es soll festgestellt werden, ob sich der aus Rindercolostrum gewonnene Hemmstoff chem. von zwei aus Rinderpankreas isolierten Hemmstoffen unterscheidet. Zu diesem Zweck werden das Mol.-Gew. u. der isoelektr. Punkt bestimmt, das UV-Spektr. aufgenommen u. die Menge Trypsin ermittelt, die von den Hemmstoffen inaktiviert wird. Der Unterschied der erhaltenen Werte läßt auf eine Verschiedenheit der Struktur schließen. (J. biol. Chemistry **198.** 745—52. Okt. 1952. Ithaca, N. Y., Cornell Univ., Dep. of Chem., u. Milwaukee, Wis., Marquette Univ., School of Med., Dep. of Biochem.) BAUMANN. 4210

Evelyn L. Oginsky und **Robert F. Gehrig,** *Das Arginin–Dihydrolase-System des Streptococcus faecalis.* 1. Mitt. *Citrullin als Zwischenstufe.* Suspensionen von intakten Zellen des Streptococcus faecalis bauen Arginin sehr schnell ab, während *Citrullin* kaum angegriffen wird. Mit Aceton behandelte Zellen oder zellfreie Extrakte (Ultraschallbehandlung) greifen Arginin u. Citrullin gleich stark an. Das läßt darauf schließen, daß ein Ferment Arginin in Citrullin u. NH_3 spaltet, u. ein anderes Citrullin unter Bldg. von NH_3 u. CO_2 zu Ornithin abbaut. Für diesen sind die Zellwände nicht durchlässig, was auf eine komplexe Struktur des Enzyms hindeutet. (J. biol. Chemistry **198.** 791 bis 797. Okt. 1952. Rahway, N. J., Merck Inst. for Therap. Res.) BAUMANN. 4210

Evelyn L. Oginsky und **Robert F. Gehrig,** *Das Arginin–Dihydrolase-System des Streptococcus faecalis.* 2. Mitt. *Eigenschaften von Arginin–Desimidase.* (1. vgl. vorst. Ref.) Das isolierte Enzym ist ident. mit der von HORN beschriebenen *Arginin–Desimidase.* Das p_H-Optimum liegt bei 6,8. Das Enzym wird gehemmt durch Zusatz von Hg-, Cu-, Mg u. Zn-Ionen, ferner durch Arsenit, Hydroxylamin u. Semicarbazid. Seine Wirksamkeit ist unabhängig von anorgan. Phosphat, ATP u. Sauerstoff, sowie von Hefeextrakt, Biotin u. Pyridoxal. Canavanin wird selbst nicht gespalten, hemmt aber die Desimidierung von Arginin merklich. (J. biol. Chemistry **198.** 799—805. Okt. 1952. Rahway, N. J., Merck Inst. for Therap. Res.) BAUMANN. 4210

W. C. Evans und **N. R. Jones,** *Pflanzliche Thiaminasen.* Neue Unterss. über die Antianeurinaktivität von Farnkraut (Pteris Aquilina) bestätigten die enzymat. Spaltung in den Pyrimidin- u. Thiazolanteilen. Über 90% der Aktivität wurden durch Kochen in 15 Min. zerstört. Die Extrahierbarkeit des Enzyms ist p_H-abhängig u. stieg vom p_H 4 bis zu einem Optimum bei p_H 9. Dialyse ermöglichte eine Trennung in das Co-(**I**) u. Apoenzym (**II**). **I** besitzt Säurecharakter u. ist lösl. in Ae., Isobutanol u. Chloroform. m-Aminobenzoesäure u. 5-Aminosalicylsäure scheinen **I** ersetzen zu können oder die Aktivität von **II** auf andere Weise zu aktivieren. Schachtelhalm u. Aspidium filix-mas enthält ebenfalls den Anti-Aneurinfaktor. Durch Dämpfen wird er zerstört. Die so behandelten Pflanzen sind im Tierfutter unschädlich. Die Bestimmungen wurden mit der Thiochrommeth., mit der biol. Testung an Neurospora crassa u. im Rattenfütterungsvers. durchgeführt. (Biochem. J. **50.** XXVIII. März 1952. Bangor, Agricult. Chem. Dep., Univ. Coll. of North Wales.) BARTH. 4210

H. Eibl, W. Zischka, Ingeborg Dreher, O. F. Schwarz und **O. Hoffmann-Ostenhof,** *Die Wirkung von Toxinen auf Fermente.* 1. Mitt. *Über den Einfluß von Diphtherietoxin* *auf die Gewebeatmung bei Meerschweinchen.* (Kurze Mitt.) Im Endstadium der Diphtherieintoxikation erfolgt beim Meerschweinchen im Hirn- u. Nierengewebe eine Hemmung des den aeroben Abbau der Brenztraubensäure katalysierenden Fermentsystems. Die Fermentpräpp. aus den Organen wurden nach Vorschrift von GREEN (C. **1949.** I. 1380) hergestellt u. in Atmungsverss. nach WARBURG geprüft. (Mh. Chem. **81.** 616 bis 618. 15/6.; S.-B. österr. Akad. Wiss., math.-naturw. Kl., Abt. IIb **159.** 616–18. 1950. Wien, Bundesstaatl. serother. Inst., Pathol.-anat. Inst., I. Chem. Labor. der Univ.) FISCHOEDER. 4210

Katashi Makino, Fumio Itoh und **Kiyohiko Ohta,** *Enzymatische Synthese von Adeninflavindinucleotid.* Acetonpulver aus Taubenniere (**I**) enthält ein thermolabiles Enzymsyst., das unter folgenden Bedingungen zur Bldg. von Adeninflavindinucleotid befähigt ist: 0,2 g **I** läßt man 20 Std. bei 20° auf $2 \cdot 10^{-6}$ Mol Riboflavin + $2 \cdot 10^{-6}$ Adenosintriphosphat + $8 \cdot 10^{-6}$ Na_2HPO_4 in 4 cm^3 W. einwirken; dann wird 5 Min. auf 80° erhitzt u. zentrifugiert. (J. Biochemistry **37.** 459–60. Dez. 1950. Kumamoto, Kumamoto Med. Coll., Dep. of Biochem.) HESSE. 4210

E_3. Mikrobiologie. Bakteriologie. Immunologie.

P. W. Brian, *Mikrobiologie.* Vf. gibt einen ausführlichen Bericht über die allg. Eigg. u. den Stoffwechsel von Mikroorganismen sowie über die industrielle Anwendung mikrobiol. Methoden. (J. Roy. Soc. Arts **101.** 194–224. 20/2. 1953.) H. SCHEURLEN. 4300

W. A. Wood und **R. F. Schwerdt,** *Kohlenhydratoxydation durch Pseudomonas fluorescens.* 1. Mitt. *Der Mechanismus der Glucose- und Gluconatoxydation.* Nach Wachstum in Ggw. von Glucose (**I**) wurden die Zellen von Pseudomonas fluorescens (P. f.) durch Ultraschall zerstört u. zu den sedimentfreien Suspensionen **I**, Ca-Gluconat (**II**), Glucose-6-phosphat (**III**) oder 6-Phosphogluconat (**IV**) zugesetzt. Nach der WARBURG-Meth. wurde gezeigt, daß **I, II, III** u. **IV** durch P. f. oxydiert wurden. Das gleiche gilt für Glucose-1-phosphat (**V**), Fructose-6-phosphat (**VI**) u. Ribose-5-phoshat, während Fructose-1.6-diphosphat nur langsam u. 2-Ketogluconat, D-Ribose, D- u. L-Arabinose nicht oxydiert wurden. Die **I**- u. **II**-Oxydation fand ohne gleichzeitige CO_2-Entw. statt; als Abbauprod. entstand 2- oder 5-Ketogluconat. Durch Behandeln des P. f.-Extraktes mit $(NH_4)_2SO_4$ oder Zusatz von Phosphatpuffer (p_H 7,0) wird nur das **III**- oder **IV**-oxydierende Fermentsyst. geschädigt. Weiterhin wurde gezeigt, daß P. f. keine Hexokinaseaktivität besitzt. Die **I**- bzw. **II**-Oxydation wurde durch Zusatz von Cyanid (10^{-3} mol.) gehemmt. Da ferner Ferricyanid, 2.6-Dichlorphenolindophenol u. Methylenblau als Wasserstoffacceptoren dienen konnten, während 2.3.5-Tetrazoliumchlorid u. Neotetrazoliumchlorid unwirksam waren, nehmen Vff. die Beteiligung von *Cytochromen* an, was durch spektroskop. Unterss. bestätigt wurde. Da Hexokinase u. Glucokinase fehlen, werden **I** u. **II** durch P. f. nicht über phosphorylierte Zwischenstufen oxydiert. In dem Enzymsyst. spielen weder Flavoproteinoxydase noch spezif. auf Diphospho- oder Triphosphopyridinnucleotid ansprechende Dehydrogenasen eine Rolle. Das Syst. ist an Partikel gebunden u. enthält sehr wahrscheinlich Cytochrom b u. Cytochrom c. Eine typ. Cytochromoxydase scheint nicht beteiligt zu sein. (J. biol. Chemistry **201.** 501–11. April 1953. Urbana, Ill., Univ. of Illinois, Dep. of Dairy Sci., Labor. of Bact.) LENHARD. 4320

C. E. Lankford, L. J. Rode und **V. T. Schuhardt,** *Der Einfluß von Methionin auf den DL-Homocystinverbrauch von Brucella suis. Brucella suis* benutzt entweder *L-Cystin,* bzw. *L-Cystathionin* oder *L-* bzw. *D-Methionin,* um seinen Sulfatbedarf zu decken. *DL-Homocystin, DL-Homocystein* u. *DL-Homocysteinthiolacton* können nur verwendet werden, wenn Spuren *Methionin* zugesetzt werden. Die optimale Methioninmenge liegt zwischen 1–20 γ Methioninschwefel pro ml. Es wird die Möglichkeit diskutiert, daß die Fähigkeit, *DL-Homocystin* als Sulfatquelle zu benutzen, an ein Enzym gebunden ist, das Spuren von *Methionin* braucht, um sich bilden zu können. (Proc. Soc. exp. Biol. Med. **80.** 727–31. Aug./Sept. 1952. Austin, Tex., Univ., Dep. of Bact. and Brucellosis Res. Labor. of the Clayton Found.) BAUMANN. 4320

Chung Wu und **James F. Hogg,** *Die Bildung von Aminosäuren und der Stickstoffstoffwechsel in Tetrahymena geleii.* Aus verschied. Medien erhält man drei Stämme von Tetrahymena geleii, die sich durch ihren Geh. an Amino- u. Nucleinsäuren unterscheiden. In Anpassung an ein synth. Medium enthält ein Stamm bes. viel *Tryptophan, Cystin, Alanin* u. *Glykokoll* u. die doppelte Menge *Nucleinsäuren* wie die beiden anderen Stämme. Einige Aminosäuren, wie *Arginin, Serin* u. *Threonin,* werden von Tetrahymena geleii zur Erzeugung der notwendigen Stoffwechselenergie bevorzugt. Im Vgl. zu anderen Mikroorganismen fällt der hohe Geh. an *Isoleucin, Leucin, Glutamin-*

säure u. *Phenylalanin* auf. (J. biol. Chemistry **198**. 753—64. Okt. 1952. Ann Arbor, Mich., Univ. of Michigan, Dep. of Biol. Chem.) BAUMANN. 4320

B. D. Lilley und **J. H. Brewer,** *Die selektive antibakterielle Wirkung von Phenyläthylalkohol.* Es wird über Verss. mit *Phenyläthylalkohol* (I) an verschied. Bakterien berichtet. Schon in geringer Konz. (1:400) zeigt I eine erhebliche wachstumshemmende Wrkg. gegenüber gramnegativen Bakterien u. kann deshalb zu einer Differenzierung von Bakterien herangezogen werden. — 3 Tabellen. (J. Amer. pharmac. Assoc., sci. Edit. **42**. 6—8. Jan. 1953. Baltimore, Md., Hynson, Westcott & Dunning, Inc., Dep. of Biol. Res.) R. KÖNIG. 4330

László Eidus und **Miklós R. Lányi,** *Experimentelle Erfahrungen mit Isonicotinsäurehydrazid und anderen Hydraziden.* Auf dem SULAschen Ascitesnährboden wird das Wachstum von Tuberkelbacillen (Stamm H 37 Rv) durch *p-Aminosalicylsäurehydrazid* (I) in einer Verdünnung von 1:5 000 000, durch *PAS* (II) bei 1:1 250 000 u. durch *Isonicotinsäurehydrazid* (III) bei 1:2 000 0000 gehemmt. In vitro zeigen Kombinationsverss. von III mit *Streptomycin* weder eine additive noch synergist. Wrkg., während II u. III eine günstige Parallelwrkg. entfalten. Es scheint, daß II die Resistenzentw. der Bakterien gegen III in vitro in hohem Maße verhindert. I ist im Tiervers. etwas wirksamer als II. (Z. Tuberkulose **102**. 193—96. 1953. Budapest, Univ., Klinik für Lungenkrankheiten.) RUTKOWSKI. 4330

J. Brun und **J. Viallier,** *In vitro-Wirkung von Isoniazid auf Mycobacterium tuberculosis.* Unters. der Wrkg. von *Isoniazid* (I; LABOR. SPEZIA) auf 88 Tuberkelbacillenstämme, die aus dem Sputum oder Eiter von Patienten mit Lungentuberkulose isoliert waren. Im DUBOS-Milieu in Konzz. unter 25 γ/cm³ konnte mit Sicherheit eine bakterieide Wrkg. nicht nachgewiesen werden. Einige Kulturen entwickelten sich zögernd nach 30 Tagen in Ggw. von 3—6 γ I/cm³, andererseits entstanden in dem ausgewaschenen Rückstand nach Zentrifugierung Kolonien, die frei von makroskop. u. mkr. nachweisbaren Bacillen waren. (C. R. Séances Soc. Biol. Filiales **146**. 1332—34. Sept. 1952. Lyon, Inst. bactériol.) DOSSMANN. 4330

M. Reale, A. Garaventa und **M. Ghione,** *Klinische Bedeutung des Verhaltens des Tuberkelbacillus gegenüber Isonicotinsäurehydrazid (Isonicotinsäurehydrazidresistenz und -abhängigkeit).* Nach einer theoret. Betrachtung über die Ursachen der immer häufiger zu beobachtenden Resistenz von Mycobacterium tuberculosis gegen *Isonicotinsäurehydrazid* (I) berichten Vff. über eigene in vitro-Verss. an Bakterienstämmen, die sie von 22 Tuberkulösen isolierten. Dabei ließ sich in fast allen Fällen eine Zunahme der I-Resistenz der Bakterien im Verlauf der Behandlung feststellen, die in einem Falle in 10 Tagen bereits das 2000fache des Ausgangswertes ausmachte. In einem der Fälle zeigte der betreffende Bakterienstamm nach 2monatiger I-Behandlung in Übereinstimmung mit der Verschlechterung des klin. Bildes in den Kulturen, die 0,5—1 γ I/ml enthielten, ein besseres Wachstum als in den I-freien Kontrollkulturen, so daß das I hier die Rolle eines fakultativen Wachstumsfaktors übernommen hat. Wegen der immer häufiger u. früher eintretenden I-Resistenz der Tuberkelbakterien unter der I-Behandlung halten Vff. eine häufige Resistenzbest. des jeweiligen Erregerstammes für erforderlich. (Minerva med. [Torino] **43**. II. 396—400. 13/9. 1952. Genova, Ist. Naz. della Previdenza Soc., Ospedale Sanatoriale „E. Maragliano".) IPPEN. 4330

R. Chauvin, C. Defromont, J. Louveaux und **J. Verge,** *Über eine im Pollen vorhandene Substanz, die die Entwicklung gewisser Bakterien verhindert.* Der Pollen scheint eine Substanz zu enthalten, die über eine gewisse Zeit das Bakterienwachstum der intestinalen Flora von Mäusen verzögert. Die Wirksamkeit erstreckt sich bes. auf Escherichia coli. (C. R. Séances Soc. Biol. Filiales **146**. 645—47. Mai 1952. Seine-et-Oise, Stat. de Rech. apicoles.) DOSSMANN. 4330

Albert Faivre-Amiot, Hermon Darpoux und **Louis Roux,** *Chlamydospirin, ein neues, aus einem Fusarium isoliertes Antibioticum.* Bei Fäulnisprozessen toter Insekten isolierte Pilzkulturen mit *Chlamydosporen* der Gattung *Fusarium* zeigten in vitro Hemmwrkg. gegenüber grampositiven, gramnegativen u. säureresistenten Keimen sowie Aerobiern u. Anaerobiern. Aus dem Mycelium u. der Nährbrühe wurde ein akt. Antibioticum *Chlamydosporin* (I) extrahiert. Eine Maus verträgt eine Injektion von 6 mg I. Keine schädlichen Einflüsse von I auf Tabak- u. Tomatenpflanzen. Die große Aktivität von I verspricht die Möglichkeit der Anwendung bei Therapie, Pflanzenschutz u. Technologie. (C. R. hebd. Séances Acad. Sci. **235**. 912—13. 20/10. 1952.) DOSSMANN. 4340

Jean Guérillot-Vinet, Lucien Guyot, Jacques Montégut und **Louis Roux,** *Über eine antibiotische Substanz aus Mycelium von Gibberella baccata (Wallr.) Sacc.* Vff. konnten aus einer fl. Kultur von Gibberella baccata durch 12std. Extrahieren mit Ae. am

SOXHLET u. folgende Reinigung durch Chromatographieren über Tonerde u. Eluieren mit Methanol eine antibiot. wirkende Substanz in farblosen Kristallen vom F. 135° erhalten, die sie *Baccatin A* nennen. Der Stoff hat ein Mol.-Gew. der Größenordnung 480. Die Bruttoformel wird mit $C_{26}H_{48}O_6N_2$ angegeben. Baccatin A hemmt neben anderen Staphylococcus aureus u. Pseudomonas medicaginis, ist aber wirkungslos gegen Escherichia coli. (C. R. hebd. Séances Acad. Sci. **230**. 1424—26. 12/4. 1950.) ENDRASS. 4340

L. E. Casida jr. und **Elizabeth McCoy,** *Zunehmende Resistenzerscheinungen von Candida albicans gegenüber einem, von einem sporenförmigen Bacillus produzierten Antibioticum.* Vff. berichten über eine sich entwickelnde Resistenz von Candida albicans gegenüber einem von Bacillus B 40 produzierten antifungalen Antibioticum. Die Resistenzzunahme zeigt sich in einem verzögerten Wachstum in Ggw. des Antibioticums. Bei der Resistenzentw. verringert sich das n. Hefewachstum zugunsten einer verstärkten Mycelbildung. Die Züchtung resistenter Stämme gelingt ohne Schwierigkeiten. (J. infect. Diseases **90**. 283—90. Mai/Juni 1952. Madison, Wis., Univ., Dep. of Bacter.) REICHLE. 4340

Joseph V. Scaletti, Walter L. Kulp und **Robert C. Cleverdon,** *Wirkung von Terramycin auf die fäkale Mikroflora von Ratten.* 1. Mitt. *Einfluß von Diät und Terramycin.* 2 Versuchsreihen mit je 18 weiblichen Albinoratten. Je 6 erhielten a) eine Grundnahrung, b) proteinreiches, kohlenhydratarmes Futter, c) kohlenhydratreiches, proteinarmes Futter. Die Hälfte der Tiere a—c erhielt zusätzlich *Terramycin* (I), 100 mg pro kg der Ration. Laufende bakteriol. Unters. des Fäces. Diät allein blieb ohne Einfl. auf die Gesamtzahl der Anaerobier, Aerobier u. L. acidophilus; prakt. unabhängig vom Futter bewirkt I Abnahme dieser Organismen; fäkale Streptokokken, die durch Diät unbeeinflußt bleiben, treten nach I in erhöhter Zahl auf. Keine Beeinflussung von E. coli durch Diät, c) + I u. a) + I ergaben Abnahme bzw. Zunahme von E.coli. Mit c) wurden niedrigere Zahlen für Proteus spp. erhalten als mit a) oder b). Hinzufügung von I zu a), b), c) bewirkte in allen 3 Gruppen Zunahme von Proteus spp. (Proc. Soc. exp. Biol. Med. **81**. 552—56. Nov. 1952. Storrs, Conn., Univ. of Connecticut, Dep. of Bacteriol.) DOSSMANN. 4340

J. Viallier und **J. C. Kalb,** *Verhalten eines streptomycinempfindlichen Stammes von Mycobacterium tuberculosis, gezüchtet in Gegenwart von Streptomycin und Dihydrostreptomycin.* Bericht über Verss. mit einem *Streptomycin* (I)-empfindlichen Stamm von Mycobacterium tuberculosis in Nährlsgg. mit **I**- u. *Dihydrostreptomycin* (**II**)-Zusatz von 500, 250, 125, 62, 0 γ/ml **I** bzw. **II**. Während bereits nach 5 Tagen im **II**-haltigen Milieu ein deutliches Wachstum nachzuweisen war, zeigte sich erst nach 32 Tagen bei **I**-Zusatz oder im Kontrollmilieu beginnendes Wachstum. Nach 40 Tagen makroskop. sichtbarer Unterschied in den Versuchsreihen. (C. R. Séances Soc. Biol. Filiales **146**. 1334—36. Sept. 1952. Lyon, Inst. bacteriol.) DOSSMANN. 4340

W. Goeters, *Penicillin- und Streptomycinresistenz bei Meningokokken.* Übereinstimmend mit Befunden von MILLER u. BOHNHOFF (C. **1952**. 1345) wurde festgestellt, daß Meningokokken sich gegenüber *Penicillin* (I) u. *Streptomycin* (**II**) grundsätzlich verschieden verhalten. 8 Meningokokkenstämme entwickelten bei fortlaufender Überimpfung auf feste Nährböden mit ansteigendem **I**-Geh. eine Resistenz gegenüber 10000 E./cm³, bei abwechselnder Züchtung auf **I**-haltigen u. **I**-freien Nährböden eine solche gegenüber 50000 E./cm³. In vivo wurde bei Mäusen nach intraperitonealer Infektion mittels der Eigelbaktivierungsmeth. u. anschließender subcutaner Behandlung mit unterschwelligen **I**-Dosen Residenz erzielt (150facher Anstieg der PD_{50}). Die resistenten Keime unterschieden sich morpholog. von n. (sarcinenähnliche, intensiv färbbare Riesenkokken, Kolonien von schleimig-zäher Konsistenz). Die Resistenz war keine konstituierende Eig. u. verlor sich bei ständiger Züchtung auf **I**-freien Nährböden. Im Gegensatz hierzu lieferten 14 Meningokokkenstämme bei der 1. Überimpfung auf Platten abgestufter **II**-Konzz. (10—10000 mg/cm³) 2 verschied. **II**-resistente Varianten: Typ *A* wuchs bei allen Konzz. in gelblichen Kolonien, die ihr Aussehen auch auf **II**-freien Medien beibehielten; Typ *B* war in seiner Entw. von der Ggw. von **II** abhängig (Wachstumsoptimum bei 100—400 mg/cm³, bei <5 mg/cm³ keinerlei Koloniebldg.). Mit Typ *B* -Keimen infizierte Mäuse zeigten nur bei ausreichender **II**-Zufuhr eine Meningokokkensepsis, nicht mit **II** behandelte blieben am Leben. Das Auftreten der resistenten Typ *B*-Variante beruht anscheinend auf Mutation. Beide Typen blieben bei Fortzüchtung im Verh. konstant. In 2 Fällen (von 156 Verss.) gelang eine Gewöhnung von Typ *B* an **II**-freie Nährböden (möglicherweise Rückmutation). Die erworbene **I**- u. **II**-Resistenz bewirkte keinen Verlust der negativen Gramfärbbarkeit sowie keine Änderung der serol. Typenspezifität u. des n. Zuckervergärungsvermögens. (Naturwissenschaften **39.** 430—31. 1952. Norderney, Kinderheilstätte Seehospiz „Kaiserin Friedrich".) K. MAIER. 4340

Robert Tulasne und **Raymond Minck,** *Empfindlichkeitsvergleich normaler Formen und von Formen L zweier Proteusstämme gegenüber einigen Antibioticis.* Die L-Formen sind Zwergformen; beim Vgl. mit n. Formen erwiesen sie sich gegenüber *Penicillin* (I), *Streptomycin* (II), *Aureomycin, Chloromycetin, Terramycin* u. *Tyrothricin* (**III**) als weniger resistent. Gegenüber **I** sind die L-Formen völlig unempfindlich, was bei den n. Formen nicht der Fall ist, aber sie reagieren auf **II** u. **III**. Vff. vermuten, daß diese Unterschiede die Herausarbeitung einer gezielten Therapie der Lungentuberkulose erlauben werden. (C. R. Séances Soc. Biol. Filiales **146.** 778—80. Mai 1952. Straßburg, Univ., Inst. d'Hygiène et de Bacteriol. de la Fac. de Méd.) DOSSMANN. 4340

M. Faure, *Vergleichende Untersuchungen zur serologischen Wirksamkeit von Eierlecithin und von synthetischem l-α-Dimyristinlecithin in Verbindung mit Cardiolipin bei der Serodiagnose der Syphilitis.* Bei der KLINE-Rk. u. der Komplementbindungs-Rk. nach KOLMER kann das Eierlecithin (I) durch das synthetisierte (II) ersetzt werden. Um eine gleichgute Empfindlichkeit des Antigens zu erhalten, muß das Mengenverhältnis von **II** zum Cardiolipin geändert werden. Antigene mit **II** sind weniger haltbar als solche mit **I.** (Ann. Inst. Pasteur **82.** 738—**43.** Juni 1952. Paris, Inst. Pasteur.) FISCHOEDER. 4370

Susumu Hotta, *Therapeutische Versuche mit der Dengueinfektion an der Maus.* Durch Injektion von Kaninchen mit aus dengueinfizierten Mäusen gewonnenen Viren wurde ein Antidengue-Immunserum (I) hoher Wirksamkeit erhalten. **I** zeigt in vitro gegenüber den Viren einen deutlich neutralisierenden Effekt. Bei einigen Verss. an Mäusen konnte eine Dengue-Infektion durch rasche Anwendung hoher Dosen von **I** unterdrückt werden. Weiterhin wurden 28 chem. Verbb. (*Dinatrium-3.3'-diamino-4.4'-dioxyarsenobenzol, 2-Acetylamino-4-acetophenylarsinsäure, 3-Nitro-4-oxyphenylarsinsäure, 3-Amino-4-oxyphenylarsinsäure, 3-Oxo-[benzo-1:4-oxazin]-6-arsinsäure, Sulfanilamid, Dimethylsulfamin, Na-Acetosulfamin, N.N'-Dimethyl-N⁴-sulfanilylsulfanilamid, 4-[4'-Aminobenzolsulfonamid]-benzosulfonamid, 5-Aminopyridyl-(2)-4'-aminophenylsulfon, Dinatrium-p.p'-diaminodibenzolsulfondiglucosesulfazid, 2-Sulfanilamidopyridin, 2-[p-Aminobenzolsulfonamid]-thiazol, 2-[p-Aminobenzolsulfonamid]-4-methylthiazol, p-Guanidinophenolhydrochlorid, Atebrin, Na-Vanadyltartrat, Vanadiumchinin-α-tartrat, Chininvanadylmalonat (Hydrat), Antimonylhexonat, Diphenylendioxyd, 4-Oxydiphenyläther, Dichlordiphenylendioxyd, Phenoxthin, Äthylendioxychinolin, Trilobin* u. *Isotrilobin*) auf ihre Wrkg. geprüft. Nur in einigen Fällen war eine Verlängerung der Überlebenszeit der Tiere festzustellen, sonst aber führten die Präpp. zu keinem Erfolg. (Ann. trop. Med. Parasitol. **47.** 1—8. März **1953.** Kyoto, Japan, Univ., Fac. of Med., Microbiol. Inst.) R. KÖNIG. 4374

Winifred E. Jacobson, Mary Williamson und **C. Chester Stock,** *Die zerstörende Wirkung von 2.6-Diaminopurin auf Kappa der Stock 51-Killer, Varietät 4, von Paramaecium aurelia.* Akt. *Paramäcin* bildende *Kappa*-Partikel der *Stock 51-Killer* von *P. aurelia* werden durch Einw. von *2.6-Diaminopurin* (I) in Konzz. von 500 u. 100 γ/cm^3 24 Std. lang in der Zahl stark vermindert. Solche Killer enthalten dann $<10\%$ der Kappa-Teilchen, wie durch modifizierte GIEMSA-Färbung u. die Expansionstechnik nach SONNEBORN (Genetics **32.** [1947.] 106) nachgewiesen werden konnte. *Adenin* u. *Adenosin* blockieren die **I**-Wrkg. u. stimulieren gleichzeitig die *Kappa*-Bldg., die in Ggw. von **I** dann sogar größer ist. (J. exp. Zoology **121.** 505—19. Dez. 1952. New York, N. Y., Sloan-Kettering Inst. for Cancer Res., Div. of Exp. Chemother.) K. MAIER. 4374

E₄. Pflanzenchemie. Pflanzenphysiologie. Pflanzenpathologie.

Charles W. Ballard und **Robert Bebarfald,** *Gültigkeit der Aderinselchen-Zahlen (Vein Islet Numbers) bei der Unterscheidung von Arten.* Durch Best. der Aderinselchenzahl ist es möglich, an Pflanzenblättern eine Unterscheidung von Arten durchzuführen. Durch Anwendung von *Phloroglucin* konnten Vff. die letzten Adernverzweigungen bes. sichtbar machen. (J. Amer. pharmac. Assoc., sci. Edit. **42.** 13—16. Jan. **1953.** New York, N. Y., Columbia Univ., Coll. of Pharm.) R. KÖNIG. 4400

A. J. Anderson und **D. Spencer,** *Der Schwefel im Stickstoffmetabolismus von Leguminosen und Nichtleguminosen.* Bei Nichtleguminosen zeigten Schwefelmangelpflanzen ähnliche Erscheinungen wie Stickstoffmangelpflanzen. Bei Leguminosen weisen Schwefelmangelpflanzen geringere Knöllchenbldg. auf. Eine Unterbindung der Stickstoffassimilation der Knöllchenbakterien durch Schwefelmangel konnte nicht nachgewiesen werden. Bei Leguminosen u. Nichtleguminosen wird durch Schwefelmangel der Geh. an Eiweiß herabgesetzt u. der Geh. an Nichteiweißstickstoff erhöht. (Austral. J. sci. Res., Ser. B **3.** 431—49. Nov. 1950. Canberra, A. C. T., Div. of Plant Ind., C. S. I. R. O.) GRÜTZ. 4410

J. G. Wood und **Pamela M. Sibly,** *Die Verteilung von Zink in Haferpflanzen.* Während der ganzen Vegetationsperiode findet eine kontinuierliche Zinkaufnahme statt. Gesteigerte Zinkgaben erhöhten weder den Zinkgeh. der Pflanze noch riefen sie einen Mehrertrag hervor. Zinkmangelerscheinungen traten an den Blättern erst in Erscheinung, wenn die Zinkkonz. unter 20 p. p. m. Trockensubstanz absank. Zink ist in der Pflanze sehr schwer beweglich u. verbleibt in den alten Blättern. Die Blätter enthalten 20—30% des Gesamtzinkgehaltes. Davon sind 15—20% in den Chloroplasten lokalisiert. Bis zum Ährenschieben vergrößert sich der Zinkgeh. der Wurzeln, darauf auch in anderen Organen. (Austral. J. sci. Res., Ser. B **3.** 14—27. Febr. 1950. Adelaide, Univ., Botany School.) GRÜTZ. 4410

A. J. Anderson und **D. Spencer,** *Das Molybdän im Stickstoffmetabolismus von Leguminosen und Nichtleguminosen.* Klee zeigte Mo-Mangel am besten, Lein erst nach Zugabe von Mangansulfat, u. Hafer überhaupt nicht an. Durch Mo-Mangel wurde der Gesamtstickstoffgeh bei Klee gesenkt, jedoch bei Lein nicht beeinflußt; der Eiweißgeh. dagegen wurde sowohl bei Klee u. Lein herabgesetzt. Bei Lein erhöhte sich der Anteil an Nichteiweißstickstoff. Mo erscheint als ein bedeutender Faktor bei der symbiot. Stickstoffbindung. (Austral. J. sci. Res., Ser. B **3.** 414—30. Nov. 1950. Canberra, A. C. T., Div. of Plant Ind.) GRÜTZ. 4410

C. R. Millikan, *Die Beziehung zwischen Stickstoffquelle und deren Wirkung auf Lein bei Überschuß an Mangan und Molybdän in der Nährlösung.* Mn- u. Mo-Überschuß in der Nährlsg. rufen Schäden hervor, deren Intensität durch die Stickstofform beeinflußt wird. Nitrate schädigen bei Mn-Überschuß bes. stark, bei Mo-Überschuß dagegen nur wenig. Ammoniumsalze schädigen bei Mn-Überschuß überhaupt nicht, dagegen bei Mo-Überschuß stark. Ammoniumnitrat u. Harnstoff liegen in ihren Wirkungen dazwischen. Die durch Mn-Überschuß hervorgerufene Chloroseerscheinungen wurden durch gleichzeitigen Überschuß an Mo gemildert. (Austral. J. sci. Res., Ser. B **3.** 450—73. Nov. 1950. Burnley, Vic. Dep. of Agric., Plant Res. Labor.) GRÜTZ. 4410

H. S. McKee, *Untersuchungen über den Stickstoffmetabolismus von Gerstenpflanzen* (*Hordeum sativum*). Unter Lichtentzug gewachsene Gerstenblätter hatten einen höheren Geh. an lösl. u. einen geringeren Geh. an gebundenem Stickstoff als normale. In reifen Blättern reichern sich erst *Glutamin*, später *Asparagin* an. Keimende Pflanzen enthalten erhebliche Mengen von Asparagin. Dunkelheit u. Ammoniumsalze fördern den Asparagingehalt. Glutamin ist in Keimlingen nur in geringer Menge zu finden. In abgeschnittenen Blättern reichert sich durch Autolyse unter sterilen Bedingungen lösl. Stickstoff an. (Austral. J. sci. Res., Ser. B **3.** 474—86. Nov. 1950. Homebush, N. S. W., Div. of Food Preservation and Transport, C. S. I. R. O.) GRÜTZ. 4460

A. H. van der Burg, *Einfluß des Lichtes auf die Resorption von Kalium durch Maispflanzen in kohlendioxydfreier Luft.* Die K-Aufnahme der Maispflanze steht in enger Beziehung zur Photosynth., denn in CO_2-freier Luft ist die Absorption von K durch die Versuchspflanzen, trotz ständiger Lichteinw., vermindert. Die niedrige K-Aufnahme bei Dunkelheit erklärt Vf. als Folge der eingestellten Assimilation. Ein direkter Einfl. des Lichtes bei der Bindung des K durch das Protoplasma konnte nicht beobachtet werden. (Proc., Kon. nederl. Akad. Wetensch., Ser. C **55.** 279—81. Mai/Juni 1952. Groningen, Univ., Botan. Labor.) NIESWANDT. 4460

E. W. Fager und **J. L. Rosenberg,** *Austauschreaktionen und Phosphoglycerinsäure bei der Photosynthese.* Die photosynthet. Gesamtfixierung von $^{14}CO_2$, sowie die $^{14}CO_2$-Fixierung in der Carboxylgruppe der *Phosphoglycerinsäure* (I) bei Scenedesmus obliques erfolgte im Gegensatz zu den Ergebnissen anderer Forscher mit gleichbleibender Geschwindigkeit. Die gefundenen Werte schließen das Vorhandensein von Austausch-Rkk., die nicht in enger Verbindung zur Photosynth. stehen, nicht aus, sie müssen aber gegenüber der photosynthet. Fixierung von untergeordneter Bedeutung sein. Da die Fixierung in der Carboxylgruppe der I im Anfang der Gesamtfixierung entspricht, wird CO_2 bei der Photosynth. im Carboxyl der I zuerst festgelegt. (Arch. Biochem. Biophysics **37.** 1—4. Mai 1952. Chicago, Ill., Univ. of Chicago, Inst. of Radiobiol. and Biophysics.) BEINERT. 4460

E. W. Fager, *Photochemische CO_2-Fixierung in zellfreien Blattmaceraten.* Zellfreie Macerate aus Spinatblättern, hergestellt bei 1° unter N_2-Atmosphäre, zeigten nach Zugabe von $Na_2\,^{14}CO_3$ eine CO_2-Fixierung im Dunkeln u. bei Belichtung. Bei Versuchsdauer von 15 Min. wurde über 70% der durch das Licht bedingten Zunahme der Fixierung in Form von *Phosphoglycerinsäure* (I) u. *Brenztraubensäure* (II) gefunden. Verhältnis I/II beträgt bei 15 Min. Versuchsdauer 3/1, bei 1 Min. 10/1. Verteilung von ^{14}C bei Dunkelfixierung entspricht weitgehend der bei Belichtung. Es wird angenommen, daß ein Enzymsyst. die CO_2-Fixierung in I u. II bewirkt u. vom Chlorophyll absorbierte Energie ausnutzen kann. Flachs- u. Sonnenblumenpräpp. zeigten dieselben Ergebnisse. Bohnenblätterpräpp. reagierten nicht bei Belichtung. Im Gegensatz zu n. hergestellten Präpp. entwickelten die zellfreien Blattmacerate nach einer Zugabe von *Chinon* nur 2% der theoret. möglichen O_2-Menge. Zugabe von Essigsäure (**III**), Acetaldehyd (**IV**), Glykolsäure (**V**), (**II**), Glyoxal (**VI**) u. 2-Phosphoglykolaldehyd (**VII**) ergab eine größere Zunahme der Dunkelfixierung bei **III, IV** u. **V**. Bei **II** wurde Dunkelfixierung u. Fixierung im Licht erhöht, bei Zugabe von **VI** u. **VII** wurde Dunkelfixierung nicht verändert, Fixierung im Licht erhöht. Vf. vermutet, daß **VI** nahe verwandt mit dem Acceptor für CO_2 bei der Photosynth. ist. (Arch. Biochem. Biophysics **37**. 5—14. Mai 1952. Chicago, Ill., Univ. of Chicago, Inst. of Radiobiol. and Biophysics.) Beinert. 4460

E. W. Fager, *Photochemische Kohlendioxydfixierung in einem zellfreien System*. Aus zellfreien Maceraten von Spinatblättern (vgl. vorst. Ref.) wurden durch fraktionierte Ausfällung mit Aceton Proteinfraktionen hergestellt, die CO_2 in ***Phosphoglycerinsäure*** (I) u. ***Phosphobrenztraubensäure*** (II) fixieren. Da die CO_2-Fixierung bei Belichtung erhöht wird, wenn der Proteinfraktion ein Chloroplastenpräp. zugegeben wird, ist eine Koppelung der photochem. Wirksamkeit des Chloroplastenpräp. mit der enzymat. der Proteinfraktion anzunehmen. Es konnte nachgewiesen werden, daß CO_2 zuerst in **I** u. anschließend durch die Wirksamkeit der ***Enolase*** in **II** fixiert wird. Die Zugabe von Adenosintriphosphat, Diphosphopyridinnucleotid, Triphosphopyridinnucleotid, Sedoheptose, Glyoxal, Ribose-5-phosphat u. **I** zu der Proteinfraktion zeigte keine Steigerung der Fixierung, was vermuten läßt, daß diese Verbb. an der Bldg. des CO_2-Acceptors nicht beteiligt sind. (Arch. Biochem. Biophysics **41**. 383—95. Dez. 1952. Chicago, Ill., Univ., Inst. of Radiobiol. and Biophysics.) Beinert. 4460

K. Paech und **F. Eberhardt,** *Untersuchungen zur Biosynthese der Anthocyane*. Verss. an Keimlingen von Rotkohl zeigten, daß die Anthocyan (**I**)-Bldg. durch Zuckergabe zur Nährlsg. beim Wachstum im Dunkeln ansteigt u. weiter steigt durch Zusatz von 10^{-7} g/cm³ β-Indolylessigsäure. Die Pigmentbldg. fällt in eine Phase erhöhten Gasumsatzes, wenn der RQ seinen tiefsten Wert erreicht. Ein kausaler Zusammenhang konnte nicht erwiesen werden. Blätter von Saxifraga crassifolia werden durch Rohrzuckergabe zu starker **I**-Bldg. angeregt. Sie wird nicht durch Ansammlung von Zucker im Blatt, sondern erst durch dessen Umsatz gefördert. Mit dem Lichteffekt ist eine gesteigerte Atmung verbunden. Der Kohlenhydratumsatz ist demnach eine Voraussetzung von **I**-Bldg., wie die Hemmung durch Jodessigsäure u. 2.4-Dinitrophenol zeigt. Die Entfärbung der Anthocyane, Übergang in Leukoformen, Flavone, Catechine geschieht durch Enzyme, die mit zunehmender Chlorophyllentw. auftreten. Die Blattvarietäten verdanken demnach ihre Existenz einer Verlustmutation — Wegfall des entfärbenden Enzyms. (Z. Naturforsch. **7b**. 664—70. Dez. 1952. Tübingen, Univ., Botan. Inst.) Barth. 4460

Louis G. Nickell, *Stimulation des Pflanzenwachstums durch Antibiotica*. Bei Zugabe von *Penicillin, Terramycin* (I), *Streptomycin, Thiolutin* (II) u. *Bacitracin* zu einer synthet. Grundnährlsg. in Konzz. von 1—5 p. p. m. zeigten Virus-Tumorgewebekulturen von Rumex acetosa trotz Fehlens von Vitamin B_1 n. Wachstum. **II** ergab bei denselben Konzz. eine stimulierende Wrkg. bei keimenden Samen von Agave toumeyana. Bei Zuführung von **I** mit dem Gießwasser zur Erde keimten Samen von R. acetosa schneller u. Sämlinge wurden größer als mit Leitungswasser gegossene. Auch nach Einstellung der Zugabe von **I** waren die Differenzen nach 46 Tagen noch sichtbar. Ähnliche Ergebnisse wurden für Mais gefunden. (Proc. Soc. exp. Biol. Med. **80**. 615—17. Aug./Sept. 1952. Brooklyn, N. Y., Chas. Pfizer and Co., Biochem. Res. Labor.) Beinert. 4486

M. A. Mostafa und **S. K. Gayed,** *Die Wirkung von Trichodermastoffwechselprodukten auf das Wachstum von Baumwollpflanzen*. Da bisher nur Ergebnisse über die Wrkg. von Trichoderma viride auf den Erreger der Fusarium-Welke bei Baumwolle, Fusarium vasinfectum, vorliegen, wurden die Einflüsse von T. viride auf die Baumwollpflanze selbst untersucht. In Kulturgefäßen wurde Boden mit verschied. N-Düngern gemischt, mit T. viride geimpft u. nach einer Incubationszeit von einer Woche bei 25° Baumwolle ausgesät. Nach 40 Tagen erfolgte die Feststellung von Frisch- u. Trockengewicht. In dem mit T. viride geimpften Boden keimten die Samen besser u. entwickelten sich die Pflanzen bedeutend besser als in den Kontrollen. Eine bes. starke Zunahme im Trockengewicht bei Zugabe eines organ. N-Düngers führen Vff. auf eine bessere Ausnutzung dieses Düngers bei Ggw. von T. viride zurück. Nach einer 10tägigen Kultur von T. viride u. F. vasinfectum in Glucose–Pepton-Nährlsg. wurde abfiltriert u. den Filtraten Baumwollsämlinge u. abgeschnittene -sprosse so lange ausgesetzt, bis sie welkten. Es zeigte sich, daß ein Welken sowohl durch F. vasinfectum als auch durch T. viride hervorgerufen wurde. Diese Wrkg. zeigten auch 10 Min. lang gekochte Filtrate; die Stoffwechselprodd. sind also thermostabil. (Nature [London] **169**. 359—60. 1/3. 1952. Kairo, Fouad I-Univ.) BEINERT. 4486

H. T. Hopkins, *Die mittels einer Zellzahltechnik gemessene Wachstumshemmung durch Hexachlorcyclohexanisomere und Schutzwirkung von Glucose.* Die Wrkg. von 4 gereinigten *Hexachlorcyclohexan* (I)-Isomeren, α-, β-, γ u. δ-I, wurde in Kombination mit 22 Verbb., *Acetylcholinchlorid, Adenylsäure,* $BeSO_4$, *Cysteinchlorid, Desoxyribosenucleinsäure, Ribosenucleinsäure,* $(CH_3)_2NH$, *D-Glucose* (II), *DL-Glycerinaldehyd, A.–*$CaCl_2$-Gemische, *inakt. Inosit, Jodessigsäure* (III), $MgCl_2$ *Octansäure, Phloridzin, Na-Arsenat* (IV), *Na-Arsenit, Na-Diäthyldithiocarbamat, NaF,* $Na_4P_2O_7$, *Thiaminhydrochlorid* u. *2.4-Dinitrophenol* (V), auf das Wachstum von Keimlingswurzeln untersucht. δ-I hat die gleiche oder eine größere Phytotoxizität als γ-I. α-I hemmt in hohen Konzz. bei *Cucurbita pepo L.*-Wurzeln das Wachstum u. verursacht die Bldg. eines C-Tumors, während es auf *Carthamus tinctorius L.*-Wurzeln ohne Wrkg. ist. Die Wachstumshemmung von *Cucurbita*-Wurzeln durch niedrige Konzz. von **I, III, IV** u. **V** steht mit der Hemmung der Zahl der nichtevakuierten oder meristemat. Zellen zwischen 24 u. 48 Std. in kausalem Zusammenhang. Zwischen der durch hohe γ-I-Konzz. hervorgerufenen Wachstumshemmung u. der Änderung des Phosphatstoffwechsels (beschleunigte Abspaltung von anorgan. *P* u. Abnahme von labilem *P*) von *Cucurbita*-Wurzeln (nach 14 Std.) besteht hinsichtlich des Zeitpunktes ein Zusammenhang. Anscheinend wirkt **I** auf die Zellfunktion durch Hemmung hauptsächlich bei Synthesen beteiligter Enzymsysteme. Die Ähnlichkeit der **I**- u. der **V**-Wrkg. (beschleunigte Abspaltung von anorgan. *P*) deutet auf eine Aktivierung hydrolyt. Enzyme hin. Von den auf Schutzwrkg. gegenüber wachstumshemmenden Konzz. von γ- u. δ-I geprüften 22 Verbb. war **II** am wirksamsten. **V** übte auf die durch γ-I induzierte C-Tumor-Rk. einen antagonist. Einfl. aus. — 44 Literaturangaben. (Plant Physiol. **27**. 526—40. Juli 1952. Beltsville, Md., U. S. Dep. of Agric., Plant Ind. Station.) K. MAIER. 4495

Willis A. Eggler, *Die Verwendung von 2.4-D zur Bekämpfung von Wasserhyacinthe und Alligatorkraut im Mississippidelta, mit einigen ökologischen Folgerungen.* Wasserhyacinthen (**I**, Eichhornia crassipes SOLMS) können durch Anwendung von 8 lbs./acre (freies Säureäquivalent) *2.4-D-Aminsalz* (**II**) zum Absterben u. Absinken gebracht werden. Behandlung im Spätsommer oder Herbst, wenn das Wachstum der Pflanzen nachläßt, ist einer Behandlung im Frühjahr oder Frühsommer vorzuziehen; eine Nachbehandlung ist empfehlenswert. Abtötung von **I** in einem seichten See hatte starkes Wachstum der Unterwasserflora (hauptsächlich Potamogeton u. Najas) zur Folge. Anwendung derselben **II**-Menge führte beim Alligatorkraut (**III**, Alternantheva philoxeroides MART. GRISEB.) nicht zur völligen Abtötung; dies gelingt jedoch bei mehrmaliger Behandlung; in seichten Gruben wurden gegen **III** keine Erfolge erzielt. (Ecology **64**. 409—14. April 1953. New Orleans,La., Tulane Univ., Newcomb Coll., Biol. Dep.) GOEBEL. 4495

G. K. **Ssamochwalow**, Neues über die Kohlenhydraternährung der Pflanzen. Charkow: Verlag der Charkower Univ. 1952. (88 S. m. Abb.) 2 Rbl. 50 Kop. [russ.]

E5. Tierchemie. Tierphysiologie. Tierpathologie.

Gerrit Bevelander, *Calcification bei Mollusken.* 3. Mitt. *Aufnahme und Ablagerung von* ^{45}Ca *und* ^{32}P *in Beziehung zur Schalenbildung.* (2. vgl. Bermuda Biol. Stat. Ann. Report.) Die Verss. wurden mit *Anodonta grandis* u. *Pinna* durchgeführt, denen während eines 2—24std. Aufenthaltes im Aquarium W. mit ^{45}Ca u. ^{32}P geboten wurde. Die Ablagerung der Isotope wurde histolog. bzw. autoradiograph. bestimmt. Beide Arten nahmen ^{45}Ca u. ^{32}P auf. Ca wurde bes. in der Mantelperipherie u. in neu gebildeten $CaCO_3$-Kristallen abgelagert, P im inneren Rand des Mantels (im Bereich der Schleimdrüsen) u. im Periost der Kristalle. Besondere Umsetzungen von Phosphatase u. Phosphat im Mantel konnten nicht geklärt werden. (Biol. Bull. **102**. 9—15. Febr. 1952. New York, N. Y., Coll. of Dent., Dep. of Histology, u. Bermuda, Biol. Stat.) LÜPNITZ. 4510

Peter Brunet, *Perjodsäure-Schiffsche Reaktion auf die Insektencuticula.* Die Perjodsäure, deren Verwendung als histochem. Reagens HOTCHKISS beschrieb, reagiert mit α-Glykolgruppierungen, indem die Bindung zwischen den beiden C-Atomen gesprengt wird. Die beiden alkoh. Gruppen werden in Aldehydgruppen umgewandelt. In Gewebeschnitten kann dann mit dem SCHIFFschen Reagens der Aldehyd nachgewiesen werden. Vf. fand mit dieser Meth. bei *Periplaneta*, daß nicht ein hypothet. Polysaccharid, sondern die Cuticula selbst eine positive Rk. gibt. Dieser Befund ist mit den von LILLIE bei Nebennierenmarkzellen (Säugetiere) analog. (Science [Washington] **116.** 126. 1/8. 1952. Oxford, Univ., Museum, Dep. of Zool. and Co. Anatom.) PATZSCH. 4520

Herbert C. Dessauer, *Biochemische Untersuchungen an der Eidechse Anolis carolinensis.* In Blut u. Urin der Eidechse werden Zucker, Eiweiß, Harnstoff, Harnsäure, Na, K, Cl u. CO_2 quantitativ bestimmt. Außerdem wird die Asche der Tiere auf Na, K, Ca, Mg u. Cl untersucht. (Proc. Soc. exp. Biol. Med. **80.** 742—44. Aug./Sept. 1952. New Orleans, La., State Univ., Med. School, Dep. of Biochem.) BAUMANN. 4525

Richard S. Bear und **Cecily M. M. Cannan,** *Das „Lotmar-Picken"-Röntgendiagramm vom Muskel.* Während Weitwinkelaufnahmen von *Muskeln* gewöhnlich Diagramme vom α-Typ liefern, waren von verschied. Seiten vereinzelt Diagramme erhalten worden, die charakterist. für eine orientierte, hochkristalline Substanz waren. Unter der Annahme, daß es sich hierbei um ein Protein der Faserkomponente des Muskels handelte, hatten LOTMAR u. PICKEN (Helv. chim. Acta **25.** [1942.] 538) eine genaue Struktur dieses Proteins hergeleitet, die jedoch noch nicht mit Sicherheit bestätigt werden konnte. Vff. erhielten dasselbe anomale Diagramm mit zwei verschied. Muskeln, die unter Zug getrocknet u. vor den Aufnahmen einige Zeit aufbewahrt worden waren. Eine ausführliche Diskussion der erhaltenen Diagramme führte die Vff. zu dem Ergebnis, daß es sich bei diesen Diagrammen nicht um solche eines Proteins handeln könnte. Eine Bestätigung dieser Schlußfolgerung wurde durch Aufnahmen an Proben erhalten, die vor den Aufnahmen zwei Tage mit W. oder Bzl. behandelt u. nachher getrocknet worden waren. Keine dieser Proben liefert das anomale Diagramm, sondern nur das des α-Typs. Es handelt sich bei der orientierten Substanz wahrscheinlich um eine kleine organ. Molekülart, die gewöhnlich durch Komplexbldg. oder durch feste Lsg. in oder nahe den Faserkomponenten versteckt bleibt u. nur gelegentlich röntgenograph. zu erfassen ist. (Nature [London] **168.** 684—85. 20/10. 1951. Cambridge, Mass., Inst. of Technol., Dep. of Biol.) GOTTFRIED. 4525

Hans H. Ussing, *Transport durch biologische Membranen.* Übersicht. In verschied. Abschnitten werden die Diffusion u. der akt. Transport starker Elektrolyte, Phosphate u. Nichtelektrolyte, die Wasserpermeabilität, die Permeabilität des Bindegewebes u. der Capillaren besprochen. — 188 Literaturangaben. (Annu. Rev. Physiol. **15.** 1—20. 1953. Kopenhagen, Dänemark, Univ., Dep. of Biol. Isotope Res., Zoophysiol. Labor.) OELSSNER. 4550

Joseph F. Palumbo und **E. V. Lynn,** *Dermatitis durch Sellerie.* Für die durch Sellerie („*Pascal grenn summer celery*") bei Landarbeitern häufig hervorgerufene Dermatitis wird ein zu ca. 0,005% im oberen Teil der Pflanze vorhandenes flüchtiges Öl (spezif. Gewicht: 0,937—0,977; Brechungsindex bei 20°: 1,4888—1,5050) verantwortlich gemacht. In der Pflanze konnte weiterhin Mannit nachgewiesen werden. Vff. versuchen, beim Menschen durch Injektion des verd. Öles eine Desensibilisierung zu erzielen. (J. Amer. pharmac. Assoc., sci. Edit. **42.** 57—58. Jan. 1953. Boston, Mass., Massachusetts Coll. of Pharm.) R. KÖNIG. 4551

A. Jentzer, *Untersuchungen der Hyperglykämie, des Stoffwechsels, des Cholinesterasegleichgewichtes, des anaphylaktischen Schocks, der Immunisierung und der Wirksamkeit des Thiomidils während des Winterschlafes mit Hilfe von* ^{131}*J-Autoradiographie.* Es wird durch Tierverss. bewiesen, daß während des Winterschlafes eine Überfunktion der Hypophyse herabgesetzt wird, die Hyperglykämie nach Operationen um die Hälfte sinkt, der Stoffwechsel nachläßt u. die Schilddrüsenfunktion durch *Thiomidil* nach u. nach schwächer wird. Die Wirksamkeit der Cholinesterase bleibt dagegen erhalten, ebenso die Immunität gegen den Bacillus Eberth. Nach Injektion von Pferdeserum tritt **kein** anaphylakt. Schock ein. (C. R. Séances Soc. Biol. Filiales **146.** 876—77. Juni 1952. Genf, Hôpital central, Clin. chirurg.) BAUMANN. 4558

H. Hinglais und **M. Hinglais,** *Die Bestimmung von Prolan B bei der Schwangeren. (Quantitative Methode von H. und M. Hinglais.) Technik, Anwendung und Auslegung.* Erfahrungsbericht, Ratschläge für die Anwendung u. Diskussion der Ergebnisse bei quantitativer Prolan-B-Best. im Serum, bei Spuren im Harn, am Kaninchenovarium. Der vollständige Verlauf der Prolan-B-Ausscheidung vom Beginn bis Ende der Schwangerschaft wird dargestellt. Ihre Verwertung für die Diagnose des intrauterinen Fruchttodes, der Mola hydatidosa u. des malignen Chorionepithelioms werden beschrieben u. in den wesentlichen Gesichtspunkten erläutert. (Semaine Hôpitaux Paris **26.** 71—79. 6/1. 1950. Fac. de Méd. Labor.) FRESENIUS. 4559

Joseph W. Jailer, *Virilismus.* Bei Patienten mit Virilismus bewirkte *ACTH* (**I**) keinen Anstieg der Oxysteroidausscheidung, Abfall der Eosinophilen oder Na-Retention. Es wird angenommen, daß das für die Oxydation von $C_{(11)}$ u. $C_{(21)}$ zu *Compound F* (**II**) nötige Ferment fehlt. Das n. Zwischenprod. *17-Oxyprogesteron* (**III**) wirkt androgen (PFIFFNER u. NORTH, J. biol. Chemistry **132**. [1940.] 459—60). Durch Mangel an **II** bewirkte gesteigerte **I**-Sekretion ruft Hypertrophie der Nebennierenrinde mit vermehrter **III**-Sekretion hervor. (Bull. New York Acad. Med. [2] **29**. 377—94. Mai 1953. New York, Columbia Univ., Coll. of Phys. and Surg.) BROSEMANN. 4559

A. Baisset, L. Douste-Blazy, P. Montastruc, H. Planel und **J. Virenque,** *Beitrag zur experimentellen Untersuchung der Wirkung von Hormonen auf das Wachstum langer Knochen.* Das *somatotrope Hormon des Hypophysenvorderlappen* bewirkt bei Ratten Hypertrophie der Zwischenknorpel u. gleichzeitig Abnahme der Festigkeit der Epiphyse. Geschlechtshormone wirken, in hohen Dosen gegeben, in entgegengesetztem Sinne. *Follikulin* wirkt schon in geringen, während *Testosteron* erst in sehr hohen Dosen wirksam ist. (Semaine Hôpitaux Paris **29**. 63—69. 6/1. 1953. Toulouse, Univ., Fac. de Méd.) H. SCHEURLEN. 4559

Edwin J. DeCosta und **Maxwell A. Abelman,** *Cortison und Schwangerschaft. Eine experimentelle und klinische Untersuchung der Wirkungen von Cortison auf die Schwangerschaft.* Bei trächtigen Ratten bewirkt *Cortison* (**I**) Unterbrechung der Schwangerschaft durch Degeneration des Fötus u. Abort oder bei kürzerer **I**-Behandlung Totgeburt. Mit fortschreitender Schwangerschaft steigert sich die Empfindlichkeit gegen **I**-Gabe. Auf die Lactation hat **I** keinen Einfluß. Klin. Unterss. zeigten, daß 15 mg/kg **I** bei jungen Frauen temporäre Amenorrhoe bewirkt. Es scheint keinen Einfl. auf Ovulation, Fertilität, Konzeption u. bei Schwangerschaft auf die fötale Entw. zu haben. (Amer. J. Obstetr. Gynecol. **64**. 746—65. Okt. 1952. Denver, Col., Northwestern Univ., Med. School Dep. of Obstet. and Gynecol.; Michael Reese Hosp., Dep. of Obstet. and Gynecol., u. Dep. of Metabol. and Endocrine Res.) H. SCHEURLEN. 4560

Joseph Earle Moore, *Die Wirkung adrenocorticotroper Hormone auf die lanzinierenden Schmerzen und gastrischen Krisen bei Tabes dorsalis.* Bei 5 Patienten wirkten sich Gaben von *adrenocorticotropem Hormon* auf Häufigkeit u. Schwere der Schmerzen günstig aus. Die Wrkg. von *Cortison* bei 2 Patienten mit gastr. Krisen konnte nicht sicher geklärt werden. (Amer. J. Syphilis, Gonorrhea, vener. Diseases **37**. 226—31. Mai 1953. Baltimore, Johns Hopkins Univ., u. Hosp. Med. Clinic.) BROSEMANN. 4560

S. van Creveld, P. G. Hoorweg und **M. M. P. Paulssen,** *Untersuchungen über ein zirkulierendes Antikoagulans bei einem Hämophilitiker. Einfluß der Verabreichung von ACTH und Cortison.* (Nederl. Tijdschr. Geneeskunde **96**. 2745—50. 1/11. 1952. — C. **1953**. 6515.) PATZSCH. 4560

Pierre Bourgeois, Vic-Dupont, P. Sourdat und **C. Blatrix,** *Der Einfluß von ACTH und Cortison auf die Tuberkulose in der Humanklinik. ACTH-* oder *Cortison*-Therapie kann bei Tuberkulösen eine Verschlimmerung oder das Aufflackern der tuberkulösen Läsionen hervorrufen. Der Anteil derartiger Fälle ist jedoch klein, u. einige Autoren bestreiten einen solchen Zusammenhang. (Rev. Tuberculose [5] **16**. 929—39. 1952. Paris.) K. MAIER. 4560

W. Lane Williams, Charles Upton Lowe und **Lewis Thomas,** *Die Wirkungen von Cortison auf die Parenchymzellen der Kaninchenleber.* Bei Kaninchen wurden die Wirkungen von *Cortison* (**I**) auf das Leberparenchym untersucht u. *Ribonucleinsäure* (**II**) durch die Ribonuclease–Hydrolyse–basophile Färbetechnik u. Färbung mit Gallocyanin–Chromalaun bei p_H 2,5, *acidophiles* u. *basophiles Eiweiß* (**III**) durch Färbung mit Ponceau 2 R bei p_H 1,3 u. Gallocyanin–Chromalaun bei p_H 3,9, *Desoxyribonucleinsäure* nach FEULGEN, *alkal. Phosphatase* (**IV**) mittels einer modifizierten GOMORI-Meth., *Glykogen* (**V**) durch Perjodsäure-SCHIFFsches Reagens u. Fett (**VI**), unter Verwendung von Gefrierschnitten mittels Sudan III nachgewiesen. Intramuskuläre **I**-Injektion (täglich 25 mg/Tier, 3 bzw. 6 Tage) bewirkten eine Abnahme von Cytoplasma-**II**, sowie von acidophilem u. basophilem **III**, eine **V**-Zunahme u. keine wesentliche Änderung des **VI**-Geh. oder der **IV**-Aktivität. 9 Tage nach Beendigung der **I**-Zufuhr wiesen die vorher vergrößerten Leberparenchymzellen eine Abnahme der Zellgröße fast auf die Norm, eine beträchtliche Wiederzunahme von **II** u. **III**, sowie eine **V**-Abnahme auf. Die unter den gewählten Bedingungen durch **I** hervorgerufenen cytoplasmat. Veränderungen der Leberparenchymzellen sind demnach reversibel u. verlaufen ohne Parenchymnekrose oder Entzündungserscheinungen. (Anatom. Rec. **115**. 247—63. Febr. 1953. Minneapolis, Minn., Univ. of Minnesota, Med. School, Depp. of Anat. and Pediatrics.) K. MAIER. 4561

L. Benda, E. Deutsch, Th. Markoff und **E. Rissel,** *Mitteilungen zur Nierenclearance.* **4. Mitt.** *Beeinflussung der Clearance durch Nebennierenrindenwirkstoffe.* (2. vgl. C. **1953**.

2975.) Bei n. Personen wurde nach einmaliger intravenöser Injektion von 50 mg *Desoxycorticosteronglykosid* eine vorübergehende Steigerung von Filtration, Durchblutung, Wasser- u. Na-Ausscheidung festgestellt. Durch 10 Tage dauernde Verabreichung von täglich 10 mg *Desoxycorticosteron* (I) intramuskulär erhöhten sich die Filtration u. die Ausscheidung von W., Harnstoff (II), Harnsäure (III), Na u. Cl, während die K- u. Aminosäurenexkretion vermindert wurden. Bei täglich 100—300 mg *Cortison* (IV) für 10—14 Tage wurden die Filtration sowie die Ausscheidung von Na, II u. III erhöht, diejenigen von K vermindert. Auf Grund dieser Ergebnisse scheint kein Unterschied in der Wrkg. von I u. IV auf die Nierenfunktion zu bestehen. Vff. empfehlen, versuchsweise Nephrosen, jedoch nicht Nephritiden, mit IV oder ACTH zu behandeln. — 73 Literaturangaben. (Klin. Med. [Wien] **7.** 560—68. 1/12. 1952. **8.** 1—14. 1/1. 1953.) KRUSEN. 4561

G. Giraud, H. Latour, A. Lévy und **P. Puech,** *Cortison und ACTH im Lichte der gegenwärtigen Klinik.* Indikation u. Kontraindikation von Cortison u. ACTH. (Montpellier méd. [3] **93.** 37/38. 485—96. Dez. 1950. Paris, Hôp. Saint-Eloi, Clin. Méd.) HEINZE. 4561

Charles Ragan, *Corticotropin, Cortison und verwandte Steroide in der klinischen Medizin: praktische Überlegungen.* Indikation, Anwendung, Nebenwrkg. u. Ziel dieser Hormonbehandlung werden besprochen. — 17 Literaturangaben. (Bull. New York Acad. Med. [2] **29.** 355—76. Mai 1953. New York, N. Y., Columbia Univ., Coll. of Phys. and Surgeons.) BROSEMANN. 4561

Carl v. Haller und **Otto Klöss,** *Über die Wirkung des wasserlöslichen Desoxycorticosteronacetats auf Klinik und Stoffwechsel der postoperativen Erkrankung.* (Med. Klin. **45.** 1536—38. 1/12. 1950. Frankfurt/M., St. Markus-Krankenhaus.) E. LEHMANN. 4561

Philip S. Hench, *Die Rückgängigmachung bestimmter rheumatischer und nichtrheumatischer Krankheitsprozesse durch Anwendung von Cortison und adrenocorticotropem Hormon der Hypophyse.* Nobelvortrag, Dezember 1950. Entw. der zur Anwendung von *Cortison* (I) u. *ACTH* bei rheumat. u. anderen Erkrankungen führenden Theorie; gegenwärtiger Stand der I- u. *ACTH*-Therapie; Voraussetzungen einer wirksamen I- u. *ACTH*-Therapie (Darst., Verabreichung); 335 Literaturangaben (Titelzitate). (Ann. intern. Med. **36.** 1—38. Jan. 1952. Rochester, Minn., Mayo Clin., Div. of Med.) K. MAIER. 4561

R. Siebenmann, *Die Wirkung von Desoxycorticosteronacetat (DCA), Ascorbinsäure und Cortison (Compound E) auf die Formalinarthritis der Ratte.* Vf. untersucht das histolog. Bild der von SELYE beschriebenen „Formalinarthritis", prüft die widersprechenden Verss. von BROWNLEE, COUTU u. SELYE nach u. vgleicht den Einfl. von *Desoxycorticosteronacetat* (I), *Ascorbinsäure* (II) u. I + II auf die künstlich erzeugte Formalinarthritis der Ratte mit demjenigen von *Cortison* (III). Als Versuchstiere dienten 24 männliche u. weibliche Albinoratten. I (*Percorten*, CIBA) wurde in Sesamöl subcutan in Tagesdosen von 1 mg (ca. 8 mg/kg) verabreicht. Von II wurden täglich 20 mg intraperitoneal gegeben. Bei der kombinierten Therapie wird II unmittelbar nach der Verabreichung von I injiziert. Von III werden 2,5 mg täglich in physiol. NaCl-Lsg. aufgeschlämmt subcutan injiziert. Versuchsergebnisse: Die akute u. chron. Formalinentzündung der Ratte wird weder durch I noch durch I + II nach LEWIN u. WASSÉN verhindert. I fördert die Mesenchymwucherung u. führt zur herdförmigen Polyarthritis u. Periarteriitis. II führt zur Bldg eines reifen, kollagenreichen Granulationsgewebes. III hemmt weitgehend die akutentzündlichen Rkk. u. die Proliferation von Fibroblasten. Es verhindert ihre Differenzierung zum Fibrocyt u. die Ablagerung kollagener Intercellularsubstanz. (Schweiz. Z. allg. Pathol. Bakteriol. **15.** 174—203. 1952. St. Gallen, Kantonsspital, Patholog. Inst.) BRAUKMANN. 4561

G. R. Macdonald und **N. W. Simmons,** *Lupus erythematosus. Die Wirkung von Cortison auf das „L.E."-Phänomen bei Lupus erythematosus.* Ein Fall (28jähriger Mann) von akutem, ausgebreitetem Lupus erythematosus wird mitgeteilt, wobei sich die Best. des sogenannten „L.E."-Phänomens (Zellen mit einer amorphen, polychromat. M. im Cytoplasma) als wertvolles diagnost. Hilfsmittel erwies. Nach intramuskulärer Verabreichung von *Cortison* (insgesamt 1,5 mg) war gleichzeitig mit einer klin. Besserung eine Rückbldg. der „L.E."-Zellen zu beobachten. (Canad. med. Assoc. J. **63.** 477—78. Nov. 1950. Toronto, Ontario, Can.) R. KÖNIG. 4561

Joseph Minton, *Cortison in der Behandlung von Augenkrankheiten.* Klin. Bericht. *Cortison* (I)-Augentropfen (5 mg I-*Acetat*/1 ml) bzw. subconjunctivale I-Injektionen (10 mg I-*Acetat*/0,4 ml) waren von guter Wrkg. bei Entzündungen der vorderen Augenteile. Kasuistik von 22 Fällen. (Practitioner **169.** 530—37. Nov. 1952. Hampstead, Gen. Hosp.) BROSEMANN. 4561

P. Guinet und **M. Berger,** *Resultate von Untersuchungen am jugendlichen Kropf mittels Radiojod.* Vff. berichten über das Verh. von 21 jugendlichen Kropfkranken ohne Funktionsschäden an der Schilddrüse gegenüber ^{131}J-Gaben von 50—100 μC. Untersucht wurde 1. die Speicherung des ^{131}J in der Schilddrüse u. 2. die Abscheidung durch den Harn, beide als Funktion der Zeit bis zum 24. Tag nach der ^{131}J-Aufnahme. Während der ersten 24 Std. wurde außerdem die Bindung des Radiojod im Serum untersucht sowie das Auftreten von ^{131}J in den mineral. Proteinfraktionen des Urins. Man erkennt verschied. Reaktionstypen, die mit den auf anderem Wege ermittelten Etappen der Kropfgenese korrespondieren. Aus einer vermehrten Aufnahme des Radiojods in die Schilddrüse darf danach nicht ohne weiteres auf eine Hyperthyreose geschlossen werden. (Ann. d'Endocrinol. **13.** 790—94. 1952. Lyon, Fac. de Méd., Labor. de Phys. Biol.) REUSSE. 4562

P. Boulet, J. Mirouze und **M. Ribstein,** *Langdauernde Amenorrhoe und wiederholte Krampfzustände nach Behandlung einer Basedowkranken mit Radiojod* (*^{131}J*). Vff. bringen den Krankenbericht einer 25 jährigen ♀, die mit einer Hyperthyreose eingeliefert u. mit 5 mC ^{131}J erfolgreich behandelt wurde. Gleichzeitig mit der Normalisierung der Schilddrüsenfunktion stellten sich aber eine 6 Monate dauernde Amenorrhoe u. sich wiederholende Krampfzustände ein. Auf Grund sehr sorgfältiger Unterss. der Kranken glauben Vff. eine Wrkg. des ^{131}J auf die Hypophyse u. damit eine Stimulierung der Luteinisierung (Gelbkörperbldg.) im Östrum annehmen zu dürfen. Die Auslösung der Krampfzustände wird als Folge des im Körper zirkulierenden radioakt. ***Neothyroxin*** bzw. seiner Fixierung im Hinterlappen der Hypophyse gedeutet. (Ann. d'Endocrinol. **13.** 801—08. 1952. Montpellier.) REUSSE. 4562

C. Barrington Prowse, *Eine bisher nicht beschriebene toxische Wirkung von Thiouracil.* Bericht über eine 48 jährige Frau, die 2 Wochen nach Verabreichung von 2 mal täglich 100 mg *Methylthiouracil* an Sehstörungen u. Nystagmus erkrankte. Nach dem Absetzen des Präp. besserten sich die Symptome, waren aber nach 4 Monaten noch deutlich vorhanden. (Brit. med. J. **1950.** II. 1312—13. 9/12. Brighton, Roy. Sussex County Hosp.) R. KÖNIG. 4562

E. Nizet und **G. Barac,** *Lokalisierung des Bilirubins in der Niere bei gelbsüchtigen Hunden.* Es wird festgestellt, daß sich in der Niere von gelbsüchtigen Hunden das *Bilirubin* in Höhe der Tubus proximalis u. am absteigenden Teil der HENLEschen Schleife konzentriert. Zum histolog. Nachw. wird das Bilirubin durch alkohol. Jodlsg., $NaNO_2$, Formaldehyd oder Trinitrophenol in Biliverdin übergeführt. (C. R. Séances Soc. Biol. Filiales **146.** 1282—84. Aug. 1952. Liège, Univ., Inst. de Clin. et de Policlin. méd.) BAUMANN. 4572

E. Nizet und **G. Barac,** *Diazoreaktion mit dem Bilirubin der Leber und der Niere bei gelbsüchtigen Hunden.* Bilirubin in der Leber u. Niere von gelbsüchtigen Hunden gibt keine Diazo-Rk. mit Sulfanilsäure. (C. R. Séances Soc. Biol. Filiales **146.** 1284—86. Aug. 1952. Liège, Univ., Inst. de Clin. et de Policlin. méd.) BAUMANN. 4572

G. Giacomello, *Die Permeabilität der Membran der roten Blutkörperchen für Sulfationen.* Mit Hilfe einer mit $NaHCO_3$ neutralisierten in isoton. Lsg. radioakt. H_2SO_4, die in vitro heparinisiertem **Blut** zugesetzt wurde, konnte festgestellt werden, daß die Erythrocytenmembran für Sulfationen durchlässig ist, u. daß bei Erhöhung der Sulfationenkonz. im Plasma ein Teil dieser Ionen in die roten Blutkörperchen übergehen. Diese Permeabilität ist beim Kaninchen größer als beim Menschen; bei diesem wiederum größer als beim Huhn, wie auch mit Phosphationen beobachtet werden konnte. (Ark. Kemi **4.** Nr. 3. 11—16. 1952. Stockholm, Univ., Inst. f. organ. Kemisk Forskning.) DUCHO. 4573

Hans Küsel, *Einige Erfahrungen über den Kationenaustausch zwischen Blutkörperchen und Serum.* Es wird gezeigt, daß neben der Eig. der Erythrocytenmembran, als passives Diffusionshindernis für Kationen zu wirken, ein akt. Akkumulationsmechanismus besteht, der zur Anhäufung von K gegen den Konzentrationsgradienten im Inneren u. zu einer Ausscheidung von Na führt. Da dieser Vorgang mit Glucoseverbrauch u. Ausscheidung von anorgan. Phosphat verknüpft ist u. durch Stoffwechselgifte (NaF) hemmbar ist, wird geschlossen, daß er mit der Glykolyse als energieliefernden Prozeß verknüpft ist. (Biochem. Z. **323.** 67—73. 1952. Kiel, Univ., Physiol. chem. Inst.) WALLIS. 4574

Hanns Wolff, *Emissionsspektrographische Untersuchungen über den Kobaltspiegel des Serums.* Es wird ein emissionsspektrograph. Verf. zur Best. von *Co* im Serum beschrieben. 25 cm³ Serum werden mineralisiert, das Konzentrat auf Kohleelektroden gebracht u. in einem Abreißbogen (PFEILSTICKER-Anordnung 6 A/230 V), später in einem Gleichstrombogen (MANNKOPF-PETER-Verf. 8 A/110 V) spektral angeregt. Als

Nachweislinien dienen: Co I 4121,3; 3995,3; 3502 u. 3453. Durch Drehen der Prismen des Spektrographen (STEINHEIL GH) in die Minimumstellung der Aberration gelingt die Darst. einzelner isolierter Linien, u. die Störung durch Cyanbanden wird vermindert. Eine weitere Abschwächung der Cyanbanden wird durch kühleres Brennen des Bogens infolge Sättigung der Elektroden mit NaCl-Lsg. vor Gebrauch erreicht. Als Vergleichselement wird Ni benutzt (Ni I 3873; 3858; 3619; 3515). Bei 8 Personen im Alter von 18–45 Jahren lagen die Co-Werte des Serums zwischen 0,17–1,48%. (Klin. Wschr. **28.** 280. 15/4. 1950. München, Univ., I. Med. Klin.) FERNHOLZ. 4574

J. Blöch und **E. Graf,** *Eine einfache qualitative Reaktion auf Lipoproteine und Lipide im Blutserum durch differenzierte Fällung der Serum-Eiweißkörper „niedriger Dichte" („Schwebungsreaktion")*. Der bei Fällung menschlicher Seren mit einer Na_2SO_4-Lsg. der D. 1,17 (= 23,4 g/100 cm^3) entstehende Globulin-Nd. sinkt bei Seren von Gesunden immer zu Boden. Bleibt er schweben oder steigt er nach oben, so liegt ein patholog. Serum vor; bes. kann es sich um Fälle bestimmter Lebererkrankungen, um ein nephrot. Syndrom, Diabetes mellitus u. um andere inkretor. u. Stoffwechselerkrankungen handeln. Als Ursache der Erscheinung wird eine Verschiebung des Geh. an Lipoproteinen, Cholesterin, Phosphatiden u. Neutralfett im Serum angenommen. (Wiener klin. Wschr. **65.** ([N. F.] 8) 392–95. 15/5. 1953. Wien-Lainz, Krankenhaus.) FRESENIUS. 4574

Shirley A. Johnson, Ward M. Smathers und **Charles L. Schneider,** *Plättchen und ihre Plasma-Cofaktoraktivität bei der Aktivierung von gereinigtem Prothrombin*. Gereinigte Prothrombinlsgg. (**I**) lassen sich, je höher der Reinheitsgrad ist, nur schwer u. unvollständig durch Thrombokinase (**II**) u. Ca^{2+} aktivieren. Erst durch Zugabe einer Kombination von **II,** Ca^{2+} u. einem Thrombocytenextrakt, der den Plättchen-Cofaktor u. Plättchen-Ac-Globulin enthält, zu **I** wird nicht nur schnelle, sondern auch vollständige Umwandlung von **I** erreicht.

Versuche: *Plättchen-Cofaktor*: 10fache Verdünnung von Serum mit W., p_H 5,2 mit 1%ig. CH_3COOH, über Nacht stehenlassen. Sediment wird in Kochsalz–Oxalat-Lsg. (0,5% K-Oxalat u. 0,9% NaCl) suspendiert, p_H 6,4 mit 0,1 nNaOH. — Zentrifugieren. Die überstehende Lsg. wird mit $(NH_4)_2SO_4$ auf 36% bei 0° gesättigt. Der abzentrifugierte Nd. wird in W. aufgenommen u. 4 Std. bis zum spezif. Widerstand von 3000–4000 Ω dialysiert. Das entstehende Sediment enthält den Cofaktor u. wird in Imidazol–NaCl-Puffer p_H 7,32 aufgenommen u. gefriergetrocknet. *Plättchen-Ac-Globulin*: Erhalten eines Plättchenextrakts durch Differentialzentrifugieren von Vollblut. Waschung u. Aufnahme in NaCL-Lösung. — Einfrieren. (Amer. J. Physiol. **170.** 631–35. Sept. 1952. Detroit, Mich., Wayne Univ., Dep. of Physiol. and Pharmacol., Coll. of Med.) BRATFISCH. 4574

B. J. Lake, W. J. Simmonds und **A. W. Steinbeck,** *Die Natur des capillarschädigenden Faktors in artfremdem Plasma*. Durch chem. u. tierexperimentelle Unterss. konnte wahrscheinlich gemacht werden, daß der capillarschädigende Faktor (**I**) in der Lipoproteidfraktion des Serums bzw. Plasmas zu suchen ist. Die nach Injektion von **I** entstehende Hautexsudation wurde durch *Phenergan* gehemmt, dagegen nicht die Bldg. von Peritonealergüssen, die offenbar durch *ACTH* zu beeinflussen war. (Austral. J. exp. Biol. med. Sci. **31.** 65—76. Febr. 1953. Sidney, Sidney Hosp., Kanematsu Memorial Inst. of Pathol.) OELSSNER. 4574

Carl Riebeling, *Über die Reduktion von Kaliumpermanganat durch Liquor und Serum. Theoretische und praktische Bedeutung*. Man setzt zu 1 cm^3 Liquor 0,1 cm^3 n/20 $KMnO_4$-Lsg. u. mißt die Zeit von der Durchmischung beider Fll. bis zur Entfärbung zu einem reinen Gelb mit der Stoppuhr. Werte unter 26 Min. sind pathologisch. Je rascher die Red. erfolgt, um so stärker pflegt der Liquor verändert zu sein (meist entzündlicher Natur). — Zur Serumunters. werden 0,1 cm^3 Serum ad 50 cm^3 H_2O verdünnt. Hiervon werden 0,05 cm^3 in 2,0 cm^3 5%ig. $BaCl_2$-Lsg. gegeben. Dazu werden 0,5 cm^3 n/100 frisch bereitete $KMnO_4$-Lsg. in 1,1nKOH gesetzt. Entfärbung des Gemisches nach 20 Sek. bis 15 Minuten. Die Endfarbe ist blau u. scharf erkennbar, wenn kein violettes Permanganat mehr erkennbar ist. Über die diagnost. Bedeutung der Reduktionszeit im Serum können noch keine gültigen Aussagen gemacht werden. (Dtsch. med. Wschr. **77.** 1513—15. 28/11. 1952. Hamburg, Univ., Pathophysiol. Labor. u. Nervenklinik.) W. BRANDT. 4578

Royal L. Brown, *Die Bestimmung der Lipoide von menschlichen männlichen Fortpflanzungszellen mit Sudanschwarz B*. Färbung von Spermazellen u. deren Vorstufen mit Sudanschwarz B zeigte, daß die meisten ihrer funktionell wichtigen Zellstrukturen Lipoide (**I**) enthalten. Genaue Beschreibung von Technik u. Ergebnissen mit Abbildung. Die physiol. Bedeutung von **I** wird diskutiert. Die Meth. ist anwendbar zur morpholog. Bewertung von Spermien. (J. Urology **67.** 557—64. April 1952. Riverside, Calif.) NECKEL. 4582

Walter F. Erdmann, *Ein neuer biochemischer Test zur Feststellung der Schwangerschaft und des Geschlechts des Kindes vor der Geburt.* 2 ml Harn oder Speichel werden mit 2 Tropfen 0,5nNaOH versetzt, mit Chlf. auf 5 ml aufgefüllt u. 30 Sek. kräftig geschüttelt. Nach Schichtentrennung wird die obere Schicht abgehebert, mit 4 Tropfen 0,5nH_2SO_4, 5 Tropfen frisch bereiteter gesätt. Lsg. von 2.4-Dinitrophenylhydrazin (I) in 95%ig. A. u. 2 ml 0,5nNaOH versetzt. Eine braune, mindestens 2 Min. beständige Färbung bei Harn deutet auf eine bestehende Gravidität hin. Tritt die Färbung auch bei Verwendung von Speichel auf, so ist ein männliches Kind zu erwarten. Statt I können auch 5 Tropfen einer frisch bereiteten 1%ig. Lsg. von m-Dinitrobenzol in A. u. zur Alkalisierung 1 ml 15%ig. KOH verwendet werden. Hierbei tritt im positiven Fall eine rötlich-violette Färbung auf. Die Rk. ist unsicher bei Diabetikern, Hungernden u. in Fällen von Blasenmole u. Chorionepitheliom. (Mikrokosmos **42.** 165—68. April 1953. Heidelberg.) KRUSEN. 4583

R. Chanda, *Die Verteilung von Carotinoiden und Vitamin A in Colostrum und Milch von Kühen und Ziegen.* Vf. beschreibt eine Meth. zur chromatograph. u. spektrophotometr. Trennung von *Carotin* (I) u. *Vitamin A* (II) u. gleichzeitigen Unterscheidung zwischen akt. u. inakt. Formen von I u. zwischen II-Ester (II-E.) u. II-Alkohol (II-Alk.) u. teilt die Ergebnisse seiner Unterss. an Colostrum (Col.) u. Milch (M.) an 12 Kühen u. 8 Ziegen mit, die unter verschied. Bedingungen lactieren. Sowohl bei Kühen als auch bei Ziegen nimmt der β-I- u. II-Geh. des Col. rasch ab. Das Col.-Fett von Ziegen enthält mehr II als das von Kühen u. ist bei der 1. Lactation höher als bei späteren. Bei Weidekühen enthält das Col.-Fett mehr II als bei Kühen mit Winterfutter; Ziegen weisen bei Winterfütterung einen höheren II-Geh. im Col. auf als Kühe unter gleichen Bedingungen. Der I-Geh. des Col.-Fettes ist bei Kühen unabhängig von der Anzahl der Lactationen. Auch der β-I-Geh. ist bei Weidekühen höher als bei Kühen mit Winterfütterung. β-I konnte im Col. von Ziegen nachgewiesen werden, obwohl in der Ziegenmilch keine Carotinoide vorkommen. Während der ersten 4 Lactationswochen schwankte in Kuh-Col. u. -M. der Geh. an Gesamtcarotinoiden in Form von β-I zwischen 64 u. 91% der Gesamtcarotinoide. Sowohl Kuh-Col. als auch -M. enthält II-Alkohol. Im Col. von Ziegen ist der II-Alkoholgeh. höher als in dem von Kühen, während Ziegenmilch keinen II-Alk. enthält. Bei Kühen bleibt der I-Geh. der M. zwischen der 4. u. 40. Lactationswoche konstant, dagegen ändert sich der II-Geh. sowohl bei Kühen als auch bei Ziegen. II-E. wurde im Serum grasender Kühe in sehr unterschiedlichen Mengen nachgewiesen, während der II-Alkoholgeh. des Blutserums konstant blieb. — 58 Literaturangaben. (J. agric. Sci. **43.** 54—71. Jan. 1953. Kirkhill, Ayr, Hannah Dairy Res. Inst.) KRUSEN. 4587

Heinrich Kalm, Herbert Luckner und **Rolf Magun,** *Klinik und Pathologie der neurologischen Störungen bei tierexperimenteller B_1-Avitaminose.* Die durch *Vitamin-B_1* (I)-Mangel hervorrufbaren nervösen Ausfallerscheinungen wurden an Albinoratten (100 Tiere, 100 Kontrollen) fortlaufend klin. verfolgt u. analysiert sowie gleichzeitig neurohistolog. Unterss. durchgeführt. Am peripheren Nervensyst. waren weder Funktionsstörungen noch histolog. Veränderungen nachweisbar. Nach Art der Funktionsstörungen u. der Lokalisation der histopatholog. Veränderungen war bei der Ratte das neurolog. Bild der I-Avitaminose auf Schädigungen im Bereich von Brücke, Kleinhirn u. verlängertem Mark zurückzuführen. Eine krit. Betrachtung früherer Arbeiten über die I-Avitaminose bei Mensch u. Tier zeigt in Verbindung mit diesen Ergebnissen, daß der I-Mangel bei der Entstehung von Erkrankungen des peripheren Nervensyst. anscheinend nicht die entscheidende Rolle spielt, wie bislang vielfach angenommen worden ist. Eine I-Therapie peripherer Nervenkrankheiten ist tierexperimentell nicht zu begründen. (Dtsch. Z. Nervenheilkunde **167.** 334—54. 1952. Hamburg, Univ., Neurol. Klinik u. Physiol. Inst.) K. MAIER. 4587

W. Bolton, *Beobachtungen über den Vitaminstoffwechsel beim Haushuhn.* 3. Mitt. *Die Wirkungen von Östradioldipropionat-, Testosteronpropionat- und Progesteroninjektionen bei jungen Hühnern auf den Riboflavingehalt des Magnums.* (1. u. 2. **noch nicht veröffentlicht.**) Mehrere Gruppen von 11 Wochen alten Hühnchen erhielten Injektionen von 6mal 2 mg *Östradioldipropionat* (I) jeden 2. Tag bzw. 2 mg I u. 1 mg *Progesteron* (II) bzw. 2 mg I u. 0,75 mg *Testosteronpropionat* (III) bzw. von sämtlichen 3 Hormonen. Vf. stellte fest, daß I zu einer Eileiterhypertrophie u. zu einem Anstieg der Serum-*Ca*- u. Serum-*Riboflavin* (IV)-Werte führt, während III Hypertrophie u. Rötung des Kammes u. synergist. mit I Eileiterhypertrophie bewirkt. II hat eine antagonist. Wrkg. auf das durch I u. III hervorgerufene Eileiterwachstum. II u./oder III erhöhen den Geh. von IV im hypertrophierten Magnum von 18 auf 35% des insgesamt vorhandenen Vitamins. (J. agric. Sci. **43.** 116—19. Jan. 1953. Edinburgh, Poultry Res. Centre.) KRUSEN. 4587

W. Bolton, *Beobachtungen über den Vitaminstoffwechsel beim Haushuhn.* 4. Mitt. *Freies und gebundenes Riboflavin in Magnum und Leber der mit einer riboflavinreichen Kost gefütterten Henne.* (3. vgl. vorst. Ref.) 18 Legehühner erhielten mindestens einen Monat lang *Riboflavin* (I)-reiche Kost (5,4 γ/g Futter). Sie wurden getötet, u. die Verteilung von I als freies Vitamin, Flavinmononucleotid u. Flavinadenindinucleotid in Magnum, Leber, Blutserum u. Eiern wurde unter gleichzeitiger Feststellung des jeweiligen Ovulationsstadiums bestimmt. Da freies I in der Leber nur zu 4,3% des Gesamtvitamingeh. wiedergefunden wurde, nimmt Vf. an, daß die Leber bei der I-Sekretion in das Eiweiß keine Rolle spielt. Im Magnum dagegen wurden durchschnittlich 45% als freies I gefunden. Im Magnum erfolgt Übergang des I in das Eialbumin. Vf. schließt daraus, daß I im Blut gespeichert wird, während sich ein Ei im Magnum u. im Magnum selbst zwischen den einzelnen Eidurchgängen befindet, u. daß das Albumin-I im Ei gleichzeitig mit dem Albumin selbst gebildet wird. (J. agric. Sci. **43.** 120—22. Jan. 1953. Edinburgh, A. R. C. Poultry Res. Centre.) KRUSEN. 4587

Walter Gehl, *Die Pantothensäure im Dienste der Wundheilung.* Bericht über einen Fall schwerer Starkstromverbrennung der Hand mit ausgedehnten Nekrosen, der durch *Pantothensäure*-Salbe u. -Lsg. (*Bepanthen,* HOFFMANN-LA ROCHE) zu befriedigender Heilung gebracht werden konnte. (Neue Med. Welt **1.** 1342—43. 14/10. 1950. Neustadt/ Schwarzwald, Städt. Krankenhaus.) KRUSEN. 4587

Mary E. Lojkin, Anne W. Wertz und **Charlotte G. Dietz,** *Nicotinsäurestoffwechsel in der Schwangerschaft.* Bei Schwangeren steigt die Ausscheidung von *N^1-Methylnicotinamid* (I) im Urin während der Schwangerschaft stetig an u. bleibt auch noch einige Zeit nach der Schwangerschaft über den Normalwerten. Im Gegensatz hierzu wird *Nicotinsäure* (II) während dieser Zeit konstant vermehrt ausgeschieden, nimmt aber nicht zu. Es besteht keine Abhängigkeit zwischen der Ausscheidung von I u. II u. der *Nicotinamid* (III)-, *Tryptophan* (IV)- u. Gesamteiweißaufnahme. Oft wurde mehr I u. II ausgeschieden, als II u. IV aufgenommen wurde, während bei trächtigen Ratten, wo sonst dieselben Erscheinungen auftraten, I u. II nur zu ca. 69% der III-Aufnahme ausgeschieden wurden. (J. Nutrit. **46.** 335—52. 10/3. 1952. Amherst, Mass., Univ., Agric. Exp. Stat., Dep. of Home Economics, Nutrit. Res.) H. SCHEURLEN. 4587

Herbert Begemann, *Neuere Erkenntnisse bei der Behandlung der megaloblastischen Anämien.* Zusammenfassung über die Therapie der perniciösen Anämie seit der Entdeckung der Leberbehandlung durch MINNOT u. MURPHY bis zum 1948 durch RICKES u. LESTER SMITH kristallin dargestellten *Vitamin B_{12}* (I) u. der seit 1946 bei megaloblast. Anämien verwendeten *Folsäure* (II); verschied. Stoffe, die unmittelbar nichts miteinander zu tun haben, die aber an verschied. Stellen in den Thymonucleinstoffwechsel eingreifen. Diskussion der Frage, wie ein II- oder ein I-Mangel zustande kommen kann, bzw. ob eine megaloblast. Anämie mit Folsäure oder dem Antiperniciosaprinzip der Leber zu behandeln ist. (Folia haematol. [Leipzig] **70.** 82—98. 1950. Freiburg.) HOHENADEL. 4587

Charles D. May, Agnes Hamilton und **Charles T. Stewart,** *Experimentelle megaloblastische Anämie und Skorbut beim Affen.* 4. Mitt. *Vitamin B_{12} und Folsäureverbindungen in der Nahrung, der Leber, dem Harn und den Faeces und Wirkungen der Therapie.* (3. vgl. C. **1953.** 4722.) Bei ähnlicher Versuchsanordnung wie in den früheren Unterss. wurde festgestellt, daß bei Verfütterung von Milchdiäten ohne *Ascorbinsäure* (I) regelmäßig ein Mangelzustand an *Folsäureverbb.* (II) u. eine megaloblast. Anämie als Komplikation von Skorbut eintritt. Megaloblastose im Mark skorbut. Tiere tritt nur bei niedrigem *Folinsäure* (III)-Spiegel in der Leber auf. Niedriger III-Spiegel in der Leber wurde nur bei niedrigem II-Spiegel gefunden, jedoch war der III-Spiegel manchmal n. neben niedrigem II-Spiegel. Der Geh. der Faeces an *Vitamin B_{12}* (IV) u. II war bei den Vergleichs- u. Versuchstieren gleich. Die Harnausscheidung von *Folsäure* (V) erwies sich nicht als geeigneter Index für die Speicherung in den Geweben. Behandlung skorbut., megaloblast. Tiere mit V oder I bewirkt Normalisierung des Marks u. Anreicherung von III u. V in der Leber, nicht jedoch von IV. Die Wrkg. von L-I ist spezif., da D-I u. D-Glucoascorbinsäure keine Wrkg. auf das Mark u. die Konz. der II in der Leber besitzen. (Blood **7.** 978—91. Okt. 1952.) SCHWAIBOLD. 4587

Leslie P. Dryden, Arthur M. Hartman und **Charles A. Cary,** *Die Wirkung von Vitamin-B_{12}-Mangel auf die Sterblichkeit Neugeborener von Ratten, die mit gereinigter Caseindiät ernährt wurden.* Bei Ratten, die an Stelle von Hefe B-Vitamine (außer *Vitamin B_{12}*) in der Nahrung erhielten, wird bei den Jungen in den ersten Tagen nach der Geburt eine hohe Sterblichkeit beobachtet. Etwas geringer ist die Sterblichkeit, wenn an Stelle der B-Vitamine Hefe verfüttert wurde. Durch Zugabe von Vitamin B_{12} zur Nahrung konnte in den meisten Fällen die Sterblichkeitsquote gesenkt werden.

(J. Nutrit. **46.** 281—97. 10/3. 1952. Washington, D. C., U.S. Dep. of Agric., Agric. Res. Admin., Bur. of Dairy Industry.) H. Scheurlen. 4587

L. J. Machlin, A. H. Lankenau, C. A. Denton und **H. R. Bird,** *Die Wirkung von Vitamin B_{12} und Folsäure auf das Wachstum und die Uricämie bei Küken, die mit glycinreicher Diät ernährt wurden.* Bei Küken, die mit einer *Vitamin-B_{12}* (I)-Mangeldiät ernährt wurden, bewirkt Zusatz von *Glycin* (II; 3—9%) Wachstumshemmung u. Zunahme der Mortalität, die durch Gabe von *Folsäure* (III) u. vor allem durch I wieder behoben werden kann. Im Blut wird bei dieser I-Mangeldiät nach Zusatz von II ein erhöhter Harnsäurespiegel gefunden, der jedoch durch III etwas gesenkt wird. (J. Nutrit. **46.** 389—98. 10/3. 1952. Beltsville, Md., U. S. Dep. of Agric., Bur. of Animal Industry.) H. Scheurlen. 4587

David Libby und **Joseph Meites,** *Einfluß von Vitamin B_{12} und Penicillin auf die Thiouracilwirkung bei Küken.* Einen Tag alte Küken erhielten eine Woche lang *Vitamin-B_{12}* (I)-armes Futter, dem anschließend 4 Wochen lang 0,1% *Thiouracil* (II) u./oder 0,5—4,0 μg-% I oder 2 mg *Procain-Penicillin G* (III) zugesetzt wurden, Normale Körpergewichtszunahme u. Freßlust wurden durch II sichtbar reduziert. I u. III wirken diesem Effekt entgegen durch Erhöhung des Wachstums u. Steigerung des Appetits, größere I-Dosen sind wirkungsvoller als kleine. Die Zunahme des Gewichtes der Schilddrüse u. die Hemmung des Kammwachstums durch II blieben durch I u. III unbeeinflußt. Ergebnisse stimmen überein mit analogen früheren Verss. bei Ratten. (Proc. Soc. exp. Biol. Med. **79.** 370—72. März 1952. East Lansing, Mich., Michigan State Coll., Dep. of Poultry Husbandry, Physiol. and Pharmacol.) Dossmann. 4587

Jean Grandbois und **Emile Gaumond,** *Sarkoidähnliche Bildung nach Vitamin-D-Therapie der Arthritis.* Es wird über 2 Fälle von sarkoidähnlichem Ausschlag, der im Verlauf einer Arthritistherapie mit *Vitamin D* (*Radiostol, Osto-forte*) auftrat, berichtet. Nach dem Absetzen der Präpp. verschwanden die Erscheinungen. (Canad. med. Assoc. J. **63.** 475—77. Nov. 1950. Quebec, Can.) R. König. 4587

J. Beutnagel und **H. C. Friederich,** *Beeinflussung pathologisch gestörten Haarwachstums durch Vitamin D_2 in hohen Dosen.* Verss. an 20 Kranken mit Alopecia areata oder Defluvium capitis mit *Vitamin D_2* (I), das gebunden an Milcheiweiß in Form der *D-Tracetten forte* (C. M. Kühn & Co, Rottenburg a. N.) verabreicht wurde. Dosierung täglich ca. 6 mg. Haarwachstum setzte nach 80—120 mg ein. 16 Fälle sprachen günstig an, es wurden bis ca. 400 mg I verabreicht. Wrkg. von I bei Haarausfall wird zu erklären versucht. (Neue med. Welt **1.** 779—81. 3/6. 1950. Tübingen, Univ., Hautklinik.) Dossmann. 4587

Erling F. Week, Frank J. Sevigne und **Marie E. Ellis,** *Die relative Verwertung von α-Tocopherol und α-Tocopherylacetat durch den Menschen.* Bei 20 Personen wurde in verschied. Zeitabständen nach Gabe von *α-Tocopherol* (I) u. *α-Tocopherylacetat* (II) im Blut der Geh. an I bestimmt. Es zeigte sich, daß der I-Spiegel im Blut nach Gabe von I im Mittel um 35% höher lag als nach Gabe von II. (J. Nutrit. **46.** 353—59. 10/3. 1952. South San Francisco, Calif., Collett-Week-Nibecker, Inc., Res. Labor.) H. Scheurlen. 4587

Eggersh, *Zusätzliche Wachstumseffekte bei Schweinen als Kombinationswirkung zwischen Vitamin B_{12} und antibiotischen Gärstoffen.* Mitt. prakt. Erfahrungen mit der Beifütterung von *Vitamin B_{12}* u. antibiot. Gärstoffen (*Entan* mit 2 mg B_{12} u. 2 g Terramycin je kg). Die Verss. wurden mit Schweinen durchgeführt. Die tägliche Dorschmehlgabe konnte von 250 auf 200 g herabgesetzt werden, ohne daß das Mastergebnis beeinträchtigt wurde. Es wird ein Fleischschwein mit festem, durchwachsenem Speck herangefüttert. Bei Zuchttieren wird die Verfütterung wegen etwaiger Verschleierung von Zuchtfehlern abgelehnt. (Mitt. dtsch. Landwirtschafts-Ges. **67.** 944—46. 11/12. 1952. Bargloy, Oldenburg.) Patzsch. 4589

G. Birk und **A. Böhm,** *Leberextrakt als Roborans?* Verss. an 38 Patienten, die Injektion von *Leberextrakten* (I), *Gallensäure-*, 0,06%ig. *Choleval-* oder physiol. *NaCl*-Lsg. erhielten. Mit I ist keine objektiv erfaßbare allg. roborierende Wrkg. festzustellen. Kontrolliert wurden nach einem Punktsyst. Appetit u. Allgemeinbefinden; in allen Fällen wurde innerhalb der Fehlergrenzen Gewichtskonstanz festgestellt. (Die Medizinische **1.** 1702—03. 23/12. 1950. Köln, Univ., Med. Klin., Bürgerhosp.) Dossmann. 4589

S. J. Slinger, W. F. Pepper und **D. C. Hill,** *Wirkung von Penicillin auf die Fetttoleranz von Truthähnen.* Angabe eines Futters, das mit *Penicillin* (I)-Zusatz bei Truthähnen keinen oder nur geringen Einfl. auf das Wachstum hatte, dagegen bei Truthennen ein deutliches Ansprechen zeigte. Das Bedürfnis nach verschied. Futter scheint die Ursache für das verschied. Ansprechen der beiden Geschlechter zu sein. Der Energiebedarf für maximales Wachstum u. Futter war unter den Versuchsbedingungen im

Höchstfall 820 cal/pound, Hinzufügung von 10% *Maisöl* mit Steigerung des Kaloriengeh. auf 900 verursachte Wachstumshemmung, die bei dem hohen Fettgeh. der Nahrung durch Hinzufügung von I zum Futter weitgehend ausgeglichen werden konnte. (Arch. Biochem. Biophysics **37**. 266—69. Juni 1952. Guelph, Can., Ontario Agric. Coll.) DOSSMANN. 4589

K. L. Dolge, H. D. Eaton, J. E. Avampato, R. D. Mochrie und **F. I. Elliott,** *Die Wirkung der Fütterung verschiedener Mengen künstlich getrockneten Alfa-Alfa-Mehles auf das Wachstum und die Carotinaufnahme von Milchkälbern.* Fütterungsverss. mit 7 Tage alten Kälbern (je 8 Guernsey-♂ u. ♀ u. Holstein-♂ u. ♀) vom Oktober 1950 bis März 1951. Es wurden 25 (%), 50 u. 75 künstlich getrocknetes Alfa-Alfa (I)-Mehl dem Futter beigegeben. Je mehr I zugesetzt wurde, desto weniger wurde gefressen, desto schlechter war auch das Wachstum. Die Carotinaufnahme betrug weniger als 60 γ/lb. Körpergewicht bei den Kontrollen, bei den Versuchstieren 10 γ bei 25 (%) I, 3 γ bei 50 u. 0 γ bei 75. (J. Dairy Sci. **35**. 424—35. Mai 1952. Storrs, Univ. of Connecticut, Mathemat. Dep., Animal Ind. Dep., Storrs Agric. Exp. Stat.) PATZSCH. 4589

C. Biddulph, G. Q. Bateman, J. R. Harris, F. L. Mangelson, F. V. Lieberman, W. Binns und **D. A. Greenwood,** *Wirkung der Fütterung von mit Methoxychlor behandeltem Alfa-Alfa-Heu auf Milchkühe. Methoxychlor* (I) erscheint nicht in meßbaren Mengen im Blut, in der Milch oder in den Geweben von 6 Milchkühen, die mit auf dem Felde mit I bestäubtem Alfa-Alfa-Heu gefüttert wurden. Es wurde keine Wrkg. auf die Milch- u. Butterfettproduktion oder auf den Futterverzehr bei der Verfütterung von mit I behandeltem Heu beobachtet. Der I-Rückstand auf dem Heu wurde zu 0, 7, 9,5, u. 15 p.p.m. für Alfa-Alfa gefunden, das mit 0, 1,2 u. 2,8 lb. I pro acre behandelt war. Eine sichtbare Wrkg. bei Verzehr von mit I behandeltem Heu auf die Gesundheit der Kühe wurde ebenfalls nicht beobachtet. (J. Dairy Sci. **35**. 445—48. Mai 1952. Logan, Utah Agric. Exp. Stat.) PATZSCH. 4589

Isfendiyar Esat-Kadaster und **Sedat Kansu,** *Über die Zusammensetzung und die Verdaulichkeit der türkischen Sumachblätter.* Verss. zur Feststellung, ob die Blätter des türk. *Sumach* (I) für Viehfutter geeignet sind. 2 Hammel erhielten täglich 300 g I-Blätter u. später Extraktionsrückstände mit Zusatz von NaCl. Verdauungsverss. ergaben, daß die I-Blätter in keinem Fall N-haltige verdauliche Nährstoffe enthielten. Normale Blätter enthalten 32,9%, extrahierte 20,3% Stärke. (Türkiye genel. Kimyagerler Kurumu Dergisi B [Z. allg. Türk. Chemiker-Ver., Abt. B] **4**. 17—22. Juni 1950.) DOSSMANN. 4589

O. Suschny, E. Broda, L. Sverak, H. Bilek, O. Feldstein, L. Stockinger und **H. Madl,** *Methode zur Untersuchung des Stoffwechsels einzelner Gewebekulturen.* Die Aufnahme u. Umsetzung von radioakt. markierten Zuckern in Gewebekulturen wird untersucht. Kulturen aus dem Mesenchym von Hühnerembryonen werden mit TYRODE-Lsg. versetzt, die 0,1% radiakt. Glucose enthält. Nach 48 Std. werden die Kulturen gewaschen, bis das Waschwasser inakt. ist, verbrannt, u. die Aktivität des entstehenden CO_2 gemessen. Die Aktivität der wasserlösl. Bestandteile wird nicht erfaßt. 0,01% des dargebotenen Zuckers werden in 24 Std. in das Gewebe eingebaut. Die Möglichkeit physikal. Adsorption des Zuckers an das Gewebe oder Assimilation durch den Nährboden wird durch Parallelverss. ausgeschaltet. (Mh. Chem. **83**. 1091—94. 15/8.; S.-B. österr. Akad. Wiss. math.-naturwiss. Kl., Abt. IIb **161**. 1091—94. 1952. Wien, Univ., I. Chem. Labor., II. Physikal. Inst. u. Histol. Inst.) BAUMANN. 4596

John R. Gregg und **Norma Ornstein,** *Anaerobe Ammoniakbildung bei Gastrulaexplantaten von Amphibien.* Explantate der Gesamtgastrula von *Rana pipiens* scheiden bei Raumtemp. in HOLFRETERs Lsg. 0,45 $\pm$0,21 γ NH_3/Gastrula/5 Std. ab, bei Luftabschluß dagegen nur 0,20 $\pm$0,17 γ. Nach Beendigung der Verss. wurden die Gastrulaexplantate zerkleinert u. mit Wolframat gefällt. Es wurden 0,50 $\pm$0,11 bzw. 0,30$\pm$0,11 γ NH_3 gefunden. Wenn jedoch von vornherein ein homogenisiertes Gastrulaprod. zur Unters. verwendet wurde, wurden 13,2 $\pm$0,25 γ NH_3/Gastrula ermittelt. Aus den Ergebnissen wird geschlossen, daß, wenn auch die Explantate sowohl mit als auch ohne Luftabschluß NH_3 abscheiden, diese Mengen so gering sind, daß sie außerhalb der Bestimmungsmöglichkeit der üblichen Methoden liegen. Es wird angenommen, daß die von BOELL, NEEDHAM u. GOGERS, Proc. Roy. Soc. [London], Ser. B **127**. [1939.] 322 veröffentlichten Werte einer Korrektur bedürfen. (Biol. Bull. **102**. 22—24. Febr. 1952. New York, N. Y., Columbia Univ., Dep. of Zoology.) LÜPNITZ. 4596

David B. Sprinson und **D. Rittenberg,** *Die Stoffwechselreaktionen des $C_{(2)}$ von l-Histidin.* $^{14}C_{(2)}$-*l*-Histidin wird Tauben u. Ratten injiziert bzw. an sie verfüttert. Aus den Organen der Tiere werden Harnsäure, Cholin, Serin sowie Purine isoliert u. auf ihren ^{14}C-Geh. untersucht. Es zeigt sich, daß das $C_{(2)}$ des Histidins vorwiegend zur Bldg.

des $C_{(2)}$ u. $C_{(8)}$ der Purine, in geringerem Maße zur Bldg. der β-Kohlenstoffatome des Serins u. der Methyl- u. Äthanolamingruppe des Cholins verbraucht wird. (J. biol. Chemistry **198.** 655–61. Okt. 1952. New York, N. Y., Columbia Univ., Dep. of Biochem., Coll. of Phys. and Surgeons.) BAUMANN. 4596

K. Arvid J. Wretlind, *Die Wirkung von D-Aminosäuren auf die Stereonaturalisierung von D-Methionin.* Verss. mit jungen weißen Ratten zeigten, daß suboptimale Mengen von *D-Methionin* (I) ein geringeres Wachstum als die L-Form hervorrufen, wenn gleichzeitig die übrigen essentiellen *Aminosäuren* (II) in der Racemform gegeben werden. D- u. L-I bewirken gleiches Wachstum, wenn 5 der essentiellen II, *Histidin, Leucin, Lysin, Phenylalanin* u. *Tryptophan,* in der L-Form verabreicht werden. Wahrscheinlich wird die „Stereonaturalisierung" (z. B. durch oxydative Desaminierung u. Reaminierung) von D-I durch die D-Formen aller oder einiger der 5 genannten II kompetitiv gehemmt. Die Verwertung der D-Form einer Aminosäure muß daher stets in Verbindung mit dem Geh. der Nahrung an anderen D-II betrachtet werden. (Acta physiol. scand. **25.** 267–75. 6/6. 1952. Stockholm, Karolinska Inst., Dep. of Pharmacol.) K. MAIER. 4596

H. Bickel und **J. M. Smellie,** *Erkrankung durch Cystinspeicherung mit Proteinurie.* Vff. geben an Hand von Unterss. an 17 Kindern einen Überblick über das klin. Bild der Erkrankung durch *Cystin*-Speicherung mit gleichzeitiger hoher Ausscheidung von Aminosäuren im Urin. Die Cystinansammlung wurde im Knochenmark, in der Lymphdrüse, in der Cornea u. der Conjunctiva beobachtet. Papierchromatograph. ließen sich im Urin 10–20 Aminosäuren nachweisen. Auch im Plasma findet sich ein (um 50–100%) erhöhter Aminosäurespiegel. Gute Erfolge wurden durch die Therapie mit hohen Dosen *Vitamin C, K*-Salzen u. *Na-Citrat* erzielt. (Lancet **262.** 1093–95. 31/5. 1952. Birmingham, Univ., Dep. of Peadiatrics and Child Health.) H. SCHEURLEN. 4596

H. Gohr, Th. Görges und **J. Thiesen,** *Untersuchungen über den Chlorophyllstoffwechsel bei peroraler Aufnahme von Chlorophyllpräparaten und seinen Einfluß auf die Gallenfarbstoffreaktionen.* Nach peroraler Verabreichung von *Chlorophyll* (I) wurde im Harn positive EHRLICH-Aldehyd-Rk. (E.-Rk.) mit Dimethylaminobenzaldehyd erhalten, während die SCHLESINGER-Rk. negativ ausfiel. Urobilinogen oder Stercobilinogen waren somit nicht vorhanden. Die E.-Rk. wurde nach einmaliger Zufuhr nur dann positiv, wenn die I-Menge größer als die mit üblicher Gemüsediät angebotene war. Doch zeigten täglich verabfolgte kleinere I-Mengen kumulierende Wirkung. Einmalige kleinere I-Mengen riefen jedoch bei gleichzeitiger Verabfolgung von A. eine positive E.-Rk. hervor, da A. den I-Stoffwechsel steigert. Aus dem Harn mit positiver E.-Rk. ließ sich durch Ausschütteln mit Ae. u. Überführen in HCl ein roter Körper mit ebenfalls positiver E.-Rk. nachweisen. Porphyrinstruktur ist wenig wahrscheinlich, weil typ. Absorptionsbanden u. Fluorescenz fehlen. Es wird vermutet, daß es sich um eine aus Chlororubinogen durch Oxydation entstandene, von BRUGSCH mit *Chlororubin* bezeichnete Substanz handelt. Auf die Bedeutung dieser Befunde für die Diagnose von Lebererkrankungen wird hingewiesen. (Dtsch. Z. Verdauungs- u. Stoffwechselkrankh. **12.** 129–35. 1952. Köln, Univ., Krankenanst. Lindenburg.) DUCHO. 4596

L. B. Fratkin, *K-Defizit bei chirurgischen Patienten.* Ursachen, Symptome u. Behandlung des K-Verlustes werden besprochen. (Western J. Surgery, Obstetr. Gynecol. **60.** 168–74. April 1952. Vancouver, Brit. Columbia.) BROSEMANN. 4596

Joachim Frey, *Die Rolle des Kochsalzes bei der Harnbereitung.* Durch Verss., klin. Beobachtungen u. Berechnungen wird die Bedeutung des *Kochsalzes* (I) als Austauschstoff bei der Harnbereitung deutlich gemacht. I wird nach der glomerularen Filtration zum Teil im Tubulus reabsorbiert u. dafür eine entsprechende Menge harnfähiger Stoffe ausgeschieden. Dieser Vorgang erklärt auch das Krankheitsbild der „*salopriven Niereninsuffizienz*" (Urämie), deren Ursache eine, durch I-Mangel bedingte, funktionelle Nierenschwäche u. NNR-Insuffizienz sind. Für die Tubulustätigkeit wird die Mitwrkg. des NNRH als unentbehrlich angesehen. Durch Berechnungen wird gezeigt, daß die Niere mit einer „minimalen Glomerulusfiltratmenge" arbeitet. (Klin. Wschr. **28.** 263–67. 15/4. 1950. Freiburg/Br., Univ., Med. Klin.) FERNHOLZ. 4597

Sergio Giovannetti, *Ausscheidungsmöglichkeit des Harnstoffs aus der Niere in normalen und krankhaften Fällen.* Vf. hat in 20 Normalfällen u. an 30 Nierenpatienten den Mechanismus der Ausscheidung des *Harnstoffes* aus der Niere untersucht. Er schließt, daß die gesamte Filterung des Harnstoffs von 2 Faktoren reguliert wird: Vol. der gefilterten Ausscheidung u. Konz. des plasmat. Harnstoffs. Ihre Zunahme u. Abnahme bestimmen die Modifizierung der Harnfilterung. (Minerva med. [Torino] **43.** I. 1308–14. 18/6. 1952.) E. W. HAAS. 4597

P. R. Duncan, A. A. Harper, H. T. Howat, S. Oleesky und **H. Varley,** *Teste für die Gallenblasenfunktion beim Menschen. Der Gebrauch von Präparaten, die Cholecystokinin enthalten.* Aus der Duodenalsonde entleert sich nach Verabreichung von *Sekretin* bei n. Verhältnissen in den ersten 10 Min. erheblich mehr Gallen-Fl. bei mäßig erhöhtem Bilirubingehalt. Nach weiteren 10 Min. sinkt die Konz. des Bilirubins ab, um bei der 3. Probe mitunter ganz zu verschwinden. Wird nun anschließend Pankreozymin injiziert, so ist nochmaliges Ansteigen der Sekretion u. des Bilirubingeh. zu beobachten. Bei chron. Cholecystitis bleibt in diesem Fall die Bilirubinkonz. niedrig. Fast völliges Fehlen des Bilirubins weist auf Verschluß der Gallenwege hin. (Gastroenterologia [Basel] **78.** 349—53. 1952. Manchester u. Newcastle-upon-Tyne.) ZOPFF. 4597

Franz Schleyer, *Quantitative Untersuchungen über den Fibrinogenschwund im Leichenblut.* Vf. kommt auf Grund eigener subtiler Unterss. zu dem Ergebnis, daß der sogenannte Fibrinogenschwund im Leichenblut nicht durch den Vorgang der Dekoagulation erklärt werden kann, sondern daß gleichzeitig mit den Fäulnis- u. Hämolysierungsvorgängen im Leichenblut ein gegen Fibrinogen direkt gerichtetes Fermentsyst. frei wird, das Fibrinogen — ohne daß dieses erst zur Gerinnung kommt — progressiv auflöst bzw. zerstört. Danach wird die Ursache in einem Freiwerden einer Fibrinogenolyse bzw. Fibrinogenase gesehen. (Naunyn-Schmiedebergs Arch. exp. Pathol. Pharmakol. **211.** 292—302. 1950. Bonn, Univ., Inst. für gerichtl. Med.) J. JÜRGENS. 4599

Dwight J. Ingle and Burton L. Baker, Physiological and therapeutic effects of corticotropin (ACTH) and cortisone. Springfield, Ill.: C. C. Thomas. 1953. (193 S. m. Abb., Bibl.) $. 5,50.

E_6. Pharmakologie. Therapie. Toxikologie. Hygiene.

John F. Thomson, Wallace W. Tourtellotte, Magdalene S. Carttar und **John B. Storer,** *Einige Beobachtungen zum Einfluß einer γ-Bestrahlung auf die Biochemie des Knochenmarks beim Kaninchen.* Mittels einer γ-Strahlquelle (150 mC ^{60}Co als Chlorid in Lsg.) wurden Kaninchen an der einen Tibia mit 310 oder 620 r (155 r/Min.) bestrahlt. Aus beiden Tibien wurden dann nach Tötung der Tiere Knochenmarksproben entnommen u. histolog. u. chem. untersucht. Es zeigte sich, daß im bestrahlten Schenkel die Konz. an *Ribo* (**I**)- u. *Desoxyribonucleinsäure* (**II**) kleiner war als im unbestrahlten. Wurden die Tiere vor der Bestrahlung subcutan mit 5 mg/kg *Phenylhydrazinchlorid* injiziert, dann war dieser Konzentrationsunterschied zwischen beiden Tibien kleiner. Die Konz. an **II** pro Zellkern blieb durch die Bestrahlung unverändert, während die Zahl der Kerne abnahm. Durch die Bestrahlung kommt es nach Ansicht der Vff. zu einer relativen Zunahme solcher Zelltypen, die geringe Beträge an **I** enthalten, während diejenigen mit höherem **I**-Geh. infolge der Bestrahlung an Zahl abnehmen. (Arch. Biochem. Biophysics **42.** 185—96. Jan. 1953. Chicago, Ill., Univ. of Chicago, USAF Rad. Labor. u. Dep. of Pharmacol.) REUSSE. 4601

J. F. Mack und **R. A. Shipley,** *Vergleichende Aufnahme von ^{82}Br durch die Hypophyse und andere Gewebe.* In Anknüpfung an gleiche Unterss. von PERLMAN, MORTON u. CHAIKOFF wurde die Anhäufung von Br in den verschiedensten Geweben bei 11 Ratten u. 12 Kaninchen verfolgt. 24 Std. nach intravenöser Injektion von radioakt. Br wurden die Tiere getötet u. Gewebsproben entnommen. Es konnte keine selektive Anhäufung von Be in der Hypophyse oder in der Schilddrüse festgestellt werden. Dagegen erschien der Geh. der Magengewebe relativ hoch. (Proc. Soc. exp. Biol. Med. **80.** 18—20. Mai 1952. Cleveland, O., Western Reserve Univ., Dep. of Med.) DUCHO. 4601

René-Guy Busnel, Jovan Gligorijevic, Paul Chauchard und **Henriette Mazoué,** *Ultraschallwirkung hoher Frequenz auf das nervöse System.* Nach der Chronaxiemeth. wurde an der n. u. anästhesierten Ratte sowie am intakten Frosch u. Tieren mit gestörten Nervenzentren vor u. nach *Ultraschall* (US)-Behandlung die elektr. Erregbarkeit gemessen. Es wurde nachgewiesen, daß das Nervensyst. auf US sehr empfindlich reagiert. Untersucht wurden die direkte US-Wrkg., die Reflexwrkg., der Einfl. auf Rückenmark u. Gehirn. Die Reizschwelle variierte bei den einzelnen Verss.; bei percutaner US-Verabreichung liegt sie bei der Ratte bei 1,29 Watt/cm² während 10 bis 15 Sek., beim Frosch bei 0,18 Watt/cm² während 3,5 Sekunden. (C. R. hebd. Séances Acad. Sci. **235.** 1535—37. 10/12. 1952.) DOSSMANN. 4601

H. S. Perdue und **P. H. Phillips,** *Die Wirkung von Natrium- und Kaliummangel auf die Darmmotilität der Ratte.* Gegenüber Kontrolltieren verminderte sich bei Albinoratten nach 6 Wochen langer K-Mangelernährung die Darmmotilität, nicht so nach Na-Mangel. Enthielt die Nahrung 0,005% Na u. 0,5% K, dann traten keine Veränderungen der Darmmotilität auf. (Proc. Soc. exp. Biol. Med. **80.** 248—50. Juni 1952. Madison, Wis., Univ., Coll. of Agric.) DUCHO. 4606

James Foulks, Gilbert H. Mudge und **Alfred Gilman,** *Kationausscheidung durch die Nieren bei Hunden während der Infusion isotonischer Lösungen von Lithiumchlorid.* Die Volumenverteilung von Li übersteigt das extracelluläre Flüssigkeitsvol. u. kann das totale Körperwasservol. übersteigen. Wie K kann Li entgegen einem Konzentrationsgradienten intracellulär angehäuft werden. Die Ausscheidung von Li durch die Nieren ist unabhängig von der Plasmakonzentration. Ca. 30% des gefilterten Li werden im Urin ausgeschieden. Der %-Geh. der Li-Ausscheidung wird durch Hg-Diuretica oder durch gleichzeitige Infusion von K-Salzen nicht geändert. Die Li-Reabsorption scheint auf passiver Rückdiffusion zu beruhen. Die Infusion isoton. Li-Chloridlsgg. stellt ein Reizmittel für die K-Sekretion der Nieren dar. (Amer. J. Physiol. **168.** 642—49. 1/3. 1952. New York City, N. Y., Columbia Univ., Coll. of Phys., Dep. of Pharmacol. and Med.) DOSSMANN. 4606

R. Charonnat und **P. Lechat,** *Zur Kenntnis der Toxizität: die Toxizität von Trinatriumcitrat bei intravenöser Injektion.* Der Grad der Toxizität von intravenösen Trinatriumcitratinjektionen beim Kaninchen ist eine Funktion der Infusionsgeschwindigkeit u. der Konz. der Lösung. Die Vergiftungserscheinungen können durch Injektion von $CaCl_2$-Lsgg. behoben oder verhindert werden. (Ann. pharmac. franç. **8.** 795—803. Dez. 1950. Paris, Hôpit. et Hosp. civils, Pharm. Centr.) KRUSEN. 4607

Herbert P. Fiedler, *Die Bedeutung der ungesättigten Fettsäuren für die Dermatologie.* Am Beispiel des Leberöles wird gezeigt, daß den ungesätt. Fettsäuren in der Wundheilung eine besondere Bedeutung zukommt. Im Mittelpunkt des Wirkungsmechanismus steht die Doppelbindung bzw. die sich während der Oxydation der Doppelbindung abspielende Ketten-Rk., deren Ablauf wiederum in harmon. Weise von der unverseifbaren Fraktion des Leberöles gesteuert wird. Dieser in verschied. Phasen bereits bekannte Abbau der Doppelbindung ist den verschied. Fettsäuren eigen, weshalb es abwegig ist, ungesätt. Fettsäuren Vitamineigg. zuzuschreiben. (Fette Seifen einschl. Anstrichmittel **52.** 721—24. Dez. 1950. Oberndorf/Neckar.) FIEDLER. 4607

Albrecht Beickert, *Über das Schicksal des Urethans im menschlichen Organismus.* Verss. mit *Äthylurethan* (I). Es wird eine Meth. angegeben, nach der es möglich ist, I in den Körpersäften zu erfassen. I wird bei oraler u. rectaler Applikation fast vollständig resorbiert. Die Resorption erfolgt vom Magen aus rascher als durch die Rectumschleimhaut. Nach intramuskulärer Injektion ist I bereits nach 15 Min. vollständig in die Blutbahn aufgenommen. Diffundierung von I durch die menschliche Haut ist auch nachweisbar. Nach intravenöser Injektion erfolgt eine sehr rasche Verteilung im Organismus, die weitgehend der des Ae. entspricht. I reichert sich im Plasma etwas stärker an als in den Blutzellen. I verschwindet langsam aus dem Organismus, so daß Speicherung möglich ist, ca. 90% werden abgebaut, 8—9% werden unverändert im Urin ausgeschieden. Ob I selbst oder seine Abbauprodd. für die Wrkg. maßgebend sind, ist noch nicht sicher zu entscheiden. (Z. ges. inn. Med. Grenzgebiete **5.** 143—51. März 1950. Jena, Univ., Med. Klinik.) DOSSMANN. 4607

Erich Strack und **Kurt Försterling,** *Über die Reizkraft der Methylester einiger Betaine.* Vff. untersuchten die Methylester einiger Betaine in ihrer Wrkg. auf die Muskulatur isolierter Organe (STRAUBsches Froschherz, Musculus rectus abdominis des Frosches, Rückenmuskel des Blutegels u. Mäusedarm). Es zeigte sich, daß der *β-Homobetainmethylester* (I), $[(CH_3)_3N^+ \cdot CH_2 \cdot CH_2 \cdot COOCH_3]X^-$, eine überraschend hohe Reizkraft besitzt, die etwa der des *Acetylcholins* gleichkommt. *Glykokollbetainmethyl-* u. *-äthylester* haben erheblich geringere Wrkg.; ebenso nimmt auch die Wrkg. bei längerer Kette (*γ-Butyrobetainmethylester,* **II**) wieder ab. Einführung einer Doppelbindung in **II** (*Crotonsäurebetainmethylester*) schwächt die Aktivität kaum, Einführung einer Doppelbindung in **I** dagegen sehr stark (*Carnitinmethylester*; 1/36000 der Aktivität von **I** am Froschherzen, 1/200 am Froschrectus). Acetylierung (*Acetylcarnitinmethylester*) hebt die Wirksamkeit wiederum mäßig. — Die Ester werden durch Cholinesterase nicht zerlegt. (Hoppe-Seyler's Z. physiol. Chem. **285.** 207—16. Juni 1950. Leipzig, Univ., Physiol.-Chem. Inst.) FRUHSTORFER. 4607

M. J. Gunter, K. S. Kim, D. F. Magee, H. Ralston und **A. C. Ivy,** *Die gallenabsondernde Wirksamkeit einiger synthetischer Verbindungen.* Vff. untersuchten an 145 synthet. Verbb. den Zusammenhang zwischen chem. Struktur u. choleret. Wirksamkeit, zugleich in der Absicht, synthet. eine relativ ungiftige Verb. herzustellen, die ebenso oder stärker wirksam als Dehydrocholsäure (I) ist. Als Versuchstiere dienten mit Pentobarbital betäubte Hunde. Die Galle derselben wurde aus dem Gallengang gesammelt u. halbstündlich deren Menge gemessen. Nach Eintritt konstanter Absonderung wurden intravenös in 2 Min. 0,05 Millimol I/kg, 1½ Std. später bzw. nach Wiedereintritt n. Absonderung die zu untersuchenden, nachst. Verbb. gegeben. Die Verbb. wurden allg. in n/10 NaOH gelöst. Blutdruckmessung fand in jedem Fall statt. Solange erhöhte Gallenabsonderung bestand, wurde die Kontrolle fortgesetzt. Die relative choleret. Stärke wurde aus der Regressionsgleichung nach GUNTER, RALSTON u. IVY berechnet. Die Voll. der nach Darreichung der Testverbb. abgesonderten Mengen wurden mit denen von **I** verglichen, wobei die Wirksamkeit von **I** = 100 gesetzt wurde. Von einer Reihe Säuren, die sich vom Naphthol, Acenaphthen, aus Verbb. mit 2 Benzolringen, mit 1 Benzolring u. Mischverbb. dieser Typen ableiten, wurde die mol. u. die gravimetr. (g.) choleret. Stärke bestimmt (**I** = 100 gesetzt). (In den nachst. Verbb. ist eingeklammert die 1. Zahl = mol. Wert, die 2. Zahl = g.-Wert.) Naphthole: *β-[1-Methoxynaphthoyl-(4)]-propionsäure* (115, 180), *1-Brom-2-oxy-3-naphthoesäure* (96, 145), *β-[1-Oxynaphthoyl-(2)]-propionsäure* (**II**) (91, 150). *β-[5.6.7.8-Tetrahydro-2-oxynaphthoyl-(1)]-propionsäure* (**III**) (90, 146), *β-[1-Methoxynaphthoyl-(4)]-acrylsäure* (**IV**) (89, 148), *2.4-Diacetyl-1-naphthol* (82, 150), *β-[5.6.7.8-Tetrahydro-4-oxynaphthoyl-(1)]-propionsäure* (**V**) (82, 133), *β-[1-Oxynaphthoyl-(4)]-propionsäure* (78, 88), *4-Crotonyl-1-naphthol* (75, 142), *β-[1-Oxy-2-bromnaphthoyl-(4)]-propionsäure* (74, 92), *β-[2-Oxynaphthoyl-(6)]-propionsäure* (70, 119), *4-Acetyl-1-naphthol* (68, 147), *2-Oxy-3-naphthoesäure* (54, 120), *β-[2-Oxynaphthoyl-(3)]-propionsäure* (52, 86), *γ-[1-Oxynaphthyl-(4)-buttersäure* (49, 84), *β-[Naphthoyl-(2)]-propionsäure* (47, 83), *δ-[1-Oxy-naphthoyl-(4)]-valeriansäure* (46, 68), *β-[1-Oxy-5-methoxynaphthoyl-(4)]-propionsäure* (46,68), *β-[1-Oxynaphthyl-(4)]-acrylsäure* (44, 83), *4-Phenylacetyl-1-naphthol* (44, 68), *β-[1.5-Dioxynaphthoyl-(4)]-propionsäure* (43, 66), *4-Butyryl-1-naphthol* (41, 77), *γ-[1-Oxynaphthoyl-(4)]-buttersäure* (36, 56), *4-[β-Dimethylaminoisobutyryl]-1-naphthol, HCl* (36, 48), *Mischung isomerer α-Naphthylstearinsäuren + Na-Salze* (1 : 1) (35, 33), *γ-[Naphthyl-(1)]-butyrylglycin* (32, 48), *2-[β-Dimethylaminoisobutyryl]-1-naphthol, HCl* (32, 44), *1-Oxy-2-naphthoesäure* (31, 66), *2-Methoxy-3-naphthoesäure* (31, 62), *β-[Naphthoyl-(1)]-propionsäure* (31, 56), *β-[1-Methylnaphthoyl-(4)]-propionsäure* (28, 47), *γ-[4-Bromnaphthyl-(1)]-buttersäure* (28, 39), *ω-[1-Oxynaphthoyl-(4)]-pelargonsäure* (24, 29), *γ-[Naphthyl-(2)]-β.γ.δ-pentensäure* (22, 44), *β-[Naphthoyl-(2)]-acrylsäure* (21, 37), *Methyl-β-[1-oxynaphthoyl-(4)]-propionat* (20, 32), *4-[γ-Diäthylaminopropyl]-1-naphthol, HCl* (16, 22), *β-Naphthoyl-(1)]-acrylsäure* (16, 28), *γ-[Naphthyl-(1)] buttersäure* (15, 28), *1-Oxynaphthyl-(4)]-buttersäurediäthylamid* (15, 19), *ω-[Naphthoyl-(5)] pelargonsäure* (15, 18), *β-[Naphthyl-(1)]-propionsäure* (14, 28), *2-Butyryl-1-naphthol* (14, 26), *γ-[1.2.3.4-Tetrahydronaphthyl-(6)]-valeriansäure* (10, 17), *γ-[1.2.3.4-Tetrahydronaphthyl-(6)]-buttersäure* (7, 13), *α-Naphthylmethylmalonsäure* (7, 12), *1-Oxy-4-naphthoesäure* (6, 13), *γ-[Naphthyl-(1)]-β.γ.δ-pentensäure* (6, 12), *2-Oxy-1-naphthoesäure* (3, 6), *γ-[-Naphthyl-(2)]-buttersäure* (1, 2), *1.3-Dioxy-2-naphthoesäure* (1, 2). — Acenaphthene: *β-[Acenaphthyl-(5)]-acrylsäure* (**VI**) (102, 183), *β-[Acenaphthoyl-(5)]-acrylsäure* (**VII**) (99, 159), *β-[Acenaphthoyl-(5)]-valeriansäure* (86, 125), *β-[Acenaphthoyl-(3)]-propionsäure* (**VIII**) (59, 92), *γ-[Acenaphthoyl-(5)]-buttersäure* (52, 78), *β-[Acenaphthoyl-(3)]-valeriansäure* (50, 71), *β-[Acenaphthoyl-(5)]-propionsäure* (**IX**) (49, 68), *Mischung aus vorst. u.* **II** (**43, 68**), *Na-Acenaphthen-5-sulfonat* (43, 68), *5-Acenaphthoesäure* (39, 80), *α-Methyl-β-[acenaphthoyl-(5)]-propionsäure* (38, 57), *β-Brom-β-[acenaphthoyl-(5)]-propionsäure* (37, 44), *γ-[Acenaphthoyl-(3)]-buttersäure* (26, 39), *Acenaphthyl-2-essigsäure* (24, 45), *γ-[Acenaphthyl-(5)]-buttersäure* (18, 31), *γ-[Acenaphthyl-(5)]-valeriansäure* (12, 19), *Na-Acenaphthen-3-sulfonat* (11, 18), *ω-[Acenaphthoyl-(5)]-benzoesäure* (7, 9). — Verbb. mit 2 Benzolringen in gerader Kette: *β-[3-Cyclohexyl-4-oxybenzoyl]-propionsäure* (99, 157), *β-[3-Cyclohexyl-4-methoxybenzoyl]-propionsäure* (86, 119), *β-[3-(o-Oxyphenetyl)-4-oxybenzoyl]-propionsäure* (74, 95), *γ-Oxo-γ-[2-oxydiphenylyl-(5)]-buttersäure* (53, 80), *γ-Oxo-γ-[4-oxydiphenylyl-(4)]-buttersäure* (34, 50), *γ-Oxo-γ-[4-oxydiphenylyl-(3)]-buttersäure* (33, 49), *β-[1.4-Dimethoxy-o-phenoxybenzoyl]-propionsäure* (24, 32), *β-[p-Phenoxybenzoyl]-propionsäure* (22. 33), *γ-Oxo-γ-diphenylyl-(4)-buttersäure* (15, 24). — Einzelne Benzolringe: *Ferulasäure* (57, 119), *2-Oxy-5-jodbenzoesäure* (43, 65), *β-[2-Oxy-4-methoxybenzoyl]-propionsäure* (43, 77), *Kaffeesäure* (42, 64), *Na-Salicylat* (41, 158), *3-Carboxypropionylhexöstrol* (α-Form) (37, 40), *α.β.γ-Triphenyl-α.β-dioxybuttersäure* (36, 42), *Tropasäuredimethylamid* (31, 64), *α-[p-Benzylbenzoyl]-propionsäure* (31, 47), *2-Oxy-4-methylphenylmethylcarbinol* (28, 74), *α-[3.4-Dioxybenzoyl]-propionsäure* (28, 52), *β-[4-Oxybenzoyl]-propionsäure* (25, 52), *α-Benzoylpropionsäure* (21. 48), *γ-[Hydrindyl-(5)]-buttersäure* (21, 41), *β-[2.4-Dioxyphenyl]-propionsäure* (20, 38), *γ-[1.2-Dioxy-4-phenyl]-buttersäure* (20, 40), *3-Carboxypropionylhexöstrol* (16, 17), *3.4-Dioxyacetophenon* (13, 35), *γ-[2.4-Dioxyphenyl]-buttersäure* (13, 27), *Vanillinsäure* (11, 26), *β-[2-Oxybenzoyl]-propionsäure* (11, 23), *γ-[4-Oxyphenyl]-buttersäure* (10, 23), *p-Tolylmethylcarbinol* (9, 27), *Tropasäurebenzylamid* (7, 11), *γ-[4-Oxyphenyl]-valeriansäure* (6, 12), *Mandelsäuredimethylamid* (2, 4). — Mischverbb.: *Monochloressigsäure* (40, 174), *α-Brombuttersäure* (31, 51), *α-Chlorpropionsäure* (13, 48), *α-Brompropionsäure* (13, 34), *β-Chlorpropionsäure* (11, 40), *β-Brompropionsäure* (8, 21), *β-[9.10-Dihydrophenanthroyl-(2)]-propionsäure*

(29, 41), *γ-(9.10-Dihydrophenanthryl-(2)]-buttersäure* (10, 15), *γ-Oxo-γ-[dibenzofuryl-(2)]-buttersäure* (30, 44), *γ-Oxo-γ-[dibenzofuryl-(2)]-crotonsäure* (14, 21), *2-Furylacrylsäure* (8, 23), *β-Brom-γ-oxo-γ-[dibenzofuryl-(2)]-buttersäure* (5, 6), *γ-Oxo-γ-[thionaphthenyl-(3)]-buttersäure* (45, 77), *γ-Oxo-γ-[dibenzothienyl-(2)]-buttersäure* (31, 44), *γ-Oxo-γ-[anthracyl-(2)]-buttersäure* (12, 17), *γ-Oxo-γ-[fluorenyl-(9)]-buttersäure* (22, 33), *γ-Oxo-γ-[fluorenyl-(2)]-buttersäure* (20, 30), *γ-Oxo-γ-[xanthenyl-(2)]-buttersäure* (35, 50), *γ-Oxo-γ-[fluoranthren-(12)]-buttersäure* (44, 59), *2.8-Carbazol-bis-[γ-oxybuttersäure]* (20, 22), *γ-Oxo-γ-[phenothiazin-(2)]-buttersäure* (69, 94), *γ-Oxo-γ-[thioxanthen-(2)]-buttersäure* (60, 80), *γ-Oxo-γ-[phenoxthin-(2)]-buttersäure* (65, 88), *γ-Oxo-γ-[phenoxthen-(3)]-buttersäure* (54, 72), *γ-Oxo-γ-[thianthren-(2)]-buttersäure* (34, 43), *Cinchophen* (52, 85), *β-[p-Anilinobenzoyl]-propionsäure* (70, 104), *7-[o-Carboxybenzoyl]-8-oxychinolin* (14, 19), *β-[Chrysenoyl-(2)]-propionsäure* (34, 42), *Podocarpsäure* (98, 144), *6-Carboxymethoxy-1.12-dimethyl-1.2.3.4.9.10.11.12-oktahydrophenanthren 1-carbonsäure* (88, 104), *Podocarpsäure-o-propionat* (97, 116), *Dehydroabietinsäure* (18, 24), *Alantolacton* (20, 37), *Mono-[p-tolylmethylcarbinyl]-camphorat* (19, 24), *Divanillal-cyclohexanon* (12, 13), *Addukt aus Abietinsäure + Maleinsäureanhydrid* (27, 26), *β-Diäthylaminoäthyldehydrodesoxycholat, HCl* (23, 18), *4-[p-Oxyphenylacetyl]-7-oxyhydrindon* (22, 32), *β-triphenylpropionsaures Na* (−1, −12), *Nicotinsäure* (0, 0). — Die Beziehungen zwischen Struktur u. Wirksamkeit der untersuchten Verbb. werden eingehend besprochen. Nur 2 derselben waren in ihrer choleret. Stärke der von **I** überlegen, u. zwar *β-[1-Methoxynaphthoyl-(4)]-propionsäure* u. *β-[Acenaphthyl-(5)]-acrylsäure*. Naphthole mit OH-, OCH_3-Gruppen u. Ketopropion- oder Ketoacrylsäure in der Seitenkette (**II, III, IV, V**) erwiesen sich als ebenso stark wirksam wie Acenaphthole mit β-Ketopropion-, Acryl- oder Ketoacrylsäureseitenketten (**VI, VII, VIII, IX**). (J. Pharmacol. exp. Therapeut. **99.** 465—78. Aug. 1950. Chicago, Ill., Univ. of Illinois, Dep. of Clin. Sci.) FREESE. 4607

H. Böttner und **B. Schlegel,** *Untersuchungen zur Einwirkung moderner differenter Heilmittel auf den kreisenden Erythrocyten.* In 160 Verss. wurde die Einw. moderner Heilmittel, wie *Antibiotica (Penicillin, Streptomycin, Aureomycin, Chloromycetin), Sulfonamide (Albucid [4-Aminobenzolsulfonacetamid], Badional [p-Aminobenzolsulfothiocarbamid], Cibazol Sulfanilamidothiazol], Elkosin [Dimethylsulfanilamidopyrimidin], Protocid [p-Aminobenzolsulfonamidomethylpyrimidin + p Aminobelnzolsufonam doäthylthiodiazol], Resulfon [Sulfaguanidin] Supronal [Methylsulfapyrimidin+4-Aminobenzolsulfothiocarbamidsalz von 4-Aminomethylbenzolsulfonamid], Thiosemicarbazon (Conteben, TB VI), Cytostatica (Stickstofflost, Äthylurethan, 4-Methyluracil), Röntgenstrahlen* u. *Pyrifer*, von denen zum Teil Schädigungen verschied. Art des Blutorgans bekannt geworden sind, geprüft, wobei der strömende Erythrocyt gesunder Herkunft als Testobjekt diente. In keinem Fall waren erythrocytenzerstörende Eigg. der geprüften Verbb. zu beobachten, so daß diese in der gebräuchlichen therapeut. Dosierung ohne Gefahr für die Erythrocyten angewendet werden können. Allerg. bzw. Schock-Rkk. auf das Knochenmark wurden nicht untersucht. (Med. Klin. **47.** 1660—63. 12/12. 1952. Marburg/Lahn, Med. Univ.-Klinik.) K. MAIER. 4607

E. Koch und **H. Uebel,** *Experimentelle Untersuchungen über den Einfluß von Echinacea purpurea auf das Hypophysen–Nebennierenrinden-System.* 60 Std. nach intravenöser Injektion von Echinacea kommt es an der Nebennierenrinde von Meerschweinchen zur Zunahme des Plasmalogens, zu Abnahme der Ascorbinsäure u. zu geringer Zunahme der Cholesterinester. Die schon durch geringe Dosen ausgelöste progressive Transformation wird auch an der statist. signifikant vermehrten Mitosezahl deutlich. (Arzneimittel-Forsch. **3.** 133—37. März 1953. Köln-Merheim, Madaus.) ULEX. 4608

Edward Eagle und **H. F. Bialek,** *Toxizität und körpergewichtsvermindernde Wirkung von wasserlöslichen Kombinationsprodukten von Gossypol und Baumwollsamenpigmentkörpern bei der Ratte.* Es wurde die Toxizität von *Gossypol* (**I**), **I**-Kombinationen mit Glycin, Dextrose oder Erbsenprotein, sowie von Pigmentdrüsen (Baumwollsamen), sowie die durch die Verabfolgung der Substanzen hervorgerufenen Gewichtsverluste an Ratten untersucht. Die Diskrepanz zwischen Dosis u. Wrkg. wird diskutiert. (Food Res. **17.** 543—49. Nov./Dez. 1952. Chicago, Ill., Swift & Comp.) PATZSCH. 4608

Kurt Uhlenbroock und **Kurt Mulli** (unter Mitwrkg. von **O. Schmid**), *Khellin, ein Beitrag zur Pharmakologie der Inhaltsstoffe der Ammi visnaga.* 3. Mitt. (2. vgl. C. **1953. 8661.**) Eingehende pharmakol. Unters. der spasmolyt. Wirksamkeit der Inhaltsstoffe der *Ammi visnaga.* Der spasmolyt. Effekt des Khellins ist halb so groß wie der des Papaverins. Die tox. Wirksamkeit läuft der spasmolyt. Wirksamkeit parallel u. ist auch halb so groß wie die des Papaverins. Messung am isolierten Kaninchendarm. (Arzneimittel-Forsch. **3.** 219—23. Mai 1953. Hamburg, Helenenstift, Uvocal KG.) ULEX. 4608

K. Uhlenbroock und **K. Mulli** (unter Mitarbeit von **O. Schmid**), *Khellin, ein Beitrag zur Pharmakologie der Inhaltsstoffe der Ammi visnaga.* 4. Mitt. (3. vgl. vorst. Ref.) Unterss. über das Verh. des *Khellins* (I) im Organismus. I wird durch die Leber ausgeschieden. Bestimmte Galleninhaltsstoffe zeigen gute Lösungsbedingungen für I. Der Herzmuskel lagert I in bes. hohem Maße an u. hält es länger fest als die übrigen Organe. (Arzneimittel-Forsch. **3.** 407—11. Aug. 1953.) ULEX. 4608

B. L. Van Duuren und **P. W. G. Groenewoud,** *Südafrikanische Fischgiftpflanzen.* 1. Mitt. *Vorläufige chemische Untersuchungen der Wurzelknolle von Neorautanenia edulis C. A. Sm.* Vff. erhielten durch Perkolation des in Südafrika als Fischgift verwendeten Tuber von *Neorautanenia edulis C. A. Sm.* mit Ae. einen Extrakt, aus dem 0,56—0,70% kristallin. Rohprodd. anfielen. Durch Chromatographie an Al_2O_3 mit $C_2H_4Cl_2$ als Lösungsm. wurden 6 verschied. Substanzen isoliert, deren Verhältnis jahreszeitlich schwankt: 1. $C_{18}H_{12}O_6$, gelbe Nadeln, F. 211°; 2. $C_{18}H_{16}O_6$, farblose Nadeln, F. 251—252°; 3. $C_{19}H_{14}O_6$, hellgelbe Prismen, F. 180°; 4. $C_{17}H_{14}O_5$, Prismen, F. 149°; 5. $C_{26}H_{22}O_7$, gelbe Nadeln, F. 251°; 6. $C_{18}H_{14}O_5$. Nur 1 wirkt als Fischgift. (J. South African chem. Inst. [N. S.] **3.** 29—34. Dez. 1950.) v. GIZYCKI. 4608

B. L. Van Duuren und **P. W. G. Groenewoud,** *Südafrikanische Fischgiftpflanzen.* 2. Mitt. *Bestimmung der Fischgifteigenschaften der aus der Wurzelknolle von Neorautanenia edulis C. A. Sm. isolierten organischen Verbindungen.* (1. vgl. vorst. Ref.) Vff. bestimmten die Giftwrkg. der aus dem Tuber von *Neorautanenia edulis C. A. Sm.* isolierten u. mittels Seife oder durch Ausfällung aus Aceton koll. in W. verteilten Substanzen auf den Goldfisch (Carassius auratus) im Vgl. mit der von Rotenon. Das Bestimmungs- u. Auswertungsverf. wird beschrieben u. diskutiert. (J. South African chem. Inst. [N. S.] **3.** 35—40. Dez. 1950.) v. GIZYCKI. 4608

St. Brzezinski, *Verfahren zur Bekämpfung gemischter Infektionen bei mit Flecktyphus infizierten weißen Mäusen.* Bei mit Flecktyphus infizierten Mäusen tritt mit einer Häufigkeit bis zu 10% eine Mischinfektion in den Lungen auf, von Stäbchen oder Kokken verursacht. *Irgafen* in 1%ig. Lsg., subcutan injiziert, vermindert die Mischinfektion auf 1,2%. Auch bei oraler Applikation erzielt man die gleiche Wirkung. (Acta polon. pharmac. **7.** 145—50. 1950.) FREYTAG. 4610

K. Klein, *Elkosin, ein neues Sulfonamidpräparat.* Bericht über Behandlungseıfolge bei 40 Cystitiden a), 33 Pneumonien b) u. 2 Fällen mit Endocarditis lenta c) mit *Elkosin* = *6-Sulfanilamido-2.4-dimethylpyrimidin* (I; CIBA). Bei a) in 32 Fällen sofortige Ausheilung, bei b) sprachen 23 Fälle gut an, c) unbeeinflußt trotz Kombination mit *Penicillin.* Wesentlich ist die schnelle Erzielung eines hohen I-Spiegels. Anfangsdosis 2 g, Steigerung bis 7 g pro Tag, dann schrittweise Reduzierung der Dosis auf 3 g über 7—10 Tage. Verabreichung von insgesamt ca. 30 g. Gute Verträglichkeit von I. (Neue med. Welt **1.** 92—95. 21/1. 1950. Düsseldorf, Ev. Krankenhaus.) DOSSMANN. 4610

H. Böttner und **G. Gries,** *Die Behandlung Sulfonamid-empfindlicher Infektionen bei Nierenkranken. Elkosin* (CIBA), das sich durch einen niedrigen Acetylierungsgrad (10%) im Organismus auszeichnet, wurde erfolgreich bei Kranken mit Niereninsuffizienz angewandt, die bisher wegen der Nebenwirkungen der Sulfonamide von der Behandlung mit diesen Präpp. ausgeschlossen werden mußten. (Med. Klin. **45.** 1526—28. 1/12. 1950. Marburg, Univ., Med. Klinik.) E. LEHMANN. 4610

A. Schmiedel, *Über die Entwicklung der Bakterienresistenz gegenüber den Antituberkuloticis.* Verss. über die Resistenzentw. von Tuberkelbakterien gegen Chemotherapeutica zeigen, daß keine adaptive Stoffwechselanpassung vorliegt. Die Resistenzentw. wird gefördert durch Gewebsspiegelschwankungen der Heilmittel. (Z. Tuberkulose **102.** 184—93. 1953. Rostock, Univ., Hyg. Inst.) RUTKOWSKI. 4610

H. Mauer und **W. Finkeldey,** *Änderungen im Ablauf der experimentellen Meerschweinchentuberkulose mittels Phloridzin und anderen Substanzen. Phloridzin* (I), *Monojodessigsäure, Colchicin, Resacetophenon, Capronylresorcin, Morin* u. *Rutin* bewirken eine Hemmung des tuberkulösen Gewebszerfalles bei Meerschweinchen, ohne gleichzeitig die Tuberkelbakterien zu beeinflussen u. damit der Generalisation entgegenzuwirken. Durch Kombination von I mit *Isoniazid* werden Gewebszerfall u. Generalisation sehr viel stärker gehemmt als mit einer der beiden Substanzen allein. (Z. Tuberkulose **102.** 196—211. 1953. Tönsheide, Holstein, Krankenhaus.) RUTKOWSKI. 4610

Albert M. Walter, *Die tuberkulostatische Wirksamkeit verschiedener PAS-Präparate in vitro.* Der Vgl. von verschied. *PAS*-Präpp. im biol. Vers. zeigte bei allen gleich gute Wirksamkeit mit Ausnahme der PAS der PHARMAGESELLSCHAFT Rodenkirchen, Köln. Es handelt sich bei diesem Präp. nicht um die tuberkulostat. wirksame 4-Amino-2-oxybenzoesäure, sondern um die unwirksame 5-Amino-2-oxy-benzoesäure. (Dtsch. med. Wschr. **75.** 587. 28/4. 1950. Freiburg, Univ., Med. Klinik.) GERBER. 4610

Franz Böhm, *Zur Frage der Leberschädigung durch Abkömmlinge des Thiosemicarbazons* (*Tb I/698*). Unter der Behandlung mit *Tb I/698* (**I**) kommt es anscheinend 10—12 Wochen nach Beginn regelmäßig zu einer Verfettung der Leber. Die Schwere der Tuberkulose ist ohne Einfluß. Histolog. handelt es sich um eine schwerere Leberschädigung, die sich 10—12 Wochen nach Absetzen von **I** wieder zurückbildet. Mit den üblichen Funktionsprüfungen ist die Leberschädigung nicht mit Sicherheit feststellbar. Bei Tieren ist die Leberverfettung durch **I** nicht nachweisbar. Es handelt sich somit um eine vorzugsweise bei der Tuberkulose des Menschen auftretende Wirkung. (Klin. Wschr. **28.** 548—51. 15/8. 1950. Überruh bei Isny/Allg., Lungenheilst.) ERDMANN. 4610

E. Binder, *Behandlung von Lupus vulgaris durch kombinierte Anwendung von Thiosemicarbazon und gereinigtem Tuberkulin.* Bericht über 6 Fälle mit Lupus vulgaris, bei denen kombinierte Therapie mit *Tb I/698* (**I**) u. gereinigtem *Tuberkulin* (**II**) verabfolgt wurde. Durch **II** wurden Herd-Rkk. gesetzt u. die Herde bis zu 10 Wochen unter Dauerhyperämie gehalten. **II** wurde in steigenden Dosen bis zu 10^5 E. verabfolgt. Die durch **II** erzielte Durchblutung gestattet es, **I** in geringen Dosen an den Herd heranzubringen u. damit die Heilungsaussichten zu erhöhen. (Dermatol. Wschr. **121.** 234—37. 1950. Würzburg, Univ., Hautklinik.) DOSSMANN. 4610

J. Hein und **W. Stecher,** *Kontrollen unter und nach Isoniazidtherapie bei Lungentuberkulose.* Die Auswertung von 405 mit 5 mg/kg Körpergewicht *Isoniazid* (**I**) behandelten Fällen von Lungen-Tbc. ergab, daß von den vorwiegend exsudativen Formen 73,4%, von den cirrhot. Formen nur 25% u. von den gemischtförmigen u. produktiven 64,0 bzw. 63,1% gebessert wurden. Die Behandlungserfolge wurden im 2. Monat sichtbar u. erreichten ihren Maximalwert mit dem 4. Monat. Rezidive traten vorwiegend zwischen dem 3. u. 6. Monat auf. Eine grundsätzliche Kombination von **I** mit *Streptomycin* wird abgelehnt. (Z. Tuberkulose **102.** 165—78. 1953. Tönsheide, Holstein, Krankenhaus.) RUTKOWSKI. 4610

A. Tegtmeier und **L. Majunke,** *8 Monate INH-Therapie.* Die Bekämpfung der Lungentuberkulose mit *Isonicotinsäurehydrazid* führt zu den besten Ergebnissen bei frisch entzündlichen, tox. Prozessen, hämatogenen u. bronchogenen Streuungen, sowie zeitig erkannter tuberkulöser Meningitis u. Schleimhautprozessen. Das Wirkungsoptimum wird nach 3—4 Monaten erreicht. (Z. Tuberkulose **102.** 155—64. 1953. Bad Berka, Heilstätten.) RUTKOWSKI. 4610

H. Hörlein und **K. Jahnke,** *Ein Jahr Behandlung der Lungentuberkulose mit Isonicotinsäurehydrazid* (*Neoteben*). *Neoteben* (**I**) erwies sich, in täglichen Dosen von 10 bis 15 mg/kg Körpergewicht peroral verabreicht, als wirksames Mittel zur Bekämpfung der Lungentuberkulose. Bes. bei frischen Infiltrationen wurden neben Besserung des subjektiven Befindens auch gute röntgenolog. Besserungen erzielt. Das Sputum wurde vielfach negativ oder die Sputummenge wurde vermindert. Sek. Pleuritiden ließen sich durch alleinige perorale **I**-Behandlung nicht beeinflussen. Bei fortlaufender **I**-Behandlung ist nach etwa 11 Wochen mit dem Auftreten von Resistenzerscheinungen zu rechnen. In vitro-Verss. haben ergeben, daß durch Kombination von **I** mit *Streptomycin* die Resistenzentwicklung verzögert wird. **I** war besser verträglich als die bisher angewandten Chemotherapeutica. Es wurden keine Schädigungen der Leber, Niere u. Nebenniere beobachtet. Als allg. Störungen zeigten sich ein Nachlassen des Appetits, Unbehagen, Übelkeit, Benommenheit u. Kopfdruck. Bei 11% der mit **I** behandelten Patienten traten Parästhesien auf, die mit *Venostasin* u. *Padutin* günstig beeinflußt wurden. (Z. Tuberkulose **102.** 135—55. 1953. Wuppertal-Elberfeld, Städt. Krankenanstalten.) RUTKOWSKI. 4610

Constantin Levaditi, Aron Vaisman und **Henriette Chaigneau-Erhard,** *Dauer der Behandlungswirkung von Isonicotinsäurehydrazid* (*INH*) *bei tuberkulösen Mäusen.* Bericht über Verss. an 13 mit einer Tuberkelbacillenkultur Stamm H 37 Rv intravenös infizierten Mäusen, die anschließend täglich 0,5 mg *Isonicotinsäurehydrazid* (**I**) oral 30 Tage lang erhielten. Die Tiere wurden 68 bis 121 Tage beobachtet, während dieser Zeit wurde ein Anhalten des antituberkulösen Heileffekts von **I** festgestellt. Die Tiere wurden negativ oder zeigten nur unbedeutende Läsionen nach 114 Tagen, danach manifestierten sich Rezidive, die nach 121 Tagen erkenntlich wurden, aber niemals so schwere Lungeninfektionen zeigten, wie sie bei den unbehandelten Kontrollen vorlagen, die nach 19 bis 31 Tagen starben. (C. R. hebd. Séances Acad. Sci. **235.** 1562—64. 10/12. 1952.) DOSSMANN. 4610

M. Fontan, *Tuberkulöse Primärinfektionen des Kindes und Streptomycin.* 16 große Kinder, 12 Säuglinge, Verabreichung von *Streptomycin* (**I**) 0,05 g/kg/Tag. Besprochen wird die **I**-Wrkg. auf Fieber, Allgemeinzustand, Röntgenbefund u. endgültige Heilung. Bei jeder Gruppe 1 Todesfall, eine Meningitis. Bei 25 Kindern guter Allgemeinzustand nach I-Therapie. (J. Méd. Bordeaux Sud-Ouest **127.** 95—99. Febr. 1950. Bordeaux, Clinique médicale infantile.) DOSSMANN. 4611

Friedrich Bassermann, *Über weitere Erfahrungen mit Streptomycin.* Vf. berichtet zusammenfassend über seine Erfahrungen mit *Streptomycin* (**I**) unter Hinweis auf weitere mögliche Steigerungen der therapeut. Wirkungseffekte durch Kombination des **I** mit PAS u./oder Conteben. — 21 Literaturangaben. (Neue med. Welt **1.** 678—81. 13/5. 1950. Glyn Hughes Hospital, CCG, Belsen.) GÜNZEL. 4611

Gerhard Walther, *Spinale, psychotische und encephalitische Syndrome im Verlauf der tuberkulösen Hirnhautentzündung unter antibiotischer und Chemotherapie.* (Z. Tuberkulose **102.** 178—84. 1953. Halle/Saale, Univ., I. Med. Klinik.) RUTKOWSKI. 4611

E. Aubertin, *Streptomycin bei nicht tuberkulösen Krankheiten. Streptomycin* (**I**) ist unwirksam bei Cholera, Sumpf- u. Fleckfieber, Lymphogranulomatose u. Viruskrankheiten. Gute Erfolge bei Tularämie, verschied. Meningitisformen, Grippe, Pest, Ruhr, ferner in Fällen, wo Sulfonamide u. Penicillin versagen. Ungleiche Ergebnisse bei Keuchhusten, Infektionen der oberen Atemwege, Harninfektionen, eitriger Cholecystitis, Peritonitis, Salpingitis. Nach Vf. sollte **I** nur dann angewendet werden, wenn mit anderen Mitteln kein Erfolg zu erzielen ist. (J. Méd. Bordeaux Sud-Ouest **127.** 160—69. März 1950.) DOSSMANN. 4611

M. G. Portmann, *Streptomycin und Gehörorgan.* Massive *Streptomycin* (**I**)-Dosen können zu Störungen des Vestibularapparates führen. Bei Kindern sind sie reparabel, weniger bei Erwachsenen, schwer im Greisenalter. Kleine **I**-Dosen von 0,5—1 g täglich bis insgesamt 60 g sind im allg. ungefährlich. Laufende Überwachung der Nierenfunktion ist notwendig, die **I**-Ausscheidung soll von der n. Nieren nicht abweichen. Regelmäßige Ohrunterss. müssen durchgeführt werden. (J. Méd. Bordeaux Sud-Ouest **127.** 102—04. Febr. 1950.) DOSSMANN. 4611

Joulia, Le Coulant, L'Epee und **Texier,** *Haut- und Schleimhautschäden durch Streptomycintherapie.* Besprechung von Haut- u. Schleimhautschäden durch *Streptomycin* (**I**) bei Ärzten u. Pflegepersonal. Bei der Therapie treten Schäden, wie Stomatitis, Lichen u. a., nach großen **I**-Dosen auf. Da es gegen diese Manifestationen bisher kein wirksames Gegenmittel gibt, kommen diese Nebenerscheinungen nur zur Abheilung, wenn **I** abgesetzt wird. (J. Méd. Bordeaux Sud-Ouest **127.** 185—89. März 1950.) DOSSMANN. 4611

W. Schmidt und **H. v. Sprockhoff,** *Zur Wirkung des Streptomycins beim Morbus Bang und Bedenken gegen seine nicht streng indizierte Anwendung.* Vff. weisen auf die Gefahr der Resistenzentw. hin u. fordern entgegen der Ansicht von LÖFFLER u. MORONI (Schweiz. med. Wschr. **1951,** Nr. 6. 128), Morbus Bang nicht mit *Streptomycin* (**I**) zu behandeln, sondern es für aktive Tuberkuloseformen zu reservieren. Im übrigen wird auch die Phagocytose der Bangbakterien durch **I** kaum beeinflußt, diejenige der Tuberkulosebakterien dagegen um fast das Doppelte erhöht. (Ärztl. Wschr. **7.** 750—51. 8/8. 1952. Gießen, Justus-Liebig-Hochsch., Med. u. Nervenklin.; Veterin.-hyg. u. Tierseuchen-Inst.) KRUSEN. 4611

J. Francis, *Über die Wirkung verschiedener Chemotherapeutica gegenüber dem enzootisch bedingten Abort der Mutterschafe.* Zur wirksamen Bekämpfung der Aborte bei Mutterschafen wurden verschied. Therapeutica am infizierten Hühnerembryo geprüft. *Sulfon* (*4.4'-Diaminodiphenylsulfon*), *p-Aminobenzoesäure* u. *Streptomycin* zeigten keine Wrkg. gegenüber den infizierten Embryonen. *Chloromycetin* war bei Dosen von 0,05 bis 3 mg, *Aureomycin* bei 0,05—9 mg u. *Terramycin* bei 0,00625—2 mg wirksam. Die beiden letzten zeigten optimale Wrkg. bei 1 mg. *Sulfathiazol* u. *Penicillin* zeigten geringe Wirkung. Der den Abort verursachende Organismus scheint zur Psittakose-Lymphogranulom-Gruppe zu gehören. (J. comparat. Pathol. Therapeut. **62.** 214—19. Juli 1952. Wilmslow, Cheshire, Imperial Chemical Industries.) REICHLE. 4611

Harry M. Robinson und **Harry M. Robinson jr.,** *Therapie der Frühsyphilis mit Antibioticis mit breitem Wirkungsspektrum. Chloromycetin, Terramycin* u. *Aureomycin* scheinen antisyphilit. wirksam zu sein, sollten aber nur bei Sensibilität gegenüber Penicillin gegeben werden. (Amer. J. Syphilis, Gonorrhea, vener. Diseases **37.** 243—46. Mai 1953. Baltimore, Univ. of Maryland, School of Med., Dep. of Dermatology.) BROSEMANN. 4611

Sidney Olansky, Freed W. Harb, Clayton E. Wood und **Dorothy S. Rambo,** *Chloromycetin (Chloramphenicol) bei der Behandlung von Geschlechtskrankheiten. Chloromycetin* scheint intramuskulär bei allen 5 vener. Krankheiten wirksam zu sein. Keine Nebenwirkungen wie bei peroraler Behandlung. (Amer. J. Syphilis, Gonorrhea, vener. Diseases **37.** 253—58. Mai 1953. Chambler, U. S. Public Wealth Serv. u. Alto, Alto Med. Center.) BROSEMANN. 4611

A. Pederzini und **R. Bergonzini**, *Verhalten des Chloramphenicolblutspiegels bei Leberkranken.* An 8 Leberkranken u. 4 Gesunden bestimmten die Vff. stündlich den Chloramphenicol (**I**)-Blutspiegel mit der Meth. von GLAZKO u. Mitarbeiter (Federat. Proc. **8.** [1949]. 57) nach einmaliger Verabreichung von 1,5 g **I** an die nüchternen Patienten, die auch im Verlauf des Vers. nüchtern blieben. Während bei den Gesunden der **I**-Spiegel in den ersten beiden Std. nach der peroralen **I**-Gabe sein Maximum erreichte u. nach 8 Std. allmählich zum Ausgangswert zurückgekehrt war, zeigten die Leberkranken ein Verhalten des **I**-Spiegels, das deutlich von der mit der TAKATA-DOHMOTO-Rk. bestimmten Schwere des Leberschadens abhängig war. Je stärker positiv diese Rk. war, desto langsamer (in 4—6 Std.) erreichte der **I**-Blutspiegel sein Maximum u. desto langsamer kehrte die Kurve zu ihrem Ausgangswert zurück. Aus diesem Grunde betrachten Vff. die Best. des **I**-Blutspiegels als Leberfunktionsprüfung. Dies Verhalten erklärt auch die bei Leberkranken häufigen tox. Erscheinungen des **I**. (Minerva med. [Torino] **43. II.** 474—75. 24/9. 1952. Modena, Univ., Ist. di Patol. Speciale, Medica e Metodologia Clinica.) IPPEN. 4611

Raoul Dana, A. Sebag, J. Cohen und **G. Borsoni**, *Fünf Zwischenfälle, davon 3 tödliche durch Chloromycetin-Behandlung von schwerem Typhus.* Eingehende Beschreibung von 5 mit *Chloromycetin* (**I**) behandelten Typhusfällen. Die Krankengeschichte der 3 tödlich verlaufenen Fälle ergab einen steigenden Geh. von Harnstoff pro Liter Serum vom Beginn der Behandlung bis zum Tode auf den 2—3fachen Anfangswert. Bei den beiden anderen Fällen wurde daher **I** nach Feststellung der steigenden Tendenz des Harnstoffs im Serum abgesetzt; in einem Fall sank der Wert umgehend wieder auf die Norm, im anderen Fall war ein Abnehmen zu konstatieren. (Tunisie méd. **38.** 190 bis 207. Febr. 1950. Tunis, Hôp. de la Libération.) DOSSMANN. 4611

Alexander von Lutzki und **Günther Kurow**, *Stoßtherapie mit wässerigen Penicillinlösungen bei bakteriellen Infektionen in der Chirurgie.* Vff. erzielten bei schweren bakteriellen Infektionen in über 400 Fällen mit 1—2 massiven Einzeldosen einer wss. *Penicillin*-Lsg. von je 200000—400000 E. mindestens die gleiche Wirksamkeit wie mit der bisher üblichen Behandlungsform (3stündlichen Injektionen). (Med. Klin. **45.** 1531—34. 1/12. 1950. Berlin, Univ., Städt. Krankenhaus Moabit.) E. LEHMANN. 4611

Karl Philipp Bopp, *Zur konservativen Behandlung des Lungenabscesses und der Lungengangrän.* Folgende Wege zur Behandlung von Lungenabscessen u. Gangränen werden angegeben: a) *Penicillin* (**I**)-Inhalation u. **I**-Aerosolbehandlung, b) intrathorakale **I**-Injektion, c) endobronchiale **I**-Instillation. Mit c) wurden bei 10 Patienten günstige Erfolge erzielt. Instilliert wurden $1-5 \cdot 10^5$ E. **I** in 10 cm^3 physiol. NaCl-Lsg. 2—3mal in der Woche. Therapiedauer 14 Tage bis 2 Monate. (Neue med. Welt **1. 1623**—25. 9/12. 1950. Mainz, Univ., Med. Klinik.) DOSSMANN. 4611

Florian Sippl, *Mit Penicillin geheilte doppelseitige metastatische Ophthalmie.* Vf. berichtet über einen Fall mit doppelseitiger metastat. Ophtalmie, die mit *Penicillin* (**I**)-Therapie geheilt wurde. Pro Injektion wurden verabreicht: subconjunctival $5 \cdot 10^3$ E., intramuskulär $5 \cdot 10^4$ E., insgesamt $3 \cdot 10^6$ E., außerdem *Cibazol*stoß, Bluttransfusion, *Vitamine, Ca, Traubenzucker*, anschließend nochmals $2 \cdot 10^6$ E. **I**. Nach einem Jahr Rezidiv, das aber rasch abklang. (Klin. Monatsbl. Augenheilkunde augenärztl. Fortbild. **115.** 605—11. 1949/50. Frankfurt/M., Univ., Augenklinik.) DOSSMANN. 4611

H. Schlossberger und **W. Weimershaus**, *Die Antibiotica unter besonderer Berücksichtigung ihrer Anwendung in der Augenheilkunde.* Mehr oder weniger ausführlich werden besprochen: *Penicillin* (**I**), *Streptomycin, Aureomycin, Bacitracin, Clitocybin, Tyrothricin* (*Gramicidin + Tyrocidin*), *Diplococcin, Actinomycin, Litmocidin, Griseofulvin, Ustin, Gliotoxin, Fumigacin, Aspergillin, Fumigatin* (*3-Oxy 4-methoxy-2.5-toluchinon*), *Spinulosin* (*3.6-Dioxy-4-methoxy-2.5-toluchinon*), *Citrinin, Patulin, Notatin, Gorlicin, Streptothricin, Grisein.* **I** ist z. Z. das wirksamste Antibioticum für die Augenheilkunde. Überblick über die verschied. **I**-Anwendungen u. Angabe der **I**-Empfindlichkeit einer Reihe von Erregern, die in der Ophthalmologie eine Rolle spielen. (Klin. Monatsbl. Augenheilkunde augenärztl. Fortbild. **115.** 577—87. 1949/50. Frankfurt/M., Univ., Hygien. Inst.) DOSSMANN. 4611

Gy. Lugossy, *Wie sollen Sulfonamide und Penicillin in der Augenheilkunde verabreicht werden?* Untersucht wurden die Resorptions- u. Absonderungsverhältnisse von *Sulfonamiden* (**I**) u. *Penicillin* (**II**) im Kaninchen- u. Menschenauge. Die Wirksamkeit der **I** nimmt in folgender Reihenfolge ab: *Sulfanilamid, Albucid, Sulfapyridin, Sulfamethylthiazol, Sulfathiazol.* **I**-Behandlung ist nur für 3 Tage angezeigt. Bei **II** wird die örtliche Wrkg. hervorgehoben. Zur Verlangsamung der Resorption wird **I** mit *Adrenalin* gemischt. **II**-Behandlung wird 1—2 Tage nach der Heilung zur Vermeidung von Zwischenfällen fortgesetzt. Die Indikationen für **I** u. **II** werden in 2 Tabellen mit der entsprechenden Dosierung aufgeführt. (Klin. Monatsbl. Augenheilkunde augenärztl. Fortbild. **115.** 618—24. 1949/50. Budapest, Krankenhaus der Barmherzigen Brüder.) DOSSMANN. 4611

K. Halter, *Zur Frage der Penicillinwirksamkeit bei Dermatomyositis.* Bericht über 22 Fälle von Dermatomyositis, bei denen die *Penicillin* (I)-Therapie völlig versagte. Es scheint, daß I bei akuten Formen Erfolg verspricht, während es bei chron. versagt. (Dermatol. Wschr. **121.** 222—24. 1950. Mainz, Univ.-Hautklinik.) DOSSMANN. 4611

Joseph Edeiken, Herman Beerman, John H. Stokes und **Emily Stannard,** *Ambulante Behandlung cardiovasculärer Syphilis mit Penicillin.* 19 Patienten erhielten *Procainpenicillin* ($6 \cdot 10^5 - 9 \cdot 10^6$ E./Tag). Die Behandlung wurde gut vertragen, nur in einem Fall kam es zu Fieber. Die Ergebnisse werden für sicher gehalten. (Amer. J. Syphilis, Gonorrhea, vener. Diseases **37.** 237—42. Mai 1953. Philadelphia, Pa., Univ., Hosp. u. Robinette Found.) BROSEMANN. 4611

Pasquale Bartell, *Die Interferenzwirkung von Aureomycin auf die Penicillinaktivität in vivo.* Der Zusatz von *Aureomycin* (I) zu *Penicillin* (II) in einer Diplococcus pneumoniae Typ I-Kultur bewirkt eine zeitweilige, aber vollständige Wirkungshemmung von **II.** Letzlich bedeutet aber die Kombinationstherapie einen additiven Effekt. Zuerst vermindert die Zahl der Bakterien u. dann, nach Ausschaltung von **II,** wirkt **I** auf die Bakterien weiter ein. Die günstige Wrkg. wird erzielt, wenn **I** etwa 4 Std. nach **II** verabreicht wird, so wird die jeweils optimale Wrkg. ausgenützt. (J. infect. Diseases **90.** 273—78. Mai/Juni 1952. Philadelphia, Pa., Jefferson Medical College, Dep. of. Bacteriology.) REICHLE. 4611

B. Rave und **O. Ernst,** *Vorläufige Erfahrungen mit dem Antibioticum Aureomycin bei Infektion der Harnwege.* 24 Patienten mit chron. Infektionen der Harnwege, die sich vorher therapieresistent verhalten hatten, wurden mit einer Ausnahme durch *Aureomycin* (I) deutlich gebessert. **I** wurde peroral in Dosen von 250 mg dreistündlich verabreicht, Gesamtdosis pro die maximal 8 g. Erreger waren in 1. Linie Colibakterien, die im allg. sehr **I**-empfindlich sind. Bact. Proteus zeigt größte **I**-Resistenz. Besprechung von Erfolgen bei Operationen unter **I**-Schutz. (Neue med. Welt **1.** 816—19. 10/6. 1950. Hamburg-Barmbeck, Allg. Krankenhaus.) DOSSMANN. 4611

Louis T. Wright und **William I. Metzger,** *Die Behandlung der akuten Gonorrhoe des Mannes mit einer Aureomycin-Tripelsulfonamid-Kombination.* Kombinationstherapie mit insgesamt 0,5 g *Aureomycin* (I) je 0,668 g von *Sulfadiazin, Sulfamethazin* u. *Sulfamerazin.* Es wurde eine Heilungsziffer von 94,3% erzielt, für die 1 g **I** bei alleiniger Medikation notwendig war. (Amer. J. Syphilis, Gonorrhea, vener. Diseases **37.** 259—63. Mai 1953. New York, N. Y., Harlem Hosp., Dep. of Surgery.) BROSEMANN. 4611

Hubert Hartl, *Aureomycinbehandlung in der Frauenheilkunde.* (Vorl. Mitt.) Gute Erfahrungen an 9 Fällen verschied. bakterieller Intoxikationen werden berichtet. (Med. Klin. **45.** 1495—96. 24/11. 1950. Hamburg-Wandsbek, Allg. Krankenhaus Barmbeck.) E. LEHMANN. 4611

W. Klimpel, *Therapeutische Erfahrungen bei Morbus Bang.* Übersicht mit Bericht über Erfahrungen an 18 Fällen. Therapeut. Erfolge wurden mit *Aureomycin* u. *Streptomycin–Sulfadiazin*-Behandlung erzielt. (Med. Klin. **45.** 1521—26. 1/12. 1950. Ludwigshafen/Rh., Städt. Krankenhaus.) E. LEHMANN. 4611

H. M. Schlenzig, *Aureomycintherapie bei Leberschädigung.* Es wurden 6 Patienten mit chron. Leberschäden (Cholangitis, Hepatitis, Späterkrankung nach Pilzvergiftung, Leberatrophie, Cholecystitis u. Gelbsucht) mit *Aureomycin* behandelt. Das Antibioticum wurde in 6stündlichen Gaben von 500 mg bis zur Gesamtmenge von 20—40 g verabreicht. In 4 Fällen konnte Heilung, in den beiden anderen subjektive u. objektive Besserung erzielt werden. Neben dem Aureomycin wurde von der 2. Woche ab Vitamin-B-Komplex verabreicht. (Med. Mschr. **7.** 40—41. Jan. 1953. Berlin-Charlottenburg, Städt. Krankenhaus am Knie.) ZOPFF. 4611

S. J. Edwards, *Untersuchungen über die in vivo- und in vitro-Wirkung bestimmter Antibiotica.* Vf. untersuchte die Aktivität von *Penicillin, Aureomycin, Nizin* u. *Streptomycin* in vivo u. in vitro. Es zeigte sich, daß keine bestimmte Beziehung zwischen der in vitro-Sensibilität der Organismen u. der Empfänglichkeit in vivo besteht. Daher sollte bei der Auswahl der Antibiotica ein in vivo-Test vor der jeweiligen klin. Anwendung erfolgen. (J. comparat. Pathol. Therapeut. **62.** 220—36. Juli 1952. Compton, Berks., Agric. Res. Council, Field Station.) REICHLE. 4611

S. Irgang und **E. R. Alexander,** *Behandlung der Frühsyphilis mit Terramycin.* Bei 10 Fällen bewährte sich *Terramycin.* Per os sollten höchstens 2 g/Tag für 2 Wochen gegeben werden, wenn Penicillin kontraindiziert ist. (Amer. J. Syphilis, Gonorrhea, vener. Diseases **37.** 247—52. Mai 1953. New York, N. Y., Harlem Hosp.) BROSEMANN. 4611

R. Hazard, E. Corteggiani, A. Cornec und **S. H. Renard,** *Einfluß der NH_2-Gruppe auf einige physiologische Wirkungen des Procains, seines niederen Homologen und der entsprechenden Jodmethylate.* Die verschied. Verbb. wurden am künstlich beatmeten Hund in *Chloralose*-Narkose nach intravenöser Verabreichung untersucht. Die blutdrucksenkende Wrkg. des *Procains* (*Diäthylaminoäthanol-p-aminobenzoesäureester*; **I**) wird durch Entfernung der paraständigen NH_2-Gruppe nicht beeinflußt. Der blutdrucksteigernde Effekt des **I**-Jodmethylats erfährt dagegen durch Desaminierung eine Umkehrung; ähnlich verhält sich das niedere Homologe von **I**, *Dimethylaminoäthanol-p-aminobenzoesäureester* (**II**). Die blutdrucksteigernde Wrkg. des **II**-Jodmethylats wird durch Desaminierung stark abgeschwächt. Sämtliche Jodmethylate (mit u. ohne 2. Aminogruppe) besitzen keine lokalanästhet. Wirkung. Die Antinicotinwrkg. aller untersuchten Verbb. wird durch die Desaminierung erheblich vermindert. (C. R. Séances Soc. Biol. Filiales **146.** 684—86. Mai 1952. Faculté de Méd., Labor. de Pharmacol.; Hautes Études, Labor. de Biol. expérim.) DAUTZENBERG. 4621

H. Laborit, *Das Phenothiazinyläthyldiäthylamin (2987 R. P.) in der Anästhesie.* Es wird zusammenfassend kurz über sehr günstige Erfahrungen mit *N-[β-Diäthylaminoäthyl]-phenothiazinhydrochlorid, Diparcol (2987 R. P.)*, in der Anästhesie berichtet (Dosis: Injektion von 5 cm^3 (1 Ampulle) einer 5%ig. Lsg.). Die Toxizität des Präp. ist gering. (Presse méd. **58.** 851. 22/7. 1950.) R. KÖNIG. 4621

L. A. Gifford, *Allgemeine Anästhesie für die Zahnchirurgie bei Fällen erhöhter Gefahr.* Vf. beschreibt die Anästhesierungsmaßnahmen, die bei schwereren Fällen in der Zahnchirurgie zu treffen sind. In erster Linie wird N_2O mit etwa 20% O_2 verwendet. Außerdem erfolgt intravenöse Anwendung von *Kemithal* (6 cm^3 einer 10%ig. Lsg.) u. *Paraldehyd* (10—17,5 cm^3 einer 8%ig. Lsg.). Die Nebenerscheinungen sind geringfügig. (Brit. J. Anaesthesia **22.** 156—61. Juli 1950.) R. KÖNIG. 4621

K. Pieck, *Gibt es eine Polamidonsucht?* Diskussion der Literatur u. eigene Erfahrungen (4 Fälle beschrieben) lassen Vf. die Gefahr einer Polamidonsucht anerkennen. Es wird Rezeptpflichtigkeit des Präp. gefordert. (Med. Klin. **45.** 1429—32. 10/11. 1950. Frankfurt/M., Nervenklinik der Stadt u. Univ.) E. LEHMANN. 4621

Erich Weihs, *Kombinierte Antihistaminicatherapie des Heuschnupfens.* Therapie: Morgens auf den nüchternen Magen 2 Dragées *Thephorin* (**I**) = 2-Methyl-9-phenyl-2.3.4.9-tetrahydro-1-pyridinden (1′-Methyl-3-phenyl-1′.2′.5′.6′-tetrahydropyrido-[4′.3′:1.2]-inden) u. in jedes Auge 1 Tropfen *Antistin-Privin* (**II**); wss. Lsg. von 2-[N-Phenyl-N-benzylaminomethyl]-Δ^2-imidazolinsulfat (5‰) u. 2-Naphthylmethylimidazolinnitrat (0,25‰). In der ersten Woche der akuten Erscheinungen zusätzlich mittags 1 Dragée **I** u. wieder je 1 Tropfen **II** in jedes Auge. (Dtsch. med. Wschr. **77.** Beilage Allergie 27—28. 28/11. 1952. Vohenstrauß, Opf.) W. BRANDT. 4625

Hannelise Thöne, *Über den broncholytischen Effekt des Priatanaerosols bei dyspnoischen Zuständen.* Das genannte Mittel (Chem. Werke, Minden) wurde bei Asthma bronchiale u. cardiale, Emphysem, Bronchitis, postoperativer Bronchitis, Bronchiektase, Pneumonie u. Staublungenerkrankungen mit gutem Erfolg angewendet *Priatan* ist ein Kombinationspräp., das ein theophyllinessigsaures Salz des *l-Dimethylphenyliminothiazolidins*, einem Antihistaminkörper mit sekretolyt. Wrkg. u. hemmendem Einfl. auf allerg. Faktoren, u. eine analget. wirksame Pyrazolonkomponente enthält. Das Aerosol ermöglicht gutes Eindringen in die Lungenalveolen. Einer Kombination mit Streptomycin oder Penicillin steht nichts im Wege. Eine Kur erforderte 10—30 Sitzungen, dabei waren Steigerungen der Vitalkapazität von 20—200% zu beobachten. Nach Absetzen der Behandlung blieb während einer mehrwöchigen Überwachungszeit die Heilung bzw. Besserung bestehen. (Med. Mschr. **7.** 28—32. Jan. 1953. Bochum-Linden, Evangel. Krankenhaus.) ZOPFF. 4625

G. Montanari und A. Zampori, *Betrachtungen über 464 Fälle potenzierter Anästhesie.* Grundsätzliche Ausführungen über die zusätzliche Anwendung von Curare, Antihistaminicis (3277 R. P., *Phenergan, Fargan*) oder 2987 R. P., Diparcol-Antipar, bei der Anästhesie. — 14 Literaturangaben. (Minerva Anestesiol. **19.** 53—57. Febr. 1953. Milano, Ospedale Fatebenefratelli-Fatebenesorelle-Ciceri-Agnesi.) LUDOLPHY. 4628

Hsiang-Tung Chang, *Ähnlichkeit in der Wirkung zwischen Curare und Strychnin auf die corticalen Nerven.* Verss. an mit Nembutal anästhesierten Katzen u. Kaninchen ergaben, daß örtliche Anwendung von *d-Tubocurarin* (**I**) auf die Rindenoberfläche schon bei einer Konz. von 10^{-7} mol. eine spontane Rk., ähnlich der des *Strychnins* (**II**), hervorruft. **I** u. **II** besitzen eine 2fache Wrkg. auf das Zentralnervensyst.: Verminderung der synapt. Funktion durch Veränderung der Eigg. der Endverzweigungen der präsynapt. Fasern oder Körpermembran u. Vermehrung der corticalen Aktivität durch verbesserte Synchronisierung der Nervenimpulse. (J. Neurophysiology **16.** 221—33. Mai 1953. New Haven, Conn., Yale Univ., School of Med., Dep. of Physiol., Aeromed. Res. Unit.) R. KÖNIG. 4628

A. Merli und **R. Mariani,** *Das Khellin in der Behandlung des Asthma bronchiale.* Vff. behandelten 6 Patienten mit Asthma bronchiale u. 13 mit asthmaartiger, chron. Bronchitis mit *Simeskellina* (**I**; SIMES, Milano; *Khellin, 2-Methyl-5.8-dimethoxyfurano-[2'.1':6.7]-chromon*), wobei sie die rectale Anwendung wegen der besseren Verträglichkeit gegenüber der peroralen Darreichung bevorzugen. Intravenös wurde das **I** nur in einem bes. schweren Fall gegeben. Bei 13 Fällen war der Erfolg der **I**-Therapie sehr gut, in 5 Fällen gut u. nur in einem Fall gering. (Minerva med. [Torino] **43. II.** 400—03. 13/9. 1952. Milano, Nuovo Ospedale Maggiore, Div. Medica Carati.) IPPEN. 4628

W. Graubner und **H. Wick,** *Der Bronchialmuskelkrampf des Hundes und seine Beziehung zur medikamentösen Asthmatherapie.* Verss. an Hunden ergaben, daß wiederholte Verabreichung von sympathicomimet. Mitteln (Adrenalin, Aludrin) zu keiner Abschwächung der Asthmawrkg. führt. Auf die Funktion des Flimmerepithels wird hingewiesen. Morphin wirkt sich auf die Bronchialmuskulatur experimentell u. klin. sehr ungünstig aus. (Arch. int. Pharmacodynam. Therap. **84.** 337—48. 1950. Ingelheim/Rh., C. H. Boehringer Sohn, Pharmakolog. Labor.) R. KÖNIG. 4628

Polstorff, *Erfahrungen mit Comital und Comital „L" bei epileptischen Anfällen.* Bericht über Behandlung 42 Kranker mit cerebralen Krampfanfällen mit *Comital* (**I**) u. **I**-*L* (BAYER). Vgl. der Ergebnisse mit *Prominal* (**II**) bzw. *Luminal* (**III**). **I** enthält 0,1 **II** + 0,05 *Diphenylhydantoin,* **I**-*L* außerdem noch einen Zusatz von 0,05 **III.** Für je 0,1 g **III** wurde eine Tablette **I** oder **I**-*L* verabreicht. Betont wird, daß dem **I** eine besonders gute Wrkg. gegen epilept. Anfälle zukommt u. daß es **III** weitgehend ersetzen kann. (Neue med. Welt **1.** 1631—34. 9/12. 1950. Bedburg-Hau bei Cleve, Rhein. Provinzial-Heil- u. Pflegeanstalt.) DOSSMANN. 4628

S. Berlingozzi, R. Marri, D. Centini, M. Radicchi und **G. Di Paco,** *Über Chemie, Pharmakologie und therapeutische Verwendung des Phenylacetylharnstoffs, eines neuen Antiepilepticums.* Bericht über die chem., pharmakolog. u. klin. Prüfung des Phenylacetylharnstoffpräp. *Fenostenyl* (**I**) (PICCI & MANTOVANI, Firenze). Die DL_{50} liegt für die Maus bei peroraler Anwendung bei 1 g/kg, die DL_{100} bei 1,2 g/kg. Kaninchen werden durch 0,5 g/kg in 24 Std. getötet. Durch vorherige perorale Gabe von 300 mg **I**/kg wurden bei Kaninchen Cardiazolkrämpfe abgeschwächt oder verhindert, wenn **I** mindestens 5 Std. vor dem Cardiazol gegeben wurde. Phenyläthylbarbitursäure wirkte ähnlich, während Diphenylhydantoin die Cardiazolkrämpfe nicht verhindern konnte. Klin. erwies sich **I** als brauchbar in der Behandlung der Epilepsie, bes. bei petit mal u. psychomotor. Krisen. Die Wirksamkeit der Barbiturate wurde durch **I** erhöht. Erhebliche tox. Erscheinungen wurden bei der **I**-Behandlung nicht beobachtet. Trotzdem halten Vff. eine dauernde ärztliche Überwachung der Patienten während der **I**-Anwendung für erforderlich. (Minerva med. [Torino] **43. II.** 385—89. 13/9. 1952. Firenze, Ist. di Chim. Organica; Ist. di Farmacol. e Tossicol.; Siena, Ospedale Psichiatr. Provinciale.) IPPEN. 4628

Carlos A. Bardeci, *Das Trihexyphenidyl bei der Behandlung von Parkinsonismus. Erste Ergebnisse.* Das neue Antispasmodicum *Trihexyphenidyl* (= *3-(1'-Piperidyl)-1-phenyl-1-cyclohexyl-1-propanolhydrochlorid* = *Artan*) (CUNNINGHAM u. **Mitarbeiter,** J. Pharmacol. exp. Therapeut. **96.** [1949.] 151) kann auch mit Erfolg in Dosen von 4mal 1 bis insgesamt 10 mg/Tag bei Parkinsonismus, bes. idiopath. u. arteriosklerot. Fällen angewandt werden, wobei bes. die Muskelhypertonie günstig beeinflußt wird (vgl. auch DOSHAY u. KATE, J. Amer. med. Assoc. **140** [1949.] 1317 sowie CORBIN, J. Amer. med. Assoc. **141.** [1949.] 377). (Prensa méd. argent. **37.** 607—10. 24/3. 1950. Hospital Español, Serv. de Clínica Neurológica.) KIMPEL. 4628

Eberhard Dieke, *Erfahrungen mit dem Präparat Meliomen bei der Behandlung der Dysmenorrhöe. Meliomen* (enthält Potentiella anserina, Dimethylaminophenazon u. Avacan-Kondensationsprod. von Aminophenylessigsäureisoamylester u. Diäthylaminoäthanol; ASTA-WERKE Akt.-Ges., Brackwede, Westf.) wurde in annähernd 100 Fällen verschied. Dysmenorrhöe-Formen mit gutem Erfolg verwandt. (Dtsch. med. Wschr. **77.** 1513. 28/11. 1952. Berlin-Neukölln, Städt. Frauenklinik.) W. BRANDT. 4628

P. Oury, J. Estival und **P. Beau,** *Das Novocain als herzstärkendes Mittel.* Vff. bringen eine zusammenfassende Übersicht über die mannigfachen Möglichkeiten, die bei der Behandlung verschied. Herzkrankheiten mit Novocain gegeben sind. Die Bedeutung der Applikationsweise (intracutan, intravenös, stellare u. präaort. Infiltrationen) wird bes. hervorgehoben. (Presse méd. **58.** 408—10. 15/4. 1950. Paris.) R. KÖNIG. 4630

Heinrich von Hoesslin, *Die Anwendung von Digitalis am kranken Herzen des Menschen.* Übersicht. (Med. Klin. **45.** 1329–35. 20/10. 1950. München.) E. LEHMANN. 4630

A. Alvino, *Über die Dauerbehandlung der Herzkranken mit einem Digitalis purpurea-Präparat.* Kurze, tabellar. Übersicht über die Behandlung von 50 Patienten mit verschied. Formen von Herzerkrankungen mit *Digisten,* einem Totalextrakt aus Digitalis purpurea. (Fitoterapia [N. S.] **24.** 349–53. Jan./Febr./März 1953. Torino, Ospedale Magg. di S. Giovanni Battista.) P. G. SCHEURLEN. 4630

Ada Elmqvist, Johan Karnell und **Hakan Rydin,** *Digitalis pupurea und Digitalis lanata. Eine experimentelle und klinische Untersuchung.* Vff. untersuchten gepulverte Blätter von Digitalis purpurea (I) und Digitalis lanata (II) auf ihre ungiftige, ihre wirksame Dosis u. den Digitaliseffekt an 66 Patienten. Im Tiervers. war bei parenteraler Darreichung **II** 2–4 mal stärker als **I.** Bei oraler Darreichung für Menschen u. Mäuse war **I** mit einer Sorte von **II** gleichwertig, während die andere Sorte von **II** stärker war. Alle Pflanzen hatten ausreichenden therapeut. Effekt. Ein therapeut. Unterschied bestand nicht. Die orale Wrkg. bei Mäusen könnte zur Feststellung einer genauen Dosis verwendet werden. Die Einführung von **II** in die Therapie wird nicht befürwortet. (Acta pharmacol. toxicol. [Köbenhavn] **6.** 319–32. 1950. Stockholm, State Pharmaceut. Labor. and Södersjukhuset.) v. GIZYCKI. 4630

R. B. Hunter, *Pressorsubstanzen und ihre Anwendung. Desoxyephedrin* (I) scheint sich als Pressorsubstanz am besten zu bewähren (Dosierung 0,5 mg intravenös oder 5 mg intramuskulär). *Noradrenalin* (II) ist stärker wirksam, in seiner Anwendung als Infusion (4 ml 1:1000 *l*-II-*HCl*-Lsg. in 1 l 0,48% *NaCl* + 1,8% *Glucose*-Lsg.) aber kompliziert. **II** sollte bei **I**-refraktären Fällen verwendet werden. (Practitioner **169.** 557–63. Nov. 1952. Dundee, Univ. of St. Andrews.) BROSEMANN. 4630

W. Cormann, A. Schrader und **J. Vonkennel,** *Die Methioninbehandlung der Erkrankungen des Leberparenchyms.* Besprechung der essentiellen, exogenen Aminosäuren, unter bes. Hervorhebung der *Aminomethylthiobuttersäure = Methionin* (I), das die Fettinfiltration der Leber verhindert. Vff. berichten über Erfahrungen mit *Thiomedon* (II; CHEMIEWERK HOMBURG) bei intravenöser Verabreichung in 40 Fällen; 1 Ampulle **II** enthält 2 g **I,** Tagesdosis ca. 10 cm^3 **II.** Einige charakterist. Fälle mit Ikterus, chron. rezidivierenden u. akuten Hepatiden werden besprochen. Die Behandlung mit **II** bei eiweißreicher Kost wird empfohlen. (Neue med. Welt **1.** 772–76. 3/6. 1950. Düsseldorf, Med. Akademie, Med. Poliklinik.) DOSSMANN. 4640

Diodato Foselli und **Giovanni Paoletti,** *Über eine neue medikamentöse Therapie des Gastroduodenalulcus mit Ionenaustauschharzen.* Vff. behandelten 23 Patienten mit Duodenalulcera, 4 mit Magenulcera u. 27 mit Gastroduodenitis ohne nachweisbares Ulcus mit dem Anionenaustauscherpräp. *Ipoclorina* (I; POLIFORMA, Roma), das 0,25 (g) eines Anionenaustauschers (Amberlite), 0,02 Belladonna u. 0,05 Mucin enthält. Unter der ausschließlichen **I**-Therapie (täglich 1,25 g bei Gastroduodenitis, 2 g bei Ulcus) wurden 40% der Ulcuspatienten u. 50% der anderen Patienten geheilt. (Minerva med. [Torino] **43. II.** 488–92. 24/9. 1952. Arezzo, Servizio Sanitario della Sede, Poliambulatorio di San Giovanni Vardano.) IPPEN. 4645

—, *Ein Laxativum, welches die Verdauungswege verlegt.* Bei Verwendung von *Carboxymethylcellulose* in Laxantien sind mitunter schwere Störungen zu beobachten. Durch starke Quellung des Kohlenhydratderiv. können im ganzen Gebiet des Verdauungstrakts Stenosen u. Stauungen entstehen, die oftmals chirurg. Hilfe notwendig machen. (Gastroenterologia [Basel] **78.** 372–74. 1952.) ZOPFF. 4647

O. D. Standen, *Experimentelle Schistosomiasis.* 3. Mitt. *Chemotherapie und Wirkungsweise von Arzneimitteln.* (2. Vgl. Ann. trop. Med. parasitol. **43.** [1949.] 268). Für Verss. mit *Schistosomum Mansoni* zeigt sich die weiße Maus als bes. geeignet. Die Verteilung u. Wanderung des Parasiten in der Leber zwischen dem 26. u. 75. Tage nach der Infektion wird besprochen. Es wurden Verss. mit *Nilodin* (I), *Na-Antimonyl* (*III*)-*gluconat* (II), *Brechweinstein* (III; Dosen: 100 bzw. 42 bzw. 40 mg/kg, 2 mal/Tag, 1–5 Tage lang, oral oder interperitoneal) u. *Miracil A* (IV) durchgeführt. Die Ergebnisse der Verss. werden in 8 Tabellen zusammengefaßt. Die Meth. zur Best. eines therapeut. Index zwecks Vgl. der Wrkg. verschied. Mittel wird beschrieben. Es erwies sich **III** als etwa 3 mal so wirksam wie **I** u. 7–8 mal wie **IV. I** u. **II** zeigten ungefähr gleiche Wirksamkeit. (Ann. trop. Med. Parasitol. **47.** 26–43. März 1953. London, Wellcome Labors. of Tropical Med.) R. KÖNIG. 4649

Albert Erhardt, *Untersuchungen über die Behandlung der Spulwurminfektionen von Katze, Hund und Fuchs mit dem Mandelsäureisoamylester.* Bericht über *Mandaverm* (*Mandelsäureisoamylester;* I) bei der Bekämpfung von Spulwurminfektionen bei Katzen,

Hunden, Füchsen u. Pferden. Die Dosis betrug 0,5—1,0 cm^3/kg. Abführmittel wurden daneben nicht benötigt. 2 Füchse mit Hakenwürmern vertrugen mit Erfolg 5—6 cm^3/kg. I wird empfohlen, es ist giftig für die Parasiten u. unschädlich für den Wurmträger. (Naunyn-Schmiedebergs Arch. exp. Pathol. Pharmakol. **209.** 130—37. 1950. Münster/Westf.) DOSSMANN. 4649

Johannes Giesen und **Paul P. Koelzer,** *Die Behandlung der Myasthenia gravis mit SK 52.* Vergleichende Erprobung von *Tetraäthylpyrophosphat* = *SK 51* (**I**), *Tetraisopropylpyrophosphat* = *SK 52* (**II**), *Tetra-n-propylpyrophosphat* = *SK 53* (**III**), *Tetraisobutylpyrophosphat* = *SK 54* (**IV**), *Tetra-sek.-butylpyrophosphat* = *SK 55* (**V**) u. *Tetra-n-butylpyrophosphat* = *SK 56* (**VI**) bei Myasthenia gravis ergab gegenüber Prostigmin neben dem Vorteil peroraler Anwendbarkeit den der protrahierten u. weit intensiveren Wirkung. Dies gilt bes. für **II**, das als 2%ig. Lsg. (in Olivenöl bzw. Propandiol) tagelang anhaltende Restitution der Muskelkraft (mit einer Erhaltungsdosis von 2—5 mg pro dosi jeden 3. bzw. 4. Tag nach Anfangsdosis von 10 mg) bewirkt. Unverträglichkeitserscheinungen (Übelkeit, Schwindelgefühl, Muskelzittern) sind selten u. können durch 0,5—1 mg Atropin. sulf. per os meist leicht beseitigt werden. **II** ermöglicht auch bei schweren Myasthenien bei monatelang fortgesetzter Behandlung volle Arbeitsfähigkeit. — DL_{50} (Maus; mg/kg): **I** 0,75; **II** 3,50; **IV** 7,00; **V** 12,50; **VI** 50,00. (Med. Klin. **45.** 1530—31. 1/12. 1950. Düsseldorf, Med. Akad., Kinderklinik.) E. LEHMANN. 4670

R. Pulver, *Über Irgapyrin, ein neues Antirheumaticum und Analgeticum. Irgapyrin* (**I**), ein Kombinationspräp. aus Dimethylaminoantipyrin (Pyramidon; **II**) u. 3.5-Dioxo-1.2-diphenyl-4-n-butylpyrazolidin (Na-Salz: G 13871; **III**) besitzt gegenüber den beiden Komponenten **II** u. **III** eine gesteigerte Wirksamkeit, wie an Tierverss. durch Erhöhung der Blutkonzz. festgestellt werden konnte. **I**, **II** u. **III** wurden intravenös u. subcutan Kaninchen verabreicht. **III** wird, im Gegensatz zu **II**, nur langsam aus dem Organismus ausgeschieden. Für die colorimetr. Best. des **III** wird ein Verf. angegeben, wobei zunächst durch Kochen mit 20%ig. p-Toluolsulfosäure Hydrazobenzol entsteht, das nach Umlagerung in Benzidin u. anschließender Diazotierung in bekannter Weise mit N.N-Dimethyl-α-naphthylamin gekuppelt wird. Die Genauigkeit der Meth. beträgt etwa ±15%; aromat. Amine (Sulfonamide) stören, die Anwesenheit von **II** beeinflußt jedoch das Resultat nicht. (Schweiz. med. Wschr. **80.** 308—10. 25/3. 1950. Basel, J. R. Geigy Akt.-Ges., pharmakolog. Laborr.) R. KÖNIG. 4670

Otto Gsell und **Werner Müller,** *Parenterale Pyramidon-Pyrazolidin-Therapie von Rheumatismus und Infekten mittels Irgapyrin.* Die parenterale Verwendung (220 Fälle) von *Irgapyrin* (**I**; s. vorst. Ref.) ergab sehr gute Heileffekte. **I** ist ein hervorragendes Antirheumaticum mit antiphlogist., analget. u. antipyret. Wirkung. Die Anwendung geschieht vorwiegend intramuskulär (Tagesdosis: 1 Ampulle = 5 cm^3 **I** mit 0,75 g Dimethylaminoantipyrin (**II**), etwa 1—2 Wochen lang, bei chron. Leiden jeden 2. bis 3. Tag, 1—4 Monate lang). Wenn keine Rk. auf **I** erfolgt, kann das Vorhandensein einer akt. entzündlichen rheumat. Affektion ausgeschlossen werden. Unerwünschte Nebenwirkungen auf das weiße Blutbild wurden nicht beobachtet. Vff. prüften die beiden Komponenten des **I** getrennt u. stellten fest, daß **II** rasch ausgeschieden wird, während G 13871, 3.5-Dioxo-1.2-diphenyl-4-n-butylpyrazolidin-Na, längere Zeit eine beträchtlich hohe Blutkonz. erkennen ließ. Bei täglich wiederholter Injektion erfolgt keine Kumulation. (Schweiz. med. Wschr. **80.** 310—16. 25/3. 1950. St. Gallen, Kantonsspital, Med. Klinik.) R. KÖNIG. 4670

Theodor Lüdecke, *Zur Therapie von rheumatischen, neuralgischen und grippösen Erkrankungen in der Allgemeinpraxis.* Zur ambulanten Behandlung von Rheumatismus, Lumbago, Ischias, Polyarthritis, Neuralgien u. Grippe hat sich *Romigal* gut bewährt. Es ist ein Kombinationspräp. aus Salicylamid, Phenacetin, Coffeincitrat u. Phenylchinolincarbonsäure. Die n. Dosierung beträgt 3 mal 2 Tabletten täglich. Zur Stoßtherapie können 5mal 2 Tabletten täglich verwendet werden, nach 5 Tagen ist auf die Normaldosis zurückzugehen. (Med. Mschr. **7.** 47—50. Jan. 1953. Lohhof bei München.) ZOPFF. 4670

A. Bobecchi, F. Cartesegna und **V. Daneo,** *Beobachtungen bei der Anwendung des Butazolidins in der Behandlung rheumatischer Erkrankungen.* Nach einem umfassenden Überblick über die bisher bekannten Erfahrungen mit *Butazolidin* (**I**) berichten Vff. über die Anwendung von **I** bei 100 Patienten mit verschied. rheumat. Gelenkserkrankungen. **I** wurde peroral, rectal u. intramuskulär verabfolgt (800—1000 mg täglich). Blutbildveränderungen wurden nicht beobachtet; gelegentlich traten Kopfschmerzen u. Erbrechen während der Behandlung auf. (Minerva med. [Torino] **44.** I. 1205—12. 9/5. 1953. Torino, Ospedale Maggiore S. Giov. Batt. e della Città.) P. G. SCHEURLEN. 4670

T. Lucherini, E. Conestabile, P. Natale und **A. Gospodinoff,** *Das Phenylbutazon in der Behandlung rheumatischer Erkrankungen und des Asthma bronchiale.* In umfangreichen klin. Unterss. berichten Vff. über ihre Erfahrungen mit *Butazolidin* (**I**) bei verschied. Krankheiten des rheumat. Formenkreises, sowie anderen schmerzhaften Erkrankungen u. beim Bronchialasthma. Gute Erfolge bei den rheumat. Krankheiten, bei Periarthritis humeroscapularis u. Erythema nodosum, ebenfalls bei Asthma bronchiale. Auch bei hohen Dosen keine tox. Erscheinungen. Unverträglichkeitserscheinungen wie Erbrechen, Ödeme, Darmblutungen wurden beobachtet, schwanden aber nach Unterbrechung der peroralen bzw. intramuskulären Gaben von **I**. Es wird der Wirkungsmechanismus des **I** diskutiert u. Vgll. mit der Wrkg. von *Cortison* u. *ACTH* bei den betreffenden Krankheiten gezogen. (Minerva med. [Torino] **44.** I. 1213—29. 9/5. 1953. Roma, Univ., Ist. di Semeiotica Med.) P. G. SCHEURLEN. 4670

Jean Cheymol und **Jean Thuillier,** *Kann man den chronischen Alkoholismus heilen?* Übersichtbericht mit 60 Literaturhinweisen. Neben den bisher üblichen Behandlungsmethoden findet vor allem das Präp. *Antabus* Erwähnung. (Ann. pharmac. franç. **8.** 422—28. Mai 1950. Paris, Fac. de Méd., Labor. de Pharmacol.) R. KÖNIG. 4670

Raoul Lecoq, *Möglichkeiten zur Behandlung chronischer Alkoholiker.* Übersichtsbericht mit 30 Literaturhinweisen. An Präpp. finden vor allem Erwähnung: *Tetraäthylthiuramdisulfid* (*TTD, Antabus, Esperal*) u. *Curethyl B* (*Nicotinamid–Adenin*). Einige eigene Fälle werden mitgeteilt. (Ann. pharmac. franç. **8.** 701—09. Nov. 1950. Saint-Germain-en-Laye, Labor. de l'Hôp.) R. KÖNIG. 4670

Carter D. Johnston und **Claudia S. Prickett,** *Bildung von Kohlendisulfid aus Tetraäthylthiuramdisulfid* (*Antabus*) *durch die Rattenleber.* Beschreibung der Meth., mit der der Nachw. gelang, daß *Antabus* (**I**) durch die Rattenleber in 2 Stufen zerlegt wird: 1. Red. von **I** zu *Diäthyldithiocarbamat* (**II**) u. 2. Zerfall von **II** zu CS_2 u. *Diäthylamin.* Bei p_H 7,3 ist der %-Satz der CS_2-Bldg. direkt proportional der **II**-Konzentration. CS_2-Bldg. wird vergrößert durch *Triphosphopyridinnucleotid* (**III**) u. *Glucose-6-phosphat* (**IV**) in Ggw. von *Mg* u. *Nicotinamid* bei Verwendung eines Phosphatpuffers von p_H 7,3. Während 5 μMol **I** ohne **III** u. **IV** nur 0,16 μMol CS_2 erzeugten, waren es mit **III** u. **IV** 0,7 μMol pro Stunde. Es scheint, daß **I** durch das enzymat. **IV**-*Dehydrogenase*-Syst. red. wird, es bilden sich genügend hohe **II**-Konzz., die eine beschleunigte CS_2-Bldg. hervorrufen. Bei in vivo-Experimenten an Ratten konnte beim Ausatmen nach **I**- oder **II**-Verabreichung CS_2 festgestellt werden. (Biochim. biophysica Acta [Amsterdam] **9.** 219—20. Aug. 1952. Washington, D. C., Federal Sec. Agency, Food and Drug Adm., Div. of Pharmacol.) DOSSMANN. 4670

E. Jokivartio, *Untersuchung über die Wirkung von Tetraäthylthiuramdisulfid* (*Antabus*) *auf den Milchsäurestoffwechsel beim Menschen.* An 15 Alkoholikern wurden 4 aufeinanderfolgende *Milchsäure* (**I**)-Bestimmungen im Blut mit einem zwischengeschalteten, 15 Min. dauernden Ergometertest (Einzelheiten s. Original) vorgenommen. Dasselbe wurde nach einer 3tägigen Medikation von insgesamt 5 g *Antabus* (**II**; *Tetraäthylthiuramdisulfid*) wiederholt. In 5 Fällen wurde der Verlauf der **I**-Kurve durch **II** nicht beeinflußt. Bei den restlichen 10 Personen waren nach **II**-Verabreichung die **I**-Werte schon vor der Muskelarbeit deutlich erhöht. 2 davon zeigten keine dauernde Änderung des **I**-Spiegels durch Muskeltätigkeit, während bei den übrigen 8 sogar eine fortlaufende Abnahme von **I** erfolgte. Vf. schließt daraus auf eine hemmende Wrkg. von **II** auf bestimmte, den **I**-Stoffwechsel durchführende Enzyme. Es wird außerdem darauf hingewiesen, daß die antialkohol. Wrkg. von **II**, die auf einer Erhöhung des Blutacetaldehydspiegels beruht, durch vorherige Einnahme von aromat. Fe-Lsg. unterbunden werden kann. Dies beruht auf einer auch in vitro gezeigten Komplexbldg. zwischen **II** u. Fe, die auch mit anderen Metallen auftritt. (Acta pharmacol. toxicol. [Köbenhavn] **6.** 107—14. 1950. Helsinki, The Psychiatric Observation Hosp. Ward.) KRUSEN. 4670

Th. B. Kraft, *Erfahrungen mit der Anwendung von Bernsteinsäuredinitril* (*Suxil*) *bei Depressionszuständen.* 16 ♀ Patienten mit endogener Depression wurden mit *Bernsteinsäuredinitril* (*Suxil,* LABORATORIUM DEBAT) behandelt (100—1400 mg täglich). Trotz guter Verträglichkeit auch bei hohen Dosen konnte keine deutliche therapeut. Wrkg. festgestellt werden. (Nederl. Tijdschr. Geneeskunde **96.** 2741—44. 1/11. 1952. Santpoort, Provinc. Ziekenhuis.) PATZSCH. 4670

John C. Balloch, Thomas A. LaSaine und **James M. Robinson,** *Eine experimentelle Untersuchung der Wirkungen von Dexedrine* (*d-Amphetaminsulfat*) *auf die motorische und geistige Leistungsfähigkeit und einige Stimmungsfaktoren.* Nach Gaben von 10 u. 20 mg *Dexedrine* (*d-Amphetaminsulfat,* **I**) fand sich gegenüber den Kontrollpersonen, die kein **I** erhalten hatten, kein signifikanter Unterschied in bezug auf die motor. u. geistige Leistungsfähigkeit, welcher unmittelbar auf die **I**-Verabreichung zurückzuführen war. Diskussion über die Versuchsergebnisse, welche bei verschied. Methoden zur Prüfung der Stimmungslage usw. herangezogen wurden. (J. Tennessee Acad. Sci. **27.** 296—303. Okt. 1952. Nashville, Tenn., Fisk Univ. u. Metharry Med. Coll.) SCHEIBE. 4670

Karl-Friedrich Holm, *Dauerschaden des Herzens nach CO-Vergiftung.* Es wird auf Grund des Sektionsbefundes ein Dauerschaden in Form einer Myocardfibrose ca. 1½ Jahre nach Leuchtgasvergiftung festgestellt u. diskutiert. — 50 Literaturzitate. (Med. Klin. **45.** 1427—29. 10/11. 1950. Leipzig, Stadtkrankenhaus St. Georg.) E. LEHMANN. 4675

Fritz Lang, *Die Staublungen in der Schweiz.* Zusammenfassende Übersicht über das Problem der Silicose in der Schweiz. (Gesundh. u. Wohlfahrt **32.** 192—210. März 1952.) BRAUKMANN. 4681

J. R. Rüttner, *Über Asbestose- und Pseudoasbestosekörperchen.* Vf. diskutiert die fibrogene Wrkg. der SiO_2 an Hand der Wrkg. von staubförmigem Asbest (Chrysotyl- u. Hornblendenasbest), Rutil, Graphit, Kohle, Kieselgur u. Carborund auf die Lunge (Bldg. von Asbestose- u. ähnlichen Körpern). Er kommt zu dem Ergebnis, daß der SiO_2 keine spezif., ihr allein zukommende fibrogenet. Wrkg. zuzuschreiben ist. Vf. erklärt die Entstehung von Asbestose- u. ähnlichen Körpern — d. s. mit stark eisenhaltigem Eiweiß umhüllte Staubpartikel — als einen Adsorptionsvorgang, dessen Ablauf von dem Oberflächenpotential abhängt. Die sich an das Staubpartikel anlagernde Eiweißschicht absorbiert dann aus dem Blut das Fe. (Schweiz. Z. allg. Pathol. Bakteriol. **15.** 628—31. 1952. Zürich, Univ., Histopathol. Inst.) BRAUKMANN. 4681

A. Chavanel, *Technische Maßnahmen zur Verhinderung der Silicose.* Nach der Darst. des Vf. ist die Silicosegefährdung abhängig vom Quarzgehalt der Atemluft, von der Einwirkungszeit u. von der Größe der Staubteilchen (gefährlich sind Staubteilchen $<5\ \mu$). Atemluft, die $>3\cdot10^5$ freie Quarzteilchen der Größe $<5\ \mu$ enthält, ist gefährlich. Die Mengen des bei einer Reihe von Arbeitsprozessen anfallenden Staubes sowie seine Zus. hinsichtlich der Korngröße werden mitgeteilt u. die techn. Maßnahmen zur Verhinderung dieser Staubentwicklung ausführlich behandelt. (Gesundheit u. Wohlfahrt [Zürich] **32.** 211—226. März 1952.) BRAUKMANN. 4681

Peter Bovet, *Die Wirkung von Graphit und anderen Kohlenstoffmodifikationen im Tierversuch; zugleich ein Beitrag zur experimentellen Silicoseforschung.* Graphit, Diamant, Carborund (Teilchengröße $<3\ \mu$ und um $10\ \mu$) erzeugen intraperitoneal bei der Maus fibröse Staubknötchen. Amorphe Gaskohle gibt ähnliche Resultate in viel schwächerem Maße. Graphit u. Carborund scheinen auch beim Menschen in der Lage zu sein, nach genügend langer und intensiver Staubexposition zu einer Lungenfibrose zu führen. (Schweiz. Z. allg. Pathol. Bakteriol. **15.** 548—65. 1952. Univ. Zürich, Histopatholog. Institut.) BRAUKMANN. 4681

F. Borbély, *Über die Gefährdung der Arbeiter bei der Herstellung und Anwendung von Calciumcarbid und Acetylen.* Vf. beschreibt die Gefahren bei der Herst. von Carbid u. beim Umgang mit Calciumcyanamid u. Acetylen. Reines Acetylen hat keine tox. Wrkg.; mit O_2 gemischt wirkt es als Narkoticum. Rohacetylen enthält als Verunreinigungen PH_3, AsH_3, H_2S, H_2Se, NH_3. Seine Giftigkeit ist fast ausschließlich auf seinen PH_3-Geh. zurückzuführen. Noch in einer Verdünnung von 1 : 200000 wirkte PH_3, über einen längeren Zeitraum eingeatmet, auf Ratten u. Meerschweinchen tödlich. Daher soll die Luft der Arbeitsräume, in denen mit Acetylen hantiert wird, nicht mehr als 0,01 cm^3 Acetylen/m^3 Luft enthalten, unter der Voraussetzung, daß das Rohacetylen nicht mehr als 0,05 cm^3 PH_3/m^3 enthält. Ferner werden Metallvergiftungen bei der Herstellung von Essigsäure aus Acetylen (Hg) u. beim Schweißen (Pb, Cr, Cd, Zn, Cu u. Mn) behandelt. (Gesundheit u. Wohlfahrt [Zürich] **32.** 178—91. März 1952. Zürich, Univ., Gerichtlich-mediz. Inst.) BRAUKMANN. 4681

Donald O. Hamblin und **John F. Marchand,** *Die Phosphorsäureestervergiftung, ein neues internistisches Problem.* Kurze Besprechung der in großem Maßstabe in der Landwirtschaft verwendeten *Phosphorsäureester* mit *Anticholinesterase*-Wrkg., wie *Diisopropylfluorphosphat, Hexaäthyltetraphosphat, Tetraäthylpyrophosphat, O-p-Nitrophenyl-O.O-diäthylthiophosphat* (*Parathion*), deren physiol. Wirkungsweise u. der Behandlung von Vergiftungsfällen, wobei in erster Linie *Atropin* als Gegenmittel angewendet wird. (Ann. intern. Med. **36.** 50—55. Jan. 1952. New York.) K. MAIER. 4681

E. Uehlinger, *Über die Schwefelkohlenstoffglomerulosklerose.* Vf. berichtet über 4 Fälle von chron. CS_2-Vergiftung bei Arbeitern, die 12—15 Jahre der ständigen CS_2-Einw. in Viscosefabriken ausgesetzt waren. Die CS_2-Konzz. lagen je nach Arbeitsplatz im Mittel zwischen 50 u. 100 mg CS_2/m^3. Zeitweise wurden Konzz. von 148 mg/m^3 erreicht. Bei langjähriger CS_2-Einw. entsteht eine Glomerulosklerose WILSON-KIMMELSTIEL. Das Erscheinungsbild u. eine ganz bestimmte Manifestationsfolge stimmen mit Ausnahme der Hyperglykämie u. Glykosurie vollständig mit denen der diabet. Glomerulosklerose überein. Zu den Frühsymptomen gehört die Albuminurie. Die Eiweißgehh. des Harns lagen zwischen 1 u. 12% (Mittel 4—5%). Die täglichen Eiweißverluste betrugen 18 g bei $1^1/_2$—3 Liter Harn/Tag. Zu den Spätsymptomen gehört die Veränderung der Reststickstoffmenge. Bis zum Todesjahr betrug er 50—60 mg%. Im Todesjahr stieg er auf 90—110 mg% an. Auch der Hämoglobingeh. sinkt erst in den letzten Lebensjahren auf 30—70% ab. Die Spätsymptome kommen nicht einheitlich zur Entwicklung. Die Glomerulosklerose ist wahrscheinlich die Folge einer Permeabilitätsschädigung der Basalmembran der Glomerulusschlingen beim Übertritt des CS_2 in den Harn. (Schweiz. Z. allg. Pathol. Bakteriol. **15.** 217—24. 1952. St. Gallen, Kantons-Spital, Pathol. Inst.) BRAUKMANN. 4681

Luigi Carozzi, Les métaux toxiques. Risques, pathologie, prévention. Genève: Départment du commerce et de l'industrie, Inspectorat du travail. 1953. fr 15,—.

F. Pharmazie. Desinfektion.

Heinz Kurstedt, *Über Neukonstruktionen verschiedener optischer Instrumente für die chemisch-pharmazeutische Industrie.* Beschreibung neuer Instrumente von ZEISS-OPTON: *Abbe-Refraktometer* mit feststehendem Meßprisma; *Pulfrichphotometer* mit Nullstellung des verstärkten pulsierenden Photozellenstroms (Zusatzgerät); *Lichtelektr. Photometer* (Elko/II) mit S-Filtern; *Spektralphotometer* mit neuem Monochromator u. Sekundärelektronenvervielfacher für Transmissions- u. Remissionsmessungen (Farbenbest.); *Stereomikroskop* für schnell auswechselbare 6—10fache Vergrößerung bei großem Arbeitsabstand; *Arbeits-* u. *Forschungsmikroskop* mit absol. opt. Zentrierung, leicht austauschbaren Bauelementen, federndem Präparatschutz u. Zusatzgeräten (auch für Phasenkontrastverf.). — 8 Abbildungen. (Pharmaz. Ind. **14.** 42—45. Febr. 1952.) BLUMRICH. 4758

Frederic Palmer und **Stuart S. Kingsbury**, *Die Teilchengröße in durch Versprühen hergestellten Aerosolen.* Um Aerosole mit einer möglichst gleichmäßigen optimalen Tröpfchengröße von 1—2 μ für therapeut. Zwecke zu erhalten, kann man die üblichen Flüssigkeitszerstäuber nicht verwenden. Es werden 2 Ausführungsformen von Zerstäubern (DE VILBISS- u. Vaponefrin-Vernebler) beschrieben u. an Hand von Mikroaufnahmen ihre Wirksamkeit bei der Herst. von Nebeln aus *Diäthylenglykol* u. *Maschinenöl* beschrieben. Infolge sich gegenseitig aufhebender Einflüsse ist die Viscosität einer Fl. für die Tröpfchengröße im Aerosol von geringer Bedeutung; dagegen spielt die Oberflächenspannung neben dem Gasüberdruck eine entscheidende Rolle, indem die Tröpfchengröße hierzu umgekehrt proportional ist. Zur mikrophotograph. Aufnahme der Aerosoltröpfchen werden diese nicht auf einer einfachen Glasplatte, sondern in einer ca. 1 mm dicken Ölschicht aufgefangen; dadurch vermeidet man die rasche Verdunstung der kleinsten Teilchen u. eine Verzerrung der Kugelgestalt. Während sich für sehr kleine Tröpfchen Paraffinöl als Auffang-Fl. bewährte, ist für größere Tröpfchen Ricinusöl geeignet. (Amer. J. Pharmacy, Sci. support. publ. Health **124.** 112—24. April 1952.) HENTSCHEL. 4758

Leszek Krowczynski, *Die Entwicklung pharmazeutischer Formen: Tabletten.* Geschichtlicher Überblick über die Entstehung der Tablettenform. (Farmacja polska **7.** 136—41. Juni 1951. Kraków, Akad. med., Zakł. Farmacji storowanej.) FISCHOEDER. 4766

Ewaryst Pawełczyk, *Vorschlag für die Normung des Salbeiöls. Ol. Salviae officinalis inländischer Produktion.* Geforderte Eigg.: Klare, hellgelbe aromat. riechende Flüssigkeit. D. 0,916—0,923; n_D^{20} 1,4612—1,4657; $[\alpha]_D$ + 1° 99′ bis 18° 75′; SZ. höchstens 1; EZ. 8,33—14,1; Thujon-Geh. mindestens 39,5%; Löslichkeit in 80%ig. Alkohol. (Farmacja polska **7.** 239—41. Sept. 1951. Poznań, Państw. Inst. Naukowy Leczniczyeh surowców roślinnych.) FISCHOEDER. 4782

Gerhard Schenck und **Wolfgang-Hagen Hein**, *Zur Kenntnis von Tanacetum vulgare.* 2. Mitt. *Untersuchung der Pflanze und einiger Zubereitungen auf den Gehalt an ätherischem Öl.* (1. vgl. C. **1950.** II. 914.) Das meiste äther. Öl ist in den Blüten enthalten, bes. im Beginn der Vegetationsperiode. Es geht nicht in wss. Auszüge über. (Pharmazie **5.** 288—89. Juni 1950. Berlin, Inst. für Pharmazie u. Lebensmittelchemie.) HOTZEL. 4782

—, *Konstitution von Secale-Alkaloiden.* Kurze Übersicht über Synth. u. Konst. von Lyserg- u. Isolysergsäure, Ergometrin, Ergotamin, Ergosin, Ergocristin, Ergokryptin u. Ergocornin. (Chem. pharmac. Techniek **8.** 183—84. 15/3. 1953.) WESLY. 4782

K. Uhlenbroock und **K. Mulli** (unter Mitwrkg. von **O. Schmid**), *Khellin, ein Beitrag zur Pharmakologie der Inhaltsstoffe der Ammi visnaga.* 1. Mitt. Geschichte u. Botanik der Umbellifere *Ammi visnaga*, deren Wirkstoff *Khellin* (I) zur Behandlung der Angina pectoris verwendet wird. In reifen Samen ist der I-Geh. am höchsten (colorimetr. Best. nach FAHMY). In der Pflanzenphysiologie spielt das I wahrscheinlich die Rolle eines Stoffwechselkatalysators. (Arzneimittel-Forsch. **3.** 130—33. März 1953. Hamburg, Helenenstift; Uvocal KG.) ULEX. 4782

Kurt Uhlenbroock und **Kurt Mulli** (unter Mitwrkg. von **O. Schmid**), *Khellin, ein Beitrag zur Pharmakologie der Inhaltsstoffe der Ammi visnaga.* 2. Mitt. (1. vgl. vorst. Ref.). Chemie der aus *Ammi visnaga* gewonnenen Substanzen: Khellin, Visammidin, Visnaginin, Visnagin, Khellidin, Khelloglucosid. Beweis der Konstitutionsformeln der 3 Furanochromonderivv. durch Synthese. Formeln, Abb. der Kristalle. (3. Mitt. vgl. C. **1953. 8648.**) (Arzneimittel-Forsch. **3.** 177—81. April 1953.) ULEX. 4782

—, *Die Silicone in der Pharmazie.* Silicone (I) werden verwendet zur Innenauskleidung von Flaschen, Pipetten, Büretten, Rührwerken, Hähnen, Stopfen, als Ersatz für fl. Paraffine (Lsg. von 1 Teil I D.C. 550 in 2 Teilen Methyläther), zur Beschleunigung der Fermentierung von Streptomycinkulturen, zum Schmieren der zur Tablettenherst. nötigen Formen u. als Trägerstoff für Salben. (Chem. pharmac. Techniek **8.** 155. 15/2. 1953.) WESLY. 4786

Czetsch-Lindenwald, *Die Salben des DAB 7.* Vortrag betreffend die Änderung der Nomenklatur der Rohstoffe u. der Zuss. von Mischungen offizineller Salben. (Österr. Apotheker-Ztg. **5.** 771. 8/12. 1951.) FALENSKI. 4792

E. A. Wernicke, *Die Wirkung von Ichthyolpräparaten im Lichte physikalisch-chemischer Beobachtungen.* Die pharmakol. Wrkg. vieler Stoffe wird durch Ggw. benetzender Substanzen gesteigert. *Ichthyol* u. *Ichthyol-hell* vermindern die Oberflächenspannung u. vermögen schwerlösl. oder unlösl. Stoffe in wss. Lsg. zu bringen. Aus Ichtholan (Salbengrundlage: Lanolin u. Vaseline $\overline{aa}$) wird Ichthyol rascher an W. abgegeben als aus reiner Vaselingrundlage. (Arzneimittel-Forsch. **3.** 187—91. April 1953. Hamburg-Lokstedt, Ichthyolgesell.) ULEX. 4792

Klaus Albrecht und **Willi Dreßler,** *Über die Verwendung von Fibrinschaum (Fibrin-Foam) zur Blutstillung in der Neurochirurgie. Fibrinschaum* (I) ist ein die Thrombinfl. leicht aufsaugendes Material, das als körpereigene Substanz auch nach Verschluß einer Operationswunde an seinem Platz belassen werden kann. Die Herst. der gebrauchsfertigen Substanz wird beschrieben. Dem I kommt in der Neurochirurgie bei der Tamponierung von Hirn- u. Rückenmarkwunden bes. Bedeutung zu. (Zbl. Chirurg. **75.** 1145—48. 1950. Erlangen, Univ., Chirurg. Klinik.) DOSSMANN. 4794

Gerard Lutke Meijer, *Kunststoffe in der Heilkunde und Chirurgie.* Übersicht über die Anwendung von Polyäthylen, Acrylharz, Polyvinylverbb. u. Nylon zu Prothesen u. Hilfsmitteln vieler Arten. (Chem. pharmac. Techniek **8.** 144. 1/2. 1953.) WESLY. 4796

W. Heubner und **G. Otto,** *Neue Spezialitäten. Antosil* (FARBENFABRIKEN BAYER, Leverkusen): N-[2'-Dimethylamino-2'-methyläthyl]-phenothiazin. Dragées zu 0,025 (g), Ampullen zu 0,05. Gegen Hautallergosen, Migräne, Neuralgien. — *Aranin:* Spinnengift. Ampullen mit 0,1 mg Toxin. Gegen Allergien, Neuralgien. — *Novocajod* (CHEM. FABRIK TEMPELHOF, Berlin): Ampullen mit p-Aminobenzoyldiäthylaminoäthanol, CaJ_2 u. Coffein. Gegen Bronchialasthma, Lungenemphysem. — *Taleudron* (FARBENFABRIKEN BAYER, Leverkusen): Tabletten mit 0,5 g 2-[N_4-Phthaloylsulfanilamino]-thiazol. Gegen Colitis ulcerosa, bacilläre Ruhr. — *Viasept* (FARBWERKE HOECHST): Tabletten mit 0,5 g p-glykolylaminophenylarsinsaurem Bi. Gegen Amöbenruhr. (Klin. Wschr. **29.** 616. 15/9. 1951.) HOTZEL. 4800

—, *Neue Arzneimittel und Spezialitäten. Vilakmin-D* (CHEM. WERKE ALBERT, Wiesbaden-Biebrich): Vitamin D, an Milcheiweiß gebunden, in W. dispergierbar. *Vilakmin* (I) ist in folgenden Präpp. enthalten: *Uviacid:* Tabletten zu 0,025 mg I 0,4 (g) Citronensäure u. 0,1 Ca-Phosphat. Zur Säuerung u. Vitaminisierung der Milch. — *Vigorsan:* Tabletten zu 0,025 mg I. — *D-Tracetten:* Tabletten zu 0,25 mg I. — *D-Tracetten forte:* Tabletten zu 1 mg I. — *Vigorsan forte:* Tabletten zu 5 mg I zur Stoßtherapie. — *Vilakmin-D/10:* Tabletten zu 0,25 mg I als Zusatz zu 10 Liter Milch. — *Vilakmin-D/1000:* Reicht für 1000 Liter. (Dtsch. Apotheker-Ztg. **92.** 322. 2/5. 1952.) HOTZEL. 4800

—, *Gebräuchliche Arzneifertigpräparate. Antihypertonica. Antiskleroticum vegetabile Nattermann* (A. NATTERMANN & CIE., Köln-Braunsfeld): Folia Crataegi, Herba Equiseti, Nasturtium, Folliculi Sennae, Radix liquiritiae, Viscum album, Extractum Fuci vesiculosi. — *Ascleran* (HEINRICH MACK NACHFOLGER, Illertissen): Dragees mit

0,2 g KJ. — *Asgoviscum-Tropfen* (RHEIN-CHEMIE, BIOL. ABT., Heidelberg): Allium sativum, Crataegus oxyacantha, Viscum album, Rutinion. — *Aval* (DR. SCHROEDER & CO., Berlin-Zehlendorf): Adonis, Valeriana, Lupulin, Avena sativa, Chloralhydrat u. 3% Na-Äthylallylbarbiturat. Tropfen. — *Brojosan* (TROPON-WERKE, Köln-Mühlheim): Dragees mit 5 mg J u. 30 mg Br an Eiweiß gebunden. — *Cirtonal* (ZYMA-BLAES AG., München): Mg-Thiosulfat, Niozymin, pyridin-β-carbonsaures Mg. — *Consechin* (DR. GEISSLER & CO., Wittenscheid): Dragees mit 0,012 (g) Secale cornutum, 0,023 Chininhydrochlorid, 0,05 Extractum Gentianae u. 0,035 Ferrum oxydatum. — *Crataegus-Osmosat* (ORPHA, Berlin-Neukölln): Enthält die Gesamtwirkstoffe. — *Desencin* (CURTA & CO., GmbH., Weilheim): Tabletten mit p-Jodäthoxybenzoesäurebenzylester u. Pseudosulfimidbenzoesäureazid. — *Jo-Rhodan liquidum* (DOLORGIET, FABRIK CHEM.-PHARM. PRÄPARATE, Bad Godesberg): Jodide, Rhodanide, Bromide, Phenyldimethylpyrazolon, Diäthylbarbitursäure, Crataegus, Humulus lupulus, Valeriana, Quercetinrutinosid. — *L 39* (LYSS-ACIFORM GMBH., Idstein): Phytochlorin. Jod-Kupferverb., Ampullen. — *Ruticalzon* (JOHANN A. WÜLFING, Gronau): Tabletten mit Rutin, Ca, Vitamin C u. D. — *Sulfartan* (MERZ & CO., Frankfurt/M.): koll. S, $NaNO_2$, Atropinmethylnitrat, Ampullen. — *Theomagnol* (NORDMARK-WERKE GMBH., Ütersen): Dragees zu 0,2 g Theobromin–Magnesiumoleat. — *Vasoklin* (GÖDECKE & CO. AG., Berlin): Dragees mit $Ca(NO_2)_2$–Theobromin–Ca. — *Viscosal* (CHEM. FABRIK WALTER, Berlin-Schöneberg): Autolysate von Viscum u. Allium, Jodeiweiß. — *Viscovasin* (DR. DEGEN & KUHT, Düren): Tropfen mit Viscum album, Crataegus oxyacantha, Sedum acre. — *Viscratyl* (DR. W. SCHWABE GMBH., Karlsruhe-Durlach): Tabletten aus Viscum album, Crataegus, Barium carbonicum, Aurum chloratum. — *Viscum Osmosat* (ORPHA, Berlin-Neukölln): Auszug aus Viscum album. (Med. Mschr. **6.** 51—53. Jan. 1952.) HOTZEL. 4800

H. W. Voigtländer und **H. M. Henning,** *Das Desodorans „Chlorophyllin“*. Der Sammelname „Chlorophyllin“ faßt Gemische wechselnder Zus. verschied. Abbauprodd. des Chlorophylls zusammen. Die desodorierenden Eigg. gegenüber biogenen Substraten in Form von Bakterienkulturen unterscheiden sich in Intensität, Eintritt des Optimaleffektes u. Wirkungsdauer, je nach dem getesteten Präparat. Das Cu anstatt des Mg als Zentralatom dient der Farbstabilisierung. (Arzeimittel-Forsch. **3.** 182—86. April 1953. Darmstadt, E. Merck.) ULEX. 4806

André Quevauviller, *Chemische Konstitution und lokalanästhetische Wirksamkeit.* Von den zahlreichen Mitteln, die örtlich schmerzaufhebend wirken, kommen nur relativ wenige wenigstens teilweise den Forderungen, die an ein ideales Lokalanästheticum zu stellen sind, nahe. Diese Mittel werden auf Zusammenhänge zwischen chem. Struktur u. Wirksamkeit untersucht, wobei, ausgehend vom natürlich vorkommenden Cocain, die synthet. Lokalanästhetica nach dem Gesichtspunkt der möglichen chem. Eingriffe am Mol. (Vereinfachung, Bldg. homologer Reihen, Isomerie u. Isosterie, Verdoppelung des Mol. usw.) eingeteilt u. besprochen werden. Daraus leitet Vf. ein allg. Strukturschema für Lokalanästhetica ab, nach dem diese aus einem lipophilen Anteil (cycl. oder heterocycl. KW-stoff, substituiert durch isostere Gruppen) u. einem hydrophilen Anteil (Aminoalkohol oder entsprechende Isostere), verbunden durch eine Ester- oder isostere Brücke, bestehen. Vf. hält die Konstanz der Außenelektronen des Verbindungsgliedes zwischen lipophiler u. hydrophiler Gruppe für wesentlich, wenn auch der genaue Mechanismus des Zustandekommens einer Lokalanästhesie noch nicht bekannt ist. (Produits pharmac. **7.** 533—42. Sept.; 585—91. Okt. 1952. Paris, Fac. de Pharmacie.) DAUTZENBERG. 4806

S. Collett, *Podophyllin und die Peltatine.* Übersicht über die Geschichte, Gewinnung, Eignung, Chemie u. Wrkg. von *Podophyllin, Pikropodophyllin* u. α- u. *β-Peltatin.* (Manufact. Chemist pharmac. fine chem. Trade J. **22.** 392—94. Okt. 1951.) v. GIZYCKI. 4806

A. Soldi, F. Gialdi und **R. Ponci,** *Die Stabilisierung der Ascorbinsäure in pharmazeutischen Zubereitungen.* Vff. geben auf Grund eigener Verss. u. von Literaturangaben die Bedingungen an, unter denen Ascorbinsäure (**I**)-haltige Zubereitungen eine möglichst große Haltbarkeit besitzen. Bes. wird auf die Vorzüge der Verwendung von Glasgefäßen u. von aus Glasgefäßen dest. W. bei der Herst. von **I**-Lsgg. hingewiesen. (Farmaco [Pavia] **6.** 94—100. Jan./Febr. 1951. Pavia, Univ., Ist. di Chimica Farmac., Sezione Tecnica.) IPPEN. 4808

Aldo Ferranti, *Moderne Anwendungsformen der Steroidhormone.* Vf. bespricht in einer kurzen Literaturübersicht (11 Zitate) die chem. Modifikationen u. bes. Anwendungsformen (perlingual, Kristallimplantation usw.) für Steroidhormone, durch die eine verlängerte Wrkg. erzielt werden soll. (Boll. chim. farmac. **90.** 201—04. Mai 1951.) IPPEN. 4808

Douglas M. Surgenor, *Neue Fortschritte in der Herstellung stabiler Plasmaderivate.* Die Möglichkeiten, Plasmafraktionen für spezif. Zwecke zu verwenden, werden erörtert. Speziell wird eine Meth. zur Aufarbeitung von Blutplasma beschrieben: Das Plasma wird über Kationenaustauscher geleitet. Durch Behandeln mit $BaSO_4$ oder mit an Kationenaustauscher gebundenem Ba werden Prothrombin, die Vorstufe des Beschleunigers der Serumprothrombinumwandlung u. das die Phagocytose durch isolierte Leukocyten beschleunigende Protein abgetrennt. Durch Zugabe von Zn zur Lsg. tritt eine Trennung in lösl. u. unlösl. Zn-Komplexe ein. Nach Entfernung des Zn aus der Lsg. durch Austauscher erhält man eine albuminreiche Lsg. (Stable Plasma Protein Solution = SPPS), die frei von Viren ist, ohne Kühlung gelagert u. in Ggw. von Na-Caprylat 10 Std. auf 60° erwärmt werden kann. Bei der Herst. von SPPS fallen die γ-Globuline, das antihämophile Globulin u. a. an. Die globulinreichen unlösl. Zn-Komplexe können durch fraktionierte Extraktion mittels Aminosäuren aufgearbeitet werden. Die lösl. Zn-Komplexe können durch Bldg. von unlösl. Zn–Hg-Komplexen u. fraktionierte Extraktion ebenfalls in ihre Komponenten getrennt werden, wobei z. B. α-Lipoprotein anfällt. Für die Trennungen sind auch Ba, Cd, Ni u. Pb brauchbar. Auch die Isoagglutinine lassen sich aus dem Plasma gewinnen. — Gewebeproteine lassen sich ebenfalls nach dieser Meth. aufarbeiten u. Viren über ihre Metallkomplexe ohne Aufhebung ihrer Wirksamkeit abtrennen. (Int. Rec. Med. **165.** 145—52. Aug. 1952. Boston, Mass., Harvard Univ., Labor. of Phys. Chem. related to Med. and Public Health.) WILLENBERG. 4812

E. v. Wasielewski und **G. Gillissen,** *Bakteriologische Untersuchungen über Munddesinfektionsmittel.* Es wurde das Tyrothricin (**I**)-haltige *Inspirol* (LYSSIAWERKE, Wiesbaden) auf seine keimhemmende Wrkg. im Verhältnis zu anderen Präpp. ähnlichen Indikationsbereiches untersucht. **I** reduziert die Keime der Mundflora nachhaltiger als diese anderen Präparate. Es stellt ein Gemisch zweier antibiot. Sübstanzen dar, nämlich des Tyrocidin (75—80%), eines Polypeptids mit freien Aminogruppen mit dem Gramicidin (20—25%), ebenfalls einem polypeptidartigen Körper ohne freie Amino- u. Carboxylgruppen. **I** ist mit Cetylpyridiniumchlorid wasserlösl. gemacht u. in dieser Lsg. stabil. An Hand von Tierverss. wurde die Resorption, Allergisierung u. Toxizität von **I** untersucht. — 31 Literaturangaben. (Pro Medico [Mainz] **21.** 381—85. Okt. 1952. Mainz, Univ., Hygiene-Inst.) W. BRANDT. 4822

Gösta Edman, *Aschenbilder zur Identifizierung und Prüfung von vegetabilischen Drogen.* Nach Vf. zeigen veraschte Drogen unter dem Mikroskop häufig typ. Bilder, die Rückschlüsse zulassen (24 Abb., eingehende Beschreibungen). Ein wesentliches Unterscheidungsmerkmal ist die Verkieselung. Hierzu wird die Asche mit HCl behandelt, wobei sich Oxyde u. Carbonate lösen u. SiO_2 ungelöst bleibt. (Svensk farmac. Tidskr. **57.** 317—37. 10/6. 1953.) HERRMANN. 4880

A. H. Beckett und **M. Dombrow,** *Die Bestimmung von Ascaridol in Chenopodiumöl und in Lösung von Chenopodiumöl in Ricinusöl.* Kurze Übersicht über die bisher gebräuchlichen Ascaridol-Bestimmungsmethoden. Mitt. der Unterss., die zum Vorschlag einer Meth. führten, bei der das Ascaridol in Chenopodiumöl (auch zusammen mit Ricinusöl) in alkoh. Lsg. (Li-Acetat als Puffer) mit der tropfenden Hg-Kathode unter Verwendung einer Eichkurve oder Vergleichslsg. polarograph. bestimmt wird. — Diskussion. (J. Pharmacy Pharmacol. **4.** 738—47. Okt. 1952. London, Chelsea Polytechnic, School of Pharm., Pharmac. Chem. Labors.) SPITALER. 4880

Tadeusz Lipiec und **Stefan Ramotowski,** *Thioacetamidlösung als Pharmakopöereagens zum Nachweis von Verunreinigungen mit Schwermetallen.* Zu 1 cm^3 der zu untersuchenden Fl. werden 2 cm^3 H_2O, 3 Tropfen 2nNH_4OH u. 10 Tropfen 3,75%ig. CH_3CSNH_2-Lsg. gegeben. Nach kurzem Aufkochen u. Abkühlung auf Zimmertemp. tritt bei Ggw. von Schwermetallen eine dunkle Verfärbung ein. (Farmacja polska **7.** 333—34. Dez. 1951. Lodź, Akad. med., Zakład Chemii Nieorganicznej i analyt. wydziału farmac.) FISCHOEDER. 4880

Henryk Romanowski, *Eine neues Reagens auf Antipyrin.* Die von WANAG u. MATZKANOWA (C. **1947.** **1390**) angegebene Meth. ist folgende: Zu Lsgg. mit 1,0—0,1—0,01—0,001 g Antipyrin werden 5 cm^3 6,5%ig. wss. Lsg. von 2-Nitroindandion-(1.3) zugegeben. Nach Aufwärmen verfärben sich die Lsgg. orange, entfärben sich beim Erkalten. Beim Ausschütteln mit Chlf. geht die Färbung in die Chloroformschicht über, nicht jedoch in Ae. Bei Zusatz von NH_3 u. nochmaligem Erwärmen tritt Entfärbung ein. Die Probe **fällt** auch mit Salipyrin u. Migraenin positiv aus. Andere Verbb., wie z. B. Resorcin, Neosalvarsan, Codein, Strychnin usw., unterscheiden sich durch das Verh. der eintretenden Orangefärbung Chlf., Ae. u. NH_3 gegen über. (Farmacja polska **7.** 131—33. Juni 1951. Lublin, Akad. med., Zakt. Chemii Nieorganicznej.) FISCHOEDER. 4880

Kazimierz Kalinowski, *Quantitative Bestimmung von Sulfadiazin mit der manganbromometrischen Methode.* Vf. verwendet bei der üblichen bromometr. Meth. statt einer $KBrO_3$-Lsg. eine 0,1 n $KMnO_4$-Lösung. 1 cm^3 dieser Lsg. entspricht 0,004171 g Sulfadiazin. (Farmacja Polska **7.** 269—70. Okt. 1951. Lublin, Akad. med., Zakt. Chemii farmac.) FISCHOEDER. 4880

Johannes Ipsen jr. und **Wallace F. White,** *Biologische Auswertung gereinigter Glykoside mittels der inotropen Wirkung am isolierten hypodynamen Herzmuskel der Katze.* Eingehende method. Angaben über Versuchstechnik u. Rechenverf. für vergleichende Auswertung von *Herzglykosiden* am Papillarmuskel des Katzenherzens, welcher durch eine unvollständige Nährlsg. geschädigt ist. Es kann entweder (im Vgl. zu *Ouabain* als Standard) die Schwellendosis der Wrkg. oder die Wirksamkeit selbst (gemessen an der stetigen Hubhöhenzunahme) bestimmt werden. Die Meth. wird mit den Ergebnissen des U.S.P.XIII-Verf. verglichen. Dabei ergibt sich für *Calotropin, Cerberosid, Convallatoxin, Cymarin, Digitoxin, Digoxin, Oleandrin, Scillaren A, Thevetin* u. *Uzarin* kein abweichender Wert. *Cerberin* weicht auf Grund einer bes. großen therapeut. Breite von dem auf dem Todeseintritt beruhenden U.S.P.-Wert ab. (J. Amer. pharmac. Assoc., sci. Edit. **39.** 227—33. April 1950. New Haven, Conn., Yale Univ., School of Med., Dep. of Pharmacol.) JUNG. 4880

Eugeniusz Zwierzchowski und **Jerzy Siestrzencewicz,** *Beitrag zum Nachweis von Atropin nach Vitali.* Eine Modifikation des Originalverf. wird empfohlen, die darin besteht, daß zu dem eingeengten u. mit HNO_3 versetzten Substrat einige Tropfen Aceton zugegeben werden. Die Violettfärbung bleibt dann 10—12 Min. sichtbar. (Farmacja polska **7.** 242—43. Sept. 1951. Lodz, Zakt. Chemii toksykol. i Sądowej.) FISCHOEDER. 4880

Gerd B. Roemer, *Zur Frage der Wirkung von Desinfektionsmitteln, insbesondere von Zephirol, im Keimträgerversuch.* Untersucht wurden *Zephirol* sowie 6 handelsübliche Desinfektionsmittel: Methylphenyldodecyltrimethyl-Ammoniumsalz, Chlormethylat eines höheren Alkoxyalkylmethylaminoessigsäurecyclohexylamids, 1-Methyl-6-chlor-3-oxybenzol-Seife, Kombination von p-Chlor-m-Kresol u. p-Chlor-symm.-Xylenol, höhermol. Derivv. von Aminosäuren, Phenyl-Hg-Borat. Angewandt wurde die Keimträgermethode. Es wird festgestellt, daß unter den verschärften Bedingungen dieser Meth. bedeutend längere Einwirkungszeiten zur Abtötung von Bakterien erforderlich sind als bei der Prüfung nach dem Suspensionsverfahren. Bei den Verss. mit zur Händedesinfektion üblichen Konzz. betrug die Abtötungszeit für Staphylokokken bei den verschied. Präpp. 20—60 Minuten. Es wird festgestellt, daß das Ergebnis jeder Desinfektionsmittel-Wertbest. ausschlaggebend beeinflußt wird durch die Versuchsbedingungen. (Z. Immunitätsforsch. exp. Therap. **110.** 228—39. 7/5. 1953. Düsseldorf, Med. Akad., Inst. für Hyg. u. Mikrobiol.) BOYE. 4880

Curt Angelmi, Bad Kissingen, *Arzneimittelträger,* bestehend aus band- oder plättchenförmigen biegsamen Formkörpern aus am Kieferbogen haftendem Material, z. B. Gelatine oder im Speichel sich auflösenden natürlichen oder synthet. Werkstoffen. Dient zur Applikation prophylakt., heilender oder erfrischender Stoffe, z. B. bei Erkrankungen der Mund- oder Rachenorgane. (**D. B. P. 871 821** Kl. 30h vom 24/10. 1950, ausg. 26/3. 1953.) SCHINDLER. 4767

Deutsche Hydrierwerke Akt.-Ges., Düsseldorf, *Herstellung geformter pharmazeutischer oder kosmetischer Zubereitungen,* dad. gek., daß man Gemische aus Benzylalkoholestern, Homologen oder Analogen mit höheren Fettsäuren u. Estern der Benzoesäure oder ihrer Substitutionsprodd. mit höhermol. Alkoholen der aliphat. Reihe (12—22 C-Atome) als Grundmasse verwendet, z. B. Benzylstearat u. Palmityl-Stearylbenzoat im Verhältnis 9 : 1. Für Kugeln oder Stäbchen mit einverleibten Arzneimitteln, Lippenstifte. (**D. B. P. 886 207** Kl. 30h vom 6/7. 1943, ausg. 13/8. 1953.) SCHINDLER. 4787

Fidel Gonzalez-Barcena Fonsdeviela, Madrid, Spanien, *Herstellung eines Mittels zur Behandlung von Keuchhusten,* dad. gek., daß die Sekretionen von Bauchfüßlern (Gasteropoden), bes. der Heliciden u. Schnecken mit oder ohne Gehäuse, schaumig geschlagen u. unter Einhaltung neutraler Rk. getrocknet werden, worauf die M. zum Eiweißabbau mit proteolyt. Enzymen behandelt wird. Das Abbauprod. wird durch Fällung mit A. u. Ae. u. anschließende Filtration von den Ballaststoffen befreit u. unter sterilen Bedingungen getrocknet. Der neue Stoff *Helicidin* zeigt 53,3 (%) C, 6.9 H, 22,9 O, 0,2 S, 0,02 P u. 15,7 N. Konst. noch unbekannt. (**D. B. P. 852 121** Kl. 30h vom 26/11. 1950, ausg. 13/10. 1952. Span. Prior. 23/2. 1950.) SCHINDLER. 4791

Richard Malo, Alzey/Rhpf., *Herstellung eines Mittels zur Heilung von Frostschäden,* dad. gek., daß Eichenblätter in Öl ausgekocht u. dann ausgepreßt wurden. Vorzugsweise werden junge Blätter u. Leinöl verwendet. (**D. B. P. 839 990** Kl. 30h vom 31/8. 1950, ausg. 26/5. 1952.) SCHINDLER. 4791

Jaques Werman, Belgien, *Verbandstoffe.* Ein Trägerstoff, z. B. Kreppkautschuk mit auf seiner Oberfläche adsorbierten antisept. Desinfektionsmitteln u. anderen Medikamenten, wird durch leichten Druck mit sich selbst verbunden u. auf diese Weise ein festes Anliegen des Verbandes gewährleistet. Der Verband selbst haftet nicht auf der Haut oder den Haaren des Körpers. (**F. P. 1 000 228** vom 22/11. 1949, ausg. 11/2. 1952. Belg. Prior. 10/9. 1949.) WITTHOLZ. 4795

Aktieselskabet Ferrosan, Kopenhagen, Dänemark, *Herstellung von Prothesenkörpern.* Diese werden aus einem Raumnetz hergestellt, dessen Fäden oder Fasern oder Späne aus Polyäthylen bestehen. (**Finn. P. 25 547** vom 26/11. 1950, Auszug veröff. 31/1. 1952. Dän. Prior. 26/11. 1949.) JÜRGEN SCHMIDT. 4797

Sterling Drug, Inc., Wilmington, Del., übert. von: **Raymond O. Clinton,** Albany, N. Y., V. St. A., *Alkaminester von Arylthiolessigsäuren und ihre Salze* erhält man durch Kondensation der Arylessigsäurehalogenide mit aliphat. tert. Aminoalkanthiolen nach dem Reaktionsschema: RR'CHCOX + HSAlkZ → RR'CHCO—S—Alk—Z + HX (R u. R' = Aryl, bes. Diaryl, X = Halogen, wie Cl oder Br, Alk = Alkylen, Z = tert. Alkylamino). — 2-Diäthylaminoäthanthiol wird in Bzl. mit Diphenylacetylchlorid 2 Std. erhitzt, wobei das *2-Diäthylaminoäthyldiphenylthiolacetathydrochlorid,* in Rosetten oder Nadeln, F. 129—130°, erhalten wird. — *4-Diäthylamino-1-methylbutyldiphenylthiolacetatcitrat,* F. 86—87°. — *3-Piperidinopropyldiphenylthiolacetathydrochlorid,* F. 155 bis 156°. — *Freie Base,* F. 46°. — *3-Diäthylaminopropyldiphenylthiolacetathydrochlorid,* F. 127—128°. — *4-Diäthylamino-1-methylbutyldiphenylthiolacetathydrochlorid,* F. 66 bis 68°. — *2-Diäthylaminoäthylfluoren-9-thiolcarboxylathydrochlorid,* F. 208—210° (Zers.). — *3-Piperidinopropylfluoren-9-thiolcarboxylathydrochlorid, freie Base,* F. 143—144,5°. — R u. R' können auch Phenyl, Chlorphenyl, Methoxyphenyl, Tolyl, Naphthyl, Xenyl, Thienyl, 9.10-Dihydroanthracenyl, Xanthenyl u. Thioxanthenyl bedeuten. Verwendung als *Antispasmodica.* (**A. P. 2 510 773** vom 18/5. 1946, ausg. 6/6. 1950.) KRAUSS. 4807

Cilag Akt.-Ges. (Erfinder: **Hans Suter**), Schaffhausen, Schweiz, *p-Aminobenzolsulfonylguanidin* erhält man durch Zusammenschmelzen von p-Aminobenzolsulfonamid mit einem Guanidinsalz, z. B. dem Carbonat oder Nitrat, zweckmäßig in Ggw. von z. B. trocknem NaOH oder Na_2CO_3, wobei die NH_3-Abspaltung durch Vakuum unterstützt wird. Reaktionstemp. 150—167°. Kristallisation aus W. ergibt das Monohydrat, F. 142—143°. (**D. B. P. 855 398** Kl. 12o vom 19/11. 1942, ausg. 13/11. 1952. Schwz. Priorr. 21/11. 1941 u. 17/3. 1942.) SCHINDLER. 4807

Roche Products Ltd., Welwyn Garden City, England, übert. von: **F. Hoffmann-La Roche & Co.,** Basel, Schweiz, *m-Allyloxyphenylisothiocyanat,* $Kp._{0,05}$ 110—112°, erhält man durch Umwandlung der NH_2-Gruppe von m-Allyloxyanilin, $Kp._{11}$ 140 bis 142°, in bekannter Weise, z. B. durch Rk. mit Thiophosgen in W. oder in einem inerten Lösungsm. oder durch Kondensation mit CS_2 in Ggw. von Alkalihydroxyden oder NH_3 u. Rk. des entstandenen m-Allyloxyphenyldithiocarbamats mit Chlorameisensäureäthylester oder $COCl_2$. — Verwendung als *Anthelminthicum,* bes. gegen *Oxyuren, Ascariden* u. *Bandwürmer* bei Menschen u. Tieren. (**E. P. 673 346** vom 3/11. 1950, ausg. 4/6. 1952. Schwz. Prior. 8/12. 1949.) KRAUSS. 4807

Badische Anilin- & Soda-Fabrik, Ludwigshafen/Rh., *Kondensationsprodukte.* Man kondensiert Verbb., wie p-Aminobenzoesäure, Anthranilsäure, Salicylsäure, p-Oxy- oder p-Nitrobenzoesäure oder 2-Aminopyridin-4-carbonsäure mit einem polyoxyalkylierten Amin der Formel $N_nR_{2n}(CH_{2n})_xCH_{2n}OH$, wobei n u. x ganze Zahlen >1 u. R = H, Alkyl- oder Oxyalkylgruppen bedeuten, oder mit Diäthylentriamin, Glykokoll oder Sarkosin, bzw. den Additionsprodd. dieser Verbb. mit Äthylenoxyd. — Geeignet ist z. B. ein Gemisch aus 39 (Teilen) Salicylsäure, 450 Methanol u. 59 HCl, das auf 70° erhitzt u. mit einer Lsg. von 37,5 Glykokoll in 190 einer 30%ig. Lsg. von Na-Methylat in Methanol versetzt wird. Die Kondensation erfolgt durch Erhitzen auf 70°. Zwischenprodd. z. B. für *pharmazeut.,* bes. *anästhet.* Mittel. (**E. P. 685 633** vom 30/9. 1949, ausg. 7/1. 1953. D. Prior. 1/10. 1948.) MÖLLERING. 4807

Chinoin Gyógyszer és Vegyészeti Termékek Gyára R. T. (Dr. Kereszty és Dr. Wolf), (Erfinder: **János Kollonitsch, Miklós Kraut** und **Andor Hajós**), Budapest, Ungarn, *Darstellung von neuen 2-Phenyl-2-alkoxy-1-diacylaminopropionsäurehalogeniden.* In 2-Phenyl-1-aminopropionsäureverbb. der nebenst. allg. Formel

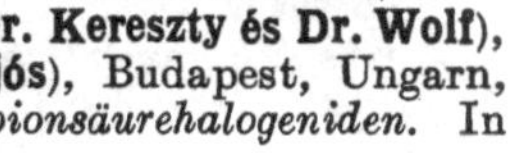

in welcher R_1 ein Alkyl-, Aralkyl- oder Cycloalkylrest ist, R_2 = H oder ein Alkyl-, Aralkyl- oder Cycloalkylrest, X = H, Halogen, eine Nitro-, Amino-, Acylamino- oder eine in diese umwandelbare Gruppe, wandelt man durch Einw. eines Dicarbonsäureanhydrids die 1-Aminogruppe in eine Diacylaminogruppe um. Durch Halogenierung wird das Säurehalogenid erhalten. — Die erhaltenen Prodd. sind Zwischenprodd. für die Herst. von *pharmazeut.* wirksamen Stoffen. -dl-threo-2-Phenyl-2-methoxy-1-aminopropionsäure bildet mit Phthalsäureanhydrid bei 150—160° *dl-threo-2-Phenyl-2-methoxy-1-phthaliminopropionsäure*, F. 199—200°. Diese Verb. bildet mit PCl_5 bei 60—70° das *dl-threo-2-Phenyl-2-methoxy-1-phthaliminopropionsäurechlorid*, F. 190—192°. (**Oe. P. 174 060** vom 18/12. 1950, ausg. 25/2. 1953. Ung. Prior. 5/1. 1950.) M. F. MÜLLER. 4807

J. R. Geigy Akt.-Ges. (Erfinder: **Alfred Margot**), Basel, Schweiz, *Ungesättigte, cycloaliphatische Carbonsäuren und deren Salze.* Ester, Amide oder Nitrile von Verbb. der allg. Formel I (2 X zusammen = eine Doppelbindung, die übrigen X = H, R = Methyl oder Äthyl) werden in bekannter Weise verseift, oder Ester, Amide oder Nitrile von α-Cycloheptenyl-α-methylmalonsäuren oder -α-äthylmalonsäuren werden verseift u. decarboxyliert, oder Ester, Amide oder Nitrile von α-(1-Oxycycloheptyl)-α-methylessigsäuren oder -α-äthylessigsäuren, α-Cycloheptyl-α-oxy-α-methylessigsäuren oder -α-äthylessigsäuren werden verseift u. gleichzeitig oder anschließend W. abgespalten u. die erhaltenen Säuren in die Salze mit anorgan. oder organ. Basen übergeführt. — Cycloheptenyläthylcyanessigsäureäthylester → *α-Cycloheptenylbuttersäure*, Kp.$_{0,05}$ ca. 100—108°, n_D^{20} ca. 1,485, die auch aus dem α-Cycloheptenylbuttersäurenitril oder dem Methylester gewonnen werden kann. — Cycloheptanon + α-Brombuttersäuremethylester → α-[1-Oxycycloheptyl-(1)]-buttersäuremethylester, Kp.$_{0,07}$ 80—85°, → *α-[Cyclohepten-(1)-yl-(1)]-buttersäuremethylester*, Kp.$_{11}$ 112—115°, → *α-[Cyclohepten-(1)-yl-(1)] buttersäure*, Kp.$_{0,08}$ 106—108°, n_D^{20} 1,4848. *Na-, Ca-, Morpholin-, Diäthylaminsalz.* — α-[1-Oxycycloheptyl-(1)]-buttersäureäthylester → *α-[1-Oxycycloheptyl-(1)]-buttersäure*, F. 82—84°, → *α-Cycloheptylidenbuttersäure*, F. 62°. — 1.2-Dibromcycloheptan + Na-Äthylmalonsäurediäthylester → Cycloheptenyläthylmalonsäurediäthylester, Kp.$_8$ 154 bis 161°, → Cycloheptenyläthylmalonsäure, F. 160—163° (Zers.), → *α-[Cyclohepten-(2)-yl-(1)]-buttersäure*, Kp.$_{0,11}$ 105—109°, n_D^{20} 1,4843. — *α-Cycloheptenylpropionsäure*, Kp.$_{0,1}$ 105—108°. — Verwendung als *gallentreibende Mittel.* (**D. B. P. 859 618** Kl. 12o vom 8/3. 1951, ausg. 15/12. 1952.) KRAUSS. 4807

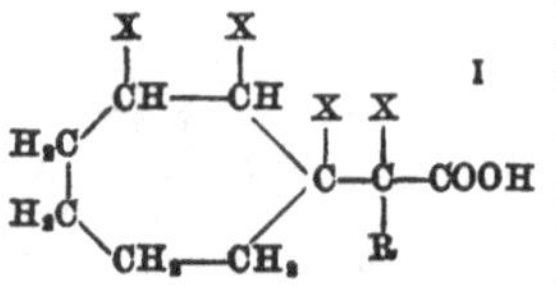

I

Allied Laboratories, Inc., Kansas City, Mo., übert. von: **Earl R. Bockstahler**, Indianapolis, Ind., V. St. A., *Herstellung von p-Alkoxybenzilsäuren* der allg. Zus. I (R = Alkyl C_4 — C_8). Man mischt z. B. eine Lsg. von 77 (g) p-n-Hexyloxybenzil in 800 cm³ Ae. mit einer solchen von 19,8 KOH in 160 cm³ 95%ig. A. u. läßt unter gelegentlichem Umschütteln 24 Std. stehen, schüttelt dann mit 400 cm³ W., trennt u. filtriert die wss. Schicht ab, säuert sie mit HCl an u. krist. das bei längerem Stehen erstarrte Öl aus PAe. aus. *dl-p-n-Hexyloxybenzilsäure*, F. 62—64°. *dl-p-n-Butoxybenzilsäure*, F. 85—86° (aus PAe. u. Bzl.). — *dl-p-n-Amyloxybenzilsäure*, F. 90—91°. — Ferner folgende Benzilsäuren (II): *p-Isobutoxy-II*, F. 87—89°. — *p-n-Heptyloxy-II*, F. 90—91°. — *p-n-Octyloxy-II*, F. 68—69°. — Zwischenprodd. zur Herst. von *therapeut.* wirksamen Stoffen. (**A. P. 2 605 283** vom 14/3. 1951, ausg. 29/7. 1952.) MÜLLER-MEININGEN. 4807

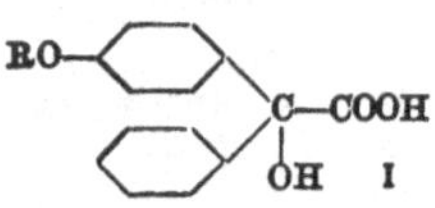

I

Chemiewerk Homburg Akt.-Ges. (Erfinder: **Erwin Kohlstaedt** und **Karl-Heinz Liedtke**), Frankfurt/M., *Herstellung wässeriger Lösungen von Azulenen* durch Verwendung der Amin- bzw. Säureamidsalze von in den Ringsystemen unsubstituierten oder alkylierten Cyclohexyloxyessigsäuren u./oder Norcamphanoxyessigsäuren unter eventuellem Zusatz von Netzmitteln. Z. B. werden 8,75 (g) dl-menthoxyessigsaures Triäthanolamin, 1,2 Polyoxyäthylenmonolaureat u. 0,1 Chamazulen in 100 cm³ W. gelöst. Blaue verdünnbare, klare Lösung. (**D. B. P. 859 516** Kl. 30h vom 31/5. 1951, ausg. 15/12. 1952.) K. HEINZE. 4807

Sharp & Dohme Ltd., Toronto, Ont., Can., *Dicarbonsäurederivate von Sulfonamiden.* — *Saures Phthalylsulfathiazol.* Aus Na-Sulfothiazol u. Phthalsäureanhydrid in W. bei n. Temperatur. — Analog: *Saures Succinylsulfathiazol.* — *Saures Phthalylsulfanilamid.* — *Saures Succinylsulfanilamid.* (**Schwz. P. 282 876** vom 2/12. 1949, ausg. 1/9. 1952. Can. Prior. 4/12. 1948.) LANGER. 4807

Spofa, Spojené Farmaceutické Závody, Národní Podnik, Prag, Tschechoslowakei, *Herstellung von Sulfanilylaminothiazolen* aus Di-(p-acylaminobenzolsulfo)-2-aminothiazolen, erhalten durch Behandlung der 2-Aminothiazole mit Acylaminobenzolsulfochlorid, dad. gek., daß man 2-Aminothiazole u. Acylaminobenzolsulfochlorid in Form eines Breies in Ggw. von einer nur geringen, zur Homogenisierung des Gemisches eben notwendigen Wassermenge in Rk. bringt, wobei die optimale Temp. von ca. 65°

möglichst rasch erreicht u. während der Rk. aufrechterhalten wird. Darauf wird das gebildete zweimal acylierte Deriv. der 2-Aminothiazole mit NH_3 oder mit prim. oder sek. Aminen in wss. Medium bei erhöhter Temp. u. gegebenenfalls unter erhöhtem Druck umgesetzt u., gegebenenfalls nach Abtrennung des entstandenen Monoacylsulfanilylaminothiazols von dem gleichzeitig gebildeten Acylsulfanilsäureamid, der Acylrest an der Aminogruppe im Benzolkern in an sich bekannter Weise abgespalten. — Aus 2-Aminothiazol u. Acetylaminobenzolsulfochlorid entsteht Bis-acetylsulfanilyl-2-aminothiazol, welches zunächst mit NH_3 u. danach mit 10%ig. NaOH desacyliert wird. Man erhält das *Sulfanilylaminothiazol.* — Aus 2-Amino-4-methylthiazolhydrochlorid u. Acetylaminobenzolsulfochlorid entsteht Bis-acetylsulfanilyl-2-amino-4-methylthiazol, F. 135°, welches zunächst in das Monoacetylsulfanilyl-2-amino-4-methylthiazol, F. 258°, u. weiter durch Desacetylierung in das *Sulfanilyl-2-amino-4-methylthiazol,* F. 238—239°, übergeführt wird. (**Oe. P. 172 609** vom 20/5. 1949, ausg. 25/9. 1952. Tschech. Prior. 4/9. 1946.) M. F. MÜLLER. 4807

Deutsches Hydrierwerk Rodleben VEB, Rodleben bei Roßlau (Erfinder: **Erick Schirm,** Dessau), *Herstellung von Sulfonamidverbindungen,* dad. gek., daß Aminopiazthiole oder deren Kernsubstitutionsprodd. mit Benzolsulfohalogeniden, die in p-Stellung ein in eine Aminogruppe umwandelbares Atom oder eine solche Atomgruppe enthalten, umgesetzt werden u. hierauf in bekannter Weise die Aminogruppe hergestellt wird. — 2-Aminopiazthiol u. p-Nitrobenzolsulfochlorid werden kondensiert. Es entsteht das *N-(4'-Nitrobenzolsulfonyl)-2-aminopiazthiol,* F. 198—200°, welches mit wss. Na_2S_2-Lsg. zu der entsprechenden Aminoverb. red. wird. F. 245—246°. — *Therapeut.* verwertbare Substanzen. (**D. P. [DDR] 1469** Kl. 12p vom 13/4. 1949, ausg. 17/8. 1952 [Wirtschaftspatent].) M. F. MÜLLER. 4807

Alfred Dornow und **Günther Petsch,** Hannover, *Oxymethylpyrimidine* entstehen durch Red. von Pyrimidincarbonsäureestern in Lsg. oder Suspension mit $LiAlH_4$. — 2-Methyl-4-aminopyrimidincarbonsäure-(5)-methylester gibt bei 35° in absol. Äe. *2-Methyl-4-amino-5-oxymethylpyrimidin* in 84%ig. Ertrag, F. 197—198°. — 2-Äthylmercapto-4-aminopyrimidincarbonsäure-(5)-äthylester → *2-Äthylmercapto-4-amino-5-oxymethylpyrimidin,* F. 156°. Verwendung zur Herst. von *Pharmazeutica.* (**D. B. P. 870 260** Kl. 12p vom 25/12. 1951, ausg. 12/3. 1953.) KRAUSS. 4807

H. Morren, Forest-Bruxelles, Belgien, *Herstellung von N-Monoalkylpiperazinen.* Man unterwirft Polyalkylenpiperazine, die aus Piperazin u. Alkylaldehyden gewonnen sind, einer spaltenden Hydrierung, gegebenenfalls in Ggw. von Katalysatoren oder auch mit H_2 in statu nascendi in wss. Lsg. oder in einem organ. Lösungsmittel. Aus dem Reaktionsprod. trennt man die Monoalkylpiperazine durch Extraktion mit CS_2 ab, das mit den Monoalkylpiperazinen Additionsverbb. gibt. Diese werden anschließend hydrolysiert u. in Dichlorhydrate übergeführt, die dann voneinander durch ihre stark unterschiedliche Löslichkeit in sd. Methanol getrennt werden können. Die einzelnen Fraktionen können dann in freies Monoalkylpiperazin zurückverwandelt werden durch Behandlung mit Alkalialkoholaten. Die Prodd. dienen zur Herst. von *Pharmazeutica.* — Z. B. hydriert man das Reaktionsprod. aus Hexahydratpiperazin in Butanol mit CH_2O in Ggw. von RANEY-Ni mit H_2. Das Reaktionsprod. wird mit CS_2 ausgezogen u. die hierbei erhaltenen kristallin. Reaktionsprodd. von der Fl. abgetrennt u. unmittelbar mit konzentrierter HCl unter Erwärmen am Rückflußkühler behandelt. Der CS_2 wird abgespalten u. abdestilliert. Der Rückstand besteht aus einer Mischung von Dichlorhydraten von Methylpiperazin u. von freiem Piperazin. Diese werden durch fraktionierte Kristallisation in kochendem Methylalkohol getrennt. (**Schwed. P. 134 718** vom 23/11. 1950, ausg. 4/3. 1952. Belg. Prior. 25/11. 1949.) JÜRGEN SCHMIDT. 4807

Luxema Soc. An., Luxemburg, und **Egema, S. à. r. l.,** Paris, Frankreich (Erfinder: **Théophile Ledrut,** St. Gilles, Belgien), *Neutrale Camphorate* der allg. Formel I (R u. R' sollen voneinander verschieden u. mindestens 1 R ein Kation einer bas. Verb. mit ungeradzahliger Wertigkeit sein) erhält man durch Rk. von Camphersäure mit 2-bas. Verbb. nacheinander oder einer bas. Verb. mit einem sauren Camphorat in einem neutralen Lösungsmittel. Mindestens eine der bas. Verbb. ist zweckmäßig eine anorgan. Base mit einem Kation mit ungeradzahliger Wertigkeit oder eine aliphat., carbocycl., alicycl. oder heterocycl.(Alkaloid) Base.

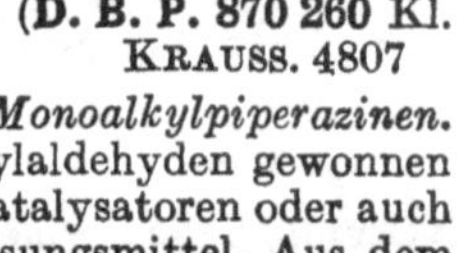

— Camphersäure wird in W. mit Li_2CO_3 erhitzt u. dann mit NH_3 neutralisiert, wodurch man *Li-NH₄-Camphorat* erhält. — *Fe-Mg-Camphorat.* — *Li-Hexamethylentetramincamphorat.* — *Hexamethylentetramin-p-aminophenylsulfonamidcamphorat,* F. 182°. — *Mg-Morpholincamphorat.* — *Atropin-Morphincamphorat,* F. 115—120°; $[\alpha]_D^{20}$ —5,04° (0,0209 g in 1 cm³ A.). — *Hyoscyamin-Morphincamphorat,* F. 130—135°;

$[\alpha]_D^{20}$ $-5,82^0$. — *Chinin-Coffeincamphorat,* F. 150°, $[\alpha]_D^{20}$ $-11,40^0$. — *Ephedrin-Pyramidoncamphorat,* F. 85°; $[\alpha]_D^{20}$ $-3,40^0$. Sämtliche Prodd. sind wasserlöslich. (**D. B. P. 833 812** Kl. 12o vom 7/8. 1949, ausg. 13/3. 1952. Belg. Prior. 17/6. 1947.) KRAUSS. 4807

Glaxo Laboratories Ltd., Greenford, Middlesex (Erfinder: **Ronald Major Evans,** Ickenham, und **John Harold Chapman,** Ruislip, Middlesex), England, *Ungesättigte*

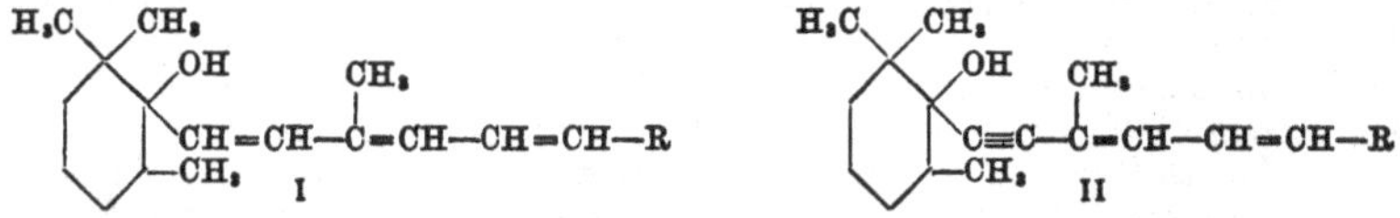

Carbinole der Formel **I** (R = $-CH(CH_3)OH$ oder $-C(CH_3)=CHCH_2OH$) erhält man durch Behandeln einer Verb. der Formel **II** mit $LiAlH_4$ bes. bei 20—80° in Ggw. eines Lösungsm. u. Zers. der Metallkomplexverb. mit W., zweckmäßig in Ggw. einer Säure oder eines Alkalis. — 6-Methyl-8-(1'-oxy-2'.6'.6'-trimethylcyclohexyl)-octa-3.5-dien-7-in-2-ol gibt in trockenem Ae. mit $LiAlH_4$ nach 3 std. Erhitzen u. Zers. mit wss. Weinsäure *6-Methyl-8-(1'-oxy-2'.6'.6'-trimethylcyclohexyl)-octa-3.5-7-trien-2-ol,* $Kp._{10-5}$ 110 bis 130°, n_D^{14} 1,5482, Lichtabsorption (n. Hexan) max. 276 mμ. — 3.7-Dimethyl-9-(1'-oxy-2'.6'.6'-trimethylcyclohex-1'-yl)-nona-2.4.6-trien-8-in-1-ol (**III**), F. 81°, → *3.7-Dimethyl-9-(1'oxy-2'.6'.6'-trimethylcyclohex-1'-yl)-nona-2.4.6.8-tetraen-1-ol* (**IV**), 2 Isomere, F. 68 u. 139°. — Isomeres von **III** mit F. 155—158° → **IV**, F. 69—71°. Zwischenprodd. für *Vitamin A-Synthese.* (**D. B. P. 871 151** Kl. 12o vom 5/7. 1951, ausg. 19/3. 1953. E. Prior. 5/7. 1950.) KRAUSS. 4809

Knoll Akt.-Ges., Chemische Fabriken, Ludwigshafen/Rh. (Erfinder: **Friedrich Weygand,** Heidelberg, **Adolf Wacker,** Plankstadt/Baden und **Hans-Joachim Mann,** Heidelberg), *Herstellung eines Pteridinabkömmlings* durch Formylierung u. anschließende katalyt. Red. von 6-Aminofolinsäure (**I**). Die erhaltene ***Formyltetrahydro*-I,** die

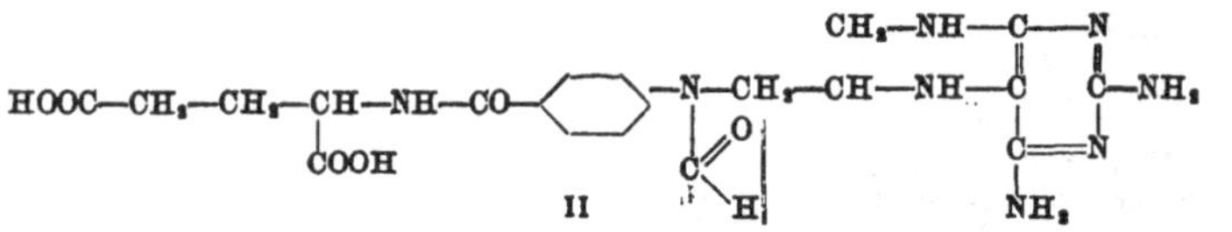

II

vermutlich die Formel **II** besitzt, zeigt gute Hemmung des Tumorwachstums. (**D. B. P. 854 956** Kl. 12p vom 1/12. 1950, ausg. 10/11. 1952.) MÜLLER-MEININGEN. 4809

National Drug Co., Philadelphia, übert. von: **Souren Avakian,** Oreland, und **Gustav J. Martin,** Philadelphia, Pa., V. St. A., *2-Amino-6-oxy-9-pteridylderivate,* z. B. *2-Amino-6-oxy-9-pteroylglutaminsäure* bzw. *2-Amino-6-oxy-9-pteroinsäure,* erhält man durch Rk. von 2-Amino-6-oxy-9-brommethylpteridin (**I**) mit p-Aminobenzoylglutaminsäure bzw. p-Aminobenzoesäure. **I** wird durch Bromierung des 2-Amino-6-oxy-9-methylpteridins dargestellt, das seinerseits durch Rk. von 2.4.5-Triamino-6-oxypyrimidin mit Methylglyoxal erhalten wird. — Die Verfahrensprodd. zeigen eine der *Folsäure* diametral *entgegengesetzte Wirkung.* (**A. P. 2 620 340** vom 2/9. 1948, ausg. 2/12. 1952.) BRÖSAMLE. 4809

Frank Hartsuff Bethell, Ann Arbor, Mich., V. St. A., *Oral wirksames Antiperniciosamittel,* bestehend aus Vitamin B_{12} u. Intestinalmucosa, vorzugsweise deren wasserlösl. Polypeptidfraktion. Z. B. wird Schweinedünndarm 30 Min. bei 5—20° mit 2%ig. HCl behandelt, die entstehende Suspension der Mucosa mit NaCl gesätt., die amorphe Fällung durch Dialyse gereinigt u. der Gefriertrocknung unterworfen. 10 g des Trockenprod. ergeben mit 5 γ Vitamin B_{12} eine Tagesdosis. (**E. P. 681 398** vom 2/6. 1950, ausg. 22/10. 1952. A. Priorr. 3/6. 1949 u. 3/2. 1950.) K. HEINZE. 4809

Merck & Co., Inc., übert. von: **Dorothea Heyl Hoffman,** Rahway, N. J., V. St. A., *N-Glykosidobenzimidazole,* die *wachstumsfördernd* wirken u. daher *Tierfutter* zugesetzt werden. 2-Amino-4.5-dimethyl-2'.3'-diacetyl-5'-trityl-*D*-ribofuranosidoanilin wird in benzol. Lsg. mit CS_2 u. $Ba(OH)_2$ behandelt. Das erhaltene 2'.3'-Diacetyl-5'-trityl-1-*D*-ribofuranosido-2-sulfhydryl-5.6-dimethylbenzimidazol wird in Ggw. von RANEY-Ni in Butanol unter Rückfluß erhitzt. Hierbei bildet sich *α-Ribazol,* F. 181—184°. — Analog erhält man aus 2-Amino-4.5-dimethyl-2'.3'.4'-triacetyl-*L*-arabinopyranosidoanilin das *1-L-Arabinosido-5.6-dimethylbenzimidazol; Pikrat,* F. 209—210°. (**A. P. 2 606 187** vom 2/8. 1950, ausg. 5/8. 1952.) BRÖSAMLE. 4809

Novo Terapeutisk Laboratorium A/S, Kopenhagen, übert. von: **Svend Emil Frederiksen,** Charlottenlund, Dänemark, *Gewinnung proteolytischer Enzyme aus insulin-*

freiem Pankreasrückstand. Als Ausgangsmaterial dient der bei der Insulinextraktion aus zerkleinerten frischen oder konservierten Pankreasdrüsen mit saurem A. oder Aceton anfallende Rückstand (I), dem die Enzyme durch angesäuertes W. entzogen werden, worin gegebenenfalls A. oder Aceton in einer Konz. unter 60, bes. unter 20 Vol.-%, enthalten sein darf. Die Enzymauflösung erfolgt bei einem p_H von 1—7, zweckmäßig 1—4, u. die Extraktion aus I kann auch mit starker Harnstofflsg., Essig-, Ameisensäure, fl. Phenol oder in einem alkal. Medium vorgenommen werden. (**A. P. 2 571 126** vom 23/10. 1946, ausg. 16/10. 1951. Dän. Prior. 4/6. 1943.) KETTNER. 4809

United States of America, übert. von: **Henry Welch,** Silver Spring, Md., V. St. A., *Injizierbares Penicillinpräparat mit protrahierter Wirkung,* bestehend aus Procain-Penicillin in Öl mit Al-Monostearat, kombiniert mit krist. Penicillin, das mit Pektin überzogen ist. (**A. P. 2 603 583** vom 4/3. 1949, ausg. 15/7. 1952.) SCHINDLER. 4811

E. R. Squibb & Sons, New York, N. Y., V. St. A., *Gärlösung für Antibiotica erzeugende Actinomyceten,* wie Streptomyces griseus, Str. lavendulae, Str. fradiae, Str. aureofaciens u. Str. venezuelae, bestehend aus der üblichen C-Quelle u. Nährsalzen mit einem Zusatz von Fetten, fetten Ölen oder fetthaltigen Samen als Gärbeschleuniger u. zur Ausbeuteerhöhung. Genannt sind: Sojabohnen-, Speck-, Erdnuß-, Baumwollsamen-, Mais-, Cocosnuß-, Sesamöl u. Hammeltalg. (**E. P. 679 087** vom 20/2. 1951, ausg. 10/9. 1952. A. Prior. 25/2. 1950.) SCHINDLER. 4811

Farbenfabriken Bayer, Leverkusen (Erfinder: **Hans Brockmann,** Göttingen, und **Arnold Bohne,** Wuppertal), *Herstellung eines antibiotisch wirksamen Stoffes,* dad. gek., daß man Actinomyceten unter aeroben Bedingungen auf oder in Nährböden bekannter Zus. wachsen läßt u. aus den Kulturen das *Picromycin* mit folgenden Eigg. gewinnt: F. ca. 169—170°, $[\alpha]_D^{24}$ in Chlf. —50°, $[\alpha]_D^{23}$ in A. +8°, N-Geh.: ca. 3%, frei von Methoxyl. Eingehende Darst. der Stamm- u. Vorkultur, des Hauptansatzes u. der Aufarbeitung des Kulturfiltrats. (**D. B. P. 850 653** Kl. 30h vom 3/1. 1950, ausg. 25/9. 1952.) SCHINDLER. 4811

Parke, Davis & Co., Detroit, Mich., V. St. A., *Herstellung von 1-(p-Nitrophenyl)-2-aminopropan-1.3-diol.* Man hydrolysiert 1-(-Nitrophenyl)-2-acetamino-1.3-diacetoxypropan mit Säuren oder Alkalien in Ggw. von Wasser. F. 140,5°, *Hydrochlorid,* F. 177,5—178,5°. Verwendung zur Herst. von *Antibiotica.* (**Schwz. P. 282 385** vom 15/12. 1948, ausg. 1/8. 1952. A. Prior. 16/3. 1948.) LÜTTGEN. 4811

Parke, Davis & Co., Detroit, Mich., V. St. A., *Herstellung von n-1-(p-Nitrophenyl)-2-aminopropan-1.3-diol.* Man unterwirft *n*-1-(p-Nitrophenyl)-2-acylaminopropan-1.3-diole, in denen der Acylrest der Acetyl-, Benzoyl-, Dichloracetyl- oder Propionylrest sein kann, der sauren oder alkal. Hydrolyse. Zwischenprod. zur Herst. von *Antibioticis.* (**Schwz. P. 282 733** vom 14/3. 1949, ausg. 1/9. 1952. A. Prior. 24/8. 1948.) LÜTTGEN. 4811

Parke, Davis & Co., Detroit, Mich., V. St. A., *Herstellung von Aminodiolverbindungen* der Formel **I**, worin R = H oder ein Acylrest ist. R_1 u. R_2 wie vorher oder verschied. Radikale, u. zwar H, Halogen, niedere Alkyl- oder Alkoxyreste. Das Verf. ist dad. gek., daß eine Ketonverb. der Formel **II**, worin R_1 u. R_2 die vorgenannte Bedeutung haben, mit einem oxydierbaren Al-Alkoholat red. wird, um die Acylamidodiolverb. der Formel **III** zu erhalten, worin R_1 u. R_2 wie vorher sind. Die Acylverbb. lassen sich zu dem entsprechenden freien Aminodiol oder seinem Säureadditionssalz hydrolysieren unter Bldg. der Verb. **IV**. — Gegebenenfalls wird das (dl)-Acylamidodiol vor der Hydrolyse

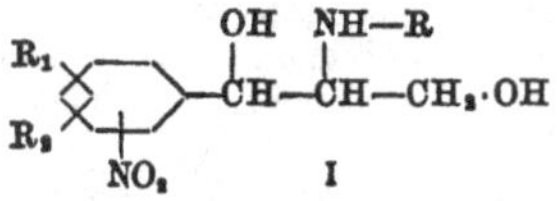
I

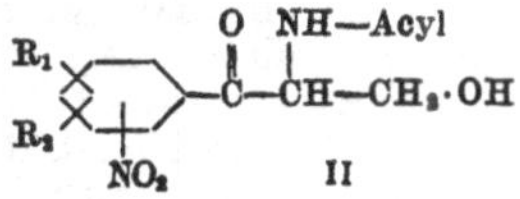
II

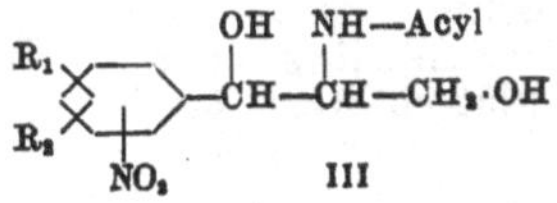
III

in seine diastereoisomeren Formen getrennt. — p-Nitro-α-acetamido-β-oxypropiophenon wird in Ggw. von Al-Isopropylat in Isopropylalkohol 2 Tage bei Raumtemp. verrührt, wobei ein N_2-Strom durchgeleitet wird. Dabei entsteht das *(dl)-ψ-1-p-Nitrophenyl-2-acetamidopropan-1.3-diol,* F. 166—168°. — Mit p-Nitro-α-benzamido-β-oxypropiophenon u. Al-Isopropylat in Isopropanol entsteht beim Erhitzen unter Rückfluß die Verb. **V**. — Weiterhin sind noch beschrieben die Verbb. *(dl)-ψ-1-(o-Methyl-p-nitrophenyl)-2-acetamidopropan-1.3-diol, (dl)-ψ-1-(o-Methyl-p-nitrophenyl)-2-aminopropan-1.3-diol, (dl)-1-(m-Methoxy-p-nitrophenyl)-2-p'-toluylamidopropan-1.3-diol, (dl)-1-(2-Nitro-4.5-dimethylphenyl)-2-aminopropan-1.3-diol, (dl)-ψ-1-(3-Nitro-5-chlorphenyl)-2-α-propionamidopropan-1.3-diol.* — **Zwischenprodd. zur**

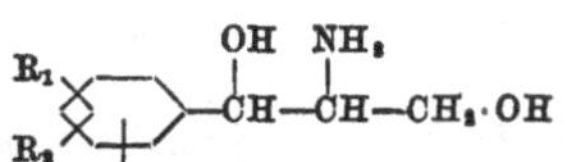
IV

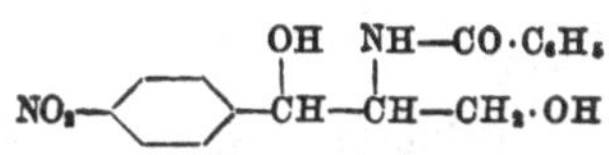
V

Herst. von *Antibiotica.* Vgl. A. P. 2 546 762; C. **1952.** 1571. (**Oe. P. 173 454** vom 15/2. 1950, ausg. 27/12. 1952. A. Prior. 24/8. 1948.) M. F. MÜLLER. 4811

Soc. des Usines Chimiques Rhône-Poulenc, übert. von: **Robert M. Jacob** und **Jaqcues G. Robert,** Paris, Frankreich, *Darstellung von neuen threo-1-(4'-Nitrophenyl)-2-dichloracetylamino-1.3-dichlorpropanen* der dl-, d- oder l-Form, dad. gek., daß ein in 2.3-Stellung substituiertes u. gegebenenfalls zum Oxazolinring zusammengeschlossenes threo- bzw. allo-1-(4'-Nitrophenyl)-propanol-(1) der dl-, d- oder l-Form mit trockenem HCl bzw. mit Thionylchlorid bei erhöhter Temp. u. gegebenenfalls in Ggw. von inerten Lösungsmitteln behandelt wird. — dl-allo-2-Dichlormethyl-4-(4'-nitrophenyl)-oxymethyl-2-oxazolin, F. 167°, wird mit Thionylchlorid unter Rückfluß erhitzt. Es entsteht *dl-threo-1-(4'-Nitrophenyl)-2-dichloracetylamino-1.3-dichlorpropan,* F. 136 bis 137°. — threo-2-Dichlormethyl-4-(4'-nitrophenyl)-oxymethyl-2-oxazolin, F. 142—143°, wird in Dioxan gelöst mit 13% trockenem HCl im zugeschmolzenen Rohr 1 Std. bei 100° erhitzt. Es bildet sich dabei *threo-1-(4'-Nitrophenyl)-2-dichloracetylamino-1.3-dichlorpropan,* F. 152—152,5°. — Aus allo-1-(4'-Nitrophenyl)-2-dichloracetylamino-3-chlorpropanol-(1), F. 114—116°, u. Thionylchlorid wird *threo-1-(4'-Nitrophenyl)-2-dichloracetylamino-1.3-dichlorpropan* gebildet. — Man erhält *Zwischenprodd.* zur Gewinnung *antibiot.* Verbindungen. (**Oe. P. 174 059** vom 9/3. 1951, ausg. 25/2. 1953. F. Prior. 7/7. 1950.) M. F. MÜLLER. 4811

Soc. des Usines Chimiques Rhône-Poulenc (Erfinder: **Robert M. Jacob**), Paris, *Herstellung von neuen threo-2-Dichlormethyl-4-chlormethyl-5-(4'-nitrophenyl)-2-oxazolinen* in rac. bzw. opt.-akt. Formen, dad. gek., daß das entsprechende threo-1-(4'-Nitrophenyl)-2-dichloracetylamino-1.3-dichlorpropan in der Kälte mit der verd. Lsg. eines Alkalihydroxyds, wie NaOH oder KOH, behandelt wird. — Die erhaltenen threo-Oxazoline sind Zwischenprodd. für die Synth. *antibiot.* Substanzen. (**Oe. P. 171 717** vom 15/3. 1951, ausg. 25/6. 1952. F. Prior. 4/12. 1950.) M. F. MÜLLER. 4811

I. G. Farbenindustrie Akt.-Ges., Frankfurt/M. (Erfinder: **Hans Lettré,** Berlin), *Substituierte Proteine (chemisch markierte Antigene)* erhält man durch Rk. von Proteinen mit Oxazolonen in Ggw. von Alkali, indem man z. B. 1 g Gelatine in 50 cm^3 W. löst u. die Lsg. mit 3 cm^3 n NaOH u. 0,5 g des Oxazolons aus dl-Benzoyl-α-alanin schüttelt u. durch Zusatz von 3 cm^3 n HCl eine halbfeste M. fällt; diese kann man abzentrifugieren u. durch verd. NaOH klar in Lsg. bringen. Prodd. dienen zur *Herst. von Seren.* (**D. R. P. 753 132** Kl. 12p vom 13/8. 1940, ausg. 5/1. 1953.) MÜLLER-MEININGEN. 4813

Electronized Chemicals Corp., New York, N. Y., V. St. A., *Sterilisation von Blut oder Blutbestandteilen* durch kurzzeitige Behandlung mit Korpuskularstrahlen, z. B. Elektronen bei Spannungen über 1 Million Volt. Die Behandlung erfolgt unter 0° u. in einem oder mehreren Stößen von 10^{-4} Sek. Dauer, sowie in Abwesenheit von O_2 u. unter Inaktivierung der Blutgerinnungsfaktoren, wie Thrombin u. Fibrinogen, gegebenenfalls bei Drucken bis 140 atü. Albumine, Globuline, Agglutinine, Präcipitine usw. behalten ihre Wrkg.; auch Viren werden abgetötet. — *Behandlung von Transfusionsblut.* (**Schwz. P. 282 870** vom 8/8. 1947, ausg. 1/9. 1952. A. Prior. 7/5. 1942.) K. HEINZE. 4813

Hausmann Akt.-Ges. Schweiz. Medizinal- & Sanitätsgeschäft St. Gallen, St. Gallen, Schweiz, *Blutersatzflüssigkeiten* aus isoton. Salzlsg. u./oder Glucoselsg. mit Zusatz der Alkali- u./oder Erdalkalisalze der Celluronsäure (**I**) (Carboxycellulose), wobei der Blut-p_H-Wert durch Einleiten von CO_2 eingestellt wird. — Z. B. werden 3,5 (Teile) I in 50 Tyrodelsg. gequollen u. mit 9,46 2n NaOH, 0,57 2n KOH, 15 0,05n Kalkwasser u. 0,1 2n $MgCl_2$ vermischt u. auf 100 aufgefüllt, mit CO_2 gesätt. u. in Ampullen sterilisiert. (**D. B. P. 858 591** Kl. 30h vom 6/2. 1951, ausg. 8/12. 1952. Schwz. Prior. 22/8. 1950.) K. HEINZE. 4813

California Institute Research Foundation, Pasadena, übert. von: **Dan H. Campbell,** Altadena, **Joseph B. Koepfli,** San Marino, und **Linus Pauling,** Sierra Madre Villa, Calif., V. St. A., *Blutersatzmittel aus Gelatine,* die in wss. Lsg. mit CO, CH_2O, Acetaldehyd, Chinon oder Glyoxal bei p_H 7—4,5 kondensiert u. anschließend mit H_2O_2 bei p_H 7,5 bis 5,5 oxydiert wird. Die Gelatine soll weniger als 0,02% Ca enthalten. Die 5% ig. wss. Lsg. des Verfahrensprod. bleibt bei n. Temp. flüssig. (**A. P. 2 591 133** vom 24/5. 1950, ausg. 1/4. 1952.) SCHINDLER. 4813

Mentholatum Co. Ltd. und **Robin Beattie Thomson,** Slough, England, *Inhalationsmittel,* bestehend aus äther. Ölen, einem mehrwertigen Alkohol u. einer Triäthanolamin (**I**)-Seife. — Z. B. werden 2.5 (%) Campher, 15 Menthol, 2,5 Kiefernnadelöl,

5,0 Terpentinöl, 2,5 Citronellöl, 2,0 Chlorkresol, 2,5 Propylenglykol, 20 Methylsalicylat, 28,0 Ölsäure u. 20,0 I gemischt. Die Mischung wird in Gelatinekapseln aufbewahrt, die zur Inhalation in sd. W. geworfen werden. (**E. P. 679 573** vom 11/1. 1950, ausg. 17/9. 1952.) K. Heinze. 4815

Carl Schuster, Uelzen/Hann., *Heilmittel für Bronchitis usw.* Durch Sublimation gereinigter Campher (I) wird mit getrockneter Ziegenmilch, bes. Ziegenmagermilch, innig verrieben. Beim Trocknen der Ziegenmilch sollen Tempp. von 60—70° nicht überschritten werden. — Z. B. wird 1 (g) I mit 5 Ziegenmilch verrieben. — Orale Anwendung. (**D. B. P. 868 491** Kl. 30h vom 11/10. 1949, ausg. 26/2. 1953.) K. Heinze. 4815

Parke, Davis & Co., Detroit, Mich., V. St. A., *Prophylakticum gegen venerische Krankheiten,* bestehend aus einem in W. lösl. Puder, der eine organ. As-Verb. u. ein Netzmittel sowie gegebenenfalls Ascorbinsäure (I) u. zur Neutralisation ein Alkalicarbonat enthält. Der Puder besteht z. B. aus 269 (Teilen) Na-Laurylsulfat (mit 56% Na_2SO_4), 25 Oxophenarsinhydrochlorid, 5 Na_2CO_3, 1 I. — Weitere Beispiele. (**E. P. 672 073** vom 27/4. 1950, ausg. 14/5. 1952. A. Prior. 27/4. 1949.) K. Heinze. 4815

Tampax, Inc., Palmer, Mass., V. St. A., *Vaginalspülmittel,* enthaltend wasserlösl., adstringierende Zn- oder Al-Salze, Netzmittel, Milchzucker (I), genügend NaCl, um die Lsg. isoton. zu machen, u. gegebenenfalls sauer reagierende Verbb., die einen p_H-Wert von 4—5 in der Lsg. aufrechterhalten. — Z. B. 2,5 (Teile) eines alkylierten Arylpolyätheralkohols, 20 $Al_2(SO_4)_3$, 20 **I**, 57 NaCl. — Weitere Beispiele mit Zusatz von neutralem u. prim. Na-Citrat. Etwa 12 g der Salzmischung werden in 1,14 Liter W. gelöst. (**E. P. 681 105** vom 30/3. 1950, ausg. 15/10. 1952.) K. Heinze. 4815

Imperial Chemical Industries Ltd., übert. von: **George Harold Clark,** Blackley, **Francis Leslie Rose,** Manchester, und **Herbert Butler Parry,** Newmarket, England, *Wässerige Dispersionen von Barbitursäure- bzw. Thiobarbitursäurederivaten* unter Beimischung von 2-(β-Naphthoxy)-äthanol (I). — Z. B. werden 10 (Teile) **I**, 3 5-Cyclohexen-(2')-yl-5-allyl-2-thiobarbitursäure, 1 Na-Citrat, 0,5 Carboxymethylcelluloseäther, 0,125 Na-Dinaphthyldisulfonat, 0,1 Chlorkresol in 89 W. gelöst bzw. suspendiert. — *Anästhetica in der Tiermedizin.* (**A. P. 2 604 429** vom 28/7. 1949, ausg. 22/7. 1952. E. Prior. 15/7. 1949.) K. Heinze. 4815

Wisconsin Alumni Research Foundation, Madison, übert. von: **Karl Paul Link,** Middleton, Wis., V. St. A., *Prophylaktikum gegen Darmkrankheiten bei neugeborenen Tieren,* bestehend aus Blut bzw. Serum oder Plasma von Säugetieren bzw. Milchcasein, bes. von Rindern, u. Vitamin K (I). Als **I** kommen das Naturprod. oder synthet. Prothrombinaktivatoren in Betracht, z. B. 2-Methyl-1.4-naphthochinon, 2-Methyl-1.4-naphthohydrochinon-3-sulfosaures Na, 4-Amino-2-methyl-1-naphtholhydrochlorid, 2-Methyl-3-oxy-1.4-naphthochinon, Tetra-Na-Salz des 2-Methyl-1.4-naphthohydrochinondiphosphorsäureesters u. dergleichen. — Z. B. werden 1—2 (g) I in 2500 Rinderplasma gelöst. Der Lsg. können Ringer-Tyrodesalze zugesetzt werden. (**A. P. 2 607 716** vom 2/8. 1949, ausg. 19/8. 1952.) K. Heinze. 4815

American Cyanamid Co., New York (Erfinder: **Samuel Kushner,** Manuet, und **Louis Maria Brancone,** Pearl River), N. Y., V. St. A., *Herstellung von Piperazin-1-carbonsäureamiden.* Man acyliert ein alkylsubstituiertes Piperazin mit einem Carbamylhalogenid, das am N-Atom durch 1 oder 2 Alkylgruppen substituiert ist, bes. in wss. Alkohol bei 20—100°. Aus 2.5-Dimethylpiperazin u. Diäthylcarbamylchlorid erhält man *2.5-Dimethylpiperazin-1-carbonsäurediäthylamid* (I), $Kp._{1,5}$ 106°; aus **I** erhält man durch reduzierende Methylierung unter Verwendung von CH_2O *2.4.5-Trimethylpiperazin-1-carbonsäurediäthylamid,* $Kp._{1,0}$ 86—89°. — *Wurmmittel* für *Hunde.* (**D. B. P. 850 748** Kl. 12p vom 15/3. 1949, ausg. 29/9. 1952. A. Prior. 24/3. 1948. **Zusatz zu D. B. P. 844 744; C. 1953. 1057.**) Brösamle. 4815

Paul Bellet und **Charles Albeaux,** Frankreich, *Mittel gegen Harnblasenentzündung der Schweine,* bestehend aus einer Mischung von 1—5 (%) Permanganat, 2—10 koll. Ag, 20—40 Bi, 15—25 Mg-Citrat, 30—60 Gummiharz, die zu kleinen, leicht verschluckbaren Tabletten gepreßt werden. (**F. P. 1 015 574** vom 8/11. 1948, ausg. 15/10. 1952.) Heyne. 4815

Anton Weißenböck, Saalfelden, Salzburg, Österreich, *Mittel gegen Darmkolik.* Man verarbeitet Kümmelöl (I) u. Wacholderöl (II) mit Hilfe eines Gummiharzes, wie Asa foetida (III), in einer konz. Zuckerlsg., wie Bienenhonig (IV), zu einer streichfähigen Paste. Man vermischt z. B. 50 g **III** unter Erwärmen mit 1000 g **IV** u. verleibt diesem Gemisch nach dem Erkalten auf ca. 50° je 10—30 g I u. II ein. Die neuen Mittel können Pferden oder Rindern durch Aufstreichen auf die Zunge eingegeben werden. (**Oe. P. 171 662** vom 28/4. 1951, ausg. 25/6. 1952.) Raetz. 4815

Mallinckrodt Chemical Works, St. Louis, übert. von: **Vernon H. Wallingford,** Ferguson, Mo., V. St. A., *3-Acylamino-2.4.6-trijodbenzoesäuren* sind *Röntgenkontrastmittel.* — Sie entstehen durch Acylierung von 3-Amino-2.4.6-trijodbenzoesäure (I) nach üblichen Verfahren. — *N-Acetyl*-I, F. 276,6—278,2°; *Na-Salz*, 10 g lösl. in 11,5 cm^3 W. bei 25°; *Äthylester*, F. 207,2—208,0°. — *N-Propionyl*-I. — *N-Butyryl*-I, F. 248°. — *N-Caproyl*-I. — Tabelle mit Löslichkeit der Na-Salze u. Dosis letalis. (**A. P. 2 611 786** vom 31/5. 1950, ausg. 23/9. 1952.) Langer. 4829

Walter Jost, Barendorf über Schwerte/Ruhr, *Anreicherung von Spurenelementen* (I) *in für Krankenernährung bestimmten Pflanzen,* die aus dem natürlichen Boden entfernt u. mit den Wurzeln in eine Lsg. eingesetzt werden, die I enthält, z. B. 0,003 bis 0,005 (g/Liter) $CuSO_4$; 0,003—0,006 $ZnSO_4$; 0,010—0,015 $Co(NO_3)_2$ u. 0,005—0,01 $MnSO_4$. Die Lsg. kann auch auf die Blätter gesprüht werden. (**D. B. P. 863 117** Kl. 30h vom 18/5. 1950, ausg. 15/1. 1953.) K. Heinze. 4829

Walter Strathmeyer, Donaustauf, *Anreicherung therapeutisch wirksamer Substanzen in Hefe* durch Züchtung der Hefe in Gär-Fll., welche diese Substanzen enthalten, dad. gek., daß die Gärzeit über eine mehr als eine Hefegeneration sich erstreckende Dauer verlängert wird, wobei die Wirkstoffe der Gär-Fl. in an sich bekannter Weise nach u. nach in gegebenenfalls sich steigernden Mengen zugesetzt u. in Kombination miteinander verwendet werden können. (**D. B. P. 873 437** Kl. 30h vom 28/5. 1949, ausg. 13/4. 1953.) Kettner. 4829

Robert Cassou, Frankreich, *Konservieren von kleinen Flüssigkeitsmengen,* bes. von Aufschwemmungen von Rindersperma zur künstlichen Befruchtung. Ein Röhrchen bestimmter Abmessung aus plast. Material, z. B. Celluloseacetat, Polymethylmethacrylat, wird einseitig, aber in geringem Abstand von der Öffnung mit einem feines quellfähiges Pulver, z. B. Pflanzenleim, Gummi arabicum oder Polyvinylalkohol, enthaltenden Wattestopfen verschlossen u. die zu konservierende, aus Citrat–Phosphat-Puffer, verd. Hühnereigelb u. Spermienaufschlämmung bestehende Fl. unter Durchsaugen von Luft durch den Stopfen in das Röhrchen gebracht, worauf nach Benetzung des Stopfens durch die Fl. das Pulver unter Gelbldg. für dichten Verschluß sorgt. Das andere Ende des Röhrchens wird mit einer an der Luft erhärtenden Lsg. der gleichen Stoffe verschlossen. (**F. P. 995 878** vom 20/9. 1949, ausg. 10/12. 1951.) Wittholz. 4829

Maria Weidmann, Freiburg/Breisgau, *Verfahren zur Sterilisation von medizinischen Instrumenten und anderer Gegenstände.* Diese werden mittels eines Einhängekorbes, der vorteilhaft siebartige Wandungen u. Halterungen zur Aufnahme des Sterilisationsgutes besitzt, in einen Sterilisationsbehälter eingehängt, in dem sie bei einer Temp. von 160—180° einem Öldunst–Luft-Gemisch ausgesetzt werden, wobei Öle, bes. Paraffinöle mit Kp. > 180°, verwendet werden. (**D. B. P. 863 393** Kl. 30i vom 6/9. 1950, ausg. 19/1. 1953.) Kettner. 4835

Otto Geßner, Die Gift- und Arzneipflanzen von Mitteleuropa (Pharmakologie, Toxikologie, Therapie). 2. Aufl. Heidelberg: Carl Winter, Universitätsverlag, 1953. (804. S. m. 128 Farbtafeln.) DM .32.—.

G. Analyse. Laboratorium.

R. W. Lennie und **B. W. Wilson,** *Mikroskopische Kugeln fast gleicher Größe.* Durch Einblasen von Glaspulver in eine Gebläseflamme mit der beschriebenen Vorr. u. Klassieren der entstandenen Kügelchen durch kontrolliertes Zentrifugieren ihrer 5—10% ig. Suspension in W. wurden ziemlich große Mengen mkr. Kugeln fast gleicher Größen (von 10 bis unter 1 μ Durchmesser) erhalten. (Research **4.** 342—43. Juli 1951. Melbourne, Australien, Commonwealth Sci. and Ind. Res. Org., Div. of Ind.) Blumrich. 5006

G. G. Blake, *Auf der Oberflächenspannung beruhende Verfahren zum Abmessen und Entnehmen sehr kleiner Flüssigkeitsmengen.* Beschreibung einiger einfacher Vorrichtungen zur gleichmäßigen Entnahme weniger mm^3 Fl. (Glasperlen oder -stäbchen, an denen nach dem Eintauchen eine stets gleiche Menge Fl. adhäriert). Anwendung bei der konduktometr. Mikrotitration. (Metallurgia [Manchester] **41.** 413. 415—16. Mai 1950. Sydney, Univ.) Hentschel. 5012

Yves Doucet, *Bericht über ein Präzisionskryometer.* (Sitzungsbericht.) Beschreibung eines Kryometers zur Messung von Temperaturunterschieden bis 10^{-5} Grad, bestehend aus einem Dewar-Gefäß mit schlecht wärmeleitender Zwischenschicht u. einer größeren Anzahl von Thermoelementen, deren heiße u. kalte Lötstellen abwechselnd auf der einen oder anderen Seite der Zwischenwand liegen. (J. Physique Radium **12.** 15 S—16 S. März 1951.) Rudolph. 5018

Anne G. Loscalzo und **A. A. Benedetti-Pichler,** *Experimentelle Untersuchung der Genauigkeit einer Wägung.* 200 Wägungen auf einer analyt. Waage von AINSWORTH u. ebenso viele Wägungen auf einer Mikrowaage von KUHLMANN führen zu dem Ergebnis, daß die Genauigkeit der Meth. der GAUSSschen Doppelwägung die der direkten Wägung unter Berücksichtigung der Lage des Nullpunktes der Waage um das Doppelte überlegen ist. (Mikrochem. verein. Mikrochim. Acta **40.** 232—35. 1953.) FRETZDORFF. 5022

Hugh Carmichael, *Entwurf und Wirksamkeit einer Mikrowaage mit einem Faden aus geschmolzener Kieselsäure.* Es wird die Neukonstruktion u. der Gebrauch einer relativ widerstandsfähigen Mikrowaage mit einem Faden aus geschmolzener SiO_2 ausführlich beschrieben; bes. wird die Unempfindlichkeit der Waage gegenüber Konvektionsströmungen in ihrer Umgebung hervorgehoben. Die theoret. Grundlagen der Konstruktion werden eingehend behandelt. Bei Messungen an AmO_2-Proben mit Massen zwischen 2—6 γ war die Genauigkeit besser als 0,3%. (Canad. J. Physics **30.** 524—55. Sept. 1952. Chalk River, Ont., Atomic Energy of Can. Ltd., Phys. Div.) GOTTFRIED. 5022

Morton Schmall, C. W. Pifer und **E. G. Wollish,** *Extraktion und Bestimmung von Salzen organischer Basen und Säuren.* Es werden 2 Extraktionsapparate beschrieben u. genau skizziert, mittels deren fl.-fl. Extraktionen einmal mit Lösungsm. leichter als W., zum anderen mit Lösungsm. schwerer als W. schnell u. sicher ausgeführt werden können. Bei gleicher Fehlergrenze werden gegenüber den üblichen Analysenmethoden mehrere Arbeitsgänge eingespart. Prinzip: Durch die in einem ERLENMEYER-Kolben befindliche, durch magnet. Rührer bewegte, in 10—25 ml W. gelöste u. mit einem Überschuß an Säure bzw. Lauge versehene Probe fließen ca. 5 ml Lösungsm. pro Minute. Über einen Aufsatz, der das aufgewirbelte W. zurückhält, fließt das Lösungsm. + extrahierter Säure oder Base in eine Vorlage, in der wie üblich direkt oder (nach Verdunsten des Lösungsm.) in wss. Milieu titriert werden kann. 150 ml Lösungsm. genügen pro Extraktion. (Analytic. Chem. **24.** 1446—49. Sept. 1952. Nutley, N. J., Hoffmann-La Roche, Inc., Prod. Control Labor.) BARCHET. 5034

György Kollár, *Meßmethode und einige neue Apparate für Destillationsuntersuchungen.* Beschreibung je eines App. zur Dampf-Fl.-Gleichgewichtsbest. in homogenen bzw. inhomogenen Flüssigkeitsgemischen, eines einfachen gläsernen Thermostaten für refraktometr. Unterss. mit einer Temperaturkonstanz von $\pm 0,05^0$ u. eines Kolonnenkopfes mit regelbarem Rücklauf. (Magyar Kémiai Folyóirat [Ung. Z. Chem.] **58.** 324—26. Nov. 1952. Budapest, Müszaki Egyet., Szervetlen Kém. Tanszék.) V. PILINSZKY. 5038

Y. Doucet und **P. Chauchefoin,** *Die Regulierung eines Thermostaten durch kontinuierliche Betätigung.* Es wird eine Anordnung beschrieben, mit der die Temperaturschwankungen eines Thermostaten, Kryostaten, eines Wasserbades oder eines elektr. Ofens ausgeschaltet werden. (J. Physique Radium **13.** Suppl. zu Nr. 7/9. 131 A—34 A. Juli/Sept. 1952. Dijon, Fac. des Sci.) GOTTFRIED. 5046

Herbert Gütter, *Ein Heißluftbad mit vielseitigen Verwendungsmöglichkeiten.* Kurze Beschreibung des Geräts mit Skizze. (Dtsch. Lebensmittel-Rdsch. **49.** 134—35. Juni 1953. Koblenz.) WINIKER. 5046

Alwin Schleicher, *Innerelektrolytische Titrationen.* (Vgl. C. **1952.** 1377.) Vf. untersucht nach dem Verf. der innerelektrolyt. Titration die Red. von $KMnO_4$ in Ggw. von Fe^{3+} u. bestimmt den Endpunkt visuell. Als Katholyt dient eine Lsg. von 4 g $Fe_2(SO_4)_3$ in 125 ml W./2—3 ml konz. H_2SO_4, die auch die zu bestimmende $KMnO_4$-Lsg. enthält, als Kathode wird eine Pt-Elektrode verwendet. Der Anolyt besteht aus 15—20 ml 1% ig. H_2SO_4, Anode ist ein Zn-Stab. Die Stromstärke wird mit einem Widerstand auf 0,15 A geregelt. Aus der Zeit bis zum Verschwinden der violetten Farbe läßt sich nach dem FARADAYschen Gesetz die Mn-Menge berechnen. Die ganze Rk. wird induktiv aufgelöst u. der katalysierende Vorgang $10\,Fe^{3+} + 10\,e \rightleftharpoons 10\,Fe^{2+}$ als Schwingungskreis eines Kondensators gedeutet. Der Verlauf der innerelektrolyt. Red. von VO_3^- u. CrO_4^{2-} kann dagegen nur potentiometr. verfolgt werden. (Z. analyt. Chem. **136.** 330—36. 1952. Aachen, Rheinl.-Westf. TH, Inst. für Metallhüttenkunde u. Elektrometallurgie.) WEITBRECHT. 5050

Pamela Dunsmuir, *Eine einfache goniometrische Methode zur Untersuchung von bevorzugter Orientierung in angeätzten Metallpolykristallen.* Das Goniometer besteht aus einem Mikroskop mit einem horizontalen Drehtisch zusammen mit einer ausgedehnten „halbunendlichen" linienförmigen Lichtquelle. Das zu untersuchende u. angeätzte Metallstück wird auf den Drehtisch gelegt u. beleuchtet, während der Tisch allmählich gedreht wird. Durch das Mikroskop werden die Orte größter Reflexionshelligkeit festgestellt u. die entsprechenden Winkel an dem Drehtisch abgelesen. Durch Eintragung dieser Punkte in ein stereograph. Netz kann man die Orientierung bestimmen. (Brit. J. appl. Physics 4. 27—29. Jan. 1953. Rugby, British Thomson-Houston Co. Ltd., Res. Labor.) GOTTFRIED. 5060

Klement Möhler, *Über die chromatographische Analyse auf Filterpapier.* Zusammenfassende Übersicht über Grundlagen, Verff., Anwendungsgebiete der Papierchromatographie. (Z. Lebensmittel-Unters. u. -Forsch. **92.** 338—42. Mai 1951. München, Deutsche Forschungsanstalt für Lebensmittelchem.) WINGCHEN. 5062

Erik Ingelstam, *Ein Schlitzphasenkontrastapparat mit Platten abgeänderter Phasen zur Untersuchung von optischen Gittern und anderen Objekten mit Veränderungen in einer Dimension.* (Ark. Fysik **3.** 35—39. 1951. Stockholm, Inst. of Technol., Opt. Labor.) GOTTFRIED. 5063

K. Watanabe, *Verbesserung des Gitterreflexionsvermögens im Vakuum für ultraviolettes Licht durch Platinieren.* Es wurde ein Gitter mit 0,05 mm Gitterkonstante im Vakuum mit Pt bedampft. Bei einer Schichtdicke von 400 Å zeigte sich noch keine Verbesserung des Gitters, bei 1600 Å dagegen eine beträchtliche Zunahme des Reflexionsvermögens im Wellenlängenbereich von 1600—1100 Å. Gitterstreulicht u. Auflösungsvermögen zeigten keine merkliche Änderung. Die Zunahme der Intensität des reflektierten Lichtes wird für zwei bedampfte Gitter angegeben. Sie nimmt bei ca. 1600 Å Schichtdicke im Bereich von 1650—1100 Å bis zum 25fachen Wert zu. (J. opt. Soc. America **43.** 318. April 1953. Cambridge, Mass., Air Res. and Development Command, Air Force Cambridge Res. Center, Geophys. Res. Directorate.) LINDBERG. 5063

Roger Servant und **Pierre Loudette,** *Polarimeter mit Hertzschen Wellen zur Untersuchung makroskopischer Modelle aktiver Moleküle.* Beschreibung eines Polarimeters für Wellen mit $\lambda = 46$—100 cm, mit dem schneckenförmige Modelle untersucht wurden. Die Ergebnisse sollen später mitgeteilt werden. (C. R. hebd. Séances Acad. Sci. **231.** 1052—54. 13/11. 1950.) RUMPF. 5063

László Láng und **Mária Vizesy,** *Bemerkungen zur Untersuchung von Absorptionsspektren mit der photographischen Methode.* Nach einer Übersicht über allg. Fehlerquellen bei Arbeiten mit dem SPEKKER-Photometer geben Vff. eine Meth. zu deren Eliminierung an. Hinweise zur Anfertigung von Diagrammen zur Vereinfachung der Rechenoperationen. (Magyar Kémiai Folyóirat [Ung. Z. Chem.] **58.** 326—30. Nov. 1952. Budapest, Központi Fizik. Kutató Int., Spektroszkóp. oszt.) v. PILINSZKY. 5063

William M. Wallace, Malcolm Holliday, Margaret Cushman und **J. Russell Elkinton,** *Anwendung des Flammenphotometers mit internem Standard auf die Analyse biologischen Materials.* Bei der Meth. des „internen Standards" wird die Lichtintensität des unbekannten Elements (II) gegen die Intensität einer bestimmten Menge eines Standardelements gemessen. Das Standardelement (I), für die Best. von Na u. K zweckmäßigerweise Li, u. II werden gleichzeitig aus einer gemeinsamen Lsg. versprüht u. verdampft, die Wellenlängen von I u. II durch opt. Filter isoliert u. die durch die beiden Strahlen erzeugten Photoströme über ein Potentiometer kompensiert, wobei die erforderliche Potentiometerschaltung einer bestimmten Na- oder K-Konz. entspricht. Die optimalen Bedingungen für die Best. u. die Vorbereitung des Analysenmaterials (Gewebe, Nahrungsmittel, Urin, Stuhl) werden beschrieben, die Ergebnisse statist. ausgewertet (Konfidenzgrenzen für Na in Serum $+2,1$ mMol/Liter, für K $+0,11$). (J. Lab. clin. Med. **37.** 621—29. April 1951. Boston, Mass., Harvard Med. School, Dep. of Pediatr., Children's Med. Center, u. Philadelphia, Pa., Univ. of Pennsylvania, Dep. of Med., Chem. Sect., u. Hosp.) K. MAIER. 5063

H. A. Stahl, *Elektronenbeugung als mikroanalytisches Verfahren.* 1. Mitt. Zusammenfassender Bericht über Methoden u. Möglichkeiten der Elektronenbeugung. (Chemiker-Ztg. **76.** 136—39. 5/3. 1952.) LENZ. 5063

John M. Olney und **A. H. James,** *Ein Luftreinigungsapparat für das Flammenphotometer.* Dem Brenner des Photometers wird die durch die beschriebene elektr. Gasreinigung von Spuren K, Na usw. befreite Raumluft zugeleitet, um Irrtümer u. Störungen bei Nachweisen u. Bestimmungen auszuschalten. (Science [Washington] **115.** 244—45. 29/2. 1952. Boston, Mass., Peter Bent Brigham Hosp., u. Harvard Med. School, Labor. for Surg. Res.) BLUMRICH. 5064

M. E. F. Howarth, *Filter zur Herstellung von Farbgleichheit für das Macbeth-Illuminometer.* (J. sci. Instruments **29.** 414. Dez. 1952. Harrow, Middlesex, Kodak Ltd., Res. Labors.) EICHHOFF. 5065

J. Smelik und **H. Käs,** *Die Polarographie der Leichtmetalle.* Übersicht über die Methoden zur polarograph. Best. der Leichtmetallionen, wobei auf den Vorteil der Anwendung der Differentialpolarographie hingewiesen wird. Die Best. der einzelnen Erdalkaliionen nebeneinander gelingt am besten nach der von HEYROVSKÝ u. LEVEQUE beschriebenen Differentialpolarographie in einer Lsg., während für die direkte Al-Best. bzw. für die indirekte *Mg*-Best. die von Semerano angegebene Arbeitsweise vorteilhafter ist. Bei der Best. der Alkaliionen mit der üblichen Einzelpolarographie in alkal. Lsg. können in den meisten Fällen befriedigende Resultate erzielt werden. — 15 Literaturzitate. (Österr. Chemiker-Ztg. **52**. 172—75. Sept. 1951. Wien, TH, Elektrochem. Inst.) Rumpf. 5066

R. Geyer, *Der Einfluß des Eisens bei der polarographischen Analyse.* Das leicht zu Fehlern führende Ausfällen des bei der potentiometr. Analyse störenden Fe(III) umgeht Vf. durch Red. zum Fe(II) mit Hydrazinsulfat in 4—5n H_2SO_4- bzw. HCl-saurer Lsg. durch Zugabe eines Hydrazinsulfatüberschusses u. 15 Min. Erwärmen auf dem sd. Wasserbad, wobei *Mo* die Rk. deutlich beschleunigt. Eine Autoxydation an der Luft macht sich erst nach 48 Std. störend bemerkbar. Es werden die bekannten Reduktionsmittel Sulfit u. Hydroxylamin (I) krit. beleuchtet u. gezeigt, daß nach der vom Vf. angegebenen Meth. eine 4mal größere Fe-Menge reduzierbar ist als mit I. Vf. zeigt, daß in Fe-haltiger Lsg. *V* gut auswertbar ist, der mittlere Fehler für *Mo, Cd* herab- u. für *Bi, Sb* heraufgesetzt wird. — Beispiele. (Z. anorg. allg. Chem. **271**. 93—100. Dez. 1952. Freiberg/Sa., Bergakad., Inst. für anorgan. Chem.) Braasch. 5066

F. L. Hahn, *Eine allgemeine Theorie der maßanalytischen Umschlagsschärfe.* Vf. untersuchte die Konzentrationsänderungen bei Titrationen in allernächster Endpunktsnähe bzgl. der Gleichgewichtskonstante der Titrier-Rk., aus der die Pufferkapazität der genau austitrierten Lsg. errechnet werden kann. Vf. kommt zu einer Theorie der Endpunktsschärfe, die allg. auf die verschied. Titrationsverff. anwendbar ist (Säure–Base, Redox, Fällungen usw.). Die so erhaltenen Ergebnisse sind genauer als die Annäherungen, die bisher aus der Unters. der Lsgg. weiter ab vom Äquivalenzpunkt erhalten wurden. Titriert man unter Verwendung eines ungeeigneten Indicators, so entsteht nicht nur ein mehr oder minder großer Verbrauch des Reagenses, sondern es leidet überdies die Endpunktsschärfe beträchtlich, weil die Pufferkapazität der titrierten Lsg. an jedem anderen Punkte größer ist als am Äquivalenzpunkt. (Analytica chim. Acta [Amsterdam] **7**. 156—71. Aug. 1952. México, D. F., Niza.) Plust. 5066

G. Schwarzenbach, *Chelatkomplexbildung als Grundlage für Titrationen.* Bezugnehmend auf Unterss. von Lewis (J. Franklin Inst. **226**. [1938.] 298) über Säure–Base-Rkk. kommt Vf. zu der Auffassung, daß die Addition eines Wasserstoffions an eine Base, z. B. $H^+ + NH_3 \rightarrow NH_4^+$, wesensgleich ist mit der Rk. zwischen dieser u. einem Metallkation, z. B. $Cu^{2+} + 4\,NH_3 \rightarrow [Cu(NH_3)_4]^{2+}$. Als Grundlage für einen Titrationsprozeß kann man die Metallkomplexbldg. aber dehalb nicht gebrauchen, weil diese keinen definierten u. scharfen Endpunkt besitzt. Die Gründe hierfür werden diskutiert. Vf. entwickelt eine Vorstellung über den Ablauf des Chelateffektes u. zeigt, daß die Metallkomplexbldg. alle Merkmale einer Neutralisation bekommt, wenn man statt mehrerer Liganden polyfunktionelle Komplexpartner benutzt, die möglichst viele der am Metallkation vorhandenen Koordinationsstellen besetzen können. Eine große Anzahl neuartiger Titrationsvorgänge, bes. mit Äthylendiamintetraacetat, gründen sich auf dieses Prinzip. (Analytica chim. Acta [Amsterdam] **7**. 141—55. Aug. 1952. Zürich, Univ.) Plust. 5066

Charles A. Denton und **Kenneth E. Grauel,** *Schnellmethode zur Titration von mikrobiologischen Proben.* Es wird eine App. beschrieben u. skizziert, mittels deren bis zu 160 Proben pro Std. titriert werden können. Die App. ist aus den üblichen Geräten für die potentiometr. Titration aufgebaut u. versehen mit einer automat. Ausspülung der Probengläser sowie einer Vorr. zur schnellen Entleerung des Titrierbechers nach der Titration. (Analytic. Chem. **24**. 1526—27. Sept. 1952. Beltsville, Md., Bur. of Animal Ind. and Office of Operations, Agricult. Res. Center.) Barchet. 5066

K. A. Hyde, *Notiz über einen abgeänderten Apparat nach Dean und Starke.* Zur Erhöhung der Genauigkeit der Best. großer Wassergehh. durch Dest. mit n-Heptan auf 0,1% wurde an dem graduierten Meßrohr für das aufgefangene W. unten ein Schliff angebracht, an den Kölbchen bekannten Inhalts von verschied. Größe nach Bedarf angesetzt werden. (Chem. and Ind. **1951**. 1161. 29/12. Midland Counties Dairy Ltd.) Blumrich. 5074

R. D. Cadle, Myra Rolston und **P. L. Magill,** *Auffangen flüchtiger atmosphärischer Verunreinigungen an kalten Oberflächen.* Vff. berichten über die Leistungsfähigkeit einer App. für das Auffangen flüchtiger Substanzen, wie Formaldehyd, Bzl., SO_2, die in geringsten Mengen (Konz. $< 10^{-6}$) in Luft enthalten sind. Als Kühlmittel dienen eine Trockeneis–Isopropylalkohol-Mischung u. fl. Stickstoff. Die Leistung wird durch Füllung mit Glaskugeln oder Stahlringen erhöht, weil Nebelbldg. verhindert wird. (Analytic. Chem. **23**. 475—77. März 1951. Stanford, Calif., Stanford Res. Inst.) A. Bruck. 5088

a) Elemente und anorganische Verbindungen.

S. Lacroix und **Melle M. Labalade**, *Genaue colorimetrische Bestimmung der Fluoridionen.* Es wurde ein colorimetr. Verf. zur Fluoridbest. ausgearbeitet, das auf der Abschwächung der Färbung des Ferrisulfosalicylatkomplexes beruht. Zur F-Best. in *HF-* u. *Alkalifluoridlsgg.* versetzt man 25 cm^3 der zu analysierenden Probelsg., die 50 bis 80 mg F/1000 cm^3 enthält, mit einem Tropfen 0,1%ig. alkoh. Phenolphthaleinlsg. u. einigen Tropfen ca. 0,1 n NaOH bis zur Rosafärbung, die man mit ca. 0,1 n $HClO_4$ zum Verschwinden bringt. Die so vorbereitete Lsg. gibt man zu einem Gemisch aus 50 cm^3 Monochloressigsäurepuffer [18,90 g Monochloressigsäure unter Zusatz von 100 cm^3 n NaOH auf 1000 cm^3 aufgefüllt] u. 10 cm^3 Reagenslsg. [100 cm^3 verd. $Fe(NO_3)_3$-Lsg. + 40 cm^3 einer Lsg. von 9,530 g Sulfosalicylsäure auf 1000 cm^3 + 6,85 cm^3 n NaOH mit Pufferlsg. auf 250 cm^3 aufgefüllt], füllt auf 100 cm^3 auf u. colorimetriert. Die verd. $Fe(NO_3)_3$-Lsg. wird jeweils durch Verdünnen von 75 cm^3 einer unbegrenzt haltbaren, durch Auflösen von 40,00 g $Fe(NO_3)_3$ unter Zusatz von 450 cm^3 n $HClO_4$ auf 1000 cm^3 hergestellten Stammlsg. auf 1000 cm^3 bereitet. Die Eichkurve wird mit bekannten NaF-Lsgg. aufgestellt. Die Best. **ist** auf 0,3% genau. Sie wird von allen Kationen mit Ausnahme der Alkalien u. von allen Anionen, die Fluoridionen oder Ferriionen komplex binden oder unlösl. Ferrisalze bilden, gestört. Von den Anionen dürfen bes. Phosphate, Borate, Sulfate, Chloride u. Silicate nicht zugegen sein. — Bei Ggw. störender Bestandteile wird das Material, nötigenfalls nach Aufschluß mit Alkalischmelze, einer Dest. des F mit Wasserdampf in Ggw. von konz. H_3PO_4 u. Glaswolle bei 200 ± 5° unterworfen. Die colorimetr. F-Best. im Destillat erfolgt wie vorst. beschrieben. Auf diese Weise lassen sich *Kryolith*, AlF_3 u. CaF_2 analysieren. (Analytica chim. Acta [Amsterdam] **4.** 68—90. Febr. 1950. Paris, Comp. Alais, Froges et Camargue, Labor. d'Analyses.) Forche. G 246

C. Vermeil, *Eine mikrojodometrische Bestimmung mit dem Spektrophotometer. Anwendung auf die Mikrobestimmung von Phosphiten.* Vf. beschreibt ein allg. mikrojodometr. Verf., welches gestattet, durch Zugabe von KJ in saurer Lsg. die Stabilität u. Intensität der Färbung verd. wss. Jodlsgg. (1—10 γ/ml) zu erhöhen. Die Oxydationsbedingungen von HPO_3^{2-} durch Jod werden festgelegt u. auf eine Mikrobest. der Phosphite angewendet. Hierbei wird das überschüssige Jod, nach Zugabe von KJ, spektrophotometr. bestimmt. (Analytica chim. Acta [Amsterdam] **7.** 191—95. Aug. 1952. Paris, France, Inst. du Radium, Labor. Curie.) Plust. G 264

Charles E. White und **Harry J. Rose**, *Antimontrennung durch Extraktion aus Lösung.* Zur Trennung des Sb vor der Sb-Best. mit Rhodamin B von Sn u. As wurde versucht, Sb durch verschied. Komplexbildner in einen Komplex überzuführen, der dann mit einem Lösungsm. extrahiert werden kann. Mischungen von *Oxalsäure* u. *Citronensäure* eignen sich am besten als Komplexbildner, bes. beim Vorliegen von Sb^V, während sich *Essigsäureäthylester* am besten zur Extraktion dieses Oxalat–Citrat-Komplexes brauchbar zeigte. Da das Verteilungsverhältnis der optimal 1—2 n salzsauren Lsgg. von extrahiertem Sb^V zu Sb^V im wss. Rückstand 5,03 beträgt, genügt ein 3maliges Extrahieren. *Fe, Sn, Cu, Cd, Pb, Ge, Te* werden nicht, *As, Bi, Mo* in Spuren, *Ag* u. *Hg* in größeren Mengen u. *Au* vollständig mit extrahiert. (Analytic. Chem. **25.** 351—53. Febr. 1953. College Park, Md., Univ. of Maryland.) Moslé. G 266

E. Sánchez Serrano und **I. López Santos**, *Mikrobestimmung des Kaliums mit einem radioaktiven Reagens* (*Hexanitrokobaltat mit* ^{60}Co). Von metall. ^{60}Co ausgehend, stellt man in bekannter Weise *Na-Hexanitrokobaltat* [Na–Co(III)-Nitrit], $Co(NO_2)_6Na_3$ (**I**), am besten wegen seiner Haltbarkeit in fester Form, her. Die Reagenslsg. bereitet man durch Auflösen von 25 g radioakt. **I** in 150 ml einer Lsg., die 50 g $NaNO_2$ enthält, u. Zufügen von 5 ml 2 g $AgNO_3$ enthaltender Lsg., Verdünnen auf 200 ml, Zugeben von 2 ml Eisessig, Luftdurchleiten während 5 Min., nach 12std. Stehen Filtrieren durch feinporiges Filter. In der Kälte aufbewahrt, ist sie 15—20 Tage haltbar, zweckmäßig vor Gebrauch zu zentrifugieren. (Andere Herstellungsweise durch Ionenaustausch von inakt. **I** mit radioakt. Co-Nitrit- oder Acetatlösung.) Die lange Halbwertsperiode 5,3 Jahre des ^{60}Co erlaubt lang dauernde Verwendbarkeit des radioakt. **I** u. seine Wiedergewinnung aus Ndd. u. Lösungen. Durch Zugeben der radioakt. Reagenslsg. zur K-haltigen Probelsg., der man eine kleine Menge inakt. $Co(NO_2)_6K_2Ag$ (**II**) zugefügt hatte, unter Umrühren, gegebenenfalls in alkoh. Medium, erhält man radioakt. **II**. Man dampft auf dem Wasserbad zur Trockne u. wäscht mit 10%ig. A., der mit inakt. **II** gesätt. ist, bis das radioakt. Reagens entfernt ist. Der Nd. wird auf ein Filter von 2,5 cm Durchmesser gebracht, mit infrarotem Licht getrocknet, mit einem Cellophanblatt bedeckt u. zur Messung mit dem Geiger-Müller-Zähler montiert. Aus dem Vgl. mit entsprechend behandelten Eichproben findet man das ursprünglich in der Probe enthaltene K, da das später zugefügte inakt. II nicht zur Messung beiträgt. Bei Benutzung der γ-Strahlung ist die Empfindlichkeit 0,1 γ/0,5—1 ml Lsg., mit β-Strahlung könnte sie noch gesteigert werden. Das Verf. ist auf die K-Best. im *Blutserum* anwendbar, wenn man vermeidet, das K in Ggw. der Proteine zu fällen. Deren Entfernung mit Trichloressigsäure (Ag^+-Störung) ist nicht angezeigt. Ein Verf. der Vorbereitung der Probe durch Fällung mit Na-Wolframat, $Cu(NO_3)_2$, später $AgNO_3$, dann durch Fällung der so enteiweißten Probe mit radioakt. I wird angegeben, oder es wird die Veraschung in Ggw. von HNO_3 empfohlen, wodurch auch das sonst störende NH^{4+} beseitigt wird. Rb u. Cs, die in biol. Material kaum vorkommen, würden stören; dagegen die stets vorhandenen Elemente Mg, Ca, Li u. Na, auch in großem Überschuß, stören nicht. (Inform. Quím. analít. 7. 43—50. März/April 1953. Madrid, Inst. nacion. Geoffs., Secc. Radioactiv.) Metzener. G 275

Fritz Feigl und **A. Schaeffer,** *Analytische Anwendung der Bildung des Berylliumfluoridkomplexes.* Das komplexe Fluoberyllation BeF_4'' ist außerordentlich stabil, so daß die in W. schwer lösl. Fluoride des Ca, Th, Ce, La, Pb u. Mg von $Be(NO_3)_2$-Lsg. aufgelöst werden, z. B. $2\,CaF_2 + Be^{\bullet\bullet} \rightarrow BeF_4'' + 2\,Ca^{\bullet\bullet}$. Der maskierende Effekt des Fluoridions auf gewisse Metallionen wird durch Zusatz von $Be^{\bullet\bullet}$-Ionen aufgehoben, indem BeF_4'' gebildet u. das betreffende Metallion frei gemacht wird, z. B. $2\,AlF_6''' + 3\,Be^{\bullet\bullet} \rightarrow 3\,BeF_4'' + 2\,Al^{\bullet\bullet\bullet}$. K-Fluoberyllat entsteht beim Zusammenschmelzen oder Sintern von Be-Silicaten oder metall. Be mit KHF_2. Dieses Verh. des Fluoberyllations bildet die Grundlage für die gravimetr. Analysen von Flußspat u. Kryolith u. für den Nachw. von Phosphat, Molybdat, Wolframat, Fe u. Ti in Ggw. großer Mengen Fluorid u. von Be in Mineralen, Erzen u. Legierungen. — *Ca-Best. in Flußspat*: 0,1—0,2 g der feingepulverten Probe erwärmt man mit 0,1 n Essigsäure 30 Min. auf dem Wasserbad u. filtriert; in dem Filtrat bestimmt man durch Fällung als Oxalat das „säurelösl." Ca. Das Filter mit Rückstand wird verascht, 10 Min. mit 5—10 cm³ 2 n HCl + 50 cm³ W. + 1—2 g $Be(NO_3)_2$ erwärmt u. der unlösl. Rückstand abfiltriert. Die Lsg. versetzt man mit NH_4OH bis zum Auftreten eines Nd., bringt diesen durch tropfenweise Zugabe von warmer verd. Essigsäure in Lsg. u. fällt das Ca als Oxalat. Der Nd. wird am nächsten Tag abfiltriert, mit verd. NH_4-Oxalatlsg. gewaschen, zum Oxyd verglüht, in einer bekannten Menge 0,1 n HCl gelöst u. der Säureüberschuß mit 0,1 n NaOH gegen Methylorange zurücktitriert. Der dem gefundenen Ca-Wert entsprechende Fluoridwert ist ein Maß für den F-Geh. des Flußspats. — *Al-Best. in Kryolith*: 0,1—0,2 g werden 5 Min. mit 5—10 cm³ 2 n HCl + 50 cm³ W. + 0,5—1,0 g $Be(NO_3)_2$ erwärmt, der Rückstand (Gangart) abfiltriert, die warme Lsg. mit NH_4OH bis zur Bldg. eines Nd. versetzt u. dieser mit 2 n Essigsäure in Lsg. gebracht. Dann versetzt man mit 10—20 cm³ 2 n NH_4-Acetatlsg. u. 4%ig. Oxinlsg. in Essigsäure, bis die Fällung vollständig ist, erhitzt zum Sieden, filtriert den Nd. nach einer Std. durch einen Filtertiegel ab, wäscht mit W. u. trocknet bei 110—120°. — *Be-Nachw. in Mineralen, Erzen u. Legierungen*: Einige mg der Probe werden mit der dreifachen Menge KHF_2 gemischt u. in einem Pt-Löffel 3—4 Min. geschmolzen oder gesintert. Die erkaltete M. wird mit 2 cm³ W. behandelt u. nach 5 Min. filtriert oder zentrifugiert. Ein Tropfen der Lsg. wird auf einer Tüpfelplatte mit einem Tropfen Chinalizarinlsg. versetzt. Blaufärbung, die mit Bromwasser nicht verschwindet, zeigt Be an. — *Fe-Nachw. in Fluoriden*: Ein Tropfen Probelsg. wird auf einer Tüpfelplatte mit einigen Kristallen KSCN u. einem Tropfen HCl vermischt. Auf Zusatz von $BeCl_2$ oder $BeSO_4$ tritt in Ggw. von Fe Rot- oder Rosafärbung ein. Auf diese Weise lassen sich 2,5 μg Fe in Ggw. von 25 mg NH_4F erkennen. — Der *Ti-Nachw.* mit H_2O_2 erlaubt, als Tüpfel-Rk. ausgeführt, die Erkennung von 1 Teil Ti in 6100 Teilen NH_4F. (Analytic. Chem. 23. 351—53. Febr. 1951. Rio de Janeiro, Ministerio da Agricultura, Labor. da Produção Mineral, u. Ministerio da Guerra, Escola Tecn. do Exercito, Labor. Quim.) Forche. G 281

Georg Denk, *Über die alkalimetrische Bestimmung des Cadmiums.* Vf. überprüft die Titration von Cd-Salzen starker Säuren mit NaOH u. untersucht den Einfl. der Konz., der Anionen, der Gehh. an freier Säure u. von Fremdionen. Zur Erzielung homogener krist. Ndd. wird bei Siedehitze gearbeitet, wobei *o-Kresolphthalein* (I) als Indicator geeignet ist. Erhitzt man 100—500 mg Cd in 50 ml neutraler Sulfatlsg. u. titriert mit 0,3—0,5 n NaOH, so erhält man bei der Zus. des Nd. $CdSO_4 \cdot 3\,Cd(OH)_2$ einen scharfen Umschlag. Schwefelsaure Lsgg. müssen vorher gegen Methylrot neutralisiert werden. Man erhält brauchbare Werte, wenn die Konzz. an H_2SO_4 oder Na_2SO_4 0,3 n nicht übersteigen. Werden Nitrat- oder Perchloratlsgg. analog titriert, so hat der Nd. ziemlich genau die Zus. $CdX_2 : Cd(OH)_2 = 1 : 50$. Der Geh. an HNO_3 bzw. $NaNO_3$ kann ohne Minderung der Genauigkeit bis n/1 bzw. 2n betragen. Bei der Titration von Chloridlsgg. erhält man nur in Ggw. von $Na_2C_2O_4$ brauchbare, aber noch um 2% zu niedrige Ergebnisse, so daß als empir. Faktor NaOH/Cd = 1/1,02 zu wählen ist. Der Nd. hat die Zus. $CdC_2O_4 \cdot Cd(OH)_2$. Zur Titration verd. man auf 75 ml, setzt 10—20 ml kaltgesätt. Oxalatlsg. zu, erhitzt zum Sieden u. titriert in üblicher Weise. Die Konz. der zunächst in der Kälte gegen Methylrot zu neutralisierenden freien HCl bzw. die Konz. an NaCl soll $<0{,}3$n sein. Die Fehlergrenze beträgt $\pm 0{,}3$%. (Z. analyt. Chem. **136**. 336—44. 1952. Karlsruhe, TH, Inst. für anorgan. Chem.) Weitbrecht. G 289

William Stross, *Polarimetrische Bestimmung des Cadmiums in Aluminiumlegierungen.* Die Probe wird zuerst mit NaOH behandelt u. hernach mit HNO_3 gelöst. Cu, Pb u. einige andere Elemente werden bei Ggw. von $(NH_4)_2SO_4$ elektrolyt. abgeschieden; Cd bleibt in Lösung. Fe wird bei p_H 3 mit Hydroxylamin reduziert. Nach Zugabe von Gelatine wird der O_2 durch Durchleiten von H_2 oder N_2 entfernt u. Cd polarimetr. bestimmt. Bei der Best. stören die Begleitelemente der Al-Legierungen nicht. Die Meth. hat sich für den Bereich von 0,01—5% als brauchbar gezeigt. (Metallurgia [Manchester] **43**. 145—47. März 1951. Aylesbury, Internat. Alloys Ltd.) K. Stein. G 289

T. O. Portcastle, *Analyse von Zirkonium.* 1. Mitt. *Nachweis, Abtrennung und Bestimmung des Hf-Gehaltes.* Zusammenfassende Darst. der Chemie u. Technologie von Zr u. Hf. Analyt. Nachweismethoden für Zr u. Hf. Trennverff. von Zr u. Hf werden kurz referiert. — 14 Literaturzitate. (Chem. Age **68**. 389—92. 7/3. 1953.) Weigel. G 323

Imre Bozsai und **Zoltán Hegedüs**, *Polarimetrische Titrationen mit rotierenden Platinelektroden.* 1. Mitt. *Die polarimetrische Manganbestimmung.* Die Meth. beruht auf der Titration von MnO_4^- mit Fe^{2+} u. eignet sich zur Best. von geringen Mengen Mn in Metallen. 0,5 g Metallspäne werden in 20 ml verd. H_2SO_4 (1 : 3) u. 10 ml verd. HNO_3 (1 : 3) gelöst, die Stickoxyde durch Kochen entfernt u. auf 80 ml verdünnt. Das vorliegende Mn^{2+} wird mit 5 ml 0,5%ig. $AgNO_3$-Lsg. (Katalysator) u. 20 ml 10%ig. NH_4-Peroxydisulfatlsg. oxydiert. Zur Zers. überschüssigen Oxydationsmittels wird 10 Min. weitergekocht. Nach Abkühlen auf 100 ml aufgefüllt u. die K_2SO_4-Agarbrücke sowie eine rotierende Pt-Mikroelektrode eingehängt, welche mit $+1{,}15$ V polarisiert wird. Die Titration erfolgt bei amperometr. Endpunktsanzeige mit 0,01 bzw. 0,005n-$FeSO_4$-Lsg., die im Liter 200 ml H_2SO_4 (D. 1,84) u. zur Stabilisierung 1 g Cd-Späne enthält. Die Anwesenheit von Zn^{2+}, Cu^{2+}, Al^{3+}, Ni^{2+}, Co^{2+}, Ti^{4+}, MoO_4^{2-} stört nicht, hingegen besitzt Cl^- bei $+1{,}15$ V bereits einen Diffusionsstrom, weswegen auch die Agarbrücke kein KCl enthalten soll. Cr u. V bilden bei der Oxydation CrO_4^{2-} u. VO_3^-, die durch Fe^{2+} red. werden u. das Ergebnis beeinflussen. In 100 ml können 10 µg Mn noch bestimmt werden, die Genauigkeit beträgt ca. $\pm 0{,}002$% Mn. (Magyar Kémiai Folyóirat [Ung. Z. Chem.] **58**. 331—34. Nov. 1952. Budapest, Rákosi Mátyás Vas-, Acél- és Fémmüvek, Kém. Labor.) v. Pilinszky. G 350

C. J. B. Fincham und **F. D. Richardson**, *Ein stöchiometrisches Verbrennungsverfahren zur Schwefelbestimmung in Schlacken.* Die Schlacke wird in einem CO_2-Strom geschmolzen u. das erzeugte SO_2 gemessen. Die Genauigkeit des Bestimmungsverf. ist ± 2%. Für Siemens-Martin-Ofen- u. Hochofenschlacken beträgt die Analysendauer 30 Minuten. (J. Iron Steel Inst. **172**. 53—55. Sept. 1952. Nuffield, Royal School Min., Res. Group in Extract. Metall.) Hochstein. G 354

—, *Bestimmung von gebundenem Kohlenstoff in graphitischem Eisen. Nach den Methoden des Analysis Committee.* Die Best. des gebundenen C in graphit. Gußeisen erfolgt durch Errechnung der Differenz der getrennten Bestimmungen des gesamten u. des graphit. C. Die Verwendung fester Proben sowohl für die Best. des gesamten C-Geh. als auch des graphit. C wird empfohlen. Bohrspäne geben infolge des auftretenden Verlustes von feinem Graphitstaub zu niedrige Analysenwerte. Es werden die Schwierigkeiten in der Probenahme von hochgekohltem, groblamellarem Gußeisen erörtert u. die Verwendung einer besonderen Vorr. zur Herst. von festen Proben von geeigneter Größe u. Gewicht aus verschied. Punkten eines Gußstückes empfohlen. (J. Iron Steel Inst. **172**. 79—86. Sept. 1952.) Hochstein. G 354

Diedrich Schroeder, *Die röntgenographische Untersuchung von Tonmineralen nach dem Zählrohrverfahren.* Vf. bespricht die Röntgenanalyse von Tonmineralen nach dem Zählrohrverf. u. diskutiert seine Vorteile gegenüber der visuellen u. der photometr. Methode. Die Anwendung einer mathemat. Beziehung zur quantitativen Analyse eines zweiphasigen Mineralgemischs wird an einem Beispiel gezeigt. — 29 Literaturhinweise. (Z. Pflanzenernähr., Düng., Bodenkunde **62**. 148—58. 1953. Hannover, TH, Inst. für Bodenkunde.) Winiker. 5290

Daniel Collier, *Untersuchung der Zersetzung von Graniten nach der Methode des Schmelzens mit Bisulfat.* Granit. Muttergestein u. aus diesem durch Zers. hervorgegangene Sande u. Böden wurden mit $KHSO_4$ geschmolzen u. der nicht aufgeschlossene Anteil chem. analysiert. Von den Böden wurden jeweils verschied. Horizonte untersucht.

Ganz allg. ergab sich, daß die Rückstände prakt. reine Gemische von Quarz, K-Feldspat u. Ca–Na-Feldspat sind. Von Mineralien nimmt der Orthoklas beim Übergang Muttergestein → Boden am wenigsten ab; eine Anreicherung wurde im Sand festgestellt. Die Plagioklase dagegen zeigen die stärkste Abnahme bei dem Übergang. Der lösl. Anteil seinerseits zeigt ein Maximum in den Sanden u. nimmt hierauf in den Böden sehr stark ab. (C. R. hebd. Séances Acad. Sci. **236**. 519—21. 2/2. 1953.) GOTTFRIED. 5292

b) Organische Verbindungen.

I. Ribas und **Dolores Vázquez-Gesto,** *Untersuchung über die Mineralisierung der organischen Substanz beim Kjeldahl-Verfahren.* (Vgl. C. **1951**. I. 3096.) Die Anwendung der *$HClO_4$* (I), um eine Schnellbest. auch für schwer angreifbare Substanzen, bes. Ring-N enthaltende, zu ermöglichen, erfordert eine genaue Bemessung ihrer Menge, da andernfalls NH^{4+} zu N_2 oxydiert wird. Deshalb wurden verschied. Katalysatoren daraufhin untersucht, ob sie in Ggw. von I, deren schädliche Wrkg. verhindernd, oder ohne I eine genügend schnelle Mineralisierung bewirken. Ein Erfolg ergab sich aber erst, als bekannte Katalysatoren ohne I unter Zusatz von *K_2SO_4*, also bei höherer Temp., zur Einw. gebracht wurden. Etwa 10 mg Substanz in 1 ml W., gegebenenfalls in angesäuertem oder alkalisiertem W. gelöst, werden mit 2 ml konz. *H_2SO_4* + 3 g K_2SO_4 + 1 ml einer Lsg. von 0,5% *Se* in konz. H_2SO_4 + 0,05 g *$HgSO_4$* gekocht. Danach werden 10 ml W. zugefügt, mit dem Destillationsapp. verbunden, mit 33%ig. NaOH alkalisiert, 0,5 ml gesätt. $Na_2S_2O_3$-Lsg. zugegeben (→ HgS) u., ohne zu filtrieren, in üblicher Weise destilliert. Die zur Mineralisierung erforderliche Zeit beträgt maximal ca. 20 Min. für *α.β'-Dipiperidylhydrochlorid*, meist 10—12 Min. für *Nicotinsäure, Tryptophan, Cytisinmonotartrat, Sparteinperchlorat, Cinchoninhydrochlorid, Atropinsulfat, Glykokoll, Alanin, Asparaginsäure, Kreatin,* noch weniger (4—5 Min.) für *Histidinmonohydrochlorid* u. *Tyrosin.* Man kann aber das Kochen bis zu 30 Min. fortsetzen, während darüber hinaus N-Verluste eintreten. (Inform. Quím. analít. **7**. 29—42. März/April 1953. Santiago, Univ., Fac. Cie.) METZENER. 5352

K. Wanka und **Ed. Fridrich,** *Einfache Apparatur zur Bestimmung der gesamten Gasausbeute aus Calciumcarbid.* Zur Best. der Gesamtausbeute aus *Calciumcarbid* (I) benutzten Vff. eine App., die aus einer dickwandigen Saugflasche von 10 Liter Inhalt als Zersetzungsgefäß besteht, das mit einer Kühlschlange aus Fe u. einem durch den Gummistopfen befestigten Thermometer besteht u. mit einem dickwandigen ERLENMEYER-Einliterkolben mittels 20 mm-Schlauch verbunden ist. In diesen Kolben wird das I eingewogen (350—400 g). Handelt es sich um pulveriges I, vermischt man es mit der 10fachen Menge reinem Sand. Im Zersetzungskolben befinden sich 4 Liter mit NaCl u. *Acetylen* gesätt. Wasser. Aus dem Einwaagenkolben fügt man das Untersuchungsmaterial in kleinen Mengen in das Zersetzungsgefäß, vermischt durch Schütteln u. kühlt. So läßt sich die Zers. auf einen Überdruck von 10 mm Wassersäule regulieren. Die Temp. des Gases wird auch im angeschlossenen Thermostaten u. im Gasmesser gleichgehalten. Der Gasmesser u. die App. werden mit H_2 (aus Zn u. H_2SO_4) geeicht bzw. überprüft. Verluste durch Polymerisation des Acetylens, worauf DOLCH (Z. Elektrochem. angew. physik. Chem. **32**. [1926.] 68) hingewiesen hatte, betragen ca. 0,03% u. sind zu vernachlässigen. Die Ergebnisse sind sehr befriedigend. (Chem. Průmysl **2** (27). 150—52. 1952.) FREYTAG. G 530

Takeo Takahashi, Kozi Kimoto und **Shigekichi Minami,** *Organisch-technische Analyse nach der Cersulfatmethode.* 1. Mitt. *Titration mehrwertiger Alkohole.* Mit 0,1 n $Ce(SO_4)_2$-Lsg. im Überschuß (Rücktitration mit $FeSO_4$) ließen sich 0,1%ig. Lsgg. von *Mannit, Sorbit, Inosit* u. *Pentaerythrit* in der Siedehitze (2—20 Min.) potentiometr. bedeutend rascher als bisher titrieren. Endpunkt gut erkennbar, Fehler 0—5%, meist ca. 1%. (J. chem. Soc. Japan, ind. Chem. Sect. [Kōgyō Kagaku Zassi] **55**. 115—16. Febr. 1952. Tokyo Univ. [Orig.: japan.]) SCHULER. G 580

Teruzo Asahara, Yotaro Konishi, Yusuke Kuroda und **Minoru Mashino,** *Chromatographische Trennung von Fettsäuren.* Als Adsorptionsmedium wurde 2 Std. bei 500° calciniertes *MgO, CaO* u. *Al_2O_3* verwendet. MgO u. CaO wurden in A., Al_2O_3 in PAe. angerührt u. in die Säule gefüllt. MgO + CaO wirken besser als jedes für sich. Die Sichtbarmachung gelang durch Phenolrot. Die gesätt. *Fettsäuren* von C_4—C_8 u. die ungesätt. der gleichen C-Zahl, aber von verschied. Sättigungsgrad, lassen sich trennen. (J. chem. Soc. Japan, ind. Chem. Sect. [Kōgyō Kagaku Zassi] **54**. 70—72. Jan. 1951. Tokyo Univ. [Orig.: japan.]) SCHULER. G 800

K. V. Giri, A. N. Radhakrishnan und **C. S. Vaidyanathan,** *Faktoren, die die quantitative Bestimmung von Aminosäuren bei der Trennung durch Rundfilterchromatographie* *beeinflussen.* Die blauviolette Farbe der Rk. des *Ninhydrins* (I) mit Aminosäuren (AS) (*Threonin, Valin* u. *Leucin*) ändert sich bei Zugabe von Cu-Spuren (als $CuSO_4 \cdot 5 H_2O$) in ein rötliches Purpur. Die Intensität dieser Farbe ist von der Konz. an $Cu(^{2+})$ abhängig. Sie erreicht ein Maximum bei 0,2 mg $CuSO_4$ in 4 ml alkoh. Eluat u. fällt dann langsam mit wachsender Konz. bis zu 1,2 mg $CuSO_4$. Die Nutzung dieser Eig. ist für die quantitative Best. von AS empfehlenswert. Es wurde weiter beobachtet, daß die Intensität der aus den Ringzonen eluierten Farblsgg. mit der Fläche der Zonen variiert. Die Flächen der mit I angefärbten Zonen wachsen mit dem Weg, den eine AS durchlaufen hat. Es stehen deshalb größere Flächen für die Rk. mit I zur Verfügung, was sich in einem Anwachsen der Intensität der extrahierten Farbe äußert. Es empfiehlt sich deshalb, bekannte Mengen der zu bestimmenden AS mitlaufen zu lassen. Die durchlaufenen Strecken sind genau zu kontrollieren. Verluste, die bei zweidimensionalen Chromatogrammen auftreten, werden bei der Rundfiltertechnik auf ein Mindestmaß reduziert. (Analytic. Chem. **24.** 1677—78. Okt. 1952. Bangalore, Indian Inst. of Sci., Dep. of Biochem.) ENDRASS. G 950

René A. Paris und **Julien Vial,** *Physikochemische Analyse von Gemischen des Phenols mit seinen Homologen. Destillation — allgemeine Schlußfolgerungen.* Gemische von *Phenol* (I), den *Kresolen* (II) u. den *Xylenolen* (III) wurden mit verschied. Typen von Laboratoriumskolonnen (VIGREUX-, ROBERT-Kolonne, Kolonne mit Metallspiralen) dest. u. der I- u. II-Geh. in einzelnen Fraktionen nach der Trübungspunktmeth. der Vff. (C. **1949.** I. 821) bestimmt. Durch die VIGREUX-Kolonne lassen sich I u. die III nicht befriedigend trennen. Bei Verwendung der ROBERT-Kolonne geht bis 196° das gesamte I (neben II) über; im Rückstand (Kp. >205°) findet sich die Hauptmenge der III. In der Kolonne mit Metallspiralen geht unterhalb 195° das I über, während die III nicht vor 197° zu dest. beginnen. In Gemischen, die nur I u. II enthalten, bestimmt man I durch die Trübungspunktmeth. u. die Summen (o-II + p-II) u. (I + m-II) durch die thermometr. oder konduktometr. Analyse der Bromierungsprodd. (PARIS u. VIAL, im Druck). Gemische, die I, II u. III enthalten, werden in einer guten Kolonne bis 196° destilliert. Im Destillat bestimmt man I, im Rückstand III durch die Trübungspunktmeth., die Differenz nach Abzug von I u. III entspricht dem II-Gehalt. (Chim. analytique [4] **34.** 37—38. Febr. 1952.) K. F. MÜLLER. G 1060

K. Täufel nnd **H. Iwainsky,** *Zur reduktometrischen Bestimmung von Glucose in Gegenwart von Aminosäuren.* Die in art- u. mengenspezif. Ausmaß durch Aminosäuren erfolgende Erhöhung des Reduktionsvermögens von Glucoselsgg. wird an Hand der reduktometr. Zuckerbest. nach LUFF-SCHOORL untersucht. Die geprüften Aminosäuren bewirken unter den Versuchsbedingungen eine Erhöhung des Reduktionswertes von 11—39%, Dipeptide zeigen einen wesentlich geringeren, Polypeptide prakt. keinen analyt. faßbaren Einfluß. Die Zusammenhänge der gefundenen Ergebnisse mit der MAILLARD-Rk. werden erörtert. (Z. analyt. Chem. **136.** 31—35. 1952. Potsdam-Rehbrücke, Inst. für Ernährungsforsch.) K. MÜLLER. G 3400

André Buchy, *Nachweis und Bestimmung des Chlorophylls und seiner Abkömmlinge.* Im BECKMAN-Spektrophotometer wurden bei Wellenlängen von 3900—6800 Å die Absorptionskurven von reinem u. auf Cu fixiertem fettlösl. Chlorophyll sowie von Cu–Na-, Cu–K-, Mg–Na- u. Mg–K-Chlorophyllin in Lsgg. in Ae., Aceton u. A. festgestellt. An Hand von 6 Diagrammen beschreibt Vf. Meth. u. Ergebnisse, die die qualitative u. quantitative Best. im Rohstoff, während der Fabrikation u. im Endprod. u. deren Beurteilung ermöglichen. (Ind. Parfumerie **7.** 344—48. Nov. 1952. Labor. de Rech. d'Alimentat. équilibrée.) MÜHLMEISTER. G 3550

c) Bestandteile von Pflanzen und Tieren.

Fritz Jung, *Über die Bedeutung der Elektronenmikroskopie für Medizin und Biologie.* Krit. Erörterung der für Medizin u. Biologie wichtigsten Präparationsverff. (Dünnschnitte, Fixierung, Färbung, Oberflächenabdrucke, Schrägbedampfung) u. der Schwierigkeit der Bilddeutung. Aufzählung u. Würdigung einiger der wichtigsten medizin. u. biol. Anwendungsmöglichkeiten des Elektronenmikroskops (Makromoll., Muskel- u. Nervenfibrillen, Bindegewebe, Virus, Bakterien). Eigene Unterss. über die Zellmembranen von roten Blutkörperchen mit elektronenmkr. Aufnahmen. (Elektrotechnik **4.** 416—21. Dez. 1950.) v. BORRIES. 5660

B. Luschin, *Beitrag zur Anwendbarkeit der Phasenkontrastmikroskopie bei histologischen Schnitten.* (Mikroskopie [Wien] **7.** 345—53. 1952. Wien, Tierärztl. Hochschule, Inst. für Histologie u. Embryologie, u. TH, Forschungsinst. der Opt. Werke C. Reichert u. Schwachstrominst.) GOTTFRIED. 5661

Alexandre Gourévitch, *Ein neues Fixierverfahren durch Gefrieren für histochemische Untersuchungen.* Das durch Tauchen der Objekte in fl. N_2 oder auf —160° gekühltes

Isopentan gebildete Eis wird durch 20 std. Bewegen in viel auf −50 bis −45° gekühltem A. aufgelöst. Die Präpp. werden 2—4 Tage lang mit absol. A. bei +38° nachbehandelt. — Glykogen, Mucin usw. blieben dabei gut lokalisiert. — Erprobt an Retinae u. Geweben von Frosch u. Molch. Nicht geeignet für zentrales Nervensystem. (C. R. hebd. Séances Acad. Sci. **236**. 754—56. 16/2. 1953.) BLUMRICH. 5661

Guy Deysson, *Eine Methode zur Fixierung und Färbung des Chondrosoms ohne vorherige Differenzierung mittels trichloressigsauren Orcins.* Das Gewebe wird 30 Min. in 5%ig. Formalin getaucht u. danach 24 Std. lang in der Kälte in einer geschlossenen Küvette mit 1 cm^3 trichloressigsaurem Orcin behandelt, dem kurz vor Gebrauch 0,1 cm^3 nHCl zugefügt wurde. (C. R. hebd. Séances Acad. Sci. **235**. 1529—31. 10/12. 1952.) I. WEINMANN. 5661

M. Grace Eggleton, *Extraktion von Chlorid aus der Säugetierhaut.* Um den Chloridgeh. in der Säugetierhaut zu bestimmen, wurde die Probe 18—24 Std. bei 105—110° getrocknet u. nach vorherigem Zerkleinern in 10%ig. Trichloressigsäure in wenigen Min. vollkommen ausgelaugt. Auch Thiocyanat ließ sich auf diese Weise bestimmen. (Nature [London] **168**. 660. 13/10. 1951. London, Univ. Coll., Dep. of Physiol.) R. KÖNIG. 5664

W. E. Morris, Revision tests in organic chemistry. London; Methuen. 1953. (62 S.) 2 s 9 d.

H. Angewandte Chemie.

I. Allgemeine chemische Technologie.

J. Ciborowski und **L. Leśniewicz,** *Untersuchungen über den Wärmeübergang in Füllkörperrohren.* Der Wärmeübergang in mit RASCHIG-Ringen gefüllten 2-Zoll-Röhren wird gemessen. Bei einer modifizierten REYNOLDs-Zahl von 15—2000 beträgt das Verhältnis des Wärmeübergangskoeff. der leeren zu dem der gefüllten Röhre 3—6. Dieses Verhältnis nimmt mit steigender Gasströmungsgeschwindigkeit ab. Es verringert sich ebenso, wenn das Verhältnis des äquivalenten Durchmessers der Füllung zum Durchmesser der Röhre innerhalb der Grenzen von 0,16—0,40 zunimmt. (Przemysł chem. **7** (**30**). 621—26. Okt. 1951.) FREYTAG. 5814

Ss. D. Chussid, *Untersuchung der Gesetzmäßigkeiten des Zerkleinerungsprozesses in Walzmühlen.* (Доклады Академии Наук СССР [Ber. Akad. Wiss. UdSSR] [N. S.] **88**. 449—52. 21/1. 1953. Allunions Wiss. Forschungsinst. für Getreide.) LEBTAG. 5820

Louis Désalbres, *Die Nadelholzöle als Flotationsmittel.* Das Nadelholzöl, das beste der bekannten Flotationsmittel, enthält, im Gegensatz zum Terpentinöl, von dem es durch Dest. getrennt wird, fast nur tert. u. sek. hydroaromat. Alkohole, während die hydroaromat. KW-stoffe in erster Linie im Terpentinöl zu finden sind. Um festzustellen, welche Verbb. für die Flotationswrkg. maßgebend sind, werden von α-Terpineol (**I**), Menthanol-8 (**II**) (tert. Alkohole), Borneol (**III**), Fenchol (**IV**) (sek. Alkohole), α-Pinen (**V**), β-Pinen (**VI**), Dipenten (**VII**) u. Terpinolen (**VIII**) (KW-stoffe) verschied. physikal. Eigg. bestimmt, vor allem die Oberflächenspannung der mit W. gesätt. Fll. (Ya), der mit den Terpenen gesätt. wss. Phase (Yb), u. die der reinen Terpene. Yb ist im Falle der Alkohole gegenüber reinem W. stark erniedrigt, während die KW-stoffe in diesem Falle kaum eine Erniedrigung bewirken. Die ANTONOWsche Regel: Yab = Yb—Ya liefert für die Alkohole Übereinstimmung mit den Meßwerten für die Grenzflächenspannung (Yab), bei den KW-stoffen stimmt sie nicht. Letztere wirken nicht als Flotationsmittel, sondern vermindern die schaumbildende Wrkg. der Alkohole. Diese Antischaumwrkg. läßt sich ausdrücken durch den Ausbreitungskoeff. K auf dem W., das ist die Differenz der Adhäsionsspannung einer Fl. für die andere (TA) u. der Kohäsion (TC); (K = TA—TC). Für **I** u. **II** ergibt sich für K = 0,1 bzw. 0,3 (in diesem Falle ist die Regel von ANTONOW anwendbar), für **V—VIII** 20—30. Außerdem wird die Konzentrationsabhängigkeit der Oberflächenspannung wss. Lsgg. der Alkohole untersucht. Nach log Y = n·log C + Konst. (Y = Oberflächenspannung, n·log C = Maß für Adsorptionskapazität, C = Konz.) ergibt sich für **I** n = 0,175, **II** n = 0,183, **III** n = 0,135, **IV** n = 0,128. Schließlich werden noch Erzproben mit den obengenannten Substanzen flotiert u. die auf diese Weise abgetrennten Substanzmengen in Abhängigkeit von der Konz. an Flotationsmittel untersucht. Dabei ergibt sich die große Bedeutung von **I** für den Flotationsvorgang. (Chim. et Ind. **68**. 880—88. Dez. 1952. Soc. „Les Dérivés Resiniques & Terpéniques".) DALL' ASTA. 5828

P. L. Walker jr., E. E. Petersen und **C. C. Wright,** *Eigentümlichkeiten oberflächenaktiver Substanzen bei der Staubniederschlagung.* Es wird berichtet über den GIBBSschen Überschuß, über die Natur des Oberflächenfilmes von Lsgg. benetzender Substanzen, über die theoret. Menge der Substanz in einer orientierten unimol. Schicht, über die Menge der Substanz, berechnet aus dem GIBBSschen Überschuß. Weitere Betrachtungen dienen der Konz. der wss. Lsgg. der benetzenden Substanzen zum Zerstäuben u. der Wrkg. der benetzenden Stoffe bei der Staubniederschlagung. (Ind. Engng. Chem. **44.** 2389—93. Okt. 1952. Pennsylvania, State. Coll.) BOYE. 5850

R. F. Koenig und **S. R. Vandenberg,** *Flüssiges Natrium — ein nichtangreifendes Kühlmittel.* Während reines Fe durch oxydfreies Na angegriffen wird, wird an rostfreiem Stahl durch relativ reines Na der Schutzfilm verstärkt. Dieser Stahl ist bei 500° in Ggw. von Na absol. widerstandsfähig gegen interkristalline Korrosion. Für die Prüfung des Einfl. von Na auf die Zerreißfestigkeit, Ermüdungserscheinungen u. andere mechan. Eigg. werden geeignete Prüfmethoden angegeben. (Metal Progr. **61.** Nr. 3. 71—75. März 1952. Schenectady, N. Y., General Electric Co.) J. FISCHER. 5858

José-Maria Alvarez, *Handhabung von Ammoniak in einer Kälteanlage.* Beschreibung einer Kälteanlage u. deren Bedienung unter besonderer Berücksichtigung aller für NH_3 wichtigen Punkte. (Metalurgia y Electr. **16.** Nr. 179. 58—67. Juli 1952.) HEINRICHS. 5858

Rudolf Auerbach, *Mechanische Schwingungen in der Verfahrenstechnik.* Mechan. Schwingungen im Ultraschall-, Schall- u. Überschallbereich erzeugt man durch Getriebe, Elektromagnete, Sirenen, magnetostriktive u. piezoelektr. Schwinger. Zu beachten sind die starken Beschleunigungskräfte, die auch die Unterlagen erfahren. Wichtig neben der Amplitude ist oft auch die mehr oder weniger elast. Reflexion des Materials an seiner Unterlage. Theoret. Erörterung der Anwendungsmöglichkeiten. — 5 Zeichnungen, 2 Kurvenbilder, 9 Zitate. (Chemie-Ing. Techn. **24.** 259—61. Mai 1952. Berlin, Bamag-Meguin Akt.-Ges.) PAULI. 5878

Alfred Clark, *Oxyde von Übergangsmetallen als Katalysatoren.* Beschreibung des Verh. von Übergangsmetalloxyden bei katalyt. Rkk. im Licht der neuen Theorien über feste Katalysatoren. Messungen über H_2—D_2-Austausch zeigen, daß Hydrier-Dehydrier-Rkk. über diese Oxyde begleitet sind von der Anwesenheit eines Überschusses an Metallionen in der Oxydstruktur. In vielen Fällen ruft der gleiche Katalysator eine Rk. des Säuretyps, z. B. Isomerisation u. Polymerisation, hervor, was auf bifunktionelle Katalysatoroberfläche hindeutet. (Ind. Engng. Chem. **45.** 1476—80. Juli 1953. Bartlesville, Okla., Phillips Petroleum Co., Res. Div.) K. O. MÜLLER. 5904

H. Niemann & Co. Technisches Büro für Wärme- und Kältetechnik (Erfinder: **Wille Peters**), Bremen, *Dichtungsmasse,* bestehend aus getrocknetem Schlick, anorgan. Füllstoffen, z. B. Asbestmehl, Pigmentfarben u. in Ölen, bes. Holzöl, gelösten Abfallpechen. Die Prodd. werden heiß gemischt. (**D. B. P. 864 587** Kl. 22i vom 1/10. 1944, ausg. 26/1. 1953.) LÜTTGEN. 5813

Huileries Desmit et Sterckx, Belgien, *Herstellung einer Kittmasse.* Sie besteht aus 2 Prodd., die erst kurz vor dem Gebrauch gemischt werden. Prod. (**I**): 80—90(%) Carbonate von Mg, Ca, Sr, Ba; 10—20 trocknendes Öl; 0,5—3 Fe_2O_3. Prod. (**II**): 60 bis 70(%) Oxyd eines 2—3wertigen Metalles; 10—15 Al-Silicat; 7—13 W.; 5—10 Fe_2O_3; 7—15 Cr_2O_3 oder Cr-Salz. Die Mischung von **I** u. **II** erfolgt im Verhältnis 10:1. Prod **I**: 84(%) Kreide; 15 Leinöl; 1 Fe_2O_3. Prod. **II**: 62(%) PbO; 10 W.; 7 Fe_2O_3; 11 Kaolin; 10 Cr_2O_3. Die Kittmasse haftet auch auf Metall (z. B. eisernen Fensterrahmen) u. kann bereits nach 3 Tagen mit einem Farbanstrich versehen werden. (**F. P. 998 373** vom 31/10. 1949, ausg. 17/1. 1952. Belg. Prior. 13/9. 1949.) HEYNE. 5813

Th. Goldschmidt Akt.-Ges. (Erfinder: **Hellmuth Stamm** und **Hugo Arens**), Essen, *Antischaummittel,* bestehend aus einer Emulsion mit einem Geh. von 1—20% eines Organoalkoxysilans, 1—50% eines kurzkettigen, niedrigviscosen, nichtharzartigen polymeren Siloxans, 1—8% einer mit gesätt. oder ungesätt. Paraffinmonocarbonsäuren substituierten Organosiliciumverb. als Emulgator u. 1—10% koll., hochdispersem SiO_2 oder festem hochdispersem Alkylpolysiloxan als Stabilisator, Rest Wasser. Nach dem Beispiel werden ein Siliconöl bestimmter Viscosität, Methyltriäthoxysilan u. Methylsiliciumstearat verwendet. (**D. B. P. 883 589** Kl. 12a vom 31/8. 1951, ausg. 20/7. 1953.) SCHINDLER. 5825

Paul Heisel, Augsburg, und **Erhard Müller,** Gersthofen, *Schaumflotation von sulfidischen und nichtsulfidischen Erzen und nichtmetallischen Mineralien.* Als Schaumbildner wird ein Terpencarbinol der allg. Formel R—CH_2OH verwendet; hierin bedeutet R den gesätt. Rest eines 1- oder mehrwertigen Terpens. — Beispiel: Camphanyl- u. Menthanylcarbinol. (**E. P. 674 258** vom 18/11. 1949, ausg. 18/6. 1952. D. Prior. 20/11. 1948.) REICHELT. 5829

United States Hoffmann Machinery Corp., New York, übert. von: **Henry Frederick Hamlin,** Manlins, N. Y., V. St. A., *Elektrisches Fällungsverfahren* zur Entfernung von suspendierten Fremdstoffen aus Fll., bes. aus gebrauchtem Lösungsm. (**I**) auf Erdölgrundlage. I wird durch lose gepackte Glaswolle (**II**) mit hoher Fließgeschwindigkeit von wenigstens 10 Gallonen/Min. u. square foot-Filterfläche geführt. **II** wird der Wrkg. eines elektrostat. Kraftfeldes ausgesetzt. Bei einem Potentialgefälle von 10000 bis 15000 V werden die Teilchen gleichmäßig auf der Oberfläche der **II** niedergeschlagen. (**A. P. 2 573 967** vom 1/5. 1947, ausg. 6/11. 1951.) REICHELT. 5863

National Aluminate Corp., Chicago (Erfinder: **John William Ryznar,** La Grange Park), Ill., V. St. A., *Mittel zur Schaumverhinderung* bei Dampferzeugern, bestehend aus einem innigen Gemisch eines gepulverten, in W. verteilbaren absorbierenden Materials u. einer nichtionisierenden Verb. mit einem Gesamtgewicht von mindestens 500, welche eine Polyoxyalkylengruppe mit verschied. C-Atomen in Bindung mit verschied. Endgruppen, von denen eine eine OH-Gruppe, die andere eine Äthergruppe ist, enthält, wobei die Mischung mit oder ohne Zusatz von Bindemitteln brikettiert oder verformt ist. — Z. B. Monobutyläther eines Polyoxyäthylenglykols (**I**) 3(%), desulfoniertes Ligninderiv. 97, oder **I** 8, Soda 72, Na-Septaphosphat 20. Weitere Beispiele. (**D. B. P. 819 842** Kl. 12a vom 13/10. 1949, ausg. 5/11. 1951. A. Prior. 26/1. 1948.) SCHINDLER. 5865

Bozel-Maletra (Soc. Industrielle de Produits Chimiques), Seine, Frankreich, *Verhüten oder/und Zerstören von Schaum.* Die Fl. oder/u. der Schaum wird in direkte Berührung mit dem vibrierenden Glied eines *Ultraschallerzeugers* gebracht. Vorzugsweise ist Ultraschall niedrigerer Frequenz, d. h. 17000—100000 (19000—20000) Perioden pro Sek., anzuwenden. (**F. P. 982 692** vom 21/1. 1949, ausg. 13/6. 1951.) SCHREINER. 5865

Directie van de Staatsmijnen in Limburg, Holland, *Verfahren zur kontinuierlichen Kristallisation fester Stoffe aus ihren Lösungen.* Man läßt die konz. wss. Lsg. kontinuierlich durch ein ausschließlich durch die Wandung gekühltes zylindr. Gefäß, welches mit einer schraubenartigen Rührvorr. u. Abstreifmessern versehen ist, strömen, wobei die Rührgeschwindigkeit so geregelt ist, daß die an der gekühlten Zylinderwandung abgeschiedenen größeren Kristalle beim Absinken von der wss. Lsg. nicht wieder aufgelöst werden können, andererseits aber der Überschuß an Kristallkeimen durch Berühren mit der wss. Lsg. wieder in Lsg. gehen kann. Die ausgeschiedenen Kristalle können durch Zentrifugieren von der Mutterlauge getrennt werden. — Als Beispiele sind angeführt die Kristallisation von *Anthracen* aus Rohanthracenöl u. die Kristallisation von $Ca(NO_3)_2$. (**F. P. 974 521** vom 3/11. 1948, ausg. 23/2. 1951. Holl. Prior. 4/11. 1947.) HEYNE. 5869

N. V. Philips' Gloeilampenfabrieken, übert. von: **Cornelius Johannes Dippel, Jan Anthony Lely** und **Johannes Aloysius Maria Dikhoff,** Eindhoven, Holland, *Trocknen von Gelatineschichten.* Man leitet eine Gelatineschicht von höchstens 100, bes. 20 Mikron Dicke durch ein elektr. Feld, wobei die Gelatine über ihren F. erhitzt wird u. ein Gasstrom über sie geführt wird, so daß die Feuchtigkeit in bis zu 5 Min. entfernt ist. (**Can. P. 479 543** vom 29/5. 1947, ausg. 18/12. 1951. Holl. Prior. 1/6. 1946). PANKOW. 5875

VEB Optik Carl Zeiss (Erfinder: **Alexander Smakula** und **Heinz Fuchs**), Jena, *Erhöhung der Widerstandsfähigkeit der Oberfläche von Körpern,* dad. gek., daß die Oberfläche von Körpern aus anorgan. Stoffen, z. B. von empfindlichen opt. Gläsern oder von leicht angreifbaren Kristallen, wie Steinsalz, KCl, KBr, KJ oder aus Metallen, oder aus organ. Stoffen, z. B. organ. Kunststoffen, wie Harzen, Kondensations- oder Polymerisationsprodd., einer Glimmentladung ausgesetzt wird. Man verwendet dazu z. B. Spannungen von 3000 V u. Stromdichten von 0,1 mA/m^3. (**D. P. [DDR] 126** Kl. 48d vom 6/1. 1949, ausg. 31/12. 1951 [Wirtschaftspatent].) M. F. MÜLLER. 5879

Republic Flow Meters Co., Chicago, Ill., V. St. A. (Erfinder: **E. L. Tornquist** und **W. S. Guyot**), *Temperaturanzeiger.* Die Temp. wird durch eine M. angezeigt, die bei einer gewünschten Temp. eine bestimmte Strahlung aussendet. Hierzu ist auf der wärmestrahlenden Fläche ein biegsamer Streifen aufgebracht u. über dem zum Teil eine Schicht aus wärmeempfindlichem Material angebracht, das mit der wärmestrahlenden Fläche in Berührung steht u. bei Erreichen der genannten Temp. schmilzt. Diese M. enthält außerdem einen Farbstoff, oder es ist neben ihr ein Farbstoff angebracht, der sich beim Schmelzen der temperaturempfindlichen M. in ihr löst. Auf dem biegsamen Streifen ist weiter eine Indicatorschicht angebracht, die aus absorbierendem Material besteht u. aus der Schmelze den Farbstoff absorbiert u. damit sichtbar anzeigt, daß die gewünschte oder zu vermeidende Temp. erreicht ist. Zwischen beiden Massen kann noch eine Abschirmmasse angebracht sein, die eine vorzeitige Berührung des Farbstoffes mit dem Absorptionsmittel verhindern soll. Für die temperaturempfindliche M. eignen sich z. B. Myristinsäure, Stearinsäure, Cyclohexylmaleat, Guajacolbenzoat u. Palmitinsäure. Als Farbstoffe sind genannt: Calcophen, Red Y, Sudan III, Sudan IV, Gelb OB u. Gelb AB. Das Absorptionsmittel besteht z. B. aus Papier, das gegebenenfalls bes. imprägniert sein kann. Als Trennschicht zwischen Farbmasse u. Absorptionsmittel kann z. B. eine Papierscheibe dienen, die öl- oder fettbeständig gemacht ist. Sie kann auch aus Leim oder Natriumsilicat bestehen. — Zeichnungen. (**Schwed. P. 133 641** vom 1/10. 1945, ausg. 20/11. 1951.) JÜRGEN SCHMIDT. 5887

E. C. Andrae, Stockholm, Schweden, *Einführung von Schutzgas in Thermometerrohre.* Um eine Oxydation des Hg zu verhindern, wird in dem Thermometerrohr selbst ein Schutzgas, z. B. H_2 aus Na u. W., entwickelt. Erst hiernach werden die Rohre, gegebenenfalls nach Evakuierung, verschlossen. — Zeichnungen. (**Schwed. P. 132 900** vom 19/10. 1944, ausg. 11/9. 1951.) JÜRGEN SCHMIDT. 5887

Victor Buys, Frankreich, *Bestimmung der Dichte von festen Stoffen,* bes. von pflanzlichen Stoffen, nach dem Aräometerverfahren. Das zu untersuchende Gut wird in einem Siebbehälter untergebracht, welcher den unteren Senkteil des Flüssigkeitsaräometers bildet. (**F. P. 987 206** vom 23/5. 1949, ausg. 10/8. 1951.) M. F. MÜLLER. 5889

Jean-Étienne-Charles Bongrand, Seine, Frankreich, *Herstellung von Treibriemen und Kabeln* aus *Textilien,* die mit einer Mischung aus Polyvinylharzen u. Kautschuk überzogen oder imprägniert sind. Als Polyvinylverbb. sind genannt: Polyvinylalkohol, dessen Ester, wie Polyvinylacetat oder -chloracetat, dessen Acetale, wie Polyvinylformal oder -butyral, oder Polyvinylchlorid (**I**), als Kautschuk kann auch Regenerat, Methyl-, Butyl-, Thiokautschuk, Neopren verwendet werden. Man verwendet die festen Stoffe, Lsgg. oder Dispersionen. Man nimmt z. B. eine Mischung aus 100 (Gewichtsteilen) **I**, 30 Butylphthalat, 20 Anthracenöl, 100 Kautschuk, 30 Kreide, 30 Talkum, 30 Zinkweiß, 2 Mercaptobenzothiazol, 1 Aldolnaphthylamin, 2 S. (**F. P. 977 511** vom 29/7. 1942, ausg. 2/4. 1951.) PANKOW. 5893

General Electric Co., übert. von: **Harry F. Miller** und **Ralph G. Flowers,** Pittsfield, Mass., V. St. A., *Gel mit bis 300° gleichbleibenden Eigenschaften.* Eine Mischung von 1 (Mol) eines niederen Alkylesters der Orthokieselsäure, z. B. Äthylorthosilicat, mit 1,5—2,5 Ricinusöl, bzw. hydriertem Ricinusöl wird 3—100 Std. auf 125—175° erhitzt u. der sich bildende Alkohol abgezogen. (**A. P. 2 544 342** vom 19/4. 1946, ausg. 6/3. 1951.) STEIL. 5903

Directie van de Staatsmijnen in Limburg, Heerlen (Erfinder: **Willem van Loon,** Sittard), Holland, *Durchführung von Reaktionen von Gasen mit feinkörnigen Stoffen.* Das die Staubteilchen tragende Gas wird nacheinander in eine Reihe von übereinander angeordneten gleichartigen Reaktionsräumen durch ein in einem Winkel zur Senkrechten liegendes Rohr eingeführt u. an der Einführungsstelle mit den aus dem gleichen oder aus darüber angeordnetem Reaktionsraum abgeschiedenen Staubteilchen vermischt. (**D. B. P. 817 451** Kl. 12g vom 6/3. 1949, ausg. 18/10. 1951.) STEIL. 5905

Texas Co., New York, übert. von: **Claude W. Watson,** Scarsdale, N. Y., V. St. A., *Katalytische Umwandlung mit einem festen feinteiligen Katalysator,* z. B. für eine CO + H_2-Reaktion. Die, gegebenenfalls Kühlrohre enthaltende Reaktionszone mit einem hydraul. Radius von ca. 25 mm ist mit groben inerten Körpern (Quarz) von einem Durchmesser von 0,05—0,35 des hydraul. Radius gefüllt. Mit den Reaktionsgasen wird der feinteilige Katalysator mit einer Teilchengröße von ca. 0,001 der inerten Körper von unten durch die Reaktionszone mit solcher Geschwindigkeit geleitet, daß die groben Körner unregelmäßig bewegt, der Katalysator als verhältnismäßig dichte M. hindurchgeleitet u. oben mit den Reaktionsprodd. abgezogen wird. — Abbildung. (**A. P. 2 567 259** vom 7/3. 1946, ausg. 11/9. 1951.) STEIL. 5905

E. I. du Pont de Nemours & Co., Wilmington, Del., übert. von: **Alvin B. Stiles,** Charleston, W. Va., V. St. A., *Herstellung von gesintertem Kobaltoxyd-Kugelkatalysatoren.* Aus einer Lsg. von $Co(NO_3)_2 \cdot 6 H_2O$ wird mittels $(NH_4)_2CO_3$ bas. Co-Nitrat ausgefällt, filtriert, gewaschen u. auf 400° erhitzt. Dieses Prod. wird mit W. zu einer dichten Paste geknetet, getrocknet u. zu solcher Korngröße gepulvert, daß 100% durch ein 10-Maschen-US-Standardsieb gehen. Hierauf werden 3 Gew.-% Stearin zugemischt, dann wird zu Kügelchen geformt u. bei Anwesenheit von Luft auf 700° erhitzt u. ansteigend bei 900° ca. 3 Std. gesintert. (**A. P. 2 570 882** vom 27/3. 1948, ausg. 9/10. 1951.) STEIL. 5905

Imperial Chemical Industries Ltd., London, übert. von: **John George Mackay Bremner** und **Stanley Beaumont,** Norton-on-Tees, England, *Stabilisieren pyrophorer Metallkatalysatoren für Wirbelschichtverfahren.* Der ein Schwermetall enthaltende, z. B. Trägerkatalysator wird in einer Wirbelschicht nach der Red. mittels H_2 u. Inertgas (I) <60° durch einen I-Strom gekühlt u. danach <60° mittels eines O_2 u. I enthaltenden Gases oberflächlich oxydiert. (**A. P. 2 565 347** vom 13/2. 1947, ausg. 21/8. 1951. E. Prior. 27/2. 1946.) STEIL. 5905

Phillips Petroleum Co., Del., übert. von: **Alvin H. Friedman,** Kansas City, Mo., V. St. A., *Katalysatorerneuerung* im laufenden Betrieb, der im Wirbelschichtverf. arbeitet, erfolgt derart, daß man so viel des zu erneuernden Katalysators aus dem Reaktionsgefäß abzieht, als frischer u./oder regenerierter Katalysator zugeführt wird. Voraussetzung ist die Trennbarkeit der einzelnen Katalysatorarten, z. B. durch Separatoren, durch verschied. Teilchengröße. — Zeichnung. (**A. P. 2 573 559** vom 21/6. 1948, ausg. 30/10. 1951.) G. KÖNIG. 5905

Houdry Process Corp., Wilmington, Del., übert. von: **Hubert A. Shabaker,** Media, Pa., V. St. A., *Herstellung von tropfenförmigen Katalysatoren.* Die gelbildende Fl. fließt auf einen mit Rillen versehenen, gegebenenfalls sich drehenden Kegelstumpf, der mit seinem größeren Durchmesser in eine mit obiger Fl. nicht mischbaren Fl. eintaucht. Jeder gebildete Tropfen kann durch einen, durch im Kreislauf geführte Suspensions-Fl. (I) gebildeten zweiten Tropfen in die I gespült werden, wo sie unter Gelbldg. sich absetzen, oder, falls diese eine größere D. als die gelbildende Fl. besitzt, auf dieser schwimmen, von wo sie durch Flotation abgetrennt werden können. — Abbildung. (**A. PP. 2 543 069** u. **2 543 132** vom 21/12. 1946 bzw. 8/3. 1945, beide ausg. 27/2. 1951.) STEIL. 5905

Standard Oil Development Co., Elizabeth, N. J., V. St. A., *Herstellung von Gelen mikrokugeliger Gestalt.* Gele von anorgan. Oxyden, wie SiO_2, mit gegebenenfalls darauf niedergeschlagenem $Al_2O_3 \cdot aq$ als mikrokugelige Partikel für Adsorptionszwecke u. Vercrackungskatalysatoren werden durch Dispersion des entsprechenden Hydrosols in einem mit W. nicht oder nur teilweise mischbaren organ. Sedimentationsmedium (I), z. B. KW-stofföl mit einer oberflächenakt. Substanz, erhalten, wobei das Hydrosol vor seinem Eintritt in das ca. 70° heiße I durch Einblasen von Wasserdampf auf die für die Umwandlung in das Hydrogel geeignete Temp. gebracht wird. Das ausgeschiedene Gel wird mit W. behandelt u. von der wss. Aufschlämmung die Schicht von I abgetrennt, das noch darin enthaltene W. daraus verdampft u. I nach Filtration erneut verwendet. Das gewaschene Gel wird 20 Std. bei ca. 90° gehalten, nochmals gewaschen u. getrocknet. — Zeichnungen. (**E. P. 662 392** vom 6/9. 1949, ausg. 5/12. 1951. A. Prior. 29/12. 1948.) HARDER. 5905

Directie van de Staatsmijnen in Limburg, handelend voor en namens den Staat der Nederlanden, Heerlen, Holland, *Reaktionen zwischen feinverteilten festen Stoffen und Gasen.* Das Verf. nach N. P. 77 543 (C. **1952.** 792), bei dem die Konz. der feinverteilten festen Stoffe (I) in dem Gas dadurch erhöht wurde, daß man beide Komponenten durch eine Säule von Füllstoffen (II) leitet, wird dahin weitergebildet, daß man die Gasgeschwindigkeit innerhalb der II höher als die Fallgeschwindigkeit der I bemißt, aber oberhalb der II so weit senkt, daß sie kleiner wird als die Fallgeschwindigkeit der I. — Zeichnung. (**N. P. 78 869** vom 29/7. 1948, ausg. 30/7. 1951. Holl. Prior. 29/12. 1947.) JÜRGEN SCHMIDT. 5907

—, Chemical industries, 23rd ed. London: Leonhard Hill. 1953. (352 S. m. Abb.) 30 s.

III. Elektrotechnik.

Willis Jackson, *Aufbau, elektrische Eigenschaften und Anwendungsmöglichkeiten keramischer Stoffe aus der Bariumtitanat-Gruppe.* Die elektr. Eigg. der hauptsächlich Ba-Titanat enthaltenden keram. Stoffe sind seit 1942 bekannt geworden. Vf. macht die Eigg. durch Betrachtung des Kristallgitters leichter verständlich. Die dielektr. Polarisation beschreibt Hysteresiskurven von derselben Art wie Magnetisierungskurve ferromagnet. Körper. Diese Stoffe sind auch piezoelektrisch. — 75 Literaturzitate. 6 Abbildungen, 1 Tabelle. (Proc. Instn. electr. Engr., Part III **97.** Nr. 49. 285—89. Sept. 1950. London, Univ., Imperial College.) PAULI. 5960

Yasuichi Shibasaki, *Herstellung von PbO_2-Elektroden.* 1. Mitt. *Graphitiertes Fe-Blech als Grundlage.* Die PbO_2-Abscheidung erfolgt auf einem mit einer Mischung von Graphit u. Paraffin teilweise überzogenen Fe-Blech, dem in 26 mm Abstand beiderseits je eine Cu-Blech-Kathode starr verbunden gegenüberstehen; dieses Aggregat wird im Elektrolyten durch einen Motor mit Exzenterscheibe hin- u. herbewegt. Der Elektrolyt enthält 1 (Mol) $Pb(NO_3)_2$ + 0,2 $Cu(NO_3)_2$ + 0,2 $Pb(ClO_4)_2$ + 1 kg Wasser. In 19 Std. werden bei 4,8—5,6 V u. Stromdichten von 5,9—4,5 A/dm² bei 20—30° maximale PbO_2-Schichtdicken von 4,75 mm erzeugt. Die Stromdichte muß genügend u. gleichmäßig gehalten werden, da leicht im abgeschiedenen PbO_2 innere Spannungs- u. Krümmungskräfte auftreten. (J. chem. Soc. Japan, ind. Chem. Sect. [Kōgyō Kagaku Zassi] **54.** 29—30. Jan. 1951. [Orig.: japan.]) SCHULER. 5970

Yasuichi Shibasaki, Akira Okada, Nobuhiko Hiroi und **Akira Fujinuma,** *Elektrolytische Herstellung von PbO_2-Elektroden.* 2. Mitt. *Benutzung eines gelochten Hohlkörpers.* (1. vgl. vorst. Ref.) Um die Schwierigkeiten beim Ablösen der fertigen *PbO_2*-Elektrode zu beheben, wird als Grundlage für das elektrolyt. abgeschiedene PbO_2 ein z. B. 800 mm langer Cu-Hohlstab (40 mm Durchmesser), der über den größten Teil seiner Länge dicht mit Löchern von ca. 5 mm versehen ist u. eine Graphit–Paraffin-Schicht trägt, benutzt. Nach beendeter Bldg. der PbO_2-Elektrode läßt sich diese durch Einleiten von Dampf in den Hohlraum gut ablösen. — 4 Abbildungen. (J. chem. Soc. Japan, ind. Chem. Sect. [Kōgyō Kagaku Zassi] **55.** 63—64. Febr. 1952. Yokohama. [Orig.: japan.]) SCHULER. 5970

—, *Luminescierende Gläser als Leuchtröhren.* In verstärktem Maße werden in der Leuchtstoffröhren-Industrie luminescierende Gläser verwandt. Die Luminescenz verändert die erzeugte ultraviolette Strahlung in sichtbares Licht u. in gewünschter Farbtönung. In den Leuchtröhren wird hauptsächlich eine Hg-Resonanzlinie von 2537 Å erzeugt. Der Lichtstrom bei 30 mA beträgt bei n. Glas 48,5 im Gegensatz zu Grünlicht-Luminescenzglas 247,0 Lumen. Hierbei zeigt sich, daß viele Linien des erregenden UV-Lichtes in sichtbares Luminescenzlicht umgewandelt werden. Die beste Lichtausbeute wird bei einer Temp. von 25—80° erzielt. Einen besonderen Vorzug ersieht man darin, daß das Sonnenspektr. mit dem bei Weißlicht-Luminescenzglas erzeugtem Licht nahezu übereinstimmt, so daß die Farben fast richtig wiedergegeben werden. (Sprechsaal Keram., Glas, Email **83.** 436. 5/11. 1950.) THIELE. 5972

René Barthélemy, *Isolierte Scheiben auf regelbarem Potential.* Vf. berechnet mathemat. Beziehungen für das Potential, das eine isolierte Scheibe bei Auftreffen von Elektronen unter Emission von Sekundärelektronen annimmt u. behandelt in Verbindung damit die Potentialverteilung auf dem Mosaik einen Ikonoskopes, das dieses bei der Abtastung mit dem Elektronenstrahl annimmt. Es wird positiv gegen das der Anode des Strahlerzeugungssystems. Dieses die Empfindlichkeit des Ikonoskops verringernde Potential wird mittels eines diffusen Beschusses des Mosaiks mit langsamen Elektronen verringert. Vf. diskutiert den Mechanismus dieses Vorganges u. zeigt seine Bedeutung für die Wiedergabe geringer Helligkeitswerte im Fernsehbild. (C. R. hebd. Séances Acad. Sci. **230.** 20—22. 2/1. 1950.) REUSSE. 5974

K. Allgeuer, *Lichtelektrische Temperaturregelvorrichtung.* Vf. beschreibt eine lichtelektr. Temperaturregelvorr., deren Genauigkeit bei Tempp. bis über 500° ±0,01 erreicht. (Radex-Rdsch. **1952.** 93—94. April. Innsbruck, Univ., Phys.-chem. Inst.) PAULI. 5976

Solar Mfg. Corp., New York, übert. von: **Fred Lowey,** New Gardens, N. Y., V. St. A., *Synthetische Öle und Harze* sind die Kondensationsprodd. aus im Ring u. in der Seitenkette halogeniertem, bes. chloriertem, *Toluol* (**I**). Man läßt auf **I** in Ggw. von Fe bei 40—50° Cl_2 einwirken u. erhält *Monochlortoluol* (**II**). Die Reaktionsmischung wird unter Rückfluß auf Tempp. >100° erhitzt u man läßt Cl_2 unter Belichtung einwirken Hierbei bildet sich aus **II** *Monochlorbenzylchlorid* (**III**), das sofort mit **I** sich zu der Verb **IV** kondensiert. Kp. dieser Verb. >300°. Läßt man **IV** auf **III** einwirken, so erhält man **V**, Kp. >400°, vgl. Reaktionsschema. Diese Verb. erhält man in Ggw. von Kondensations-

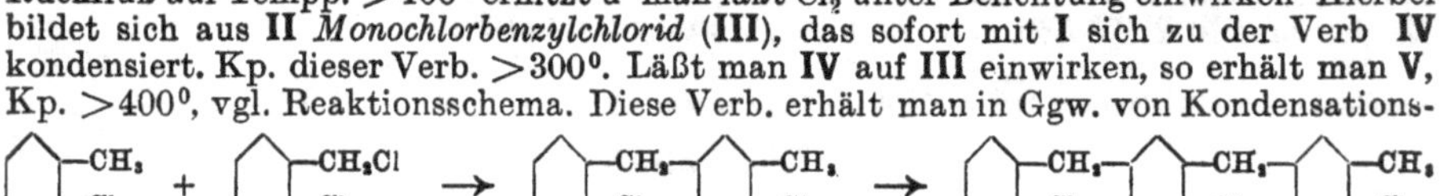

II III IV V

mitteln, z. B. FRIEDEL-CRAFTS-Katalysatoren, sie sind nicht brennbar u. finden bes. für *elektr. Zwecke* (Transformatoren, Kondensatoren) Verwendung (**A. P. 2 556 880** vom 17/8. 1945, ausg. 12/6. 1951.) G. KÖNIG. 5957

Soc. des Usines Chimiques Rhône-Poulenc, Paris, übert. von: **Pierre Pascal Peyrot,** Lyon, und **Louis Jean Dumoulin,** La Terrasse-sur-Dorley, Frankreich, *Elektrisches Isoliermaterial* von hoher Festigkeit, bestehend aus einem Asbestfilz (-pappe), der mit der seinem Gewicht entsprechenden Menge einer Lsg. von Äthylpolysilicat u. Methylpolysiloxan (Verhältnis CH_3:Si = 1,25) in Bzl.–Äthylacetat, verd. mit CH_3OH, getränkt, bei 100° getrocknet u. bei 320° u. 300 at gepreßt worden ist. Das Material eignet sich auch als Bauelement für Flugzeuge u. Schiffe. (**A. P. 2 559 791** vom 9/9. 1949, ausg. 10/7. 1951. F. Prior. 19/10. 1948.) SALZMANN. 5957

American Steel and Wire Co. of New Jersey, N. J., übert. von: **Walter T. Peirce,** Worcester, Mass., V. St. A., *Anlage zum kontinuierlichen Gummieren von Kabeln und Leitungen.* Die Drähte werden mit Kautschuk imprägniert u. laufen durch ein horizontales, geschlossenes Rohr, das zur Hälfte mit WOODschem Metall (I; Temp. 250°) gefüllt ist. Letzteres dient sowohl als gefahrloses Transportmittel, als auch, gemeinsam mit eingeblasenem Dampf, zum Vulkanisieren. Am Rohrausgang befinden sich Einrichtungen zum Heizen, Abstreifen u. Zuführen von I. — Zeichnungen. (**A. P. 2 553 938** vom 17/2. 1948, ausg. 22/5. 1951.) SALZMANN. 5957

Union Carbide & Carbon Corp., New York, übert. von: **George W. Heise**, Fairview, **Erwin A. Schumacher**, Parma, und **Frederick T. Bowditsch**, Lakewood, O., V. St. A., *Primärelemente*, in denen gasförmiges Cl_2 als Depolarisator verwendet wird (vgl. A. P. 2 572 296; C. **1952.** 6587). Die Anode besteht aus einer einzigen, mit Schlitzen versehenen Schicht, die aus einer Mischung von Acetylenruß, Elektrolytlsg. u. gegebenenfalls Glas- oder Cellulosefäden gepreßt wird u. nur so viel Fl. enthält, daß das Cl_2 die Anode vollständig durchdringen kann. Der Ruß soll Kettenstruktur besitzen; seine Teilchen dürfen nicht $>5-100$ $\mu\mu$ sein. — Vorr. zum Erzeugen der Schlitze in der Anode. (**A. PP. 2 612 532** vom 2/10. 1948, ausg. 30/9. 1952, u. **2 620 371** vom 3/12. 1948, ausg. 2/12. 1952.) LAASS. 5971

Aktivkohle-Union Verwaltungs-G. m. b. H. (Erfinder: **Karl Bratzler**, Frankfurt/M. und **Alfred Engelhardt**, Bad Homburg), *Herstellung von Depolarisationselektroden für Luftsauerstoffelemente.* Zum Pressen der Kohlepuppen wird eine Aktivkohle verwendet, deren Litergewicht bei einem $>10\%$ig. Anteil einer Körnung über 0,1 mm über 530, vorzugsweise zwischen 570 u. 630, liegt. (**D. B. P. 868 171** Kl. 21b vom 5/9. 1944, ausg. 23/2. 1953.) LAASS. 5971

Burgess Battery Co., Freeport, Ill., V. St. A., übert. von: **Sam Kurlandsky**, *Biegsame Kohleelektroden für galvanische Plattenelemente.* Gewebe aus Baumwolle, Seide, Nylon, Glas oder dgl. wird mit einem Ruß enthaltenden Lack imprägniert u. nach dem Trocknen mit Wachs, Paraffin, Ceresin, Carnaubawachs oder dgl. behandelt, um vorhandene feine Risse zu schließen. Der Lack besteht z. B. aus 38 (Gewichtsteilen) Celluloseacetat, 30 Methylphthalyläthylglykolat, 32 Acetylenruß u. 150 Äthylacetat. (**A. P. 2 579 743** vom 31/12. 1949, ausg. 25/12. 1951.) LAASS. 5971

Georg Giebler und **Otto Sück**, Idstein, *Herstellung von mehrzelligen Akkumulatorengehäusen aus thermoplastischem Kunststoff.* Die einzelnen Zellen werden durch einen gemeinsamen Rahmen verbunden, der teilweise die Zellenwand bildet. Unterhalb dieses Rahmens treten die einzelnen Zellengefäße als taschenförmige Gebilde hervor, so daß zwischen den Zellen Luftspalte entstehen. Diese ermöglichen es, daß auch mittels der einander zugekehrten Zellenflächen Wärme abgegeben werden kann. (**Schwz. P. 285 264** vom 5/10. 1950, ausg. 16/12. 1952. D. Prior. 2/5. 1950.) LAASS. 5971

Yardney International Corp., New York, N. Y., V. St. A., *Silberelektrode für Silber-Zink-Akkumulatoren.* Aus einer Ag-Platte von der gewünschten Dicke der Elektrode wird ein Rahmen ausgestanzt u. innerhalb des Rahmens feines Ag-Pulver eingebracht. Das Ganze wird unter einem Preßstempel ca. 1 Std. auf 650—800° erhitzt, wobei das Pulver zusammensintert u. sich fest mit dem Rahmen verbindet. (**E. P. 692 731** vom 3/12. 1950, ausg. 10/6. 1953. **Belg. P. 504 658** vom 14/7. 1951, ausg. 21/11. 1952. Beide A. Prior. 15/7. 1950.) LAASS. 5971

Electric Storage Battery Co., New Jersey, übert. von: **Harold Purves Murphy**, Ridley Park, Pa., V. St. A., *Verhinderung der Selbstentladung von negativen Elektroden in Bleiakkumulatoren.* Das Sb der Gitter der positiven u. negativen Platten geht allmählich in den Elektrolyten, wird bei der Ladung auf den negativen Platten niedergeschlagen u. verursacht deren Selbstentladung. Zur Verhinderung des Abscheidens des Sb wird dem Elektrolyten eine bestimmte Menge Cd- oder Zn-Sulfat hinzugefügt. Bei der Ladung entsteht nun ein Cd- oder Zn-Belag auf der negativen Platte. Nach Beendigung der Ladung wird der Belag von dem Elektrolyten gelöst, wobei der entstehende H_2 sich mit dem Sb zu gasförmigem SbH_3 umsetzt, welches entweicht. (**A. P. 2 582 845** vom 28/11. 1945, ausg. 15/1. 1952.) LAASS. 5971

N. V. Philips' Gloeilampenfabrieken, Eindhoven, Holland, *Gasentladungsleuchtröhren.* Der Leuchtstoffbelag enthält mindestens je 1 Element aus den Zn u. Cd (zwischen den Ordnungszahlen 29 u. 49) u. S u. Se (zwischen den Ordnungszahlen 15 u. 35) enthaltenden Gruppen des Period. Syst., sowie Al; z. B. 10^{-5}—30 (Atome) Al auf 100 Zn u. Cd. Als Kristallisationsmittel können Fluoride von Al, Be, Mg, Ca, Sr, Ba, Zn u. Cd dienen. (**Belg. P. 497 004** vom 14/7. 1950, ausg. 15/1. 1951. Holl. Prior. 16/7. 1949.) KESSEL. 5975

Sylvania Electric Products, Inc., Salem, Mass., V. St. A., *Gasentladungsleuchtröhren* erhalten Leuchtstoffschichten aus Zn- oder Zn–Be-Silicat oder Zn–Mn-Orthosilicat, mit Mn u. Pb aktiviert, bei einem Pb-Geh. von 0,03—0,20 Gew.-% des äquivalenten ZnO-Gehaltes. (**E. P. 650 040** vom 5/8. 1947, ausg. 14/2. 1951. A. Prior. 16/11. 1945.) KESSEL. 5975

N. V. Philips' Gloeilampenfabrieken, Eindhoven, Holland, *Kathode, deren Emissionseigenschaften durch Thoriumoxyd bestimmt sind.* Die Kathode besteht aus einem unter hohem Druck gepreßten u. darauf gesinterten Gemisch aus Thoriumoxyd u. einem hochschm. Metall, bes. Wolfram. Auf der fertigen Kathode wird außerdem eine dünne Schicht von ThO_2 von ca. 50 Mikron aufgesintert. (**Dän. P. 73 554** vom 10/9. 1949, ausg. 27/12. 1951. Holl. Prior. 14/9. 1948.) JÜRGEN SCHMIDT. 5975

Electric & Musical Industries, Ltd., Hayes (Erfinder: **Albert Horace Atherton**, Southall), Middlesex, England, *Sekundäremissionselektroden* enthalten auf einer metall. Trägerelektrode eine Schicht aus Erdalkalioxyd (**I**; bes. BaO) oder einer Erdalkalimetall (**II**) oder Cs enthaltenden Legierung (z. B. 1,5% Ba, Rest Ni oder Cu) oder einem Metall, das ein **II**-Beryllat enthält. Darüber liegt ein Überzug von $< 5\ \mu$ Stärke aus einem wärmebeständigen Oxyd, das kein **I** enthält (z. B. MgO, BeO oder Al_2O_3). (**D. B. P. 817 477** Kl. 21g vom 4/12. 1949, ausg. 18/10. 1951. E. Priorr. 4/12. 1948 u. 23/11. 1949.) KESSEL. 5975

Electric & Musical Industries, Ltd., Middlesex, übert. von: **Edmund Jack Ambrose** und **Eric Frederick George McGill**, Maidenhead, England, *Dichtungszement für elektrische Entladungsgefäße* aus 95 (%) AgJ u. 5 CuJ oder AgCl. (**A. P. 2 573 380** vom 28/6. 1947. ausg. 30/10. 1951. E. Prior. 7/5. 1943.) KESSEL. 5975

N. V. Philips' Gloeilampenfabrieken, Eindhoven, Holland (Erfinder: **J. de Gier** und **J. Peper**), *Auftragen einer dünnen Überzugsschicht auf rauhe Oberflächen.* Bei der Herst. von *Luminescenzspiegeln* muß auf der rauhen Luminescenzschicht (**I**) ein dünner Überzug angebracht werden, der nicht in die Zwischenräume der Unebenheiten der **I** eindringt. Hierzu bringt man die Unterlage mit **I** in einen Behälter mit W. ein, überschichtet das W. mit einer Lsg. des Überzugsmittels in einem mit W. nichtlösl. Lösungsm., z. B. einer Lsg. von Nitrocellulose in Butylacetat oder Butylacetat u. Xylol, gegebenenfalls zusammen mit einem Weichmacher. Dann senkt man den Flüssigkeitsspiegel, so daß die Lösungsmittelschicht an den Gegenständen vorbeistreicht. — Nach Schwed. P. 132 428 wird dieses Verf. auch auf hohle Gegenstände ausgedehnt u. die Bewegung der Lösungsmittelschicht durch langsames Umkehren der Behälter erzielt. — Zeichnungen. (**Schwed. PP. 132 427** u. **132 428**, beide vom 25/6. 1948, ausg. 17/7. 1951. Holl. Prior. 27/6. 1947.) JÜRGEN SCHMIDT. 5975

N. V. Philips' Gloeilampenfabrieken, Eindhoven, Holland, *Leuchtschirm für Kathodenstrahlröhren* enthalten mindestens 2 Komponenten aus Verbb. von S oder Se einerseits u. Zn oder Cd andererseits, die so gewählt u. aufbereitet sind, daß ihre Fluorescenzcharakteristiken einander ähnlich sind. Dann bleibt bei Änderungen der absorbierten Energie die Leuchtfarbe ungeändert. Als Aktivatoren können Cu, Ag, Au oder P dienen, als Extinktoren Ni, Co, Fe oder deren Legierungen. (**Belg. P. 497 253** vom 28/7. 1950, ausg. 29/1. 1951. Holl. Prior. 30/7. 1949.) KESSEL. 5975

N. V. Philips' Gloeilampenfabrieken, Eindhoven, Holland, *Leuchtschirm für Kathodenstrahlröhren.* Der Leuchtstoffbelag enthält mindestens je 1 Element aus den Zn u. Cd (zwischen den Ordnungszahlen 25 u. 49), S u. Se (zwischen den Ordnungszahlen 15 u. 35) u. Ga u. Sc (zwischen den Ordnungszahlen 20 u. 32) enthaltenden Gruppen des Period. Syst.; z. B. 10^{-4}—10^{-1} (Atom-%) Ga u. Se auf 100 Zn u. Cd. Als Aktivatoren können Cu, Ag oder Au dienen. Es können noch Al-Chlorid, -Bromid oder -Jodid zugegen sein, oder die Fluoride von Al, Ga, Sc, Ba, Mg, Ca, Sr, Be, Zn oder Cd. (**Belg. P. 497 410** vom 7/8. 1950, ausg. 7/2. 1951. Holl. Prior. 8/8. 1949.) KESSEL. 5975

Patent-Treuhand-Gesellschaft für elektrische Glühlampen m. b. H. (Erfinder: **Rudolf Frerichs**, Pasadena, Calif., V. St. A., und **Heinz Schlegel**, Witten-Annen), *Photowiderstände* aus Sulfiden, Seleniden oder Telluriden mit einem stöchiometr. Überschuß der metall. Komponente (**I**) werden zur Erhöhung des Dunkelwiderstandes in einem Druckgefäß bei ca. 800° kurze Zeit einem S-, Se- oder Te-Dampf von mindestens 5 at ausgesetzt, so daß der stöchiometr. Überschuß der **I** verschwindet. (**D. B. P. 874 181** Kl. 21g vom 27/4. 1940, ausg. 20/4. 1953.) KESSEL. 5977

Süddeutsche Apparate-Fabrik G. m. b. H., Nürnberg (Erfinder: **Kurt Lehovec**, Weißenburg), *Se-Zelle* aus hexagonalem Se (**I**) mit hohem Dunkelwiderstand. Auf das **I** wird ein Metall, bes. Tl, aufgedampft, das bei therm. Behandlung, auch unter gleichzeitiger Wrkg. einer elektr. Spannung, ganz oder teilweise in das **I** hineindiffundiert. Als Metall kann auch In oder ein Alkali- oder ein Erdalkalimetall dienen. (**D. B. P. 874 182** Kl. 21g vom 11/6. 1944, ausg. 20/4. 1953.) KESSEL. 5977

Comp. de Produits Chimiques et Électrométallurgiques Alais, Froges et Camargue, Paris, Frankreich (Erfinder: **P. J. M. C. Ollivier** und **R. A. P. G. Perléres**), *Tiegel für die Schmelzelektrolyse.* Die Kohletiegel enthalten die Zuführungen durch den Boden. Die Elektroden sind in einer Bodenschicht fest eingelassen u. wärmeisoliert durch den äußeren Tiegelboden hindurchgeführt, wobei aber ein freier Raum zwischen der Tiegelwand u. der herausgeführten Elektrode gelassen ist. Die Elektroden haben bes. T-förmigen Querschnitt. (**Schwed. P. 134 669** vom 8/9. 1948, ausg. 26/2. 1952. F. Prior. 8/9. 1947.) JÜRGEN SCHMIDT. 5993

IV. Wasser. Abwasser.

E. H. Aldrich, *Mehrzweckbehandlungseinheiten zur Wasserreinigung.* Nach einer Besprechung der bisher üblichen Anlagen zur Wasseraufbereitung erläutert Vf. eine neue Mehrzweckeinheit für das Wasserwerk Alexandria, Va., in der die üblichen einzelnen Behandlungsprozesse in einer kreisrunden Baueinheit von innen nach außen verlaufen. Die Vorteile der Einheiten werden besprochen. (J. Amer. Water Works Assoc. **44.** 1107—16. Dez. 1952. Philadelphia, Pa., Amer. Water Works Serv. Co.) Niemitz. 6014

—, *Die „Accelator"-Wasserenthärtungsanlage.* Verbesserte Bauart eines Kalk–Soda-Enthärters, bei der das Rohwasser mit den Fällungsreagentien unter ständigem Zutreten ausgefällten Schlamms in einer Mischkammer besonderer Form kräftig gerührt wird. Dem nach oben in einen 2. Fällungsraum geförderten W. werden unter Rühren koagulierende Reagentien zugesetzt, der Schlamm setzt sich in wenigen Min. ab u. wird laufend entfernt, das W. fließt klar ab. (Chem. Age **68.** 317—18. 21/2. 1953. London, Paterson Engng. Comp.) Mühlmeister. 6024

G. van Roey, *Die Sterilisation von Wasser.* Bericht über die verschied. Verff. zur Sterilisation des in Brauereien verwendeten Wassers. Eingehend besprochen wird die Chlorung mit Chlorgas, Hypochlorit u. Chloramin. Erwähnt werden ferner Ozonisierung, oligodynam. Behandlung, z. B. mit Katadyn, u. mit UV-Licht. (Bull. Assoc. anciens Étudiants Brasserie Univ. Louvain **47.** 121—39. Sept. 1951. Löwen, Brass. Artois, Labor.) Grau. 6024

M. K. Markarjan, *Die Rolle der organischen Verbindungen bei der Wasserchlorung.* Beim Chlorieren des W. ist die Wrkg. davon abhängig, ob zu diesem Zweck Cl_2 (I) oder *Chlorkalk* (II) verwendet wird. Da die baktericide Wrkg. des I mit sinkendem p_H ansteigt, zugleich I das p_H senkt, während II dieses steigert, ist I dem II an chlorierender Wrkg. überlegen. Kohlenhydrate, gesätt. Fettsäuren u. Hippursäure sind gegenüber I inakt., hingegen verhalten sich N-haltige organ. Verbb. verschieden bei der Chlorierung: I bildet damit viel stabiles Rest-Cl, während II mit N-Verbb. wenig u. instabiles Cl zurückläßt. Eine große Differenz im Geh. an Rest-Cl beim Chlorieren mit I u. II beweist die Ggw. organ. N-Verbindungen. (Гигиена и Санитария [Hyg. u. Sanitätswes.] **1952.** Nr. 4. 12—16. April.) v. Wilpert. 6024

Marcus P. Powell, Kent G. Drummond, Cesar Saavedra, Frederick M. Evans, Philip F. Morgan und **Neil B. Fisher,** *Wirkung des Ozons auf Geschmacks- und Geruchsstoffe, sowie auf Coliformorganismen.* Es wird über Versuchsergebnisse einer Versuchsanlage zur Ozonisierung u. Chlorung zwecks Beseitigung der zu gewissen Jahreszeiten auftretenden starken, durch die übliche Behandlung einschließlich Chlorung mit freiem Restchlor nicht zu zerstörenden Geruchs- u. Geschmacksbeeinträchtigungen des Iowa River-Wassers berichtet. Bei hohen Geruchsschwellenwerten (GSW) des Rohwassers bringt die Ozonbehandlung eine Erniedrigung der GSW, während bei kleinen GSW des Rohwassers nur eine unwesentliche Verbesserung festzustellen ist. Um die GSW auf annehmbare Werte zu senken, muß der Ozonbehandlung eine Chlorung mit freiem Restchlor nachgeschaltet werden, u. zwar, wie sich herausgestellt hat, erst mehrere Std. nach der Ozonbehandlung. Nur dann entwickelt sich nach 24std. Aufbewahren kein merklicher Geschmack mehr. Durch die Ozonbehandlung wird der Cl_2-Bedarf erniedrigt u. zeitweilig prakt. eliminiert. Die wahrscheinlichste Coliformorganismenzahl (MPN „Most probable number") wird durchschnittlich um 99,4% erniedrigt. Bevor jedoch die Einführung der vorgeschlagenen Behandlung in die Praxis erfolgt, ist eine sorgfältige Prüfung anderer Verff., der krit. vom Verbraucher noch annehmbaren GSW, sowie der notwendigen Behandlungszeitdauer im Jahr angebracht, sowie eine Gegenüberstellung der Installations- u. Betriebskosten notwendig. (J. Amer. Water Works Assoc. **44.** 1144—50. Dez. 1952. Iowa City, Iowa, State Univ.) Niemitz. 6026

John R. Baylis, *Aktivkohlenschlammdosierung.* Vf. berichtet über Verss. zur Naßdosierung der A-Kohle u. beschreibt eine entsprechende Einrichtung. Die A-Kohle wird in Trichterladekarren mit ca. 12—14 Tonnen Ladegewicht angefahren u. in runde mit W. gefüllte Vorratstanks aus Stahl entladen. Meistens ist die Gesamtmenge an A-Kohle in 3—5 Tagen benetzt u. kann durch mechan. paddelartige Rühreinrichtungen, die in 5 verschied. Höhen des Tanks angebracht sind, sowie durch eingeblasene Preßluft in eine homogene Schlammischung, die ca. 120 g A-Kohle pro Liter enthalten soll, verwandelt werden, die sich ohne weiteres mit einer geeigneten Pumpe dosieren läßt. (J. Amer. Water Works Assoc. **44.** 1161—68. Dez. 1952. Chicago, Ill., Bur. of Engng.) Niemitz. 6034

R. N. Giles, *Rationelle Betrachtung des Problems der Beseitigung gewerblicher Abwässer.* Es werden Wege aufgezeigt für eine Lsg. des Problems der Vorfluterverunreinigung (Ölraffinerie- bzw. häusliche Abwässer) unter Berücksichtigung dreier entscheidender Punkte: Berücksichtigung des weiteren Verwendungszweckes der einzelnen Vorfluter, Gesundhaltung der Vorfluter u. ihrer Fähigkeit, Abwässer aufzunehmen u. zu verarbeiten, sowie gegenwärtige u. zukünftige Belastung. Schließlich wird die zukünftige Entw. der Abwasserbehandlung in der Ölindustrie diskutiert, woraus sich als wesentliche Znkunftsaufgaben ergeben 1. weitgehende Befreiung der Abläufe von Öl, 2. Fernhaltung stark verunreinigender Chemikalien u. 3. Verminderung des Geh. des Abwassers an geruchs- oder geschmacksbeeinflussenden Komponenten. (Sewage ind. Wastes **24.** 1495—1501. Dez. 1952. Chicago, Ill., Standard Oil Co., Res. Dep.) NIEMITZ. 6036

L. Scheuring und **H. Stetter,** *Versuche über die Wirkung von Chlor auf Fische und andere Wassertiere.* Nach einführenden Worten über die in Industrie u. Wassertechnik zum Bleichen u. Desinfizieren verwendeten Cl-Verbb. wird das wichtigste Schrifttum über die Wrkg. von Cl_2 auf die Biologie des W. behandelt u. über eine umfassende Zahl eigener Verss. auf diesem Gebiete berichtet. Als Cl-Präp. wurde vorzugsweise *Caporit* [$Ca(ClO)_2$] verwendet; im einzelnen wird die Wrkg. von Cl_2 auf Kaulquappen, verschied. Fische, Fischeier u. Fischbrut, Insektenlarven u. Wassermilben, Schnecken, Egel, Crustaceen u. andere Wassertiere u. -pflanzen unter den verschiedensten Bedingungen u. Temperaturverhältnissen untersucht. (Vom Wasser **18.** 101—40. 1950/51.) HALLER. 6038

Permutit Co. Ltd., London, England, *Herstellung von Trinkwasser aus Seewasser.* Man leitet dieses durch eine Mischung aus einem pulverförmigen oder granulierten Kationenaustauscher mit austauschfähigem Ag u. aus Kügelchen von BaO oder $Ba(OH)_2$ mit oder ohne Ag_2O in Form von Briketts. (**E. P. 673 586** vom 20/7. 1950, ausg. 11/6. 1952. A. Prior. 1/8. 1949.) REICHELT. 6021

Dow Chemical Co., übert. von: **Roy H. Osmun,** Midland, Mich., V. St. A., *Regenerierung von Anionenaustauschern.* Man entfernt Kieselsäure aus W. durch Anwendung eines kationenaustauschenden Mittels in reiner H-Form u. dann mit einem stark bas. anionenaustauschenden Harz in seiner Hydroxydform, z. B. mit quaternären Ammonhydroxydgruppen; zur Regenerierung wird dieses Harz mit einer wss. Alkalilsg., z. B. 1—4 Gew.-% NaOH, bei wenigstens 90° F behandelt. (**Can. P. 485 627** vom 13/8. 1951, ausg. 12/8. 1952. A. Prior. 27/10. 1950.) PANKOW. 6021

Farbenfabriken Bayer, Leverkusen-Bayerwerk, *Aufbereitung von Rohwasser.* Das W. wird nach Zugabe von CO_2 über einen OH-Ionenaustauscher filtriert; die gebildeten Bicarbonate der Härtebildner werden durch Zusatz von Kalk oder dgl. entfernt. Vor der Kalkzugabe wird die freie CO_2 durch Entgasung beseitigt. (**D. B. P. 872 478** Kl. 85b vom 29/12. 1942, ausg. 2/4. 1953.) REICHELT. 6025

Henkel & Cie. G. m. b. H. (Erfinder: **Erich Heinerth**), Düsseldorf, *Beschleunigung der Enthärtung von Wässern mit ausschließlicher oder überwiegender Nichtcarbonathärte für Wasch- und Einweichzwecke.* Die Enthärtung erfolgt durch Zusatz von Alkalicarbonaten in Ggw. von $CaCO_3$ in der Calcitform, gegebenenfalls unter Zusatz von wasserlösl. Alkalisilicaten, wobei außerdem Alkalihydrogencarbonate den Gemischen zugesetzt werden. — Beispiel: W. mit 16° CaO- u. 4° MgO-Härte wird bei 12° enthärtet durch 1 (g/Liter) Na_2CO_3 in Ggw. von 0,1 $CaCO_3$ u. 0,5 $NaHCO_3$. (**D. B. P. 879 676** Kl. 85b vom 14/1. 1943, ausg. 15/6. 1953.) REICHELT. 6031

V. Anorganische Industrie.

J. Bigeon, *Die Alkalipolyphosphate.* Zusammenfassender Bericht über das chem. Verh., die Herst., Zus. u. analyt. Best. der Alkalipolyphosphate wie $Na_3PO_4 \cdot 12\ H_2O$, $Na_4P_2O_7$, *Triphosphathydrat, Trimetaphosphat* u. *Hexametaphosphat,* über ihre Eigg., wie Löslichkeit in W., Hydrolyse, p_H, u. über ihre techn. Anwendung zum Enthärten von W., als Textil-, Wasch- u. Kosmetikhilfsmittel sowie über die Produktion. — 23 Literaturangaben. (Ind. chimique **39.** 249—56. Sept. 1952.) WEITBRECHT. H 264

Soc. des Produits Chimiques de Clamecy, Soc. An. Frankreich, *Kontinuierliches Herstellen von Schwefelkohlenstoff.* Die Kohle wird in einem senkrecht über dem Reaktionsbehälter angeordneten Ofen auf Reaktionstemp. erhitzt, dabei entgast u. kontinuierlich dem Reaktionsbehälter zugeführt. Die Gase dienen zum Erhitzen der Kohle u. des S auf Reaktionstemperatur. Der Wärmeverlust des Reaktionsbehälters wird so gering wie möglich gehalten. — Vorrichtung. (**F. P. 1 009 654** vom 12/6. 1948, ausg. 3/6. 1952.) SCHÖNAUER. H 260

Spolek pro Chemickou a Hutní Výrobu, Národní Podnik, Prag, Tschechoslowakei, *Kohlenstoff für die CS_2-Herstellung.* Rohbraunkohle wird bis unter 10% Feuchtigkeitsgeh. getrocknet, fein vermahlen, brikettiert u. bei Tempp. zwischen 500—600° abgeschreckt. (**Oe. P. 172 319** vom 11/9. 1943, ausg. 25/8. 1952.) WITTHOLZ. H 260

American Potash & Chemical Corp., übert. von: **Frank Henderson May,** Trona, Calif., V. St. A., *Gewinnung von Phosphorsäure und Lithiumsulfat aus Lithiumphosphat.* Li_3PO_4 oder Li_2NaPO_4 oder deren Gemische werden mit H_2SO_4 in Ggw. von W. in H_3PO_4 u. $Li_2SO_4 \cdot H_2O$ oder $Li_2SO_4 \cdot Na_2SO_4$ zerlegt. In Verdampfern krist. das Sulfat (I) aus. Es wird abfiltriert u. durch Waschen mit z. B. Methanol von H_3PO_4 befreit. Aus verd. Lsgg. krist. I in größeren Kristallen. Man verdampft dehalb in 2 Stufen u. gibt das I aus der 2. in die 1. Stufe zurück. — Abbildungen. (**A. P. 2 608 465** vom 28/10. 1946, ausg. 26/8. 1952.) ZÜRN. H 264

Monsanto Chemical Co., St. Louis, Mo., übert. von: **John E. Malowan** und **Forrest R. Hurley,** Dayton, O., V. St. A., *Herstellung von Stickstoff und Phosphor enthaltenden Verbindungen.* $POCl_3$ wird in einer inerten organ. Fl. gelöst, deren F. $> 100^0$ liegt, bes. einem KW-stoff, wie Kerosin, Gasöl, Mineralöl oder Schmieröl. In die Lsg. leitet man bei 20—100° wasserfreies NH_3, bis auf 1 (Mol) $POCl_3$ 5 NH_3 aufgenommen sind. Durch Kühlung hält man die Temp. in den Grenzen. Anschließend erhitzt man auf 155—250°, wobei unter Abspaltung von NH_3 Kondensation eintritt u. Polyphosphorylamid (I) u. NH_4Cl gebildet werden. Diese filtriert man ab u. wäscht das NH_4Cl mit W. aus. Der Rückstand wird getrocknet. I ist in W. unlöslich. Die Suspensionen in W. reagieren neutral bis schwach alkalisch. I dient als langsam N u. P abspaltendes *Düngemittel* u. als Feuerschutzmittel. (**A. P. 2 596 935** vom 30/12. 1948, ausg. 13/5. 1952.) ZÜRN. H 264

Rudolf Decker und Hellmuth Holz, München (Erfinder: **Helmut Müller,** Burghausen/Obb.), *Auskleidungen von Amalgamelektrolysezellen.* Die Auskleidungen aus natürlichem oder synthet. Gummi sind, mit mindestens einem festhaftenden, gegen die mit ihm in Berührung kommenden Fll. oder Gase beständigen Film, z. B. aus Phenolformaldehydharz oder Wasserglas, bedeckt, der durch Klebemittel oder durch eine gesinterte oder geschmolzene Schicht mit dem Gummi verbunden ist. Die mit dem Überzug geschützten Auskleidungen sind um ein Vielfaches länger haltbar, u. eine Zerstörung der Gummierung wird verhindert. — **Bes. vorteilhaft für die** *Ätzalkalielektrolyse.* (**D. B. P. 858 694** Kl. 121 vom 16/2. 1945, ausg. 8/12. 1952.) KARST. H 272

Chemische Fabrik Kalk G. m. b. H. und **Fritz Vorster** (Erfinder: **Fritz Vorster**) Köln, *Herstellung von Acetylen und Ammoniaksoda.* Die bei der Carbidgewinnung anfallenden Abschwaden werden nach Oxydation des in ihnen enthaltenen CO als CO_2-Quelle für die Bicarbonatfällung verwendet; der bei der C_2H_2-Herst. anfallende Ätzkalk dient zur Zers. der Salmiakmutterlauge (I). Bei nicht ausreichend anfallenden Kalkmengen wird unter Verarbeitung des betreffenden Teils von I auf NH_4Cl das für das Sodaverf. erforderliche NH_3 durch Synth. aus dem bei der CO-Oxydation anfallenden H_2 ergänzt. Die Abfallstoffe der Carbid- u. C_2H_2-Herst. werden, wie sie anfallen, zur Herst. von NH_3-Soda verwendet. (**D. R. P. 756 844** Kl. 121 vom 10/12. 1940, ausg. 5/1. 1953.) KARST. H 274

N. V. Zuid-Nederlandsche Spiritusfabriek, übert. von: **Max Petrus Jozef Maria Jansen,** Bergen op Zoom, Holland, *Aufarbeitung der Abfallaugen der Melasse verarbeitenden Gärungsindustrien zu Kaliumcarbonat.* Die Laugen werden eingedampft, die Rückstände in Ggw. von Luft verbrannt, die K_2CO_3 u. K_2S enthaltenden Schmelzen in W. gelöst, die Lsgg. zur Umwandlung des K_2S in K_2CO_3 mit CO_2 behandelt u. die K_2CO_3-Lsgg. auf festes Salz verarbeitet. Die heißen Verbrennungsgase werden zum Eindampfen der Laugen ausgenützt. Festes oder gelöstes K_2SO_4 kann den Abfallaugen zugesetzt werden. Das Verf. ist bes. zur Verarbeitung von Rohrzuckermelasserückständen geeignet. (**A. P. 2 590 412** vom 2/11. 1948, ausg. 25/3. 1952. Holl. Prior. 14/11. 1947.) KARST. H 275

Kali-Chemie Akt.-Ges. (Erfinder: **Ernst Rüsberg**), Sehnde bei Hannover, *Flotation von Kieserit enthaltenden Kalirohsalzen.* Aus dem auf entsprechende Feinheit zerkleinerten Rohsalz wird zuerst das KCl unter Anwendung bekannter Flotationsmittel herausgeschwommen, dann der aus Kieserit u. NaCl bestehende Rückstand der Flotation unterworfen, wobei man „Praestabitöl V“ (ein im Handel erhältliches Textilhilfsmittel) als Flotationsmittel bei gleichzeitigem Zusatz von natürlichen oder künstlichen Fettsäuren mit 6—25 C-Atomen bzw. deren Na-Salze oder den Gemischen der vorgenannten Verbb. verwendet. (**D. B. P. 860 033** Kl. 1c vom 1/10. 1950, ausg. 18/12. 1952.) W. HAUSWALD. H 275

International Minerals & Chemical Corp., Chicago, übert. von: **Richard J. Jackson,** Waterville, V. St. A., *Schaumflotation von Sylvinit.* Eine im wesentlichen aus mineral. Sylvinit u. einer wss., an Sylvinit gesätt. Lsg. bestehende Trübe wird mit einem im wesentlichen aus Alkylcellulose (z. B. Oxyäthylcellulose) oder deren Alkaliderivv. bestehenden Schlammflotiermittel behandelt, flotiert u. der aufschwimmende Schlamm entfernt. Die entschlammte Trübe kann dann mit einem Flotiermittel konditioniert, flotiert u. der Sylvin als Schaumkonzentrat gewonnen werden. (**D. B. P. 860 032** Kl. 1c vom 17/3. 1951, ausg. 18/12. 1952. A. Prior. 6/4. 1950.) W. HAUSWALD. H 2

Dewey & Almy Chemical Co., übert. von: **Charles H. Egan,** Cambridge, Mass., V. St. A., *Nichtstäubender, wasserfreier Natronkalk* wird durch Zumischen von ½ bis nicht über 4% polymeren Materials, wie Naturkautschuk, Butadien–Styrol-Mischpolymerisate, Polychloropren oder Polyvinylidenchlorid, erhalten. (**Can. P. 485 887** vom 13/2. 1948, ausg. 19/8. 1952. A. Prior. 12/3. 1947.) WITTHOLZ. H 283

Paper Patents Co., Neenah, Wis., übert. von: **Harold H. Heller,** Appleton, und **George H. Saunders,** Neenah, Wis., V. St. A., *Kalkgewinnung.* Man bereitet einen wss. $Ca(OH)_2$-Schlamm, in dem die Menge an $Ca(OH)_2$-Suspension größer ist als die an $Ca(OH)_2$-Lsg., u. leitet kurzfristig CO_2 ein, wodurch man flockiges, amorphes $CaCO_3$ erhält. Nun führt man, ohne zu filtrieren, $CaCO_3$ u. Restschlamm für ca. 5 Min. bei 15—60° in eine Zone, die CO_2-frei ist, um hier die Festbestandteile in Suspension zu halten. Dabei werden die entstandenen $CaCO_3$-Flocken in Kalkkristalle von relativ kleinen Dimensionen (< 25 mμ) übergeführt. — Vorrichtung. (**A. P. 2 587 999** vom 27/6. 1950, ausg. 4/3. 1952.) NEBELSIEK. H 283

Rudolf Decker und Hellmuth Holz, München (Erfinder: **Eduard Enk,** Kraftborn), *Herstellung eines Bindemittels für Calciumcarbid.* Aus Steinkohlenteerpech werden die flüchtigen Anteile durch ca. 6 Std. dauerndes Einblasen von Luft bei einer von 135 auf 160° steigenden Temp. entfernt. Dann fügt man S jeweils in kleinen Mengen zu, worauf H_2S entweicht. Zur Entfernung der H_2S-Reste wird ca. 7—8 Std. lang Luft durchgeblasen. Dann wird Cl_2 bei 145—160° so lange eingeleitet, bis der Erweichungspunkt auf ca. 135° gestiegen ist. Durch Einleiten von Luft wird der gebildete HCl entfernt. (**D. B. P. 848 490** Kl. 12i vom 25/7. 1944, ausg. 4/9. 1952.) ZÜRN. H 283

Phelps Dodge Corp., New York, übert. von: **Sidney B. Tuwiner,** Baldwin, N. Y., V. St. A., *Zink enthaltender metallurgischer Rauch* wird mit einer gesätt. $ZnSO_4$-Lsg. gemischt u. durch Behandeln bei 38—60° mit konz. H_2SO_4 werden zunächst $ZnSO_4 \cdot 6\,H_2O$-Kristalle ausgeschieden u. durch weitere Kühlung das Heptahydrat. Ein Teil der abgetrennten Mutterlauge wird bei der Rauchbehandlung wiederverwendet. (**Can. P. 486 932** vom 3/3. 1947, ausg. 30/9. 1952. A. Prior. 12/3. 1946.) HOLM. H 288

VEB Farbenfabrik Wolfen, Wolfen (Erfinder: **Franz Sauerwald,** Breslau), *Herstellung von Alkali–Zirkon-Halogeniden,* bes. der Chloride u. Fluoride, dad. gek., daß Mischungen von Alkalihalogenid u. Zr-Halogenid allmählich von Raumtemp. bis auf 500—600° erhitzt werden. (**D. P. [DDR] 889** Kl. 12o vom 21/12. 1938, ausg. 24/12. 1952 [Wirtschaftspatent].) M. F. MÜLLER. H 322

Badische Anilin- & Soda-Fabrik (Erfinder: **Franz Drexler**), Ludwigshafen/Rh., *Herstellung von löslichen, gemischten Hydroxyden des Al und Zr* durch Peptisieren von reaktionsfähigem $Al(OH)_3$ mit Zr-Oxychlorid. (**D. B. P. 859 608** Kl. 12m vom 24/7. 1943, ausg. 15/12. 1952.) NEBELSIEK. H 322

Steatite Research Corp., Keasby, N. J., V. St. A., *Herstellung geformter, ferromagnetischer Produkte* (*Ferrite*). Man mischt Ferrioxyd mit einem oder mehreren 2-wertigen Metalloxyden z. B. ZnO, MgO, schm., um den gewünschten Gegenstand formen zu können. Dann brennt man die Prodd. in dem keram. Ofen in einer 1. Stufe bei n. Atmosphäre, die hauptsächlich aus Luft besteht, aber auch Wasserdampf u. C-Oxyde enthalten kann, u. in einer 2. Stufe in Ggw. eines Schutzgases, z. B. N_2 oder O_2. — Beispiele. (**E. P. 677 692** vom 6/10. 1950, ausg. 20/8. 1952.) NEBELSIEK. H 354

E. H. B. Nyström, Djursholm, Schweden, *Herstellung von ferromagnetischen Eisenhydroxyden oder Eisenoxyden.* Man fällt Fe-Salze als Hydroxyd u. trocknet das Hydroxyd, zweckmäßig nach Entfernung lösl. Salze, indem man die Fällung als Suspension in feinverteiltem Zustand in eine trocknende Gasatmosphäre einspritzt. Hierbei darf jedoch die Temp. 350° nicht überschreiten. Durch Wahl der Temp. der Gasatmosphäre kann hierbei eine teilweise oder vollständige Überführung in das Oxyd erfolgen, wobei gleichzeitig eine Oxydation zu einer höheren Valenzstufe erfolgen kann. (**Schwed. P. 134 706** vom 27/4. 1948, ausg. 4/3. 1952.) JÜRGEN SCHMIDT. H 354

Haldor Frederic Axel Topsøe, Hellerup, Dänemark, *Herstellung von Carbonyleisen.* $Fe(CO)_5$ wird bei 100—400°, bes. 250—300°, in der Dampfphase im freien Raum unter

Zusatz von geringen Mengen O_2 (ca. 0,01—1 Vol.-%) gespalten. Man erhält dann ein Fe aus gleichförmigen, kugeligen Teilchen, deren Größe man durch die O_2-Konz. regulieren kann. (**Dän. P. 73 639** vom 27/12. 1948, ausg. 14/1. 1952.) Jürgen Schmidt. H 354

Badische Anilin- & Soda-Fabrik (Erfinder: **Rudolf Staeger**, Friedelsheim, und **Leo Schlecht**), Ludwigshafen/Rh., *Herstellung von Eisencarbonyl aus kompaktem Weicheisen* durch Umsetzen eines an Carbid, P u. bes. Si armen Weicheisens mit CO oder CO-haltigen Gasen bei erhöhter Temp. u. bes. erhöhtem Druck. (**D. B. P. 859 006** Kl. 12n vom 28/11. 1940, ausg. 11/12. 1952.) Nebelsiek. H 354

Badische Anilin- & Soda-Fabrik (Erfinder: **Walter Hieber**, München, **Walter Hellriegel**, Bissingen, und **Hans Schulten**, Nürnberg), Ludwigshafen/Rh., *Herstellung von Kobaltcarbonylwasserstoff* u. gegebenenfalls Kobaltcarbonyl durch Einw. von CO auf Co bei erhöhter Temp. u. unter erhöhtem Druck in Ggw. von H_2. Dabei ersetzt man H_2 ganz oder teilweise durch Wasser. (**D. B. P. 880 746** Kl. 12n vom 9/5. 1939, ausg. 25/6. 1953.) Nebelsiek. H 355

Badische Anilin- & Soda-Fabrik, Deutschland, *Stabile Lösungen komplexer Salze des Nickelcyanürs.* Lsgg. von komplexen Salzen von $Ni(CN)_2$ werden mit Metallcarbonylen, bes. $Ni(CO)_4$, in Ggw. von Alkalihydroxyd behandelt. An Stelle von Metallcarbonylen können auch Verbb. verwendet werden, die in der Lsg. das Carbonyl bilden. — Beispiel: In einem 50 Liter fassenden Autoklaven wird eine Lsg. von 3,5 kg $K_2Ni(CN)_4$ in 4 Liter W. mit 4 Liter 40%ig. Kalilauge u. 0,8 kg $Ni(CO)_4$ auf 80—90° erhitzt. Unter der Bldg. von H_2 steigt der Druck allmählich auf 8 Atmosphären. Nach Abkühlen u. Ablassen des H_2 nimmt die Lsg. 32 Volumenteile CO auf. (**F. P. 998 299** vom 28/10. 1949, ausg. 16/1. 1952.) Schönauer. H 356

Ciba, Akt.-Ges., übert. von: **Arthur Maeder,** Basel, Schweiz, *Gewinnung von Nickelcarbonyl.* Man löst ein Ni-Salz, z. B. $NiCl_2$, in W., fügt eine wss. NH_3-Lsg., die Na_2S enthält, hinzu u. leitet unter Erhitzen auf 70—200° bei einem Druck von 50—200 at CO ein. (**A. P. 2 590 078** vom 12/2. 1948, ausg. 25/3. 1952. Schwz. Prior. 27/2. 1947.) Nebelsiek. H 356

Badische Anilin- & Soda-Fabrik (Erfinder: **Walter Reppe**), Ludwigshafen/Rh., *Herstellung von Nickelcarbonyl* durch Einw. von CO auf Ni-Verbb. bei erhöhter Temp. u. erhöhtem Druck. Dabei verwendet man in Fll. gelöste u./oder suspendierte komplexe Ni-Ammoniak-, Ni-Amin- oder Ni-Cyanverbindungen. (**D. B. P. 855 845** Kl. 12n vom 23/11. 1939, ausg. 17/11. 1952.) Nebelsiek. H 356

Merck & Co., Inc., Rahway, N. J., übert. von: **Gustav A. Stein,** Plainfield, **Henry C. Vogel,** West Orange, und **Raymond G. Valerio,** Plainfield, N. J., V. St. A., *Gewinnung von Osmiumtetroxyd.* Man erhitzt am Rückflußkühler in wss. Lsg. Os-Rückstände (niedere Os-Verbb.) mit CrO_3, HNO_3 u. H_2SO_4, wobei ein azeotrop. Gemisch aus W. u. OsO_4 übergeht, u. kühlt ab. Das ausgeschiedene, feste OsO_4 trennt man ab. (**A. P. 2 610 907** vom 1/8. 1950, ausg. 16/9. 1952.) Nebelsiek. H 366

VI. Silicatchemie. Baustoffe.

L. G. Melnitschenko, W. P. Ssokolski und **T. Ss. Osstapenko,** *Brikettierung von Glassätzen.* Die Betriebsverss. erfolgten auf einer SP-Presse mit Sätzen folgender Zus.: 287 (kg) Sand, 52 Kreide, 104 Soda, 11,5 Sulfat, 3 Salpeter, 19,5 Dolomit u. 13,5 Ton. Durch Pressen bei 150 kg/cm² u. 37—40° wurden bei 5—7% Wassergeh. Briketts mit einer Druckfestigkeit von 20 kg/cm² u. der D. 1,8 erhalten. (Легкая Промышленность [Leichtind.] **11.** Nr. 11. 29—30. Nov. 1951.) Förster. 6170

W. I. Wanin, *Zur Frage der Bildung undurchsichtiger Alkalibläschen.* Bei Verss. zur Herst. von Flachglas wurden Chargen geschmolzen, die nach Zusatz von 5% Sulfat (auf das vorhandene Na_2O berechnet) folgende Zus. hatten: 71,7 (%) SiO_2, 0,98 Al_2O_3, 0,10 Fe_2O_3, 7,32 CaO, 2,84 MgO, 16,59 Na_2O + F, 0,47 SO_3. Zur Rohmasse wurden noch 7% Kohle (auf Sulfat berechnet) zugesetzt. Die 16 Std. auf 1100° gehaltene Schmelze wies an entnommenen Glasproben keine undurchsichtigen Bläschen auf. Bei Senkung der Tempp. in Intervallen von je 10° erwies es sich, daß 1060° als krit. Temp. anzusprechen ist, bei der die Bläschenbldg. beginnt. Wird die Heizkammer bis 1060 bis 1065° erwärmt, dann treten keine undurchsichtigen Alkaliblasen auf. (Стекло и Керамика [Glas u. Keramik] **7.** Nr. 6. 6—7. Juni 1950.) v. Mickwitz. 6174

I. Je. Schapiro, *Über die Rolle einer überschüssigen Menge an Reduktionsmittel für Natriumsulfat in der Glasschmelze.* Bei Verwendung von Na_2SO_4 (**I**) in der Charge für Flachgläser ist es erforderlich, ein Reduktionsmittel zuzusetzen, um den trägen Zerfall von I zu beschleunigen. Dazu kann S-freie, langflammige Kohle benutzt werden. In der

Regel sind ca. 6—8% des trockenen Reduktionsmittels erforderlich. Überschüsse sind schädlich u. rufen durch vorzeitigen Zerfall des I SiO_2-reiche Klümpchen an der Glasoberfläche hervor. In Chargen mit weniger als 5% I erübrigt sich ein Reduktionsmittel. — Durch den S der Heizgase hervorgerufene Bläschen in der Glasmasse lassen sich durch überschüssiges Reduktionsmittel nicht beseitigen. (Стекло и Керамика [Glas u. Keramik] **7.** Nr. 6. 4—5. Juni 1950.) v. MICKWITZ. 6174

J. Horowitz, *Herstellung optischer Linsen und Prismen.* 8. Mitt. (7. vgl. Sprechsaal Keram., Glas, Email **85.** [1952.] 399). Es werden die Arbeitsweise der automat. Schleif- u. Poliermaschinen sowie die hierzu verwandten Maschinen beschrieben. Anschließend wird über die Kontrolle der Radien u. Flächen mittels Probeglas u. über die Kontrollinstrumente für Prismen berichtet. (Sprechsaal Keram., Glas, Email **85.** 460—64. 5/10. 1952.) PISTOR. 6200

B. M. Garzman, *Konzentration der primären Bearbeitung des keramischen Rohmaterials und Reorganisation der Zubereitungswerkstätten keramischer Fabriken.* Arbeitsorganisator. Richtlinien, bes. hinsichtlich der Form-, Stampf- u. Gießoperationen, durch die wesentliche Ersparnisse erzielt werden. (Стекло и Керамика [Glas u. Keramik] **8.** Nr. 11. 16—18. Nov. 1951.) FÖRSTER 6206

Ss. A. Shicharewitsch und **L. Je. Kruschel,** *Die Verwendung von technischer Tonerde für hochtonerdehaltige Materialien.* Die aus halbtrockenen Magermassen mit 85% Al_2O_3 bereiteten hochtonerdehaltigen Stoffe haben außer hoher Feuerfestigkeit eine hohe Deformationstemperatur. Anfang der Erweichung 1580—1620°, nur 7% Deformation bei 1700° u. relativ geringe Formänderung bei 2 std. Erhitzen, so daß sie bis 1700—1750° verwandt werden können. Die Waren können aus synthet. Schamotte im Drehofen oder besser im period. arbeitenden Ofen hergestellt werden, da der Kristallisationsgrad des Korunds u. Mullits hier höher ist u. eine dichtere Schamotte erhalten wird. Als Bindemittel kann ein Gemisch von Kaolin u. Tschassow-Jar- Ton (1 : 1) angewandt werden. (Огнеупоры [Feuerfeste Mater.] **16.** 119—27. März 1951. Charkow, Inst. für feuerfeste Materialien.) FÖRSTER. 6208

Yves Letort, *Temperaturskalen, Pyrometer, Segerkegel und Keramikbrände.* Vf. berichtet über die Schwierigkeiten einer genauen u. übereinstimmenden Temperaturmessung in der Keramikherst. mit verschied. Meßgeräten, von denen die Thermoelemente, opt. Pyrometer u. bes. die SEGER-Kegel mit ihren Vor- u. Nachteilen besprochen werden. Der Einfl. der Temperaturhöhe, Erhitzungsdauer, -geschwindigkeit, Feuerführung, Ofenecken u. der Zus. der SEGER-Kegel, die meistens von der der eigentlichen keram. Brennproben abweicht, wird näher diskutiert; ebenso die häufige für den Praktiker ungünstige Änderung der Temperaturskala (internationale Korrekturen) in den letzten 10 Jahren. (Ind. céram. **1951.** 189—92. Okt.) WINGCHEN. 6210

N. P. Kasakow, *Schnellbrennen von Fayence für sanitäre Konstruktionsteile in Tunnelöfen.* Durch Einziehen kalter Luft in die 33. Etappe eines Tunnelofens mit einem Saugventilator wurde eine schnellere Abkühlung der Waren auf 840° erhalten, wodurch die Rißbldg. in der Abkühlungsperiode vermindert wurde. Die Wagen können in weniger als 40 Min. hindurchgeschleust werden. Bei festgesetzter Dauer des Kaltfahrens des Ofens ist eine Zusatzvorr. für die Zugabe der Zweitluft in der Verbrennungszone zu verwenden, wodurch die Produktionsmöglichkeiten weiter erhöht werden. (Стекло и Керамика [Glas u. Keramik] **8.** Nr. 11. 14—15. Nov. 1951.) FÖRSTER. 6210

L. A. Plotnikow, *Eine leichtschmelzende Glasur für keramische Kanalisationsröhren.* Die aus 67,5 (%) Ton, 9 MnO_2, 13,5 Kalk u. 10 Silicat bereitete Glasur hatte die Zus. 44,50 (%) SiO_2, 12,8 Al_2O_3, 8,58 Fe_2O_3, 8,75 MnO, 19,34 CaO, 0,99 MgO u. 3,13 Na_2O. Die abgewogenen Bestandteile werden vor der Verarbeitung in einer Kugelmühle bis auf 5% Rückstand auf dem Sieb 10000 Maschen/cm^2 vermahlen. Die erhaltenen Glasurschlicker zerteilen sich gleichmäßig bei 1080—1100° auf keram. 30×75 mm-Röhren unter Bldg. einer einwandfreien Glasur, die während 15 Tagen unverändert bleibt. (Стекло и Керамика [Glas u. Keramik] **8.** Nr. 11. 18—19. Nov. 1951.) FÖRSTER. 6212

Ernst A. Hauser, *Organophile Tone.* Durch Basenaustausch von Alkalibentoniten mit Aminen oder durch eine der Veresterung ähnliche Rk. mit Halogenalkylen gelingt es, Tone mit organophilen Resten herzustellen, die auch in verschied. Hinsicht prakt. Anwendung (Emulgatoren) finden können. Näher untersucht wird der Einfl. der Länge der Aminkette auf die Quellung derartiger organ. Ammoniumbentonite in organ. Lösungsmitteln, wobei die Kurven für 8 u. 12 C-Atome in der Aminkette u. Nitrobenzol sowie Methanol–Toluol einen scharfen Knick zeigen. Der Einfl. der Aminkettenlänge auf den Abstand der Basisebenen bei Montmorillonit führt zu dem Schluß, daß die

C-Ketten flach auf der Oberfläche u. parallel zur Kristallfläche orientiert sind. (Colloid Chem. 7. 431—41. 1950. Cambridge, Mass., Massachusetts Inst. Technol.)
HENTSCHEL. 6216

Paul G. Herold und **Christen Knudsen,** *Fließcharakteristiken von feuerfesten Tonen bei hohen Temperaturen.* Es wird eine Meth. beschrieben, in deren Verlauf Schamottesteine in 3 Std. auf 1400° erhitzt, ½ Std. auf dieser Temp. gehalten u. anschließend einem wachsenden Druck von $3^1/_3$ lbs./sq. in. ausgesetzt werden. Auf diese Art wurde ein Druck von 100 lbs/sq.in. in 30 Min. aufgebracht. Die dabei auftretenden Veränderungen in den wesentlichen Eigg. wurden beschrieben. Es wird festgestellt, daß diese Meth. der Druckerweichung bei steigender Last zur Best. der Fließcharakteristik besser geeignet ist als die Meth. der Druckerweichung bei konstanter Last. (J. Amer. ceram. Soc. 35. 220—25. Sept. 1952. Rolla, Mo., Missouri School of Mines and Metallurgy, Dep. of Ceramic Engng.) K. SEIDEL. 6218

D. N. Polubojarinow und **W. L. Balkewitsch,** *Hochfeuerfeste Materialien auf der Grundlage von rekristallisierter Tonerde.* Die Grundlage zur Herst. eines feuerfesten *Korund*-Materials aus einer zu 99% aus Al_2O_3 bestehenden Tonerde (I) bildet das gemeinsame rekristallisierende Sintern eines Korundfüllmittels u. einer techn. feindispersen I (als Bindemittel) bei 1700°, wobei eine dichte körnige Struktur des Scherbens von monomineral. Zus. mit geringer Schrumpfung beim Brennen erhalten wird. Für die Herst. des Bindemittels wird I im Drehofen auf 1450° erhitzt, 30—40 Std. in Stahlmühlen zu 80% auf ein Korn unter 1 μ Durchmesser vermahlen u. anschließend mit HCl von Fe_2O_3 befreit. Zur Herst. der Schamotte dient dieselbe I. Sie wird aus wss. I-Suspensionen (2 Std. bei 1700° gebrannt) erhalten. Die Brenntemp. des Briketts liegt bei 1600—1710°. Das erhaltene Material übertrifft wesentlich den Elektrokorund. Die Temp. der beginnenden Deformation bei 2 kg/cm² Belastung liegt bei 1850°. Es besitzt hohe Formbeständigkeit bis 1900°, gute therm. Beständigkeit, hohe mechan. Festigkeit u. wesentlich vermehrte Korrosionsfestigkeit. Die daraus gefertigten Gegenstände können bei 1850—1900° in Betrieb genommen werden. Die Senkung der Sintertemp. der feindispersen I wurde durch Zugabe von 3—5% feuerfester plast. I, 2,5% I u. 0,5% CaO bzw. MgO oder 1—2% Beryll erreicht. Die Porosität bleibt beim Erhitzen auf 1700° unterhalb 3—4%. Die mechan. Festigkeit von I erreicht 1400 kg/cm². Die Schlackenbeständigkeit des Scherbens von I übertrifft bei halbstd. Erhitzen auf 1450° die des kaolin. um das 20fache u. die des mullit. um das 15fache. (**Огнеупоры** [Feuerfeste Mater.] **16.** 109—19. März 1951. Moskau, Chem.-Technol. Mendelejew-Inst.)
FÖRSTER. 6218

F. Reinhart, *Mineralische Schmelzmassen.* Die Arbeit gibt einen Überblick über einige in- u. ausländ. Verff. zur Herst. von mineral. Schmelzen. Hierbei handelt es sich hauptsächlich um Gemische aus Tonen, SiO_2, BaO, CaO, **MgO** u. Erdalkalien. (Sprechsaal Keram., Glas, Email **83.** 357—61. 20/9. 1950.) THIELE. 6220

W. G. Lidman und **H. J. Hamjian,** *Über die Reaktionen während der Sinterung einer metallkeramischen Mischung von Zirkoncarbid und Niob.* Eine metallkeram. Mischung von 87,5% ZrC u. 12,5% Nb, die unter Druck gesintert worden war, wurde auf Kristallstruktur u. chem. Umsetzung untersucht. Es treten folgende Umsetzungen ein: 1. Nb + ZrC = NbC + Zr. 2. ZrC + NbC= ZrC·NbC (feste Lsg.). Die metallograph. Unters. zeigte, daß sich bei 3900° F das Zr-Metall an den Korngrenzen der Carbidstruktur bildet. Es wurde das Wachstum dieser Phase u. der Einfl. der Umsetzung auf die Eigg. der Mischung beobachtet. (J. Amer. ceram. Soc. **35.** 236—40. Sept. 1952. Cleveland, O., Lewis Flight Propulsion Labor., Nat. Advisory Comm.) K. SEIDEL. 6220

H. Hartmann und **H. Haegermann,** *Untersuchungen im System $CaO-P_2O_5-Al_2O_3$ und $CaO-P_2O_5-SiO_2-Al_2O_3$.* Im kalkreichen Gebiet der Systeme $CaO-P_2O_5-Al_2O_3$ u. $CaO-P_2O_5-SiO_2-Al_2O_3$ können folgende Phosphatverbb. auftreten. 1. $4CaO\cdot P_2O_5$. 2. Mischkristalle von $3CaO\cdot P_2O_5$ mit verschied. Mengen $2CaO\cdot SiO_2$. 3. Apatite durch Tempern bei 1050—1200°. Zur Beantwortung der Frage, wieweit in den betreffenden Mehrstoffsystemen ausgezeichnete Verbb. u. Reihen von Mischkristallen vorliegen, wurden synthet. Gemische, die in ihrer Zus. — mit Ausnahme von $3CaO\cdot P_2O_5$ — dem weißen Zement nahestehen, in Pastillen bei verschied. hohen Tempp. bis 1550° geglüht u. nach dem Abschrecken mkr. petrograph. u. chem.-analyt. (Best. von freiem CaO nach modifizierter A.S.T.M.-Meth.) untersucht. Wird eine Mischung von $3CaO\cdot Al_2O_3$ u. $3CaO\cdot P_2O_5$ auf 1535° erhitzt, so zerfällt $3CaO\cdot Al_2O_3$ in eine Schmelze der Zus. 57% CaO + 43% Al_2O_3 u. CaO, das zum Aufbau von $4CaO\cdot P_2O_5$ aus $3CaO\cdot P_2O_5$ dient. Beim Abschrecken liegt neben dem Zerfallsprod. aus $3CaO\cdot Al_2O_3$ das $4CaO.P_2O_5$ vor, falls genügend CaO zu seiner Bldg. vorhanden ist. Bei langsamer Abkühlung entsteht neben den krist. Aluminaten $3CaO\cdot Al_2O_3$ u. $5CaO\cdot 3Al_2O_3$ noch $4CaO\cdot P_2O_5$. Im Syst. $CaO-P_2O_5-Al_2O_3-SiO_2$ ist bei der aus dem Portlandzementgebiet gewählten Mi-

schung bei Mengen bis 3,5% $3CaO \cdot P_2O_5$ das P_2O_5 als $4CaO \cdot P_2O_5$ gebunden; mit steigendem Zusatz erfolgt CaO-Abspaltung aus $3CaO \cdot SiO_2$, u. es bilden sich Mischkristalle aus $3CaO \cdot P_2O_5$ mit wechselnden Mengen $2CaO \cdot SiO_2$. Ein noch höherer Zusatz an $3CaO \cdot P_2O_5$ führt zur Verminderung der CaO-Abspaltung, bis bei ca. 36% kein weiteres ungebundenes CaO mehr vorhanden ist. Bei größeren Zusatzmengen an $3CaO \cdot P_2O_5$ u. genügend CaO findet allmählicher Übergang zum $4CaO \cdot P_2O_5$ statt. (Zement-Kalk-Gips **6** (**42**). 81–89. März 1953. Braunschweig, TH, Anorgan.-Chem. Inst.)
HENTSCHEL. 6222

A. B. Schechter, N. N. Sserb-Sserbina und **P. A. Rehbinder,** *Elektronenmikroskopische Untersuchung des Einflusses oberflächenaktiver Zusätze auf die Kristallisation der Mineralhydrate des Zementklinkers.* Bei der Rk. zwischen Zementteilchen u. reinem W. entstehen neben anderen Formen regelmäßige sechseckige Gebilde, die als ein Hydrat von *Tricalciumaluminat* (I) angesehen werden. Zwecks elektronenmkr. Unters. der Gelstruktur beim Anmachen von I mit W., bes. der Anfangsstadien der Kristallisation u. des Kristallwachstums in reinem W. u. in Ggw. von *Sulfitschlempe* (**II**) wurden 0,3 g **I** bei Zimmertemp. mit 10 ml W. oder mit W. angemachter **II** übergossen. In reinem W. besteht das Gel bereits nach einigen Min. aus Sechseckplättchen von höchstens 10 bis 15 $\mu\mu$ Dicke u. vom Durchmesser 1–1,5 $\mu\mu$. Die Gelstruktur bleibt bei einer Hydratationsdauer von 7 Tagen fast unverändert. In Ggw. von 0,25%ig. **II** fehlen die hexagonalen Kristalle. Dafür treten Kristallstäbchen auf, die vorwiegend in Längsrichtung wachsen. Sie bilden eine Netzstruktur. Mit steigender **II**-Konz. nehmen Längenwachstum u. Vernetzungsgrad zu. In Ggw. von 0,01%ig. **II** entstehen dieselben Kristalle wie in reinem Wasser. Die **II**-Wrkg. besteht in einer Adsorptionsmodifizierung der Kristalle. In Ggw. von **II** kann das Hydrat von **I** nicht nur am Abbindeprozeß durch Bldg. der Koagulationsstruktur beteiligt sein, sondern auch die mechan. Festigkeit des Zementsteins erhöhen. Nach den Debyogrammen ist das Kristallgitter von **I**-Hydrat in reinem W. u. in Ggw. von **II** das gleiche. (**Доклады Академии Наук СССР** [Ber. Akad. Wiss. UdSSR] [N. S.] **89**. 129–32. 1/3. 1953. Inst. für physik. Chem. der Akad. der Wiss. der UdSSR, Abt. disperse Systeme.) LEBTAG. 6222

Raffaele Ariano, *Die Kornzusammensetzung und das W/Z-Verhältnis in Zementmörteln.* Vf. untersucht die Beziehungen des W/Z-Verhältnisses (I) in Mörtel- u. Betonmischungen, in Abhängigkeit der granulometr. Zus. des Zuschlags, des Litergewichts sowie des Mischungsverhältnisses Zement/Zuschlagstoff/W., zu den Druckfestigkeiten der Betonprüflinge. Es zeigt sich, daß mit Vorteil die Druckfestigkeitsprüfung zum Vgl. herangezogen werden sollte, da diese Werte, im Gegensatz zu der Biegezug- oder Zugfestigkeit, erheblich empfindlicher gegen unterschiedliches **I** sind. Die graph. u. tabellar. zusammengefaßten Ergebnisse lassen erkennen, daß weder die Kenntnis der angewandten Zementmenge noch das **I** genügen, um bindende Rückschlüsse auf die zu erwartenden Festigkeiten zu gestatten. Es ist nach Ansicht des Vf. nicht zulässig, das ABRAMSsche Wasser–Zementfaktor-Festigkeitsgesetz in bezug auf die Betonfestigkeit in Anwendung zu bringen, da es genau definierte Ausgangsmaterialien voraussetzt u. im allg. nicht berücksichtigt wird, daß, in Abhängigkeit der Kornzus. des Zuschlags (bes. des feinen Anteils), eine gewisse Anmachwassermenge (ca. 6% für Sand) adsorbiert wird. So unterscheidet Vf. Gesamtwasser/Zement-Verhältnis (**II**) u. akt. Wassermenge/Zement (**III**), wobei **II** doppelt so groß sein kann wie **III**. Es wird für **III** ein Optimum ermittelt, das von grundlegender Wichtigkeit für die Vorhersage von Druckfestigkeiten ist, da es sich zeigt, daß der akt. W/Z-Faktor außerordentlich von der Zementmenge beeinflußt wird. Bei der Beurteilung der Biegezugfestigkeiten in Abhängigkeit von **III** zeigt sich, daß hier das Maximum von 0,20 nach 0,225 verschoben ist. Aus den Werten für die Biegezugfestigkeiten ist ersichtlich, daß der Quotient Litergewicht: theoret. D. (indice dei vuoti) mit steigendem **III** kleiner wird, da die erhöhte Bruchfestigkeit u. ihr Maximum nicht durch die damit parallel gehende Änderung der D. bedingt, sondern als eine Folge der chem. u. physikal.-chem. Vorgänge beim Abbinden anzusehen ist. — Literaturangaben. (Ind. ital. Cemento **22**. 252–60. Nov. 1952.) ANIKA. 6226

Dr. C. Otto & Co. G. m. b. H., Bochum, übert. von: **Friedrich Wilhelm Cramer** und **Otto Wilhelm Franz Saffran,** Bochum-Dahlhausen, *Herstellung von Silicasteinen.* Sand oder zerkleinerter Quarz, Feuerstein oder dgl. werden, zweckmäßig mit einem Mineralisator, wie NaCl oder Na_2CO_3, gemischt, zur Umwandlung der kieselsäurehaltigen Stoffe in Tridymit u. Cristobalit vorgebrannt u. während des Brennens, z. B. durch Umwälzung in einem Drehofen, in Bewegung gehalten. Die vorgebrannten Stoffe werden in bekannter Weise zu Steinen geformt u. die Formlinge bei ca. 1350–1400° gebrannt. Die Steine sind temperaturwechselbeständig u. bes. für den Bau von Koksöfen geeignet. (**A. P. 2 599 236** vom 26/4. 1940, ausg. 3/6. 1952. E. Prior. 19/5. 1949.) REINHART. 6219

Westdeutsche Mannesmannröhren Akt.-Ges., Düsseldorf, und **Hüttenwerk Huckingen Akt.-Ges.**, Duisburg (Erfinder: **Gerhard Naeser**, Duisburg-Huckingen), *Feuerfeste Steine.* Das Reflexionsvermögen der feuerfesten Steine für die langen UV-Strahlen kann beträchtlich vergrößert werden, wenn man dem Stein bestimmte Zusätze, bes. Schwermetalloxyde, z. B. Chromoxyd, in geringen Mengen zugibt. Durch Vergrößerung ihres Reflexionsvermögens strahlen die Steine mehr Wärme in den Ofen zurück, führen also weniger Wärme nach außen ab u. bleiben daher kälter. Sie eignen sich für Schmelz- u. Wärmeöfen sowie für Kesselfeuerungen, bes. zum Ausmauern der Gewölbe. (**D. B. P. 862 724** Kl. 80b vom 10/2. 1943, ausg. 12/1. 1953.) REINHART. 6219

Battelle Development Corp., übert. von: **Jack M. Lepp** und **John A. Slyh**, Columbus, O., V. St. A., *Feuerfester Körper.* 35—90 (%) Al_2O_3 u. 10—65 Al, beide in feinzerteiltem Zustande, werden nach Mischung geformt u. die Formlinge, in Graphit eingebettet, gesintert. Eine kristallograph. Unters. der gesinterten Körper ergibt als Bestandteile Al, Al_2O_3, AlN u. C. Die Körper haben eine Druckfestigkeit von 65—1000 kg/cm² u. gute Temperaturwechselbeständigkeit. Die Körper eignen sich zum Ausmauern von Brennkammern u. als Träger von Katalysatoren. (**A. P. 2 599 185** vom 12/2. 1949, ausg. 3/6. 1952.) REINHART. 6219

Canadian Refractories Ltd., Montreal, Quebec, übert. von: **Frank E. Lathe**, Ottawa, Can., *Feuerfeste Erzeugnisse.* Körner, die wenigstens 80 (Gew.-%) MgO, SiO_2 u. Al_2O_3 u. nicht mehr als 5 CaO enthalten u. in welchen das Gewichtsverhältnis von MgO zu SiO_2 u. Al_2O_3 wenigstens gleich dem 1,5fachen der SiO_2 plus dem 0,5fachen des Al_2O_3 ist, werden mit nichtfeuerfestem Material vermischt, das wenigstens 75 SiO_2, MgO u. Al_2O_3 enthält, wobei SiO_2 35—82, MgO 0—40 u. Al_2O_3 0—50 ausmachen. Die Mischung der feuerfesten u. nichtfeuerfesten Stoffe hat ein Gewichtsverhältnis von MgO zu SiO_2 u. Al_2O_3 von wenigstens gleich dem 1,34fachen des SiO_2 plus dem 0,40fachen des Al_2O_3. Die Mischung wird geformt, u. die Formlinge werden auf eine Temp. erhitzt, die über dem beginnenden Schmelzen des nichtfeuerfesten Materials liegt. Es bildet sich ein Schmelzfluß, der die feuerfesten Körner überzieht, mit ihnen reagiert u. sie zu feuerfesten Körpern bindet, die im wesentlichen aus Spinell u. Forsterit bestehen. (**A. P. 2 599 184** vom 24/12. 1949, ausg. 3/6. 1952.) REINHART. 6219

Corhart Refractories Co., Louisville, Ky., übert. von: **Ralph Joseph Magri jr.**, Lynchburg, Va., V. St. A., *Feuerfeste Körper aus Chrom- und Magnesiaverbindungen.* Die Temperaturwechselbeständigkeit (TWB) von im Schmelzfluß erzeugten, eisenoxydreichen Chromspinellen wird ohne ungünstige Nebenwrkg. für die Schlackenbeständigkeit durch Erhöhung des Geh. an MgO in solchen Mengen verbessert, daß der erstarrte Körper wesentliche Mengen eine Periklasphase enthält. Das Mol-Verhältnis $RO:R_2O_3$ soll dabei wesentlich über 1, nämlich bei 2,2—3,5 liegen. Der erstarrte Körper muß etwa folgende Zus. haben: 5—25 (%) FeO, 25—78 MgO, 5—25 Al_2O_3 u. 12—50 Cr_2O_3, die Gesamtmenge dieser Oxyde soll mindestens 82 betragen. (**A. P. 2 599 566** vom 27/6. 1951, ausg. 10/6. 1952.) REINHART. 6219

Monolithic Dolomite Ltd. und Cyril Booth, Nottinghamshire, England, *Basische Auskleidung für Elektroöfen oder andere Hochtemperaturöfen.* Ein inniges Gemisch aus feingemahlenem Sinterdolomit oder Magnesit u. Petroleumgallerte wird im Ofen auf die gewünschte Dicke u. Form eingestampft. Zweckmäßig beträgt in dem Gemisch der Gewichtsanteil an Petroleumgallerte 0,5—2,5% des Gewichtes von Dolomit oder Magnesit. (**E. P. 648 204** vom 15/12. 1948, ausg. 3/1. 1951.) HOCHSTEIN. 6219

General Motors Corp., Detroit (Erfinder: **Tain C. McDougal** und **Karl Schwartzwalder**, Flint), Mich., V. St. A., *Keramischer Isolator.* Durch Zusatz geringer Mengen von SiO_2 zu einem Gemisch von BeO u. MgO wird eine M. erhalten, die sich zur Herst. von Isolatoren eignet. Die der M. zugesetzte SiO_2 verbindet sich beim Brennen der M. mit dem BeO zu Be-Silicat, so daß keine freie SiO_2 in dem Scherben vorhanden ist. Beim Sintern entsteht ein dichter undurchdringlicher Körper bei verhältnismäßig niedriger Temperatur. Während z. B. BeO erst bei 2000° sintert, tut dies eine M. mit 2½% SiO_2 schon bei 1785°. Bei 10% SiO_2-Zusatz tritt die Sinterung schon bei 1650° ein. (**D. B. P. 868 274** Kl. 80b vom 27/6. 1940, ausg. 23/2. 1953. A. Prior. 29/6. 1939.) REINHART. 6221

Steatit-Magnesia Akt.-Ges., Lauf/Pegnitz (Erfinder: **Ernst Albers-Schönberg**, Metuchen, N. J., V. St. A.), *Keramische Dielektriken.* Zur Erhöhung der DK. u. Herabsetzung ihres Temperaturkoeff. bei hochkapazitiven keram. Dielektriken auf Grundlage des TiO_2 werden der M. kleine Mengen von im Brande nicht oxydierenden Metallen u./oder von Oxyden oder anderen Verbb. solcher Metalle, die im Brande Sauerstoff abspalten u. als reines Metall zurückbleiben, feinverteilt eingelagert. Neben TiO_2

können der M. weitere die dieletr. Eigg. günstig beeinflussende Stoffe, wie ZrO_2, zugesetzt werden. (**D. B. P. 869 310** Kl. 80b vom 25/5. 1944, ausg. 2/3. 1953.) REINHART. 6221

Comp. Générale de Télégraphie sans Fil, Paris, Frankreich, *Keramisches Dielektrikum.* 62,5 (%) Dolomit werden mit 30 TiO_2 u. zweckmäßig 7,5 Pb_3O_4 gemischt u. bei ca. 1300° gebrannt. Es entsteht ein flüssigkeitsdichter Scherben, der eine DK. von ca. 100, einen Temperaturkoeff. der DK. von ca. $-1200 \cdot 10^{-6}$ u. einen Verlustfaktor von ca. $0,5 \cdot 10^{-4}$ bei n. Temp. aufweist. (**E. P. 662 828** vom 15/9. 1949, ausg. 12/12. 1951. F. Prior. 16/11. 1948.) REINHART. 6221

Siemens & Halske Akt.-Ges., Berlin und München (Erfinder: **Reinhold Reichmann,** Berlin), *Lötfähige Metallüberzüge auf keramischen Körpern.* Feines Metallpulver wird mit einem Zusatz von Mg-Silicaten in Form einer Paste auf die Keramik aufgetragen u. in einer reduzierenden Atmosphäre aufgebrannt. Bes. vorteilhaft ist es, dem Metallpulver Speckstein u. Kaolin in eutekt. Mischung zuzusetzen. Als Metallpulver ist bes. Eisencarbonyl (I) mit einem Zusatz von Ni geeignet. Gute Ergebnisse wurden mit einer Mischung von 60—70 (%) I, 5—20 Ni u. 10—30 eines Gemisches aus Speckstein u. Kaolin erzielt. Diese Mischung wird mit W. oder einem Klebstoff, z. B. Dextrin, oder mit Polyvinylalkohol in Form einer Paste angerührt, auf die Keramik aufgetragen u. eingebrannt. (**D. B. P. 869 314** Kl. 80b vom 23/8. 1944, ausg. 2/3. 1953.) REINHART. 6221

Österreichisch-Amerikanische Magnesit Akt.-Ges., Radenstein, Kärnten, Österreich, *Gereinigte Schmelzmagnesia.* Magnesia, die Kalk u. Kieselsäure ungefähr im Verhältnis der Zus. von Dicalciumsilicat enthält, oder die durch diese Zusätze auf das Verhältnis eingestellt ist, wird kontinuierlich durch die Schmelzzone des Elektroofens geführt u. unter allmählicher Abkühlung ausgetragen, worauf die geschmolzene Magnesia von der anhaftenden Kruste von Sintermagnesia befreit wird. (**Oe. P. 172 074** vom 19/10. 1950, ausg. 11/8. 1952.) WITTHOLZ. 6223

Ursania-Chemie G. m. b. H., Herne/Westf. (Erfinder: **Wilhelm Urban,** Gelsenkirchen-Buer), *Herstellung von Unterböden unter Verwendung von entwässertem Gips.* Zur Beschleunigung der Erhärtung wird dem Gips oder dessen Gemischen mit organ. oder anorgan. Zusatzstoffen $FeSO_4$, zweckmäßig in wss. Lsg., zugesetzt. Zement kann daneben als Bindemittel benutzt werden. Vorteilhaft wird der Unterboden aus zwei Schichten hergestellt, von denen die untere aus einer Zement–Holz-Schicht mit $FeSO_4$-Zusatz u. die obere aus schnell trocknendem Gipsestrich, ebenfalls mit $FeSO_4$-Zusatz, besteht. (**D. B. P. 864 824** Kl. 80b vom 22/11. 1951, ausg. 29/1. 1953.) HANS HOFFMANN. 6227

Paul Bredi, Bouches-du-Rhône, Frankreich, *Ultraschallbehandlung von hydraulischen Mörteln.* Durch diese Behandlung kann der Mörtel in eine haftfeste, dickfl. gelatinöse M. umgewandelt werden, die mit W. nicht oder nur wenig mischbar ist. — Z. B. wird die im Mischer fertiggestellte Mischung des hydraul. Bindemittels mit W. u. gegebenenfalls Zuschlägen von Sand in ein rohrartiges Gefäß mit einer freien Öffnung eingebracht u. in dieser beschallt. Die so erhaltene gelatinöse M. kann für Unterwasserausbesserungen an Betonbauten verwendet werden. (**F. P. 1 000 354** vom 26/11. 1949, ausg. 11/2. 1952.) BEWERSDORF. 6227

Walter Frank, Deutschland, *Herstellung von Baukörpern* aus Kalk unter Zugabe von mehr oder weniger hydraul. Silicaten. Man kann daraus z. B. Mauerziegel, Hohlkörper, Fliesen usw. herstellen. So werden z. B. 1140 (kg) Dachziegelpulver mit einem Kalkschlamm aus gebranntem Kalk u. H_2SO_4 aktiviert, mit 560 Holzmehl u. 1000 cm^3 W. in einer senkrechten Mühle innig vermahlen u. damit vermischt. Die M. wird z. B. zu Fliesen geformt, die schon nach 4 Tagen n. Abbindens weiterverarbeitet oder verlegt werden können. Sie können auch vorher gepreßt werden. Den zu verarbeitenden Mischungen können Lagerungsstoffe, wie Holzspäne, Stroh, Sand, Kies, Ziegeltrümmerbrocken, Schlacken usw., beigemischt werden. (**F. P. 1 001 952** vom 5/7. 1946, ausg. 29/2. 1952.) BEWERSDORF. 6229

U. S. Gypsum Co., Chicago, übert. von: **Clyde C. Schuetz,** Mount Prospect, und **Charles R. Norman jr.,** Evanston, Ill., V. St. A., *Herstellung von Wärmeisolierkörpern.* Ein Gemisch aus Asbestfasern, einem feinverteilten puzzolanartigen Stoff, wie gemahlene Hochofenschlacke, Bentonit, Diatomeenerde, u. einem erdalkalihydroxydhaltigen Stoff wird in mindestens der fünffachen Menge W. unter heftigem Umrühren in eine Aufschlämmung übergeführt, welche unter Verhinderung der Wasserverdampfung auf 90—150° erhitzt wird. Durch Rk. wird hierbei eine schwammige M. gebildet, welche vorsichtig in Stücke von geeigneter Größe verformt wird. Diese werden in eine poröse Form auf ca. 60% ihres ursprünglichen Vol. unter Wasseraustritt zusammengepreßt.

Die erhaltenen Formlinge werden mit gespanntem Dampf gehärtet. (**A. P. 2 586 726** vom 4/2. 1948, ausg. 19/2. 1952.) HANS HOFFMANN. 6229

Hoy M. Holmes, Charleston, W. Va., V. St. A., *Behandeln von Bausteinen.* Vermauerte Bausteine werden im allg. durch Behandeln mit Säuren von den anhaftenden Mörtelresten befreit. Diese Reinigungsarbeit kann erleichtert werden, wenn die Steine vor dem Vermauern mit einem Gemisch aus 40 (Unzen) Isopropylalkohol, 28 W., 1 wasserlösl. Methylcellulose u. 2 g hochviscosem Polyvinylalkohol überzogen werden. Nach Fertigstellung des Bauwerkes läßt sich dieser Überzug durch Abspritzen mit W. entfernen, wobei zugleich auch die Mörtelreste abgespült werden. (**A. P. 2 603 574** vom 5/10. 1949, ausg. 15/7. 1952.) HANS HOFFMANN. 6229

K. A. Faber und **J. L. Jensen,** Aarhus, Dänemark, *Mittel zum Imprägnieren von feuchten Wänden, Fußböden aus Mauerwerk oder Beton.* Man belegt diese mit einer dünnen Schicht, die gegen Feuchtigkeit undurchdringlich ist. Hierzu verwendet man ein Gemisch aus 30(%) Soda, 40 Zement, 10 Weinsäure, 10 pulverisiertem Wasserglas u. 10 Magnesiumsilicofluorid. (**Schwed. P. 134 533** vom 9/5. 1947, ausg. 5/2. 1952.) JÜRGEN SCHMIDT. 6229

Minnesota Mining & Mfg. Co., St. Paul, Minn., V. St. A., *Biegsame Schleifmittel* erhält man durch Imprägnieren von Gewebe oder Papier mit Polyvinylalkohol als Emulgiermittel enthaltenden wss. Dispersionen, die durch Polymerisation von Vinylacetat, Methylacrylat oder ihrer Mischung mit Diamylfumarat u. Diisoamyläthylenfumarat als Vernetzungsmittel in Ggw. von $(NH_4)_2S_2O_8$ u. Triäthanolamin erhalten werden. Die Schleifkörner werden mittels eines Phenol-, Aminoplast- oder Alkydharzlackes oder auch Wasserglasbindemittels auf dem Grundanstrich befestigt. (**E. P. 651 322** vom 6/10. 1945, ausg. 14/3. 1951. A. Prior. 25/3. 1943.) SALZMANN. 6239

Carl Klingspor, Deutschland, *Reibflächenherstellung.* Man klebt auf Bleche, dünne Metallfolien, dünne Folien aus Kunststoffen oder Kunstkautschuk Schleifkörner mittels Kunststoffen, Kautschuk oder Kunstkautschuk, deren Lsgg. oder Emulsionen, wie Bakelit, Mowilith, Acronal oder Plextol. Ein Band aus Kautschuk oder Leder von 4 mm Stärke wird mit Acronallsg. überzogen, Schleifkörner werden aufgestreut u. mit einer Schicht aus Bakelit überzogen, 2—3 Std. bei 60° u. dann bei 100—120° noch 1 Std. gehalten. Diese Klebstoffe können auch dazu dienen, die Bänder auf Unterlagen oder an Maschinen zu befestigen. (**F. P. 992 768** vom 12/8. 1949, ausg. 23/10. 1951.) PANKOW. 6239

Carl Klingspor, Deutschland, *Herstellung von Schleif- oder Polierkörpern.* Man bindet das Schleifmaterial mittels Bindemitteln aus Kunstharzlsgg., Kautschuk- oder Kunstkautschuklsgg., auf Acrylsäure- oder Cellulosebasis, aus Polyvinylchlorid oder Emulsionen dieser Stoffe, wie Mowilith, Plextol, Acronal, auf Fasern, Papier oder Gewebe u. befestigt diese mechan., magnet. oder durch die gleichen Bindemittel auf Unterlagen, wie Metallfolien, -bändern, -geweben, auf Kautschuk oder Kunstkautschuk, Holz, oder Kunstharzen, wie Cellophan, Igelit oder Vinifol. (**F. P. 992 769** vom 12/8. 1949, ausg. 23/10. 1951.) PANKOW. 6239

Raybestos-Manhattan, Inc., Passaic, übert. von: **Sidney Reed De Laney,** Rutherford, N. J., V. St. A., *Schleifscheibe* aus 30—55 (%) Schleif- u. 45—70 Bindemittel, bestehend aus 61,20 (Karat) Diamantpulver, 139,39 Al_2O_3, 26,32 $Na_2B_4O_7$, 32,96 Kaolin (Feldspat, Quarz, Mg-Silicat, Asbest), 49,49 Pb_3O_4 u. 30 eines wärmehärtbaren Kunstharzes (oder Melasse). Die M. wird unter 141 at bei 157° geformt, mehrere Std. bei 630° geglüht u. abgekühlt; das Harz brennt dabei heraus. (**A. P. 2 566 828** vom 17/5. 1947, ausg. 4/9. 1951.) SALZMANN. 6239

VII. Agrikulturchemie. Schädlingsbekämpfung.

Dorothy Carroll, *Beschreibung eines Montaltobodens aus Maryland.* Ein Montaltorotboden wurde eingehend mechan., chem. u. mineralog. untersucht zwecks Feststellung seiner Entstehung. In den koll. Fraktionen wurde als wichtigstes Tonmineral Kaolinit gefunden, neben (bes. in den oberen Schichten) merklichen Mengen von glimmerartigen u. chlorit. Tonmineralien. Einstreuungen von Ferromagnesiumverbb. entstammen dem tieferliegenden Metagabbrogestein. (Soil Sci. **75.** 87—102. Febr. 1953. Washington, D. C., Bur. of Plant Ind.) GRIMME. 6300

I. A. Pastac, *Kritische Prüfung von Düngungsformeln zur Erzielung höchster Ernten.* Allg. Ausführungen die Entw. wirkungsvoller Düngermischungen betreffend. (C. R. hebd. Séances Acad. Agric. France **37.** 470—72. 1951.) GRIMME. 6304

C. H. Wadleigh, H. G. Gauch und **Maria Kolisch,** *Die mineralische Zusammensetzung von Gras unter Obstbäumen auf Pachappalehm unter dem Einfluß verschiedener Salz-*

lösungen. Die durch Zugabe von Salzlsgg. [NaCl, Na_2CO_3, $NaHCO_3$, $NaNO_3$, Na_2SO_4, KCl, KNO_3, K_2SO_4, $CaCl_2$, $Ca(NO_3)_2$, $MgCl_2$, $MgSO_4$] bedingte Beeinträchtigung des Graswachstums wird, außer bei Na_2CO_3 u. $NaHCO_3$, auf eine Verminderung des Wasseraufnahmevermögens des Grases zurückgeführt. Die geringsten Wachstumsschädigungen traten bei Na_2CO_3- u. $NaHCO_3$-Lsgg. ein, die stärksten Schädigungen bei hohen $CaCl_2$- u. $Ca(NO_3)_2$-Konzentrationen. Ausführliche Diskussion des Einfl. der genannten Salzlsgg. auf die mineral. Zus. des Grases (9 Tabellen). (Soil Sci. **72.** 275—82. Okt. 1951. U. S. Dep. of Agric.) GRÜTZ. 6304

Karl Schmorl, *Düngung und Qualität des Brotgetreides.* Zusammenfassende Darst. nach bekanntem Schrifttum (3 Hinweise). (Müllerei **6.** 362—63. 20/6. 1953.) HAEVECKER. 6304

Louis C. Erickson, *Wachstumsregler für Citrusfrüchte.* Blattspritzungen mit *2.4-D* u. *2.4.5-T* führten bei Citrusfrüchten zu gleichmäßigen hohen Erträgen. Die Früchte sind erheblich größer, vorzeitiger Fruchtabfall wird verhindert. (Amer. Fruit Grower **73.** Nr. 5. 42—43. Mai 1953.) GRIMME. 6304

Julian C. Crane, *Wachstumsregler für Aprikosen. 2.4.5-T* bewirkte als Blattspritzmittel bei Aprikosen eine Ertragssteigerung von ca. 75%. Außerdem waren die Früchte erheblich größer. (Amer. Fruit Grower **73.** Nr. 5. 36—37. Mai 1953.) GRIMME. 6304

L. P. Batjer, *Wachstumsregler für Äpfel und Birnen.* Bei Blattspritzungen mit *NAA* (Naphthylessigsäure), *2.4-D* u. *2.4.5-T* zeitigte letzteres die besten Resultate in bezug auf Ertragshöhe u. Qualität. (Amer. Fruit Grower **73.** Nr. 5. 13—14. Mai 1953.) GRIMME. 6304

R. M. Bullock, *Wachstumsregler für Kirschen.* Eine Spritzung mit 1 p.p.m.-Lsg. von *naphthylessigsaurem Na* ca. 30—35 Tage vor der Ernte erwies sich bei Süßkirschen als sicheres Mittel gegen das Aufplatzen der Früchte, gleichzeitig wurde ein günstiger Einfl. auf Fruchtgröße u. Ertrag festgestellt. (Amer. Fruit Grower **73.** Nr. 5. 44—45. Mai 1953.) GRIMME. 6304

Quentin B. Zielinski, *Wachstumsregler für Erdbeeren.* Durch Spritzungen mit *NXY* (β-Naphthoxyessigsäure) ließ sich die Erdbeerernte um 10—20% erhöhen. Außerdem waren die Früchte größer. (Amer. Fruit Grower **73.** Nr. 5. 49. Mai 1953.) GRIMME. 6304

D. D. Hemphill, *Wachstumsregler bei der Unkrautvernichtung.* Bei jungen Kulturen von Erdbeeren hatte die Spritzung mit *SES* (2.4-Dichlorphenoxyäthylsulfat) einen guten Erfolg bei der Unkrautvernichtung. Für Obstgärten wird *2.4-D* oder *Ammoniumsulfamat,* für Weinberge 2.4-D u. *2.4.5-T* empfohlen. (Amer. Fruit Grower **73.** Nr. 5. 15. 40—41. Mai 1953.) GRIMME. 6312

Ernest A. Smith, *Unkrautkontrolle in Onomea.* Die hauptsächlichsten Unkrautarten u. ihre Bekämpfung mit *TCA*, *2.4-D* u. *C-40* (As-Präp.) werden besprochen. (Rep. Hawaiian Sugar Technologists **1952.** 15—17.) RUTKOWSKI. 6312

Eberhard Kramm, *Die Tiefenwirkung einiger Kontaktinsekticide im pflanzlichen Gewebe.* Vf. untersuchte die Tiefenwrkg. von 3 Spritzmitteln [Esterwirkstoff (**I**) auf Basis E 605, Bladan (**II**) u. HCCH-Präpp. (**III**)]. Als Testobjekte dienten Insektengallen (Beutel- u. Kammergallen) verschied. Wandstärke. **I** besaß eine gute Tiefenwrkg., selbst bei starkwandigen Gallen. **II** u. **III** waren weniger wirksam. Ein Eindringen der Insekticide in fl. oder gasförmigem Zustand durch die engen Öffnungen der Beutelgallen fand nicht statt. (Z. Pflanzenkrankh. [Pflanzenpathol.] Pflanzenschutz **60.** 20—26. 1953.) WINIKER. 6312

Manfred Lüdicke, *Über das Verhalten von radioaktivem O.O-Diäthyl-O-p-nitrophenylmonothiophosphat auf der Pflanze.* Mit Hilfe von mit ^{32}P markiertem *Parathion* (**I**) wurde das Verh. von **I** auf Blättern (Ligustrum ovalifolium u. Polystichum falcatum), Zweigen (Sauerkirsche, wilde Pflaume u. Pfirsich) u. lagernden Äpfeln untersucht. Bei den Blättern bzw. Zweigen von L. ovalifolium, Sauerkirschen u. wilden Pflaumen wurde ein geringfügiges Eindringen von **I** festgestellt, ebenso bei lagernden Äpfeln, nicht aber bei den Blättern bzw. Zweigen von P. falcatum u. Pfirsichbäumen. (Z. Pflanzenkrankh. [Pflanzenpathol.] Pflanzenschutz **59.** 451—59. 1952. Heidelberg, Ruprecht-Karl-Univ., Zool. Inst.) WINIKER. 6312

H. Koupetz, *Insekticide im Pflanzenschutz.* Allg. Ausführungen. (Österr. Apotheker-Ztg. **7.** 578—80. 19/9. 1953.) WINIKER. 6312

G. Unterstenhöfer, *Über die Bestimmung des Giftwertes* (*Toxizitätsgrades*) *von Kontaktinsekticiden.* Behandelt werden die Dosismeth. (LD_{50} bzw. LD_{95}) u. die Zeitmeth. (LT_{50}). — 11 Literaturhinweise. (Z. Pflanzenkrankh. [Pflanzenpathol.] Pflanzenschutz **60.** 26—36. 1953.) WINIKER. 6312

J. M. Richardson, *Asphodelus fistulosus L. (Onion weed).* Zur chem. Bekämpfung dieses Unkrautes in unkultivierten Flächen wurden mit gutem Erfolg As_2O_5, Na_3AsO_3 u. *Kerosin* verwandt. Außerdem werden mechan. Maßnahmen mit anschließendem Abbrennen empfohlen. Die dabei aus verbliebenen Samen entwickelten Pflanzen können auch mit *MCPA* oder *2.4-D-Estern* vernichtet werden. (J. Dep. Agric. South Australia **56**. 315—17. Febr. 1953.) KNÖPKE. 6312

H. Darpoux, *Die Fleckigkeit von Apfel und Birne.* Die Fleckigkeit, die auf Blättern u. Früchten auftritt, ist eine Pilzkrankheit, die von Venturia inaequalis bzw. V. pirina herrührt. Zur Bekämpfung werden die befallenen Blätter im Winter gesammelt u. verbrannt. Ferner spritzt man mit *Ca-* oder *Na-Arsenit.* Während des Wachstums spritzt man mit einer Lsg. von 0,5—0,75% $CuSO_4$. Neuerdings verwendet man u. a. feinen *S* (0,75%) oder 0,5%ig. Lsgg. von *n-Trichlormethylthiotetrahydrophthalimid.* (Agric. prat. **116**. 309—10. Juni 1952.) FRIEDEMANN. 6312

J. C. Campbell und **B. B. Pepper,** *Einige Beobachtungen über die Wirkungen von netzbarem DDT und emulgierbarem DDT auf die Kartoffelbeschaffenheit und die Bekämpfung von Macrosporium solani.* Bei Verwendung von *DDT*-Emulsionen (**I**) wurde ein stärkeres Auftreten von Macrosporium solani auf den Blättern der Kartoffelstauden festgestellt als bei Verwendung von netzbarem DDT. Ferner wird darauf hingewiesen, daß durch **I** eine Geschmacksbeeinträchtigung der Kartoffeln bewirkt werden kann. (Amer. Potato J. **28**. 638—40. Juni 1951. New Brunswick, N. J., Rutgers Univ., Agric. Exp. Stat.) LIEBNER. 6312

K. G. Weckel und **R. K. Chapman,** *Geschmacksprobleme und andere Wirkungen der Anwendung von Insekticiden beim Anbau von Konservengemüsen.* Vff. berichten über laufende Verss. mit den Insekticiden *Aldrin, Dieldrin, Chlordane, Heptachlor, Lindane* u. *Toxaphene* beim Anbau von Konservengemüsen u. über ihre Wrkg. auf den Geschmack dieser Konserven. Beschreibung der für die Testung angewandten Methoden. (Food Packer **34**. Nr. 4. 32—34. April 1953. Univ. of Wisconsin.) KRUSEN. 6312

M. W. Allen, *Wurzelknotenbildung und Wurzelverletzungen erzeugende Nematoden.* Zur Nematodenbekämpfung im Obst- u. Weinbau empfiehlt Vf. die Anwendung von *DD.* (Calif. Agric. **6**. 8—9. 14. Mai 1952.) GRIMME. 6312

Paul Münchberg, *Zur Gewinnung des technischen Hexachlorcyclohexans.* In Fortsetzung der C. **1952**. 3723 referierten Arbeit werden Probleme der techn. Darst. besprochen. (Chemiker-Ztg. **75**. 308—10. 25/6. 1951. Soest.) LIEBNER. 6312

Harold Trapido, *Die Giftwirkung von DDT auf Anopheles claviger (Meigen) in Sardinien und auf dem italienischen Festland.* Resistenzerscheinungen wurden nicht beobachtet. (J. nat. Malaria Soc. **10**. 266—71. Sept. 1951. Panama, Republic of Panama, Apartado 1252, Gorgas Memorial Labor.) LIEBNER. 6312

Rolf Mathlein, *Untersuchungen über die Entstehung der DDT-Resistenz des Kornkäfers Calandra granaria L.* Die über mehrere Generationen durchgeführte Behandlung des Kornkäfers mit DDT führt unter gleichen Bedingungen, die in der Kontrolle 100% Letalität bedingen, schon in der 5. Generation zu 30% Resistenz. Dauerkontakt mit DDT wirkt aber noch in der 7. Generation lähmend u. tötend. Höher ist die Resistenz der 7. Generation gegen Pyrethrum–Piperonylbutoxyd, 100% Resistenz besteht in gleicher Zeit gegen ein Chlordanepräparat. Mit der Länge der Einzelindividuen scheint die Resistenz zuzunehmen. (Statens Växtskyddsanst., Medd. **62**. 5—20. 1952.) R. K. MÜLLER. 6312

Albert S. Perry, Arnold M. Mattson und **Annette J. Buckner,** *Der Mechanismus der synergistischen Wirkung von DMC mit DDT gegen resistente Hausfliegen. DMC* hat keine insekticiden Eigg., beeinflußt aber merklich die Wrkg. des *DDT* gegen resistente Hausfliegen. Der größte synergist. Effekt ist offenkundig, wenn DMC u. DDT zusammen angewendet werden. Werden beide Mittel in einem 6- u. 24std. Intervall getrennt angewendet, so wird eine merkliche Verringerung der Mortalität beobachtet. DMC wird von lebenden Fliegen schnell abgebaut u. hauptsächlich als Bis-(p-chlorphenyl)-essigsäure (*DDA*) ausgeschieden. Die Verb. [1.1-Bis-(p-chlorophenyl)-äthylen] ist wahrscheinlich ein intermediär gebildetes Stoffwechselprod. des DMC. Eine Beziehung zwischen der Größe der synergist. Wrkg. u. dem Grad der Inhibierung der DDT-Entgiftung bei resistenten Fliegen scheint zu bestehen. Ferner wurden untersucht: *p.p'-DDT*, *p.p'-DDE* [2.2-Bis-(p-chlorphenyl)-1.1-dichloräthylen] u. *p.p'-DME* [1.1-Bis-(p-chlorphenyl)-äthylen]. — 24 Literaturangaben. (Biol. Bull. **104**. 426—38. Juni 1953. Savannah, Geo., U. S. Publ. Health Serv., Fed. Sec. Ag., Communicable Disease Center.) PATZSCH. 6312

Samuel L. Resnick und **Robert L. Crowell,** *Vergleich der Wirksamkeit einiger insekticider Hochdruckaerosole gegen Musca domestica.* Ein 1 (%) Piperonylbutoxyd, 8 N-

[2-Äthylhexyl]-bicyclo-[2.2.1]-5-hepten-2.3-dicarboximid (= *264*). 3 DDT u. 2 Pyrethrum enthaltendes Aerosol erwies sich als ebenso wirksam wie ein Aerosol mit 5 Pyrethrum u. 3 DDT. (J. nat. Malaria Soc. **10.** 248—56. Sept. 1951. Atlanta, Ga., Public Health Serv., Communicable Disease Center.) LIEBNER. 6312

R. Wiesmann und **C. Kocher,** *Untersuchungen über ein neues, gegen resistente Musca domestica L. wirksames Insekticid.* Bericht über die insekticide Wrkg. des *Pyrolans* (**I**; 1-Phenyl-3-methylpyrazolyl-(5)-dimethylcarbamat). DL_{50} bei Ratten u. Mäusen per os 62 bzw. 90 mg/kg. Die percutane Resorption ist gering. **I** entwickelt Fraß- u. Kontaktwrkg., bes. ist die Wrkg. per os bei Arten bemerkenswert, die saugend fl. Nahrung zu sich nehmen (Imagines von Musca domestica u. Ephestia kühniella). Die Kontaktwrkg. ist in höheren Dosen (10 mg/100 cm^2) relativ groß, bei geringen Dosen (0,1 mg/100 cm^2) werden bes. Larven u. Imagines von Musca domestica erfaßt. Die Vergiftungserscheinungen treten bei allen Insekten in gleicher Weise auf, unabhängig von der Art der Aufnahme. **I** wird im Blut abgebaut. — Die spezif. Wrkg. von **I** gegen Musca domestica erstreckt sich sowohl auf n. als auch auf DDT-resistente Stämme, es ist auch bei feiner Verteilung weitgehend stabil. (Z. angew. Entomol. **33.** 297—321. Nov. 1951. Basel, Chem. Fabriken I. R. Geigy Akt.-Ges., Forschungslabor. für Schädlingsbekämpfung.) LÜPNITZ. 6312

Basil G. Markos, *Verbreitung und Bekämpfung von Moskitos in Reisfeldern der Gegend Stanislaus, Kalifornien.* Bericht über die erfolgreiche Bekämpfung von Aedes dorsalis Meigen, Aedes nigromaculis Ludlow, Aedes vexans Meigen, Culex tarsalis Coquillett u. Anopheles freeborni Aitken mittels wss. *DDT*- u. *DDD*-Emulsionen. (J. nat. Malaria Soc. **10.** 233—47. Sept. 1951. Berkeley, Calif., California State Dep. of Public Health, u. Atlanta, Geo., Communicable Disease Center.) LIEBNER. 6312

P. Vayssière, *Einige Bemerkungen über den Schutz von Kulturen gegen Insekten.* Beste Erfolge wurden erzielt bei Verwendung von *DDT* u. *Gammexan* gegen Fraßinsekten, sogar gegen Maikäfer. (C. R. hebd. Séances Acad. Agric. France **37.** 456—59. 1951.) GRIMME. 6312

J. Besson und **E. Joly,** *1950 in Toulouse durchgeführte Versuche zur Bekämpfung von Laspeyresia Molesta Busk auf Pfirsichbäumen.* Mit *DDT* als Spritz- u. Stäubemittel wurden gute Erfolge gezeitigt. (C. R. hebd. Séances Acad. Agric. France **37.** 439—41. 1951.) GRIMME. 6312

Gerhard Schrader, *Zur Kenntnis neuer Insekticide auf Grundlage organischer Phosphorverbindungen.* Zusammenfassender Überblick. — 35 Literaturhinweise. (Z. angew. Entomol. **33.** 328—40. Nov. 1951. Wuppertal-Elberfeld.) LÜPNITZ. 6312

L. Bonnemaison, *Schutz ölhaltiger Cruciferen gegen Meligethen.* Am besten bewährten sich *Gammexan* u. *Diäthyl-* bzw. *p-Nitrophenylthiophosphat*; *Chlordane* ergab erst nach 96 Std. einen guten Schutz; Phenothiazin war weniger wirksam. (C. R. hebd. Séances Acad. Agric. France **37.** 441—44. 1951.) GRIMME. 6312

M. J. Appert, *Vorversuch mit einem Systeminsekticid, ausgeführt im Centre de Recherches Agronomiques von Bambey (Senegal) an der Erdnußblattlaus.* Bericht über aussichtsreiche Schädlingsbekämpfungsverss. mit *Pestox 3,* vor allem gegen den gefährlichen Erdnußschädling Aphis laburni. (C. R. hebd. Séances Acad. Agric. France **37.** 428—29. 1951.) GRIMME. 6312

Blair Bartlett und **Paul DeBach,** *Feinde der Avocadoschädlinge.* Rezepte für Insekticide (auf Basis *DDT, DDD, S, DN, Kryolith, Nicotinsulfat, Neotran, Ovotran, Avamite, ZnO*), welche die natürlichen Feinde der Avocadoschädlinge nicht vernichten. (Calif. Agric. **6.** 14. Mai 1952. Riveride, Calif., Coll. of Agric.) GRIMME. 6312

W. H. Ewart und **H. S. Elmer,** *Bekämpfung von Coccus pseudomagnoliarum Kuw.* Bericht über gute Erfolge mit *Parathion.* (Calif. Agric. **5.** Nr. 10. 7. 14. Okt. 1951. Riverside, Calif.) GRIMME. 6312

Paul D. Gerhardt und **David L. Lindgren,** *Resistenz gegen Begasung.* Coccus pseudomagnoliarum Kuw. (Citricola scale) erwies sich als resistent gegen *HCN*-Begasung. (Calif. Agric. **5.** Nr. 10. 7. 11—12. Okt. 1951. Berkeley, Calif.) GRIMME. 6312

Paul D. Gerhardt, *Ameisenbekämpfung in Citrushainen.* Bei Verss. zur Ameisenbekämpfung mit *Chlordane* (**I**), *Parathion* u. *Toxaphen* bewährte sich **I** am besten. (Calif. Agric. **6.** 13. Mai 1952.) GRIMME. 6312

Friedrich Karl Böttcher, *Die Gefährdung der Bienen durch den Pflanzenschutz.* Besprechung der derzeitigen gebräuchlichen Pflanzenschutzmittel hinsichtlich ihrer Wrkg. auf Bienen. Weiterhin werden Giftnachw. u. Möglichkeiten des Bienenschutzes erörtert. — 54 Literaturhinweise. (Z. angew. Entomol. **33.** 348—58. Nov. 1951. Erlangen, Bayer. Landesanst. für Bienenzucht.) LÜPNITZ. 6312

Werner Radtke, *Die Repellentien.* Überblick über Eigg. u. Bedeutung der insektenabwehrenden Mittel. (Prakt. Desinfektor **45.** 301—05. Sept. 1953. Lahr/Baden.) WINIKER. 6312

George John Bouyoucos, *Der Einfluß von Düngemitteln auf die Bestimmung der Bodenfeuchtigkeit mit Hilfe der Gipsblockmethode.* Bei hohem Düngungsstatus, so z. B. nach Durchführung der Frühjahrsdüngung, gibt die Meth. keine exakten Werte. Gegen Ende der Vegetationsperiode, d. h. nach Absinken der Salzkonz., werden die Werte sicherer. (Agronomy J. **43.** 508—11. Okt. 1951.) GRIMME. 6324

Randolph Riemschneider und **Wolfgang Stuck,** *Zur Chemie von Polyhalocyclohexanen.* 15. Mitt. *Bestimmung von dl-α-1.2.3.4.5.6-Hexachlorcyclohexan auf polarimetrischer Grundlage.* (14. vgl. C. **1953.** 6119.) Bei Einw. von *l*-Brucin (**II**) auf dl-α-1.2.3.4.5.6-Hexachlorcyclohexan (dl-α-**I**) in Aceton wird ein linksdrehendes Prod. erhalten. dl-α-**I** wird nun unter geeigneten Reaktionsbedingungen quantitativ in Trichlorbenzol übergeführt; **II** greift also d-α-**I** schneller an als l-α-**I**. Zur Charakterisierung des auf genau festgelegte Weise hergestellten Reaktionsgemisches eignet sich die konzentrationsunabhängige spezif. Drehung; **II** u. **II**-Salze müssen vorher entfernt werden. Der maximale Dreheffekt wird erzielt, wenn in 100,0 ml Aceton 10,0 g **II** auf 1,67 g dl-α-**I** bei 25° 24 Std. einwirken ($[\alpha]_D^{20}$ —11,5°). Da γ-**I** u. δ-**I** in der gleichen Weise wie α-**I** mit **II**, aber langsamer reagieren, kann man nach Aufstellung geeigneter Eichkurven α-**I** neben den beiden anderen Isomeren bestimmen (% Cl-Abspaltung in gleicher Zeit bei dl-α-**I** 26,2%; -β-**I** 0%; -γ-**I** 6,1%; -δ-**I** 7,2%). (Z. analyt. Chem. **136.** 115—18. 1952. Berlin-Dahlem, Freie Univ.) KNÖPKE. 6328

H. L. Cupples, *Infrarotanalyse von Rotenon–Dihydrorotenon-Mischungen.* (Vgl. C. **1952.** 854.) Vf. benutzte die Absorption auf einer bestimmten Wellenlänge des Infrarorspektr., um Mischungen von Rotenon u. Dihydrorotenon in CS_2-Lsg. quantitativ zu bestimmen. Obgleich die Spektren der beiden Komponenten sehr ähnlich sind, ließen sich unter Verwendung von Eichlsgg. ziemlich genaue Analysenwerte bei der Wellenlänge von 11,02 μ erhalten. Die Messungen wurden mit einem Steinsalzspektrometer ausgeführt. Die Genauigkeit lag bei ±2% der Gesamtprobe. (Analytic. Chem. **24.** 1657. Okt. 1952. Beltsville, Md., U. S. Dep. of Agric., Bur. of Entomol. and Plant Quarantine.) KNÖPKE. 6328

Soc. des Produits Azotes, Jean Gall und **Yvan Schwob,** Frankreich, *Herstellung von Calciumcyanamid durch Azotieren von Carbid* bei 1000°. Die Ausbeute wird durch den Geh. an SiO_2 im Carbid verschlechtert. Durch Zusatz von Fe entsprechend dem SiO_2-Geh. bei der Carbidherst. gelingt die Red. von SiO_2 durch C unter Bldg. von leichter schm. FeSi mit 20% Si. Ebenso kann auch Mn Verwendung finden. Auf diese Weise erhält man prakt. SiO_2-freies CaC_2 u. hohe $CaCN_2$-Ausbeute. (**F. P. 1 005 547** vom 5/8. 1947, ausg. 11/4. 1952.) SCHÖNAUER. 6287

Lonza Elektrizitätswerke und Chemische Fabriken Akt.-Ges., Basel, Schweiz, *Herstellung von gekörntem Kalkstickstoff.* Pulverförmiger Kalkstickstoff wird zunächst auf über 65° (bes. 100—120°) erwärmt, bei dieser Temp. unter Durchmischung hydratisiert u. in einer zweiten Stufe die Hydratisierung bis mindestens 99,5° beendet, ebenfalls oberhalb 65°; hierauf wird homogenisiert u. abgekühlt u. schließlich unter Zusatz von etwas W. u. Bindemitteln gekörnt u. getrocknet. Beim Hydratisieren soll alles CaO in $Ca(OH)_2$ übergeführt werden, wobei jedoch eine Bldg. von $Ca(OH)_2 \cdot H_2O$ vermieden werden muß. Daher sind Tempp. über 65° notwendig. (**N. P. 79 645** vom 7/11. 1950, ausg. 4/2. 1952. Schwz. Prior. 9/11. 1949.) JÜRGEN SCHMIDT. 6287

American Cyanamid Co., New York, N. Y., V. St. A., *Herstellung von sauren Alkalimetallcyanidprodukten,* bes. für die *Unkrautbekämpfung* in trockenen Gebieten. Man erhitzt ein Gemisch von $CaCN_2$, W. u. Alkalihydroxyd ca. 1—1½ Std. auf 90—110°. Das Molverhältnis von $CaCN_2$:W. soll 1,1—2 u. das von Alkalihydroxyd:$CaCN_2$ ca. 1,1 betragen. (**N. P. 79 978** vom 21/11. 1950, ausg. 31/3. 1952. A. Prior. 23/11. 1949.) JÜRGEN SCHMIDT. 6313

Karin Elise Ingegerd Duprez, Stockholm, Schweden, und **Marcel François Robin,** Le Augères par Vernou en Sologne, Frankreich, *Mittel zur Bekämpfung von schädlichen Pilzen auf Pflanzen.* Es enthält als wirksame Bestandteile Cu-Salze von aliphat. Mono- oder Dicarbonsäuren mit 3—10 C-Atomen ohne andere funktionelle Gruppen neben der Carboxylgruppe. Bes. sind geeignet Cu-Butyrat, Cu-Oleat. Die Mittel werden zusammen mit Haftmitteln, wie Alkaliresinat, u. Emulgiermitteln verwendet. (**Dän. P. 73 936** vom 29/12. 1947, ausg. 24/3. 1952. F. Priorr. 19/4. 1944 u. 2/2. 1946.) JÜRGEN SCHMIDT. 6313

Scientific Oil Compounding Co., Inc., übert. von: **Victor N. Kalberg,** Chicago, Ill., V. St. A., *Herstellung löslicher Metallchinolinolate* (**I**). Man erhitzt unlösl. **I**, z. B.

Cu-8-chinolinolat bis zur Lösung in Phenolen, wie z. B. Phenol, Nonylphenol, o-Amylphenol, Salicylamid. Die Prodd. sind *Dauerfungicide.* (**A. P. 2 608 556** vom 10/7. 1950, ausg. 26/8. 1952.) LÜTTGEN. 6313

Frank J. Sowa, Cranford, N. J., V. St. A., *Organische Quecksilberverbindungen* Man behandelt aromat. Verbb. mit einer wss. Lsg., die $HgSO_4$ u. H_2SO_4 (Mol-Verhältnis 1:2 u. mehr) enthält. Aus *Salicylsäure* erhält man eine Verb. der Formel I; aus *Benzoesäure* eine Verb. o-$HgSO_4HC_6H_4$·COOH; aus *Phenol* eine trisubstituierte Verb., die in 2.4.6-Stellung die $HgSO_4H$-Gruppe trägt; aus *Benzylalkohol* eine Verb. $HOCH_2·C_6H_4·HgSO_4H$; aus *Anilin* eine trisubstituierte Verb., die die $HgSO_4H$-Gruppe in der 2,4- u. 6-Stellung trägt. — *Fungicide* u. *baktericide* Wirkung. (**A. P. 2 607 790** vom 15/5. 1946, ausg. 19/8. 1952.)

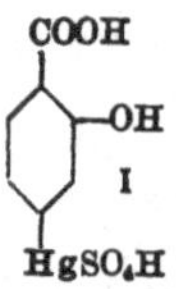

BRÖSAMLE. 6313

Imperial Chemical Industries Ltd., London, England (Erfinder: **A. C. Hutchinson**), *Treibladung mit Guanidinnitrat.* Die Treibladung enthält neben Guanidinnitrat 5—25% einer organ., festen Verb. mit vielen OH-Gruppen, bei der das Verhältnis zwischen OH-Gruppen u. C-Atomen mindestens 1:2 ist. Die Verbb. selbst sollen die Verbrennung nicht unterhalten können. Daneben kann man noch 0,2—1% V_2O_5 zusetzen. Auch Mo oder Mo-Verbb., bes. MoO_3, können zu diesem Zweck verwendet werden. Die Massen brennen selbst ab, erzeugen hierbei Gas, ohne jedoch eine Explosion hervorzurufen. Man kann sie zum *Verteilen* von Schutzmitteln gegen Insekten usw. verwenden. Man muß dann die entsprechenden *insekticiden, fungiciden* oder *baktericiden Stoffe* zusetzen. Z. B. verwendet man ein Gemisch aus 80 (Teilen) Guanidinnitrat u. 20 Weinsäure, das fein vermahlen u. zu festen Patronen gepreßt werden kann. (**Schwed. P. 135 647** vom 11/1. 1950, ausg. 6/5. 1952. E. Prior. 12/1. 1949.) JÜRGEN SCHMIDT. 6313

N. V. de Bataafsche Petroleum Mij., Den Haag, Holland, *Herstellung konzentrierter feindisperser, zur Schädlingsbekämpfung geeigneter Suspensionen.* Man mischt ein festes Schädlingsbekämpfungsmittel, z. B. Dichlordiphenyltrichloräthan, in geschmolzener Form mit einer organ. Fl., z. B. einem KW-stofföl, unter Zusatz eines Emulgiermittels, z. B. einem Kondensationsprod. des Äthylenoxyds mit einem Alkylphenol u. kühlt unter Rühren rasch ab. (**Schwz. P. 284 295** vom 27/12. 1949, ausg. 1/11. 1952. Holl. Prior. 27/12. 1948.) NEBELSIEK. 6313

Hooker Electrochemical Co., übert. von: **Dean B. Stormon,** Niagara Falls, N. Y., V. St. A., *Hexachlorcyclohexan mit erhöhtem γ-Gehalt.* 3—5 (Mol.) fl. Bzl. u. 1 Cl_2-Gas werden mit bestimmter Geschwindigkeit bei 5—78° im Gleichstrom an einer Belichtungsquelle vorbeigeführt. In den Beispielen ist angegeben, daß weniger als 1% Heptachlorcyclohexan entsteht. (**A. P. 2 499 120** vom 20/5. 1947, ausg. 28/2. 1950.) KRAUSS. 6313

Aglukon Ges. für chemisch-pharmazeutische Präparate m. b. H., Düsseldorf (Erfinder: **Hans Müller** und **Wilhelm Oversohl,** Essen), *Herstellung von Hexachlorcyclohexan* nach D. B. P. 824 490, dad. gek., daß in dem Reaktionsgefäß ein starkes Hochspannungsfeld erzeugt wird. Kürzere Rk. u. weniger Substitutionsprodukte. (**D. B. P. 838 748** Kl. 12o vom 1/12. 1948, ausg. 12/5. 1952. **Zusatz zu D. B. P. 824 490; C. 1952. 3892.**) SCHINDLER. 6313

C. H. Boehringer Sohn, Chemische Fabrik, Ingelheim/Rh. (Erfinder: **Bruno Walach,** Ingelheim/Rh., und **August Kottler,** Biberach-Riss), *Herstellung von Hexachlorcyclohexan* (I) durch Chlorierung von Bzl. mit fl. Cl_2 unter Bestrahlung mit UV-Licht, dad. gek., daß man in Bzl., das sich in einem unter n. Druck stehenden Reaktionsgefäß befindet, unter Kühlung fl. Cl_2 einleitet u. das gebildete I in üblicher Weise aufarbeitet. Das fl. Cl_2 kann man auch in Bzl., das mit einem indifferenten Lösungm. verd. ist, einleiten. (**D. B. P. 870 838** Kl. 12o vom 2/10. 1948, ausg. 16/3. 1953.) G. KÖNIG. 6313

Hermanus Lambertus De Waal, Pretoria, Südafrikanische Union, *γ-Reiches Hexachlorcyclohexan* (I). Thiophenfreies Bzl. wird in Ggw. von 7½ (%) Chlf. im Sonnenlicht mit Cl_2 behandelt, bis die Gewichtszunahme 20% beträgt. Nach dem Stehen wird die abgeschiedene Kristallmasse, die im wesentlichen aus α- u. wenig β-I besteht, abfiltriert u. in neuem Bzl. mit 7½ Chlf. gelöst. Diese gesätt. Lsg. wird wieder chloriert (Temp. nicht $> 35°$), bis die Gewichtszunahme 20 beträgt. Die sich nach dem Stehen abscheidende M. wird für einen neuen Ansatz verwendet. Die Mutterlauge enthält 25 γ-I. (**E. P. 637 732** vom 24/2. 1947, ausg. 24/5. 1950.) KRAUSS. 6313

Koninklijke Industrieele Mij., voorheen Noury & van der Lande N. V., Deventer, Holland, *Herstellung von Hexachlorcyclohexan* durch die bekannte Chlorierung von Bzl. in Ggw. von W. u. einem Alkalihydroxyd (I). Dabei geht man so vor, daß wenigstens 50% des W. in Form von Eis eingebracht wird. Man leitet in das Gemisch aus Eis, W.

u. I erst einen Teil des Cl_2, fügt das Bzl. zu u. leitet dann den Rest an Cl_2 ein. (**E. P. 649 428** vom 27/10. 1948, ausg. 24/1. 1951. Holl. Prior. 30/4. 1948.) NEBELSIEK. 6313

N. V. de Bataafsche Petroleum Mij., Den Haag, Holland, *Sprühflüssigkeit zur Schädlingsbekämpfung*, bestehend aus Dichlordiphenyltrichloräthan u. weniger als 30% eines Natur- oder Kunstharzes, z. B. Cumaron–Styrol-Harz, gelöst in einem schwerflüchtigen Lösungsm., z. B. Kerosin. (**Schwz. P. 282 651** vom 19/12. 1949, ausg. 16/8. 1952. Holl. Prior. 24/12. 1948.) NEBELSIEK. 6313

Julius Hyman & Co., Denver, Col., V. St. A., *Herstellung einer insekticiden Verbindung.* Man setzt Bicyclo-(2.2.1)-2.5-heptadien mit Hexachlorcyclopentadien um u. erhält Hexachlortetracyclododecadien, eine weiße, nadelähnliche, kristalline Substanz vom F. 100,5—104,5°. (**Schwz. P. 281 998** vom 31/12. 1948, ausg. 16/7. 1952. A. Priorr. 31/12. 1947, 21/8. u. 4/12. 1948.) NEBELSIEK. 6313

Imperial Chemical Industries Ltd., London (Erfinder: **James Taylor,** Saltcoats Schottland), England, *Nichthygroskopisches Ausräucherungsmittel zur Bekämpfung von Ungeziefer*, bestehend aus einem Gemisch aus einem verdampfbaren Insekticid (I), bes. *α.α-Bis-(p-chlorphenyl)-β.β.β-trichloräthan* oder *γ-Hexachlorcyclohexan* u. einem sich verflüchtigenden Anteil zum Verdampfen des I, der $(NH_4)_2Cr_2O_7$ u./oder ein Füllmittel aufweist. (**D. B. P. 856 974** Kl. 451 vom 21/10. 1948, ausg. 24/11. 1952. E. Prior. 11/2. 1946.) NEBELSIEK. 6313

Jean Cochig, Port-Lyantey, Marokko, *Schädlingsbekämpfungsmittel.* Man verwendet als Insekticid den Äthylester der Abietinsäure, gelöst in einem organ. Lösungsm., z. B. Kerosin, oder in W. als Emulsion oder im Gemisch mit einem anderen bekannten Insekticid, z. B. 4.4'-Dichlordiphenyltrichloräthan oder einer S-Verb. eines Polychlorcyclohexans. (**Schwz. P. 282 277** vom 23/9. 1949, ausg. 1/8. 1952.) NEBELSIEK. 6313

Sinfré Soc. An., Vevey, Schweiz, *Herstellung eines insekticiden Mittels.* Man löst ein Gemisch aus einer frischen, noch weichen Seifenpaste u. einem bekannten Insekticid, z. B. Pyrethrum, Hexachlorcyclohexan u. dgl. in einem organ. Lösungsm., z. B. Bzl., knetet 1 Std. gut durch u. formt kleine Tabletten, oder man fügt zur Paste ein pulverisiertes Insekticid, mischt gut durch, läßt erkalten u. teilt auf einer Strangpresse in kleine Stückchen. — Beispiele. (**Schwz. P. 281 999** vom 4/10. 1949, ausg. 16/7. 1952.) NEBELSIEK. 6313

Georg Seidle, Chemische Fabrik, Heutingsheim/Württ. (Erfinder: **Georg Seidle,** Heutingsheim, und **Walter Aldinger,** Stuttgart), *Mittel zur Bekämpfung von Borken- und Stammschädlingen*, dad. gek., daß es Phenol u./oder seine Homologen einzeln u./oder im Gemisch, bes. in Form der Rohcarbolsäure, enthält, die mittels alkal. reagierender Stoffe, bes. NaOH, wasserlösl. gemacht sind. An Stelle des Phenols können dessen Nitro- u. Chlorderivv. treten. Emulgierend wirkende Stoffe, Fraßgifte, bes. As-haltige, wasserlösl. gemachte Mineralöle u. grüne Farbstoffe können der M. zugesetzt werden. Die Mittel sind zur Bekämpfung von Forst- u. Obstbauschädlingen, z. B. des Fichtenborken- u. Splintkäfers, bes. geeignet. (**D. B. P. 833 853** Kl. 38h vom 15/6. 1949, ausg. 8/5. 1952.) KARST. 6313

Rohm & Haas Co., übert. von: **W. E. Craig** und **Lawrence J. Exner,** Philadelphia, Pa., V. St. A., *Benzyl-tert.-octylamin*, $C_6H_5 \cdot CH_2 \cdot NH \cdot C(CH_3)_2 \cdot CH_2 \cdot C(CH_3)_3$, wirkt *insekticid.* Entsteht beim Erhitzen von Benzylhalogenid mit tert.-Octylamin. Öl vom $Kp._{1,2}$ 100—102°. (**A. P. 2 613 226** vom 5/1. 1951, ausg. 7/10. 1952.) LANGER. 6313

Monsanto Chemical Co., St. Louis, Mo., übert. von: **William S. Emerson** und **Robert A. Heimsch,** Daython, O., V. St. A., *4-(Isothiocyanmethyl)-benzoesäuremethylester* erhält man durch Rk. von KSCN mit 4-(Chlormethyl)-benzoesäuremethylester in alkoh. Lösung. $Kp._{0,3}$ 138—139°; n_D^{25} 1,5822. — *Insekticide* u. *pesticide* Wirkung. (**A. P. 2 620 292** vom 19/7. 1950, ausg. 2/12. 1952.) BRÖSAMLE. 6313

Walter Eugene Ripper, Hauxton, England, *Insekticide Verbindung*, bestehend aus einem Gemisch von einem langsam wirkenden, beständigen Insekticid, z. B. Bis-dimethylaminofluorphosphinoxyd, u. dazu passendem Kontaktinsekticid, z. B. Nicotin, in Verbindung mit einem üblichen Netzmittel. (**E. P. 679 631** vom 21/7. 1949, ausg. 24/9. 1952.) NEBELSIEK. 6313

Monsanto Chemical Co., St. Louis, übert. von: **Henry L. Morrill,** Clayton, Mo., V. St. A., *O-Äthyl-S-äthyl-O-(p-nitrophenyl)-thiophosphat* (**I**) erhält man durch 1—10std. Erhitzen von O.O-Diäthyl-O-(p-nitrophenyl)-thiophosphat (**II**) auf 140—180° für sich allein oder in Mischung mit z. B. 0,1—5% oder mehr Triäthyl- oder Triäthylthiophosphat. Kristallisationspunkt von **II**: +1,4°; der Mischung aus **I** u. **II**: —36°. **I** zeigt gegenüber **II** erhöhte *insekticide* Wirksamkeit (Test). (**A. P. 2 601 219** vom 17/7. 1948, ausg. 17/6. 1952.) KRAUSS. 6313

J. R. Geigy Akt.-Ges., Basel, Schweiz, *Herstellung eines zur Schädlingsbekämpfung geeigneten 3-substituierten 4-Oxycumarins.* Man läßt p-Chlorbenzalaceton auf 4-Oxycumarin am Rückflußkühler einwirken, gießt das Reaktionsgemisch in W. u. säuert mit HCl an. Das ausgeschiedene Öl wird mit W. gewaschen, worauf es erstarrt. Zur Reindarst. krist. man aus CH_3OH um. (**Schwz. P. 283 657** vom 31/1. 1950, ausg. 16/10. 1952.) NEBELSIEK. 6313

Hans Herloff Inhoffen, Braunschweig, *Gewinnung von Duftstoffen aus Insekten*, z. B. von Lockstoffen für die *Schädlingsbekämpfung*, bes. von Lepidopteren. Man läßt die Duftstoffe von den lebenden Individuen in natürlich biol. Weise an die Luft abgeben u. gewinnt sie erst aus dieser mit einer dazu geeigneten App. zurück. (**D. B. P. 882 156** Kl. 451 vom 31/8. 1951, ausg. 6/7. 1953.) NEBELSIEK. 6313

Ciba Akt.-Ges. (Erfinder: **Eduard Usteri**), Basel, Schweiz, *Insektenabwehrmittel.* Die Mittel weisen einen Geh. an einem Ester der allg. Formel $R—CH_2—O—CO—(CH_2)_n—CO—O—R_1$ auf, in der n 0—8, R den Rest eines fünfgliedrigen heterocycl. Ringes, bestehend aus 4 C- u. 1 O-Atom, u. R_1 einen Alkyl- oder Cycloalkylrest bedeuten. — Beispiele: *Adipinsäureisopropyltetrahydrofurfurylester, Bernsteinsäurebutylfurfurylester* u. *Adipinsäurecyclohexyltetrahydrofurfurylester.* Trägerstoffe, wie organ. Verdünnungsmittel, Mineralöle, W. u. Talkum, können verwendet werden. Als Lsg., Emulsion, Salbe oder Pulver gegen blutsaugende Insekten wirksam. (**D. B. P. 863 566** Kl. 451 vom 9/2. 1951, ausg. 19/1. 1953. Schwz. Prior. 16/2. 1950.) KARST. 6313

Sinclair Refining Co., New York, N. Y., übert. von: **Oscar W. Bauer** und **John W. Teter**, Chicago, Ill., V. St. A., *Insektenabwehrende Mittel.* Einwickelpapier u. anderes Material, z. B. Stoffe, werden mit Säureamiden der Formel $R·CO·NR_1R_2$ imprägniert, wobei R eine Alkylgruppe mit wenigstens 1 Halogenatom, R_1 u. R_2 H oder niedere Alkylgruppen bedeuten. — Beispiele: Trifluoracetamid; 2.2-Dichlorpropionsäureamid; 2.2-Dichlorbuttersäureamid; 2-Chlorisobuttersäureamid. (**A. P. 2 587 957** vom 10/8. 1945, ausg. 4/3. 1952.) DUTTENHÖFER. 6313

United States of America, übert. von: **Melvin S. Newman**, Columbus, O., und **Barney I. Magerlein**, Kalamazoo, Mich., V. St. A., *Insektenabwehrmittel*, bes. gegen Malaria übertragende Aedes aegypti, bestehend aus *4-Oxymethyl-2-methyl-2-phenyl-1.3-dioxolan* (**I**). (**A. P. 2 588 407** vom 29/12. 1948, ausg. 11/3. 1952.) DUTTENHÖFER. 6313

I

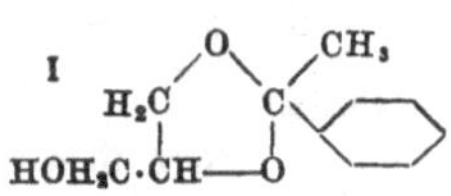

„Shell" Refining and Marketing Co. Ltd., London, und **Raymond Spencer Airs**, Wirral, Cheshire, England, *Insektenabstoßende Verbindung*, bestehend aus 10—50 (%) eines Alkandiols mit 7—12 C-Atomen im Mol u. benachbarten OH-Gruppen, z. B. *2.3-Octandiol*, u. 90—50 aus einem bekannten Insekticid, z. B. *Dimethylphthalat.* (**E. P. 687 850** vom 8/11. 1949, ausg. 25/2. 1953.) NEBELSIEK. 6313

Paul D. Bartlett, Weston, Mass., und **Blaine C. McKusick**, Wilmington, Del., V. St. A., *Insektenabstoßende Mittel.* Dialkylester der Hexahydrophthalsäure, z. B. Dimethyl- oder Diäthylester, werden, in A., Ae., Öl oder Petroleum gelöst, auf die Haut oder Stoffe aufgetragen. (**A. P. 2 584 105** vom 7/1. 1949, ausg. 5/2. 1952.) DUTTENHÖFER. 6313

VIII. Metallurgie. Metallographie. Metallverarbeitung.

Emil Kraume, *Banderz und vererzter Kniest, die sogenannten Armerze der Rammelsberger Lagerstätte, ihre Ausbildung, Verbreitung, Entstehung und Verarbeitung.* (Z. Erzbergbau Metallhüttenwes. **6.** 45—51. Febr. 1953. Goslar.) PAHL. 6360

Herbert Neuhaus und **Franz Pawlek**, *Die Einwirkung von Sauerstoff bei erhöhtem Druck auf sulfidische Erze.* Zur Unters. des Reaktionsmechanismus beim sulfatisierenden Rösten wurden Schwermetallsulfide in Form feiner Pulver mit O_2 bei hohem Druck u. Tempp. bis 300° behandelt, mit W. bzw. verd. H_2SO_4 ausgelaugt u. der in Lsg. gegangene Anteil festgestellt. Die Löslichkeit (I) des *Fe* bei Behandlung von *Pyrit* mit O_2 u. angesäuertem W. zeigt bei allen Drucken bei 150° ein Maximum; bei weiterer Temperaturerhöhung nimmt **I** ab u. sinkt bei 250° auf wenige %. *Zinkblende* ist gegen O_2-Angriff wesentlich widerstandsfähiger. Um hinreichende **I** zu erreichen, mußten Tempp. bis 250° angewandt werden. Die Druckabhängigkeit ist gering. Bei einem O_2-Druck von 10 at gingen 68%, bei 100 at 82% in Lösung. Bei *Kupferglanz* geht die Überführung des Sulfides in das Sulfat sehr leicht vonstatten. Bei 150° ist bereits eine **I** von 80%, bei 200° eine solche von über 90% erreicht. Hier ist starke Temperaturabhängigkeit mit schwacher Druckabhängigkeit verknüpft. Bei *Bleiglanz* wurde die Umwandlung in PbO u. $PbSO_4$ analyt. erfaßt. Temperatur- u. Druckabhängigkeit sind sehr gering. 45—50% des Bleiglanzes wurden in bas. Sulfate übergeführt. *Grauspießglanz* weist bei 100° nur eine I von ca. 10% auf, die bei steigender Temp. bis auf einen ganz kleinen Betrag sinkt. *Kupferkies* zeigt bei über 100° u. einem O_2-Druck von 25 u. 100 at eine 100%ig. I des Cu, während die I des Fe als $FeSO_4$ auf 1—2% zurückgeht u. der Rest des Fe als unlösl. bas. Sulfat vorliegt. Beim Rammelsberger Erz gehen Zn u. Cu bei 250° u. Drucken von 100 at restlos in Lsg., während Fe u. Pb teils als Oxyde, teils als bas. Sulfate zurückbleiben. (Z. Erzbergbau Metallhüttenwes. **6.** 41—44. Febr. 1953. Berlin-Charlottenburg, Techn. Univ., Inst. für Metallhüttenkunde.) APEL. 6378

P. E. Hammarlund, *Induktive Rührvorrichtungen für Metallbäder.* Die bes. Vorteile dieser Vorr. sind erhöhte Reinheit u. Qualität des *Stahles,* schnelles Erreichen einer homogenen Schmelze u. der Gleichgewichtsbedingungen, verbesserte Schlackenarbeit, Temperaturregelung u. schnellere Probennahme. (Foundry Trade J. **94.** 495—99. 30/4. 1953. Swedish A. S. E. A. concern.) PAHL. 6380

James H. Moore, *Vakuumschmelzen.* Die Dauerfestigkeit u. Schlagfestigkeit werden verbessert, was bes. auf die Reinheit des im Vakuum geschmolzenen Metalls zurückzuführen ist. (Iron Age **171.** Nr. 14. 154—56. 2/4. 1953. Cambridge, Mass., Nat. Res. Corp.) APEL. 6380

F. X. McGarvey, *Ionenaustausch bei Problemen metallurgischer Abfallprodukte.* Die Eigg. verschied. Austauschharze, bes. der *Amberlite* (stark saure [IR–120 u. IR–112] mit Sulfosäuregruppen u. schwach saure Kationenaustauscher [IRC–50] mit Carboxylgruppen, stark bas. [IRA–400 u. IRA–410] u. schwach bas. Anionenaustauscher [IR–4 B u. IR–45]) werden besprochen u. die Theorie ihrer Wrkg. auf Grund ihrer Kapazität Q (Maximalkonz. der einzelnen Ionen) u. der darauf beruhenden Wirksamkeit als Konzentrationsänderung bei der Ionenaufnahme wie bei der Regenerierung entwickelt. Hiernach sind die Metallgewinnung aus verd. Lsgg. oder die Reinigung von Beiz-Fll. zu berechnen. Im einzelnen werden besprochen die Gewinnung von *Cu* u. *Zn* aus verd. Kupfer- u. Messingbeizlsgg., von Zn u. H_2SO_4 aus Viscosespinn-Fl., von *Cr* aus Plattierbädern, Bädern für anod. Oxydation u. Beizlsgg. nach Überführung in $[Cr(H_2O)_6]^{3+}$ bzw. CrO_4^{2-} nacheinander mit Kationen- u. Anionenaustauscher, von *Ni* aus Plattierbädern, von *V, Sn, Sb, W* sowohl mittels Kationen- wie Anionenaustauschern; die Reinigung des W. von CN^- u. Pb^{2+}, der Säuren für die Stahlbeize durch Abfangen von $FeCl^{4-}$ mit Anionenaustauscher, während geeignete Komplexbldg. bei *Ta, Ni, Co, Zr* u. *Hf* zur Gewinnung dieser Metalle führt. (Chem. Age **66.** 935—40. 21/6. 965—66. 28/6. 1952. Philadelphia, Pa., Rohm & Haas Co.) METZENER. 6380

E. T. Turkdogan und **J. Pearson,** *Die Aktivitäten der Bestandteile von Eisen- und Stahlerzeugungsschlacken.* 1. Mitt. *Eisenoxyd.* Es wird der Einfl. der Temp. u. der Schlackenzus. auf die Aktivität (I) von FeO in geschmolzenen Schlacken behandelt. Die I der Komponenten im bin. FeO–SiO_2-Syst. ist von der Temp. abhängig, jedoch ist diese ohne Einfl. auf die I von FeO in komplexeren Schlacken. Es wird gezeigt, daß für eine gegebene FeO-Konz. kleine SiO_2-Anteile die I von FeO steigern, während größere sie verringern. Die Isoaktivitätskurven von FeO im Syst. (CaO + MnO + MgO)–FeO–(SiO_2 + P_2O_5) sind in einem tern. Zustandsschaubild dargestellt. Ein Fluorid erhöht die FeO-I in allen untersuchten Schlacken. (J. Iron Steel Inst. **173.** 217—23. März 1953.) HOCHSTEIN. 6408

P. Leroy, *Vorfrischen mit reinem Sauerstoff bei Thomasroheisen mit hohem Siliciumgehalt. Verwendung von im Hochofen erzeugtem Thomasroheisen im sauren Betrieb.* Nach krit. Literaturbesprechung werden eigene Verss. erörtert, bei denen reiner O_2 in die Gießpfanne, u. zwar in das Gebiet zwischen fl. Metall u. Schlacke in verschied. Mengen eingeblasen wird. Durch Einblasen von 4—5 m^3 je t Roheisen wird der Si-Geh. um 0,2—0,25% gesenkt u. die Roheisentemp. um 90° erhöht. Diese Vorfrischung kann nicht mit einer Entschwefelung in derselben Pfanne durchgeführt werden. Es wird daher vorgeschlagen, die Vorfrischung in der Pfanne zwischen dem Hochofen u. dem Mischer u. die Entschwefelung zwischen Mischer u. Konverter durchzuführen. Durch die Vorfrischung wird ein geringerer Zusatz von Kalk bei der anschließenden Stahlerzeugung benötigt. Das Verf. eignet sich bes. bei Thomasroheisen mit über 1% Si. — Schrifttumsübersicht. (Rev. Métallurgie **49.** 231—41. März. 299—320. April 1952.) HOCHSTEIN. 6408

I. A. Popow und **B. W. Stark,** *Vanadium im sauren Stahlerzeugungsprozeß und seine Desoxydationsfähigkeit.* (Metallurgie u. Giessereitechn. **2.** 362—64. Okt. 1952. — C. **1953.** 762.) HOCHSTEIN. 6408

G. R. Bish und **H. O'Neill,** *Die Verformung von Austenit in Beziehung zu den Härtewerten von Stahl.* Die Härte eines Stahles mit 0,9% *C* wurde während der isothermen Umwandlung (I) bei zwei Tempp. kurz oberhalb der M_s-Linie bestimmt. Der gleiche Stahl wurde während der Anlaufsperiode der I bei diesen beiden Tempp. plast. verformt. Für verschied. Verformungsgrade u. steigende Haltezeiten im Isothermbad wurde die Härte bei Raumtemp. der abgeschreckten Proben bestimmt. Es zeigte sich, daß die Verformung die Umwandlung beschleunigt; die Härtewerte gehen mit zunehmenden Haltezeiten durch ein Maximum. Dieses Maximum tritt bei kürzeren Haltezeiten auf, wenn der Verformungsgrad erhöht wurde. In einem Beitrag von **Hugh O'Neill** wird die Härte von Legierungen des Syst. Fe–Fe_3C behandelt. — Schrifttumsangaben. (J. Iron Steel Inst. **173**. 398—405. April 1953. Enfield Cables, Ltd., u. Swansea, Univ.) HOCHSTEIN. 6408

P. Cattier, Ch. Dubois, J. Bleton und **P. Bastien,** *Beitrag zur Untersuchung des Streifengefüges in Schmiedestahl. Gemeinsamer Einfluß der Kristallseigerung, der Kohlenstoffwanderung und der Wärmebehandlung.* Erörtert wird die Bedeutung der durch C, S u. O_2 hervorgerufenen Blockseigerung sowie der durch P u. S hervorgerufenen Kristallseigerung für die Zus. des Streifengefüges in geschmiedetem Stahl nach verschied. Abkühlungsgeschwindigkeiten u. Wärmebehandlungen. In den untersuchten Schmiedestücken zeigten sich noch örtliche Heterogenitäten. Wenn die C-Verteilung heterogen ist, so ist dies nicht nur eine Folge der bei der Erstarrung des Stahlblockes einsetzenden Seigerung. Die C-Atome diffundieren leicht u. unterliegen infolgedessen gemäß den Wärmebehandlungen einer mehr oder weniger reversiblen Wanderung. Es werden die Bedingungen für diese Wanderung von C infolge einer P-Kristallseigerung u. infolge der Geschwindigkeit der Abkühlung nach Austenitisierung erörtert. (Rev. Métallurgie. **50**. 275—90. April 1953.) HOCHSTEIN. 6408

Åke Josefsson und **Eric Kula,** *Bestimmung von in α-Eisen gelöstem Stickstoff und Kohlenstoff durch Dämpfungsmessung, angewandt auf Weichstahl von normalem Reinheitsgrad.* In Dämpfungsmessungen (u. mkr. Unterss.) an n. Weichstählen wird der in fester Lsg. in α-Fe befindliche *C* u. *N* bestimmt. Die Lage der Dämpfungskurve für N wird durch Verunreinigungen wie *Mn* oder *P* verändert unter gleichzeitiger Verbreiterung, bzgl. C tritt nur eine Verbreiterung, keine Lageveränderung ein. In Vergleichsunterss. werden Messungen nach Ofenkühlung von 950°, Normalisierung von 950°, Wasserkühlung von 680° durchgeführt, um den Einfl. der Alterung festzustellen. Dabei zeigt ein *Al*-Zusatz N-bindende Wirkung. N neigt dazu, in übersätt. fester Lsg. zu bleiben, u. zwar auch bei ziemlich langsamer Abkühlung. (Jernkontorets Ann. **136**. 63—73. 1952.) R. K. MÜLLER. 6408

Clemens Eisenhuth und **Hanns Krautmacher,** *Vergleich der technologischen Eigenschaften gezogener Stahldrähte, bezogen auf die in Blei- und Salzbädern und an Luft durchgeführte Patentierung.* Es wird die grundsätzliche Gleichwertigkeit der Blei- u. Salzbadpatentierung nachgewiesen, doch bietet der im Bleibad patentierte Draht für das Einhalten der Biege- u. Verwindezahlen größere Sicherheit. (Stahl u. Eisen **72**. 1217—21. 25/9. 1952. Köln-Holweide u. Wettmann.) HOCHSTEIN. 6408

F. Börsig, *Dauerversuche an aufgespritzten Stäben.* Die Dauerfestigkeit der aufgespritzten Stäbe hat etwa die gleiche Höhe wie die von abgedrehten u. mit Feingewinde versehenen Stäben. Die aufgespritzten Metallschichten sind ohne Einfl. auf die Dauerhaltbarkeit. (Maschinenschaden **24**. 75—76. 1951.) KATZ. 6408

Hubert Juretzek, Alfred Krisch und **Werner Trommer,** *Einfluß der Legierungsbestandteile auf die mechanischen Eigenschaften von vergütetem Stahlguß.* Im Hochfrequenzofen wurden Schmelzen hergestellt, deren Zus. einen Querschnitt durch das Gebiet der einfach, zweifach, dreifach u. vierfach legierten Stähle darstellt. Die Schmelzen wurden zu Probeplatten vergossen u. die aus ihnen entnommenen Abschnitte auf Zugfestigkeiten von 110—130 u. 90—110 kg/mm² vergütet u. durch Zug- u. Kerbschlagverss. bei Raumtemp. u. —50° untersucht. Hierbei wurden Streckgrenzenverhältnisse von über 80% erzielt. Dehnung u. Einschnürung zeigten sich zur Beurteilung des Verformungsvermögens wenig geeignet, da diese durch Gießbedingungen beeinflußt waren; dagegen konnte dies auf Grund der Kerbschlagzähigkeit erfolgen. Die Legierungen mit 3 oder 4 Elementen erwiesen sich als wenig vorteilhaft, da durch die Hinzufügung eines dritten oder vierten Elementes meist keine Verbesserung der Zähigkeit über die der zweifach legierten Stähle erreicht wurde, so daß eine mehrfache Legierung nur aus anderen Gründen, z. B. durch Vergütung oder Vergießbarkeit, vertreten wurde. Die besten Ergebnisse wurden mit Mo-legierten Stählen, bes. mit Cr–Mo-Stählen, erreicht. (Arch. Eisenhüttenwes. **24**. 69—82. Jan./Febr. 1953. Düsseldorf u. Leverkusen, Wettmann, Ruhrstahl Akt.-Ges., Annener Gußstahlwerk u. Max-Planck-Inst. für Eisenforsch.) HOCHSTEIN. 6410

Ernst Günther, *Die Entstehung des Siliciumpelzes bei Transformatorenblechen.* Als Siliciumpelz wird ein Glühzunder bezeichnet, der bei höher u. hoch silicierten Dynamo-

u. Transformatorenblechen auftritt u. durch schlechtere Haftfähigkeit, größere Dicke u. schlechtere Säurelöslichkeit, als sonst bei diesen Blechen üblich ist, gek. ist. Entsprechend der chem. Zus. der Bleche enthält der Zunder durch die Oxydation des Siliciumferrits SiO_2, wodurch die schlechtere Haftfähigkeit des Zunders bedingt ist. Entscheidend für das Abblättern ist die Bldg. von höheren Oxydationsstufen. Durch weitgehende Verhinderung des Luftzutritts beim Glühen u. Abkühlen in Kisten bleibt die Haftfähigkeit auch bei mittelsilicierten Dynamoblechen erhalten. Erst bei höherer Glühtemp. bilden sich bei langen Glühzeiten die als Siliciumpelz bezeichneten höheren Oxydationsstufen. (Metallurgie u. Giessereitechn. **2**. 354—55. Okt. 1952. Berlin.) HOCHSTEIN. 6410

B. C. Woodfine, *Anlaßsprödigkeit. Ein kritischer Literaturüberblick.* (J. Iron Steel Inst. **173**. 229—40. März 1953. Sheffield, Univ.) HOCHSTEIN. 6410

B. C. Woodfine, *Einige Gesichtspunkte zur Anlaßsprödigkeit.* Untersucht wurden einige Eigenheiten des Auftretens u. der Entw. von Anlaßsprödigkeit in niedriglegierten Stählen. Die Entw. der Versprödung mit der Zeit u. Temp., das Auftreten in isotherm. umgewandelten Mikrogefügen, der Einfl. der Austenitisierungstemp. sowie der Einfl. der Legierungselemente Al, P u. Ti. Der Ätzangriff durch verschied. Ätzmittel in anlaßversprödeten Stählen trat grundsätzlich längs der zuvor bestehenden Austenitkorngrenzen auf u. bestand aus einem Netzwerk von Grübchen. Eine Korngrenzenausfällung konnte nicht festgestellt werden. Sprödbruch in anlaßspröden Stählen werden durch einen intergranularen Fehler u. nicht durch Spaltung verursacht. Durch Kerbschlagunterss. wurde festgestellt, daß die Anlaßsprödigkeit die Sprödbruchfestigkeit eines empfindlichen Stahles ohne Beeinflussung der Streckgrenze erniedrigt. Entw. einer Theorie über das Auftreten von Anlaßsprödigkeit. — Schrifttumsangaben. (J. Iron Steel Inst. **173**. 240—55. März 1953. Sheffield Univ.) HOCHSTEIN. 6410

P. A. Jacquet, *Gefügeuntersuchungen an niedriglegiertem Stahl im spröden und zähen Zustand.* An Stählen mit ca. 0,3 (%) *C*, 1,5 *Cr* u. 3,5 *Ni*, mit 0,2 *C*, 0,5 *Cr*, 0,5 *Mo* u. 2,3 *Ni* u. mit ca. 0,25 *C* u. 1,4 *Cr* wurden im vergüteten u. anlaßspröden Zustand übermkr. Gefügeunterss. durchgeführt u. hieraus Folgerungen über die Ursachen der Anlaßsprödigkeit gezogen. — Schrifttumsangaben. (Rev. Métallurgie **49**. 195—207. März 1952.) HOCHSTEIN. 6410

Samuel J. Rosenberg und **C. R. Irish,** *Löslichkeit von Kohlenstoff.* Bei Unterss. an austenit. nichtrostenden Stählen mit 18 (%) *Cr* u. 10 *Ni* wurde gefunden, daß der niedrigste untersuchte *C-Geh.* von 0,007 bei Tempp. zwischen 705 u. 760° vollständig gelöst war. Die Löslichkeit scheint ungefähr linear von ca. 760—1080° anzuwachsen. Bei der höchsten Untersuchungstemp. betrug sie ca. 0,08 C. Die Verss. lassen unter anderem erkennen, daß es fast unmöglich ist, nichtrostende austenit. Cr–Ni-Stähle mit einem so geringen C-Geh. herzustellen, daß sie bei allen Betriebsbedingungen prakt. frei von Carbidausscheidungen (interkristalline Versprödung) bleiben. (Wire and Wire Products **28**. 266. 301—02. März 1953. Washington, D. C., Nat. Bur. of Standards.) HOCHSTEIN. 6410

A. Michel und **J. Drain,** *Einfluß von Kobalt auf die Eigenschaften von Zementit.* Der Einfl. von 0—70% betragenden Co-Gehh. auf den CURIE-Punkt u. die Beständigkeit von Zementit wurde thermomagnet. untersucht. Hierbei zeigte sich, daß die Temp. der beginnenden Zementitzers. bei 2% Co mit 720° am höchsten lag, mit steigenden Co-Gehh. stark abfiel u. bei 70% Co nur noch 430° betrug. (Rev. Métallurgie **49**. 114—16. Febr. 1952.) HOCHSTEIN. 6410

Arturo Paoloni, *Elektrothermische Verfahren in der Aluminiummetallurgie.* (Vgl. auch C. **1951**. II. 2103.) Ergänzungen zu einer zusammenfassenden Arbeit (C. **1932**. II. 602) über denselben Gegenstand: Verss. der therm. Red. des Tons mittels Kohle ohne Gewinnung von Al; Verss. u. ältere Verff. an Gemischen aus Bauxit–Quarz, Bauxit–Ton, Kaolin–Ton u. Bauxit–Ton–Kaolin mit Kohle zur Gewinnung von Al–Si-(Fe)-Legierungen (Prioritätsansprüche). (J. Four électr. Ind. électrochim. **59**. 140—41. Nov./Dez. 1950.) METZENER. 6442

H. Anders, *Gußstücke aus Leichtmetallen.* Überblick über Al-Gußlegierungen, ihre Zus., Verwendung u. Eigg. sowie die Wahl des Gießverf. (Sandguß, Kokillenguß, Spritzguß). (Fertigungstechnik **2**. 348. Nov. 1952. Grünheide.) APEL. 6442

Harry W. Fritts, *Aluminium-Legierungen.* Angaben über die Verwendung von Al u. Al-Legierungen in der chem. Industrie unter besonderer Berücksichtigung der Legierungen *XA 54 S*, *Alclad 3 S* u. *B 50 S–O*. 76 Schrifttumsstellen. (Ind. Engng. Chem. **44**. 2289—92. Okt. 1952. New Kensington, Pa., Aluminium Co.) MEYER-WILDHAGEN. 6442

H. V. Kinsey und **M. T. Stewart,** *Nickel–Aluminium–Molybdän–Legierungen für Verwendung bei höheren Temperaturen.* Auf der Suche nach einer geeigneten Legierung für

Turbinenblätter in Gasturbinen haben Vff. die Eigg. des Syst. Ni–Al–Mo in der Ni-reichen Ecke untersucht. Sie bestimmten die Dauerstandfestigkeit der Versuchsschmelzen bei 1500° F bei Belastungen von ca. 35000 lbs./sq.inch. Bes. ausgewählte Legierungen wurden anschließend bei derselben Temp. unter Belastungen von 27500 u. 40000 lbs./sq.in. geprüft. Die Verss. ergeben, daß der für den beabsichtigten Zweck günstigste Mo-Geh. bei 20—25% Mo liegt. Hinsichtlich des Verhältnisses Ni : Al wird festgestellt, daß die Legierung unbrauchbar wird, wenn dieses den Wert 6 : 1 erreicht, d. h. den Wert, bei dem die Phase *NiAl* auftritt. Am günstigsten erweisen sich Kombinationen von 12 : 1 bis 8 : 1 für Ni : Al. Ein Zusatz von 5% Co ist ohne Wirkung. Bei 10% Co treten Schwierigkeiten beim Gießen auf. Ein Ersatz von $^2/_3$ des Mo durch *W* ist ohne nennenswerte Wirkung. Die 1000 Std.-Dauerfestigkeit der geprüften optimalen Legierungen liegt bei ca. 25000 lbs./sq.inch. Der Zusatz von 15—25% Mo zu einer Ni–Al-Legierung mit dem Ni–Al-Verhältnis 10 : 1 läßt die Entstehung der Phase *NiMo* erkennen. Bei einem Verhältnis 8 : 1 für Ni : Al bewirken bereits 10% Mo das Auftreten der Phase *NiMo*. Oberhalb 15% Mo erscheint in diesem Falle eine neue Phase, die als *NiAl* identifiziert wurde. Steigerung des Mo-Geh. über 15% vermehrt sowohl dieNiMo- als auch die NiAl-Phase. Durch Wärmebehandlung gelingt es bei NiAl-haltigen Legierungen diese zu homogenisieren u. die NiAl-Phase zum Verschwinden zu bringen, wodurch sich die technolog. Eigg. der Legierung verbessern. Bei einer 25% Mo enthaltenden Legierung mit Ni : Al 12 : 1 erhält man durch diese Wärmebehandlung eine schmiedbare Legierung, die bei stat. Zugverss. eine kleinere Dehnung zeigte, als bei den Dauerstandversuchen. Bei 1500° F Versuchstemp. erhält man im ersten Falle 2% Dehnung, im zweiten Falle 7—14% Dehnung. Die höheren Dehnungswerte sind im allg. mit niedrigeren Ni–Al-Quotienten verknüpft. (Ind. Heating **18.** 1586. 1588. 1590. Sept. 1951. Ottawa, Can., Dep. of Mines, u. Techn. Surveys, Nat. Res. Counc.) WERNER. 6442

Harold Schor, *Große Preß-, Schmiede- und Strangpreßstücke für den Flugzeugbau in metallurgischer Beziehung.* Überblick über die Herst. großer Preß-, Schmiede- u. Strangpreßstücke aus *Leichtmetallen* für den Flugzeugbau, bes. über die Herst. gesunder Gußrohlinge, die Preß- u. Stranggußstufen, die anzuwendenden Tempp. u. die therm. Nachbehandlung. (Metal Progr. **63.** Nr. 3. 111—14. 182. 184. 186. März 1953. New York City, N. Y., Techn.-Ind. Serv.) APEL. 6442

E. Grafired, K. Protzmann, K. Ruthardt und **H. Speidel,** *Aus dem Arbeitsgebiet „Spinndüsen“.* Werkstoffe für Spinndüsen sollen nicht nur der chem. u. mechan. Beanspruchung gewachsen sein, sondern auch gestatten, gute Bohrkanäle herzustellen. Es werden heute nur noch solche Edelmetallegierungen verwendet, die therm. vergütbar sind. Bei dem Auswalzen zu Blech u. beim Ziehvorgang zum Düsentopf wird vielfach im heterogenen Gebiet gearbeitet u. erst gegen Schluß der mechan. Bearbeitung die notwendige Glühung bei hoher Temp. mit nachfolgender Abschreckung u. Anlaßglühung vorgenommen. Dabei darf es aus Korrosionsgründen nicht zur Ausscheidung kommen, da sonst die Bohrkanäle „zuwachsen“. Als zweckmäßige Legierung hat sich eine solche mit 75% *Au*, 25 *Pt* u. 0,5 *Rh* bewährt, ferner *Tantal*. Dieses Metall wird durch Glühung in C-haltigen Gasen oberflächlich gehärtet. Die Qualität solcher Düsen erreicht bereits die der Edelmetalldüsen. (Festschr. 100 Jahre W. C. Heraeus GmbH., Hanau **1951.** 43—51. Hanau, W. C. Heraeus Platinschmelze G. m. b. H.) K. SCHUBERT. 6466

Gretelore Raunecker, *Aus unserem Arbeitsgebiet „Federspitzen“.* Während für Schreibfedern aus Stahl Spitzen aus W- bzw. Ta-Carbid u. aus Cr-Boriden in Frage kommen, lassen sich auf Goldfedern nur Legierungen aufschweißen, die selbst ein Edelmetall enthalten. Geprüft wurden die Systeme *W–Ru*, W–*Rh*, W–*Os*, W–*Ir*, *Os–Co*, Os–*Ni*, W–Ru. Die Härte steigt im Ru(W)-Mischkristall an, um im heterogenen Gebiet wieder abzusinken. Die Druckfestigkeit ist im ganzen Gebiet hoch, die Abriebfestigkeit ist gut. W–*Rh*: Durch die Bldg. einer hexagonalen Phase steigt die Härte, die Abriebfestigkeit u. die Zähigkeit. W–Os: Die hervorragenden Eigg. des Os(W)-Mischkristalls werden durch die Phase OsW_3 zerstört. W–Ir: Es tritt eine hexagonale Zwischenphase auf, die hervorragende Eigg. besitzt. Os–Co u. Os–Ni zeigen ein Abfallen der Eigg. des reinen Os. Die Unters. ergab, daß außer W–OS-Legierungen auch W–Zr u. W–Rh-Legierungen brauchbar sind. (Festschr. 100 Jahre W. C. Heraeus GmbH., Hanau **1951.** 147—57. Hanau, W. C. Heraeus Platinschmelze G. m. b. H.) K. SCHUBERT. 6466

Heribert Moser, *Über die Härte.* An Hand von Eindringverss. nach dem Zylinderdruck- u. dem Kugeldruckverf. mit verschied. Prüfkugeln wird die Anwendbarkeit der von KAPPLER entwickelten Meth. der gleichzeitigen Best. von Elastizitätsmodul u. Härte u. eine neue Theorie der Härte bestätigt. Die Härte ist hiernach eine Kenngröße, die nicht nur durch das plast. Verh. des Materials allein, sondern auch durch die elast. Eigg. der Probe u. der Prüfkugel bestimmt wird. (Z. Metallkunde **44.** 43—50. Febr. 1953. München, Univ., Physikal. Inst.) APEL. 6480

A. Neth, *Zerstörungsfreie Werkstoffprüfung.* Überblick über Prüfungen mit Röntgen-, γ- u. β-Strahlen, mit Ultraschall, magnet. u. elektr. Prüfung sowie Oberflächenprüfung u. Dehnungsmessungen. (Metall **7.** 31—33. Jan. 1953. Wien.) APEL. 6480

Louis Beaujard und **Jacqueline Tordeux,** *Über die Verwendung von Natriumbisulfit als mikrographisches Reagens bei ferritischen Stählen.* Vff. untersuchten systemat. die günstigsten Bedingungen für die Verwendung von $NaHSO_3$-Lsgg. als Ätzmittel für ferrit. Stähle. Die besten Ergebnisse wurden mit einer Lsg. erzielt, die aus 60 cm^3 einer 35%ig. $NaHSO_3$-Lsg. u. 40 cm^3 W. bestand. Die Ätztemp. muß $<30^0$ sein. In diesen Fällen werden die einzelnen Ferritkörner je nach ihrer kristallograph. Oberfläche verschieden gefärbt. Nicht angegriffen wurden Körner mit der (1 0 0)-Fläche in der Oberfläche der Probe. (C. R. hebd. Séances Acad. Sci. **235.** 1304—06. 24/11. 1952.) GOTTFRIED. 6482

Hermann Möller, *Neue Möglichkeiten bei der röntgenographischen Spannungsbestimmung mittels kurzwelliger Strahlung.* Die bei der Röntgenunters. von Stählen mittels Mo-Strahlung auftretende, diffuse Eigenstrahlung der Proben kann durch ein 0,2 mm Al-Filter unterdrückt werden ohne unzulässige Verlängerung der Aufnahmedauer. In Rückstrahldiagrammen kann man so die Interferenzen (732)—(651) u. in geringerer Intensität auch die Interferenzen (800) erhalten. Die Rückstrahldiagramme bleiben scharf auch bei kaltgezogenen Proben (bis 46%). Zur Durchführung solcher Messungen geeignetes Spezialgerät wird beschrieben. (Métaux **26.** 460—69. Nov. 1951. Düsseldorf, Max-Planck-Inst. für Eisenforschung.) RUMPF. 6482

Ulrich Rösler und **Wolfram Ruff,** *Über die Anwendung des Zählrohr-Röntgenspektrometers für die direkte Bestimmung von Umwandlungsgeschwindigkeiten.* Beschreibung eines neuen Verf. zur unmittelbaren Verfolgung der Umwandlungsvorgänge bei erhöhter Temp. auf röntgenograph. Wege. Als Maß für die Umwandlungsgeschwindigkeit dient die zeitliche Intensitätsänderung von charakterist. Röntgeninterferenzen der am Umwandlungsvorgang beteiligten Phasen. Sie wird mittels Zählrohrröntgenspektrometer (**I**) aufgenommen, wobei die Probe durch einen kleinen Ofen auf der gewünschten Temp. gehalten wird. Aus den vom Intensitätsschreiber des **I** registrierten kinet. Kurven lassen sich durch logarithm. Auswertung die Geschwindigkeitskonstanten der Rk. ermitteln. Nach besonderen graph. Verff. können hierbei zusammengesetzte Rkk. in ihre einzelnen Stufen aufgelöst werden. Die Meth. wird an Hand von Unterss. der isothermen Umwandlung einer aus dem β-Gebiet abgeschreckten tern. *Al-Bronze* erläutert. Bei 465° ergab sich ein dreistufiger Reaktionsverlauf. (Z. Metallkunde **44.** 65—68. Febr. 1953. Novara, Italien, Ist. Sper. d. Metalli Legg.) APEL. 6484

Milton C. Shaw und **Prescott A. Smith,** *Metallurgische Betrachtungen zur Zerspanung.* 1. Mitt. *Wovon hängen Standzeit und Oberflächengüte ab?* Die Standzeit von Werkzeugen u. die Oberflächengüte hängen nicht so sehr von den physikal. Eigg. der Stähle als von ihrem Gefügeaufbau ab. Kurze Besprechung des *Fe—C*-Gleichgewichtsdiagramms, der auftretenden Phasen u. Gefügeformen in Abhängigkeit von Zus. u. Warmbehandlung. Bedeutung der isotherm. Umwandlung u. der dabei auftretenden Strukturen. (Amer. Machinist **95.** Nr. 17. 89—92. 20/8. 1951. Massachusetts Inst. of Technol.) WERNER. 6490

A. J. Wysenbeek, *Verbindung von Glas mit Metall durch Widerstandsschweißung.* (Iron Age **171.** 146—48. 9/4. 1953. Cincinnati, Fusite Corp.) PAHL. 6506

A. Ch. Schwetz, *Elektrobogenschweißung von Aluminiumgeräten.* Erörtert werden die Schweißbedingungen für Al-Geräte bis zu 20 mm Wandstärke. Die Umhüllung der Schweißelektroden darf kein Wasserglas oder Dextrin enthalten. Als Bindemittel dient NaCl. Es werden die Festigkeitseigg. elektr. u. gasgeschweißter Apparate miteinander verglichen. Die Korrosionsbeständigkeit der nach verschied. Verff. geschweißten Apparate in Essigsäure war ungefähr gleich, gleichmäßig u. den Erfordernissen entsprechend. (Автогенное Дело [Autogene Ind.] **23.** Nr. 7. 19—20. Juli 1952.) HOCHSTEIN. 6506

A. I. Lewin und **W. M. Nowakowski,** *Wege zur Verbesserung der Cyanid-Verkupferung von Bimetallen.* An Hand von Verss. wird nachgewiesen, daß bei Verwendung eines CuCN enthaltenden Elektrolyten u. großen Stromdichten mit period. kurzzeitigen Wechseln der Stromrichtung dichte, feinkristalline u. von absorbiertem H_2 freie Cu-Ndd. beliebiger Stärke u. hoher Güte erhalten werden können, die sich bes. für die Herst. von Bimetallen eignen, die noch einer schwierigen Wärmebehandlung u. mechan. Verarbeitung unterworfen werden müssen. (Журнал Прикладной Химии [J. angew. Chem.] **25.** 974—79. Sept. 1952. Uraler Polytechn. Kirow-Inst.) HOCHSTEIN. 6514

G. Schmerling, *Modifiziertes Verfahren zur galvanischen Abscheidung von Bronzeüberzügen.* Behandelt werden die Vorzüge des *Nickelex*-Verfahrens. Die Abscheidung erfolgt aus cyanid. Lsgg. direkt auf Stahl, Gußeisen, Messing u. Zn-Spritzguß mit guter Tiefenstreuung. (Metal Ind. [London] **80.** 267—68. 4/4. 1952. London, Silvercrown Ltd.) MARKHOFF. 6514

L. Cavallaro und **A. Indelli,** *Inhibitoren und Anreger der Korrosion im flüssigen Medium.* An Hand von Diagrammen u. tabellar. Zusammenstellungen wird über die Wrkg. verschied. Inhibitoren, von Chromaten u. Nitriten, u. verschied. Anreger der Korrosion, wie SO_2, HN_3, H_2O_2 u. H_2S, in sauren u. neutralen Fll. auf *Fe* u. *Fe-Legierungen* berichtet. (Rev. Métallurgie **49.** 117—24. Febr. 1952.) MARKHOFF. 6538

J. M. Defranoux, *Passivität nichtrostender Stähle in Säuren.* Die Einstellung der Passivität (I) nichtrostender Stähle, bes. mit 18 (%) Cr, 2,5 Mo u. 8 Ni, in Säuren, bes. in *H_2SO_4*-Lsg., wird untersucht, wobei zum Teil oxydierende Zusätze angewendet werden. Die Beständigkeit der I wird unter besonderer Berücksichtigung des Ausgangszustandes der Stahlproben bestimmt u. die Wrkg. einer Oberflächenaktivierung durch Sandstrahlen festgestellt. Es werden Erörterungen über die Korrosion bei edlem Potential (transpassiver Zustand) angestellt. Die Ergebnisse zeigen u. a., daß nach einer krit. Periode die Beständigkeit u. Stabilität der Passivität nicht mehr vom Ausgangszustand abhängt, sondern nur noch von der Umgebung. Die in außerordentlich stark oxydierende Mittel eingetauchten nichtrostenden Stähle unterliegen einer Korrosion bei edlem Potential. — Schrifttumsangaben. (Rev. Métallurgie **49.** 664—72. Sept. 1952.) HOCHSTEIN. 6538

H. H. Symonds, *Sherardisierte Bänder.* Berichtet wird über die Unters. korrodierter sherardisierter Bänder durch Best. der Schichtdicke, durch Biegeverss. u. durch die $CuSO_4$-Probe. (Metal Ind. [London] **76.** 247. 31/3. 1950.) MARKHOFF. 6540

J. Hochmann, *Interkristalline Korrosion von nichtrostenden Chrom-Nickelstählen.* Eingehende Besprechung der Maßnahmen zur Verhütung: C durch geeignete Mittel in Lsg. halten, damit er nicht an die Korngrenzen wandert, Binden des C durch Ti oder Nb, Bldg. einer austenit.-ferrit. Struktur u. Zugabe von 2,5% Mo. Aufstellung einer neuen Theorie, die der Geschwindigkeit Rechnung trägt, mit der eine Temperaturerhöhung auf die Sensibilisierung reagiert. (Études Doc. métallurg. **1951.** 115—34. Okt./Dez. Bull. du Cercle d'Études des Métaux.) J. FISCHER. 6540

Unterharzer Berg- und Hüttenwerke G. m. b. H., Goslar (Erfinder: **Fritz Ensslin,** Öhringen/Württ.), *Indiumgewinnung.* Die das In in oxyd. Form enthaltenden Ausgangsstoffe werden derart einer fraktionierten Laugung unterworfen, daß zunächst durch Behandeln mit verd. H_2SO_4 eine neutrale Lauge mit der Hauptmenge der Verunreinigungen, bes. Zn, abgenommen wird, ohne daß In in Lsg. geht, u. daß in einer durch Behandeln mit warmer verd. H_2SO_4 gewonnenen zweiten Säurelauge das In von dem unlösl. Rückstand abgetrennt wird. Aus der In-Lauge können die edleren Verunreinigungen durch Zugabe geringer Mengen von Zn-Staub, die zur Fällung des In nicht ausreichen, in Form eines Schlammes entfernt werden. Aus der gereinigten Lauge wird reiner In-Schwamm mittels Zn-Platten, welche 8—10% Al oder 6—8% Mg oder beides als Legierungsbestandteil enthalten, gefällt; dieser wird durch Pressen von der Mutterlauge befreit, worauf die Preßlinge mit Ätznatron oder KCN umgeschmolzen werden. (**D. B. P. 861 749** Kl. 40a vom 16/10. 1940, ausg. 5/1. 1953.) HANS HOFFMANN. 6437

Lech-Chemie Gersthofen (Erfinder: **Eduard Bergheimer**), Gersthofen, *Elektrolytische Gewinnung von Alkalimetallen und deren Legierungen aus Amalgamen.* Die Alkalihydroxyd enthaltenden Salzschmelzen werden während der Elektrolyse mit reduzierend wirkenden Gasen behandelt, wie H_2 oder CO. Hierdurch wird das Einfrieren der Schmelze verhindert, die Stromausbeute verbessert u. die Löslichkeit des Na in NaOH verringert. (**D. B. P. 871 063** Kl. 40c vom 13/12. 1942, ausg. 19/3. 1953.) MARKHOFF. 6449

Emil Podszus, Berlin, *Reinigung dichter Metallpulver.* Die darin befindlichen Hohlräume werden abwechselnd mit Gasen gefüllt, die mit den Verunreinigungen zu gas- bzw. dampfförmigen Prodd. reagieren, u. diese werden fortlaufend durch Druckerniedrigung daraus entfernt. (**D. B. P. 868 602** Kl. 12n vom 7/6. 1942, ausg. 26/2. 1953.) NEBELSIEK. 6475

Établissements J.-J. Carnaud et Forges des Basse-Indre, Frankreich, *Herstellung von Walzwerkserzeugnissen mit korrosionssicherem Überzug.* Nach dem Inchromieren werden die Bleche zum Eindringen des Cr ca. 2 Std. bei ca. 1100° erhitzt. (**F. P. 990 693** vom 28/3. 1944, ausg. 25/9. 1951.) HOLM. 6493

Vacuumschmelze Akt.-Ges., Hanau/M. (Erfinder: **Erich Schmid,** Bruck/Mur, Österreich), *Beschleunigen oder Verzögern von Platzwechselvorgängen in Metall, wie Diffusions-, Aushärtungs-, Erholungs- und Rekristallisationsvorgängen.* Zur Beschleunigung werden Isotope mit geringem At.-Gew., zur Verzögerung Isotope mit höherem At.-Gew. verwendet. (**D. B. P. 871 394** Kl. 48b vom 14/3. 1944, ausg. 23/3. 1953.) MARKHOFF. 6493

Gebr. Böhler & Co. Akt.-Ges., Wien, Österreich, *Herstellung von Gegenständen, die mit einer Auftragsschweißung versehen werden, besonders von Fräsern mit Schnellstahlschneiden.* Beim Schweißvorgang entstehende Schlacke wird chem. oder elektrochem. in einer Schmelze von Alkaliverbb., wie NaOH, von 300—600° entfernt. Beizdauer 10—100 Minuten. (**D. B. P. 876 631** Kl. 48d vom 4/10. 1944, ausg. 15/5. 1953.) MARKHOFF. 6507

Lorenzo Fantini, Turin, Italien, *Rostschutz für Eisen und Stahlgegenstände.* Die Gegenstände werden in nahezu sd. Lsgg. von *CrO_3* oder deren Salzen behandelt, denen eine *S*-Verb. zugesetzt ist, die koll. S abscheiden kann, wie $Na_2S_2O_3$, Polysulfide, Sulfite, Sulfocyanate, Bisulfite, Metabisulfite. Zweckmäßig wird der Lsg. noch ein Oxydationsmittel, wie H_2O_2, MnO_2, zugesetzt. Beispiel: Kugellager werden in einer Lsg. von 3 (%) K_2CrO_4 u. 0,2 $Na_2S_2O_3$ bei 80° behandelt. Die Teile bleiben blank u. sind rostsicher. (**D. B. P. 873 026** Kl. 48d vom 11/7. 1950, ausg. 9/4. 1953. It. Priorr. 12/7. 1949 u. 10/1. 1950.) MARKHOFF. 6513

Dow Chemical Co., übert. von: **Herbert K. De Long**, Midland, Mich., V. St. A., *Reinigen von Magnesium und seinen Legierungen.* Die Gegenstände werden in einer Lsg. von *Essigsäure* u. *Nitraten* der *Alkali-*, *Erdalkalimetalle* oder *NH_4NO_3* behandelt. Die Konz. der Lsg. an Essigsäure soll 5—45 (%), bes. 15—25, u. an NO_3 1,5—12, bes. 2—6, betragen. Die Lsg. entfernt die auf der Oberfläche befindlichen Stoffe, wie Rückstände vom Ziehen, Walzen oder dergleichen, ohne das Metall selbst stark anzugreifen. (**A. P. 2 607 739** vom 29/4. 1950, ausg. 19/8. 1952.) MARKHOFF. 6513

Aluminum Co. of America, Pittsburgh, Pa., übert. von: **Edward F. Fischer**, Cleveland, O., V. St. A., *Glanzbad zur Erzeugung glänzender Oberflächen auf Magnesium und seinen Legierungen* besteht aus 0,75—12 (Gew.-%) *HNO_3*, 5—60 *CrO_3* u. 0,01—2 *HF*, wobei der Anteil an HNO_3 1,25—75% des Geh. an CrO_3 beträgt. Beispiel: 32,6 (%) CrO_3, 1 HF u. 3,6 HNO_3. Die Gegenstände erhalten durch Behandeln mit einer solchen Lsg. in kurzer Zeit (2 Min.) eine halbglänzende Oberfläche. (**A. P. 2 613 165** vom 3/7. 1950, ausg. 7/10. 1952.) MARKHOFF. 6513

Union Carbide and Carbon Corp., übert. von: **John P. Oliver**, Berea, O., V. St. A., *Vorbehandlung von Eisenbeizlösungen vor der elektrolytischen Aufarbeitung.* Sparbeizzusätze enthaltende Fe-Beizlsgg. werden vor der elektrolyt. Abscheidung des Fe mit *HNO_3* oder *Nitriten* versetzt, um die Beizzusätze zu entfernen oder unschädlich zu machen. Die filtrierten, vorbehandelten Beizlsgg. können als Elektrolyte zur Herst. von Fe-Überzügen verwendet werden. (**A. P. 2 583 099** vom 25/3. 1947, ausg. 22/1. 1952.) MARKHOFF. 6513

Ekstrand & Tholand, Inc., New York, N. Y., V. St. A. (Erfinder: **Nils Herman Brundin**, Höganäs, Schweden), *Beizen von Eisen und Stahl unter Rückgewinnung des Beizmittels.* Als Beizmittel dient eine Lsg. von *NH_4HSO_4* in 15—20%ig. *H_2SO_4*. Aus der verbrauchten Beizlsg. wird das gelöste Fe mit NH_3 unter Durchleiten von Luft ausgefällt. Das Filtrat wird eingedampft u. das erhaltene $(NH_4)_2SO_4$ auf ca. 370° erhitzt, wobei sich NH_3 u. NH_4HSO_4 bildet, das dem Beizprozeß wieder zugeführt wird. Durch den Zusatz von NH_4HSO_4 zur Beizsäure wird der Angriff auf das Fe verringert, ohne den Angriff auf die Oxydschicht zu verschlechtern. — Abbildungen. (**D. B. P. 866 751** Kl. 48d vom 30/9. 1951, ausg. 12/2. 1953. Schwed. Prior. 4/10. 1950.) MARKHOFF. 6513

General Motors Corp., Detroit, Mich., übert. von: **Harold J. Reindl** und **Stanley R. Prance**, Dayton, O., V. St. A., *Bad zum chemischen Glänzen von Aluminium und seinen Legierungen* besteht aus 0,3—0,75 (%) *NH_4HF_2*, 2—7,5 *HNO_3*, 0,3—0,75 *CrO_3*, 0,4—1 *Äthylenglykol* u. Rest Wasser. Temp. 185—212° F (85—100° C). Zweckmäßig enthält das Bad noch 0,002—0,05% eines Salzes, dessen metall. Bestandteil in der elektrochem. Spannungsreihe niedriger als H_2 ist, z. B. *$Cu(NO_3)_2$*. Das Bad liefert in 3 bis 5 Min. hohen Glanz u. ist sehr beständig. (**A. P. 2 614 913** vom 20/10. 1950, ausg. 21/10. 1952.) MARKHOFF. 6513

Bernhard Klein, Braunau/Inn, Österreich, *Chemisches und elektrolytisches Polieren von Aluminium und seinen Legierungen.* Man verwendet in beiden Fällen eine Lsg. von *H_3PO_4* mit einem Geh. an *H_2O_2* oder H_2O_2 bildenden Verbindungen. Beim elektrolyt. Polieren kann Gleich- oder Wechselstrom verwendet werden. Man erhält spiegelnde Oberflächen. (**E. P. 679 078** vom 11/9. 1950, ausg. 10/9. 1952. Oe. Prior. 10/9. 1949.) MARKHOFF. 6515

Rolls-Royce Ltd., Derby, England (Erfinder: **Leslie Eric Probert, Denis Michael Cassidy** und **Frank Cork**), *Elektrolyt zum anodischen Polieren von Aluminium und seinen Legierungen* besteht aus 57,5—77,5 (%) H_3PO_4, 3—22,5 CrO_3 u. 15—25% *Wasser.* Die CrO_3 kann durch lösl. Chromate oder Bichromate ersetzt sein. Temp. des Bades 55—85°. Beispiel: Zum Polieren einer Al-Legierung mit 3 (%) Cu, 1,5 Mg, 1 Ni u. 1 Fe dient ein Elektrolyt aus 60 (%) H_3PO_4, 20 CrO_3 u. 20 Wasser. Stromdichte 280 A/sq.ft. (30 A/dm²), Temp. 60—65° u. Dauer 2 Min. Al-Legierungen mit mehr als 1,5% Si lassen sich mit dem Elektrolyten nicht polieren. — Diagramm. (**E. P. 675 786** vom 30/12. 1949, ausg. 16/7. 1952.) MARKHOFF. 6515

Vereinigte Aluminium-Werke Akt.-Ges., Bonn (Erfinder: **Hans Schmitt**, Lautawerk/Lausitz), *Erzeugen von glatten und glänzenden Oberflächen auf Aluminium und seinen Legierungen.* Die Gegenstände werden einer elektrolyt. Behandlung in einer 30 bis 90° warmen wss. Lsg. unterworfen, die Hydroxyde u./oder Carbonate der Alkalimetalle u. außerdem Alkali- oder Ammoniumsalze oder Salze der Erdalkalimetalle solcher anorgan. oder organ. Säuren enthält, die als Elektrolyte für die anod. Oxydation geeignet sind, z. B. die zweibas., anorgan. oder organ. Säuren. Beispiel: 15 (%) Na_2CO_3, 1 *NaOH* u. 5 *K-Acetat.* Temp. 55—60°. Die Gegenstände werden vor der elektrolyt. Behandlung kurze Zeit stromlos in dem Bad belassen. (**D. R. P. 763 172** Kl. 48a vom 26/5. 1937, ausg. 11/5. 1953.) MARKHOFF. 6515

General Motors Corp., Detroit, Mich., übert. von: **Sheldon B. Emery**, Dayton, O., V. St. A., *Elektrolytisches Polieren von Kupfer.* Die Teile werden in einer gesätt. Lsg. von $(NH_4)_3PO_4$ mit oder ohne Zusatz von *Citronen-*, *Wein-* oder *Phosphorsäure* mit Wechselstrom (0,5—4 A/sq.in.) anod. behandelt. Als Gegenelektrode werden Platten aus Al, Mg oder Ta verwendet. Durch den sich bildenden Oxydfilm wird der Strom gleichgerichtet. Beispiel eines Elektrolyten: 100 (Teile) $(NH_4)_3PO_4$, 100 Citronensäure, 25 K_3PO_4 u. 1000 Wasser. — Abbildungen. (**A. P. 2 582 020** vom 15/7. 1947, ausg. 8/1. 1952.) MARKHOFF. 6515

Standard Steel Spring Co., Coraopolis (Erfinder: **James M. Schoonmaker jr.**, Sewickley, und **Franklin Stockton**, Coraopolis), Pa., V. St. A., *Erhöhen des Widerstandes eines Metallgegenstandes gegen die Wirkung rissig- und brüchigmachender Reagentien.* Auf dem Gegenstand wird elektrolyt. ein Überzug von weniger als 1 mm Dicke eines Metalls niedergeschlagen, das edler als das Grundmetall ist. Auf diesen Überzug wird ein zweiter von weniger als 0,025 mm Dicke elektrolyt. niedergeschlagen, dessen Potential weniger edel als das des Grundmetalles ist. Dann wird der Gegenstand erwärmt, um beide Überzugsmetalle miteinander zu legieren. Die Legierungsmetalle sind so auszuwählen, daß das Potential der entstehenden Legierung etwas weniger edel als das des Grundmetalls ist. Z. B. werden Überzüge aus *Ni* u. *Zn* verwendet, wenn *Fe* das Grundmetall ist. Die physikal. Struktur des Grundmetalls darf bei der Wärmebehandlung nicht verändert werden. (**D. B. P. 874 101** Kl. 48a vom 17/11. 1939, ausg. 20/4. 1953.) MARKHOFF. 6515

Metallgesellschaft Akt.-Ges., Frankfurt/M., *Erzeugen von Phosphatüberzügen auf Eisen- oder Stahlflächen.* Die Flächen werden vor dem Phosphatieren mit einer Lsg. von Nitraten, Chloriden oder Sulfaten des Zn, Cd, Fe oder Mn behandelt. Der Phosphatüberzug bildet sich auf so vorbehandelten Flächen schneller u. gleichmäßiger. (**D. B. P. 876 632** Kl. 48d vom 27/11. 1935, ausg. 15/5. 1953. A. Prior. 24/5. 1935.) MARKHOFF. 6533

Metallgesellschaft Akt.-Ges., Frankfurt/M. (Erfinder: **Robert Krause**, Langelsheim/Harz), *Phosphatieren von Metallen.* Zum Ansatz u. zur Regenerierung dienen NO_3-haltige $ZnHPO_4$-Lsgg. mit einem Verhältnis von P_2O_5:NO_3 wie 1:(1,5—2). Sie werden bei 40—60° u. mit einem p_H-Wert von 2—2,3 benutzt. Beispiel: Zum Ansatz eines 100-Liter-Bades wird eine Lsg. mit 76 (g/Liter) Zn, 161 P_2O_5, 240 NO_3 u. 0,12 Cu verwendet, die dann so weit verdünnt wird, daß sie 17 g P_2O_5/Liter enthält. Der p_H-Wert wird mit NaOH eingestellt. Die Lsgg. liefern nach 3 Min. dichte Überzüge u. zeichnen sich durch gute Stabilität aus. (**D. B. P. 872 298** Kl. 48d vom 1/7. 1943, ausg. 19/2. 1953.) MARKHOFF. 6533

Metallgesellschaft Akt.-Ges., Frankfurt/M. (Erfinder: **Erwin Jörns**, Lorsbach, Taunus), *Erleichterung der spanlosen Formgebung von Metallen.* Die Werkstücke werden in einer Phosphatlsg. behandelt, die bei Raumtemp. oder nur wenig erhöhter Temp. arbeitet u. der emulgierbare Fette oder Öle zugesetzt sind. Das Verf. eignet sich bes. zum Ziehen von Drähten. (**D. B. P. 863 281** Kl. 48d vom 5/12. 1942, ausg. 15/1. 1953.) MARKHOFF. 6533

Pyrene Co. Ltd., Brentford, Midd. (Erfinder: **Herbert Arthur Jenkins**, London, und **Andrew Nicholson**, Isleworth, Middlesex), England, *Herstellung von elektrisch isolierenden*

Überzügen auf Lamellen. Die Lamellen werden in einer Lsg. behandelt, die ein *Monophosphat* zusammen mit einem *Chlorat* oder zusammen mit einem Chlorat u. einem *Nitrat* enthält, wobei die Konzz. so gewählt werden, daß das Verhältnis (ClO_3 + NO_3)/ P_2O_5 zwischen 0,1 u. 0,6 liegt. Der Widerstand der erhaltenen Isolierschicht kann noch durch Nachbehandlung mit Chromat enthaltenden Lsgg. verbessert werden. (**D. B. P. 856 544** Kl. 48d vom 1/10. 1950, ausg. 24/11. 1952. E. Prior. 24/8. 1949.)
MARKHOFF. 6533

Württembergische Metallwarenfabrik, Geislingen (Steige), *Erzeugen einer Dunkelfärbung von nichtsulfidierbaren Metallgegenständen.* Es wird eine dünne Schicht aus *Ag* oder einer sulfidierbaren Ag-Legierung aufgebracht u. hierauf sulfidiert. (**D. B. P. 875 750** Kl. 48d vom 27/10. 1951, ausg. 7/5. 1953.) MARKHOFF. 6535

Armco Steel Corp., übert. von: **John F. Kreml,** Middletown, O., V. St. A., *Schwarzfärben von rostfreiem Stahl und Stählen mit hohem Chromgehalt.* Die Gegenstände werden mit einem dichten Überzug aus $Na_2Cr_2O_7$ oder $K_2Cr_2O_7$, z. B. durch Tauchen in eine Schmelze dieser Salze, versehen u. dann in einem Ofen 2—30 Min. auf 320—500° erhitzt. Nach dem Abwaschen des Salzrückstandes zeigt die Oberfläche einen schwarzen Oxydüberzeug. (**A. P. 2 618 578** vom 13/10. 1950, ausg. 18/11. 1952.) MARKHOFF. 6535

Badische Anilin- & Soda-Fabrik (I. G. Farbenindustrie Akt.-Ges. „In Auflösung") (Erfinder: **Erwin Bauer**), Ludwigshafen/Rh., *Verhinderung der Korrosion von Metallen durch saure Flüssigkeiten.* Den Fll. setzt man *Oxäthyläther* von *Alkoholen* der *Acetylenreihe*, bes. des *Propargylalkohols*, zu. Diese Verbb. sind ungiftig u. haben keinen unangenehmen Geruch. (**D. B. P. 877 394** Kl. 48d vom 18/7. 1943, ausg. 21/5. 1953. **Zusatz zu D. R. P. 744 789; C. 1944. I. 1427.**) MARKHOFF. 6539

Claude L. Clark, High-temperature alloys. London: Pitman 1953 (XIII + 383 S.) 60 s.

F. Combeller, Metales ligeros (aluminio y sus aleaciones). Barcelona: Serrahima y Urpi. 1953. (239 S. m. Abb.) ptas 110,—.

IX. Organische Industrie.

Robert S. Aries und **Donald F. Othmer,** *Acetylen und Äthylen als Rohstoffe für die chemische Industrie.* Überblick über die neueren Fortschritte in der Herst. techn. wichtiger Prodd. aus Acetylen, Äthylen u. Äthylenoxyd; Tabellen der hieraus gewinnbaren Stoffe; Tabelle der Prodd. aus Vinylierung, Äthinylierung u. Carbonylierung nach REPPE. (Euclides [Madrid] **13.** 1—7. Jan. 1953. New York u. Brooklyn, N. Y.)
R. K. MÜLLER. H 530

H. Gault, Eck-Tridon, J. Suprin und **R. Ritter,** *Über ein Verfahren zur kontinuierlichen Darstellung der gemischten Organomagnesiumderivate.* Vff. beschreiben ausführlich eine halbtechn. App. zur kontinuierlichen Darst. von GRIGNARD-Verbb. in flüchtigen Lösungsmitteln, wie Äther. Hierbei werden organ. Halogenid u. Ae. mit einer begrenzten Menge Mg, die period. erneuert wird, in Kontakt gebracht. Mehrere Reaktionsgefäße vom SOXHLET-Typ sind dabei hintereinandergeschaltet; nichtumgesetztes organ. Halogenid u. Lösungsm. werden im Kreislauf wieder dem ersten Reaktionsgefäß zugeführt. Die Darst. von C_2H_3MgBr nach diesem Verf. wird beschrieben. Es wird mit Benzaldehyd in Toluol u. nachfolgender Zers. mit Eis u. 33%ig. H_2SO_4 zum *Äthylphenylcarbinol*, Kp.$_{12}$ 102—103°, in 75,4%ig. Ausbeute umgesetzt. (Chim. et Ind. **67.** 749—52. Mai 1952.) REISNER. H 980

Hydrocarbon Research, Inc., New York, N. Y., V. St. A., *Kohlenwasserstoffe und Oxyverbindungen* mit 3 u. mehr C-Atomen erhält man durch Rk. von CO u. H_2 bei höheren Tempp. u. Drucken in Ggw. eines Fe-Katalysators. Das Synthesegas erhält man durch Oxydation von Destillationsprodd. fester C-haltiger Stoffe, wie Kohle, Lignit, Koks, die bei 1200—2800° F u. 1—50 at entstehen. Das Vergasen der Ausgangsstoffe erfolgt unter Zugabe von O_2 u. Wasserdampf. Die Bldg. des Synthesegases erfordert Tempp. zwischen 2000 u. 2500° F u. höhere Drucke in Ggw. eines Fe_2O_3-Katalysators, dem Cr_2O_3 oder MgO zugesetzt ist. Vor der Rk. zu KW-stoffen u. O-haltigen organ. Verbb. wird das Synthesegas von CO_2 u. S befreit. — Zeichnung. (**E. P. 659 002** vom 28/10. 1948, ausg. 17/10. 1951. A. Prior. 12/11. 1947.) G. KÖNIG. H 500

Standard Oil Development Co., Wilmington, Del., V. St. A., *Methanisieren von CO und H_2 enthaltenden Gasen.* Feste C-haltige Brennstoffe werden in feinverteiltem Zustand nach dem Wirbelschichtverf. verkokt u. der erhaltene Koks wird dem Wassergasverf. unterworfen. Die in beiden Verff. erhaltenen Gas-Dampfmischungen werden vereinigt, von W., Teer, leichten u. schweren Ölen, NH_3, H_2S, CO_2 befreit u. das fast nur aus CO u. H_2 bestehende Gemisch der CO-Hydrierung wird im Wirbelschichtverf. in Ggw. von Metallen der Fe-Gruppe, bes. Ni, Oxyden oder Sulfiden der Metalle der 5. u. 6. Gruppe des Period. Syst., auf Träger, wie Kieselgur, Ton, Al_2O_3, natürliche oder künstliche Kieselsäuregele, aufgebracht u. bei n. oder bis 2000 p. s. i. steigendem Druck u. 500—700° F vornehmlich zu CH_4 umgesetzt. Teile des Katalysators werden laufend aus der Reaktionszone entfernt, C-haltige Ablagerungen durch Verbrennen entfernt u. nach Kühlung in die Reaktionszone zurückgeleitet. Durch den gekühlten Katalysator wird die Reaktionstemp. annähernd konstant gehalten. Das Ausgangsgasgemisch soll auf 1 (Teil) CO 1,3—3 H_2 enthalten. — Zeichnung. (**E. P. 640 907** vom 10/9. 1946, ausg. 2/8. 1950.) G. KÖNIG. H 510

California Research Corp., übert. von: **Melvin M. Holm**, San Francisco, und **Gordon E. Langlois**, El Cerito, Calif., V. St. A., *Polymerisation gasförmiger Olefine.* Sie erfolgt bei 150—500° F u. 110—2000 lbs./sq.in. u. einer Durchsatzgeschwindigkeit von 0,1 bis 6 (Vol.) der fl. Mischung auf 1 Katalysator pro Std. in Ggw. eines Katalysators, der mit H_3PO_4 benetzt ist, wobei die Größe der Katalysatorteilchen 28—35 bis 170—200 Maschen betragen soll. (**A. P. 2 579 433** vom 25/5. 1948, ausg. 18/12. 1951.) G. KÖNIG. H 520

Deutsche Hydrierwerke Akt.-Ges., Düsseldorf, *Trennung von Mischungen aus höhermolekularen Alkoholen und Kohlenwasserstoffen,* dad. gek., daß man die Alkohole zunächst in Ester von Sulfocarbonsäuren (**I**) überführt u. von diesen die KW-stoffe nach bekannten Methoden abtrennt. Als **I** kommen aliphat., aromat. oder deren funktionelle Derivv., wie Ester, Säureanhydride, in Betracht. (**D. B. P. 868 896** Kl. 12 o vom 1/3. 1940, ausg. 2/3. 1953.) G. KÖNIG. H 590

Houdry Process Corp., Wilmington, Del., übert. von: **Aristid V. Grosse** und **John C. Snyder**, Darlington, Pa., V. St. A., *Pyrolyse von freier Methansulfonsäure* (**I**). Sie erfolgt in Ggw. einer geringen Menge eines Metallmethansulfonats (Al, Bi, Hg) bei 225—500°, zweckmäßig 280—400°. Nach den Beispielen erhält man *Methylmethansulfonat, Dimethyläther* u. *Methanol.* (**A. P. 2 553 576** vom 26/3. 1947, ausg. 22/5. 1951.) KRAUSS. H 600

Chemische Verwertungsgesellschaft Oberhausen m. b. H., Oberhausen-Holten (Erfinder: **Johannes Hansen**, Rheinhausen-Hochemmerich), *Überführung ungesättigter Kohlenstoffverbindungen, bes. von Olefinen, in sauerstoffhaltige Verbindungen,* dad. gek., daß man ungesätt. C-Verbb., bes. Olefine, bei erhöhter Temp. u. erhöhtem Druck mit Metallcarbonylen (I), vornehmlich in stöchiometr. Menge, u. H_2 oder H_2-haltigen Gasen behandelt. **I** können in den Ausgangsstoffen oder mit diesen vermischten Verdünnungsmitteln gelöst werden. Als **I** eignen sich Fe- oder Co-Verbindungen. — Eine vornehmlich C_6-enthaltene Spaltbenzinfraktion ergibt mit $[Co(CO_4)]_2$ bei 133—138° u. 150 atü *Önanthaldehyd,* der zu *Heptylalkohol* hydriert werden kann. (**D. B. P. 869 794** Kl. 12 o vom 3/1. 1942, ausg. 9/3. 1953.) G. KÖNIG. H 670

General Aniline & Film Corp., New York, N. Y., übert. von: **Joseph M. Wilkinson jr.**, Easton, Pa., V. St. A., *1-Acyloxy-3-buten-2-one* erhält man durch Isomerisierung von 1-Acyloxy-4-oxy-2-butinen in Ggw. eines Hg-Ions u. eines Lösungsm. nach dem Reaktionsschema: $RCOOCH_2C{\equiv}C{-}CH_2OH \rightarrow RCOOCH_2CO{-}CH{=}CH_2$ (R = KW-stoffrest einer Fettsäure). Durch Erwärmen von 1-Acetoxy-2-butin-4-ol in Aceton in Ggw. von $HgSO_4$ auf 60° entsteht *1-Acetoxy-3-buten-2-on,* $Kp._{12}$ 83—85°. An Stelle von $HgSO_4$ ist auch HgO + BF_3 verwendbar. (**E. P. 651 616** vom 29/9. 1948, ausg. 4/4. 1951. A. Prior. 14/11. 1947.) KRAUSS. H 810

Badische Anilin- & Soda-Fabrik (Erfinder: **Adolf Hrubesch**), Ludwigshafen/Rh., *Lactone* erhält man durch Rk. von Allylessigsäure oder deren funktionellen Derivv. mit Halogen u. Erhitzen der erhaltenen $\gamma.\delta$-Dihalogenvaleriansäure bzw. deren Derivv. allein oder mit W., Alkoholaten, Phenolaten oder Mercaptiden. — 80 (Teile) eines Nebenprod. der Adiponitrilsynth. aus 1.4-Dichlorbutan u. NaCN mit einem Geh. von 74% Allylacetonitril, werden bei 70° unter Rühren innerhalb 4 Std. mit ca. 120 Br_2 versetzt. Man schüttelt das Reaktionsgemisch mit $NaHSO_3$-Lsg. u. W. u. erhält durch Dest. bei 150—170°/27 mm 95 *$\gamma.\delta$-Dibromvaleriansäurenitril,* $Kp._{25}$ 164—166°. — 170 dieser Verb. erhitzt man im Autoklaven 4 Std. mit 50 W. u. 20 $(NH_4)_2CO_3$ auf 180°, extrahiert nach Erkalten mit Tetrahydrofuran, filtriert vom NH_4Br ab u. erhält beim Dest. des Filtrats als letzte Fraktion 43 *γ-Oxymethyl-γ-butyrolacton* (= *δ-Oxy-γ-valerolacton*; **I**), $Kp._{10}$ 163°. — Aus $\gamma.\delta$-Dibromvaleriansäure (F. 57—59°) (**II**) durch Abspalten von HBr *δ-Brom-γ-valerolacton* (= *γ-Brommethyl-γ-butyrolacton*; $Kp._{26}$ 165°), nach Kochen mit W. **I**. — Aus **II** u. einer methanol. Lsg. von Na-Methylmercaptid *δ-Methylmercapto-γ-valerolacton* (= *γ-Methylmercaptomethyl-γ-butyrolacton*), $Kp._{10}$ 150—170°. — Zwischenprodd. für Kunststoffe, Pharmaceutica, Weichmacher oder Farbstoffe. (**D. B. P. 860 203** Kl. 12 o vom 23/2. 1951, ausg. 18/12. 1952.) MÜLLER-MEININGEN. H 850

Ewart Ray Herbert Jones und **Matk Crosby Whiting**, London, England, *α-Methylen-γ-lactone* erhält man durch Erhitzen eines β-Äthinylalkohols (erhalten nach A. P.

2 106 182; C. **1938.** I. 4108) mit Ni-Carbonyl bei ca. 40—80°, vorteilhaft 55° in Ggw. einer Säure (HCl, HBr, H_3PO_4, Essigsäure), zweckmäßig eines Verdünnungsmittels (Methanol, Aceton, Tetrahydrofuran) u. eines Polymerisationsverzögerers. — β-Äthinyläthanol wird mit Essigsäure, W. u. Hydrochinon in A. bei 60—70° 30 Min. mit Ni-Carbonyl unter Luftausschluß behandelt. Man erhält durch Dest. *α-Methylen-γ-butyrolacton*, Kp.$_{0,35}$ 37°. — *α-Methylen-γ-methylbutyrolacton*, Kp.$_{0,02}$ 33°. Durch Zusatz von W. wird die Ausbeute erhöht. (**E. P. 640 489** vom 8/3. 1948, ausg. 19/7. 1950.) KRAUSS. H 850

Chemical Developments of Canada Ltd., Toronto, Ontario, Canada, übert. von: **Heinrich Ulrich** und **Ernst Ploetz**, Ludwigshafen/Rh., *Herstellung von quaternären Ammoniumverbindungen* durch Rk. eines Alkylenoxyds mit einem Amin der allg. Formel **I**, worin R_1, R_2, R_3, R_4 u. R_5 ein niedermol. Alkyl- oder Oxyalkylrest ist. A ist ein zweiwertiger aliphat. gesätt. KW-stoffrest, der gegebenenfalls durch ein O-Atom oder eine tert. Aminogruppe unterbrochen ist. Die Rk. wird in einem wss. Medium bei einem p_H von 8—9 ausgeführt. Es sind folgende Reaktionsprodd. genannt $(HO\cdot C_2H_4)_3\equiv\underset{X}{N}-C_2H_4-\underset{X}{N}\equiv(C_2H_4\cdot OH)_3$, worin X ein Anion ist, u. $(HO\cdot C_2H_4)_3\equiv\underset{X}{N}-C_2H_4-\overset{(C_2H_4\cdot OH)_2}{\underset{X}{N}}-C_2H_4-\underset{X}{N}\equiv(C_2H_4\cdot OH)_3$, worin X ein Anion ist. Vgl. D. R. P. 703 229, C. **1941.** I. **3459.** (**Can. P. 477 725** vom 14/11. 1947, ausg. 9/10. 1951. A. Prior. 18/3. 1939.) M. F. MÜLLER. H 920

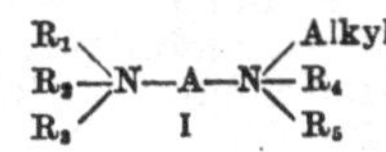
I

General Electric Co., übert. von: **Charles A. Burkhard**, Alplaus, N. Y., V. St. A., *Organosiliciumverbindungen* der allg. Formel $R_nSi(OCH_2CH_2OR)_{4-n}$ (R = Alkyl, Aryl, Alkaryl, Aralkyl, Cycloalkyl, ungesätt. Alkyl, R' = Alkyl mit 1—2 C-Atomen, n = 1—3) erhält man durch Erhitzen von Verbb. der allg. Formel R_nSiX_{4-n} (X = Cl oder Br) mit einwertigen Alkoholen der Formel $HOCH_2CH_2OR'$. Es werden hergestellt: *Methyl-tris-2-methoxyäthoxysilan*, Kp.$_{16}$ 145°, *Dimethyl-bis-2-methoxyäthoxysilan*, Kp.$_{16}$ 203°, *Trimethyl-2-methoxyäthoxysilan*, Kp.$_{16}$ 128°, *Methylbenzyl-bis-2-methoxyäthoxysilan*, Kp.$_{15}$ 181—185°, *Methyl-2-pentylbis-2-methoxyäthoxysilan*, Kp.$_{15}$ 146—152°, *Phenyl-tris-2-methoxyäthoxysilan*, Kp.$_{15}$ 204°, *Dimethyl-bis-2-äthoxyäthoxysilan*, Kp.$_{30}$ 136°. (**A. P. 2 559 342** vom 26/7. 1949, ausg. 3/7. 1951.) KRAUSS. H 980

Monsanto Chemical Co., St. Louis, Md., V. St. A., *Si-Verbindungen der allgemeinen Formel X_3SiF*, wobei X für Alkyl, Aralkyl oder eine alicycl. Gruppe mit mindestens 8 C-Atomen, die gleich oder ungleich sein kann, steht, erhält man durch Sättigen einer entsprechenden in Ä. gelösten GRIGNARD-Verb. mittels SiF_4. Octyl-MgBr u. SiF_4 → *Tri-n-octylsiliciumfluorid*, Kp.$_{0,5-1}$ 177—180°, n_D^{25} 1,4455. Es werden ferner hergestellt: *Tri-n-dodecyl-*, Kp.$_3$ 290—295°, n_D^{25} 1,4530, F. 18,6°, D_{20}^{20} 0,834. *Tri-n-tetradecyl-*, Kp.$_2$ 275—295°, F. aus Bzl. 61—62°. *Trioctadecyl-*, Kp.$_3$ 310—330°, F. 64—66°. *Tricyclohexylsiliciumfluorid*, Kp.$_5$ 160—170°, n_D^{25} 1,4660. Die Verbb. sind gegen Tempp. u. chem. Einflüsse beständig u. behalten den fl. Zustand über weite Temperaturgebiete. Verwendung als *Plastifizierungsmittel*, *Schmiermittel* für hohe Tempp., für empfindliche Instrumente, Zusätze zu *Schneideölen*, *Wärmeübertragungsmitteln*, als Zusätze für *dielektr. Massen* u. als Öle für *Diffusionspumpen*. (**E. P. 642 139** vom 14/8. 1947, ausg. 30/8. 1950. A. Prior. 5/9. 1946.) G. KÖNIG. H 980

Farbenfabriken Bayer (Erfinder: **Richard Ludwig** und **Fritz Eichler**), Leverkusen, *Einführung von Chlormethylgruppen in negativ substituierte aromatische Kohlenwasserstoffe*, dad. gek., daß man in eine Mischung des KW-stoffs mit Paraformaldehyd oder Trioxymethylen u. NaCl H_2SO_4 einfließen läßt. — o-Dichlorbenzol ergibt z. B. *3.4-Dichlorbenzylchlorid*. (**D. B. P. 865 896** Kl. 12o vom 11/2. 1944, ausg. 5/2. 1953.) G. KÖNIG. H 1010

Parke, Davis & Co., Detroit., Mich., V. St. A., *Herstellung von zweiwertigen Aminoalkoholen*. Opt. rac. Aminodiole der allg. Formel **I**, in der R_1 u. R_2 H, Halogen, niedere Alkoxy- oder Alkylreste, R_3 Alkyl-, Halogenalkyl-, Phenyl-, substituierte Phenyl- oder Aralkylreste, Y H oder NO_2, R_4 H oder Acylreste u. X ein Halogen bedeuten, werden mit Thionylhalogeniden bei Tempp. bis ca. 50° in Oxazoline der allg. Formel **II** übergeführt, u. diese werden dann bei ca. 60—110° zu den der Formel I

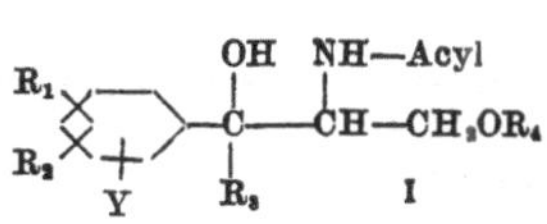
I

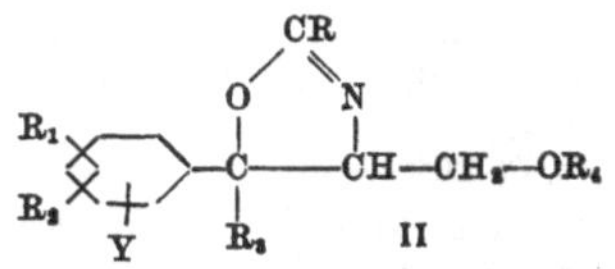
II

entsprechenden Aminoalkoholen aufgespalten, die jedoch jetzt die *Pseudostruktur* aufweisen. (**N. P. 79 346** vom 29/11. 1949, ausg. 12/11. 1951. A. Prior. 21/12. 1948.) JÜRGEN SCHMIDT. H 1320

Parke, Davis & Co., Detroit, Mich., V. St. A. (Erfinder: **G. W. Moersch** und **A. C. Moore**), *Herstellung von Aminodiolderivaten.* dl-reg.-Aminodiole der allg. Formel I

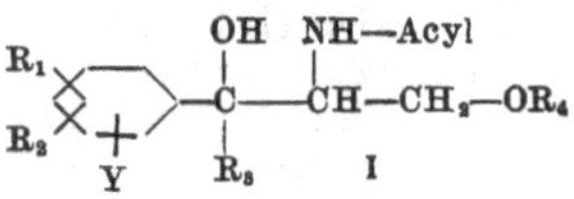

werden durch Behandlnng mit Thionylhalogeniden bei ca. 50° in Abwesenheit von W. behandelt u. die gebildete Oxazolin-Zwischenprodd. anschließend bei 60—100° verseift. Man erhält die entsprechenden dl-ψ-Aminodiole. Z. B. wird dl-reg.-1-p-Nitrophenyl-2-acetamidopropan-1.3-diol in *dl-ψ-1-p-Nitrophenyl-2-acetamidopropan-1.3-diol,* F. 137—138° umgewandelt. Man kann auch in Gemischen von reg.- u. ψ-Form die reg.-Form in die S-Form überführen. Es bedeuten: Y = H oder NO_2, R_1 u. R_2 = H, Halogen, Alkyl- oder Alkoxygruppen, R_3 = H oder Alkylrest u. R_4 = H oder Acylrest. (**Schwed. P. 132 105** vom 18/11. 1949, ausg. 3/7. 1951. A. Prior. 21/12. 1948.) JÜRGEN SCHMIDT. H 1320

Soc. des Usines Chimiques Rhône-Poulenc (Erfinder: **Robert M. Jacob** und **Jacques G. Robert**), Paris, *Darstellung von allo-1-(4'-Nitrophenyl)-2-(2''-carboxybenzoyl)-aminopropandiol-(1.3)* I, dad. gek., daß p-Nitrobenzaldehyd mit Phthalimidoacetaldehyd in Ggw. eines bas. Kondensationsmittels, wie Triäthylamin oder Piperidinacetat, bei Tempp. zwischen 0 u. 25° kondensiert wird, wonach das erhaltene Kondensationsprod. mittels eines Al-Alkoholats, z. B. Al-Isopropylat, red. u. das Reduktionsprod. hydrolysiert wird. Die Red. erfolgt mittels eines Alkalihydroborids, wie Na- oder K-Borhydrid, bes. in einem organ. Lösungsm., wie Methanol, Dioxan, Dimethylacetamid, bei 10—50°. — Die Verb. I hat F. 168—170°. (**Oe. P. 174 058** vom 27/2. 1951, ausg. 25/2. 1953. F. Priorr. 28/2. u. 15/6. 1950.) M. F. MÜLLER. H 1320

Badische Anilin- & Soda-Fabrik (Erfinder: **Heinrich Hopff** und **Hermann Spänig**), Ludwigshafen/Rh., *Herstellung von Salicylsäurederivaten* der Formel I, in der X = OH

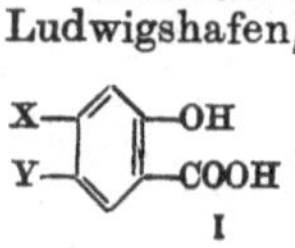

oder NH_2 u. Y eine Alkyl-, Alkoxy- oder OH-Gruppe bedeutet u. X oder Y auch H sein kann. Man setzt die entsprechenden Phenole (II) in wss.-alkal. Lsg. mit CO_2 bei erhöhter Temp. unter Druck um. Als II verwendet man die bei der Alkalischmelze entsprechender Sulfonsäuren erhältlichen Rohphenolate. — Beispiele: *p-Aminosalicylsäure; 2-Oxy-4-amino-5-methylbenzoesäure,* F. 156°. (**D. B. P. 862 751** Kl. 12q vom 17/3. 1950, ausg. 12/1. 1953.) FABEL. H 1350

F. Hoffmann-La Roche & Co. Akt.-Ges., Basel, Schweiz, *Hydrierungskatalysator.* Als Hydrierungskatalysator, bes. zur partiellen Hydrierung von Dreifachbindungen zu Doppelbindungen, verwendet man Pd mit geringen Mengen Pb oder Bi oder beiden. Das Verf. dient z. B. zur Hydrierung von 1.6-Dioxy-3.7-dimethyl-9-[2'.6'.6'-trimethylcyclohexen-(1')-yl]-nonadien-2.7-in-(4) zu *1.6-Dioxy-3.7-dimethyl-9-[2'.6'.6'-trimethylcyclohexen-(1')-yl]-nonatrien-(2.4.7),* F. 73—74°. (**Dän. P. 73 421** vom 8/3. 1950, ausg. 26/11. 1951. Schwz. Priorr. 15/8. u. 5/12. 1949.) JÜRGEN SCHMIDT. H 1870

Ortho Pharmaceutical Corp., übert. von: **George Karmas,** Somerville, N. J., V. St. A., *Katalytische Dehydratisierung tertiärer Allylalkohole* erfolgt nach der allg. Gleichung R · CH = CH—C(OR)R—C(R)$_2$H + 2 R'CNO → R · CH = CH—C(R)=C(R)$_2$ + R'—NH—CO—NH·R + CO_2 (R = KW-stoffrest, X = —OR oder —O—CO—R). Es werden Verbb. der Zus. I mit Phenylisocyanat

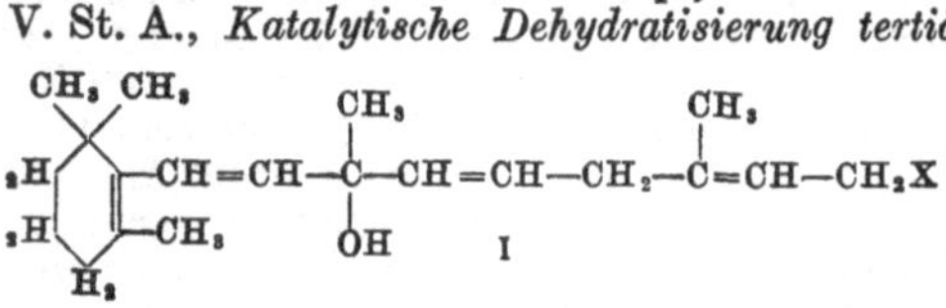

in Ggw. von wasserfreien Salzen der 2. Gruppe oder Fe^{III}-Salzen, wie CdJ_2, $FeCl_3$, Fe^{III}-Thiocyant, behandelt. (**A. P. 2 574 484** vom 9/8. 1947, ausg. 13/11. 1951.) MÜLLER-MEININGEN. H 1870

General Aniline & Film Corp., New York, N. Y., übert. von: **Louis Elwood Craig,** Washington, N. J., V. St. A., *1.2-Epoxycyclooctan,* $C_8H_{14}O$, Kp.$_{14}$ 72—78°; F. 53—54°, erhält man durch Behandeln von Cycloocten mit einer Lsg. von Peressigsäure in wss. Essigsäure, die bis zu 20% W. enthält, nicht wesentlich über 20°. Diese Lsg. gewinnt man z. B. aus 3—6 (Teilen) Eisessig mit 1 wss., mindestens 30% ig. H_2O_2 in Ggw. einer geringen Menge H_2SO_4 als Katalysator, die anschließend neutralisiert wird. (**A. P. 2 571 208** vom 17/12. 1949, ausg. 16/10. 1951.) KRAUSS. H 1870

Badische Anilin- & Soda-Fabrik (Erfinder: **Curt Schuster**), Ludwigshafen/Rh., *Mono- und polymere Dehydratisierungsprodukte alicyclischer 1-Amino-1-methylole* entstehen durch Behandeln cycloaliphat. Verbb., die am gleichen Ring-C-Atom eine freie NH_2- u. eine Methylolgruppe enthalten, mit wasserabspaltenden Katalysatoren (Phosphate, Oxyde, Silicate von Al, Th, W, Seltenen Erden, einzeln oder in Mischung, auch mit Aktivatoren, Bauxit) bei höherer Temp., zweckmäßig 250—400°, u. n., red. oder erhöhtem Druck. — 1-Amino-1-methylolcyclohexan, Kp. 109—110° (durch Red. von 1-Nitro-1-methylocyclohexan), gibt beim Leiten über auf 3000° erhitztes Al_2O_3 ein *Monomeres Prod.* $C_7H_{12}N$, $Kp._8$ 53—55°, ein *dimeres Prod.*, Kp. 180—230°. Zwischenprodd. zur Herst. von Heilmitteln, Textilhilfsmitteln, Kunstharzen u. Weichmachern. (**D. B. P. 871 149** Kl. 12o vom 23/2. 1951, ausg. 19/3. 1953.) KRAUSS. H 2110

X. Färberei. Organische Farbstoffe.

Gösta Lagermalm, Joel Lindberg und **Leonard Weißbein,** *Zusammenhänge zwischen den färberischen Eigenschaften von Wolle und modifizierter Wolle.* Es wurde der Einfl. einer Alkali-Vorbehandlung a) 15 Min. in einer Lsg. von 2 g KOH in 100 cm³ 96% A. u. b) 30 Min. bei 50° mit einer Lsg. von p_H 11 aus 9 Teilen Na_2CO_3 u. 1 Teil $NaHCO_3$ auf den nachfolgenden Dämpfprozeß (15 Min. mit trockenem Dampf) an mit Lösungsm. extrahierter Wolle untersucht. Hierbei wurde gefunden, daß das Dämpfen die Farbstoffaufnahmegeschwindigkeit im Falle einer Vorbehandlung mit der Lsg. von p_H 11 stark erhöht, während sich die Behandlung mit alkoh. KOH nur wenig auf die Farbstoffaufnahme auswirkt. Die Untersuchungsergebnisse werden nun so gedeutet, daß das Dämpfen nur dann zu einer zusätzlichen Erhöhung der Färbegeschwindigkeit führt, wenn durch die Alkali-Behandlung die gesamte Faser u. nicht nur die Faseroberfläche wie im Falle der Behandlung mit alkoh. KOH erfaßt wird. (Textile Res. J. **23.** 398—400. Juni 1953.) H. G. FRÖHLICH. 7002

R. A. Lindenmaier, *Das Verhalten von Farbstoffen und das gleichmäßige Färben.* An Hand von 11 Figuren u. 4 Tabellen werden die färber. Eigg. einer Reihe von verschied. Farbstoffen ausführlich beschrieben u. diskutiert, vor allem im Hinblick auf deren egalisierende Eigenschaften. Bei dieser Gelegenheit wird betont, daß z. B. beim Färben von Wolle unterschiedlicher Affinität nur solche Hilfsmittel helfen können, die in der Lage sind, zunächst diese Affinitätsunterschiede auszugleichen. Zu diesem Zweck wurden von SANDOZ modifizierte kation. Verbb. entwickelt. (Canad. Textile J. **70.** Nr. 8. 57—62. 10/4. 1953.) H. G. FRÖHLICH. 7020

—, *Die synthetischen Fasern.* Betrachtung über Probleme der Färberei u. Ausrüstung, bes. über das Färben u. Bedrucken von Terylen. (Textile Mercury Argus **128.** 644—49. 10/4. 1953.) A. v. KÖNIG. 7020

Robert C. Allison, *Wie verwendet man die Irgalane.* Die *Irgalane* eignen sich ebenfalls hervorragend zum Färben von Polyamidfasern, wie Perlon u. Nylon, da die Farbstoffe dieser Klasse sich in der Mischung ausgezeichnet vertragen u. keinerlei Blockierungseffekte bewirken. Gefärbt wird unter Zusatz von $^1/_2$—1% NH_3, 0—4% $(NH_4)_2SO_4$ (je nach Farbtiefe) u. 1—2% Irgasol DA. Man geht bei 50° ein, bringt innerhalb 30—45 Min. zum Kochen u. kocht ca. 30 Minuten. Auch zur Hochtemperaturfärbung sind die *Irgalane* bestens geeignet, da dieselben bis zur Temp. von ca. 140° beständig sind. Die Hochtemperaturfärbung bringt nochmals eine Verbesserung der vorzüglichen Echtheiten mit sich. Zum Schluß wird noch auf die Iganoler (Super-Polarfarbstoffe, Cr-frei) hingewiesen, die sich ebenfalls gut zum Färben von Polyamidfasern eignen. (Mod. Textiles Mag. **34.** Nr. 4. 62—66. April 1953.) H. G. FRÖHLICH. 7020

Paul Fink, *Der Einfluß des Färbeverfahrens auf die Gebrauchstüchtigkeit der Wolle.* Vf. untersucht bereits bekannte Prüfverff. zur Ermittlung der Gebrauchstüchtigkeit gefärbter Wolle in Abhängigkeit von dem Färbeverf. u. ergänzt die entsprechenden Prüfmethoden. Vor allem wurde der Einfl. verschied. Beanspruchungsarten auf gefärbte u. ungefärbte Wolle untersucht, wobei chem. u. physikal. Prüfmethoden Anwendung finden. Ferner wurden neben der Chrom- u. Küpenfärbung auch noch andere übliche Färbeverff. untersucht. — 97 Schrifttumsnachweise. (Textil-Rdsch. [St. Gallen] **8.** 279—302. Juni 1953.) P. ECKERT. 7020

—, *Das Dämpfen von gefärbten und bedruckten Wollwaren.* Techn. Betrachtung über die Anwendung des Dämpfers zum Fixieren der Farben auf gefärbten oder bedruckten Wollstoffen. (Textile Recorder **71.** Nr. 842. 69—70. Mai 1953.) A. v. KÖNIG. 7020

Giorgio Saenger, *Das Färben von Mischgespinsten aus Wolle und Chemiefasern.* Vf. gibt eine Übersicht über die gebräuchlichsten Färbemethoden. (Fibre e Colori **2.** 461—65. Nov. 1952. Internat. Kongress „Unità nel Tessile".) GROH. 7020

Alfred Carpenter, *Das Färben von Mischfasermaterialien.* 4. Mitt. *Das Färben von Wolle–Nylon-Gemischen.* (3. vgl. C. **1953.** 7182.) Allg. Übersicht über das Färben von Wolle–Nylon-Gemischen unter Angabe bes. geeigneter Säure-, Chrom- u. vormetallisierter Farbstoffe. (Textile Recorder **70.** Nr. 841. 73—75. April 1953.) A. v. KÖNIG. 7020

J. R. Geigy Akt.-Ges. (Erfinder: **Ernst Keller**), Basel, Schweiz, *Stilben-Azofarbstoffe.* 4.4'-Dinitrostilben-2.2'-disulfonsäure (I), 4.4'-Dinitrodibenzyl-2.2'-disulfonsäure oder Umwandlungsprodd. von p-Nitrotoluolsulfonsäure werden mit solchen Iminodiaryltriazolen (II) (in Ggw. von Alkalien) kondensiert, die mindestens eine COOH- oder SO_3H- oder beide Gruppen enthalten, wobei die Aminoarylreste noch weitere Substituenten an Stellen enthalten können, die die Kondensation nicht hindern. — Beispiel: 23,7 (Teile) I-Na wird mit 42 2-(4-Aminophenyl)-(naphtho-1'.2':4.5-triazol)-5'.7'-disulfonsäure in Ggw. von 40 NaOH von 36° Bé. 15 Std. unter Rückflußkühlung erhitzt. Wasserlösl. gelbes Pulver, das Baumwolle rotstichig gelb u. lichtecht färbt. Weitere 30 geeignete **II** werden genannt. (**D. R. P. 739 909** Kl. 22a vom 12/1. 1941, ausg. 16/4. 1953. Schwz. Prior. 26/11. 1940.) KALIX. 7053

J. R. Geigy Akt.-Ges., Basel (Erfinder: **Achille Conzetti**), *o-Oxyazofarbstoffe.* Diazotierte 1-Amino-2-oxy-3-nitro-5-alkylbenzole mit mehr als 3 Alkyl-C-Atomen werden mit Azokomponenten gekuppelt, die in o-Stellung zu N_2 eine OH-Gruppe u. noch mindestens eine wasserlöslich machende Gruppe enthalten. — Beispiele: 1-Amino-2-oxy-3-nitro-5-amylbenzol wird mit 1,8-Dioxynaphthalin-3.6-disulfosäure, 1-(3'-Carboxyphenyl)-5-pyrazolon-3-carbonsäure, 1-(4'-Sulfophenyl)-3-methyl-5-pyrazolon oder mit 2-Carbomethoxyamino-6-oxynaphthalin-8-sulfonsäure gekuppelt. Die nachchromierten Färbungen au Wolle geben rote, violette, braune u. graue Töne von hoher Wasch- u. Lichtechtheit. (**D. R. P. 751 693** Kl. 22a vom 22/9. 1942, ausg. 16/4. 1953. Schwz. Prior. 25/7. 1942.) KALIX. 7053

Cassella Farbwerke Mainkur (Erfinder: **Richard Fleischhauer**), Frankfurt/M., *Herstellung von Tetrakisazofarbstoffen* in Abänderung des Verf. nach D. B. P. 848 981, dad. gek., daß an Stelle der dort verwendeten Gemische aus einem 1.3-Diaminobenzol u. kupplungsfähigen Amino-, Oxy- oder Aminoxyverbb. der Naphthalinreihe hier Gemische aus einem 1.3-Diaminobenzol (I) mit 1.2-Diaminobenzol verwendet werden, wobei das I den Hauptbestandteil in dem Gemisch der Endkomponenten bilden soll. (**D. B. P. 858 439** Kl. 22a vom 30/6. 1950, ausg. 8/12. 1950. **Zusatz zu D. B. P. 848 981; C. 1953. 4285.**) GRÄGER. 7055

J. R. Geigy Akt.-Ges., Basel, Schweiz, *Tetrakisazofarbstoff.* Kuppelt man 1 (Mol) der Tetrazoverb. von 1-(4'-Aminobenzoylamino)-4-aminobenzol mit 1 I u. 1 3-Methyl-5-pyrazolon, so erhält man ein dunkles, wasserlösl. Pulver, das sich gut zur Direktfärbung von Cellulose u. zur Nachkupferung der Färbung auf der Faser eignet; braune Töne. (**Schwz. P. 282 092** vom 25/11. 1949, ausg. 16/7. 1952.) KALIX. 7055

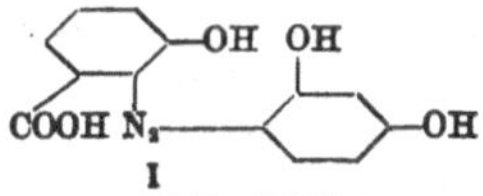

I

Imperial Chemical Industries Ltd., London, und **Kenneth Alfred John Chamberlain**, Blackley, Manchester, England, *Küpenfarbstoffe* der *Acedianthronreihe* der allg. Zus. I, die sehr naß- u. lichtecht färben, ohne die Baumwollfaser anzugreifen, u. die auch bes.

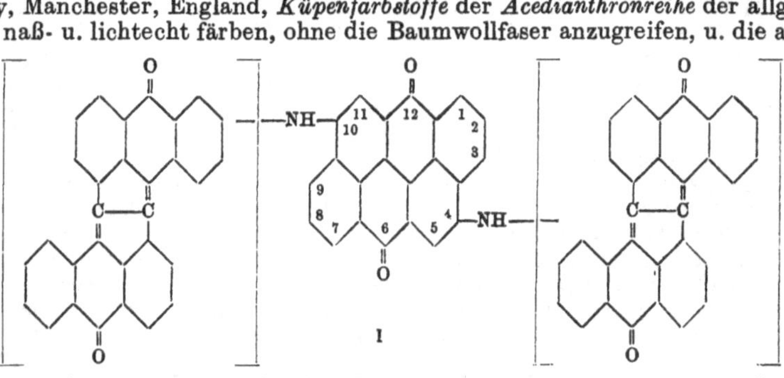

I

für den *Textildruck* geeignet sind, erhält man durch Rk. von 1 Mol eines 4.10-Dihalogenanthrons mit 2 Mol eines Monoaminoacedianthrons, das man durch Mononitrieren von Acedianthron in H_2SO_4 oder Nitrobenzol u. Red. der erhaltenen Nitroverb. mit Na-Hydrosulfit herstellen kann. Die Kondensation zum Farbstoff wird in fl. Medium, z. B. in geschmolzenem Naphthalin, vorteilhaft in Ggw. eines Alkalicarbonats u. von Cu-Salzen u. Cu-Pulver durchgeführt. — Aus 4.10-Dibrom-, 4.10-Dichlor- oder 4-Brom-10-jodanthanthron u. Monoaminoacedianthron erhält man so ein schwarzes Pulver, dunkelblau in konz. H_2SO_4 lösl., färbt Baumwolle in kräftigen dunkelolivblauen Tönen. (**E. P. 672 906** vom 30/3. 1949, ausg. 28/5. 1952.) ROICK. 7059

Badische Anilin-& Sodafabrik, Ludwigshafen/Rh. (Erfinder: **Arnold Tartter**, Lambsheim), *Phthalocyaninfarbstoffe.* Halogenierte Phthalocyanine (I), bes. Halogenmethyl-I, werden mit Verbb. der allg. Zus. HS-Carboxyl oder HS-Thiocarboxyl umgesetzt oder mit Verbb., die diese Gruppen enthalten. Dafür geeignet sind z. B. Alkali-, NH_4- u. Aminsalze von Thiol-, Trithio-, Thiolthion- u. Dithiolkohlensäure, sowie deren Ester u. Halbamide, ferner Alkali- u. NH_4-Salze der Thiocyansäure, wobei man die Salze erst im Reaktionsgemisch entstehen lassen kann. Die Reaktionsprodd. sind unlösl. in W., lösl. in organ. Fll. u. werden als Zwischenprodd. zur Herst. wasserlösl. **I**-Farbstoffe sowie als Pigmente für Lacke benutzt. — Beispiel: 75 (Teile) eines Gemisches aus Tetra- u. Pentachlormethyl-Cu-**I**, 120 KCNS u. 400 Äthylglykol werden 8 Std. auf 100—110° erhitzt; Ausbeute: 78%. *Tetra-(thiocyanatomethyl)-Cu*-**I**, hellblaues Pulver. (**D. B. P. 852 587** Kl. 22e vom 22/9. 1950, ausg. 16/10. 1952.) KALIX. 7073

XIa. Farben. Anstriche. Lacke. Naturharze.

Pierre F. Dewinter, *Die Verwendung der p-tert.-Butylbenzoesäure in Lackharzen* Untersuchung der physikal. u. lacktechn. Eigg. von mit p-tert.-Butylbenzoesäure (**I**) modifizierten Alkydharzen. Untersucht werden: a) Mit Sojabohnenöl veresterte Alkydharze, bei denen 10—70% der Fettsäuren durch **I** ersetzt sind. b) Wie unter a, jedoch mit bis zu **30**% Melamin kombiniert. c) Mit Leinöl veresterte Alkydharze, bei denen **30**—50% der Fettsäuren durch **I** ersetzt sind. Im allg. zeigen die beschriebenen Harztypen eine erhebliche Verbesserung der lacktechn. Eigenschaften. (Chim. Peintures **16.** Nr. 1. 8—16. Jan. 1953.) DALL'ASTA. 7096

M. Duhen, *Einige Anwendungen eines gelösten Acrylharzes. Das Solucryl 27/50.* Vf. betrachtet die lacktechn. Eigg. von *Solucryl 27/50* (50% ig. Lsg. eines Acrylharzes in Butylacetat) sowie Möglichkeiten für seine Anwendung bei der Herst. verschied. Lacktypen u. Luminescenzfarben, die in ihrer Qualität charakterisiert werden. Die Beständigkeit eines so hergestellten weißen Emaillelackes gegen Alkali u. organ. Lösungsmittel sowie gegen Hitze u. Atmosphärilien im Vgl. zu Nitrocelluloselack wird untersucht. In allen Fällen ist die Beständigkeit des Acrylatlackes zumindest ebenso groß (meist wesentlich größer), als die des Nitrocelluloselackes. (Chim. Peintures **16.** 34—43. Jan. 1953. Labor. d'Application des Peintures et Matières plastiques de l'Union Chimique Belge.) DALL'ASTA. 7096

F. Aftalion, *Die von Äthylen und Propylen abgeleiteten Lösungsmittel in der Industrie der Celluloselacke.* Überblick über die Eigg. der aus Äthylen u. Propylen gewonnenen Lösungsmittel u. ihre Eignung als wahre Lösungsmittel u. Verschnitt- bzw. Verdünnungsmittel für Nitrocellulosen. (Peintures, Pigments, Vernis **28.** 611—14. Sept. 1952.) DALL'ASTA. 7100

Edward Scholl, *Die Herstellung von Latexfarben.* Allg. Ausführungen. (Off. Digest Federat. Paint Varnish Product. Clubs **1953.** 441—47.) WINIKER. 7106

F. Appell, *Der Verlust der Anstrichfarben an Trocknungseigenschaft im Verlauf der Lagerhaltung. Ursachen und Vorschläge zur Abhilfe.* Es wurde festgestellt, daß der Verlust an Trocknern (Co-, Pb-, Mn-Naphthenate) beim Lagern von Anstrichfarben durch Adsorption an das Pigment, durch Fällung des Metalls durch das Bindemittel, durch Verunreinigungen des Pigments (z. B.: CO-Gehalt von Ruß) oder durch Ausflockungserscheinungen hervorgerufen werden kann. Die Vorgänge sind oft selektiv. Zur Vermeidung dieser Effekte kann man die Kombination Trockenmittel/Pigment variieren, einen Überschuß an Trockenmittel verwenden, ein Hilfsmittel zusetzen, das das Sikkativ vor dem Pigment schützt, oder, etwa im Falle von Ruß, das Pigment vor dem Zusatz reinigen. (Peintures, Pigments, Vernis **29.** 122—24. Febr. 1953. Bellevue, Labor. de Recherches sur les Peintures et Vernis.) DALL'ASTA. 7106

B. Carnaut, *Die Eisblumeneffekte beim Anstrich.* Vf. untersucht die Ursachen der Eisblumeneffekte von Anstrichen auf Basis chines. Hölzöle u. die Möglichkeiten einer Variation des Oberflächenbildes durch verschiedenartige Zusätze u. Trocknungsmethoden. Auch Lacke auf Glycerin–Phthalsäure-Basis lassen sich verwenden. Entscheidend ist stets eine schnelle Trocknung der Oberfläche, während die darunterliegenden Lackanteile möglichst lange in Pastenform bleiben müssen. (Peintures, Pigments, Vernis **28.** 619—20. Sept. 1952.) DALL'ASTA. 7106

Otto Gerhardt, *Vom Rostschutz.* Ergänzung zu der C. **1952.** 6136 referierten Arbeit. Behandelt werden Al als Rostschutzpigment u. das als „*Subox*" bekannte Pb-Pigment sowie die theoret. Erklärung der passivierenden Wrkg. der Pigmente. (Werkstoffe u. Korrosion **3.** 294—96. Aug. 1952. Innsbruck, Österreich.) MARKHOFF. 7106

Willi Machu, *Vom Rostschutz.* Krit. Bemerkungen zu der C. **1952.** 6136 referierten Arbeit von O. GERHARD. Behandelt werden die Theorie der Korrosion u. Arbeiten des Vf. über die Kinetik der Korrosions- u. Bedeckungsvorgänge. 23 Literaturstellen. (Werkstoffe u. Korrosion **3.** 296—98. Aug. 1952. Cairo, Ägypten.) MARKHOFF. 7106

Fritz Tödt, *Die Lokalelementtätigkeit als Hauptursache der Eisenkorrosion.* Bemerkung zu der C. **1952.** 6136 referierten Arbeit von O. GERHARDT über Rostschutz. Die Fe-Korrosion in Ggw. von W. u. O_2 spielt sich nur als Lokalelementvorgang ab, wofür direkte u. indirekte Beweise vorliegen. (Werkstoffe u. Korrosion **3.** 299. Aug. 1952. Berlin.) MARKHOFF. 7106

Bernhard F. H. Scheifele, *Bemerkungen zu reaktionsfähigen Grundier- bzw. Rostschutzmitteln.* Reaktive Grundiermittel mit Geh. an Säure reagieren mit dem Metall unter Bldg. einer unlösl. komplexen Metallsalz–Pigment-Harzverbindung. Als Bindemittel werden außer Polyvinylbutyrat auch andere Mischpolymerisate oder Kunstharze verwendet. Als reaktive Komponente dient bes. H_3PO_4, als antikorrosives Pigment Zn-Chromat. Ein Zusatz an lamellaren Pigmenten, wie Al-Pulver, Glimmer, Talkum, verbessert die Haftfähigkeit u. Undurchlässigkeit des Films. (Werkstoffe u. Korrosion **4.** 208—09. Juni 1953. Heidelberg.) MARKHOFF. 7106

H. Rabaté, *Temporäre Rostschutzüberzüge für Oberflächen aus poliertem Stahl.* Stahlteile, die während der Lagerhaltung oder beim Transport vor Rost geschützt werden müssen, werden mit leicht entfernbaren, meist durchsichtigen Speziallackierungen überzogen. Vf. erläutert die Ansprüche, die an solche Lacke gestellt werden, u. gibt eine Auswahl von geeigneten Überzügen an, nebst Herstellungsmethode. Falls kein Abrieb zu befürchten ist, genügen auch Überzüge aus Fetten u. Wachsen (Mineralöle, tierische Fette, Bienenwachse, Lanolin). Zubereitungsmethoden werden angegeben. Auch die Möglichkeiten der Verwendung von Silicagel zum Rostschutz werden erläutert. (Peintures, Pigments, Vernis **28.** 601—03. Sept. 1952.) DALL'ASTA. 7106

Harry J. Colcher, *Filtration von Kauri-Butanol-Lösungen.* Als zeitsparendes Filtrationsmittel wird Filtrierpapier, bedeckt mit Asbestfasern, vorgeschlagen. (Chemist-Analyst **41.** 67. Sept. 1952. Philadelphia, Pa., Atlantic Ref. Comp.) MOISAR. 7140

W. Rubin und **G. T. Tibbs,** *Konstruktion und Anwendung einer Apparatur für Lichtstreuungsmessungen.* Zur Kennzeichnung des Mol.-Gew. der Harzkomponenten von Farben wurde eine App. für Lichtstreuungsmessungen entwickelt. Theorie, Meth. u. Anwendung werden beschrieben. (J. Oil Colour Chemists' Assoc. **66.** 195—204. April 1953. Kingston-on-Thames, Cellon Ltd.) SCHÄFF. 7158

Farbenfabriken Bayer, Leverkusen-Bayerwerk (Erfinder: **Ernst Podschus,** Leverkusen-Bayerwerk, und **Jakob Nievelstein,** Langenberg), *Verschiebung der Emissionsfarbe ZnS-haltiger Phosphore nach größeren Wellenlängen* durch Glühen des Phosphors im Gemisch mit 0,1—10% eines Erdalkalisulfates, bes. 1—5% $BaSO_4$. (**D. B. P. 874497** Kl. 22f vom 10/10. 1944, ausg. 23/4. 1953.) SCHREINER. 7093

American Cyanamid Co., übert. von: **Leonard E. Cadwell** und **John Christos Petropoulos,** New York, N. Y., V. St. A., *Styrol enthaltende Mischpolymerisate.* Ein ölmodifiziertes Alkydharz oder Gemisch solcher Harze wird bei 150—215°, u. in Ggw. eines tert. Alkylperoxyds styrolisiert. — Ausgangsstoff z. B. mit Sojaöl modifiziertes Alkydharz. — *Überzüge u. Lacke.* (**E. P. 683126** vom 15/6. 1949, ausg. 26/11. 1952. A. Prior. 22/6. 1948.) MÖLLERING. 7097

United States Rubber Co., New York, N. Y., übert. von: **Pliny O. Tawney,** Passaic, N. J., V. St. A., *Lösliche Mischpolymerisate.* Diallyl- oder Dimethallylphthalate werden im Gemisch mit einem (alkylierten) Allylalkohol (I) in Ggw. von einem Peroxyd zu Harzen polymerisiert, die zur Herst. von *Einbrennlacken* dienen. — 492 (Teile) Diallylphthalat u. 232 I werden in Ggw. von 80 einer 30% ig. wss. H_2O_2-Lsg. 24 Std. auf 95° erwärmt. (**A. P. 2612492** vom 12/9. 1945, ausg. 30/9. 1952.) MÖLLERING. 7097

Adolf Küntzel und **Franz Mangold,** Darmstadt, *Herstellung von wasserlöslichen, besonders als Lackharze verwendbaren, härtbaren Kunstharzen,* dad. gek., daß hohe Kondensationsstufen vom Typ der Phenolnovolake, die noch niedrig- u./oder nichtkondensierte Anteile enthalten, mit geringen Mengen H_2SO_4 behandelt oder mit Phenolsulfonsäuren zusammengeschmolzen werden. (**D. B. P. 860551** Kl. 39c vom 31/12. 1944, ausg. 22/12. 1952.) DONLE. 7097

Deutsche Gold- & Silberscheideanstalt vormals Roessler (Erfinder: **Kurt Nagel**), Frankfurt/M., *Herstellung von Kunstharzen* durch Kondensation von Pentaerythrit (**I**) mit mehrbas. Carbonsäuren. **I** wird ganz oder teilweise durch Dipentaerythrit (**II**) ersetzt. Neben Di- können Monocarbonsäuren mitverwendet werden. — Z. B. schm. man 254 g **II** u. 438 g Adipinsäure u. hält die dünnflüssige Schmelze unter Vakuum bei 130°. Nach 45 Min. tritt starke Viscositätszunahme, schließlich Erstarrung ein usw. — *Lackharze* u. dgl. (**D. B. P. 859952** Kl. 39c vom 9/7. 1942, ausg. 18/12. 1952.) DONLE. 7097

Chemische Werke Albert, Wiesbaden-Biebrich, *Herstellung künstlicher Harze.* Man setzt metallakt. Verbb. 3- oder höherwertiger Metalle mit tautomer reagierenden aliphat.

oder nur im aliphat. Teil tautomer reagierenden aromat. u. aliphat. Verbb., die enol. OH-Gruppen oder Ketolgruppen zu bilden vermögen, unter Verwendung von mindestens 1 Mol der tautomer reagierenden Verb. auf 1 Mol der metallakt. Verbb. um. Man verwendet z. B. Alkoholate oder Halogenide 3- oder höherwertiger Metalle u. Acetessigester (I), Malonester oder Formalacetophenon als Ausgangsstoffe. Die erhaltenen Reaktionsprodd. können bei erhöhter Temp. mit O_2 geblasen u./oder mit Dicarbonsäuren oder höheren einbas. Carbonsäuren umgesetzt werden. Man erhitzt z. B. 2200 (Gewichtsteile) $AlCl_3$ mit 8580 I (in Toluol gelöst) 20—30 Std. (HCl-Entfernung) u. im Vakuum auf 180°. Braunes, dickfl. Harz, das allmählich erstarrt. Verwendung für *Lacke*. (**Oe. P. 174 475** vom 14/9. 1951, ausg. 10/4. 1953. D. Priorr. 5/1., 2/6. u. 4/6. 1951.)
PANKOW. 7097

Ciba Akt.-Ges. (Erfinder: **Gustav Widmer**), Basel, Schweiz, *Umwandlungsprodukte von Äthergruppen enthaltenden Kondensationsprodukten* aus Aminotriazinen, CH_2O u. Alkoholen erhält man durch Rk. dieser Kondensationsprodd., bes. solcher aus Melamin, mit gesätt. oder ungesätt., aliphat. oder cycloaliphat. Carbonsäuren. Verwendet werden bes. Alkyläther von Melamin–Methylol-Verbb. aus Alkoholen mit 1—5 C-Atomen u. gesätt. oder ungesätt. Fettsäuren mit mindestens 10 C-Atomen. Reaktionstemp. 80 bis 160°. *Lackstoffe, Weichmacher, Bindemittel.* (**D. B. P. 887 413** Kl. 39c vom 10/4. 1942, ausg. 24/8. 1953. Schwz. Prior. 29/7. 1941.) SCHINDLER. 7097

Deutsche Hydrierwerke Akt.-Ges., Düsseldorf (Erfinder: **Winfried Hentrich**, Riehen, Schweiz, und **Kurt Stickdorn**, Dessau-Roßlau), *Hydrocyclische Diamine.* Hydrocycl. Diketone oder ihre Kernsubstitutionsprodd. der Formel I (X = verzweigtes oder unverzweigtes Alkylen, das auch fehlen kann) werden in bekannter Weise, zweckmäßig unter erhöhtem Druck, in Ggw. von NH_3 oder Aminen oder nach Überführung in die entsprechenden Dioxime, auch in Abwesenheit N-haltiger Basen, bei erhöhter Temp. katalyt. hydriert. — 4.4'-Dioxo-3.3'-dimethyldicyclohexylpropan wird in Dekalin im Rührdruckgefäß bei Ggw. von fl. NH_3 u. einem Katalysator [$NiSO_4$, $CuNO_3$, $Al_2(SO_4)_3$ gefällt mit Na_2CO_3 auf Kieselgur u. Red.] bei 50 at H_2 (kalt) u. 200—220° zu *4.4'-Diamino-3.3'-dimethyldicyclohexylpropan* hydriert. Weitere Ausgangsstoffe: 4.4'-Dioxodicyclohexylmethan; α.β-(4.4'-Dioxodicyclohexyl)-äthan; β.β- oder α.α-4.4'-Dioxodicyclohexyl)-butan (4.4'-Dioxo-3.3'-dimethyldicyclohexyl)-äthan. Die Amine geben mit Fettsäuren *Wachskörper* mit gutem *Ölbindungsvermögen* u. werden für *Lackharze* verwendet. (**D. B. P. 866 487** Kl. 12o vom 13/2. 1943, ausg. 9/2. 1953.)

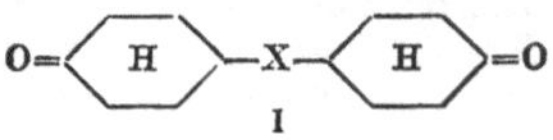

I

KRAUSS. 7097

Rudolf Decker und Hellmuth Holz, München, *Herstellung eines besonders zur Lackgewinnung geeigneten löslichen Organosiloxanharzes* durch Hydrolyse von Organohalogensilanen, dad. gek., daß man eine Mischung von Dimethyldichlorsilan u. Methyltrichlorsilan mit einer solchen Menge A. umsetzt, daß nur ein Teil der Chloratome durch Äthoxyreste ersetzt wird, worauf man das Reaktionsprod. mit einer solchen Menge eines Verseifungsmittels verseift, daß nur ein Teil der Chloratome bzw. Äthoxyreste hydrolysiert wird, u. daß man dieses Reaktionsprod. nach Aufnahme in einem mit W. nicht mischbaren Lösungsm. mit W. vollständig hydrolysiert. — 2 weitere Ansprüche, 1 Beispiel. (**Schwz. P. 283 435** vom 7/1. 1950, ausg. 1/10. 1952. D. Prior. 25/5. 1949.) DONLE. 7097

Dow Corning Co., V. St. A., *Herstellung von Organopolysiloxanharzen.* Man gibt zu fl. Organopolysiloxanen mit 1—2 KW-stoffresten direkt am Si-Atom 0,01—20%, bes. 0,1—5%, Al-Äth-, -Prop-, Isoprop- oder -Butoxyd, u. erhitzt auf 100—300°, bes. 125 bis 250°, zweckmäßig unter wasserfreien Bedingungen u. bis zur Bldg. eines viscosen Prod., das als *Firnis* verwendet u. nach Verarbeitung gehärtet werden kann. Man hydrolysiert eine Mischung aus 13,7 Mol Phenyltrichlorsilan, 50,7 Phenylmethyldichlorsilan u. 35,6 Methyltrichlorsilan; das erhaltene Öl (150 g) wird mit 1,86 g Al-Äthoxyd 35 Min. auf 150° erhitzt u. bildet ein Gel. (**F. P. 977 436** vom 20/12. 1948, ausg. 2/4. 1951.)
PANKOW. 7097

Deutsche Hydrierwerke Akt.-Ges., Düsseldorf (Erfinder: **Wilhelm Rittmeister**, Rodleben), *Ester* erhält man durch katalyt. Oxydation von Cyclohexanon, Dekalon oder ihren Homologen in fl. Phase bei erhöhter Temp. unter n. oder erhöhtem Druck in Ggw. cycloaliphat. Alkohole mit O_2 oder O_2-haltigen Gasen in fl. Phase. — Cyclohexanon wird in Cyclohexanol nach Zusatz eines bereits oxydierten Gemisches u. etwas $KMnO_4$ bei 85° mit Luft zu *Dicyclohexyladipinat* in 92%ig. Ausbeute oxydiert, VZ. 350; $D.^{20}$ 1,037; n_D 1,4720. — β-Dekalon + Methylcyclohexanol → *Cyclohexylidendiessigsäuredimethylcyclohexylester*, $D.^{20}$ 0,998, n_D^{20} 1,4855, VZ. 280. — Verwendung als Lösungs-, Weichmachungs- u. Gelatinierungsmittel in der Film- u. Lackindustrie. — *Methyladipinsäuredimethylcyclohexylester*, $D.^{20}$ 1,009, n_D 1,4675, VZ. 310. (**D. R. P. 763 204** Kl. 12o vom 12/12. 1937, ausg. 16/2. 1953.) KRAUSS. 7101

General Electric Co., New York, übert. von: **William W. Reynolds** und **Goldner F. Lipsey**, Pittsfield, Mass., V. St. A., *Lackharzmischung* als *Schellackersatz*, bestehend aus einer Mischung von 20—30 (Teilen) Zein, 1,5—4 Petrolätherextrakt aus Kolophonium, 29—43 fl., alkal. kondensiertem Phenolharz (68—72% Festbestandteile), 23—75 A. u. bis zu 86 Äthylenglykolmonomethyläther. Der Überzug trocknet zu einem nichtklebenden Film, der bei 100° erweicht u. bei höherer Temp. fest wird. Herst. von elektr. Isoliermaterial u. von Verbundkörpern aus Papier, Gewebe, Metall. (**A. P. 2 591 466** vom 28/4. 1950, ausg. 1/4. 1952.) SALZMANN. 7107

Aktiebolaget Hässle Apotekare Paul Nordströms Fabriker, Hässleholm, Schweden, *Korrosionsschutzöl*, gek. durch einen Geh. an Nitrophenolaten, z. B. *Li-Dinitro-o-kresol*. Man kann die Öle auch zusammen mit trocknenden Ölen, Farbstoffen usw., für Anstrichmittel verwenden. (**Dän. P. 72 319** vom 20/5. 1946, ausg. 27/3. 1951.) JÜRGEN SCHMIDT. 7107

J. N. Tuttle, Inc., übert. von: **Bertha S. Tuttle**, Newton, und **George E. Jacobs**, Boston, Mass., V. St. A., *Herstellung von Schutzschichten auf Metallen*. Metallgegenstände, auf die Phosphat- oder Oxalatschutzschichten aufgebracht werden sollen, werden vorher mit einer wss. Lsg. aus 1 (Gewichtsteil) $NaAlO_2$, 1—3 Na_2PO_3 u. gegebenenfalls 0,24 $Zn_3[PO_4]_2 \cdot 4H_2O$ behandelt. Die Gegenstände lassen sich mit einer kochenden wss. Lsg. aus 2 (%) Hämatin u. 1 Gelbholz gut schwarz färben. (**A. P. 2 608 496** vom 1/4. 1950, ausg. 26/8. 1952.) LAASS. 7107

International General Electric Co., Inc., New York, N. Y., V. St. A. (Erfinder: **R. Smith-Johannsen**), *Verbesserung des Haftvermögens von Polysiloxanen*. Man behandelt Metallflächen (außer Cu) mit Disilanen der allg. Formel $R_nSi_2X_{6-n}$, in der R ein KW-stoffrest, X ein Halogen u. n eine ganze Zahl von 1—4 sind. Geeignet sind z. B. Methylchlordisilan, Dimethyltetrachlordisilan. Nach dem Auftragen des Polysiloxanüberzuges wird dann das Ganze zum Aushärten erwärmt. (**Schwed. P. 135 786** vom 8/2. 1950, ausg. 20/5. 1952. A. Prior. 17/2. 1949.) JÜRGEN SCHMIDT. 7107

XIb. Plaste (Kunstharze. Plastische Massen).

Farbwerke Hoechst, vormals Meister Lucius & Brüning, Frankfurt/M. (Erfinder: **Julius Wehn**, Leverkusen, und **Heinrich Freudenberger**, Frankfurt/M.), *Kontinuierliche Polymerisation ungesättigter Verbindungen* in disperser Phase in einem vertikal gestellten Rohr mit ständigem oder unterbrochenem Rühren, wobei man Dispersionsmedien verwendet, deren D. größer ist als die des zu polymerisierenden Monomeren u. kleiner als die des Polymerisates. Das Rohr hat Heizzonen von verschied. Temp., so daß am unteren Ende das fertige Polymerisat entsprechend dem Zulauf des Monomeren abgezogen werden kann. Beispiele. (**D. B. P. 880 938** Kl. 39c vom 26/8. 1937, ausg. 25/6. 1953.) SCHINDLER. 7171

Farbwerke Hoechst, vormals Meister Lucius & Brüning, Frankfurt/M. (Erfinder: **Josef Monheim** und **Hans Overbeck**, Frankfurt/M., und **Heinz Sönke**, Bad Soden, Taunus), *Polymerisation ungesättigter Verbindungen* in disperser Form in wss. Medium u. in Ggw. O abgebender Katalysatoren, dad. gek., daß gleichzeitig Formaldehydsulfoxylat (I), zweckmäßig im Überschuß zu den Katalysatoren, zugegen ist. Dem I enthaltenden Reaktionsgemisch kann der Katalysator während der Polymerisation allmählich zugefügt werden. Beispiele. (**D. B. P. 880 939** Kl. 39c vom 2/11. 1940, ausg. 25/6. 1953.) SCHINDLER. 7171

Farbwerke Hoechst, vormals Meister Lucius & Brüning, Frankfurt/M. (Erfinder: **Werner Kern**, Hofheim, Taunus, und **Albin Hardt**, Frankfurt/M.), *Polymerisation und Mischpolymerisation* von ungesätt. organ. Verbb. in Substanz oder in Lsg. bei Ggw. eines die Polymerisation nicht störenden Oxydationsmittels, dad. gek., daß man die Rk. in Ggw. von Aminen u. Metallverbb. durchführt, die im Reaktionsmedium lösl. sind. Genannt sind: Triäthanolamin, Äthanolamin, n-Butylamin, Pyridin, Chinolin, Triäthylamin, 4-Diäthylaminotoluol u. Ferri-, Kupfer- u. Nickelacetylaceton, Kobalt- u. Bleinaphthenat. Reaktionsbeschleunigung. (**D. B. P. 876 003** Kl. 39c vom 27/5. 1944, ausg. 7/5. 1953.) SCHINDLER. 7171

Farbwerke Hoechst, vormals Meister Lucius & Brüning, Frankfurt/M. (Erfinder: **Kurt Billig**, Adelsberg/Chemnitz), *Herstellung von Polymerisationsprodukten*, dad. gek., daß man ungesätt. polymerisierbare Ester oder Gemische solcher Ester unter sich oder mit anderen ungesätt., für sich allein oder im Gemisch polymerisierbaren Verbb. in Ggw. von mindestens 3% eines Acylperoxyds in Ggw. von Verdünnungs- oder Lösungsmitteln unter solchen Bedingungen polymerisiert oder Polymerisate der Mischpolymerisate der genannten Verbb. in Ggw. obigen Peroxyds u. Lösungsm. behandelt, daß wesentliche Mengen von Säuregruppen in dem Polymerisat nachweisbar sind. Die Rk. soll bei über 60° oder in Ggw. aktivierender Mittel bei niederen Tempp. durchgeführt werden. Nach den Beispielen werden Polymerisate mit 1,97—9,15% COOH-Gruppen erhalten. Als Acylperoxyde sind Benzoylperoxyd u. dessen Substitutionsprodd., Crotonylperoxyd u. Benzoylsulfosäureperoxyd genannt. (**D. B. P. 879 017** Kl. 39c vom 24/7. 1952, ausg. 8/6. 1953.) SCHINDLER. 7171

General Electric Co., New York, übert. von: **Murray M. Sprung**, Schenectady, N. Y., V. St. A., *Dispersionen von Polytrifluorchloräthylen* (I) erhält man durch Dispergieren von I in W. u. einer wasserlösl. O_2-haltigen Verb. mit einem Kp. über 50°, bes. aliphat. Estern, Äthern, Ketonen, gesätt. ein- oder zweiwertigen Alkoholen oder deren Mischungen; geeignete organ. Verbb. sind Mischungen von n-Butanol oder tert.-Amylalkohol mit Äthylenglykol, 2-Methyl-2.4-pentandiol, ferner Dioxan, Äthyllactat, Acetonylaceton, Methyläthylketon, Diacetonalkohol, Tetrahydrofurfurylalkohol, α.α′-Dichlorhydrin, Diisopropyläther, γ-Valerolacton u. andere. Verwendung als *Überzüge* für Glas- u. Asbestgewebe, Cu-Leitungen, mit Füllstoffen für Form- u. Verbundkörper. (**A. P. 2 581 454** vom 25/11. 1949, ausg. 8/1. 1952.) SALZMANN. 7173

Farbwerke Hoechst, vormals Meister Lucius & Brüning, Frankfurt/M. (Erfinder: **Kurt Billig**, Adelsberg), *Umsetzungsprodukte hochmolekularer Verbindungen* erhält man durch Rk. von OH-Gruppen enthaltenden hochmol. Verbb. mit Acylperoxyden. Nach den Beispielen wird Polyvinylalkohol mit Benzoylperoxyd umgesetzt. Unlösl. Harze. (**D. B. P. 887 415** Kl. 39c vom 6/7. 1943, ausg. 24/8. 1953.) SCHINDLER. 7173

E. I. du Pont de Nemours & Co., übert. von: **Richard D. Cramer**, Wilmington, Del., V. St. A., *Plastische Masse aus Polyvinylchlorid* u. seinen Mischpolymerisaten. Als Weichmacher dient ein Polymerisat aus einem Monoolefin u. CO (75:25%), das durch Erhitzen auf 100—250° bei 7—352 at in Ggw. eines organ. Peroxyds oder Azonitrils u. eines Lösungsm., wie 1.3-Dioxolan, Aceton, Isopropylalkohol u. dgl. erhalten wird. Das weichfettartige, nicht ausschwitzende Polymerisat wird in Cyclohexanon, Methyläthylketon gelöst u. kann mit gebräuchlichen Zusätzen (Vinylharzen, Cellulosederivv.) verarbeitet werden. Man erhält völlig klare, schlierenfreie Folien, die für Handtaschen u. Sitzbezüge brauchbar sind. (**A. P. 2 541 987** vom 30/8. 1948, ausg. 20/2. 1951.) SALZMANN. 7137

Baker Castor Oil Co., Jersey City, N. J., übert. von: **Temple C. Patton** und **Louis J. Jubanowsky**, Mountainside, V. St. A., *Stabilisieren von Polyvinylchlorid* (I). Die M. enthält neben I noch 4—7,5 (%) Butadien–Acrylnitril-Mischpolymerisat u. 20—42,5 eines Esters der 12-Oxystearinsäure, z. B. Methyl- bzw. Cetyl-12-acetoxystearat, Benzyl-12-propoxystearat, Cyclohexyl-12-stearoxystearat, Tetrahydrofurfuryl-12-abietoxystearat, Phenyl-12-toluoxystearat, 2-Methoxyäthylester des 12-Acetoxystearats oder der Ester von Monobutyläther des Diäthylenglykols u. 12-Propoxystearinsäure. Herst. von Überzügen für Krankenhauswäsche, Gewebebeutel, Schürzen, Schutzkleidung, Handschuhe, Möbelbezüge, Fäden, von Filmen, Lacken u. Isoliermaterial. (**A. P. 2 580 460** vom 24/5. 1950, ausg. 1/1. 1952.) SALZMANN. 7173

N. V. de Bataafsche Petroleum Mij., Holland, *Stabilisieren halogenhaltiger organischer Verbindungen*, wie *Vinylchlorid-* oder *Vinylidenchloridpolymere* oder -mischpolymere oder *Chlorkautschuk* durch Zusatz von *Phenylharnstoffen*, die mindestens 1 Phenylgruppe mit einer oder mehreren polaren Gruppen am Kern enthalten, wie Harnstoff (I), p-Äthoxyphenyl-I, N.N′-Di-p-äthoxyphenyl-I, m-Nitrophenyl-I, N.N′-Di-(4-chlorphenyl)-I, p-Acetylphenyl-I, o-Chlorphenyl-I, p-Carbäthoxyphenyl-I, o.p-Dinitrophenyl-I, p-Diäthylaminophenyl-I, N-Methyl-N-p-methylaminophenyl-I, Mischungen, z. B. von o- u. p-Methoxyphenyl-I u. o- u. p-Äthoxyphenyl-I, zusammen mit alkal. Stoffen, wie Carbonaten, Bicarbonaten, bas. Phosphaten, MgO u. a., wobei die I-Derivv. in Mengen unter 2 Gew.-% (der Halogensubstanz) u. die alkal. Stoffe in Mengen unter 1 Gew.-% angewandt werden. (**F. P. 992 056** vom 9/8.1949, ausg. 15/10. 1951. Holl. Prior. 11/8. 1948). PANKOW. 7173

Pierre Cor, Seine, Frankreich, *Herstellung von Filmen* aus wässerigen Dispersionen plast. Massen, wie Polyvinylverbindungen. Die trockenen Filme werden unter Druck geschmolzen. Man kann den Massen Plastiziermittel, wie Polyacrylate oder Bunalatex, zusetzen. Man bringt z. B. eine Mischung aus 100 (Teilen) Polymethylacrylatemulsion oder eine Mischpolymerisatemulsion aus Vinyl- u. Vinylidenchlorid mit 1 Laurylalkylpolyesteralkohol auf eine umlaufende Metallfolie, trocknet, preßt bei 155° gegen eine Heißwalze u. entfernt bei 0—10° den Film von der Unterlage; Einprägen von Mustern, Zusatz fluorescierender u. phosphorescierender Stoffe; Verwendung als Verpackungsmaterial. (**F. P. 1 004 677** vom 23/12. 1949, ausg. 1/4. 1952.) PANKOW. 7173

National Cash Register Co., Dayton, O., V. St. A., *Mikroporöse Polyvinylchlorid-Formkörper*. Eine Mischung aus Polyvinylchlorid, gleichen Teilen Dioctylphthalat u.

-sebacat u. 3% Stabilisierungsmittel wird mit der 4fachen Menge Na_2SO_4 versetzt, zu einem Brikett verpreßt u. bis zur Gelierung auf 170—180° erwärmt. Das Brikett wird mit W. gründlich ausgelaugt. (**E. P. 682 050** vom 30/1. 1951, ausg. 5/11. 1952. A. Prior. 15/2. 1950.) SALZMANN. 7173

Permutit Co. Ltd. und **Theodore Roger Ernest Kressman,** London, England, *Anionen-Austauscher-Harze*-(I) mit quaternären NH_4-Gruppen werden hergestellt durch Rk. zwischen sek. Aminogruppen enthaltendem Material (**II**), einem α.β-ungesätt. Aldehyd oder Keton, z. B. Acrolein, Crotonaldehyd, einem Alkylvinyl- oder Divinylketon, u. einer aliphat. Halogenverb., z. B. einem Polyhalogenid, unter solchem p_H, daß ein Gel gebildet wird, in dem die Halogenionen mit den NH_4-Gruppen verbunden sind. **II** ist z. B. ein synthet. Harz, hergestellt durch Kondensation eines prim. Amins mit einem Aldehyd. Für den Gebrauch als **I** werden diese granuliert u. mit einer Alkalilsg. aktiviert. (**E. P. 655 554** vom 14/8. 1947, ausg. 25/7. 1951.) REICHELT. 7173

Röhm & Haas G. m. b. H. (Erfinder: **Herbert Matthes,** Detroit, Mich., V. St. A., **Ernst Trommsdorff** und **Carl T. Kautter**), Darmstadt, *Umwandlung hochpolymerer Verbindungen in solche von niedrigem Polymerisationsgrad und Monomere.* Der gegebenenfalls vorzerkleinerte u. durch Wärmeeinw. plast. gemachte Polymethacrylsäuremethylester mit hohem Polymerisationsgrad wird durch eine zweckmäßig als Fördereinrichtung (Schneckenpresse oder Knetpumpe) ausgebildete druckerzeugende Vorr. verdichtet u. das auf 280° erhitzte Polymerisat durch enge Kanäle, Schlitze oder dgl. gedrückt, in denen es auf Tempp. erhitzt wird, bei denen es teilweise depolymerisiert, derart, daß in den Kanälen eine Verflüssigung bzw. weitgehende Plastifizierung, beim Austritt eine Aufblähung der M. unter gleichzeitiger Verdampfung des gebildeten Monomeren erfolgt. Das Abbauprod. wird auf einer 180° heißen Mischwalze mit Farbstoffen vermischt, zu einem Fell ausgezogen u. gebrochen. Preßkörper, Spritzgußmassen, Lacke. — Zeichnung. (**D. B. P. 859 951** Kl. 39b vom 21/5. 1944, ausg. 18/12. 1952.) SALZMANN. 7173

Farbwerke Hoechst, vormals Meister Lucius & Brüning, Frankfurt/M. (Erfinder: **Georg Kränzlein** und **Martin Corell,** Frankfurt/M., und **Hans Kleu,** Wuppertal), *Herstellung von Polymerisationsprodukten,* dad. gek., daß man Acrylsäureoxyalkylamide der Formel: $CH_2{=}CH—CO—N(R_1)—R—OH$, worin R ein aliphat. Rest mit 2—4 C-Atomen, R_1 = H, ein aliphat. oder cycloaliphat. Rest oder gleichfalls die Gruppe ROH ist, in wss. Lsg. polymerisiert. Als Ausgangsstoffe sind z. B. Acrylsäureoxäthylamid, -oxypropylamid, -dioxyäthylamid, -oxyäthyl-n-butylamid genannt. Ausführungsbeispiele. (**D. B. P. 879 018** Kl. 39c vom 7/9. 1941, ausg. 8/6. 1953.) SCHINDLER. 7173

General Aniline & Film Corp., New York, N. Y., übert. von: **Giffin D. Jones,** Easton, Pa., V. St. A., *Polymerisation N-disubstituierter α-substituierter Acrylamide* der allg. Formel $H_2C{=}C(R)—CO—NR_1R_2$ (R = Alkyl, Aryl, cycloaliphat. u. Aralkylreste, R_1 = Alkylolreste, R_2 = wie R u. Alkylol) erfolgt in Ggw. einer Perverb. wie $Na_2S_2O_8$, in stark saurer, ca. 10%ig. wss. Lsg. von H_2SO_4, H_3PO_4 oder HCl bei ca. 100°. (**A. P. 2 576 839** vom 16/10. 1945, ausg. 27/11. 1951.) MÜLLER-MEININGEN. 7173

United States Rubber Co., New York, N. Y., übert. von: **Pliny O. Tawney,** Passaic, N. J., V. St. A., *Mischpolymerisate.* Di-2-alkenylphthalate, wie Dimethallyl- oder Diallylphthalat, lassen sich in Gemisch mit (mindestens 5%) 2-Alkenylchloriden (**I**) ohne Gelbldg. bei 120° u. in Ggw. von z. B. tert. Butylperoxyd zu lösl. u. härtbaren Kunstharzen polymerisieren. Als **I** geeignet sind (Meth-)allylchlorid, 2-Chlorallylchloride u. ein bei der Chlorierung von Isobutylen als Nebenprod. erhaltenes Gemisch isomerer Dichlorbutene. (**A. P. 2 568 872** vom 4/12. 1946, ausg. 25/9. 1951.) MÖLLERING. 7173

Badische Anilin- & Soda-Fabrik, Ludwigshafen (Erfinder: **Fritz Stastny,** Weinheim), *Gegen Elektrizität, Wärme und Schall isolierende, poröse Folien oder Überzüge aus Kunststoffen.* Eine Lsg. von z. B. Polystyrol in CH_2Cl_2 mit einem Quellmittel, das höher sd. als das Lösungsm., z. B. Bzn., wird ausgegossen, das Lösungsm. bei Tempp. verdampft, bei denen noch keine nennenswerte Verdampfung des Quellmittels stattfindet, u. dann zur Verdampfung desselben auf Tempp. erhitzt, bei denen sich der Kunststoff in thermoplast. Zustand befindet. (**D. B. P. 872 265** Kl. 39b vom 13/7. 1950, ausg. 30/3. 1953.) SALZMANN. 7173

Mathieson Alkali Works, New York, N. Y., V. St. A. (Erfinder: **J. J. Hayes**), *Kunstharzprodukt in fester Form.* Das Prod. besteht im wesentlichen aus einheitlichen Polymerisaten von α-Methylchlorstyrolen, z. B. von α-Methyldichlor-, α-Methyltrichlor- oder α-Methylpentachlorstyrol. Die Prodd. sind gießbare, thermoplast. Harze. **Schwed. P. 135 483** vom 28/7. 1947, ausg. 29/4. 1952. A. Prior. 25/9. 1946.) JÜRGEN SCHMIDT. 7173

Dow Chemical Co., Midland, Mich., V. St. A. (Erfinder: **G. A. Griess** und **E. D. Morris**), *Herstellung von Formmassen aus aromatischen Vinylverbindungen und nichtflüchtigen Estern.* Man setzt *Harzen* aus *Styrol* 0,05—4% nichtflüchtige Ester mehrwertiger Alkohole aliphat. Monocarbonsäuren zu, die einige konjugierte Doppelbindungen enthalten. Diese Komponenten werden zweckmäßig der Polymerisation des Styrols zugesetzt. Bes. geeignet sind Sojabohnenöl, Leinöl, Fischöle u. Kokosnußöl. (**Schwed. P. 135 868** vom 8/8. 1949, ausg. 27/5. 1952.) JÜRGEN SCHMIDT. 7173

Badische Anilin- & Soda-Fabrik (Erfinder: **Otto von Schickh**), Ludwigshafen/Rh., *Nitrocycloalkylcarbinole* (I) erhält man durch Kondensation von Nitrocycloalkanen (**II**) oder ihren Substitutionsprodd., die an dem die NO_2-Gruppe tragenden C-Atom noch ein H enthalten, mit Oxyverbb. (CH_2O, dessen Polymere u. Homologe, Benzaldehyd, Aceton) in Ggw. alkal. wirkender Katalysatoren (Alkalien, Alkalicarbonate, -bicarbonate, Erdalkalien, deren Carbonate, organ. Basen, wie Methylamin, Pyridin, Piperidin). — Aus Nitrocyclohexan entsteht mit 30%ig. CH_2O in A. in Ggw. von 35%ig. NaOH bei 50° *1-Nitro-1-methylolcyclohexan*, $Kp._5$ 122°, in 80%ig. Ausbeute. x-Methylnitrocyclohexan (aus Methylcyclohexan durch Nitrieren) → *1-Nitro-1-methylol-x-methylcyclohexan*, $Kp._{0,3}$ 104—107°. — Zwischenprodd. zur Synth. von Kunststoffen. (**D. B. P. 870 850** Kl. 12o vom 5/11. 1943, ausg. 16/3. 1953.) KRAUSS. 7177

M. Erlenbach und **A. Sieglitz,** Frankfurt/M. (Erfinder: **G. Lorentz**), *Erhöhung der Elastizität von harzartigen Kondensationsprodukten aus Phenolen und Aldehyden.* Man setzt diesen Massen Polyvinylalkohol u. Paraformaldehyd zu. — Z. B. werden 90 Teile eines aus Phenol u. Formaldehyd gewonnenen fl. Kunstharzes mit 10 Teilen acetalisiertem Polyvinylalkohol u. 1 Gewichtsteil Formaldehyd versetzt. Die M. kann vor dem Erhärten mit Härtungsmitteln versetzt werden. Man kann auch noch zur Erhöhung der organ. Beständigkeit Benzylalkohol u. andere Stoffe, bes. Triäthylphosphat, zusetzen. (**Schwed. P. 134 765** vom 4/6. 1949, ausg. 4/3. 1952. D. Prior. 1/10. 1948.) JÜRGEN SCHMIDT. 7177

M. Erlenbach und **A. Sieglitz,** Frankfurt/M. (Erfinder: **K. Dietz**), *Herstellung von in der Kälte schnell härtbaren Massen von hoher chemischer Widerstandsfähigkeit.* Fl., härtbare Harze aus Aldehyden u. Alkylphenolen, bes. Kresolen u. Xylenolen im Resolzustand werden mit mindestens 10% aliphat. Estern anorgan. Säuren, die härtend wirken, vermischt, wobei außerdem auch noch neutrale oder saure härtende Zusätze u. gegebenenfalls Füllstoffe zugeführt werden können. Geeignet als solche sind z. B. Massen aus Bariumsulfat mit etwas p-Toluolsulfochlorid u. ein p-Kresolformaldehydharz im Resolzustand u. etwas Dipropylsulfat. Man kann auch Dibenzylsulfat, Diäthylsulfat oder Triäthylphosphat verwenden. Das Verf. ist auch anwendbar auf Gemische von noch fl. Xylenolformaldehydharzen mit Epichlorhydrinzusatz. (**Schwed. P. 134 763** vom 29/4. 1949, ausg. 4/3. 1952.) JÜRGEN SCHMIDT. 7177

Union Carbide & Carbon Corp., New York, N. Y., V. St. A., *Durch Hitze härtbare Phenol–Aldehyd-Harze.* 1 (Mol) Phenol (**I**) u. 1—3 CH_2O (**II**) werden in Ggw. eines alkal., N-freien Katalysators zu einer Methylolverb. kondensiert, worauf das Gemisch in Ggw. eines alkal. Katalysators mit einem Aldehyd oder Keton mit 2—4 C-Atomen in solchen Mengen nachkondensiert wird, daß nicht umgesetztes **II** voll reagiert. — 940 (g) **I**, 800 **II**-Lsg. (37%ig.) u. 10 NaOH-Lsg. (40%ig.) kondensieren in mehreren Tagen, dann erhitzt man mit 580 Aceton (**III**) unter Rückfluß auf 80° u. dest. schließlich 290 **III** ab. Nach Vakuumtrocknung bei 85° erhält man 1115 fl. Harz, das durch Hitze aushärtbar ist. (**E. P. 678 287** vom 28/6. 1949, ausg. 3/8. 1952. A. Prior. 1/7. 1948.) MÖLLERING. 7177

Koppers Co., Inc., Del., übert. von: **Philip H. Rhodes,** Kingston, N. Y., V. St. A., *Dimensionsbeständige Phenolharzmassen.* Gleiche Teile eines in Ggw. von Säure oder Alkali hergestellten Phenol–CH_2O- u. Resorcin–CH_2O-Kondensationsprod. werden unter Abdest. des W. bei 94—102° zusammengeschmolzen u. 2000 (g) davon mit 200 W., 300 Glycerin, 30 eines Beschleunigers [z. B. $(COOH)_2$] u. Füllstoffen zu Formkörpern vergossen oder zur Herst. von Verbundkörpern, z. B. unter Verwendung von Geweben aus Cellulose oder Polyamiden verarbeitet. Statt Resorcin kann auch Orcin, 1-Chlor (bzw. Amino- oder Nitro-) -3.5-dioxybenzol oder Phloroglucin für die 2. Harzkomponente verwendet werden. (**A. P. 2 589 286** vom 15/8. 1946, ausg. 18/3. 1952.) SALZMANN. 7177

Farbenfabriken Bayer (Erfinder: **Hermann Holzrichter, Hans Gerber** und **Richard Wegler**), Leverkusen, *Herstellung von Kunstharzen,* dad. gek., daß man alkylierte aromat. KW-stoffe, Acetophenon (**I**) u. CH_2O miteinander kondensiert. — 2 weitere Ansprüche. — Z. B. werden 318 g techn. Xylol, 60 g **I** u. 648 g CH_2O (30%ig.) 20 bis 24 Std. erhitzt. Hellbraunes Weichharz mit 12% O u. 8,8% einkondensierten Anteilen an I. — Verträglich mit Nitrocellulose usw. (**D. B. P. 860 274** Kl. 39c vom 1/12. 1943, ausg. 18/12. 1953.) DONLE. 7177

Vincio Da Veiga, Sao Paulo, Brasilien, *Glasklares Kunstharz.* 78 (Teile) Aceton u. 42 KCN werden mit einer Lsg. von 2 Tannin (I) in 150 konz. H_2SO_4 im geschlossenen Kessel auf 160° erhitzt; nach dem Abkühlen werden 56,05 Methanol u. 0,03 I zugegeben u. nochmals auf 93° erwärmt. Nach 5 Std. wird die Veresterung nach Zugabe von 0,025 Hydrochinon (II) aufgehalten u. der Ansatz mit Na_2CO_3 neutralisiert. Das gewaschene Prod. wird mit 1,85 cm³ Phenol u. 0,25 II auf 100° erwärmt u. gibt ein Monomeres, das mit 10% Benzoylperoxyd bei 93° zu einem verpreßbaren Harz polymerisiert wird; es läßt sich leicht zu Schichten verarbeiten bzw. mit Metallen vereinigen. (**A. P. 2 590 760** vom 27/4. 1948, ausg. 25/3. 1952.) SALZMANN. 7177

Socony-Vacuum Oil Co., N. Y., übert. von: **John J. Giammaria,** Woodbury, N. J., V. St. A., *Viscositätserhöhende, öllösliche Polymerisate von Polycarbonsäureallylestern.* Das aus Allylbenzoat u. Maleinsäureanhydrid bei 50—150° in Ggw. eines Peroxyd-Katalysators erhaltene gelbliche Harz wird mit einem Gemisch gesätt. Fettalkohole mit 8—18 C-Atomen, z. B. „Lorol-B", in z. B. Xylol-Lsg. bei Tempp. bis 160° umgesetzt. (**A. P. 2 615 864** vom 21/6. 1947, ausg. 28/10. 1952.) MÖLLERING. 7177

Röhm & Haas G. m. b. H. (Erfinder: **Karl T. Kautter, Ernst Trommsdorff** und **Gerhard Abel**), Darmstadt, *Herstellung von Polymerisationsprodukten,* dad. gek., daß Dihydromuconsäure (I) u. deren α- bzw. α.α'-substituierten Homologen sowie Derivv. dieser Verbb., z. B. Ester, Nitrile oder Amide, für sich allein oder in Mischung oder zusammen mit anderen polymerisierbaren ungesätt. Verbb. unter der Einw. von Wärme u. gegebenenfalls Beschleunigern (Perverbb.) polymerisiert werden. — Z. B. wird α.β-Dihydromuconsäuremonomethylester, F. 60°, mit 1% Benzoylperoxyd verschmolzen u. bei 100° polymerisiert. Klares, hartes, in Bzn. unlösl. Harz. (**D. B. P. 862 959** Kl. 39c vom 1/9. 1944, ausg. 15/1. 1953.) DONLE. 7177

Monsanto Chemical Co., St. Louis, Mo., übert. von: **Robert J. Slocombe,** Dayton, O., V. St. A., *Schaumartige plastische Massen* erhält man bei der Einw. von *Diisocyanaten* (I), denen so viel *Carbamylchlorid* zugesetzt ist, daß 0,02—0,06% hydrolysierbares Chlor (II) vorhanden ist, auf *Alkydharze* mit freien COOH-Gruppen. Beispiel: Man setzt 2 Teile eines Alkydharzes, das durch Rk. von 2,5 (Mol) Adipinsäure, 0,5 Phthalsäureanhydrid u. 4 Trimethylolpropan gewonnen wurde, mit 1 Teil m-Toluylendiisocyanat um, das einen Zusatz von 0,02—0,06 Gew.-% II aufweist. Die carbamylchloridhaltigen I erhält man durch Einw. von wenig wasserfreiem HCl auf I. (**A. P. 2 620 349** vom 6/12. 1950, ausg. 2/12. 1952.) BRÖSAMLE. 7177

Devoe & Raynolds Co., Inc., übert. von: **Sylvan Owen Greenlee,** Louisville, Ky., V. St. A., *Amidoepoxydharze für Lacke, Überzüge, Formkörper, Klebmittel* (für Glas, Metall, Holz), *Filme und Fäden.* Ein Epoxyharz aus einem zweiwertigen Phenol (Hydrochinon, Resorcin) u. Epichlorhydrin, gegebenenfalls in Mischung mit Glycerin bzw. Trimethylolpropan, oder Diglycidäther wird mit einem Säureamid, wie Acetamid, Benzamid, Adipamid, oder einem Polyamid aus Diacetamid u. Hexamethylendiamin bzw. Leinölsäure u. Diäthylentriamin in der Wärme umgesetzt u. in Methylisobutylketon oder Cyclohexanon gelöst. Eine Umsetzung in Ggw. von NaOH gibt nichtschmelzende Körper. (**A. P. 2 589 245** vom 3/12. 1945, ausg. 18/3. 1952.) SALZMANN. 7177

American Cyanamid Co., New York, übert. von: **Malden W. Michael,** Stamford, Conn., V. St. A., *Anionen-Austauscher-Kunstharz* mit erhöhtem SiO_2-Aufnahmevermögen u. verbesserter Salzabgabe. 21 (Teile) NaOH in 150 W. werden mit 70 Tetraäthylenpentaminepichlorhydrin (nach A. P. 2 469 603), 30 Allylchlorid, 30 Epichlorhydrin, 6 NaOH (in 14 W.) u. 30 $NaHSO_3$ zur Rk. gebracht. 0,028 cm³ Harz nehmen 18,5 (kg) SiO_2 auf u. geben 6,9 $CaCO_3$ ab. Das Harz eignet sich zum Reinigen von alkoh. Fll., Zucker-, Melasse- u. Obstsäften von Cl- oder SO_3-Ionen oder anderen schwachen anorgan. oder organ. Säuren. (**A. P. 2 543 666** vom 2/7. 1949, ausg. 27/2. 1951.) SALZMANN. 7177

Henkel & Cie., G. m. b. H. (Erfinder: **Helmut Pietsch** und **Horstmar Nagel**), Düsseldorf, *Herstellung von Umwandlungsprodukten des Pentaerythritdichlorhydrinmonoschwefelsäureesters* (I), dad. gek., daß man I mit säurebindenden Stoffen behandelt. Man kann auch von dem rohen Schwefligsäureester ausgehen. Als säurebindende Stoffe kommen z. B. Ätzalkalien, alkal. reagierende Salze, Erdalkalien, organ. Basen, in Betracht. Werden die Basen in mehr als 2 Äquivalenten angewendet, so wird mehr Halogen abgespalten u. es entstehen innere Äther des Pentaerythrits. — $^1/_{10}$ (Mol) I versetzt man mit $^5/_{10}$ KOH, in A. gelöst, u. erhitzt 1 Std. am Rückfluß im Dampfbad. Man erhält bei der Vakuumdest. 3—4 g *3.6-Dioxaspiro-(1.1)-heptan,* als Rückstand 6—7 g, der neben anderen Oxacyclobutanderivv., wahrscheinlich Verbb. der Zus. **II**, **III** u. **IV** (s. untenst. Formel) enthält. — Verwendung als Zwischenprodd.

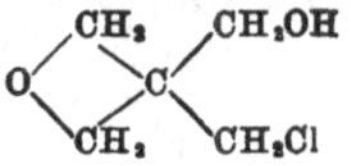
II

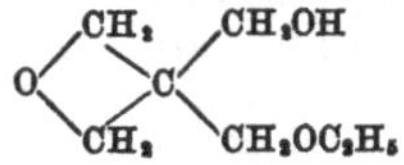
III

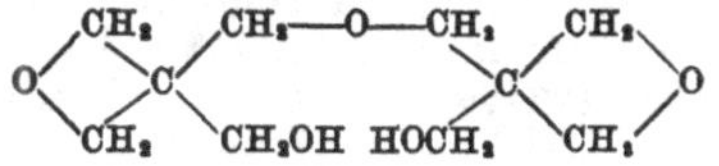
IV

für organ. Synthesen, bes. für die *Herst. von Kunststoffen.* (**D. B. P. 875 804** Kl. 12o vom 11/8. 1951, ausg. 7/5. 1953.) G. KÖNIG. 7177

Badische Anilin- & Soda-Fabrik (Erfinder: **Walter Reppe** und **Helmut Finkenauer,** Ludwigshafen/Rh., und **Otto Hecht,** Philadelphia, **Pa.,** V. St. A.), *Herstellung von Harzen* aus aromat. Aminen u. C_2H_2, dad. gek., daß die Amine unter erhöhtem Druck u. bei erhöhter Temp. mit C_2H_2 in Ggw. von Cd-Salzen als Katalysatoren behandelt werden. Z. B. wird Anilin mit C_2H_2 bei 20—22 at u. 120° in Ggw. von Cd-Acetat umgesetzt. — *Lacke* u. *plast. Massen.* (**D. B. P. 887 414** Kl. 39c vom 1/9. 1943, ausg. 24/8. 1953.) SCHINDLER. 7181

Badische Anilin- & Soda-Fabrik, Ludwigshafen/Rh. (Erfinder: **Josef Lintner,** La Garenne-Colombe, Frankreich,und **Erich Schwartz,** Mannheim), *Herstellung in Wasser leichtemulgierbarer Kondensationsprodukte* nach Patent 866 737, dad. gek., daß an Stelle von Methylolverbb. des Acetylendiharnstoffs andere Di- oder Polymethylolverbb. verwendet werden, die an N, O oder S gebundene Methylolgruppen enthalten, z. B. Dimethylharnstoff, Trimethylolmelamin, Di-, Tri- oder Tetramethylolamide der Bernstein-, Adipin-, Dipropylätherdicarbon- bzw. Butantetracarbonsäure oder deren Di- oder Polyoxymethylester. (**D. B. P. 887 412** Kl. 39c vom 1/10. 1944, ausg. 24/8. 1953. **Zusatz zu D. B. P. 866 737; C. 1953. 6579.**) SCHINDLER. 7181

August Nowack Akt.-Ges. und **Richard Hessen** (Erfinder: **Richard Hessen**), Bautzen, *Klar durchsichtige Formkörper* erhält man von im alkal. Medium hergestellten, von W. u. flüchtigen Bestandteilen befreiten hydrophoben *Harnstoffharzen*, die mit Farbstoffen, Trübungsmitteln oder Stoffen, die eine Musterung herbeiführen, versetzt worden sind. (**D. R. P. 757 044** Kl. 39b vom 15/12. 1937, ausg. 4/5. 1953.) SALZMANN. 7181

Farbenfabriken Bayer, Leverkusen, *Anionenaustauscherharze.* Als solche dienen in W. unlösl. Kondensationsprodd. von prim. aromat. Aminen bzw. Aminophenolen u. Aldehyden, bei denen in die Aminogruppen der für die Harzbldg. benutzten aromat. Basen oder der kondensierten Harze, teilweise solche aliphat. Reste eingeführt sind, die entweder bereits bas. Gruppen besitzen oder solche nach der Einführung durch bekannte Rkk. erhalten. Infolge des verstärkt alkal. Charakters ist die anionenaustauschende Wrkg. erhöht. Z. B. werden zur Herst. eines Austauschers 540 (Gewichtsteile) m-Phenylendiamin mit 300 Dimethylaminochloräthylhydrochlorid 6 Std. auf dem Dampfbad erhitzt, mit 700 W. aufgenommen u. danach bei 5° mit 900 CH_2O (30%ig.) versetzt. Die entstandene Gallerte wird bei 100° 10 Std. getrocknet u. zerkleinert. (**D. B. P. 878 048** Kl. 12g vom 10/9. 1936, ausg. 1/6. 1953.) MATTHAES. 7181

E. I. du Pont de Nemours & Co., Wilmington, übert. von: **Theodore L. Cairus,** Newark, Del., V. St. A., *Herstellung von Vinylalkylenharnstoffen*, z. B. *N-Monovinyläthylen-* (**I**) oder *N.N'-Divinyläthylenharnstoff* (**II**) *und ihrer Polymerisate.* — Z. B. werden 160 (Teile) wasser- u. thiophenfreies Bzl., 40 Äthylenharnstoff u. 1,5 K-Metall im Druckgefäß mit festem CO_2 gekühlt, auf 15 mm evakuiert, 100 lbs./sq.in. C_2H_2 (**III**) aufgepreßt u. diese Operation wiederholt, das Reaktionsgefäß unter starkem Schütteln auf 125° Innentemp. erhitzt u. durch Nachdrücken von **III** 160—220 lbs./sq.in. aufrecht erhalten, bis unter Druckfall die **III**-Absorption nach 16 Std. beendet ist. Durch Fraktionieren der Reaktionsmischung erhält man **II**, $C_7H_{10}ON_2$, $Kp._{11}$ 120—122°, F. 65° (aus wss. CH_3OH) u. **I**, $C_5H_8ON_2$, $Kp._{3-4}$ 150—163°, F. 78—79,5°. — **II** wird mit 5% Azodicyclohexancarbonitril 30 Min. auf 90—95° erhitzt u. ein bei 300° noch nicht schm. *Polyamid* erhalten. 5 **II** u. 0,025 $\alpha.\alpha'$-Azodiisobutyronitril ergeben bei 3std. Erhitzen auf 60° u. 15 Min. auf 100° ein in Dioxan lösl. Prod., das in W. mit schwacher Trübung lösl. ist. Weitere Beispiele. — Herst. von Überzügen, Formkörpern u. Präparationsmitteln für Papier, Textilien, Leder u. dergleichen. (**A. P. 2 541 152** vom 7/12. 1948, ausg. 13/2. 1951.) MÜLLER-MEININGEN. 7181

Dow Corning Corp., übert. von: **Leslie J. Tyler,** Midland, Mich., V. St. A., *Herstellung von Siloxanmischpolymerisaten.* Si-Verbb. der Formel $RO[(CH_3)_2SiO]_nR$ (n = 1 bis 11 u. R = Alkylrest mit 5 C-Atomen) werden mit tert.-Butylphenyl-, Dibutyl- oder Diphenylsilandiol umgesetzt, worauf der frei werdende Alkohol abdest. wird. — 44 (g) $(C_4H_9)_2Si(OH)_2$ u. 45 $(CH_3)_2Si(OC_2H_5)_2$ werden in Ggw. von 2 konz. H_2SO_4

24 Std. auf 100° erwärmt. Aus dem mit 70% Ausbeute erhaltenen Harz kann als krist. Anteil das *1.1.5.5-Tetramethyl-3.3.7.7-tetra-tert.-butylcyclotetrasiloxan* (F. 244,5—245,7°) u. als fl. Anteil ein Dimethyl-di-tert.-butylsiloxan-Mischpolymerisat isoliert werden. — Aus einem anderen Prod. ist das *1.1.5.5-Tetramethyl-3.3.7.7-tetraphenylcyclotetrasiloxan* (weiße Nadeln vom F. 131—132°) isoliert worden. — Die Prodd. sind als Bremsflüssigkeit, als Schmiermittel für Glas u. Stahl, die krist. Anteile als Zwischenprodd. geeignet. (**A. P. 2 605 274** vom 9/1. 1950, ausg. 29/7. 1952. **E. P. 682 488** vom 22/11. 1950, ausg. 12/11. 1952. A. Prior. 9/1. 1950.) MÖLLERING. 7189

Dow Corning Corp., übert. von: **John Thomas Goodwin,** Midland, Mich., V. St. A., *Herstellung neuer Siloxan-Mischpolymerisate,* bei denen keine aufeinanderfolgenden Paare von Si-Atomen Methylenbrücken aufweisen u. durchschnittlich ∼ —50 $Si(CH_3)_2O$-Struktureinheiten auf 1 ≡ $SiCH_2Si$ ≡ -Struktureinheit u. zwischen 1,98 u. 2,1 CH_3-Reste auf 1 Si-Atom kommen. Man behandelt eine Mischung von cycl. Dimethylpolysiloxanen u. Verbb. der nebenst. Grundstruktur mit rauchender H_2SO_4, gegebenenfalls in Ggw. von Siloxanen der Grundstruktur $(CH_3)_3SiO_{0,5}$. Man kann der Mischung mit der rauchenden H_2SO_4, nachdem sie einige Zeit gestanden hat, etwas W. zusetzen. — Z. B. gibt man zu einem Gemisch von 66,6 (Teilen) $[(CH_3)_2SiO]_4$, 14,6 $[(CH_3)_2SiCH_2Si(CH_3)_2O]_2$ u. 0,8 $[(CH_3)_2Si]_2O$ 3,2 rauchende H_2SO_4 (30% SO_3), setzt dann 1,6 W. zu, verd. mit Bzl., wäscht die Lsg., bläst Bzl. durch N_2 bei 80° ab. Nach Entfernung der flüchtigen Bestandteile zeigt das Polymerisat einen Stockpunkt von —80°, eine Viscosität von 482 Centistokes bei 25°, n^{25} = 1,4111, $D.^{25}$ = 0,9610. — Weitere Beispiele. — Schmiermittel, Schaumverhütungsmittel bei Erdölschmierölen u. bei Mischungen von organ. Stoffen u. W., z. B. bei der Gewinnung von Hefe. (**D. B. P. 863 416** Kl. 39c vom 26/9. 1950, ausg. 19/1. 1953. A. Prior. 19/3. 1949.) DONLE. 7189

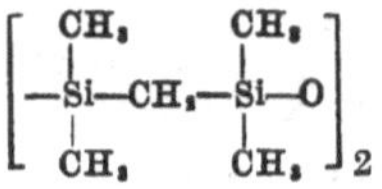

International General Electric Co., Inc. (Erfinder: **Charles E. Welsh**), Schenectady, N. Y., V. St. A., *Härten von hitzehärtbaren Polysiloxanharzen,* gek. durch den Zusatz von vorzugsweise weniger als ½ Gew.-% (bezogen auf Harzgewicht) eines Metallsalzes, bes. Sn-, Mg- oder Co-Salzes einer organ. Säure, das sich im Harz löst oder weitgehend dispergieren läßt. Man kann das Salz, z. B. ein Metallnaphthenat, zu der Lsg. des Harzes geben. (**D. B. P. 862 682** Kl. 39c vom 22/12. 1948, ausg. 12/1. 1953. A. Prior. 11/8. 1944.) DONLE. 7189

British Cellophane Ltd., Bridgewater, England, *Mischpolymerisate,* als *Überzug* für wasserfestes, heißsiegelfähiges Verpackungsmaterial, erhält man durch Polymerisieren von z. B. 90 (Teilen) Vinylidenchlorid, 10 Acrylnitril u. 0,25 Itaconsäure (in 6,5 Methylisobutylketon) in Ggw. von Emulgiermitteln, Beschleunigern u. Wasser. Das in Methyläthylketon gelöste, Glycerin enthaltende Mischpolymerisat wird als 0,0009 mm dicker Überzug unmittelbar auf den *Cellulosehydratfilm* aufgetragen u. getrocknet. (**E. P. 674 728** vom 29/3. 1949, ausg. 2/7. 1952.) SALZMANN. 7199

British Cellophane Ltd., Bridgewater, England, *Teilweise feuchtigkeitsdurchlässiges heißsiegelfähiges Verpackungsmaterial,* bes. für Lebensmittel, bestehend aus einem Cellulosehydratfilm, der mit einem Lack z. B. folgender Zus. überzogen ist: 49,5 (Gewichtsteile) Nitrocellulose, 16 Dibutylphthalat, 16 Dicyclohexylphthalat, 3 eines polymerisierten Naturharzes, 13 Diäthylenglykolester, 2,5 Pentaerythritdistearat, 490 Äthylacetat, 240 Toluol u. 24 Alkohol. Es kommen auch andere Pentaerythritester u. Zusätze von Dammar oder Chlorparaffin in Betracht. (**E. P. 664 248** vom 18/8. 1948, ausg. 2/1. 1952. A. Prior. 19/5. 1948.) SALZMANN. 7199

Deutsche Werke Kiel Akt.-Ges., Kiel (Erfinder: **Walter Eduard Asmus Simon,** Hamburg), *Herstellung von Kondensationsharzen,* dad. gek., daß man 1. Phenole auf Huminsäuren einwirken läßt, 2. die Kondensation im alkal. Medium oder in Ggw. von sauren Katalysatoren durchführt. — *Anstrichstoffe, Grundstoffe zu Preßmassen.* (**D. B. P. 862 679** Kl. 39c vom 27/1. 1951, ausg. 12/1. 1953.) DONLE. 7199

XII. Kautschuk. Guttapercha. Balata.

Marc Conté, *Die Plastizierung des Kautschuks im Latex.* Der im Latex enthaltene Kautschuk kann durch Behandlung mit Thiolen (*RPA 2, RPA 3, Rhenacite IV*) in der Wärme (60°) plastiziert werden. Diesem Vorgang scheint derselbe Reaktionsmechanismus zugrunde zu liegen wie der Plastizierung des Kautschuks durch Walzwerke. Die Rk. ist p_H-abhängig. Die besten Resultate werden bei p_H 4 u. in Abwesenheit von NH_4^+ (Inhibitorwrkg.) erzielt. Hinweise auf die Anwendungsmöglichkeiten des plastizierten Latex. (Rev. gén. Caoutchouc **30.** 262—64. April 1953.) WINIKER. 7222

T. R. Griffith und **D. W. MacGregor**, *Vulkanisationshilfsmittel für Lignin–Naturkautschuk-Copräcipitate.* Die vulkanisationsverzögernde Wrkg. des Lignins (I) beruht wahrscheinlich darauf, daß I zu rasch mit S reagiert u. dadurch eine zu hohe H_2S-Konz. bedingt. Zur Abhilfe eignen sich PbO, CuO u. Bi_2O_3. (Ind. Engng. Chem. **45.** 380–86. Febr. 1953. Ottawa [Ontario], Can., Nat. Res. Council u. Cornwall [Ontario], Howard Smith Paper Mills.) WINIKER. 7228

J. Reid Shelton und **William L. Cox**, *Der Einfluß der Sauerstoffkonzentration auf die Alterung von Kautschukvulkanisaten.* 1. Mitt. *Der Einfluß des Partialdrucks des Sauerstoffs auf die Geschwindigkeit der Sauerstoffabsorption.* An rußgefüllten Naturkautschuk- u. GR–S-Vulkanisaten wurde festgestellt, daß bei Verwendung von Antioxydantien vom Amintyp die Geschwindigkeit der Sauerstoffabsorption (im Stadium der konstanten Absorptionsgeschwindigkeit) der Quadratwurzel aus dem Partialdruck des Sauerstoffs (in der Alterungsatmosphäre) proportional ist. Hieraus wird geschlossen, daß die Wirksamkeit der Antioxydantien vom Amintyp darauf beruht, daß die Bldg. freier Radikale (durch Peroxydzers.) vermindert bzw. verhindert wird. (Ind. Engng. Chem. **45.** 392–96. Febr. 1953. Cleveland, O., Case Inst. of Technol.) WINIKER. 7230

J. Reid Shelton und **William L. Cox**, *Der Einfluß der Sauerstoffkonzentration auf die Alterung von Kautschukvulkanisaten.* 2. Mitt. *Der Einfluß des Partialdrucks des Sauerstoffs auf die die Oxydation begleitenden Änderungen der physikalischen Eigenschaften.* (1. vgl. vorst. Ref.) Bei höheren O_2-Konzz. wird der Kettenbruch begünstigt (weicherer Kautschuk mit niedrigeren Modul), während bei niedrigeren Konzz. Vernetzungs-Rkk. eine relativ größere Bedeutung haben (oxydative Härtung des Kautschuks). Die Höhe der Temp. wirkt sich ähnlich aus wie die O_2-Konz., wie an Vers. in N_2-Atmosphäre gezeigt wurde. Unter Berücksichtigung der strukturellen Unterschiede zwischen Naturkautschuk I) u. GR–S (II) folgt hieraus, daß die Alterung bei n. Temp. bei I besser u. bei II schlechter sein wird als bei der üblichen Alterungsprüfung bei erhöhter Temperatur. — 26 Literaturhinweise. (Ind. Engng. Chem. **45.** 397–401. Febr. 1953.) WINIKER. 7230

G. J. van Amerongen, *Der Einfluß von Ruß auf die Oxydation von natürlichem Kautschuk.* Vf. stellte fest, daß die Löslichkeit des Sauerstoffs im Kautschuk sowie die vom Kautschuk irreversibel gebundene Menge Sauerstoff mit der spezif. Oberfläche des Rußes zunehmen, u. führt hierauf die größere Abziehfestigkeit von mit Furnace-Ruß gefüllten Mischungen (im Vgl. zu Mischungen mit Channel-Ruß) zurück. (Ind. Engng. Chem. **45.** 377–79. Febr. 1953. Delft, Holland, Rubber-Stichting.) WINIKER. 7230

Francis Lepetit, *Die Herstellung von Ebonitgegenständen aus Latex.* Beschreibung des Verf. u. seiner Anwendungsmöglichkeiten. (Rev. gén. Caoutchouc **30.** 256–61. April 1953.) WINIKER. 7230

G. K. M. Pfestorf, *Über die Leitfähigkeit von Kautschuk–Ruß-Mischungen und eine neue Methode zur Kennzeichnung von Kautschukmischungen.* Vf. beschreibt eine Meth. u. die damit ausgeführten Unterss. zur Messung der elektr. Leitfähigkeit von rohen u. vulkanisierten Kautschukrußmischungen. Der Einfl. der Art u. Menge des Rußes, der S-Menge u. anderer Faktoren auf die Leitfähigkeit wurde ermittelt. Auf Grund der Befunde folgert Vf., daß die Messung der Leitfähigkeit eine brauchbare Meth. zur Betriebskontrolle u. zur Kennzeichnung von Kautschukmischungen darstellt. (J. Indian Inst. Sci. **35.** Sect. B 39–56. Jan. 1953.) SCHÄFF. 7248

Jean Lafontant, Seine-et-Marne, Frankreich, *Herstellung eines Kautschukersatzes.* Man behandelt Mischungen von KW-stoffen, die mindestens teilweise nicht aromat. sein sollen, bes. solche cycl. Charakters u. Terpenprodd. wie Kautschuk, gegebenfalls nach Sulfonierung, mit etwa 20–40% (des Kautschuks) Trioxymethylen, Formol oder einem Phenol. — 1000 g erweichter Kautschuk werden in 9000 g „Kerosen" (Leuchtpetroleum) gelöst. Man gießt in 12 Std. 6300 g H_2SO_4 (40–65° Bé) bei 90° in die Lsg. u. danach eine Mischung von 900 g H_2SO_4 (66° Bé) mit 1000 g 40%ig. HCHO, läßt 1 Tag stehen, neutralisiert, trocknet die erhaltene M. bei 105–110° auf der Walze u. verarbeitet nach 30tägigem Lagern. (**F. P. 1 005 552** vom **6**/8. 1947, ausg. 11/4. 1952.) PANKOW. 7225

XIV. Zucker. Kohlenhydrate. Stärke.

L. Ernould, *Der Kampf gegen die Vergilbungskrankheit mit Bis-[bisdimethylaminophosphorsäure]-anhydrid.* Bis-[bisdimethylaminophosphor**säure**]-anhydrid (= *Pestox III*) war bei der Bekämpfung der Rübengelbseuche wirksamer als *E 605*. (Publ. Inst. belge Amélioat. Betterave **19.** 179–88. Juli/Aug. 1951. Tirlemont.) GRIMME. 7406

Werner Steudel, *Zur Frage der Bekämpfung der Vergilbungskrankheit der Beta-Rüben durch Überträgerabtötung mit chemischen Mitteln.* 1. Mitt. *Die Wirkung des Präparates „Systox" auf die Blattlauspolulation der Beta-Rüben.* 400—800 cm^3 *Systox* mit 600—800 Liter W. pro ha gespritzt, hatten im Großvers. unter den Bedingungen der Praxis ausreichende Initialwrkg. gegen die Blattläuse der Beta-Rüben. (Z. Pflanzenkrankh. [Pflanzenpathol.] Pflanzenschutz **59.** 418—30. 1952. Außenstelle Elsdorf/Rhld., Biol. Bundesanst. für Land- u. Forstwirtsch., Inst. für Hackfruchtbau.) WINIKER. 7406

Friedrich Koch, *Beitrag zur Frage der Beizung des Rübensaatgutes gegen die Blattfleckenkranheit (Cercospora beticola Sacc.).* Bei Verss. mit verschied. Trocken- u. Naßbeizmitteln (vornehmlich auf Basis Hg) wurden bemerkenswerte Unterschiede zwischen den einzelnen Beizmitteln bzgl. der Wrkg. gegen Cercospora beticola, bes. aber bzgl. der Wrkg. gegen Alternaria festgestellt. Am besten bewährte sich eine Trockenbeizung mit *Albertan 44* (600 g/dz). (Z. Pflanzenkrankh. [Pflanzenpathol.] Pflanzenschutz **60.** 337—48. Juli 1953. Stuttgart-Hohenheim, Inst. Landwirtsch. Hochschule, Inst. für Pflanzenschutz.) WINIKER. 7406

L. Ernould, *Behandlung der Rübensaat gegen die Maulwurfsgrille.* Gute Bekämpfungserfolge durch Einstäuben der Rübensaat mit *γ-Chlorcyclohexan.* (Publ. Inst. belge Améliorat. Betterave **19.** 189—204. Juli/Aug. 1951 .Tirlemont, Inst. de la Betterave.) GRIMME. 7406

Theo Asche, *Über die Filtrierfähigkeit von Schlammsaft.* Beschreibung einer Meth. zur Messung der Absolutwerte für die Charakterisierung der Filtrationsgeschwindigkeit im Schlammsaft, die in skandinav. Zuckerfabriken durchgeführt wird. (Zucker **6.** **191.** 15/4. 1953.) RUTKOWSKI. 7412

B. Bernadac, *Arbeitskontrolle der letzten Stufe in der Zuckersiederei.* Um die Geschwindigkeit des Erkaltens einer Kochmasse mit der Kristallisationsgeschwindigkeit in Übereinstimmung zu bringen, muß W. von der Temp. der Kochmasse zugegeben werden. Es soll damit erreicht werden, daß beim Kristallisationsprozeß große Zuckerkristalle entstehen u. in der Mutterlauge möglichst nur ein Minimum an Zucker gelöst bleibt. (Ind. agric. aliment. **69.** 323—27. April 1952.) RUTKOWSKI. 7414

Hans Weiß, *Neue Untersuchungen über die kristallisationshemmenden Eigenschaften von Stärkesirupen.* Nach Beschreibung einer App., die eine scharfe Senkung der Temp. des zu untersuchenden Mediums erlaubt, bei gleichzeitiger Verfolgung des Temperaturganges u. Diskussion der Anwendbarkeit des App. werden Temperaturkurven von dest. W., verschied. Zuckerlsgg. u. Stärkesirupen gebracht. *Lactose* (**I**)-Lsg. läßt eine deutliche Hemmung des Temperaturabfalles durch Kristallisation erkennen. *Stärkesirup*-Lsgg. zeigten beim Abkühlen kristallisationsähnliche Erscheinungen, am ausgeprägtesten Bonbonsirup. Mischungen von **I**-Lsgg. u. Stärkesirupen zeigen in allen Fällen steilere Temperaturabfälle als der theoret. Mischdurchschnitt, was auf Kristallisationshemmung in der **I**-Lsg. zurückzuführen ist. Bei der Mischung mit Bonbonsirup wird die Mischungskurve so steil, daß nicht nur auf eine völlige oder fast völlige Hemmung der Kristallisation von **I** geschlossen werden konnte, sondern darüber hinaus auf eine Beseitigung auch der kristallisationsähnlichen Erscheinungen im Stärkesirup selbst. (Stärke **5.** 125—29. Mai 1953. Hamburg.) ULMANN. 7446

P. Neumayer, *Die Gewinnung von Maniokastärke in Kartoffelstärkefabriken.* Beschreibung der Gewinnung von Maniokastärke aus getrockneten Wurzeln, die sich von den bei Frischwurzeln angewandten Verff. unterscheidet, wofür Vf. verschied. Gründe anführt u. auch Vgll. mit der Kartoffelstärkefabrikation zieht. (Stärke **5.** 113—15. Mai 1953. Feurs/Loire.) ULMANN. 7448

L. Dostal, *Über die Zusammensetzung des Maisquellwassers und die rheologischen Eigenschaften der Stärke in Abhängigkeit von den Quellbedingungen.* Unters. der Quellung von Mais bei Tempp. von 45—60° u. SO_2-Konzz. von 0—0,4% (p_H ~4,0) ergab, daß bei niedrigeren Tempp. u. Abwesenheit von SO_2 relativ große Mengen von *Milchsäure* (**I**) gebildet werden. In 100 cm^3 Quellwasser fanden sich beim Arbeiten ohne SO_2 bei 45° bis 283 mg **I**, bei 60° nur 27,5 mg. Ggw. auch von nur 0,1% SO_2 läßt auch bei 45° die **I**-Menge nicht über 45 mg/100 cm^3 steigen. Bei SO_2-freien Quellwassern liegt der Gesamtproteingeh. niedriger als bei SO_2-haltigen. Die aus dem gequollenen Mais gewonnene Stärke zeigte bei Viscositätsmessungen, daß bei niedriger Temp. auch relativ hohe SO_2-Konzz. noch zu keinem nennenswerten Viscositätsabfall führen. Erst bei Tempp. von 55° u. 0,2% SO_2 beginnt die Viscosität abzusinken. Eine Verringerung der Gelfestigkeit konnte erst bei Quelltempp. von 60° u. einem SO_2-Geh. von mindestens 0,2% beobachtet werden. (Stärke **5.** 116—19. Mai 1953. Detmold, Bundesanstalt für Getreideforschung.) ULMANN. 7448

XV. Gärungsindustrie.

Siegfried Windisch, *Die Art und ihre Merkmale bei Hefen.* Zusammenfassende Darst. der Merkmale der Hefe, die geeignet sind, bei der Best. der Hefen die Arten voneinander zu unterscheiden. — 16 Literaturhinweise. (Branntweinwirtschaft **75.** 84—88. 10/3. 1953.) HAEVECKER. 7506

E. Rohrer, *Degeneration der Hefe.* Vf. bespricht aus der Brauereitechnik bekannte Degenerationserscheinungen (z. B. andere Formen in der Makrokolonie, verändertes Gärvermögen, vermehrte Säurebldg., Unterschiede bei der Sporulation), die zu morpholog. oder physiol. Änderungen führten, aber nur prim. exogen bedingt waren u. keine echten Degenerationserscheinungen darstellten. — 8 mkr. Aufnahmen; 14 Literaturhinweise. (Schweiz. Brauerei-Rdsch. **64.** 35—39. März 1953. Zürich.) HAEVECKER. 7506

Winkler, *Zur Braugerstenernte 1953.* Zusammenfassender Überblick über die Qualität deutscher Sommergersten. (Brauerei **7.** 347—48. 27/8. 1953.) WINIKER. 7540

Robert Heuss, *Untersuchungsergebnisse von Gersten der Ernte 1953.* Behandelt werden Gersten deutscher Provenienz. (Brauerei **7.** 343—44. 24/8. 348. 27/8. 1953. Berlin-Neukölln, Berliner Kindl-Brauerei Akt.-Ges., Betriebslabor.) WINIKER. 7540

C. Vogl, *Neuere Gesichtspunkte bei der Brauwasseraufbereitung.* Besprechung bekannter Entsalzungsverfahren. (Brauerei **7.** 125—26. 25/4. 1953.) HAEVECKER. 7540

H. Antelmann, *Brautechnische Erfahrungen.* Zusammenfassende Darst. über Mälzerei u. Sudhausarbeit, Hopfenchemie, biol. Fragen, Stabilität u. Geschmack des Bieres. (Brauerei **7.** 50—52. 28/2. 1953. Berlin, Versuchs- u. Lehranstalt für Brauerei.) HAEVECKER. 7550

Martin Burger, Paul R. Glenister und **Kurt Becker,** *Faktoren, die das p_H von Bier beeinflussen.* Die monobas. Phosphate des Malzes dienen als Würzesäuerer u. als Nahrungsmittel für die Hefe. Sie müssen aber in weitem Ausmaß verd. werden durch Stoffe, die weder die Gärung stören noch das niedrige p_H des Bieres beeinflussen. Sie sind wesentlich inert als Puffer im p_H-Bereich 5,7—4,0 in bezug auf Säure u. Alkali u. zeigen im Bier eine titrierbare Acidität von p_H 8,2. Diese akt. Puffersubstanzen reagieren gegen jeden Wechsel des p_H im Bier durch die Hefegärung. Die meisten von ihnen sind im Malz u. auch in der Gerste vorhanden. (Brewers Digest **28.** Nr. 6. 43—50. Juni 1953. Chicago, Ill., J. E. Siebel Sons Co., Inc.) HAEVECKER. 7550

J. Pauly, *Die modernen Bierklärmethoden.* Beschreibung verschied. Kieselgur-Filtrationsanlagen. (Brauerei **7.** 175—77. 16/5. 1953.) HAEVECKER. 7550

J. R. Leachman, *Das Brauverfahren für Flaschen-Pale-Ale.* (Brewers' Guild J. **39.** 103—04. März 1953.) HAEVECKER. 7544

S. Windisch, *Betrachtungen über Infektionsorganismen.* Behandelt werden einige neuere Gesichtspunkte der mikrobiol. Bierkontrolle. (Brauerei **7.** 178—80. 16/5. 1953.) HAEVECKER. 7550

George B. Beattie, *Getränkeschalheit — ihre Unterschiede und Ursachen.* Vf. erörtert die hauptsächlichsten Mängel von schalen Getränken, z. B. Bier (CO_2-Mangel, Wassereigg., Fehler in den Abfüll- u. Verschlußmaschinen, Temperatureinflüsse), ihre Ursachen u. Vermeidung. (Bottling **1953.** 97—105. Juli.) HAEVECKER. 7550

A. Matagrin, *Verwertung der Kohlenhydrate des Mutterlandes und der Kolonien durch Vergärung in Aceton und Butanol.* Die Methoden der fermentativen Gewinnung von Aceton u. Butanol aus vergärbaren Kohlenhydraten **(in Frankreich u. in den französ. Kolonien)** sowie die Reaktionsmechanismen u. die benötigten Apparaturen werden an Hand der Literatur (63 Hinweise) besprochen. (Ind. agric. aliment. **69.** 287 bis 305. April 1952.) RUTKOWSKI. 7578

Grant N. Buelow und **Marvin J. Johnson,** *Wirkung der Belüftung auf die Citronensäurefabrikation in 50 Gallonen-Tanks.* Beschreibung der Belüftungsapp. u. Angabe von Ausbeuten an Citronensäure u. Gärungszeiten bei verschied. Belüftungsgraden. Die Produktion an Oxalsäure hielt sich unter 1% der gesamten titrierbaren Säure. (Ind. Engng. Chem. **44.** 2945—46. Dez. 1952. Madison, Wis., Univ., Dep. of Biochem.) HAEVECKER. 7578

W. Specht und **A. Schöntag,** *Analytische Studien zur Bitterstoffbestimmung in Würzen von Bieren.* Durch die Messung von Absorptionskurven der Bitterstoff-Chloroform-Extrakte nach KOLBACH ist nicht nur eine qualitative Differenzierung der bisherigen gravimetr. Ergebnisse möglich. Sie lassen erkennen, daß in den Extrakten von Würzen aus Normal- u. Ultraschallsuden zu einem erheblichen Teil Isohumulon (I) neben noch nicht umgewandelten Humulon (II) vorhanden ist. Wird die Höhe der Absorptionsbande bei 2750 Å nicht durch Störstoffe beeinflußt, so stellt sie ein Maß für die Gesamtmenge der Bitterstoffe dar. Die kurzwellige Bande des Humulons be

2300 Å ergibt die Möglichkeit der Differenzierung des I- vom II-Geh. der Bitterstoffextrakte. Durch Ultraschallbehandlung eines dunklen Sudes erfolgt im Gegensatz zum n. dunklen Sud die Umwandlung von II in I quantitativ. (Schweiz. Brauerei-Rdsch. **64.** 51—57. April 1953. München.) HAEVECKER. 7600

H. Sulser und **O. Högl,** *Anwendung der Papierchromatographie auf lebensmittelchemische Probleme.* 2. Mitt. *Unterscheidung von Obstwein und Wein.* (1. vgl. C. **1953.** 2690.) Die Papierchromatographie erfordert bei Obst- u. Traubenwein keine Vorbehandlung, da Salze u. A. nicht stören. Verss. wurden mit Weiß- u. Rotwein sowie mit Apfelwein, Birnenwein u. deren Mischung ausgeführt. Vff. konnten in den Traubenweinen Weinsäure nachweisen, die bei Obstweinen fehlt, ebenso Sorbit in den Obstweinen, der bei Traubenweinen fehlt. Bei fast gleichen R_F-Werten für Sorbit, Glucose u. Ketosen (Fructose) läßt sich die Fructose durch Besprühen mit Naphtholresorcin nachweisen, während Sorbit u. Glucose hiermit nicht reagieren. Die Verwendung von Pyridin mit 15% W. oder besser von mit W. gesätt. Phenol als Lösungsmittel zum Entwickeln ermöglicht den Nachw. von Sorbit u. Glucose nebeneinander. Auch Glycerin ließ sich gut identifizieren; der höhere Glyceringeh. der Traubenweine gegenüber den Obstweinen wurde erkennbar. Bei gleichzeitiger Verwendung von Testlsgg. ließen sich auch die Mengen annähernd schätzen. 10—20% Obstwein in Traubenwein lassen sich leicht erkennen. Quantitative Sorbit- u. Zuckerbestimmungen bestätigten die polarograph. Befunde. (Mitt. Gebiete Lebensmittelunters. Hyg. **42.** 395—402. 1951. Bern, Labor. des Eidg. Gesundheitsamtes.) LIEBNER. 7606

Johann Hoffmann, Wien, *Filtrieren von Maischen und organischen Feststoff–Flüssigkeits-Gemischen ähnlicher Konsistenz* unter Verwendung von Filterkammern mit während des Filtervorganges sich nähernden Filterflächen, wobei die Abfiltration der Fl. vom Ausgangsgut durch Anwendung eines Unterdruckes unterstützt u. die Annäherung der Filterflächen durch hydraul. Druck bewirkt wird, dad. gek., daß der Filtervorgang in eine Vorfiltration ohne Verengung der Filterkammer u. eine Fertigfiltration unter Annäherung der Filterflächen unterteilt wird u. die Anwendung des Unterdrucks in beiden Stufen erfolgt. (**D. B. P. 871 735** Kl. 6b vom 5/8. 1951, ausg. 26/3. 1953. Oe. Prior. 5/8. 1950.) KETTNER. 7505

Farbenfabriken Bayer, Leverkusen (Erfinder: **Karl Brodersen,** Wolfen, und **Mathieu Quaedvlieg,** Leverkusen), *Entschäumungsmittel* als *Austauschstoff* für *Gärfett* gemäß D. R. P. 743 985, gek. durch einen zusätzlichen Geh. an den durch Oxydation von Paraffinen oder ähnlichen höheren Teerölfraktionen in bekannter Weise erhältlichen Produkten. (**D. B. P. 880 731** Kl. 6a vom 23/9. 1944, ausg. 25/6. 1953. **Zusatz zu D. R. P. 743 985; C. 1944. I. 1143.**) KETTNER. 7511

XVI. Nahrungs-, Genuß- u. Futtermittel.

Heinz Cleve, *Die Trocknung von Mähdrescher-Getreide.* Vf. macht Angaben über die wünschenswerten Trocknungstempp. u. deren Grenzwerte, oberhalb derer eine Kleberschädigung im Weizen eintritt. Ebenso kann eine Klebererweichung durch zu hohe SO_2-Mengen beim direkten Trocknen mit Verbrennungsgasen eintreten. (Müllerei **6.** 317—18. 30/5. 1953.) HAEVECKER. 7664

K. Kirpal Singh, N. S. Kapur und **P. B. Mathur,** *Kaltlagerung von „Totapurri"-Mangofrüchten.* Das Verh. der Mangofrüchte bei der Kaltlagerung u. die besten Lagerungsbedingungen werden mitgeteilt. (Bull. centr. Food technol. Res. Inst., Mysore **2.** 149—51. März 1953. Mysore, Central Food Technol. Res. Inst.) FRESENIUS. 7688

G. N. Irvine und **C. A. Winkler,** *Notiz über die scheinbare Umkehrung der Oxydation von Carotinoidfarbstoffen während des Mischens von Makkaroniteigen in 40%igem Alkohol.* Die frühere Beobachtung (C. **1950.** II. 1639), wonach beim Kneten von Makkaroniteigen in 40%ig. Alkohol sich die eine oxydative Zerstörung der Carotinoidfarbstoffe bewirkende Rk. nach ca. 1½ Min. umkehrt u. eine Rückbldg. des Pigments erfolgt, wurde bestätigt. Eine mögliche Erklärung wird gegeben. (Cereal Chem. **28.** 158—60. März 1951. Winnipeg, Manitoba, Board of Grain Commissioners for Canada, Grain Res. Labor.) F. HEINRICH. 7672

James W. Pence, Angeline H. Elder und **Dale K. Mecham,** *Einige Einflüsse löslicher Mehlbestandteile auf das Verhalten beim Backen.* Bei 5 Mehlen wurden durch einen 0,1%ig. Phosphatpuffer (p_H 6,8) nach DILL u. ALSBERG Gluten, Stärke u. Gesamtlösliches extrahiert u. getrennt, letzteres weiter in Dyalisierbares (Zucker, niedrigmol. N-Verbb., Puffer- u. Mehlaschensalze) u. Rohalbumin (lösl. Proteine u. Pentosane) zerlegt. In Mikrobackverss. wurde durch wechselnde Zugabe der verschied.

Stoffe sowie anderer Proteine der Einfl. auf das Backvol. ermittelt. (Cereal Chem. **28.** 94—104. März 1951. Albany, Calif., U. S. Dep. of Agricult., Western Reg. Res. Labor.) F. HEINRICH. 7674

William J. Orchard, *Kontinuierliche Brotteigherstellung.* Beschreibung eines kontinuierlichen Verf. zur Teigherstellung. (Bakers Weekly **158.** Nr. 7. 29—32. 18/5. 1953.) HAEVECKER. 7674

F. W. Rockwood, *Brotkühlung.* Besprochen werden Kühler mit Luftkonditionierung u. Vakuumkühler sowie die natürliche Luftkühlung in Zusammenhang mit dem Einfl. der Verpackung auf die Haltbarkeit des Brotes. (Bakers Digest **27.** 28—30. Febr. 1953. Waterbury, Conn., Reymond Baking Comp.) HAEVECKER. 7674

J. C. Baker, H. K. Parker und **K. L. Fortmann,** *Brotaroma.* In den Backofenkondensationsdämpfen wurden gefunden: A., Acetaldehyd, Isoalkohole, Essigsäure, Furfurol, Ketone, Diacetyl, Ester u. Isoaldehyde. Vf. bespricht den Einfl. der Backbedingungen auf den Geh. an flüchtigen red. Substanzen u. ihren Einfl. auf den Brotgeschmack. (Bakers Digest **27.** Nr. 2. 19—21. 25. April 1953. Newark, N. J., Wallace & Tiernan Labors.) HAEVECKER. 7674

Walter Wernicke, *Wissenswertes über Trenn-Emulsionen.* Zusammenfassende Darst. über Bestandteile u. Arten, Beschaffenheit u. Verwendung von Trennemulsionen. (Lebensmittel-Ind., Ausg. A **5.** 138—39. Mai 1953.) HAEVECKER. 7674

Loren B. Smith und **John A. Johnson,** *Honig. Wert und Anwendung in der Keksherstellung.* (Bakers Digest **27.** Nr. 2. 22—25. April 1953. Manhattan, Kans., Kansas State Coll.) HAEVECKER. 7674

L. N. Barns, *Essenzen und Geschmackstoffe in der Back- und Süßwarenindustrie.* Vf. bespricht die verschied. Back- u. Süßwaren u. die Essenzen bzw. Geschmacksstoffe, die jeweils verwendet werden können. Es werden für die Verarbeitung verschied. Hinweise gegeben. (Perfum. essent. Oil Rec. **42.** 387—90. Nov. 1951.) FIEDLER 7674

Robert John Evans und **Helen A. Butts,** *Wärmeinaktivierung von wichtigen Aminosäuren und Tryptophan.* Drei Arten der Wärmeinaktivierung von Aminosäuren u. Tryptophan wurden bei der Erhitzung von Sojabohnenmehl im Autoklaven (4 Std. bei 15 lbs./sq.in. Druck oder 1 Std. bei 130°) festgestellt, u. zwar: a) Rk. proteingebundener Aminosäure (I) mit Glucose oder Sucrose, die zur Vernichtung der biol. Aktivität der I führte; b) Rk. der proteingebundenen I mit einem anderen wesentlichen Proteinbestandteil, die zu einer gegen in vitro-Verdauung mit Trypsin u. Erepsin, nicht aber gegen Säurehydrolyse beständigen Bindung führte, c) Rk. proteingebundener I mit Sucrose oder Glucose, die eine Bindung mit den Eigg. wie bei Rk. b) ergab. Dextrin, Agar-Agar, Gummi arabicum oder Sojabohnenöl spielten nur eine geringe oder keine wesentliche Rolle bei der Unwirksammachung. Bei Lysin ergaben sich die Rkk. a) u. b), bei Arginin die Rkk. a) u. c), bei Hystidin alle 3 Rkk., bei Tryptophan die Rkk. a) u. c). Lysin scheint am meisten inaktiviert zu werden, Hystidin u. Tryptophan am wenigsten. (Food Res. **16.** 415—21. Sept./Okt. 1951. East Lansing, Mich., Michigan State Coll., Dep. of Agricult. Chem.) W. FRIESE. 7684

Valentin G. Cedillo, *Cassava-Reis oder Landang.* Cassava-Reis oder Landang ist ein Erzeugnis aus den Wurzeln von Manihot utilissima Pohl., das im Gegensatz zu anderen Präpp. aus dieser Pflanze lange haltbar ist u. zum Verzehr keiner besonderen Zubereitung mehr bedarf. Herst. u. Zus. werden beschrieben. Landang ist im Nährwert mit Mais u. Reis vergleichbar, es enthält weniger Eiweiß, dafür aber mehr Kohlenhydrate. Der Eiweißgeh. schwankt mit dem Herstellungsverfahren. (Philippine Agriculturist **35.** 434—40. Jan. 1952. Los Baños, Laguna, Univ. of the Philippines, Coll. of Agricult., u. Central Exp. Stat.) FRESENIUS. 7686

H. Hadorn und **Rob. Jungkunz,** *Über die Hagebutte und ihre Erzeugnisse.* Die Analysen von 3 Proben Hagebuttenmark des Handels sowie einem selbst hergestellten werden angegeben. Auf verschied. Unstimmigkeiten, die sich beim Vgl. mit Literaturangaben ergeben, wird hingewiesen. Die Bilanz der wasserlösl. Extraktstoffe zeigt, daß außer Pektin keine Pflanzenschleime u. Verdickungsmittel, kein Sorbit sowie keine Citronensäure enthalten waren. Zur Beurteilung von Hagebuttenkonfitüre können die Gehh. an Wasserlöslichem, Asche, Alkalität u. zuckerfreiem Extrakt herangezogen werden. (Z. Lebensmittel-Unters. u. -Forsch. **94.** 305—09. Mai 1952. Basel, Labor. des Verbandes schweiz. Konsumvereine.) K. MAIER. 7688

C. Griebel, *Zur Mikroskopie der Guavenfrucht.* Es werden die für den Lebensmittelchemiker wichtigen Merkmale der Frucht (Guave oder Guajave) mitgeteilt. (Z. Lebensmittel-Unters. u. -Forsch. **97.** 123—24. Aug. 1953. Berlin-Charlottenburg, Landesanstalt für Lebensmittel-, Arzneimittel- u. gerichtl. Chem.) WINIKER. 7688

J. G. Woodroof und **E. K. Heaton,** *Die Kühllagerung von Hickory-Nüssen.* Bei Lagerung von Hickorynüssen bei 32° F u. 68 % relativer Feuchtigkeit bleibt die Qualität erhalten u. Insektenfraß wird gehemmt. Der Lagerraum soll geruchfrei sein, bes. frei von Ammoniak. (Food Engng. **25.** Nr. 5. 83—85. 141—42. Mai 1953. Georgia Exp. Stat.) FRESENIUS. 7688

R. T. Whittenberger, *Veränderungen im spezifischen Gewicht, Stärkegehalt und an der Schale von Kartoffeln während der Lagerung.* (Amer. Potato J. **28.** 738—47. Okt. 1951. Philadelphia, Pa., Eastern Reg. Res. Labor.) LIEBNER. 7690

N. Czyhrinciw und **W. Jaffé,** *Chemische Veränderungen während der Lagerung von Wurzeln und Knollen.* 4wöchige Lagerungsverss. von Apio (Arracacia xanthorrhiza), Süßkartoffel (Ipomoea batata), Yampi (Dioscorea trifida), Yam (Dioscorea alata), Yautia (Xanthosoma sagittifolium) u. Kassave (Manihot aipi) ergaben für die meisten Prodd. eine günstigste Lagerungstemp. von 3°. Die Gesamtverluste betrugen dabei je nach Prod. 10—40 %. Es erfolgte eine Trockengewichtszunahme verbunden mit Stärkegehaltszunahme. Geringe Änderung von Gesamtsäure u. p_H. Vitamin C ging auf die Hälfte zurück. Die Katalasewrkg. stieg allg. an (Peroxydasen nur in einem Fall). Dehydrasen blieben fast unverändert. (Arch. venezolanos Nutric. **2.** 49—67. Juni 1951. Inst. Nat. Nutric.) KRAFT. 7690

R. D. Wheaton und **F. W. Fabian,** *Die grüne Farbe von Essiggemüse (pickles). Eine Untersuchung der chemischen und physikalischen Bedingungen, welche die Farbe beeinflussen.* Unter 23 Metallen war Cu das einzige, das eine grüne Farbe der Pickles hervorrief. In neutraler Lsg. war die erforderliche Konz. des Cu geringer als in saurer. Na-Benzoat erzeugte Grünfärbung in 5 %ig. neutraler u. in 4 %ig. saurer Lösung. Von mehreren äther. Ölen wirkte Pimentöl farbverstärkend bei Süß-Pickles, Knoblauchöl farbschwächend. d-Glucose, d-Fructose u. Sucrose als Süßungsmittel für Süß-Pickles wirkten farbdunkelnd. Blanchieren wirkte farberhaltend. Verss. zur Färbung von Pickles mit K–Mg-Chlorophyllin u. Na–K–Cu-Chlorophyllin waren in saurer Lsg. ergebnislos. In alkal. Lsg. von p_H 7,5 wurde keine einheitliche Färbung erzielt. Verschied. Gemische von Tartrazin, Indigocarmin u. Orange I waren zur Färbung geeignet. Die besten Resultate wurden erhalten, wenn die Pickles einer 5 Min. langen Erhitzung auf 165° F in einer 0,2 % Al-Sulfat enthaltenden Lsg. unterworfen wurden. (Canner **116.** Nr. 20. 21—24. 18/5. Nr. 22. 30—32. 1/6. 1953. Michigan State Coll., Dep. of Bacteriol. and Publ. Health.) FRESENIUS. 7690

W. Schuphan und **W. Beinert,** *Qualitätsveränderungen beim Gemüse als Folge einer „Biosmon"-Behandlung.* Verss. an Spinat ergaben, daß weder vorbeugende noch „auffrischende" Tauchbehandlung mit dem Mineralstoffgemisch (Zus. nicht angegeben) *Biosmon* (I) im pflanzen- wie ernährungsphysiol. Sinne einer Behandlung mit Leitungswasser überlegen ist. Die Beseitigung unerwünschter Geschmacksstoffe bei Kohlrüben durch Extrahieren mit I-Lsg. war zwangsläufig von einem Verlust an wasserlösl. Vitaminen begleitet. (Z. Lebensmittel-Unters. u. -Forsch. **97.** 105—13. Aug. 1953. Geisenheim/Rheingau, Bundesanstalt für Qualitätsforsch. pflanzl. Erzeugnisse.) WINIKER. 7690

R. Illies und **E. Lindemann,** *Die Wasseraufnahme von Hartcaramellen in Abhängigkeit von der Zusammensetzung des verwendeten Stärkesirups und dem Polymerisationsgrad der Dextrine.* Durch Bonbonkochverss. von Bonbonmasse unter Zusatz von Modellstärkesirupen aus Glucose, Maltose u. reinen Dextrinpräpp. wird im Lagerungsvers. gezeigt, daß die Wasseranziehung der so erhaltenen Massen unter vergleichbaren Bedingungen in erster Linie auf dem anteiligen Geh. derselben an Glucose beruht, Maltose bewirkt eine wesentlich geringere Wasseranziehung, Dextrine prakt. nur eine ganz schwache. Ein verschied. Abbaugrad der Dextrine wirkt sich hinsichtlich der Wasseranziehung selbst bei erheblichen relativen Unterschieden nicht merklich aus. (Stärke **5.** 119—24. Mai 1953. Köln-Marienburg u. Detmold.) ULMANN. 7704

Hs. Lüthi, *Alkoholfreie Kirschensäfte.* Die Dampfentsaftung kommt nur für den Haushalt, aber nicht für Betriebe in Frage. Für diese ist die Saftgewinnung mit Korb- oder Packpressen der einfachste u. rationellste Weg. Die Weiterbehandlung der Säfte mit pektinspaltenden Enzymen, Erhitzung auf 75° zur Entfernung der Schleimstoffe u. Erhaltung der Farbe sowie das Verschneiden mit anderen Obstsäften werden besprochen. (Schweiz. Z. Obst- u. Weinbau **62.** 199—203. 30/5. 1953. Wädenswil, Eidg. Versuchsanst.) FRESENIUS. 7706

K. Vogl, *Über die Weiterverarbeitung von Limonadengrundstoffen zu Limonadensirupen und deren Dosierung auf die Flasche.* Berechnungsschema zur Ermittlung der je Flasche einzubringenden Saccharosemenge aus dem Zuckergeh. des verwendeten Limonadensirups. (Branntweinwirtschaft **75.** 81—84. 10/3. 1953. Berlin, Inst. für Gärungsgewerbe.) HAEVECKER. 7706

Klement Möhler und **Friedrich Kiermeier,** *Die Wirkung anorganischer Phosphate auf tierisches Eiweiß.* 3. Mitt. *Der Einfluß auf die Konsistenz von Fleischbrät.* (2. vgl. C. **1953.** 5952.) Der Zusatz von polymeren Phosphaten zu Fleischbrät bewirkt eine Konsistenzänderung, die nicht durch die Erhöhung der Quellung, wie sie bei Verschiebung zu höheren p_H-Werten durch Alkalizugabe eintritt, erklärt werden kann. Demnach müssen bei demselben p_H-Wert Bräte mit bzw. ohne Phosphatzusatz eine verschied. Struktur aufweisen, d. h. die das Gefüge zusammenhaltenden Kräfte müssen eine Veränderung erfahren haben. Vff. sind der Ansicht, daß diese Veränderung nur mit einer Aktivierung der Haftkräfte erklärt werden kann. (Z. Lebensmittel-Unters. u. -Forsch. **97.** 100—05. Aug. 1953. München, Dtsch. Forschungsanst. für Lebensmittelchem.) WINIKER. 7750

R. Buttiaux, *Die bakteriologische Untersuchung von Büchsenschinken.* 1. Mitt. Die Lakebehandlung, Verpackung u. Pasteurisierung von Schinken werden von bakteriolog. Gesichtspunkten aus besprochen. (Food Manufact. **28.** 112—13. 1/3. 1953. Lille, Inst. Pasteur.) FRESENIUS. 7750

Philip Wruk und **K. G. Weckel,** *Der Einfluß von Ascorbinsäure auf die Farbe eingepökelter Schweinsfüße.* Gefrorene Schweinsfüße werden in einer Lake unter Zusatz von $NaNO_3$, $NaNO_2$ u. Ascorbinsäure (I) auf 150° F, dann 160° u. schließlich 195° F erhitzt, wobei längere Stehzeiten eingeschaltet werden. Die letzte Erhitzung dauert 1,5 Stunden. Nach Abkühlen mit W. werden die Schweinsfüße mit Weinessig unter Zusatz von I eingelegt. I bedingt die Entstehung u. Erhaltung einer schönen rosa Farbe. (Canner **116.** Nr. 18. 22—23. 4/5. 1953. Wisconsin, Univ., Dep. of Dairy and Food Ind.) FRESENIUS. 7750

Elliot B. Dewberry, *Schaltiere für den menschlichen Konsum.* 1. Mitt. Überblick über die wissenschaftlichen Forschungsergebnisse im Kampf gegen bakterielle Vergiftungen u. die modernen Maßnahmen zur Sicherung einwandfreier Qualität von Austern u. anderen Schaltieren. (Food Manufact. **28.** 89—93. 108. 1/3. 1953.) FRESENIUS. 7752

G. Schwarz und **H. Mumm,** *Eigenschaften und Zusammensetzung der Milch schleswig-holsteinischer Kühe.* Überblick über die physikal. u. chem. Eigg. der Milch sowie die Kennzahlen des Milchfettes. Ausführliche Behandlung der Untersuchungsmethodik. (Kieler milchwirtsch. Forschungsber. **5.** 511—27. 1953. Stuttgart-Hohenheim, Landw. Hochsch. Hohenheim, Inst. für landw. Technol. mit Landesanst. für landw. Gewerbe.) WINIKER. 7756

E. Piraux, R. Lacrosse und **V. F. Querton,** *In der Staatlichen Molkerei in Gembloux durchgeführte Untersuchungen über die Pasteurisierung. Bericht über die Untersuchungen der Jahre 1948—50.* Zur Qualitätsbest. angelieferter Milch eignen sich die Keimzählung, die Reduktase- u. die Resazurinprobe. Die Pasteurisierung soll bei möglichst niedriger Temp. erfolgen. Nach der Pasteurisierung wird die Milch sehr häufig wieder verunreinigt, was eine Erhöhung der Bakterienzahl mit sich bringt. Reinigung u. Desinfektion der Apparaturen u. Transportgeräte sind daher bes. zu überwachen. Die Haltbarkeit der Milch steht nicht in Beziehung zur Zahl der nach der Pasteurisierung noch vorhandenen Keime. Zur Beurteilung pasteurisierter Milch sind beizubehalten: Nachw. der Phosphatase u. Peroxydase, Coliprobe, Keimzählung, Prüfung der Reinfektion. (Bull. Inst. agronom. Stat. Rech. Gembloux **19.** 70—147. 1951.) FRESENIUS. 7756

S. A. Lear und **H. G. Foster,** *Die Wirkung der Anwärmungszeit auf die Inaktivierung der Phosphatase in Milch.* Auf Grund ihrer mit einer besonderen App. erhaltenen Ergebnisse u. deren graph. Fixierung geben Vff. eine Formel an, die die Berechnung der prozentualen Inaktivierungswrkg. der Anwärmungszeit ermöglicht: $P_{ra} = ArTra/U \cdot (HT - IT)$, worin Ar = const. (376), Tra = benötigte Anwärmungszeit, U = erforderliche Pasteurisierungszeit bei 163,5° F, HT = Pasteurisierungstemp. (163,5° F) u. IT = Anfangstemp. der Milch bedeuten. (J. Milk Food Technol. **14.** 131—33. Juli/Aug. 1951. New Brunswick, N. J., Rutgers Univ., Dep. of Dairy Ind.) KRUSEN. 7756

G. T. Pyne, *Calciumsalze und die Labgerinnung von Milch.* In einem vorläufigen Bericht weist Vf. auf die Bedeutung von Ca für die Labwrkg. in der Milch hin. (Chem. and Ind. **1953.** 302—03. 28/3. Cork, Univ., Coll., Dairy Chem. Dep.) KRUSEN. 7756

W. W. Overcast und **T. W. Albrecht,** *Gasbildung in Cheddarkäse durch Leuconostoc citrovorum.* Aus *rissigem* Cheddarkäse wurde Leuconostoc citrovorum (**I**) isoliert. Der Fehler wurde von 2 verschied. Käsekulturen bei Reifungstempp. von 50 u. 58° F hervorgerufen. Streptococcus lactis (**II**) erzeugte fehlerfreien Käse. **II** mit **I** zusammen ergaben einen sehr starken Fehler. (J. Dairy Sci. **35.** 554—58. Juni 1952. Knoxville, Tenn., Univ. of Tennessee, Agricult. Exp. Stat.) FRESENIUS. 7760

R. Ferrando und **M. Somon,** *Der Einfluß einiger bei der Silagebereitung verwendeter Konservierungsmittel auf die Verdaulichkeit des Stickstoffs.* Ameisensäure u. ihre Salze sowie Glykolbromacetat hatten keinen nachteiligen Einfl. auf die Verdaulichkeit des Stickstoffs. (C. R. hebd. Séances Acad. Agric. France **37.** 435—37. 1951.) GRIMME. 7782

Joachim-Hans Weniger und **H. R. Schumm,** *Über die Anwendung von „Beta-Mehl" in der Schweinemast.* Bericht über günstige Erfahrungen mit *β-Mehl* (APF-Präp. der Fa. ANKERMANN & Co., VITAMIN-CHEMIE Berlin). (Tierzucht **7.** 300—05. Sept. 1953. Halle-Wittenberg, Martin-Luther-Univ., Inst. für Tierzucht.) WINIKER. 7786

J. H. van de Kamer und **L. van Ginkel,** *Schnellbestimmung der Rohfaser in Getreideerzeugnissen.* Die Probe wird 30 Min. lang durch Kochen mit dem Reagens von SCHARRER u. KÜRSCHNER aufgeschlossen. Nach Abkühlen wird Ae. zugefügt u. filtriert. Der Filterrückstand wird in konz. H_2SO_4 gelöst u. mit einer 0,2n Lsg. von $K_2Cr_2O_7$ in verd. H_2SO_4 10 Min. im sd. Wasserbad erhitzt. Der Überschuß an $K_2Cr_2O_7$ wird jodometr. ermittelt. Der Umrechnungsfaktor auf Cellulose ist 6,86 in Übereinstimmung mit SEGAL (C. **1950.** II. 2503). Die Meth. ist bes. für Präpp. mit wenig Rohfaser geeignet. (Cereal Chem. **29.** 239—51. Juli 1952. Utrecht, Netherlands, Central Inst. for Nutrit. Res. T. N. O.) FRESENIUS. 7798

Berthold Thomas, *Zur Methode der Kontrolle des Ausmahlungsgrades im Brot.* Einer Kontrolle des Ausmahlungsgrades im Brot durch eine einfache Aschebest. steht entgegen, daß bei der Brotherst. ein Kochsalz (I)-Zusatz erfolgt, welcher den Aschewert in unkontrollierbarer Weise erhöht. Vff. geben eine Arbeitsvorschrift an, die außer einer Best. des I-Geh. in der Brotkrume eine Extraktion der auf bestimmte Teilchengröße gebrachten, völlig trockenen Brotkrume mit einem Methanol–W.-Gemisch vorsieht, dessen Konz. sich nach der Höhe des I-Geh. richtet. (Z. Lebensmittel-Unters. u. -Forsch. **94.** 182—90. März 1952. Potsdam-Rehbrücke, Inst. für Ernährungsforsch.) WINIKER. 7800

W. Ludorff und **R. Kreuzer,** *Die Notwendigkeit der Prüfung des in der Fischindustrie verwendeten Tomatenmarks.* Die USA-Prüfungsvorschriften für Tomatenerzeugnisse, speziell die Prüfung auf Hefen u. Sporen sowie auf Pilzfäden werden besprochen. (Dtsch. Lebensmittel-Rdsch. **48.** 225—28. Nov. 1952. Hamburg, Bundesanstalt für Fischerei.) FRESENIUS. 7808

R. Hutschenreuter, *Beiträge zur Methodik der Konservierungsmittelbestimmung in fischindustriellen Erzeugnissen.* 1. Mitt. *Eine neue Methode zur Bestimmung der Salicylsäure in „Seelachs (Lachsersatz) in Öl„ und zur Feststellung der Wanderung der Salicylsäure aus dem Öl in den Fisch.* Die Salicylsäure (I) wird nach Zerstörung der Eiweißsubstanzen durch Phosphorsäure quantitativ in Toluol übergeführt, aus diesem mit verd. essigsaurer $FeCl_3$-Lsg. ausgeschüttelt u. photometr. bestimmt. Mit dieser Meth. an Seelachs in Öl ausgeführte Unterss. ergaben, daß I in weniger als 12 Std. aus dem Öl in den Fisch übergeht. (Z. Lebensmittel-Unters. u. -Forsch. **97.** 93—100. Aug. 1953. Hamburg-Altona, Bundesanstalt für Fischerei, Inst. für Fischverarbeitung.) WINIKER. 7852

Ursina Akt.-Ges., Konolfingen, Schweiz, *Sterilisieren von Getränken und flüssigen Lebensmitteln.* Die Fl. fließt kontinuierlich u. unter Druck durch eine Durchflußröhre eines Heizapp., in der sie durch Einleiten eines gas- oder dampfförmigen Heizmittels (CO_2, N_2) durch die Röhrenwand für kurze Zeit ($<$1 Sek.) auf $>$100° erhitzt u. hernach durch eine plötzliche Druckentspannung abgekühlt wird. (**E. P. 674 695** vom 27/6. 1950, ausg. 25/6. 1952. Schwz. Prior. 27/6. 1949.) KETTNER. 7635

Henri-Martin Guinot, Frankreich, *Stabilisierung von Räucherölen und Räucherflüssigkeiten.* Zur Stabilisierung der Räucheröle u. der aus dem rohen Holzessig gewonnenen phenolhaltigen Lsgg. werden diese einige ‰ bis einige % SO_2-abgebende Verbb. zugesetzt. Als solche Verbb. können Na- oder K-Sulfite, -Bisulfite, -Metabisulfite oder deren Ester, z. B. Glykolsulfit, als Oxydationsinhibitoren verwendet werden. (**F. P. 1 004 630** vom 21/12. 1949, ausg. 1/4. 1952.) HEYNE. 7635

Wyeth, Inc., Philadelphia, Pa., übert. von: **William J. Pratt,** Belle Center, O., und **Frank H. Tinkler,** Mason, Mich., V. St. A., *Gewinnung von Lactalbumin* (I). Molke wird durch Zugabe von HCl auf p_H 4,0—5,2 eingestellt, auf 75—150° F erwärmt, mit 0,2 bis 2,0% einer Diatomeenfilterhilfe versetzt u. filtriert. Das Filtrat wird auf p_H 4,5 eingestellt u. auf 195—205° F bis zur Koagulation des I erwärmt. I wird ohne Filterhilfe filtriert u. nach Verdünnen mit W. sprühgetrocknet. (**A. P. 2 606 181** vom 8/11. 1949, ausg. 5/8. 1952.) KRANZ. 7647

Swift & Co., übert. von: **James D. Ingle** und **Raymond T. Stahl,** Chicago, Ill., V. St. A., *Reinigen von Lactalbumin,* bes. von unlösl. Ca- u. Mg-Salzen. Aus Molke gewonnenes Rohalbumin wird mit angesäuertem W. von p_H 2—5 bei 100—170° F. ausgewaschen, nach dem Absetzen vom Waschwasser getrennt u. mit reinem W. nachgewaschen. (**A. P. 2 607 766** vom 23/5. 1949, ausg. 19/8. 1952.) KRANZ. 7647

International Minerals & Chemical Corp., New York, übert. von: **Bruno Vassel**, Toledo, O., V. St. A., *Proteingewinnung.* Entöltes pflanzliches Material, wie Sojamehl oder Flachssaatmehl, wird mit einer wss. Lsg. von ca. 0,1—0,7 n $CaCl_2$-Lsg. u. 0,5 n NaOH stark verrührt. Aus der vom Ungelösten befreiten Lsg. wird das Protein durch Zugabe einer Mineralsäure, wie HCl, ausgefällt. (**A. P. 2 607 767** vom 14/5. 1949, ausg. 19/8. 1952.) KRANZ. 7647

Donau Chemie Akt.-Ges., Österreich, *Gewinnung von Kartoffeleiweiß.* Das Eiweiß enthaltende Kartoffelfruchtwasser wird in einem Rieselturm durch die von dem Eiweiß- u. Pulpetrockner herkommenden Abgase auf die Koagulationstemp. von 85° gebracht. Das ausgeflockte Eiweiß wird abzentrifugiert u. kann der Kartoffelpulpe zugesetzt u. mit ihr zusammen getrocknet werden. (**Oe. P. 753 426/434** vom 9/2. 1941, ausg. 10/12. 1952.) HEYNE. 7647

Pillsbury Mills, Inc., Minneapolis, Minn., V. St. A., *Glutengewinnung.* Weizenmehl wird mit 0,25—3,5% $Na_2S_2O_3 \cdot 5\,H_2O$ gemischt u. mit so viel W. geknetet, daß ein n. fester Teig entsteht. Aus dem Teig wird das Gluten („Kleber") mit viel W. ausgewaschen. (**E. P. 676 923** vom 18/7. 1950, ausg. 6/8. 1952.) KRANZ. 7665

Stora Kopparbergs Bergslags Aktiebolaget, Falun, Schweden (Erfinder: **E. R. Woodward**), *Verminderung des Gehaltes von Sojabohnenmehl an Mikroorganismen.* Man behandelt das Mehl mit einem Gemisch von ClO_2 u. einem inerten Gas (bis 30 mm Hg Druck ClO_2-Geh.) bei einer Behandlungsdauer von 1 Min. oder mehr. (**Schwed. P. 135 718** vom 19/6. 1947, ausg. 13/5. 1952. A. Prior. 23/8. 1946.) JÜRGEN SCHMIDT. 7685

Soc. Agba, Frankreich, *Entfernung der unangenehmen Geschmacksstoffe aus Sojabohnenmehl* durch Erhitzen des Mehls auf Tempp. unterhalb 100° u. durch Verrühren mit der doppelten Menge sd. Wassers. (**F. P. 1 007 793** vom 1/4. 1948, ausg. 9/5. 1952.) M. F. MÜLLER. 7685

Food Machinery and Chemical Corp., San José, übert. von: **Robert A. Whitemore**, Saratoga, und **Frank D. Hickery**, Mountain View, Calif., V. St. A., *Maisprodukt „cream-style corn".* Unreifes Maiskorn wird im Kutter zerkleinert u. mit Salz, Zucker u. 0,25 bis 0,5% Maisstärke gemischt, die zuvor mit Cl_2 u. Äthylenoxyd behandelt wurde. Das Prod. wird in Dosen gefüllt u. unter Bewegung sterilisiert. (**A. P. 2 592 988** vom 18/4. 1950, ausg. 15/4. 1952.) KRANZ. 7687

Yoshiko Murata, Honolulu, Hawaii, *Behandlung von Daikon (orientalischem Rettich).* Man taucht unzerkleinerte Daikonstücke in feuchtem Zustand in einen Rückstand von mittels Säure hydrolysiertem pflanzlichem Protein, trennt den Rückstand vom Daikon nach längerer inniger Berührung ab u. pökelt das Daikon. (**A. P. 2 580 943** vom 14/10. 1950, ausg. 1/1. 1952.) MAASS. 7691

Filippo Fraugialli, Frankreich, *Kapsel für alkoholische Getränke.* Die Umhüllung in Form einer Kapsel besteht aus einer Mischung von Puderzucker, $NaHCO_3$ u. einem geeigneten Bindemittel. Sie enthält Weinsäure, Farbstoff u. Aromastoffe in A. von 96% gelöst. Als Aromastoff ist genannt: eine Mischung von Äthylacetat, Butylacetat, Äthylformiat, Äthylpelargonat. (**F. P. 1 015 109** vom 23/4. 1947, ausg. 27/8. 1952.) HEYNE. 7705

Metallgesellschaft Akt.-Ges. (Erfinder: **Joseph Nüsslein**), Frankfurt/M., *Pflanzenprodukte für Nahrungszwecke,* bes. streichfähige Rüben- u. Obstsirupe. — Z. B. werden Runkel- oder Zuckerrüben mit Säure imprägniert, getrocknet u. dann so weit zerkocht, daß die Pektine noch nicht in die wss. Phase austreten. Mit dieser M. wird Zuckerrübensirup oder ein Obstsaft, wie Birnensaft, versetzt. (**D. B. P. 841 992** Kl. 53k vom 2/10. 1948, ausg. 23/6. 1952. **Zusatz zu D. B. P. 837 645; C. 1952. 7432.**) KRANZ. 7707

Alfred Bird & Sons Ltd., Birmingham, England, *Färben von Lebensmitteln.* Stärke oder Mehl mit n. Wassergeh. von 10—13% wird in einem geschlossenen Behälter nach Durchmischen mit einem feinpulvrigen Farbstoff ½—3 Std. auf 160—220° F erwärmt. Das Prod. wird Puddingpulver, Keksmischungen u. dgl. beigemischt. (**E. P. 679 436** vom 14/12. 1950, ausg. 17/9. 1952.) KRANZ. 7711

Deutsche Maizena Werke G. m. b. H., Hamburg (Erfinder: **Georg Helmrich**, Barby), *Speisestärke.* Kartoffelstärkemehl wird unter ständigem Rühren mit einem solchen Überschuß einer freies Alkali enthaltenden Hypochloritlauge bei 30—35° bis zum völligen Verbrauch des Cl_2 behandelt, daß nach dem Neutralisieren u. Trocknen ein Prod. entsteht, das einen geschmacklosen, schnittfesten *Pudding* ergibt. (**D. B. P. 856 260** Kl. 53k vom 30/10. 1947, ausg. 20/11. 1952.) KRANZ. 7711

Stein, Hall & Co., Inc., übert. von: **Sanford Joseph Werbin,** New York, N. Y., V. St. A., *Erhöhung der Schlagfähigkeit von Eiereiweiß* durch Zugabe von Na-Diacetat (I). Ein z. B. aus 20,0 (%) Trockeneiweiß, 3,0 I, 38,0 Maisstärke u. 39 Puderzucker bestehendes *Meringenpulver* wird in Mengen von 20 Unzen mit 10 lbs. Zucker gemischt, in 1 Gallone W. gelöst u. geschlagen. (**A. P. 2 614 046** vom 1/4. 1950, ausg. 14/10. 1952.) KRANZ. 7711

General Foods Corp., New York, N. Y., V. St. A., *Ahornaromapräparat.* α-Amino-n-buttersäure wird mit einem reduzierenden Zucker bei 100—170° zur Rk. gebracht. Die Höhe der angewandten Temp. richtet sich nach der Art des angewandten Zuckers, z. B. bei Xylose u. Arabinose 100—130°, bei Glucose 120—150°. (**Schwz. P. 283 984** vom 7/12. 1946, ausg. 1/11. 1952. A. Prior. 6/10. 1944. **Zusatz zu Schwz. P. 280 458; C. 1953. 304.**) KRANZ. 7715

Joh. A. Benckiser G. m. b. H., Chemische Fabrik, Ludwigshafen/Rh. (Erfinder: **Peter Volz,** Appenhofen), *Gewinnung von Blutplasma* (I). Schlachttierblut wird mit wasserlösl. Salzen von Polysaccharidschwefelsäureestern versetzt, das Gemisch einige Std. sich selbst überlassen u. das überstehende I abgehebert. (**D. B. P. 854 009** Kl. 53i vom 18/12. 1943, ausg. 30/10. 1952.) KRANZ. 7751

Harry Frank Kamp, Cincinnati, O., V. St. A., *Färben von Eiern.* Die Farbe (I) besteht aus gepulverter Gelatine, die mit Gummi arabicum u. einem in W. lösl. pflanzlichen Farbstoff oder mineral. Pigment trocken verrieben ist. Zum Färben wird I in W. gequollen; die hartgekochten, noch heißen Eier (II) werden darüber gerollt, wobei I schm. u. an den II haftet. (**A. P. 2 593 566** vom 29/1. 1949, ausg. 22/4. 1952.) LAASS. 7755

National Research Development Corp., London, England, *Herstellung von Trockeneiweiß.* Frisches Eiereiweiß wird nach Zugabe einer Hefeaufschlemmung mehrere Std. bei ca. 37° einem Gärprozeß unterworfen, um die vorhandene Glucose zu entfernen, dann zentrifugiert u. getrocknet. (**E. P. 681 443** vom 5/12. 1949, ausg. 22/10. 1952.) KRANZ. 7755

Fritz Ludwig Felix Steghart, St. Albans, England, *Pasteurisieren von Flüssigkeiten, besonders Milch,* wobei die Fl. durch einen Erhitzer geschickt u. nach Messung der Temp. einem Sammelbehälter zugeführt wird, indem man die mittlere Strömungsgeschwindigkeit der Fl. über eine bestimmte Strömungsweglänge nach Verlassen des Erhitzers auf einem Wert hält, der nicht wesentlich niedriger als die Strömungsgeschwindigkeit beim Verlassen des Erhitzers ist, u. die Temp. innerhalb dieser Weglänge mißt. (**D. B. P. 858 629** Kl. 53e vom 26/9. 1950, ausg. 8/12. 1952. E. Prior. 18/10. 1946.) MAASS. 7757

Union Wadding Co., Rhode Island, übert. von: **Robert E. Carrigan,** Saylesville, R. I., V. St. A., *Flüssigkeitsfilter,* bes. für *Milch.* Zur Erhöhung der Naßbeständigkeit der Filterscheiben werden die Schichten von ungewebten Baumwollfasern mit einer wss. Lsg. von Stärke (I) u. methyliertem Melamin–Formaldehyd-Harz (II) imprägniert (Mengenverhältnis I : II = 1—4 : 1) u. unter Zugabe von z. B. H_2SO_4 als Härter ca. 2 Min. auf 240—300° F erhitzt. (**A. P. 2 600 845** vom 13/3. 1947, ausg. 17/5. 1952.) REICHELT. 7757

Swift & Co., übert. von: **George E. Brissey,** Chicago, und **Harland H. Young,** Western Springs, Ill., V. St. A., *Lösen von Milchstein* durch Verwendung einer mindestens 7%ig. Lsg. eines Gemisches aus 10—30% einer organ. Säure, z. B. Glykolsäure, die stärker als Essigsäure u. schwächer als Mineralsäure ist, 3—10% einer Phosphorsäure, 3—10% $NaHSO_4$ u. 2—10% eines mit den sauer reagierenden Bestandteilen verträglichen Netzmittels, wobei die Lsg. ein p_H von 1,8 besitzt. (**A. P. 2 593 259** vom 13/11. 1948, ausg. 15/4. 1952.) MAASS. 7757

Johanna Kranz, Reimar Ludwig Kranz und **Gisela Kranz** (Erfinder: **Friedrich Kranz**), Hamburg, *Kontinuierliche Herstellung von Butter.* Die Phasenumkehr von Rahm zu Butter wird in einer üblichen Homogenisiervorr. vorgenommen. (**D. B. P. 831 947** Kl. 53e vom 31/12. 1948, ausg. 18/2. 1952.) MAASS. 7759

Aktiebolaget Separator, Stockholm, *Herstellung von Butter durch Kühlen hochkonzentrierten Rahmes* mittels Zentrifugen, welche in einer oder mehreren Stufen arbeiten, u. an diese direkt oder indirekt angeschlossener Kühler, indem der Rahm in luftfreiem Zustand von den Zentrifugen durch Rohrleitungen abgeführt wird, die dicht an die Trommel selbst oder an Schälvorrichtungen angeschlossen sind, die in eine mit der Separatortrommel umlaufenden Flüssigkeitsschicht eintauchen. (**D. B. P. 859 708** Kl. 53e vom 6/3. 1943, ausg. 15/12. 1952.) MAASS. 7759

Bergedorfer Eisenwerk Akt.-Ges., Astra-Werke (Erfinder: **Hugo Melchert**), Hamburg-Bergedorf, *Kontinuierliches Buttern,* indem man einem z. B. mit Hilfe eines Wechselstrommagneten in Vibration versetzten Behälter oder Rohr kontinuierlich

Rahm zuführt u. die im Gefäß oder Rohr durch die Vibration gebildete Butter u. Buttermilch kontinuierlich abführt. (**D. B. P. 859 991** Kl. 53e vom 30/9. 1944, ausg. 18/12. 1952.) MAASS. 7759

Holstein & Kappert Maschinenfabrik „Phönix" G. m. b. H. (Erfinder: **Karl Fehrmann**), Dortmund, *Herstellen und Verpacken von Butter*, bei welchem die Milch in üblicher Weise entrahmt, der so gewonnene Rahm auf 85—90° erhitzt, nochmals zentrifugiert, um einen Fettgeh. von 80—85% zu erreichen, u. im Anschluß daran auf einen vorgeschriebenen Wassergeh. gebracht wird, indem dieser so gewonnene u. hoch-%ig. Rahm in einem Berieselungs- oder Durchlaufkühler n. Bauart auf die Temp. heruntergebracht wird, bei welcher die Dünnflüssigkeit noch anspricht, um den Rahm mit einem Flaschenfüllapp. in Gefäße, z. B. Glasflaschen mit weitem Hals, abzufüllen, dieses Abfüllen unmittelbar nach erfolgter Vorkühlung vor sich geht u. die so gefüllten Glasgefäße hermet. verschlossen u. in einem Kühlraum abgestellt werden. (**D. B. P. 861 188** Kl. 53e vom 30/7. 1942, ausg. 29/12. 1952.) MAASS. 7759

Universal Oil Products Co., Chicago, übert. von: **Joseph A. Chenicek**, Bensenville, und **William K. T. Gleim**, Orland Park, Ill., V. St. A., *Konservieren von pflanzlichen Nahrungs- und Futtermitteln, wie Alfalfa*, unter Erhaltung der Vitamine u. Wirkstoffe durch Besprühen vor der Einlagerung mit einem 5-Oxycumaran, z. B. einer 0,02%ig. Lsg. von 2.2-Dimethyl-6-tert.-butyl-5-oxycumaran in Aceton. (**A. P. 2 599 810** vom 13/11. 1950, ausg. 10/6. 1952.) KRANZ. 7783

Walzenmühle Bonames G. m. b. H., Frankfurt/M. (Erfinder: **Werner Hofmann**, Bremen), *Herstellung von Nährmitteln und therapeutischen Produkten*. Bestandteile tier. Organismen, bes. eiweiß- u. fett-, sowie wirkstoffreiche Komplexe dieser Art, werden mit stärkehaltigen Stoffen, wie Getreidemehlen, gegebenenfalls unter Zugabe von Fll., gemischt u. schonend getrocknet. Die Mischung besteht z. B. aus Blut, Gerstenmehl u. Maltose. (**D. B. P. 860 596** Kl. 53k vom 2/10. 1948, ausg. 22/12. 1952. F. Prior. 19/5. 1948.) KRANZ. 7771

Buckeye Cotton Oil Co., Memphis, Tenn., übert. von: **James R. Rice**, Cincinnati, O., V. St. A., *Entgiften von Baumwollsaatmehl* (**I**). Das frisch von der Extraktion mit z. B. Hexan kommende **I** wird mit einem wasserlösl. aliphat. Lösungsm., wie CH_3OH, mehrere Min. bei ca. 130° F behandelt u. anschließend das Lösungsm. bei ca. 140° F abdestilliert. (**A. P. 2 615 808** vom 17/10. 1949, ausg. 28/10. 1952.) KRANZ. 7787

Bernard Chiego, Newark, N. J., **Frank Gardner**, Baltimore, Md., u. **Eliot D. Pratt**, New York, N. Y., V. St. A., *Eiweiß für Futterzwecke* aus keratinhaltigem Material (**I**), wie Haare, Hufe, Horn. **I** wird in W., enthaltend ca. 0,3% eines Oxyds oder Hydroxyds von Ca oder Mg u. gegebenenfalls 0,1% eines Reduktionsmittels, wie $NaHSO_3$, 1 bis 3 Std. unter Dampfdruck gekocht. Die vom Rückstand befreite Lsg. wird eingedampft. (**A. P. 2 597 566** vom 19/11. 1949, ausg. 20/5. 1952.) KRANZ. 7787

Imperial Chemical Industries Ltd., London, England, *Eiweißgewinnung*. Entöltes Erdnuß- oder Sojamehl wird mit einer wss. Alkalilsg. extrahiert, der Extrakt geklärt u. das Protein durch Zugabe von SO_2 gefällt. Zur Wiederverwendung der Abfall-Fl. als Extraktions-Fl. wird $Ca(OH)_2$ zugegeben, der Nd. abgetrennt u. erneut mit Alkali versetzt. Durch mehrmalige Wiederholung des Prozesses reichert sich die Extraktions-Fl. mit wertvollen lösl. Stoffen an, die nach Zugabe zum unlösl. Mehlrückstand als *Futtermittel* Verwendung finden. (**E. P. 676 139** vom 17/2. 1950, ausg. 23/7. 1952.) KRANZ. 7787

Martin Fladmark, Oslo, Norwegen, *Gewinnung von Fisch-Leimwasser* (**I**). Fischmaterial, wie Heringe oder Walfleisch, wird mit direktem Dampf gekocht. Das abgetrennte **I** wird mit Dampf unter Druck bei $>100°$, bes. 120—160°, auf einen Feststoffgeh. von 45—70% eingedampft. Der Abdampf dient zum Kochen des Ausgangsmaterials. (**A. P. 2 590 303** vom 1/6. 1951, ausg. 25/3. 1952. N. Prior. 9/10. 1943.) KRANZ. 7787

Hiram Walker & Sons. Inc., übert. von: **Clair S. Boruff** und **Leonard Stone**, Peoria, Ill., **Jacob C. Bauernfeind**, Nutley, N. J., und **John C. Garry**, State College, Pa., V. St. A., *Futtermittel aus Schlempe durch Wiedervergärung*. Zur Erhöhung des Geh. an in W. lösl. Vitaminen des B-Komplexes u. anderen wachstumsfördernden Substanzen werden der Schlempe ein N-haltiges, alkalisierendes Mittel zur Einstellung des p_H auf 6,0—7,5 u. ferner in geringem %-Satz ein leicht vergärbares Kohlenhydrat zugesetzt, ihre Temp. wird auf $\sim$70—90° F eingestellt u. anschließend wird sie unter geregelter Belüftung u. Aufrechterhaltung der angegebenen Temp. mit *Ashbya gossypii* aus der Gruppe der Ascomyceten abermals vergoren. (**A. P. 2 595 827** vom 30/3. 1945, ausg. 6/5. 1952.) KETTNER. 7787

Commercial Solvents-Corp., Terre Haute, übert. von: **Hugh R. Stiles**, St. Mary-of-the-Woods, Ind., V. St. A., *Beifuttermittel.* Zuckerhaltige Rohstoffe, wie Zucker-, Holzzucker- oder Citrusmelasse, werden in wss. Lsg. mit NH_3 bei 20—150°, bes. 60 bis 80°, ca. 6—12 Std. zur Rk. gebracht. Das Reaktionsprod. soll ein p_H von 8—9 aufweisen. Der N-Geh. des Prod. ist gut assimilierbar durch Wiederkäuer. (**A. P. 2 603 567** vom 20/1. 1951, ausg. 15/7. 1952.) KRANZ. 7787

XVII. Fette. Seifen. Wasch- u. Reinigungsmittel. Wachse. Bohnermassen usw.

Ss. Liberman, *Fortschritte in der Chemie und Technologie tierischer Fette.* Übersicht. (Мясная Индустрия СССР [Fleisch-Ind. UdSSR] **23.** Nr. 6. 36—43. Nov./Dez. 1952.) SCHMEISS. 7870

E. P. Cofield jr., *Lösungsmittelextraktion von Ölsamen.* Übersicht über verschied. bes. moderne deutsche u. amerikan. Verff. zur Ölgewinnung mittels Extraktion. Besprochen werden u. a. das BOLMAN- u. HILDEBRANDT-Verf., ferner Behandlung u. Verwertung der Nebenprodukte. (Chem. Engng. **58.** 127—40. Jan. 1951.) GRAU. 7872

N. Drosdow und N. Materanskaja, *Untersuchung des oxydativen Verderbens von Fetten.* Der Verlauf der Oxydation mehrerer Muster von prakt. neutralem Schweineschmalz (JZ. 32,4—65,8) wurde bei 60° während 25 Std. an Hand der Zunahme der aufgenommenen Menge O_2 u. des Geh. an *Peroxyden, Oxiran* u. *Epihydrinaldehyd* u. der Abnahme der *JZ.* verfolgt. Während die SZ. unverändert blieb, ergab sich aus den Zahlenverhältnissen der anderen Werte ein Kriterium für den Grad der Oxydation. Im Gegensatz zur üblichen Annahme war die Geschwindigkeit der Autoxydation um so größer, je geringer die JZ. Nach der Oxiranbest. (nicht näher beschrieben) kann der Verderb noch vor dem organolept. Nachw. festgestellt werden. (Мясная Индустрия СССР [Fleisch-Ind. UdSSR] **24.** Nr. 2. 69—72. März/April 1953.) SCHMEISS. 7878

S. W. Thompson, *Relative Hydrierungsgeschwindigkeiten normaler und konjugierter Linolen- und Linolsäureglyceride.* Ein Gemisch von 50% Tungöl u. 50% Leinöl wurde in Ggw. von 0,1% Ni-Katalysator in einer Laboratoriumsapp. der Hydrierung unterworfen. Proben, die in Intervallen von ca. 10 JZ.-Einheiten entnommen wurden, wurden analysiert, wobei aus JZ. von WOBURN-HANUS u. WIJS, aus Rhodanzahlen u. spektrophotometr. Werten u. von Pb-Salzen die Anteile an Eläostearin (**I**)-, Linolen (**II**)-, Linol (**III**)-, konjugierter Linol (**IV**)-, Isolinol (**V**)-, Öl (**VI**)- u. gesätt. Fettsäuren (**VII**) nach BAILEY u. FISCHER (Oil and Soap **23.** [1946.] 14) berechnet wurden. Die Verss. zeigen, daß zu Beginn der Hydrierung **I** sehr viel reaktiver als **II** war; sank jedoch der I-Geh. im Verlauf des Hydrierungsprozesses, so war das Reaktionsvermögen nur noch wenig größer als das von **II**. Die aus **I** gebildete **IV** wurde gleichfalls viel stärker hydriert als **II**, um gegen Ende der Hydrierung nur noch die geringe Reaktivität von **II** u. **III** aufzuweisen. **VI** nimmt stark, **VII** wenig u. **V** sehr gering zu. Vf. vermutet, daß der Grund für die starke Abnahme der **I** u. damit verbunden auch der **IV** in der Glyceridstruktur zu suchen ist. Ein Triglycerid von **I** wird wesentlich schneller hydriert als ein Glycerid, das nur 1 Mol. **I** u. 2 Moll. **VI** enthält. (J. Amer. Oil Chemists' Soc. **28.** 339—41. Aug. 1951. Cambridge, Mass., Lever Brothers, Comp.) RAU. 7880

Atsuo Kobashi, Shigeo Hayano, Hirozugu Iijima und **Yoshiji Oinuma**, *Synthese ungesättigter Fettalkohole durch katalytische Hydrierung.* 1. Mitt. *Katalytische Wirkung von Zn-Staub und Oxyden.* Untersucht wurde die Herst. von ungesätt. Fettalkoholen aus Sojaöl, aus dessen Methylester u. aus Reiskleieöl mittels katalyt. Hydrierung bei 300° u. 100 at in Ggw. von Zn-Staub oder von bin. Metalloxyden. Zn war unbefriedigend; für industrielle Anwendung empfehlen sich Mischkontakte aus Fe—Zn-Oxyden u. Zn—Al-Oxyden. Diese lieferten aus Sojaölen alkoh. Prodd. mit AZZ. von 153,1 bzw. 128,5. (J. chem. Soc. Japan, ind. Chem. Sect. [Kōgyō Kagaku Zassi] **54.** 145—46. Jan. 1951. Tokyo, Kao Oil & Fat Co. [Orig.: japan.]) SCHULER. 7880

Atsuo Kobashi, Hirozugu Iijima und **Hiroshi Fukuda**, *Synthese ungesättigter Fettalkohole durch katalytische Hydrierung.* 2. Mitt. *Einfluß der Konstitution der Metalloxyde.* (1. vgl. vorst. Ref.) Die %-Zus. der Katalysatoren aus Fe- u. Cd-Oxyd zeigt keinen deutlichen Einfl. auf die Ausbeute an ungesätt. Fettalkoholen aus Soja- u. Reiskleieölen. Bei den (*Fe, Zn*)-Oxydkatalysatoren zeigt Fe : Zn = 7 : 3 die größte Aktivität. Bei (Zn, Al)-Oxydkatalysatoren wurde ein Einfl. der Herstellungsart beobachtet, wobei durch alkal. Fällung u. nachfolgende Neutralisation mit 5%ig. CH_3COOH bis p_H 8—9 die größte Aktivität erreicht wird, bes. im Falle Zn : Fe = 9 : 1. (J. chem. Soc. Japan, ind. Chem. Sect. [Kōgyō Kagaku Zassi] **54.** 332—33. Mai 1951. Tokyo, Kao Oil & Fat Co. [Orig.: japan.]) SCHULER. 7880

Kenji Teruyama, Atsuo Kobashi und **Hiroso Nobori,** *Synthese ungesättigter Fettalkohole durch katalytische Hydrierung.* 3. Mitt. *Basisches Zinkcarbonat als Katalysator.* (2. vgl. vorst. Ref.) Sojaöl, Erdnußöl, Walfischtran u. desodorierter Walspeck wurden mit 6—10% bas. Zn-Carbonat als Katalysator bei 150—200 at H_2-Druck u. 85 bis 110 Liter/Std. im Umlauf bei 26—36° innerhalb 2 Std. mit 82—92% Ausbeute vorzugsweise zu ungesätt. Alkoholen reduziert. — 4 Versuchstabellen. (J. chem. Soc. Japan, ind. Chem. Sect. [Kōgyō Kagaku Zassi] **54.** 401—03. Juni 1951. Tokyo, Kao Oil & Fat Co. [Orig.: japan.]) SCHULER. 7880

James Cording jr. und **Alfred Shaines,** *Verfahren zur Kristallisation von Fetten und Fettsubstanzen in Trommeln in einer Versuchsanlage.* Beschreibung einer kleinen Versuchsanlage zur Gewinnung reiner Fraktionen aus Wollfett bzw. von Palmitin- oder Stearinsäure aus geeigneten Fetten. Das vorgewärmte Fett wird in entsprechenden warmen Lösungsmitteln gelöst, durch Kühlung der Kristallisation ausgesetzt u. vom Ausgefällten durch Filtrieren getrennt. Das Lösungsm. wird wiedergewonnen. Für Wollfett u. Stearinsäure diente Isopropanol, für Palmitinsäure Aceton als Lösungsmittel. (J. Amer. Oil Chemists' Soc. **28.** 344—46. Aug. 1951. Philadelphia, Pa., Eastern Reg. Res. Labor.) GRAU. 7888

Cinzio Zancani, *Konzentration von Pflanzenöl–Benzin-Gemischen im Verdampfer mit langem Vertikalrohr.* Ein prakt. App. wird an Hand mehrerer instruktiver Figuren beschrieben, beigegeben sind Tabellen u. Kurven über die Wirksamkeit. (Chim. e Ind. [Milano] **34.** 454—59. Aug. 1952. Genua, Ist. di chim. Ind.) GRIMME. 7894

Allen S. Smith und **Franklin J. Wechter,** *Dampfdrucke von hochkonzentrierten Sojabohnenöllösungen in Hexan.* (Vgl. C. **1952.** 2276. 2441.) Die destillative Befreiung extrahierter Öle von Lösungsmitteln bereitet oft hinsichtlich der letzten Reste Lösungsm. erhebliche Schwierigkeiten. Vff. haben zu den bereits bekannten Dampfdrucken für Trichloräthylen u. *Skellysolve B* nun auch die Werte an Hexanlsgg. mit 0—5,25 Gew.-% Hexangeh. bei Tempp. von 75—120° ermittelt. Die Ergebnisse werden eingehend diskutiert. (J. Amer. Oil Chemists' Soc. **27.** 381—83. Okt. 1950. Notre Dame, Ind., Univ.) HEINRICH. 7894

Je. Goldman und **M. Makejewa,** *Die Lagerbeständigkeit von auf Trommeln gekühltem Fett.* Vff. verglichen die Lagerbeständigkeit von *Schweineschmalz* u. *Rindertalg,* von denen jeweils ein Teil auf Trommeln rasch bis 27—30° bzw. 30—40° heruntergekühlt u. dann mittels Schnecke zur Waage transportiert wurde, während der Rest ohne diese Behandlung abkühlte. Bei —10° ergab sich zwischen den Vergleichsmustern bei Schweineschmalz nach 12 Monaten, bei Rindertalg nach 6 Monaten kein wesentlicher Unterschied. Bei +20° blieben die gekühlten Muster infolge der auf der Schnecke erfolgten O_2-Aufnahme jedoch stark in der Qualität zurück. Die SZ. erhöhte sich nicht wesentlich, während die Peroxydzahl beträchtlich zunahm. (Мясная Индустрия СССР [Fleisch-Ind. UdSSR] **23.** Nr. 6. 32—35. Nov./Dez. 1952.) SCHMEISS. 7896

S. P. Ligthelm, L. Novellie, H. M. Schwartz und **M. M. von Holdt,** *Südafrikanische Fischprodukte.* 33. Mitt. *Der Klippenhummer: Die Zusammensetzung des Hepatopankreasöles.* (32. vgl. J. Sci. Food Agric. **2.** [1951.] 571.) In Fortsetzung früherer Unterss. (l. c.) wird eine Prüfung des Fettes des Klippenhummers (*Jasus lalandii M. Edw.*) nach den üblichen präparativen u. analyt. Verff. der Fettchemie durchgeführt. Die Hauptfettdepots sind die Keimdrüsen (I) (ca. 10%) u. der Hepatopankreasbezirk (II) (ca. 15%). Die extrahierten Öle sind stark gefärbt, tiefrot (I) bzw. grünlichbraun (II). Vitamin A ist nicht vorhanden; I ist reich an P, entsprechend ca. 35% Phospholipoiden (als Lecithin berechnet). Kennzahlen für I: JZ. 146,5—186,3; Unverseifbares 4,3—9,6%; für II: JZ. 158,9—171,1; Unverseifbares 3,1—8,3%. Die Analyse eines II-Öles (JZ. 161,9; VZ. 172,9; Unverseifbares 6,8%; Phosphatide 8,5%) auf dem Wege der Tieftemperaturkristallisation u. angeschlossenen Vakuumdest. der Methylester der Fettsäuren liefert folgende Zus. in Gew.-%: gesätt. Säuren C_{14} 1,1; C_{16} 10,3; C_{18} 8,1; C_{20} 4,2; C_{22} 0,5; ungesätt. Säuren C_{14} 2,4 (—2,0 H); C_{16} 7,3 (—2,1 H); C_{18} 14,3 (—2,9 H); C_{20} 28,4 (—6,5 H); C_{22} 19,0 (—8,3 H); C_{24} 2,6 (—2,1 H); C_{26} 1,8 (—2 H). Im Unverseifbaren (chromatograph. Trennung an Al_2O_3) finden sich Cholesterin (41,1%), α-Glyceryläther (als Selachylalkohol) 38,7%, Squalen 0,5%, gesätt. KW-stoffe 1,1%, Fettalkohole 7,0%, nicht identifizierter Anteil 11,7%. (J. Sci. Food Agric. **4.** 21—24. Jan. 1953. Pretoria, South African Council for Sci. and Ind. Res., Nat. Chem. Res. Labor.) TÄUFEL. 7898

P. Soltoft und **F. G. Dollear,** *Bestimmung von Safloröl in Speisefetten.* Die chem. Unters. von 4 Saflorsamen verschied. Provenienz ergab folgende Werte in der Trockenmasse (%): Öl 28—35, Protein 12—21; der Extraktionsrückstand enthielt Öl 0,11—0,36, Protein 23—37. Die Kennzahlen der entsprechenden Samenöle sind: $D.^{25}_{25}$ 0,9206 bis 0,9215, n_D^{40} 1,4690—1,4692, freie Fettsäuren 0,52—4,84%, Hydroxylzahl 2,9—6,0,

VZ. 189,7—191,7, JZ. 144,3—149,2, Rhodanzahl 82,5—86,0, Linolsäure (I) 72,9—80,5%, Ölsäure (II) 10,6—21,1%, gesätt. Fettsäuren (III) 6,0—9,8%, Linolensäure nicht nachweisbar. Eines dieser Öle wurde nach einer für Sojaextraktionsöl angegebenen Meth. raffiniert, gebleicht u. desodorisiert. Keines der angewandten Verff., auch nicht nach Zugabe von Citronensäure, war imstande, die Stabilität des Öles gegen Oxydation über 8 Std. hinaus zu steigern. Hydrierung des raffinierten Öles ergab, daß I unter 1% gesunken, II auf über 80% u. III auf über 20% gestiegen waren, das hydrierte Öl bis zu JZZ. von ca. 73, aber nach einigen Tagen einen abwegigen Geruch u. Geschmack annahm u. bei weiterer Hydrierung so konsistent war, daß eine Verwendung in hydrierten Speisefetten nicht zweckmäßig war. Ein ausgefrorenes, von ausgefallenen gesätt. Glyceriden befreites, raffiniertes u. teilweise hydriertes Öl zeigt nach mehreren Tagen abwegigen Geruch u. Geschmack, was seine Verwendung als Salatöl ausschloß. (J. Amer. Oil Chemists' Soc. **28.** 335—38. Aug. 1951. New Orleans, La., V. St. A., Southern Reg. Res. Labor.) GRAU. 7900

Texaco Development Corp. New York, N. Y., übert. von: **William P. Gee,** Plainfield, N. J., V. St. A., *Aufarbeiten von Bleicherde* (I). I wird mit W. u. einem mit W. nicht mischbaren Fettlösungsm. (II), das leichter als W. ist, zu einem Brei gemischt, der in ein mit offenem Dampf geheiztes Trenngefäß geleitet wird. I + W. sowie Fett + II werden kontinuierlich abgezogen. — Zeichnung. (**A. P. 2 577 079** vom 31/12. 1948, ausg. 4/12. 1951.) LÜTTGEN. 7887

Soc. An. de Savonnerie et Dentrifices, Monaco, *Fettsäure- und alkalifreies Seifenersatzmittel,* bestehend aus einer halborgan. Al–Phosphat-Verb. mit einem Zusatz eines hygroskop. Mittels, wie Na-Lactat, Oxypropionsäure, Äthylenglykol oder Propylenglykol, sowie eines Schaum- u. Emulgierungsmittels, wie Saponin aus Seifenwurzel, oder Naphthalin–Na-Sulfonat. Als weitere Zusatzstoffe sind genannt: Talk, Kaolin, Farbstoffe u. Parfüm. (**F. P. 974 134** vom 30/12. 1941, ausg. 19/2. 1951.) M. F. MÜLLER. 7913

Aug. Luhn & Co. G. m. b. H., Wuppertal, *Waschmittel.* Seifen oder andere alkal. reagierende Waschmittel erhalten pro kg einen Zusatz von bis zu 0,35 Mol aliphat. Aldehyden mit 2—6 C-Atomen oder von solche beim Waschprozeß liefernden Verbb., z. B. Acetaldehyd, Traubenzucker, um eine Alkalisierung der Haut zu verhindern. (**Schwz. P. 283 770** vom 4/11. 1949, ausg. 16/10. 1952. **E. P. 680 913** vom 10/9. 1949, ausg. 16/10. 1952. Beide D. Prior. 1/10. 1948.) LÜTTGEN. 7913

Procter & Gamble Co., Cincinnati, O., V. St. A., *Waschpulver.* Man versprüht eine wss. Lsg. aus 1 (Teil) Triphosphat, 0,2—4 anionakt. Waschmittel u. 0,07—1.2 wasserlösl. Silicat (I) innerhalb von 3 Std. nach Zugabe von I zur Lösung. Das Mischungsverhältnis der Komponenten wird so gewählt, daß das Trockenprod. in 0,5%ig. Lsg. bei 25° einen p_H-Wert von 9 gibt. — Abbildung. (**E. P. 680 346** vom 6/9. 1949, ausg. 1/10. 1952. A. Prior. 21/10. 1948.) LÜTTGEN. 7913

Rudolf Bigler, Lyss, Schweiz, *Waschmittel.* Man läßt Kristallsoda, gegebenenfalls durch Zusatz fester, wasserentziehender Stoffe, wie calcinierter Soda, oberflächlich verwittern u. vermischt sie mit Schaummitteln. (**Schwz. P. 284 368** vom 8/6. 1950, ausg. 1/11. 1952.) LÜTTGEN. 7913

Anglo-Iranian Oil Co. Ltd., London, England, *Herstellung von Reinigungsmitteln.* Man sulfoniert *Schieferöle* mit einem Kp. 150—350° mit konz. H_2SO_4 bei Tempp. unter 20°. Die Ausgangsöle sollen vorher von N- u. Phenolverbb. befreit sein. Die Reaktionsprodd. werden in eine Säure- u. eine Ölschicht getrennt; diese wird mit Hilfe einer wss. Alkalicarbonatlsg. neutralisiert u. auf Reinigungsmittel verarbeitet. Man wendet 2,8—18 (Volumenteile) Säure je 100 Öl an. Die Säure soll 96—98% H_2SO_4 enthalten. Die Neutralisation wird bei ca. 90° durchgeführt. (**N. P. 80 129** vom 11/7. 1947, ausg. 28/4. 1952. E. Prior. 11/7. 1946.) JÜRGEN SCHMIDT. 7913

Jean Alexis, Orne, Frankreich, *Kaltwaschen von Wäsche.* Man tränkt Wäsche aus Flachs, Hanf oder Baumwolle zunächst 1—2 Std. lang in einer 1%ig. Lsg. von Na-Metabisulfit ($Na_2S_2O_5$), spült sie leicht aus, tränkt sie darauf 1 Std. lang in einem zweiten, 1,5%ig. Bade von Na_2CO_3, spült sie gut aus u. reibt sie schließlich mit wenig Marseiller Seife leicht mit der Hand. Das Verf. gestattet ein schnelles Waschen der Wäsche bei n. Temp. u. unter Schonung der Faserfestigkeit des Gewebes. (**F. P. 1 000 012** vom 23/9. 1949, ausg. 7/2. 1952.) RAETZ. 7913

—, ASTM standards on soaps and other detergents (with related information). Philadelphia: Amer. Soc. for Testing Materials. 1953. (155 S. m. Diagr.) $ 2,25.

XVIIIa. Holz. Cellulose. Zellstoff. Papier. Papierdruck, Celluloid. Linoleum.

Sten Sandström, *Tränkung von Holz gegen Bohrwurm.* Tränkung mit 7% *Bolidensalz* (Gemisch von Cr- u. Zn-Arsenat) gibt dem in größeren Verss. in prakt. Größen angewandten Schiffsplankenholz guten Schutz gegen Bohrwurmangriff. Noch besser ist der Schutz mit dem von BOLIDENS GRUV-AB neu entwickelten „*S-Salz*", das zu 85—90% (gegenüber 65%) vom Holz aufgenommen wird. (Tekn. Tidskr. **81.** 693—94. 8/9. 1951. Stockholm.) R. K. MÜLLER. 7952

Terje Enkvist und **Johan Lindberg,** *Laboratoriumsapparatur zur Lösungsmittelextraktion von Holzspänen.* In der an Hand einer Skizze beschriebenen App. kann 1 kg Sägespäne mit Aceton, Bzl.-A. oder anderen flüchtigen Lösungsmitteln in 15 Std. bis unter 0,1% Extraktrest extrahiert werden. In die in einer Al-Milchkanne von 5 Liter Inhalt befindlichen Späne tropft dauernd warmes Lösungsm., während die Extraktlsg. unterbrochen abhebert. Als Heizquelle dient ein mit Widerstandsspirale geheizter Erlenmeyer-Kolben mit dest. W., so daß Entzündung fast ausgeschlossen ist. (Paperi ja Puu **34.** 464—66. 1952. Helsingfors, Univ., Chem. Inst.) BORCHERS. 7952

H. W. Giertz, *Die physikalische Struktur und chemische Zusammensetzung der Holzcellulosefasern unter besonderer Berücksichtigung der Papierbildungseigenschaften.* Es wird zunächst eine kurze Darst. des mkr. u. submkr. Aufbaues der Zellwände gegeben. Das Cellulosematerial besteht aus reiner, hochkristalliner Cellulose (**I**) u. Hemicellulose (**II**). Der Geh. an **I** beträgt im Fichtenholz 43% u. stellt die Mikrofibrillen dar. **II** besteht zumeist aus Mannan u. Xylan, ist interfibrillär gelagert u. amorph. Die techn. übliche Bezeichnung α-Cellulose nach dem Analysenverf. mit 17,5% NaOH beinhaltet die unversehrt gebliebene **I**, β-Cellulose ist abgebaute α-Cellulose, u. γ-Cellulose ist **II**. Die Bedeutung der einzelnen Komponenten bei der Papierherst. wird kurz diskutiert. (Paper Making Paper Selling **71.** 9—15. 1952/53. Stockholm, Swed. Forest Prod. Res. Labor.) WERGIN. 7954

Daniel L. Horigan, *Korrosionsbeständige Metalle für die Zellstoff- und Papierindustrie.* Überblick über die Formen der Korrosion, der korrosionsbeständigen Metalle u. ihre Anwendung für die betreffenden Arbeitsgänge in der Zellstoff- u. Papierindustrie. (Paper Trade J. **135.** Nr. 20. 261—71. 14/11. 1952. Luckenweld, Lukens Steel Co.) J. FISCHER. 7956

A. W. Huberty, *Aufwärtsströmsiebung von chemischem Zellstoff.* Es wird ein neues Sieb mit hoher Kapazität zur Entfernung von Splittern u. Knoten aus dem Zellstoff (**I**) nach dem Kochen beschrieben. Hierbei fließt die unreine **I**-Suspension mit Überdruck über ein Diaphragma, das mit 900—1300 Vibrationen/Min. vibriert. Durch das Sieb, das sich in einigem Abstand darüber befindet, fließt die reine **I**-Suspension nach oben u. wird seitlich abgelassen. Die Verunreinigungen bleiben unter dem Sieb u. werden nach der Seite ausgestoßen. (Paper Mill News **76.** Nr. 12. 93—98. 21/3. 1953. Oliver United Filters Inc.) H. BECKER. 7956

Kartar Singh, *Untersuchungen über die Diffusion von Kochlaugen in Bambusschnitzel.* Zur Verbesserung des Herstellungsprozesses von Zellstoff aus Bambus (**I**) wurde das Eindringen von Fll. (W. bzw. 55%ig. wss. NaOH) sowie die Wrkg. einer vorherigen 2std. Einw. von 2%ig. wss. NaOH bei 110° in das Innere von **I**-Schnitzeln untersucht. Vf. zeigt durch Dichtemessungen, daß die Hohlräume in **I** kleiner sind, verglichen mit denen der Nadelhölzer. Die Kochlauge durchdringt daher **I** nur ungenügend, außer bei Druckanwendung von ca. 100 lbs./sq.in. Dies wird für den Beginn der Kochung von **I** vorgeschlagen, während im Gegensatz zu Nadelholz Evakuierung des Kochgutes weniger wirksam ist. (J. appl. Chem. **2.** 669—81. Dez. 1952. Dehra Dun, Indien, Forest Res. Inst.) GNAUCK. 7958

Djordje Maširevič, *Einige charakteristische Eigenschaften der Sulfatkochung von Rottanne und Weißtanne Bosniens.* Holz aus Bosnien läßt sich nach dem Sulfatverf. schwerer aufschließen als Holz aus Kärnten oder Steiermark; es ergibt auch geringere Erträge. Bosn. Holz ist meist schnellwüchsig, dabei aber von ungleichmäßigem Wuchs. Während Rottanne Analysenwerte zeigt, die den Literaturangaben entsprechen, führt Weißtanne meist 1—1,7% mehr Lignin u. ca. 1—2% weniger Pentosane. Auffallend ist die geringe D. der bosn. Hölzer, die für die schlechten Ausbeuten beim Sulfatverf. mitverantwortlich ist. Die Faserlänge (5,5—6 mm) der aus Rottanne gewonnenen Zellstoffe ist verhältnismäßig groß u. übertrifft die der Weißtanne. Die Bruchdehnung der Fasern liegt unter den in nördlichen Ländern üblichen Werten. (Гласник Хемиског Друштва Београд [Ber. chem. Ges. Belgrad] **17.** 215—42. 1952. Ljubljana-Vevce, Inst. für Cellulose u. Papier.) ULMANN. 7960

Marcel J. Barsalou, *Kochsäureherstellung beim Sulfitverfahren.* Das SO_2 für die Kochsäure wird durch Verbrennen von S oder Rösten von Pyrit gewonnen oder als fl. SO_2

in Tanks bezogen. Vf. gibt eine genaue Übersicht über die Chemie des S, verschied. Verbrennungsöfen für S, Röstöfen für Pyrit, Kühleinrichtungen für das gewonnene SO_2 u. die Fehler, die durch zu hohen SO_3-Geh. der Kochsäure auftreten können. (Paper Trade J. **135**. Nr. 20. 135—52. 14/11. 1952. Edmundston, Fraser Co., Ltd.)
H. BECKER. 7962

R. N. Miller, *Kochen von Sulfitzellstoff.* Vf. beschreibt genau eine Sulfitzellstoffkochung mit SO_2-Rückgewinnungssystem. (Paper Trade J. **135**. Nr. 20. 164—69. 14/11. 1952.)
H. BECKER. 7962

N. A. Rosenberger, *Zum Chemismus der Sulfitkochung von Tannenholz.* In einer eingehenden Unters. des gesamten Sulfitkochprozesses behandelt Vf. unter Beibringung von neuem Versuchsmaterial bes. die Verhältnisse der Kondensation des *Lignins* unter Berücksichtigung der Rolle der „Basen" u. den Einfl. der Konz. des gebundenen u. des Gesamt-SO_2 im 1. u. 2. Kochstadium auf den Verlauf der verschied. Reaktionen. Von größtem Einfl. auf die Gesamtgeschwindigkeit des Kochprozesses ist der Verlauf der Sulfurierung des *Lignin* (I) oder dessen Kondensation. Unter ungünstigen Versuchsbedingungen herrscht die Kondensations-Rk. vor u. die Delignifizierung des Holzes geht stark zurück, wobei der Kohlenhydratanteil des Holzes teilweise hydrolysiert wird. Bei schwächer verlaufenden Kondensationsprozessen wird auch das kondensierte I sulfuriert u. gelöst. Es sind dies jedoch Rkk., die sich wesentlich von der Sulfurierung u. Lsg. von nichtkondensiertem I unterscheiden; vor allem verlaufen sie viel langsamer. In Lsg. gegangenes sulfuriertes, kondensiertes I ruft energ. Oxydations-Rkk. hervor, der Säuregrad der Reaktionslsg. erhöht sich, was eine weitere Lsg. von sulfuriertem, kondensiertem I zur Folge hat, aber auch eine Steigerung der Kohlenhydrathydrolyse. Aus allem folgt die Wichtigkeit, eine Kondensation von I zu vermeiden. Bearbeitung des Holzes mit SO_2 in Ggw. von Basen schützt I vor der Kondensation; statt dessen, wird es sulfuriert (in fester Phase) u. verleiht dadurch dem Holz veränderte Eigg., so daß es gegen Ende der Sulfurierung bei hohen Tempp. auch ohne Basenzusatz gekocht werden kann. Wie Verss. zeigen, bewirken zugefügte Basen eine Neutralisation des sulfurierten I, welches an sich eine stabile Verb. ist, die nicht zu Kondensations-Rkk. neigt. — Im 1. Kochstadium führt eine Erniedrigung der Basenkonz. im Vgl. zur optimalen zu einem Nachlassen der schützenden Wrkg. des sulfurierten Holzes. Die Permanganatzahl der Cellulose steigt scharf an, ebenso die Menge des nicht Verkochten. Gleichzeitig sinkt der Sulfurierungsgrad des I. Im umgekehrten Fall, bei Erhöhung der Basenkonz., erniedrigt sich der Sulfurierungsgrad des I ebenfalls, u. zwar infolge der erniedrigten Aktivität des sauren Mediums. Anders liegen die Verhältnisse, falls während der Erhöhung der Basenkonz. die Konz. des gelösten SO_2 konstant bleibt u. die HSO_3^--Konz. stark ansteigt. Somit führen nur eine hohe Basenkonz. u. eine hohe Säureaktivität im 1. Kochstadium zu einer guten Sulfurierung. Eingehende Unters. der Durchlässigkeit des Holzes für die verschied. Reaktionsteilnehmer während der Kochung wies auf die große Bedeutung der Diffusionsverhältnisse für den Erfolg einer guten Delignifizierung hin. Um das I vor Kondensation zu schützen, ist für genügende Mengen an SO_2 u. an Kationen einer Base in dessen Nähe zu sorgen. Eine wirksame Durchtränkung des Holzes kann auch durch Behandlung mit H_2SO_3 bei 100—110° erreicht werden, da hierbei Quellung der Holzgewebe stattfindet. Im 2. Kochstadium ist für den Erfolg der Sulfitkochung außer der Menge von vorliegendem sulfuriertem I hauptsächlich eine erhöhte Temp. u. der Säuregeh. maßgebend. Je geringer die Konz. des gebundenen SO_2, desto schneller verläuft die Delignifizierung. Auch Zusätze von Na_2SO_4 wirken stark hemmend. So wichtig die Basen für das 1. Kochstadium sind, so hindernd sind sie im 2. Für eine gute Kochung ist die Entfernung von mindestens 85% I des Ausgangsholzes notwendig. Nur in diesem Falle bleibt die Menge des nichtaufgeschlossenen Materials unter 10%. Nach Vf. ist das letzte Kochstadium, wo die letzten 10—15% I aus dem Holzverbande entfernt werden, das entscheidende. (Бумажная Промышленность [Papier-Ind.] **28**. Nr. 1. 13—19. Jan.; Nr. 2. 14—20. Febr. Nr. 3. 14—18. März 1953. Zentr. Wiss. Forschungsinst. für Papier.)
ULMANN. 7962

C. William Converse, *Gebleichter halbchemischer Zellstoff.* Halbchem. Zellstoff (I) läßt sich nach den üblichen Verff. bleichen. Nach einer 3-Stufenbleichung ist seine Berstfestigkeit besser, Helligkeit u. Durchreißfestigkeit gleich u. D. u. Faltbarkeit geringer als beim entsprechenden Sulfit-I. Gebleichter halbchem. I kann allein verarbeitet oder auch ohne Qualitätsminderung gebleichtem Sulfit-I zugesetzt werden u. läßt sich dann für überzogene Papiere u. Pappen, Glas-, Schreib-, Druck u. Einwickelpapiere verwenden. (Paper Mill News **76**. Nr. 12. 60—77. 21/3. 1953. Muncy, Pa., Sprout, Waldron & Co., Inc., Pulp and Paper Mill Div.)
H. BECKER. 7964

T. Sunnberg, *Pechharz. Ein Überblick über seine Verwendungsmöglichkeit im Papiergewerbe.* Das bei der Rohterpentindest. anfallende Pechharz läßt sich als Leim für dunkles Kraftpapier oder Wellpappe mit gutem Ergebnis, das mit Kolophonium durchaus vergleichbar ist, einsetzen. Die Herst. des Leimes geschieht durch Eintragen des geschmolzenen Harzes in heiße kaust. Sodalsg., in der das Harz sofort vollständig verseift wird. (Wld. Paper Trade Rev. **137.** 1155—62. 17/4. 1952.) HEINRICHS. 7978

Henri Devaux, *Die Durchlässigkeit von gewöhnlichem Papier unter dem Einfluß flüssiger oder dampfförmiger lipoider Stoffe.* Geleimtes Schreibpapier wird ebenso wie Filtrierpapier für W. undurchlässig, wenn es zuvor mit Öl oder lipoiden Stoffen, wie Bzl., Ae., Chlf., vorbehandelt wurde. Auch eine Vorbehandlung in mit den Dämpfen dieser Stoffe gesätt. Luft ist wirksam, während feste Lipoide (Stearinsäure, Campher) diese Eig. nicht besitzen. Selbst nach dem Trocknen behält so vorbehandeltes Papier die Fähigkeit, sich mit W. vollzusaugen, selbst nach mehrjähriger Aufbewahrung. Durch eine nochmalige Behandlung des getrockneten Papiers mit Benzoldämpfen oder dgl. ist die ursprüngliche geringe Benetzbarkeit für W. wieder zu erlangen. Während feuchtes Papier unter der Einw. von Benzoldämpfen für W. durchlässiger wird u. es auch nach dem Trocknen bleibt, führt die gleiche Behandlung von trockenem Papier zur irreversiblen Undurchlässigkeit. (C. R. hebd. Séances Acad. Sci. **234.** 685—89. 11/2. 1952.) HENTSCHEL. 7984

Josef Kisser und **Anton Steininger,** *Die mikroskopische Unterscheidung von gedämpftem und nicht gedämpftem Buchenholz.* Gedämpftes u. nicht gedämpftes Buchenholz läßt sich mkr. in radialen Längsschnitten nach Behandeln mit Jodwasser auf Grund des Vorhandenseins von verquollener oder intakter Stärke im Holzparenchym u. in den Markstrahlen unterscheiden. (Mikroskopie [Wien] **7.** 363—64 1952. Wien, Hochschule für Bodenkultur, u. Österr. Ges. für Holzforschung.) GOTTFRIED. 8004

Edward S. Heller, übert. von: **Worth C. Goss,** Seattle, Wash., V. St. A., *Verkleben von Holz durch teilweisen Abbau.* Eine Mischung von Holz u. Cellulose (**I**) wird fein gemahlen, angesäuert mit Fäulnisbakterien, z. B. *Polyporus schweinitzii,* geimpft; unter etwaigem Anfeuchten, Belüften u. Erwärmen wird der große Teil der **I** abgebaut. Der Rückstand wird gemahlen u. mit W. in fl. Konsistenz gebracht. Mit diesem Prod. oder mit verrottetem Holz werden unter Zusatz von CH_3COOH unter Druck u. Hitze Holzpreßkörper hergestellt. (**A. P. 2 545 459** vom 30/11. 1946, ausg. 20/3. 1951.) LÜTTGEN. 7953

Henkel & Cie. G. m. b. H. (Erfinder: **Hans Umbach**), Düsseldorf, *Mittel zum Imprägnieren von Holz und anderen Werkstoffen.* Es werden wss. Lsgg. von Destillationsrückständen zum Imprägnieren verwendet, die bei der techn. Gewinnung von Gärungsglycerin anfallen. Die Rückstände enthalten anorgan. Salze, Na-Salze organ. Säuren, Diglycerin, teerige Bestandteile u. Eiweißabbauprodd., sie besitzen konservierende Wrkg. gegen pflanzliche u. tier. Schädlinge, benetzen gut u. dringen tief ein. Feuerschutzwirkung. (**D. B. P. 878 840** Kl. 38h vom 18/1. 1945, ausg. 8/6. 1953.) KARST. 7953

Monsanto Chemical Co., St. Louis, übert. von: **Richard D. Dunlop,** Dickinson, Tex., V. St. A., *Gelatinieren von Celluloseacetat.* Ein Diacetat wird 3—30 Min. mit einem Lösungsmittelgemisch, z. B. 15 (Teilen) Methylphthalyläthylglykolat, 10 Triphenylphosphat, 7 Dimethylphthalat, 5 Diäthylphthalat, 53 Aceton u. 17 A. bei —20 bis —50° angerührt u. bei +25° fertig gerührt. Der ausgewalzte *Film* zeigt keine Flecken. (**A. P. 2 576 910** vom 28/9. 1948, ausg. 4/12. 1951.) SALZMANN. 7971

British Celanese Ltd., London, England, *Plastische Masse aus Cellulosederivaten,* gek. durch einen Geh. an δ-Chlorbutylacetat bzw. Di-(δ-chlorbutyl)-phthalat als Weichmacher; dieser ist auch mit Vinyl- oder Cumaron-Inden-Harz verträglich. *Filme* daraus sind *unbrennbar.* (**E. P. 651 662** vom 1/6. 1948, ausg. 4/4. 1951. A. Prior. 11/6. 1947.) SALZMANN. 7971

Watervliet Paper Co., übert. von: **Huguenin Miller,** Watervliet, Mich., V. St. A., *Behandlung von Holz.* Espen- oder Pappelholz wird zu kleinen Stücken zerkleinert u. in geschlossenen Gefäßen mit ca. 3—8% ig. Na_2CO_3-Lsg. imprägniert. Nach Ablassen des Druckes u. der Na_2CO_3-Lsg. wird die M. mit einer 15—25% ig. Suspension von Kalk in W. bei 100—232° behandelt u. nach mechan. Abtrennung u. Auswaschung der Fasern zur Fabrikation von Papier, bes. *fettdichtem Papier,* verwendet. (**A. P. 2 599 571** vom 16/1. 1946, ausg. 10/6. 1952.) KARST. 7987

Monsanto Chemical Co., St. Louis, Mo., übert. von: **George E. Niles,** Winchester, Mass., V. St. A., *Durch Hitze härtbare Harze,* bes. für *naßfeste Papiere.* 1 (Mol) Harnstoff wird in alkal. Lsg. bei p_H 7,2—8,5 u. 50—70° mit 2—3 CH_2O umgesetzt, worauf man der Lsg. 0,05—0,5 eines in W. lösl. Salzes einer Monooxyarylmono- oder -disulfonsäure mit 6—10 C-Atomen zusetzt u. auf 55—65% Festgeh. konzentriert. Dann säuert man auf p_H 4,5—5,5 an u. erwärmt auf 80°, bis eine angegebene Viscosität erreicht ist. Geeignet sind die Na-Salze von Phenolsulfon- oder Naphthalindisulfonsäuren. — Nach A. P. 2 601 666 verwendet man als Zusatz 0,05—0,5 aliphat. Aminomono- oder -dicarbonsäuren, z. B. Glycin, Alanin, Aminomalonsäure oder deren Na-Salze. — Die erhaltenen Harzlsgg. sind lagerbeständig u. dienen nach Verdünnung mit W. zur *Imprägnierung von Papiermasse, Papier* oder *Textilgut.* (**A. PP. 2 601 665** u. **2 601 666** vom 29/10. 1949, ausg. 24/6. 1952.) MÖLLERING. 7987

United States of America, übert. von: **William H. Aiken** und **Albert L. James,** United States Army, V. St. A., *Feuerfestes, wasserdichtes und gegen Kampfstoffe widerstandsfähiges, dehnbares Material,* bes. aus *Papier* oder Gewebe, das W. u. Gase absorbiert. Das Material hat mindestens einen Überzug aus einer Mischung einer wss. ammoniakal. Lsg. von mit CH_2O gehärtetem Casein mit einem feuerfest- u. weichmachenden Phosphat (Monoäthanolamin, Monoäthanolaminäthyl-, -butyl-, Ammoniumäthyl- oder -butylphosphat). Auf 100 Casein, das 3—6 CH_2O enthält, treffen 50—150 feuerfestmachender Stoff oder 50—135 desselben u. 75—125 Glycerin. 700 der wss. Lsg. enthalten 10—20 NH_4OH. (**A. P. 2 606 131** vom 19/8. 1943, ausg. 5/8. 1952.) G. VOGEL. 7987

S. D. Warren Co., Boston, Mass., übert. von: **Frederick H. Frost,** Portland, Me, V. St. A., *Übertragungstuch für den Offsetdruck.* Auf ein nichtdehnbares Textilgewebe wird eine die Farbe annehmende u. W. nicht absorbierende Schicht aufgebracht, z. B. aus 30 (Gewichtsteilen) Nitrocellulose, 50 Estergummi, 15 Diamylphthalat u. 5 Paraffinwachs. (**A. P. 2 562 782** vom 29/12. 1947, ausg. 31/7. 1951.) LAASS. 7989

Soc. des Procédés Serge Beaune, Creteil, Frankreich (Erfinder: **S. V. Beaune**), *Drucken von Papieren,* Geweben u. anderen Unterlagen mit mehreren Farben in bestimmten Mustern. Man färbt eine Druckplatte mit dem eingravierten Schmuckmuster mittels Farbwalzen ein. Jede Farbwalze enthält nur eine Farbe u. färbt nur bestimmte Teile der Platte ein, während die anderen zur gleichen Zeit überdeckt werden. Die einzelnen Farbfelder sollen sich jedoch etwas überschneiden. — Zeichnung. (**Schwed. P. 133 006** vom 15/6. 1945, ausg. 25/9. 1951. F. Prior. 15/6. 1944.) JÜRGEN SCHMIDT. 7989

Böhme Fettchemie G. m. b. H., Hamburg (Erfinder: **Walter Kling** und **Hans Markert,** Düsseldorf), *Herstellung von Buchdruckwasserfarben,* bestehend aus einem Farbkörper, einem hygroskop. Mittel, z. B. Triäthanolamin oder Glycerin, einem Dispergiermittel, z. B. Bentonit, einer wss. Polyacrylsäureesteremulsion u. einem kationakt. Netzmittel (I). Letzteres soll in einer Menge von mindestens 5% in der Druckfarbe enthalten sein. — Beispiele für I: Alkylpyridiniumsalze, wie Laurylpyridiniumbisulfat, oder N-Oleoyl-N'-dimethyläthylendiaminchlormethylat. (**D. B. P. 881 349** Kl. 151 vom 9/9. 1943, ausg. 29/6. 1953.) LAASS. 7989

Lewis Berger & Sons Ltd., London, England, *Druckfarben mit Azofarbstoffpigmenten.* Die Pigmente werden mit wasserunlösl. Metallseifen von Harz- (**I**), Fett- (**II**) u. Naphthensäuren (**III**), sowie mit Elektrolyten (**IV**) gemischt, zweckmäßig so, daß das frisch ausgefällte, noch feuchte Pigment mit lösl. Salzen von **I, II** u. **III** gemischt, darauf mit Metallsalzen die unlösl. Salze von **I, II** u. **III** ausgefällt u. der dabei entstehende Elektrolyt nicht ausgewaschen wird. — Beispiele für **I**: Abietinsäure u. hydrierte Derivv. davon; für **II**: Stearin-, Öl-, Mais- u. Rapsöl- u. Caprylsäure; für **III**: gesätt. monocycl. Säuren der allg. Formel $C_nH_{2n-2}O_2$. Wird der zunächst gebildete Elektrolyt (vgl. oben) ausgewaschen, so setzt man als **IV** wasserlösl. Alkali- u. Erdalkalisalze sowie Salze von Zn, Pb u. Mg mit starken Mineralsäuren zu. Auf 100 (Teile) Pigment sollen nicht mehr als 10 Seifen u. 10 Elektrolyt verwendet werden. (**E. P. 655 458** vom 14/1. 1948, ausg. 25/7. 1951. A. Prior. 31/7. 1940.) KALIX. 7989

Gesellschaft für Teerverwertung m. b. H. (Erfinder: **Christian Seidler, Hans Wille** und **Hans Kaffer**), Duisburg-Meiderich, *Verfahren zur absatzweisen oder stetigen Herstellung geruchfreier und heller Cumaronharze,* dad. gek., daß eine von Phenol auf übliche Weise mit verd. Lauge, bes. Alkalilauge, befreite Inden u. Cumaron enthaltende Steinkohlenteerfraktion bzw. Kokereirohbenzolfraktion mit einer konz. Lauge, bes. Alkalilauge, vornehmlich in der Wärme, z. B. bei Tempp. oberhalb 50°, bes. bei ca. 110°, behandelt, von der Lauge getrennt u. einer Polymerisationsbehandlung, vorzugsweise unter Verwendung von H_2SO_4-Monohydrat als Polymerisationsmittel, gegebenenfalls unter Zusatz von reaktionssteuernden Stoffen, wie z. B. W., oder verd. Säuren, bes. verd. H_2SO_4 unterworfen wird. — Z. B. werden 4500 (Teile) einer cumaron- u. indenhaltigen, zwischen 150 u. 185° sd., 30—80% verharzbare Bestandteile enthaltenden Steinkohlenteerrohbenzolfraktion mit 100 NaOH von 37% bei 110° 5 Std. behandelt, worauf die Lauge abgezogen u. mit W. gewaschen wird. 4450 der so behandelten Fraktion werden der Verharzung unterworfen, indem an verschied. Stellen in dünnen Strahlen 150 W., 70 H_2SO_4 (bis 60° Bé), 200 Monohydrat bei 35° während 4 Std. zugeführt werden. Das abgezogene Säureharz wird mit Sodalsg. neutralisiert. Das erhaltene Cumaronharz eignet sich zur Herst. von *Offsetdruckfarben*. (**D. B. P. 848 957** Kl. 12r vom 6/8. 1950, ausg. 11/9. 1952.) HERBST. 7989

Concentra G. m. b. H. Gebr. Hartmann (Erfinder: **Walter Dotzel**), Frankfurt/M., *Warmtrocknende Druckfarbe*. Ungelöstes Harz, z. B. Phenol- oder Maleinsäurekunstharze, wird mit dem Pigmentanteil u. einem Lösungsm., welches das Harz bei n. Raumtemp. nicht, bei erhöhter Temp. jedoch vollständig löst, verrieben, gegebenenfalls unter Zusatz eines Weichharzes. (**D. B. P. 875 366** Kl. 151 vom 13/5. 1951, ausg. 30/4. 1953.) LAASS. 7989

XVIIIb. Textilfasern.

A. J. Hall, *Neue Schrumpfechtausrüstungen*. 2. Mitt. *Die Verwendung von freiem Formaldehyd zur Unterstützung der Harzbehandlung*. (1. vgl. C. **1953**. 4625.) Beschrieben wird die Ausrüstung von Wollgeweben mit Harnstoff–CH_2O-Harzen u. Melamin–CH_2O-Harzen. Genaue Arbeitsvorschriften werden gegeben u. die Vorteile dieser Ausrüstungsart beschrieben. (Textile Mercury Argus **127**. 984—85. 28/11. 1952.) P. ECKERT. 8032

—, *Neuere Entwicklungen der Schrumpfechtausrüstung*. Betrachtung über die Anwendung von Harzkondensationsprodd. aus CH_2O u. einem Keton zusammen mit Stärke oder einem wasserunlösl., alkalilösl. Celluloseäther in Ggw. alkal. Katalysatoren zur Schrumpfechtausrüstung von Baumwolle u. Viscosereyon. (Textile Recorder **71**. Nr. 842. 74—76. Mai 1953.) A. v. KÖNIG. 8032

D. G. Drummond, *Die Produkte der Fragmentierung von Textilfasern im Elektronenmikroskop*. Fasern wurden im Waring Blendor naß (½ g Faser mit 200 cm³ W. 30 Min., Temperaturanstieg von 20 auf 60°) zermahlen. Fibrillen konnten elektronenmkr. bei folgenden Fasern gefunden werden: Baumwolle, Ramie, Leinen, Fortisan, Durafil, Viscose, Acetat, Fortanese, dagegen nicht bei Cuprammoniumfasern, welche nur eine schwammige M. zeigen. Bei Acetatfasern, auch Fortanese, sind die Fibrillen stark vernetzt. — Ferner wurde Baumwolle stufenweise trocken abgescheuert u. die erhaltenen Faserfragmente wurden geprüft. Die Ergebnisse stimmen mit den heutigen Kenntnissen über den Feinbau überein. (J. Textile Inst. **44**. T53—58. Febr. 1953. Manchester, Didsbury, Brit. Cotton Ind., Res. Assoc.) ZAHN. 8040

M. Nopitsch, *Zerstörung von Fischnetzen durch Mikroorganismen*. Beschreibung der für die Zerstörung von Fischernetzen in Frage kommenden Mikroorganismen einerseits sowie der verschied. Ursachen u. Bedingungen über die Abbaufähigkeit der Gewässer selbst. Als solche kommen vor allem in Frage: p_H-Wert, Art u. Strömung, O_2-Geh., Temp. u. Geh. an organ. Substanz. (Ciba-Rdsch. **1953**. 3961—63. April.) H. G. FRÖHLICH. 8040

R. F. Schwenker jr. und **J. C. Whitwell**, *Der Einfluß der Ultrabeschallung auf die Viscosität von Celluloselösungen*. Es wurden Proben von Rohbaumwolle, rohem Baumwollgarn u. einer glänzenden Reyonseide in 0,5 Mol. Kupferäthylendiamin gelöst u. diese Lsgg. einer Ultrabeschallung (Frequenz 400 kilocycles u. 250 Watt) ausgesetzt. Hierbei zeigten die Baumwollproben eine deutliche Abnahme der Viscosität im Gegensatz zur Reyonprobe, die unbeeinflußt blieb. Die Abnahme der Viscosität der Baumwollproben wurde auf den Bruch von Valenzbindungen zurückgeführt. (Textile Res. J. **23**. 436—37. Juni 1953.) H. G. FRÖHLICH. 8044

Leon Segal, Mary L. Nelson und **Carl M. Conrad**, *Weitere Untersuchungen an Baumwollcellulose von reduzierter Kristallinität*. Frühere Unterss. haben gezeigt, daß der kristalline Anteil der Baumwollcellulose bei Behandlung mit Äthylaminlsgg. abnimmt. Weitere Unterss. zeigen nun, daß die Herabsetzung des kristallinen Anteils von dem DP der Cellulose unabhängig ist. Die stärkste Abnahme der kristallinen Anteile wurde bei Behandlung völlig spannungsfreier Baumwollfasern gefunden. Die kristalline Orientierung bleibt jedoch hiervon unberührt. So wurde immer das Röntgendiagramm 2 nach der Mercerisation mit NaOH gefunden. Zum Schluß wird darauf hingewiesen, daß eine Kettenlänge von 150 Anhydroglucose Einheiten eine stabilere Struktur für die Äthylaminbehandlung darstellt als die Kettenlänge von 225 Einheiten, wie sie gewöhnlich in der nativen Baumwolle gefunden wird. Die erhaltenen Ergebnisse werden ausführlich diskutiert. (Textile Res. J. **23**. 428—35. Juni 1953. New Orleans, La., Southern Reg. Res. Labor.) H. G. FRÖHLICH. 8044

J. C. Ambelang, J. A. Shotton, G. W. Gottschalk, H. P. Stevens und **G. E. P. Smith jr.**, *Alkarylsulfonate als Konditionierungsmittel beim Naßzwirnen von Baumwoll-*

Reifencord. Für die Unterss. wurden die Na-Salze von Alkylnaphthalinsulfosäuren (Alkyl = C_6—C_{18}) **I**, von Alkylbenzolsulfosäuren **II** u. von Alkylphenolsulfosäuren **III** als Zusätze beim Naßzwirnen von Baumwoll-Reifencord verwendet. Hierbei wurde gefunden, daß bei Verwendung von **I** die höheren Homologen mit Molgewichten über 320 eine deutliche Erhöhung der Reißfestigkeit bewirken. Bei den Verbb. von **II** muß das Molgewicht über 250 u. bei **III** über 230 liegen, damit auch hier eine Erhöhung der Festigkeit eintritt. Die niederen Glieder beeinflussen die Festigkeit nur geringfügig, jedoch auch im Sinne einer Festigkeitsverbesserung. Die Herst. der Alkylsulfonate wird beschrieben, u. die Ergebnisse der Unterss. werden an Hand von Tabellen u. Abbildungen diskutiert. (Ind. Engng. Chem. **45.** 204—10. Jan. 1953. Akron, O., Firestone Tire and Rubber Co., Chem. and physic. Res. Labor.) H. G. FRÖHLICH. 8044

E. H. Mercer, *Die Heterogenität der Keratinfasern.* Es werden Unterss. über die keratinhaltigen u. keratinfreien Komponenten in Wolle u. Haaren mitgeteilt. Die Entfernung des Keratins wurde vorgenommen, nachdem die Cystinbrücken mit Peressigsäure aufgespalten waren. Der hierbei verbleibende keratinfreie Rückstand setzt sich aus Epicuticula, Zellmembran u. Zellkernen zusammen. Die restlichen Teile der Fibrillen der Cortexzellen füllen jedoch etwa nur die Hälfte des Faserquerschnittes aus, worauf die verschied. Stabilität der gesamten Fasersubstanz zurückgeführt wird. Die beiden unterschiedlichen Anteile der Cortex werden vom Vf. mit Ortho- u. Paracortex bezeichnet u. für die Kräuselung der tier. Haare verantwortlich gemacht. (Textile Res. J. **23.** 388—97. Juni 1953. Princeton, N. J., Textile Res. Inst.) H. G. FRÖHLICH. 8060

A. Parisot und **M. Leveau,** *Die Allwörden-Reaktion.* (Vgl. MERCER, C. **1953.** 4793.) Kurze Kritik an einer Arbeit von MERCER u. GOLDEN über die Allwörden-Reaktion. Nach Auffasusng der Vff. bestehen die gebildeten Blasen nicht aus der Epicuticula, wie dies MERCER u. GOLDEN beschreiben, sondern aus der ganzen Cuticula; vgl. hierzu die Abb. der Verfasser. (Textile Res. J. **23.** 440—41. Juni 1953.) H. G. FRÖHLICH. 8060

M. Horio und **T. Kondo,** *Das Krumpfen von Wollfasern.* Differenzierte Färbeverff. unter genau definierten Bedingungen an zuvor entfetteter Wolle mit Janusgrün (0,1% Lsg. 1—2 Std. bei 60°) oder mit Ponceau 2 R (0,1% ig. Lsg. vom p_H 7,0, 30 Min. bei 60°) einerseits u. Behandlungen mit 1—3,5% NaOH-Lsg. andererseits zeigen, daß die Wolle eine innere bilaterale Struktur aufweist, die die ganze Faser von der Wurzel bis zur Spitze durchzieht. Isolierte Wollfasern zeigen eine ausgesprochene Neigung zum Kräuseln, weniger zum Krumpfen. Der Mechanismus des Kräuselns u. Krumpfens wird ausführlich im Zusammenhang mit der bilateralen Struktur diskutiert. — 13 Abbildungen. (Textile Res. J. **23.** 373—86. Juni 1953. Kyoto, Japan, Univ., Fac. of Engng., Dep. of Text. Chem.) H. G. FRÖHLICH. 8060

E. H. Mercer, *Bemerkungen über die Arbeit „Das Krumpfen von Wolle" von M. Horio und T. Kondo.* Kurze Besprechung der vorst. Arbeit von HORIO u. KONDO durch Vf., der ebenfalls auf Grund anderer Unterss. eine asymm. Struktur der Wolle festgestellt hat. Zwischen den Autoren bestehen lediglich über die Natur der beiden uneinheitlichen Faserzonen Differenzen. So wird die weniger farbstoffaffine, alkalistabile u. säureempfindliche Zone (Paracortex) von HORIO u. KONDO, von Vf. dagegen die farbstoffaffine, säurestabile u. alkaliempfindliche Zone (Ortocortex) als weniger vulkanisiert bezeichnet. (Textile Res. J. **23.** 387. Juni 1953. Princeton, N. J., Text. Res. Inst.) H. G. FRÖHLICH. 8060

G. Susich und **W. Zagieboylo,** *Das Festigkeitsverhalten einiger Proteinfasern.* Die Festigkeitseigg. von Wolle, Mohair, Menschenhaar, Casein-, Vicarafaser u. Seide, einschließlich der Knotenfestigkeit, wurden studiert, u. zwar im trockenen u. nassen Zustand als auch nach einem 50 maligen Dehnen bis auf 80% der Bruchdehnung. Für die Unterss. selbst wurden ein INSTRON-Reißapp. sowie ein SOOKNE-HAARIS-Faserdehnungsmesser verwendet. Das Verh. der verschied. Fasern nach den verschied. Beanspruchungen wurde in Form von Zug–Dehnungs-Kurven festgehalten. Hierbei zeigte sich, daß die Wolle im trockenen Zustand eine ganz hervorragende elast. Erholung aufweist u. sogar eine Verbesserung der elast. Eigg. nach dem 50 maligen Dehnen u. im nassen Zustand stattfindet. Mohair u. Menschenhaar u. mit einigem Abstand auch Casein- u. Vicarafaser zeigen ähnliche elast. Eigg. wie die Wolle. Seide zeigt dagegen ein unterschiedliches Festigkeits- u. Dehnungsverh., das durch einen beträchtlichen „permanent set" im trockenen als auch im nassen Zustand u. eine hohe sofortige elast. Erholung nach dem 50 maligen Dehnen auf 80% der Bruchdehnung gekennzeichnet ist. Die Ergebnisse sind in 2 Tabellen u. 6 Figuren zusammengestellt. (Textile Res. J. **23.** 405—17. Juni 1953. Philadelphia, Pa., Quartermaster Res. and Develop. Labor.) H. G. FRÖHLICH. 8060

C. H. Reichardt, H. K. Woo und **D. J. Montgomery,** *Ein zweidimensionaler Belastungs-Dehnungs-Prüfer.* Ausführliche Beschreibung eines zweidimensionalen Belastungs-Dehnungs-Prüfgerätes an Hand von 4 Abbildungen. Daneben wird noch die Arbeitsweise beschrieben u. erste Ergebnisse von Orlon-, Nylon-, Baumwoll- u. Reyongeweben gegeben. (Textile Res. J. **23.** 424—28. Juni 1953. Princeton, N. J., Text. Res. Inst.) ——— H. G. FRÖHLICH. 8096

I. G. Farbenindustrie Akt.-Ges., Frankfurt/M. (Erfinder: **Bruno von Reibnitz,** Mannheim, und **Max Neber,** Ludwigshafen/Rh.), *Oberflächenwirksame Stoffe.* Man führt z. B. mittels Äthylen- oder Propylenoxyd, Oxyalkohol- oder Polyoxyalkylätherreste in Ketongemische ein, die durch Ketonisieren der ca. 6—10 C-Atome enthaltenden „Vorlauffettsäuren" hergestellt sind, welche bei der Dest. der durch Oxydation höhermol. nichtaromat. KW-stoffe entstehenden Fettsäuren gewonnen werden. — *Netzmittel,* bes. für die *Textilindustrie.* (**D. R. P. 767 812** Kl. 12o vom 24/7. 1937, ausg. 12/10. 1953.) BRÖSAMLE. 8029

Eastman Kodak Co., Rochester, N. Y., übert. von: **Robert C. Harrington jr.,** Kingsport, Tenn., V. St. A., *Herstellung eines emulgierend wirkenden Mittels.* Oleylalkohol wird bei $<150^0$ unter Rühren langsam mit wasserfreiem $AlCl_3$, gegebenenfalls in Lsg. in einem organ. Lösungsm., wie Nitromethan, versetzt u. erhitzt, bis die HCl-Entw. beendet u. gegebenenfalls das Lösungsm. abdest. ist. Es hinterbleibt dann ein dunkles viscoses Prod., mit dem sich nach Zusatz von alkal. Mitteln, Öl in W. emulgieren läßt. — *Schmälzmittel.* (**A. P. 2 615 032** vom 6/1. 1950, ausg. 21/10. 1952.) HERBST. 8029

Soc. des Laboratoires de Recherches pour Applications Industrielles (Solar), Frankreich (Seine-et-Oise), *Sulfonierung von Fettsäuren oder ihren Estern.* Man behandelt Talg oder die aus ihm isolierten Fettsäuren 3 Std. bei 20—40^0 mit Monoäthyl- oder Monobutylnaphthalinsulfonsäure u. neutralisiert das wasserlösl. Sulfonierungsprod. mit $NaHCO_3$. — *Textilhilfsmittel* u. Insekticid. (**F. P. 981 940** vom 15/5. 1943, ausg. 1/6. 1951.) NOUVEL. 8029

American Cyanamid Co., New York, N. Y., V. St. A., *Wasserlösliche alkylolsubstituierte Alkylguanidine* erhält man durch Einw. eines Alkylenoxydes auf ein Alkylguanidin, bes. bei 50—150^0 u. in Ggw. eines organ. Lösungsmittels. — Bei der Rk. von 1 (Mol) *Octadecylguanidin* mit 6 *Äthylenoxyd* erhält man ein gutes *Netzmittel*; mit *Propylenoxyd* analog ein *Weichmachungsmittel* für Textilien. (**E. P. 650 820** vom 15/10. 1947, ausg. 7/3. 1951. A. Prior. 26/6. 1944.) BRÖSAMLE. 8029

J. R. Geigy Akt.-Ges., Basel, Schweiz, *Herstellung eines optischen Aufhellungsmittels.* Man acyliert 4-Nitro-4'-aminostilben -2.2'-disulfonsäure mit einem 2-Äthoxy-4-methylbenzoylhalogenid, red. die Nitrogruppe des Stilbenderiv. zur NH_2-Gruppe u. setzt die erhaltene Verb. mit einer den Phenylcarbaminorest einführenden Verb. um. Man erhält die 4-Phenylureido-4'-(2''-äthoxy-4''-methylbenzoylamino)-stilben-2.2'-disulfonsäure als gelbliches Pulver. (**Schwz. P. 283 402** vom 1/6. 1949, ausg. 16/9. 1952.) v. SCHILLER. 8029

British Nylon Spinners Ltd., Pontypool, England, *Schlichten von Garnen, besonders von Nylon.* Man verwendet eine Lsg. von Polyamid in einem säurefreien Lösungsmittelgemisch aus einem Alkanol mit 1—3 C-Atomen u. CH_2O. — 40 (Teile) Paraformaldehyd, 30 CH_3OH u. 15 W. werden 2 Std. erwärmt u. dann mit Polyhexamethylenadipinsäureamid versetzt. Dem erhaltenen Schlichteöl kann man noch 10 Polyäthylenoxyd (Mol.-Gew. 1500) zugeben. Nylongarne werden mit einer Lsg. des Prod. so geschlichtet, daß das Garn 5% Gewicht gewinnt. Die Schlichte ist durch heiße Seifenlsg. leicht entfernbar. (**E. P. 678 452** vom 1/12. 1949, ausg. 3/9. 1952.) MÖLLERING. 8031

S. C. Johnson & Son, Inc., übert. von: **Clifford T. Rood,** Racine, Wis., V. St. A., *Wäschestärke für den Haushalt.* Man mischt ein mehrwertiges Metallsalz, wie eine Lsg. von Al-Formiat, Paraffinwachs, Polyvinylalkohol als Schutzkolloid, modifizierte Maisstärke u. Weizenstärke in wss. Lsg. bzw. Dispersion. (**A. P. 2 563 661** vom 16/9. 1948, ausg. 7/8. 1951.) MÖLLERING. 8033

S. C. Johnson & Son, Inc., übert. von: **Joseph Ralph Hill,** Racine, Wis., V. St. A., *Bügelstärke,* bestehend aus einem Gemisch von (Paraffin-)Wachs, einem in W. lösl., mehrwertigen Metallsalz, wie Al-Acetat oder -Formiat oder $ZrOCl_2$, einem Schutzkolloid, wie Polyvinylalkohol, ferner W. u. 50—98% der M. an Stärke. (**E. P. 662 944** vom 28/1. 1949, ausg. 12/12. 1951. A. Prior. 16/9. 1948.) MÖLLERING. 8033

Joseph Bancroft & Sons Co., Wilmington, Del., V. St. A., *Waschbeständiges Finish auf Textilwaren.* Durch Imprägnieren, Überziehen oder Bedrucken bringt man auf Geweben oder dgl. ein Polysaccharid u. Aldehyde, wie CH_2O, p-Formaldehyd, Glyoxal, Hexamethylentetramin oder deren Polymerisationsprodd. in wss. Emulsion auf, trocknet dampffeucht u. kalandert bei 138—204^0. — Zahlreiche Rezepte unter Verwendung von Dextrin, (Tapioca-) Stärke, Traganth, Pektin oder Gummi arabicum u. Aldehyden sowie Zusätzen von Talgsulfonat, NH_4SCN, „Carbo-Wachs", Lecithin u. andere mehr. (**E. P. 634 634** vom 29/6. 1945, ausg. 22/3. 1950. A. Prior. 7/12. 1944.) MÖLLERING. 8033

Farbwerke Hoechst vormals Meister Lucius & Brüning (Erfinder: **Heinrich Freudenberger,** Bad Soden, und **Ludwig Orthner**), Frankfurt/M., *Waschbeständige versteifte Textilgewebe* erhält man durch Verkleben zweier Lagen mittels wss. Kunstharzemulsionen, bes. Polyvinylverbb., wie Polyvinylacetat, unter Druck u. in der Hitze. (**D. B. P. 874 287** Kl. 8k vom 7/3. 1936, ausg. 23/4. 1953.) MÖLLERING. 8033

Farbenfabriken Bayer, Leverkusen (Erfinder: **Herbert Gensel** und **Johann Menzinger,** Leverkusen, und **Johannes Nelles,** Schkopau), *Mattieren von Textilien.* Man behandelt das Gut mit linear aufgebauten, emulgier- oder schmelzbaren, lösl. Polyestern aus Dicarbonsäure–Dialkohol-Kondensaten bzw. deren Derivv., wobei mindestens eine Reaktionskomponente bas. N enthält. Zweckmäßig läßt man die Polyesterketten nicht zu lang werden, bzw. man verwendet Ester, die in der Kette, außer durch Estergruppen durch andere Heteroatome, bzw. -gruppen unterbrochen sind. Gleichzeitig kann man mit mattierend wirkenden Pigmenten behandeln. — Geeignet ist z. B. ein Kondensat aus 1 Mol Adipinsäure, 0,8 1.4-Butylenglykol u. 0,2 Methyldioxyäthylamin. (**D. B. P. 874 753** Kl. 8k vom 1/2. 1940, ausg. 27/4. 1953.) MÖLLERING. 8033

André Silvain, Frankreich, *Herstellung elastischer Fäden* für die Bekleidungsindustrie, für orthopäd. Artikel u. dergleichen. Fäden oder Garne werden mit Latex oder einem Prod. mit Kautschukeigg. mehrmals überzogen. Nach jedem Überzug läßt man trocknen, gegebenenfalls kann auch vulkanisiert werden. Die Prodd. können für Gewebe, Wirkwaren, Flechtschnüre, Spitzen u. a. Verwendung finden. (**F. P. 984 446** vom 25/9. 1943, ausg. 5/7. 1951.) WITTHOLZ. 8037

Harry Corteen und **Thomas H. Soutar,** England, *Textilstoffe.* Um diese Gewebe, z. B. Säcke aus Jute, Hanf, Baumwolle oder dgl., wie sie zum Versenden von Kunstdünger verwendet werden, gegen die Einw. von Säuregasen oder -dämpfen widerstandsfähig zu machen, werden sie mit Lsgg. von Metallsalzen einfacher aromat. Carbonsäuren, z. B. Na- oder K-Salzen der Benzoesäure, Tolylsäure, Zimt- oder Phthalsäure, in 3 bis 5%ig. Konz. imprägniert. (**F. P. 996 996** vom 6/10. 1949, ausg. 31/12. 1951.) WITTHOLZ. 8037

Phrix-Werke Akt.-Ges., Hamburg, *Herstellung von Viscose aus vorbehandeltem Kiefernholzsulfatzellstoff,* dad. gek., daß der Zellstoff vor der Alkalisierung auf einen Polymerisationsgrad von 550—610 gebracht wird, alsdann alkalisiert, xanthogeniert u. zu Viscose gelöst wird. — Die Verminderung des Polymerisationsgrades wird mit der *Zellstoffbleiche* vereinigt, wobei mindestens die letzte Bleichstufe zur besseren Kontrolle des erzielten Polymerisationsgrades in einem Bleichholländer vorgenommen wird. (**Oe. P. 173 240** vom 11/1. 1951, ausg. 25/11. 1952. D. Prior. 14/1. 1950.) M. F. MÜLLER. 8075

Thüringisches Kunstfaserwerk „Wilhelm Pieck", Schwarza VEB (Erfinder: **Anton Marek** und **Franz Vetter**), Rudolstadt/Thür., *Rückgewinnung von Schwefelkohlenstoff bei der Nachbehandlung von Zellwolle aus Viscose* in geschnittenem Zustand oder aus dem Zellwollkabel in einer geschlossenen Rohrleitung, wobei die Verdampfung unter völligem Luftabschluß erfolgt. Das Verf. ist dad. gek., daß zur Förderung des Zellwolle–W.-Gemisches oder auch zur Nachbehandlung von künstlichen Fäden oder Fasern Druckluft, Dampf oder Druckwasser verwendet wird. — Zeichnung. (**D. P. [DDR] 718** Kl. 29a vom 14/7. 1943, ausg. 1/5. 1952 [Wirtschaftspatent].) M. F. MÜLLER. 8075

Courtaulds Ltd., London (Erfinder: **John Boulton,** Wilmslow), England, *Knitterechte Cellulosegewebe.* Man imprägniert mit Lsgg., die CH_2O u. (Thio-) Harnstoff, sowie als Katalysator ein Gemisch aus H_3BO_3 u. einer Oxysäure enthalten. Das imprägnierte Gut wird zur Kondensation z. B. 5—10 Min. auf 135—140° erhitzt. Als Katalysator bes. geeignet ist ein Gemisch aus 1,2 (Teilen) H_3BO_3 u. 2,8 Wein- oder Milchsäure. (**D. B. P. 872 784** Kl. 8k vom 24/11. 1948, ausg. 9/4. 1953. E. Priorr. 21/12. 1942 u. 20/12. 1943.) MÖLLERING. 8075

Spinnstoffwerk „Otto Buchwitz" VEB (Erfinder: **Konrad Theissen** und **Alfred Stein**), Glauchau/Sachsen, *Herstellung von wollähnlichen künstlichen Garnen, vorzugsweise aus Viscose,* mit schuppiger Oberfläche der Einzelfäden durch Imprägnieren mit wss., weniger als 1% Cellulose u. außerdem noch gasbildende Stoffe enthaltenden Celluloselsgg., denen noch Eiweißstoffe, Kunstharze, Kondensationsprodd., Farbstoffe u./oder Mattierungsmittel zugesetzt werden können, dad. gek., daß die an den einzelnen Spinnstellen gebildeten Fadenbündel in fortlaufendem Arbeitsgang unter Führung über sich drehende Walzen nacheinander entsäuert, mit der Imprägnier-Fl., bes. durch Besprühen, getränkt, die Überzüge fixiert, die imprägnierten Fäden gewaschen, aviviert u. in Form von Zentrifugenkuchen unter Schrumpfung getrocknet werden. — Zur Tränkung der Fäden wird z. B. zunächst eine Lsg. verwendet, welche 10 (g/Liter) Cellulose, 10 NaOH u. 15 Na_2CO_3 enthält. Die Fäden werden danach abgequetscht u. mit einer Lsg. berieselt, welche 30 g/Liter H_2SO_4 u. 100 g /Liter Na_2SO_4 enthält. Die gewaschenen Fäden werden aviviert u. getrocknet. Sie besitzen einen voluminösen Charakter u. eine erhöhte Wärmehaltung. — Weitere Behandlungs-Fll. haben die Zus. 5 (g/Liter) Cellulose, 5 Kunstharz, 15 Na_2CO_3 u. 10 NaOH — oder 10 Cellulose, 10 Na_2CO_3, 1 Indigosolfarbstoff — oder 10 Cellulose, 10 NaOH, 15 Na_2CO_3 u. 2 TiO_2. — Zeichnung. (**D. P. [DDR] 717** Kl. 29a vom 23/12. 1941, ausg. 19/8. 1952 [Wirtschaftspatent].) M. F. MÜLLER. 8075

Soc. Rhodiaceta, Paris, Frankreich, *Beständiges Behandlungsbad für Cellulosederivate* (I), die freie OH-Gruppen enthalten, bes. für Textilien, um deren Eigg. zu verbessern, besteht aus einer organ., die I nicht lösenden Fl., z. B. einem KW-stoff, der mindestens 10% einer Verb. der Formel $SiX_1X_2X_3X_4$ enthält, in welcher X_1—X_4 Acyloxyreste bedeuten, die gleich oder verschieden sein können, z. B. Si-Tetraacetat, -Tetrabutyrat, -Tetrapropionat usw. Die Behandlung kann in jedem Stadium der Herst. der I erfolgen u. verbessert bes. die Temperaturbeständigkeit. (**Schwz. P. 276 326** vom 16/6. 1949, ausg. 1/10. 1951. F. Prior. 21/6. 1948.) V. SCHILLER. 8077

Henry Ewing und **John Surrace Blackmore (British Celanese Ltd.),** Spondon, England, *Aufblasen von Faserstoffen auf Klebmittelflächen.* Gewebe aus z. B. *Celluloseacetat* oder regenerierter Cellulose werden mit einer Kleblsg. aus 150 (Teilen) Butadien-Acrylnitril-Polymerisat, 3 S, 3 Mercaptobenzothiazol + Diphenylguanidin, 7,5 ZnO, 37,5 Cumaronharz, Weichmachern u. Lösungsmitteln (oder Polyvinylacetat) (95 g/0,84 m^2) versehen u. der Überzug in einer Kammer mit Infrarotstrahlen nicht vollständig getrocknet. Auf die so vorbereitete u. sich fortbewegende Bahn werden gegebenenfalls gefärbte, 1—3 mm lange Fasern aufgeblasen, die sich zwischen Kondensatorplatten (Abstand 10 mm) aufrichten; nach dem Passieren einer Bürstenwalze wird der Klebstoff des *künstlichen Plüsches* bei 130° (15 Min.) gehärtet bzw. vulkanisiert. In gleicher Weise können auch Filme oder Papier mit Pigmenten, Metallpulver u. dgl. bestäubt werden. — Zeichnung. (**E. P. 650 988** vom 5/5. 1948, ausg. 7/3. 1951.) SALZMANN. 8077

Behr-Manning Corp., Troy, N. Y., V. St. A., *Stoffe mit samt- oder plüschartiger Oberfläche.* Zerkleinerte Fasern aus einem Celluloseester oder -äther werden auf einer Klebmittelschicht abgelagert, die ein flüchtiges Lösungsm. u. ein Lösungsm. von hohem Kp. für die Cellulosederivatfasern enthält u. durch Entfernung des flüchtigen Lösungsm. erhärtet. Als Klebmittelschicht wird eine Mischung aus Celluloseacetat, Aceton, Äthylenglykolmonomethyläther u. einem Weichmacher vorgeschlagen. Als Unterlagen kommen Gewebe, Tafeln oder Bahnen aus vorgeformtem, erhärtendem Material in Betracht. (**Oe. P. 174 043** vom 5/2. 1947, ausg. 25/2. 1953. D. Prior. 17/7. 1937.) WITTHOLZ. 8077

Elite, Sdrujené Továrny Punčoch, Národní Podnik, et **Závody Pro Chemickou Výrobu, Národní Podnik,** Tschechoslowakei, *Kunstfäden aus Linearpolymeren von hohem Molekulargewicht.* Man leitet ein Bündel Fäden aus geschmolzenem Material, z. B. polymerem 6-Caprolactam, unmittelbar von der Spinndüse über eine Riffelrolle, die mit W. befeuchtet wird, dann über Streckrollen in eine Gaskammer, durch die auf 200° erhitzter N_2 mit 5 atü strömt u. eine Geschwindigkeit von mehreren 100 m/Sek. erreicht. Dadurch wird der zur Streckung notwendige Zug erzielt. Die Widerstandsfähigkeit der Fäden beträgt 5—6,8 g/Denier. (**F. P. 995 871** vom 20/9. 1949, ausg. 10/12. 1951. Tschech. Prior. 21/9. 1948.) WITTHOLZ. 8081

Imperial Chemical Industries Ltd., London, **Robert Gregor Desson, Harry Rose Hadfield** und **Leonard Wood,** Manchester, England, *Gegen Lichteinwirkung unempfindliche Nylon-Textilwaren* erhält man durch eine Behandlung mit einer wss., 0,01—0,5, bes. 0,05—0,5% $Na_2Cr_2O_7$ enthaltenden Lsg. bei 50—100°. (**E. P. 649 481** vom 8/9. 1948, ausg. 24/1. 1951.) MÖLLERING. 8081

Aspinook Corp., Jewett City, Conn., übert. von: **Edwin Farnworth** und **George H. Wood jr.,** Warwick, East Greenwich, R. I., V. St. A., *Erzeugung von Kalanderglanz auf Nylon-Erzeugnissen.* Man behandelt das Gut mit der wss. Lsg. eines Melamin-CH_2O-Vorkondensates so, daß 1—10% Harz auf dem Kalander bei 177—204° u. bei 4—6 atü Walzendruck auskondensiert werden. (**A. P. 2 577 957** vom 4/6. 1949, ausg. 11/12. 1951.) MÖLLERING. 8081

Abraham L. Dorgin, New York, N. Y., V. St. A., *Kreppen von Nylon* (I). Man kocht ein aus I u. Seide (II) bestehendes Mischgarn (III), so daß II schrumpft u. dabei I gekräuselt wird. Dann taucht man III in kochende Lauge, um II zu entfernen u. neutralisiert das gekreppte Garn mit Säure. (**A. P. 2 575 008** vom 16/3. 1949, ausg. 13/11. 1951.) v. SCHILLER. 8081

I.G. Farbenindustrie Akt.-Ges., Frankfurt/M. (Erfinder: **Wolf Rodenacker**, Landsberg/Warthe), *Entfernen von Wasser aus laufenden künstlichen Fadenbändern*, dad. gek., daß dem Fadenband auf dem Wege zur Endbehandlung innerhalb einer Düse in seiner Längsrichtung ein Strahl eines gasförmigen Mediums entgegengeblasen wird; bes. geeignet bei der Herst. von *Polyvinylchloridfäden*. — Zeichnung. (**D. R. P. 756 808** Kl. 29a vom 12/7. 1939, ausg. 22/6. 1953.) SALZMANN. 8081

Eastman Kodak Co., Rochester, N. Y., übert. von: **Harry W. Coover jr.** und **Joseph B. Dickey**, Kingsport, Tenn., V. St. A., *Gut färbbare Fäden aus Polyacrylnitril* erhält man durch Polymerisation von Acrylnitril in Ggw. von 10—40% Polymerisat von Alkenylcarbonamiden, z. B. Acryl-, Citracon-, Itacon- oder Maleinsäureamid, wie auch N-Methyl-, N-Äthyl-, N-Isopropyl- oder N-Butylacrylamid oder -methacrylamid. Die hergestellten Spinnlsgg. in z. B. N.N-Dimethylformamid zeigen keine Schichtenbildung. (**A. P. 2 620 324** vom 1/12. 1950, ausg. 2/12. 1952.) MÖLLERING. 8081

Courtaulds Ltd., London, England, *Herstellung von Polyestern.* Man erhitzt z. B. unter O_2-freiem N_2 20,4 (Teile) Hydrochinondiacetat, 20,2 Sebacinsäure u. 0,075 p-Toluolsulfonsäure (**I**) innerhalb 15 Min. von 200 auf 240°, dann in 30 Min. von dieser Temp. bei 0,3 mm Hg auf 280°, hält diese Temp. 1 Std. bei 0,2 mm u. erhält ein hochmol. *Polyhydrochinonsebacat* (**A**). — Erhitzt man 40 β-(p-Carboxyphenoxy)-äthanol mit 0,12 **I** unter N_2 innerhalb 30 Min. von 240 auf 290° u. hält diese Temp. 75 Min. bei 0,5 mm Hg, so erhält man ein krist., niedermol. Polymerisat (**B**). — Erhitzt man 15 **A** mit 32 **B** 1 Std. unter N_2 auf 290°/1 mm, so erhält man ein *Mischpolymerisat*, das zwischen 166—182° erreicht, wo sich es zu kaltstreckbaren *Fäden* aus der Schmelze *verspinnen* läßt. (**E. P. 648 513** vom 13/10. 1948, ausg. 3/1. 1951.) MÜLLER-MEININGEN. 8081

Owens-Corning Fiberglas Corp., Toledo, O., V. St. A., *Glasfaserverbund.* Die Glasfäden werden von der Spinndüse kommend in mehreren parallelen Lagen aufgespult, mit einem polymeren oder härtbaren Harz schichtweise imprägniert u. gegebenenfalls nach Anfeuchten mit einem Lösungsm. wird die fertige, zu 50% aus Glas bestehende Matte abgetrennt. Statt dessen kann man auch 150—300 mm lange Einzelfasern in Gestalt eines Flors auf eine Spule spinnen. Nach dem Umspulen läuft das Florband durch eine Harzlsg. u. wird anschließend in einer Kammer getrocknet. (**Schwz. P. 283 771** vom 23/8. 1947, ausg. 16/10. 1952. A. Prior. 12/8. 1943.) SALZMANN. 8083

Owens-Corning Fiberglas Corp., Toledo, O., V. St. A., *Mit Glasfasern verstärkte Kunstharzformkörper.* Um die Haftfähigkeit des Harzes zu verbessern, imprägniert man die Glasfasern (Matten, Garn, Gewebe) unmittelbar nach der Erzeugung mit gegebenenfalls Gelatine oder Polyvinylalkohol u. kationakt. Mittel enthaltender Stärke u. erwärmt bis zu 3 Std. auf 200°, bis eine teilweise Dextrinierung eingetreten ist. Ein Zusatz von Öl, das unter Zurücklassung eines Pechfilms verdampft, erhöht das Haftvermögen des Harzes. (**Schwz. P. 283 772** vom 23/8. 1947, ausg. 16/10. 1952. A. Prior. 27/7. 1944.) SALZMANN. 8083

Lonza Elektrizitätswerke und Chemische Fabriken Akt.-Ges., Basel, Schweiz, *Glasfaser enthaltende Gebilde*, dad. gek., daß das Bindemittel unmittelbar aus Polyvinylalkohol bzw. verseiftem Polyvinylacetat u. einem Aldehyd bei 100—130° unter Acetalbldg. hergestellt wird. Isolierplatten. (**Schwz. P. 284 091** vom 22/2. 1950, ausg. 1/11. 1952.) SALZMANN. 8083

Kurt Thomas, *Verarbeiten von Mineralfasern auf Textilien*, wie hygien. Binden, Windeln, Bettzeug, Verbandszeug. Man mischt die Mineralfasern in wss. Suspension mit 10 u. mehr % vegetabil. Fasern, wie Hartholzfasern, u. zweckmäßig 1—2% wasserlösl. polymeren Prodd., wie Polyäthylenimin, Harnstoff-CH_2O-Kondensationsprodd. oder wss. Lsgg. von Glycerin, Polyäthylenglykol, K-Formiat, Na-Lactat, gewissen Zuckern oder $CaCl_2$. Die Massen stauben nicht u. adsorbieren stark Feuchtigkeit. (**F. P. 1 007 132** vom 27/2. 1948, ausg. 2/5. 1952.) PANKOW. 8083

XIX. Brennstoffe. Erdöl. Mineralöle.

W. I. Kassatotschkin, *Einige Probleme bei der Untersuchung der Feinstruktur von Förderkohle.* Mittels der röntgenograph. Meth. ist eine fortschreitende mol. Einordnung der verschied. Kohlen u. Graphite feststellbar. Diese Einordnung der C-Substanz bei der Metamorphose der Kohle wird durch Kondensation des C in flache hexagonale Atomnetze auf Kosten der Abnahme des ungeordneten Anteils mit periphär gebundenen Seitenketten u. durch die Orientierung in Packungen paralleler Atomnetze bestimmt. Die Kristallite des Graphits unterscheiden sich von denjenigen der Kohle durch bestimmte senkrechte Orientierung der parallel angeordneten Atomnetze des C unter Bldg. eines Kristallraumgitters. Mittels elektronenmkr. u. röntgenograph. Methoden können Aussagen über die petrograph. Komponenten der Kohle gemacht werden. Lediglich die Vitrene erleiden bei der Metamorphose der Kohle struktur mol. Umwandlungen. Fusen, das bereits in einem frühzeitigen Metamorphosestadium gebildet wurde, zeigt nur geringe Orientierung der C-Atomnetze. Die genannten Meßmethoden ermöglichen eine Beurteilung der strukturellen Umwandlungen von Kohle bei therm. Verarbeitung vom Standpunkt innermol. Vorgänge. (Известия Академии Наук СССР, Отделение Технических Наук [Nachr. Akad. Wiss. UdSSR, Abt. techn. Wiss.] **1951**. 1321—34. Sept.) HUENE. 8126

Paul Ferrero, *Augenblicklicher Stand und Aussichten der chemischen Verwertung der Kohle.* Es werden die Nebenprodd. der Verkokung, die Verwertung der KW-stoffe des Gases, die Darst. von Methanol u. die Synth. nach FISCHER-TROPSCH besprochen. (Rev. techn. luxembourg. **42.** 145—56. Juli/Sept. 1950. Genf, Univ., Tertre, Belgien, Soc. Carbochim. et Carbonisation Centrale.) BOYE. 8126

C. G. Cannon, *Infrarotspektren von Steinkohlen und Steinkohlenprodukten.* Die Infrarotspektren (zwischen 10000 u. 650 cm^{-1}) von 18 verschied. Steinkohlensorten verschied. Alters sowie die einiger Extraktionen wurden aufgenommen. Alle Kohlesorten — mit Ausnahme von Anthrazit — haben ähnliche Absorptionsspektren wohl infolge des gleichen mol. Skeletts. Mit zunehmendem Alter nehmen die den O-haltigen Gruppen (OH, C=O, C–O usw.) zuzuordnenden Banden an Intensität ab. Die C–O-Valenzschwingungsbanden liegen um 1250 cm^{-1}, was dafür spricht, daß die OH-Gruppen vorzugsweise phenol., weniger aliphat. OH-Gruppen sind. Die C–H- u. —C=C-Valenzschwingungsbanden u. die CH-Deformationsschwingungsbanden bei 880, 820 u. 750 cm^{-1} weisen auf die Ggw. von Einzelring- u. kondensierten aromat. Strukturen hin. Aliphat. CH_2- u. CH_3-Gruppen sind nachweisbar. Carbonylfrequenzen bei 1690 cm^{-1} (vermutlich von Aldehyd- oder Ketogruppen) u. bei 1730 cm^{-1} (Estergruppen) werden beobachtet. Die Unters. der Hydroxylfrequenzen führt zu der Annahme, daß Wasserstoffbindungen zwischen den OH-Gruppen mitbestimmend für die physikal. Struktur der Kohle sind. Die Spektren verschied. Extraktionen sind denen der Kohlen im allg. ähnlich. (Nature [London] **171.** 308—09. 14/2. 1953. Brit. Nylon Spinners Ltd., Mon. Pontypool.) RUDOLPH. 8126

A. Peytavy, *Der Einfluß einer verlängerten Beheizung auf den Koks.* Für die Verss. wurde lothring. Kohle verwendet. Es trat eine Abnahme des N ein, jedoch eine leichte Zunahme des S-Geh., wobei Vf. annimmt, daß der S aus dem Heizgas stammt. Die anderen Veränderungen überschreiten kaum die analyt. Fehlergrenzen. Es scheint jedoch, daß der Geh. an flüchtigen Bestandteilen leicht abnimmt, bes. der H_2. Die wahre u. scheinbare D. ändert sich nicht, der Reibwiderstand nimmt zu. Die Umsatzfreudigkeit mit CO_2 ist bedeutend geringer, eine steigende Graphitisierung wurde festgestellt. Vf. schließt daraus, daß sich die chem. Zus. des Kokses wenig ändert, während die physikal.-chem. Zustände deutlich verändert werden. (Rev. Ind. minérale **34.** 44—51. 15/1. 1953.) ROSENDAHL. 8144

S. J. Green und **B. Thakur,** *Die unlöslichen Anteile des Steinkohlenteers.* 6. Mitt. *Oxydation des freien Kohlenstoffs.* (5. vgl. J. Soc. chem. Ind. **68.** [1949.] 16.) Die Oxydation von C_1 u. C_2 ergab, daß C_1 u. C_2 in ihren Eigg. große Ähnlichkeit mit Graphit u. Koks aufweisen. (J. Soc. chem. Ind. **69.** 238—44. Aug. 1950.) ROSENDAHL. 8176

P. J. Wilson, *Fortschritte in der Gewinnung von Verbindungen aus Steinkohlenteer. Amerikanische Rektifiziertechnik.* Nach kurzem Überblick über die Verwendung u. Eigg. der häufigsten Verbb. im Steinkohlenteer beschreibt Vf. kurz die allg. Gewinnungsmethoden der Verbb. u. geht auf die Verff. zur Gewinnung von *Acenaphthen Diphenylenoxyd, Fluoren, Phenanthren, Acridin, Anthracen* u. *Carbazol* u. ihre Verwendung näher ein. Neuere Verff., wie azeotrop. u. Extraktionsdest., Extraktion mit Hilfe von Fll. u. chromatograph. Adsorption werden erwähnt. (Iron Coal Trades Rev. **164.** 69—74. 11/1. 1952. Pittsburgh, Pa., U. S. Steel Comp., Res. Assoc.) DICKHAUT. 8176

—, *Die Verwendung von Braunkohlenteererzeugnissen in der Dachpappenindustrie und im Straßenbau.* Mischungen von Braunkohlenteeren u. -pechen mit Bitumina sind homogen u. zeigen auch bei längerer Erwärmung keine Ausflockungen im Gegensatz zu den Mischungen mit Steinkohlenteerprodukten. Die Braunkohlenteere neigen unter dem Einfl. länger einwirkender höherer Temp. zur Bldg. koksartiger Ausscheidungen. Braunkohlenschwelteere sind als Dachpappentränkmasse völlig ungeeignet. Für die Herst. von Deckmassen eignen sich durchaus härtere Braunkohlenteerdestillate u. Spaltpeche, wenn sie wie entsprechende Steinkohlenteerweichpeche mit genügenden

Mengen geeigneter Steinmehle stabilisiert werden. Präparierte Braunkohlenstraßenteere mit ca. 40% Bitumenzusatz sollen sich bewährt haben. (Bitumen, Teere, Asphalte, Peche verwandte Stoffe **3.** 214—16. Aug. 1952.) F. C. MÜLLER. 8178

Wheeler G. Lovell, *Erdöl-Kraftstoffe.* Allg. Betrachtungen über die Verbrennung von Erdölkraftstoffen in Otto- u. Dieselmotoren u. zum Zwecke der Erhitzung von W. oder Hg, die ihrerseits zum Betrieb von Maschinen oder Turbinen herangezogen werden. Die weitere Entw. dieser Anwendungsgebiete wird vom chem. u. physikal. Standpunkt aus betrachtet, d. h. rationellere Verwendung bzw. bessere Motorenausbldg., damit Abscheidungen in Form von Ruß oder Lacken im Verbrennungsraum vermieden werden u. damit eine gleichmäßige Wärmeabfuhr gegeben, bzw. Klopfen des Motors verhindert wird. Die Lücken unseres Wissens auf diesen Gebieten werden aufgezählt u. gezeigt, wo die zukünftige Weiterentw. einzusetzen hat. (Ind. Engng. Chem. **45.** 1426—29. Juli 1953. Detroit, Mich., Ethyl Corp.) K. O. MÜLLER. 8186

Juan de Caleya, Hans Closs und **Hansjürgen Dürbaum,** *Zur Berücksichtigung der Brechung in der Reflexionsseismik.* Zur genauen Lagebest. untereinander liegender, verschieden geneigter Reflexionselemente haben Vff. einen neuen Weg. beschrieben, bei dem die Brechung von vornherein berücksichtigt wird. Über die Neigungswinkel der als eben angenommenen Schichtgrenzen u. der Wellennormalen wird nicht vorausgesagt. Die Geschwindigkeit in den einzelnen Schichtpaketen wird als konstant angenommen. Der Grundgedanke der Lösung des Problems bestand darin, immer die Meßergebnisse zweier benachbarter Schußpunkte zusammenzufassen u. also aus den Laufzeitunterschieden die Lage der Reflexionselemente abzulesen. — Beispiele u. Berechnungen. (Erdöl u. Kohle **5.** 765—68. Dez. 1952.) ROSENDAHL. 8188

Robert F. Marschner und **B. L. Evering,** *Zersetzung von n-Octan mit Hilfe von Bromidkatalysatoren.* Die Zers. von n-Octanen bei 500—570° wird in Ggw. von 1,5 Mol-% 1-Brombutan oder HBr in der Größenordnung beschleunigt, die ungefähr einem Temperaturanstieg von 40° entspricht. Die Katalyse beruht auf der Wrkg. des Br-Atoms. Die n-Octanmoll. spalten in wenigere Bruchstücke als bei der therm. Zers.; es werden weniger Methan u. Äthylen gebildet, dafür aber höhere Alkane. Versuchsdurchführungen sind eingehend an Hand von Tabellen u. Diagrammen geschildert. — 20 Literaturhinweise. (Ind. Engng. Chem. **45.** 1487—90. Juli 1953. Whiting, Ind., Ind. Res. Dep., Standard Oil Co. [Indiana.]) K. O. MÜLLER. 8196

P. W. Sherwood, *Hochdruckhydrierung kohlenstoffhaltigen Materials.* 3. Mitt. *Primärhydrierung in der flüssigen Phase.* (2. vgl. C. **1951.** II. 163.) Obwohl der Träger — Anpastöl — der zu hydrierenden Kohle hauptsächlich aus mechan. Gründen zugesetzt wird, übt er auch einen günstigen Einfl. auf die Hydrierung selbst aus. Ein Teil des schweren Anpastöls kann durch Mittelöl ersetzt werden, wenn schweres Heizöl aus der Sumpfphase gewonnen wird. In diesem Fall muß ein Teil des Rückstandsschlamms im Kreislauf geführt werden, um einem Verdunsten des Mittelöls entgegenzuwirken. — Für die Flüssigphasehydrierung muß die Temp. $> 400^0$ sein, 1. um die Zersetzungstemp. der Kohle zu erreichen, 2. weil H_2 in KW-stoffen mit steigender Temp. löslicher wird, 3. die Verzögerung der Hydrier-Rk. verringert wird durch Verminderung der Adsorption bituminöser Substanzen am Kontakt, 4. Depolymerisation u. Lsg. der Kohlensubstanz dann genügend rasch verläuft u. 5. wegen des wahrscheinlich positiven Temperaturkoeff. der Diffusionsprozesse. Je höher die Temp. je mehr leichte KW-stoffe entstehen. Die Tempp. der Technik sind 460—495°. Erhöhung der Temp. um 10° erhöht die Reaktionsgeschwindigkeit der Sumpfphasehydrierung um 50%. — Erhöhung des Druckes wirkt der Repolymerisation durch erhöhte Temp. entgegen. Durch erhöhten Druck löst sich mehr H_2, wodurch die Hydrierung beschleunigt wird, da gasförmiger H_2 nur wenig hydriert. Gleichzeitig werden hydroaromat. KW-stoffe gebildet, die als H_2-Überträger wirken. — Hydrierung findet erst bei $> 210^0$ statt. In der Praxis arbeitet man bei 310 u. 725 atü. Durch Verschiebung des Gleichgewichtes gestattet höherer Druck Arbeiten bei höherer Temp. u. damit mit weniger akt., billigeren Kontakten. Prakt. wird bei 310 (Öle, jüngere Kohle) bzw. 25 atü (bituminöse Kohle, Kokereiteer) ein Durchsatz von 283 bzw. 421 kg/m³ Reaktionsraum erzielt. — Verlängerung der Berührungszeit wirkt im gleichen Sinn wie Temperaturerhöhung. Wird der Durchsatz z. B. auf 703 kg (BLECHHAMMER) erhöht, so wird vorzugsweise schweres Heizöl neben Bzn. u. gasförmigem KW-stoffen erhalten. Weitere Durchsatzsteigerung (extraktive Hydrierung) führt zur Gewinnung von hochmol. bituminösen Substanzen (Ruhröl). — Die in der Sumpfphase erhaltenen fl. Prodd. lassen noch weitgehend ihre Herkunft erkennen, im Gegensatz zu den gasförmigen KW-stoffen, deren Zus. nur geringen Schwankungen unterliegt. Der Hauptteil der Sumpfphaseöle besteht aus Aromaten (Bzl., Toluol, Xylol, Polyalkylbenzolen, Alkylnaphthalinen, Anthracen, Phenanthren,

Pyren, Methyl- u. Dimethylpyren, Coronen, Dibenzcoronen) u. Naphthenen (Cyclo-, Methyl- u. Dimethylcyclohexan, Tetrahydronaphthalin). Die kondensierten Aromaten können, wenn sie gewonnen werden, für die Wirtschaftlichkeit der Hydrierung eine große Rolle spielen, da z. B. 100000 t Kohle 70 t Coronen liefern. — Die raffinierende Wrkg. der Sumpfphase entfernt den größten Teil des O, S, N im Ausgangsmaterial. Die restlichen O-Verbb. sind vorwiegend Phenole (ca. 4,5%). Durch Gegenstromwäsche, NaOH-Wäsche, die bevorzugt die stärker sauren Teersäuren löst, wurde in Billingham (ICI) bis zu 2,2% Phenol u. 6,5% Kresol aus Sumpfphaseprodd. gewonnen. Weitere Möglichkeiten zur Phenolgewinnung sind 1. das Heißwasserverf., 2. Extraktion mit Na_2S-Lsg., 3. CH_3OH-Wäsche. Phenole nach 1 sind nicht sehr rein, da W. bei 250° beträchtliche Mengen Neutralöl löst. Auch bei 3 werden Neutralöle ausgewaschen, die durch Benzinwäsche entfernt werden. Die bei 2 in Lsg. gegangenen, mit H_2S ausgefällten Phenole fallen nach Dest. in großer Reinheit an. Aus den Abwässern werden die Phenole durch Extraktion mit Trikresylphosphat oder Butylacetat (*Phenosolvan*) gewonnen. Als weitere O-haltige Verbb. wurden durch Extraktion des Sumpfphasebenzins mit W. in LEUNA je 1,0—2,5% Aceton u. Methyläthylketon gewonnen. Weniger bedeutend sind die N-Verbb.: 1. Pyridinbasen, 2. Carbazol, 3. Acetonitril. Im Sumpfphasebenzin sind enthalten (%): 0,012—0,017 (1), 0,2 (3), im Mittelöl 0,04—0,06 (1), im Hydrierschlamm 0,0007 (2), bezogen auf Rohmaterial. Nur (3) wurde in Leuna durch H_2O-Wäsche gewonnen. (Petroleum Refiner **29.** 106—10. Febr. **1950.** Pittsburgh, Pa., Koppers Co.) EDLER. 8198

M. Wnęk-Chorzów, *Neue Methoden der Benzolraffination.* Übersicht über die modernen Verff. zur *Benzolreinigung*, bes. das Schleuderverf. mit Säure u. die kontinuierliche Dest. sowie die Feinproduktenherstellung. — 17 Literaturstellen. (Przemysł chem. **7** (**30**). 607—16. Okt. 1951.) FREYTAG. 8200

—, *Ein weiterer Weg zur Herstellung von Aromaten.* Mitt. über ein neues Verf. (Houdriforming) der HOUDRY PROZESS CORP. zur Dehydrierung von Benzinen. Der Katalysator, dessen Zus. nicht angegeben wird, ist nicht schwefelempfindlich, hat lange Lebensdauer, wird nicht aus seltenen Materialien hergestellt u. ist regenerierbar. Der Katalysator hydriert 6-Ringnaphthene u. Alkylcyclopentane zu Aromaten, isomerisiert Paraffine u. zerstört organ. S-Verbb. einschließlich Thiophen. (Chem. Engng. **58.** 196—98. Juni 1951.) GERHARD GÜNTHER. 8200

N. G. Golowanow, *Über die Extraktion von Bitumen aus Braunkohle.* Zerkleinerte Braunkohle wurde mit verschied. Lösungsmitteln extrahiert u. gefunden, daß Butylalkohol (**I**) die höchsten Ausbeuten an Extrakt liefert. An Hand einer Braunkohle des Lemberger Gebiets wurden folgende Mengen an extrahierter Substanz gefunden: mit **I** 20,08%, mit Dichloräthan 8,04%, mit Roh-A. 7,04%, mit rektifiziertem A. 6,39%. Die **I**-Extrakte sind prakt. von Huminsäuren frei. **I** eignet sich zur Trennung von Erdwachs u. Teeren in bituminösen Substanzen. Wird der rohe Extrakt mit der 4fachen Menge **I** versetzt, bis zur vollständigen Lsg. erwärmt, daraufhin bis 0° abgekühlt, so fällt das Erdwachs aus u. kann abfiltriert werden. (Доклады Академии Наук СССР [Ber. Akad. Wiss. UdSSR] [N. S.] **79.** 113—16. 1/7. 1951.) HUENE. 8224

N. N. Chatterjee, *Röntgenuntersuchung und Kohlereinigung.* Vf. weist auf die Wichtigkeit u. Nützlichkeit der röntgenograph. Unters. von Kohlen zur Feststellung der Größe u. Art der Verteilung von mineral. Teilchen in der Kohle hin, woraus Schlüsse über die Reinigungsmethoden gezogen werden können. Diesbzgl. Unterss. wurden von dem Vf. an einer ind. Kohle von dem Iharia-Kohlengebiet durchgeführt. Die röntgenograph. Unters. der Kohle, die einen Aschegeh. von 21,7% hatte, zeigte, daß der Hauptteil der mineral. Beimengung in einem sehr feinen Verteilungszustand vorhanden war. Gewöhnliche Sink- u. Schwebeverss. zeigten keinerlei reinigende Wirkung. Nach 135std. Mahlen der Kohle mit Öl in einer Kugelmühle war der Aschegeh. von 21,7 auf 11,9% zurückgegangen. Die letzten Reste der mineral. Bestandteile konnten nicht entfernt werden, was darauf hindeutet, daß diese sehr feinkörnigen Bestandteile durch die Kohlesubstanz hartnäckig festgehalten werden. (Quart. J. geol., Mining metallurg. Soc. India **24.** 33—37. 1952. Calcutta, Univ., Dep. of Geol.) GOTTFRIED. 8246

W. H. D. Savage und **B. van Eck**, *Die Auswirkung der Veränderung des Feuchtigkeitsgehaltes auf die Schwimm- und Sinkanalyse von stückigen Kohlen.* Da der Feuchtigkeitsgeh. die D. von Kohlen erheblich beeinflußt u. damit die Ergebnisse der Schwimm- u. Sinkanalyse verfälscht werden können, ist es ratsam, die Kohlenstücke vor der Unters. in W. zu tauchen oder sie in eine mit Wasserdampf gesätt. Atmosphäre zu bringen. Außerdem beseitigt das W. anhaftenden Staub, vermeidet so eine Anreicherung von Kohlenstaub im Trennungsmittel u. ist durch $ZnCl_2$ nicht so leicht benetzbar. (J. chem., metallurg. Mining Soc. South Africa **52.** 77—85. Okt. 1951.) H. SCHÖBERL. 8246

Karl-Heinz Sindowski, *Zwei neue Scheidetrichter für die gravimetrische Abtrennung von Mineral- und Kohlenartengemischen.* Bei den Scheidetrichtern dient an Stelle des bisherigen Trennhahnes zum Trennen der Wasch-Fl. ein durch den Verschlußkorken an verschiebbarem Glasstab angebrachtes kon. Glasventil, das in einem Schliff an der verengten Ausflußöffnung des Trichters eingedrückt oder herausgezogen werden kann. Bei dem zweiten in Vorschlag gebrachten Modell ist das lange Auslaufrohr des Scheidetrichters abnehmbar mittels Schliff u. Federn, die an beiderseits angebrachten Glasdornen eingreifen, gearbeitet. Diese neuen, im Original abgebildeten Scheidetrichter sollen sich bei Serienunterss. von Proben besser bewähren. (Erdöl u. Kohle **6.** 24—25. Jan. 1953. Hannover, Amt für Bodenforschung.) K. O. MÜLLER. 8246

S. Tertil, R. Zieleniewski und **J. Grudzień,** *Technische Analyse von Primärteer aus Sapropelbildungen.* Bei dem neu ausgearbeiteten Verf. werden Asphalt u. Harz mit verd. H_2SO_4 in PAe. entfernt, wodurch ähnliche Ergebnisse erzielt werden wie mit Propan–Butan-Gemisch. Die Paraffinbest. erfolgt nach ähnlichen Methoden wie in der Technik durch 2malige Kristallisation aus Aceton–Bzl.-Gemisch (1:1) bei —20°. Die Verff. sind darauf abgestellt, die Zus. u. Qualität des Primärteers möglichst wenig zu verändern. (Prace badawcze Glownego Inst. Gornictwa, Komunikat **1952.** Nr. 111. 3—20. Krakau, Glown. Inst. Gorn, Zakl. chem. Przerobki.) R. K. MÜLLER. 8248

Mario Randi, *Bestimmung der organischen Halogenderivate in Antiklopfmitteln.* In einem Äthylenbromid u. -chlorid enthaltenden Antiklopfmittel wird zunächst ersteres bestimmt. Zur Best. der gesamten Halogenmenge werden 0,1—0,2 g Antiklopfmittel in einem dickwandigen Probeglas mit 8—10 g Na-Alkoholat 1 Std. lang bei 140° unter Druck zersetzt. Nach Behandlung des Aufgeschlossenen mit HNO_3-haltigem W. werden die Halogene argentometr. bestimmt. Das Äthylenchlorid wird aus der Differenz beider Bestimmungen errechnet. (Chim. e Ind. [Milano] **34.** 719—20. Dez. 1952. Trient, Soc. Lavorazioni Organiche Inorganiche.) STEINER. 8254

C. R. Porter und **B. Wood,** *Reaktion von Stickstofftetroxyd mit Octadecen-(l) und Butadien-(1.3).* Um zu prüfen, ob N_2O_4 ein geeignetes Reagens zur Charakterisierung u. Analyse von Olefinen ist, wurde das Octadecen-(1) gewählt, um an diesem die Wrkg. der Kettenverlängerung zu prüfen, u. Butadien-(1.3) als konjugiertes Dien. Die Einw. von N_2O_4 auf Octadecen-(1) verlief n. unter Bldg. eines Dinitroadditionsprod., 1.2-Dinitrooctadecan, $CH_3—(CH_2)_{15}—CH(NO_2)—CH_2NO_2$, sowie durch Nitro–Nitrit-Addition zu $CH_3(CH_2)_{15}—CH(ONO)—CH_2NO_2$ u. nach Hydrolyse zu 1-Nitrooctadecanol-(2), $CH_3(CH_2)_{15}—CH(OH)—CH_2NO_2$. Beide Additions-Rkk. verliefen gleicherweise mit 92%ig. Ausbeute, das Dinitroparaffin konnte aber nur in unreinem Zustand erhalten werden. Die N_2O_4-Anlagerung an Butadien-(1.3) im mol. Verhältnis von 1:1 u. 2:1 ergab mit 12,5 bzw. 14,5%ig. Ausbeute das krist. 1.4-Dinitrobuten-(2), $NO_2—CH_2—CH=CH—CH_2NO_2$. Durch Acetylierung, Hydrierung, Oxydation, Einw. von NH_3 wurden die Reaktionsprodd. weiter untersucht u. gefunden, daß N_2O_4 nicht geeignet ist, Olefine näher zu identifizieren. Ausführlicher Versuchsbericht mit Arbeitsweise u. Analysenzahlen. (J. Inst. Petroleum **38.** 877—81. Okt. 1952. Birmingham, Univ., Dep. of Chem. Engng.) K. O. MÜLLER. 8254

Babcock & Wilcox Co., New York, N. Y., V. St. A. (Erfinder: **C. L. Norton jr.**), *Aufheizen und Verbrennen von feinpulvrigen Brennstoffen oder von Ölen* erfolgt in einem Doppelschachtofen, durch den sich kontinuierlich erhitzte feste Wärmeträger von oben nach unten bewegen; diese werden im oberen Schachtofen direkt durch heiße Verbrennungsgase vorgewärmt u. dienen im zweiten Ofen zum Vorwärmen der Verbrennungsluft. Nach Verlassen des zweiten Ofens werden sie zum oberen Ofen zurückgeleitet. Die eigentliche Verbrennung erfolgt am unteren Ende des oberen Ofens in Berührung mit dem heißen Wärmeträger u. der im unteren Ofen vorerhitzten Luft. Die Beispiele erwähnen eine Ausnutzung der heißen Gase für keram. u. metallurg. Zwecke. —Vorr., Zeichnung. (**Schwed. P. 132 259** vom 4/7. 1945, ausg. 10/7. 1951. A. Prior. 4/7. 1944.) JÜRGEN SCHMIDT. 8129

Great Lakes Carbon Corp., übert. von: **John H. Hickey,** Morton Grove, Ill., V. St. A., *Kohlereinigung.* Zum Reinigen von bituminösen Kohlen werden diese in zerkleinerter Form mit einer wss. Lsg. eines Alkalimetallhydroxydes erhitzt, der 0,1—10% einer verdampfbaren, alkalilösl. organ. Verb., wie einem aliphat. Alkohol (A., Butyl- oder Propylalkohol), einem Phenol (Phenol, Kresol) oder einem verseifbaren Ester dieser Verbb. zugesetzt sind. Die Wärmebehandlung findet bei Tempp. zwischen 90 u. 200° so lange statt, bis die Asche der Kohlen gelöst ist, ohne daß eine Hydrolyse der Kohlen stattfindet. Die gereinigten Kohlen werden hierauf von der Behandlungslsg. getrennt. — Abbildung. (**A. P. 2 556 496** vom 9/12. 1947, ausg. 12/6. 1951.) HANS HOFFMANN. 8135

Fernando C. Kern, St. Louis, Mo., V. St. A., *Herstellung von Koksbriketts.* Kohle mit hohem Bitumengeh. wird grob zerkleinert, so daß die groben Teile ein 30—40-Maschensieb passieren. Ferner wird Kohle so pulverisiert, daß sie ein 200-Maschensieb passiert. 350 kg dieses Pulvers werden mit 20 Gallonen Naphtha u. pulverförmigem Pech vermischt, worauf der M. die 2—3fache Menge der Grobkohle zugesetzt wird. Die Mischung wird durch Kneten oder dgl. bearbeitet u. hierauf unter Zusatz von W. bis zur Bldg. einer fließfähigen M. erneut geknetet. Die M. wird durch Pressen zu Briketts verformt, die dann verkokt werden. (**A. P. 2 556 154** vom 16/6. 1947, ausg. 5/6. 1951.) HANS HOFFMANN. 8137

Badische Anilin- & Soda-Fabrik, Ludwigshafen/Rh. (Erfinder: **Ernst Donath,** Pittsburgh, Pa., V. St. A.), *Schwelen oder Verkoken von zerkleinerten Brennstoffen,* bes. staubförmigen, mittels Spülgasen. Ein Teil des gebildeten Schwelrückstandes wird unter Verwendung außenbeheizter Gefäße (Rohrschlangen) in die Reaktionszone zurückgeführt. Zweckmäßig werden die Rückstände vor der Rückführung mittels Luft, Wasserdampf, CO_2 u. dgl. bei erhöhter Temp. aktiviert. So werden z. B. 1 (Teil) gepulverter Ölschiefer u. 1 aktivierter Schwelrückstand im Gasstrom (ca. 50 Liter Gas auf 1 kg Schiefer) bei Atmosphärendruck in von außen beheizten Rohrschlangen auf 440^0 ca. 40 Sek. lang erhitzt. Nach einer elektr. Entstaubung des abgezogenen Gasstromes erhält man 31,5 (%) Teer, der 21 Bzn. (bis 200^0), 66 Mittelöl (200—350^0) u. 1,7 Asphalt ergibt. (**D. B. P. 864 246** Kl. 10a vom 4/7. 1942, ausg. 22/1. 1953.) W. HAUSWALD. 8141

Heinrich Koppers G. m. b. H., Essen, *Pechkohlenerzeugung.* Die Herst. von Pechkoks gemäß D. R. P. 705 576 wird dadurch verbessert, daß die bei der Dest. von Weichpech zu Hartpech, bei der Verkokung von Hartpech u. ähnlichen Destillationsvorgängen anfallenden Öle u. die Rückstände der Hochdruckhydrierung in ein dem Hartpech ähnliches Prod. übergeführt werden, das für die Verkokung in feuerfesten Ofenkammern geeignet ist. Das fl. Gut wird in der Destillationsvorr. durch Durchleiten von O_2, Luft oder eines Luft–Rauch-Gemisches nach entsprechender Aufheizung oxydiert u. dann durch Durchblasen von heißen Rauchgasen so weit dest., daß das heißfl. in die Ofenkammer einzufüllende Gut nicht überschäumt. (**D. R. P. 752 915** Kl. 10a vom 17/8. 1939, ausg. 6/10. 1952. **Zusatz zu D. R. P. 705 576.**) W. HAUSWALD. 8145

Universal Oil Products Co., Chicago, übert. von: **Frederick A. W. Leffer,** Riverside, Ill., V. St. A., *Destillation von feinverteiltem, Kohlenwasserstoffe enthaltendem Material mit hohem Aschegehalt.* In einer Destillationszone werden die zu behandelnden Gase mit einem gasförmigen Wärmeübertragungsmittel in Berührung gebracht; der heiße, feinverteilte Destillationsrückstand wird in einer Verbrennungszone zwecks Gewinnung heißer Verbrennungsgase verbrannt u. der unverbrennbare heiße, feinverteilte Rückstand wird mit Gasen, wie Dampf oder KW-stoffgasen, in Berührung gebracht, die dann als einziges Wärmeübertragungsmittel in die Destillationszone eingeführt werden. (**A. P. 2 544 843** vom 28/1. 1948, ausg. 13/3. 1951.) DEMMLER. 8147

Demag Akt.-Ges., Deutschland, *Vergasung feinkörniger Brennstoffe im Schachtgenerator von oben nach unten.* In kurzen Perioden werden inerte Gase, Dampf oder andere Vergasungsmittel im Gegenstrom durch das Brennstoffbett geführt. Die gröberen Bestandteile, bes. die Schlackenteile, gelangen in den unteren Teil, die feinen Teile werden von dem Gasstrom mitgerissen, ausgeschieden u. mit dem frischen Brennstoff der Vergasung von oben nach unten wieder zugeführt. Von der Schlacke getrennter Brennstoff wird ebenfalls oben wieder zugeführt. Der Gaserzeuger hat keinen Rost u. ist unten eingezogen. (**F. P. 999 051** vom 9/11. 1949, ausg. 28/1. 1952. Luxemburg. Prior. 24/11. 1948.) HOLM. 8149

Gulf Research & Development Co., Pittsburgh, Pa., übert. von: **Joel H. Hirsch,** Oakmont, und **Maurice J. Boegel,** Penn. Township, Pa., V. St. A., *Synthesegas* mit einem Verhältnis von H:CO wie 1,60:1 erhält man unter Energiegewinn bei Durchsatz von Erdgas durch einen OTTO-Motor, wobei eine angegebene Kompression eingehalten u. die Zündung vor Erreichung des Totpunktes durch die Kolben erfolgt. Das als Synthesegas geeignete Abgas wird teilweise entspannt u. gekühlt. (**A. P. 2 578 475** vom 9/5. 1949, ausg. 11/12. 1951.) MÖLLERING. 8153

N. V. Philips' Gloeilampenfabrieken, Eindhoven, Holland, *Generator zur Erzeugung von brennbarem Ölgas.* Im Generator werden Öl u. Luft im Gegenstrom geführt, u. zwar wird das Öl mit großer Geschwindigkeit im Gegenstrom zu nach oben ziehenden Gasen u. Dämpfen in Richtung auf eine von unten geheizte, bes. horizontale, Zersetzungsfläche, eingespritzt. Diese Fläche soll vorzugsweise aus einem Material von guter Wärmeleitfähigkeit hergestellt sein, bes. aus Metallen. — Zeichnungen. (**N. P. 79 301** vom 19/9. 1947, ausg. 5/11. 1951. Holl. Prior. 1/11. 1945.) JÜRGEN SCHMIDT. 8161

Gaston-Victor-Clément Lapessé, Frankreich (Eure), *Herstellung von Brenngasen von hohem Calorienwert.* Um Gase, die reich an Kohlenoxyden u. H_2 sind, durch Hydrierung nach den Verff. von SABATIER oder FISCHER-TROPSCH in hauptsächlich Methan überzuführen, wird das in ihnen vorhandene CO_2 durch Kühlung unter Druck verflüssigt, das fl. Prod. entspannt u. die dabei gewonnene Kälte dazu benutzt, zwei Vorrichtungen zur selektiven Adsorption zu kühlen. Die erste dieser Vorrichtungen dient zur Entfernung von schweren KW-stoffen, Harzen, H_2S-Resten, NH_3, C_2H_4 usw. aus dem Ausgangsgas vor der Hydrierung. In der zweiten Vorr. wird nach der Hydrierung das gebildete CH_4 u. gegebenenfalls C_2H_6 durch Adsorption von unveränderten Ausgangsstoffen getrennt. Als Adsorptionsmittel ist in beiden Fällen Aktivkohle geeignet. Die Hauptmenge des S wird auf chem. Wege entfernt, nämlich durch Red. mit Fe-Spänen zu H_2S u. dessen Absorption durch Alkali. — Zeichnung. (**F. P. 977 110** vom 25/6. 1942, ausg. 28/3. 1951.) NOUVEL. 8163

Vetrocoke S. p. A., Turin (Erfinder: **Guiseppe Giammarco,** Porto Marghera), Italien, *Entfernen von sauren Gasen, wie CO_2, H_2S* u. dgl. aus gasförmigen Gemischen, wobei das saure Gas in einer Absorptionsstufe durch Waschen mit einer Fl., z. B. K_2CO_3-Lsg., vom Gasgemisch getrennt u. die abgesaugte Absorptions-Fl. in einer Regenerationsstufe von den sauren Gasen befreit wird, dad. gek., daß die für diesen Vorgang erforderliche Wärme einer der beiden Verfahrensstufen oder beiden Stufen durch Dämpfe niedriger Temp. (z. B. abgesaugte Dämpfe von Anlagen zur Erzeugung von synthet. $(NH_4)_2SO_4$, beim Kokslöschen auftretende Dämpfe oder Auspuffgase von Brennkraftmaschinen) oder durch heiße Abgase (z. B. Abluft von Luftkühlungen, heiße Gasströme aus mit katalyt. Massen beschickten Anlagen oder Verbrennungsgase mit geringem CO_2-Geh.) zugeführt wird, die den zu reinigenden Gasen selbst oder fremden Quellen entstammen. (**D. B. P. 867 728** Kl. 26d vom 7/8. 1951, ausg. 19/2. 1953. It. Prior. 5/8. 1950.) DEMMLER. 8165

Koppers Co., Inc. (Erfinder: **Herbert Gollmar**), Pittsburgh, Pa., V. St. A., *Reinigung von Ammoniak, Schwefelwasserstoff, Cyanwasserstoff, Naphthalin und dergleichen enthaltenden Gasgemischen* mittels einer regenerierbaren Alkalicarbonatlösung. Das aus der beladenen Waschlsg. abgetriebene, NH_3, H_2S u. dgl. enthaltende Gasgemisch wird einem Gleichstromwascher zugeführt, in dem mittels Vorlagenkühlwassers, das in der Regenerierstufe als Wärmequelle für die verbrauchte Waschlsg. gedient hat u. dabei sowie durch zusätzliche Kühlung abgekühlt ist, der größte Teil des NH_3 aus dem Gasgemisch entfernt wird; danach werden die Restgase der den Unterdruck in der Regenerierstufe erzeugenden Vakuumpumpe u. das mit NH_3 angereicherte Vorlagenkühlwasser einem NH_3-Abtreiber zugeführt. — Zeichnung. (**D. B. P. 856 032** Kl. 26d vom 3/10. 1950, ausg. 17/11. 1952. A. Prior. 23/11. 1948.) DEMMLER. 8169

Roland Walker und **Cecil Raymond Wilkin,** Manchester, **Herbert George Cooper,** Aston-under-Lyne, und **Joseph Thompson Brown,** Alkrington, Lancashire, England, *Auswaschen von Schwefelwasserstoff aus Gasen.* Verwendet wird eine wss. Alkalicarbonat enthaltende Suspension von Eisenhydroxyd, -carbonat oder bas. Carbonat bei einer Temp. von 20—30°. Die Suspension soll frei von lösl. Sulfiden sein, das 2—3fache der zur Bldg. von lösl. Sulfiden theoret. notwendigen Menge Alkalicarbonat u. wenigstens die doppelte zur Bldg. von Eisensulfid theoret. notwendigen Menge Eisenverbb. enthalten. Gewaschen wird in 3 hintereinandergeschalteten Waschzonen, die aus einem gemeinsamen Vorratsbehälter mit der Aufschlämmung beschickt werden. Nach dem Waschen wird die Aufschlämmung mit Luft behandelt zum Auffrischen, wobei zweckmäßig vor dem Oxydieren eine gewisse Zeit für die Rk. zwischen den lösl. Sulfiden u. den Eisenverbb. gelassen wird. Danach wird die Aufschlämmung in den Vorratsbehälter geleitet. (**Can. P. 477 149** vom 16/10. 1946, ausg. 25/9. 1951. E. Prior. 5/11. 1945.) SCHÖNAUER. 8173

Koppers Co., Inc. (Erfinder: **Alfred Powell**), Pittsburgh, Pa., V. St. A., *Entschwefeln von Gasen*, bes. solchen, die neben H_2S 1,5—2 Vol.-% CO_2 enthalten, mittels einer Alkalicarbonatlsg., die mit Luft regeneriert wird. Ein Teil der regenerierten Lsg. wird vor Rückführung in die Absorption abgetrennt u. in eine weitere Regenerierstufe geleitet, in der mittels Wärme das in der Absorptionsstufe absorbierte CO_2 prakt. vollständig ausgetrieben wird, wonach der CO_2-freie Teilstrom wieder in die Absorptionsstufe zurückgeführt wird. — Zeichnung. (**D. B. P. 856 031** Kl. 26d vom 3/10. 1950, ausg. 17/11. 1952. A. Prior. 15/1. 1941.) DEMMLER. 8173

Aktiebolaget Statens Skogsindustrier, Stockholm, Schweden (Erfinder: **W. Tuchmann**), *Verbesserung von in Öfen hergestelltem Holzteer.* Man behandelt den Holzteer ohne Abtrennung der Teeröle mit Holzteersäure zur Entfernung von Oxysäuren, bes. Oxyfettsäuren. (**Schwed. P. 132 773** vom 14/8. 1947, ausg. 4/9. 1951.) JÜRGEN SCHMIDT. 8179

United States of America, übert. von: **James R. Smith** und **Gerald U. Dinneen,** Laramie, Wyo., V. St. A., *Reinigen von Schieferöl.* Um organ. N_4-Verbb. u. KW-stoffe getrennt aus Schieferölen zu gewinnen, welche N-Verbb. in Mengen von 10—60 Gew.-% neben Olefinen u. Aromaten enthalten, perkoliert man das Schieferöl durch eine Säule körnigen Mg-Silicats, wobei der größere Teil der N-Verbb. adsorbiert wird. Man gewinnt die in dem Schieferöl enthaltenen KW-stoffe, indem man durch die Säule ein vorwiegend unpolares Auswaschmittel (z. B. gesätt. KW-stoffe der Paraffinreihe) perkoliert, welches die KW-stoffe mitnimmt, ohne die N-Verbb. zu desorbieren. Anschließend perkoliert man ein polares Desorptionsmittel (Methanol, Äthanol, n-Propyl- u. Isopropylalkohol) durch die Säule, wobei die N-Verbb. vollständig aus dem Adsorptionsmittel verdrängt werden. — Vorrichtung. (**A. P. 2 606 143** vom 31/8. 1950, ausg. 5/8. 1952.) UNGER. 8181

Union Oil Co. of California, Los Angeles, übert. von: **Paul W. Fischer,** Long Beach, Calif., V. St. A., *Bohrflüssigkeit für Ölsonden.* Man dispergiert in Mineralöl 1—10 (Gew.-%) Alkalimetallharzseife, 0,1—5 $Ca(OH)_2$ oder CaO, 0,1—5 hydratisierbaren Ton, 0,2 bis 10 W. u. 2—20 feinverteiltes, in KW-stoffen unlösl. Fichtenharz. (**A. P. 2 617 767** vom 21/10. 1950, ausg. 11/11. 1952.) DERSIN. 8189

Truman B. Wayne, Houston, Tex., V. St. A., *Demulgiermittel.* Ein benetzbares, oberflächenakt. Kondensationsprod. aus einer mehrbas. Carbonsäure u. einer hydroxylierten Aminoverb., das in einer Erdölemulsion dispergierbar ist, löst diese Emulsion auf; die hydroxylierte Aminoverb. bildet sich bei der Einführung der Amidogruppe, bei der Veresterung u. Seifenbldg. zwischen einer Säure u. einem hydroxylierten Amin. Beispiele für verschied. prim., sek. u. tert. Alkylolamine sind Monoäthanolamin (ebenso Di- u. Tri-), Beispiele für mehrbas. Carbonsäuren von aromat. oder aliphat. Natur sind Phthalsäureanhydrid, Maleinsäure, Bernsteinsäure u. andere. (**A. P. 2 547 188** vom 20/11. 1942, ausg. 3/4. 1951.) UNGER. 8191

Sinclair Refining Co., New York, N. Y., übert. von: **Reading Barlow Smith,** Hammond, Ind., V. St. A., *Vakuumdestillation von Rückständen schwerer KW-stoffe.* Um die Kolonne klein zu halten, wird bei höherer Temp. u. höherem Druck dest. als üblich (ca. 830° F u. 200 mm Hg statt ca. 700° F u. 50 mm Hg). Die durch beginnende Crackung (infolge der höheren Temp.) entstehenden Gase werden vor dem Reduzierventil am Kolonneneingang abgezogen. — Zeichnung. (**A. P. 2 570 607** vom 18/11. 1948, ausg. 9/10. 1951.) v. HUHN. 8193

Standard Oil Development Co., Elizabeth, N. J., V. St. A., *Raffination von Mineralölen.* Man wäscht mit Säure vorraffinierte u. neutralisierte Öle, die gegen Cu noch korrosiv sind, in der Wärme mit einer wss. Lsg. von Na_2SO_3. (**E. P. 634 402** vom 20/5. 1947, ausg. 22/3. 1950. A. Prior. 10/9. 1946.) DERSIN. 8195

Houdry Process Corp., Philadelphia, Pa., V. St. A. (Erfinder: **Willis Jollif Cross jr.**), Swarthmore, *Umwandlung flüssiger Kohlenwasserstoffe.* Fließende feste Kontaktstoffe werden in einem durch Schwerkraft bewirkten Fluß durch eine Umwandlungszone (I) geführt. Dabei wird der Strom fließender Kontaktstoffe, der fl. KW-stoffe enthält, durch eine umgrenzte Zone im oberen Teil der I geführt u. vom unteren Ende der umgrenzten Zone abgelassen, wobei den fl. KW-stoffen vom unteren Umfang der umgrenzten Zone eine nach außen u. unten gerichtete Bewegung mitgeteilt wird u. die fl. KW-stoffe mit den festen Kontaktstoffen in Berührung gebracht werden. — Zeichnung. (**D. B. P. 868 202** Kl. 23b vom 4/8. 1951, ausg. 23/2. 1953. A. Prior. 11/8. 1950.) UNGER. 8197

Badische Anilin- & Soda-Fabrik, Ludwigshafen/Rh. (Erfinder: **Gerhard Free**), *Gasförmige Olefine, Ruß und flüssige aromatische Kohlenwasserstoffe* erhält man aus Rohölen, deren höhersd. Fraktionen oder Rückständen durch Spaltung bei $>500°$, wobei man die fl. Spaltprodd. ganz oder teilweise erneut der Spaltung, zweckmäßig durch Rückführung, unterwirft, bis ein weitgehend aus fl. aromat. KW-stoffen bestehendes Reaktionsprod. vorliegt. Die $>200°$ sd. Anteile desselben verarbeitet man in bekannter Weise auf Ruß u. spaltet zweckmäßig die bei der Spaltung anfallenden gasförmigen KW-stoffe nach Abtrennung der Olefine zur Erhöhung der Olefinausbeute weiter. (**D. B. P. 878 829** Kl. 23b vom 9/6. 1951, ausg. 8/6. 1953.) UNGER. 8197

Universal Oil Products Co., Chicago, übert. von: **Frederick W. Leffer,** Riverside, Ill., V. St. A., *Umwandlung von Kohlenwasserstoffen.* Man leitet einen reaktionsfähigen Strom organ. Stoffe (I) aufwärts durch ein sich abwärts bewegendes Bett wärmespeichernder fester Teilchen, die durch eine Reaktionszone (II) u. eine darüber angeordnete Erhitzungszone (III) laufen. Die I strömen bei Umwandlungstemp. durch das Bett in II. Man nimmt vom oberen Teil der II einen Strom fl. Umwandlungsprodd. ab u. zieht fortlaufend aus dem unteren Teil der II feste Teilchen ab u. mischt sie mit heißen Verbrennungsgasen. Die entstehende Suspension strömt durch ein begrenztes gerades Rohr aufwärts. Dieses Rohr geht durch II u. das darin befindliche Bett sowie durch die ganze Höhe des Bettes in **III** u. hält den Wärmeaustausch zwischen beiden Betten aufrecht. Man entfernt die festen Teilchen aus der Suspension am oberen Teil des Bettes in **III** u. leitet ein freien O_2 enthaltendes Gas aufwärts durch das Bett in **III** u. brennt das darin enthaltene kohlige Material ab. Einen Strom der erhitzten festen Teilchen leitet man aus dem unteren Teil von **III** abwärts bei einer Temp., die über der Umwandlungstemp. liegt, in den oberen Teil des Bettes in **II**. Man entfernt heiße Verbrennungsgase aus dem niederfallenden Bett u. aus dem begrenzten geraden Rohr im oberen Teil von **III**. Daraus ergänzt man einen Strom der heißen Verbrennungsgase bei der Temp. ihrer Entfernung aus **III**. Mit dieser Temp. gelangen sie zu den bereits gebrauchten Teilchen, die in das gerade Rohr eintreten. Das Verf. kann zur Reformierung niederer Benzine zwecks Verbesserung der Octanzahl sowie zur Herst. von Olefinen, Dienen, Acetylen oder deren Gemischen aus gesätt. niedrigmol. fl. KW-stoffen dienen. — Zeichnung. (**A. P. 2 597 346** vom 29/10. 1948, ausg. 20/5. 1952.) UNGER. 8197

I. G. Farbenindustrie Akt.-Ges., Frankfurt/M. (Erfinder: **Gerhard Free** und **Wilhelm v. Füner**, Ludwigshafen/Rh.), *Spalten von Kohlenwasserstoffölen oder Druckhydrierung von Kohlen, Teeren oder Mineralölen* in Ggw. künstlich hergestellter Metallsilicate (**I**), die dadurch erhalten wurden, daß man eine die Metallverb. enthaltende Kieselsäuregallerte (Hydrogel) in <1 Std. auf mindestens 500° erhitzt. Man kann auch **I** verwenden, die durch Versprühen der die Metallverb. enthaltenden Kieselsäuregallerte oder des Kieselsäuresols in einem hocherhitzten Ofen erhalten wurden. — Beispiel: 650 g Wasserglaslsg. (26 % SiO_2) werden auf 3 Liter mit W. verd. u. mit 170 cm³ konz. HCl angesäuert. Durch Zugabe von NH_3 wird p_H von 4,5 eingestellt u. unter Rühren mit einer Lsg. von 680 g $Al(NO_3)_3$ in 2 Liter W. versetzt. Die frei werdende Säure wird mit so viel NH_3 abgestumpft, daß p_H 4,5 erhalten bleibt. Der Nd. wird abfiltriert u. mit W. gewaschen, die abgenutschte Gallerte durch einen auf 600° geheizten Röhrenofen geleitet. Nach 5 Min. hat der Katalysator die Temp. des Ofens angenommen. (**D. R. P. 752 698** Kl. 23b vom 14/7. 1940, ausg. 22/6. 1953.) UNGER. 8197

Standard Oil Development Co., übert. von: **Sumner B. Sweetser**, Cranford, N. J., V. St. A., *Herstellung und Verwendung von Katalysatoren.* Um chem. Rkk. mit stark adsorbierendem, kohligem Material durchzuführen, leitet man einen Strom feinverteilten, festen kohligen Materials (Kohle oder Koks, 60-Maschensieb) von einer äußeren Quelle in eine 1. Vergasungszone (**I**) u. entwickelt darin eine Wirbelschichtmasse. Diese M. unterwirft man einer Vergasungs-Rk. mit Dampf bei ca. 1700—1900° F während genügend langer Zeit, um ein flüchtiges Prod., bestehend aus CO u. H_2, u. einen festen Vergasungsrückstand großer Oberfläche (mindestens 500 m²/g) zu bilden, der durchschnittlich 50—80 % C enthält. Man zieht das flüchtige Prod. aus der 1. **I** ab, ebenso den Rückstand, u. leitet einen Teil desselben in eine getrennte Zone, wo er im Wirbelzustand gehalten wird. Man bringt die zuletzt genannte Rückstandsmasse (**II**) in dieser abgetrennten Zone mit KW-stoffen unter Bedingungen in Berührung, die einer Ablagerung kohligen Materials auf dieser **II** förderlich sind. Den Überschuß des aus der 1. **I** abgezogenen Materials leitet man in eine 2. **I**, wo man es zu einer Vergasung mit einem oxydierenden Gas bei ca. 1700—1900°F unterwirft, um ein Treibgas zu erzeugen. — Zeichnung. (**A. P. 2 619 449** vom 30/12. 1948, ausg. 25/11. 1952.) UNGER. 8197

Petrocarbon Ltd., übert. von: **H. Steiner, W. E. Huggett** und **F. Popper**, London, England, *Umwandlung von flüssigen Kohlenwasserstoffen in olefinhaltige Gase und aromatische Kohlenwasserstoffe.* Die Ausgangs-KW-stoffe haben Kp. 50—400° u. bestehen größtenteils aus nichtaromat. KW-stoffen. Diese werden in der Dampfphase durch eine Reaktionskammer geleitet, welche mit getrocknetem , wasserfreiem keram. Material gefüllt ist. Reaktionstemp. 600—800°. Druck 5 at. — Als Füllmaterial dienen z. B. Stücke aus Hochspannungsisoliermaterial. (**Can. P. 484 151** vom 2/4. 1949, ausg. 17/6. 1952. E. Priorr. 12/4. 1948 u. 30/3. 1949.) M. F. MÜLLER. 8197

Standard Oil Co., Chicago, übert. von: **Glenn M. Webb**, Western Springs, Ill., V. St. A., *SiO_2–MgO-Katalysator für Kohlenwasserstoffumwandlungen.* Der neue Katalysator, der sich durch eine große Lebensdauer u. leichte Regenerierbarkeit auszeichnet, besteht aus einer homogenen, porösen Mischung katalyt. inakt. Kieselsäure mit ca. 10—25 Gew.-% MgO (bezogen auf Trockensubstanz) in Form eines akt. Mg-Silicats ($4 SiO_2 \cdot 3 MgO \cdot H_2O$). Man mischt Magnesia mit einem stöchiometr. Überschuß akt. Kieselsäure (z. B. Kieselgel u. gefälltes $Mg[OH]_2$), wäscht die Mischung ionenfrei ($Na^{\cdot}$, SO_4'') u. setzt die Oxyde (in Ggw. von W. oder Dampf) zu Mg-Silicat u. freier Kieselsäure um. Man trocknet die Mischung u. desaktiviert die überschüssige freie Kieselsäure durch Dämpfen bei 800—1400° F, wobei sie in die katalyt. inakt. Form übergeht. — Zeichnung. (**A. P. 2 605 237** vom 15/4. 1950, ausg. 29/7. 1952.) UNGER. 8197

Standard Oil Development Co., übert. von: **Charles N. Kimberlin jr.** und **Julius P. Bilisoly**, Baton Rouge, La., V. St. A., *Regenerierung von Spaltkatalysatoren* (**I**). Man mischt den verbrauchten I (SiO_2–Al_2O_3-Gel) mit einer wss. Lsg. von NH_4F (1–2 Gew.-%, Gesamtmenge 2–3 Gew.-%, bezogen auf I), rührt den gebildeten Schlamm 1–3 Std. bei ca. 125° F, trennt den behandelten I von dem Schlamm, wäscht u. trocknet ihn. Der getrocknete I wird ca. 24 Std. bei ca. 1050° F u. ca. 60 lbs./sq.in. mit Dampf behandelt. Bei der Spalt-Rk. wurde der I Tempp. von >800° F ausgesetzt. (**A. P. 2 618 613** vom 27/10. 1948, ausg. 18/11. 1952.) UNGER. 8197

XXI. Leder. Gerbstoffe.

A. Hatz, *Wie verhindert man schlechte Narbenfestigkeit?* Beschreibung der Herst. von Ledern mit leicht abgeschliffenem Narben („corrected grain"-Leder). (Rev. techn. Ind. Cuir **44.** 197–99. Okt. 1952. Ludwigshafen.) O. ENGEL. 8340

Pierre Gourlay, *Die Imprägnierung technischer oder mechanisch beanspruchter Leder.* Die Imprägnierung von Ledern mit Polysulfidpolymeren wird besprochen. — Tabelle. (Rev. techn. Ind. Cuir **45.** 26–28. Febr. 1953.) O. ENGEL. 8340

J. Frère, *Schutz des Leders gegen Schimmelbefall.* Es wird eine Übersicht über die Stoffe gegeben, die eine Schimmelbldg. auf Leder in den Tropen verhindern. Es wird hauptsächlich die Verwendung von p-Nitrophenol u. Pentachlorphenol besprochen. (Rev. Produits chim. **54.** 104–05. 31/5. 1951.) O. ENGEL. 8340

Gustav Wiegand, *Pflegemittel für Kunstlederschuhwerk.* Allg. Ausführungen. (Dtsch. Schuh- u. Leder-Z. **2.** 217–18. Aug. 1953. Freiberg/Sa., Dtsch. Lederinst.) WINIKER. 8340

Fritz Stather, *Sachgemäße Lederbehandlung und Lederpflege.* Allg. Ausführungen. (Dtsch. Schuh- u. Leder-Z. **2.** 211–14. Aug. 1953. Freiberg/Sa., Dtsch. Lederinst.) WINIKER. 8340

J.-L. de Hauss, *Spektrophotometrische und photocolorimetrische Analysen in der Lederindustrie.* Die spektrophotometr. u. colorimetr. Best. von Gerbstoffen, bes. Mimosa, u. die Messung der Oberflächenfarbe mit photoelektr. Colorimetern wird besprochen. — 5 Abbildungen. (Rev. techn. Ind. Cuir **44.** 205–09. 15/11. 1952.) O. ENGEL. 8360

G. W. Schultz, *Bewertung einiger pflanzlicher Gerbmaterialien.* Zur Prüfung des gerber. Verh. pflanzlicher Gerbstoffe wird eine modifizierte Form der Gerbwertbest. vorgeschlagen. Eine 10 g trockener Hautsubstanz entsprechende Menge Hautpulver wird in 100 ml W. 24 Std. geweicht, dann wird mit der zu untersuchenden Gerbstofflsg. unter zeitweisem Schütteln 24 Std. gegerbt, wobei die Gesamtschütteldauer 1 Std. beträgt. Die Gerbstoffmenge wird so bemessen, daß zusammen mit dem Einweichwasser Lsgg. von 6 g Gerbstoff in 200 ml Lsg., 12 g Gerbstoff in 400 ml Lsg. u. 12 g in 300 ml Lsg. entstehen. Die aufgenommene Gerbstoffmenge wird indirekt durch Eindampfen eines aliquoten Teils der Lsgg. vor u. nach der Gerbung bestimmt. Alle Verss. werden beim natürlichen p_H der Gerbstoffe u. nach Einstellung auf p_H 4,40 ausgeführt. Für eine Anzahl von Gerbstoffen werden die gefundenen Werte angegeben. Ligninextrakte sind nach den erhaltenen Werten nicht als echte Gerbstoffe anzusehen. — Tabelle. (Leather and Shoes **125.** Nr. 5. 8–9. 36. 31/1. 1953. Elkland Leather Comp.) O. ENGEL. 8364

Badische Anilin- & Soda-Fabrik (Erfinder: **Friedrich Wilhelm Guthke**), Ludwigshafen/Rh., *Herstellung von Gerbstoffen.* Bei dem Verf. des D. R. P. 701 563 verwendet man mehrwertige aromat. Oxyverbb., gegebenenfalls in Mischung mit einwertigen. Z. B. wird Brenzcatechin (I) sulfoniert, mit W. verd. u. mit Harnstoff u. CH_2O umgesetzt. Dann wird erneut mit W. verd., mit NH_3 abgestumpft u. mit I u. CH_2O umgesetzt. (**D. B. P. 874 312** Kl. 12q vom 12/8. 1942, ausg. 23/4. 1953. **Zusatz zu D. R. P. 701 563; C. 1941. I. 2076.**) FABEL. 8337

I. G. Farbenindustrie Akt.-Ges., Frankfurt/M. (Erfinder: **Fritz Vorsatz,** Karlsruhe, Baden), *Umsetzungsprodukte aus Sulfitcelluloseablauge.* Die wss. Lauge wird in Ggw. säurebindender Stoffe mit Verbb. umgesetzt, die an Alkylgruppen gebundene Halogenatome, jedoch keine wasserlösl. machenden Gruppen enthalten, z. B. mit Benzylchlorid, Dichloräthylen, 1-Chlormethylnaphthalin, Hexylbromid oder Allylchlorid. Die Reaktionsprodd. wirken nicht reduzierend u. sind der unbehandelten Ablauge in der *Gerbwrkg.* überlegen. (**D. R. P. 752 830** Kl. 12o vom 31/5. 1939, ausg. 11/5. 1953.) BRÖSAMLE. 8337

Badische Anilin- & Soda-Fabrik, Ludwigshafen/Rh. (Erfinder: **Gerhard Otto,** Mannheim), *Veredelung von ungegerbtem kollagenem Material.* Man behandelt es mit Äthyleniminabkömmlingen, die den allg. Formeln I bzw. II entsprechen, worin X eine —CO—, $-C{\lt}^{O}_{O-}$, —CO·NH—, —CH_2O— oder —SO_2-Gruppe, R einen Alkyl-, Cycloalkyl-,

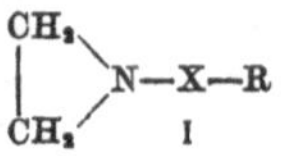

I

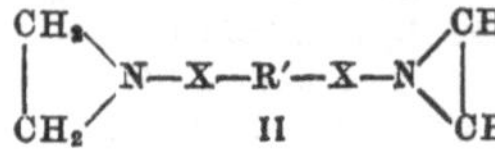

II

Aryl- oder Aralkylrest u. R' einen Alkylen- oder Arylenrest bedeuten, oder worin —X—R'—X— den Rest $-C_2H_4 \cdot NH \cdot CO \cdot CO \cdot NH \cdot C_2H_4-$ bedeutet. Geeignet sind z. B. Acetyläthylenimid, Butyroyläthylenimid, N.N-Äthylenäthyl- oder -butylurethan, Hexamethylendiäthylendiiminharnstoff, Propyl-, Cyclohexyl- oder Benzyl-N.N-äthyleniminomethyläther. (**D. B. P. 863 982** Kl. 28a vom 27/9. 1941, ausg. 22/1. 1953.) v. SCHILLER. 8339

Isar-Chemie G. m. b. H., München (Erfinder: **Friedrich Zimmer**, Frankfurt/M.), *Zurichtung von Spaltleder, Lederabfällen und dergleichen.* Man bringt in die Oberfläche des zu behandelnden Leders selbsthärtende Kunststoffpolymerisate, die elast. Häute bilden, bes. in Form ihrer Lsgg., unter Vermeidung eines völligen Durchdringens, vorzugsweise unter sorgfältigem Einmassieren von einer Seite bis zu einer Eindringtiefe von nicht mehr als der Hälfte der Spaltdicke, in die Lederschicht ein u. bringt auf die hierauf gebildete Sperrschicht (I) mindestens eine Überzugsschicht gleichen oder artgleichen Materials auf, die als Träger der Narbung dient. I ist z. B. Polyvinylchlorid oder ein Mischpolymerisat mit üblichen Zusätzen, wie Weichmacher in Form hochviscoser Lösungen. (**D. B. P. 863 540** Kl. 28a vom 23/7. 1950, ausg. 19/1. 1953.) v. SCHILLER. 8341

Böhme Fettchemie G. m. b. H. (Erfinder: **Friedrich Schmidt**), Düsseldorf, *Herstellung von Sämischleder.* Man unterwirft Reh-, Hirsch-, Renntier-, Gemsenfelle oder andere geeignete Felle, die zuvor durch Weichen, Schwöden, Äschern, Entfernung des Narbens u. Beizen vorbereitet sind, einer Gerbung mit CH_2O bei neutraler Rk. u. einer Nachgerbung mit Fettalkoholsulfonaten (I) u. Al-Salzen niedriger aliphat. Monocarbonsäuren bei saurer Reaktion. Vor der Gerbung kann auch noch eine Vorbehandlung mit einem Gemisch von I mit 6—10 C-Atomen erfolgen. (**D. B. P. 863 845** Kl. 28a vom 4/10. 1942, ausg. 19/1. 1953.) v. SCHILLER. 8341

XXII. Leim. Klebstoffe usw.

R. Schlicht, *Neoprene-Klebstoffe.* Überblick über Herst., Eigg. u. Anwendungen. Gummi u. Asbest 6. 416—20. 1/10. 1953.) WINIKER. 8388

United States of America, übert. von: **Arthur C. Beckel** und **John C. Cowan**, Peoria, und **Paul A. Belter**, Pekin, Ill., V. St. A., *Heißsiegelbare Eiweiß-Klebstoffe.* Man verwendet wasserlösl. Extrakte von entfettetem Sojamehl, das vorher von in A. lösl. Anteilen befreit wurde. (**A. P. 2 600 388** vom 5/4. 1949, ausg. 17/6. 1952.) LÜTTGEN. 8385

VEB Cirine-Werk (Erfinder: **Johannes Pfanner**), Chemnitz, *Caseinleim.* Man verwendet zur Herst. von Caseinleim als bindekrafterhöhenden Zusatz 10—40% (auf Trockenleimsubstanz bezogen) heterodispers gemahlenen reinen Kalkspat (I) von einer Korngröße zwischen 2 u. 120 μ. Man verwendet z. B. für feuchtfeste Verleimungen ein Gemisch aus 50 kg Casein von der Acidität 11,5, 15 kg Kalkhydrat, 4,5 kg NaF, 2,5 kg Na_2CO_3 u. 26 kg I mit einem Zusatz von 2 kg Petroleum; ein mit W. hergestellter Leim dieser Art besitzt eine hohe Trockenbindefestigkeit. (**D. P. [DDR] 1 160** Kl. 22i vom 10/1. 1945, ausg. 12/7. 1952 [Wirtschaftspatent].) RAETZ. 8385

Sharples Corp., übert. von: **Walter C. Davis**, Tredyffrin Township, Pa., V. St. A., *Aufarbeiten von Walfischleimwasser.* Man hält es auf $>180°$ F u. $<212°$ F, stellt mit Säure, z. B. H_2SO_4, auf p_H 4—5 ein u. trennt nach 15 Min. Ruhe Festbestandteile u. Öl mechan. ab. Das gereinigte Leimwasser neigt nicht mehr, auch nicht in getrocknetem Zustande, zur Zersetzung. — Zeichnung. (**A. P. 2 598 038** vom 3/6. 1950, ausg. 27/5. 1952.) LÜTTGEN. 8385

Deutsche Gelatinefabriken, Göppingen/Württ. (Erfinder: **K. Kipphan** und **H. Koepp**), *Herstellung von Gelatine oder Leim aus kollagenhaltigen Rohstoffen.* Man behandelt diese mit einer sauren oder alkal.-wss. Fl., wobei die Konz. dieser Stoffe so gehalten wird, daß keine Gerbung erfolgt, aber bei der Behandlungstemp. die Gelatine gefällt wird. Die Temp. wird so bemessen (50°), daß die Gelatine oder der Leim in einen leicht herauslösbaren Zustand übergeführt werden. (**Schwed. P. 134 560** vom 18/10. 1950, ausg. 19/2. 1952. Schwz. Prior. 14/12. 1949.) JÜRGEN SCHMIDT. 8385

Scheidemandel-Motard-Werke Akt.-Ges., Berlin (Erfinder: **J. Kohl**), *Hochwertiger Knochenleim.* Die Knochen werden vor der Entleimung mit einer Aufschlämmung von MgO oder $Mg(OH)_2$ bei einem p_H-Wert 7—8 behandelt. (**Schwed. P. 134 743** vom 11/1. 1943, ausg. 4/3. 1952. D. Prior. 31/3. 1942.) JÜRGEN SCHMIDT. 8385

Soc. An. des Manufactures des Glaces et Produits Chimiques de Saint-Gobain, Chauny & Cireyes Paris, Frankreich, *Herstellung von festen, kaltlöslichen Alkalisilicaten.* Eine Lsg. eines Alkalisilicats, bei dem das Verhältnis $R = SiO_2:M_2O$ zwischen 2,5 u. 4 liegt, wird konz., bis der Wassergeh. zwischen 44% für R = 2,5 u. 54% für R = 4 liegt. Darauf wird die Lsg. durch Abkühlung in den Gelzustand übergeführt u. das Gel durch Mahlen zerkrümelt. Das gemahlene Gel wird, bes. in kaltem Zustand, z. B. durch einen Luftstrom, so weit getrocknet, daß es nicht mehr zusammenbackt. Bei zu starker Trocknung wird das Silicat weniger löslich. — *Klebmittel, Bindemittel* u. Anstrichmittel. (**D. B. P. 835 593** Kl. 12i vom 22/3. 1949, ausg. 3/4. 1952. F. Priorr. 26/5. u. 17/10. 1944.) ZÜRN. 8389

Monsanto Chemical Co., übert. von: **Jan V. Wilson,** St. Louis, Miss., V. St. A., *Klebstoff,* bestehend aus einer wss. Dispersion eines Polymerisates (I), wie Polyvinylchlorid, Polystyrol oder Mischungen dieser mit Polyvinylbutyral u. 10—100% wasserlösl. Lösungsm. mit Kp. >100°, z. B. Diäthylenglykolmonoäthylätheracetat, Äthylenglykolmonobutyläther oder γ-Valerolacton. (**E. P. 675 764** vom 24/11. 1948, ausg. 16/7. 1952. A. Prior. 29/11. 1947.) LÜTTGEN. 8389

Van Cleef Bros., Inc., Chicago, Ill., V. St. A. (Erfinder: **J. E. A. Hopkins, C. E. Frick** und **P. van Cleef**), *Selbstklebende Klebestreifen.* Eine Unterlage aus Polyvinylchlorid wird mit einer Klebepaste aus polymerisiertem Dien oder Kautschuk mit 10 bis 30 Teilen Methylen-bis-[4-phenylisocyanat] versetzt. (**Schwed. P. 135 684** vom 10/4. 1951, ausg. 13/5. 1952.) JÜRGEN SCHMIDT. 8389

Gummed Products Co., Troy, O., V. St. A. (Erfinder: **D. S. Bruce** und **H. L. Heise**), *Klebemittel, besonders Klebestreifen.* Das Klebemittel besteht aus wenig Polyvinylalkohol mit viel Sulfitablauge, die bes. aus Ligninsulfonsäure besteht. — Z. B. enthält die M. 25 (Teile) Polyvinylalkohol, 300 zu Trockenpulver eingedampfte Sulfitablauge, 15 Weichmacher u. 325 Wasser. (**Schwed. P. 134 472** vom 11/2. 1947, ausg. 5/2. 1952.) JÜRGEN SCHMIDT. 8389

Steinkohlenbergwerk Rheinpreußen, Homberg, und **Alfred Kuhlmann,** Düsseldorf (Erfinder: **Walter Grimme,** Moers, **Alfred Kuhlmann,** Düsseldorf, und **Friedrich Josten,** Moers), *Herstellung eines wasserabweisenden Bindemittels für faserige Materialien, z. B. Holzfasern.* Man führt die alkal. Kondensation von Phenol oder dessen Homologen bzw. Gemischen dieser Stoffe mit Aldehyden, wie CH_2O, in Ggw. eines teilweise oxydierten Paraffins durch. (**D. B. P. 851 096** Kl. 22i vom 10/2. 1949, ausg. 2/10. 1952.) MAASS. 8389

Steinkohlenbergwerk Rheinpreußen, Homberg (Erfinder: **Walter Grimme,** Moers, **Willi Haferkamp,** Oberhausen, und **Friedrich Josten,** Moers), *Herstellung eines wasserabweisenden Bindemittels für faserige Materialien, z. B. Holzfasern.* Man führt die alkal. Kondensation von Phenolen mit Aldehyden u. gegebenenfalls weiteren Carbonylverbb. in Ggw. eines teilweise oxydierten Paraffins in einem Arbeitsgang mit der gesamten für die Kondensation notwendigen Alkalimenge durch u. dehnt die Kondensationszeit auf ca. 1 Std. u. länger aus. (**D. B. P. 851 097** Kl. 22i vom 15/7. 1949, ausg. 2/10. 1952.) MAASS. 8389

N. V. de Bataafsche Petroleum Mij., Den Haag, Holland (Erfinder: **H. A. Newey** und **E. C. Shokal**), *Herstellung von flüssigem Leim.* Glycidäther von 2-wertigen Phenolen, die >1 Epoxygruppe je Mol. enthalten, werden mit *Triäthylamin* als Härtungsmittel vermischt. Gegebenenfalls wird ein Lösungsm. zugesetzt. Als solches dienen bes. Epoxyverbb., z. B. ein Polyglycidäther von Glycerin. Man kann aber auch übliche Weichmacher, z. B. Dibutylphthalat, verwenden. (**Schwed. P. 135 592** vom 30/6. 1949, ausg. 6/5. 1952. A. Prior. 26/7. 1948.) JÜRGEN SCHMIDT. 8389

N. V. de Bataafsche Petroleum Mij., Den Haag, Holland (Erfinder: **Q. T. Wiles** und **H. A. Newey**), *Streichbare, flüssige Masse aus Glycidäthern.* Die M. enthält Glycidäther von mehrwertigen Phenolen mit >1 Epoxygruppe je Mol. u. eine unter n. Bedingungen fl. Epoxyverb., die einen Kp. von mindestens 100° bei 1 at besitzt. Die fl. Epoxyverb. soll bes. eine Monoepoxyverb., bes. ein Monoepoxyäther, wie Polyglycidäther mehrwertiger Alkohole, sein. Die Massen dienen bes. als *Kaltleim.* (**Schwed. P. 135 593** vom 26/4. 1950, ausg. 6/5. 1952. A. Prior. 29/4. 1949.) JÜRGEN SCHMIDT. 8389

N. V. de Bataafsche Petroleum Mij., Den Haag, Holland (Erfinder: **Q. T. Wiles**), *Leim.* Die M. enthält einen Glycidäther eines 2wertigen Phenols, der >1 Epoxygruppe im Mol. enthält, im Gemisch mit einem feinverteilten amphoteren Oxyd, bes. Al_2O_3. Daneben kann auch noch ein fl. Verdünnungsmittel, z. B. ein Polyglycidäther eines mehrwertigen Alkoholes, vorhanden sein. (**Schwed. P. 135 594** vom 26/4. 1950, ausg. 6/5. 1952. A. Prior. 29/4. 1949.) JÜRGEN SCHMIDT. 8389

Eastman Kodak Co., übert. von: **Donald J. Kridel** und **William J. Rogers,** Rochester, N. Y., V. St. A., *Nitrocellulose mit klebenden Eigenschaften.* Nitrocellulose mit 10—12% N u. einer Viscosität von 2—80 Sek. wird mit 10—30%ig. wss. H_2SO_4 erhitzt, bis sie einen SO_4-Geh. von 0,3—3% aufweist. Nach dem Abtrennen der Säure wird zur Erzielung guter Stabilität mit sehr verd. Alkali nachbehandelt. (**A. P. 2 604 471** vom 23/11. 1949, ausg. 22/7. 1952.) FABEL. 8389

Milton H. Pintell, Richmond, Va., V. St. A., *Heißsiegelbare Klebstreifen und -gewebe.* Man verwendet als Klebmasse o-Terphenyl mit Zusatz von Äthylcellulose. (**A. P. 2 605 328** vom 14/4. 1949, ausg. 29/7. 1952.) LÜTTGEN. 8389

Papierverarbeitungswerk W. Bosch (Erfinder: **Hermann Nawrot**, Wipperfürth, Rhld.), *Herstellen von Folien mit Gewebeauflage für Verpackungszwecke.* Ein Baumwoll- oder Zellwollgewebe wird unter Verwendung eines Gemisches von Paraffin u. Wachs auf eine Kunststoffolie kaschiert, so daß die Folie selbstklebend wird. (**D. B. P. 846 621** Kl. 39a vom 3/11. 1950, ausg. 14/8. 1952.) SCHLITT. 8389

Wolff & Co. Kommanditgesellschaft auf Aktien, Walsrode, *Erhöhung der Klebefähigkeit von in der Hitze klebrig werdenden Überzugsfilmen* aus strukturlosen hydrophilen Folien, z. B. Cellulosehydratfolien, durch Verwendung von Folien, die auf ein p_H von unter 7, bes. von 5—6, eingestellt sind. (**D. B. P. 851 101** Kl. 22i vom 24/8. 1944, ausg. 2/10. 1952.) MAASS. 8389

Minnesota Mining & Mfg. Co., übert. von: **Earl S. Knorr**, St. Paul, Minn., V. St. A., *Klebstoff*, bestehend aus natürlichem oder regeneriertem Kautschuk (**I**) u. Bitumen (**II**) in einem bis 10% W. enthaltenden Lösungsm., z. B. 900 (Teilen) **I**, 900 **II** (F. Ring u. Kugel 140° F), 86 W., 36 50%ig. NaOH, 120 A. u. 1746 Bzn.; Kp. 140—210° F. (**E. P. 669 892** vom 27/2. 1948, ausg. 9/4. 1952. A. Prior. 6/5. 1940.) LÜTTGEN. 8389

XXIV. Photographie.

Donald Stookey, *Lichtempfindliches Glas.* Inhaltsgleich mit der C. **1951**. II. 3682 referierten Arbeit. (Colloid Chem. **7**. 697—706. 1950. Corning, N. Y., Corning Glass Works.) HENTSCHEL. 8600

Eugene Wainer, *Photographien auf Aluminium widerstehen Hitze und Verkratzungen.* Beschreibung des von SCHENK (C. **1952**. **4874**) entwickelten Aluphotoverfahrens. (Iron Age **168**. Nr. 25. 104—05. 20/12. 1951. Cleveland, Res. Horizons, Inc.) W. GÜNTHER. 8600

W. West, B. H. Carroll und **D. H. Whitcomb**, *Die Adsorption von Sensibilisierungsfarbstoffen in photographischen Emulsionen.* Ein Farbstoff kann photograph. Emulsionen nur dann sensibilisieren, wenn er an das Halogensilberkorn adsorptiv gebunden ist. In einem Beitrag zur Theorie der opt. Sensibilisierung untersuchen Vff. eine große Anzahl von Cyaninfarbstoffen auf ihre Adsorptionseigenschaften. Eine bestimmte Menge Farbstoff, gelöst in Methanol, wird in eine bestimmte Menge Emulsion eingebracht u. die Mischung längere Zeit bei 40° durchgerührt. Die meisten Farbstoffe befinden sich prakt. nach 3 Std. mit dem Halogensilber im Gleichgewicht. In Einzelfällen sind bis zu 24 Std. für die Aufnahme der letzten Farbstoffspuren notwendig. Dann wird von der Emulsion abzentrifugiert u. der nichtadsorbierte Farbstoff spektrophotometr. in der wss. Phase bestimmt. Für die Verss. werden zwei Emulsionen verwendet. Beide enthalten 7% Gelatine nach Zugabe der Farbstofflösung. Emulsion A besteht aus Bromjodsilber u. besitzt eine Projektionsfläche von $4{,}03 \cdot 10^3$ cm² pro Gramm Halogensilber. Ihr p_H hat den Wert von 6,5, ihr p_{Ag} ist 8,5. Emulsion B besteht aus Chlorbromsilber, dessen Projektionsfläche $5{,}60 \cdot 10^3$ cm²/g Halogensilber beträgt. Die erhaltenen Adsorptionsisothermen lassen sich nach ihrer Form in drei Klassen einteilen: in typ. LANGMUIR-Isothermen, in diskontinuierliche Isothermen u. in Vielschichtisothermen. Die LANGMUIR-Isothermen erreichen nach einem steilen Kurvenanstieg sehr bald einen Sättigungszustand. Beispiele für diesen Kurventyp sind u. a.: *3.3'-Diäthylthiacarbocyaninjodid, 1'-Äthyl-3-methylthia-2'-cyaninjodid, 1.1'-Diäthyl-2-2'-cyaninjodid.* Für Farbstoffe dieser Art wird angenommen, daß sie mit ihren Flächen als Einschichtgebilde auf dem Halogensilber orientiert sind. Der intermol. Abstand in diesem Sättigungszustand beträgt im Mittel 4,6 Å. — Weniger gut adsorbierte Farbstoffe zeigen eine diskontinuierliche Form der Adsorptionsisotherme. Die Kurven steigen zunächst nur langsam an, machen dann einen Sprung, um schließlich den charakterist. Verlauf einer LANGMUIR-Isotherme anzunehmen. Beispiele hierfür sind eine Reihe von Oxacarbocyaninen, z. B.: *3.3'-Dimethyloxacarbocyaninjodid, 3.3'-Diäthyloxacarbocyaninjodid, 3.3'-Di-n-butyloxacarbocyaninjodid, 3.3'-Di-n-hexyloxacarbocyaninperchlorat* sowie *1.1'.3.3'-Tetramethyl-2.2'-cyaninjodid.* Es wird angenommen, daß diese Farbstoffe bei niedrigen Konzz. zunächst als isolierte Moll. adsorbiert werden, wo sie nur durch VAN DER WAALSsche Kräfte festgehalten werden. Nach Erreichen einer krit. Konz., die von der Temp., vom Adsorbens, vom Gelatinegeh. u. vom P_{Ag} der Emulsion abhängt, verläuft die Adsorption über eine metastabile Phase in den Sättigungszustand. — Eine dritte Kurvengattung der Adsorptionsisothermen läßt darauf schließen, daß die Farbstoffe in mehreren Schichten adsorbiert werden. Dies ist z. B. bei *5.5'-Dichlor-3.3'.9-triäthylthiacarbocyaninjodid* der Fall. Bei anderen Farbstoffen beginnt sich die 2. Schicht bereits zu bilden, bevor die 1. Schicht vollständig entwickelt ist. Ein Beispiel hierfür ist das *9-Äthyl-3.3'-dimethyloxacarbocyaninjodid*. — Weiter wird der Einfl. der N-Substitution bei Cyaninen auf die Adsorption untersucht. *3.3'-Di-n hexyloxacarbocyaninjodid* wird z. B. besser adsorbiert als das entsprechende *Di-n-butylderivat*. Nichtkoplanare Farbstoffe werden schlechter adsorbiert als koplanare Farbstoffe derselben Klasse. Der Adsorptionszustand u. das Gleichgewicht zwischen Farbstoff u. Kornoberfläche hängt vom Gelatinegeh. der Emulsion ab. Zunehmende Gelatinekonz. drückt im allg. die Adsorption, genügende Farbstoffmengen jedoch können die Gelatine vom Korn wieder verdrängen. Aus der Klasse der Merocyanine geben *3-Äthyl-5-[(3-methyl-2-thiazolinyliden)-äthyliden]-rhodanin*, *3-Äthyl-5-[(3-äthyl-2(3)-thiazolyliden)-äthyliden]-rhodanin* u. *3-Carboxymethyl-5-[(3-äthyl-2(3) benzothiazolyliden)-äthyliden]-rhodanin* typ. LANGMUIR-Isothermen. Die Isothermen von *3-Äthyl-5-[(3-methyl-2-thiazolinyliden)-äthyliden]-1-phenyl-2-thiohydantoin* u. *1-Carboxymethyl-5-[(3-äthyl-2(1)-benzoxazolyliden)-äthyliden]-3-phenyl-2-thiohydantoin* erreichen keinen Sättigungszustand u. ähneln in ihrem Verlauf FREUNDLICHschen Adsorptionskurven. Cyanine u. Merocyanine unterscheiden sich in ihrer Adsorption grundsätzlich bei Änderung der Ag-Ionenkonzentration. Bei den Cyaninen steigt der %-Satz an adsorbiertem Farbstoff mit steigendem p_{Ag}, bei den Meroxyaninen nimmt dieser infolge Rk. mit Ag-Ionen mit dem doppelt gebundenen S mit steigendem p_{Ag} ab. Die Adsorptionswärme von Farbstoffen in der Emulsion A, bestimmt nach der Gleichung von CLAPEYRON-CLAUSIUS, beträgt für koplanare Cyanine 10—12 cal. pro Mol Farbstoff bei niedriger Bedeckung der Kornoberfläche u. 8—9 Cal, wenn mehr Farbstoff zugefügt wird. *Methylenblau* zeigt eine typ. LANGMUIR-Isotherme. *Pinakryptolgrün*, *Erythrosin* u. *Kongorot* werden schwach, *Eosin* u. *Fluorescein* kaum adsorbiert. — Allg. gültige Regeln für die Beziehung zwischen Adsorption u. Sensibilisierung lassen sich nicht aufstellen. Für den Einzelfarbstoff ist die Sensibilisierung abhängig von der Konz. des Farbstoffes in der Emulsion. Weder das Verh. der nichtkoplanaren Farbstoffe noch die Wirkungsweise der Supersensibilisatoren läßt sich aus ihren Adsorptionseigg. erklären. — 29 Literaturhinweise. (J. physic. Chem. **56.** 1054—67. Dez. 1952. Rochester, N. Y., Eastman Kodak Comp., Res. Labor., Mitt. 1468.) W. GÜNTHER. 8604

Keith M. Hornsby, *Farbfilmpatentübersicht.* Vf. gibt eine Zusammenstellung neuerer engl. Patente, die Filter- u. Lichthofschutzschichten für photograph. Zwecke unter Schutz stellen. (Brit. J. Photogr. **100.** 171—72. 3/4. 1953.) W. GÜNTHER. 8630

Ivar Hartman, *Die Duxochrom-Methode für Farbbilder auf Papier.* Beschreibung der Grundlagen, Vorteile, Anweisungen für die Ausführung. (Svensk fotogr. Tidskr. **43.** 6—9. Jan. 1953.) R. K. MÜLLER. 8630

Ladislas Mester, *Die Rolle der Antioxydantien in der Diazotypie.* Diazopapiere enthalten nach dem Entwickeln neben dem das Bild aufbauenden Azofarbstoff noch Substanzen, die sich durch Einw. des Luftsauerstoffs weiter verändern können. Sie sind die Ursache dafür, daß sich das Papier mit der Zeit gelb färbt, u. der Diazofarbstoff mehr oder weniger entfärbt wird. Überschüssiges Alkali, das aus dem Entwickler vom Papier aufgenommen wird, speziell, wenn nach dem nassen Verf. gearbeitet wird, beschleunigt die Oxydationsvorgänge beträchtlich. Vf. zeigt einen Weg zur Stabilisierung der Diazopapiere durch Zusatz von Substanzen, die als Antioxydantien auf die im Papier enthaltenen, das Vergilben verursachenden oxydablen Stoffe wirken: nach der Entw. enthält das Papier nämlich noch den nichtumgesetzten Anteil an Kupplungskomponenten, z. B. *Polyphenole*, *Aminophenole*, wie *Resorcin*, *Phloroglucin*, *H-Säure* usw., u. gewisse Prodd. der Photolyse, die aus den Diazoverbb. entstehen, z. B. *4-Oxydiphenylamin* aus *4-Diazodiphenylamin*. Die theoret. Grundlagen des Antioxydationsvorganges werden diskutiert u. für die entsprechenden Sensibilisierungs-. u. Entwicklerlsgg. (Rezepte vgl. Original) die optimalen Konzz. an Antioxydantien angegeben: Farbstoffe, z. B. *Alkaliviolett*, *Neptunblau*, *Alizarinirisol*, *Indigo*, *Cyaninblau*: 0,05% Thioharnstoff 0,1—10%, Hydrochinon <0,5%, Hydroxylamin <0,2%, Pyrogallol <0,2%, Seignettesalz 5—10%, Weinsäure 5—10%, Natriumthiosulfat 1—5%, Oxalsäure 2%, Citronensäure 2%. (Sci. Ind. photogr. [2] **23.** 337—41. Sept. 1952. Budapest, Techn. Univ, Inst. für Organ. Chemie.) W. GÜNTHER. 8646

C. E. Herrick jr., *Die Sensitometrie des positiven Diazotypieprozesses.* Vf. entwickelt die sensitometr. Grundlagen des Diazotypieprozesses. Es werden Formeln abgeleitet für den Fall einer Belichtung mit monochromat. Licht. Der Einfl. der maximalen Farbstoffdichte auf die allg. sensitometr. Eigg. wird untersucht u. die theoret. Überlegungen auf den Fall einer polychromat. Farbstoffabsorption ausgedehnt. Die sensitometr. Berechnungen befinden sich in guter Übereinstimmung mit den auf experimentellem Weg ermittelten Werten. (J. opt. Soc. America **42.** 904—10. Dez. 1952. Easton, Pa., General Aniline & Film Corp., Central Res. Labor.) W. GÜNTHER. 8660

Walter N. Brown jr. und **Willard B. Birtley,** *Ein Densitometer, welches direkt in Einheiten der Emulsionsexposition registriert.* Die Ausschläge eines Mikrophotometers oder Mikrodensitometers der üblichen Bauart sind nicht proportional der Intensität der Strahlung, die auf das Flächenelement des Films oder der Platte zur Zeit der Exposition auftrifft. Das von den Vff. entwickelte registrierende Mikrodensitometer enthält einen weiteren App., den sie „Funktionstransformator" nennen, der automat. u. kontinuierlich die Ablenkungswerte des Mikrodensitometers in Expositionswerte umwandelt; außerdem enthält die App. zwei gewöhnliche Registriervorrichtungen. Die eine Registriervorr. erzeugt eine direkte Expositionskurve, während die andere die gewöhnliche Densitometerspur registriert. Mit Hilfe eines Integrators kann man die integrale Exposition für jeden beliebigen Teil der Platte oder des Films auswerten. (Rev. sci. Instruments **22.** 67—72. Febr. 1951. State College, Pa., Pennsylvania State Coll., School of Chem. and Phys., Ellen H. Richards Inst.) GOTTFRIED. 8660

Polaroid Corp., übert. von: **Frederick J. Binda,** Cambridge, Mass., V. St., A., *Lichtpolarisierender Film.* Der Film besteht aus mol. orientierten Polyvinylverbb. (Alkohol, Acetal, Ketal) mit Zusatz von Jod. Es werden ihm durch Tränken einer oder beider Oberflächen mit einer wss. Lsg. Na- oder K-Borat oder Borax zugegeben. Dadurch wird bei starker, wärmeentwickelnder Belichtung eine Wasserabspaltung u. damit eine Verfärbung des Films vermieden. (**A. P. 2 554 850** vom 18/6. 1948, ausg. 20/5. 1951.) KALIX. 8601

Feldmühle, Papier- & Zellstoffwerke, Akt.-Ges., Hillegossen, Kr. Bielefeld (Erfinder: **Gustav-Adolf Schröter,** Wesseling), *Lichtempfindlichmachen organischer filmbildender Stoffe.* Folien aus Nitrocellulose u. aus Kautschukhydrohalogeniden werden lichtempfindlich, wenn ihnen organ. Verbb. zugesetzt werden, die mindestens 3 linear kondensierte iso- oder heterocycl. Ringe enthalten. Geeignet sind z. B. substituierte Benzanthrone, Anthracene, Phenazine u. Acridine, bes. am 9- u. 10-H-Atom durch NO_2, C_6H_5CO-, C_6H_5- oder Halogen substituierte Anthracene. Durch Bestrahlung mit UV entsteht in solchen Folien eine selektive Anfärbbarkeit oder Löslichkeit. (**D. B. P. 864 656** Kl. 57b vom 12/6. 1943, ausg. 26/1. 1953.) KALIX. 8605

Farbenfabriken Bayer (Erfinder: **Edith Weyde** und **Gustav Schaum**), Leverkusen, *Lichtempfindliche Schichten für Registrierzwecke.* Zur Herst. von Aufzeichnungen mit Lichtschreibgeräten werden Schichten verwendet, die unter Einw. des Lichtes ohne besondere Entw. kontrastreiche, deutlich sichtbare Aufzeichnungen geben u. deren Grund ohne besondere Fixierung auch bei tagelanger Einw. von diffusem Tageslicht nur ganz schwach anläuft. Hierzu sind bes. reine AgBr-Emulsionen geeignet, denen Halogenacceptoren, wie Thioharnstoff, Thiosemicarbazide, Hydrazothiocarbonamid u. ähnliche Verbb. in Mengen von 0,1—1,0 g auf 1 Liter zugesetzt worden sind. Die Belichtung muß mit so starker Intensität ausgeführt werden, z. B. mit Hg-Hochdrucklampen, daß spätestens nach $^1/_{10}$ Sek. eine deutliche Aufzeichnung entstanden ist. (**D. B. P. 872 155** Kl. 57b vom 21/3. 1944, ausg. 30/3. 1953.) KALIX. 8605

Eastman Kodak Co., übert. von: **John A. C. Yule,** Rochester, N. Y., V. St. A., *Maske für die Tonwertkorrektur von Papierkopien.* Ein belichteter Film mit Kontrastemulsion wird zuerst mit einem Schwarzweißentwickler (I) behandelt, der hohen Kontrast, aber geringen Schwellenwert gibt, die Entw. wird nach einiger Zeit mit einem Farbentwickler (II) fortgesetzt, der hohen Schwellenwert u. geringe maximale D. ergibt. Durch I werden die Stellen stärkster Belichtung fast restlos geschwärzt, durch II die Stellen mittlerer Belichtung in ein (Ag + Farbstoff)-Bild umgewandelt; die am schwächsten belichteten Teile werden weder durch I noch durch II angegriffen. — Beispiel für I: 22,5 g Hydrochinon + 30 g Na_2SO_3 + 2,6 g KHS_2O_5 + 7,5 g H_3BO_3 + 1,6 g KBr + 7,5 g Formaldehyd in 1 Liter W.; Beispiel für II: 8,5 g Diäthylaminoanilin·HCl + 8,5 g Na-Hexametaphosphat + 42,5 g Na_2SO_3 + 3 g KBr + 0,25 g Benzotriazol in 1 Liter Wasser. Die so erhaltene Maske wird zusammen mit dem Originalnegativ auf Papier kopiert. (**A. P. 2544910** vom 9/10. 1947, ausg. 13/3. 1951.) KALIX. 8605

Herausgeber u. verantwortlich für den Inhalt: Prof. Dr. Maximilian Pflücke, Berlin W 8, Jägerstraße 22/23, Fernsprecher: 200481, 201464. Redaktion: Chefredakteure Dr. Eugen Klever und Prof. Dr. Maximilian Pflücke. Verlag: Akademie-Verlag GmbH, Berlin W 8, Mohrenstraße 39 (Fernsprecher 203096, Postscheckkonto Berlin 35021) u. Verlag Chemie, GmbH, Weinheim/Bergstraße (Postscheckkonto Frankfurt/M. 145314 u. Berlin [West] 7430, Fernsprecher: Weinheim 2017). Bestell- u. Verlags-Nr. dieses Heftes: 1007/124/49. Das Chemische Zentralblatt erscheint wöchentlich.
Satz u. Druck: VEB Leipziger Druckhaus, Leipzig, III/18/203. XII. 53.
Veröffentlicht unter der Lizenznummer 1212 des Amtes für Literatur und Verlagswesen der Deutschen Demokratischen Republik.
Printed in Germany.

MIX
Papier | Fördert
gute Waldnutzung
FSC® C083411

Zeitfracht Medien GmbH
Ferdinand-Jühlke-Straße 7
99095 Erfurt, Deutschland
produktsicherheit@kolibri360.de